Daten zur Umwelt 1986/87

UMWELTBUNDESAMT

ERICH SCHMIDT VERLAG

CIP-Kurztitelaufnahme der Deutschen Bibliothek

Daten zur Umwelt . . ./Umweltbundesamt.
Red.: Fachgebiet I 1.2 „Umweltforschung u.
-entwicklung". – Berlin: E. Schmidt
ISSN 0177-6347.
Erscheint unregelmäßig. – Einzelne Bd.
erscheinen in mehreren Aufl. – Früher verl.
vom Umweltbundesamt, Berlin. – Aufnahme
nach 1984. 2. Aufl. (1985)

1984. 2. Aufl. (1985) –
[Verl.-Wechsel]

Herausgeber:
Umweltbundesamt
Bismarckplatz 1
1000 Berlin 33
Tel.: (030) 89 03-1
Telex: 183 756

Konzeption und Gesamtredaktion: Umweltbundesamt, Fachgebiet I 1.2 „Umweltforschung und -entwicklung"
Redaktionelle Verantwortung für:
- Abschnitt „Flächennutzung (Kapitel Boden)", Bundesforschungsanstalt für Landeskunde und Raumordnung
- Kapitel „Natur und Landschaft", Bundesforschungsanstalt für Naturschutz und Landschaftsökologie

Grafische Darstellung:
Methodenbank Umwelt des Informations- und Dokumentationssystems Umwelt (UMPLIS) des Umweltbundesamtes, Fachgebiet Z 2.6
in Zusammenarbeit mit:
Concepta-Gesellschaft für Innovationsberatung und Software-Entwicklung mbH & Co. KG., Hilden
unter Mitarbeit von
CAD-MAP raumbezogene Informationssysteme GmbH & Co. KG., Berlin, und Büro für Kartographische Produkte GbR

2. durchgesehene Auflage

ISBN 3 503 02649 5

Alle Rechte vorbehalten
© 1986, Erich Schmidt Verlag GmbH, Berlin
Nachdruck mit Quellenangabe gestattet
Titelbild: Emissionskataster NO_x (Seite 237)

Vorwort

Mit den „Daten zur Umwelt '86/87" setzt das Umweltbundesamt die 1984 begonnene Berichterstattung über die Umweltsituation in der Bundesrepublik Deutschland fort.

Die Nachfrage nach den Daten zur Umwelt '84 hat gezeigt, daß der Bedarf nach einem Gesamtüberblick zur Situation der Umwelt groß ist.

Wenn auch in dem vorliegenden Bericht noch längst nicht alle Daten enthalten sind, die für eine hinreichend umfassende Berichterstattung erforderlich wären, so wird man doch feststellen, daß das Datenmaterial detaillierter wurde, viele neue Daten hinzugekommen sind und die Aktualität der Daten insgesamt erhöht werden konnte.

Eine wertvolle Bereicherung des Berichtes konnte durch die Einbeziehung der Datenbestände und auch des Fachwissens anderer Bundesbehörden erreicht werden. Besonderer Dank gilt hier der Bundesforschungsanstalt für Landeskunde und Raumordnung, dem Institut für Wasser-, Boden- und Lufthygiene des Bundesgesundheitsamtes, der Bundesanstalt für Gewässerkunde, dem Statistischen Bundesamt, der Bundesanstalt für Geowissenschaften und Rohstoffe, dem Deutschen Wetterdienst sowie der Bundesforschungsanstalt für Naturschutz und Landschaftsökologie, ohne deren Beiträge eine so umfangreiche Bestandsaufnahme nicht möglich gewesen wäre.

Zu danken ist auch der Abteilung Reaktorsicherheit und Strahlenschutz des Bundesministers für Umwelt, Naturschutz und Reaktorsicherheit für ihre Beiträge.

Wir wissen, daß auch die beste Statistik die tatsächliche Betroffenheit von Mensch und Natur durch Belastungen ihrer Umwelt nicht wiedergeben kann. Quantitative Darstellungen, Vergleiche und Tendenzen sind aber wichtig für Maßnahmen der Politik und der Wirtschaft. Sie sind besonders wichtig für den um den Umweltschutz bemühten Bürger, denn nur mit ihrer Hilfe kann er Erfolge und Mißerfolge staatlicher oder privater Bemühungen um eine bessere Umwelt abschätzen.

Die aktive Beteiligung der Bürger an der Durchsetzung der Ziele des Umweltschutzes setzt eine umfassende Information voraus.

Die „Daten zur Umwelt '86/87" sollen für den interessierten Bürger ebenso informativ sein wie für den spezialisierten Fachmann, für den Politiker ebenso wie für Behörden.

Die eine oder andere Darstellung wird beim Leser vielleicht den Wunsch nach weiterer Information wecken oder Verbesserungsvorschläge anregen. In solchen Fällen sind wir für ihre Zuschrift dankbar.

Dr. Heinrich von Lersner
(Präsident des Umweltbundesamtes)

Inhaltsverzeichnis

Seite

Einleitung	5
Allgemeine Daten	7
Natur und Landschaft	83
Boden	122
Wald	181
Luft	198
Wasser	262
Abfall	375
Lärm	423
Nahrung	461
Radioaktivität	479
Anhang — Umweltberichte des Bundes und der Länder, der kommunalen Umweltberichterstattung	536
Quellenverzeichnis	538
Begriffserläuterungen	544
Bundesrepublik Deutschland — Kreisgrenzenkarte (ausklappbar)	549
Karte der Wassereinzugsgebiete (aufklappbar)	551

Einleitung

Erfolgreiche Umweltpolitik setzt informiert sein über Art und Grad der vorhandenen und prognostizierbaren Umweltbelastungen und über die Wirksamkeit umweltbezogener Handlungsalternativen voraus. Dafür ist eine regelmäßige und systematische Umweltberichterstattung von besonderer Bedeutung.

Mit den Daten zur Umwelt '86/87 setzt das Umweltbundesamt seine Arbeiten an einer Gesamtdarstellung der Umweltsituation fort.

Daten und Fakten, die über die Situation der Umwelt informieren, sind in einer Vielzahl von Berichten und Materialien enthalten, die von der Bundesregierung in den letzten 15 Jahren, also seit Beginn der Umweltpolitik im eigentlichen Sinne veröffentlicht wurden. Diese Berichte und Materialien waren aber in der Regel auf einen Umweltbereich wie Luft, Lärm, Wasser oder auf einen Schadstoff bezogen.

Als einen ersten Schritt in die Richtung einer Gesamtdarstellung hat das Umweltbundesamt vor zwei Jahren die Daten zur Umwelt '84 vorgelegt.

Auch die Bundesländer haben in den letzten Jahren erhebliche Anstrengungen unternommen, die Umweltsituation darzustellen. Eine Zusammenstellung der Umweltberichte der Länder ist im Anhang zu diesem Bericht enthalten.

Schritte zu einer gemeinsamen Umweltberichterstattung von Bund und Ländern sind mit der Erstellung eines im Rahmen des Bund/Länder-Arbeitskreises Umweltinformationssysteme (BLAK) abgestimmten Grunddatenkataloges eingeleitet worden.

Zu diesem Bericht

Der Bericht stellt eine konsequente Fortführung und Weiterentwicklung der mit den Daten zur Umwelt '84 begonnenen Datensammlung zur Situation der Umwelt und des Umweltschutzes in komprimierter Form dar.

Obwohl in vielen Bereichen aufgrund der nunmehr verbesserten Datenlage eine kleinräumige Darstellung möglich geworden ist, liegt der Schwerpunkt der Daten auf einer Aussage für das Gebiet der Bundesrepublik Deutschland insgesamt.

Die Daten zur Umwelt sind also kein Umweltqualitätsbericht, in dem über die Umweltsituation in den jeweiligen lokalen Gebieten berichtet wird.

Soweit allerdings verläßliche und vergleichbare lokale und regionale Daten vorlagen, wurden sie in diesen Bericht aufgenommen.

Im Vergleich zu den Daten zur Umwelt '84 konnten hier in vielen Bereichen entscheidende Verbesserungen erreicht werden. Zu nennen sind Rasterdarstellungen der Emissions- und Immissionssituation, kleinräumige Darstellungen der Gewässerqualität von Binnen- und Küstengewässern, Angaben über Wasserverbrauch und Abfallbeseitigung in den einzelnen Landkreisen oder kleinräumigen Wassereinzugsgebieten, Düngemittelverbrauch nach Landkreisen, eine Vielzahl von Standortkarten zu umweltbelastenden Anlagen (z.B. Flugplätze, Kraftwerke und Entsorgungsanlagen).

Erstmalig enthält der Bericht Darstellungen von mehreren Umweltbelastungen in einer Karte (z.B. Waldschäden und pH-Werte). Diese sollen zur Verdeutlichung von Schadensursachenhypothesen dienen.

Die Aussagekraft der Daten konnte auch dadurch gesteigert werden, daß zum einen die Aktualität der Daten verbessert wurde, zum anderen mehr Zeitreihen vorliegen, aus denen wichtige Hinweise auf die Auswirkungen bisheriger und die Erforderlichkeit künftiger Umweltschutzmaßnahmen abgelesen werden können.

Die einzelnen Kapitel enthalten jedoch noch eine Reihe von Datenlücken; diese beruhen zum Teil auf fehlenden aussagekräftigen Daten, zum Teil auf statistischen Geheimhaltungsvorschriften oder auf der fehlenden Verfügbarkeit vorhandener Daten.

Die Daten zur Umwelt '86/87 sollen eine möglichst objektive Datenbasis für die Bewertung der Umweltsituation, für die politische Diskussion und für die Information der Öffentlichkeit vermitteln.

Einleitung

Herkunft und Aufbereitung der Daten

Der Bericht ist in enger Zusammenarbeit mit den Bundesbehörden entstanden, die über umweltrelevante Datenbestände verfügen.

So hat das Statistische Bundesamt ausgewählte Daten aus den Erhebungen nach dem Umweltstatistikgesetz vom 15. August 1974 (Gesetz über Umweltstatistiken [BGBl. I, Seite 1938, i.d.F. der Bekanntmachung vom 14. März 1980, BGBl. I, Seite 311]) und aus anderen Bundesstatistiken zusammengestellt.

Die Bundesforschungsanstalten für Landeskunde und Raumordnung (BfLR) und für Naturschutz und Landschaftsökologie (BfANL) haben aus ihren Informationssystemen „Laufende Raumbeobachtung" und „Landschaftsinformationssystem (LANIS)" die wesentlichen Teile der Kapitel Boden und Natur und Landschaft erarbeitet.

Das Bundesgesundheitsamt hat Daten für den Bereich Nahrung zur Verfügung gestellt.

Weitere Daten stammen vom Deutschen Wetterdienst, der Bundesanstalt für Geowissenschaften und Rohstoffe, der Bundesanstalt für Gewässerkunde sowie von anderen Bundesressorts.

Wesentliche Teile der Kapitel Luft, Wald und Lärm stammen aus den Datenbanken des Umweltbundesamtes, aus Meßergebnissen von Meßnetzen und Ergebnissen von Forschungsberichten.

Neu aufgenommen wurden auch internationale Daten zur Situation der Umwelt in anderen Ländern. Die Daten wurden dem 2. Bericht zur Lage der Umwelt der Organisation für wirtschaftliche Zusammenarbeit und Entwicklung (OECD) aus dem Jahre 1985 entnommen.

Dieser Bericht stellt erstmals vergleichbare Daten aus fast allen Staaten Westeuropas sowie den USA, Japan, Kanada, Australien und Neuseeland zur Umweltsituation zusammen.

Wenig Datenmaterial liegt insbesondere bei raumbezogenen Daten zur Lärmbelastung, bei Angaben über die Bodenbelastung und bei stoffspezifischen Daten vor. Der Umfang der einzelnen Kapitel ist deshalb nicht notwendigerweise ein Indiz für den Rang der Probleme in den einzelnen Bereichen, sondern eher ein Hinweis auf die jeweilige Verfügbarkeit aussagekräftiger Daten.

Um eine gewisse Ausgewogenheit in den einzelnen Teilen des Berichts zu erreichen, mußten in einigen Bereichen vorhandene detailliertere Daten weggelassen werden, in anderen Bereichen sind – um nicht noch größere Lücken in der Darstellung entstehen zu lassen – auch Daten von geringerer Aussagekraft aufgenommen worden.

Die Daten sind teilweise im Informations- und Dokumentationssystem Umwelt (UMPLIS) gespeichert und wurden unter Einsatz seiner Methodenbank Umwelt aufbereitet und grafisch dargestellt.

Hinweise für den Benutzer

Jedem Sachkapitel ist eine Information über die für dieses Kapitel benutzten *Datengrundlagen* sowie über zu beachtende *Randbedingungen* des Kapitels vorangestellt. Zur besseren Lesbarkeit der Karten sind am Ende des Bandes eine *Kreisgrenzenkarte* der Bundesrepublik Deutschland und eine Liste der Namen der Landkreise sowie eine Karte der *Wassereinzugsgebiete* mit ihren Bezeichnungen beigefügt.

Um die *Verknüpfung* von Daten aus den unterschiedlichen Kapiteln zu erleichtern, finden sich am Ende der Texte Hinweise auf weitere für das entsprechende Thema relevante Darstellungen.

Am Ende des Bandes befindet sich für nicht allgemein verständliche Fachausdrücke und Maßeinheiten ein alphabetisches *Verzeichnis mit Erläuterungen*. Hier finden sich auch die genauen Angaben der in den Texten und Grafiken in Kurzform zitierten *Quellen*.

Allgemeine Daten

Datengrundlagen Seite

Wohnbevölkerung
- Stand und Entwicklung der Bevölkerung 10

Bevölkerungsdichte in Mitgliedsstaaten der OECD 12

Wirtschaft
- Bruttowertschöpfung in den Kreisen 14
- Entwicklung der Bruttowertschöpfung zusammengefaßter Wirtschaftsbereiche 16

- Index der industriellen Produktion in ausgewählten Mitgliedsstaaten der OECD 17

- Entwicklung des Bruttoinlandsproduktes in ausgewählten Mitgliedsstaaten der OECD 19

Energie
- Primärenergieverbrauch 21
- Primärenergieverbrauch nach Energieträgern 22
- Primärenergiegewinnung 23
- Ein- und Ausfuhr von Energieträgern 24

- Umwandlung von Energieträgern 25
- Einsatz von Energieträgern und Erzeugung von Mineralölprodukten in Raffinerien 27

- Einsatz von Energieträgern und Stromerzeugung in Kraftwerken 29

- Endenergieverbrauch 30
- Endenergieverbrauch der Verbrauchssektoren 32
- Endenergieverbrauch nach Energieträgern 33
- Endenergieverbrauch der Verbrauchssektoren nach Energieträgern 34

- Kraftwerksstandorte 36

- Primärenergieverbrauch im Verhältnis zum Bruttosozialprodukt in ausgewählten Mitgliedsstaaten der OECD 38
- Primärenergieverbrauch nach Energieträgern in ausgewählten Mitgliedsstaaten der OECD 40

Verkehr
- Entwicklung des Kraftfahrzeugbestandes 41
- Fahrleistungen im Kraftfahrzeugverkehr 43

Allgemeine Daten

	Seite
– Flugplätze in der Bundesrepublik Deutschland	45
– Starts und Landungen an Verkehrsflughäfen	47
– Verkehrsleistungen im Luftverkehr über dem Bundesgebiet	49

Umweltökonomie

– Bruttoanlagevermögen des Produzierenden Gewerbes für Umweltschutz	50
– Bruttoanlagevermögen im Produzierenden Gewerbe	51
– Bruttoanlagevermögen für Umweltschutz nach Umweltbereichen	52
– Entwickung des Bruttoanlagevermögens im Produzierenden Gewerbe	53
– Entwicklung der Gesamtinvestitionen und Investitionen im Umweltschutz im Produzierenden Gewerbe 1976 bis 1983	55
– Investitionen im Umweltschutz und Steuervergünstigungen nach § 7 d Einkommenssteuergesetz (EStG)	60
– Entwicklung der Umweltschutzinvestitionen im Produzierenden Gewerbe in ausgewählten Mitgliedsstaaten der OECD	62
– Aufwendungen der öffentlichen Haushalte für den Umweltschutz	64
– Aus ERP-Mitteln zur Verfügung gestellte Kredite und damit getätigte Umweltschutzinvestitionen	66
– Investitionsförderungsprogramm zur Verminderung von Umweltbelastungen	68
– Beschäftigungseffekte des Umweltschutzes	70

Umweltforschung

– Anzahl und Finanzvolumen der Umweltforschung	72
– Öffentliche Ausgaben für Umweltforschung in ausgewählten Mitgliedsstaaten der OECD	74

Bekanntgewordene und erfaßte Umweltdelikte — 76

Umweltbewußtsein — 78

Klimatologie

– Windgeschwindigkeit	79
– Niederschlagsstatistik 1891 bis 1984	81

Allgemeine Daten

Datengrundlagen

Die „Allgemeinen Daten" beruhen zum großen Teil auf vom Statistischen Bundesamt erstellten Statistiken.

Neben den Angaben zu Bevölkerung, Wirtschaftsentwicklung und -struktur und dem Verkehr gehören hierzu vor allem die Darstellungen des Bruttoanlagevermögens für Umweltschutz sowie der Investitionstätigkeit des Produzierenden Gewerbes. Die „Statistik der Investitionen für Umweltschutz im Produzierenden Gewerbe", die aufgrund der Verpflichtungen aus § 11 des Gesetzes über Umweltstatistiken erstmals 1975 erstellt wurde, erfaßt die Zugänge an Sachanlagen für Abfallbeseitigung, Gewässerschutz, Lärmbekämpfung und Luftreinhaltung. Die Angaben zum Bruttoanlagevermögen entstammen einer neueren Schätzung des Statistischen Bundesamtes.

Angaben zum Verkehrssektor stammen vom Bundesminister für Verkehr und der Bundesanstalt für Flugsicherung. Daten zur Umweltforschung werden im Umweltbundesamt gesammelt.

Grundlage für die Energiedaten sind die Energiebilanzen der Bundesrepublik Deutschland. Die Energiebilanzen bieten eine tabellarische Übersicht der energiewirtschaftlichen Verflechtungen seit 1950 und geben Auskunft über den Energiefluß sowie der Gewinnung, Umwandlung bis hin zur Verwendung von Energieträgern in den einzelnen Verbrauchssektoren.
Herausgeber der Energiebilanzen ist die Arbeitsgemeinschaft Energiebilanzen. Diesem Gremium gehören alle überregionalen Fachverbände der Energieerzeuger in der Bundesrepublik Deutschland und wirtschaftswissenschaftliche Institute, die sich auf energiewirtschaftlichen Gebieten betätigen, an.
Die Energiebilanzen werden vom Bundesministerium für Wirtschaft, internationalen Organisationen und der Wirtschaft als wesentliche statistische Datenbasis und wirtschaftspolitische Entscheidungen im Bereich der Energiewirtschaft verwendet.

Darüber hinaus sind in diesem Kapitel Ergebnisse aus den vom Umweltbundesamt geförderten Forschungsprojekten zu den Themen „Umweltkriminalität" und „Umweltbewußtsein" dargestellt.

Die internationalen Daten wurden dem OECD-Umweltbericht „The State of the Environment 1985" entnommen.

Allgemeine Daten

Wohnbevölkerung

Stand und Entwicklung der Bevölkerung

Der Bevölkerungsstand eines Landes, seine räumliche Verteilung sowie die zeitliche Entwicklung beider Faktoren haben hohe Bedeutung für die Beanspruchung der Umwelt.

Die Bevölkerungsdichte als Maß regionaler Bevölkerungsverteilung kann als Hinweis auf Schwerpunkte dieser Belastung dienen.

Die Beobachtung langfristiger Zeitreihen zur Bevölkerungsentwicklung kann Trends sichtbar machen, die als Grundlage für Prognosen und staatliche Maßnahmen herangezogen werden.

Nachdem die Bevölkerung der Bundesrepublik Deutschland zwischen 1950 und 1974 vor allem durch Zuwanderungen, aber auch durch Geburtenüberschüsse von 50 auf 62 Mio Einwohner zugenommen hatte, sank sie bis 1984 auf 61 Mio ab. Der Grund liegt im Rückgang der Geburten, der ab 1972 zu einem Überschuß der Sterbefälle führte („negativer natürlicher Bevölkerungssaldo"). Dieser konnte ab 1974 nicht mehr durch Zuwanderungsüberschüsse ausgeglichen werden.

Gebiete hoher Bevölkerungsverdichtung sind in den letzten Jahrzehnten insbesondere im Gebiet des Oberrheins, im Rhein-Neckar- und Rhein-Main-Raum, im Kölner Raum und im rheinisch-westfälischen Industriegebiet entstanden. Auch im Umland der Städte Hamburg, Bremen, Hannover und Braunschweig, Nürnberg, Augsburg und München hat sich die Bevölkerung stärker konzentriert. Die höchste Bevölkerungsdichte weist von allen Bundesländern Berlin (West) auf, die Gemeinde mit der höchsten Bevölkerungsdichte ist München.

Diese Verdichtung ist das Ergebnis langfristig verlaufener Ballungsprozesse um Industriezentren. Schon seit Jahren ist ein Trend zur Binnenwanderung vom Norden in den süddeutschen Raum und innerregional aus den Kernstädten in das Umland erkennbar.

Siehe auch:
— Kapitel Allgemeine Daten, Abschnitt Wirtschaft
— Kapitel Allgemeine Daten, Abschnitt Verkehr
— Kapitel Boden, Abschnitt Flächennutzung
— Gefährdete Arten der Flora und Fauna
— Lärmbelastung der Bevölkerung durch Straßenverkehr

Allgemeine Daten

Stand und Entwicklung der Bevölkerung

Bevölkerungsdichte 1984

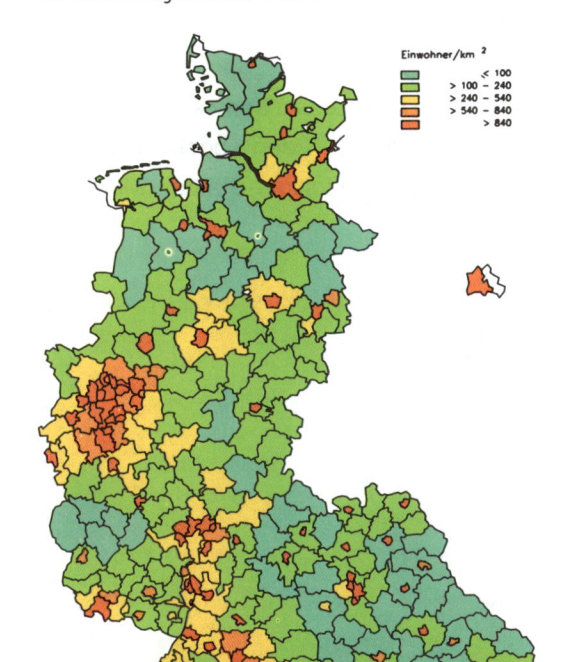

Einwohner/km²
- ≤ 100
- > 100 – 240
- > 240 – 540
- > 540 – 840
- > 840

Vergleich der Bevölkerungsdichte 1984/1979

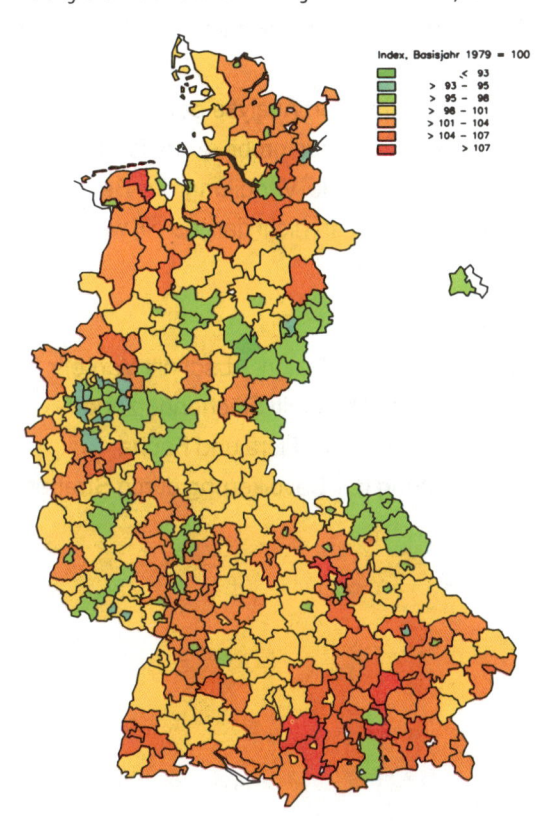

Index, Basisjahr 1979 = 100
- ≤ 93
- > 93 – 95
- > 95 – 98
- > 98 – 101
- > 101 – 104
- > 104 – 107
- > 107

Bevölkerungsentwicklung

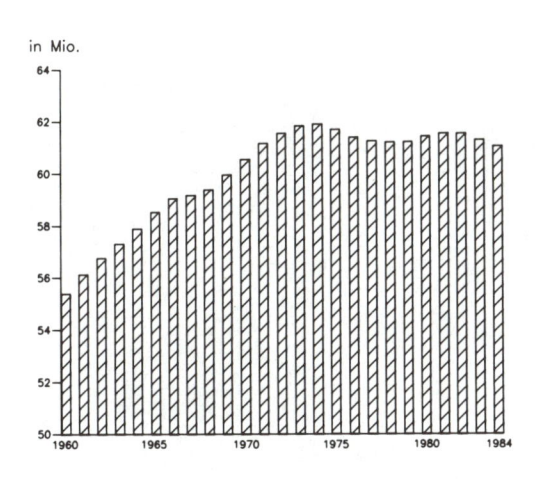

in Mio.

Natürliche Bevölkerungsbilanz

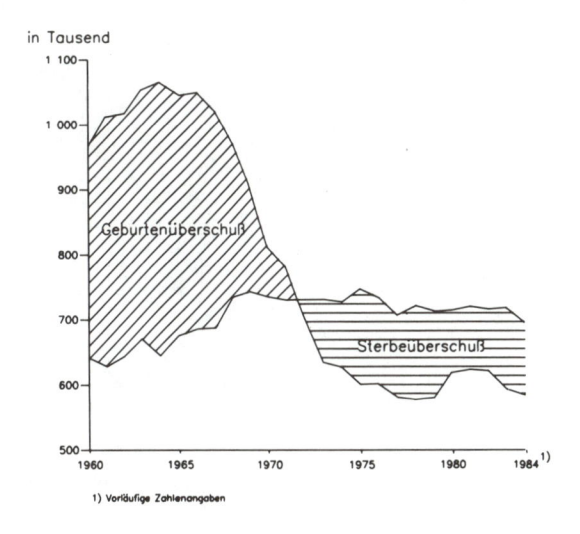

in Tausend

Geburtenüberschuß

Sterbeüberschuß

1) Vorläufige Zahlenangaben

Quelle: Statistisches Bundesamt

Daten zur Umwelt 1986/87
Umweltbundesamt

UMPLIS
Methodenbank
Umwelt

Allgemeine Daten

Bevölkerungsdichte in Mitgliedsstaaten der OECD 1983

Der mitteleuropäische Raum und Japan sind die am dichtesten besiedelten Gebiete der Mitgliedsstaaten der OECD. Die Auswirkungen dichter Besiedelung auf die Umwelt sind vielfältig.

Bei einer internationalen Analyse der Situation der Umwelt sind diese Faktoren zu berücksichtigen. Die vorliegende Karte kann nur grobe Anhaltspunkte für die Bevölkerungsdichte in den abgebildeten Ländern geben, da die regionale Verteilung der Bevölkerung innerhalb solch großflächiger Staaten wie den USA, Kanada oder Australien nicht dargestellt werden konnte.

Siehe auch:
- Kapitel Allgemeine Daten, Abschnitt Verkehr
- Kapitel Boden, Abschnitt Flächennutzung
- Gefährdete Arten der Flora und Fauna
- Lärmbelastung der Bevölkerung durch Straßenverkehr

Allgemeine Daten

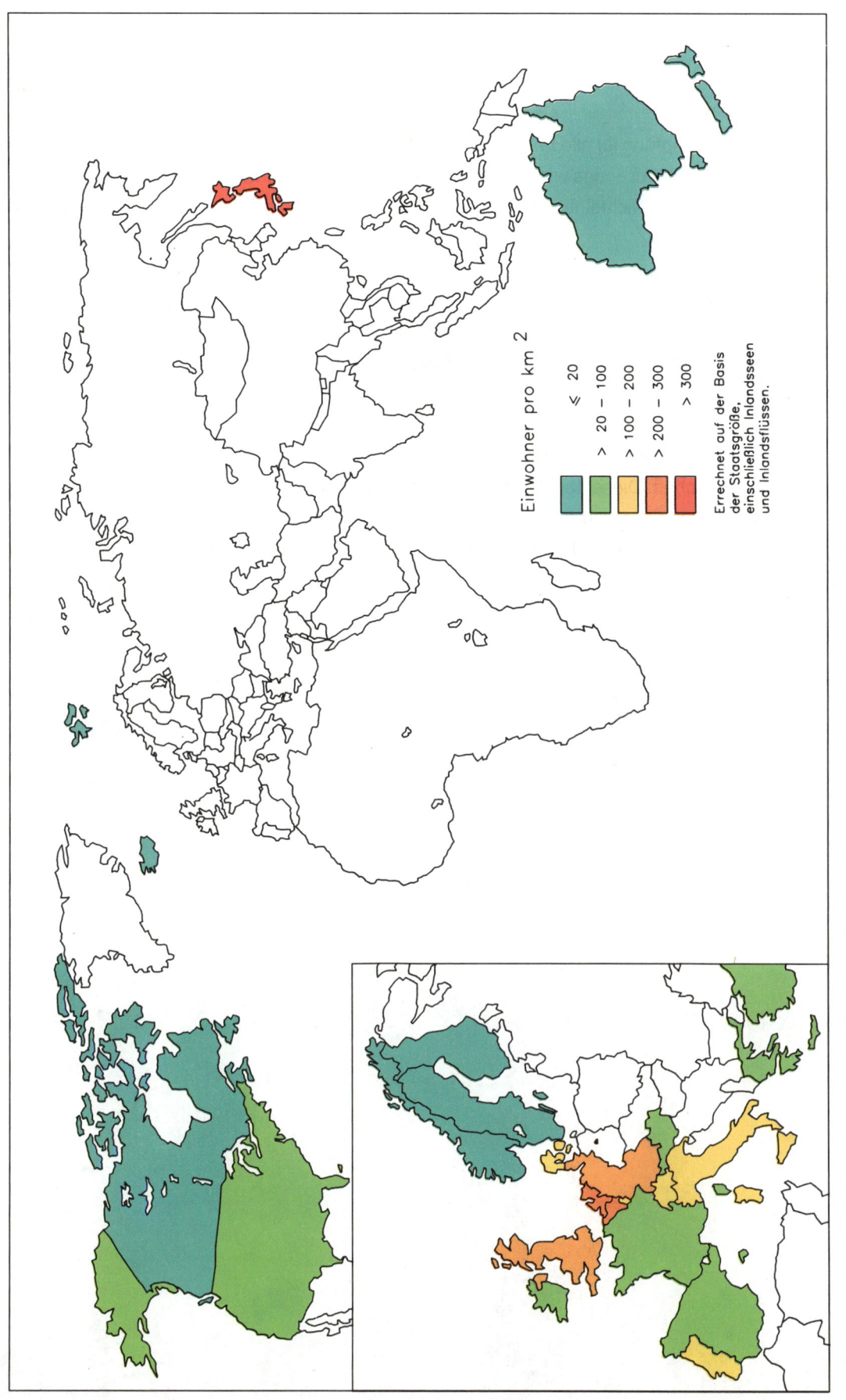

Bevölkerungsdichte in Mitgliedsstaaten der OECD 1983

Einwohner pro km²
- ≤ 20
- > 20 – 100
- > 100 – 200
- > 200 – 300
- > 300

Errechnet auf der Basis der Staatsgröße, einschließlich Inlandsseen und Inlandsflüssen.

Quelle: Organisation für wirtschaftliche Zusammenarbeit und Entwicklung

Allgemeine Daten

Wirtschaft

Bruttowertschöpfung

Die Summe der Bruttowertschöpfung für alle Wirtschaftsbereiche ist ein zentraler Indikator zur Messung von Wirtschaftskraft und – im Zeitablauf – des wirtschaftlichen Wachstums. Sie unterscheidet sich vom Bruttoinlandsprodukt lediglich durch die Nichteinbeziehung der abzugsfähigen Umsatzsteuer und von Einfuhrabgaben.

Die Bruttowertschöpfung der Wirtschaftsbereiche (Land- und Forstwirtschaft, Fischerei; Warenproduzierendes Gewerbe; Handel, Verkehr und Dienstleistungen; öffentliche Hand; private Haushalte und private Organisationen ohne Erwerbszweck) wird in der Regel durch Abzug der Vorleistungen von den Produktionswerten ermittelt.

Die Darstellung der Wertschöpfung nach zusammengefaßten Wirtschaftsbereichen verdeutlicht deren Bedeutung für die Volkswirtschaft. Diese deckt sich allerdings nicht in allen Fällen mit der Bedeutung für die Umwelt: der Anteil der Landwirtschaft an der Bruttowertschöpfung ist in der Nachkriegszeit stark zurückgegangen; ihre Bedeutung für die Umweltbereiche Boden, Flora und Fauna, Grundwasser ist dagegen unvermindert hoch.

Allgemeine Daten

Bruttowertschöpfung in Mio. DM je Kreis 1982

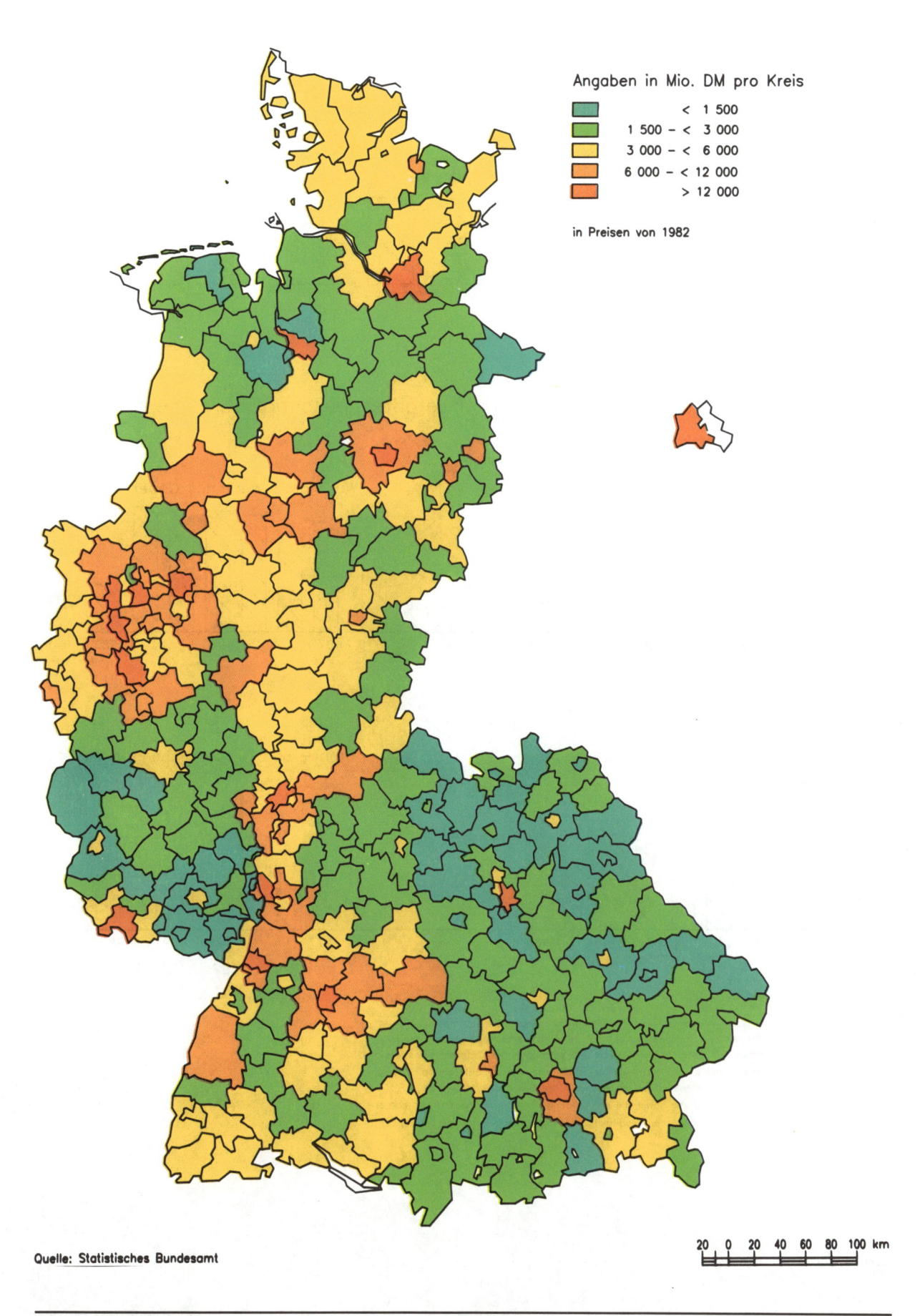

Angaben in Mio. DM pro Kreis

- < 1 500
- 1 500 – < 3 000
- 3 000 – < 6 000
- 6 000 – < 12 000
- > 12 000

in Preisen von 1982

Quelle: Statistisches Bundesamt

Daten zur Umwelt 1986/87
Umweltbundesamt

UMPLIS
Methodenbank
Umwelt

15

Allgemeine Daten

Bruttowertschöpfung in der Bundesrepublik Deutschland 1970 bis 1983

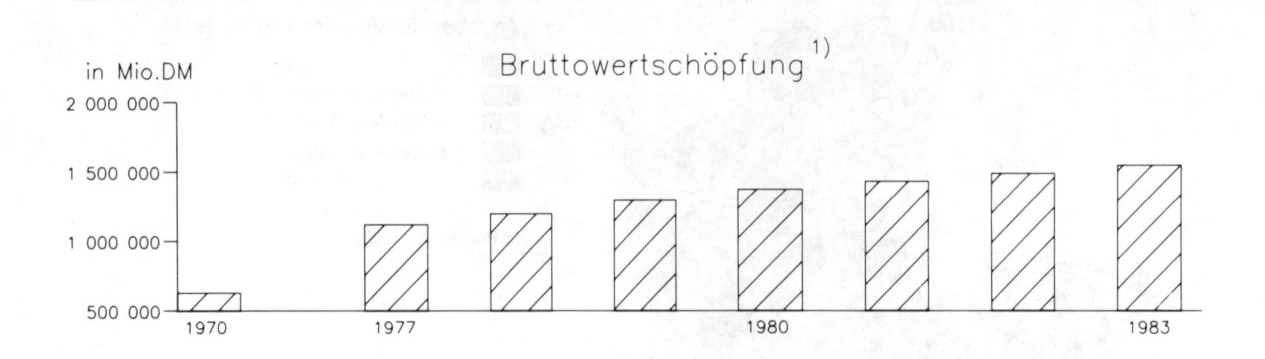

Bruttowertschöpfung [1]

in Mio.DM

Bruttowertschöpfung zusammengefaßter Wirtschaftbereiche

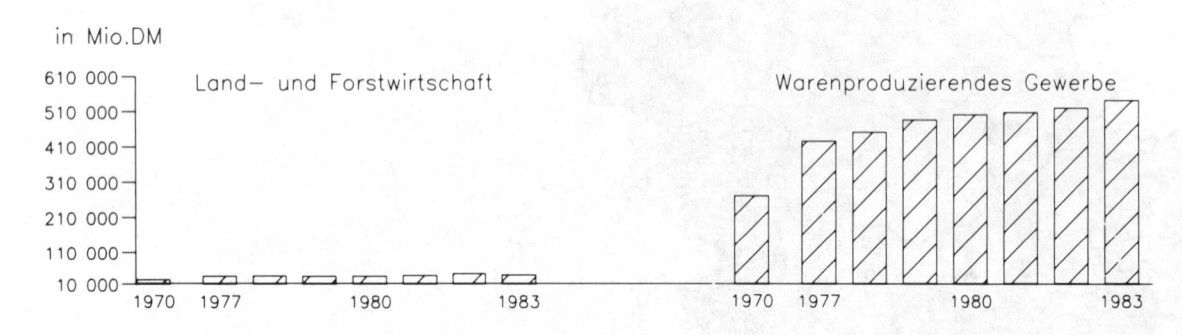

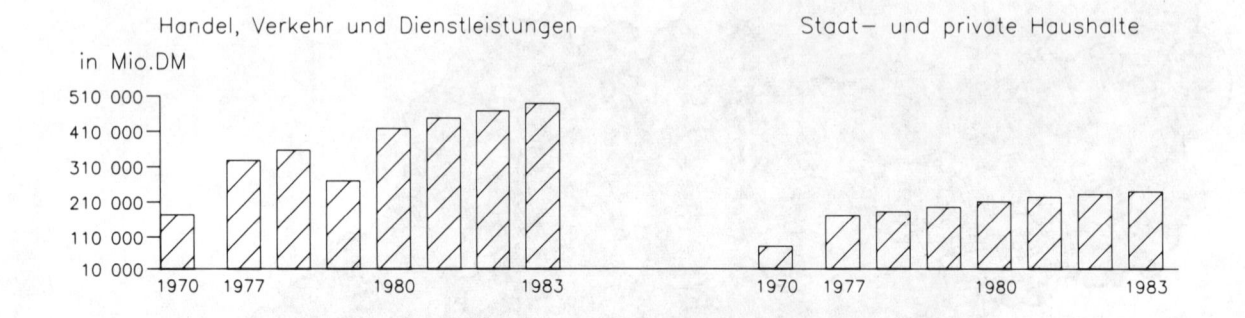

in Mio.DM

Land- und Forstwirtschaft

Warenproduzierendes Gewerbe

Handel, Verkehr und Dienstleistungen

Staat- und private Haushalte

in Mio.DM

1) Die hier nachgewiesenen Gesamtgrößen weichen von den Summen der Vorleistungen der Bruttowertschöpfung, der Nettowertschöpfung und der Einkommen aus Unternehmertätigkeit und Vermögen der Unternehmensbereiche dadurch ab, daß die Vorleistungen der Kreditinstitute um unterstellte Entgelte für Bankdienstleistungen erhöht und die Bruttowertschöpfung, die Nettowertschöpfung sowie die entstandenen Einkommen aus Unternehmertätigkeit und Vermögen der Kreditinstitute entsprechend vermindert sind.

Quelle: Statistisches Bundesamt

Allgemeine Daten

Index der industriellen Produktion in ausgewählten Mitgliedstaaten der OECD

Der Index der industriellen Produktion gibt die Entwicklung des Produktionsvolumens in ausgewählten Mitgliedstaaten der OECD wieder.

Von dem Umfang der Produktion kann auf eine Reihe von möglichen Umweltbelastungen geschlossen werden.

So sind die Menge der Emissionen aus Industriebetrieben und Kraftwerken, die Höhe des industriellen Wasserverbrauchs, die Menge der anfallenden industriellen Abfälle, die Höhe der Lärmbelastung abhängig vom Umfang der industriellen Produktion.

Siehe auch:
- Umweltschutzinvestitionen im Produzierenden Gewerbe
- Kapitel Allgemeine Daten, Abschnitt Energie
- Emissionen in der Bundesrepublik nach Emittentengruppen
- Industrielle Wasserversorgung
- Abfälle im Produzierenden Gewerbe
- Emissionen wichtiger Quellen in Industrie und Gewerbe

Allgemeine Daten

Index der industriellen Produktion
in ausgewählten Mitgliedsstaaten der OECD 1980 bis 1984

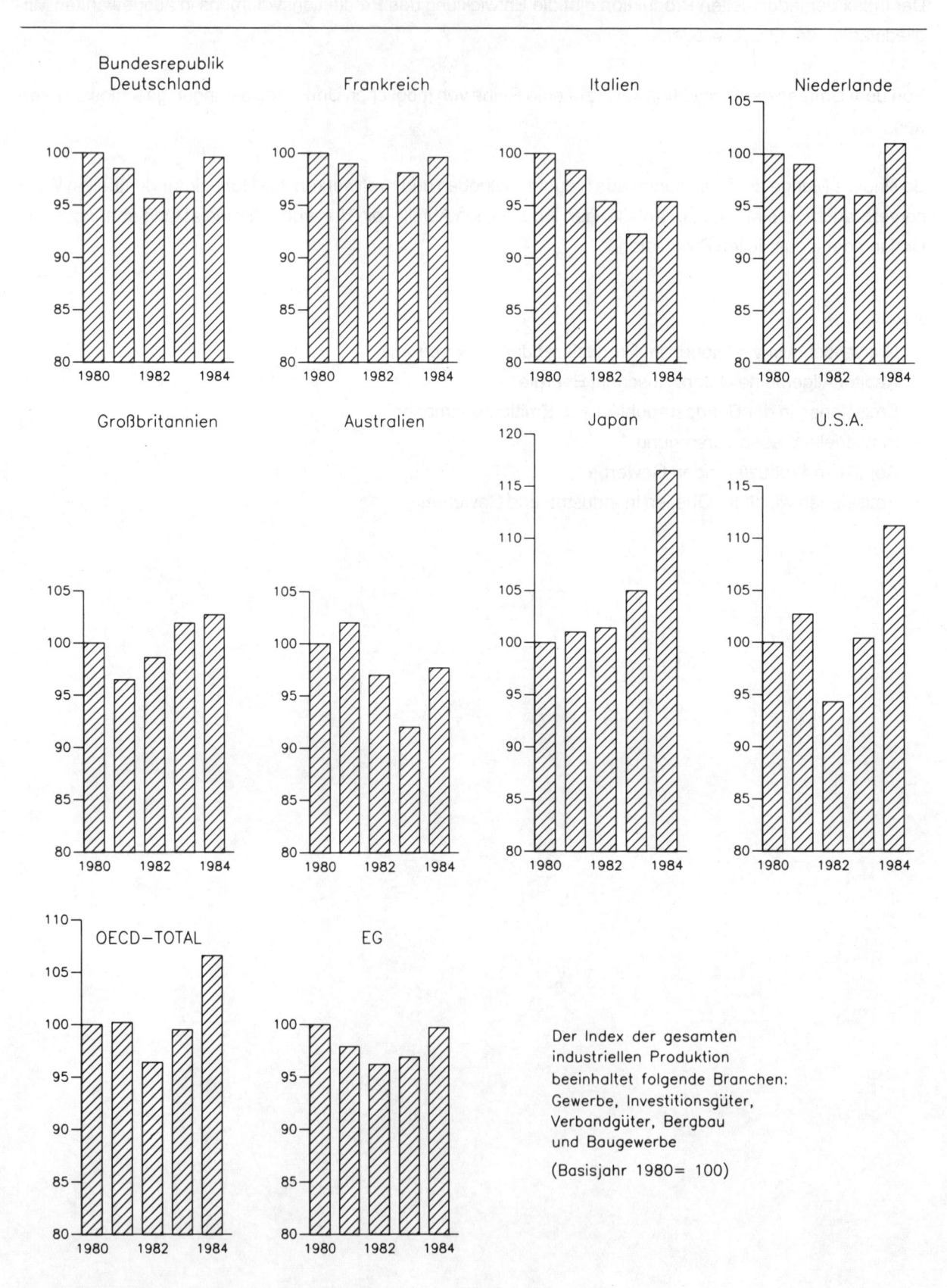

Bundesrepublik Deutschland

Frankreich

Italien

Niederlande

Großbritannien

Australien

Japan

U.S.A.

OECD-TOTAL

EG

Der Index der gesamten industriellen Produktion beinhaltet folgende Branchen: Gewerbe, Investitionsgüter, Verbandgüter, Bergbau und Baugewerbe

(Basisjahr 1980 = 100)

Quelle: Organisation für wirtschaftliche Zusammenarbeit und Entwicklung

Allgemeine Daten

Entwicklung des Bruttoinlandproduktes in ausgewählten Mitgliedstaaten der OECD

Die zeitliche Entwickung des erwirtschafteten Bruttoinlandprodukts einer Volkswirtschaft gibt Hinweise auf die jeweilige Wirtschaftsaktivität, die wiederum eine Ursache der Umweltbelastung sein kann. Gleichzeitig bietet eine positive wirtschaftliche Entwicklung auch bessere Möglichkeiten für Staat und Wirtschaft, Umweltschutzmaßnahmen durchzuführen.

Einen hohen Anteil am erwirtschafteten Bruttoinlandsprodukt hat das Produzierende Gewerbe.

Siehe auch:
- Entwicklung der Emissionen in ausgewählten Mitgliedsstaaten der OECD
- Index der industriellen Produktion in ausgewählten Mitgliedsstaaten der OECD
- Ausgewählte Emissionen – Entwicklung 1966 bis 1984
- Entwicklung der Umweltschutzinvestitionen im Produzierenden Gewerbe
- Öffentliche Ausgaben für Umweltforschung in ausgewählten Mitgliedsstaaten der OECD

Allgemeine Daten

Entwicklung des Bruttoinlandsproduktes
in ausgewählten Mitgliedsstaaten der OECD 1980 bis 1984

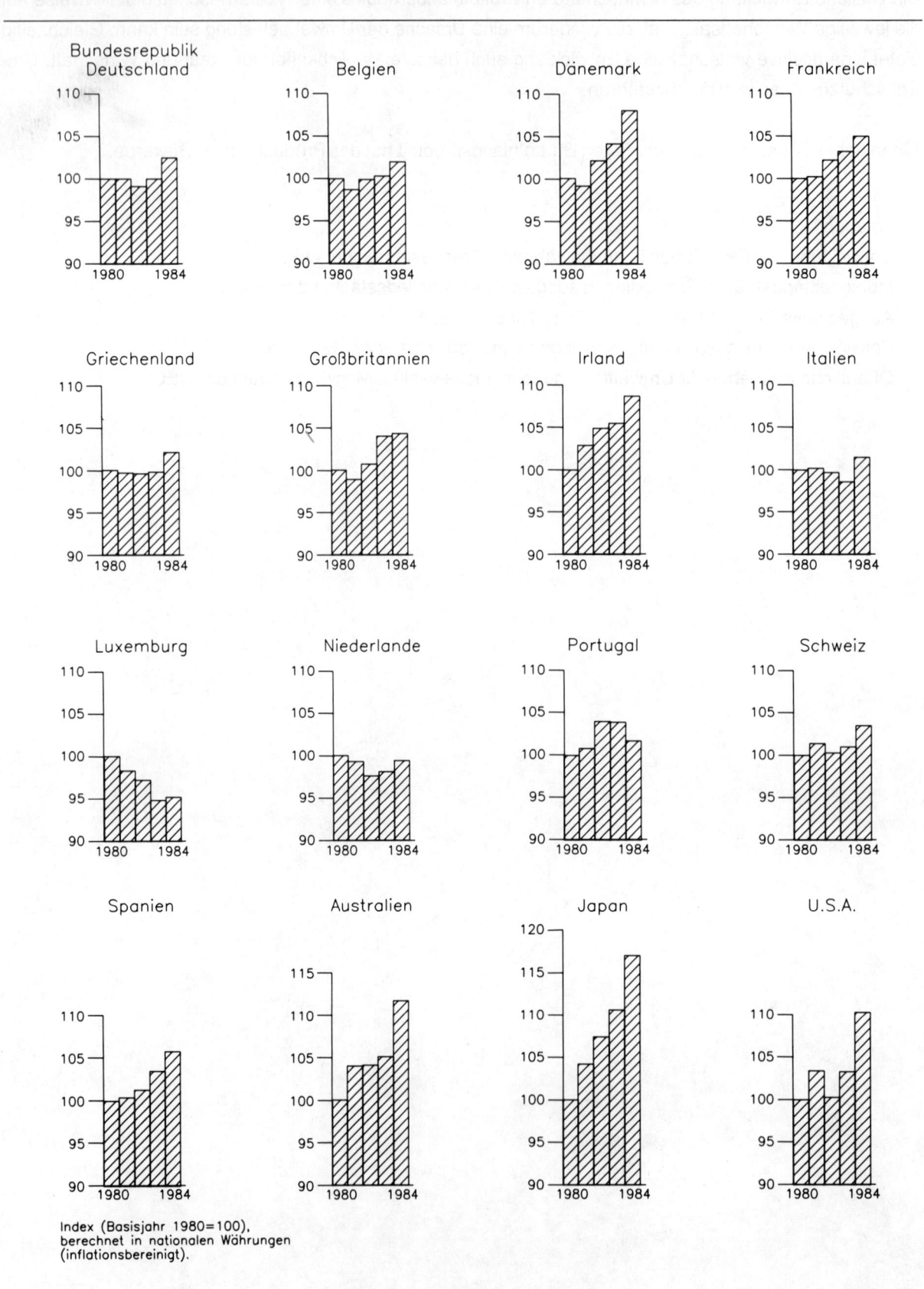

Index (Basisjahr 1980=100),
berechnet in nationalen Währungen
(inflationsbereinigt).

Quelle: Organisation für wirtschaftliche Zusammenarbeit und Entwicklung

Allgemeine Daten

Energie

Primärenergieverbrauch

Ein wichtiger Indikator für die Aktivität des Energiesektors ist der Primärenergieverbrauch, dessen Höhe und Struktur gleichermaßen bedeutsam für Umweltschutz und Ressourcenschonung sind. Der Primärenergieverbrauch ist die Summe aus den Energieverlusten, die bei der Bereitstellung von Energie entstehen (Förderung, Umwandlung, Transport), dem nichtenergetischen Verbrauch von Energieträgern (z.B. als Rohstoff in der Chemischen Industrie) und dem Endenergieverbrauch der Verbrauchssektoren. Im Jahre 1970 waren 24,3% des Primärenergieverbrauchs Verluste, 7,3% wurden nichtenergetisch genutzt und 68,4% wurden in den Verbrauchssektoren eingesetzt. Die entsprechenden Angaben für 1984 lauten 27,7%, 6,9% und 65,4%.

Welche Energieträger zur Deckung des Primärenergieverbrauchs beigetragen haben, zeigt die Abbildung auf Seite 22. Die hohen Steigerungsraten der 60er Jahre von 5% im Jahr und durchschnittlich fast 4% im Zeitraum 1970–1973 haben sich nach der ersten Ölpreiserhöhung 1973 nicht fortgesetzt. Die gestiegenen Ölpreise und die Maßnahmen von Bund und Ländern zur Energieeinsparung haben stabilisierend auf den Primärenergieverbrauch gewirkt. Seit 1973 ist allerdings ein erheblicher Strukturwandel beim Verbrauch von Energieträgern eingetreten. Während 1973 der Anteil des Mineralöls mit 55,2% sein Maximum erreichte, sank dieser bis zum Jahr 1984 auf 42%. Am stärksten erhöhten in diesem Zeitraum Kernenergie und Naturgase ihre Anteile von 1% auf 8,1% bzw. 10,2% auf 15,9%, während die Anteile von Stein- und Braunkohle nur geringfügig zunahmen. Regenerative Energieträger mit Ausnahme von Wasserkraft und Brennholz spielen statistisch eine Randrolle. Ihr Beitrag wird für 1984 auf 7 PJ (1 PJ = 1 Petajoule = 10^{15} Joule) geschätzt (ca. 0,06%). Der Primärenergieverbrauch setzt sich zusammen aus der Primärenergiegewinnung im Inland, den Bestandsentnahmen und der Einfuhr von Energieträgern abzüglich der Ausfuhr, der Hochseebunkerungen und der Bestandsaufstockungen. Die wichtigsten Einzelposten dieser Bilanz zeigen die Abbildungen auf Seite 24.

Die Abbildung auf Seite 23 zeigt, daß die Primärenergiegewinnung im Inland im dargestellten Zeitraum kontinuierlich abgenommen hat. Die stärksten Einbußen haben Steinkohle und Rohöl zu verzeichnen, die durch Zunahme der Förderung von Naturgasen und Braunkohle nicht ausgeglichen werden konnten. Im gleichen Zeitraum hat sich auch der Einfuhranteil nach Saldierung (Differenz von Einfuhr und Ausfuhr, vgl. S. 24) von 49% auf 56%, bezogen auf den Primärenergieverbrauch, erhöht. Hierbei steht dem Rückgang des Außenhandelssaldos bei Rohöl und Mineralölprodukten die erhebliche Zunahme bei Kernenergie und Erdgas gegenüber.

Der größte Einzelposten bei den Ausfuhren sind Steinkohlekoks und Kokskohlen.

Die bekannten Erdgas- und Rohölvorräte der Bundesrepublik Deutschland sind fast verbraucht. Bei Aufrechterhaltung der heutigen Förderung würden diese Vorräte bis zum Jahr 2000 erschöpft sein. Die unter heutigen Bedingungen technisch und wirtschaftlich abbauwürdigen Stein- und Braunkohlevorräte in der Bundesrepublik Deutschland reichen bei Aufrechterhaltung der heutigen Förderung noch etwa 300 Jahre. Das setzt voraus, daß ein Teil des Primärenergiebedarfs auch weiterhin durch hohe Einfuhren gedeckt werden kann.

Siehe auch:
– Abbau nicht erneuerbarer Ressourcen

Allgemeine Daten

Primärenergieverbrauch nach Energieträgern 1970 bis 1984

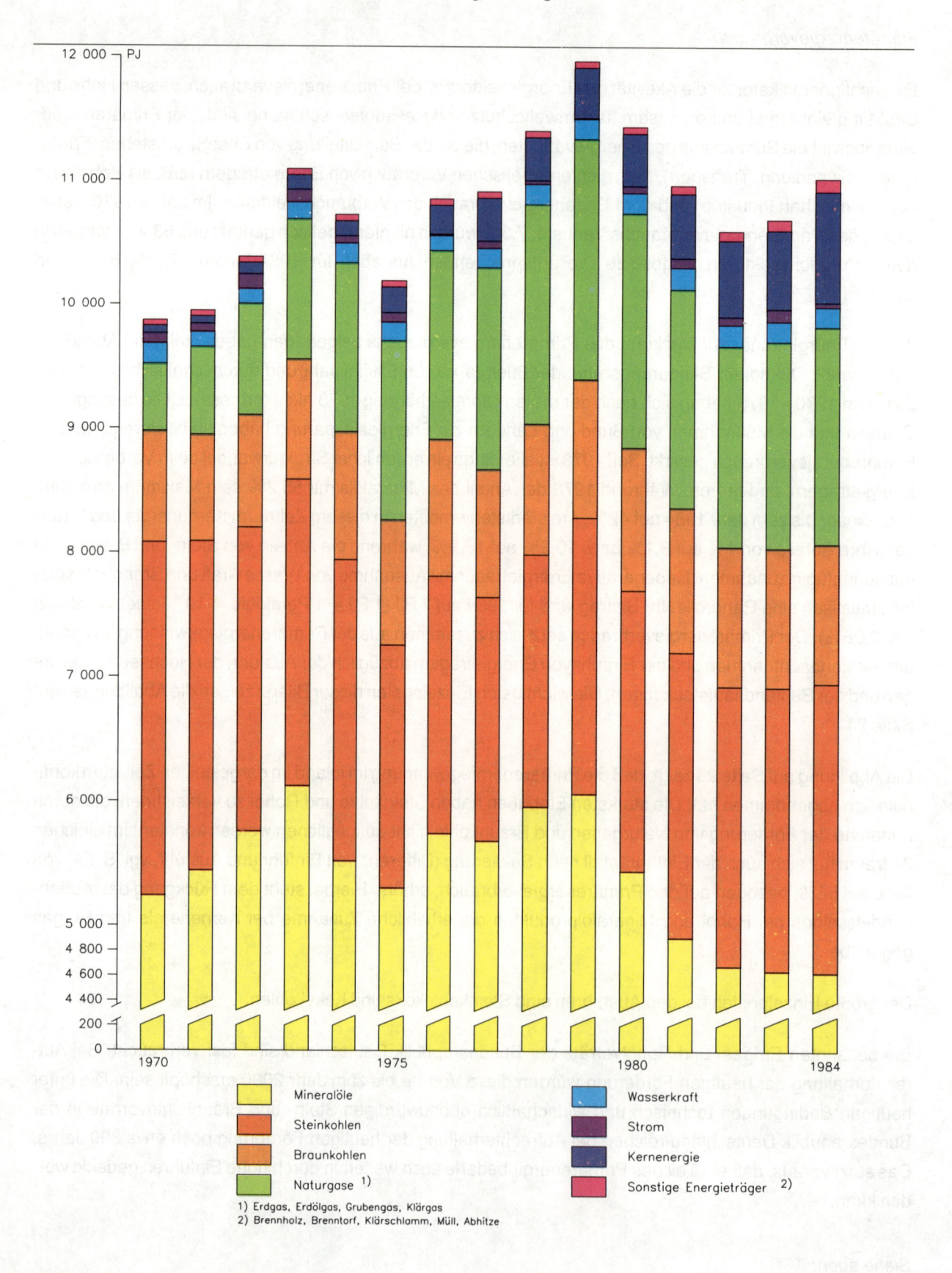

- Mineralöle
- Steinkohlen
- Braunkohlen
- Naturgase [1]
- Wasserkraft
- Strom
- Kernenergie
- Sonstige Energieträger [2]

1) Erdgas, Erdölgas, Grubengas, Klärgas
2) Brennholz, Brenntorf, Klärschlamm, Müll, Abhitze

Quelle: Bundesminister für Wirtschaft

Allgemeine Daten

Primärenergiegewinnung 1970 bis 1984

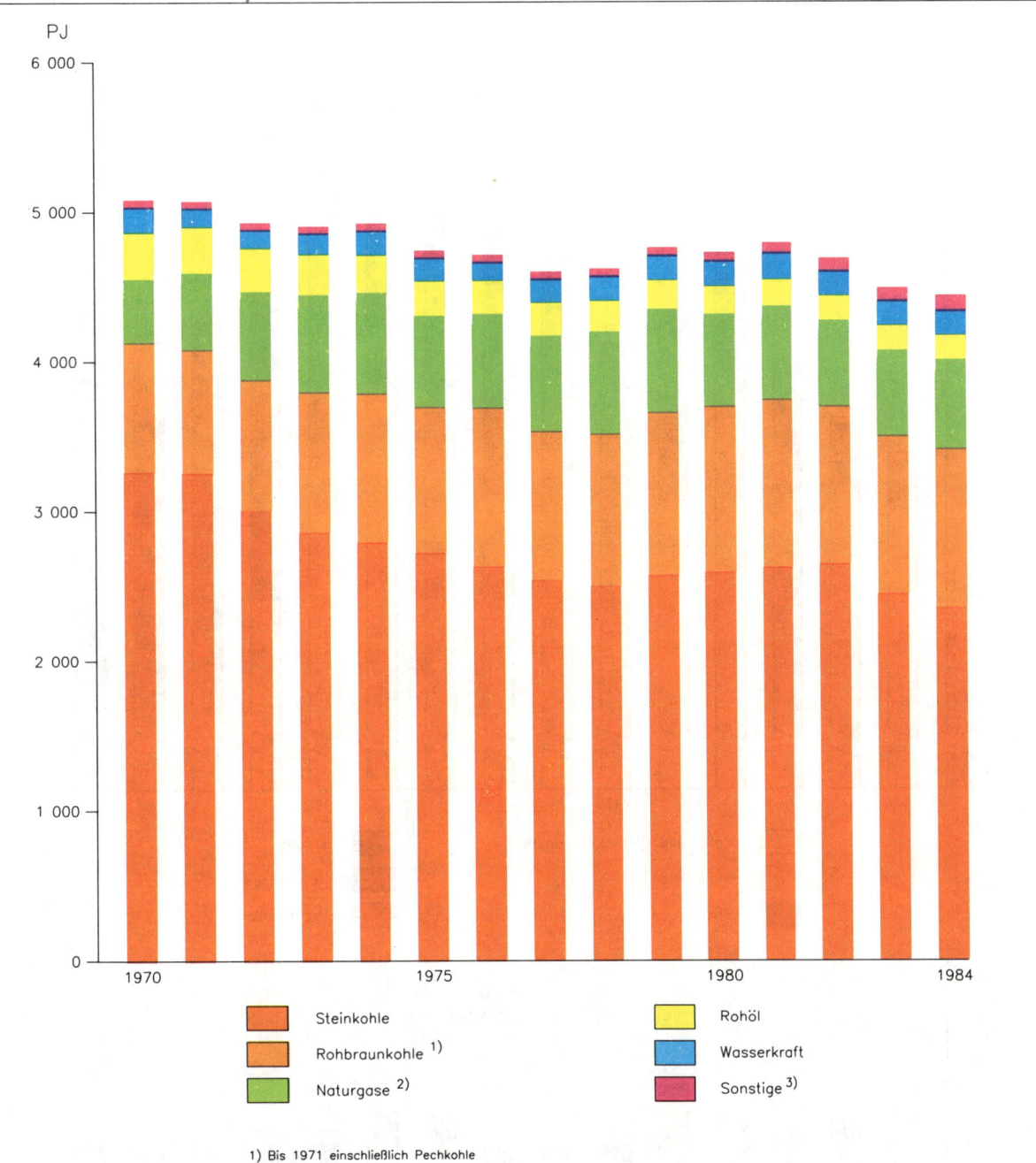

PJ

Legende:
- Steinkohle
- Rohbraunkohle [1]
- Naturgase [2]
- Rohöl
- Wasserkraft
- Sonstige [3]

1) Bis 1971 einschließlich Pechkohle
2) Erdgas, Erdölgas, Grubengas, Klärgas
3) Brennholz, Brenntorf, Klärschlamm, Müll, Abhitze, Außenhandelssaldo Kokereigas

Quelle: Bundesminister für Wirtschaft

Allgemeine Daten

Einfuhr und Ausfuhr von Energieträgern 1970 bis 1984

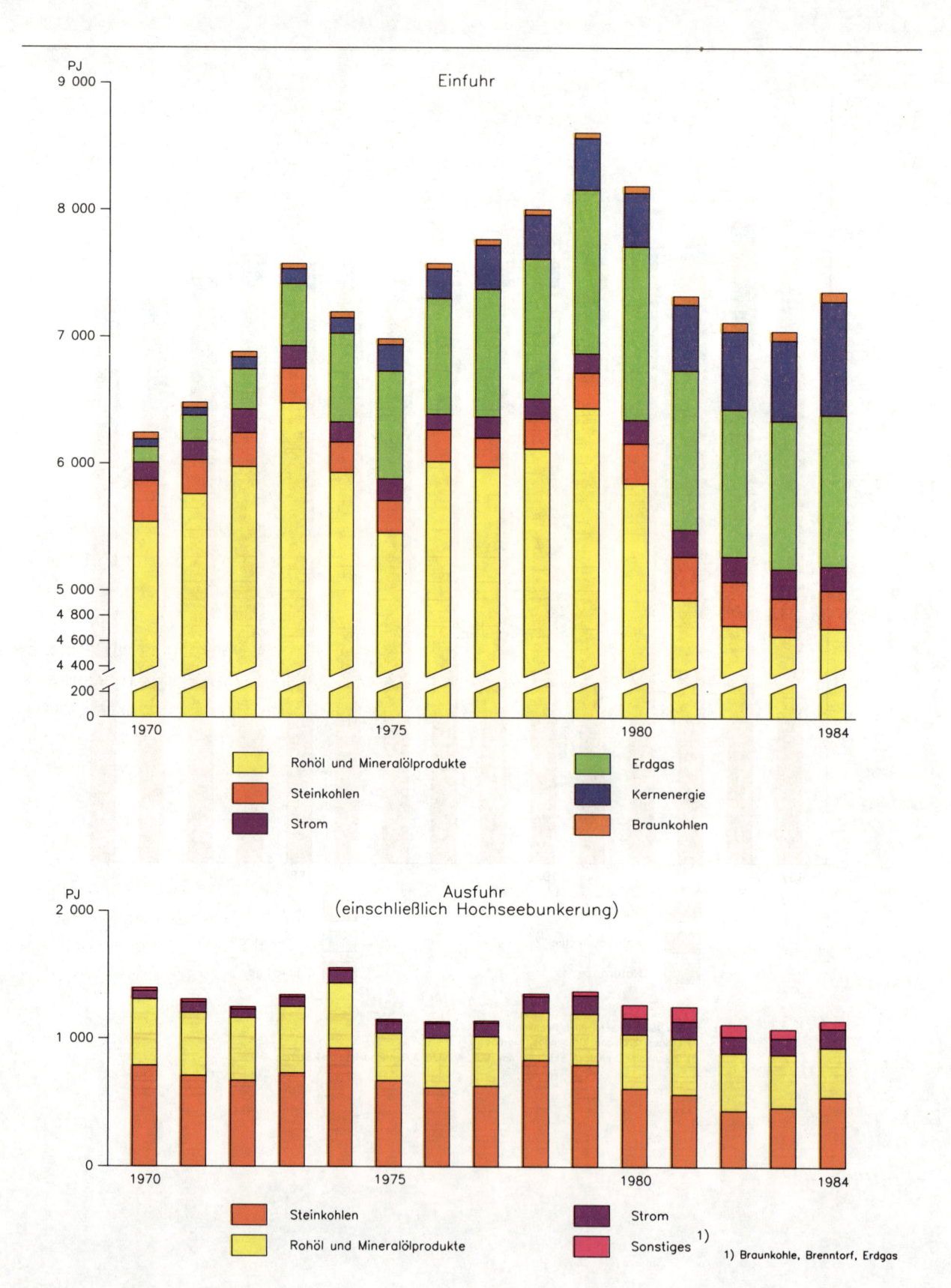

Einfuhr (PJ)

Legende:
- Rohöl und Mineralölprodukte
- Steinkohlen
- Strom
- Erdgas
- Kernenergie
- Braunkohlen

Ausfuhr (einschließlich Hochseebunkerung) (PJ)

Legende:
- Steinkohlen
- Rohöl und Mineralölprodukte
- Strom
- Sonstiges [1]

[1] Braunkohle, Brenntorf, Erdgas

Quelle: Bundesminister für Wirtschaft

Allgemeine Daten

Umwandlung von Energieträgern

Im Umwandlungsbereich des Energiesektors werden Energieträger eingesetzt, um sie in leichter handhabbare oder für spezielle Zwecke benötigte Energieformen umzuwandeln. Dies geschieht in Kokereien, Gaswerken, Brikettfabriken, Kraft- und Heizkraftwerken, Heizwerken, Raffinerien, teilweise auch in der Eisenschaffenden und in der Chemischen Industrie, die aus ihren Produktionen energetisch oder als Rohstoff verwertbare Energieträger gewinnen.

Die Umwandlung von Energie ist verlustbehaftet, da zum Betrieb der Anlagen selbst Energie benötigt wird oder aus physikalischen Gründen eine vollständige Umwandlung in nutzbare Energie (z.B. bei der Stromerzeugung) nicht möglich ist. Auch beim Transport von Energie treten Verluste auf, die bei den leistungsgebundenen Energieträgern statistisch erfaßt werden.

Etwa 80% der zur Umwandlung eingesetzten Energieträger werden in Raffinerien und Kraftwerken umgewandelt. Diese Branchen sind nachfolgend dargestellt.

Raffinerien

Der Einsatz von Rohöl in Raffinerien wird auf Seite 27 dargestellt, nahm bis zum Jahre 1973 kontinuierlich zu und erreichte in diesem Jahr sein Maximum. Der Einfluß der Ölpreiserhöhungen von 1973 und 1979 ist deutlich zu erkennen.

Die Raffineriekapazitäten wurden bis 1979 auf etwa 159 Mio t im Jahr ausgebaut. Danach ging die Raffineriekapazität bis zum Jahre 1984 auf 105 Mio t im Jahr drastisch zurück. Mit Ausbau und Stillegung erfolgte eine Umstrukturierung der Anlagen, da die Nachfrage nach Mineralölprodukten nicht mehr der Erzeugungsstruktur entsprach. Die Raffinerien sind durch Ausbau der Konversionsanlagen in der Lage, in verstärktem Umfang unverkäufliches schweres Heizöl zusammen mit anderen Mineralölprodukten zu verkäuflichen Erzeugnissen aufzuarbeiten.

Das Ergebnis dieses Umstrukturierungsprozesses ergibt sich aus der Abbildung auf Seite 28. Im Jahre 1973 hatten Motorenbenzin einen Anteil von 12,2% und schweres Heizöl von 29,3% an der Mineralölproduktion. Bis zum Jahre 1984 haben sich diese Anteile auf 22,7% bzw. 20,6% verändert. Die Anteile der Mitteldestillate (Dieselkraftstoff und leichtes Heizöl) blieben nahezu konstant (1973: 37,9%, 1984: 39,1%). Die Abbildung zeigt weiterhin den Eigenverbrauch der Raffinerien. Er beträgt etwa 6 bis 7% der Mineralölproduktion. Aus diesem Eigenverbrauch stammt der gößte Teil der SO_2-Emissionen der Raffinerien, die schweres Heizöl mit hohen Schwefelgehalten verbrennen. Allerdings ging der Einsatz von schwerem Heizöl bezogen auf den Eigenverbrauch von 46% (1973) auf 32,6% (1984) zurück.

Allgemeine Daten

Kraftwerke

Auf Seite 29 wird der Umwandlungseinsatz in Kraftwerken nach Höhe und Struktur, die Stromerzeugung und den Eigenverbrauch (Strom für Hilfseinrichtungen, z.B. Kohlemühlen und Pumpen) dargestellt. Während die Stromerzeugung im Zeitraum 1970–1979 um durchschnittlich 4,8%/Jahr anstieg, erfolgte im Zeitraum 1980–1984 ein deutlich niedrigerer Anstieg von 1,2%/Jahr.

Hinsichtlich der Struktur des Brennstoffeinsatzes sind die Ölpreiserhöhungen von 1973 und 1979 nicht ohne Einfluß geblieben. Während der Verbrauchszuwachs beim Strom bis 1973 durch Einsatz von Heizöl- und Gaskraftwerken gedeckt wurde, wurde nach 1973 Heizöl verstärkt durch Gas substituiert.

In der Folgezeit ist auch ein kontinuierlicher Anstieg des Steinkohleeinsatzes in Kraftwerken zu verzeichnen. Die Kernenergie hat im dargestellten Zeitraum ihren Anteil von 2,5% auf 23,7% fast verzehnfacht.

Im Zeitraum 1974 bis 1984 hat sich die Nutzwärmeleistung der Heizkraftwerke um 32% und die Fernwärmeeinspeisung um 42% erhöht.

Siehe auch:
- Kraftwerksstandorte
- Entwicklung ausgewählter Emissionen nach Emittentengruppen
- Emissionskataster, Emittentengruppe Kraftwerke

Allgemeine Daten

Einsatz von Energieträgern
und Erzeugung von Mineralölprodukten in Raffinerien
1970 bis 1984

PJ — Umwandlungseinsatz

Legende:
- Rohöl
- Schweres Heizöl
- Motorenbenzin
- Leichtes Heizöl [1]
- Rohbenzin
- Gase [2]
- Andere Mineralölprodukte

[1] Einschließlich Dieselkraftstoff
[2] Flüssiggas, Raffineriegas

Quelle: Bundesminister für Wirtschaft

Daten zur Umwelt 1986/87
Umweltbundesamt

UMPLIS
Methodenbank
Umwelt

27

Allgemeine Daten

Einsatz von Energieträgern und Erzeugung von
Mineralölprodukten in Raffinerien 1970 bis 1984

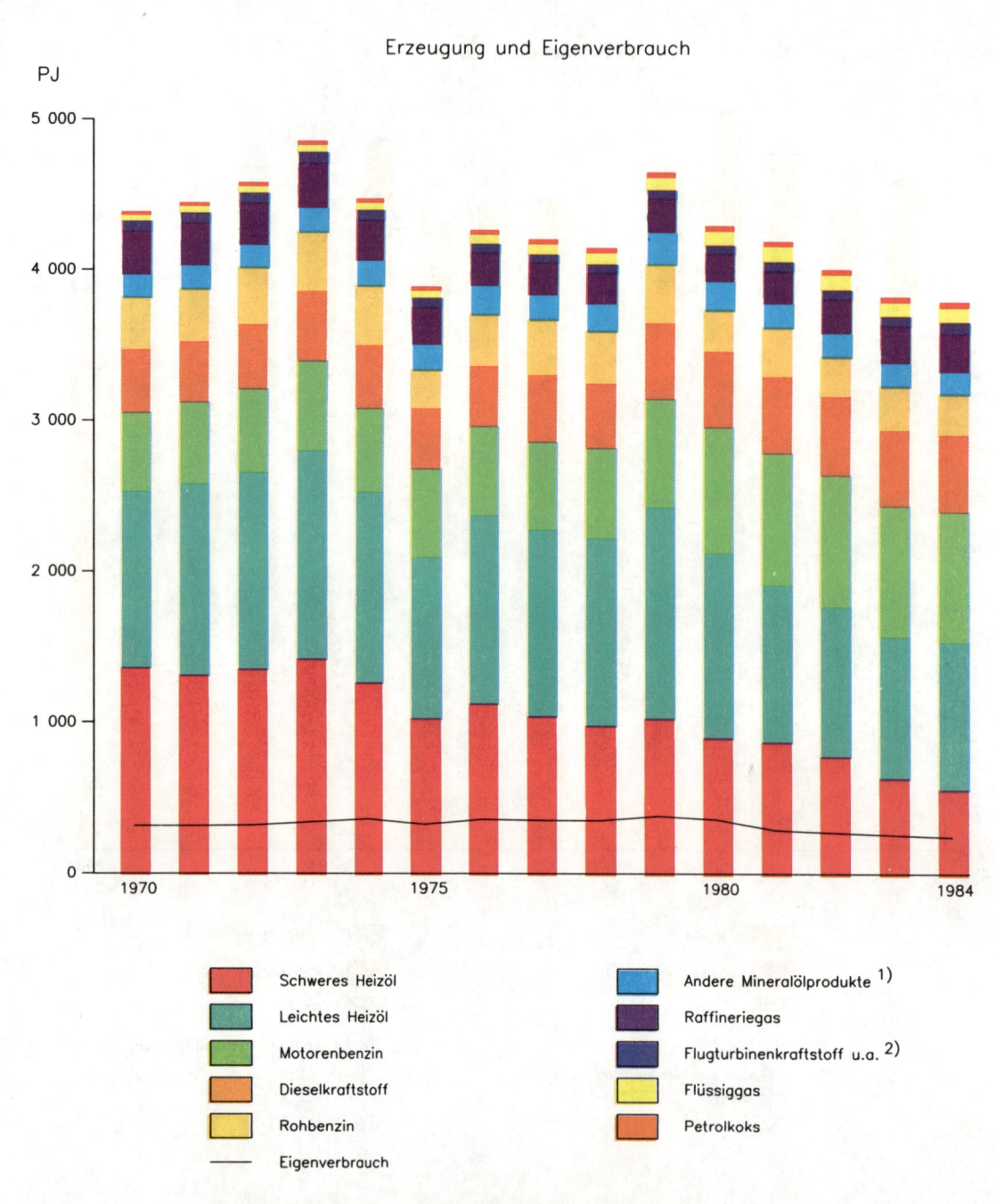

Erzeugung und Eigenverbrauch

PJ

Legende:
- Schweres Heizöl
- Leichtes Heizöl
- Motorenbenzin
- Dieselkraftstoff
- Rohbenzin
- Eigenverbrauch
- Andere Mineralölprodukte [1]
- Raffineriegas
- Flugturbinenkraftstoff u.a. [2]
- Flüssiggas
- Petrolkoks

[1] Schwerer und leichter Flugturbinenkraftstoff, Flugbenzin, Petroleum
[2] Spezialbenzin, Testbenzin, schmieröle und -fette, Parafine, Vaseline, Bitumen, Rueckstände u.a.m.

Quelle: Bundesminister für Wirtschaft

Allgemeine Daten

Einsatz von Energieträgern und Stromerzeugung in Kraftwerken 1970 bis 1984

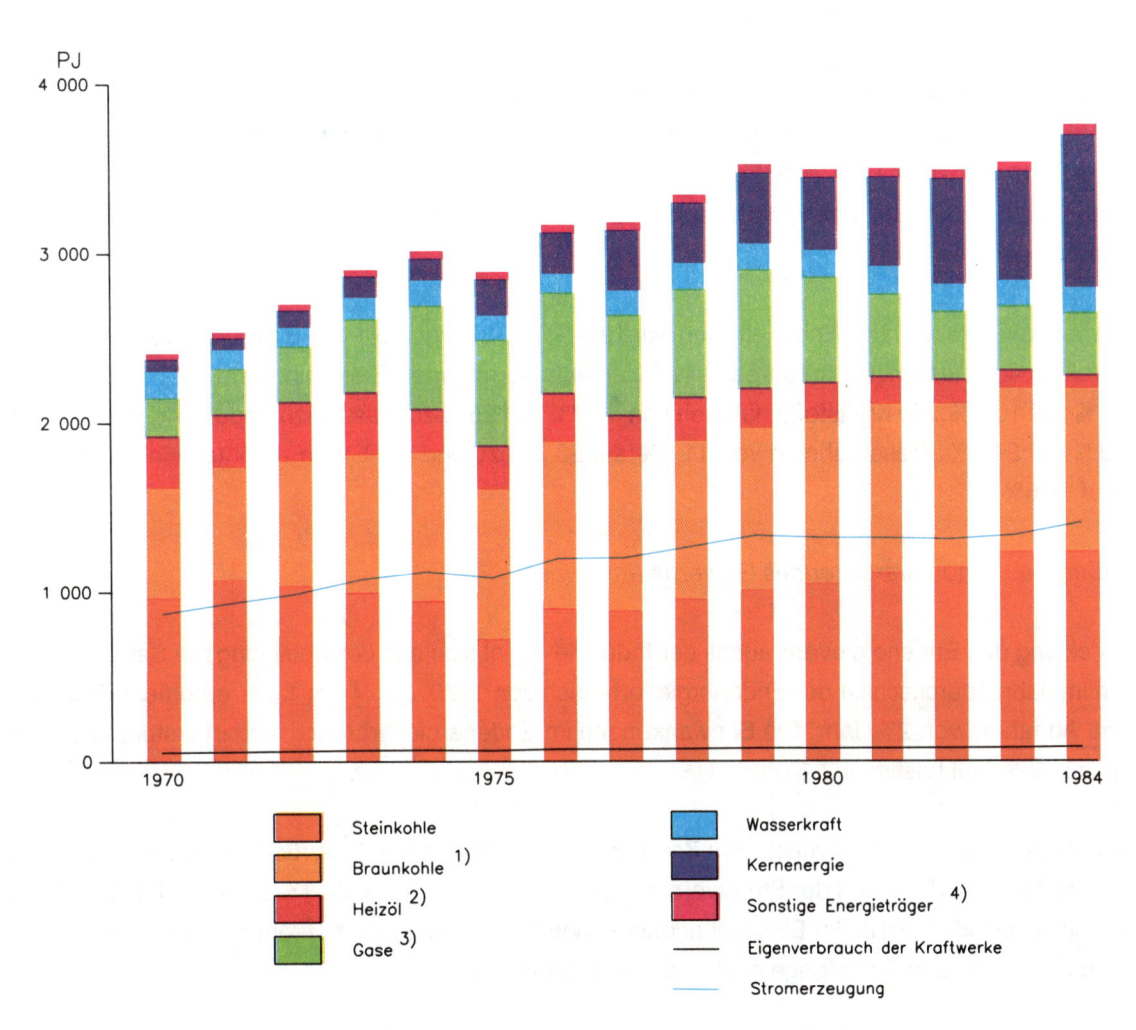

Legende:
- Steinkohle
- Braunkohle [1]
- Heizöl [2]
- Gase [3]
- Wasserkraft
- Kernenergie
- Sonstige Energieträger [4]
- Eigenverbrauch der Kraftwerke
- Stromerzeugung

1) Rohbraunkohle, Braunkohlenbriketts, Braunkohlenkoks, Staub- und Trockenkohle, Hartbraunkohle
2) Schweres Heizöl, Leichtes Heizöl einschließlich Dieselkraftstoff
3) Flüssiggas, Raffineriegas, Kokereigas, Gichtgas und Naturgase
4) Brennholz, Brenntorf, Klärschlamm, Müll, Abhitze, Pumpstromaufwand und Speicherkraftwerken

Quelle: Bundesminister für Wirtschaft

Allgemeine Daten

Endenergieverbrauch

Der Endenergieverbrauch ist die in den Verbrauchssektoren eingesetzte und energetisch genutzte Energie, z.B. zur Erzeugung von Raum- und Prozeßwärme, mechanischer Energie (Kraft) und Licht. Nicht enthalten ist der nichtenergetische Einsatz von Energieträgern, z.B. als Rohstoff.

Der größte Endenergieverbraucher (siehe Seite 32) ist die Industrie. Allerdings sank ihr Anteil am Endenergieverbrauch von 38,8% im Jahre 1970 auf 31,8% im Jahre 1984. Die Haushalte haben im gleichen Zeitraum ihren Verbrauchsanteil von 26,8% auf 27,6% erhöht. Beträchtlich von 19,2% auf 25,5% zugenommen hat im dargestellten Zeitraum der Verkehrssektor. Die Kleinverbraucher haben ihren Anteil von 15,2% auf 15,1% kaum verändert.

Der Endenergieverbrauch nach Energieträgern wird auf Seite 33 dargestellt. Die Entwicklung zeigt ebenfalls starke strukturelle Änderungen. Im dargestellten Zeitraum verringerten Stein- und Braunkohle ihren Anteil von 19,7% auf 10,9%, die Kraftstoffe nahmen von 17,7% auf 25% zu, das Heizöl reduzierte seinen Anteil von 38,3% auf 24,1%. Gase nahmen von 11,2% auf 20,3% zu und der Strom erhöhte seinen Anteil von 10,6% auf 16,6%.

Übriger Bergbau[1] und Verarbeitendes Gewerbe (Industrie)

Die Entwicklung des Endenergieverbrauchs der Industrie ergibt sich aus der Abbildung auf Seite 34. Während sich im Jahresdurchschnitt der Endenergieverbrauch von 1970–1974 um 1,5% erhöhte, erfolgte danach eine Abnahme von 2%/Jahr. Die Schwankungen im Endenergieverbrauch sind in erster Linie durch den Konjunkturverlauf bestimmt.

Während der Heizöleinsatz im dargestellten Zeitraum von 37,9% auf 16,4% zurückging, nahmen der Gasanteil von 21,7% auf 30,9% und der Stromverbrauchsanteil von 15,5% auf 24,1% zu. Der Steinkohlekoks, der zum überwiegenden Teil in der Eisenschaffenden Industrie verbraucht wird, konnte seinen Verbrauchsanteil zwar halten, die absolute Menge ging jedoch erheblich zurück.

Auch der Endenergieeinsatz und die Umwandlung in die letztlich benötigte Energie (Nutzenergie), z.B. Raumwärme, Prozeßwärme, Kraft und Licht ist mit Energieverlusten verbunden. So beträgt in der Industrie der Nutzungsgrad (das ist das Verhältnis von Nutzenergie zur Endenergie) etwa 55%. Etwa 72% der eingesetzten Energie wurden zur Erzeugung von Prozeßwärme (Nutzungsgrad 56%) eingesetzt, 11% wurden in Raumwärme (Nutzungsgrad 65%) und 17% in Kraft und Licht (Nutzungsgrad 45%) umgewandelt. In industriellen Prozessen fällt Abwärme prinzipiell an, die sich betriebsintern oder als Fernwärme außerhalb des Betriebes nutzen läßt. Die Nutzung dieser Wärme ist auch unter Umweltgesichtspunkten günstig zu beurteilen.

---

[1] Nicht-Kohlebergbau; Kohlebergbau wird in der Energiebilanz nicht gesondert ausgewiesen.

Allgemeine Daten

Verkehr

Der durchschnittliche Verbrauchsanstieg des Endenergieverbrauchs im Verkehrssektor (siehe Seite 34) betrug im Zeitraum 1970–1979 rund 3,5%/Jahr. Bedeutendster Energieträger ist das Motorenbenzin, das seinen Anteil von 53,7% im Jahre 1970 auf 57,2% im Jahre 1984 sogar noch steigern konnte. Der Dieselkraftstoff hat im gleichen Zeitraum von 32,3% auf 33,0% geringfügig zugenommen, konnte aber seinen Anteil um mehr als 45% steigern. Praktisch der gesamte Energieeinsatz des Verkehrssektors wird zur Erzeugung von mechanischer Energie benötigt. Dabei werden nur 17% der Endenergie in Nutzenergie umgewandelt.

Haushalte und Kleinverbraucher

Der Endenergieverbrauch ist für beide Sektoren getrennt dargestellt (s. Seite 35). Während der Endenergieverbrauch der Haushalte im Zeitraum 1970 bis 1973 um durchschnittlich 3,4%/Jahr zunahm, flachte dieser Anstieg bis 1979 auf 1,4%/Jahr ab.

Im dargestellten Zeitraum verringerte sich der Anteil der festen Brennstoffe von 29,6% auf 7,5%. Sie wurden zunächst durch Heizöl substituiert, während nach 1973 Gas sowohl Heizöl als auch feste Brennstoffe verdrängt hat. Der Anteil des leichten Heizöls ging von 51,9% im Jahre 1970 auf 45,3% im Jahre 1984 zurück, im gleichen Zeitraum konnte der Gasanteil von 7% auf 26,5% steigen. Die Fernwärme hat dagegen ihren Anteil nur von 2,9% auf 3,6% ausbauen können.

Der Energienutzungsgrad der Haushalte beträgt etwa 58%. Für Raumwärme wurden im Jahre 1984 etwa 79% des Endenergieverbrauchs (Nutzungsgrad ca. 65%) benötigt, für Prozeßwärme (Kochen, Warmwasser) wurden knapp 15% (Nutzungsgrad ca. 35%) eingesetzt und auf Kraft und Licht entfielen etwas mehr als 6% (Nutzungsgrad ca. 30%).

Der Endenergieverbrauch der Kleinverbraucher folgt in seiner Entwicklung dem der Haushalte fast parallel (s. Seite 35). Einer starken Zunahme von durchschnittlich 5,3%/Jahr bis 1973 und einer Dämpfung des Verbrauchsanstiegs von 0,9%/Jahr bis 1979 steht danach eine Abnahme von 2,9%/Jahr bis 1984 gegenüber. Auch die Strukturänderungen unterscheiden sich tendenziell nicht von den Haushalten: Abnahme der festen Brennstoffe von 15,6% auf einen Verbrauchsanteil von 5,2% im dargestellten Zeitraum; der Rückgang des Verbrauchsanteils des leichten Heizöls von 60,4% auf 35,6% fällt deutlicher als bei den Haushalten aus, Gase nehmen von 6,2% des Endenergieverbrauchs auf 21,1% zu und der Strom verdoppelt annähernd seinen Anteil von 12,5% auf 24,7%.

Der Energienutzungsgrad beträgt bei den Kleinverbrauchern etwa 45%. Rund 23% des Endenergieverbrauchs werden für Prozeßwärme benötigt (Nutzungsgrad ca. 30%), 52% wurden für Raumwärme eingesetzt (Nutzungsgrad ca. 60%) und 25% dienten der Erzeugung von Kraft und Licht (Nutzungsgrad ca. 30%).

Siehe auch:
— Entwicklung ausgewählter Emissionen nach Emittentengruppen
— Emissionskataster, Emittentengruppen Verkehr, Haushalte Industrie

Allgemeine Daten

Endenergieverbrauch der Verbrauchssektoren 1970 bis 1984

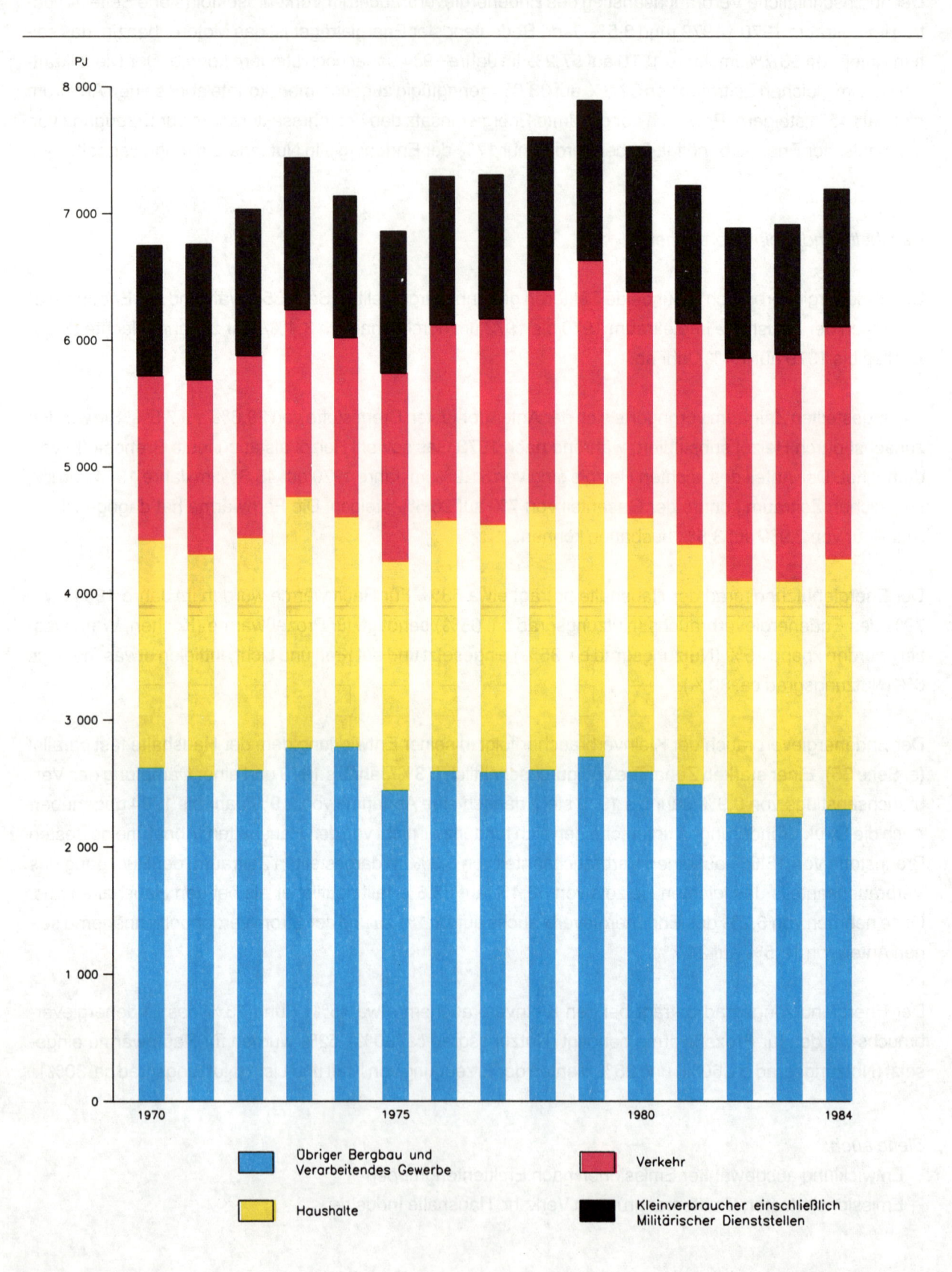

■ Übriger Bergbau und Verarbeitendes Gewerbe
■ Haushalte
■ Verkehr
■ Kleinverbraucher einschließlich Militärischer Dienststellen

Quelle: Bundesminister für Wirtschaft

Allgemeine Daten

Endenergieverbrauch nach Energieträgern 1970 bis 1984

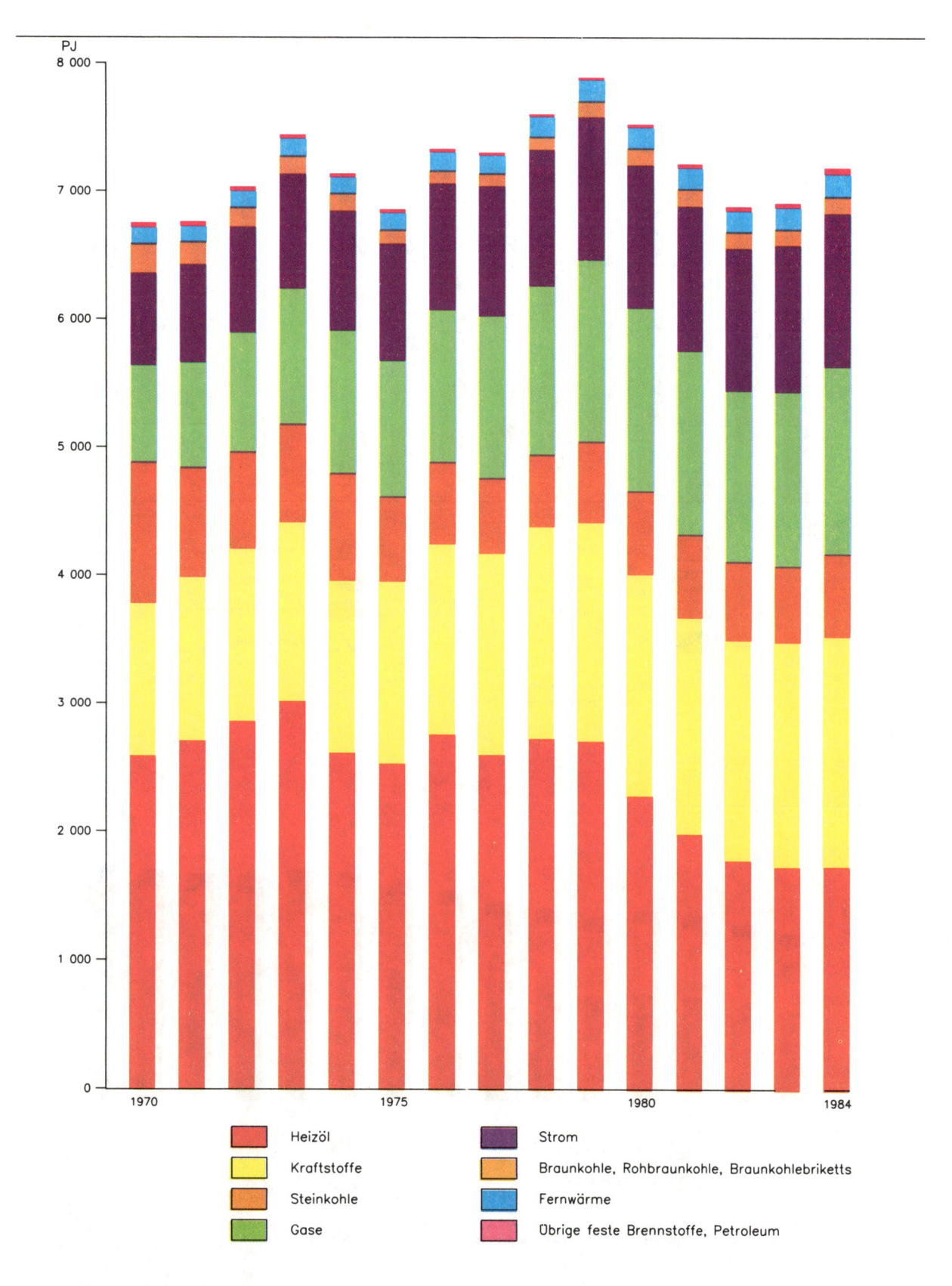

■ Heizöl		■ Strom	
■ Kraftstoffe		■ Braunkohle, Rohbraunkohle, Braunkohlebriketts	
■ Steinkohle		■ Fernwärme	
■ Gase		■ Übrige feste Brennstoffe, Petroleum	

Quelle: Bundesminister für Wirtschaft

Allgemeine Daten

Endenergieverbrauch der Verbrauchssektoren nach Energieträgern
1970 bis 1984

Übriger Bergbau und Verarbeitendes Gewerbe

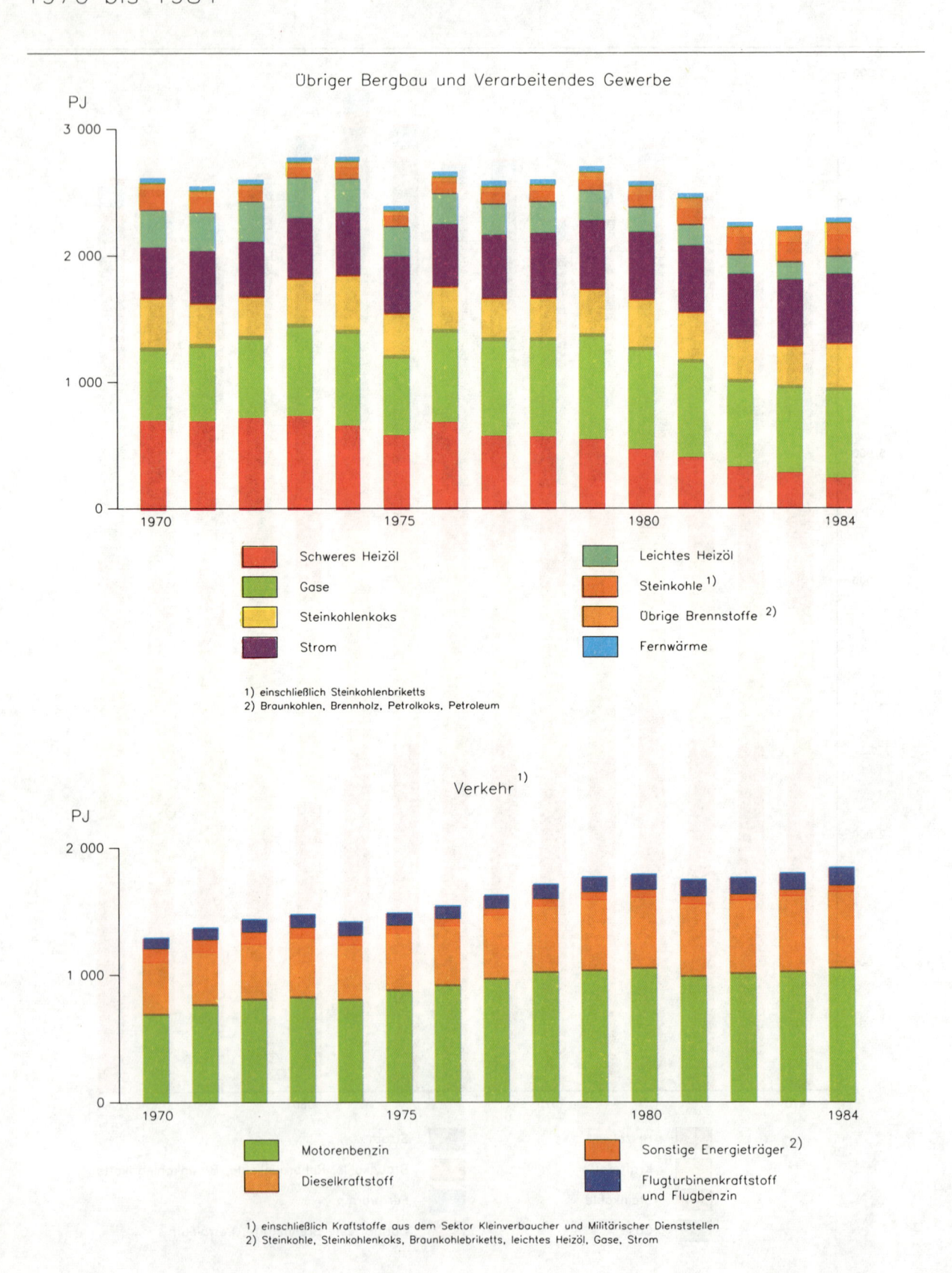

- Schweres Heizöl
- Gase
- Steinkohlenkoks
- Strom
- Leichtes Heizöl
- Steinkohle [1]
- Übrige Brennstoffe [2]
- Fernwärme

1) einschließlich Steinkohlenbriketts
2) Braunkohlen, Brennholz, Petrolkoks, Petroleum

Verkehr [1]

- Motorenbenzin
- Dieselkraftstoff
- Sonstige Energieträger [2]
- Flugturbinenkraftstoff und Flugbenzin

1) einschließlich Kraftstoffe aus dem Sektor Kleinverbaucher und Militärischer Dienststellen
2) Steinkohle, Steinkohlenkoks, Braunkohlebriketts, leichtes Heizöl, Gase, Strom

Quelle: Bundesminister für Wirtschaft

Allgemeine Daten

Endenergieverbrauch der Verbrauchssektoren
nach Energieträgern 1970 bis 1984

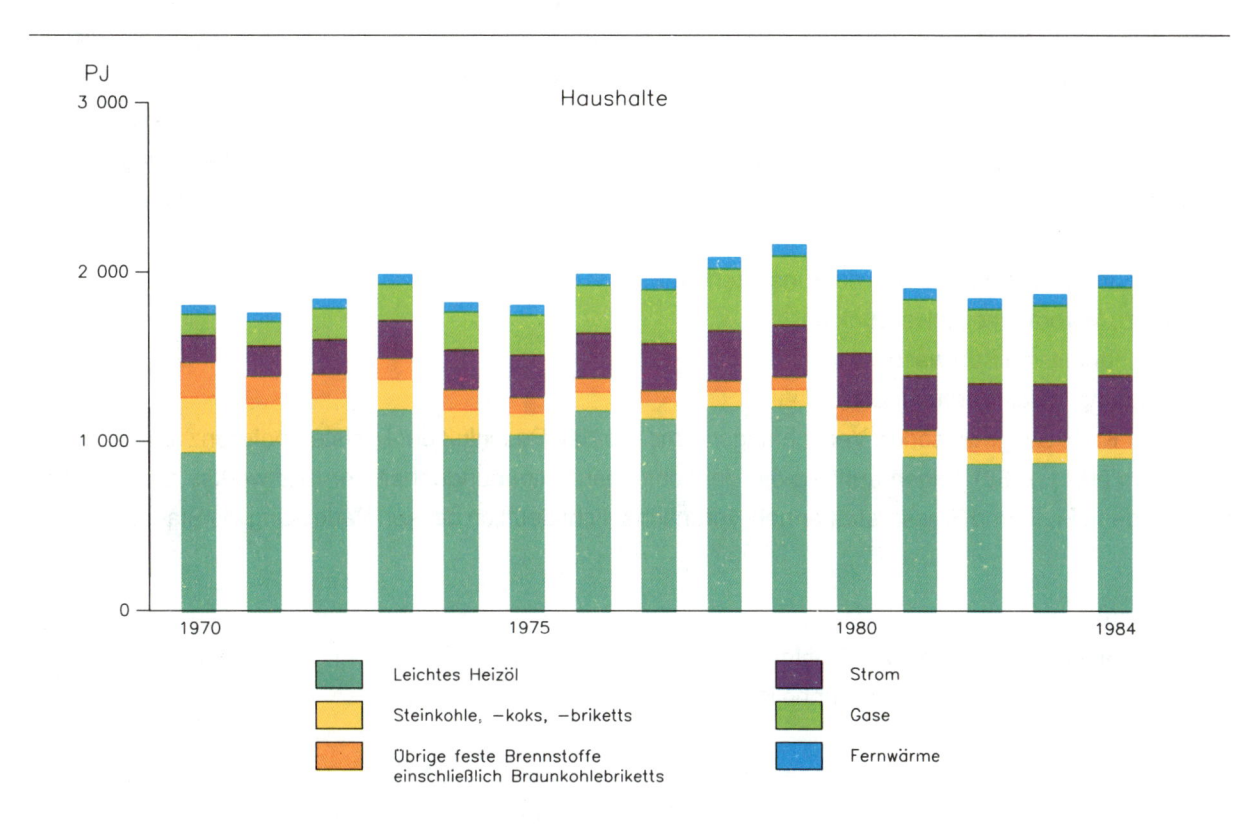

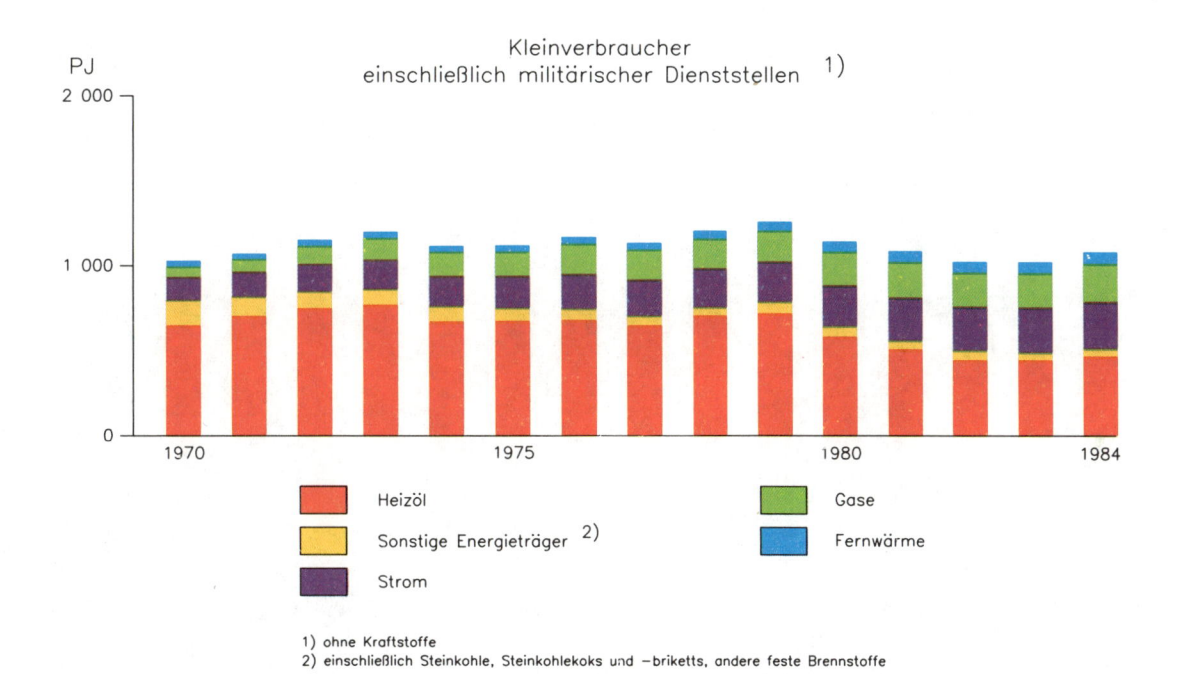

Haushalte (PJ)

- Leichtes Heizöl
- Steinkohle, -koks, -briketts
- Übrige feste Brennstoffe einschließlich Braunkohlebriketts
- Strom
- Gase
- Fernwärme

Kleinverbraucher einschließlich militärischer Dienststellen [1] (PJ)

- Heizöl
- Sonstige Energieträger [2]
- Strom
- Gase
- Fernwärme

1) ohne Kraftstoffe
2) einschließlich Steinkohle, Steinkohlekoks und -briketts, andere feste Brennstoffe

Quelle: Bundesminister für Wirtschaft

Allgemeine Daten

Kraftwerksstandorte

Bei der vorliegenden Kraftwerkskarte wurden alle in Betrieb befindlichen Kraftwerke der öffentlichen Stromversorgung ab 1 MW (1 Megawatt) sowie diejenigen Industriekraftwerke, die in der zugrundeliegenden Statistik aufgeführt wurden, berücksichtigt. Ein Großteil der Industriekraftwerke ist nicht in der Statistik erfaßt und konnte daher nicht aufgenommen werden. Außerdem sind die Bahnstromanteile der Kraftwerke der Deutschen Bundesbahn und die ausländischen Anteile der Grenzkraftwerke an der Kraftwerksleistung nicht in der Karte dargestellt. Die großräumige Verteilung der Kraftwerke spiegelt die bislang bestimmenden betriebswirtschaftlich-technischen Standortfaktoren wieder:
- Nähe zum Ort der Gewinnung der Einsatzenergie,
- Nähe zu Verbrauchsschwerpunkten,
- Verfügbarkeit von Kühlwasser,
- Einbindung in das Verbundnetz.

Die in der Karte ausgewiesenen Verdichtungsräume (gemäß Beschluß der Ministerkonferenz für Raumordnung vom 29.11.1968) zeigen auffällig die Verdichtungsraumgebundenheit der Kraftwerksstandorte. Das eingetragene Fluß- und Wasserstraßennetz veranschaulicht deutlich dessen Bedeutung als Standortfaktor.

Siehe auch:
- Ausgewählte Emissionen nach Emittentengruppen
- Emissionskataster, Emittentengruppe Kraftwerke

Allgemeine Daten

Primärenergieverbrauch im Verhältnis zum Bruttosozialprodukt in ausgewählten Mitgliedsstaaten der OECD

Der Primärenergieverbrauch in den Mitgliedsländern der OECD ist in den letzten 10 Jahren nur noch unwesentlich gestiegen (unter 1%), innerhalb Europas sogar zurückgegangen.

Dabei sind die einzelnen Energieträger unterschiedlich betroffen. Während der Verbrauch von Kohle in den USA und Kanada stark angestiegen ist, stagniert er in den übrigen Industrieländern oder geht leicht zurück. Der Ölverbrauch ist in fast allen Staaten rückläufig, während der Kernenergieverbrauch durchgängig ansteigend ist. Eine deutlich zunehmende Tendenz haben die Wasserkraft und auch neuartige Energiearten.

Der spezifische Energieverbrauch z.B. im Verhältnis zum erwirtschafteten Bruttosozialprodukt nimmt seit 1979 in den hochindustrialisierten Ländern ständig ab. Besonders stark haben die Verbrauchssektoren Industrie – durch die Einführung energiesparender Produktionsprozesse – und Verkehr – durch die Reduzierung des spezifischen Benzinverbrauchs – zu dieser Entwicklung beigetragen.

Allgemeine Daten

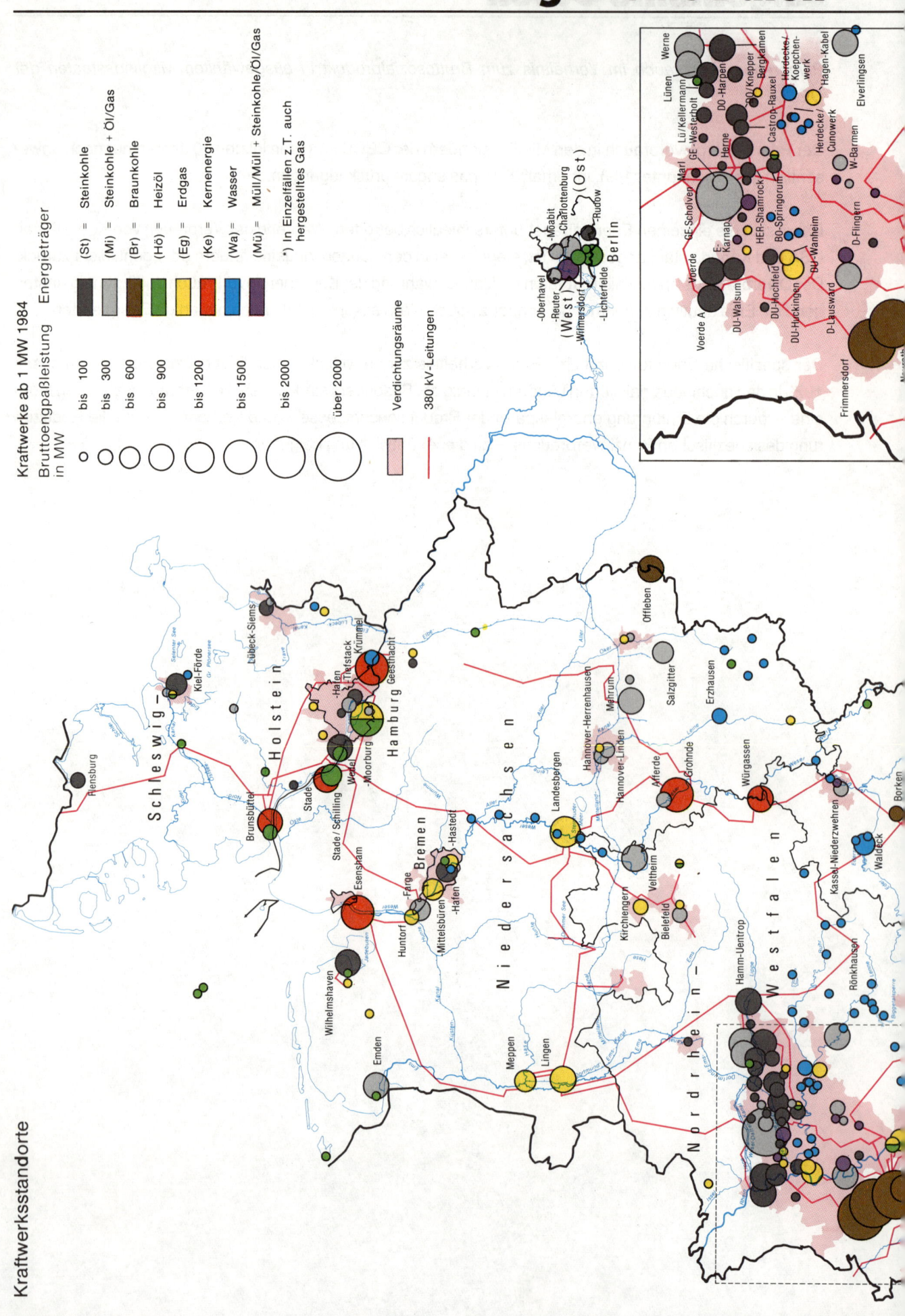

Kraftwerksstandorte

Kraftwerke ab 1 MW 1984

Energieträger:
- (St) = Steinkohle
- (Mi) = Steinkohle + Öl/Gas
- (Br) = Braunkohle
- (Hö) = Heizöl
- (Eg) = Erdgas
- (Ke) = Kernenergie
- (Wa) = Wasser
- (Mü) = Müll/Müll + Steinkohle/Öl/Gas

*) In Einzelfällen z.T. auch hergestelltes Gas

Bruttoengpaßleistung in MW:
- bis 100
- bis 300
- bis 600
- bis 900
- bis 1200
- bis 1500
- bis 2000
- über 2000

Verdichtungsräume

380 kV-Leitungen

Daten zur Umwelt 1986/87
Umweltbundesamt

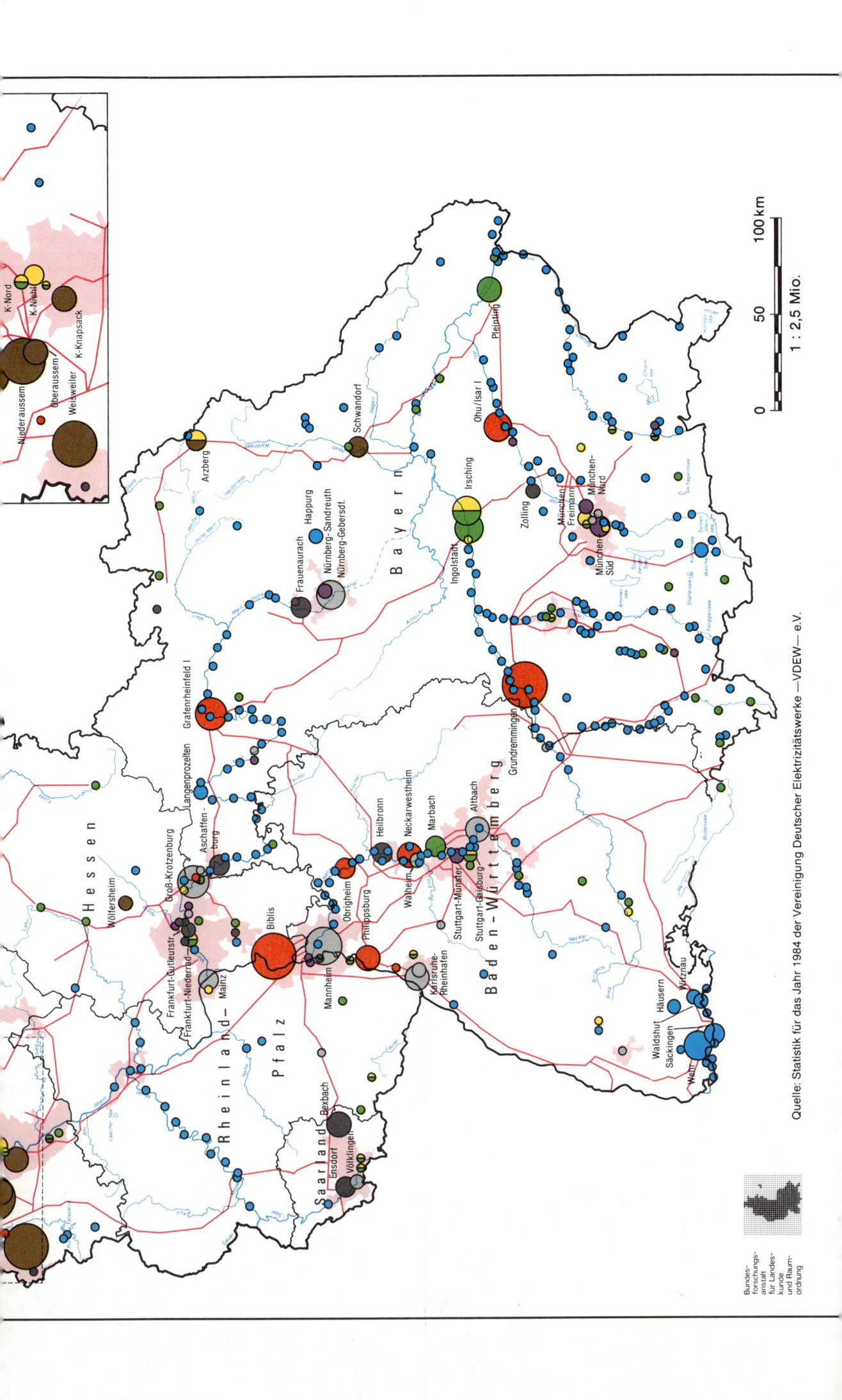

Quelle: Statistik für das Jahr 1984 der Vereinigung Deutscher Elektrizitätswerke —VDEW— e.V.

1 : 2,5 Mio.

Bundesforschungsanstalt für Landeskunde und Raumordnung

Allgemeine Daten

Primärenergieverbrauch im Verhältnis zum Bruttosozialprodukt in ausgewählten Mitgliedsstaaten der OECD 1975 bis 1983
Index 1975 = 100

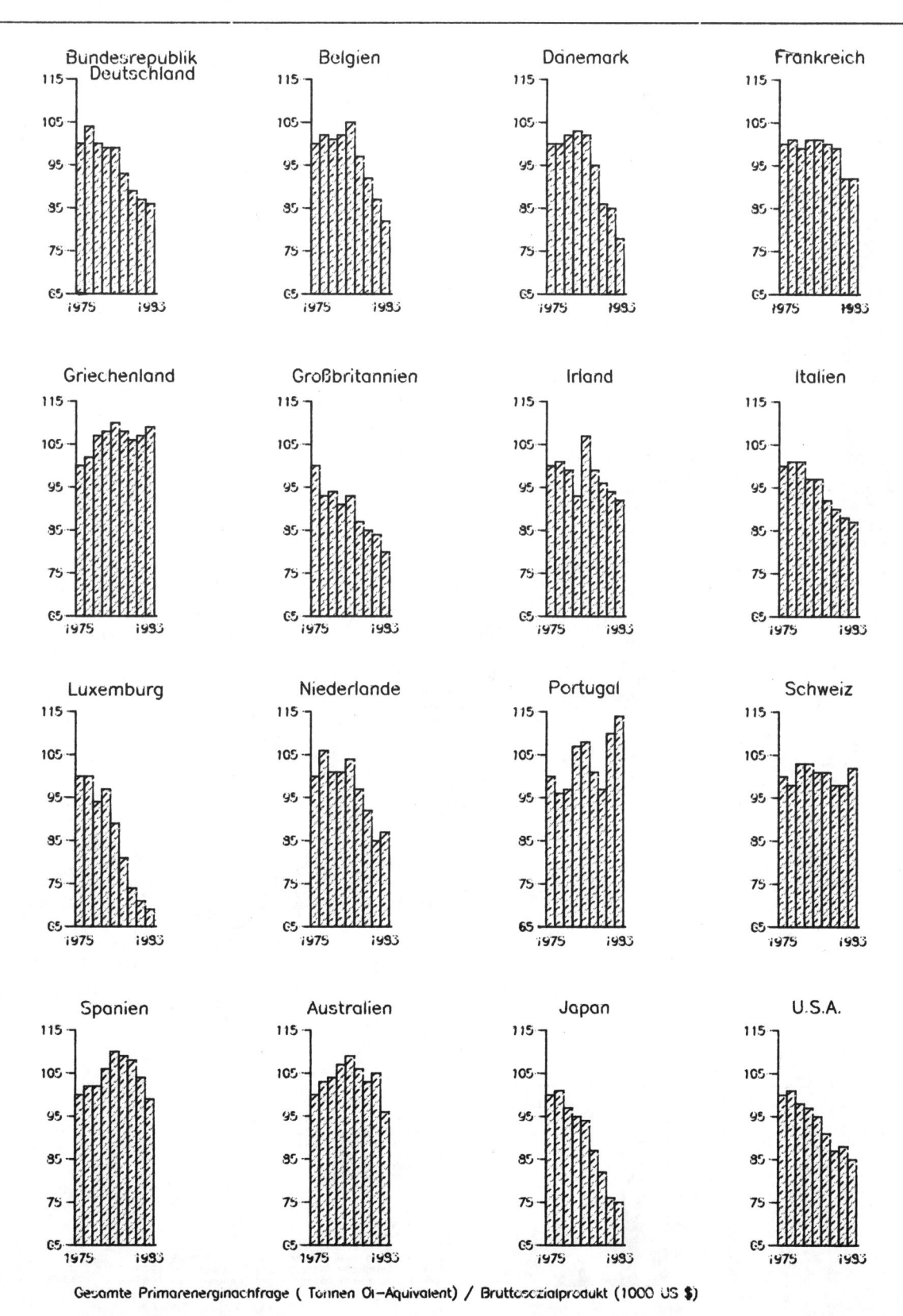

Gesamte Primärenergienachfrage (Tonnen Öl-Äquivalent) / Bruttosozialprodukt (1000 US $)

Quelle: Organisation für wirtschaftliche Zusammenarbeit und Entwicklung

Allgemeine Daten

Primärenergieverbrauch nach Energieträgern
in ausgewählten Mitgliedsstaaten der OECD 1973 bis 1983

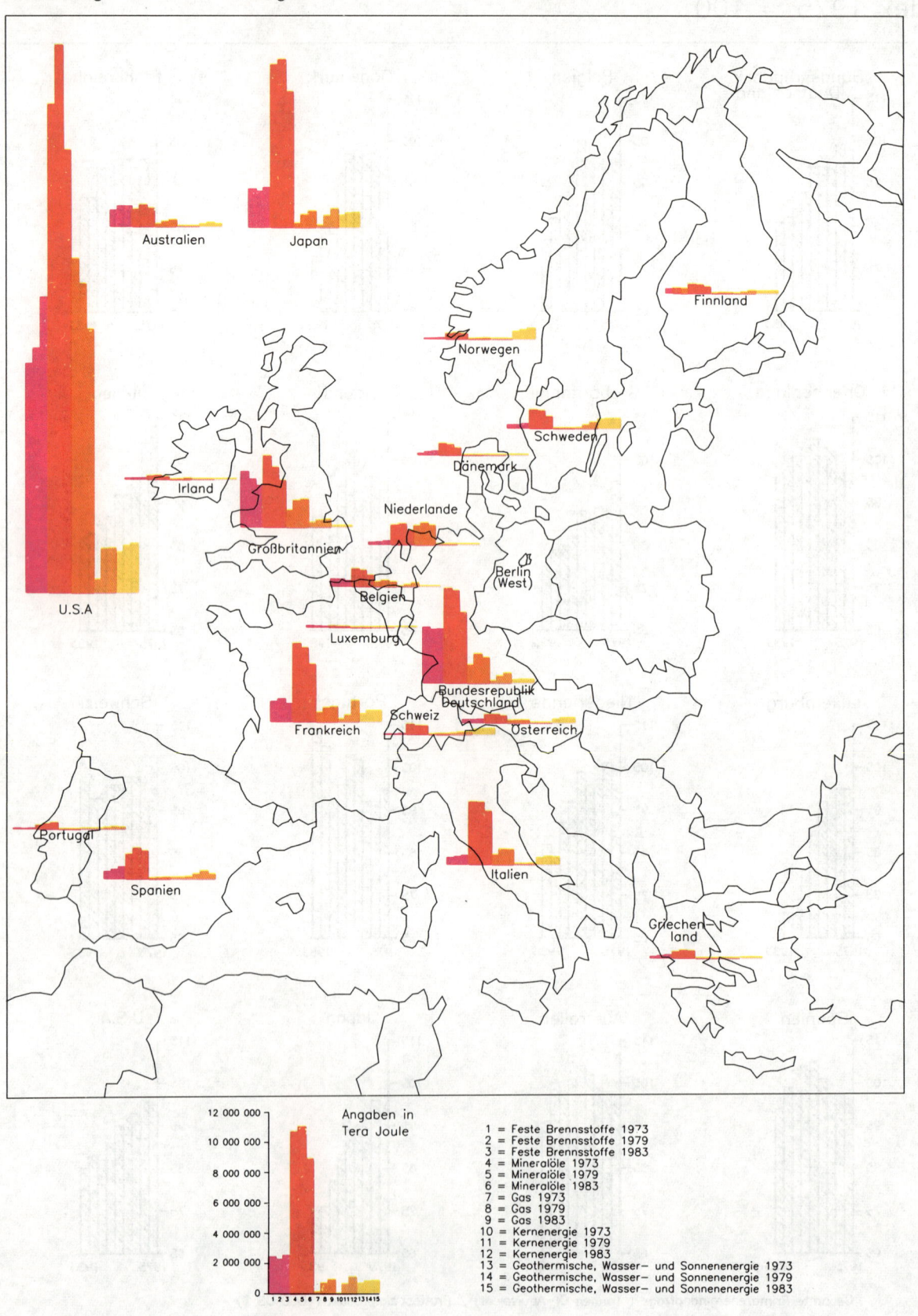

Angaben in Tera Joule

1 = Feste Brennstoffe 1973
2 = Feste Brennstoffe 1979
3 = Feste Brennstoffe 1983
4 = Mineralöle 1973
5 = Mineralöle 1979
6 = Mineralöle 1983
7 = Gas 1973
8 = Gas 1979
9 = Gas 1983
10 = Kernenergie 1973
11 = Kernenergie 1979
12 = Kernenergie 1983
13 = Geothermische, Wasser- und Sonnenenergie 1973
14 = Geothermische, Wasser- und Sonnenenergie 1979
15 = Geothermische, Wasser- und Sonnenenergie 1983

Quelle: Organisation für wirtschaftliche Zusammenarbeit und Entwicklung

Allgemeine Daten

Verkehr

Entwicklung des Kraftfahrzeugbestandes

Der Bestand an zulassungspflichtigen Kraftfahrzeugen ist im Zeitraum von 1975 bis 1985 kontinuierlich von etwa 21 Millionen auf über 30 Millionen gestiegen. Sowohl an den Bestandszahlen als auch an deren Anstieg haben Personenkraftwagen und Kombi bei weitem den größten Anteil. Der Pkw-Bestand stieg im betrachteten Zeitraum von knapp 18 Millionen auf knapp 26 Millionen und machte damit 1985 etwa 86% des gesamten Kfz-Bestand aus. Der Bestand der nächstgrößeren Fahrzeugkategorien (Lastkraftwagen und Ackerschlepper) blieb bis 1985 fast unverändert, für ihn wird eine starke Zunahme der Verkehrsleistung prognostiziert. Der Bestand an Krafträdern vervierfachte sich zwar, spielt aber insgesamt mit unter einer Million (1985) eine vergleichsweise untergeordnete Rolle. Die hohen Pkw-Bestandszahlen, denen eine Zunahme bis zum Jahre 2000 auf über 30 Millionen prognostiziert wird, verdeutlichen die überragende Bedeutung dieser Fahrzeugkategorie für die vom Gesamtverkehr ausgehende Umweltbelastung. Beim Pkw-Verkehr sind Maßnahmen zur Verbesserung der Umwelteigenschaften eingeleitet worden.

Allgemeine Daten

Kraftfahrzeuge in der Bundesrepublik Deutschland

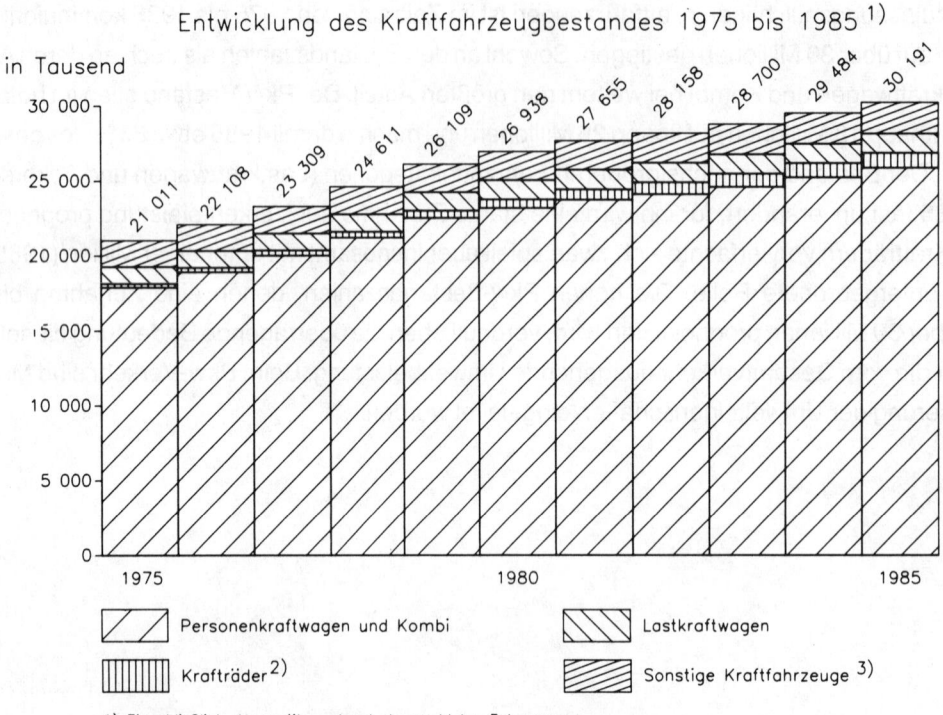

Entwicklung des Kraftfahrzeugbestandes 1975 bis 1985 [1]
in Tausend

Jahr	1975	1976	1977	1978	1979	1980	1981	1982	1983	1984	1985
Bestand	21 011	22 108	23 309	24 611	26 109	26 938	27 655	28 158	28 700	29 484	30 191

- Personenkraftwagen und Kombi
- Lastkraftwagen
- Krafträder [2]
- Sonstige Kraftfahrzeuge [3]

1) Einschließlich der vorübergehend abgemeldeten Fahrzeuge
2) Ohne Leicht- und Kleinkrafträder mit amtlichem Kennzeichen
   (bis 1980: bis 50 cm³ Hubraum, seit 1981: bis 80 cm³ Hubraum)
3) Krankenkraftwagen, Feuerwehrfahrzeuge, Straßenreinigungs- und Arbeitsmaschinen mit Fahrzeugbrief, Kraftomnibusse und Obusse, Zugmaschinen

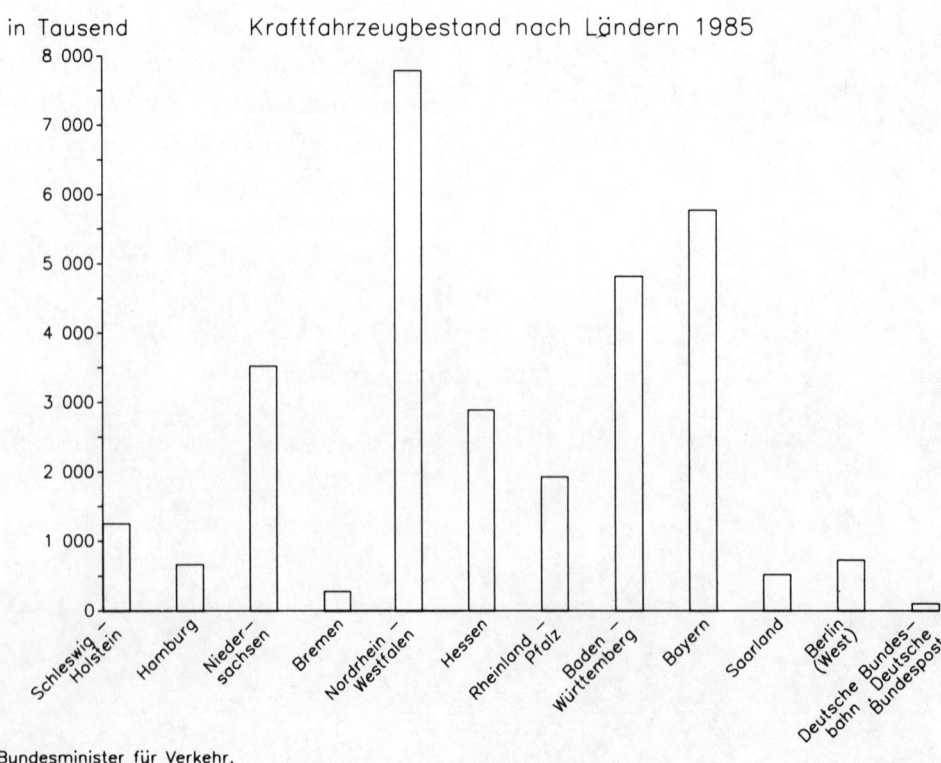

Kraftfahrzeugbestand nach Ländern 1985
in Tausend

(Balkendiagramm nach Bundesländern: Schleswig-Holstein, Hamburg, Niedersachsen, Bremen, Nordrhein-Westfalen, Hessen, Rheinland-Pfalz, Baden-Württemberg, Bayern, Saarland, Berlin (West), Deutsche Bundesbahn, Deutsche Bundespost)

Quelle: Bundesminister für Verkehr, Kraftfahrtbundesamt

Allgemeine Daten

Fahrleistungen im Kraftverkehr

Die vom deutschen Institut für Wirtschaftsforschung (DIW) jährlich ermittelten Fahrleistungen der Kraftfahrzeuge sind Ergebnisse einer Modellrechnung basierend auf dem Kraftstoffverbrauch und Fahrzeugbestand, differenziert nach Antriebsarten (Otto- und Dieselmotor), Fahrzeugkategorien und Hubraumklassen.

Die starke Zunahme der Fahrleistungen auf Autobahnen ist sowohl auf die Erweiterung des Straßennetzes wie auf die Zunahme der durchschnittlichen täglichen Verkehrsstärke zurückzuführen.

Unter Straßen innerorts sind Straßen innerhalb der geschlossenen Ortslage der Gemeinde zu verstehen; Straßen außerorts sind Straßen außerhalb der geschlossenen bebauten Zonen der Gemeinde, jedoch ohne die gesondert dargestellten Bundesautobahnen. Während künftig die Verkehrsleistungen auf Straßen innerorts und außerorts kaum noch zunehmen werden, wird ein weiterer deutlicher Anstieg auf Bundesautobahnen erwartet. Maßnahmen zur Verringerung der verkehrsbedingten Umweltbelastungen müssen diesem Umstand verstärkt Rechnung tragen.

1984 wurden 88% der Gesamtfahrleistung von Personenkraftwagen erbracht.

Obwohl der Nutzfahrzeugverkehr weniger als 10% der Gesamtfahrleistung erbringt, trägt er zu den Stickstoffoxidemissionen etwa zu einem Drittel bei. Dieser Trend wird künftig noch zunehmen, da einerseits gesetzliche Maßnahmen zur Verringerung der Umweltbelastungen durch Personenkraftwagen greifen werden, andererseits eine starke Zunahme der Transportleistung des Nutzfahrzeugverkehrs erwartet wird. Maßnahmen zur Verringerung der vom Nutzfahrzeugverkehr ausgehenden Umweltbelastungen sind daher vordringlich.

Siehe auch:
- Ausgewählte Emissionen – Entwicklung 1966 bis 1984
- Lärmbelastung der Bevölkerung

Allgemeine Daten

Fahrleistungen im Kraftverkehr 1971 – 1984

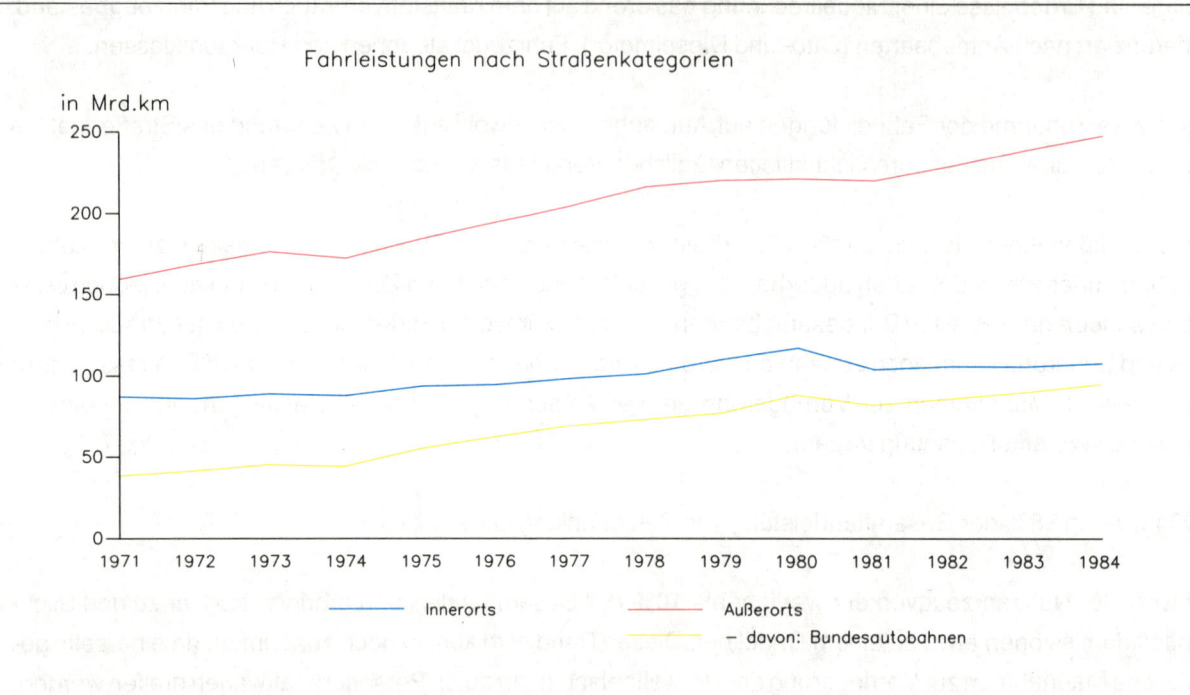

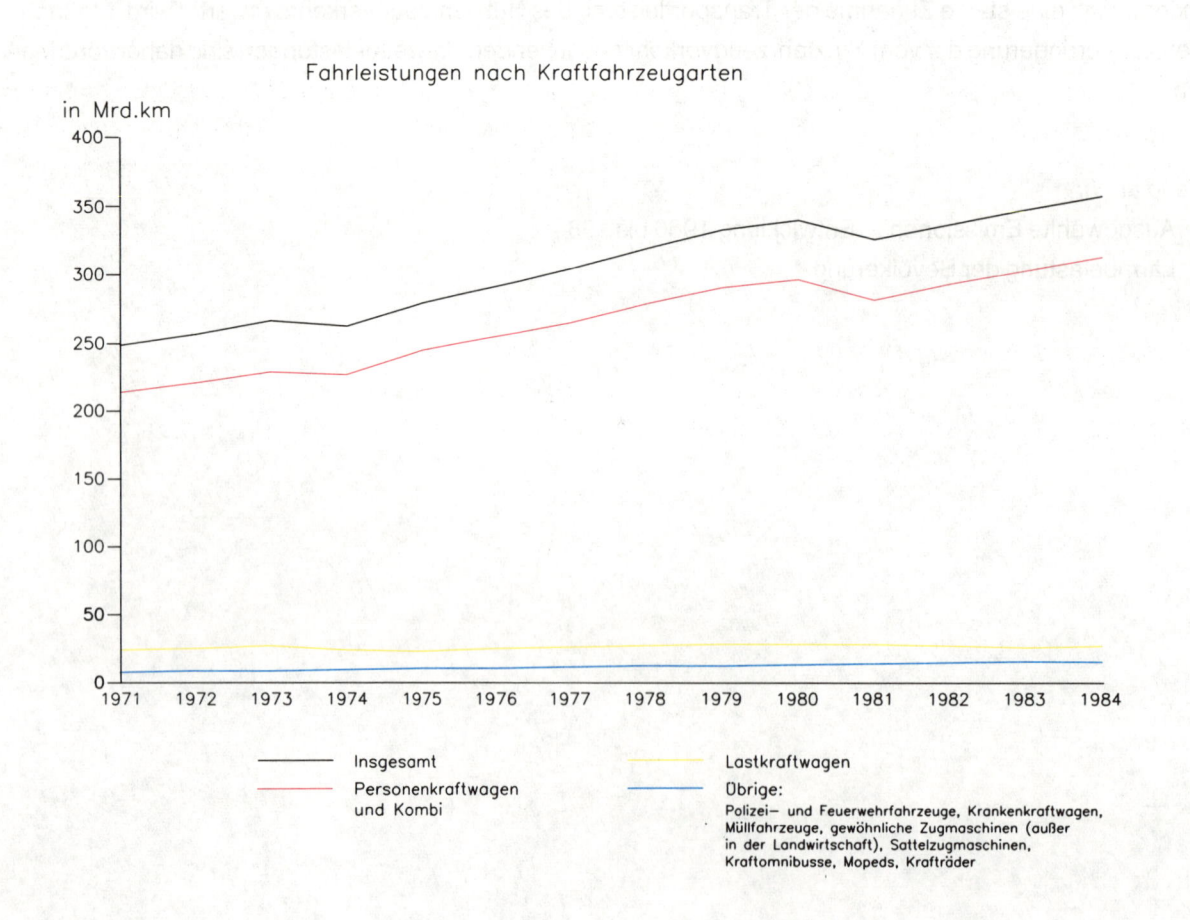

Fahrleistungen nach Straßenkategorien

in Mrd. km

- Innerorts
- Außerorts
- – davon: Bundesautobahnen

Fahrleistungen nach Kraftfahrzeugarten

in Mrd. km

- Insgesamt
- Personenkraftwagen und Kombi
- Lastkraftwagen
- Übrige: Polizei– und Feuerwehrfahrzeuge, Krankenkraftwagen, Müllfahrzeuge, gewöhnliche Zugmaschinen (außer in der Landwirtschaft), Sattelzugmaschinen, Kraftomnibusse, Mopeds, Krafträder

Quelle: Bundesminister für Verkehr

Allgemeine Daten

Flugplätze

Die Bundesrepublik Deutschland ist mit einem relativ dichten Netz von rund 350 Flugplätzen überzogen. Je nach Flugplatzgröße und Funktion unterscheidet man dabei zwischen den *Verkehrsflughäfen* mit internationalem Luftverkehr, den *militärischen Flugplätzen* und den *Landeplätzen*, an denen hauptsächlich Verkehr mit Leichtflugzeugen und Motorseglern abgewickelt wird. 74 Flugplätze sind reine Hubschrauber-Landeplätze. Darüber hinaus sind 278 Segelfluggelände genehmigt worden, auf deren Darstellung hier verzichtet wurde. Von der Gesamtheit der militärischen Flugplätze sind in der Grafik nur die dargestellt, auf denen Verbände mit Strahlflugzeugen stationiert sind.

Die Errichtung und der Betrieb eines Flugplatzes ist an die Genehmigung der zuständigen Luftfahrtbehörde des Landes gebunden. Im Rahmen des Genehmigungsverfahrens werden auch die möglichen Auswirkungen des Flugbetriebs auf die Umwelt untersucht.

Neben den Eingriffen in die Umwelt durch die Anlage des Flugplatzes selbst kommt dem Flugplatzbetrieb besondere Bedeutung zu.

Insbesondere in der näheren Umgebung von Verkehrsflughäfen kann es zu Umweltbeeinträchtigungen durch Fluglärm und Luftschadstoffe kommen. An den Flugplätzen selber ist in Hinblick auf die Luftfahrzeuginstandhaltung, Betankung und Kraftstoffversorgung verstärkt auf den Schutz des Bodens und des Wassers zu achten.

Als besonders gravierende Umweltbelastung gilt der vom Flugplatz ausgehende Lärm. Für alle großen Verkehrsflughäfen, die an das Linienflugnetz angeschlossen sind und für alle militärischen Flugplätze, an denen Flugzeuge mit Strahltriebwerken verkehren können, sind in den letzten 15 Jahren Lärmschutzbereiche auf der Grundlage des Gesetzes zum Schutz gegen Fluglärm von 1971 durch Rechtsverordnung geschaffen worden.

Siehe auch:
- Lärmbelastete Anwohner in der Umgebung von Flugplätzen
- Stand der Durchführungen des Gesetzes zum Schutz gegen Fluglärm
- Starts und Landungen an Verkehrsflughäfen

Allgemeine Daten

Flugplätze in der Bundesrepublik Deutschland 1985

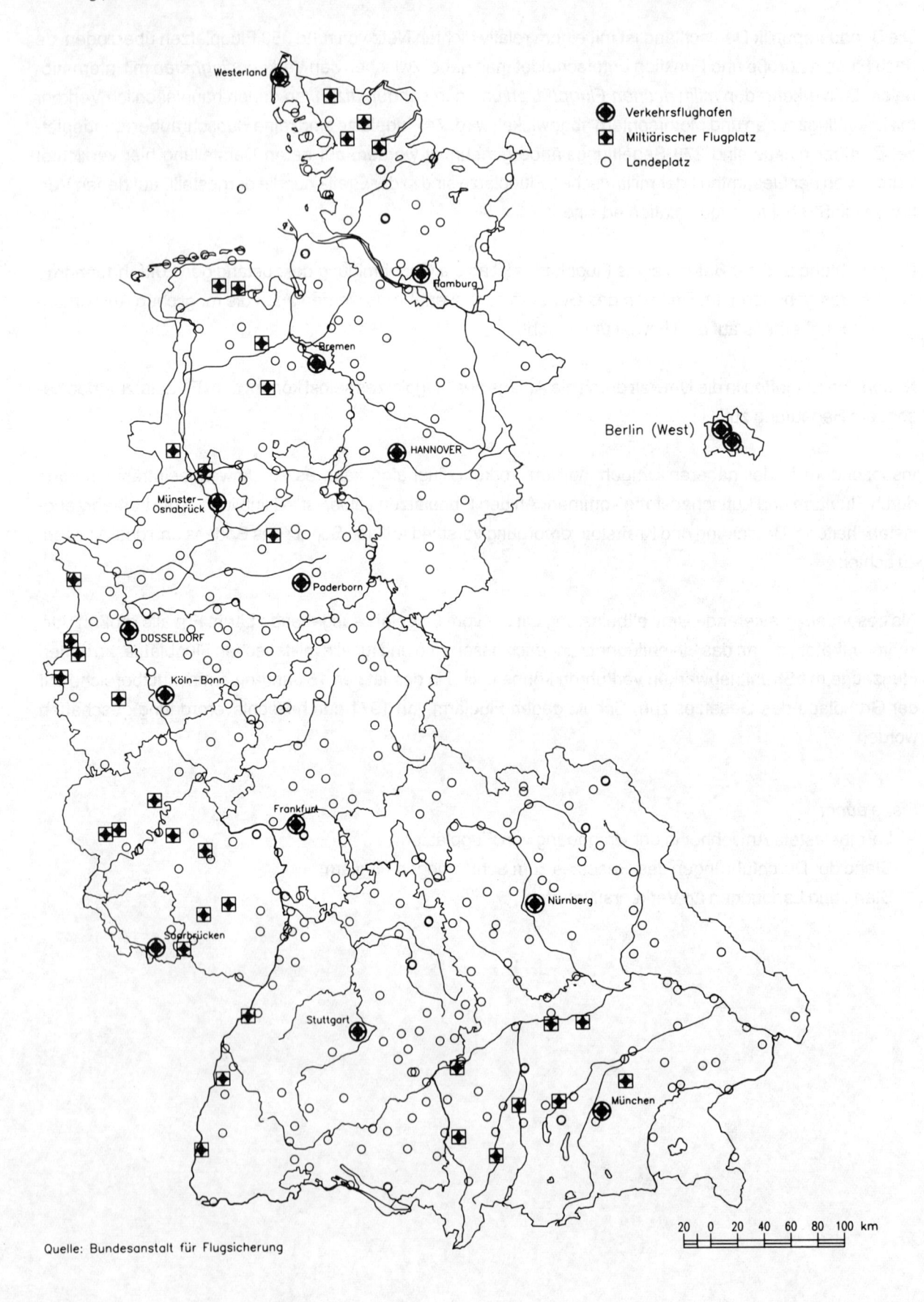

- ⬣ Verkehrsflughafen
- ⊞ Militärischer Flugplatz
- ○ Landeplatz

Quelle: Bundesanstalt für Flugsicherung

Allgemeine Daten

Starts und Landungen an Verkehrsflughäfen

In der Bundesrepublik Deutschland werden neben zahlreichen Regionalflughäfen und Verkehrslandeplätzen zur Zeit 11 große Verkehrsflughäfen betrieben. Im gewerblichen Luftverkehr wurden 1985 an den Flughäfen des Bundesgebietes insgesamt 908 000 Flüge durchgeführt. Das sind 8 Prozent mehr als im Jahr 1984. Im Hinblick auf den gewerblichen Luftverkehr kommt den internationalen Verkehrsflughäfen besondere Bedeutung zu. Über 99 Prozent der gewerblichen Passagier- und Frachtbeförderung wurden an den 11 großen internationalen Verkehrsflughäfen abgewickelt. Im Jahr 1985 verzeichnete die gewerbliche Luftfahrt mit 41,7 Mio. Fluggästen die höchste Passagierzahl in der Luftfahrtgeschichte der Bundesrepublik Deutschland.

Flugbewegungen stellen eine der Größen dar, die für die Ermittlung von Umweltbelastungen herangezogen werden. Der Startgewichtsklasse und damit der installierten Antriebsleistung kommt dabei besondere Bedeutung zu, da in erster Näherung Lärmemission und Schadstoffemission proportional zur Triebwerksleistung sind. So werden die nach dem Gesetz zum Schutz gegen Fluglärm festzusetzenden Lärmschutzbereiche an Flugplätzen auf der Grundlage der Geräuschemissionsdaten der Luftfahrzeuge und der prognostizierten Zahl der Flugbewegungen an einem Flugplatz berechnet. Luftfahrzeugbewegungen bilden auch eine Grundlage für Abschätzungen der von den Flughäfen ausgehenden Luftschadstoffbelastungen. Die Schadstoff-Emissionsanteile des Luftverkehrs lassen sich für jeden Flugplatz mit Hilfe der Flugbewegungen und der Emissionsfaktoren der Luftfahrzeugtriebwerke abschätzen.

Der internationale Verkehrsflughafen Frankfurt ist mit Abstand der Flugplatz mit dem höchsten Verkehrsaufkommen. Pro Jahr werden hier über 200 000 Flugbewegungen (Starts und Landungen) registriert. Der Anteil der Flugbewegungen mit Luftfahrzeugen über 20 Tonnen Startgewicht beträgt weit über 90 Prozent. Großraumflugzeuge haben in Frankfurt einen Anteil von über 60 Prozent am Gesamtverkehr.

Siehe auch:
- Lärmbelastete Anwohner in der Umgebung von Flugplätzen
- Stand der Durchführungen des Gesetzes zum Schutz gegen Fluglärm

Allgemeine Daten

Starts und Landungen an Verkehrsflughäfen 1980 bis 1984
Angaben in 1000 Starts und Landungen

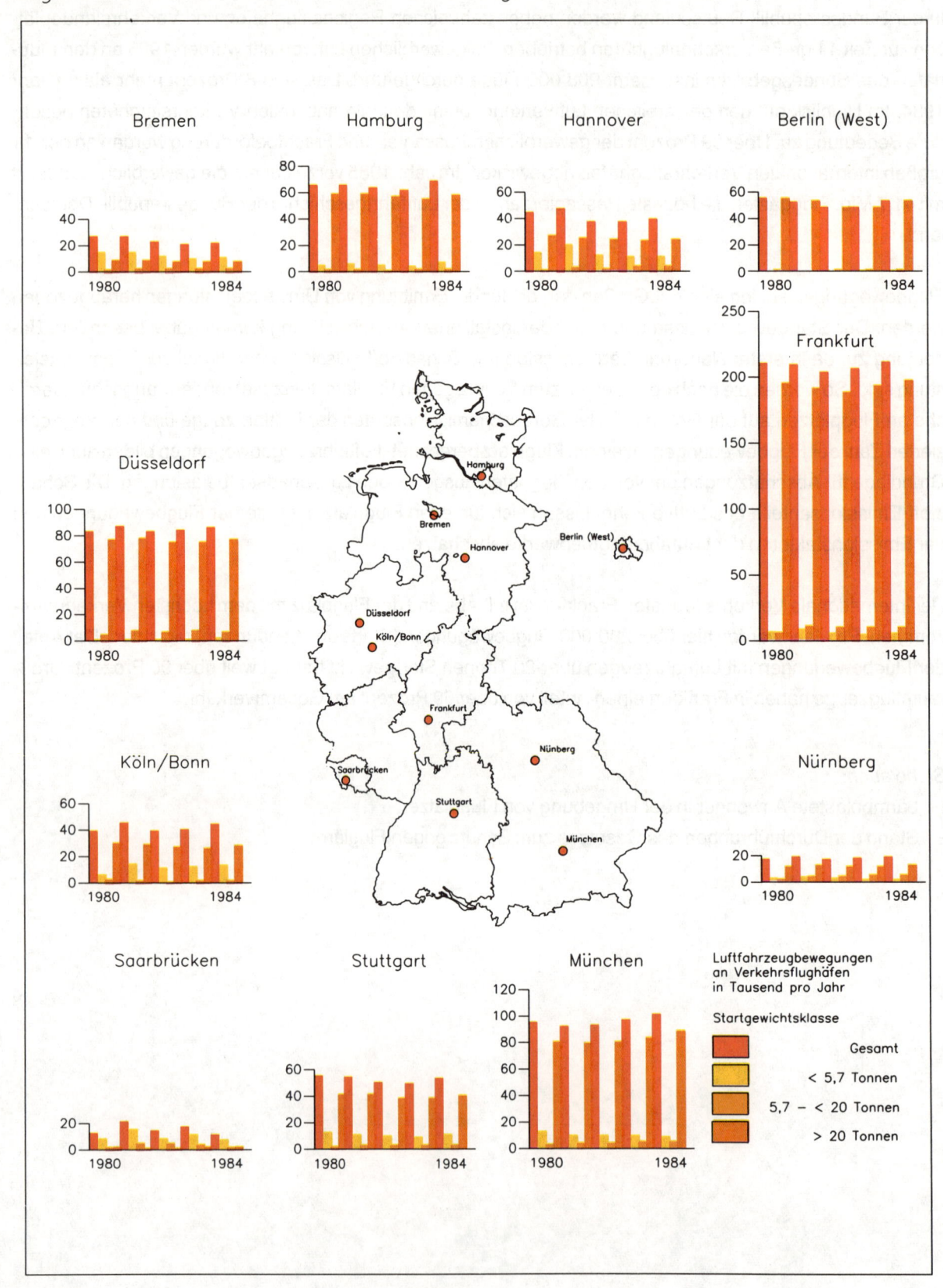

Luftfahrzeugbewegungen
an Verkehrsflughäfen
in Tausend pro Jahr

Startgewichtsklasse
- Gesamt
- < 5,7 Tonnen
- 5,7 – < 20 Tonnen
- > 20 Tonnen

Quelle: Statistisches Bundesamt

Allgemeine Daten

Verkehrsleistungen im Luftverkehr über dem Bundesgebiet 1974–1984

Verkehrsleistungen können als Indikator für Veränderungen der Umweltbelastung herangezogen werden. Im Luftverkehr sind Angaben wie: Personen-Kilometer oder Tonnen-Kilometer üblich, d.h. eine Person oder eine Tonne Nutzlast wurde über die Entfernung von einem Kilometer transportiert. Die Verkehrsleistungen werden in Relation zu der angebotenen Transportkapazität gesehen (Sitzplatz-Kilometer oder Tonnen-Kilometer). Steigt die Verkehrsleistung bei gleicher angebotener Transportkapazität, so konnte die Auslastung der Fahrzeuge verbessert werden.

Die Luftverkehrsleistungen des Personenverkehrs sind seit Mitte der 50er Jahre bis 1978 ständig angestiegen. Im Zeitraum 1979–1983 blieben die Leistungen in etwa konstant bei ca. 11 Mrd. Personen-Kilometer. Ein leichter Rückgang wurde in den Jahren 1981–1982 beobachtet. Seit 1984 steigen die Leistungen des Luftverkehrs im Personenverkehr wieder an. Am gesamten Verkehrsaufkommen hat der Luftverkehr seit den 70er Jahren einen konstanten Anteil von knapp 2 Prozent.

Die Verkehrsleistungen im Luftfrachtverkehr haben sich seit 1971 verdoppelt. Ein besonders kräftiger Anstieg wird seit 1983 beobachtet, nachdem es, vergleichbar mit dem Personenverkehr, in den Jahren 1980 und 1982 zu einem leichten Rückgang kam.

Siehe auch:
- Starts und Landungen an Verkehrsflughäfen

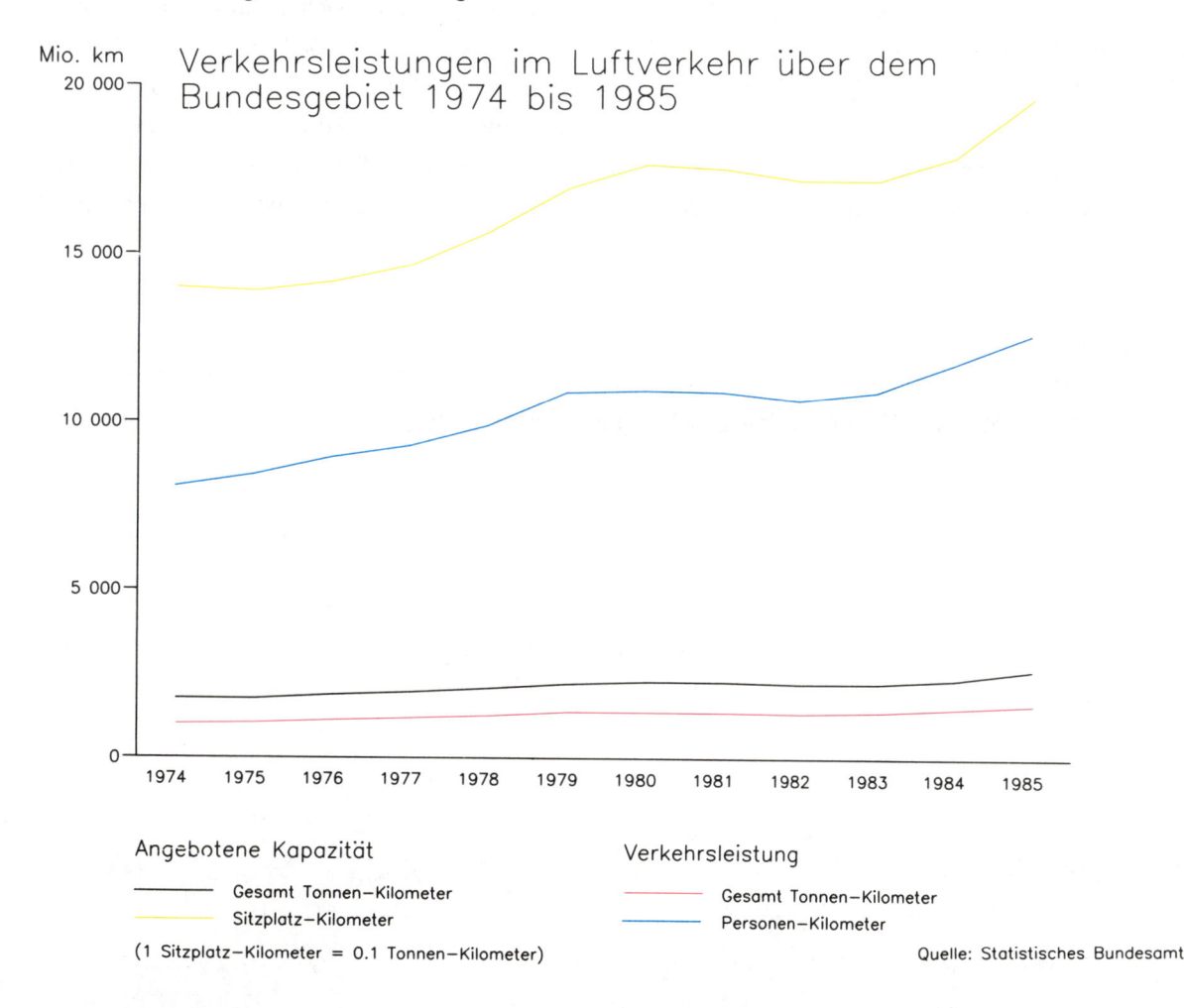

Allgemeine Daten

Umweltökonomie

Bruttoanlagevermögen des Produzierenden Gewerbes für Umweltschutz
Das Bruttoanlagevermögen (das zu einem Zeitpunkt in Betrieb befindliche produktive Realvermögen einer Volkswirtschaft) ist der wichtigste Teil des Volksvermögens eines hochindustrialisierten Landes wie der Bundesrepublik Deutschland.

Anfang 1975 betrug der Anteil des Bruttoanlagevermögens für Umweltschutz (in Preisen von 1980) am gesamten Bruttoanlagevermögen im Produzierenden Gewerbe 2,4 Prozent. Bis Anfang 1983 hat sich dieser Anteil auf 3,0 Prozent erhöht. Vor allem in der Mineralölverarbeitung und in der Chemischen Industrie ist er mit 11,3 bzw. 8,9 Prozent relativ hoch. Der entsprechende Anteil der öffentlichen Hand wird auf rund 10 Prozent geschätzt.

Anfang 1983 dienten im Produzierenden Gewerbe 46 Prozent des Anlagenbestandes für Umweltschutz der Luftreinhaltung, 38 Prozent dem Gewässerschutz und jeweils 8 Prozent der Abfallbeseitigung und der Lärmbekämpfung. Dabei standen bei der Energie- und Wasserversorgung und der Metallerzeugung und -bearbeitung die Luftreinhaltung mit jeweils 64 Prozent und in der Chemischen Industrie und der Mineralölverarbeitung der Gewässerschutz mit 55 bzw. 52 Prozent im Vordergrund. Bei der öffentlichen Hand dominiert eindeutig der Gewässerschutz: 95 Prozent des öffentlichen Anlagenbestandes für Umweltschutz entfallen auf diesen Umweltbereich.

Von Anfang 1975 bis Anfang 1984 nahm das Bruttoanlagevermögen für Umweltschutz in Preisen von 1980 sowohl im Produzierenden Gewerbe als auch bei der öffentlichen Hand um gut 50 Prozent zu. In diesem Zeitraum stieg das Anlagevermögen im Produzierenden Gewerbe von 29 Mrd. DM auf 43 Mrd. DM und bei der öffentlichen Hand von 101 Mrd. DM auf 155 Mrd. DM an. Überproportionale Zuwachsraten sind vor allem im Bereich Energie- und Wasserversorgung, Bergbau zu verzeichnen. Von 1975 bis 1983 wuchs der Anteil beider Bereiche zusammengenommen innerhalb des Produzierenden Gewerbes von 14,7 Prozent auf 18,6 Prozent.

Siehe auch:
- Bruttowertschöpfung in den Kreisen
- Entwicklung der Investitionen im Umweltschutz im Produzierenden Gewerbe

Allgemeine Daten

Bruttoanlagevermögen im Produzierenden Gewerbe in Preisen von 1980

Wirtschaftsgliederung (H.v. = Herstellung von)	Anfang 1975			Anfang 1983		
	insgesamt	darunter für Umweltschutz		insgesamt	darunter für Umweltschutz	
	Mill. DM	Mill. DM	0/0 von Sp. 1	Mill. DM	Mill. DM	0/0 von Sp. 4
	1	2	3	4	5	6
Produzierendes Gewerbe	1 181 920	28 590	2,4	1 405 040	41 600	3,0
Energie- u. Wasserversorgung, Bergbau	272 960	4 210	1,5	375 570	7 740	2,1
Elektrizitäts-, Gas-, Fernwärme- u. Wasserversorgung	230 350	3 210	1,4	327 890	6 000	1,8
Bergbau	42 610	1 000	2,3	47 680	1 740	3,6
Verarbeitendes Gewerbe	840 140	23 890	2,8	960 520	33 250	3,5
Chemische Industrie u. Verarbeitung von Spalt- u. Brutstoffen	116 660	8 440	7,2	129 720	11 500	8,9
Mineralölverarbeitung	29 160	1 900	6,5	28 970	3 270	11,3
H.v. Kunststoffwaren, Gewinnung u. Verarbeitung v. Steinen u. Erden usw.	77 230	2 440	3,2	87 050	2 910	3,3
Metallerzeugung u. -bearbeitung	115 820	4 310	3,7	116 270	5 890	5,1
Stahl-, Maschinen- u. Fahrzeugbau, H.v. ADV-Einrichtungen	174 840	1 960	1,1	229 110	3 000	1,3
Elektrotechnik, Feinmechanik, H.v. EBM-Waren usw.	91 690	1 710	1,9	118 640	2 030	1,7
Holz-, Papier-, Leder-, Textil- u. Bekleidungsgewerbe	128 080	1 410	1,1	135 670	2 380	1,8
Ernährungsgewerbe, Tabakverarbeitung	106 660	1 720	1,6	115 090	2 270	2,0
Baugewerbe	68 820	490	0,7	68 950	610	0,9

Quelle: Statistisches Bundesamt

Allgemeine Daten

Bruttoanlagevermögen für Umweltschutz nach Umweltbereichen 1983 in Preisen von 1980[1]

Wirtschafts-gliederung (H.v. = Herstellung von)	Insgesamt	Abfallbeseitigung	Gewässerschutz	Lärmbekämpfung	Luftreinhaltung	Abfallbeseitigung	Gewässerschutz	Lärmbekämpfung	Luftreinhaltung
	Mill. DM					Anteil an insgesamt in %			
Produzierendes Gewerbe	41 600	3 200	15 960	3 400	19 040	8	38	8	46
Energie- und Wasserversorgung, Bergbau	7 740	570	1 770	630	4 770	7	23	8	62
Elektrizitäts-, Gas-, Fernwärme- u. Wasserversorgung	6 000	440	1 260	470	3 830	7	21	8	64
Bergbau	1 740	130	510	160	940	7	30	9	54
Verarbeitendes Gewerbe	33 250	2 530	14 140	2 490	14 090	8	43	7	42
Chemische Industrie, H. und Verarbeitung von Spalt- u. Brutstoffen	11 500	1 150	6 310	320	3 720	10	55	3	32
Mineralölverarbeitung	3 270	70	1 700	120	1 380	2	52	4	42
H.v. Kunststoffwaren, Gewinnung u. Verarbeitung von Steinen u. Erden usw.	2 910	190	440	350	1 930	7	15	12	66
Metallerzeugung u. -bearbeitung	5 890	200	1 420	550	3 720	3	24	9	64
Stahl-, Maschinen- u. Fahrzeugbau, H.v. ADV-Einrichtungen	3 000	270	1 210	360	1 160	9	40	12	39
Elektrotechnik, Feinmechanik, H.v. EBM-Waren usw.	2 030	120	940	380	590	6	46	19	29
Holz-, Papier-, Leder-, Textil- u. Bekleidungsgewerbe	2 380	310	1 010	190	870	13	42	8	37
Ernährungsgewerbe, Tabakverarbeitung	2 270	220	1 110	220	720	10	49	10	31
Baugewerbe	610	100	50	280	180	16	8	46	30
Staat	149 940	6 540	142 620	700	80	4	95	1	0
Produzierendes Gewerbe u. Staat	191 540	9 740	158 580	4 100	19 120	5	83	2	10

[1] Bestand am Jahresanfang

Quelle: Statistisches Bundesamt

Allgemeine Daten

Bruttoanlagevermögen für Umweltschutz in Preisen von 1980[1]

Wirtschaftsgliederung	1975	1976	1977	1978	1979	1980	1981	1982	1983	1984[2]
						Mill. DM				
Produzierendes Gewerbe	28 590	31 030	33 100	34 770	36 110	37 160	38 530	39 920	41 600	43 190
Energie- und Wasserversorgung, Bergbau	4 210	4 520	4 900	5 090	5 320	5 610	5 900	6 630	7 740	—
Verarbeitendes Gewerbe	23 890	25 970	27 640	29 090	30 190	30 930	31 920	32 670	33 250	—
Baugewerbe	490	540	560	590	600	620	630	620	610	—
Staat	101 140	106 870	113 090	118 500	124 690	131 450	138 560	144 710	149 940	154 610
Produzierendes Gewerbe und Staat	129 730	137 900	146 190	153 270	160 800	168 610	177 090	184 630	191 540	197 800
						1975 = 100				
Produzierendes Gewerbe	100	109	116	122	126	130	135	140	146	151
Energie- und Wasserversorgung, Bergbau	100	107	116	121	126	133	142	157	184	—
Verarbeitendes Gewerbe	100	109	116	122	126	129	134	137	139	—
Baugewerbe	100	110	114	120	122	127	129	127	124	—
Staat	100	106	112	117	123	130	137	143	148	153
Produzierendes Gewerbe und Staat	100	106	113	118	124	130	137	142	148	152

[1] Bestand am Jahresanfang [2] Vorläufiges Ergebnis

Quelle: Statistisches Bundesamt

Allgemeine Daten

Bruttoanlagevermögen für Umweltschutz
im Produzierenden Gewerbe 1975 und 1983
in Preisen von 1980[1)]

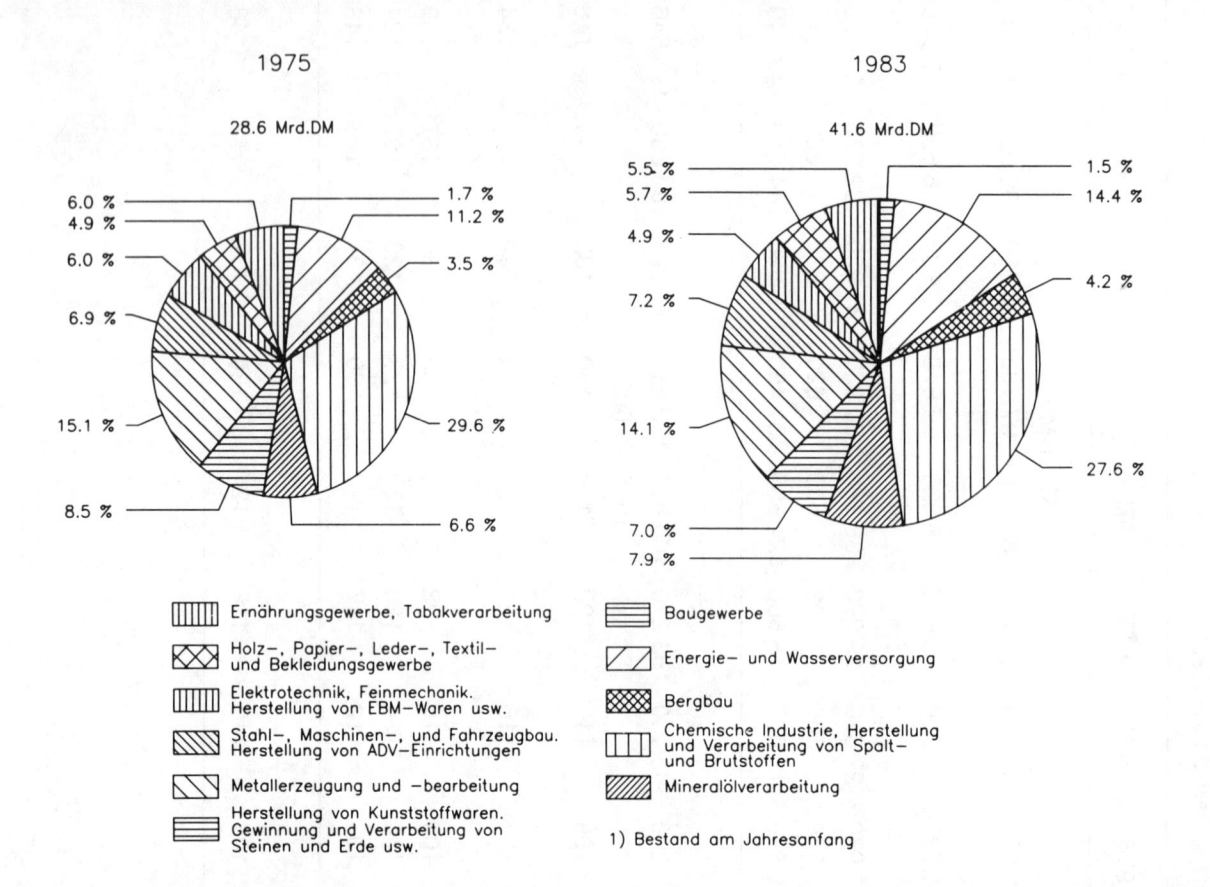

1975
28.6 Mrd.DM

- 1.7 %
- 11.2 %
- 3.5 %
- 29.6 %
- 6.6 %
- 8.5 %
- 15.1 %
- 6.9 %
- 6.0 %
- 4.9 %
- 6.0 %

1983
41.6 Mrd.DM

- 5.5 %
- 5.7 %
- 4.9 %
- 7.2 %
- 14.1 %
- 7.0 %
- 7.9 %
- 27.6 %
- 4.2 %
- 14.4 %
- 1.5 %

Legende:
- Ernährungsgewerbe, Tabakverarbeitung
- Holz-, Papier-, Leder-, Textil- und Bekleidungsgewerbe
- Elektrotechnik, Feinmechanik. Herstellung von EBM-Waren usw.
- Stahl-, Maschinen-, und Fahrzeugbau. Herstellung von ADV-Einrichtungen
- Metallerzeugung und -bearbeitung
- Herstellung von Kunststoffwaren. Gewinnung und Verarbeitung von Steinen und Erde usw.
- Baugewerbe
- Energie- und Wasserversorgung
- Bergbau
- Chemische Industrie, Herstellung und Verarbeitung von Spalt- und Brutstoffen
- Mineralölverarbeitung

1) Bestand am Jahresanfang

Quelle: Statistisches Bundesamt

Allgemeine Daten

Entwicklung der Gesamtinvestitionen und Investitionen im Umweltschutz im Produzierenden Gewerbe 1976 bis 1983

Im Produzierenden Gewerbe lassen sich drei Arten von Umweltschutzinvestitionen unterscheiden:

- Zugänge von Sachanlagen, die ausschließlich dem Umweltschutz dienen
- der dem Umweltschutz dienende Teil aus dem Zugang an Sachanlagen die anderen Zwecken dienen (integrierte Umweltschutzinvestitionen)
- produktbezogene Umweltschutzinvestitionen, die mit dem Ziel durchgeführt werden Erzeugnisse herzustellen, die bei ihrer Verwendung eine geringere Umweltbelastung hervorrufen.

Die folgenden Grafiken beruhen im wesentlichen auf den Angaben der Unternehmen.

Von 1975 bis 1983 wurden im Produzierenden Gewerbe 24,4 Mrd. DM für den Umweltschutz investiert, bei der öffentlichen Hand dagegen mit 55,7 Mrd. DM rund das 2,3-fache. Der Anteil der Umweltschutzinvestitionen an den gesamten in den volkswirtschaftlichen Gesamtrechnungen ausgewiesenen Anlageinvestitionen belief sich im Zeitraum von 1975 bis 1983 im Produzierenden Gewerbe auf durchschnittlich 4 Prozent, bei der öffentlichen Hand auf durchschnittlich knapp 15 Prozent. Die Investitionen des Produzierenden Gewerbes sind allerdings infolge der Vernachlässigung der Unternehmen mit weniger als 20 Beschäftigten leicht unterschätzt (vgl. „Investitionen für Umweltschutz und Steuervergünstigungen nach § 7 d Einkommensteuergesetz (EStG)").

Die Umweltschutzinvestitionen des Produzierenden Gewerbes stiegen von 1975 bis 1983 in jeweiligen Preisen im Durchschnitt um jährlich 5,1 Prozent (in Preisen von 1980 dagegen nur um 0,6 Prozent). Bei der Entwicklung der Umweltschutzinvestitionen lassen sich zwei Zeiträume unterscheiden. Von 1975 bis 1979 nahmen die Umweltschutzinvestitionen um durchschnittlich 8,2 Prozent pro Jahr ab, von 1979 bis 1983 war dagegen ein durchschnittlicher jährlicher Zuwachs von 10,2 Prozent zu verzeichnen. Diese Entwicklung ist vor allem durch die Investitionen für Luftreinhaltung bedingt. Eine ähnliche, allerdings schwächer ausgeprägte Entwicklung ist auch beim Gewässerschutz vorhanden.

Eine detailliertere Auswertung zeigt zudem, daß seit 1975 keine systematische Erhöhung des Anteils der sogenannten integrierten Umweltschutzinvestitionen zu verzeichnen war.
Ihr Anteil an den Umweltschutzinvestitionen im Produzierenden Gewerbe stieg von 19,4 Prozent im Jahre 1975 auf 23,8 Prozent im Jahr 1980, fiel dann aber auf 16,2 Prozent in 1982 und erhöhte sich 1983 wiederum auf 23,8 Prozent. Neben den Investitionen für Umweltschutz sind die laufenden Ausgaben für Umweltschutz zur Beurteilung der Leistungen des Produzierenden Gewerbes im Umweltschutz wichtig.
Die laufenden Ausgaben haben sich nach Angaben des Internationalen Instituts für Umweltgesellschaft (Berlin) beim Produzierenden Gewerbe von 1975 bis 1983 mehr als verdoppelt. Während 1975 3,2 Mrd. DM ausgegeben wurden, waren 1983 rund 6,9 Mrd. DM. Gliedert man die laufenden Ausgaben eines Jahres nach Wirtschafts- und Umweltbereichen, so zeigen sich die charakteristischen Schwerpunkte beim Gewässerschutz und Luftreinhaltung in der Chemischen Industrie, der Mineralölverarbeitung, der Metallerzeugung und -bearbeitung sowie bei der Energie- und Wasserversorgung und im Bergbau.

Allgemeine Daten

Entwicklung der Gesamtinvestitionen und Umweltschutzinvestitionen im Produzierenden Gewerbe 1976 bis 1983

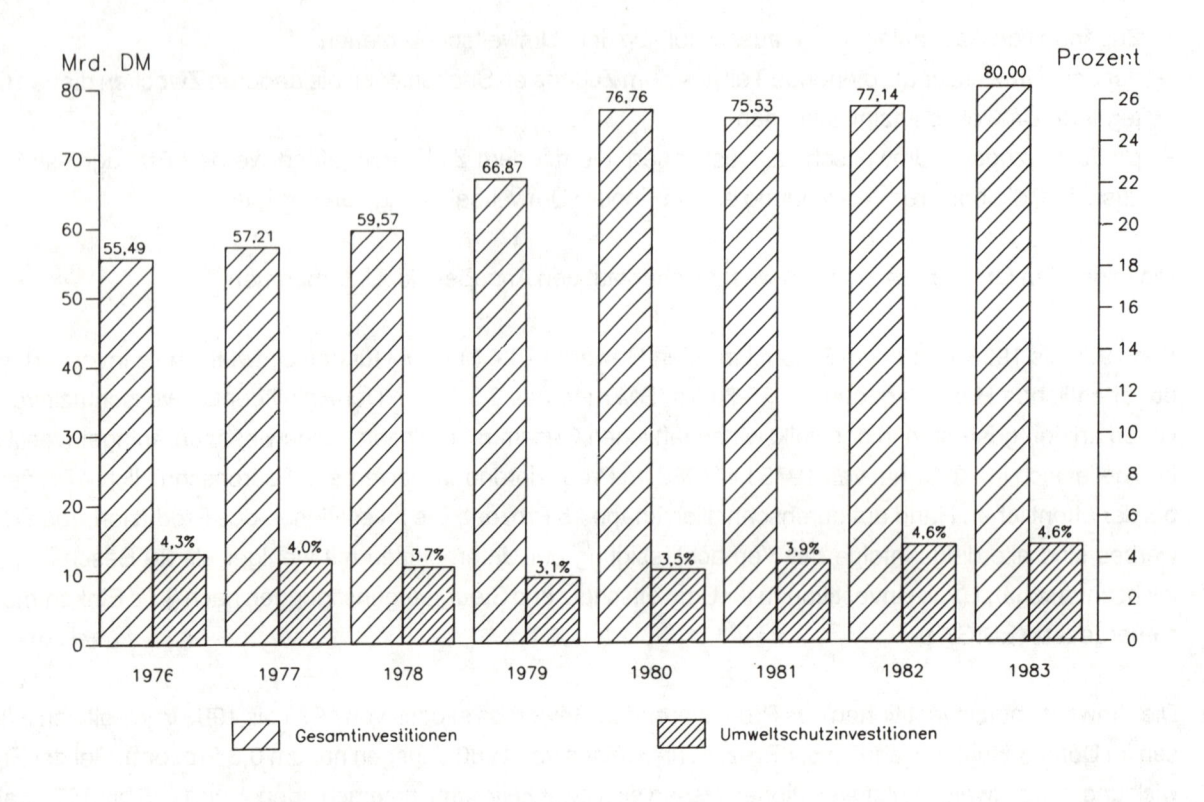

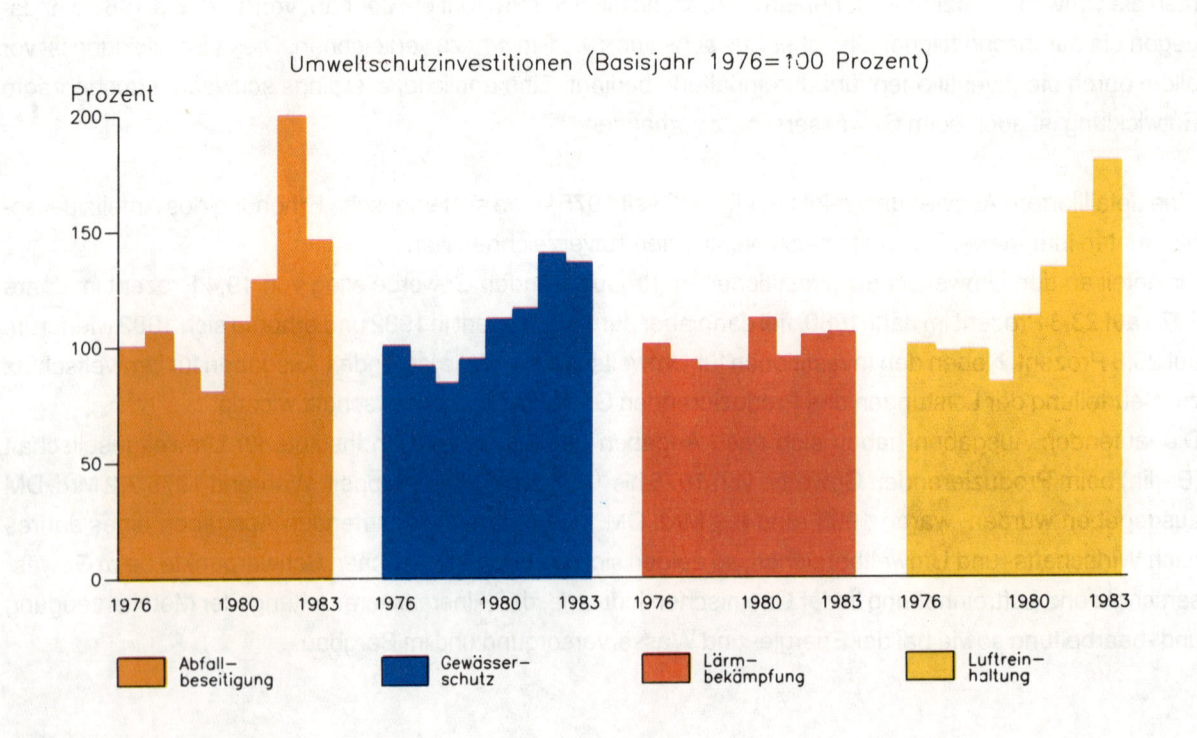

Mrd. DM / Prozent

Jahr	Gesamtinvestitionen (Mrd. DM)	Umweltschutzinvestitionen (%)
1976	55,49	4,3%
1977	57,21	4,0%
1978	59,57	3,7%
1979	66,87	3,1%
1980	76,76	3,5%
1981	75,53	3,9%
1982	77,14	4,6%
1983	80,00	4,6%

Umweltschutzinvestitionen (Basisjahr 1976=100 Prozent)

- Abfallbeseitigung
- Gewässerschutz
- Lärmbekämpfung
- Luftreinhaltung

Quelle: Statistisches Bundesamt

Allgemeine Daten

Entwicklung der Umweltschutzinvestitionen im Produzierenden Gewerbe 1976 bis 1983
bezogen auf das Basisjahr 1976 (= 100 Prozent)

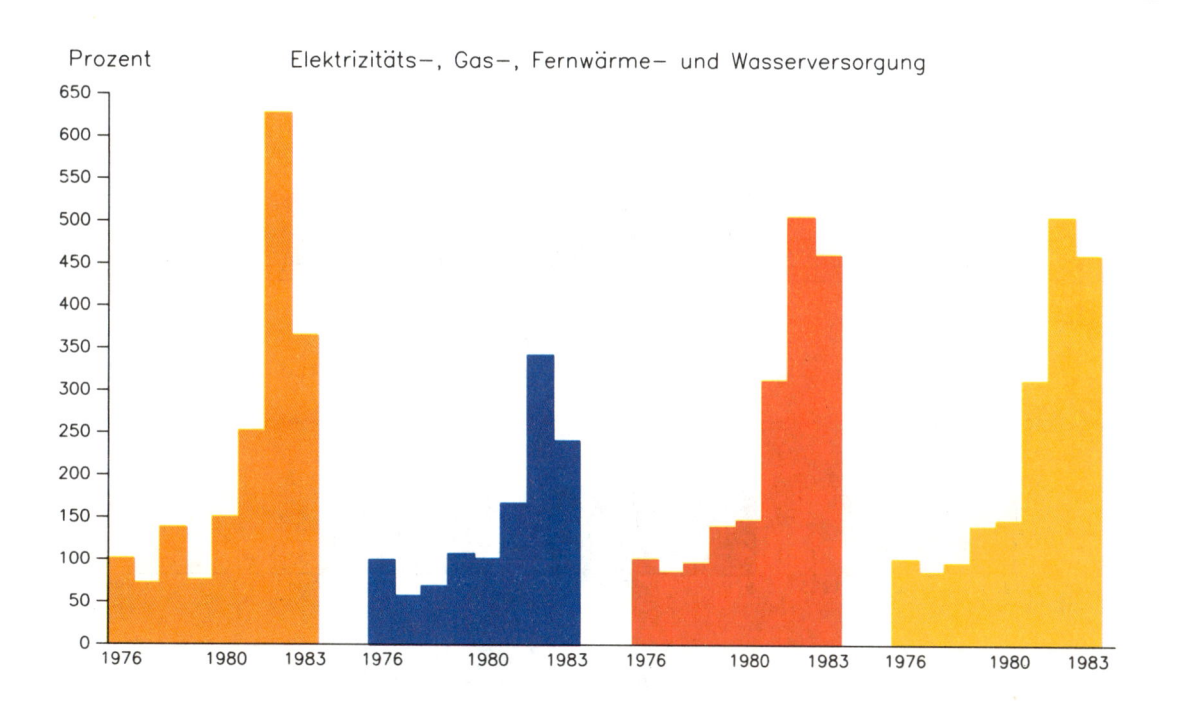

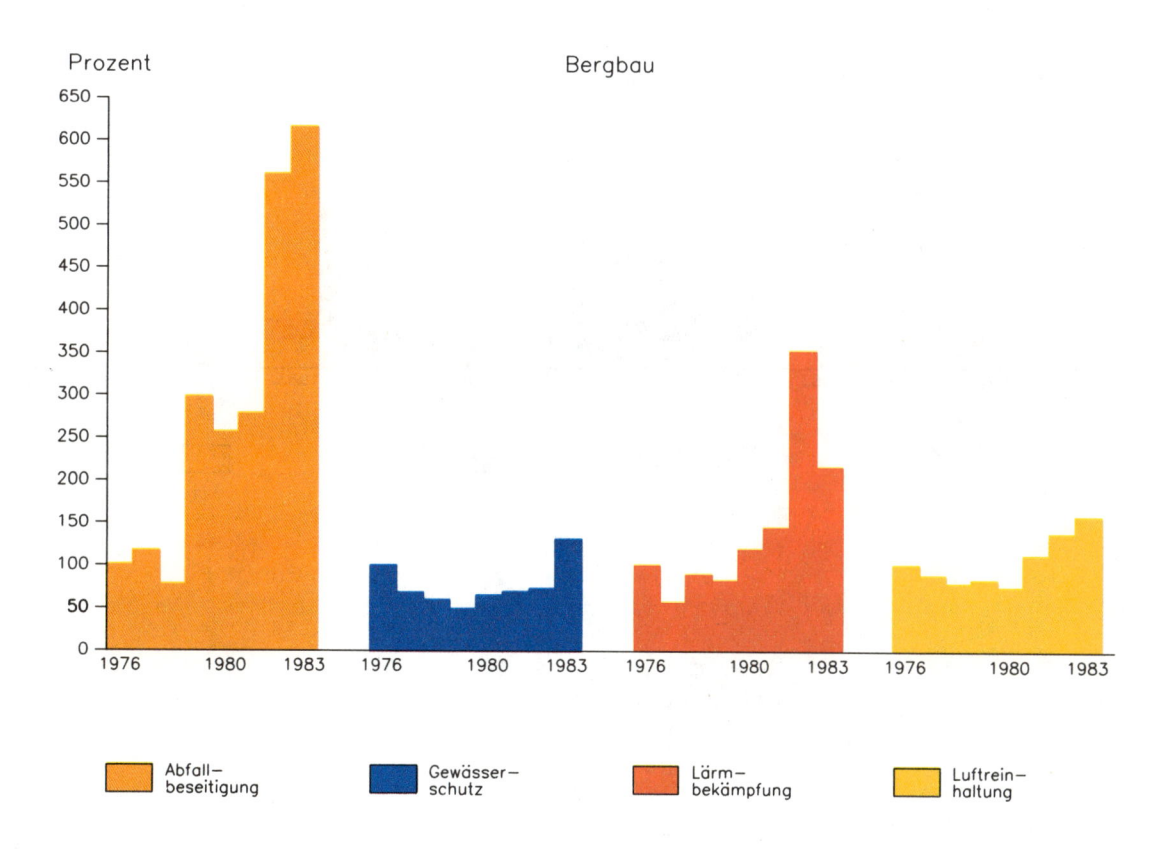

Elektrizitäts-, Gas-, Fernwärme- und Wasserversorgung

Bergbau

- Abfallbeseitigung
- Gewässerschutz
- Lärmbekämpfung
- Luftreinhaltung

Quelle: Statistisches Bundesamt

Allgemeine Daten

Entwicklung der Umweltschutzinvestitionen im Produzierenden
Gewerbe 1976 bis 1983
bezogen auf das Basisjahr 1976 (= 100 Prozent)

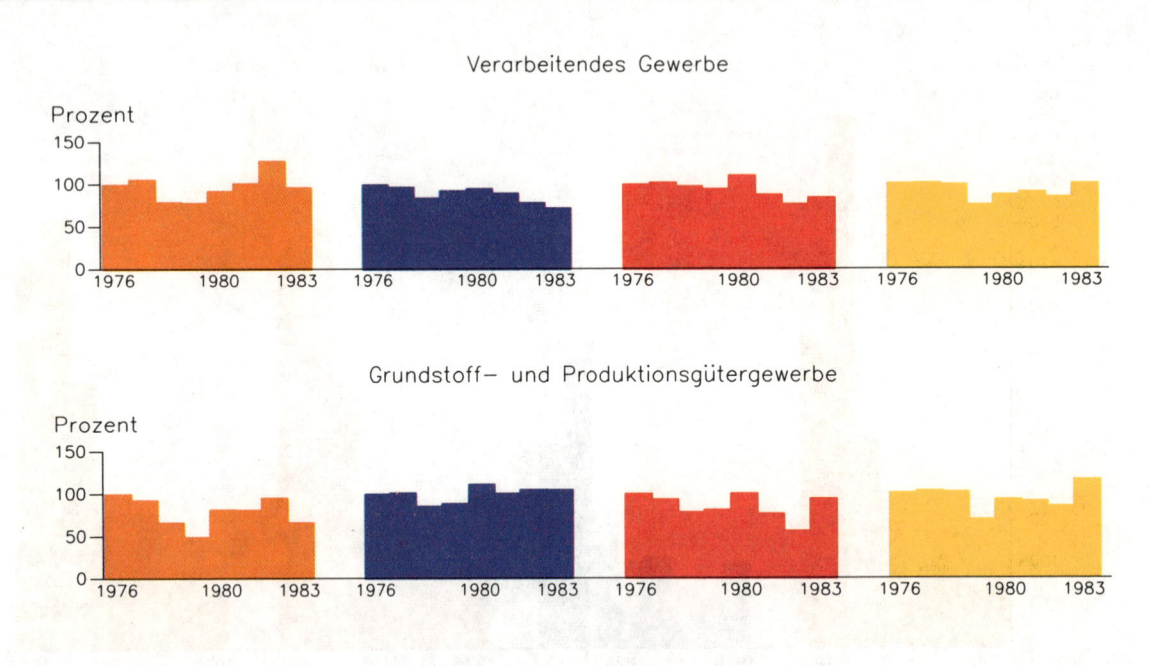

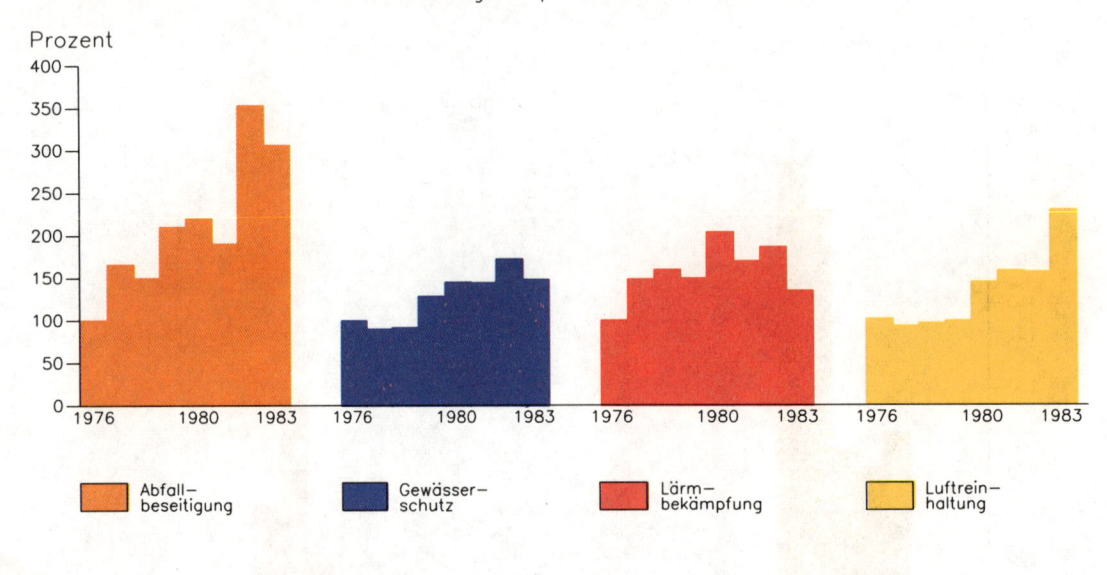

Verarbeitendes Gewerbe

Grundstoff- und Produktionsgütergewerbe

Investitionsgüter produzierendes Gewerbe

- Abfallbeseitigung
- Gewässerschutz
- Lärmbekämpfung
- Luftreinhaltung

Quelle: Statistisches Bundesamt

Allgemeine Daten

Entwicklung der Umweltschutzinvestitionen im Produzierenden Gewerbe 1976 bis 1983
bezogen auf das Basisjahr 1976 (= 100 Prozent)

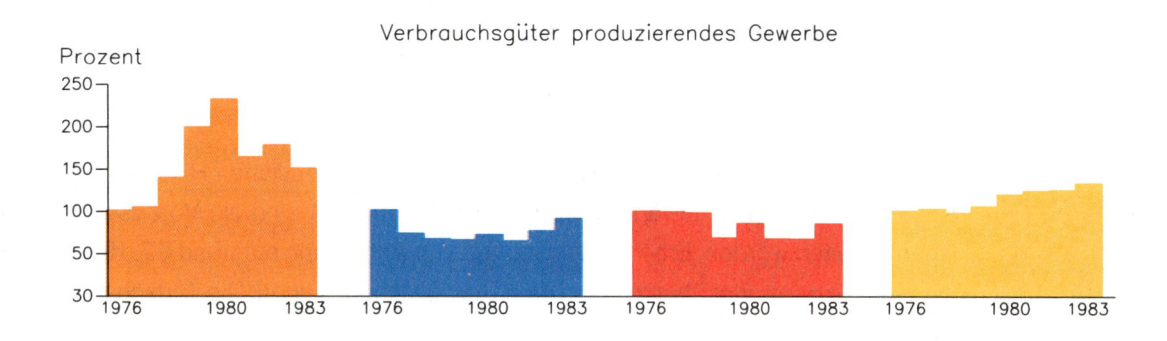

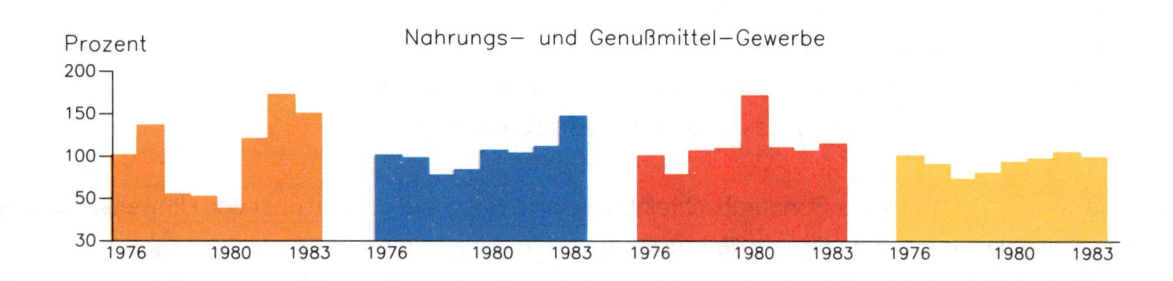

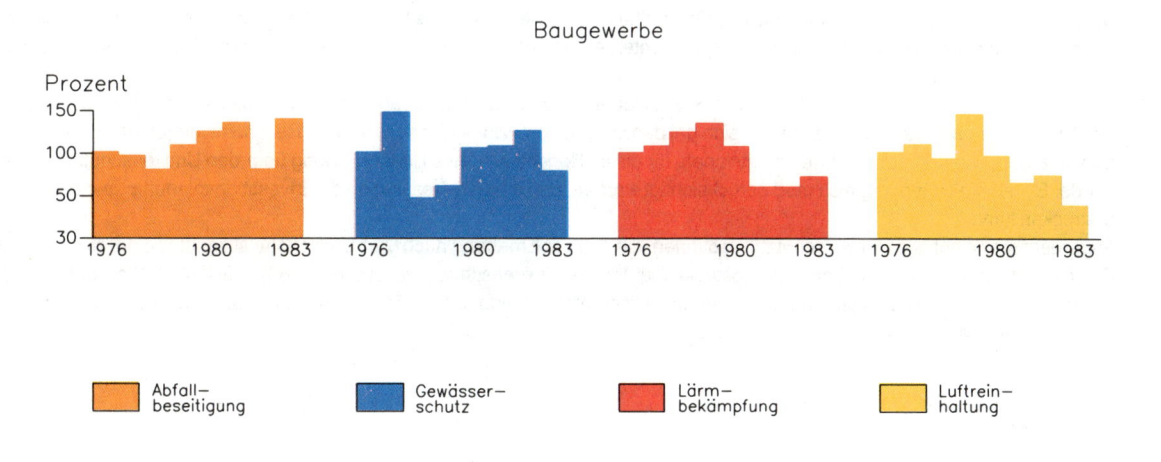

Verbrauchsgüter produzierendes Gewerbe

Nahrungs- und Genußmittel-Gewerbe

Baugewerbe

- Abfallbeseitigung
- Gewässerschutz
- Lärmbekämpfung
- Luftreinhaltung

Quelle: Statistisches Bundesamt

Allgemeine Daten

Investitionen im Umweltschutz und Steuervergünstigungen nach § 7 d Einkommensteuergesetz (EStG)

Das Produzierende Gewerbe investierte 1984 nach Ergebnissen der Investitionserhebung 3,5 Mrd. DM für den Umweltschutz; das entsprach 4,4 Prozent der Gesamtinvestitionen des Produzierenden Gewerbes. Die Umweltschutzinvestitionen werden daneben auch in der Einkommensteuer-Statistik erfaßt. Hierbei handelt es sich um *geplante* Investitionen für Umweltschutz, für die im Jahre 1984 Steuervergünstigung gem. § 7 d Einkommensteuergesetz (erhöhte Absetzungen für Wirtschaftsgüter, die dem Umweltschutz dienen) genehmigt worden ist. 1984 betrug das Volumen dieser Investitionen rd. 3,6 Mrd. DM.

Steuervergünstigungen für Investitionen im Umweltschutz sind eine der staatlichen Hilfen im Bereich des Umweltschutzes. Sie werden seit 1975 gewährt. Für Investitionen ab 1981 sind die Voraussetzungen für Steuervergünstigungen erweitert worden. Erhöhte Absetzungen für Abnutzung aufgrund § 7 d EStG sind zulässig für Wirtschaftsgüter, die ganz oder überwiegend dem Umweltschutz dienen. Die Wirtschaftsgüter können verwendet werden, um

- den Anfall von Abwasser oder Schädigungen durch Abwasser oder Verunreinigungen der Gewässer durch andere Stoffe als Abwasser oder
- Verunreinigungen der Luft oder
- Lärm oder Erschütterungen zu verhindern, zu beseitigen oder zu verringern oder
- Abfälle nach den Grundsätzen des Abfallgesetzes zu beseitigen.

Für die Inanspruchnahme der Sonderabschreibungen sind Bescheinigungen über den Umweltschutzzweck der Investitionen erforderlich, die von den zuständigen Länderbehörden erteilt werden.
Wie aus der Grafik ersichtlich ist, weichen die Daten über diese steuerbegünstigten Investitionen im Umweltschutz von denen der amtlichen Umweltstatistik ab:

- Die Daten beziehen sich auf unterschiedliche Gesamtheiten von Betrieben. Die Steuervergünstigungen sind nicht (wie die Angaben nach dem Umweltschutzgesetz) auf Betriebe von Unternehmen des Produzierenden Gewerbes von im allgemeinen 20 und mehr Beschäftigten beschränkt.
- Während die amtliche Statistik den Zugang an Sachanlagen für Umweltschutz erfaßt, die in dem Geschäftsjahr aktiviert wurden, dessen Ende im Berichtsjahr liegt, handelt es sich bei den Umweltschutzinvestitionen, die den Bescheinigungen entnommen sind, um geplante oder schon durchgeführte Investitionen, für die im Berichtsjahr eine Bescheinigung über den Umweltschutzzweck erlangt wurde. Bei einem Datenvergleich muß berücksichtigt werden, daß sich die Realisation der Investitionsplanung über mehrere Jahre erstrecken kann.
- Außerdem sind nicht alle Umweltschutzinvestitionen, die Teil der Erhebung nach § 11 Umweltstatistikgesetz sind, steuerbegünstigt. Das gilt insbesondere für unbebaute Grundstücke (ca. 1% der Umweltschutzinvestitionen 1983), den Grundstücksanteil bei Grundstücken mit Bauten sowie für produktbezogene Umweltschutzinvestitionen (ca. 2% der Umweltschutzinvestitionen 1983) und für sogenannte integrierte Umweltschutzinvestitionen.

Allgemeine Daten

Investitionen für Umweltschutz im Produzierenden Gewerbe

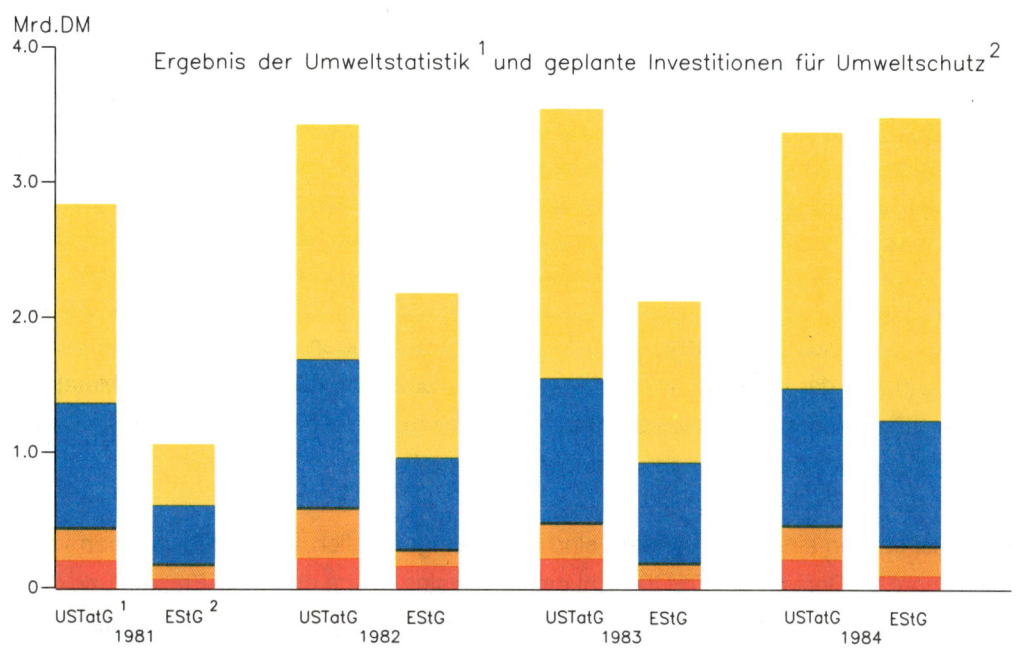

Ergebnis der Umweltstatistik[1] und geplante Investitionen für Umweltschutz[2]

(Mrd. DM)

Kategorien auf der x-Achse:
- USTatG[1] 1981 / EStG[2] 1981
- USTatG 1982 / EStG 1982
- USTatG 1983 / EStG 1983
- USTatG 1984 / EStG 1984

1 = Betriebe der Energie- und Wasserversorgung des Bergbaus und Verarbeitenden Gewerbes und Unternehmen des Baugewerbes, ohne produktbezogene Investitionen für Umweltschutz und ohne unbebaute Grundstücke, 1984 vorläufiges Ergebnis

2 = Investitionen für die Bescheinigungen über den Umweltschutzzweck zur Inanspruchnahme von Steuervergünstigungen nach 7d Einkommensteuergesetz (EStG) ausgestellt wurden.

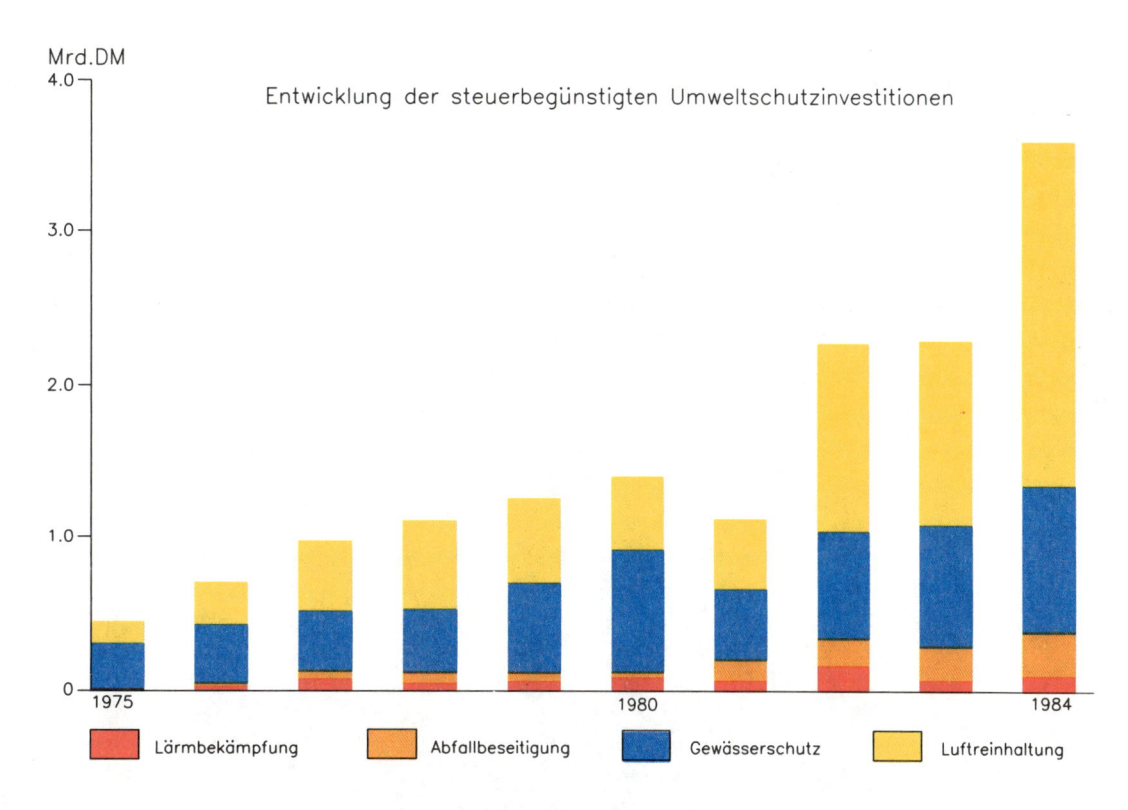

Entwicklung der steuerbegünstigten Umweltschutzinvestitionen (Mrd. DM), 1975–1984

Legende:
- Lärmbekämpfung
- Abfallbeseitigung
- Gewässerschutz
- Luftreinhaltung

Quelle: Statistisches Bundesamt

Allgemeine Daten

Entwicklung der Umweltschutzinvestitionen im Produzierenden Gewerbe in ausgewählten Mitgliedsstaaten der OECD

Die im Produzierenden Gewerbe getätigten Umweltschutzinvestitionen sind ein Anhaltspunkt für die in den einzelnen Staaten geltenden Umweltschutzgesetze und Auflagen.

Aus einem Ansteigen oder Absinken der Umweltschutzinvestitionen läßt sich jedoch kein Schluß auf Leistungen des Produzierenden Gewerbes im Bereich Umweltschutz ziehen. Zum einen ist zu berücksichtigen, daß auch die Umweltschutzinvestitionen je nach gesamtwirtschaftlicher Lage konjunkturellen Schwankungen unterliegen. Zum anderen können einmalig getätigte hohe Umweltschutzinvestitionen in den folgenden Jahren mit nur niedrigen Betriebskosten zu Buche schlagen.

Absolut liegen die Investitionen für Umweltschutz in den dargestellten Mitgliedsstaaten der OECD zwischen einem und zwei Prozent des Bruttosozialproduktes des Produzierenden Gewerbes. Der Prozentsatz ist abhängig von der Struktur der Industrie. Industriezweige wie Eisen- und Stahlhütten, NE-Metallhütten, aber auch die Papier- und Pappeherstellung oder die Chemische Industrie habe einen höheren Bedarf an Umweltschutzinvestitionen als die sogenannte „saubere Industrie".

Vergleiche zwischen den einzelnen Ländern sind nur bedingt möglich, da die Definitionen von „Umweltschutzinvestitionen" im Bereich der OECD nicht einheitlich sind (siehe aber: EG-Empfehlung des Rates an die Mitgliedsstaaten, betreffend Verfahren der „Berechnung der Umweltschutzkosten der Industrie vom 19.1.1979 – Amtsbl. der EG vom 9.1.1979, Nr. L 5/28").

Allgemeine Daten

Entwicklung der Umweltschutz−Investitionen im Produzierenden
Gewerbe in ausgewählten Mitgliedsstaaten
der OECD 1975 bis 1983

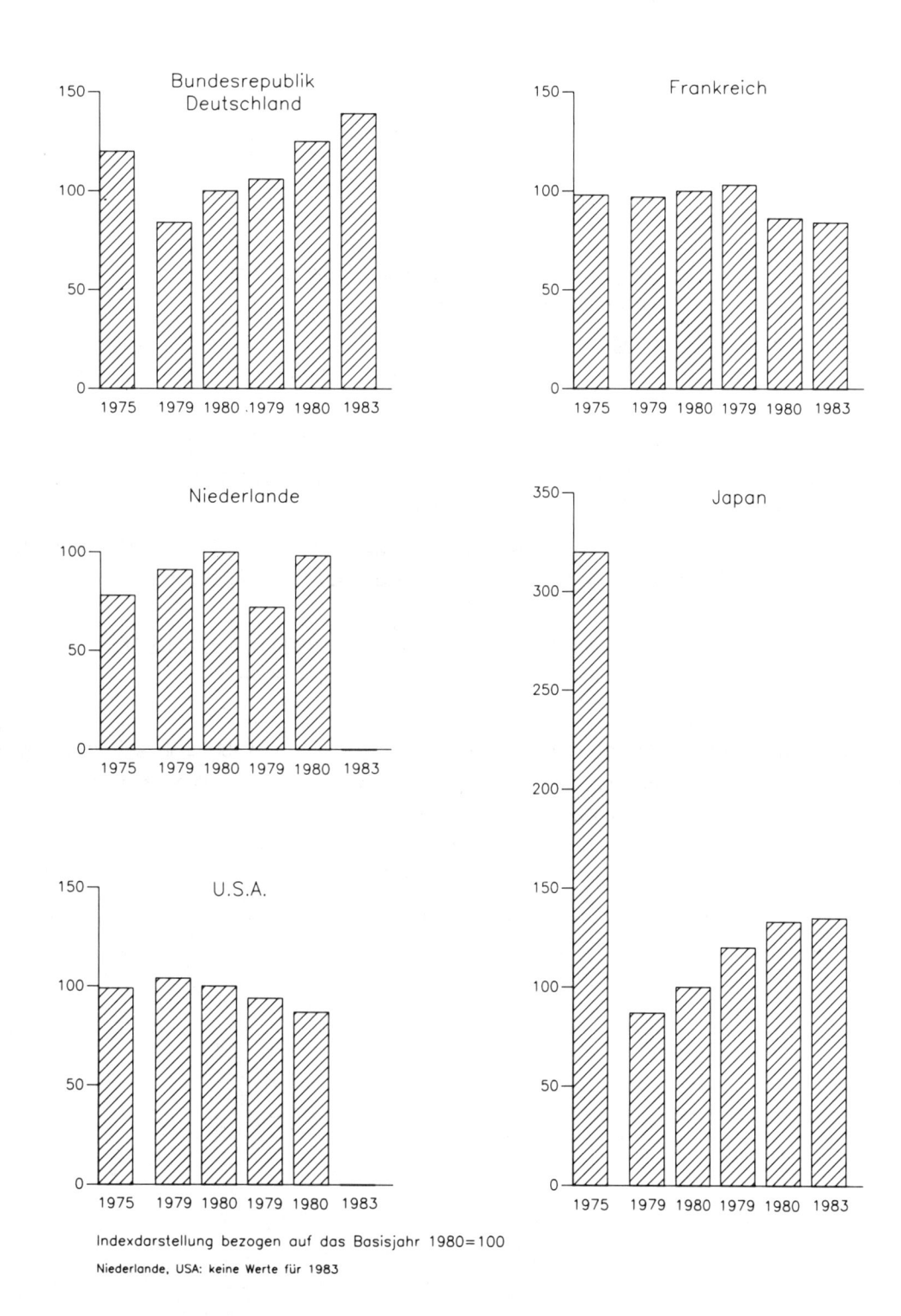

Bundesrepublik Deutschland
(Balkendiagramm: 1975, 1979, 1980, 1979, 1980, 1983)

Frankreich
(Balkendiagramm: 1975, 1979, 1980, 1979, 1980, 1983)

Niederlande
(Balkendiagramm: 1975, 1979, 1980, 1979, 1980, 1983)

Japan
(Balkendiagramm: 1975, 1979, 1980, 1979, 1980, 1983)

U.S.A.
(Balkendiagramm: 1975, 1979, 1980, 1979, 1980, 1983)

Indexdarstellung bezogen auf das Basisjahr 1980=100
Niederlande, USA: keine Werte für 1983

Quelle: Organisation für wirtschaftliche Zusammenarbeit und Entwicklung, Statistisches Bundesamt

Allgemeine Daten

Aufwendungen der öffentlichen Haushalte für den Umweltschutz

Die Umweltschutzaufwendungen der öffentlichen Haushalte (Bund, Länder, Gemeinden und Zweckverbände) setzen sich zusammen aus den Investitionen und den laufenden Ausgaben. Die Quelle der Darstellungen bilden die Jahresrechnungsstatistiken der öffentlichen Hände. Sie erfassen sämtliche öffentlichen Haushalte mit Ausnahme der rechnungsmäßig selbständigen öffentlichen Unternehmen („Eigenbetrieb"). Eine vollständige Veranschlagung und finanzstatistische Erfassung sämtlicher Umweltschutzaufwendungen der öffentlichen Haushalte ist bei der bestehenden Haushaltssystematik nicht möglich. Statistisch nachweisbar sind lediglich die schwerpunktmäßig und überwiegend dem Umweltschutz zuzurechnenden Ausgaben der Aufgabenbereiche

— Abwasserbeseitigung
— Abfallbeseitigung
— Reinhaltung von Luft, Wasser und Boden, Lärmbekämpfung, Reaktorsicherheit, Strahlenschutz
— Forschung (außerhalb der Hochschulen) in letzterem Bereich
— Naturschutz und Landschaftspflege

nicht jedoch Aufwendungen, die „querschnittsmäßig" in anderen Aufgabenbereichen enthalten sind.

Während des Zehnjahreszeitraumes von 1974 bis 1983 hat die öffentliche Hand rund 120 Mrd. DM für den Umweltschutz aufgewendet (vgl. oberes Schaubild der Abbildung). Im Jahre 1983 betrugen die Umweltschutzaufwendungen der öffentlichen Haushalte rund 14 Mrd. DM, wovon der größte Anteil auf die Gemeinden und Länder entfiel. Am meisten wird für die Abwasserbeseitigung (ca. 60 bis 70 Prozent) und für die Abfallbeseitigung (um 20 Prozent) ausgegeben (vgl. unteres Schaubild der Abbildung).

Die Umweltschutzinvestitionen der öffentlichen Hand beliefen sich 1983 auf 6,0 Mrd. DM, mehr als das Eineinhalbfache der Umweltschutzinvestitionen des Produzierenden Gewerbes.

1974—1983 wurden bei der öffentlichen Hand 60,6 Mrd. DM für den Umweltschutz investiert. Der Anteil der Umweltschutzinvestitionen an den gesamten volkswirtschaftlichen Anlageinvestitionen belief sich von 1975 bis 1983 auf durchschnittlich knapp 15 Prozent.

Allgemeine Daten

Umweltschutzaufwendungen der öffentlichen Haushalte 1974 bis 1983

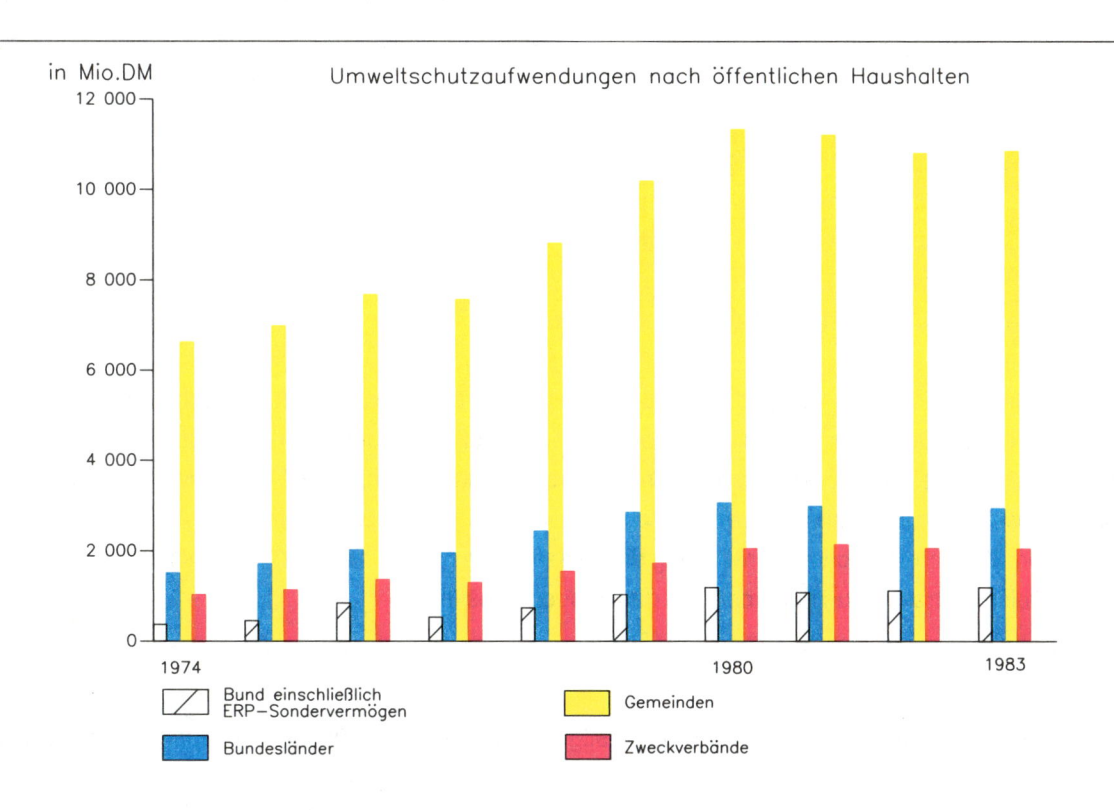

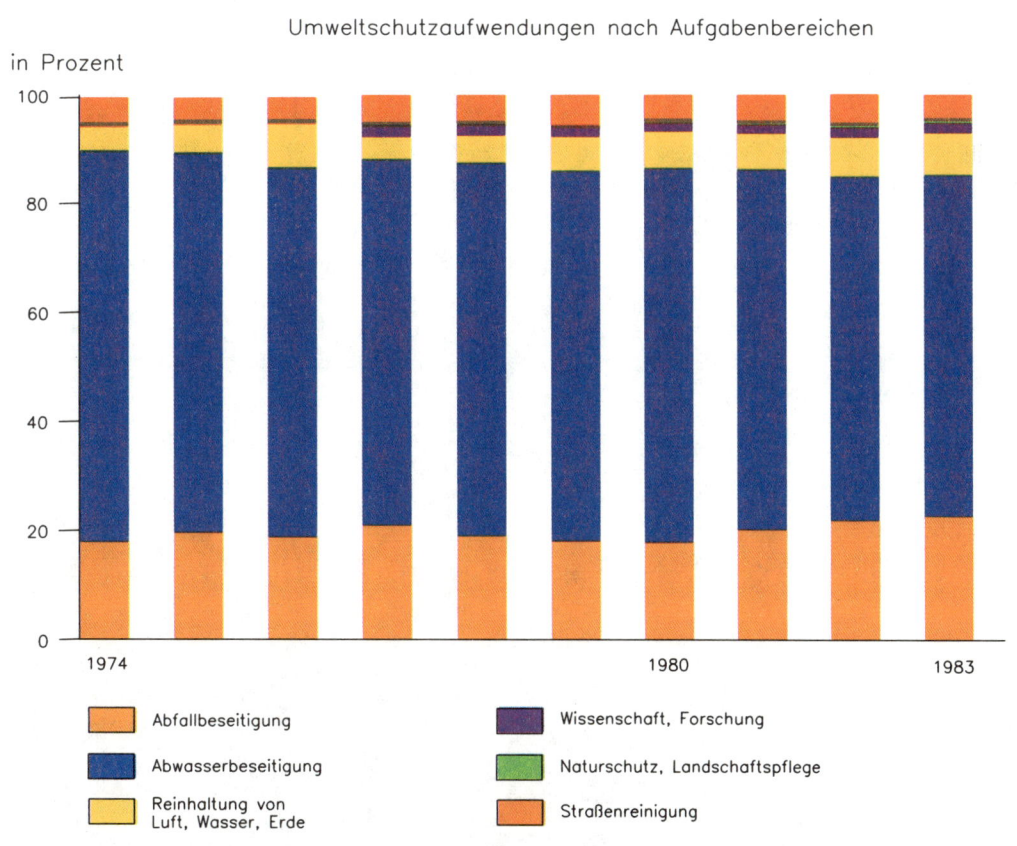

Umweltschutzaufwendungen nach öffentlichen Haushalten (in Mio. DM)

- ◻ Bund einschließlich ERP-Sondervermögen
- ■ Bundesländer
- ■ Gemeinden
- ■ Zweckverbände

Umweltschutzaufwendungen nach Aufgabenbereichen (in Prozent)

- Abfallbeseitigung
- Abwasserbeseitigung
- Reinhaltung von Luft, Wasser, Erde
- Wissenschaft, Forschung
- Naturschutz, Landschaftspflege
- Straßenreinigung

Quelle: Statistisches Bundesamt

Allgemeine Daten

Aus ERP-Mitteln zur Verfügung gestellte Kredite und damit getätigte Umweltschutzinvetitionen

Neben den erhöhten Absetzungen nach § 7 d Einkommensteuergesetz zählen die im Rahmen des Europäischen Wiederaufbauprogramms (ERP) zur Verfügung gestellten Umweltschutzkredite zu den zentralen Maßnahmen in der Umweltschutzförderungskonzeption des Bundes. Zinsgünstige ERP-Mittel für Umweltschutzmaßnahmen werden seit
- 1954 für das „ERP-Abwasserreinigungs-Programm",
- 1962 für das „ERP-Luftreinhalte-Programm" und
- 1973 für das „ERP-Abfallbeseitigungs-Programm"

vorzugsweise der deutschen Wirtschaft zur Verfügung gestellt.

Insgesamt wurden bis Ende 1984 39 Mrd. DM (18,3% des ERP Vermögens) für Umweltschutzmaßnahmen zur Verfügung gestellt. Die mit Hilfe der Kredite geförderten Investitionen betrugen 1984 rund 1,75 Mrd. DM. 1985 war die Nachfrage nach Krediten unvermindert hoch. Es konnten rund 100 Mio. DM mehr Mittel als 1984 zugesagt werden. Die damit geförderten Investitionen betrugen 1985 2,44 Mrd. DM.
Während sich im Bereich der Abwasserreinigung die Investitionen gegenüber 1983 mehr als halbiert haben, sind sie im Bereich Luftreinhaltung um mehr als das doppelte gestiegen.

Siehe auch:
- Investitionen für Umweltschutz und Steuervergünstigungen nach § 7 d Einkommensteuergesetz (EStG).

Allgemeine Daten

Zusagevolumen nach ERP-Wirtschaftsplangesetz für 1982 bis 1987 – in Mio DM –

Jahr	Abwasser	Abfall	Luft	Insgesamt
1982	365	80	65	510
1983	365	60	75	500
1984	320	70	70	460
1985	386	139	122	647
1986	610	420	150	1180
1987	610	490	250	1350

Quelle: Bundesminister für Umwelt, Naturschutz und Reaktorsicherheit, nach: ERP-Wirtschaftspläne 1982 - 1987

Aus ERP – Mitteln zur Verfügung gestellte Kredite und damit getätigte Umweltschutz – Investitionen 1980 bis 1984

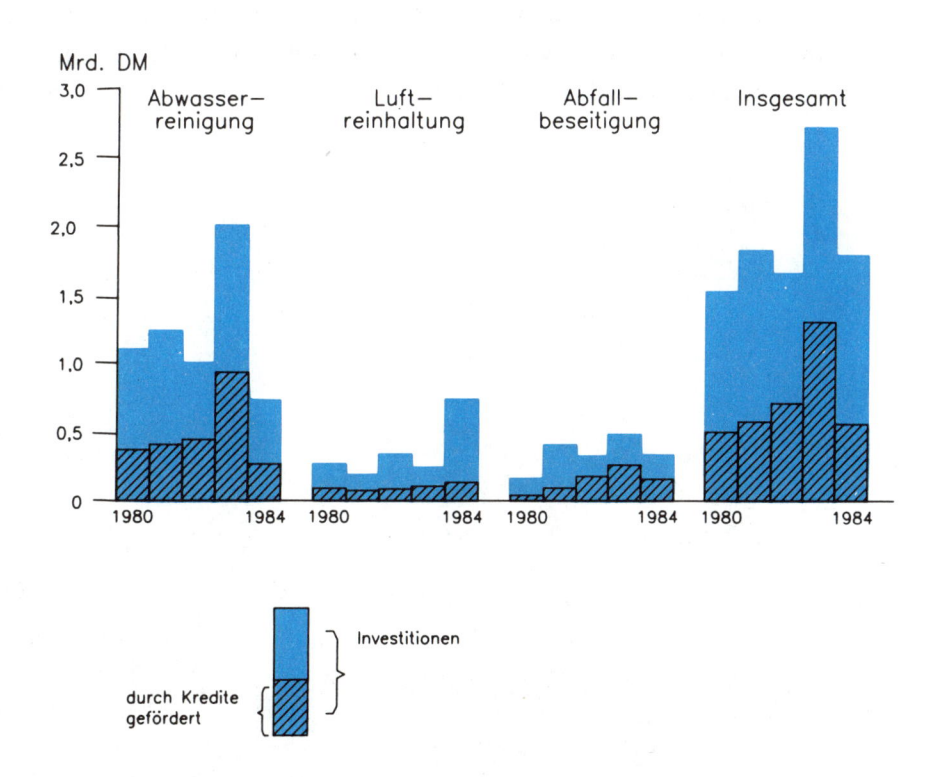

Quelle: Bundesminister für Umwelt, Naturschutz und Reaktorsicherheit

Allgemeine Daten

Investitionsförderungsprogramm zur Verminderung von Umweltbelastungen

Die Bundesregierung fördert im Rahmen des 1979 gestarteten Programms „Investitionen auf dem Gebiet der Luftreinhaltung bei Altanlagen" Modellvorhaben zum Nachweis, wie und mit welchem Aufwand bestehende Anlagen auf einen fortschrittlichen Stand der Luftreinhaltetechnik gebracht, optimiert und damit umweltfreundlich gestaltet werden können. Die bisher abgeschlossenen Projekte haben jeweils die angestrebten Ziele in der Regel nicht nur erreicht, sondern häufig deutlich übertroffen; die Ergebnisse sind sehr weitgehend in die Technische Anleitung zur Reinhaltung der Luft (TA Luft) '86 eingeflossen.

Gestützt auf diese positiven Erfahrungen wurde das Programm ab 1985 im Interesse der dringend notwendigen übergreifenden Umweltentlastung bei Altanlagen durch Einbeziehung von Modellvorhaben zur Wasserreinhaltung, Abfallwirtschaft und Lärmminderung wesentlich erweitert.

Bis 1985 wurden für 211 Projekte Zuwendungen von insgesamt 579 Mio DM bereitgestellt, denen ein Investitionsvolumen von über 1,7 Mrd. DM zugrunde lag. Diese verteilen sich auf die einzelnen Bereiche wie folgt:

Umweltbereich	Anzahl der Projekte	Investitionsvolumen – in Mio. DM –	Förderbetrag
Luftreinhaltung	198	1632	536
Wasserreinhaltung	8	88	37
Abfallwirtschaft	3	6	2
Lärmminderung	2	13	4

Die zukünftige Förderung wird sich auf Maßnahmen konzentrieren, durch die Umweltbelastungen bereits an der Quelle vermieden werden. Dies bildet eine unverzichtbare Voraussetzung, um der Rangfolge „Vermeidung vor Verminderung" voll entsprechen und damit das Vorsorgeprinzip in geeigneter Form realisieren zu können.

Allgemeine Daten

Investitionsförderungsprogramm der Bundesregierung
1979 bis 1985 tatsächlich geleistete Zuwendung

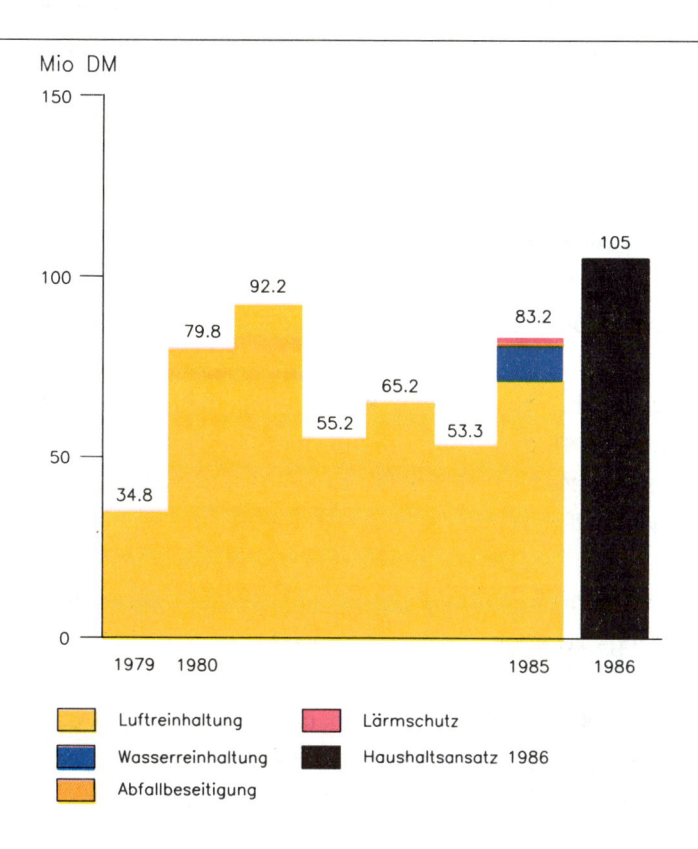

Mio DM

Jahr	Wert
1979	34.8
1980	79.8
	92.2
	55.2
	65.2
	53.3
1985	83.2
1986	105

- Luftreinhaltung
- Wasserreinhaltung
- Abfallbeseitigung
- Lärmschutz
- Haushaltsansatz 1986

Quelle: Umweltbundesamt

Allgemeine Daten

Beschäftigungseffekte des Umweltschutzes

Die durch das zunehmende Umweltbewußtsein und neue Umweltgesetze hervorgerufene Veränderung der volkswirtschaftlichen Produktionsstruktur kann in den von Umweltschutzmaßnahmen betroffenen Industriezweigen bei einzelnen Betrieben zu Arbeitsplatzverlusten führen, wenn diese sich dem Strukturwandel nicht oder nicht schnell genug anpassen. Demgegenüber erhöht sich in der umweltschutzgüterproduzierenden Industrie die Nachfrage mit der Folge einer möglichen Beschäftigungszunahme in diesem Bereich.

Den negativen Beschäftigungseffekten steht eine wesentlich größere Anzahl an Umweltschutzarbeitsplätzen gegenüber. So weist eine Studie des Ifo-Instituts aus, daß 1984 knapp 180 000 Arbeitsplätze bestehen, die unmittelbar mit Umweltschutzaufgaben befaßt sind.

Addiert man zu diesen Arbeitsplätzen die mittelbaren und unmittelbaren Beschäftigungseffekte durch Inlandsnachfrage nach Umweltinvestitionsgütern und umweltschutzbedingten Sachaufwendungen und die Auslandsnachfrage hinzu, so ergeben sich für 1984 insgesamt über 430 000 Arbeitsplätze, die durch Umweltschutz gesichert oder geschaffen worden sind.

In die Schätzungen des Ifo-Instituts konnten die Beschäftigungswirkungen aktueller umweltpolitischer Maßnahmen nur teilweise einbezogen werden.

Nach Schätzungen des Umweltbundesamtes können durch den Vollzug der Großfeuerungsanlagen-Verordnung etwa 47 000 Arbeitsplätze neu geschaffen oder ausgelastet werden, die Einführung des schadstoffarmen Pkw wird mindestens 14 000 Arbeitsplätze im Jahr auslasten.

Siehe auch:
— Entwicklung der Gesamtinvestitionen im Umweltschutz

Allgemeine Daten

Beschäftigungseffekte des Umweltschutzes 1984

Beschäftigte mit Umweltschutzaufgaben	178 480
– in Gebietskörperschaften	91 280
– Abwasserbehandlung	23 560
– Abfallbeseitigung	18 785
– Straßenreinigung	12 035
– Planungs-, Verwaltungs-, Vollzugsbehörden	30 000
– Großforschungseinrichtungen/Hochschulen	6 900
– in Öffentlichen Entsorgungsunternehmen	8 500
– im Produzierenden Gewerbe	29 700
– darunter Umweltforschung	5 500
– in Privaten Entsorgungsunternehmen	18 000
– im Altstoffgroßhandel	22 000
– in Sonstigen Wirtschaftsgruppen	8 000
– in Organisationen ohne Erwerbscharakter	1 000
Unmittelbare und mittelbare Beschäftigungswirkungen	258 288
– in Gebietskörperschaften	111 074
– im Produzierenden Gewerbe	73 780
– in Öffentlichen Entsorgungsunternehmen	10 561
– in Privaten Entsorgungsunternehmen	3 273
– infolge Auslandsnachfrage	59 500
Insgesamt	436 768

Quelle: Ifo-Institut für Wirtschaftsforschung

Allgemeine Daten

Umweltforschung

Anzahl und Finanzvolumen der Umweltforschung

Die Umweltforschung im staatlichen Bereich dient der Vorbereitung und Weiterentwicklung von rechtlichen Regelungen (Gesetzen, Verordnungen, Verwaltungsvorschriften) und Programmen sowie den mit der Ausführung und Anwendung dieser Regelungen und Programmen zusammenhängenden Aufgaben.

Finanziert werden auch Großforschungsanstalten und Forschungseinrichtungen des Bundes und der Länder zur Durchführung langfristiger und grundlagenorientierter Vorhaben, sowie Unternehmen und Hochschulen, wenn die technischen Risiken einer speziellen Entwicklung hoch sind, staatliche Vorsorgeverpflichtungen bestehen oder der wissenschaftliche Sachverstand vor allem in Hochschulen vorhanden ist.

Wissenschaftliche Aktivitäten im engeren und weiteren Bezug zu Umweltfragen finden sich ebenso zahlreich in der industriellen und universitären Grundlagenforschung.

Die Schwerpunkte der einzelnen Forschungsaktivitäten sind dabei sehr stark von den jeweiligen Finanzgebern abhängig. Um eine breite Nutzung der erzielten Forschungsergebnisse zu ermöglichen, werden im Rahmen des Umweltinformations- und Planungssystems Umwelt (UMPLIS) des Umweltbundesamtes umfangreiche Informationen zur Umweltforschung in der Umweltforschungsdatenbank (UFORDAT) dokumentiert.

Die Datenbank enthält Darstellungen von ca. 20 500 umweltbezogenen öffentlich geförderte Forschungs- und Entwicklungsvorhaben, die von ca. 4000 Forschungseinrichtungen überwiegend aus der Bundesrepublik Deutschland durchgeführt werden. Eine Zusammenstellung enthält der periodisch vom Umweltbundesamt herausgegebene Umweltforschungskatalog.

Darüber hinaus sind umfangreiche Informationen über die Forschungsaktivitäten des Bundes im Programm „Umweltforschung und Technologie 1984 – 1987", im jährlich erscheinenden Umweltforschungsplan sowie im alle vier Jahre (zuletzt 1984) herausgegebenen Bundesbericht „Forschung" enthalten.

Allgemeine Daten

Verteilung der öffentlich geförderten Forschungsprojekte nach Institutionen, Umweltbereichen und Finanzgebern (Stand 1985)

Verteilung der Umweltforschungsprojekte nach Institutionen und Umweltbereichen

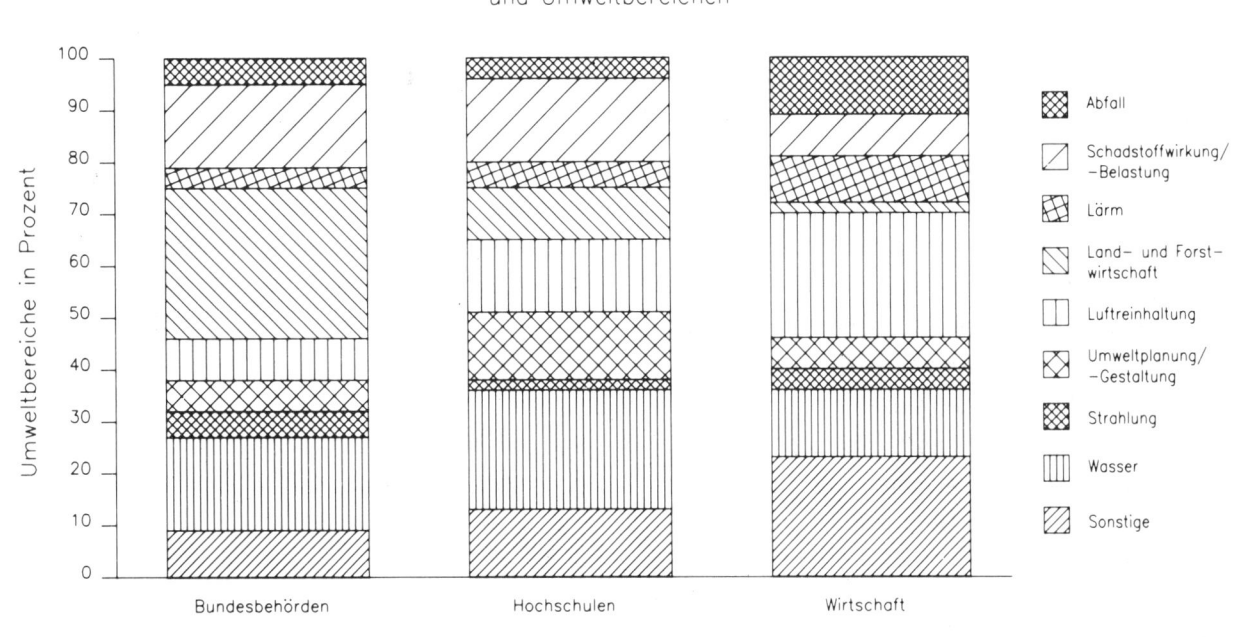

Bundesbehörden — Hochschulen — Wirtschaft

Legende:
- Abfall
- Schadstoffwirkung/-Belastung
- Lärm
- Land- und Forstwirtschaft
- Luftreinhaltung
- Umweltplanung/-Gestaltung
- Strahlung
- Wasser
- Sonstige

Verteilung der Umweltforschungsprojekte nach Institutionen und Finanzgebern

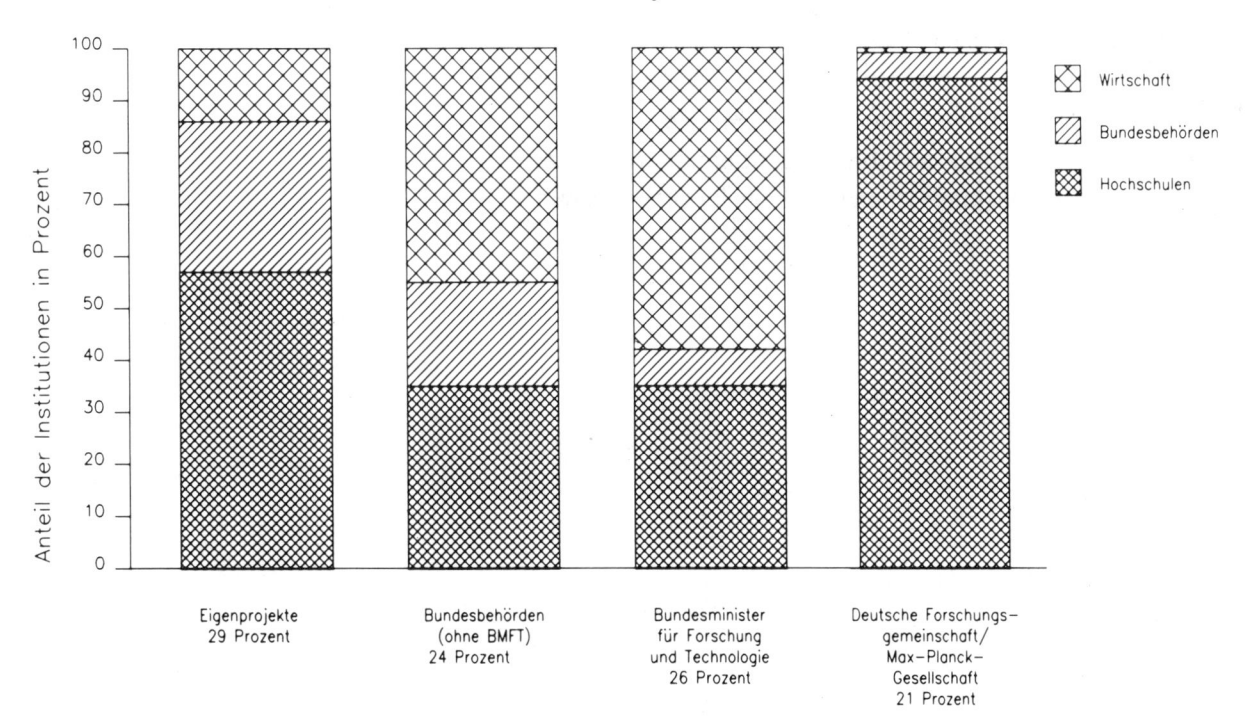

- Eigenprojekte 29 Prozent
- Bundesbehörden (ohne BMFT) 24 Prozent
- Bundesminister für Forschung und Technologie 26 Prozent
- Deutsche Forschungsgemeinschaft/Max-Planck-Gesellschaft 21 Prozent

Legende:
- Wirtschaft
- Bundesbehörden
- Hochschulen

Quelle: Umweltbundesamt

Daten zur Umwelt 1986/87
Umweltbundesamt

UMPLIS
Methodenbank
Umwelt

Allgemeine Daten

Öffentliche Ausgaben für Umweltforschung in ausgewählten Mitgliedstaaten der OECD

Die staatlichen Ausgaben für Umweltforschung stellen einen wichtigen Beitrag zur Umsetzung und Ausfüllung der Umweltprogramme in den einzelnen Ländern dar. Um einen durchgreifenden Erfolg bei der Senkung der Umweltbelastungen zu erzielen, bedarf es auch im Bereich der Forschung und Entwicklung einer engen internationalen Zusammenarbeit.

In vielen Ländern sind daher spezielle Umweltforschungsprogramme und Umweltforschungszentren eingerichtet worden. Die staatlichen Ausgaben für Umweltforschung belaufen sich in den wichtigsten Industrieländern zwischen einem und drei Prozent der gesamten öffentlichen Forschungsausgaben.

Nach Schätzungen der OECD werden in den Mitgliedsländern der OECD jährlich etwa 700 – 800 Millionen US $ für Umweltforschung ausgegeben.

Die Angaben in der Grafik beinhalten dabei Studien, Forschungs- und Entwicklungsvorhaben für alle Umweltbereiche. Eingeschlossen sind ferner Entwicklungen von Technologien zur Vermeidung von Umweltbelastungen (end-of-pipe-technologie). Nicht einbezogen sind technische Entwicklungen von umweltschonenden Produktionstechnologien (saubere Technologie).

Die vergleichende Interpretation der Darstellung ist jedoch nur eingeschränkt möglich, da die Definition von „Umweltforschung" in den einzelnen Ländern unterschiedlich ist.

Neben den staatlichen Forschungsprogrammen wird Umweltforschung in vielen Ländern auch in nennenswertem Umfang an Universitäten und in der Wirtschaft durchgeführt. Auch internationale Organisationen wie z.B. die EG fördern die Umweltforschung in ihren Mitgliedsländern durch spezielle Programme in erheblichem Maße.

Ergänzend zu speziellen Forschungsprogrammen sind staatliche Förderprogramme zur modellhaften Sanierung von Altanlagen oder zur Errichtung von kommunalen Abwasserbehandlungsanlagen oder Abfallbeseitigungsanlagen zu sehen.

Siehe auch:
- Anzahl und Finanzvolumen der Umweltforschung
- Investitionsförderungsprogramm zur Verminderung von Umweltbelastungen
- Aus ERP-Mitteln zur Verfügung gestellte Kredite
- Investitionen für Umweltschutz im Produzierenden Gewerbe
- Aufwendungen der öffentlichen Haushalte für Umweltschutz

Allgemeine Daten

Öffentliche Ausgaben für Umweltschutzforschung in ausgewählten Mitgliedsstaaten der OECD 1975 – 1983

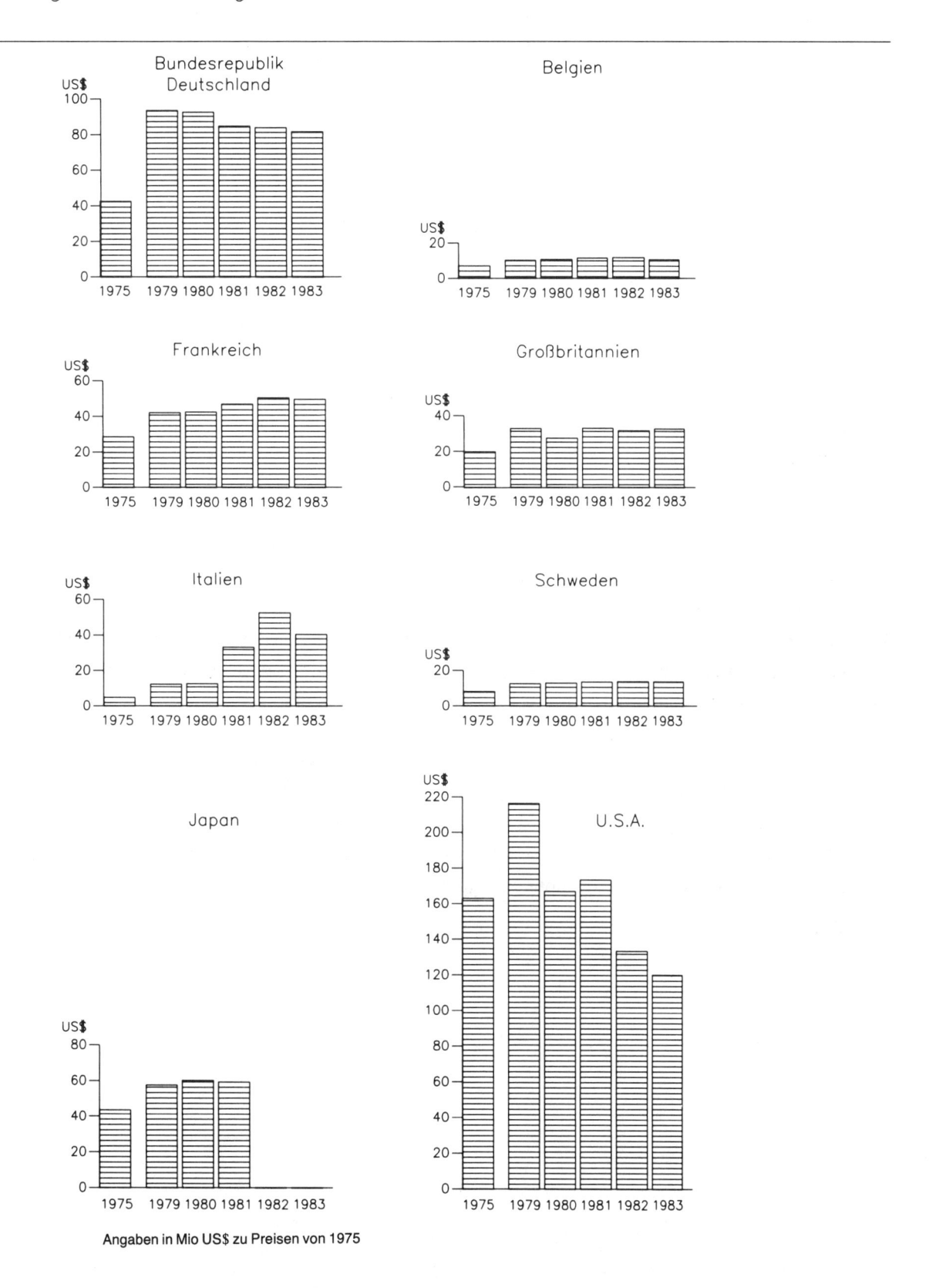

Angaben in Mio US$ zu Preisen von 1975

Quelle: Organisation für wirtschaftliche Zusammenarbeit und Entwicklung

Allgemeine Daten

Bekanntgewordene und erfaßte Umweltschutzdelikte

Vom Bundeskriminalamt wird aufgrund der Angaben der Landeskriminalämter jährlich die polizeiliche Kriminalstatistik zusammengestellt, die seit dem Jahre 1973 auch Umweltschutzdeklikte erfaßt und seit 1981 (Ergänzung des Strafgesetzbuches (StGB) um den Abschnitt „Straftaten gegen die Umwelt") wie folgt unterteilt ist:

- Verunreinigung eines Gewässers (§ 324 StGB)
- Luftverunreinigung (§ 325 StGB)
- Lärmverursachung (§ 325 StGB)
- Umweltgefährdende Abfallbeseitigung (§ 326 StGB)
- Unerlaubtes Betreiben von Anlagen (§ 327 StGB)
- Unerlaubter Umgang mit Kernbrennstoffen (§ 328 StGB)
- Gefährdung schutzbedürftiger Gebiete (§ 329 StGB)
- Schwere Umweltgefährdung (§ 330 StGB)
- Schwere Umweltgefährdung durch Freisetzen von Giften (§ 330 a StGB)

Die Grafik zeigt die Entwicklung der bekanntgewordenen Fälle von Umweltschutzdelikten von 1973 bis 1985. Die Vergleichbarkeit der Daten ist durch die Novellierung des Umweltstrafrechts im Jahre 1981 eingeschränkt. Seit 1979 zeigt die Tendenz einen stetigen Anstieg der polizeilich erfaßten Umweltschutzdelikte, ohne daß aus den zahlenmäßigen Angaben der polizeilichen Kriminalstatistik dafür Ursachen hergeleitet werden könnten.

Aus diesem Grunde hat das Umweltbundesamt ein Forschungsvorhaben durchführen lassen, das als wesentliche Gründe die gestiegene Sensibilität von Polizei und Bevölkerung und die größere Anzeigebereitschaft gegenüber beobachteten Umweltvergehen feststellt. Aus dem Anstieg der statistisch erfaßten Delikte kann nicht auf ein häufigeres Begehen dieser Delikte geschlossen werden. Vielmehr dürfte diese Tendenz weitgehend auf die gewachsene Bereitschaft zurückzuführen sein, sie nicht mehr als bloße „Kavaliersdelikte" zu übersehen, sondern der strafrechtlichen Verfolgung zuzuführen.

Die Aufteilung der Umweltstraftaten nach den einzelnen Deliktarten für die Jahre vor 1981 ist wegen der 1980 geänderten Staftatbestände nicht vergleichbar und deshalb nicht mit angegeben. Deutlich wird, daß in allen Jahren die Gewässerschutzdelikte den Hauptanteil aller Umweltstraftaten ausmachen, gefolgt von Abfalldelikten, Delikten des unerlaubten Betreibens von Anlagen und der Luftverunreinigung. Die anderen Straftatbestände haben dagegen nur sehr geringe Anteile.

Allgemeine Daten

Straftatbestand	1981	1982	1983	1984	1985
Verunreinigung eines Gewässers (§ 324 StGB)	4531	5352	5769	6992	8562
Luftverunreinigung (§ 325 StGB)	163	148	118	415	406
Lärmverursachung (§ 325 StGB)	27	24	20	23	37
Umweltgefährdende Abfallbeseitigung (§ 326 StGB)	656	859	1165	1699	2750
Unerlaubtes Betreiben von Anlagen (§ 327 StGB)	282	257	301	524	901
Unerlaubter Umgang mit Kernbrennstoffen (§ 328 StGB)	1	1	1	./.	./.
Gefährdung schutzbedürftiger Gebiete (§ 329 StGB)	17	19	24	16	36
Schwere Umweltgefährdung (§ 330 StGB)	79	64	86	85	136
Schwere Gefährdung durch Freisetzen von Giften (§ 330a StGB)	25	26	23	51	47

Quelle: Umweltbundesamt

Bekanntgewordene und erfaßte Umweltdelikte 1973 bis 1985

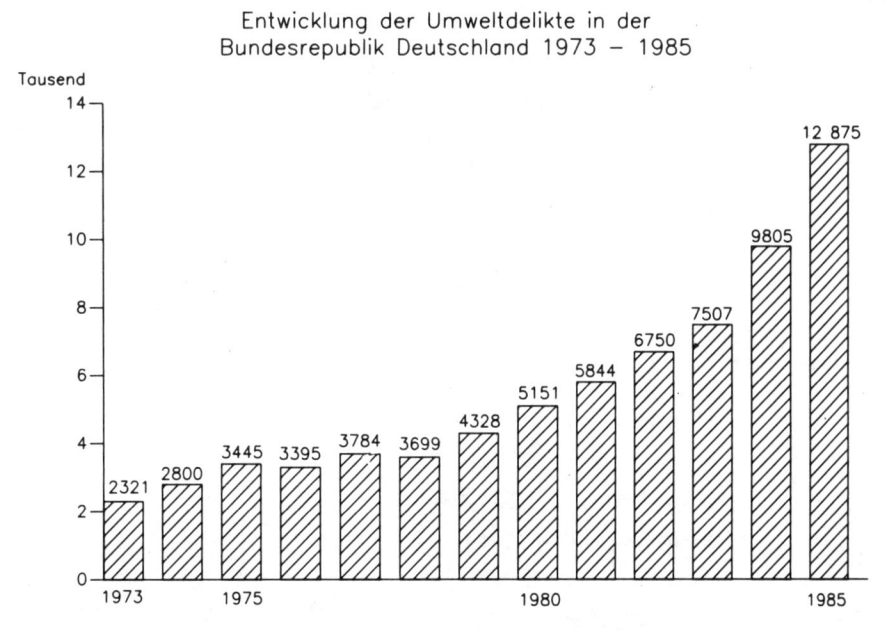

Entwicklung der Umweltdelikte in der Bundesrepublik Deutschland 1973 – 1985

Jahr	Umweltdelikte
1973	2321
1974	2800
1975	3445
1976	3395
1977	3784
1978	3699
1979	4328
1980	5151
1981	5844
1982	6750
1983	7507
1984	9805
1985	12 875

Quelle: Umweltbundesamt

Allgemeine Daten

Umweltbewußtsein

Das Bewußtsein für die Umweltproblematik hat besonders in den letzten Jahren zugenommen und ist im Stellenwert in der Bevölkerung vor die meisten wirtschafts- und sozialpolitischen Themen gerückt. Dies geht aus einer Bevölkerungsumfrage zu aktuellen Fragen der Innenpolitik hervor, bei der ein repräsentativer Querschnitt der wahlberechtigten Bevölkerung von 2087 Personen befragt wurde (ohne Berlin (West)).

Der erste Teil der Repräsentativumfrage zeigt deutlich, daß der Wunsch nach einem wirksamen Umweltschutz und speziell die Bekämpfung des Waldsterbens im Vergleich zu anderen wichtigen gesellschaftspolitischen Fragen 1984 bis 1985 einen hohen Stellenwert hat. So rangiert die Bekämpfung des Waldsterbens unmittelbar nach der Bekämpfung der Arbeitslosigkeit, und für die Gesamtbevölkerung ist − mit geringen Abweichungen − ein wirksamer Umweltschutz ebenso wichtig wie der Wunsch nach gesicherten Renten.

Sicherlich auch durch die anhaltende Diskussion über das Waldsterben fühlt sich die Hälfte der Bundesbürger (57 Prozent) am meisten von der Luftverschmutzung betroffen. Bemerkenswert ist, daß die Lärmbetroffenheit − wenn auch mit weitem Abstand − an zweiter Stelle rangiert, aber immer noch vor der Betroffenheit durch Gewässerverschmutzung und Bodenschadstoffe.

Umweltbewußtsein in der Bundesrepublik Deutschland
Umfrageergebnisse in Prozent

Welches gesellschaftliche Problem halten Sie für sehr wichtig:

Basis 1984: 2087 Befragte
Basis 1985: 1839 Befragte

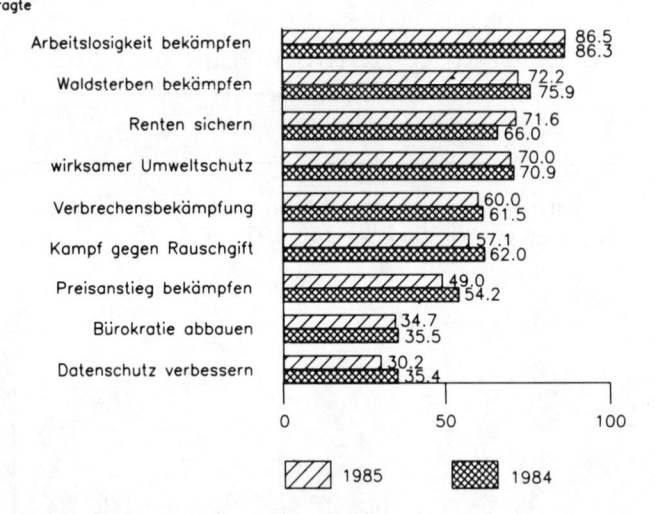

Problem	1985	1984
Arbeitslosigkeit bekämpfen	86.5	86.3
Waldsterben bekämpfen	72.2	75.9
Renten sichern	71.6	66.0
wirksamer Umweltschutz	70.0	70.9
Verbrechensbekämpfung	60.0	61.5
Kampf gegen Rauschgift	57.1	62.0
Preisanstieg bekämpfen	49.0	54.2
Bürokratie abbauen	34.7	35.5
Datenschutz verbessern	30.2	35.4

Von welchen dieser Umweltprobleme fühlen Sie sich am stärksten betroffen?

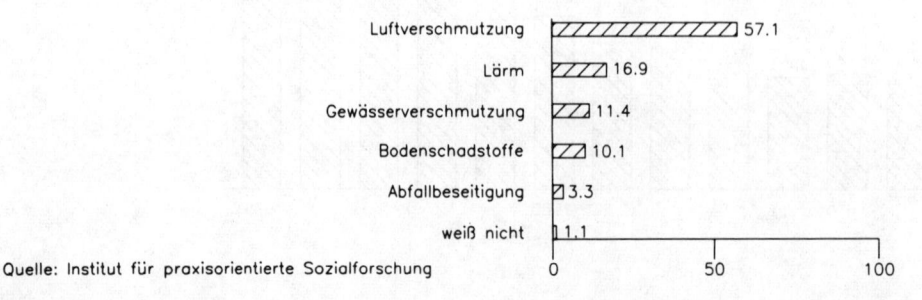

	%
Luftverschmutzung	57.1
Lärm	16.9
Gewässerverschmutzung	11.4
Bodenschadstoffe	10.1
Abfallbeseitigung	3.3
weiß nicht	1.1

Quelle: Institut für praxisorientierte Sozialforschung

Allgemeine Daten

Klimatologie

Windgeschwindigkeit

Klimatologische und meteorologische Daten finden in zahlreichen Fachgebieten Anwendung, so z.B. im Bereich der Land- und Forstwirtschaft sowie im Naturschutz (Be- und Entwässerungsfragen, Schadensuntersuchungen, Regionalplanung usw.), im Bereich der Hydrologie und Wasserwirtschaft (zur Abschätzung von Hoch- und Niedrigwasserentwicklungen, Abflußberechnungen, Schiffbarkeit von Flüssen, Wasserver- und -entsorgung, Einrichtung von Kläranlagen, Talsperren usw.) und in der Klimatologie (Wasserbilanzuntersuchungen, Klimamodelle, Klimaänderungen u.a.).

Für den Transport von Luftverunreinigungen über den mittel- und weiträumigen Bereich sind neben räumlich und zeitlich veränderlichen meteorologischen Größen die Mischungsschichthöhe, die Luftfeuchte und -temperatur sowie die Intensität der Sonnenstrahlung, die Nebelhäufigkeit und der Niederschlag von Bedeutung, da hierbei neben der Ausbreitung insbesondere die chemische Umwandlung und die Depositionen der Luftverunreinigungen in der Atmosphäre wichtig sind. Die Ausbreitung von Luftverunreinigungen bleibt nicht auf den emittentnahen Bereich beschränkt, vielmehr wird ein Großteil regional und weiträumig verfrachtet.
Bei der nachfolgenden Karte ist zu beachten, daß sich die Windgeschwindigkeiten auf das 10 m-Niveau über Grund für hindernisfreie Oberflächen wie etwa Wiesen beziehen. Lokale Besonderheiten, die durch eine erhöhte Bodenrauhigkeit zu einer Abbremsung des Windes führen, können im vorliegenden Maßstab ebenso wenig erfaßt werden wie die kleinskaligen Modifikationen des bodennahen Windfeldes im reliefgegliederten Gelände Mittel- und Süddeutschlands. Insofern gibt die Windkarte nur einen stark generalisierten Überblick über die räumliche Struktur der Windgeschwindigkeit.

Siehe auch:
- Flächendeckende Darstellung von Immissionen
- Smogsituation vom 17.–21. Januar 1985
- Weiträumige Ausbreitung von Schwefelverbindungen in der Atmosphäre

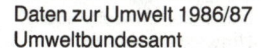

Allgemeine Daten

Windgeschwindigkeit in der Bundesrepublik Deutschland
langjähriger Jahresmittelwert in 10 m über Grund (1971–1980)

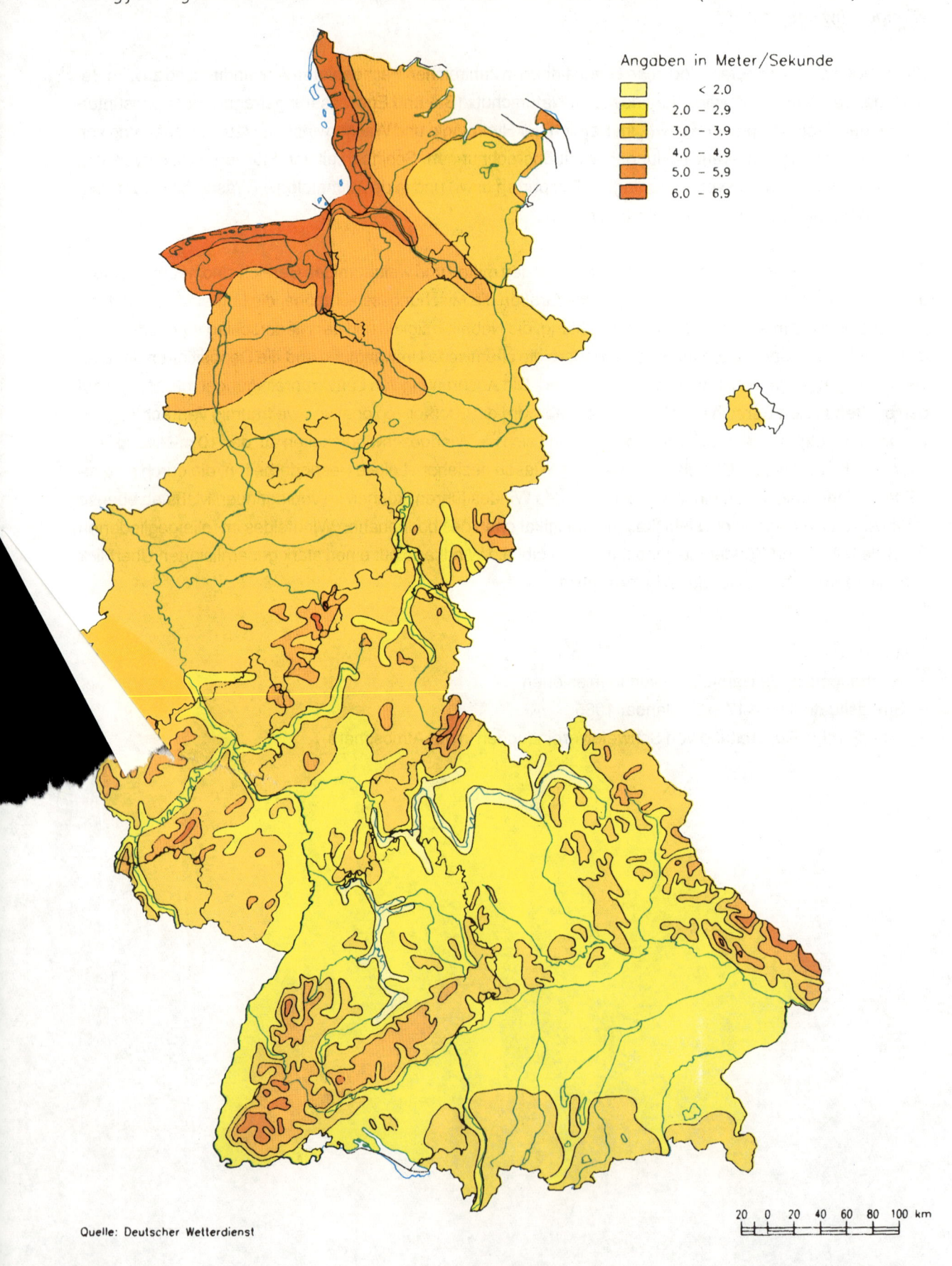

Angaben in Meter/Sekunde
- < 2.0
- 2.0 – 2.9
- 3.0 – 3.9
- 4.0 – 4.9
- 5.0 – 5.9
- 6.0 – 6.9

Quelle: Deutscher Wetterdienst

Allgemeine Daten

Niederschlagsstatistik 1891 bis 1984

In der Abbildung sind die monatlichen Gebietsniederschläge des Zeitraumes 1891–1984 aus rund 200 Stationen für hydrologisch und administrativ begrenzte Flächen durch gleitende Aufsummierung über jeweils 12 Monatswerte zu Jahreswerten zusammengefaßt. Dabei ist der Summenwert dem Monat des jeweils letzten Niederschlagswertes zugeordnet, so daß der 12. Wert eines jeden Jahres die jährliche Niederschlagshöhe in mm des betreffenden Jahres darstellt.

Siehe auch:
- Grundwasservorkommen
- Wasserdargebot

Allgemeine Daten

Gebietsniederschlagshöhen der jeweils 12 vergangenen Monate des Zeitraums 1891 bis 1984 für die Bundesrepublik Deutschland

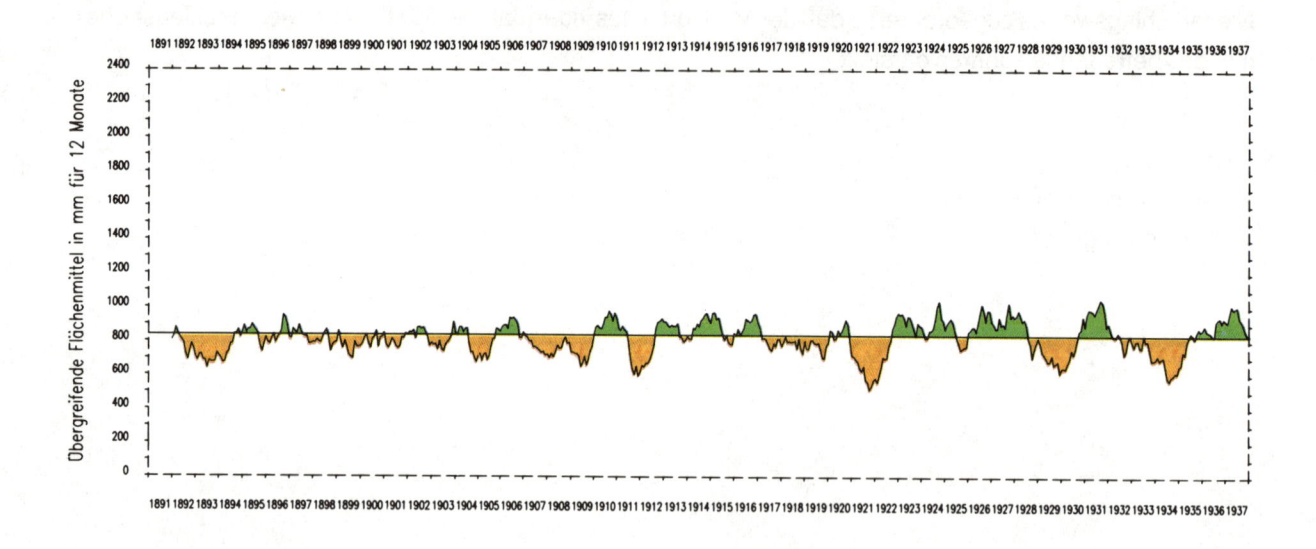

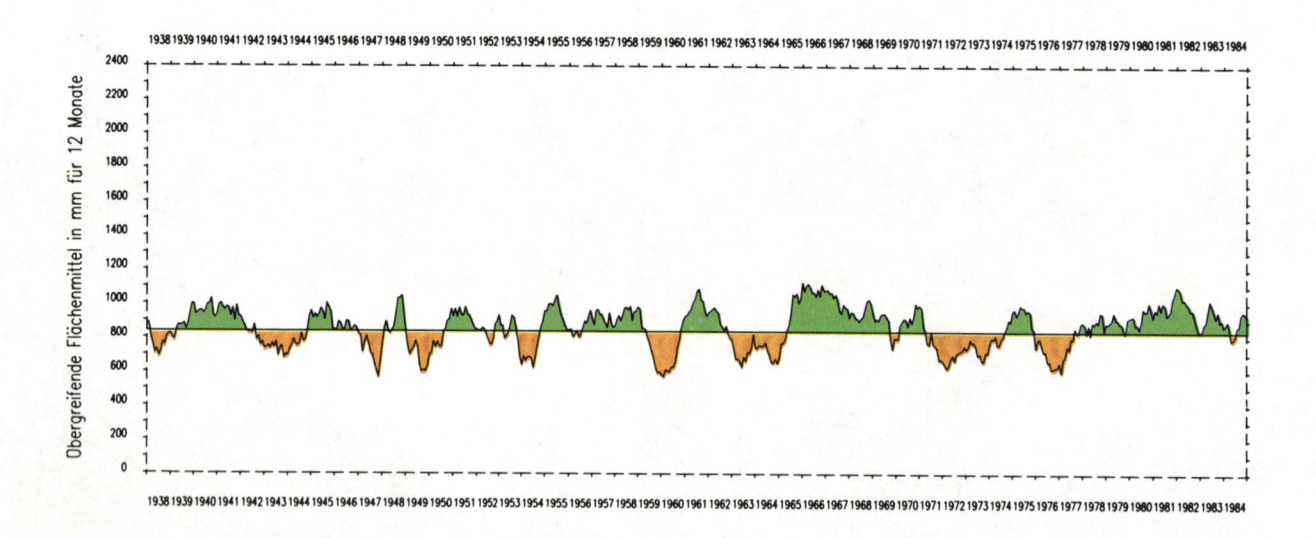

Quelle: Deutscher Wetterdienst

Natur und Landschaft

	Seite
Datengrundlagen	84

Gefährdete Arten

- Gefährdete Arten der Flora und Fauna — 85
- Gefährdete Arten der Fauna in ausgewählten Mitgliedsstaaten der OECD — 88
- Ursachen (Faktoren) des Artenrückganges — 91

Biotopkartierung

- Erfassung gefährdeter und schutzwürdiger Biotope — 94
- Biotopkartierung im besiedelten Bereich — 97
- Verbreitung von Pflanzenarten — 100

Schutzgebiete

- Geschützte Flächen in Mitgliedsstaaten der OECD — 102
- Geschützte Flächen — 104
- Naturschutzgebiete — 104
- Nationalparke — 107
- Naturparke — 107
- International ausgezeichnete Naturschutzgebiete — 111
- Landschaftsschutzgebiete — 113

Landschaftsplanverzeichnis — 116

Unzerschnittene großflächige Wälder — 117

Unzerschnittene verkehrsarme Räume — 119

Natur und Landschaft

Datengrundlagen

Die nachfolgenden Daten sind bei der Erarbeitung und Durchsetzung von Zielen des Naturschutzes und der Landschaftspflege erforderlich. Dabei geht es einerseits um flächenbezogene Grundlagendaten zur Zustandsermittlung des Lebensraumes, um Daten über aktuelle Flächennutzungen sowie deren Planungen und andererseits um Daten über wildlebende Tiere und Pflanzen, deren Ökologie und Verbreitung oder ihrer ökologischen Wirkungszusammenhänge.

Wegen der herausragenden Bedeutung wurden umweltbezogene Daten des Waldes in einem gesonderten Kapitel dargestellt. Die vorhandenen Daten decken nur einige wenige Teilbereiche des Natur- und Landschaftsschutzes zufriedenstellend ab. So fehlt es z.B. an flächendeckenden Informationen über die wildlebenden Tiere und Pflanzen, deren Lebensräume und den Naturhaushalt.

Die zur Zeit in den Bundesländern durchgeführten Biotopkartierungen sollen besonders die noch vorhandenen Lebensräume erfassen, kartieren und beschreiben, da eine wesentliche Ursache des Artenrückganges der Verlust der Lebensräume oder Biotope für wildlebende Pflanzen und Tiere ist.

Durch die Biotopkartierung werden die für den Naturschutz wichtigsten Biotoptypen erfaßt. Eine gesamträumliche Erfassung und Betrachtung der einzelnen Biotoptypen kann noch nicht vorgenommen werden, da erst für einige Bundesländer abgeschlossene Biotopkartierungen vorliegen. Diese Bestandsaufnahmen erlauben aber schon jetzt den Gefährdungsgrad einiger Biotoptypen festzustellen.

Die Daten sind im wesentlichen dem Landschafts-Informationssystem (LANIS) der Bundesforschungsanstalt für Naturschutz und Landschaftsökologie (BFANL) entnommen. LANIS ist ein computergestütztes Informationssystem für den Bereich Naturschutz und Landschaftspflege sowie für verwandte Bereiche, in dem z.Z. insbesondere flächenbezogene Daten über die natürlichen Ressourcen, die Flächennutzungen sowie über die Gefährdungsfaktoren und den Zustand von Natur und Landschaft gespeichert, verarbeitet und ausgewertet werden.

Natur und Landschaft

Gefährdete Arten

Gefährdete Arten der Flora und Fauna

Die vorkommenden Tier- und Pflanzenarten können nur dann langfristig gesichert werden, wenn ihnen Lebensräume in entsprechender Größe zur Verfügung stehen.

Grundlagen eines Artenschutzes sind daher das systematische und wissenschaftliche Vorgehen zur Analyse der Seltenheit und Bedrohung der gefährdeten Arten und entsprechend geschützte Biotope als selbständige Entwicklungsräume für die dazugehörigen Pflanzengesellschaften oder Tiergemeinschaften. Schutzmöglichkeiten sind Naturschutzgebiete, gechützte Landschaftsbestandteile und Landschaftsschutzgebiete.

Der Grad der Seltenheit und der Bedrohung von gefährdeten Arten wurde in der Bundesrepublik erstmals 1977 und 1984 in einer erweiterten und überarbeiteten Fassung der „Roten Liste der gefährdeten Tiere und Pflanzen in der Bundesrepublik Deutschland" veröffentlicht. Sie weist folgende Gefährdungsstufen aus:

0. Ausgestorben oder verschollen
1. Vom Aussterben bedroht
2. Stark gefährdet
3. Gefährdet
4. Potentiell gefährdet

Es wurde festgestellt, daß z.B. von 2476 Arten einheimischer und eingebürgerter Farn- und Blütenpflanzen in der Bundesrepublik Deutschland 28 Prozent aktuell gefährdet sind.

Von den bei uns bekannten Wirbeltierarten sind derzeit weit über die Hälfte bedroht. Die Wirbellosen sind aufgrund geringer Auffälligkeit und einer um ein Vielfaches größeren Artenzahl noch nicht hinreichend genau untersucht.

Siehe auch:
− Schutzgebiete

Natur und Landschaft

Gesamtartenzahlen und Anteile gefährdeter Arten verschiedener Taxa der Fauna der Bundesrepublik Deutschland

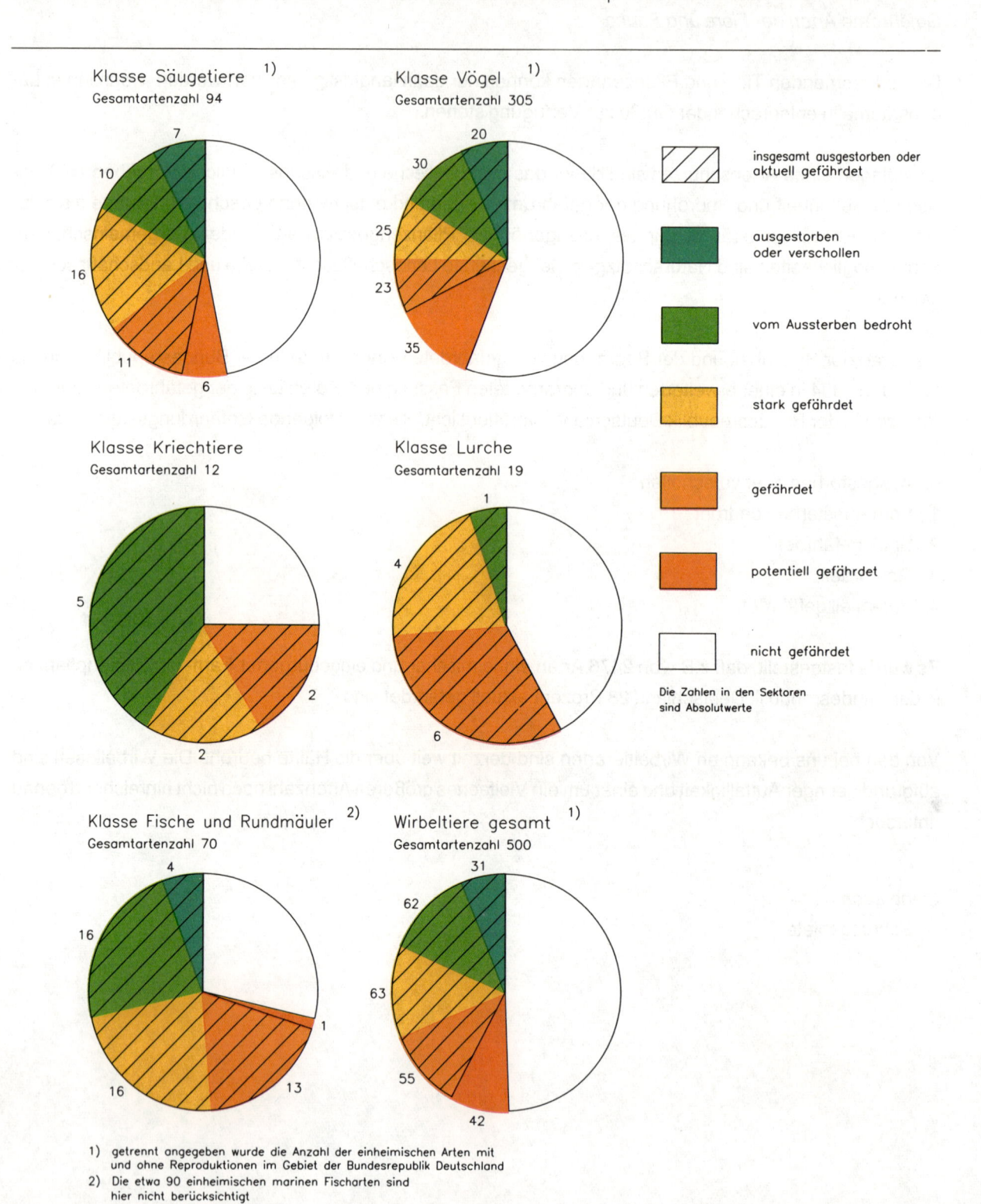

Klasse Säugetiere [1]
Gesamtartenzahl 94

- 7
- 10
- 16
- 11
- 6

Klasse Vögel [1]
Gesamtartenzahl 305

- 20
- 30
- 25
- 23
- 35

Klasse Kriechtiere
Gesamtartenzahl 12

- 5
- 2
- 2

Klasse Lurche
Gesamtartenzahl 19

- 1
- 4
- 6

Klasse Fische und Rundmäuler [2]
Gesamtartenzahl 70

- 4
- 16
- 16
- 13
- 1

Wirbeltiere gesamt [1]
Gesamtartenzahl 500

- 31
- 62
- 63
- 55
- 42

Legende:
- (schraffiert) insgesamt ausgestorben oder aktuell gefährdet
- (dunkelgrün) ausgestorben oder verschollen
- (grün) vom Aussterben bedroht
- (gelb) stark gefährdet
- (orange) gefährdet
- (hellorange) potentiell gefährdet
- (weiß) nicht gefährdet

Die Zahlen in den Sektoren sind Absolutwerte

[1] getrennt angegeben wurde die Anzahl der einheimischen Arten mit und ohne Reproduktionen im Gebiet der Bundesrepublik Deutschland
[2] Die etwa 90 einheimischen marinen Fischarten sind hier nicht berücksichtigt

Quelle: Rote Listen der gefährdeten Tiere und Pflanzen in der Bundesrepublik Deutschland

Natur und Landschaft

Gesamtartenzahlen und Anteile gefährdeter Arten verschiedener Taxa der Flora in der Bundesrepublik Deutschland

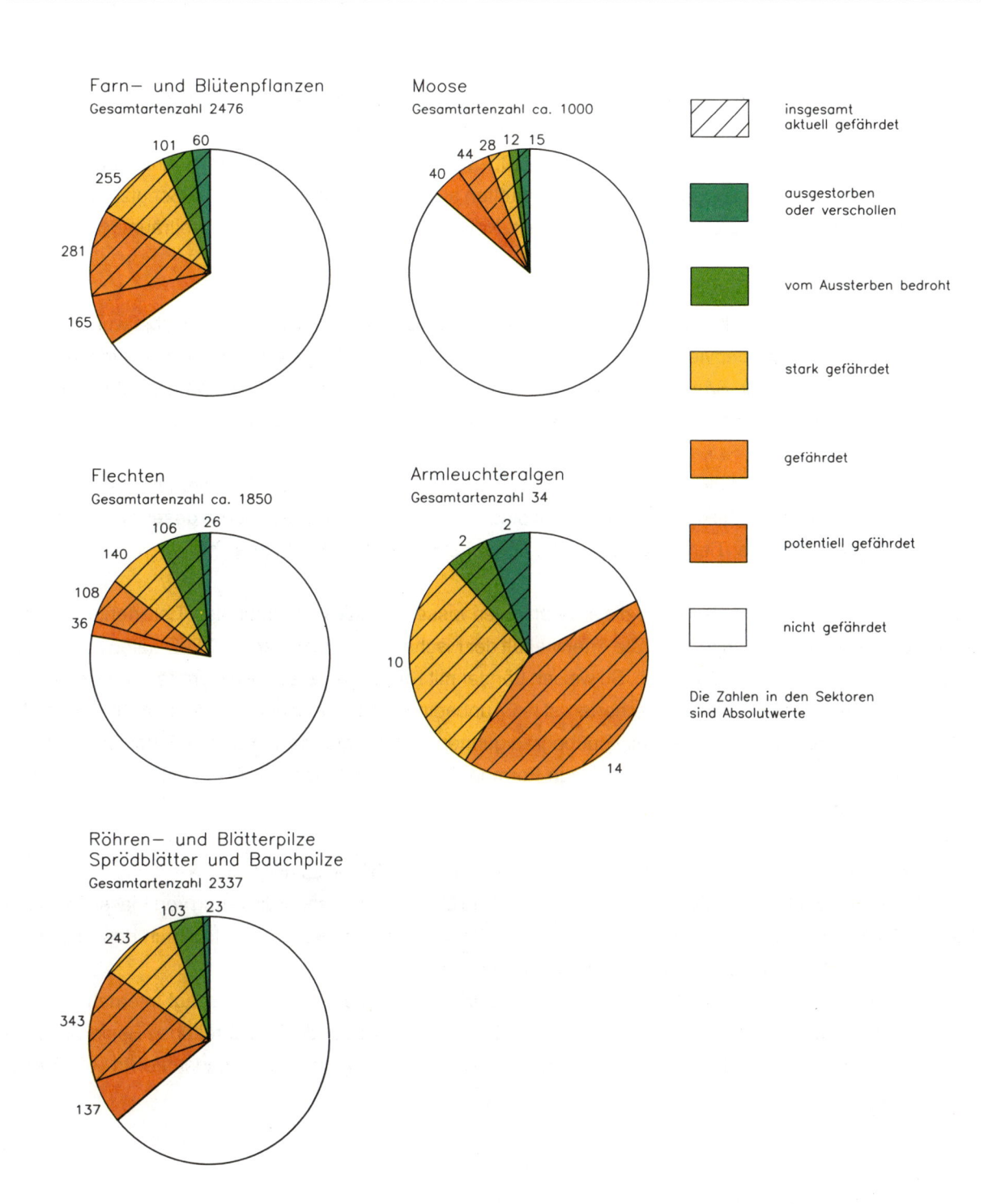

Farn- und Blütenpflanzen
Gesamtartenzahl 2476
60, 101, 255, 281, 165

Moose
Gesamtartenzahl ca. 1000
15, 12, 28, 44, 40

Flechten
Gesamtartenzahl ca. 1850
26, 106, 140, 108, 36

Armleuchteralgen
Gesamtartenzahl 34
2, 2, 10, 14

Röhren- und Blätterpilze Sprödblätter und Bauchpilze
Gesamtartenzahl 2337
23, 103, 243, 343, 137

Legende:
- insgesamt aktuell gefährdet (schraffiert)
- ausgestorben oder verschollen
- vom Aussterben bedroht
- stark gefährdet
- gefährdet
- potentiell gefährdet
- nicht gefährdet

Die Zahlen in den Sektoren sind Absolutwerte

Quelle: Rote Liste der gefährdeten Tiere und Pflanzen in der Bundesrepublik Deutschland

Natur und Landschaft

Gefährdete Arten der Fauna in ausgewählten Mitgliedsstaaten der OECD

Mit der Gefährdung der Pflanzenarten geht die Verarmung an Tierarten einher. Insbesondere Tierarten, die große Areale als Lebensraum beanspruchen und solche, die auf ganz bestimmte ökologische Verhältnisse angewiesen sind, gelten in ihrer Existenz als bedroht.

Bei den Säugetieren ist die Zahl der betroffenen Arten in dicht besiedelten Staaten – insbesondere in Mitteleuropa – höher als in Staaten mit einer größeren Landschaftsvielfalt.
Die Zahl der bedrohten Säugetierarten in allen OECD-Mitgliedsstaaten liegt im Durchschnitt bei etwa 25% der Gesamtartenzahl. Für einige Säugetierarten mußten aufgrund sinkender Bestände Schutzmaßnahmen wie Fang- und Jagdverbote ausgesprochen werden. Notwendiger wäre allerdings ein weiträumig angelegter Biotopschutz.

Vögel sind die wissenschaftlich am besten erforschte Gruppe aller wildlebenden Tiere. Dabei wurde festgestellt, daß die jeweilige Artenvielfalt entscheidend von der Vielfalt der Vegetation, des Nahrungsangebotes und der Verfügbarkeit von Brutstätten abhängt. Der Grad der Anpassungsfähigkeit an die anthropogenen Landschaftsstrukturen ist bei vielen Vogelarten ausschlaggebender Faktor für die Erhaltung oder den Rückgang der Art.
Vogelschutz ist in vielen Mitgliedsstaaten der OECD ein fester Bestandteil der Naturschutzgesetzgebung. Dreiviertel oder mehr aller bekannten Vogelarten sind in den meisten OECD-Ländern gesetzlich geschützt. Auch für den Schutz dieser Tiergruppe ist jedoch der Schutz ihrer Habitate unzureichend.

Von allen Wirbeltieren sind die Fische die am wenigsten wissenschaftlich untersuchten Tierarten, und damit auch die am wenigsten geschützten. Die Artenvielfalt der Fische in den einzelnen OECD-Staaten hängt stark von geografischen Gegebenheiten ab. So weisen Länder mit Küstengewässern eine große Artenvielfalt auf. Die Bedrohung der verschiedenen Fischarten ist nicht unbedingt auf Überfischung, sondern auf menschliche Eingriffe in natürliche Landschaften wie Flußbegradigungen, Kanalisierung von Bächen, Eindeichung, Industrieansiedlung u.v.a.m. zurückzuführen. Neue Formen des Biotopschutzes für Fische müssen daher erst erarbeitet werden.

Ähnliche Ursachen sind für die Bedrohung von Reptilien und Amphibien zu nennen.
Obwohl internationale Organisationen wie die UN und die OECD eine Standardisierung von Klassifikationen bei der Erfassung der gefährdeten Tierarten vorgeschlagen haben, bestehen weiterhin in den einzelnen Staaten Unterschiede in der Definition der Gefährdungsstufen.
Spezifische Aussagen über die Verursacher des Artenrückgangs lassen sich bisher auf international vergleichbarer Ebene nur schwer treffen, während als allgemeine Ursachen die fortschreitende Besiedlung, Intensivierung der Landwirtschaft, Versiegelung der Landschaft, die Zunahme von Schadstoffen in Luft, Boden und Wasser u.a. zu nennen sind.

Natur und Landschaft

Gefährdete Arten der Fauna in ausgewählten
Mitgliedsstaaten der OECD in Europa
zu Beginn der 80er Jahre

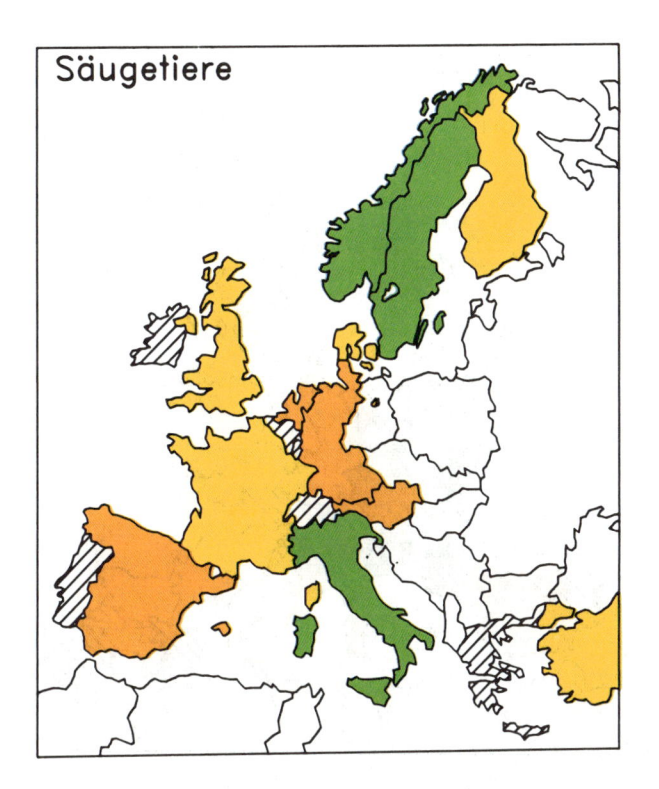

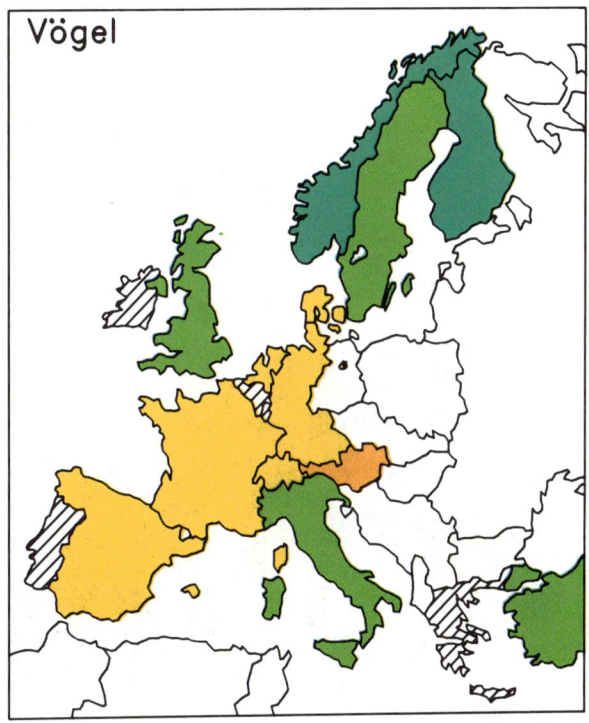

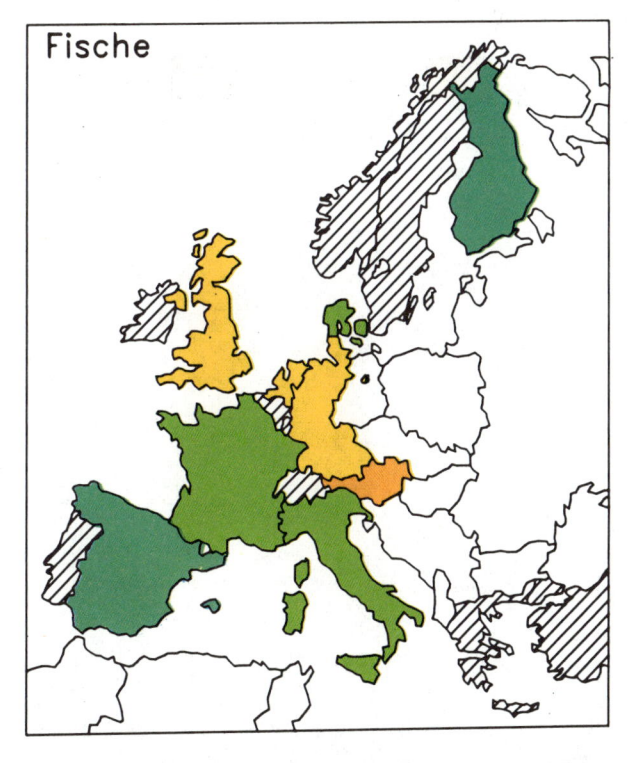

Säugetiere

Vögel

Fische

Anteil der bedrohten
Tierarten an der
Gesamtartenzahl
in Prozent [1]

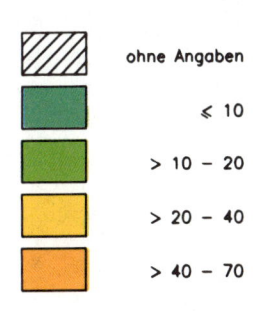

- ohne Angaben
- ≤ 10
- > 10 – 20
- > 20 – 40
- > 40 – 70

[1] mit erfaßt wurden auch die Kategorien
"im Bestand gefährdet" und
"im Bestand anfällig"

Quelle: Organisation für wirtschaftliche Zusammenarbeit und Entwicklung

Natur und Landschaft

Gefährdete Arten der Fauna in ausgewählten
Mitgliedsstaaten der OECD in Europa
zu Beginn der 80er Jahre

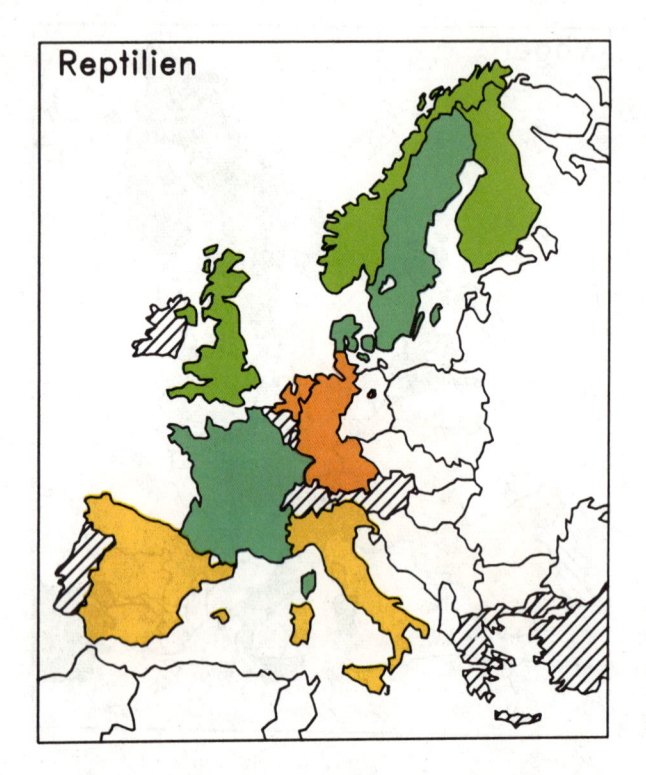

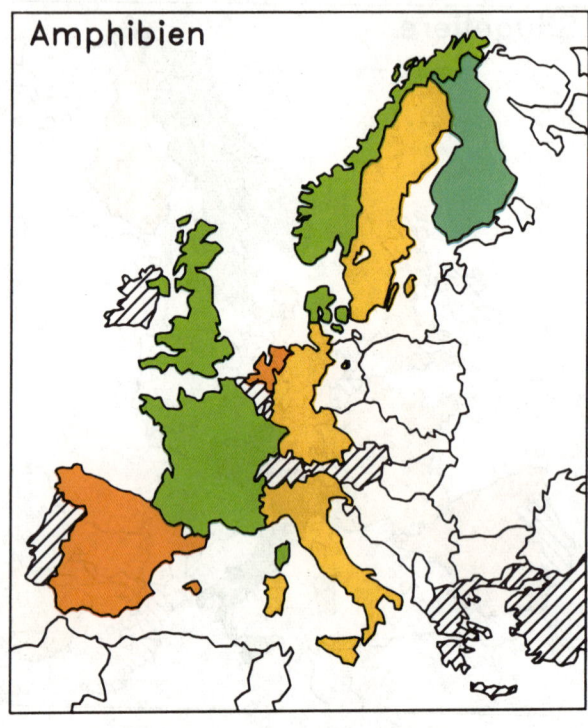

Reptilien

Amphibien

Anteil der bedrohten Tierarten an der Gesamtartenzahl in Prozent

| /// ohne Angaben | < 20 | > 20 – 40 | > 40 – 60 | > 60 – 90 |

Quelle: Organisation für wirtschaftliche Zusammenarbeit und Entwicklung

Natur und Landschaft

Ursachen (Faktoren) des Artenrückganges

In der Bundesrepublik Deutschland sind etwa 32% der rund 2700 einheimischen und eingebürgerten Gefäßpflanzenarten ausgestorben und gefährdet.

Ohne die potentiell gefährdeten Arten gelten 697 als tatsächlich gefährdet oder ausgestorben. Von diesen konnten für 687 Arten bestimmte Gefährdungsursachen festgestellt werden. Für die verbleibenden 10 Arten fehlen noch entsprechende Informationen. Viele Arten sind durch mehrere Ökofaktoren und nicht durch einen einzelnen gefährdet, so daß die Kombination mehrerer Ursachen zu einer Verstärkung des Gefährdungsgrades bestimmter Arten führt.

Um die Vielzahl der verschiedenen Gefährdungsursachen zu ordnen und zusammenzufassen, wurde für das Bundesgebiet eine Liste der Faktoren aufgestellt, die den Artenrückgang bewirken. Sie läßt sich untergliedern in eine Gruppe von Faktoren, die alle direkten Eingriffe in Pflanzengesellschaften umfassen, aber ohne merklichen Einfluß auf die Pflanzenstandorte sind, und zwei weitere Gruppen von Faktoren, die sich auf Eingriffe in den Standort beziehen und zu dessen Veränderung oder gar Zerstörung führen.

An erster Stelle der Gefährdungsursachen steht ein Eingriff in den Standort, nämlich die Beseitigung von Ökotonen, also Übergangsflächen zwischen zwei Nutzungsformen, und Sonderstandorten. Mit wachsender Nutzungsintensität, vor allem in der landwirtschaftlich genutzten Region, verschwinden Acker- und Weinbergterrassen, Trockenmauern, Böschungen, Teiche in der Feldflur, breite Wald- und Wegränder, unproduktive Restflächen und sogenanntes Ödland, wogegen sich die Grenzen zwischen den einzelnen Nutzungsarten verschärfen. Fast alle Pflanzenformationen sind davon betroffen, am stärksten Trockenrasen, Feuchtwiesen und die Ruderalvegetation.

Fast ebenso stark wirkt sich die Aufgabe von Nutzungen auf früher extensiv bewirtschafteten Flächen wie Streuwiesen, Schaftriften, einschürigen Magerrasen und flachgründig-steinigen Äckern aus. Die Änderung von Nutzungen in der Landwirtschaft bedeutet in der Regel eine Umwandlung extensiver Flächen in intensiv genutztes Acker- und Grünland. Dies führt zur Abnahme von Artenreichtum und Artenvielfalt.

Die Entwässerung zählt ebenfalls zu den häufigsten Eingriffen in den Standort. Von ihr sind vor allem die Pflanzen der Feucht- und Naßbiotope, namentlich der Moore, Sümpfe, Gewässer und Naßwälder betroffen.

Standortzerstörung durch Bodenauffüllung, Aufschüttung, Ablagerung und Einebnung, häufig in Verbindung mit der Anlage von Siedlungen, Industrie und Straßen, hat eine ähnliche Auswirkung wie Abbau und Abgrabung, und zwar vor allem auf Trockenrasen, Moore und Feuchtwiesen und deren Arten.

Direkte Eingriffe in Pflanzenbestände haben weniger einschneidende Folgen für die Arten als die genannten indirekten Einwirkungen wie Standortveränderung und Standortzerstörung. Wichtigste Faktoren direkter Einwirkung sind neben Nutzungsänderungen Tritt, Lagern, Wellenschlag durch Motorboote, mechanische Entkrautung in Gewässern, Herbizidanwendung, Brand, Rodung und schließlich Sammeln attraktiver Arten.

Weitere Ökofaktoren der Beeinträchtigung von Pflanzenarten sind Ausbau, Pflege, Eutrophierung und Verunreinigung von Gewässern.

Natur und Landschaft

Die Verursacher der Artengefährdung und des Artenrückgangs führt mit weitem Abstand die Landwirtschaft an, und zwar vor allem durch ihre struktur- und standortverbessernden Maßnahmen. 519 Arten oder 75,5% aller Arten der Roten Liste, deren Gefährdungsursachen ermittelt wurden, sind davon betroffen.

An zweiter Stelle der Verursacher stehen Forstwirtschaft und Jagd (225 Arten), besonders durch Aufforstung von Trockenrasen- und Heideflächen sowie durch die Umwandlung von Laubwäldern in Nadelholzforste. Hinzu kommen Vollumbruch, Entwässerung, Forstwegebau, Wildäcker u.a. Es folgt der Tourismus (146 Arten) mit seinen Aktivitäten wie Wassersport, Wintersport, Reiten, Zelten und den Begleiterscheinungen von Bergbahnen, Skiliften, Aussichtspunkten und ähnlichen Einrichtungen sowie die städtisch-industrielle Nutzung (130 Arten), Rohstoffgewinnung und Kleintagebau (122), vor allem Kiesabbau, Wasserwirtschaft (104) sowie Abfall- und Abwasserbeseitigung (75). Alle übrigen Verursacher sind weniger bedeutend.

Daß die Landwirtschaft an erster Stelle der Verursacher der Pflanzengefährdung steht, erklärt sich durch ihren Flächenanteil von mehr als 50% des Bundesgebietes mit vorwiegend produktions- und produktorientierter Intensivnutzung. Um der Artengefährdung entgegenzuwirken, wurden Maßnahmen wie z.B. die Erhaltung von unproduktiven Restflächen, Übergangsbereichen und Sonderstandorten, Minimierung problematischer Stoffeinträge (außer durch die Landwirtschaft auch durch Industrie, Gewerbe, Verkehr und private Haushalte), stärkere Anpassung der Bodennutzung an natürliche Standortbedingungen sowie die Entwicklung und Anwendung von Wirtschaftsweisen wie die Verbreiterung nicht genutzter Feldraine und die Einschränkung der Unkrautbekämpfung durch Herbizide ergriffen.

Siehe auch:
– Kapitel Boden, Abschnitt Flächennutzung

Natur und Landschaft

Ursachen und Verursacher des Artenrückganges nach Zahl der betroffenen Pflanzenarten der Roten Liste

Ursachen (Faktoren) des Artenrückganges (angeordnet nach der Zahl der betroffenen Pflanzenarten der Roten Liste).

- 250 Beseitigung von Sonderstandorten
- 200 Nutzungsaufgabe
- 194 Bodenauffüllung, Überbauung
- 173 Entwässerung
- 170 Nutzungsänderung
- 133 Abbau, Abgrabung
- 107 Herbizidanwendung
- 105 Mechanische Einwirkung wie Tritt, Lagern, Wellenschlag
- 102 Eingriffe wie Entkrautung, Roden, Brand
- 101 Sammeln
- 72 Gewässerausbau
- 60 Gewässereutrophierung
- 49 Aufhören periodischer Bodenverwundungen
- 33 Gewässerverunreinigung
- 18 Verstädterung von Dörfern

Verursacher (Landnutzer und Wirtschaftszweige) des Artenrückganges (angeordnet nach der Zahl der betroffenen Pflanzenarten in der Roten Liste)

- 519 Landwirtschaft
- 225 Forstwirtschaft und Jagd
- 146 Tourismus
- 130 Städtische- industrielle Nutzung
- 122 Rohstoffgewinnung
- 104 Wasserwirtschaft
- 75 Abfall- und Abwasserbeseitigung
- 58 Teichwirtschaft
- 36 Militär
- 33 Verkehr und Transport
- 9 Wissenschaft

Quelle: Bundesforschungsanstalt für Naturschutz und Landschaftsökologie

Natur und Landschaft

Biotopkartierung

Erfassung gefährdeter und schutzwürdiger Biotope

Zielsetzung und Methode
Von den Bundesländern werden seit 1973 Biotopkartierungen durchgeführt. Ziel dieser Erhebungen ist es, den Bestand, Zustand und die Lage biologisch-ökologisch besonders wertvoller Lebensräume (Biotope), die zunehmend in ihrer Existenz bedroht sind und die Heimstätte gefährdeter Pflanzen- und Tierarten bilden, flächenscharf und differenziert zu erfassen.

Mit Hilfe der gewonnenen Geländedaten werden gezielt Strategien, Planungen und Maßnahmen zum Schutz, zur Förderung und Wiederherstellung dieser bedrohten Lebensräume entwickelt.

Die Umsetzungsstrategien reichen vom Bewußtmachen der Gefährdungssituation in der Öffentlichkeit über politische Willensbildung bis zu gesetzlichen Biotopschutzbestimmungen, Schutzgebietsausweisungen und finanziellen Anreizen (Ertragsausfallentschädigung, Pflegeaufträge usw.) zur Schonung und Erhaltung gefährdeter Lebensräume.

Grundlage der Biotopkartierung und ihrer Auswertung sind jeweils Auswahl, Typisierung und Beschreibung der zu erfassenden schutzwürdigen Biotopkategorien, ihre Ermittlung im Gelände und flächenscharfe Abgrenzung in topographischen Karten (Maßstab 1:50 000 bzw. 1:25 000, neuerdings auch 1:5000), ihre inhaltliche Beschreibung und Bewertung mit Hinweisen auf zu ergreifende Schutz- und Pflegemaßnahmen. Die Verarbeitung und Auswertung der in den einzelnen Bundesländern erhobenen Biotopdaten (es handelt sich um bis zu 36 000 Einzelgebiete) erfolgt in der Regel über EDV, für prioritäre Naturschutzkonzepte und -maßnahmen auch über manuelle Verarbeitung.

Je nach Beginn, Methode und Intensität der Bearbeitung (Erster Durchgang in Bayern 1974–79) liegen für einzelne Länder bereits Gesamtergebnisse und Abschlußberichte vor, so für Bayern, Niedersachsen, Hessen und Saarland, während die übrigen Länder noch an der Auswertung arbeiten oder noch Geländeerhebungen durchführen. In Bayern und Niedersachsen ist inzwischen ein differenzierterer und intensivierter (großmaßstäblicher) zweiter Durchgang der Biotopkartierung im Gange. Ergänzend hierzu laufen seit mehreren Jahren – mit zunehmender Tendenz – auch in etlichen Städten entsprechende Biotopkartierungen. Auch die Bundeswehr, die große Flächen in der Bundesrepublik Deutschland nutzt, hat 1986 begonnen, die Naturausstattung auf den militärisch genutzten Flächen zu erfassen.

Ergebnisse und Konsequenzen
Die im ersten Durchgang als besonders schutzwürdig ausgewiesenen Biotope nehmen in den Bundesländern Bayern, Hessen, Niedersachsen und Saarland zwischen 5 und 8% der Landesfläche ein. Dabei sind die Unterschiede in den Kartierungsergebnissen nicht nur durch abweichenden Erhaltungszustand und unterschiedliche Naturausstattung bedingt, sondern auch durch abweichende Erhebungsmethoden und unterschiedliche Berücksichtigung der Wälder, die bisher noch in keinem Bundesland umfassend hinsichtlich ihres Naturschutzwertes untersucht und bearbeitet wurden.

In der nachfolgenden Grafik sind die in den einzelnen Bundesländern zum Teil verschieden gefaßten Kartierungseinheiten zu Obergruppen von Biotoptypen aggregiert und hierfür jeweils die ermittelten Hektarbeträge und Landesflächenanteile dargestellt worden. Bayern (einschließlich der Alpen), Hessen, Niedersachsen und Saarland, für die die Kartierungsergebnisse aufbereitet vorliegen, vermitteln einen repräsentativen Querschnitt für die Bundesrepublik, obwohl noch keine bundesweiten Ergebnisse vorliegen.

Natur und Landschaft

Die Übersicht zeigt, daß die natur- und kulturbedingte Biotopausstattung der einzelnen Bundesländer zum Teil recht stark abweicht, aber auch, daß der Erhaltungszustand einzelner Biotoptypen in den Bundesländern ganz unterschiedlich ist.

Eine fundierte Aussage zum Rückgang und zur aktuellen Gefährdung der einzelnen Biotoptypen läßt sich aber erst machen, wenn der heutige Bestand mit dem Zustand von vor ca. 50 bis 100 Jahren verglichen wird. Danach schneiden Moor- und oligotrophe Binnengewässerbiotope, Feucht- und Naßwiesen, Zwergstrauchheiden, Magerwiesen, naturnahe Wälder, Waldmäntel einschl. Staudensäume sowie Strukturelemente der freien Landschaft besonders schlecht ab.

Von den vor 100 Jahren schätzungsweise noch 400 000 ha intakter Hochmoorfläche in Niedersachsen sind gerade noch 2300 ha, also 0,6% einigermaßen erhalten geblieben. Im außeralpinen Bayern sind dagegen immerhin noch gut 10% weitgehend intakt. Ähnlich sieht die Bilanz bei Niedermooren aus. So sind in Bayern nur noch knapp 30% des ursprünglichen Bestandes erhalten geglieben.

Da es sich bei allen erfaßten schutzwürdigen Biotopen mehr oder weniger um Restflächen handelt, sind für deren Erhaltung größte Anstrengungen zu unternehmen. In die Schutzmaßnahmen sind dabei auch weniger oder bisher nicht gefährdete Biotope einzubeziehen, da solche Biotopkomplexe eher die Gewähr für das Überleben gefährdeter Tier- und Pflanzenarten bieten.

Natur und Landschaft

Biotopkartierung – Erfassung gefährdeter und schutzwürdiger Biotope in Niedersachsen, Hessen, Bayern und im Saarland

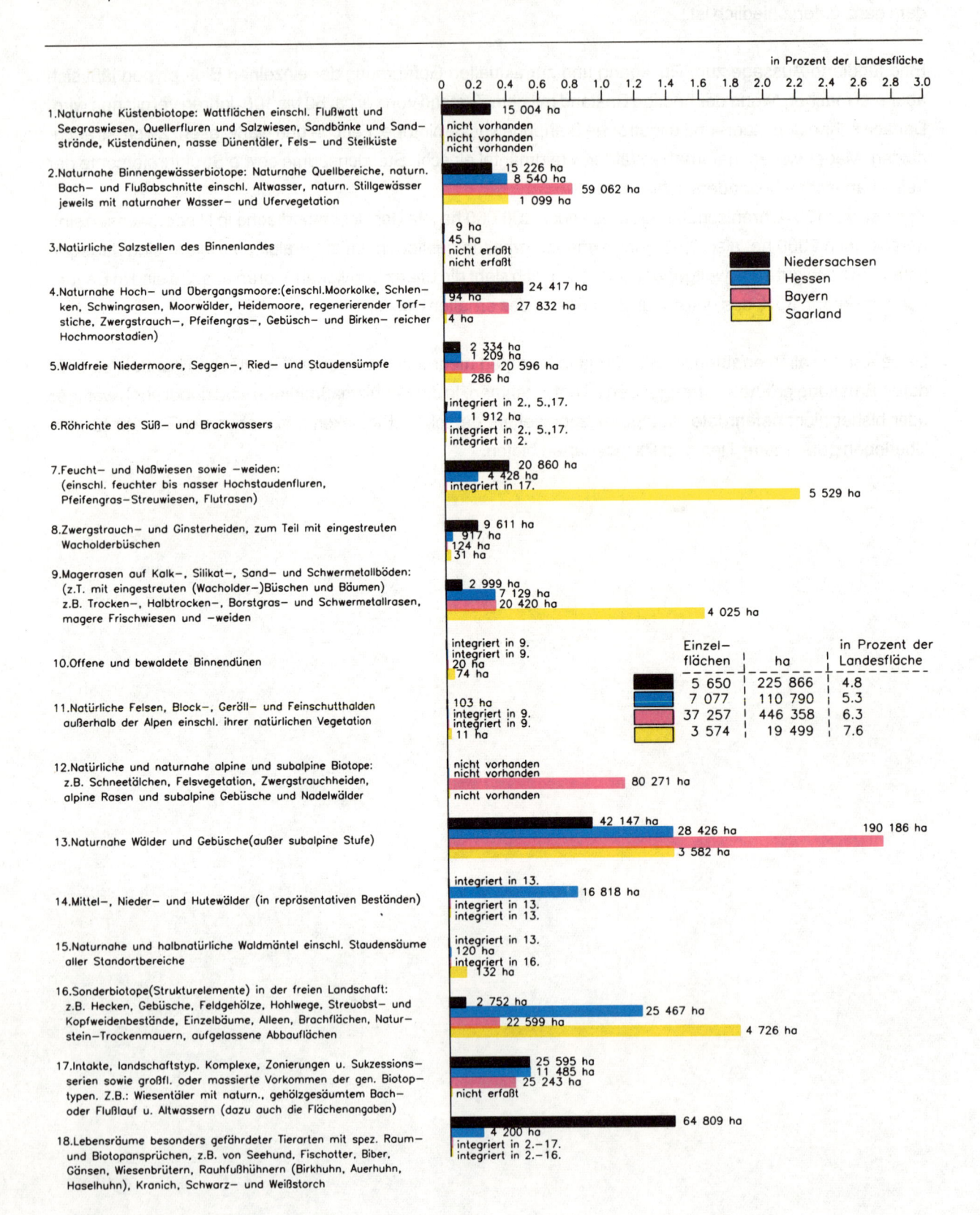

in Prozent der Landesfläche

Legende:
- Niedersachsen
- Hessen
- Bayern
- Saarland

Nr.	Biotoptyp	Niedersachsen	Hessen	Bayern	Saarland
1.	Naturnahe Küstenbiotope: Wattflächen einschl. Flußwatt und Seegraswiesen, Quellerfluren und Salzwiesen, Sandbänke und Sandstrände, Küstendünen, nasse Dünentäler, Fels- und Steilküste	15 004 ha	nicht vorhanden	nicht vorhanden	nicht vorhanden
2.	Naturnahe Binnengewässerbiotope: Naturnahe Quellbereiche, naturn. Bach- und Flußabschnitte einschl. Altwasser, naturn. Stillgewässer jeweils mit naturnaher Wasser- und Ufervegetation	15 226 ha	8 540 ha	59 062 ha	1 099 ha
3.	Natürliche Salzstellen des Binnenlandes	9 ha	45 ha	nicht erfaßt	nicht erfaßt
4.	Naturnahe Hoch- und Übergangsmoore: (einschl. Moorkolke, Schlenken, Schwingrasen, Moorwälder, Heidemoore, regenerierender Torfstiche, Zwergstrauch-, Pfeifengras-, Gebüsch- und Birken- reicher Hochmoorstadien)	24 417 ha	94 ha	27 832 ha	4 ha
5.	Waldfreie Niedermoore, Seggen-, Ried- und Staudensümpfe	2 334 ha	1 209 ha	20 596 ha	286 ha
6.	Röhrichte des Süß- und Brackwassers	integriert in 2., 5., 17.	1 912 ha	integriert in 2., 5., 17.	integriert in 2.
7.	Feucht- und Naßwiesen sowie -weiden: (einschl. feuchter bis nasser Hochstaudenfluren, Pfeifengras-Streuwiesen, Flutrasen)	20 860 ha	4 428 ha	integriert in 17.	5 529 ha
8.	Zwergstrauch- und Ginsterheiden, zum Teil mit eingestreuten Wacholderbüschen	9 611 ha	917 ha	124 ha	31 ha
9.	Magerrasen auf Kalk-, Silikat-, Sand- und Schwermetallböden: (z.T. mit eingestreuten (Wacholder-)Büschen und Bäumen) z.B. Trocken-, Halbtrocken-, Borstgras- und Schwermetallrasen, magere Frischwiesen und -weiden	2 999 ha	7 129 ha	20 420 ha	4 025 ha
10.	Offene und bewaldete Binnendünen	integriert in 9.	integriert in 9.	20 ha	74 ha
11.	Natürliche Felsen, Block-, Geröll- und Feinschutthalden außerhalb der Alpen einschl. ihrer natürlichen Vegetation	103 ha	integriert in 9.	integriert in 9.	11 ha
12.	Natürliche und naturnahe alpine und subalpine Biotope: z.B. Schneetälchen, Felsvegetation, Zwergstrauchheiden, alpine Rasen und subalpine Gebüsche und Nadelwälder	nicht vorhanden	nicht vorhanden	80 271 ha	nicht vorhanden
13.	Naturnahe Wälder und Gebüsche (außer subalpine Stufe)	42 147 ha	28 426 ha	190 186 ha	3 582 ha
14.	Mittel-, Nieder- und Hutewälder (in repräsentativen Beständen)	integriert in 13.	16 818 ha	integriert in 13.	integriert in 13.
15.	Naturnahe und halbnatürliche Waldmäntel einschl. Staudensäume aller Standortbereiche	integriert in 13.	120 ha	integriert in 16.	132 ha
16.	Sonderbiotope (Strukturelemente) in der freien Landschaft: z.B. Hecken, Gebüsche, Feldgehölze, Hohlwege, Streuobst- und Kopfweidenbestände, Einzelbäume, Alleen, Brachflächen, Naturstein-Trockenmauern, aufgelassene Abbauflächen	2 752 ha	25 467 ha	22 599 ha	4 726 ha
17.	Intakte, landschaftstyp. Komplexe, Zonierungen u. Sukzessionsserien sowie großfl. oder massierte Vorkommen der gen. Biotoptypen. Z.B.: Wiesentäler mit naturn., gehölzgesäumtem Bach- oder Flußlauf u. Altwassern (dazu auch die Flächenangaben)	25 595 ha	11 485 ha	25 243 ha	nicht erfaßt
18.	Lebensräume besonders gefährdeter Tierarten mit spez. Raum- und Biotopansprüchen, z.B. von Seehund, Fischotter, Biber, Gänsen, Wiesenbrütern, Rauhfußhühnern (Birkhuhn, Auerhuhn, Haselhuhn), Kranich, Schwarz- und Weißstorch	64 809 ha	4 200 ha	integriert in 2.-17.	integriert in 2.-16.

	Einzelflächen	ha	in Prozent der Landesfläche
Niedersachsen	5 650	225 866	4.8
Hessen	7 077	110 790	5.3
Bayern	37 257	446 358	6.3
Saarland	3 574	19 499	7.6

Quelle: Bundesforschungsanstalt für Naturschutz und Landschaftsökologie

Natur und Landschaft

Biotopkartierung im besiedelten Bereich

Zu den Biotopkartierungen der freien Landschaft sind inzwischen Biotopkartierungen im besiedelten Bereich getreten, deren Zielsetzungen stärker an den Belangen des urbanen Naturschutzes orientiert sind. Naturschutz in der Stadt dient nicht in erster Linie dem Schutz bedrohter Pflanzen- und Tierarten; seine Aufgabe besteht vielmehr darin, Lebewesen und Lebensgemeinschaften als Grundlage für den unmittelbaren Kontakt der Stadtbewohner mit natürlichen Elementen ihrer Umwelt gezielt zu erhalten. Biotope im besiedelten Bereich haben Bedeutung („Biotopfunktionen") für

- den Artenschutz (Refugien, Ausbreitungszentren, Wanderwege)
- die Möglichkeit der Identifizierung mit einem Gebiet („Heimatgefühl")
- die Erholung
- pädagogische Nutzung als Modell- und Experimentierflächen
- die Erzeugung von Nutz- und Zierpflanzen
- Umweltschutz und Landschaftshaushalt (Wasserhaushalt, Gewässerhygiene, Klima, Lufthygiene, Lärmschutz)
- Bioindikation von Umweltveränderungen und -belastungen
- ökologische Forschungen.

Die zahlreichen Methoden, die für Biotopkartierungen im besiedelten Bereich angewandt wurden, lassen sich grundsätzlich drei Kategorien zuordnen:

- Die selektive Kartierung erfaßt nur schutzwürdige Biotope. Das setzt voraus, daß ein Bewertungsrahmen vorliegen muß, mit dem die „Schutzwürdigkeit" und damit die „Kartierwürdigkeit" eines Biotops beurteilt werden kann.
- Bei der flächendeckenden Kartierung erstreckt sich die Erhebung biologisch-ökologischer Merkmale auf alle Biotope der gesamten Fläche des Untersuchungsraums. Die Erfassung der Biotope erfolgt zunächst unabhängig von der Bewertung.
- Bei der repräsentativen Kartierung werden für alle flächenrelevanten Nutzungstypen Beispielflächen untersucht und die Ergebnisse werden auf alle Flächen gleicher Nutzungsstruktur bezogen. Die Bewertung der Biotope ist auch hier nicht unmittelbar mit der Erfassung gekoppelt.
Die Übergänge zwischen repräsentativer und flächendeckender Kartierung können fließend sein.

Ende der 70er Jahre wurden die ersten Biotopkartierungen im besiedelten Bereich begonnen (1978: Berlin, Erlangen; 1979: Augsburg, Bremerhaven, Düsseldorf, Hamburg, Schleswig). Die Zahl der flächendeckend/repräsentativ und selektiv durchgeführten Biotopkartierungen wuchs in den Jahren nach 1978 zunächst stetig an, wobei etwa die Hälfte der Biotopkartierungen nach der selektiven Methode durchgeführt wurden. Den größten Anteil an selektiv kartierten Städten hat das Bundesland Bayern aufzuweisen, da hier im Rahmen der „Biotopkartierung in Bayern" nach den Kartierungen im Flachland, in den Mittelgebirgen und in den Alpen die Kartierung in Stadtgebieten systematisch betrieben wurde. Flächendeckende Biotopkartierungen entstanden dagegen vorwiegend aus Einzelinitiativen in wissenschaftlichem Interesse oder wurden in den Stadtstaaten im Rahmen einer umfassenden Grundlagenerhebung für das Landschafts- bzw. Artenschutzprogramm durchgeführt.

Natur und Landschaft

Nachdem bis 1984 51 Biotopkartierungen im besiedelten Bereich in Angriff genommen wurden, ist die Zahl der Kartierungen 1985 auf 80 angestiegen. Das ist insbesondere darauf zurückzuführen, daß in diesem Jahr auch in Nordrhein-Westfalen nach dem Abschluß des zweiten Durchgangs der Biotopkartierung in der freien Landschaft landesweit mit selektiven „Stadtbiotopkartierungen" begonnen wurde. Die Methode lehnt sich auch hier eng an die Biotopkartierung der freien Landschaft an, und die Daten werden im Hinblick auf ein Landschafts-Informationssystem (Biotopkataster) vom der Landesanstalt für Ökologie, Landschaftsentwicklung und Forstplanung zentral erfaßt.

Natur und Landschaft

Biotopkartierungen im besiedelten Bereich der
Bundesrepublik Deutschland
(Stand 1985)

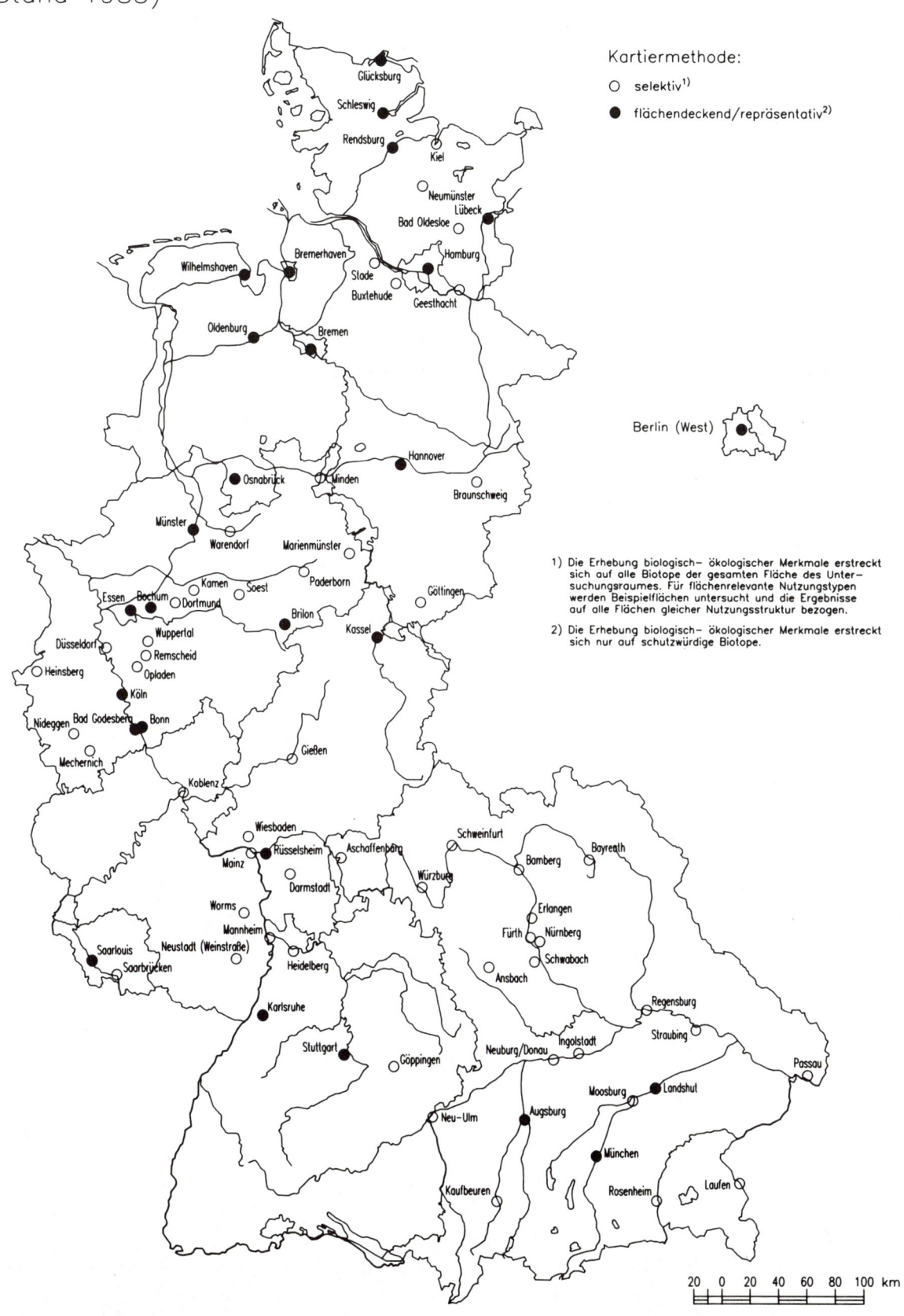

Kartiermethode:
○ selektiv[1]
● flächendeckend/repräsentativ[2]

[1] Die Erhebung biologisch-ökologischer Merkmale erstreckt sich auf alle Biotope der gesamten Fläche des Untersuchungsraumes. Für flächenrelevante Nutzungstypen werden Beispielflächen untersucht und die Ergebnisse auf alle Flächen gleicher Nutzungsstruktur bezogen.

[2] Die Erhebung biologisch-ökologischer Merkmale erstreckt sich nur auf schutzwürdige Biotope.

Quelle: Landschaft und Stadt 18, (1), 1986

Daten zur Umwelt 1986/87
Umweltbundesamt

UMPLIS
Methodenbank
Umwelt

Natur und Landschaft

Verbreitung von Pflanzenarten

In der Bundesrepublik Deutschland wird ein Florenatlas vorbereitet (Zentralstelle für die floristische Kartierung, Göttingen/Bochum und Regensburg). Er stellt in Karten die ehemalige und aktuelle Verbreitung der einzelnen Gefäßpflanzenarten im Meßtischblattgitter, differenziert nach drei Zeiträumen sowie mit Angaben zum Natürlichkeitsstatus der Vorkommen, in den Teilgebieten dar.

Die Sumpf-Schafgarbe ist Beispiel einer weitverbreiteten Art, bei der fehlende Verbreitungspunkte im nördlichen Gebietsteil eher auf Erfassungslücken schließen lassen. Im Süden (z.B. Schwäbische und Fränkische Alb oder Alpenvorland) zeigt sie dagegen natürliche Arealauflockerung und Verbreitungslücken. Hier tritt auch der Rückgang, selbst dieser relativ häufigen Art, sichtbar in Erscheinung.

Die Edle Schafgarbe ist Beispiel einer Art mit natürlicherweise beschränktem Verbreitungsgebiet und geringerer Häufigkeit in diesem. Entsprechend deutlicher sichtbar ist ihre Rückgangsquote durch Biotopzerstörung (Intensivierung der Nutzung und Pflege auf ehemals nur extensiv genutzten Flächen).

Natur und Landschaft

Kartenbeispiele zur Florenkartierung

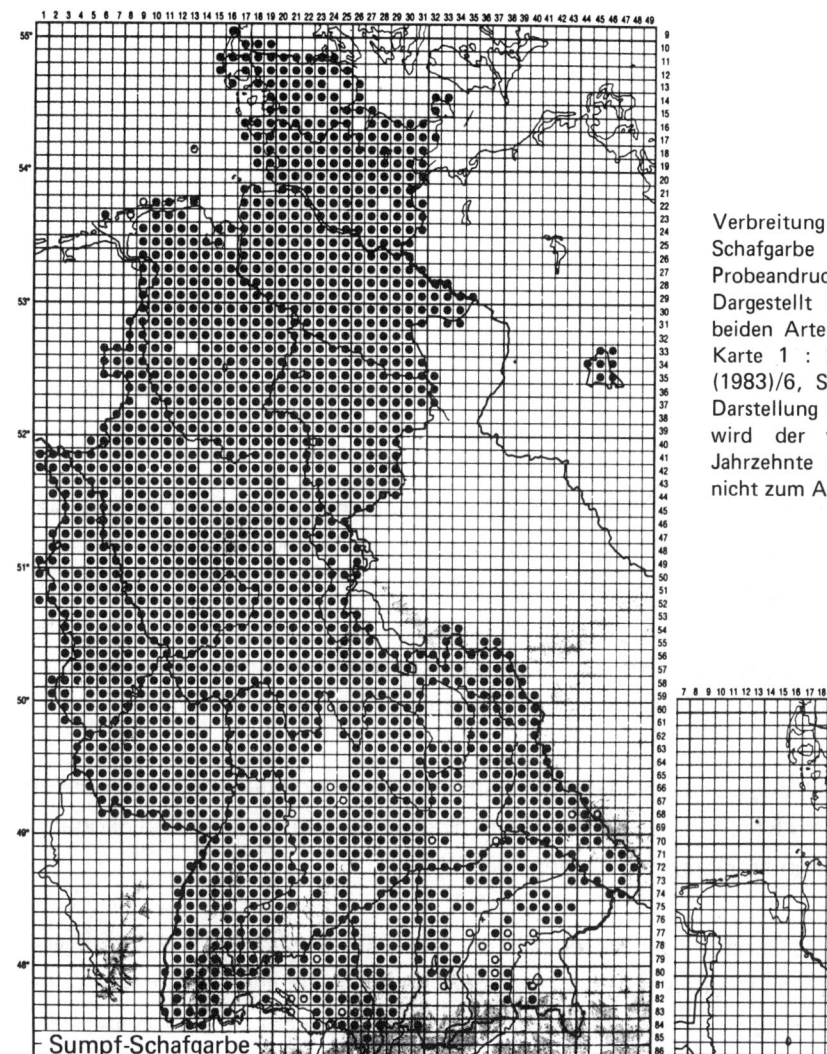

Verbreitung der Sumpf-Schafgarbe und der Edlen Schafgarbe in der Bundesrepublik Deutschland in Probeandrucken zum Florenatlas (in Vorbereitung). Dargestellt ist der Nachweis des Vorkommens der beiden Arten nach dem Raster der Topographischen Karte 1 : 25.000 (Aus Natur und Landschaft 58 (1983)/6, S. 235). Aufgrund der undifferenzierten Darstellung der Nachweise zwischen 1945 und 1980 wird der verstärkte Florenrückgang der letzten Jahrzehnte durch die vorliegende Darstellung noch nicht zum Ausdruck gebracht.

- ● Nachweis nach 1945
- ○ Nachweis vor 1945
- ● nur kultiviert vorkommend, Nachweis nach 1945
- ○ nur kultiviert vorkommend, Nachweis vor 1945
- + nachgewiesenerweise ausgestorben

Quelle: Bundesforschungsanstalt für Naturschutz und Landschaftsökologie

Natur und Landschaft

Schutzgebiete

Geschützte Flächen in Mitgliedsstaaten der OECD

Dem Schutz von naturnahen Flächen kommt in den industrialisierten Staaten und in den Schwellenländern eine immer größere Bedeutung zu.

Landwirtschaftliche und forstliche Aktivitäten, die Zunahme von Siedlungen, Verkehr und Tourismus, stärkere Nachfrage nach Erholungszonen und die Ausbeutung von natürlichen Rohstoffen erheben einen immer größeren Anspruch auf diese Flächen.

In den einzelnen Staaten sind eine Reihe von Maßnahmen zum Schutz dieser Flächen – zum Teil schon seit Jahren – entwickelt worden.

Dabei bestehen hinsichtlich der Kategorie des Schutzes zwischen den unterschiedlichen Maßnahmen (Nationalparke, Naturparke, Naturschutzgebiete und Landschaftsschutzgebiete) gravierende Unterschiede. Ökologisch sinnvoller Schutz kann für solche Gebiete jedoch nur dann gewährleistet werden, wenn es gelingt, diesen Schutz langfristig gegen andere Nutzungsansprüche durchzusetzen. Ebenfalls darf die bloße Ausweisung auf dem Papier eines Schutzgebietes nicht dazu führen, das Interesse des Tourismus erst zu wecken und das gewünschte Ziel durch verstärkte Erholungsaktivitäten ins Gegenteil zu verkehren.

Die in den letzten 10 Jahren innerhalb der OECD beobachtete stärkere Suche nach neuen Energiequellen und Rohstoffen hat in vielen Fällen zu Konflikten zwischen den ökologischen Schutzzielen und ökonomischen Interessen vorwiegend lokaler und regionaler Institutionen geführt.

Im internationalen Vergleich besitzt die Bundesrepublik Deutschland relativ streng geschützte Flächen. Betrachtet man die Qualität der geschützten Flächen, so nimmt die Bundesrepublik Deutschland – auch unter dem Gesichtspunkt der hohen Siedlungsdichte – keinen vorderen Platz innerhalb der OECD-Mitgliedsländer ein.

Obwohl die Angaben in der Karte nach den einheitlichen Klassifikationen der Vereinten Nationen vorgenommen wurden, können zwischen den einzelnen Ländern geringfügige Abweichungen entstehen. Die Abbildung gibt keine Auskunft über die qualitative Ausstattung der geschützten Flächen und über ihre ökologische Bedeutung.

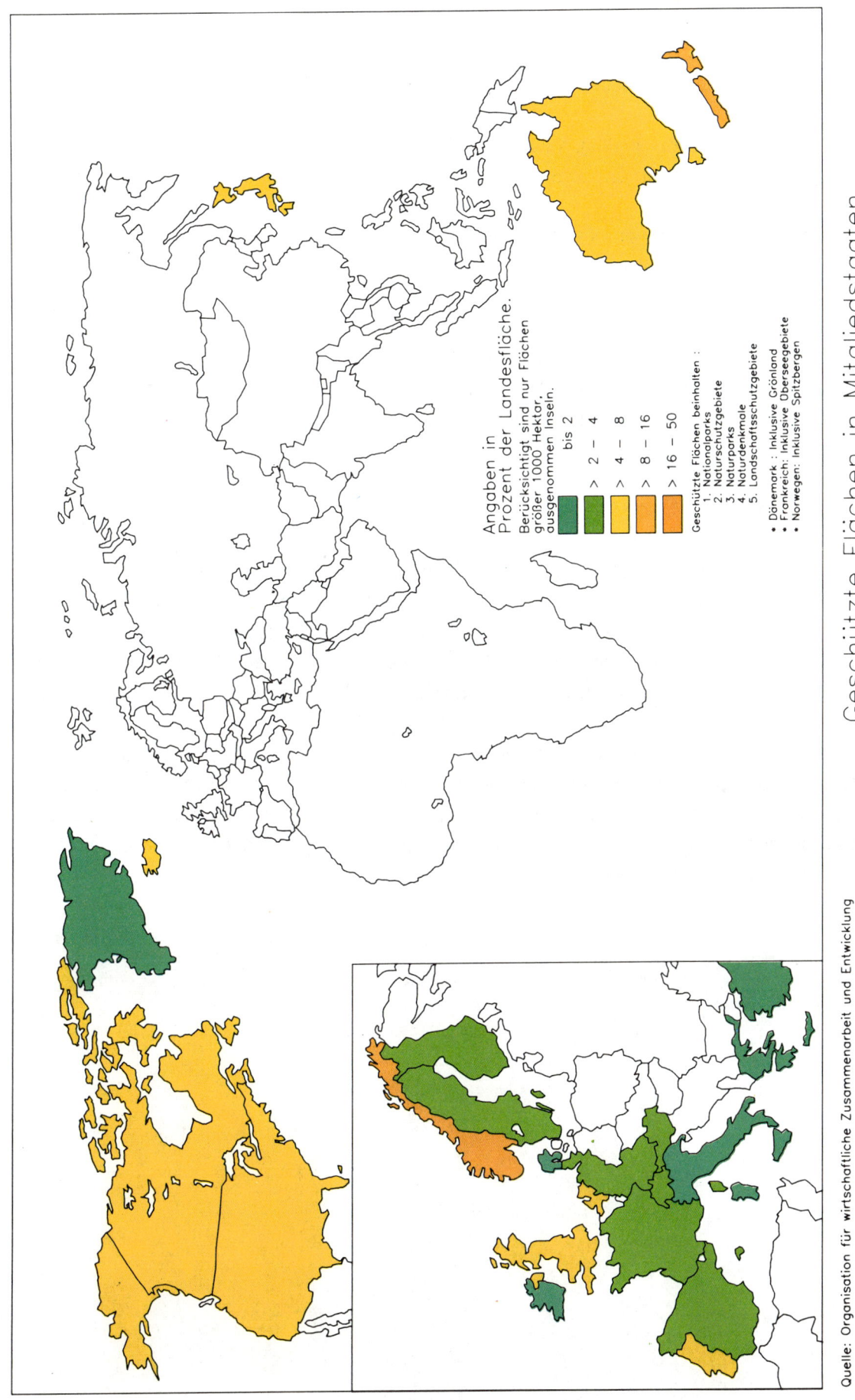

Natur und Landschaft

Angaben in Prozent der Landesfläche.
Berücksichtigt sind nur Flächen größer 1000 Hektar, ausgenommen Inseln.

- bis 2
- > 2 – 4
- > 4 – 8
- > 8 – 16
- > 16 – 50

Geschützte Flächen beinhalten:
1. Nationalparks
2. Naturschutzgebiete
3. Naturparks
4. Naturdenkmale
5. Landschaftsschutzgebiete

- Dänemark: Inklusive Grönland
- Frankreich: Inklusive Überseegebiete
- Norwegen: Inklusive Spitzbergen

Geschützte Flächen in Mitgliedstaaten der OECD, 1984

Quelle: Organisation für wirtschaftliche Zusammenarbeit und Entwicklung

Daten zur Umwelt 1986/87
Umweltbundesamt

UMPLIS
Methodenbank
Umwelt

Natur und Landschaft

Geschützte Flächen

Nach § 12 des Bundesnaturschutzgesetzes können Teile von Natur und Landschaft zu

- Naturschutzgebieten, Nationalparken, Naturparken, Landschaftsschutzgebieten oder
- Naturdenkmalen oder geschützten Landschaftsbestandteilen erklärt werden.

Einige Naturschutzgebiete haben eine internationale Anerkennung erhalten bzw. liegen im Geltungsbereich internationaler Naturschutzvereinbarungen (Konventionen).

Die Ausweisung von Schutzgebieten unterschiedlicher Art ist eines der Hauptanliegen des Naturschutzes. Seit der Verabschiedung des Bundesnaturschutzgesetzes vom 20. 12. 1976 orientieren sich alle Bemühungen dieser Art an den Bestimmungen dieses Rahmengesetzes. Die Bundesländer haben weitgehend bereits ähnliche, teils auch weitergehende oder ergänzende Vorschriften erlassen.

Naturschutzgebiete

Naturschutzgebiete sind rechtsverbindlich festgesetzte Gebiete, in denen ein „besonderer Schutz von Natur und Landschaft in ihrer Ganzheit oder in einzelnen Teilen zur Erhaltung von Lebensgemeinschaften oder Lebensstätten bestimmter wildwachsender Pflanzen oder wildlebender Tierarten, aus wissenschaftlichen, naturgeschichtlichen oder landeskundlichen Gründen oder wegen ihrer Seltenheit, besonderen Eigenart oder hervorragenden Schönheit erforderlich ist" (BNatSchG, § 13, 1).

Die gesamte Naturschutzgebietsfläche (Land und Meer) beträgt in der Bundesrepublik Deutschland ca. 492 000 ha. 49% aller Naturschutzgebiete sind kleiner als 20 ha, fast 71% aller Naturschutzgebiete sind kleiner als 50 ha, 9% umfassen eine Fläche von 200 ha und mehr. Ein Verzeichnis der Naturschutzgebiete mit der entsprechenden Karte wurde von der Bundesforschungsanstalt für Naturschutz und Landschaftsökologie im Maßstab 1:500 000 veröffentlicht.

Natur und Landschaft

Entwicklung der Naturschutzgebiete in der Bundesrepublik Deutschland

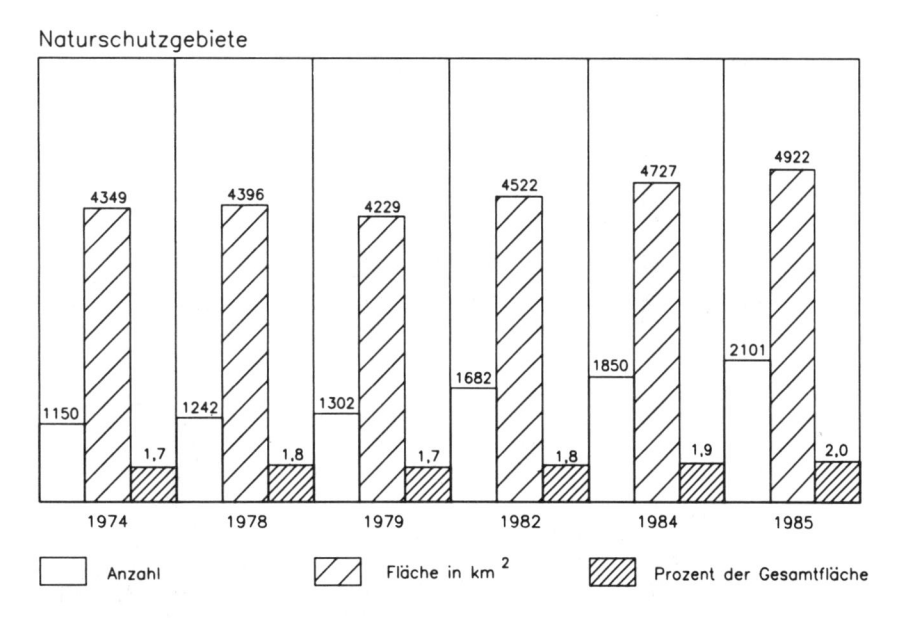

Naturschutzgebiete

Jahr	Anzahl	Fläche in km²	Prozent der Gesamtfläche
1974	1150	4349	1,7
1978	1242	4396	1,8
1979	1302	4229	1,7
1982	1682	4522	1,8
1984	1850	4727	1,9
1985	2101	4922	2,0

Naturschutzgebietsfläche in der Nord- und Ostsee und in der Niederelbe (Stand 1985) [1]

Bundesland	Anzahl der Naturschutzgebiete	Wasser- und Wattflächen der Naturschutzgebiete (ha)
Hamburg	2	ca. 500
Niedersachsen	15	ca. 63400
Schleswig – Holstein	11	ca. 164000
Bundesrepublik Deutschland	28	ca. 227900

[1] Diese Naturschutzgebiete sind in der Grafik mitgezählt (Spalte: Anzahl) und mit ihrer anteiligen Landfläche in "Fläche in km²" enthalten.

Quelle: Bundesforschungsanstalt für Naturschutz und Landschaftsökologie

Natur und Landschaft

Anzahl und Flächengrößen der Naturschutzgebiete [1]
in der Bundesrepublik Deutschland (Stand: 1.1.1985) [2]

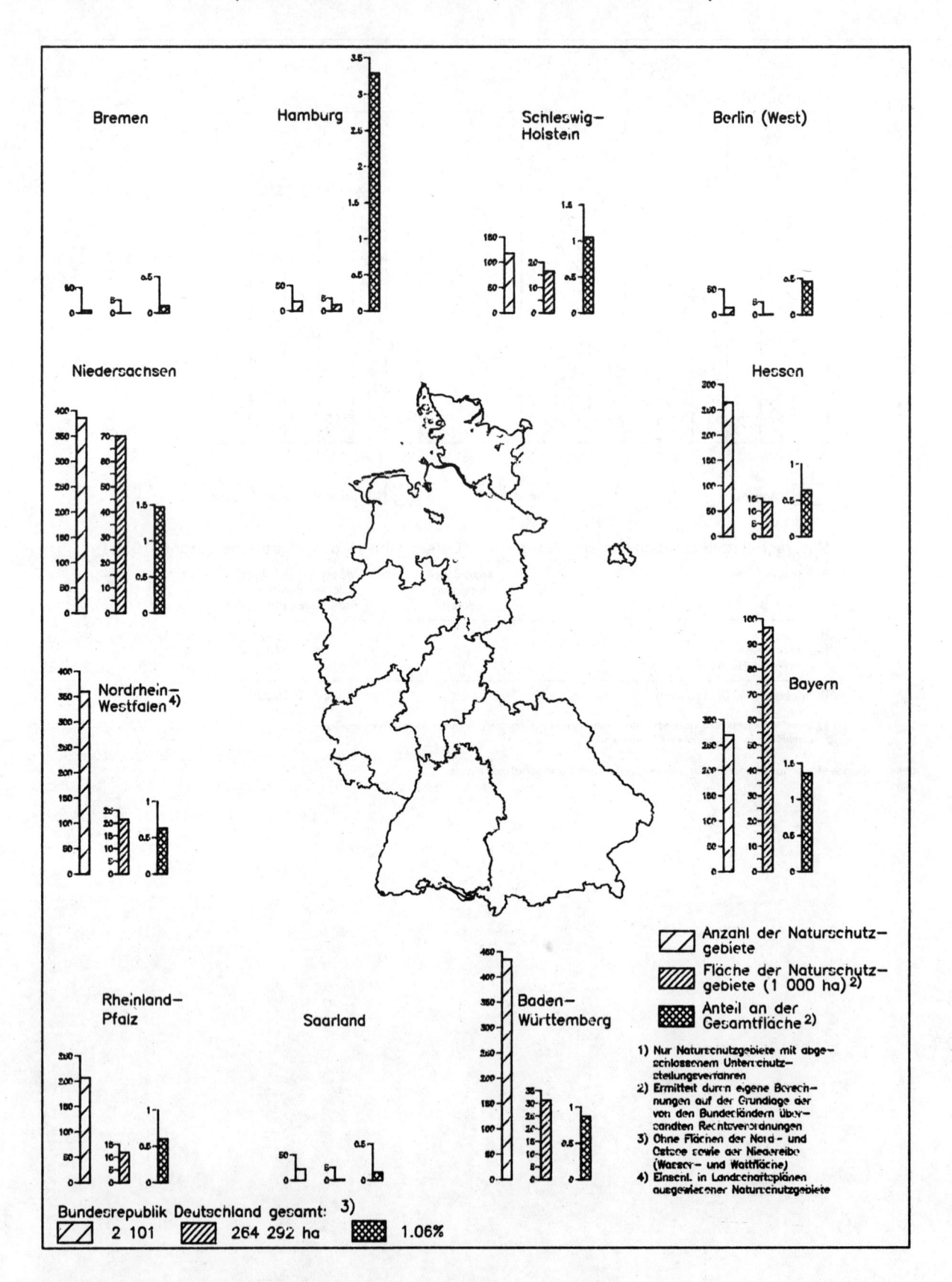

Bremen · Hamburg · Schleswig-Holstein · Berlin (West)

Niedersachsen · Hessen

Nordrhein-Westfalen [4] · Bayern

Rheinland-Pfalz · Saarland · Baden-Württemberg

Legende:
- Anzahl der Naturschutzgebiete
- Fläche der Naturschutzgebiete (1 000 ha) [2]
- Anteil an der Gesamtfläche [2]

[1] Nur Naturschutzgebiete mit abgeschlossenem Unterschutzstellungsverfahren
[2] Ermittelt durch eigene Berechnungen auf der Grundlage der von den Bundesländern übersandten Rechtsverordnungen
[3] Ohne Flächen der Nord- und Ostsee sowie der Niederelbe (Wasser- und Wattfläche)
[4] Einschl. in Landschaftsplänen ausgewiesener Naturschutzgebiete

Bundesrepublik Deutschland gesamt: [3]
2 101 · 264 292 ha · 1.06%

Quelle: Bundesforschungsanstalt für Naturschutz und Landschaftsökologie

Natur und Landschaft

Nationalparke

Nationalparke sind rechtsverbindlich festgesetzte, einheitlich zu schützende Gebiete, die „großräumig und von besonderer Eigenart sind, im überwiegenden Teil ihres Gebietes die Voraussetzungen eines Naturschutzgebietes erfüllen, sich in einem vom Menschen nicht oder wenig beeinflußten Zustand befinden und vornehmlich der Erhaltung eines möglichst artenreichen heimischen Pflanzen- und Tierbestandes dienen" (BNatSchG, § 14, 1).

In der Bundesrepublik Deutschland sind bisher vier Nationalparke ausgewiesen:
1. Nationalpark Bayerischer Wald (13 042 ha)
2. Nationalpark Berchtesgaden (21 000 ha)
3. Nationalpark Schleswig-Holsteinisches Wattenmeer (285 000 ha)
4. Nationalpark Niedersächsisches Wattenmeer (240 000 ha)

Der Nationalpark Bayerischer Wald ist zugleich Biosphärenreservat nach den Vorgaben des UNESCO-Programms „Man and the Biosphere (MAB)".
Die beiden Nationalparke Wattenmeer wurden teilweise auch als Europareservat ausgezeichnet und als Feuchtgebiet (nur Teil Niedersachsen) internationaler Bedeutung ausgewählt.

Naturparke

Naturparke sind einheitlich zu entwickelnde und zu pflegende Gebiete, die „großräumig sind, überwiegend Landschaftsschutzgebiete oder Naturschutzgebiete sind, sich wegen ihrer landschaftlichen Voraussetzungen für die Erholung besonders eignen und nach den Grundsätzen und Zielen der Raumordnung und Landesplanung für die Erholung oder den Fremdenverkehr vorgesehen sind" (BNatSchG, § 16, 1).
1984 wurde zu den schon 62 bestehenden Naturparken ein weiterer, und zwar der Naturpark „Wildeshauser Geest" in Niedersachsen, ausgewiesen und die ehemals selbständigen Naturparke „Oberpfälzer Wald – Nabburg", „-Neuenburg v.W." und „-Oberviechtach-Schönsee" in Bayern, wurden zu einem Naturpark „Oberpfälzer Wald" zusammengefaßt. Seit 1982 hat sich die Fläche bei über einem Viertel der einzeln ausgewiesenen Naturparke geändert.
Dabei sind geringfügige Verkleinerungen, aber auch erhebliche Erweiterungen, insbesondere in Nordrhein-Westfalen und Niedersachsen (Kottenforst-Ville + 275%, Rothaargebirge + 38%, nordrhein-westfälischer Teil des Naturparks Teutoburger Wald-Wiehengebirge + 50,9%, Münden + 90.8%), festzustellen. Daneben führte die Neugründung des Naturparks Wildeshauser Geest mit 96 500 ha in Niedersachsen insgesamt zu einem Flächenzuwachs der Naturparke von 242 250 ha (4,7%) (Stand 15. 3. 1986) gegenüber 1982.

Natur und Landschaft

Naturparke und Nationalparke in der Bundesrepublik Deutschland

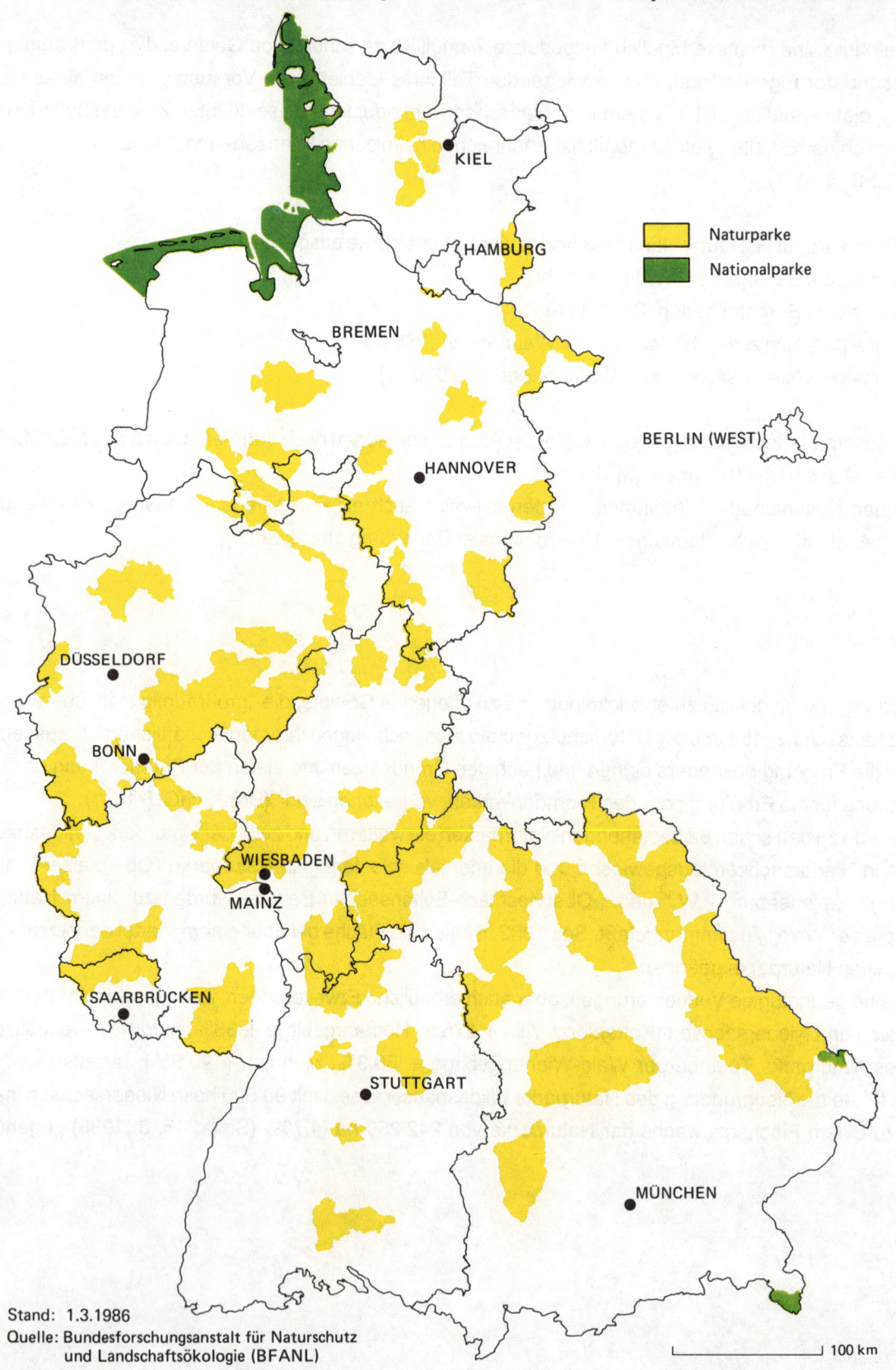

- Naturparke
- Nationalparke

Stand: 1.3.1986
Quelle: Bundesforschungsanstalt für Naturschutz und Landschaftsökologie (BFANL)

Natur und Landschaft

Entwicklung der Naturparke und Nationalparke
in der Bundesrepublik Deutschland

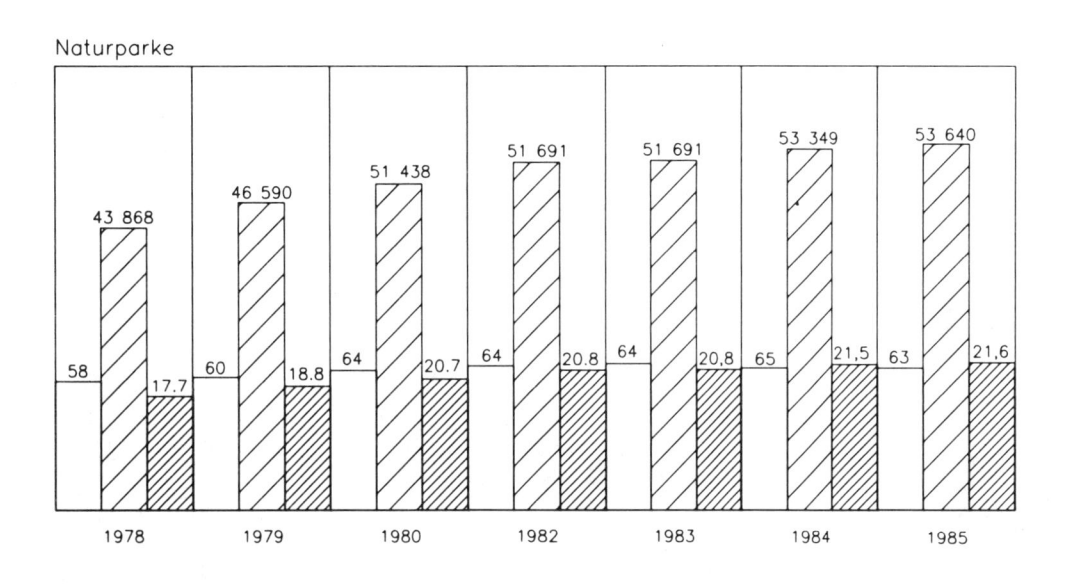

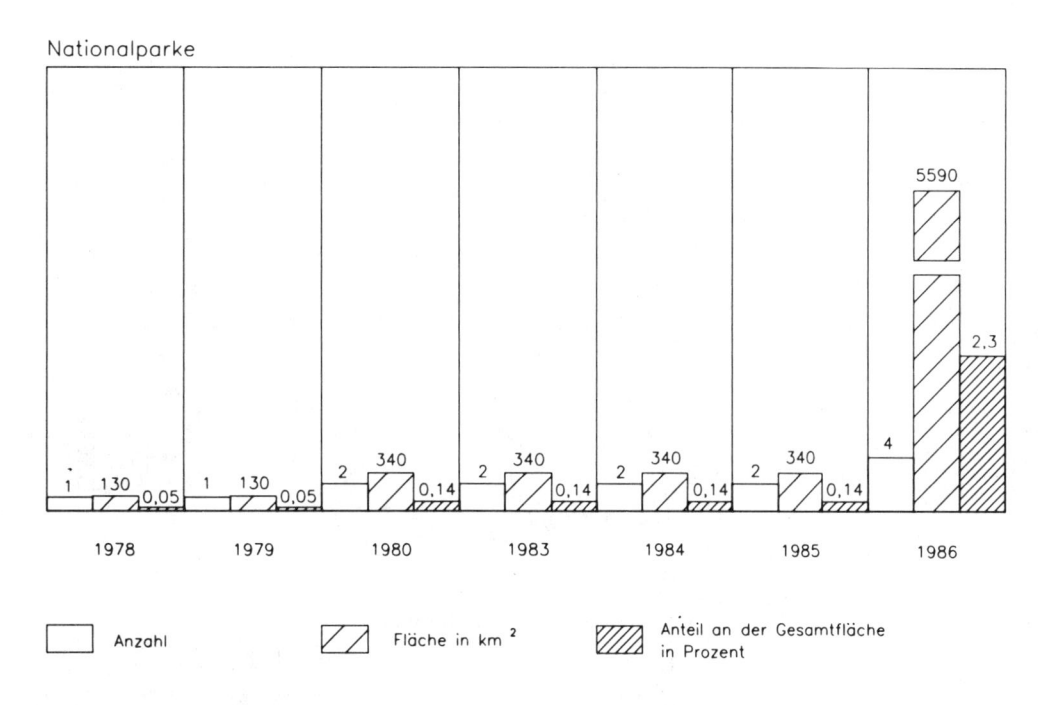

Naturparke

Jahr	Anzahl	Fläche in km²	Anteil an der Gesamtfläche in Prozent
1978	58	43 868	17,7
1979	60	46 590	18,8
1980	64	51 438	20,7
1982	64	51 691	20,8
1983	64	51 691	20,8
1984	65	53 349	21,5
1985	63	53 640	21,6

Nationalparke

Jahr	Anzahl	Fläche in km²	Anteil an der Gesamtfläche in Prozent
1978	1	130	0,05
1979	1	130	0,05
1980	2	340	0,14
1983	2	340	0,14
1984	2	340	0,14
1985	2	340	0,14
1986	4	5590	2,3

Quelle: Bundesforschungsanstalt für Naturschutz und Landschaftsökologie

Natur und Landschaft

Anzahl und Fläche der Naturparke in den Bundesländern (Stand 15.3.1986)

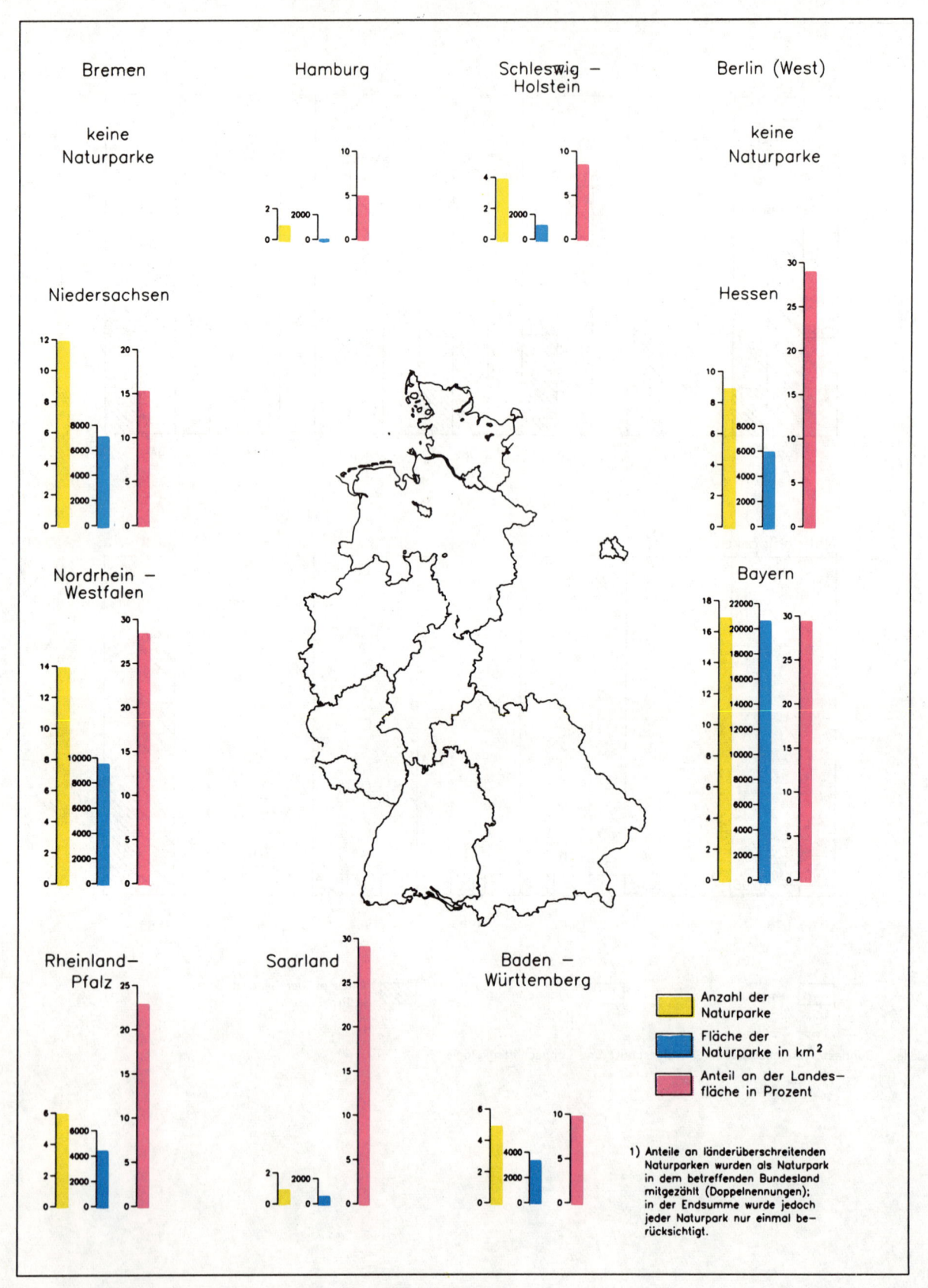

Bremen: keine Naturparke

Hamburg

Schleswig-Holstein

Berlin (West): keine Naturparke

Niedersachsen

Hessen

Nordrhein-Westfalen

Bayern

Rheinland-Pfalz

Saarland

Baden-Württemberg

Legende:
- Anzahl der Naturparke (gelb)
- Fläche der Naturparke in km² (blau)
- Anteil an der Landesfläche in Prozent (rot)

1) Anteile an länderüberschreitenden Naturparken wurden als Naturpark in dem betreffenden Bundesland mitgezählt (Doppelnennungen); in der Endsumme wurde jedoch jeder Naturpark nur einmal berücksichtigt.

Quelle: Bundesforschungsanstalt für Naturschutz und Landschaftsökologie

Natur und Landschaft

International ausgezeichnete Naturschutzgebiete

Mit dem Europadiplom des Europarates ausgezeichnete Naturschutzgebiete
Das Europadiplom für einzelne geschützte Landschaften, Schutzgebiete oder Einzelschöpfungen der Natur ist 1964 geschaffen worden. Mit ihm sollen wirkungsvolle Schutz- und Pflegemaßnahmen in Bereichen gefördert werden, die von besonderem europäischen Interesse sind. Das Diplom wird für 5 Jahre verliehen und kann dann für gleiche Zeiträume nach einer Überprüfung des Schutzgebiets verlängert werden.

Mit dem Prädikat „Europareservat" ausgezeichnete Bereiche in Naturschutzgebieten
Den Titel „Europareservat" verleiht in der Bundesrepublik Deutschland die Deutsche Sektion des Internationalen Rates für Vogelschutz. Nach Anerkennung der Schutzwürdigkeit des betreffenden Gebietes durch den Internationalen Rat für Vogelschutz macht sie die Verleihung in ihren Berichten bekannt. Es müssen fünf Kriterien erfüllt sein: 1. Internationales Interesse, 2. Lebensraum einer beachtlichen Zahl von Watt- und Wasservögeln, 3. mindestens Teilverbot der Jagd und Ausschluß anderer Beunruhigungen, 4. Sicherung des Kerngebiets als Naturschutzgebiet, 5. Bewachung und wissenschaftliche Betreuung.

Naturschutzgebiete in Feuchtgebieten internationaler Bedeutung
Die Bundesrepublik Deutschland ist am 25. 2. 1976 dem „Übereinkommen über Feuchtgebiete, insbesondere als Lebensraum für Wasser- und Wattvögel, von internationaler Bedeutung" beigetreten und hat damals 15 Feuchtgebiete internationaler Bedeutung benannt. Bis heute wurden insgesamt 18 entsprechende Gebiete angemeldet. Sie wurden vor allem mittels quantitativer Kriterien (Zahl rastender Watt- und Wasservögel) ausgewählt.

Natur und Landschaft

Feuchtgebiete internationaler Bedeutung für Wat- und Wasservögel in der Bundesrepublik Deutschland

1a Wattenmeer, Elbe-Weser-Dreieck
1b Wattenmeer, Jadebusen und westliche Wesermündung
1c Wattenmeer, Ostfriesisches Wattenmeer mit Dollart
2 Niederelbe zwischen Barnkrug und Otterndorf
3 Elbaue zwischen Schnackenburg und Lauenburg
4 Dümmer
5 Diepholzer Moorniederung
6 Steinhuder Meer
7 Unterer Niederrhein
8 Rieselfelder Münster
9 Weserstaustufe Schlüsselburg
10 Rhein zwischen Eltville und Bingen
11a Bodensee; Wollmatinger Ried – Giehrenmoos
11b Mindelsee bei Radolfzell
12 Donauauen und Donaumoos
13 Lech-Donau-Winkel
14 Ismaninger Speichersee mit Fischteichen
15 Ammersee
16 Starnberger See
17 Chiemsee
18 Unterer Inn zwischen Haiming und Neuhaus

Stand: 1.1.1986

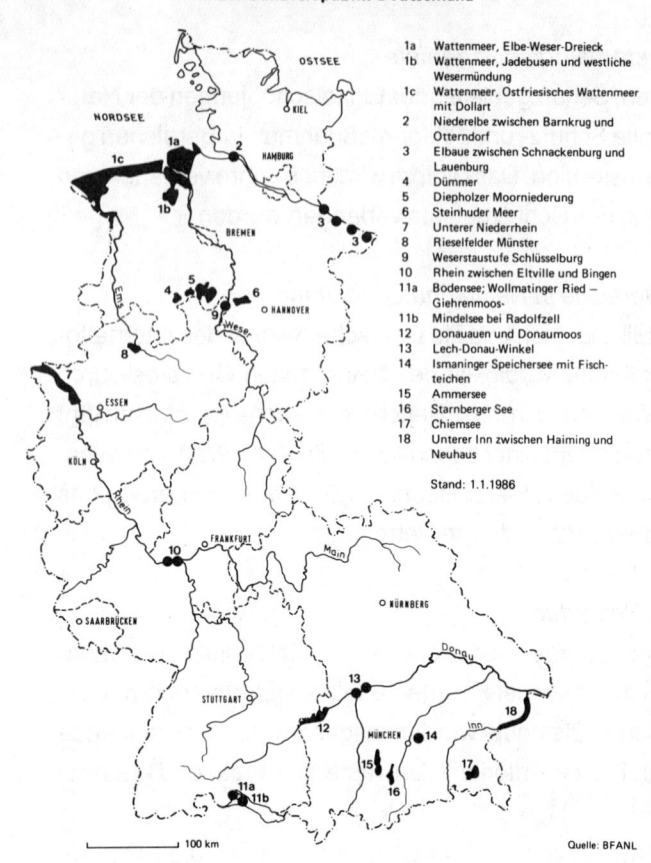

Quelle: BFANL

Europareservate in der Bundesrepublik Deutschland
Stand 1.1.1986

Europareservate
1 Vogelfreistätte Wattenmeer östlich Sylt
2 Rantum-Becken
3 Nordfriesisches Wattenmeer
4 Elbaußendeichgelände Ostemündung bis Freiburg
5 Elbe-Weser-Watt
6 Weser-Jade-Watt mit Jadebusen
7 Nordseeinsel Memmert
8 Lütje Hörn
9 Dümmer
10 Riddagshausen-Weddeler Teichgebiet
11 Rieselfelder Münster
12 Rhein zwischen Eltville und Bingen
13 Federsee
14 Ismaninger Teichgebiet
15 Wollmatinger Ried
16 Unterer Inn zwischen Haiming und Neuhaus
17 Kühkopf-Knoblochsaue

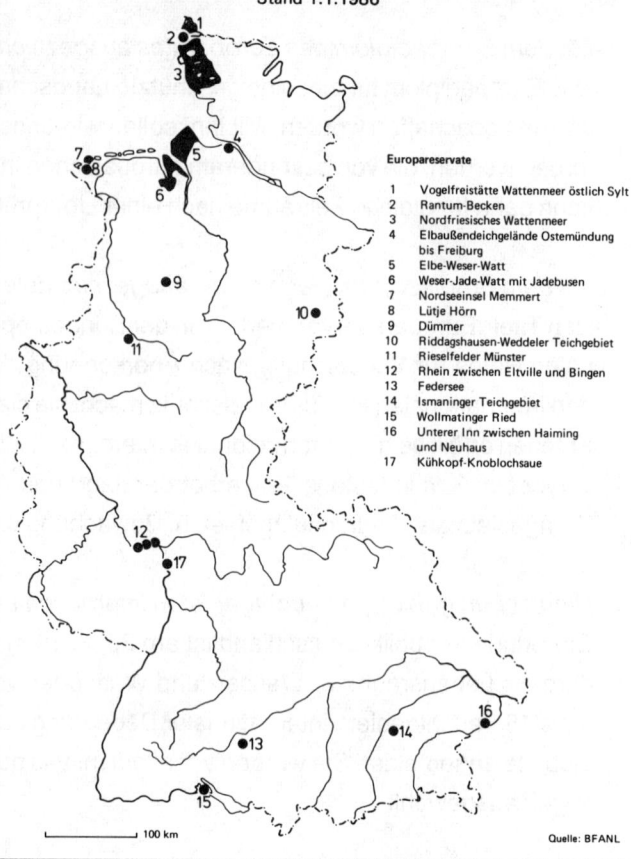

Quelle: BFANL

Nationalparke und Gebiete mit Europadiplom des Europarates in der Bundesrepublik Deutschland
Stand 1.1.1986

Nationalparke
A Schleswig-Holsteinisches Wattenmeer
B Niedersächsisches Wattenmeer
C Bayerischer Wald
D Berchtesgaden

Europadiplom-Gebiete
1 Lüneburger Heide
2 Siebengebirge
3 Deutsch-Luxemburgischer Naturpark
4 Wollmatinger Ried
5 Weltenburger Enge
6 Bayerischer Wald (1984 beantragt; auch Biosphären-Reservat = [MAB])

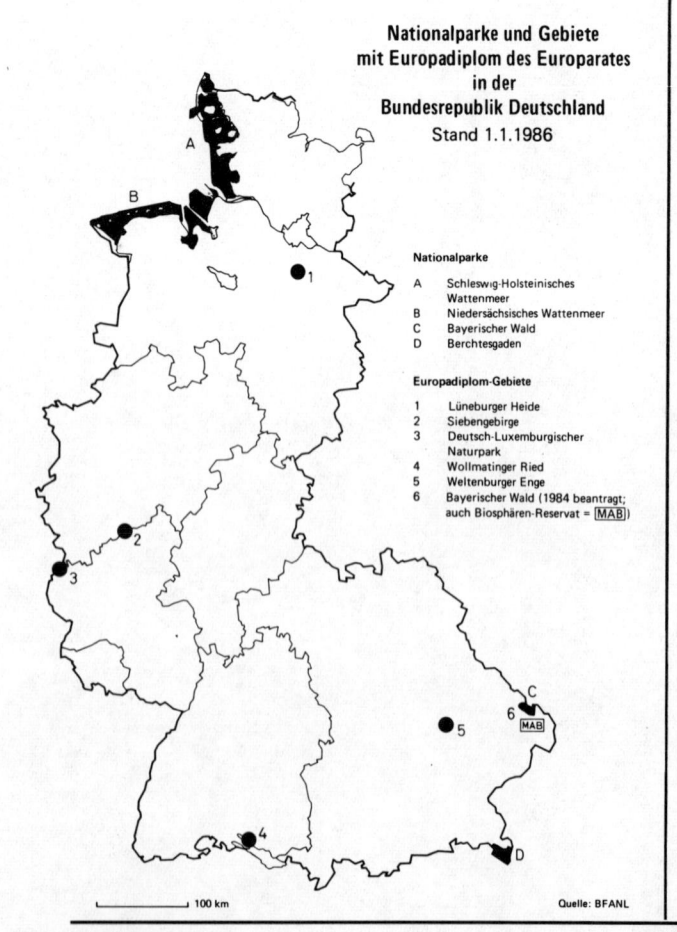

Quelle: BFANL

Flächengrößen der Feuchtgebiete internationaler Bedeutung für Wat- und Wasservögel in der Bundesrepublik Deutschland

Nr.	Fläche
1 a	38.460 ha
1 b	49.490 ha
1 c	121.620 ha
2	11.760 ha
3	7.560 ha
4	3.600 ha
5	15.060 ha
6	5.730 ha
7	25.000 ha
8	233 ha
9	1.800 ha
10	475 ha
11 a	767 ha
11 b	310 ha
12	8.000 ha
13	230 ha
14	900 ha
15	6.517 ha
16	5.720 ha
17	8.500 ha
18	1.955 ha
insges.:	313.685 ha

Flächengrößen der Nationalparke

A	285.000 ha
B	240.000 ha
C	13.042 ha
D	21.000 ha
insges.:	559.042 ha

Flächengrößen der Europareservate

Nr.	Fläche
1	20.700 ha
2	600 ha
3	140.000 ha
4	2.600 ha
5	40.000 ha
6	45.000 ha
7	2.200 ha
8	1.450 ha
9	2.000 ha
10	650 ha
11	233 ha
12	474 ha
13	1.400 ha
14	900 ha
15	757 ha
16	1.955 ha
17	2.369 ha
insges.:	263.288 ha

Flächengrößen der Europadiplom-Gebiete

1	19.720 ha
2	4.200 ha
3	78.500 ha *)
4	757 ha
5	560 ha
6	13.042 ha
insges.:	116.779 ha

*) einschließlich Luxemburg
BRD = 42.610 ha
Luxemburg = 35.890 ha

LANIS
BFANL

Daten zur Umwelt 1986/87
Umweltbundesamt

Natur und Landschaft

Landschaftsschutzgebiete

Landschaftsschutzgebiete sind rechtsverbindlich festgesetzte Gebiete in denen „ein besonderer Schutz von Natur und Landschaft zur Erhaltung oder Wiederherstellung der Leistungsfähigkeit des Naturhaushaltes oder der Nutzungsfähigkeit der Naturgüter, wegen der Vielfalt, Eigenart und Schönheit des Landschaftsbildes oder wegen ihrer besonderen Bedeutung für die Erholung erforderlich ist" (BNatSchG, § 15, 1).
Die bundesweiten Statistiken haben in den letzten Jahren keine wesentlichen Veränderungen der ausgewiesenen Landschaftsschutzgebietsflächen aufgezeigt.

Die beiden großflächigen Schutzgebietskategorien Naturparke und Landschaftsschutzgebiete überlagern sich weitestgehend, d.h. daß die Naturparke gleichzeitig auch Landschaftsschutzgebiete sind und nach einigen Ländernaturschutzgesetzen auch als solche ausgewiesen werden müssen.
Der aktuelle Stand der ausgewiesenen Landschaftsschutzgebiete wurde mit Hilfe der EDV und zwar durch die Digitalisierung und Speicherung entsprechender Kartenunterlagen der Länder ermittelt.

Natur und Landschaft

Entwicklung der Landschaftsschutzgebiete in der Bundesrepublik Deutschland in Hektar und Prozent der Gesamtfläche

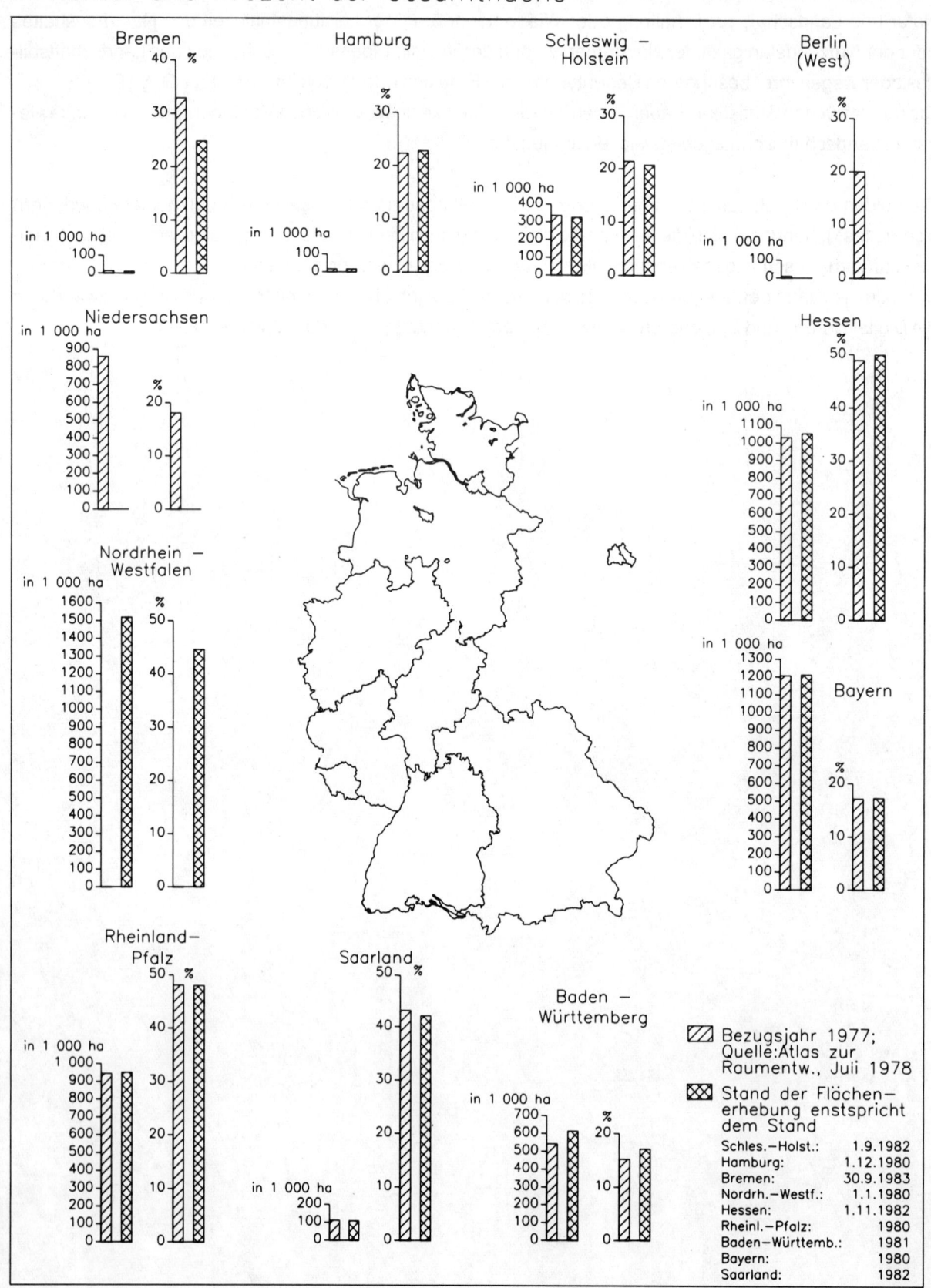

▨ Bezugsjahr 1977; Quelle: Atlas zur Raumentw., Juli 1978

▩ Stand der Flächenerhebung enstspricht dem Stand
Schles.-Holst.: 1.9.1982
Hamburg: 1.12.1980
Bremen: 30.9.1983
Nordrh.-Westf.: 1.1.1980
Hessen: 1.11.1982
Rheinl.-Pfalz: 1980
Baden-Württemb.: 1981
Bayern: 1980
Saarland: 1982

Quelle: Bundesforschungsanstalt für Naturschutz und Lanschaftsökologie

Natur und Landschaft

Landschaftsschutzgebiete in der Bundesrepublik Deutschland

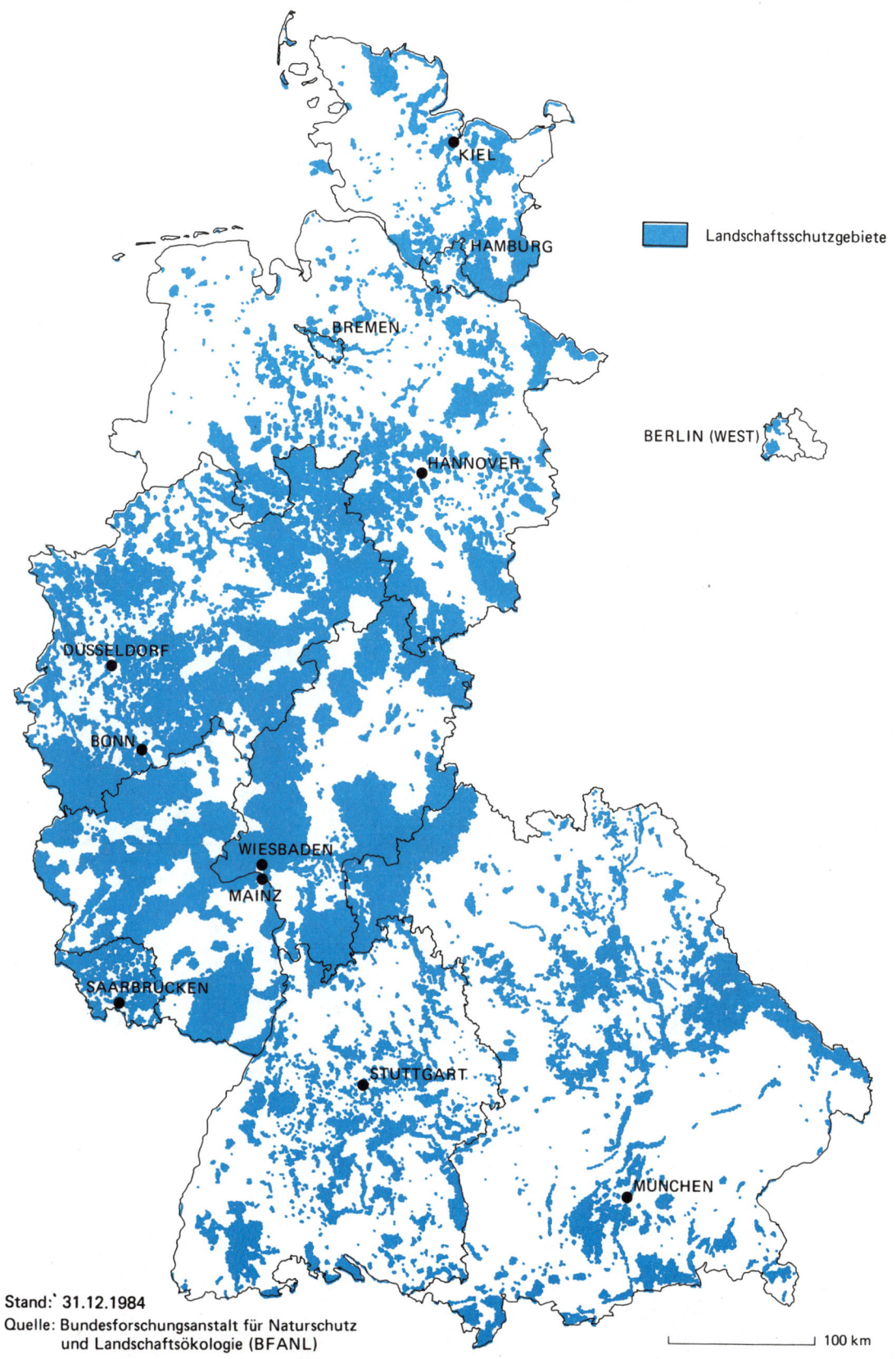

Stand: 31.12.1984
Quelle: Bundesforschungsanstalt für Naturschutz und Landschaftsökologie (BFANL)

Natur und Landschaft

Landschaftsplanverzeichnis

Die im Landschaftsplanverzeichnis der Bundesforschungsanstalt für Naturschutz und Landschaftsökologie (BFANL) zur Zeit erfaßten 2500 Landschaftsplanungen zeigen den aktuellen Stand der Entwicklung der Landschaftsplanung. Durch das Bundesnaturschutzgesetz und die entsprechenden Ländergesetze ist die Landschaftsplanung zum Planungsinstrument für die Verwirklichung der Ziele von Naturschutz und Landschaftspflege bestimmt worden.

Stand der Erstellung von Landschaftsplänen in der Bundesrepublik Deutschland im Zeitraum 1980 bis 1986
Stand April 1986

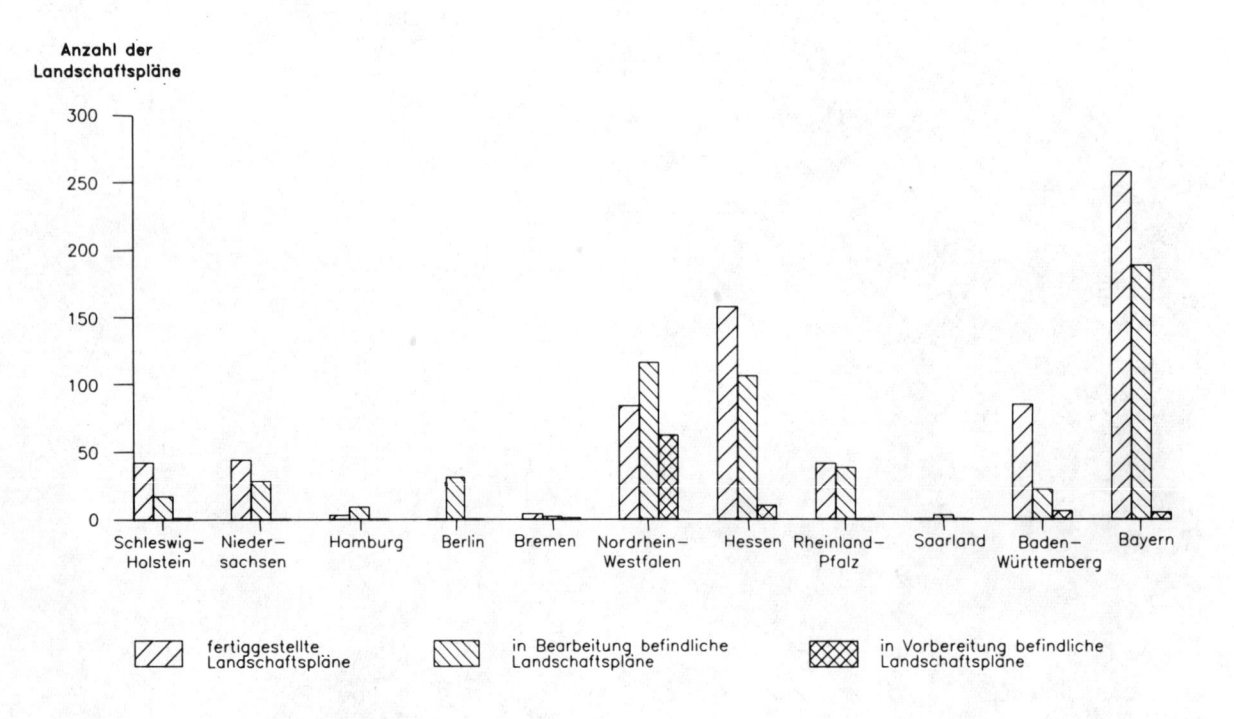

Quelle: Bundesforschungsanstalt für Naturschutz und Landschaftsökologie

Natur und Landschaft

Unzerschnittene großflächige Wälder

Größere Wälder sind für Freizeit und Erholung von besonderer Bedeutung. Sie bieten durch die Ruhe und Abgeschiedenheit ihrer verkehrsfernen Kernzonen günstige Bedingungen für die Rekreation. In größeren Wäldern kann sich zudem ein Eigenklima entwickeln, das insbesondere in „Schwülegebieten" erholsam ist und auch auf die Umgebung ausgleichend wirkt. Großflächigkeit ist aber ein durch Verkehrsnetzverdichtung gefährdetes, seltener werdendes Merkmal der Erholungslandschaft. Eine Erhebung der Wälder wurde 1983 zur Vorbereitung der Bundesverkehrswegeplanung durchgeführt, um die relativ großen Waldgebiete vor Zerschneidung zu bewahren. Dabei wurden erfaßt:

1. Waldgebiete, die

   - nicht durch Straßen mit einer Verkehrsdichte ab 1000 Pkw/24 Std. zerschnitten werden,
   - nicht von Eisenbahnlinien durchzogen werden,
   - eine Mindestgröße haben (abhängig vom prozentualen Waldflächenanteil des zugehörigen Landkreises), und zwar

     - in Kreisgebieten mit weniger als 5% Waldflächenanteil (in Schleswig-Holstein: 5 km^2)
     - in Kreisgebieten mit weniger als 10% Waldflächenanteil (sonst. 10 km^2)
     - in Kreisgebieten mit 10–20% Waldflächenanteil (sonst. 15 km^2)
     - in Kreisgebieten mit mehr als 20% Waldflächenanteil (sonst. 20 km^2)

(für Waldflächen im Umkreis von 20 km um Großstädte wurde die Mindestgröße bei der Erfassung weiter herabgesetzt).

2. Waldkomplexe sind zusammenhängende Wälder, die geringfügig von Straßen mit höherem Verkehrsaufkommen durchschnitten werden (die Einzelflächen der zu Waldkomplexen zusammengefaßten Wälder können von geringer Ausdehnung sein, stellen aber im Verbund einen erhaltenswerten Raum dar).

Die Mindestgröße für die Erhebung von Waldkomplexen beträgt:

- in Kreisgebieten mit weniger als 5% Waldflächenanteil (in Schleswig-Holstein: 5 km^2)
- in Kreisgebieten mit weniger als 10% Waldflächenanteil (sonst. 10 km^2)
- in Kreisgebieten mit 10–20% Waldflächenanteil (sonst. 20 km^2)
- in Kreisgebieten mit mehr als 20% Waldflächenanteil (sonst. 30 km^2).

Die Zahl der mindestens 20 km^2 großen unzerschnittenen Wälder beträgt 417, das entspricht 6,3% der Fläche des Bundesgebietes.

Siehe auch:
- Kapitel Wald

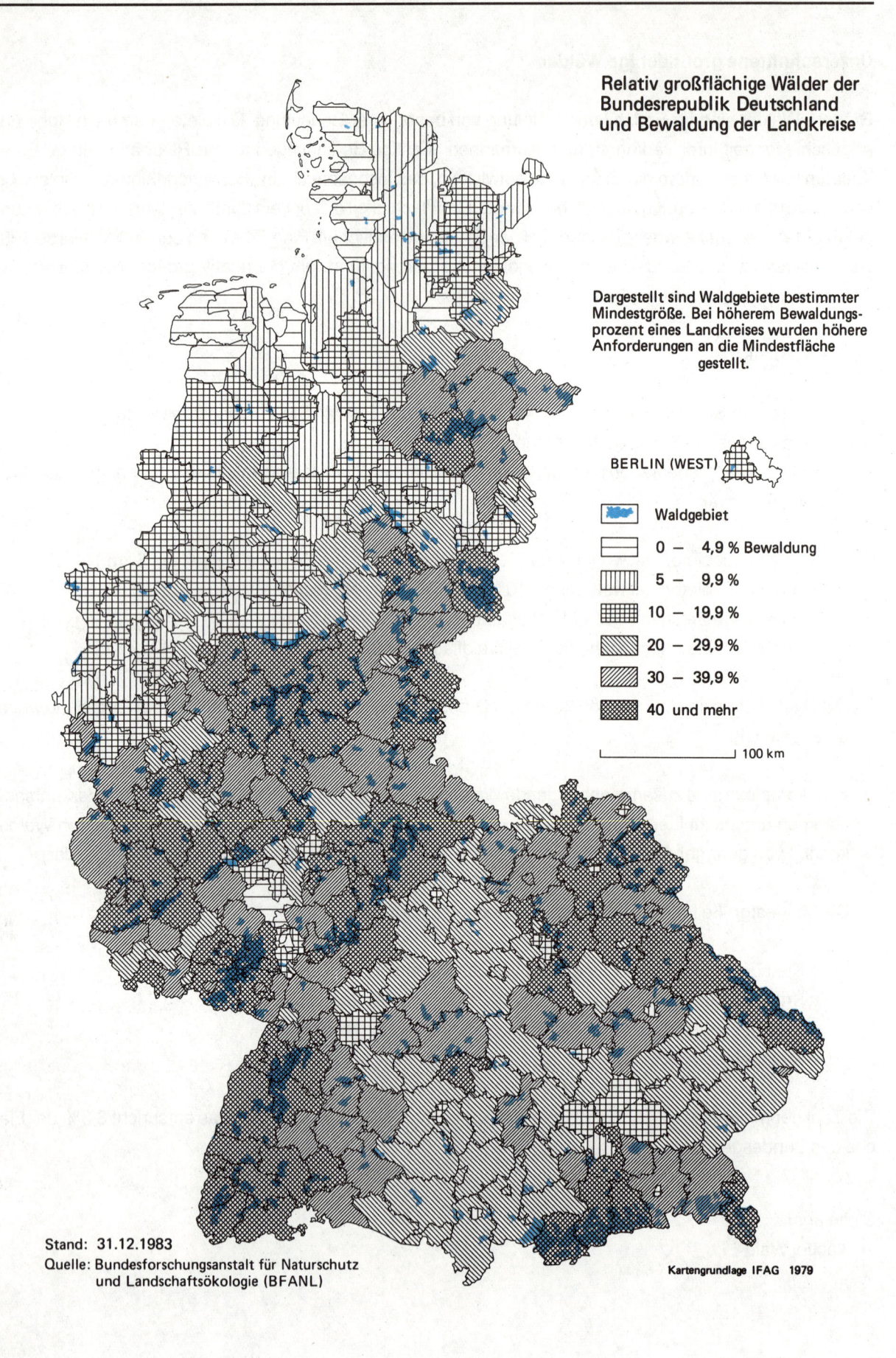

Natur und Landschaft

Relativ großflächige Wälder der Bundesrepublik Deutschland und Bewaldung der Landkreise

Dargestellt sind Waldgebiete bestimmter Mindestgröße. Bei höherem Bewaldungsprozent eines Landkreises wurden höhere Anforderungen an die Mindestfläche gestellt.

BERLIN (WEST)

- Waldgebiet
- 0 – 4,9 % Bewaldung
- 5 – 9,9 %
- 10 – 19,9 %
- 20 – 29,9 %
- 30 – 39,9 %
- 40 und mehr

100 km

Stand: 31.12.1983
Quelle: Bundesforschungsanstalt für Naturschutz und Landschaftsökologie (BFANL)

Kartengrundlage IFAG 1979

LANIS
BFANL

Daten zur Umwelt 1986/87
Umweltbundesamt

Natur und Landschaft

Unzerschnittene verkehrsarme Räume

Die Bundesrepublik Deutschland gehört aufgrund ihrer hohen Bevölkerungsdichte und ihrer industriell ausgerichteten Wirtschaftsstruktur zu den Ländern mit dem dichtesten Verkehrsnetz. Ein hoher Motorisierungsgrad der Bevölkerung, relativ dezentralisierte industrielle Produktion und der Trend, zur Wochenend- und Urlaubserholung häufig größere Entfernungen zurückzulegen, führten in den letzten zwanzig Jahren zu einem intensiven Ausbau der Verkehrswege und Zerschneidung der Landschaft.

Eine Fläche von mindestens 100 km², die nicht von Autobahnen, Hauptverkehrsstraßen und Eisenbahnstrecken zerschnitten ist, wird als unzerschnittener verkehrsarmer Raum bezeichnet, weil innerhalb solcher Flächen Tageswanderungen unternommen werden können, die vom Verkehr weder akustisch noch visuell beeinträchtigt werden.

1977 bestanden noch 371 und 1982 noch 368 unzerschnittene verkehrsarme Räume mit einer Mindestfläche von 100 km². Die Gesamtfläche dieser Räume beträgt 54 166 km². Der durchschnittliche unzerschnittene verkehrsarme Raum ist 146 km² groß. Der größte mißt 353 km² und befindet sich im Naturpark Bayerischer Wald, ihm benachbart ist der zweitgrößte Raum mit 335 km².

Der Flächenanteil, der der Bevölkerung an diesen Räumen zur Verfügung steht, ist regional sehr unterschiedlich. Bei sechs der acht Flächenstaaten beträgt der Anteil an der Landesfläche nur noch rd. 10–20%.

Einzelne Städte sind unterschiedlich mit unzerschnittenen verkehrsarmen Räumen in ihrer Nähe versorgt, was an einigen Beispielen verdeutlicht werden soll:

Darmstadt (136 200 EW) steht mit einem unzerschnittenen verkehrsarmen Raum von 100 km² in Verbindung. Augsburg (247 700 EW) stehen 9 Räume für seine Bevölkerung mit 1238 km² Gesamtfläche zur Verfügung. Regensburg (131 000 EW) hat 8 Räume im 30 km-Bereich mit zusammen 1377 km².

Die landschaftliche Ausstattung der unzerschnittenen verkehrsarmen Räume ist unterschiedlich, zum einen bedingt durch die geographische Lage, zum anderen durch die Verteilung der vorhandenen Nutzungen im Raum.

Um eine Übersicht der landschaftlichen Ausstattung zu erhalten, sind Waldanteil, Grünland, Ackerland, Stillgewässer, Fließgewässer, Orographie und Bodengüte der Räume aus den einschlägigen Karten im Maßstab 1:1 Mio erfaßt worden. Da jedoch zunächst keine Wertung der einzelnen Räume gegeneinander erfolgen soll, sei hier nur gesagt, daß etwa 70% der Räume eine landschaftliche Ausstattung aufweisen, die ruhigen Erholungsaktivitäten förderlich ist.

Eine weitere Zerschneidung und Zerteilung großer heute noch zusammenhängender Landschaftsteile sollte im Interesse der Erholungsvorsorge und des Landschaftsschutzes unterbleiben.

Siehe auch:
– Kapitel Allgemeine Daten, Abschnitt Verkehr

Natur und Landschaft

Unzerschnittene verkehrsarme Räume (über 100 km²)

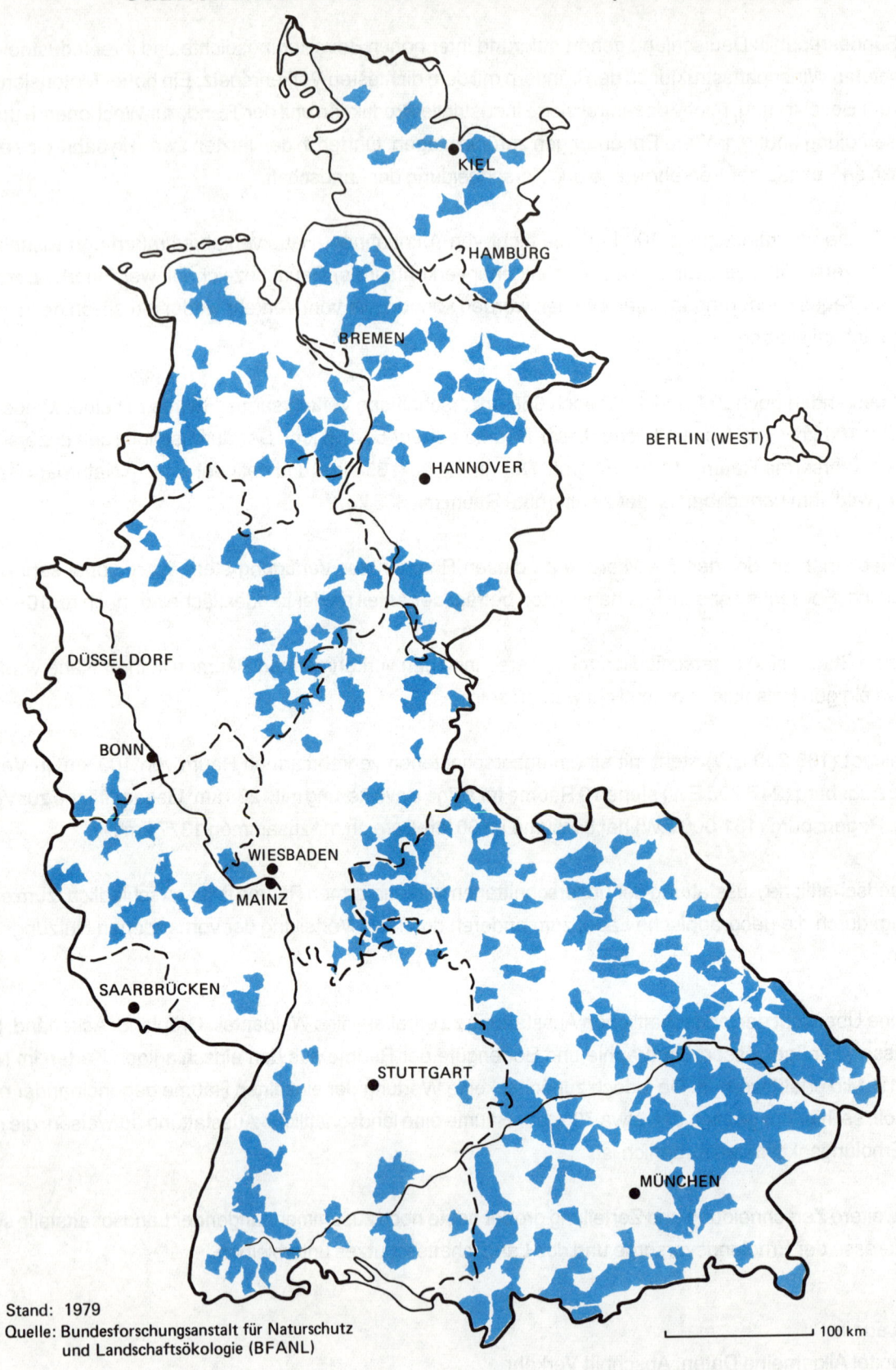

Stand: 1979
Quelle: Bundesforschungsanstalt für Naturschutz und Landschaftsökologie (BFANL)

Natur und Landschaft

Anteil der verkehrsarmen Räume an der jeweiligen
Landesfläche der Flächenstaaten
(Landesfläche = 100 Prozent)

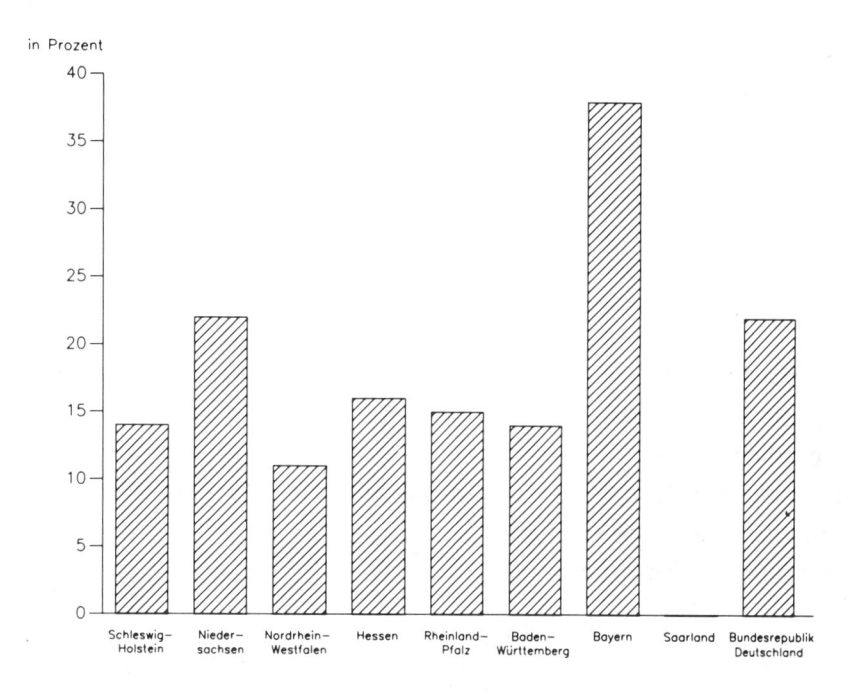

Bar chart showing percentages (in Prozent):
- Schleswig-Holstein: ~14
- Niedersachsen: ~22
- Nordrhein-Westfalen: ~11
- Hessen: ~16
- Rheinland-Pfalz: ~15
- Baden-Württemberg: ~14
- Bayern: ~38
- Saarland: 0
- Bundesrepublik Deutschland: ~22

Quelle: Bundesforschungsanstalt für Naturschutz und Landschaftökologie

Boden

	Seite
Datengrundlagen	123

Flächennutzung

- Struktur der Flächennutzung — 126
- Entwicklung der Flächennutzung — 127
- Siedlungsstrukturelle Gebietstypen — 129
- Siedlungsfläche — 131
- Verkehrsfläche — 134
- Erholungsfläche — 137
- Wald-, Wasser-, Moor- und Heideflächen — 139

Bodenschutz und Landwirtschaft

- Landwirtschaftlich genutzte Fläche — 140
- Regionaler Handelsdüngerabsatz — 146
- Verbrauch an Handelsdünger (Stickstoff) in der Landwirtschaft im Verhältnis zu den erzielten Ernteerträgen bei Getreide und Kartoffeln — 148
- Absatz von Pflanzenbehandlungsmitteln — 150
- Großviehbesatz — 152
- Maisanbau — 155
- Intensiv- und Sonderkulturen — 158
- Betriebsgrößenstruktur — 161

Zustand ausgewählter Böden

- Geogener Stoffbestand: — 164
- Cadmium in Bachsedimenten — 165
- pH-Werte in Quellen und Bächen — 167
- Saure pH-Werte von Quellen und Bächen auf Waldstandorten und pH-Werte auf Grünlandstandorten — 169

Abbau nicht erneuerbarer Ressourcen — 172

Kontaminierte Standorte (Altlasten) — 175

Unfälle mit wassergefährdenden Stoffen — 177

Streusalz — 179

Boden

Datengrundlagen

Die folgenden Karten und Grafiken stellen einzelne Belastungsarten des Bodens näher dar, ohne damit alle bedeutenden Belastungen abzudecken. Die Datengrundlage ist für das relativ neue Handlungsfeld Bodenschutz noch unbefriedigend.

Das zeigt sich vor allem daran, daß eine flächendeckende Inventarisierung des Stoffhaushaltes der Böden mit dem Ziel einer Beweissicherung noch aussteht. Die verschiedenen Ansätze, die auf Bundes- und Landesebene zur Verbesserung der Informationsgrundlagen des Bodenschutzes in Angriff genommen werden, werden derzeit von einer Bund-Länder-Arbeitsgruppe zusammengefaßt. Aus den Defiziten bei den Informationsgrundlagen des Bodenschutzes wird deutlich, daß in den nächsten Jahren erhebliche Anstrengungen zur Verbesserung der Informationsgrundlagen des Bodenschutzes unternommen werden müssen.

Die Daten entstammen für den Abschnitt „Flächennutzung" Angaben aus dem Informationssystem „Laufende Raumbeobachtung" der Bundesforschungsanstalt für Landeskunde und Raumordnung.

Zustandsdaten für Böden sind im wesentlichen dem Geochemischen Atlas der Bundesanstalt für Geowissenschaften und Rohstoffe entnommen.

Als Datenquellen für bundesweite Analysen zur Struktur und Entwicklung der Flächennutzung stehen für den Zeitraum 1950–1977 die Bodennutzungsvorerhebung, für den Zeitraum ab 1979 die Flächenerhebung zur Verfügung. Der Aussagegehalt beider Erhebungen ist insbesondere durch ihre ungenügende sachliche Differenzierung erheblich begrenzt.

Die Bodennutzungsvorerhebung erstreckte sich im wesentlichen auf den Nachweis landwirtschaftlicher Produktionsflächen. Siedlungsflächen wurden nur sehr pauschal erfaßt und häufig geschätzt.

Mit der 1979 erstmalig durchgeführten Flächenerhebung sollte den steigenden Bedürfnissen nach aussagekräftigen, differenzierten Angaben über außerlandwirtschaftlich genutzte Flächen Rechnung getragen werden, ein Anspruch, der auch heute noch nicht ausreichend erfüllt ist. So werden z.B. unter dem Sammelbegriff „Gebäude- und Freifläche" Industriekomplexe zusammen mit öffentlichen Gebäuden und jeglicher Wohnbebauung einschließlich zugehöriger Ergänzungsflächen wie Vor- und Hausgärten, Stell- oder Spielplätze nachgewiesen. Innerhalb der „Verkehrsfläche" wird lediglich zwischen Straßenverkehrsflächen – von der Autobahn bis zum Feld- oder Fußweg – und den übrigen Verkehrsflächen (Bahn-, Flug- und Schiffsverkehrsgelände) unterschieden.

Die Daten können insofern nur dazu dienen, die Relationen in Strukturunterschieden und Entwicklungstendenzen der regionalen Flächennutzungssysteme und einzelner Nutzungsarten zu charakterisieren. Unter ökonomischen wie ökologischen Aspekten erforderliche Analysen z.B. des Landschaftsverbrauchs oder der nutzungsabhängigen Boden- und Ökosystembelastung durch Versiegelung, Zerschneidung, Immissionen sind mit den derzeit verfügbaren Daten nur ansatzweise möglich.

Aus Bundessicht ist die Verbesserung der Erfassung der tatsächlichen Bodennutzung dringend geboten; dann sollten der sachliche Differenzierungsgrad und die Aktualität der Flächenerhebung verbessert werden.

Boden

Erforderlich wäre auch eine Erfassung der in kommunalen Bauleitplänen vorgesehenen Nutzungen. Ein Vergleich dieser „bauplanungsrechtlich zulässigen Nutzung" mit der tatsächlichen, derzeit bestehenden Nutzung ermöglicht z.B. eine Abschätzung und Bewertung der künftigen Boden- und Landschaftsbeanspruchung nach Art und Maß, generell die Beurteilung zu erwartender Nutzungskonkurrenzen und -konflikte in Bund, Ländern und Gemeinden als Ansatzpunkt für eine zukunftsorientierte sparsame Flächen- und Bodenhaushaltspolitik.

Boden

Begriffe zur Flächennutzung

Begriff	Nutzungsart*)
Gebäudefläche:	a: Gebäude- und Hoffläche b: Gebäude- und Freifläche; Betriebsfläche ohne Abbauland
Verkehrsfläche:	a: Wegeland und Eisenbahnen b: Verkehrsfläche
Erholungsfläche:	a: Private Parkanlagen, Rasenflächen, Ziergärten; Friedhöfe, öffentliche Parkanlagen b: Erholungsfläche
Siedlungsfläche:	Gebäudefläche; Verkehrsfläche; Erholungsfläche; Sport- und Flug- und Militärübungsplätze (a) bzw. Flächen anderer Nutzung ohne Unland (b)
Landwirtschaftsfläche:	a: Ackerland; Gartenland; Obstanlagen; Baumschulen; Dauergrünland; Korbweiden- und Pappelanlagen, Weihnachtsbaumkulturen; nicht mehr genutzte landwirtschaftliche Fläche b: Landwirtschaftsfläche ohne Moor und ohne Heide
Waldfläche:	a: Waldflächen, Forsten, Holzungen b: Waldfläche
Wasserfläche:	a: Gewässer b: Wasserfläche
Moor- und Heideflächen, Unland, Abbauland:	a: Unkultivierte Moorfläche; Öd- und Unland b: Moor; Heide; Unland; Abbauland
Gesamtfläche:	a: Wirtschaftsfläche b: Katasterfläche

*) Nutzungsarten gemäß Bodennutzungsvorerhebung (a) bzw. Flächenerhebung (b). Die jeweiligen Daten sind aufgrund unterschiedlicher Erhebungsverfahren (Betriebsprinzip/Gelegenheitsprinzip) und aufgrund z.T. abweichender Definitionen der Nutzungsarten nur annäherungsweise miteinander vergleichbar.

Boden

Flächennutzung

Struktur der Flächennutzung

Der Anteil der Landwirtschaftsfläche betrug 1985 trotz erheblicher Arealverluste seit 1950 noch 54,5%. Selbst in Regionen mit großen Verdichtungsräumen liegt der Anteil noch bei 53,4%. Lediglich in den Kernstädten der ansatzweise verdichteten Regionen sinkt der Anteil auf 41,3% und in den Kernstädten der stark verdichteten Regionen auf 29,9%.

Die Waldfläche stellt mit einem Anteil von 29,6% an der Gesamtfläche der Bundesrepublik Deutschland die zweitgrößte Nutzungsart dar. Auf die Wasserfläche mit 1,8% und relativ naturnahe Flächen wie Moor, Heide oder Unland mit 1,6% entfallen demgegenüber nur geringe Flächenanteile des Bundesgebietes.

Die Siedlungsfläche umfaßt im Durchschnitt 12,5% der Fläche des Bundesgebietes, in den Regionen mit großen Verdichtungsräumen steigt der Anteil auf 18,2%, in ihren Kernstädten auf 49,9%. Die anderen Nutzungen sind in den Verdichtungsräumen entsprechend deutlich unterrepräsentiert.

Struktur der Flächennutzung in den siedlungsstrukturellen Gebietstypen 1985
Anteil der Nutzungsarten an der Gesamtfläche

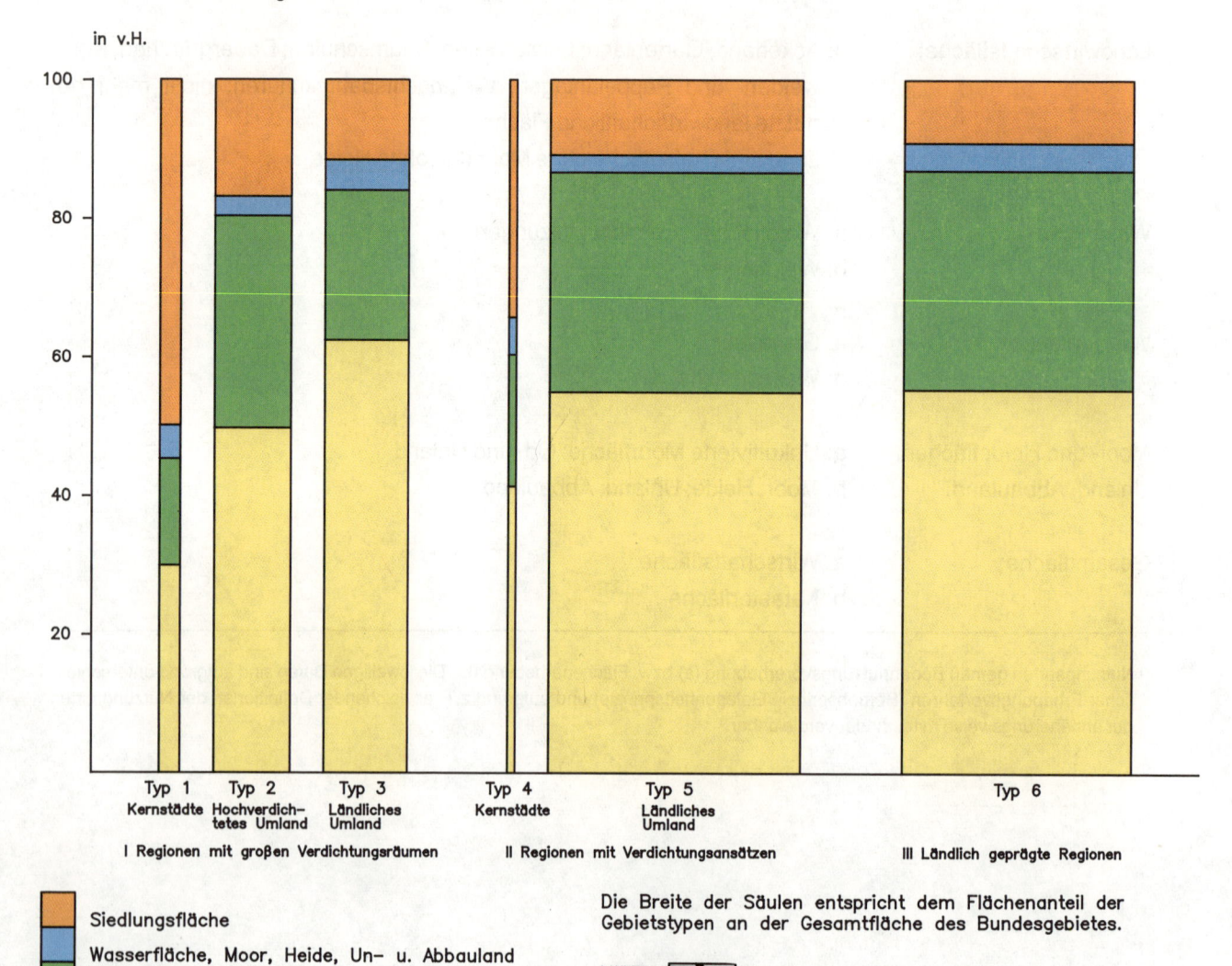

Typ 1 Kernstädte, Typ 2 Hochverdichtetes Umland, Typ 3 Ländliches Umland — I Regionen mit großen Verdichtungsräumen
Typ 4 Kernstädte, Typ 5 Ländliches Umland — II Regionen mit Verdichtungsansätzen
Typ 6 — III Ländlich geprägte Regionen

- Siedlungsfläche
- Wasserfläche, Moor, Heide, Un- u. Abbauland
- Waldfläche
- Landwirtschaftsfläche

Die Breite der Säulen entspricht dem Flächenanteil der Gebietstypen an der Gesamtfläche des Bundesgebietes.

Quelle: Laufende Raumbeobachtung der BfLR

Boden

Entwicklung der Flächennutzung

Die Entwicklung der Flächennutzung in der Bundesrepublik Deutschland seit 1950 ist gekennzeichnet durch nahezu stetige Zunahmen der siedlungswirtschaftlichen Nutzungsarten, vor allem der Wohnbau- sowie der gewerblich und industriell genutzten Flächen. Ihr Zuwachs erfolgte insbesondere zu Lasten der Landwirtschaftsfläche, ferner zu Lasten relativ naturbelassener Flächen wie Moor, Heide oder Unland. Diese Erscheinung, auch als Landschaftsverbrauch bezeichnet, ist besonders stark in den Kernstädten der großen Verdichtungsräume ausgeprägt und hat sich in den letzten Jahren eher verstärkt als abgeschwächt.

Nach vorliegenden Modellrechnungen wird sich die Ausweitung der Siedlungsfläche im Bundesgebiet auch in den kommenden Jahren fortsetzen. Der künftige Landschaftsverbrauch dürfte wiederum vorrangig zu Lasten der Landwirtschaftsfläche realisiert werden, für die zudem ökonomisch und/oder ökologisch begründete Flächenstillegungen erwartet werden. Die Wasser- und noch mehr die Waldfläche hingegen dürften ihren derzeitigen Bestand weitgehend erhalten oder — wie in den vergangenen Jahren — sogar erweitern können.

Entwicklung der Flächennutzungsstruktur der Bundesrepublik Deutschland 1950 – 1985

Fläche der Hauptnutzungsarten in 1000 ha

Jahr	1950[1]	1960	1970	1977	1981[2]	1985[2]
Gesamt	24679	24734	24777	24755	24869	24869
Siedlungsfläche	1863	2105	2523	2789	2937	3115
Wasserfläche, Moor, Heide, Un- und Abbauland	1648	1300	1286	1223	843	847
Waldfläche	7018	7106	7170	7216	7328	7360
Landwirtschaftsfläche	14149	14222	13799	13526	13761	13548

Legende:
- Landwirtschaftsfläche
- Waldfläche
- Siedlungsfläche
- Wasserfläche, Moor, Heide, Un- und Abbauland

[1] Angaben teilweise geschätzt für Saarland und Berlin (West)
[2] Die Angaben für 1981 und 1985 sind aufgrund eines erheblich geänderten Erhebungsverfahrens inhaltlich nicht voll mit den Werten bis 1977 zu vergleichen.

Quelle: Laufende Raumbeobachtung der Bundesforschungsanstalt für Landeskunde und Raumordnung

Boden

Nutzungsänderungen im Bundesgebiet 1950 – 1977 und 1981 – 1985
Zu- bzw. Abnahme
in ha/Tag

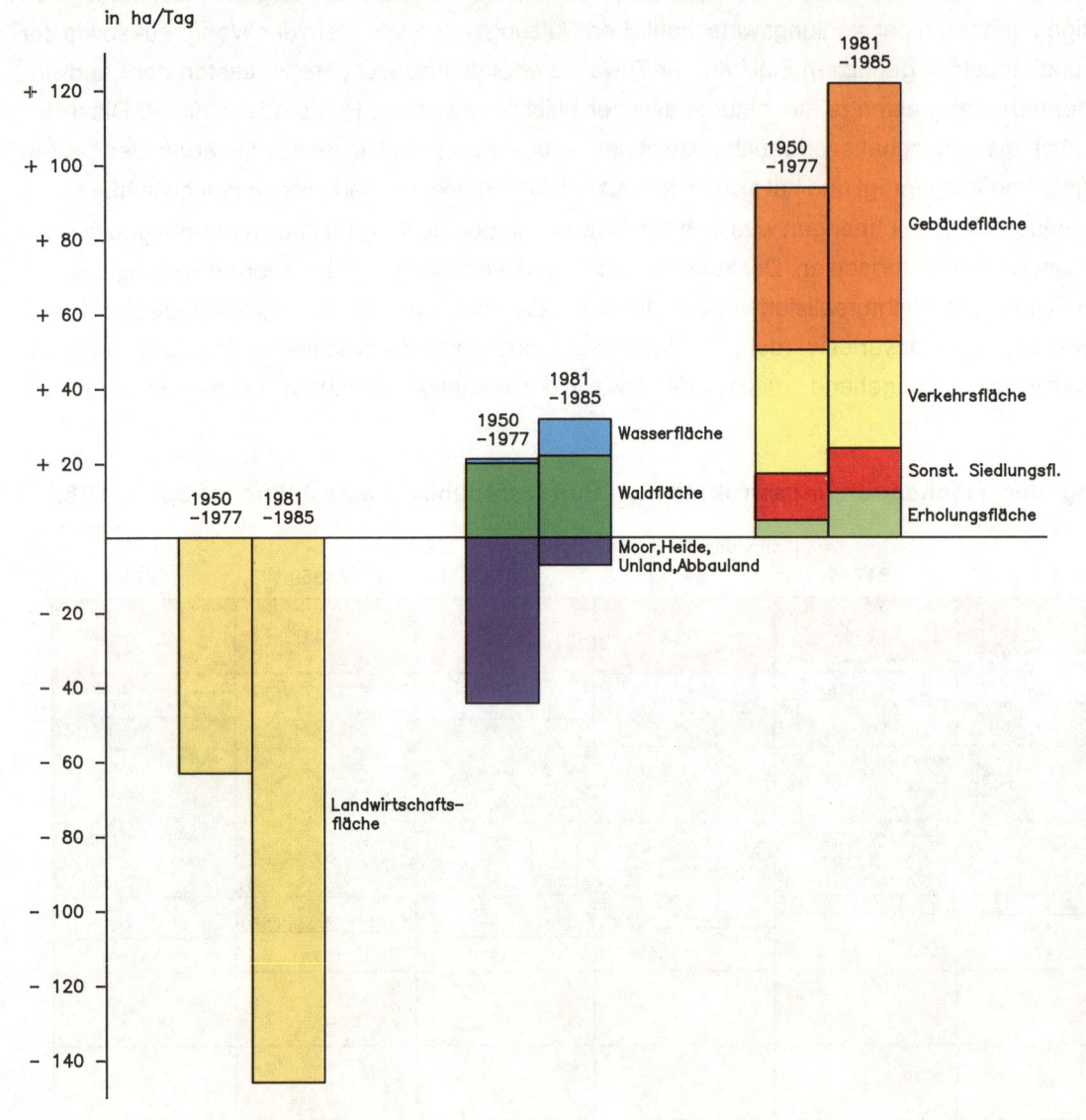

Quelle: Laufende Raumbeobachtung der BfLR

Boden

Siedlungsstrukturelle Gebietstypen

Die Karte steht in engem Zusammenhang mit den Abbildungen der „Bevölkerungsdiche" und der „Entwicklung der Flächennutzungsstruktur". Sie verdeutlicht die räumliche Verteilung von Bevölkerung, Arbeitsplätzen und Infrastruktureinrichtungen in Siedlungen verschiedener Art und Größe („Siedlungsstruktur"). Von Art und Größe der Verdichtung dieser Faktoren in einem bestimmten Raum können Umweltbelastungen, Verkehrsprobleme und das Ausmaß der Zersiedelung des Umlandes abhängen.

Auf der Ebene der Raumordnungsregionen werden dabei drei Regionstypen unterschieden.

(I.) Regionen mit großen Verdichtungsräumen

Dazu zählen Regionen wie z.B. Hamburg, Düsseldorf, Frankfurt, Stuttgart und München. In den letzten zwei Jahrzehnten haben sich fast alle diese Regionen als Zentren des wirtschaftlichen Strukturwandels und der räumlichen Entwicklung behauptet.

Davon zu unterscheiden sind sogenannte altindustrialisierte Regionen, wie z.B. das Ruhrgebiet oder Teile des Saarlandes. Der wirtschaftsstrukturelle Wandel war hier zwangsläufig mit hohen Arbeitsplatzverlusten und einem weiteren Bevölkerungsrückgang verbunden.

(II.) Regionen mit Verdichtungsansätzen

Dabei handelt es sich um Regionen mit kleineren Verdichtungsräumen, die im Umland oftmals noch ländlich geprägt sind (z.B. Kiel, Münster, Göttingen, Würzburg, Freiburg).

(III.) Ländlich geprägte Regionen

Hierzu zählen in der Hauptsache periphere, dünn besiedelte, schwachstrukturierte Regionen abseits der wirtschaftlichen Zentren des Bundesgebietes.

Für die Berichterstattung über kleinräumige Entwicklungen reicht ein derartiges Analyseraster noch nicht aus. Bei den Regionen mit großen Verdichtungsräumen und den Regionen mit Verdichtungsansätzen empfiehlt sich deshalb, weiter nach Kernstädten und Umland zu unterscheiden. Erst dadurch wird z.B. möglich, den kleinräumigen Prozeß der Suburbanisierung, also die Stadt-Umland-Wanderung von Bevölkerung und Arbeitsplätzen, angemessen zu erfassen.

Boden

Siedlungsstrukturelle Gebietstypen

I Regionen mit großen Verdichtungsräumen
- darunter "altindustrialisierte" Regionen
- Kernstädte
- Hochverdichtetes Umland
- Ländliches Umland

II Regionen mit Verdichtungsansätzen
- Kernstädte
- Ländliches Umland

III Ländlich geprägte Regionen

Quelle: Laufende Raumbeobachtung der BfLR
Grenzen: Kreise 1.1.1981 und Raumordnungsregionen 1980

100 km

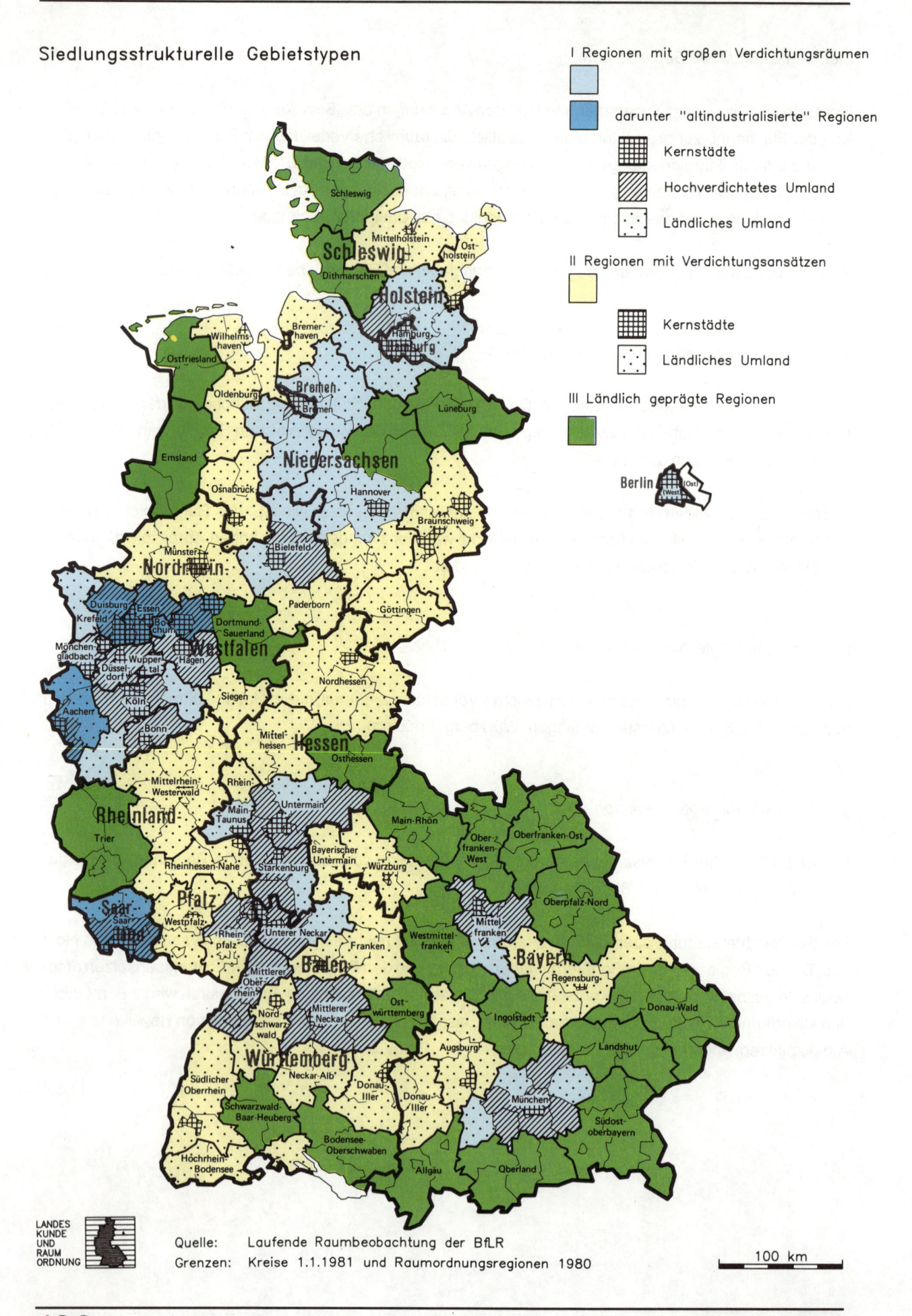

Daten zur Umwelt 1986/87
Umweltbundesamt

Boden

Siedlungsfläche

Mit einem Anteil von 12,5% an der Gesamtfläche des Bundesgebietes nimmt die Siedlungsfläche 1985 im Vergleich mit der Landwirtschaftsfläche oder der Waldfläche auf den ersten Blick einen scheinbar nachgeordneten Rang im Flächennutzungssystem der Bundesrepublik Deutschland ein. Wegen der Konzentrationen in den großen Verdichtungsräumen, insbesondere in den Ballungszentren mit Spitzenwerten bis zu über 70%, gleichzeitig auch sehr intensiver Bebauung, ist die Siedlungsfläche in einigen Räumen dominant.

Von der Siedlungsfläche können erhebliche nachteilige Wirkungen für den Naturhaushalt ausgehen. Vor allem die Teilnutzungen Gebäudefläche und Verkehrsfläche mit Anteilen von 6,2% bzw. 4,9% an der Gesamtfläche und 49,4% bzw. 38,9% an der Siedlungsfläche des Bundesgebietes stellen eine wesentliche Quelle von Schadstoff-, Staub- und Lärmemissionen dar, die oft weit über die unmittelbar in Anspruch genommenen Flächen hinaus wirken. Diese bebauten Flächen unterbrechen oder behindern zudem klimatische, hydrologische und biologische Funktionszusammenhänge und Regenerationsprozesse z.B. durch Oberflächenversiegelung, Zerschneidung oder Einengung ökologisch bedeutsamer Freiräume.

Siehe auch:
- Weiträumige Ausbreitung von Schwefelverbindungen in der Atmosphäre
- Smog-Gebiete
- Belastungsgebiete
- Biotop-Kartierung im besiedelten Bereich

Boden

Siedlungsfläche in den siedlungsstrukturellen Gebietstypen 1981 und 1985
Siedlungsflächen und deren Anteile an der Gesamtfläche
in v.H.

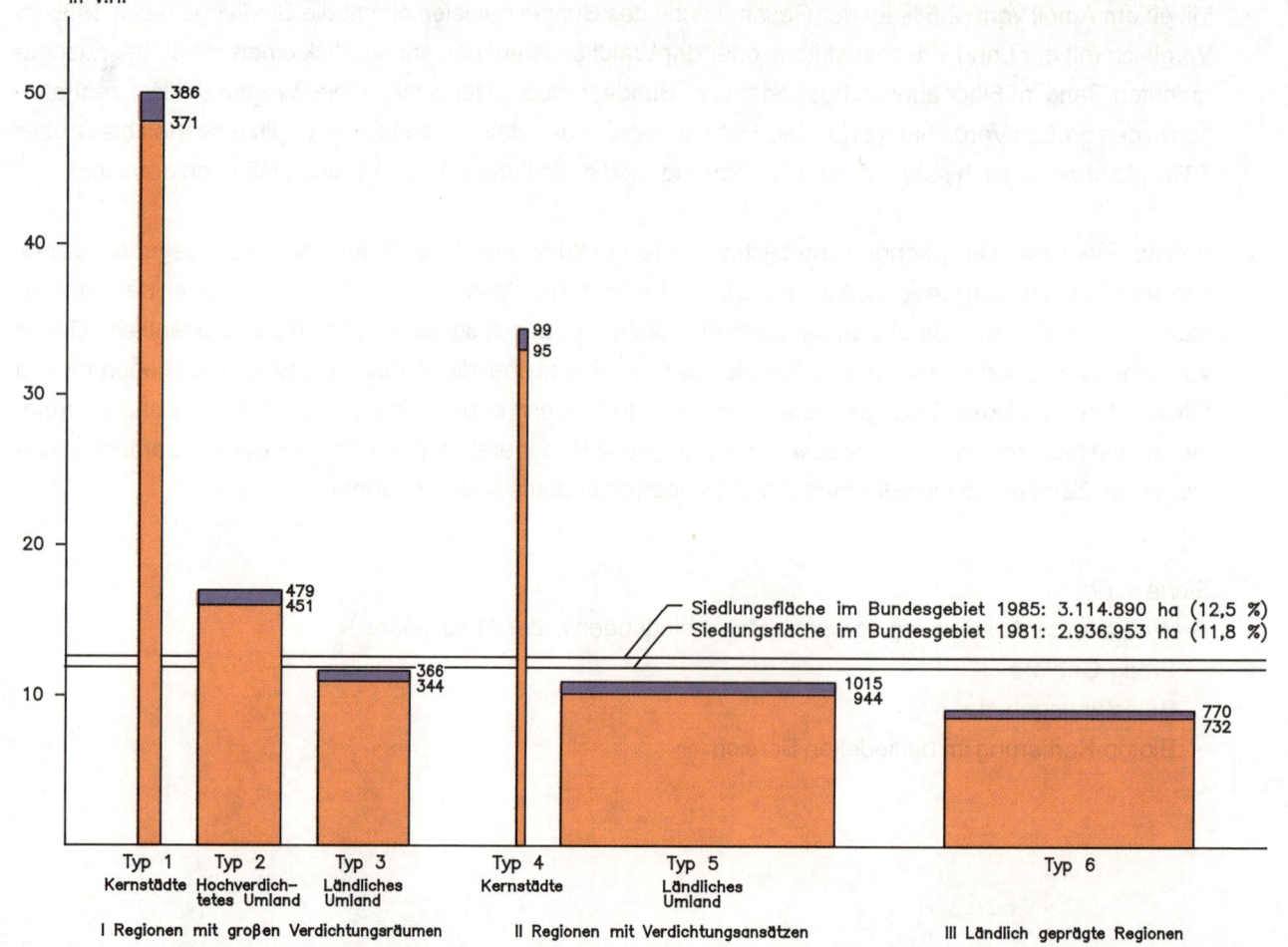

	Typ 1	Typ 2	Typ 3	Typ 4	Typ 5	Typ 6
1985 (1000 ha)	386	479	366	99	1015	770
1981 (1000 ha)	371	451	344	95	944	732

- Typ 1: Kernstädte
- Typ 2: Hochverdichtetes Umland
- Typ 3: Ländliches Umland

I Regionen mit großen Verdichtungsräumen

- Typ 4: Kernstädte
- Typ 5: Ländliches Umland

II Regionen mit Verdichtungsansätzen

- Typ 6

III Ländlich geprägte Regionen

Siedlungsfläche im Bundesgebiet 1985: 3.114.890 ha (12,5 %)
Siedlungsfläche im Bundesgebiet 1981: 2.936.953 ha (11,8 %)

Siedlungsfläche 1985 in 1000 ha
Siedlungsfläche 1981 in 1000 ha

Die Breite der Säulen entspricht dem Flächenanteil der Gebietstypen an der Gesamtfläche des Bundesgebietes.

LANDESKUNDE UND RAUMORDNUNG

Quelle: Laufende Raumbeobachtung der BfLR

Boden

Siedlungsfläche 1985

Anteil der Siedlungsfläche an der Gesamtfläche in v.H.

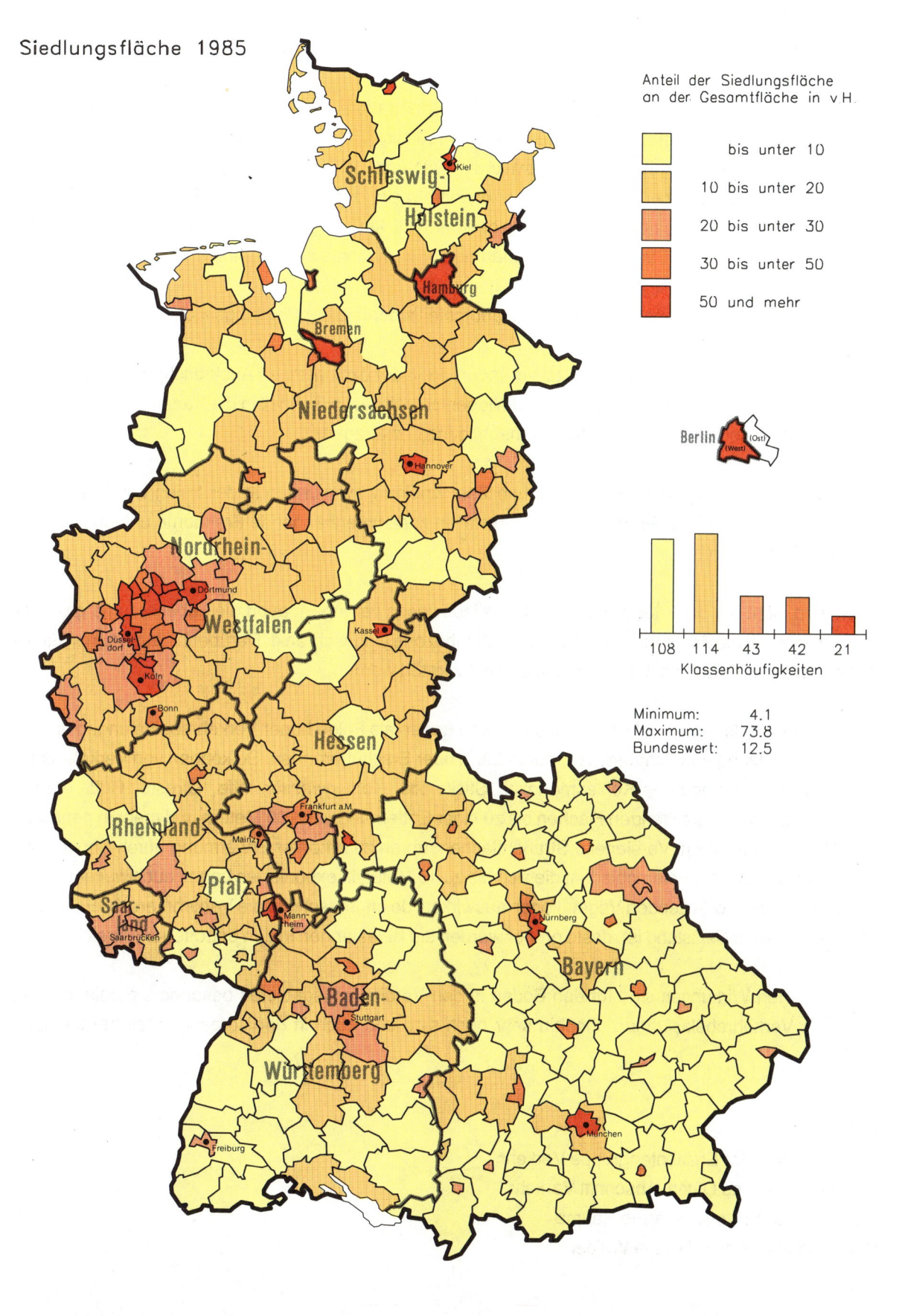

- bis unter 10
- 10 bis unter 20
- 20 bis unter 30
- 30 bis unter 50
- 50 und mehr

Klassenhäufigkeiten: 108, 114, 43, 42, 21

Minimum: 4.1
Maximum: 73.8
Bundeswert: 12.5

Quelle: Laufende Raumbeobachtung der BfLR
Grenzen: Kreise 1.1.1981

100 km

Daten zur Umwelt 1986/87
Umweltbundesamt

Boden

Verkehrsfläche

Innerhalb der Siedlungsfläche werden die Flächen, die dem Straßen-, Schienen- und Luftverkehr dienen, als Verkehrsfläche zusammengefaßt. Sie nimmt im Jahre 1985 mit 1,211 Mio ha rd. 4,9% der Gesamtfläche der Bundesrepublik ein. Die Verkehrsfläche hat zwischen 1981 und 1985 um rd. 42 000 ha zugenommen. Das Straßennetz allein für den überörtlichen Verkehr erweiterte sich zwischen 1981 und 1985 um rd. 600 km Länge. Hinzu kommen Gemeindestraßen von insgesamt 7000 km Länge. Die seit Jahren zu beobachtende Tendenz zu immer breiteren Straßen hat zur Zunahme der Verkehrsfläche beigetragen.

Die Verkehrsfläche bildet mit nahezu 40% den Hauptanteil innerhalb der Siedlungsfläche.

Die Versiegelung der Fahrbahnen führte zu Veränderungen der ökologischen Austauschprozesse und des Kleinklimas. Innerhalb der Siedlungsfläche wird Niederschlagswasser schnell in die Kanalisation abgeleitet statt zu versickern und damit zur Grundwasserneubildung beizutragen.

Zu diesen Belastungen kommen die Trenn- und Zerschneidungswirkungen in der freien Landschaft. Die Trassen – selbst kleine Straßen oder Wege – zerteilen zusammenhängende Freiräume und bestehende Lebensgemeinschaften.

Dadurch wird nicht nur die Artenvielfalt von Kleinstlebewesen verringert; auch die Lebensräume größerer Tiere werden durch die Zerstörung von Schutz- und Ruhezone eingeschränkt. Darüber hinaus können Landschaften nachhaltig verändert, Landschaftselemente zerstört werden.

Weitere Beeinträchtigungen und Belastungen für den Boden als Folge hoher Verkehrsbelastungen entstehen durch Freisetzung von Schadstoffen, durch Lärm oder Erschütterungen. So können von Verkehrsstraßen Schadstoffbelastungen – Kohlenmonoxid, Stickoxide, Kohlenwasserstoffe, Ölreste, Ruß, Abrieb, Streusalze – auf die angrenzenden Flächen bis zu einer Entfernung von 100 Metern und mehr in nennenswertem Umfang ausgehen. Versiegelte Straßenflächen führen zu erhöhter Erwärmung durch Sonneneinstrahlung und Temperaturunterschieden, die sich bis zu 40 Meter, in exponierten Lagen auch weiter auf das Bestandsklima der angrenzenden Vegetationen auswirken. Je engmaschiger die Verkehrserschließung und je höher die Verkehrsbelastung ist, desto größer werden die Belastungen in den betroffenen Bereichen.

Die geschilderten Wirkungen sind für den Boden in den Verdichtungsgebieten besonders problematisch, weil hier die Verkehrsbelastungen ohnehin sehr hoch sind und auch in der Vergangenheit bereits hoch waren.

Siehe auch:
- Emissionskataster Emittentengruppe Verkehr
- Kapitel Allgemeine Daten, Abschnitt Verkehr
- Unzerschnittene verkehrsarme Räume
- Unzerschnittene großflächige Wälder

Boden

Veränderung der Straßenbreiten zwischen 1966 und 1981

Straßenbreiten und -längen bei Bundesstraßen

Länge der Bundesstraßen in der jeweiligen Größenklasse als Anteil an der Gesamtlänge aller Bundesstraßen in v. H.

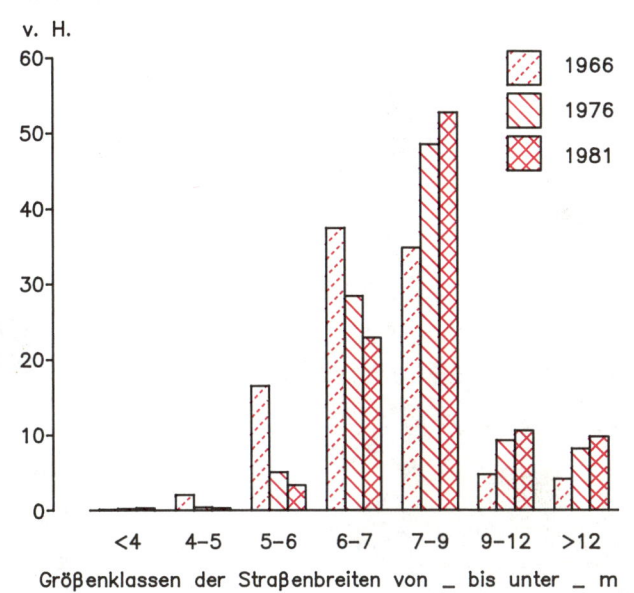

Größenklassen der Straßenbreiten von _ bis unter _ m

Straßenbreiten und -längen bei Landes- und Kreisstraßen

Länge der Landes- und Kreisstraßen in der jeweiligen Größenklasse als Anteil an der Gesamtlänge aller Landes- und Kreisstraßen in v. H.

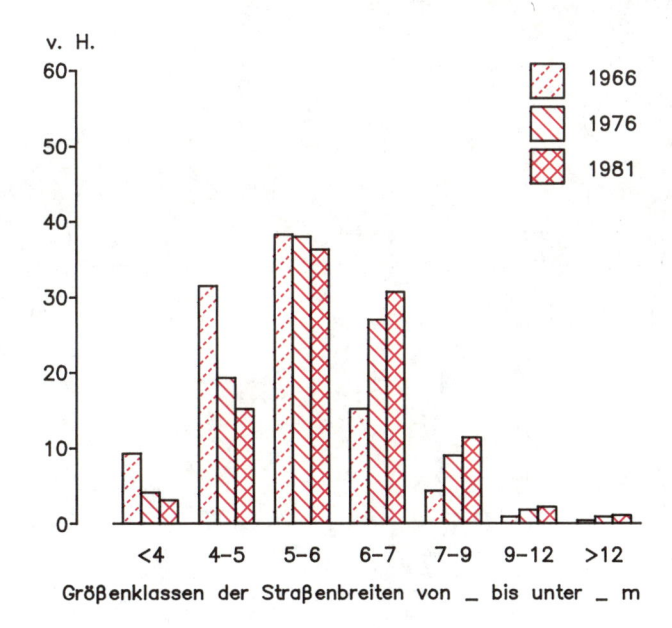

Größenklassen der Straßenbreiten von _ bis unter _ m

Quelle: Berechnungen der BfLR; Verkehr in Zahlen,

Boden

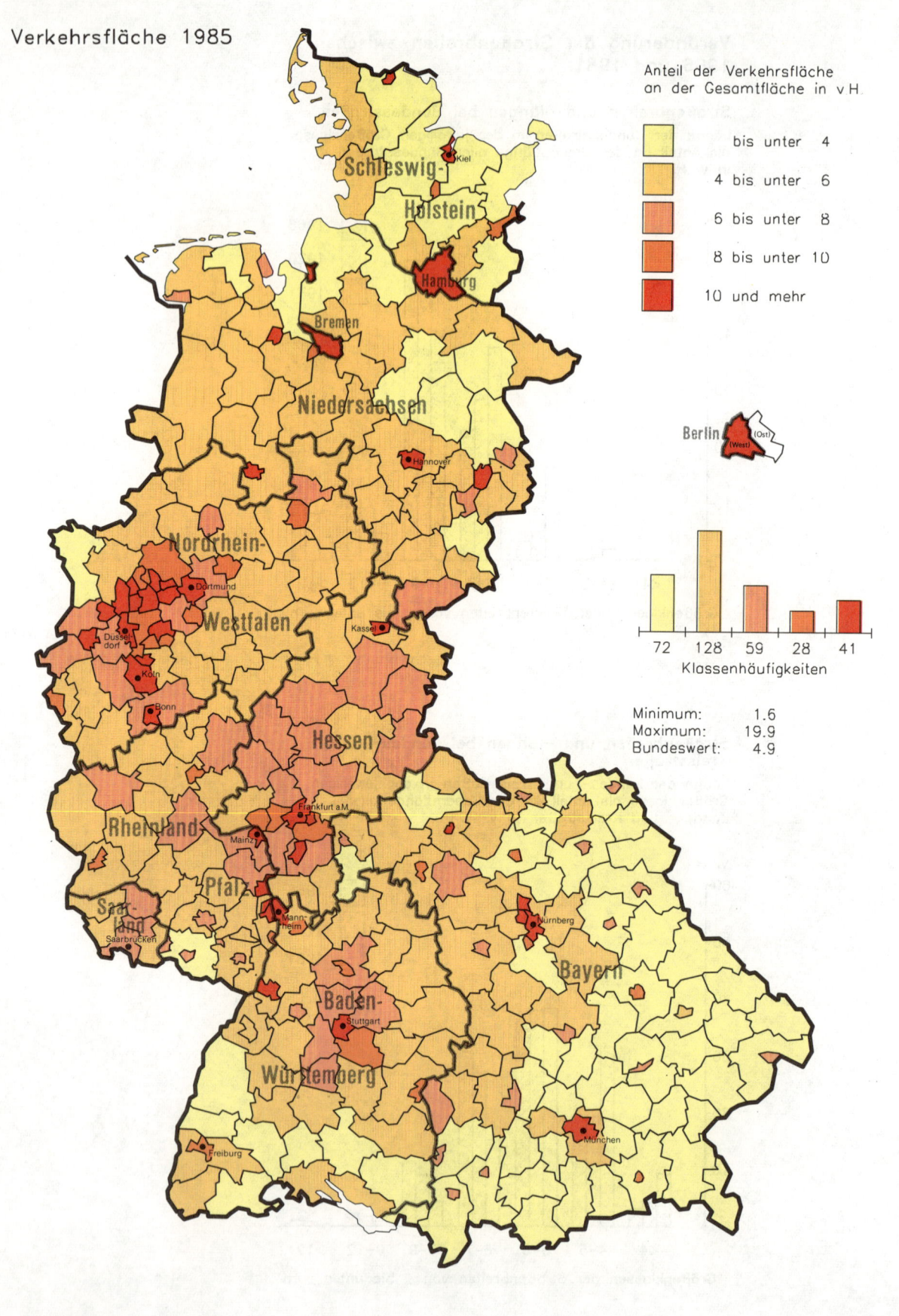

Verkehrsfläche 1985

Anteil der Verkehrsfläche an der Gesamtfläche in v.H.

- bis unter 4
- 4 bis unter 6
- 6 bis unter 8
- 8 bis unter 10
- 10 und mehr

Klassenhäufigkeiten: 72 | 128 | 59 | 28 | 41

Minimum: 1.6
Maximum: 19.9
Bundeswert: 4.9

Quelle: Laufende Raumbeobachtung der BfLR
Grenzen: Kreise 1.1.1981

100 km

Daten zur Umwelt 1986/87
Umweltbundesamt

Boden

Erholungsfläche

Trotz des schon früh erkannten Wertes dieser Flächen für Ökologie, Freizeit und Erholung nehmen sie im Spektrum siedlungswirtschaftlicher Nutzungen eine quantitativ nur nachrangige Rolle ein. 1985 entfielen mit rd. 146 000 ha gerade 0,6 % der Katasterfläche im Bundesgebiet auf die Erholungsfläche. Besonders in den Verdichtungsräumen trifft eine räumlich konzentrierte Bevölkerung auf ein absolut unzureichendes Angebot von Erholungsflächen. Ein Verhältnis von unter 15 m² Erholungsfläche je Einwohner ist hier eher die Regel als die Ausnahme. Zugleich wirkt sich in diesen Gebieten eine sehr intensive Bebauungsdichte nachteilig aus. In eher ländlich geprägten Räumen schließen die Wohngebäudeflächen vielfach größere, der Bebauung unmittelbar zugeordnete und für Freizeit und Regeneration nutzbare Haus- und Vorgärten ein. In den Ballungszentren bieten weit verbreitete geschlossene Wohnbebauung, aber auch Reihenhäuser mit Grundstücksflächen von vielfach unter 200 m² dahingegen kaum entsprechende Ausgleichsmöglichkeiten.

Siehe auch:
- unzerschnittene großflächige Wälder

Boden

Erholungsfläche 1985

Erholungsfläche je Einwohner in m²

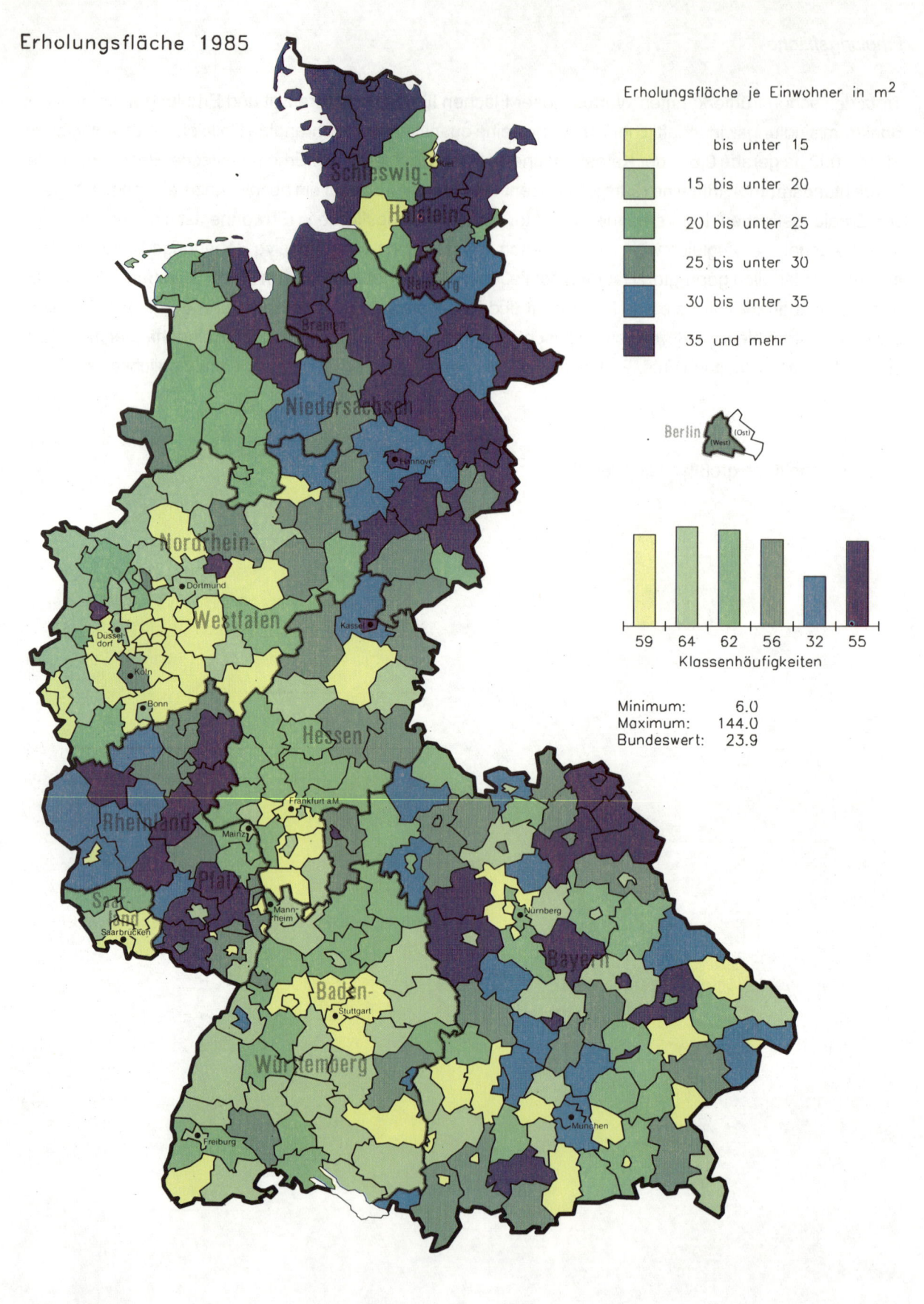

- bis unter 15
- 15 bis unter 20
- 20 bis unter 25
- 25 bis unter 30
- 30 bis unter 35
- 35 und mehr

Klassenhäufigkeiten: 59 | 64 | 62 | 56 | 32 | 55

Minimum: 6.0
Maximum: 144.0
Bundeswert: 23.9

Quelle: Laufende Raumbeobachtung der BfLR
Grenzen: Kreise 1.1.1981

Daten zur Umwelt 1986/87
Umweltbundesamt

Boden

Wald-, Wasser-, Moor- und Heideflächen

Wald-, Wasser-, Moor- und Heideflächen umfaßten im Jahr 1985 nahezu 8 Mill. ha und damit 32,1% des Bundesgebietes. Diesen Flächen, denen z.T. auch das Un- und Abbauland mit zusammen rd. 230 000 ha zugerechnet wird, kommt aufgrund ihres ökologischen Wertes, z.B. als Filter für den regionalen Wasserkreislauf, als Emissionsfilter und -speicher und für den Arten- und Biotopschutz besondere Bedeutung hinsichtlich der Erhaltung und Regeneration der Leistungsfähigkeit des Naturhaushalts zu.

Innerhalb dieser teilweise als naturnah einzustufenden Nutzungsartengruppe bilden die Waldflächen mit 7,4 Mill. ha den Hauptanteil. Wälder sind in allen Gebieten mit hoher Reliefenergie (Mittel- und Hochgebirgslagen) überdurchschnittlich vertreten. Wegen ungünstiger landwirtschaftlicher Produktionsbedingungen bedecken sie hier bis zu über 60% der Gesamtfläche. Weit unterdurchschnittliche Waldflächenanteile finden sich hingegen in den Agglomerationszentren und in den intensiv landwirtschaftlich genutzten Räumen der norddeutschen Tiefebene.

Die Entwicklung der Moor- und Heide- sowie der Umlandflächen ist seit 1950 durch stetige, wenn auch in den letzten Jahren sich abschwächende Verluste gekennzeichnet. Maßgeblich waren insbesondere Kultivierungs- und Meliorationsmaßnahmen mit anschließender Überführung in die landwirtschaftliche Produktion, daneben z.T. beträchtliche Torfstiche. Wald- und Wasserflächen weisen durch die zusätzliche Anlage von Stauseen und Talsperren sowie Kiesgruben und zunehmend intensivierte Aufforstungsprogramme Arealgewinne auf. Das Gros des Waldflächenzuwachses findet sich in bereits waldreichen, oft auch peripheren Räumen. In zunehmendem Maß werden aber auch waldarme Gebiete aufgeforstet, so vor allem in Schleswig-Holstein sowie in Teilen der Bundesländer Niedersachsen und Nordrhein-Westfalen.

Neben ihren ökologischen Funktionen haben Wasser-, Moor-, Heide- und Umlandflächen, vor allem aber die Waldflächen besondere Bedeutung zur Befriedigung freiraumbezogener Regenerations- und Freizeitbedürfnisse der Bevölkerung.

In Räumen mit einem hohen Waldflächenanteil ist zumeist auch das Verhältnis dieser Nutzungsart zur Zahl der Einwohner hoch. Von durchschnittlichen bis überdurchschnittlichen Waldflächenanteilen/Einwohner gekennzeichnet sind ferner auch die mit Wald nicht so reich bestockten, intensiver landwirtschaftlich genutzten süddeutschen Agrargebiete und weite Teile der norddeutschen Tiefebene infolge vergleichsweise geringer Einwohnerzahlen.

Insbesondere in Stadtnähe werden diese quantitativen Benachteiligungen allerdings durch qualitativ hochwertige Gestaltung etwa der „Erholungswälder" z.T. ausgeglichen (stärkere Abwechslung verschiedenartiger Waldbestände mit eingelagerten Freiflächen, integrierte Spiel- und Grillplätze, benutzerfreundliche Wegeführung usw.).

siehe auch:
- Kapitel Wald
- Kapitel Natur und Landschaft

Boden

Waldfläche 1985

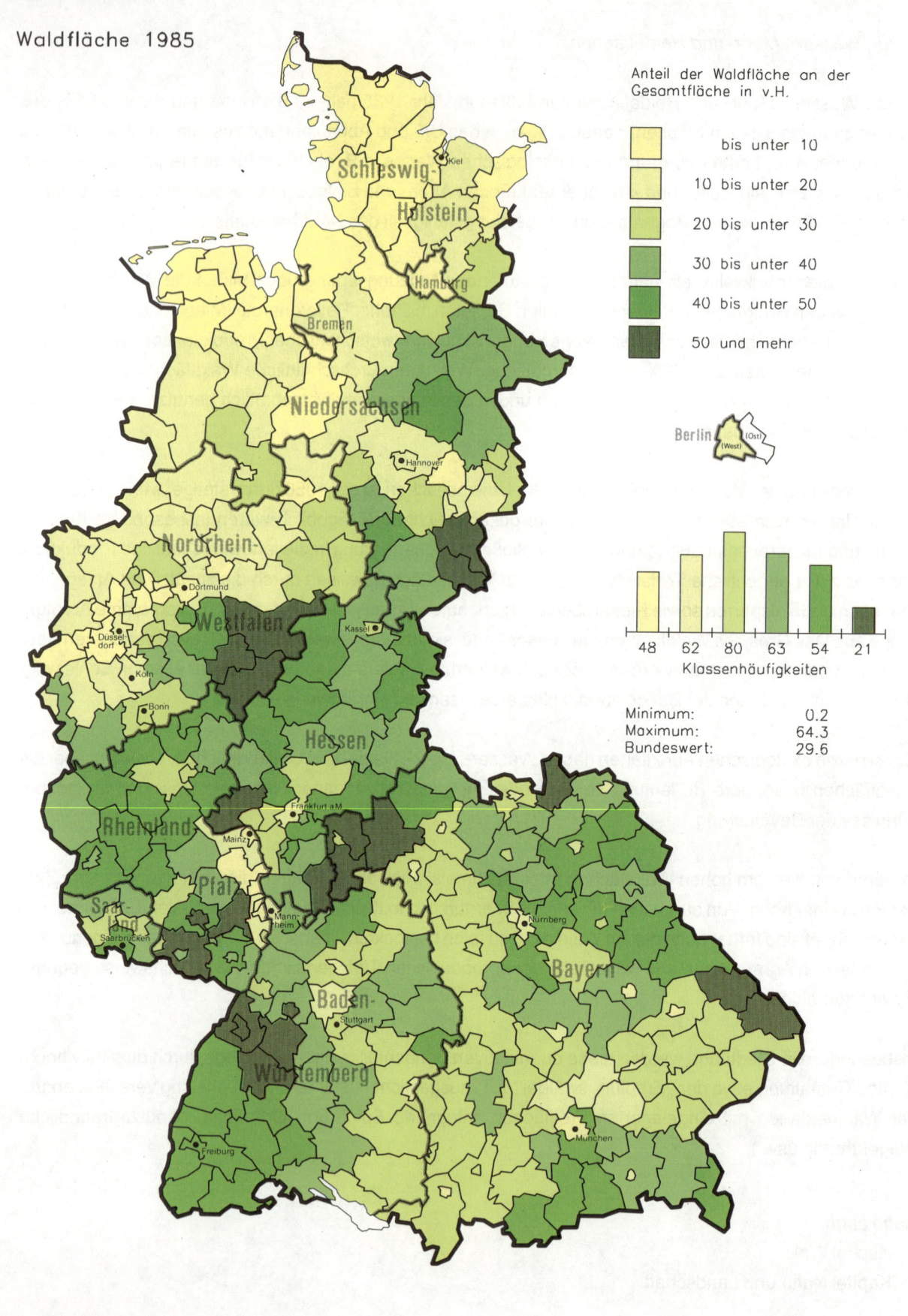

Anteil der Waldfläche an der Gesamtfläche in v.H.

- bis unter 10
- 10 bis unter 20
- 20 bis unter 30
- 30 bis unter 40
- 40 bis unter 50
- 50 und mehr

Klassenhäufigkeiten: 48 | 62 | 80 | 63 | 54 | 21

Minimum: 0.2
Maximum: 64.3
Bundeswert: 29.6

Quelle: Laufende Raumbeobachtung der BfLR
Grenzen: Kreise 1.1.1981

Boden

Waldfläche 1985

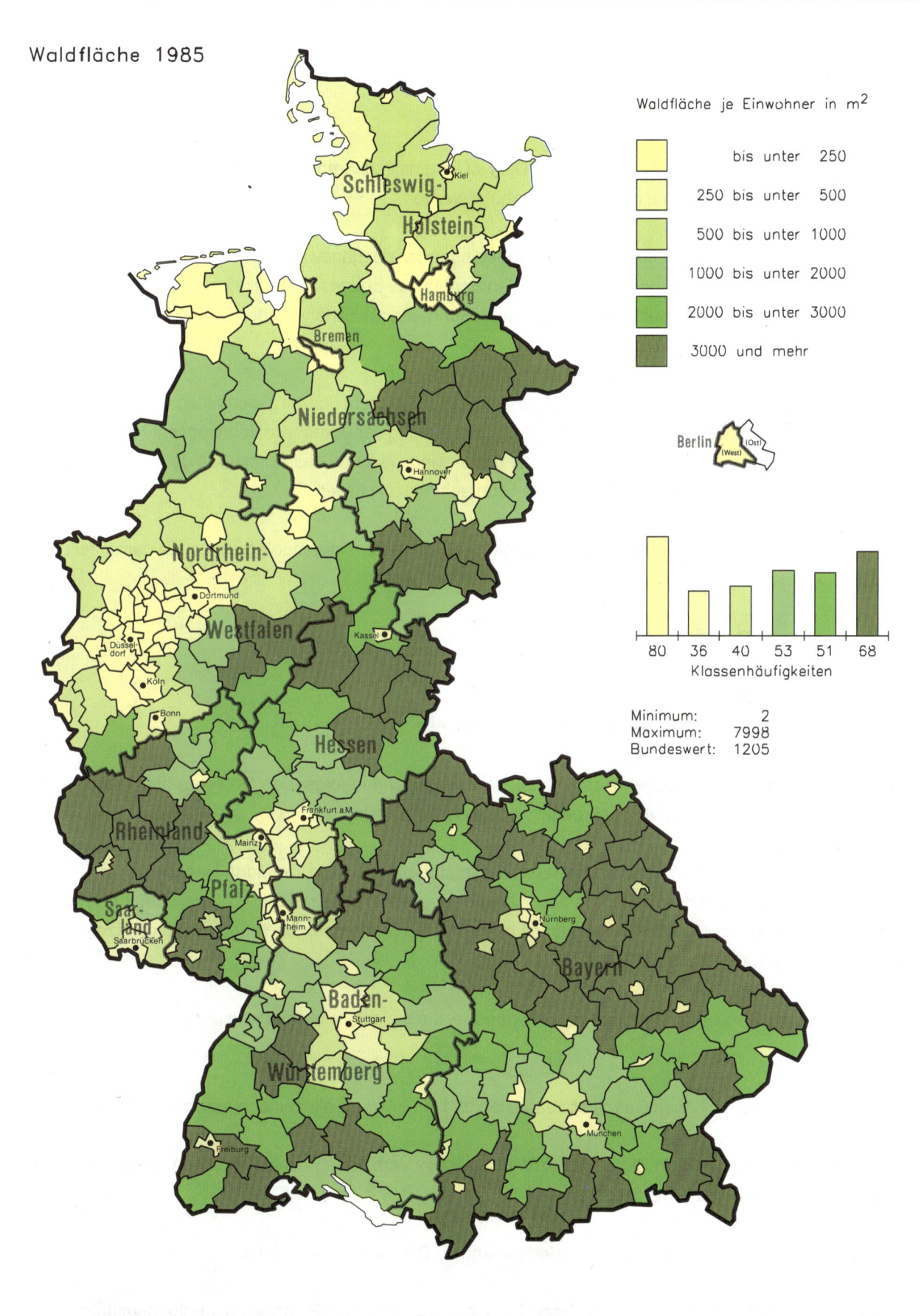

Waldfläche je Einwohner in m²

- bis unter 250
- 250 bis unter 500
- 500 bis unter 1000
- 1000 bis unter 2000
- 2000 bis unter 3000
- 3000 und mehr

Klassenhäufigkeiten: 80, 36, 40, 53, 51, 68

Minimum: 2
Maximum: 7998
Bundeswert: 1205

Quelle: Laufende Raumbeobachtung der BfLR
Grenzen: Kreise 1.1.1981

Daten zur Umwelt 1986/87
Umweltbundesamt

Boden

Bodenschutz und Landwirtschaft

Landwirtschaftlich genutzte Fläche

Jede Landwirtschaft beansprucht den Boden. Dies ist langfristig nur möglich, wenn die ökologischen Funktionen des Bodens erhalten und nachhaltig geschützt werden.

Die agrarpolitischen und ökonomischen Rahmenbedingungen der Landwirtschaft haben in den letzten Jahrzehnten zu Entwicklungen beigetragen, die für den Schutz des Bodens nachteilig sind; sie begünstigen die Intensivierung der landwirtschaftlichen Bodenbearbeitung und die Erhöhung des Stoffeintrages in den Boden.

Die Zunahme der Intensität der Landbewirtschaftung geschieht nicht überall gleichmäßig. Aus ökologischer Sicht hat neben der Intensivierung vor allem die Spezialisierung der Betriebe in unerwünschtem Maße zugenommen. Es lassen sich sowohl hinsichtlich der Geschwindigkeit und des Ausmaßes der Entwicklung, als auch der ökologischen Folgen große räumliche Unterschiede feststellen.

Intensität und Spezialisierung der Landbewirtschaftung können u.a. durch folgende Daten dargestellt werden:

1. Handelsdünger-Einsatz
2. Viehbesatz
3. Anbau von Körner- und Silomais
4. durchschnittliche Größe der landwirtschaftlichen Betriebe

Aus diesen Daten und den zugehörigen Karten ergibt sich, daß in folgenden Gebieten die Belastung der Landschaft durch landwirtschaftliche Produktion besonders hoch ist:

1. In den intensiv genutzten Ackerbaugebieten der fruchtbaren Ebenen im Süden Hannovers, am Niederrhein und in Teilen Bayerns und in Ostholstein wird vor allem in mittleren und größeren Betrieben weitgehend viehlos gewirtschaftet. Die Fruchtfolge besteht in typischen Betrieben nur noch aus Weizen – Wintergerste – Zuckerrüben bzw. Raps.

2. Gemüse- und Sonderkulturgebiete der Rheinebene, die gleichfalls weitgehend auf die Viehhaltung verzichten.

3. Ackerbaugebiete mit hohen Getreidebauanteilen und mit Silomais als beinahe einziger „Blattfrucht".

4. Gebiete im Nordwesten, in denen hoher Viehbesatz in Verbindung mit zusätzlichen Düngergaben zu einer hohen Düngeintensität führt.

Ökologische Belastungen ergeben sich in den genannten Gebieten in erster Linie

– aus dem weit überdurchschnittlichen Bedarf an Handelsdünger und Pflanzenbehandlungsmitteln,
– aus der Vereinfachung der Fruchtfolge und der Trennung von Viehhaltung und Ackerbau,
– aus der weitgehenden Ausräumung der Landschaft.

Boden

Etwa die Hälfte der Gesamtfläche der Bundesrepublik Deutschland wird landwirtschaftlich genutzt. Insofern geht von der Landwirtschaft ein beachtlicher Einfluß auf die Umwelt, insbesondere aber auf die Lebensräume vieler Tiere und Pflanzen aus.

Die Nutzung der landwirtschaftlichen Flächen verschob sich langsam aber stetig in Richtung auf einen höheren Ackeranteil. 1972 entfielen von der landwirtschaftlich genutzten Fläche 56,1% auf Ackerland, 40,0% auf Dauergrünland und 3,9% auf die übrigen Kulturarten. 1983 betrugen die entsprechenden Werte 59,9% (7233 Mio. ha Ackerland), 38,4% (4630 Mio. ha Dauergrünland) und 1,7% (0,217 Mio. ha übrige Kulturen).

Die Ackerfläche verringerte sich in oder in der Nähe von Verdichtungsgebieten, weil Ackerland für den Bau von Straßen, Häusern und Industrieanlagen benötigt wurde, und auf wenig produktiven oder marktfernen Boden wegen mangelnder Bewirtschaftungsrentabilität. Umgekehrt wurde aber auch noch in wirtschaftlich günstigen Lagen durch Meliorationen und die Beseitigung „unproduktiver" Grenz- und Übergangsbereiche zwischen den Feldern und an ihren Rändern die landwirtschaftlich genutzte Fläche ausgedehnt oder Grünland zu Ackerland umgebrochen.

Ende der siebziger Jahre (1979) verfügten etwa 69% aller landwirtschaftlichen Betriebe mit landwirtschaftlich genutzter Fläche über Flächen der beiden Kulturarten Ackerland und Dauergrünland, 1971 hatte dieser Anteil noch 76,1% betragen. Die Dauergrünlandfläche nahm hierbei vor allem in den Betrieben mit weniger als 30 ha landwirtschaftlich genutzter Fläche ab, während sie sich bei den Betrieben mit 30 ha und mehr landwirtschaftlich genutzter Fläche vergrößerte. Aber nur etwa die Hälfte des Dauergrünlandes der kleineren Betriebe wurde von den aufstockenden Betrieben aufgenommen, der Rest wurde entweder in Ackerland verwandelt oder aufgeforstet.

Nachstehende Abbildungen zeigen die räumlichen Schwerpunkte der Ackerland-, Dauergrünland-, Garten- und Reblandnutzungsflächen in den Kreisen.

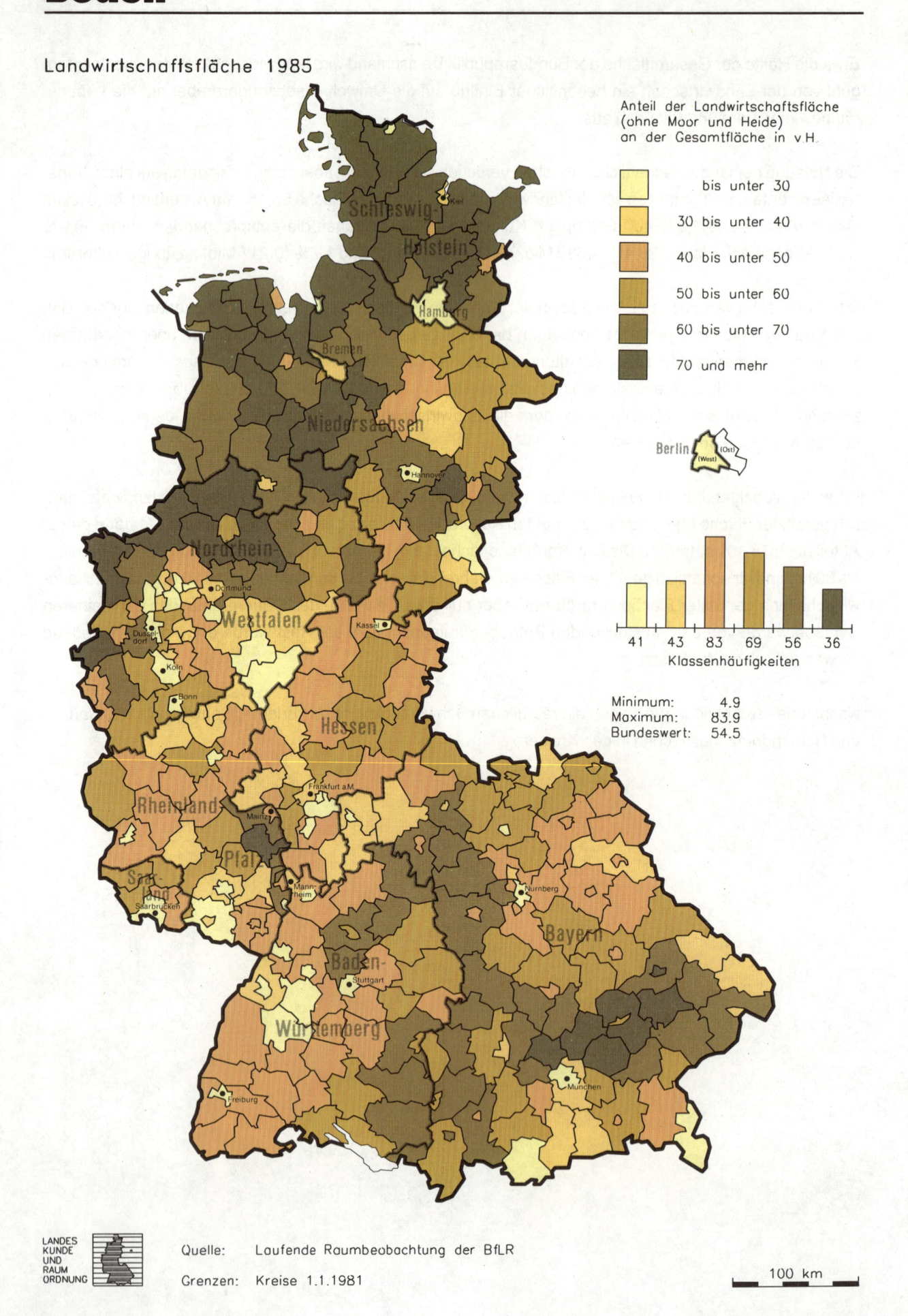

Boden

Landwirtschaftsfläche 1985

Anteil der Landwirtschaftsfläche (ohne Moor und Heide) an der Gesamtfläche in v.H.

- bis unter 30
- 30 bis unter 40
- 40 bis unter 50
- 50 bis unter 60
- 60 bis unter 70
- 70 und mehr

Klassenhäufigkeiten: 41, 43, 83, 69, 56, 36

Minimum: 4.9
Maximum: 83.9
Bundeswert: 54.5

Quelle: Laufende Raumbeobachtung der BfLR
Grenzen: Kreise 1.1.1981

Daten zur Umwelt 1986/87
Umweltbundesamt

Boden

Ackerland, Dauergrünland, Garten- und Rebland
in Prozent der landwirtschaftlich genutzten Fläche 1983

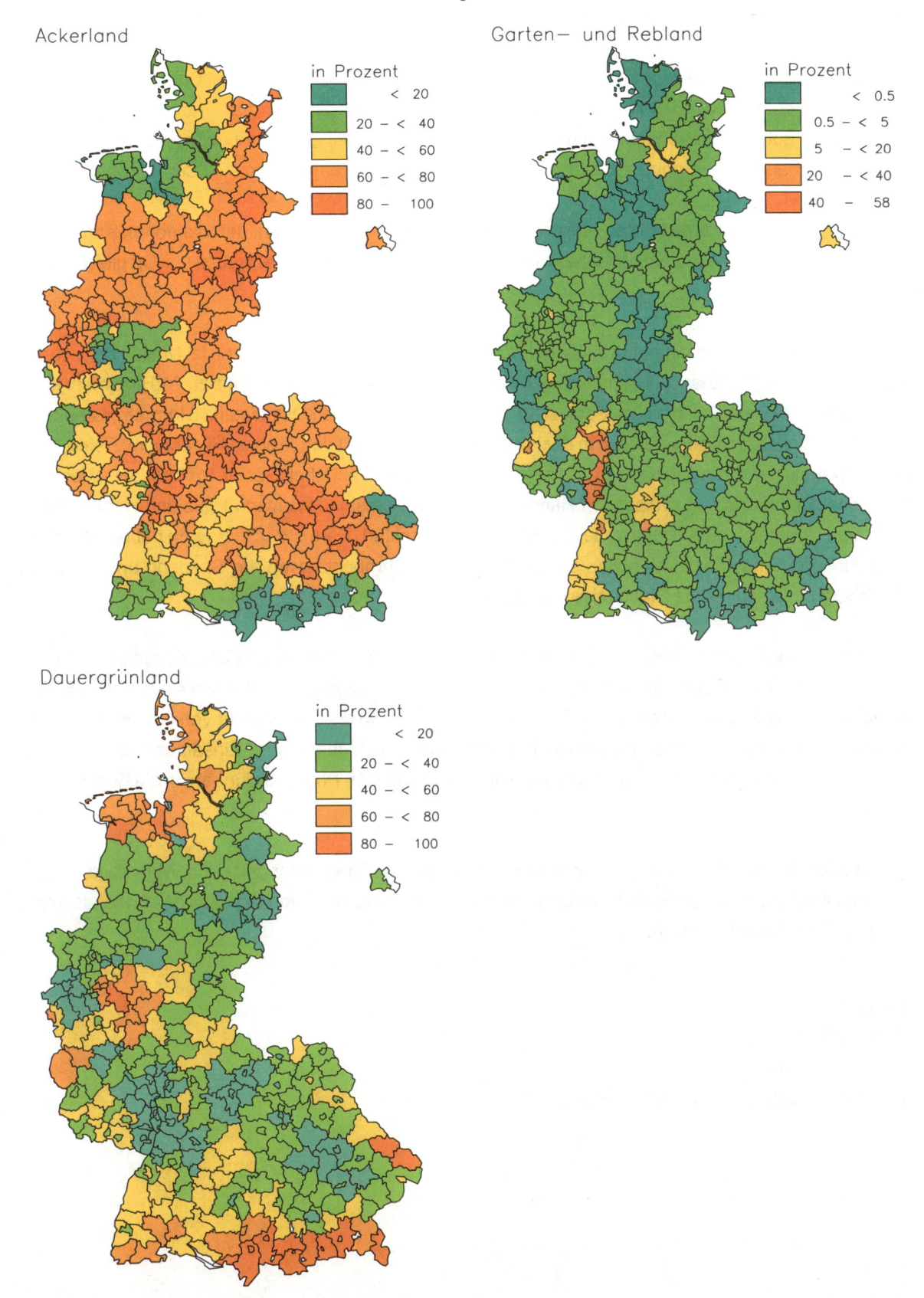

Ackerland

in Prozent
- < 20
- 20 – < 40
- 40 – < 60
- 60 – < 80
- 80 – 100

Garten- und Rebland

in Prozent
- < 0.5
- 0.5 – < 5
- 5 – < 20
- 20 – < 40
- 40 – 58

Dauergrünland

in Prozent
- < 20
- 20 – < 40
- 40 – < 60
- 60 – < 80
- 80 – 100

Quelle: Bundesminister für Ernährung, Landwirtschaft und Forsten

Boden

Regionaler Handelsdüngerabsatz

Düngemittel werden als Ausgleich für die dem Boden entzogenen Nährstoffanteile aufgewendet.

Die Darstellung der regionalen Unterschiede des Handelsdüngerabsatzes beruht auf Berechnungen für den Sachverständigenrat für Umweltfragen. Die eingesetzten Nährstoff-Mengen aus Handelsdünger sind in guten und sehr guten Ackerbaugebieten mit starkem Hackfruchtanteil (Zuckerrüben, Kartoffeln) und intensivem Getreidebau teilweise doppelt bis dreimal so hoch wie in den übrigen Gebieten der Bundesrepublik.

Bei der Interpretation der errechneten Werte muß darauf hingewiesen werden, daß die hohen Angaben für die mittleren und großen Städte nicht ohne weiteres mit dem tatsächlichen Verbrauch vor Ort gleichgesetzt werden kann.

Beispielhaft wird der Stickstoffeinsatz näher betrachtet: Die Mehrzahl der Landkreise fällt in den Bereich zwischen 50 und 150 kg N/ha landwirtschaftlich genutzter Fläche. Schwerpunkte mit bis zu 200 und mehr kg/ha Stickstoffdüngereinsatz finden sich in Schleswig-Holstein in den Kreisen Ostholstein, Stormarn, Lauenburg sowie Dithmarschen, in Niedersachsen in der Hildesheimer Börde mit den Kreisen Hildesheim, Peine, Holzminden, Northeim, sowie in den Kreisen Göttingen, Helmstedt, Wolfenbüttel, Goslar, in Nordrhein-Westfalen in der Kölner Bucht und den Kreisen am Rande des Ruhrgebietes, in Rheinland-Pfalz und Hessen in den Kreisen Bad Dürkheim, südl. Weinstraße, Ludwigshafen, Frankfurt, Darmstadt, in Bayern neben Straubing, Deggendorf und Dingolfing in München sowie in Neuburg-Schrobenhausen. Im Saarland und in Baden-Württemberg liegen nur einige Stadtkreise über der Grenze von 150 kg N/ha.

Auch große Mengen von Düngemitteln schädigen den Boden selbst unmittelbar nicht, führen aber dann zu Problemen, wenn sie mit den Sickerwässern in das Grundwasser gelangen und wenn sie den Anforderungen des Arten- und Biotopschutzes entgegenwirken. Insofern kann die Nutzung der verschiedenen Bodenfunktionen durchaus auch konkurrierend sein. Ein weiteres Problem des Dünger-Einsatzes besteht in der – wenn auch nur relativ geringen – Fracht an Cadmium, die mit einigen Phosphatdüngern in die Böden eingetragen wird.

Angaben über die tatsächlich aufgebrachten Mengen von Düngemitteln (Handels- und Wirtschaftsdünger) sind derzeit als flächendeckende Statistik nicht vorhanden. Im Sinne der Anforderungen des Bodenschutzes sind solche Angaben erforderlich.

Siehe auch:
- Cadmium in Bachsedimenten
- Nitrat im Trinkwasser
- Ursachen (Faktoren) des Artenrückgangs

Boden

Regionaler Handelsdüngerabsatz
Durchschnitt der Jahre 1979/80 und 1981/82
Angaben in kg/ha landwirtschaftlicher Nutzfläche

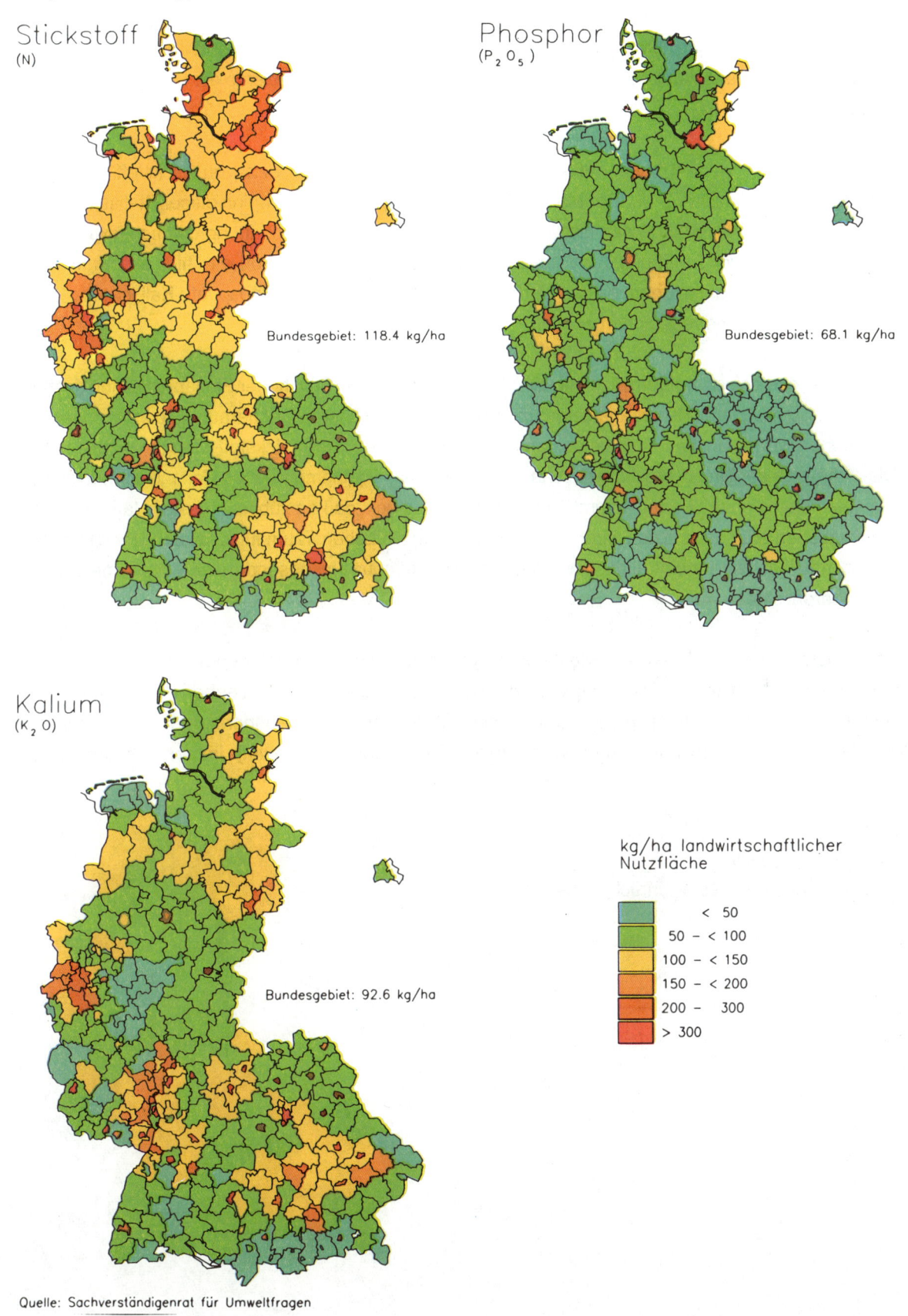

Stickstoff
(N)

Bundesgebiet: 118.4 kg/ha

Phosphor
(P_2O_5)

Bundesgebiet: 68.1 kg/ha

Kalium
(K_2O)

Bundesgebiet: 92.6 kg/ha

kg/ha landwirtschaftlicher Nutzfläche

- < 50
- 50 – < 100
- 100 – < 150
- 150 – < 200
- 200 – 300
- > 300

Quelle: Sachverständigenrat für Umweltfragen

Boden

Verbrauch an Handelsdünger (Stickstoff) in der Landwirtschaft im Verhältnis zu den erzielten Ernteerträgen bei Getreide und Kartoffeln

Gezeigt wird der Verbrauch von mineralischem Stickstoff-Dünger (N) ohne Wirtschaftsdünger im Verhältnis zu den erzielten Ernteerträgen. Die Grafik geht auf eine Darstellung des Statistischen Bundesamtes zurück, die der Sachverständigenrat für Umweltfragen in das Gutachten „Umweltprobleme der Landwirtschaft" aufgenommen hat.

Die Balkendiagramme verdeutlichen, daß in den letzten 30 Jahren der Einsatz von Stickstoff gegenüber 1950/51 nahezu verfünffacht wurde. Der Maßstab 1950 wurde hier mit dem Beginn dieser Statistik gesetzt, was nicht zum Schluß führen darf, daß die damalige Form der Landbewirtschaftung optimal gewesen sei. Seit 1980/81 stagniert der Trend und der Verbrauch geht leicht zurück. Stickstoff wird hier als Leitgröße für den Düngeraufwand herangezogen, da das Verhältnis zwischen Stickstoff : Phosphat : Kali immer stärker zugunsten des Stickstoffes verschoben wurde.

Stickstoff ist der ökologisch problematischste aller Pflanzennährstoffe. Sein hoher Einsatz ist schon deshalb fragwürdig, weil die letzten 10% Ertragssteigerung mit bis zu 40% höheren Düngeraufwand erkauft werden. Die Ackerböden werden in ihrer Produktionsfunktion allerdings durch die Stickstoff-Mengen nicht geschädigt. Dies war auch der Grund, weshalb die Landwirtschaft diese Problematik lange Zeit mißachten konnte. Die Regulationsfunktion der Böden kommt dadurch zum Ausdruck, daß das überschüssige Nährstoffangebot ausgewaschen oder denitrifiziert wird. Die Bodenfunktion als Lebensraum für wildwachsende Pflanzen und wildlebende Tiere wird beeinträchtigt, weil durch die Überdüngung insbesondere nährstoffarme Sonderstandorte bedroht sind.

Zu dem hierdurch indizierten Intensivierungstrend gehören u.a. auch eine zunehmende Mechanisierung der Bodenbearbeitungstechnik, Vereinfachung der Fruchtfolge etc., die sich allesamt neben dem Nitrat-Eintrag ins Grundwasser durch erhöhte negative Auswirkungen auf die Umwelt auszeichnen. Unter immer größerem Umwelt-Risiko wird bei immer ungünstiger werdenden Aufwand-Ertrags-Verhältnis immer mehr produziert.

Siehe auch:
- Nitrat im Trinkwasser
- Ursachen (Faktoren) des Artenrückgangs

Boden

Verbrauch an Handelsdünger (Stickstoff) in der Landwirtschaft im Verhältnis zu den erzielten Ernteerträgen bei Getreide und Kartoffeln (Index 1950 = 100)

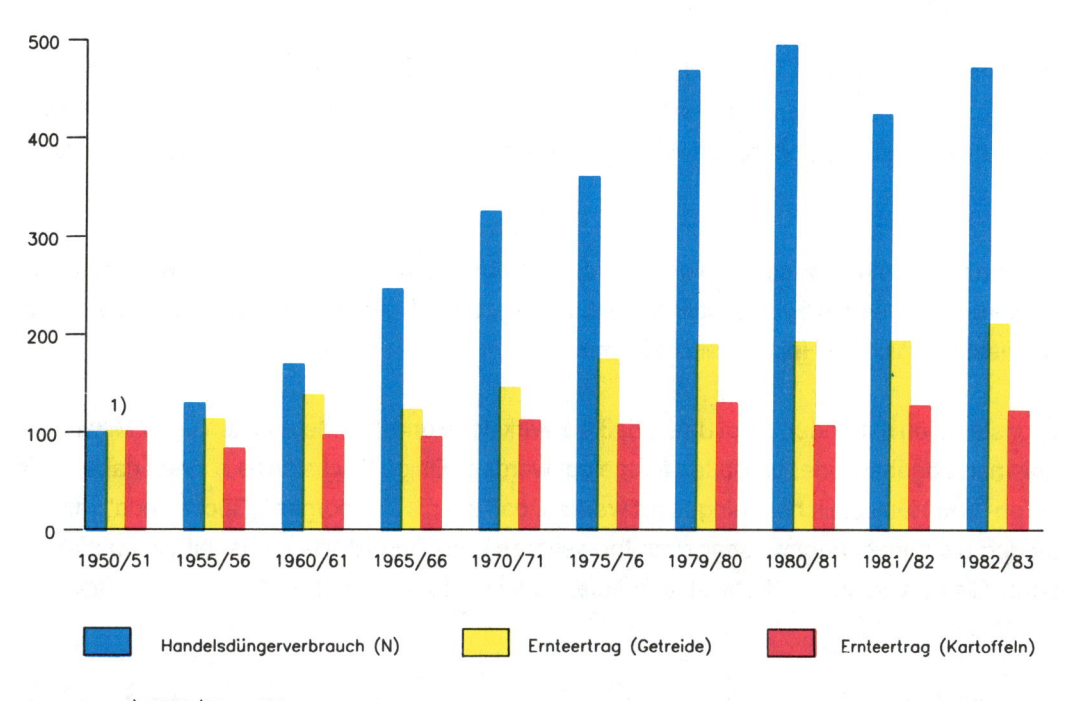

Jahr	Handelsdüngerverbrauch (N)	Ernteertrag (Getreide)	Ernteertrag (Kartoffeln)
1950/51	100	100	100
1955/56	130	115	85
1960/61	170	140	98
1965/66	248	125	95
1970/71	325	145	112
1975/76	360	175	108
1979/80	470	190	130
1980/81	495	192	107
1981/82	425	193	127
1982/83	472	210	122

1) 1950/51 = 100
tatsächlicher Handelsdüngerverbrauch (N) 1950/51 = 25,6 kg je Hektar
tatsächlicher Ernteertrag Getreide 1950/51 = 23,2 dt je Hektar
tatsächlicher Ernteertrag Kartoffeln 1950/51 = 244,9 dt je Hektar

Quelle: Statistisches Bundesamt

Boden

Absatz von Pflanzenbehandlungsmitteln

Pflanzenbehandlungsmittel sind Stoffe, die Kulturpflanzen vor Schadorganismen oder Krankheiten schützen sollen. Je nach dem Zweck ihres Einsatzes werden sie in Herbizide, Insektizide, Fungizide sowie eine Vielzahl sonstiger Wirkstoffe unterschieden.

1984 wurden rund 32 000 Tonnen Wirkstoff für Pflanzenbehandlungsmittel in der Bundesrepublik Deutschland verkauft. Dieses Niveau war auch in den Vorjahren relativ konstant, nachdem es 1973 noch 24 415 Tonnen betragen hatte und sich die abgesetzte Wirkstoff-Menge seit Anfang der 50er Jahre nahezu verdreifacht hat.

Obwohl Angaben über die Aufbringungs-Mengen nicht vorliegen, kann aufgrund der steigenden Absatzzahlen und der abnehmenden landwirtschaftlichen Nutzfläche darauf geschlossen werden, daß die durchschnittliche Einsatzintensität je Hektar weiter zunimmt.

Die Regulationsfunktion der Böden sorgt dafür, daß die Wirkstoffe und ihre Metaboliten unter Mitwirkung der Bodenorganismen abgebaut oder im Boden festgelegt werden. Einige Rückstände können dabei so fest in die Böden (Ton- und Humusteilchen) eingebaut werden, daß sie als „verborgene Rückstände" mit den üblichen Methoden nicht mehr nachweisbar sind. Ihr weiteres Verhalten ist allerdings mit einem bisher nicht abschätzbaren Risiko verbunden. Schwer abbaubare Wirkstoffe werden bereits im Grundwasser nachgewiesen.

Im Hinblick auf die noch vorhandenen Unsicherheiten bei der Abschätzung von Langzeitwirkungen dieser Stoffe ist die derzeitige Datenlage sehr unbefriedigend. Die fehlenden detaillierten Daten über die tatsächlich aufgebrachten Mengen können zwar in erster Annäherung mit statistisch-methodischen Ansätzen abgeschätzt werden. Dies ist jedoch in vielen Fällen, insbesondere in der Intensiv-Landwirtschaft und bei Kleingärten unbefriedigend. Aufgrund einer 1978/79 von der Biologischen Bundesanstalt für Land- und Forstwirtschaft durchgeführten Erhebung wurde festgestellt, daß erhebliche regionale Unterschiede bei der Aufbringung von Wirkstoffen in den wichtigsten ackerbaulichen Kulturen bestehen, die am Beispiel Bayern ermittelt werden konnten.

Siehe auch:
— Verschmutzungsempfindlichkeit der Grundwasservorkommen

Boden

Absatz von Herbiziden, Insektiziden, Fungiziden und sonstigen Pflanzenbehandlungsmitteln 1977 – 1984

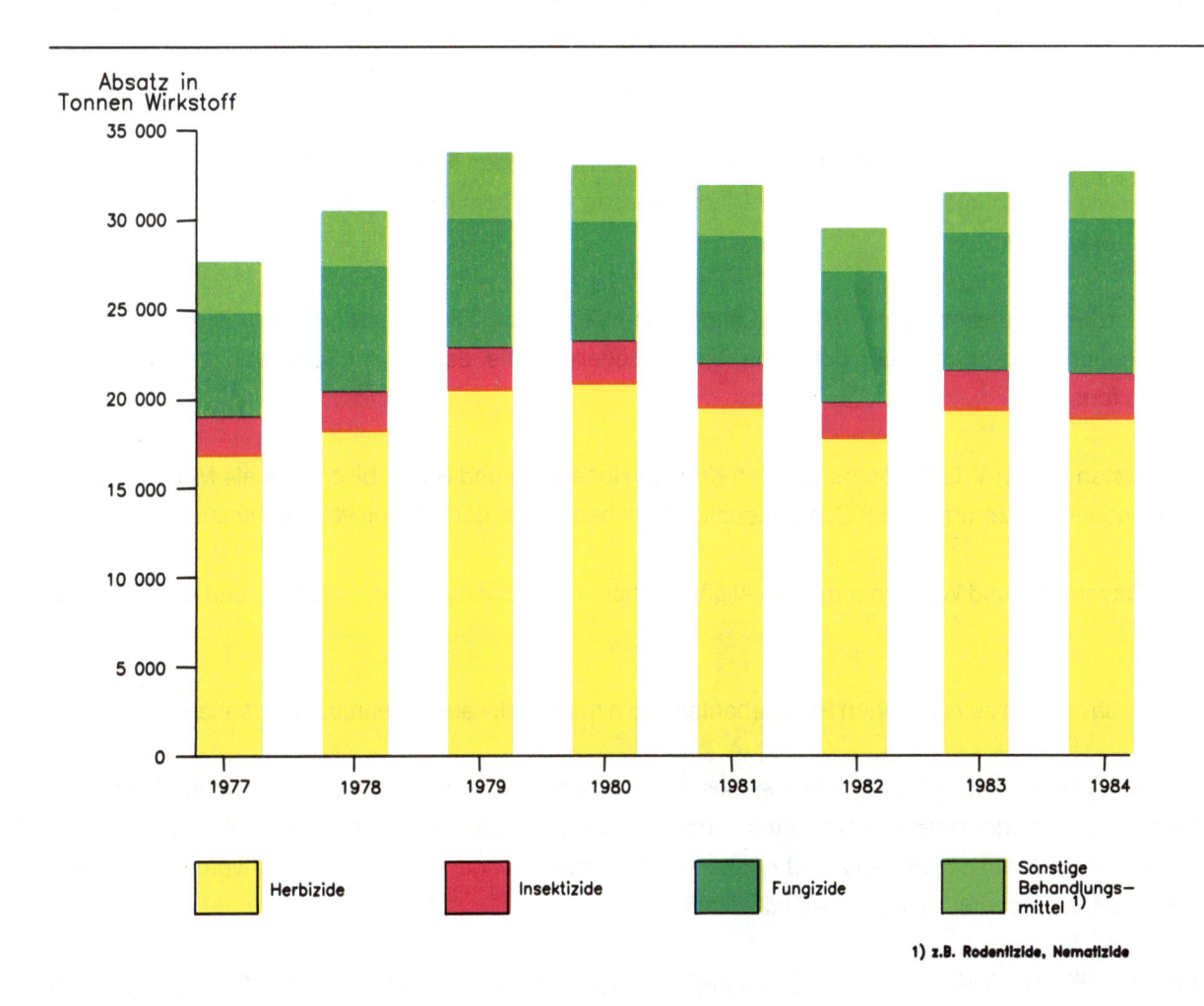

Absatz in Tonnen Wirkstoff

- Herbizide
- Insektizide
- Fungizide
- Sonstige Behandlungsmittel [1]

1) z.B. Rodentizide, Nematizide

Quelle: Bundesminister für Ernährung, Landwirtschaft und Forsten

Boden

Großviehbesatz

Bei den regionalen Unterschieden des Viehbesatzes im Bundesgebiet lassen sich 5 Gebiete mit hoher Viehbesatzdichte (mehr als 130 Vieheinheiten je 100 ha) mit jeweils charakteristischen Eigenheiten unterscheiden, wie auch der Sachverständigenrat für Umweltfragen feststellt:

1. Der Westen und Süden Schleswig-Holsteins mit vorwiegender Rindviehhaltung außer im Landkreis Schleswig-Flensburg, in dem ein hoher Rindviehbesatz mit einem relativ hohen Besatz an Mastschweinen kombiniert ist.

2. Der nordwestdeutsche Raum, mit den Landkreisen Vechta und Cloppenburg als Mittelpunkt, mit einer sehr hohen Konzentration der Schweine- und Geflügelindustrie, der sich im Süden bis nach Westfalen hinein fortsetzt.

3. Der Osten Baden-Württembergs, mit den Kreisen Hohenlohe und Schwäbisch-Hall als Mittelpunkt, mit einer hohen Konzentration der Schweinehaltung, insbesondere der Haltung von Zuchtsauen.

4. Das Bayerische und Württembergische Allgäu mit hohem Rindviehbestand – vorwiegend auf Grünlandbasis.

5. Niederbayern mit seinem hohen Rindviehanteil und einem relativ ausgedehnten Maisanbau.

Die ökologische Belastung durch große Viehbestandsdichten resultiert vor allem aus dem hohen Anfall tierischer Exkremente, der meist in Verbindung mit zu geringer Lagerkapazität dazu führt, daß es bei der Ausbringung der Gülle auf den Boden zu sehr hohen Nitratauswaschungen kommt. Mitunter werden die Böden hier nur noch als Deponie für tierische Abfälle mißbraucht.

Die Karten über Großviehbesatz je 100 ha Landwirtschaftliche Nutzfläche 1979 und 1984 bestätigen den Trend zur weiteren Intensivierung und Spezialisierung. Die Regionen mit den bislang höchsten Quoten an Großvieheinheiten steigern diese gegenüber anderen Regionen noch weiter. Dabei gibt es eine Reihe von Regionen mit abnehmenden Großvieheinheiten je 100 ha.

Siehe auch:
– Nitrat im Trinkwasser

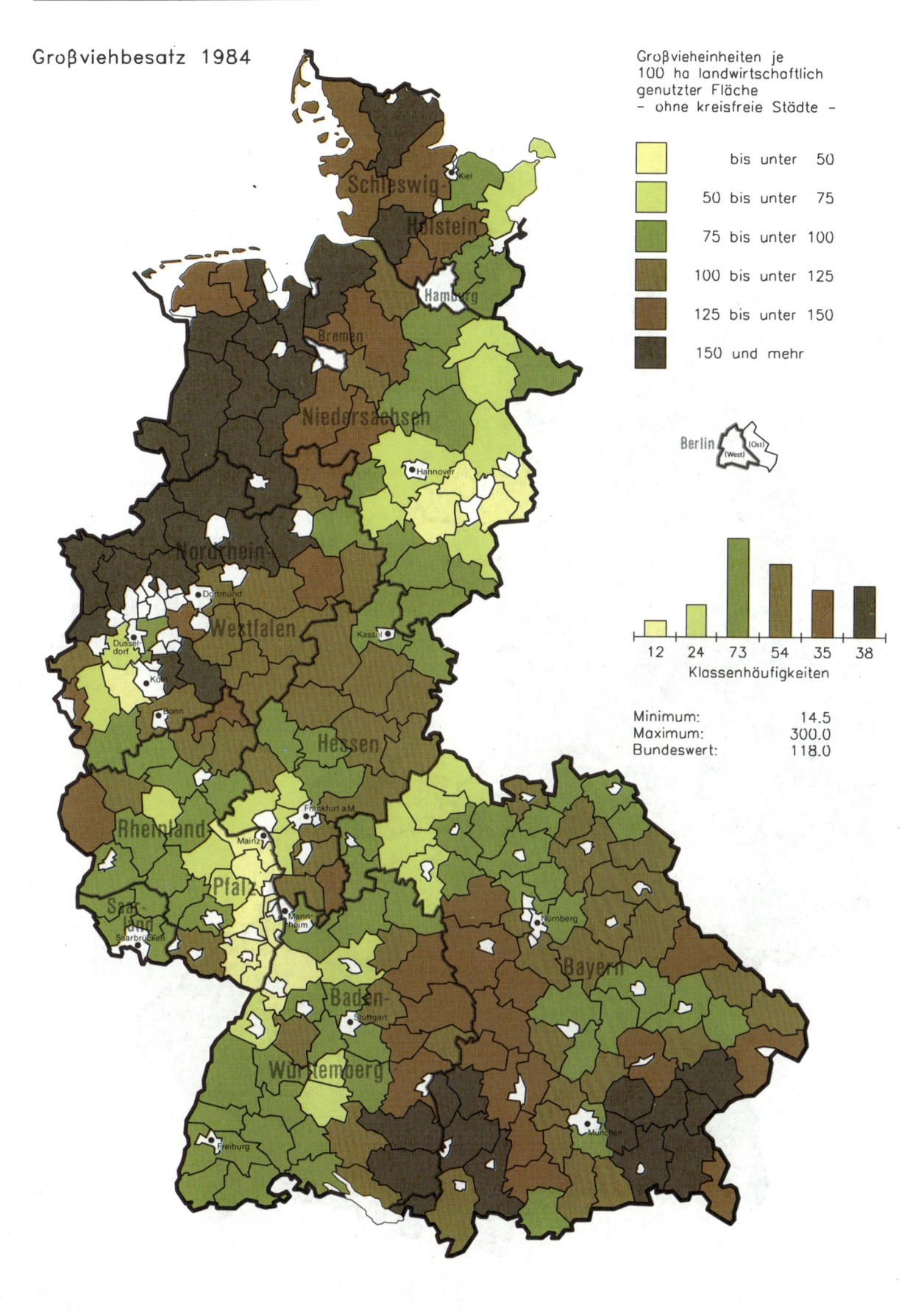

Boden

Großviehbesatz 1984

Großvieheinheiten je 100 ha landwirtschaftlich genutzter Fläche
– ohne kreisfreie Städte –

- bis unter 50
- 50 bis unter 75
- 75 bis unter 100
- 100 bis unter 125
- 125 bis unter 150
- 150 und mehr

Klassenhäufigkeiten: 12, 24, 73, 54, 35, 38

Minimum: 14.5
Maximum: 300.0
Bundeswert: 118.0

Quelle: Laufende Raumbeobachtung der BfLR
Grenzen: Kreise 1.1.1981

Daten zur Umwelt 1986/87
Umweltbundesamt

Boden

Großviehbesatz 1979

Großvieheinheiten je 100 ha landwirtschaftlich genutzter Fläche
– ohne kreisfreie Städte –

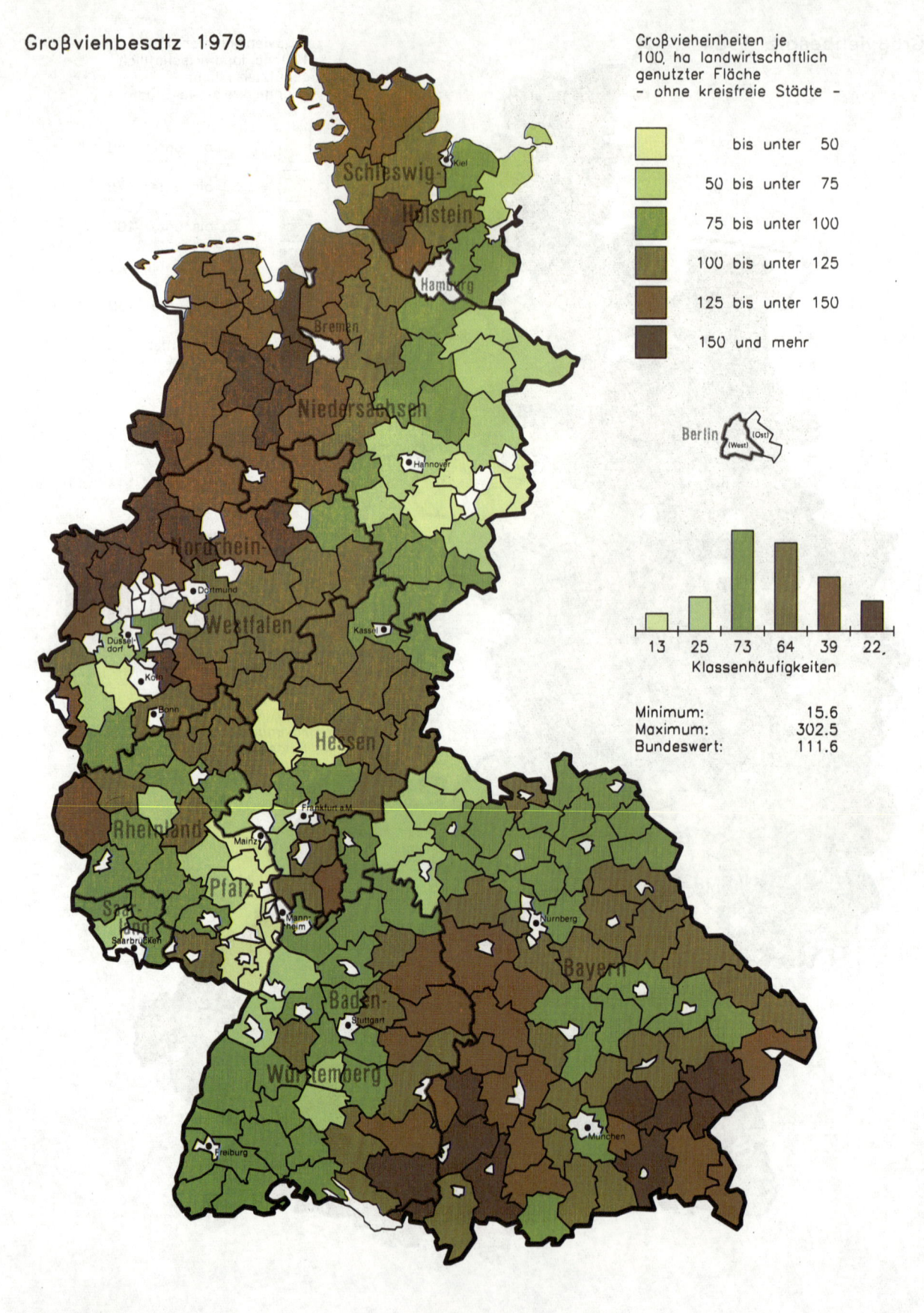

- bis unter 50
- 50 bis unter 75
- 75 bis unter 100
- 100 bis unter 125
- 125 bis unter 150
- 150 und mehr

Klassenhäufigkeiten: 13, 25, 73, 64, 39, 22

Minimum: 15.6
Maximum: 302.5
Bundeswert: 111.6

Quelle: Laufende Raumbeobachtung der BfLR
Grenzen: Kreise 1.1.1981

Boden

Maisanbau

Die Ausweitung des Maisanbaus geht mit der Intensivierung der Landwirtschaft einher. Die regionalen Schwerpunkte der Gebiete mit hohem Anteil von Mais an der gesamten landwirtschaftlich genutzten Fläche wird aus der nachfolgenden Karte deutlich, während die den Trend beschreibende Darstellung demgegenüber ein differenziertes Bild zeigt. Die Zunahme des Mais-Anteils ist nicht überall gleich stark, sondern konzentriert sich – allerdings bei überall ansteigender Tendenz – auf den norddeutschen Raum. Die bayerischen Gebiete mit hohem Mais-Anteil verzeichnen für zwei Regionen sogar eine Abnahme des Maisanteils. Hier ist das hohe Ausgangsniveau und die erhebliche Erosions-Problematik in Rechnung zu stellen.

Mais bedeckt den Boden erst sehr spät in der Vegetationsperiode, so daß dieser lange Zeit den Erosionsvorgängen durch Wind und Wasser ungeschützt ausgesetzt ist. Vielerorts sind zur Produktionssteigerung auch ehemalige Grünlandflächen und Flächen in hängiger Lage zum Maisanbau herangezogen worden, was die Gefahr des Bodenabtrages erhöht.

Für die Erosion ist nicht alleine der Maisanbau sondern auch eine ganze Reihe von modernen Produktionsweisen der Landwirtschaft als Verursacher zu nennen.

Da die Bodenneubildung durch Verwitterung außerordentlich langsam voranschreitet, bedeutet Bodenerosion in der Regel einen irreversiblen Bodenverlust.

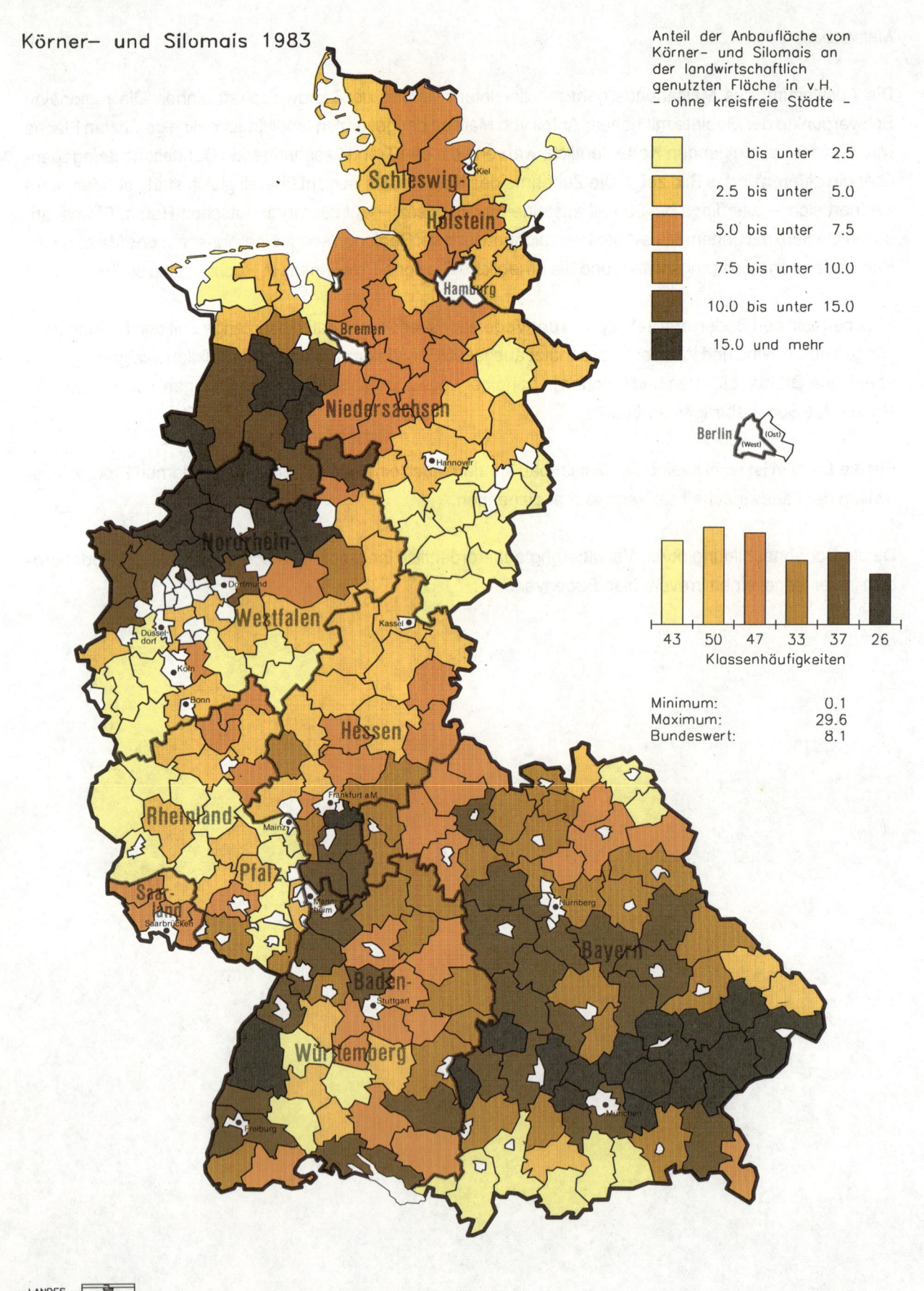

Boden

Körner- und Silomais 1983

Anteil der Anbaufläche von Körner- und Silomais an der landwirtschaftlich genutzten Fläche in v.H.
- ohne kreisfreie Städte -

- bis unter 2.5
- 2.5 bis unter 5.0
- 5.0 bis unter 7.5
- 7.5 bis unter 10.0
- 10.0 bis unter 15.0
- 15.0 und mehr

Klassenhäufigkeiten: 43, 50, 47, 33, 37, 26

Minimum: 0.1
Maximum: 29.6
Bundeswert: 8.1

Quelle: Laufende Raumbeobachtung der BfLR
Grenzen: Kreise 1.1.1981

100 km

Daten zur Umwelt 1986/87
Umweltbundesamt

Boden

Körner- und Silomais 1979

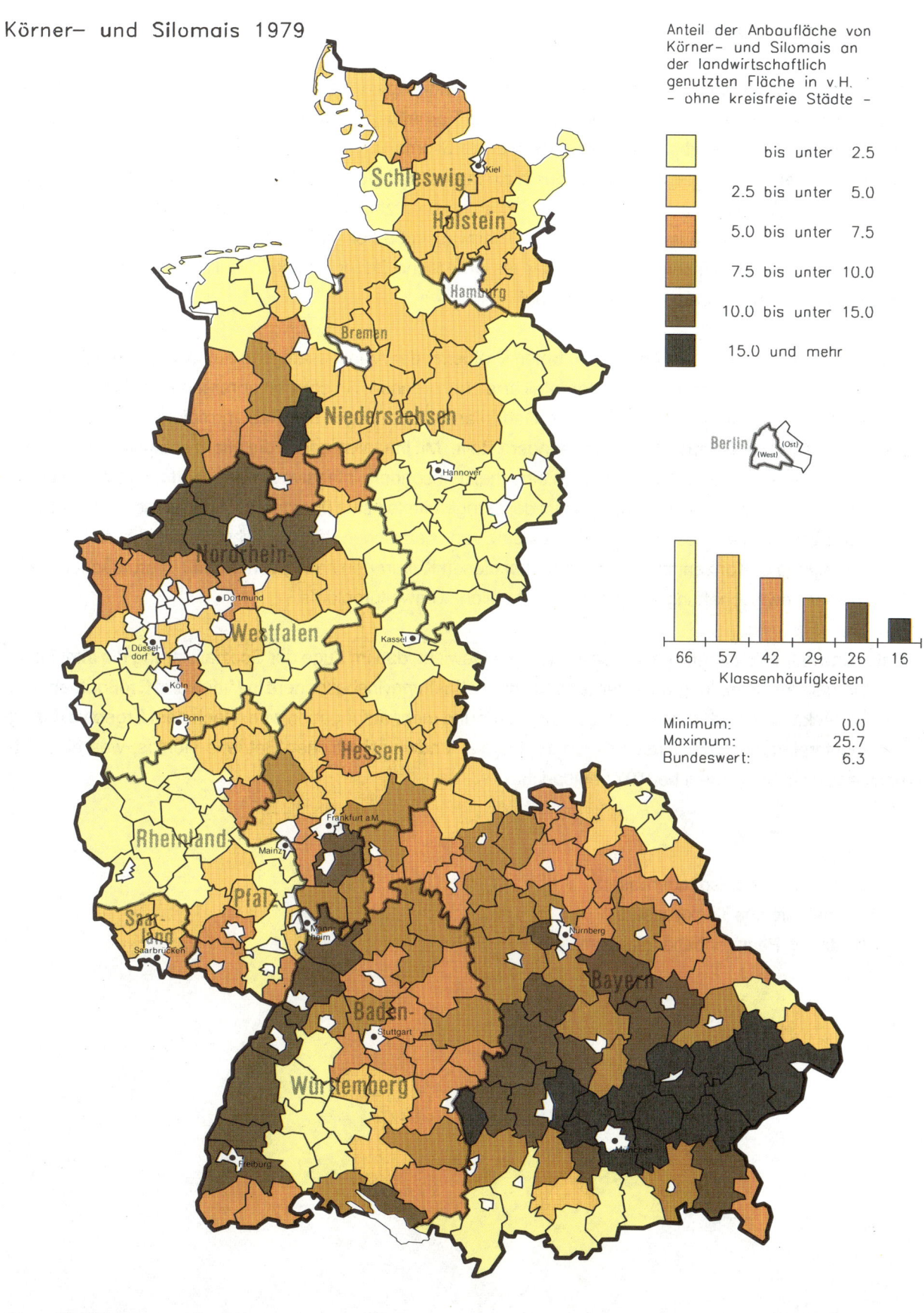

Anteil der Anbaufläche von Körner- und Silomais an der landwirtschaftlich genutzten Fläche in v.H.
- ohne kreisfreie Städte -

- bis unter 2.5
- 2.5 bis unter 5.0
- 5.0 bis unter 7.5
- 7.5 bis unter 10.0
- 10.0 bis unter 15.0
- 15.0 und mehr

Klassenhäufigkeiten: 66, 57, 42, 29, 26, 16

Minimum: 0.0
Maximum: 25.7
Bundeswert: 6.3

Quelle: Laufende Raumbeobachtung der BfLR
Grenzen: Kreise 1.1.1981

Daten zur Umwelt 1986/87
Umweltbundesamt

Boden

Intensiv- und Sonderkulturen

Als Intensiv- und Sonderkulturen werden hier Wein- und Hopfen- sowie intensiver Obst- und Gemüsebau, flächenunabhängig betriebene Tierhaltungen, ferner Tierhaltungen mit unzureichender Flächenausstattung sowie Rindermast, soweit sie sich überwiegend auf Silomaisanbau stützt, verstanden. Von ihnen gehen durch hohe Handelsdüngergaben sowie durch die Intensität der chemischen Pflanzenbehandlung die größten Umweltbelastungen aus. Düngemittel und Pflanzenschutzmittel können in Oberflächengewässer abgeschwemmt werden; ihre Auswaschung in das Grundwasser bedroht in zunehmendem Maße die Wasserversorgung. Wind- und Wassererosion verursachen erhebliche Bodenverluste. Ähnliche Probleme treten bei Maiskulturen, insbesondere in Hanglagen, auf.

In der flächenunabhängigen Tierhaltung treten Probleme der Abfallbeseitigung auf, die ähnliche Dimensionen wie bei dem industriellen Abwasseranfall erreichen können. An solchen agrar-industriellen Standorten werden die Böden außerordentlich belastet. Gartenland, Obstanlagen und Rebland spielen in der Bundesrepublik Deutschland flächenmäßig eine geringere Rolle. Mit ihnen ist jedoch die pflanzenbauliche Bodennutzung für längere Zeit festgelegt und durch eine meist besonders intensive Bewirtschaftung ausgezeichnet. Im Gartenbau, vor allem im Gemüsebau, ist der Düngemitteleinsatz überdurchschnittlich hoch, während im Obst- und Weinbau ein besonders starker Einsatz von chemischen Pflanzenschutzmitteln üblich ist. Vor allem bei regionaler Konzentration — die aber bei diesen Kulturarten häufig vorkommt — verursachen sie infolge dieser Bewirtschaftungsintensität z.T. erhebliche Umweltprobleme.

Unter Umweltgesichtspunkten fällt besonders ins Gewicht, daß im Zuge der Spezialisierung die alte, ökologisch vorteilhafte Kopplung von Pflanzenbau und Viehhaltung, insbesondere in Mittel- und Großbetrieben intensiver Ackerbau- und Sonderkulturgebiete, mehr und mehr aufgegeben wird. Nach dem Ergebnis der Agrarberichterstattung 1979 wirtschafteten 16,4% der landwirtschaftlichen Betriebe viehlos, was einer Zunahme von ca. 5% gegenüber 1971 entspricht.

Siehe auch:
- Regionaler Handelsdüngerabsatz
- Nitratgehalte des Trinkwassers
- Absatz von Pflanzenbehandlungsmitteln

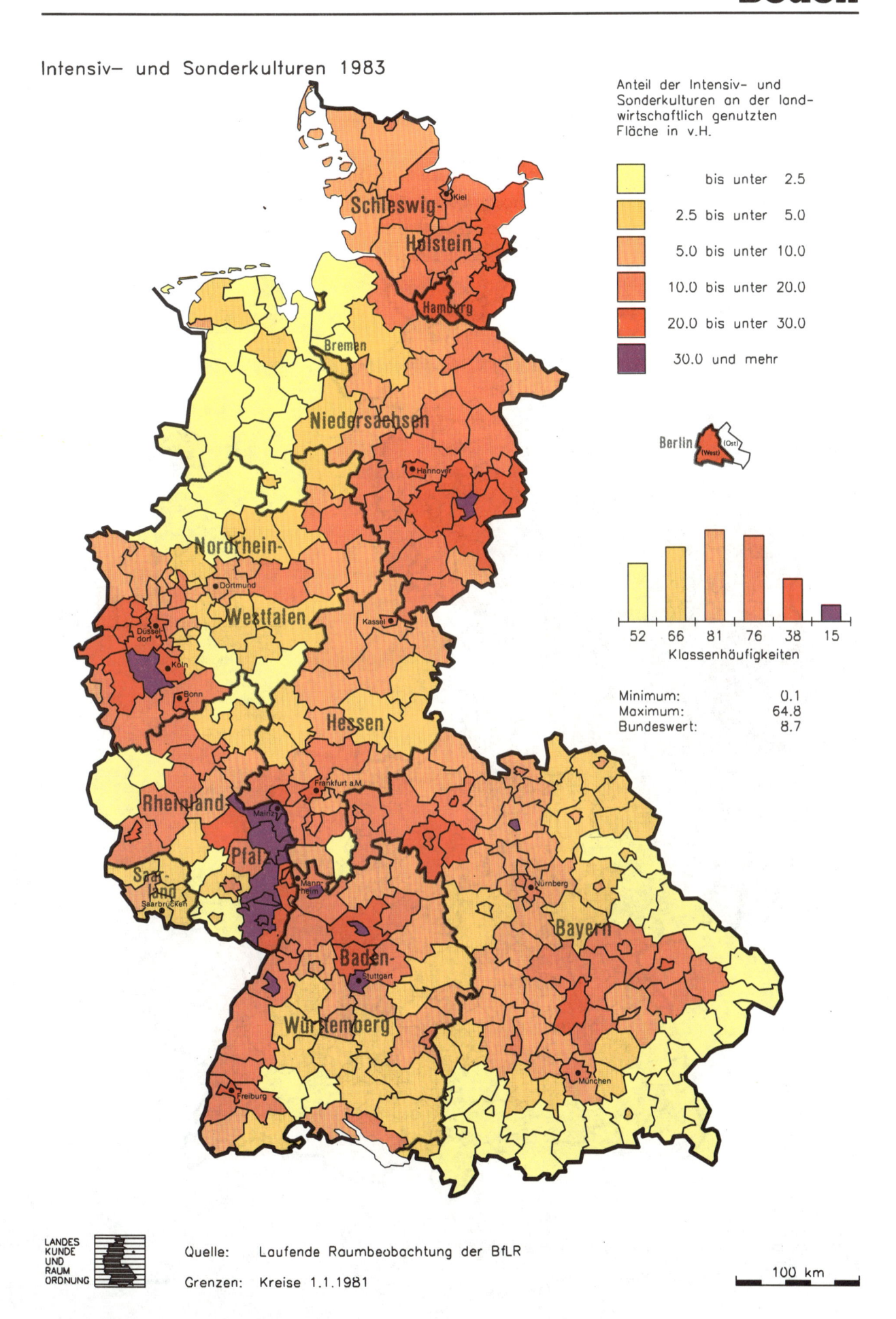

Boden

Intensiv- und Sonderkulturen 1983

Anteil der Intensiv- und Sonderkulturen an der landwirtschaftlich genutzten Fläche in v.H.

- bis unter 2.5
- 2.5 bis unter 5.0
- 5.0 bis unter 10.0
- 10.0 bis unter 20.0
- 20.0 bis unter 30.0
- 30.0 und mehr

Klassenhäufigkeiten: 52, 66, 81, 76, 38, 15

Minimum: 0.1
Maximum: 64.8
Bundeswert: 8.7

Quelle: Laufende Raumbeobachtung der BfLR
Grenzen: Kreise 1.1.1981

Daten zur Umwelt 1986/87
Umweltbundesamt

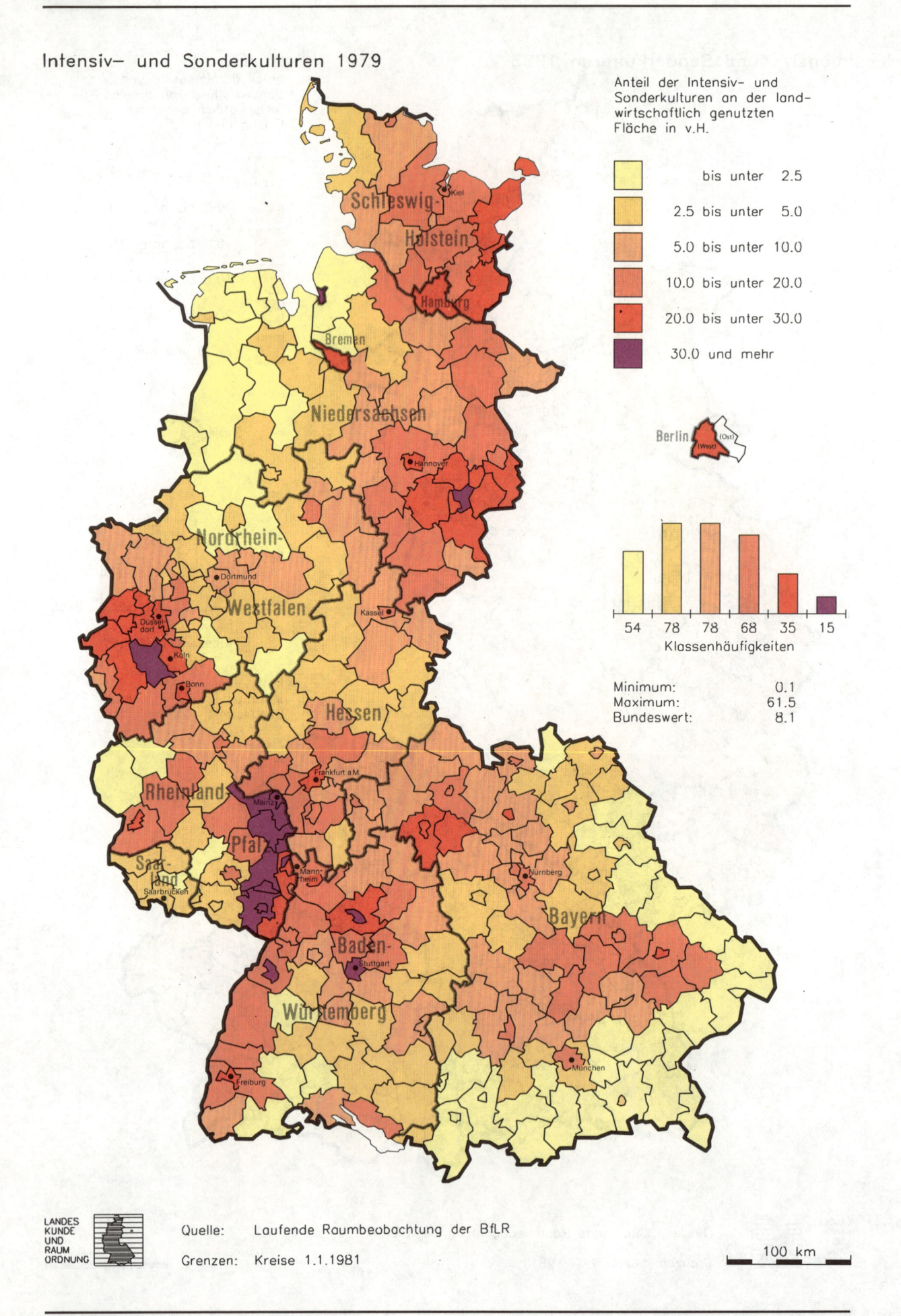

Boden

Intensiv- und Sonderkulturen 1979

Anteil der Intensiv- und Sonderkulturen an der landwirtschaftlich genutzten Fläche in v.H.

- bis unter 2.5
- 2.5 bis unter 5.0
- 5.0 bis unter 10.0
- 10.0 bis unter 20.0
- 20.0 bis unter 30.0
- 30.0 und mehr

Klassenhäufigkeiten: 54, 78, 78, 68, 35, 15

Minimum: 0.1
Maximum: 61.5
Bundeswert: 8.1

Quelle: Laufende Raumbeobachtung der BfLR
Grenzen: Kreise 1.1.1981

Daten zur Umwelt 1986/87
Umweltbundesamt

Boden

Betriebsgrößenstruktur

Die mittels der Flächen gemessene durchschnittliche Größe der Betriebe ab 1 ha Landwirtschaftliche Fläche (LF) sowie die Angaben über die Verteilung der Zahl der landwirtschaftlichen Betriebe auf verschiedene Größenklassen der landwirtschaftlich genutzten Fläche stellen Merkmale dar, die regelmäßig erfaßt und ausgewiesen werden (Agrarberichte).

Es kann unterstellt werden, daß mit wachsender Betriebsgröße auch die – statistisch nicht überall ausgewiesene – Schlaggröße der Felder zunimmt, der unter Umweltgesichtspunkten besondere Aufmerksamkeit zukommt. Unter einem Schlag wird hierbei ein zusammenhängendes Stück landwirtschaftlich genutzter Fläche verstanden, das als Bewirtschaftungseinheit über die Zeit eine jeweils identische Behandlung erfährt. Eine steigende Schlaggröße schafft vor allem Spielraum für eine zunehmende Rationalisierung der pflanzlichen Produktion. Dies verlangt aber eine Vereinheitlichung der Parzellengrößen, eine Begradigung der Feldränder sowie die Durchsetzung paralleler Ackergrenzen. Im Gefolge solcher Maßnahmen kommt es häufig zur Auflösung der Flurkammerung, zur Beseitigung von Knicks, Hecken und Rainen und zur Vereinheitlichung der Standortbedingungen und des Landschaftsbildes. Mit der Zerstörng der genannten Biotope verlieren zahlreiche wertvolle Tier- und Pflanzenarten ihre Lebensgrundlagen. Dies ist vor allem dann zu erwarten, wenn Großbetriebe bestimmter einheitlicher Betriebsform regional konzentriert auftreten. Darüber hinaus kommt es zu einem raschen Flächenwachstum der Betriebe. Dieser Betriebsgrößenwandel hat sich regional aber mit sehr unterschiedlicher Intensität durchgesetzt. Die großen Betriebe liegen überwiegend in Norddeutschland.

Siehe auch:
– Biotopkartierung
– Ursachen (Faktoren) des Artenrückgangs

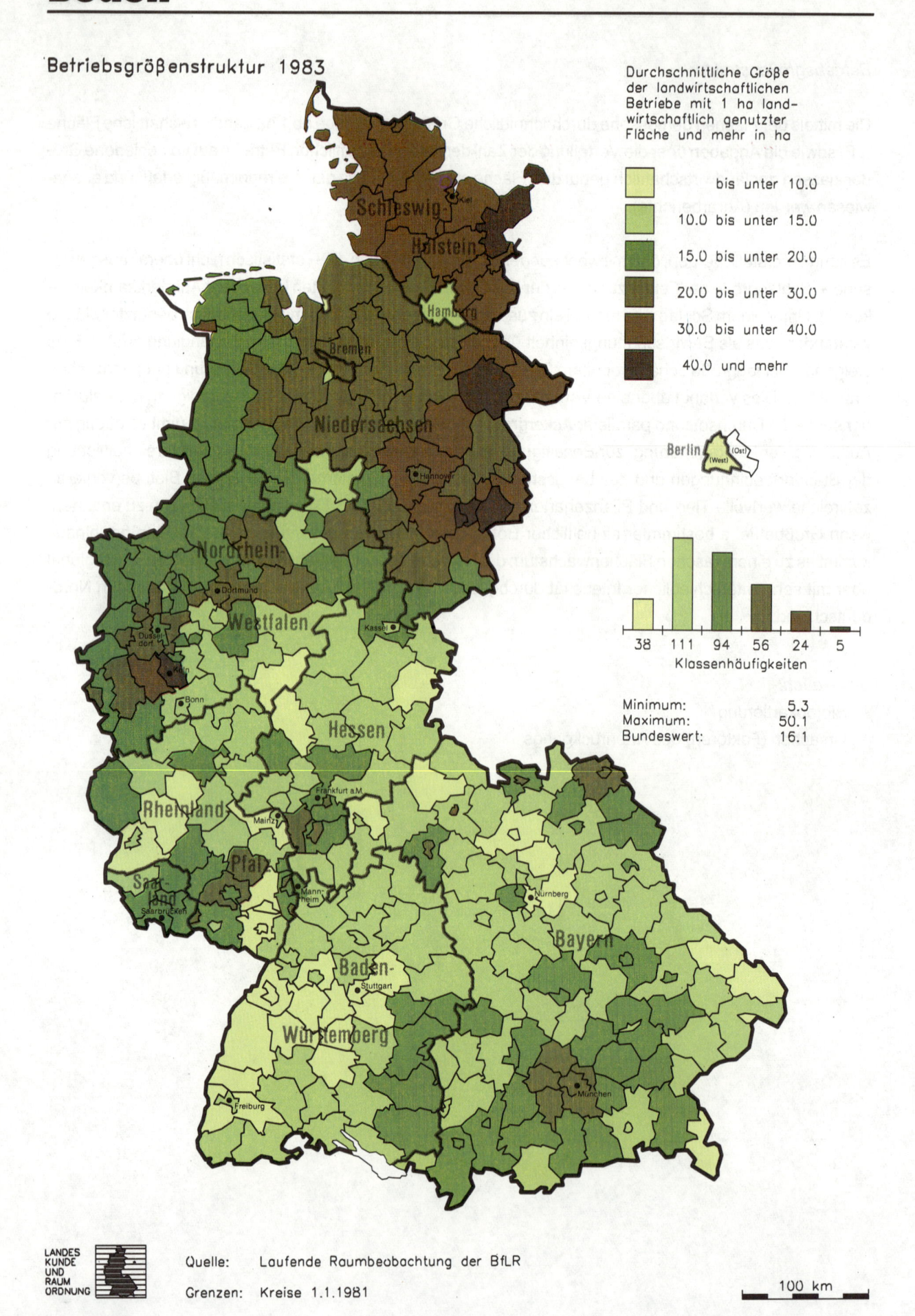

Boden

Betriebsgrößenstruktur 1983

Durchschnittliche Größe der landwirtschaftlichen Betriebe mit 1 ha landwirtschaftlich genutzter Fläche und mehr in ha

- bis unter 10.0
- 10.0 bis unter 15.0
- 15.0 bis unter 20.0
- 20.0 bis unter 30.0
- 30.0 bis unter 40.0
- 40.0 und mehr

Klassenhäufigkeiten: 38 111 94 56 24 5

Minimum: 5.3
Maximum: 50.1
Bundeswert: 16.1

Quelle: Laufende Raumbeobachtung der BfLR
Grenzen: Kreise 1.1.1981

LANDESKUNDE UND RAUMORDNUNG

Daten zur Umwelt 1986/87
Umweltbundesamt

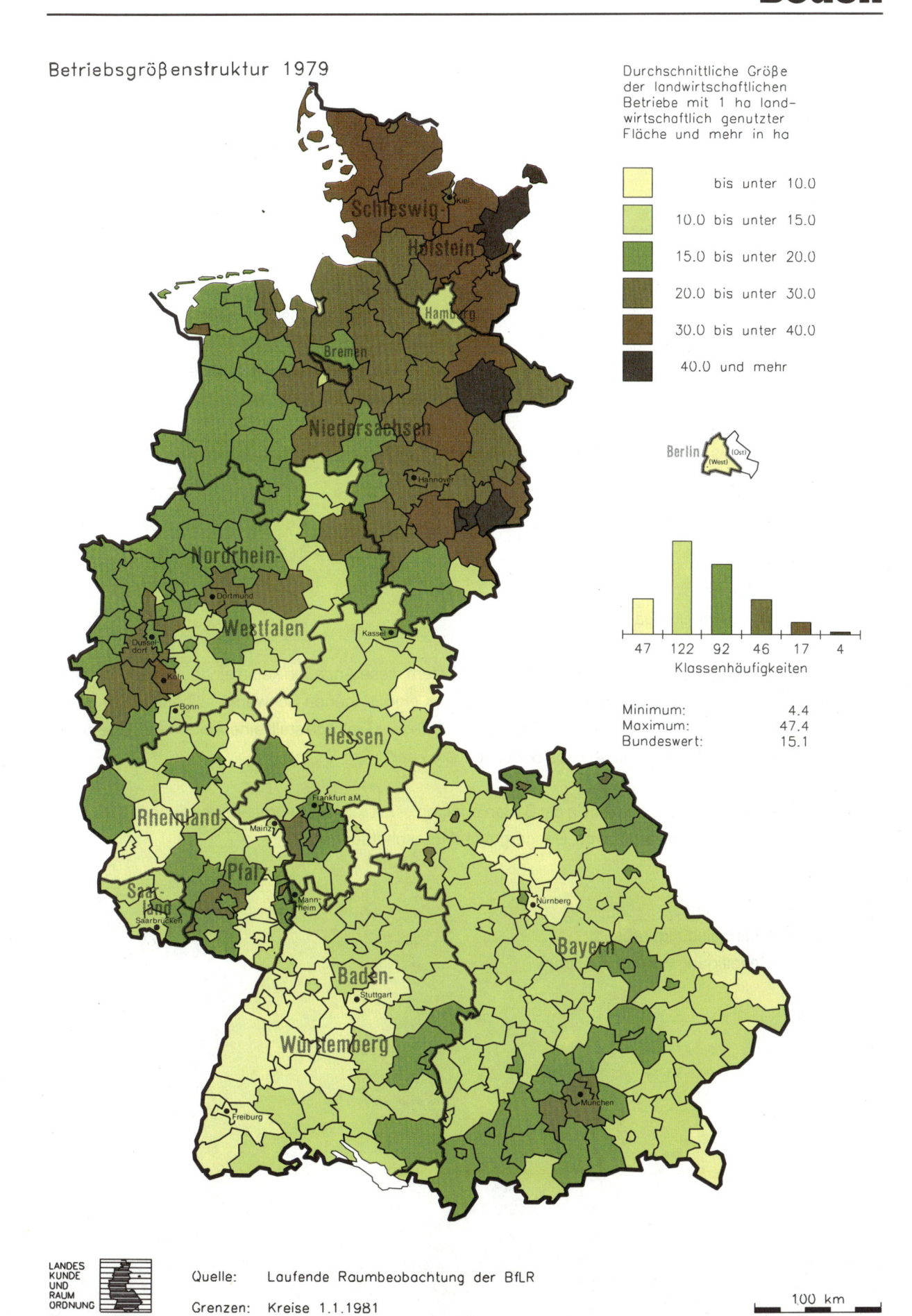

Boden

Betriebsgrößenstruktur 1979

Durchschnittliche Größe der landwirtschaftlichen Betriebe mit 1 ha landwirtschaftlich genutzter Fläche und mehr in ha

- bis unter 10.0
- 10.0 bis unter 15.0
- 15.0 bis unter 20.0
- 20.0 bis unter 30.0
- 30.0 bis unter 40.0
- 40.0 und mehr

Klassenhäufigkeiten: 47, 122, 92, 46, 17, 4

Minimum: 4.4
Maximum: 47.4
Bundeswert: 15.1

Quelle: Laufende Raumbeobachtung der BfLR
Grenzen: Kreise 1.1.1981

100 km

Daten zur Umwelt 1986/87
Umweltbundesamt

Boden

Zustand ausgewählter Böden

Geogener Stoffbestand

Im Zeitraum von Mai 1977 bis Oktober 1982 hat die Bundesanstalt für Geowissenschaften und Rohstoffe (BGR) im Rahmen eines Rohstoffsicherungsprogramms systematisch die Wässer und die Sedimente in Quellen und Bächen in der Bundesrepublik Deutschland untersucht.

Die Probennahme erfolgte an Stellen, die möglichst wenig durch den Menschen beeinflußt waren; also in Waldgebieten, an den Waldrändern, oberhalb von Bauernhöfen, Ortschaften und Kläranlagen. Wegen der gezielten Probenahme in den relativ sauberen Oberläufen der Gewässer wird so der allgemeine Zustand unserer geogen und anthropogen beeinflußten Umwelt im Sinne einer Beweissicherung dokumentiert.

Das Gesamtergebnis der umfassenden Untersuchung wurde 1985 im „Geochemischen Atlas der Bundesrepublik Deutschland" veröffentlicht.

An dieser Stelle werden beispielhaft in anderer Darstellung wiedergegeben:

− Cadmium in Bachsedimenten
− pH-Werte in Quellen und Bächen.

Für die Beschreibung der Cadmiumgehalte der Böden liefern diese Angaben keine eindeutig verwendbaren Hinweise. Die Kartierung der geogenen und anthropogen eingetragenen Schwermetallgehalte der Böden und die Kennzeichnung ihrer Empfindlichkeit in bezug auf weitere Einträge stellt eine weitere Aufgabe zur Erweiterung der Informationsgrundlagen des Bodenschutzes dar.

Anthropogene Einträge von Cadmium in die Böden erfolgen − mit teilweise verminderten Raten − weiterhin über die Luft sowie über Klärschlämme, Baggergut und Phosphatdünger.

Siehe auch:
− Regionaler Handelsdüngerabsatz
− Anfall und Beseitigung von Klärschlamm

Boden

Cadmium (Cd) in Bachsedimenten

Reine Cadmiumminerale kommen selten vor. In der Regel tritt Cadmium mit Zink zusammen auf. So hat die Zinkblende (ZnS) bis 0,5% und Galmei ($ZnCO_3$) bis 5% Cd. Granite, Basalte und Tonschiefer enthalten bis 0,3 ppm Cd, Stein- und Braunkohle 1–2 ppm Cd und Phosphate bis 15 ppm Cd.

Die Grundlast an Cadmium in den Bachsedimenten der Bundesrepublik Deutschland betrug um 1980 bis zu 1 ppm. Größere Cd-Anreicherungen in den Sedimenten von Oberläufen der Bäche wurden beobachtet:

- im Harz, vor allem bei Bad Harzburg — bis 25 ppm Cd
- im rechtsrheinischen Schiefergebirge und zwischen Madfeld und dem Oberlauf der Ruhr — bis 100 ppm Cd
- bei Bad Ems und der Grube Holzappel — bis 28 ppm Cd
- bei Stolberg östlich von Aachen — bis 27 ppm Cd
- im Guldenbach westlich von Bingen — bis 22 ppm Cd
- bei Kaiserslautern (Gersweilerhof) — bis 75 ppm Cd
- südlich von Frankfurt und
- nordöstlich von Heidelberg — bis 9 ppm Cd
- im Schwarzwald (Münstertal und Bonndorf) — bis 40 ppm Cd
- im Frankenwald bei Großschloppen — bis 15 ppm Cd
- in der Oberpfalz bei Grafenwöhr — bis 44 ppm Cd

Das Cadmium der Bachsedimente kann unter bestimmten Bedingungen, insbesondere durch Abnahme des pH-Wertes und Eintrag von Komplexbildern (z.B. aus Waschmitteln), in Lösung gehen.

Boden

Cadmium in Bachsedimenten der Bundesrepublik Deutschland

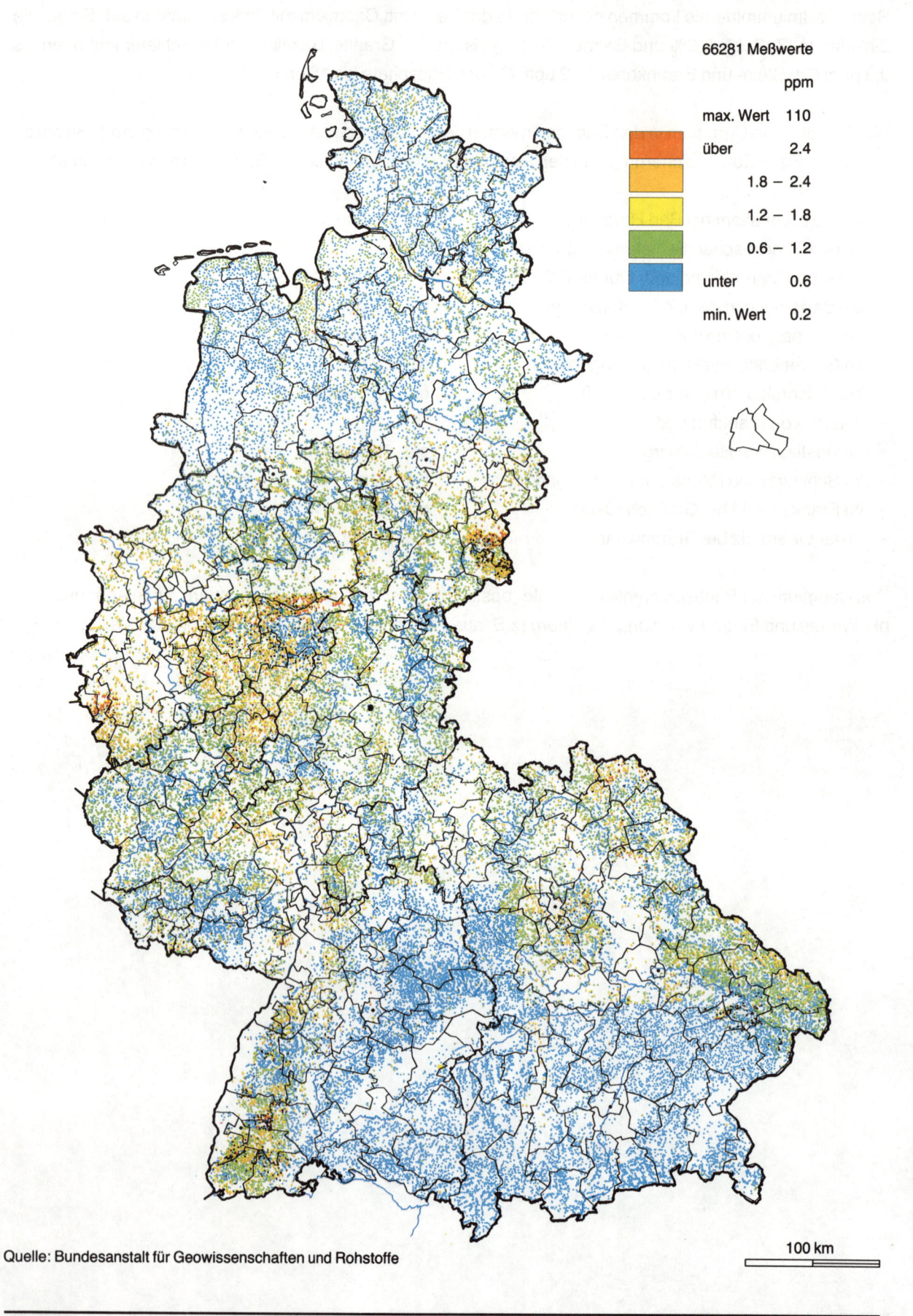

66281 Meßwerte

ppm

max. Wert 110

über 2.4

1.8 – 2.4

1.2 – 1.8

0.6 – 1.2

unter 0.6

min. Wert 0.2

100 km

Quelle: Bundesanstalt für Geowissenschaften und Rohstoffe

Daten zur Umwelt 1986/87
Umweltbundesamt

Boden

pH-Werte in Quellen und Bächen

Die Wasserstoffionenkonzentration (pH-Wert) zeigt die Aggressivität eines Wassers an.

pH >7,5	(alkalisches oder basisches Wasser)
pH 6,5–7,5	
pH 5,5–6,5	(neutrales Wasser)
pH 4,5–5,5	
pH <4,5	(saures Wasser)

Der pH-Wert des Regens schwankt in der Bundesrepublik Deutschland zwischen 3,4 und 5,1, er liegt im Mittel bei 4,2.

Saure Wässer können im Zusammenhang mit weiteren wichtigen Parametern der Böden wie z.B. Ton- und Humusgehalt, folgende Wirkungen verursachen.

- Strukturveränderungen von Böden durch Mobilisation und Abtransport von Calcium
- Verlust an Pflanzennährstoffen durch Mobilisation und Abtransport
- Beeinträchtigung der Mikroflora und Bodenfauna
- Freisetzung von pflanzengiftigen Metallen wie Cadmium und Aluminium
- Freisetzung von organischen Säuren (Fulvo-Säuren), wodurch die Säurebelastung verstärkt wird. Dies trifft vor allem in Moorgebieten zu, zum Beispiel im nördlichen Niedersachsen.

Die Untersuchungen zeigen eine Parallelität zwischen geologischen Ausgangsbedingungen, Bodenentwicklung und pH-Werten der Quellen und Bäche. So finden sich die Meßwerte unter pH 5,5 im Süden der Bundesrepublik Deutschland vorwiegend in Gebieten mit Bodentypen wie Podsolen wechselnder Ausbildungsgrade auf saurem magmatischem Gestein, kristallinem Schiefer oder basenarmen Sedimentgesteinen sowie mit Braunerden meist geringer Basenversorgung, im Norden vorwiegend in Gebieten mit Parabraunerden mittlerer bis geringer Basenversorgung, die oftmals noch podsoliert sind, sowie mit Podsolen auf Sand.

Boden

pH-Werte in Quellen und Bächen der Bundesrepublik Deutschland

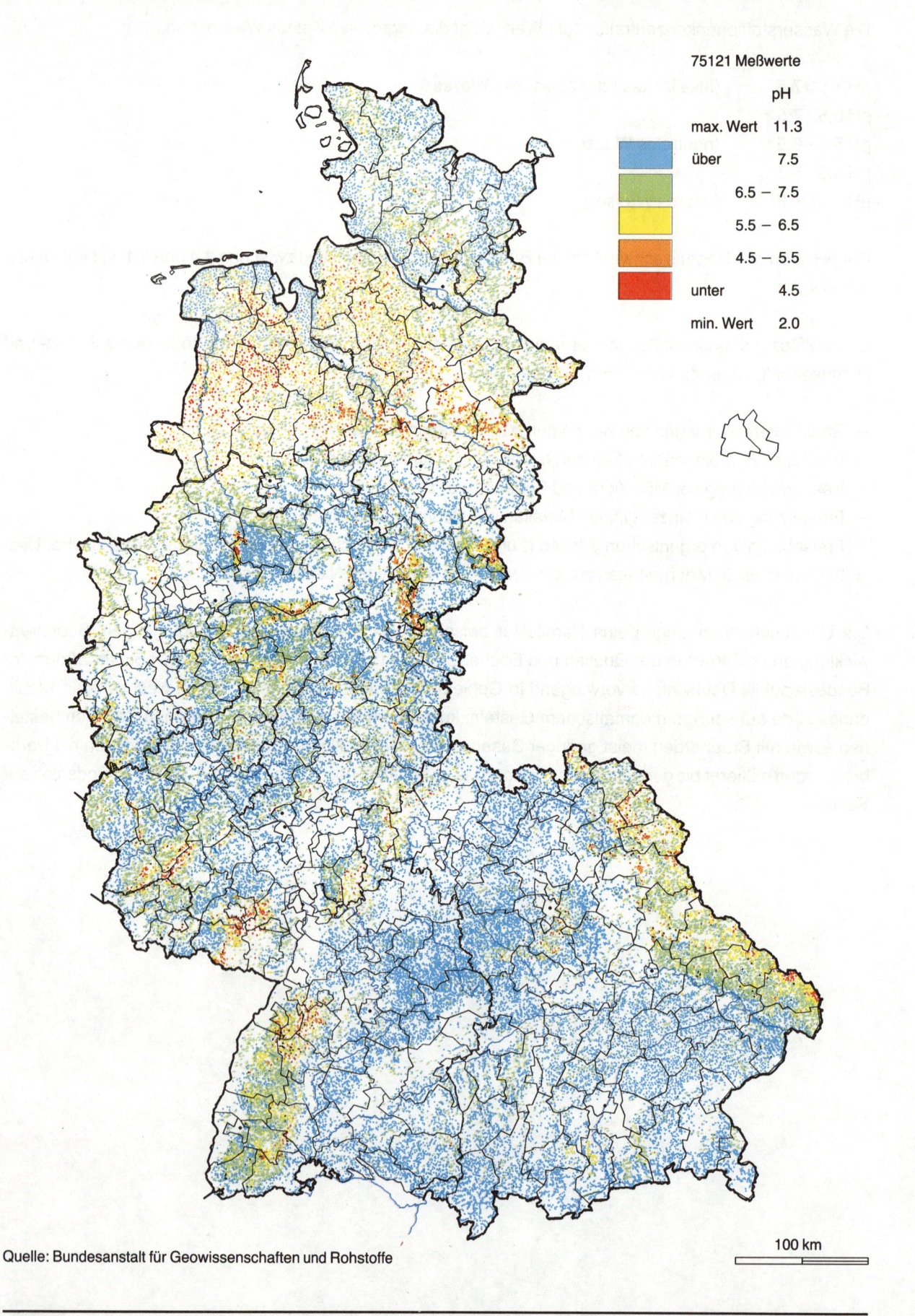

75121 Meßwerte

pH

max. Wert 11.3

über 7.5

6.5 – 7.5

5.5 – 6.5

4.5 – 5.5

unter 4.5

min. Wert 2.0

Quelle: Bundesanstalt für Geowissenschaften und Rohstoffe

100 km

Boden

Saure pH-Werte von Quellen und Bächen auf Waldstandorten und pH-Werte auf Grünlandstandorten

Die folgenden Darstellungen beruhen auf grafischen und inhaltlichen Verknüpfungen unterschiedlicher Informationen, die mit einem grafischen Auswertesystem durchgeführt wurden. Die Grundlagendaten sind

- aus dem Geochemischen Atlas der BGR, sowie
- aus der Karte der land- und forstwirtschaftlichen Fläche und
- aus der Waldflächenkarte der Bundesforschungsanstalt für Landeskunde und Raumordnung entnommen.

Mit dem Ziel, das räumliche Verteilungsmuster zwischen potentiell sauren Böden und bestimmten Formen der Landnutzung darzustellen, wurde die Karte der pH-Werte von Bächen und Quellen in ein 3 km-Raster aufgenommen und mit der ebenfalls aufgerasterten Landnutzung Grünland und Wald verschnitten.

Derartige Darstellungen geben erste und ganz allgemein gehaltene Hinweise auf mögliche Abhängigkeiten zwischen den Ausgangsdaten, wobei jedoch nicht zwangsläufig kausale Zusammenhänge abgebildet werden, sondern erste Plausbilitäts-Überlegungen zum räumlichen Verteilungsmuster bestimmter ökologischer Merkmale möglich sind. Dabei muß aber mit größter Sorgfalt die räumliche und inhaltliche Qualität der Daten interpretiert werden. Die pH-Werte der Quellen und Bäche lassen Analogieschlüsse auf Boden und Geologie der Gebiete zu. Mit entsprechenden Einschränkungen kann also auf standörtliche Gegebenheiten des Waldes geschlossen werden. Die Abbildung zeigt, daß der Anteil von Waldflächen in Gebieten mit durchschnittlichen sauren Quellwässern nicht sehr hoch ist und sich die meisten Flächen in Bereichen befinden, in denen der pH-Wert des Gebietsabflusses über 6,5 liegt.

Die grafische Korrelation zwischen Grünlandstandorten und pH-Werten des Gebietsabflusses zeigt, daß erwartungsgemäß die weitaus größte Anzahl der Grünländer einen basenreichen Gebietsabfluß haben. Dies ist aufgrund der natürlichen Nutzungseignung der Flächen und der mit der Nutzung in die Böden eingetragenen Düngermengen plausibel.

Weitergehende Interpretationen der Daten bedürfen weiterer Untersuchungen.

Siehe auch:
- Kapitel Wald
- Abschnitt Flächennutzung

Boden

pH-Werte von Quellen und Bächen in Waldflächen

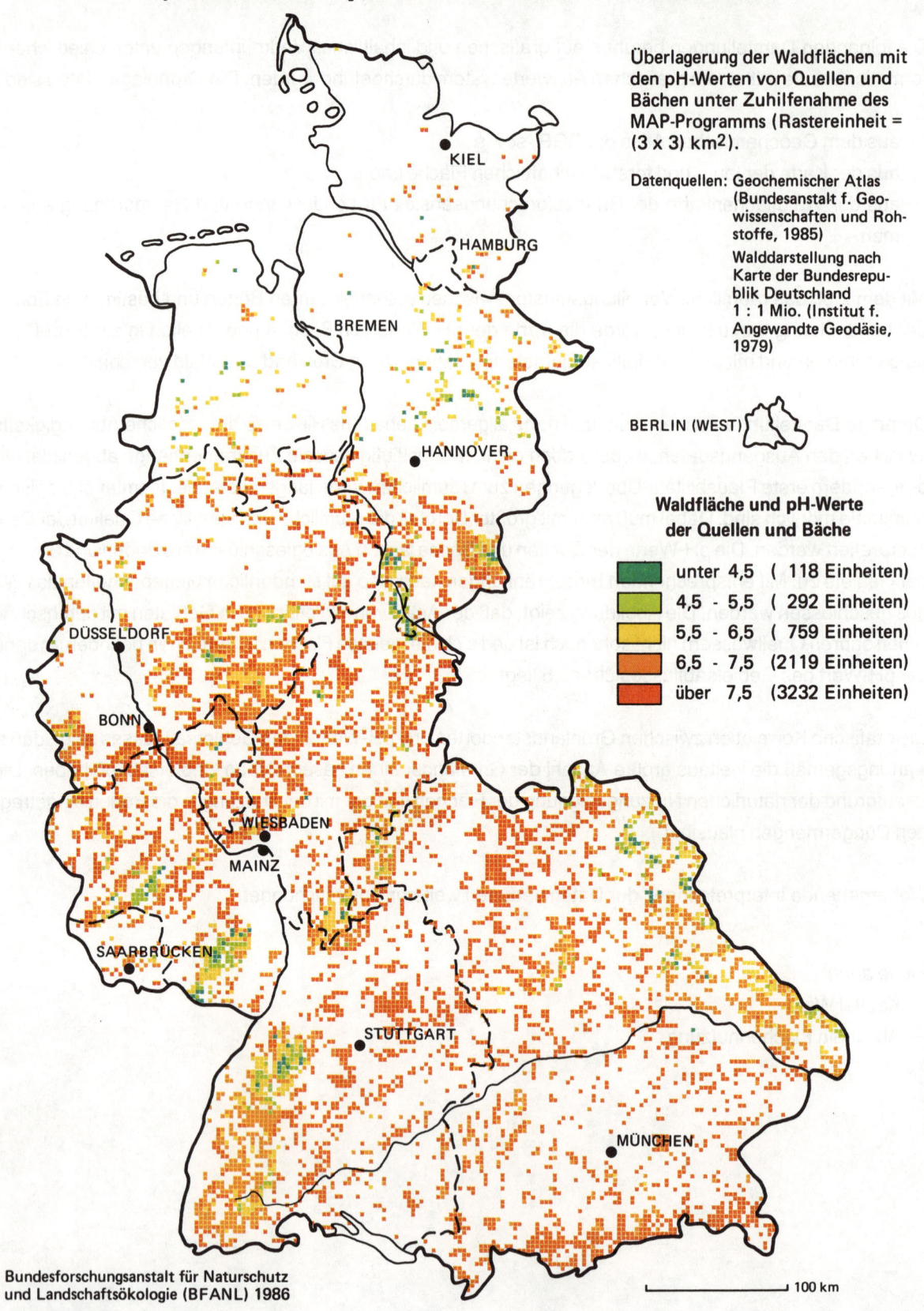

Überlagerung der Waldflächen mit den pH-Werten von Quellen und Bächen unter Zuhilfenahme des MAP-Programms (Rastereinheit = (3 x 3) km²).

Datenquellen: Geochemischer Atlas (Bundesanstalt f. Geowissenschaften und Rohstoffe, 1985)

Walddarstellung nach Karte der Bundesrepublik Deutschland 1 : 1 Mio. (Institut f. Angewandte Geodäsie, 1979)

Waldfläche und pH-Werte der Quellen und Bäche

- unter 4,5 (118 Einheiten)
- 4,5 - 5,5 (292 Einheiten)
- 5,5 - 6,5 (759 Einheiten)
- 6,5 - 7,5 (2119 Einheiten)
- über 7,5 (3232 Einheiten)

Bundesforschungsanstalt für Naturschutz und Landschaftsökologie (BFANL) 1986

LANIS
BFANL

Daten zur Umwelt 1986/87
Umweltbundesamt

Boden

pH-Werte von Quellen und Bächen in Grünlandflächen

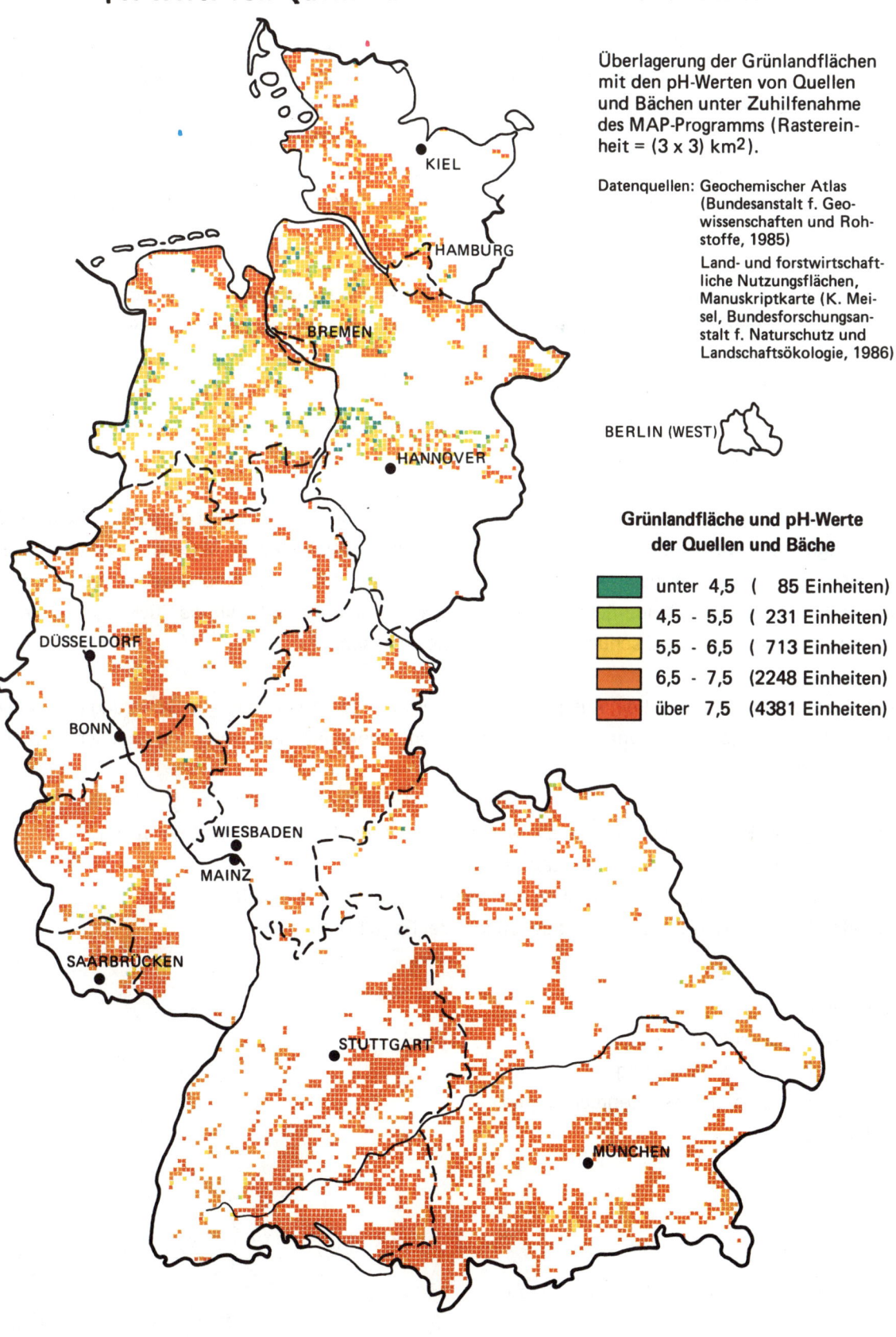

Überlagerung der Grünlandflächen mit den pH-Werten von Quellen und Bächen unter Zuhilfenahme des MAP-Programms (Rastereinheit = (3 x 3) km²).

Datenquellen: Geochemischer Atlas (Bundesanstalt f. Geowissenschaften und Rohstoffe, 1985)

Land- und forstwirtschaftliche Nutzungsflächen, Manuskriptkarte (K. Meisel, Bundesforschungsanstalt f. Naturschutz und Landschaftsökologie, 1986)

Grünlandfläche und pH-Werte der Quellen und Bäche

- unter 4,5 (85 Einheiten)
- 4,5 - 5,5 (231 Einheiten)
- 5,5 - 6,5 (713 Einheiten)
- 6,5 - 7,5 (2248 Einheiten)
- über 7,5 (4381 Einheiten)

Bundesforschungsanstalt für Naturschutz und Landschaftsökologie (BFANL) 1986

Daten zur Umwelt 1986/87
Umweltbundesamt

LANIS
BFANL

Boden

Abbau nicht erneuerbarer Ressourcen

Mit der Gewinnung, Aufbereitung und Nutzung von Rohstoffen sind vielfältige Flächenbeanspruchungen und andere Einwirkungen auf den Boden verbunden. Oberflächennahe mineralische Rohstoffe werden im Übertagebau unter örtlich erheblicher Flächeninanspruchnahme gefördert. Dabei werden, z.B. durch großräumigen Torfabbau, charakteristische Landschaften und erhaltenswerte Biotope umgestaltet. Die Eingriffe in die Grundwasserverhältnisse bei Tief-Tagebauen beeinflussen den Naturhaushalt und die Landschaft, haben Auswirkungen auf bestehende Wassergewinnungsanlagen, die Bodennutzungen der Land- und Forstwirtschaft, vorhandene Biotope und auf das Kleinklima.

Die derzeitigen Abbauflächen nehmen 0,2% der Fläche des Bundesgebietes ein. Lokale Schwerpunkte des Übertagebaus können der Karte oberflächennaher mineralischer Rohstoffe entnommen werden, wobei zu beachten ist, daß aufgrund des kleinen Maßstabs keine einzelnen Lagerstätten, sondern lediglich Schwerpunktgebiete mit oberflächennahen Rohstoffen dargestellt werden konnten. Der jährliche zusätzliche Flächenbedarf aus Über- und Untertagebau wird auf etwa 6000 ha geschätzt, die fast vollständig für den Übertagebau benötigt werden.

Eine Rekultivierung der in Anspruch genommenen Abbauflächen ist im Bundesberggesetz und Bundesnaturschutzgesetz vorgeschrieben. Dabei werden aufgelassene Abbauflächen einer anderweitigen, zumeist land-, forst- oder fischereiwirtschaftlichen Nutzung, Erholungs- oder Naturschutzzwecken zugeführt. Nicht rekultivierte Flächen (z.B. Steinbrüche) haben sich infolge Renaturierung häufig als Rückzugsgebiete für besonders gefährdete Arten und schützenswerte Biotope erwiesen.

Ziel der Bodenschutzpolitik ist ein Ausgleich der konkurrierenden Ansprüche aus Sicherung und sinnvoller Nutzung der im Bundesgebiet verfügbaren Rohstoffe und aus Schutz von Natur und Landschaft. Maßnahmen hierzu sind

– Senkung des Rohstoffbedarfs durch sparsame Verwendung, Substitution und Recycling,
– möglichst vollständige Nutzung von Lagerstätten,
– gemeinsamer Abbau unterschiedlicher, einander überlagernder Rohstoffe,
– größeres Gewicht der Renaturierung gegenüber der Rekultivierung.

Siehe auch:
– Grundwasservorkommen
– öffentliche Wasserversorgung
– Ursachen (Faktoren) des Artenrückganges
– Biotopkartierung

Boden

Steine- und Erden-Förderung 1982

Produkt	Mio t
Sand und Kies (Bau + Wegebau)	310
Naturstein (ohne Karbonatgest.)	125
Naturwerkstein	1,045
Kalk und Dolomitstein	130
Kalkmergelstein	130
Gips- und Anhydritstein	4–5
Bleicherde, Bentonit	0,71
Industriesande (Armerzsand)	13,9
Industriesande (Kleb- und Formsande)	0,22
Quarz und reine Quarzite	0,193
Tone und Tonsteine (Ziegel)	23,04
Spezialtone	5,54
Kaoline	0,454
Feldspäte, Pegmatitsande	0,445
Torf Weißtorf	7,3 Mio m^3
Schwarztorf	5,6 Mio m^3

Quelle: Lorenz (1984)

Förderung von Stein- und Braunkohle 1975–1984

Steinkohle in 1000 t verwertbare Förderung	Braunkohle in 1000 t
1975 92 393	123 377
1976 89 269	134.535
1977 84 513	122 948
1978 83 541	123 587
1979 85 799	130 608
1980 86 574	129 862
1981 87 864	130 649
1982 88 442	127 352
1983 81 653	124 335
1984 78 141	126 703

Vorratssituation:
geologische Vorräte: 230×10^9 t
wirtschaftlich gewinnbare Vorräte: $23,9 \times 10^9$ t

Vorratssituation:
geologische Vorräte: 55×10^9 t
wirtschaftlich gewinnbare Vorräte: $35,15 \times 10^9$ t

Quelle: Zahlen zur Kohlenwirtschaft

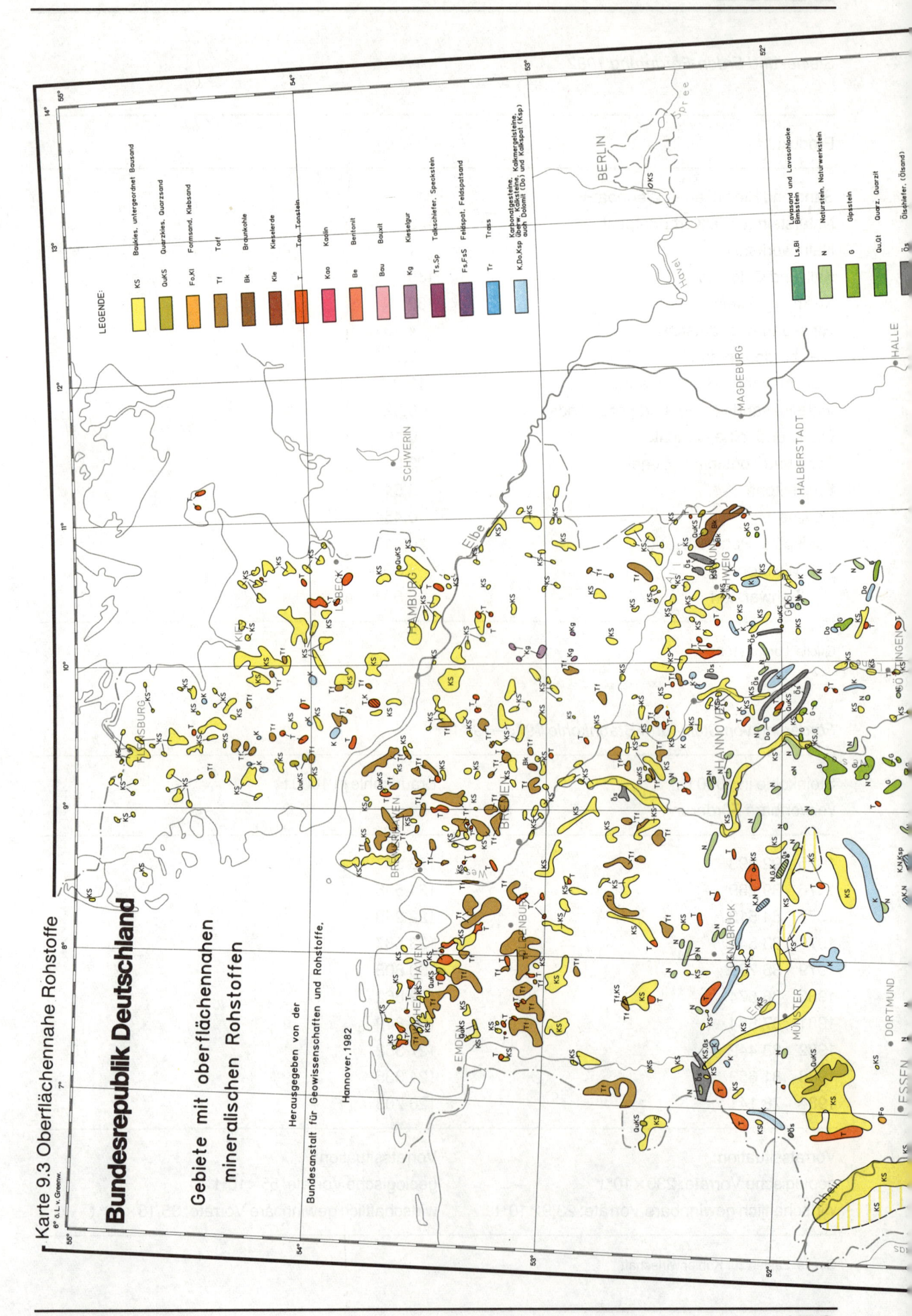

Boden

Karte 9.3 Oberflächennahe Rohstoffe

Bundesrepublik Deutschland

Gebiete mit oberflächennahen mineralischen Rohstoffen

Herausgegeben von der Bundesanstalt für Geowissenschaften und Rohstoffe, Hannover, 1982

LEGENDE:

- KS — Baukies, untergeordnet Bausand
- QuKS — Quarzkies, Quarzsand
- Fo,Kl — Formsand, Klebsand
- Tf — Torf
- Bk — Braunkohle
- Kie — Kieselerde
- T — Ton, Tonstein
- Kao — Kaolin
- Be — Bentonit
- Bau — Bauxit
- Kg — Kieselgur
- Ts,Sp — Talkschiefer, Speckstein
- Fs,FsS — Feldspat, Feldspatsand
- Tr — Traß
- K,Do,Ksp — Karbonatgesteine, Kalkmergelsteine, Kalksteine, auch Dolomit (Do) und Kalkspat (Ksp)
- Ls,Bi — Lavasand und Lavaschlacke, Bimsstein
- N — Naturstein, Naturwerkstein
- G — Gipsstein
- Qu,Qt — Quarz, Quarzit
- Ös — Ölschiefer (Ölsand)

Daten zur Umwelt 1986/87
Umweltbundesamt

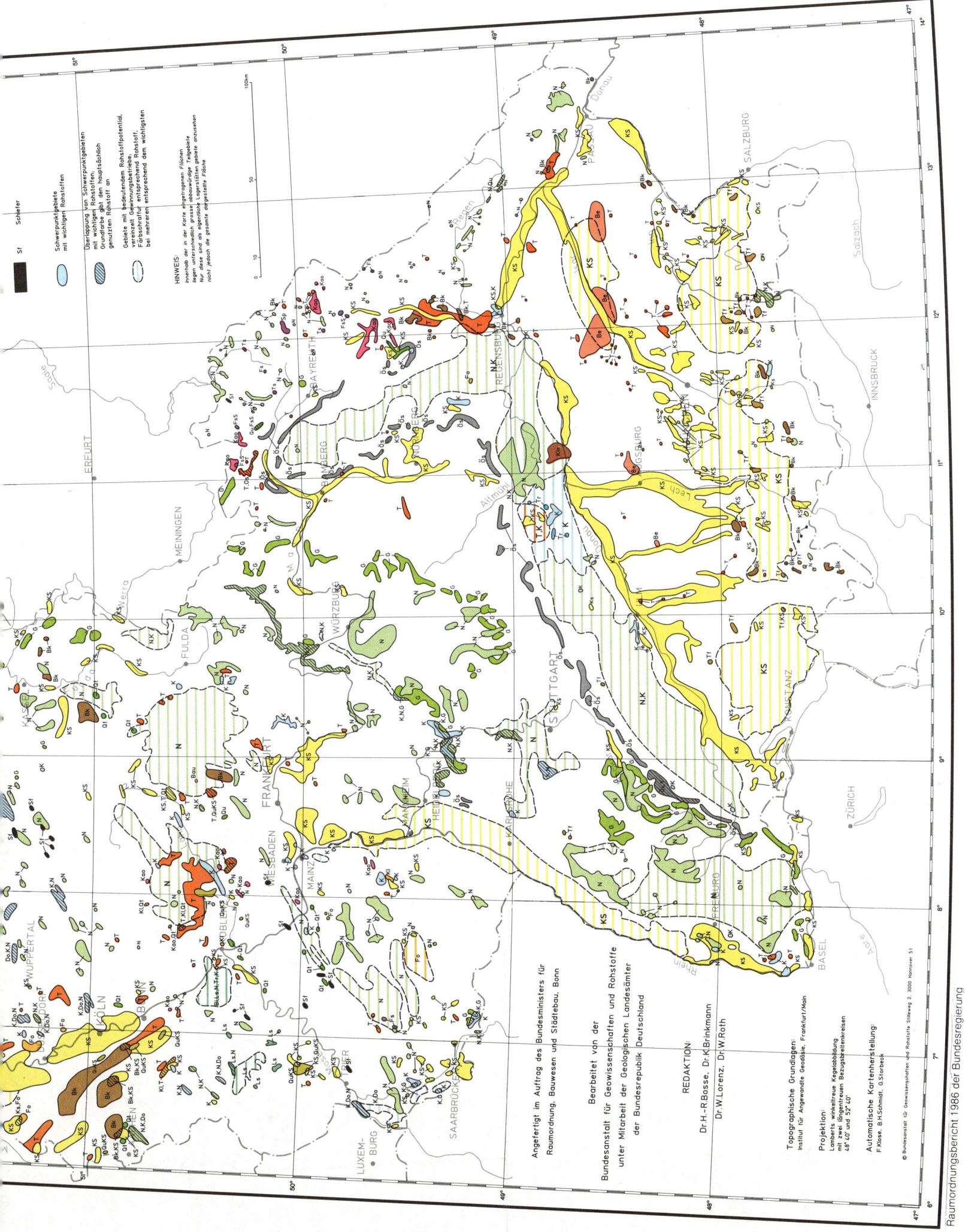

Raumordnungsbericht 1986 der Bundesregierung

Boden

Kontaminierte Standorte (Altlasten)

Unter Altlasten versteht man schadstoffhaltige Standorte, von denen Gefahren für die Umwelt ausgehen. Solche sind insbesondere zu befürchten für:

- Verlassene und stillgelegte Ablagerungsplätze mit kommunalen und gewerblichen Abfällen (Altablagerungen),
- wilde Ablagerungen, Aufhaldungen und Verfüllungen mit umweltgefährdenden Produktionsrückständen, auch in Verbindung mit Bergematerial und Bauschutt,
- ehemalige Industriestandorte (Altstandorte),
- Korrosion von Leitungssystemen, defekte Abwasserkanäle,
- abgelagerte Kampfstoffe,
- unsachgemäße Lagerung wassergefährdender Stoffe und
- andere Bodenkontaminationen.

Sie können die Böden, Grund- und Oberflächenwasser belasten und schränken eine mögliche Folgenutzung der Gelände ein. Die in der Tabelle enthaltenen Zahlen und Angaben, die auf veröffentlichten Berichten, Antworten auf parlamentarische Anfragen und Informationen aus den Ländern basieren, spiegeln als Zwischenergebnis (Stand 1984/85) die rein zahlenmäßige Dimension von sogenannten Verdachtsstandorten wider.

In der Summe ergeben sich rund 35 000 Verdachtsstandorte. Hierin nicht enthalten sind kontaminierte Standorte, die durch undichte Kanäle, z.B. Abwasserkanäle, verursacht werden. Weiterhin ist anzumerken, daß die Erfassungsaktionen von den Ländern mit unterschiedlicher Intensität und nach unterschiedlichen Auswahlkriterien betrieben und kontaminierte Betriebsgelände bis zu diesem Zeitpunkt nur von einigen Bundesländern erhoben wurden. Bei konsequenter Durchführung und Erweiterung aller Erfassungsaktionen auch auf Altstandorte ist noch mit einer Zunahme der Verdachtsstandorte zu rechnen.

Siehe auch:
- Unfälle bei Lagerung und Transport wassergefährdender Stoffe
- Standorte der Hausmülldeponien

Boden

Kontaminierte Standorte in der Bundesrepublik Deutschland

Bundesland	Anzahl	Erläuterungen	Stand
Schleswig-Holstein	über 2000	Altablagerungen (geschlossene, verlassene und stillgelegte Ablagerungsplätze für Abfälle)	Dez. 1984
Freie und Hansestadt Hamburg	mit etwa 2400	altlastverdächtigen Standorten ist zu rechnen (1831 Flächen sind im Altlasthinweiskataster enthalten, davon sind 162 saniert, teilsaniert oder auf andere Weise erledigt)	Mai 1985
Hansestadt Bremen	45	öffentlich oder privat betriebene Deponien mit überwiegend Bauschutt, Hausmüll, Gartenabfällen sowie hausmüllähnlichen Gewerbeabfällen	April 1985
Niedersachsen	3500	Altablagerungen jeglicher Art erfaßt. Nach einer ersten Gefährdungsabschätzung sind darunter rd. 100 Altlasten, die das Wohl der Allgemeinheit beeinträchtigen können	1984
Nordrhein-Westfalen	ca. 8000	Altablagerungen und Altstandorte erfaßt	Mai 1985
Hessen	mit über 4000	Altablagerungen wird insgesamt gerechnet. Über 3200 sind registriert	Jan. 1985
Rheinland-Pfalz	etwa 5000 bis 6000	geschätzte Ablagerungsstellen	Jan. 1985
Baden-Württemberg	über 4600	Ablagerungsstellen erfaßt	Mai 1984
Bayern	ca. 5000	Kommunale Müllplätze bis 1982, davon bis 1984 rd. 4300 geschlossen und rekultiviert	Mai 1984
Saarland	738	Altdeponien	Dez. 1984
Berlin	178	Altlasten (Abfallablagerungen, kont. Betriebsgelände und Kampfstoff-Altlasten)	Jan. 1985

Die Zahlen sind Zwischenergebnisse für die bisher erfaßten „Verdachtsstandorte". In der Summe ergeben sich rd. 35 000 Verdachtsstandorte. Hierin nicht enthalten sind kontaminierte Standorte, die durch „undichte Kanäle" verursacht wurden. Weiterhin ist anzumerken, daß kontaminierte Betriebsgelände bisher nur von einigen Bundesländern erhoben wurden.
Quelle: Umweltbundesamt

Boden

Unfälle mit wassergefährdenden Stoffen

Die Darstellung zeigt für den Zeitraum 1980 bis 1983

- wieviele Unfälle sich jeweils bei den angegebenen Stoffgruppen ereignet haben und
- wie groß die jeweils ausgelaufenen Mengen waren.

Die Gesamtzahl der Unfälle pro Jahr schwankt etwa zwischen 1500 und 1800, wobei ca. $^2/_3$ der Unfälle der Lagerung und ca. $^1/_3$ dem Transport wassergefährdender Stoffe zugeordnet werden können. Trends sind bisher nicht feststellbar.

Die im Rahmen des Umweltstatistik-Gesetzes (§§ 9 und 10 „Unfälle bei Lagerung und Transport wassergefährdender Stoffe") erhobenen umfangreichen Daten werden von den einzelnen Bundesländern entsprechend den jeweiligen besonderen Arbeitsschwerpunkten ausgewertet und zum Teil veröffentlicht.

Unabhängig davon wird in Zusammenarbeit zwischen dem Statistischen Bundesamt und dem Beirat „Lagerung und Transport wassergefährdender Stoffe" beim BMU eine länderübergreifende Auswertung und Zusammenfassung erarbeitet, die jedoch auf einem reduzierten Datenbestand basiert.

Neben der Anzahl der Unfälle und den jeweils betroffenen Stoffen mit ihren ausgelaufenen und zurückgewonnenen Mengen werden u.a. erfaßt und ausgewertet:

- die Art der Lagerung/des Transportes
- die Art des Behälterwerkstoffes
- die Schadensursache
- die wasserwirtschaftliche Bedeutung des Gebietes der Unfallstelle,
- die Folgen des Unfalles vor allem für Boden, Gewässer, Kläranlage, Wasserversorgung,
- die Art der Sofort- und Folgemaßnahmen.

Siehe auch:
- Grundwasservorkommen
- Kontaminierte Standorte (Altlasten)

Boden

Unfälle mit wassergefährdenden Stoffen 1980 bis 1983

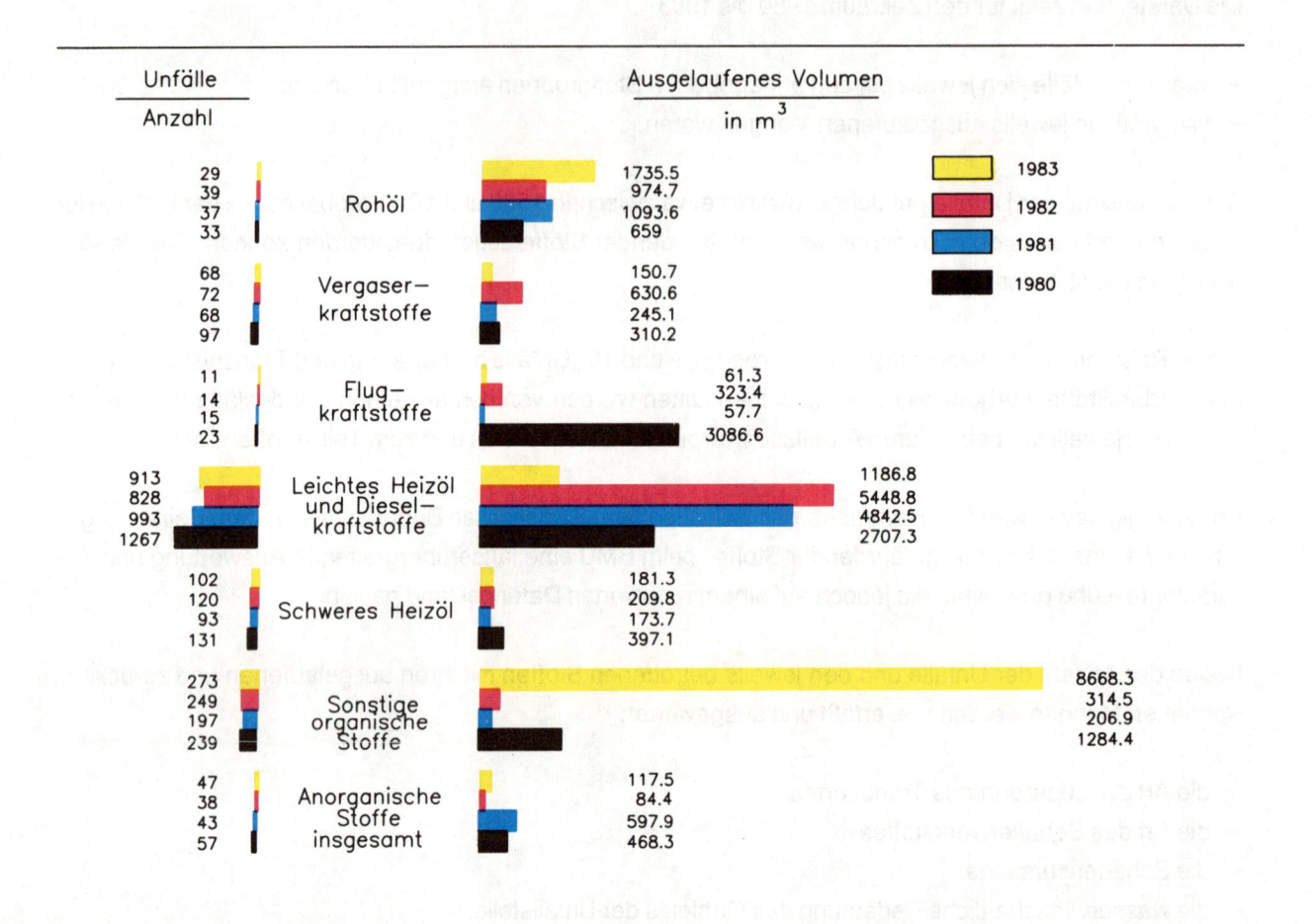

Unfälle Anzahl	Stoff	Ausgelaufenes Volumen in m³	Jahr
29	Rohöl	1735.5	1983
39		974.7	1982
37		1093.6	1981
33		659	1980
68	Vergaserkraftstoffe	150.7	1983
72		630.6	1982
68		245.1	1981
97		310.2	1980
11	Flugkraftstoffe	61.3	1983
14		323.4	1982
15		57.7	1981
23		3086.6	1980
913	Leichtes Heizöl und Dieselkraftstoffe	1186.8	1983
828		5448.8	1982
993		4842.5	1981
1267		2707.3	1980
102	Schweres Heizöl	181.3	1983
120		209.8	1982
93		173.7	1981
131		397.1	1980
273	Sonstige organische Stoffe	8668.3	1983
249		314.5	1982
197		206.9	1981
239		1284.4	1980
47	Anorganische Stoffe insgesamt	117.5	1983
38		84.4	1982
43		597.9	1981
57		468.3	1980

Quelle: Statistisches Bundesamt

Boden

Streusalz

Streusalz wird in der Bundesrepublik Deutschland seit mehr als 20 Jahren im Winterdienst zur Bekämpfung der Straßenglätte eingesetzt. Während dieser Jahre wurden jährlich zwischen 0,5 und 3 Mio Tonnen Auftaumittel ausgebracht, wobei die in früheren Jahren übliche abstumpfende Streuung faktisch bedeutungslos wurde.

Mit der Dauer des Streusalzgebrauches und mit dem Anwachsen der Verwendungsmengen wurden die Schäden immer deutlicher, die Streusalz an Straßenbäumen und anderen Pflanzen, an Kraftfahrzeugen und Verkehrsbauwerken verursacht. Besonders betroffen ist die innerstädtische Vegetation, hierbei vor allem die Straßenbäume, die vielfältigen sonstigen Belastungen unterliegen und der zusätzlichen Belastung durch Streusalz oftmals nicht mehr gewachsen sind. Die an Straßenbäumen auftretenden Streusalzschäden äußern sich zunächst durch frühzeitige Verfärbung der Blätter und vorzeitigen Blattabfall und führen bei fortdauernder Belastung zum Absterben.

Salzschäden treten insbesondere an Mittelstreifen und in Bereichen 5–10 m neben den Straßen auf. Unter ungünstigen Bedingungen können allerdings auch Schäden bis zu 200 m von der Straße entfernt auftreten. Man unterscheidet direkte Vegetationsschäden, die durch Verspritzen der Salzlösung auf die Pflanze durch den Verkehr auftreten und indirekte Vegetationsschäden durch Versalzen des Bodens mit daraus folgender Alkalisierung und Verdichtung des Bodens sowie Nährstoffverlust. Daneben kann auch ein Salzkreislauf beobachtet werden, da die Pflanze das vom Boden aufgenommene Salz in den Blättern und Zweigen ablagert und die später abfallenden Blätter dem Boden das Salz erneut zuführen.

In den letzten Jahren ist man vor allem in den Gemeinden zu einer deutlich kritischeren Einstellung zur bisherigen Winterdienstpraxis gekommen. Entsprechendes gilt auch für die Straßenbehörden der Länder.

Der Anstieg des Streusalzverbrauchs zwischen 1983 und 1985 auf Autobahnen und Bundesstraßen wird vor allem auf die Witterung zurückgeführt.

Eine Umfrage von 1984 in 211 Städten und Gemeinden macht die Veränderung deutlicher: Der Anteil der salzgestreuten Netz-Kilometer sank von 82% im Winter 1977/78 auf 64% im Winter 1982/83, also um 18%. In Hamburg, Hannover, Bonn, Karlsruhe, Ingolstadt und Freiburg wurden sogar 1983/84 nur noch zwischen 15 und 40% der Netzkilometer mit Streusalz behandelt, in Berlin 5%, was auf eine weitere Entwicklung in Richtung salzfreien Winterdienst schließen läßt.

Auswirkungen der Streumittelumstellung zeigten sich im teilweise verminderten Verkehrsfluß mit niedriger Fahrgeschwindigkeit. Steigerungen der Unfallzahlen mit Personenschäden und der Winterdienstkosten werden in den befragten Gemeinden im allgemeinen nicht verzeichnet.

Besonders rasch reduziert wurde der Streusalzeinsatz im Gehwegbereich, wo das Straßengrün besonders der Schädigung ausgesetzt ist. Reine Salzstreuung sank hier von 53% 1977/78 auf 10% 1982/83, wobei sich ebenfalls keine erhöhten Unfallzahlen ergaben.

In Gemeinden, die den Streusalzeinsatz auf Gehwegen generell durch Satzung verboten haben (28 im Herbst 1984), wurde abstumpfend gestreut.

Boden

Streusalzabsatz und – verbrauch 1972/73 bis 1984/85

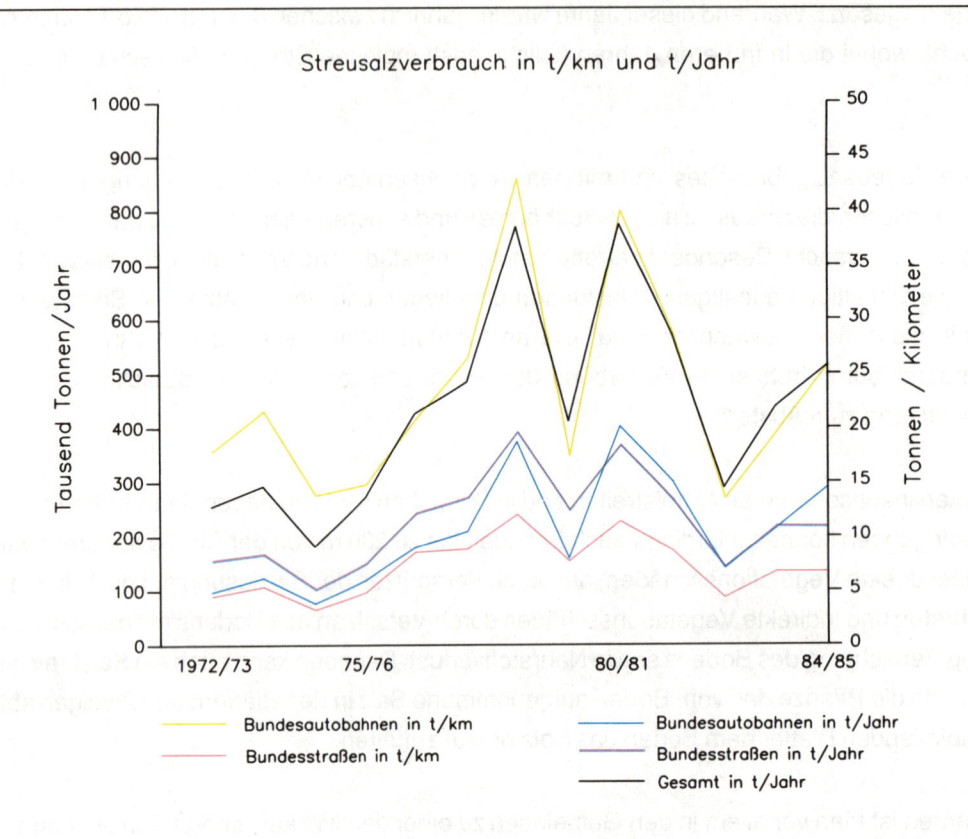

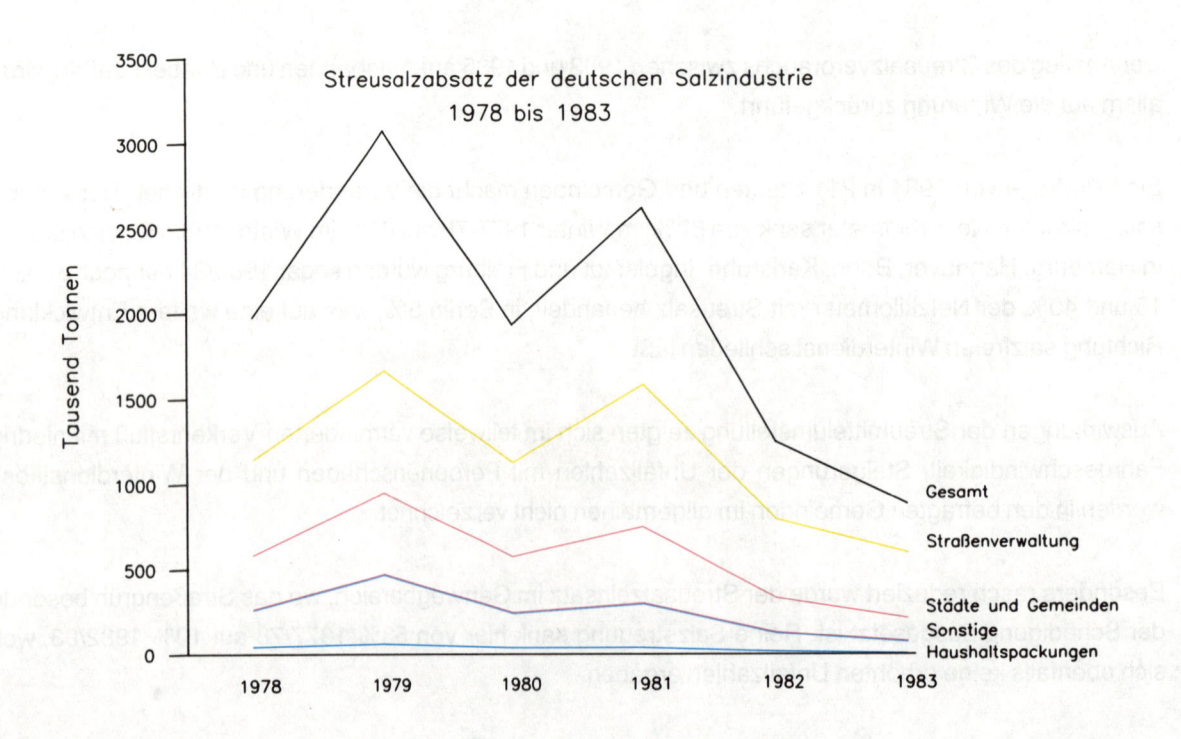

Streusalzverbrauch in t/km und t/Jahr

- Bundesautobahnen in t/km
- Bundesstraßen in t/km
- Bundesautobahnen in t/Jahr
- Bundesstraßen in t/Jahr
- Gesamt in t/Jahr

Streusalzabsatz der deutschen Salzindustrie 1978 bis 1983

- Gesamt
- Straßenverwaltung
- Städte und Gemeinden
- Sonstige
- Haushaltspackungen

Quelle: Bundesminister für Verkehr, Umweltbundesamt

Wald

	Seite
Datengrundlagen	182
Waldschäden	183
– geschädigte Fläche aller Baumarten 1986	186
– geschädigte Fläche aller Baumarten 1985	187
– geschädigte Fläche aller Baumarten 1984	188
– geschädigte Fläche aller Baumarten 1983	189
– geschädigte Fläche aller Baumarten im Vergleich 1986/1985	190
– geschädigte Fläche aller Baumarten im Vergleich 1985/1984	191
– geschädigte Fläche aller Baumarten im Vergleich 1984/1983	192
– geschädigte Fläche Fichte 1983, 1984, 1985	193
Kiefer 1983, 1984, 1985	194
Buche 1983, 1984, 1985	195
Eiche 1983, 1984, 1985	196
Tanne 1983, 1984, 1985	197

Wald

Datengrundlagen

Seit Ende der siebziger Jahre, insbesondere aber seit 1981, werden in der Bundesrepublik Deutschland großflächige Waldschäden beobachtet, die sich nicht in das Bild der bisherigen Schäden einordnen lassen. Alle Indizien sprechen dafür, daß Luftverunreinigungen wesentliche Ursachen dieser Schäden sind, wobei von einer Beteiligung natürlicher Ursachen wie Schädlingsbefall, Windwurf, Schneebruch, Trockenheit, Wildverbiß usw. ausgegangen werden muß. Die Vorbelastung durch einen dieser Faktorenkomplexe führt zu einer erhöhten Anfälligkeit gegenüber Sekundärschädigungen.

Ausgedehnte Schäden zeigten sich zunächst bei der Weißtanne. Ende der 70er Jahre wurden zunehmend Krankheitserscheinungen bei der Fichte festgestellt. Es folgten Meldungen über ähnliche Symptome an anderen Baumarten, insbesondere an Kiefer und Buche, aber auch an Eiche, Roteiche, Ahorn, Esche und Vogelbeere. Nach den neuesten Erhebungen haben die Schäden vor allem bei Tanne, Fichte und Kiefer ein besorgniserregendes Ausmaß erreicht.

Eine erste zusammenfassende Darstellung der Sachverhalte erfolgte in dem Bericht „Waldschäden durch Luftverunreinigungen". Dieser Bericht ist vom Bundesminister für Ernährung, Landwirtschaft und Forsten, dem Bundesminister des Innern und dem Länderausschuß für Immissionsschutz erarbeitet und im Oktober 1983 der Umweltministerkonferenz vorgelegt worden.

Im Herbst 1983 führte der Bundesminister für Ernährung, Landwirtschaft und Forsten in Zusammenarbeit mit den Ländern eine erste Waldschadenserhebung durch, die im Herbst 1984, 1985 und 1986 wiederholt wurde.

Wie bei den Waldschadenserhebungen 1983 und 1984 wurden auch 1985 nur Schäden erhoben, für die sich keine Anhaltspunkte für eindeutig erkennbare natürliche Schadensursachen wie z.B. Schädlinge, Windwurf, Schneebruch oder Wildschäden ergeben.

Einbezogen in die Erhebung sind damit Schäden mit noch nicht zweifelsfrei geklärter Ursache und Schäden, die im Nahbereich von Emittenten eindeutig auf Immissionen zurückzuführen sind.

Die Waldschäden wurden 1985 und 1986 nach dem gleichen bundeseinheitlichen Stichprobenverfahren erhoben wie 1984, so daß die Ergebnisse voll vergleichbar sind. Anhand des Nadel- und Blattverlustes sowie der Vergilbung werden die Probebäume in folgende Schadstufen eingruppiert:

- Stufe 0: ohne Schadmerkmale
- Schadstufe 1: schwach geschädigt
- Schadstufe 2: mittelstark geschädigt
- Schadstufe 3: stark geschädigt
- Schadstufe 4: abgestorben

Die Schäden wurden getrennt nach einzelnen Baumarten aufgenommen. Als Schadensflächen gingen jeweils die „reduzierten Schadensflächen", d.h. nur die anteilige Fläche der geschädigten Bäume, ein. Insofern setzt sich die Gesamtschadensfläche aus der Summe der Einzelflächen, die die geschädigten Bäume einnehmen, zusammen.

Siehe auch:
- Flächendeckende Darstellung von Immissionen
- Weiträumige Ausbreitung von Schwefelverbindungen in der Atmosphäre

Wald

Waldschäden

Die wesentlichen Ergebnisse der Waldschadenserhebung 1985 sind:

Die rapide Zunahme der Waldschäden, wie sie seit 1982 zu beobachten war, hat sich insgesamt gesehen nicht fortgesetzt. Während zwischen 1983 und 1984 der Anteil der geschädigten Waldfläche von 34% auf 50% zugenommen hat, war von 1984 auf 1985 nur noch ein leichter Anstieg um knapp 2% auf ca. 52% zu verzeichnen. Insgesamt sind nunmehr die Waldbäume auf 3,8 Mio ha in ihrer Vitalität geschwächt oder geschädigt.

Knapp zwei Drittel der geschädigten Flächen entfallen nach wie vor auf die Schadstufe 1 (schwache Schäden). Läßt man diese als Warnstufe zu bezeichnende Schadstufe außer acht, so ergibt sich, daß 19% der Waldfläche mittlere bis starke Schäden (Schadstufen 2 bis 4) aufweisen. Die Zunahme gegenüber dem Vorjahr beträgt hier knapp 2% der Waldfläche. Das bedeutet, daß die Zunahme der Waldschäden ausschließlich im Bereich der mittleren und starken Schäden liegt. Die Zunahme gegenüber dem Vorjahr beträgt 140 000 ha.

Obwohl in einzelnen Gebieten ein Rückgang der Schäden erkennbar ist, muß insgesamt festgestellt werden, daß sich der Gesundheitszustand bei den Baumarten Fichte, Tanne, Buche und Eiche weiter verschlechtert hat. Bei der Eiche haben die Schäden mit +12% der Fläche am stärksten zugenommen. Der Zustand der Kiefer hat sich leicht verbessert (−1,4%). Bemerkenswert ist auch die Abnahme der mittelstarken Schäden (Schadstufe 2) um 3,9% der Kiefernfläche hin zu schwachen Schäden (Schadstufe 1). Dies gilt insbesondere für einige bayerische Gebiete. Mit einem Schadanteil von 87% der Tannenfläche in den Schadstufen 1 bis 4 und einem Anteil von 67% in den Schadstufen 2 bis 4 muß die Tanne als in ihrem Bestand akut bedroht bezeichnet werden. Buche und Eiche haben inzwischen den annähernd gleichen prozentuellen Schadflächenanteil wie Fichte und Kiefer.

Schäden bei den einzelnen Baumarten

Im Vergleich zum Vorjahr haben sich die Schäden bei den einzelnen Baumarten unterschiedlich entwickelt. Generell kann festgestellt werden, daß sich der Gesundheitszustand bei den Baumarten Fichte, Tanne, Buche und Eiche weiter verschlechtert hat. Der Zustand der Kiefer hat sich dagegen leicht verbessert.

Bei der *Eiche* haben die Schäden am stärksten zugenommen, und zwar um 12% ihrer Fläche auf 55% (Schadstufen 1 bis 4). Mehr als die Hälfte dieser Zunahme entfällt auf die mittleren und starken Schäden, die von 9% auf über 16% der Eichenfläche angewachsen sind. Dies ist nahezu eine Verdoppelung. Es kann nicht ausgeschlossen werden, daß in einigen Regionen bei dieser Schadenszunahme die starken Fröste des Winters beteiligt sind. Frostschäden wurden vor allem an Johannistrieben jüngerer Eichen beobachtet.

Die Schäden bei der *Buche* haben um 4% ihrer Fläche auf 55% und damit insgesamt nicht so stark zugenommen wie bei der Eiche.

Damit ist nunmehr der Grad der Schädigung bei Buche und Eiche praktisch gleich. Auch bei der Buche liegt der Schwerpunkt der Schadenszunahme bei den mittleren und starken Schäden (Schadstufen 2 bis 4).

Wald

Die Schäden an unserer bedeutendsten Baumart, der *Fichte,* haben insgesamt nur noch um 1% ihrer Fläche und damit nur wenig zugenommen. Sie ist zu 52% in ihrer Vitalität geschwächt oder geschädigt (Schadstufen 1 bis 4) und besitzt aufgrund ihres Flächenanteils von 39% an der Gesamtwaldfläche die größte Schadfläche (1,5 Mio. ha) aller Baumarten. Bei der Analyse der einzelnen Schadstufen zeigt sich, daß hier die mittleren und starken Schäden stärker zugenommen haben (+3,5% der Fichtenfläche).

Als äußerst besorgniserregend muß weiterhin der Zustand der *Tanne* bezeichnet werden. Die Tanne hat zwar im Bundesgebiet nur einen Flächenanteil von 2%, jedoch in süddeutschen Mittelgebirgslagen und in den Alpen eine große waldbauliche und ökologische Bedeutung. Der Gesamtumfang der Fläche mit Schadsymptomen (Schadstufen 1 bis 4) hat sich im Vergleich zum Vorjahr zwar kaum verändert (87% der Tannenfläche), jedoch setzen sich die seit Jahren beobachteten starken Veränderungen von den schwachen Schäden zu den starken Schäden unvermindert fort. Der Flächenanteil der mittleren und starken Schäden (Schadstufen 2 bis 4) hat sich von 48% im Jahre 1983 und 58% im Jahre 1984 auf nunmehr 67% erhöht. Über 16% der Tannenfläche sind stark geschädigt. Damit muß diese wertvolle Mischbaumart vor allem in den süddeutschen Mittelgebirgen als in ihrem Bestand akut bedroht bezeichnet werden.

Erfreulicher ist die Entwicklung bei der Baumart *Kiefer.* Hier sind Verbesserungen des Zustandes, vornehmlich bei den jüngeren Beständen, zu verzeichnen. Die insgesamt geschädigte Fläche hat gegenüber dem Vorjahr abgenommen, und zwar um 1,4% der Kiefernfläche auf 58%. Bemerkenswert ist die Abnahme der mittelstarken Schäden (Schadstufe 2) um 3,9% der Kiefernfläche hin zu schwachen Schäden (Schadstufe 1). Eine Erholung scheint somit nicht nur bei den schwach geschädigten, sondern auch bei stärker geschädigten Kiefern möglich zu sein.

Bei allen Baumarten sind die älteren Bestände deutlich stärker geschwächt als die jüngeren. Während die über 60jährigen Bäume auf 73% ihrer Fläche Schadsymptome aufweisen, sind es bei den unter 60jährigen 35%. Auch die Schwere der Schäden ist bei den älteren Bäumen erheblich stärker ausgeprägt als bei den jüngeren. Soweit Regenerationen festgestellt werden konnten, erstreckten sich diese in erster Linie auf jüngere Bestände.

Zusammenfassend bleibt festzustellen, daß sich unsere wichtigsten Baumarten Fichte, Kiefer, Buche und Eiche im Schadensniveau stark angeglichen haben. Ihre Gesamtschädigung (Schadstufen 1 bis 4) liegt zwischen 52% und 58%. Werden nur die deutlichen Schäden (Schadstufen 2 bis 4) betrachtet, liegen Kiefer, Buche und Eiche mit Flächenanteilen von 15% bis 17% ebenfalls dicht beieinander. Die Fläche der geschädigten Fichte hat hier einen merklich höheren Anteil von 24%. Noch wesentlich stärker geschädigt ist die Tanne.

Nach Redaktionsschluß für „Daten zur Umwelt 1986/87" wurden die Ergebnisse der Waldschadenserhebung 1986 vom Bundesminister für Ernährung, Landwirtschaft und Forsten mitgeteilt. Die Karte „Waldschäden in der Bundesrepublik Deutschland, Alle Baumarten (Schadstufen 1 - 4) 1986" und die Vergleichskarte zu 1985 konnten noch aufgenommen werden (s. Seite 186 und 190).

Wald

Erläuterungen zu den Karten

In den Karten werden die Anteile der geschädigten Waldfläche an den Waldflächen der jeweiligen Wuchsgebiete farbig abgestuft für die einzelnen Klassen dargestellt. Forstliche Wuchsgebiete sind Großlandschaften mit einheitlichen Wuchsbedingungen für die Waldbäume. In die geschädigte Waldfläche sind alle geschädigten Baumarten einbezogen und stellen somit die Relation zwischen den geschädigten und ungeschädigten Waldflächen in einem ganzen Wuchsgebiet dar.

Wuchsgebiete

1. Schleswig-Holstein Nordwest
2. Schleswig-Holstein Südwest
3. Schleswig-Holstein Ost
4. Großraum Hamburg
5. Niedersächsischer Küstenraum
6. Mittleres Westniedersächsisches Tiefland
7. Großraum Bremen
8. Großraum Berlin
9. Ostniedersächsisches Tiefland
10. Westfälische Bucht
11. Weserbergland
12. Nordwestdeutsche Berglandschwelle
13. Südniedersächsisches Bergland
14. Niedersächsischer Harz
15. Niederrheinisches Tiefland
16. Niederrheinische Bucht
17. Bergisches Land
18. Sauerland
19. Nördliches hessisches Schiefergebirge
20. Nordwesthessisches Bergland
21. Nordosthessisches Bergland
22. Nordeifel
23. Westeifel
24. Osteifel
25. Mittelrheintal
26. Westerwald
27. Gießener Becken und Wetterau
28. Vogelsberg und östlich angrenzendes Sandsteingebirge
29. Rhön
30. Gutland
31. Moseltal
32. Hunsrück
33. Taunus
34. Saar-Nahe-Berg- und Hügelland
35. Saarländisch-Pfälzische Moorniederung
36. Rhein-Mainebene, Oberrheinisches Tiefland
37. Odenwald
38. Spessart
39. Fränkische Platte
40. Fränkische Keuper, Frankenalbvorland
41. Oberpfälzer Jura, Frankenalb
42. Oberfränkisches Triashügelland
43. Frankenwald und Fichtelgebirge
44. Oberpfälzer Becken- und Hügelland
45. Oberpfälzer Wald
46. Saar-Hügel- und Bergland
47. Pfälzisch-Saarländisches Muschelkalkgebirge
48. Pfälzerwald
49. Neckarland
50. Bayerischer Wald
51. Schwarzwald
52. Baar-Wutach
53. Schwäbische Alb
54. Bayerisches tertiäres Hügelland
55. Südwestdeutsches Alpenvorland
56. Schwäbisch-Bayerische Schotterplatten
57. Schwäbisch-Bayerische Jungmoräne, Molassevorberge
58. Bayerische Alpen

Wald

Waldschäden in der Bundesrepublik Deutschland 1986
Alle Baumarten (Schadstufen 1 bis 4)

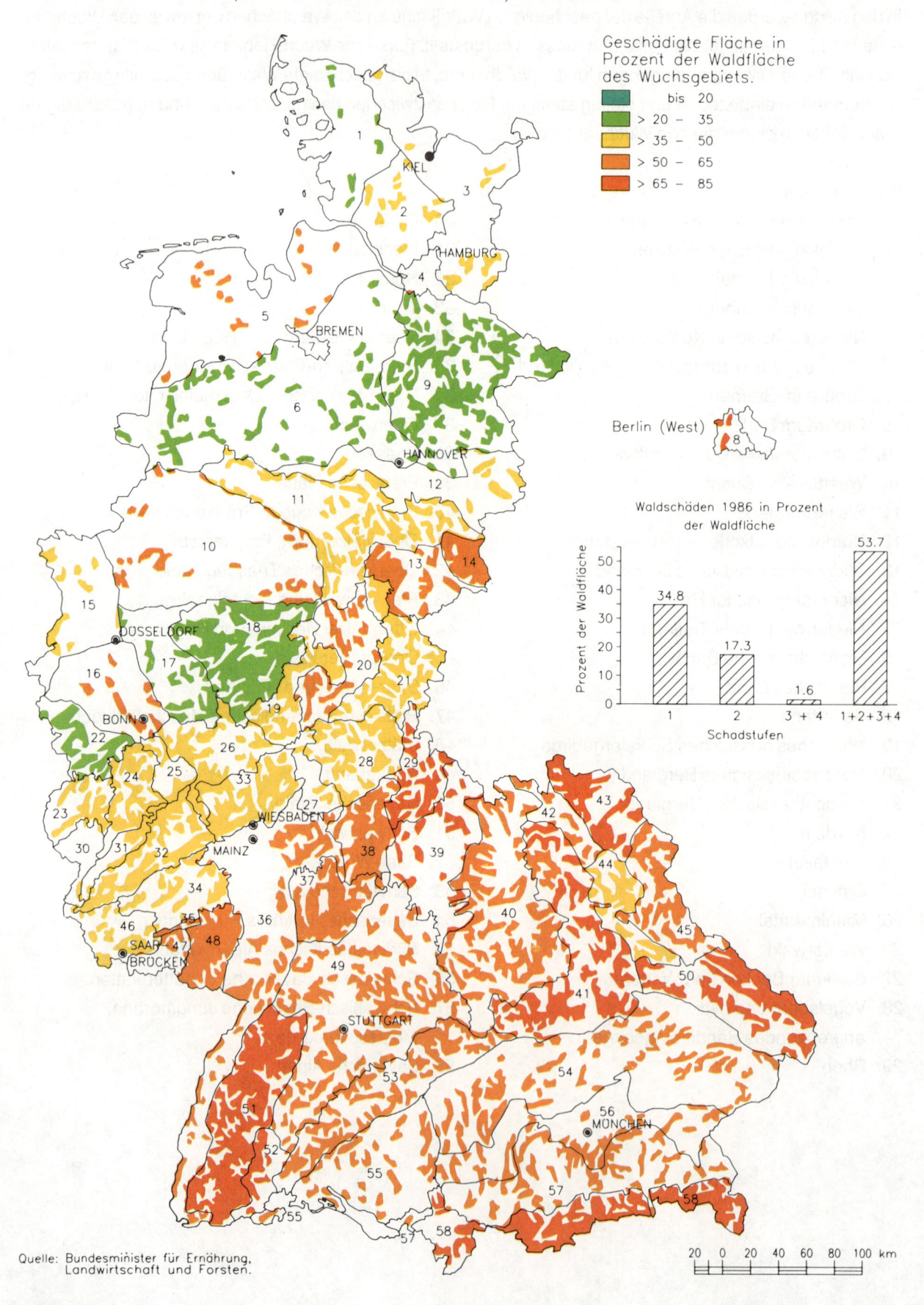

Geschädigte Fläche in Prozent der Waldfläche des Wuchsgebiets.
- bis 20
- > 20 – 35
- > 35 – 50
- > 50 – 65
- > 65 – 85

Berlin (West)

Waldschäden 1986 in Prozent der Waldfläche

Schadstufen	Prozent der Waldfläche
1	34.8
2	17.3
3 + 4	1.6
1+2+3+4	53.7

Quelle: Bundesminister für Ernährung, Landwirtschaft und Forsten.

UMPLIS
Methodenbank
Umwelt

Daten zur Umwelt 1986/87
Umweltbundesamt

Wald

Waldschäden in der Bundesrepublik Deutschland 1985
Alle Baumarten (Schadstufen 1 bis 4)

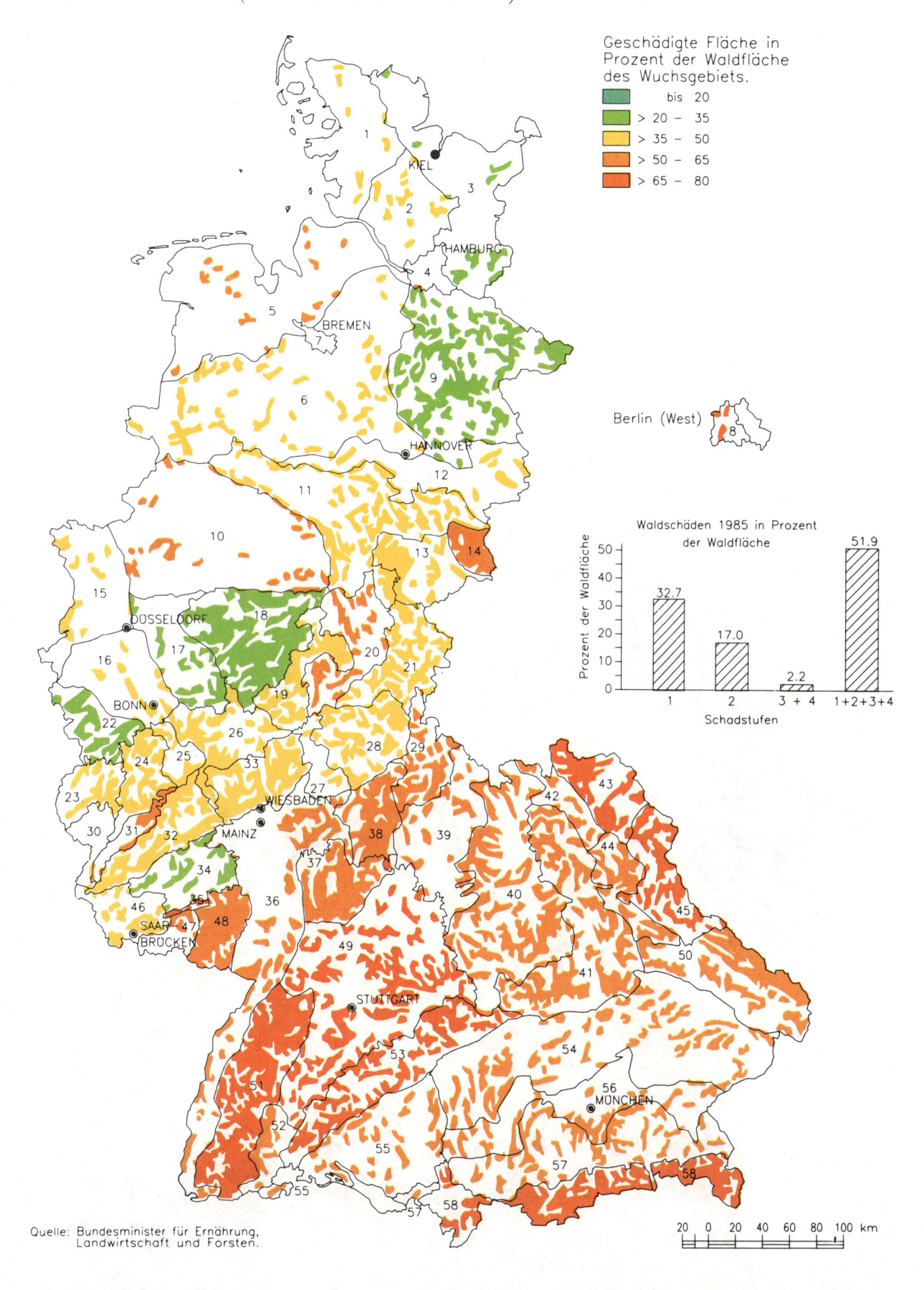

Geschädigte Fläche in Prozent der Waldfläche des Wuchsgebiets.
- bis 20
- > 20 – 35
- > 35 – 50
- > 50 – 65
- > 65 – 80

Berlin (West)

Waldschäden 1985 in Prozent der Waldfläche

Schadstufen	Prozent der Waldfläche
1	32.7
2	17.0
3 + 4	2.2
1 + 2 + 3 + 4	51.9

Quelle: Bundesminister für Ernährung, Landwirtschaft und Forsten.

Daten zur Umwelt 1986/87
Umweltbundesamt

UMPLIS
Methodenbank
Umwelt

Wald

Waldschäden in der Bundesrepublik Deutschland 1984
Alle Baumarten (Schadstufen 1 bis 4)

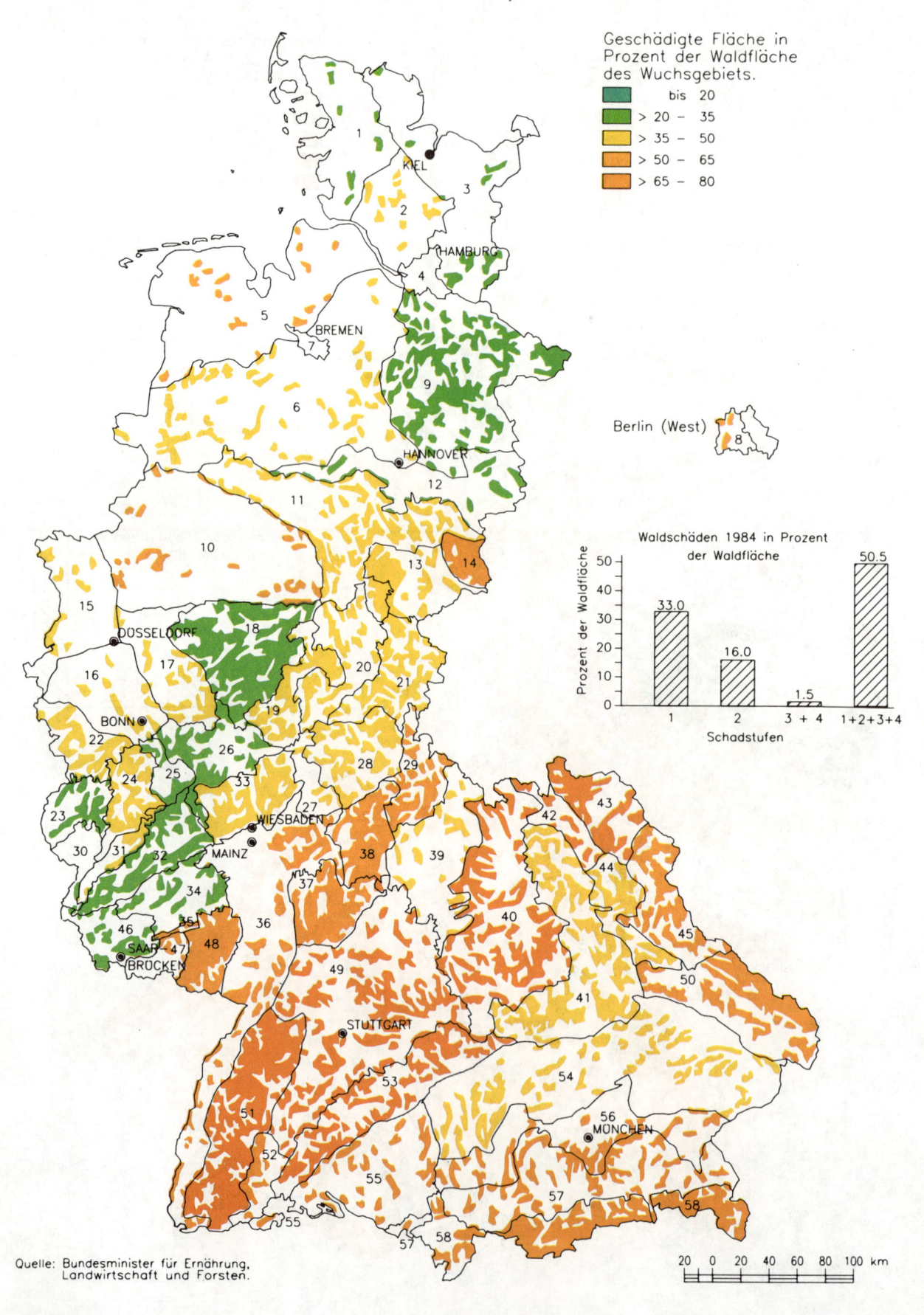

Geschädigte Fläche in Prozent der Waldfläche des Wuchsgebiets.
- bis 20
- > 20 – 35
- > 35 – 50
- > 50 – 65
- > 65 – 80

Waldschäden 1984 in Prozent der Waldfläche

Schadstufen	Prozent der Waldfläche
1	33.0
2	16.0
3 + 4	1.5
1+2+3+4	50.5

Quelle: Bundesminister für Ernährung, Landwirtschaft und Forsten.

UMPLIS
Methodenbank
Umwelt

Daten zur Umwelt 1986/87
Umweltbundesamt

Wald

Waldschäden in der Bundesrepublik Deutschland 1983
Alle Baumarten (Schadstufen 1 bis 4)

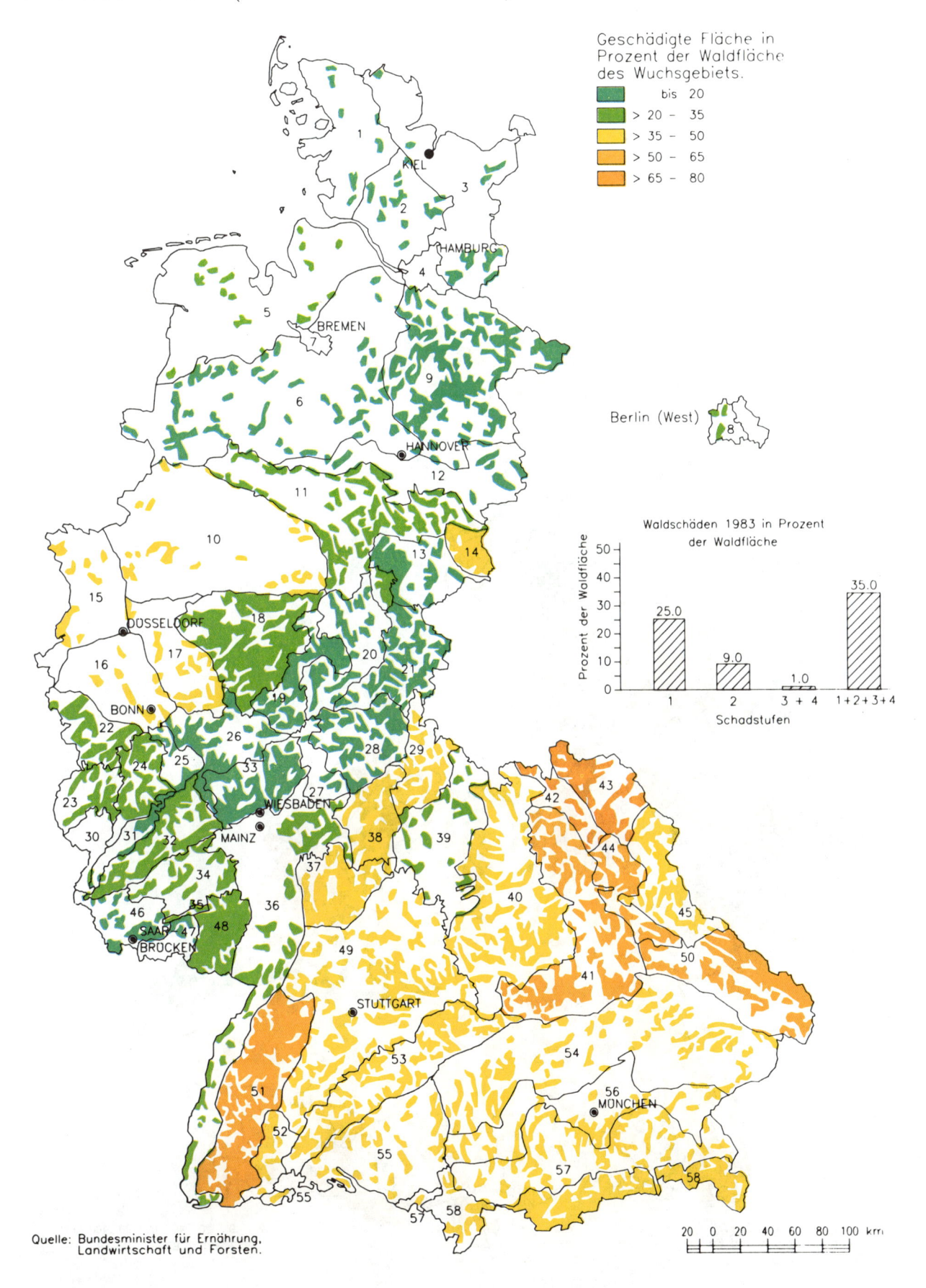

Geschädigte Fläche in Prozent der Waldfläche des Wuchsgebiets:
- bis 20
- > 20 – 35
- > 35 – 50
- > 50 – 65
- > 65 – 80

Berlin (West)

Waldschäden 1983 in Prozent der Waldfläche

Schadstufen	Prozent der Waldfläche
1	25.0
2	9.0
3 + 4	1.0
1 + 2 + 3 + 4	35.0

Quelle: Bundesminister für Ernährung, Landwirtschaft und Forsten.

Daten zur Umwelt 1986/87
Umweltbundesamt

UMPLIS
Methodenbank
Umwelt

Wald

Waldschäden in der Bundesrepublik Deutschland
Zu- und Abnahme der geschädigten Waldflächen im Vergleich 1985/1986
Alle Baumarten (Schadstufen 1 bis 4)

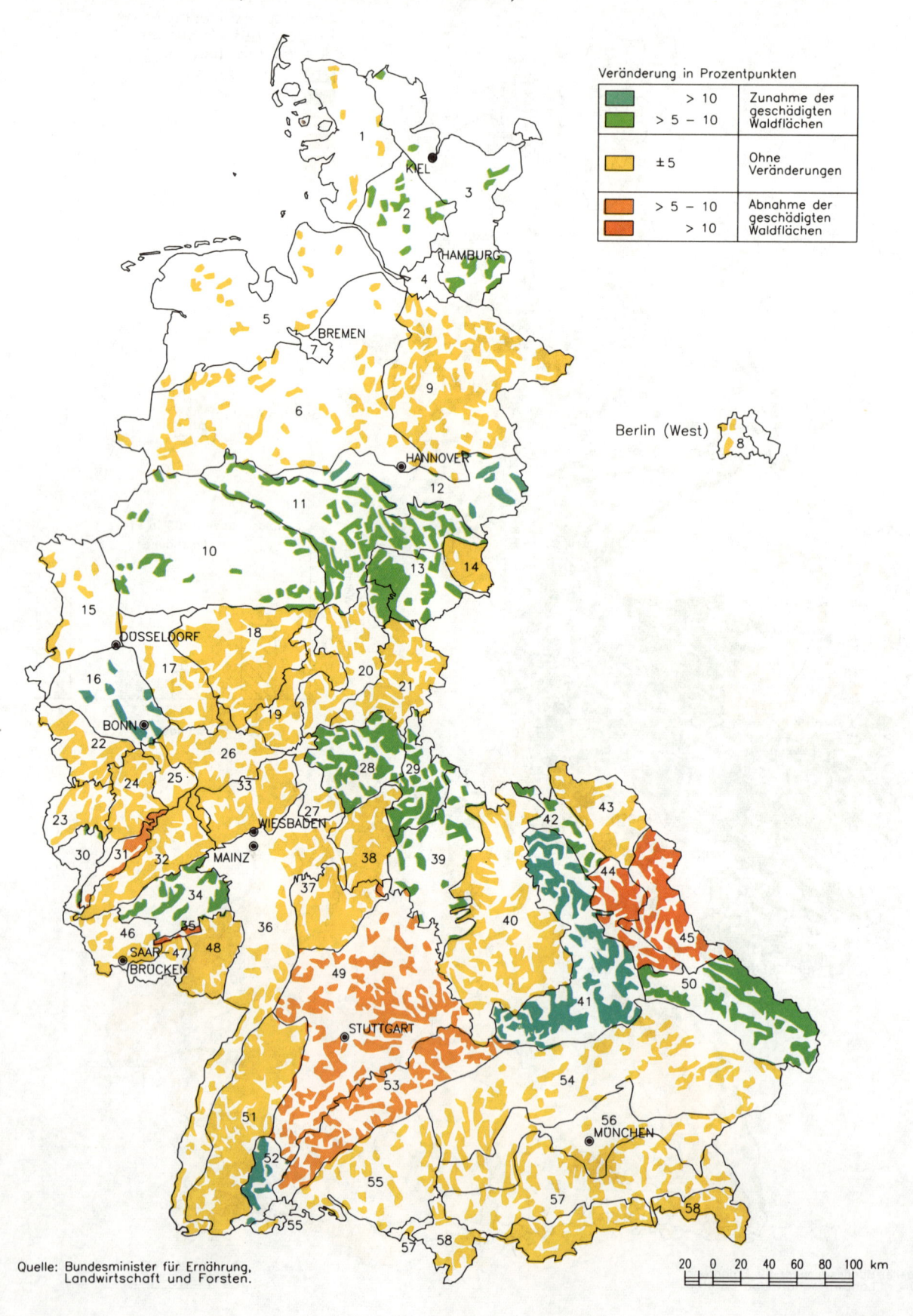

Veränderung in Prozentpunkten	
> 10	Zunahme der geschädigten Waldflächen
> 5 – 10	
± 5	Ohne Veränderungen
> 5 – 10	Abnahme der geschädigten Waldflächen
> 10	

Quelle: Bundesminister für Ernährung, Landwirtschaft und Forsten.

Wald

Waldschäden in der Bundesrepublik Deutschland
Zu- und Abnahme der geschädigten Waldflächen im Vergleich 1984/1985
Alle Baumarten (Schadstufen 1 bis 4)

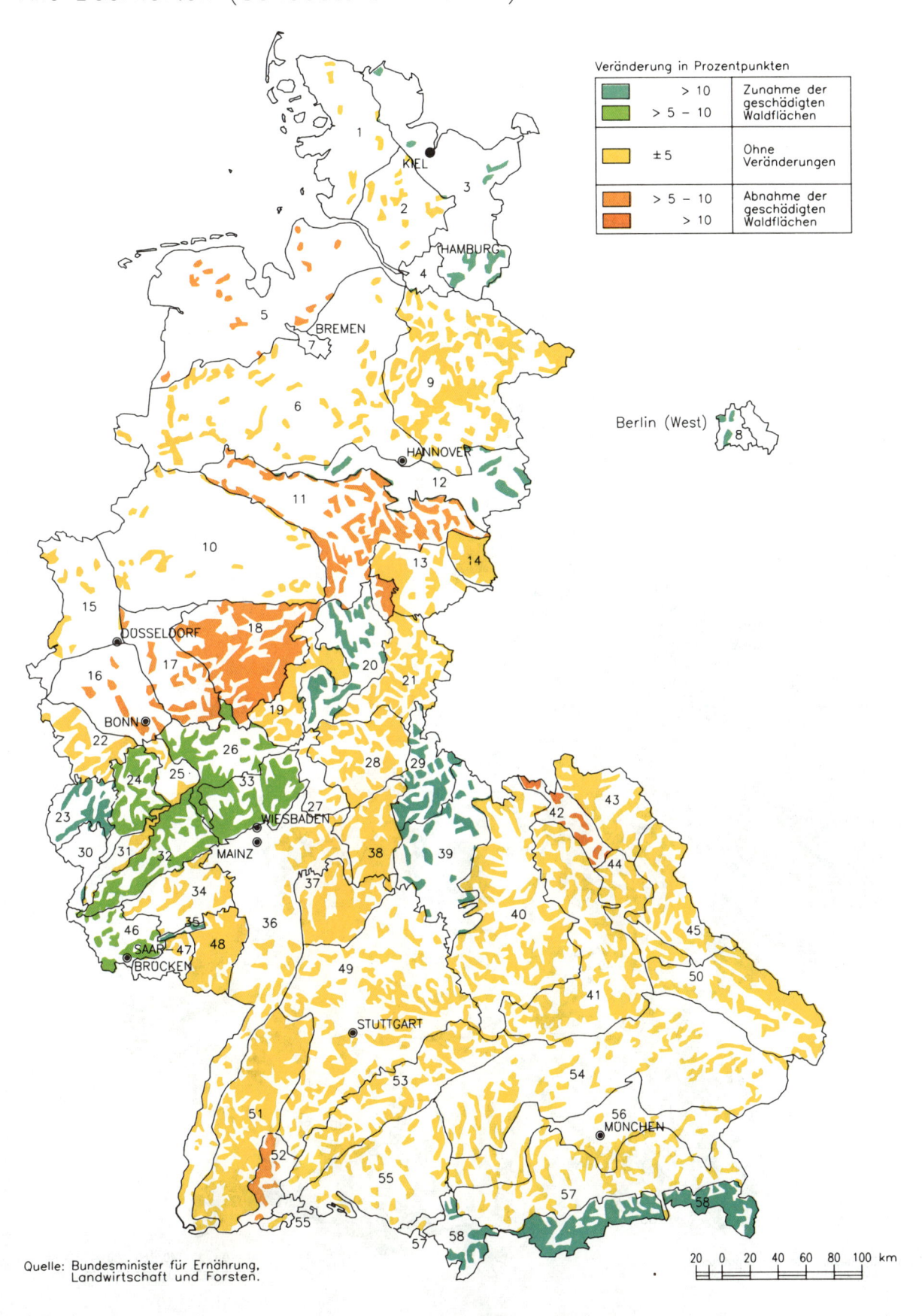

Veränderung in Prozentpunkten	
> 10	Zunahme der geschädigten Waldflächen
> 5 – 10	
± 5	Ohne Veränderungen
> 5 – 10	Abnahme der geschädigten Waldflächen
> 10	

Quelle: Bundesminister für Ernährung, Landwirtschaft und Forsten.

Daten zur Umwelt 1986/87
Umweltbundesamt

UMPLIS
Methodenbank
Umwelt

191

Wald

Waldschäden in der Bundesrepublik Deutschland
Zu- und Abnahme der geschädigten Waldflächen im Vergleich 1983/1984
Alle Baumarten (Schadstufen 1 bis 4)

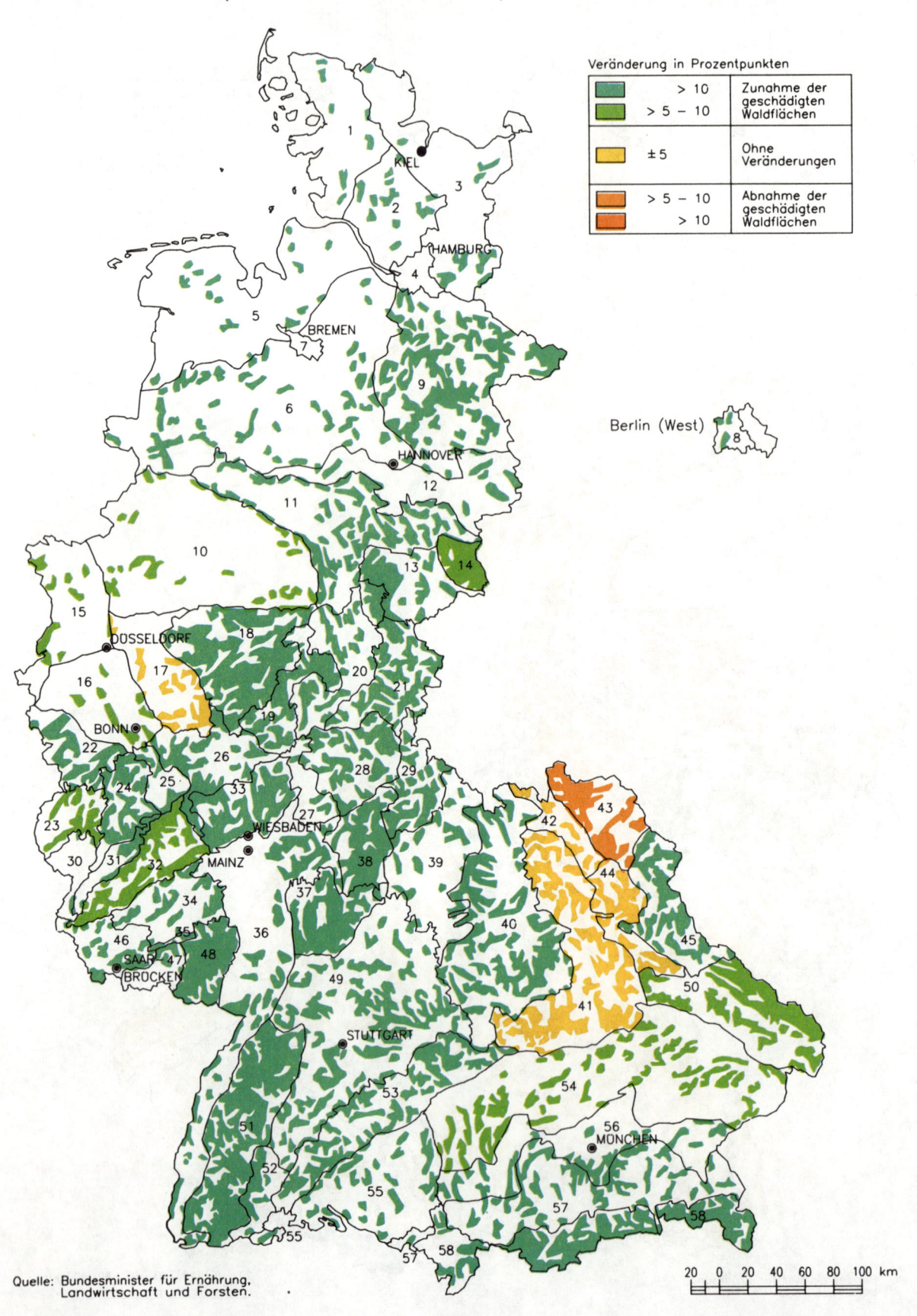

Veränderung in Prozentpunkten

	> 10	Zunahme der geschädigten Waldflächen
	> 5 – 10	
	± 5	Ohne Veränderungen
	> 5 – 10	Abnahme der geschädigten Waldflächen
	> 10	

Quelle: Bundesminister für Ernährung, Landwirtschaft und Forsten.

192

UMPLIS
Methodenbank
Umwelt

Daten zur Umwelt 1986/87
Umweltbundesamt

Wald

Waldschäden in der Bundesrepublik Deutschland
Fichte (Schadstufen 1 bis 4)

1983

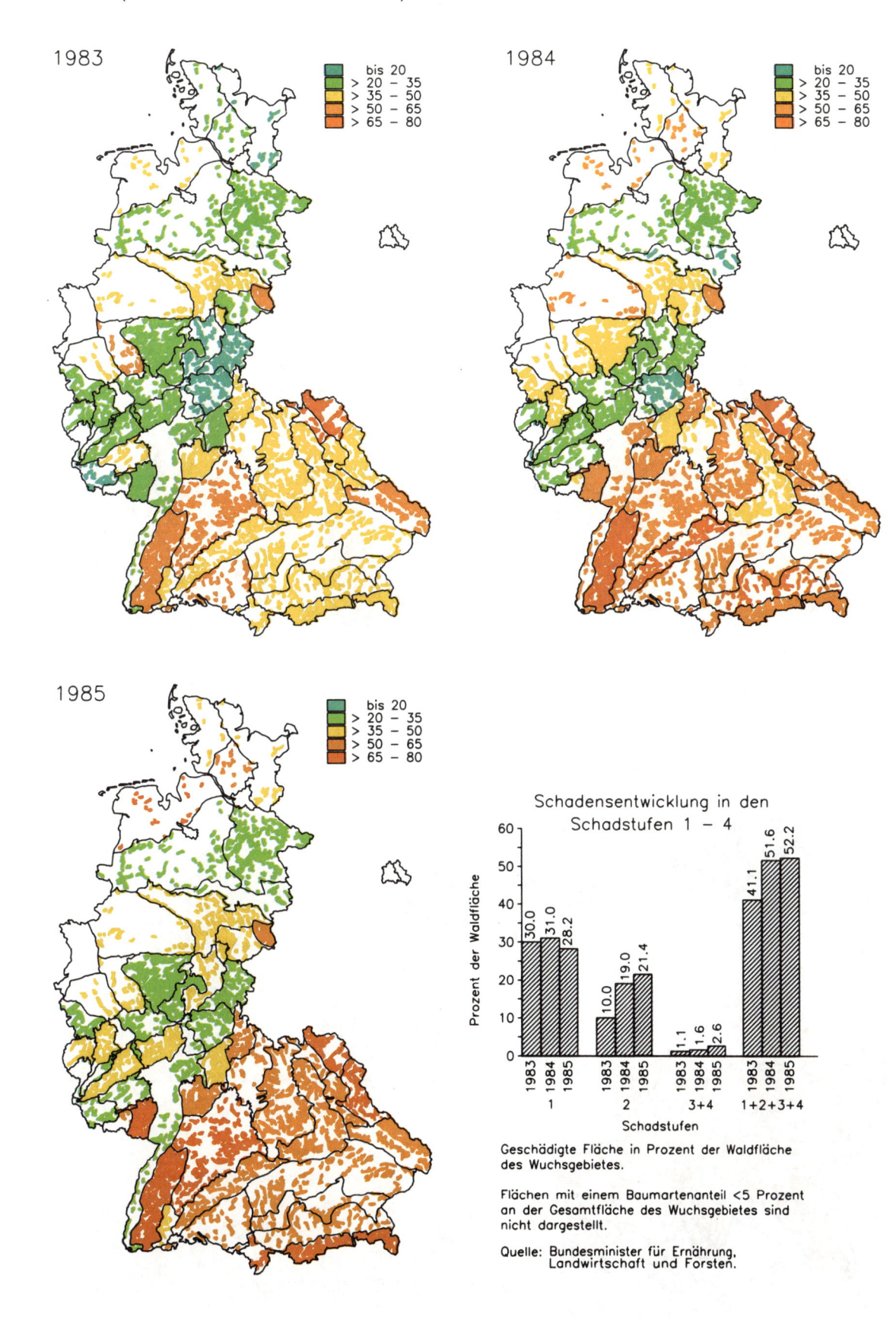

	bis 20
	> 20 – 35
	> 35 – 50
	> 50 – 65
	> 65 – 80

1984

1985

Schadensentwicklung in den Schadstufen 1 – 4

Schadstufen	1983	1984	1985
1	30.0	31.0	28.2
2	10.0	19.0	21.4
3+4	1.1	1.6	2.6
1+2+3+4	41.1	51.6	52.2

Geschädigte Fläche in Prozent der Waldfläche des Wuchsgebietes.

Flächen mit einem Baumartenanteil <5 Prozent an der Gesamtfläche des Wuchsgebietes sind nicht dargestellt.

Quelle: Bundesminister für Ernährung, Landwirtschaft und Forsten.

Wald

Waldschäden in der Bundesrepublik Deutschland
Kiefer (Schadstufen 1 bis 4)

1983

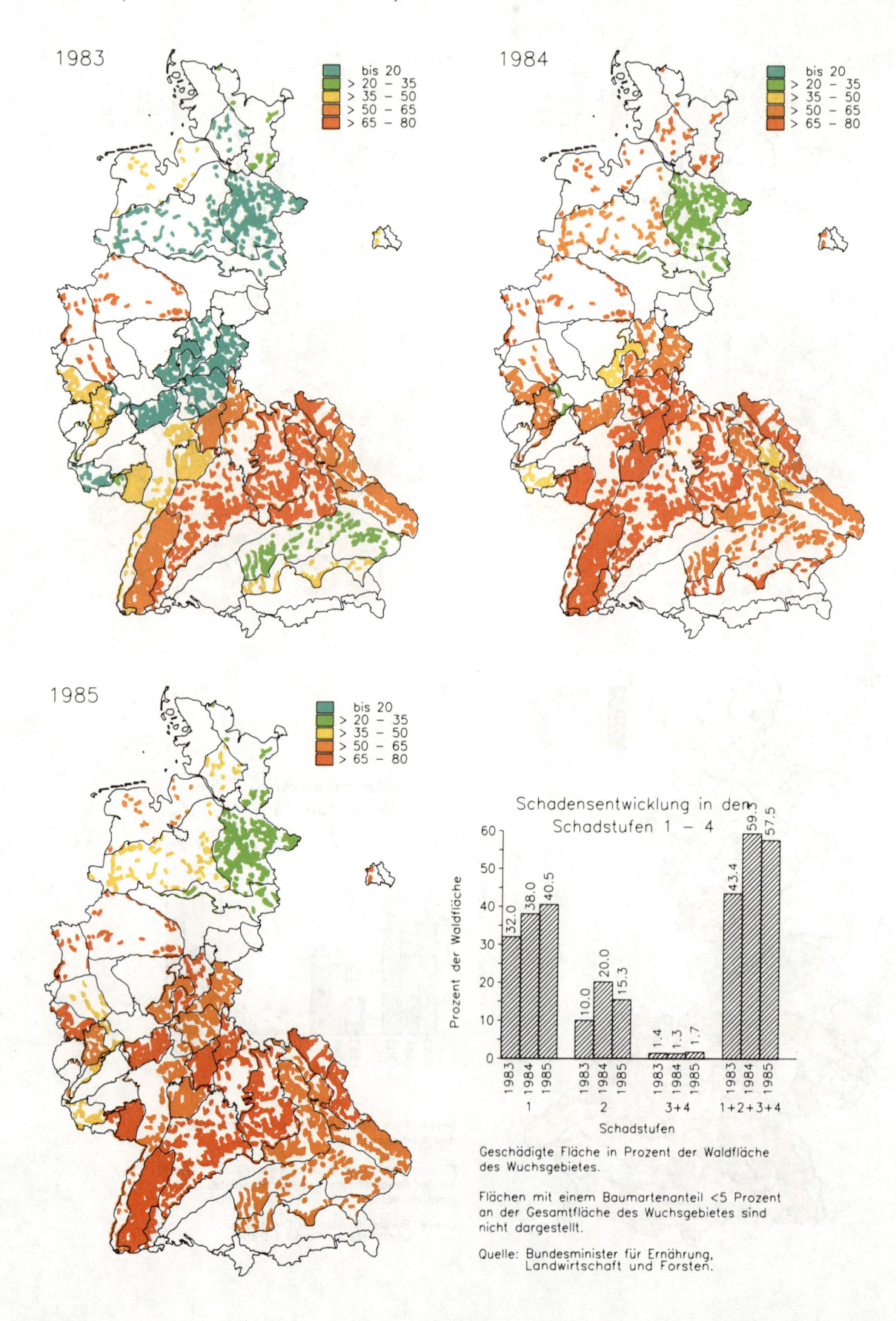

bis 20
> 20 – 35
> 35 – 50
> 50 – 65
> 65 – 80

1984

bis 20
> 20 – 35
> 35 – 50
> 50 – 65
> 65 – 80

1985

bis 20
> 20 – 35
> 35 – 50
> 50 – 65
> 65 – 80

Schadensentwicklung in den Schadstufen 1 – 4

Prozent der Waldfläche

Schadstufen	1	2	3+4	1+2+3+4
1983	32.0	10.0	1.4	43.4
1984	38.0	20.0	1.3	59.3
1985	40.5	15.3	1.7	57.5

Geschädigte Fläche in Prozent der Waldfläche des Wuchsgebietes.

Flächen mit einem Baumartenanteil <5 Prozent an der Gesamtfläche des Wuchsgebietes sind nicht dargestellt.

Quelle: Bundesminister für Ernährung, Landwirtschaft und Forsten.

Wald

Waldschäden in der Bundesrepublik Deutschland
Buche (Schadstufen 1 bis 4)

1983

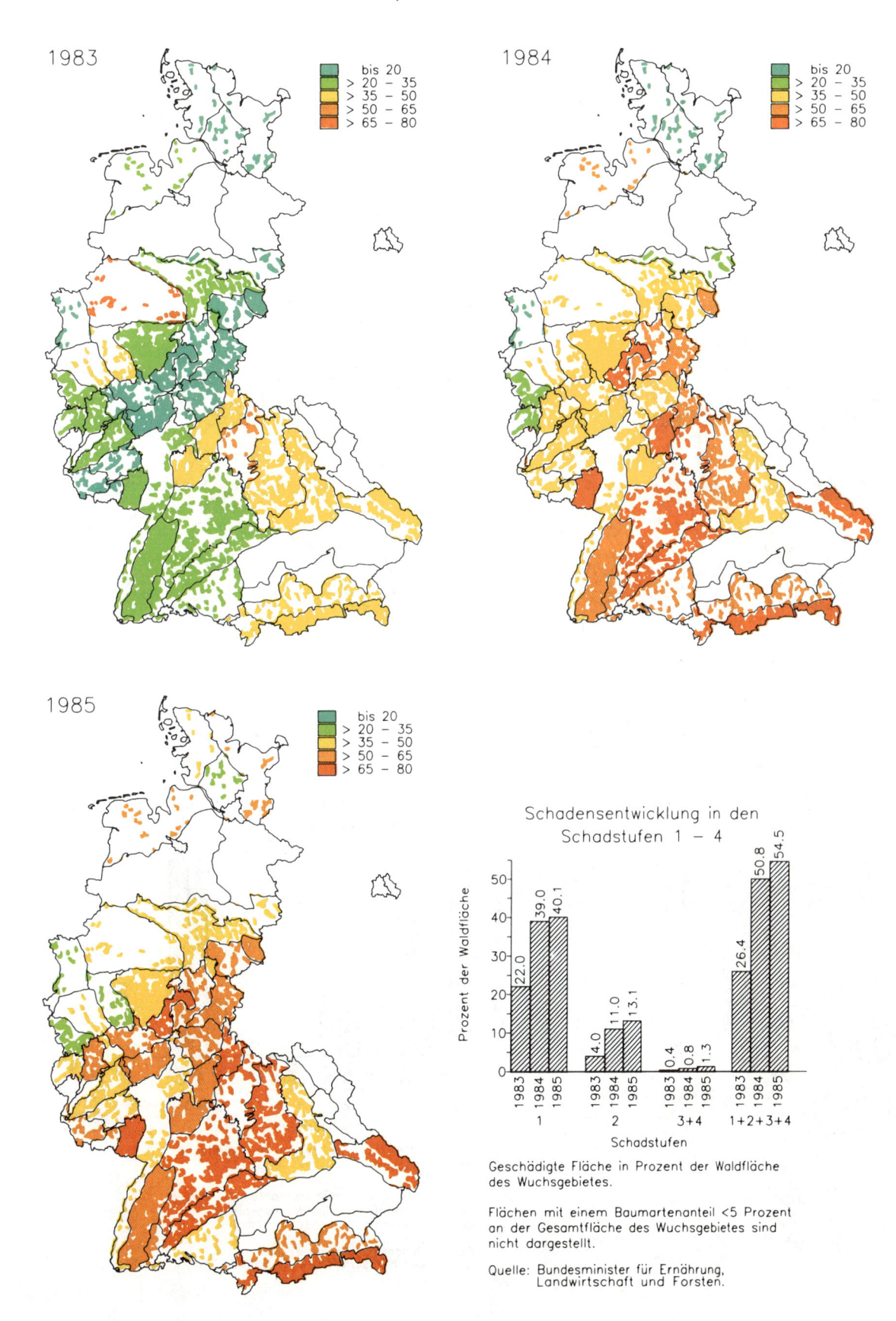

bis 20
> 20 – 35
> 35 – 50
> 50 – 65
> 65 – 80

1984

bis 20
> 20 – 35
> 35 – 50
> 50 – 65
> 65 – 80

1985

bis 20
> 20 – 35
> 35 – 50
> 50 – 65
> 65 – 80

Schadensentwicklung in den Schadstufen 1 – 4

Prozent der Waldfläche

Schadstufen	1983	1984	1985
1	22,0	39,0	40,1
2	4,0	11,0	13,1
3+4	0,4	0,8	1,3
1+2+3+4	26,4	50,8	54,5

Geschädigte Fläche in Prozent der Waldfläche des Wuchsgebietes.

Flächen mit einem Baumartenanteil <5 Prozent an der Gesamtfläche des Wuchsgebietes sind nicht dargestellt.

Quelle: Bundesminister für Ernährung, Landwirtschaft und Forsten.

Daten zur Umwelt 1986/87
Umweltbundesamt

UMPLIS
Methodenbank
Umwelt

Wald

Waldschäden in der Bundesrepublik Deutschland
Eiche (Schadstufen 1 bis 4)

1983

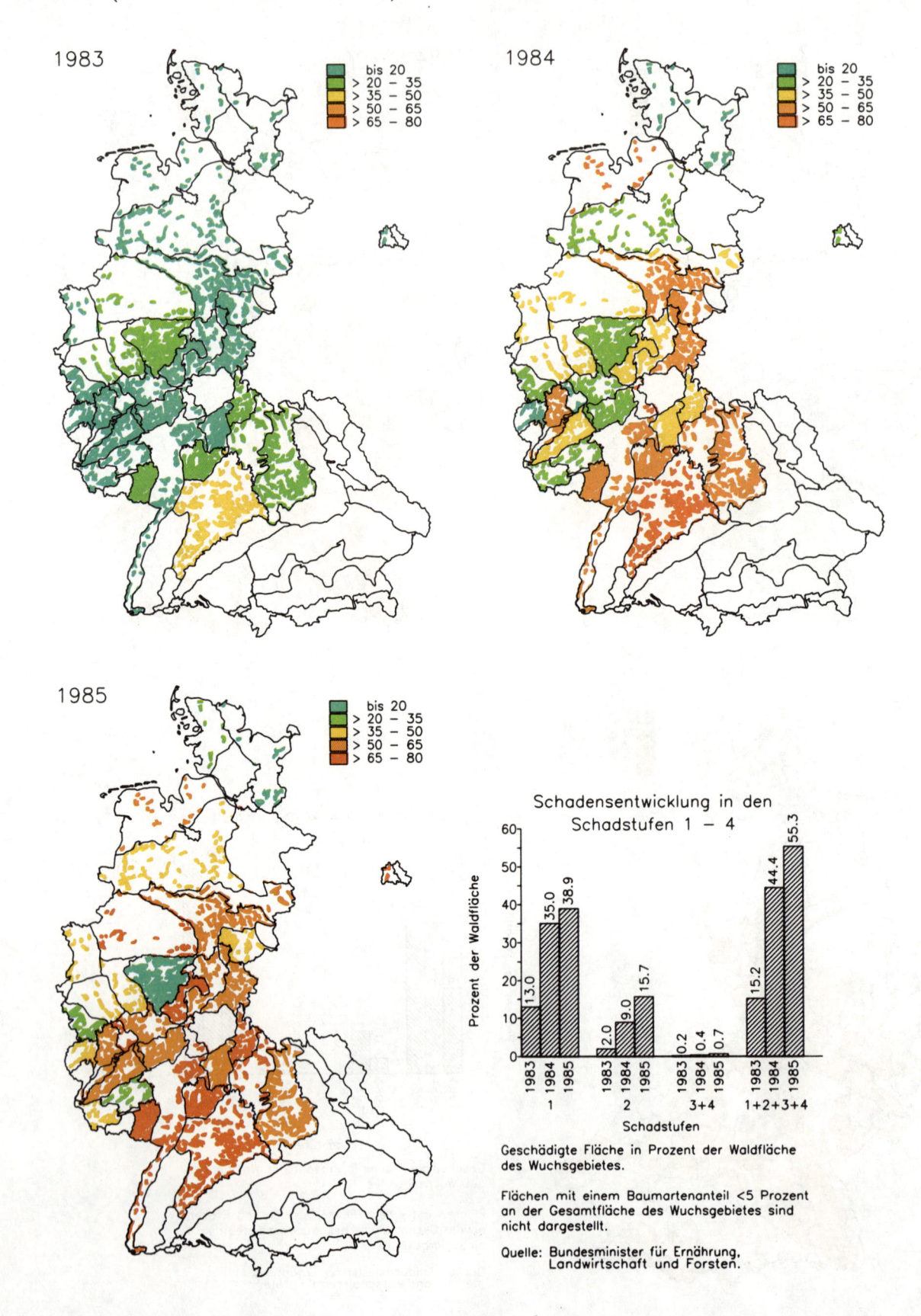

	bis 20
	> 20 – 35
	> 35 – 50
	> 50 – 65
	> 65 – 80

1984

	bis 20
	> 20 – 35
	> 35 – 50
	> 50 – 65
	> 65 – 80

1985

	bis 20
	> 20 – 35
	> 35 – 50
	> 50 – 65
	> 65 – 80

Schadensentwicklung in den Schadstufen 1 – 4

Prozent der Waldfläche

Schadstufe	1983	1984	1985
1	13.0	35.0	38.9
2	2.0	9.0	15.7
3+4	0.2	0.4	0.7
1+2+3+4	15.2	44.4	55.3

Geschädigte Fläche in Prozent der Waldfläche des Wuchsgebietes.

Flächen mit einem Baumartenanteil <5 Prozent an der Gesamtfläche des Wuchsgebietes sind nicht dargestellt.

Quelle: Bundesminister für Ernährung, Landwirtschaft und Forsten.

Wald

Waldschäden in der Bundesrepublik Deutschland
Tanne (Schadstufen 1 bis 4)

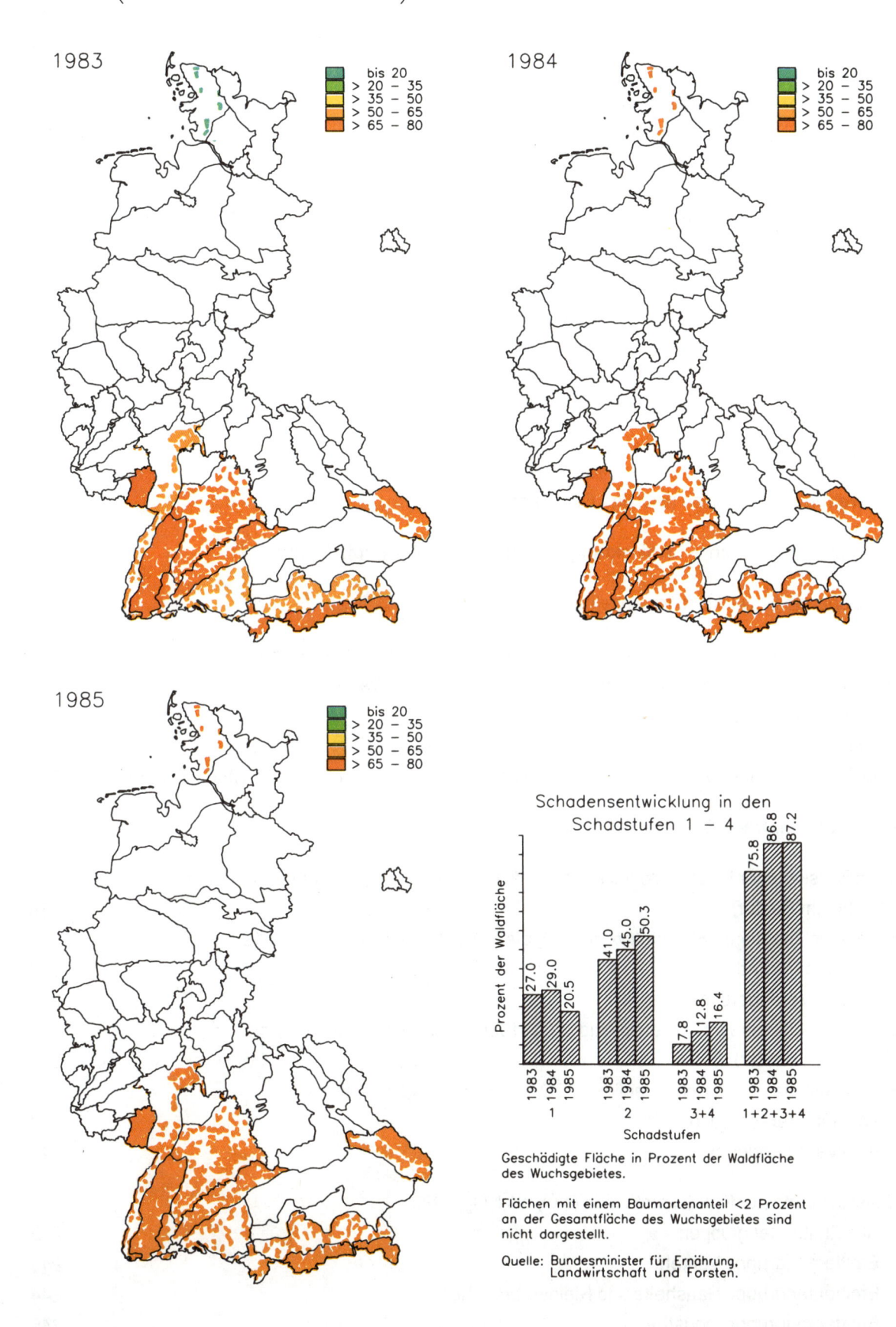

1983

bis 20
> 20 – 35
> 35 – 50
> 50 – 65
> 65 – 80

1984

bis 20
> 20 – 35
> 35 – 50
> 50 – 65
> 65 – 80

1985

bis 20
> 20 – 35
> 35 – 50
> 50 – 65
> 65 – 80

Schadensentwicklung in den Schadstufen 1 – 4

Schadstufen	1983	1984	1985
1	27.0	29.0	20.5
2	41.0	45.0	50.3
3+4	7.8	12.8	16.4
1+2+3+4	75.8	86.8	87.2

Prozent der Waldfläche

Geschädigte Fläche in Prozent der Waldfläche des Wuchsgebietes.

Flächen mit einem Baumartenanteil <2 Prozent an der Gesamtfläche des Wuchsgebietes sind nicht dargestellt.

Quelle: Bundesminister für Ernährung, Landwirtschaft und Forsten.

Daten zur Umwelt 1986/87
Umweltbundesamt

UMPLIS
Methodenbank
Umwelt

Luft

	Seite
Datengrundlagen	200

Flächendeckende Darstellung von Immissionen 201

- Schwefeldioxid – (Jahresmittelwerte) 205
- Stickstoffdioxid – (Jahresmittelwerte) 206
- Schwebstaub – (Jahresmittelwerte) 207
- Ozon – (Jahresmittelwerte) 208

- Trends der Luftbelastung an den Meßstationen des – Umweltbundesamt-Meßnetzes 209

- Smogsituation vom 17.–21. Januar 1985 210

- Weiträumige Ausbreitung von Schwefelverbindungen in der Atmosphäre 212

- Luftmeßnetze 214

- Smog-Gebiete 216
- Belastungsgebiete 218

- Schwermetall-Deposition (Blei und Cadmium) 220

Ausgewählte Emissionen – Entwicklung 1966 bis 1984 mit Ausblick 1995 222

- Die bisherige Entwicklung im einzelnen mit Ausblick 224

- Entwicklung ausgewählter Emissionen nach Emittentengruppen 1966 bis 1984 228
- Ausgewählte Emissionen nach Emittentengruppen 1966 bis 1995
  - Entwicklung und Ausblick 229
- Relative Entwicklung ausgewählter Emissionen 1966 bis 1984 232
- Relative Entwicklung von Energieverbrauch und ausgewählten Emissionen 1966 bis 1984 233

Emissionskataster nach Emittentengruppen 234

- Emissionskataster für Stickstoffoxide (NO_x als NO_2) 1980 – Alle Emittentengruppen (20×20 km Raster) 236
- Emissionskataster für Stickstoffoxide (NO_x als NO_2) 1984 im Vergleich mit 1980
  - absolute Veränderung 237
  - relative Veränderung 238
- Emissionskataster für Schwefeldioxid (SO_2) 1980 – Alle Emittentengruppen – (20×20 km Raster) 239
- Emissionskataster für Schwefeldioxid (SO_2) 1984 im Vergleich mit 1980
  - absolute Veränderung 240
  - relative Veränderung 241

- Emissionskataster für Stickstoffoxide (NO_x als NO_2) 1980
  - Alle Emittentengruppen 242
  - Emittentengruppe Verkehr 243
  - Emittentengruppe Haushalte und Kleinverbraucher 244
  - Emittentengruppe Industrie 245

Luft

	Seite
– Emittentengruppe Kraftwerke	246
– Emissionskataster für Schwefeldioxid (SO_2) 1980	
– Alle Emittentengruppen	247
– Emittentengruppe Verkehr	248
– Emittentengruppe Haushalte und Kleinverbraucher	249
– Emittentengruppe Industrie	250
– Emittentengruppe Kraftwerke	251
– Entwicklung der Schwefeldioxid-Emissionen in ausgewählten Mitgliedsstaaten der OECD	252
– Entwicklung der Stickstoffoxid (NO_x als NO_2) - Emissionen in ausgewählten Mitgliedsstaaten der OECD	254

Emissionsminderungsmaßnahmen   256
- NO_x-Abgasreinigung bei Kraftwerken   257
- Abgasentschwefelung bei Feuerungsanlagen   259

Luft

Datengrundlagen

Die Basis der Ermittlungen der dargestellten Emissionen bilden statistische Daten zu den Emissionsursachen Energieverbrauch und Industrieproduktion. Sie werden im wesentlichen der Energiebilanz, der Fachserie „Produktion im Produzierenden Gewerbe" des Statistischen Bundesamtes sowie dem Statistischen Jahrbuch entnommen. Des weiteren werden Verbandsstatistiken herangezogen, die in entsprechenden Jahresberichten erscheinen oder bei den Verbänden einzeln erfragt werden. Veröffentlichungen in der Fachpresse bieten zusätzliche anlagenbezogene Angaben, beispielsweise zu Abgas-Entschwefelungsanlagen. Die Emissionsfaktoren schließlich werden in der Regel aus Veröffentlichungen und internen Unterlagen des Umweltbundesamtes erarbeitet.

Die genannten Daten sowie Forschungsvorhaben des Umweltbundesamtes zur Erstellung des Emissionskatasters EMUKAT liefern die Datenbasis für die flächendeckende Darstellung der SO_2- und NO_x-Emissionssituation in der Bundesrepublik Deutschland.

Für die Auswertungen zur Darstellung der großräumigen Immissionssituation wurden die folgenden Daten verwendet:

- Daten aus dem Meßnetz des Umweltbundesamtes
- Daten aus den Immissions-Meßnetzen der Länder, soweit sie in Monatsberichten oder Jahresberichten veröffentlicht werden
- Ergebnisse von Berechnungen des Meteorologischen Koordinierungszentrums im Rahmen der ECE-Luftreinhaltekonvention.

Die Immissionsmeßdaten liegen in den entsprechenden Veröffentlichungen im allgemeinen als Monatsmittelwert vor. Diese Werte wurden zu Jahresmittelwerten zusammengefaßt, wobei Ausfallwerte in den Meßreihen durch ein „naives Verfahren", nämlich durch lineare Interpolation zwischen benachbarten, vorhandenen Meßwerten ersetzt wurden. Somit findet der Jahresgang der Konzentrationen bei der Berechnung der Jahresmittelwerte eine sowohl notwendige als auch hinreichende Berücksichtigung. Die Kraftwerksdaten sowie die Informationen zu Belastungs- und Smog-Gebieten wurden von der Bundesforschungsanstalt für Landeskunde und Raumordnung zur Verfügung gestellt. Weiterhin wurden Daten der Forschungsvorhaben, die vom Umweltbundesamt gefördert wurden, sowie internationale Daten aus dem OECD-Bericht „The State of the Environment" dargestellt.

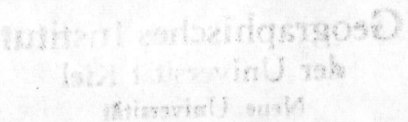

Luft

Flächendeckende Darstellung von Immissionen

Der derzeitige Ausbauzustand der Immissionsmeßnetze in der Bundesrepublik Deutschland ergibt ein unregelmäßiges Raster von Meßstationen mit geringer Dichte in ländlichen Gebieten und Clusterbildung in den Ballungsräumen. Um über die Darstellungen von Konzentrationswerten an den einzelnen Meßstellen hinaus eine flächendeckende Darstellung von Immissionen zu erhalten, muß zwischen den Meßwerten der einzelnen Stationen interpoliert werden, d.h. es müssen für ein regelmäßig angelegtes Raster von *Interpolationspunkten* aus den Konzentrationen an den einzelnen Meßstationen *Erwartungswerte* berechnet werden. Hierzu sind verschiedene Verfahren bekannt. Für den ersten Versuch einer flächendeckenden Darstellung der Immissionsbelastung durch verschiedene Luftverunreinigungen in der Bundesrepublik mußte ein Verfahren gewählt werden, das trotz der Lückenhaftigkeit in der Abdeckung des Bundesgebietes mit Meßstationen und der Schwerpunktbildung in den Belastungsgebieten eine flächendeckende Darstellung – gegebenenfalls mit Lücken – ermöglicht. Das hier verwendete einfache Interpolationsverfahren IDW (Inverse distance weighting) berechnet innerhalb eines festgelegten *Abschneideradius* um einen jeden Interpolationspunkt den jeweiligen Erwartungswert aus den Meßwerten aller der Stationen, die in diesem Abschneideradius zu finden sind. Dieser Radius wurde bei den folgenden Abbildungen zu etwa 40 km festgelegt. Bei der Berechnung des Erwartungswertes an einem Interpolationspunkt geht jeder Meßwert, der in dem jeweiligen Abschneideradius gefunden wird, umgekehrt proportional zu seinem Abstand zur *Interpolationspunkt-Meßstelle* gewichtet ein, d.h. je näher eine Meßstelle am Interpolationspunkt liegt, desto stärker ist das Gewicht des Konzentrationswertes dieser Meßstelle.

Dieses Verfahren reproduziert nicht unbedingt die Meßwerte an einer Meßstation, es glättet die Erwartungswerte stark. Diese Glättung ist umso stärker, je größer u.a. der Abschneideradius gewählt wird. Daher wurde darauf verzichtet, durch eine Vergrößerung des Abschneideradius eine weitere flächendeckende Darstellung zu erreichen; dieses geschieht auch, um auf die Tatsache aufmerksam zu machen, daß in der Überwachung der Luftqualität trotz einer Vielzahl von Meßstationen immer noch größere Lücken bestehen.

Bei der Darstellung wurde eine „Raster"-Form gewählt, um eine vorgetäuschte Genauigkeit durch Isolinien, d.h. Linien gleicher Schadstoffkonzentrationen zu vermeiden; die Klassengrenzen der Raster sind ungenau. Daher wurde auch bei der farblichen Abstimmung der Klassengrenzen darauf geachtet, daß aufeinanderfolgende Klassen nicht scharf getrennt sind. Auch wenn wegen der mangelnden räumlichen Validität der vorhandenen Meßnetze eine völlig flächendeckende Darstellung über Immissionen in der Bundesrepublik Deutschland nicht zu erzielen ist, sind doch wenigstens in Teilgebieten vorsichtige Interpretationen möglich.

Als Basisdaten dienten die in den Monatsberichten der Bundesländer und des Bundes veröffentlichten Monatsmittelwerte, die zu Jahresmittelwerten zusammengefaßt wurden. Bei dieser Aggregierung wurde darauf geachtet, daß die Monatsmittelwerte eines Jahres vollständig vorhanden waren. Bei den Meßstationen, die in dieser Zeitreihe Ausfallwerte gemeldet hatten, wurden Ersatzwerte entweder aus langjährigen Monatsmittelwerten für den betreffenden Monat oder aus Werten benachbarter Stationen eingesetzt. Dieses Hilfsmittel ist notwendig, um nicht bei Ausfallwerten einen zu hohen oder zu niedrigen Jahresmittelwert (bedingt durch den Jahresgang der Konzentrationen) zu erhalten.

Verwendet wurden aus der Palette der Meßkomponenten die Konzentrationswerte für SO_2, NO_2, O_3 und Schwebstaub. Eine weitere Frage – nämlich die der räumlichen Repräsentativität – führte dazu, daß einige Stationen in der Auswertung nicht berücksichtigt werden durften.

Luft

Es sind dies Stationen in München, Augsburg, Mainz und Ludwigshafen, die von den Werten her eindeutig „verkehrsbezogen" sind und deren Meßergebnisse somit räumlich nicht repräsentativ sein können. Die Frage nach der räumlichen Repräsentativität der verwendeten übrigen Meßstellen kann in diesem Rahmen nicht beantwortet werden.

Das Umweltbundesamt hat den Ausbau seines Meßnetzes zur Untersuchung der weiträumigen grenzüberschreitenden Luftverunreinigung begonnen, so daß in Kürze flächendeckende Darstellungen ohne allzu große Lücken möglich werden.

Schwefeldioxid (SO_2)

SO_2 wird in der Bundesrepublik Deutschland im wesentlichen von 2 Emittentengruppen an die Atmosphäre abgegeben; Großfeuerungsanlagen, Industrie (Feuerungsanlagen) und Hausbrand. Große Bedeutung kommt über den eigenen Emissionsanteil hinaus dem grenzüberschreitenden Transport von SO_2 zu. Dieses ist an den Immissionskonzentrationen in Nordost-Bayern zu erkennen, einem Gebiet, das nur über relativ geringe Eigenemission verfügt, in dem also die beobachteten Konzentrationswerte überwiegend auf Transportvorgänge zurückzuführen sind. Neben diesem „Immissionsschwerpunkt" sind die klassischen Ballungsräume Berlin, Ruhrgebiet, Saargebiet und Rhein/Main-Gebiet mit höheren Konzentrationen vertreten. Ein weiterer Schwerpunkt ist im Raum Kassel zu sehen, ebenfalls einem Gebiet, das von weiträumigen Transporten von Luftverunreinigungen stark betroffen ist. Etwas niedriger liegen die Immissionen im Raum südliches Niedersachsen und Stuttgart.

Niedrige SO_2-Konzentrationen sind im nördlichsten Teil der Bundesrepublik Deutschland sowie im Süden bis Südosten anzutreffen. Diese Aussage, die auf dem Jahresmittelwert – also einem Langzeitwert – beruht, darf jedoch nicht darüber hinwegtäuschen, daß in Episoden wie z.B. der Smogepisode im Januar 1985 auch in diesen Gebieten wesentlich höhere Konzentrationen zu erwarten sind.

Wegen der großen zufälligen bzw. meteorologisch bedingten Schwankungen der Jahresmittelwerte ist eine Trendinterpretation aus diesen Jahren nicht möglich.

Diese Schwankungen gehen aus der dargestellten Zeitreihe hervor, in der der SO_2-Trend von 1973 bis 1985 an den UBA-Stationen (Mittelwert über 5 Stationen) dargestellt ist. Diese Darstellung wurde auf das Jahr 1973 bezogen: ein Trend zu deutlich zu- oder abnehmenden Konzentrationen ist nicht festzustellen.

Diese Aussage gilt nur für die hier dargestellten Daten, also für den Mittelwert aus fünf Meßstationen, die räumlich weit auseinander liegen. Für einzelne Gebiete wie z.B. das Ruhrgebiet sind, wie anderen Berichten zu entnehmen ist, abnehmende Trends mitgeteilt worden.

Stickstoffdioxid

Etwas über die Hälfte des NO_2 ist auf Emissionen aus dem Kfz-Verkehr zurückzuführen, weitere Anteile entstammen der Industrie und in geringerem Umfang dem Hausbrand. Diese Herkunft spiegelt sich in der gegenüber SO_2 andersartigen räumlichen Verteilung der Konzentrationen in der Bundesrepublik Deutschland wieder. Hohe Werte zeigen die bereits für SO_2 genannten klassischen Ballungsräume. Die für den Raum München/Augsburg dargestellten erhöhten Immissionen gehen wesentlich auf verkehrsexponierte Meßstellen zurück. Demgegenüber ist der Jahresmittelwert im nordostbayerischen Raum recht gering, weil im Gegensatz zum SO_2 das NO_2 in dieser Region nur in geringem Umfang grenzüberschreitend transportiert wird.

Auch die auf Seite 209 dargestellten NO_2-Jahresmittelwerte als Mittelwert über fünf UBA-Stationen zeigten (1973 = 100%), keinen eindeutigen Trend. Aus der hier dargestellten Zeitreihe ist keine für die Bundesrepublik Deutschland einheitliche Aussage herzuleiten. Andere Veröffentlichungen zeigen für z.B. Frankfurt eine deutliche Zunahme der Konzentrationen ebenfalls bis etwa Ende der 70-iger Jahre und anschließend etwa gleichbleibende Konzentrationen.

Ozon (O_3)

Gegenläufig zu den Darstellungen der Komponenten SO_2 und NO_2 verhält sich die räumliche Verteilung der O_3-Konzentration. Diese Komponente zeigt bezüglich der Jahresmittelwerte gerade in den ansonsten am stärksten durch Luftverunreinigungen belasteten Gebieten die niedrigsten Konzentrationen, während in den „Reinluftgebieten" hohe bis sehr hohe Immissionen zu verzeichnen sind. Diese bereits lange bekannte Tatsache ist auf die Herkunft des O_3 zurückzuführen: es wird nicht emittiert, sondern ist, soweit es nicht natürlichen Ursprungs ist, auf komplexe Reaktionen mit primär emittierten und sekundär entstandenen Komponenten zurückzuführen, deren wesentlicher Bestandteil neben dem Luftsauerstoff, NO und NO_2 sowie reaktive Kohlenwasserstoffe in der Außenluft, sind.

Längere Zeitreihen liegen von Arkona auf Rügen und Hohenpeißenberg in Bayern vor, die beide eine Zunahme der O_3-Konzentration verzeichnen. Allerdings ist auch hier eine solche Trendaussage nicht unumstritten.

Schwebstaub

Die in den Meßnetzen gemessenen Schwebstaubkonzentrationen sind weitgehend natürlichen Ursprungs, wobei hier auch die allerdings nur teilweise natürliche Bodenerosion subsummiert ist. Dieses zeigt auch die recht einheitliche räumliche Verteilung der Immissionen. Selbstverständlich sind auch hier die Ballungsgebiete mit höheren Werten als in den „Reinluftgebieten" zu erkennen, da der Anteil an emittiertem Staub hier auf dem Sockel des natürlichen Anteils aufgesetzt ist.

Analog zum SO_2 zeigt auch die höhere Belastung in den östlichen Teilen der Bundesrepublik hohe Konzentrationswerte, die nicht auf lokale oder regionale Emissionen in der Bundesrepublik sondern auf Ferntransporte auch des Schwebstaubes zurückzuführen ist.

Ein Vergleich der Meßwerte aller Stationen ist kaum möglich, da die von den Bundesländern eingesetzten Meßmethoden hierfür z.T. nicht geeignet sind; so kann nicht ausgeschlossen werden, daß die allgemeine niedrigeren Werte in Baden-Württemberg auf das verwendete Meßverfahren zurückzuführen ist. Auch bei Staub ist aus der flächendeckenden Darstellung keine Trendaussage möglich.

Luft

In den „Reinluftgebieten" (s. Seite 209) kann ein gleichbleibender Trend festgestellt werden. Dieses ist auch wegen des relativ hohen Anteils an natürlichen Schwebstaub leicht erklärlich. Dahingegen hat in den Ballungsgebieten der Anteil des emittierten Schwebstaubs erheblich abgenommen, wenn man den Zeitraum der Fünfziger und Siebziger Jahre heranzieht.

Blei im Schwebstaub (Pb)

Von lufthygienisch höherer Bedeutung als der Schwebstaub selbst sind dessen Inhaltsstoffe.

Eine flächendeckende Darstellung ist auch nicht annähernd möglich.

Eine Zeitreihe der Pb-Konzentrationswerte für die UBA-Meßstellen ist auf Seite 209 dargestellt. Bei dieser Komponente ist, insbesondere verursacht durch die Verringerung des Pb-Anteils im Benzin, eine deutliche Abnahme zu verzeichnen. Sie setzt sich nach einer Stagnation des Trends von etwa 1977 bis 1980 in den letzten fünf Jahren weiter fort.

Kohlendioxid (CO_2)

Die Bedeutung des CO_2 liegt nicht bei direkten Auswirkungen auf Menschen, Tiere oder Pflanzen, sondern in der indirekten Auswirkung über eine mögliche Veränderung des Klimas. Kohlendioxid hält die von der Erde abgegebene Strahlung in der Atmosphäre zurück (Treibhauseffekt). Zunahme des CO_2 bedeutet daher grundsätzlich eine Tendenz zur Temperaturerhöhung, wobei sich die tatsächlichen Klimaänderungen wegen komplexer Wechselwirkungen mit Bewölkung, Meeresstörungen etc. nur schwer vorhersagen lassen.

Für eine flächendeckende Darstellung der CO_2-Immission reichen die verfügbaren Daten nicht aus.

Seit 1973, dem Beginn der Meßreihen des Umweltbundesamtes (siehe Seite 209) ist eine leichte, wenn auch statistisch signifikante Zunahme der CO_2-Konzentrationen festzustellen, die etwa 2 mg/m^3 pro Jahr beträgt. Diese Feststellung entspricht dem von anderen Stellen, etwa Mauna Loa auf Hawaii, gemeldeten CO_2-Trend.

Siehe auch:
- Kapitel Allgemeine Daten, Abschnitt Energie
- Abschnitt Emissionen
- weiträumige Ausbreitung von Schwefelverbindungen

Luft

Schwefeldioxid – Immission
Jahresmittelwerte

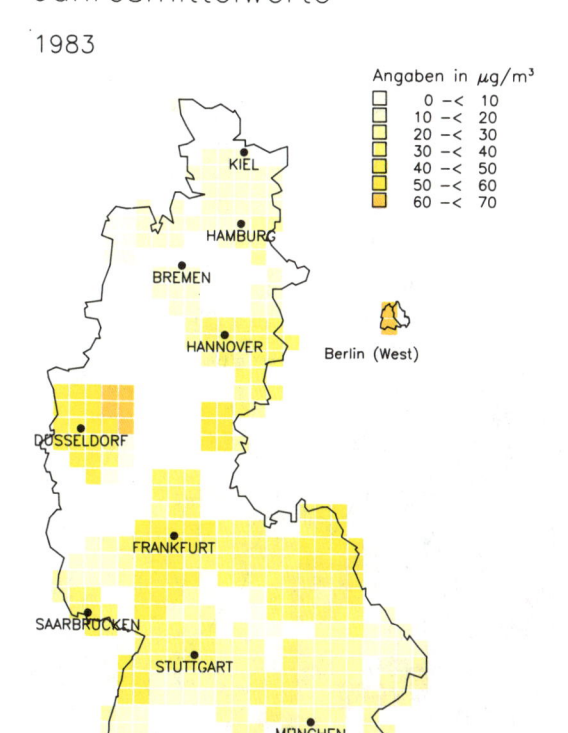

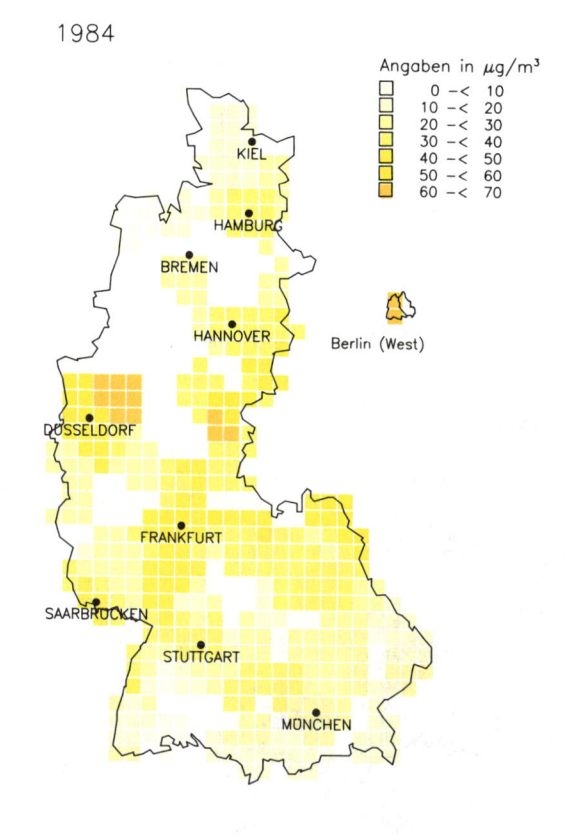

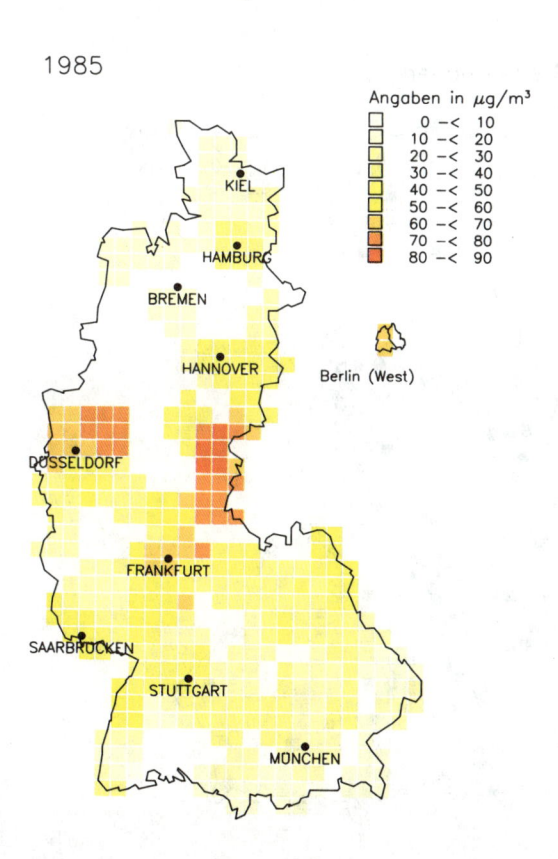

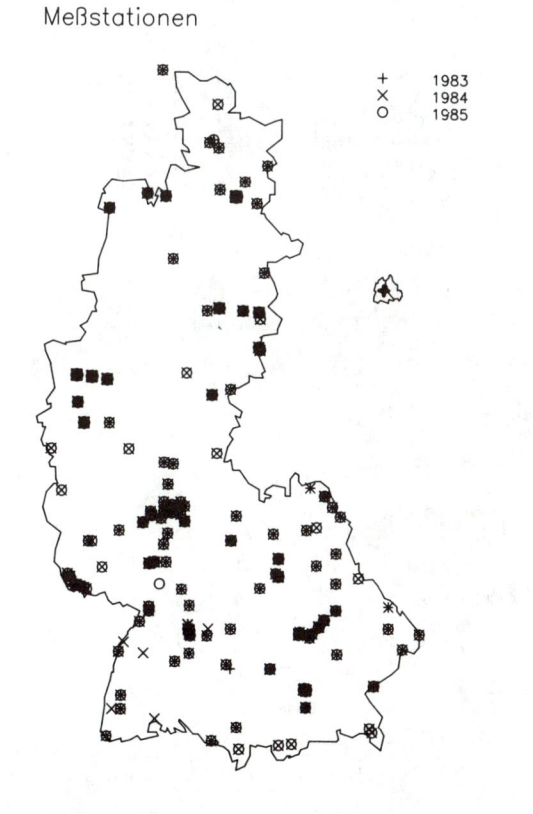

1983

Angaben in µg/m³
- 0 –< 10
- 10 –< 20
- 20 –< 30
- 30 –< 40
- 40 –< 50
- 50 –< 60
- 60 –< 70

1984

Angaben in µg/m³
- 0 –< 10
- 10 –< 20
- 20 –< 30
- 30 –< 40
- 40 –< 50
- 50 –< 60
- 60 –< 70

1985

Angaben in µg/m³
- 0 –< 10
- 10 –< 20
- 20 –< 30
- 30 –< 40
- 40 –< 50
- 50 –< 60
- 60 –< 70
- 70 –< 80
- 80 –< 90

Meßstationen

- + 1983
- × 1984
- ○ 1985

Quelle: Luftqualitätsberichte der Bundesländer
Umweltbundesamt

Die zunehmende Zahl der Meßstationen spiegelt nicht die zeitliche Entwicklung der Belastung wieder

Daten zur Umwelt 1986/87
Umweltbundesamt

UMPLIS
Methodenbank
Umwelt

Luft

Stickstoffdioxid – Immission
Jahresmittelwerte

1983

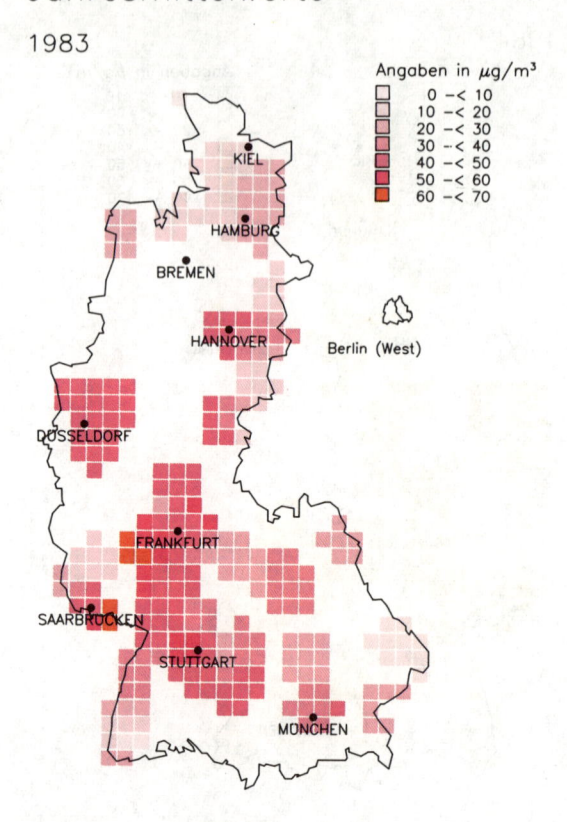

Angaben in µg/m³
- 0 –< 10
- 10 –< 20
- 20 –< 30
- 30 –< 40
- 40 –< 50
- 50 –< 60
- 60 –< 70

1984

Angaben in µg/m³
- 0 –< 10
- 10 –< 20
- 20 –< 30
- 30 –< 40
- 40 –< 50
- 50 –< 60
- 60 –< 70

1985

Angaben in µg/m³
- 0 –< 10
- 10 –< 20
- 20 –< 30
- 30 –< 40
- 40 –< 50
- 50 –< 60
- 60 –< 70
- 70 –< 80

Meßstationen

- + 1983
- × 1984 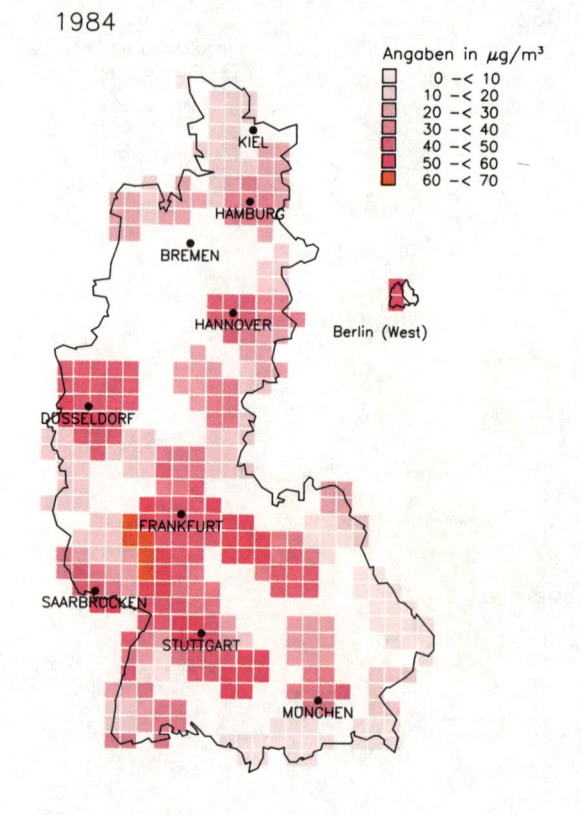
- ○ 1985

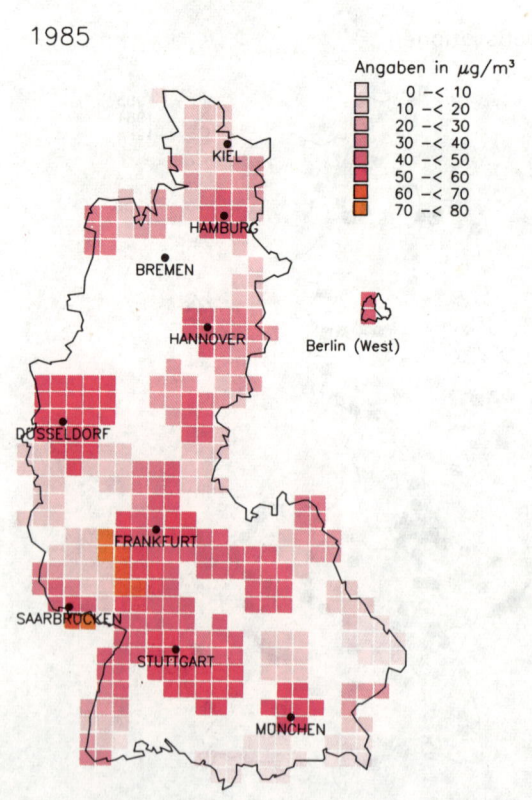

Die zunehmende Zahl der Meßstationen spiegelt nicht die zeitliche Entwicklung der Belastung wieder

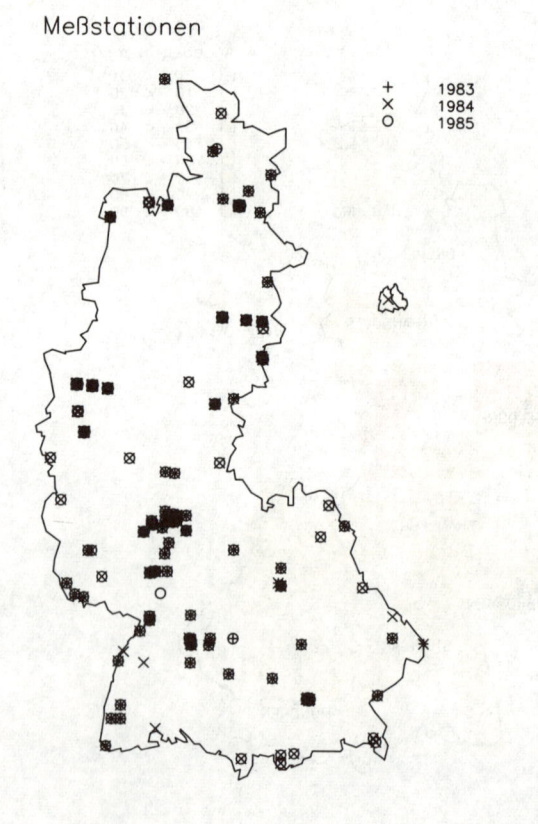

Quelle: Luftqualitätsberichte der Bundesländer
Umweltbundesamt

Luft

Schwebstaub – Immission
Jahresmittelwerte

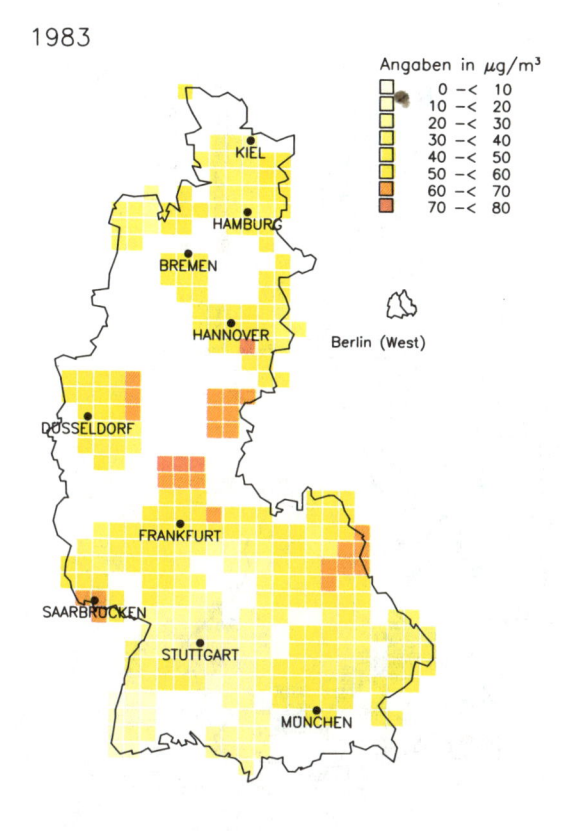

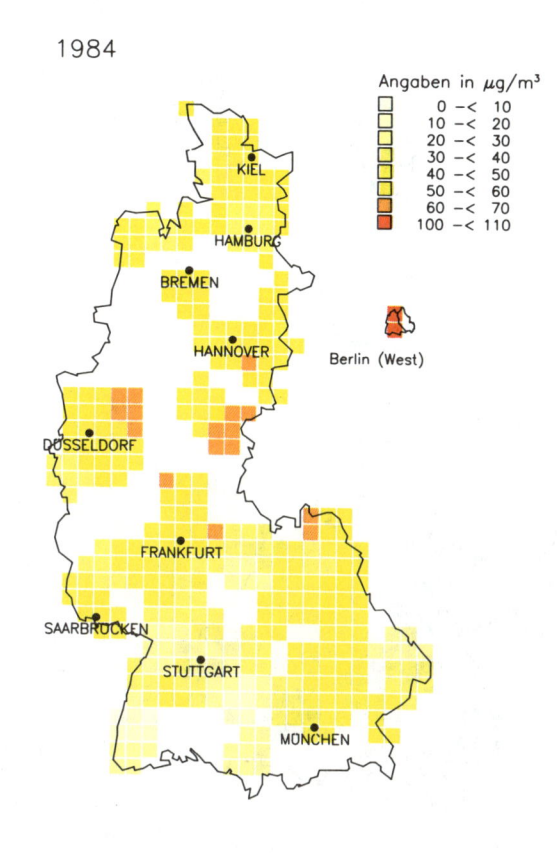

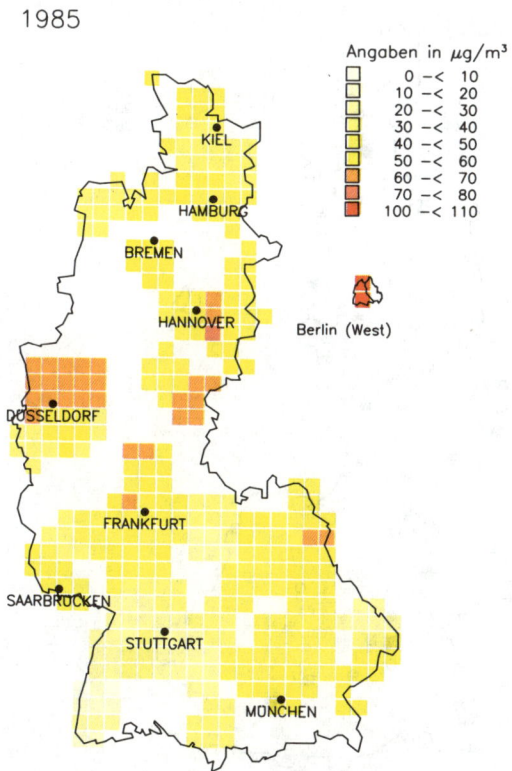

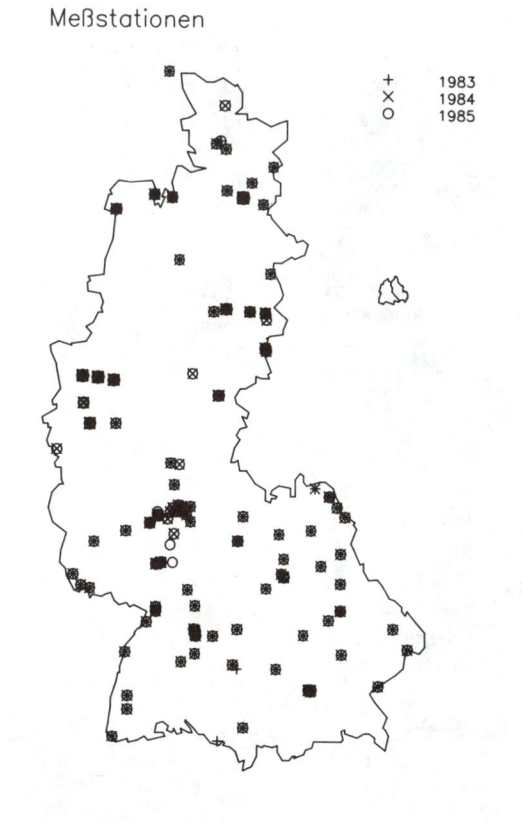

1983

Angaben in µg/m³
- 0 –< 10
- 10 –< 20
- 20 –< 30
- 30 –< 40
- 40 –< 50
- 50 –< 60
- 60 –< 70
- 70 –< 80

1984

Angaben in µg/m³
- 0 –< 10
- 10 –< 20
- 20 –< 30
- 30 –< 40
- 40 –< 50
- 50 –< 60
- 60 –< 70
- 100 –< 110

1985

Angaben in µg/m³
- 0 –< 10
- 10 –< 20
- 20 –< 30
- 30 –< 40
- 40 –< 50
- 50 –< 60
- 60 –< 70
- 70 –< 80
- 100 –< 110

Meßstationen

- + 1983
- × 1984
- ○ 1985

Quelle: Luftqualitätsberichte der Bundesländer
Umweltbundesamt

Daten zur Umwelt 1986/87
Umweltbundesamt

UMPLIS
Methodenbank
Umwelt

207

Luft

Ozon – Immission
Jahresmittelwerte

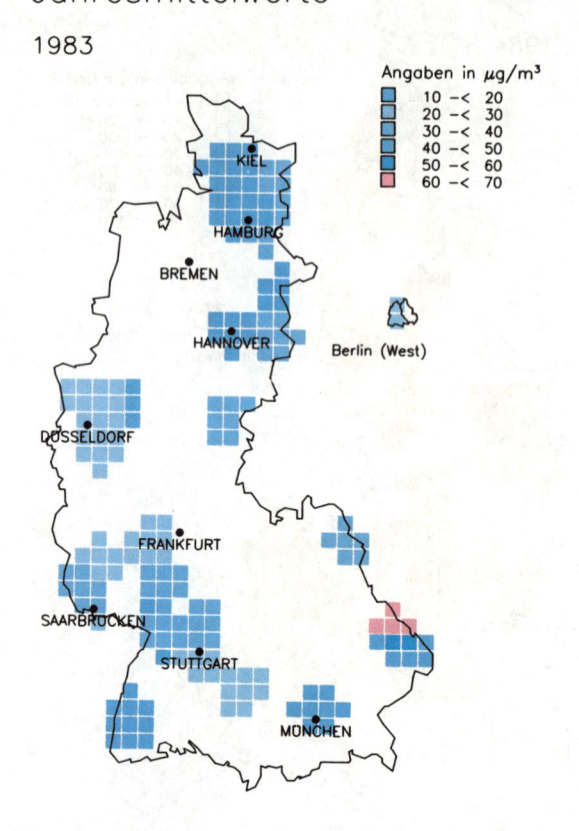

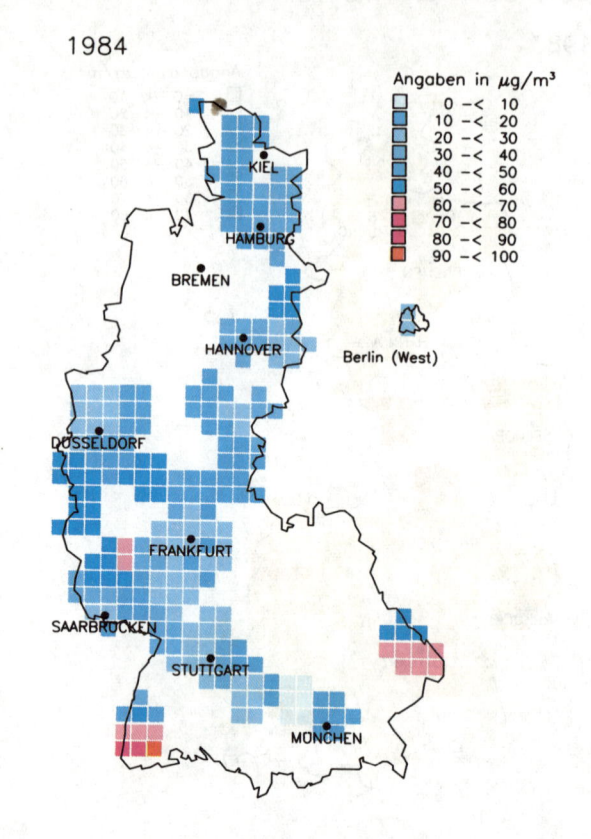

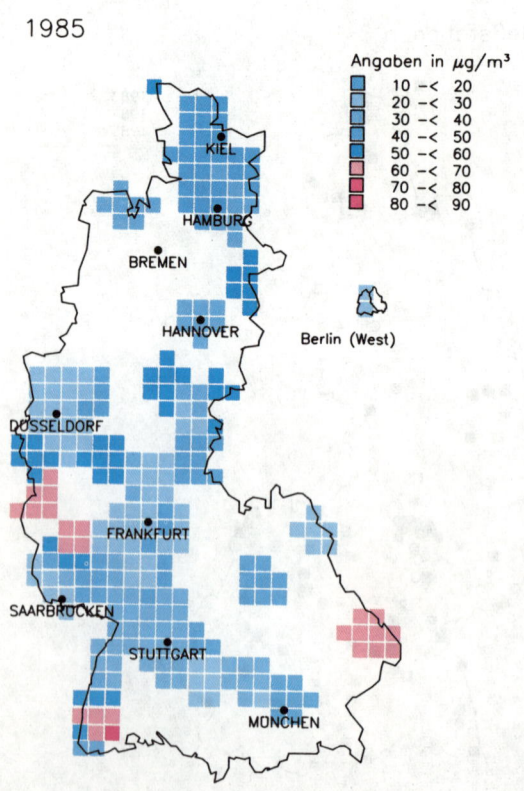

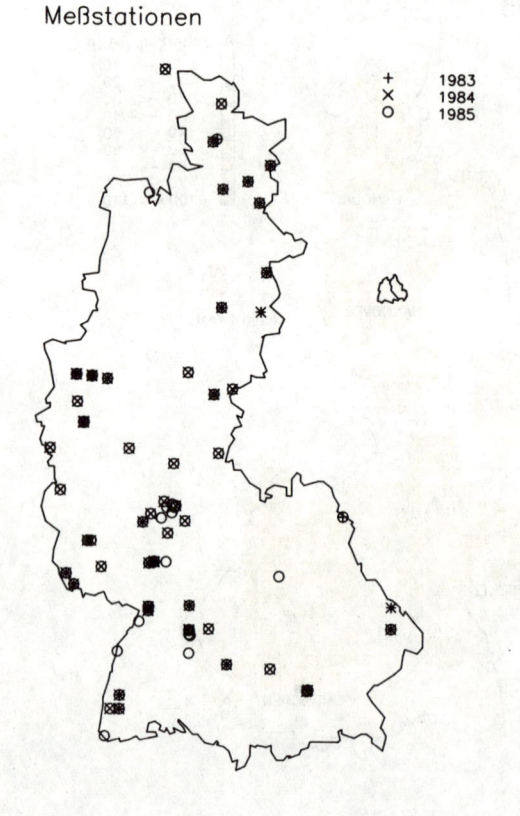

1983

Angaben in µg/m³
- 10 –< 20
- 20 –< 30
- 30 –< 40
- 40 –< 50
- 50 –< 60
- 60 –< 70

1984

Angaben in µg/m³
- 0 –< 10
- 10 –< 20
- 20 –< 30
- 30 –< 40
- 40 –< 50
- 50 –< 60
- 60 –< 70
- 70 –< 80
- 80 –< 90
- 90 –< 100

1985

Angaben in µg/m³
- 10 –< 20
- 20 –< 30
- 30 –< 40
- 40 –< 50
- 50 –< 60
- 60 –< 70
- 70 –< 80
- 80 –< 90

Meßstationen

- + 1983
- × 1984
- ○ 1985

Quelle: Luftqualitätsberichte der Bundesländer
Umweltbundesamt

Luft

Zeitreihen für die Luftbelastung an den Meßstationen des Umweltbundesamt–Meßnetzes 1973 bis 1985
(Index 1973=100)

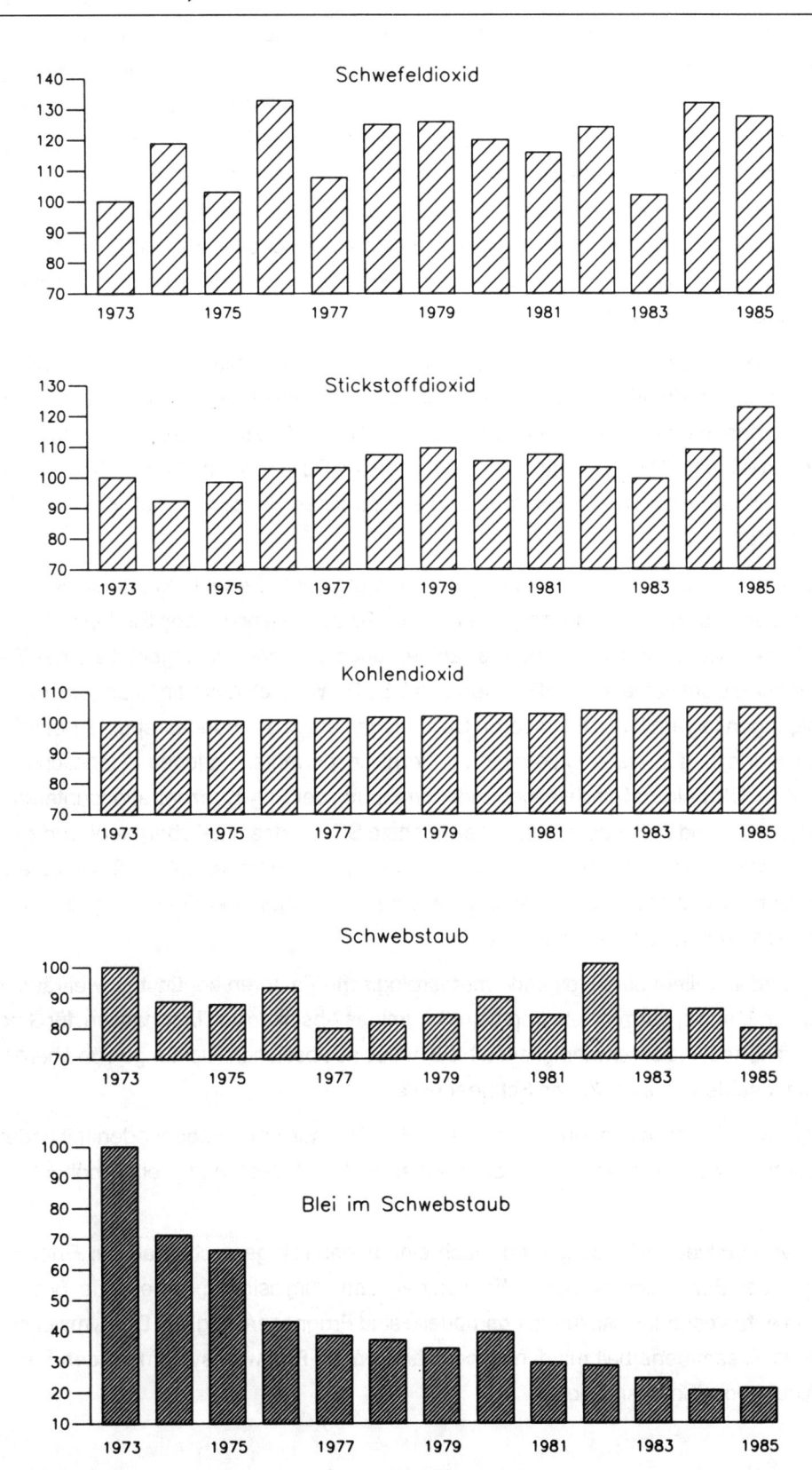

Schwefeldioxid

Stickstoffdioxid

Kohlendioxid

Schwebstaub

Blei im Schwebstaub

Quelle: Umweltbundesamt

Luft

Smog-Situation vom 17.–21. Januar 1985

Am Beispiel der Smogepisode vom Januar 1985 läßt sich die Bedeutung des überregionalen Transportes von Luftschadstoffen erkennen. Die Smog-Periode lief grob in drei Phasen ab: Am 14./15.01. kam es in großen Teilen der Bundesrepublik zu einem deutlichen Konzentrationsanstieg für SO_2, der nur den äußersten Norden und Süden aussparte. Während sich in der ersten Phase (bis 16./17.01.) die Belastungsschwerpunkte von Nord-/Mittelhessen über das Rhein-Maingebiet in südwestlicher Richtung bis zum Saarland erstreckten, war in der zweiten Phase (16./17.01. bis 20.01.) in erster Linie die mittlere Bundesrepublik mit den Regionen Nord-Hessen, Rhein-Ruhrgebiet und Teilen von Südostniedersachsen betroffen. In der Endphase (20./21.01.) kam es vor dem Frontdurchgang eines Tiefausläufers, der die Smog-Periode beendete, in Nordosthessen und im westlichen Ruhrgebiet noch einmal zu einem deutlichen Konzentrationsanstieg, der sich nach Norden fortsetzte und bis zm 21.01. die gesamte norddeutsche Tiefebene erfaßte. Der Schadstoffanstieg läßt sich bis Nordostholland und Dänemark verfolgen.

Vereinfacht läßt sich folgendes Bild gewinnen: In der Smog-Periode dominieren im wesentlichen SO_2- und Schwebstaub, während Schadstoffe, die vorwiegend aus niedrigen Quellen emittiert wurden (z.B. NO_2), aufgrund des meist noch gegebenen Austauschraumes bis in ca. 100 bis 300 m Höhe und aufgrund der größtenteils vorherrschenden Windgeschwindigkeiten 3 m/s eine geringe Rolle spielen. Die SO_2-Konzentrationsverteilung wird stark bis überwiegend durch Ferntransport aus östlichen Richtungen (DDR, Polen, CSSR) bestimmt (Transportsmog).

Als weiteres Quellgebiet gewinnt das Rhein-Ruhrgebiet überregionale Bedeutung auf die SO_2-Verteilung. Jedoch hat der Transport aus dem Rhein-Ruhrgebiet nur am 20.01. dominierenden Einfluß auf die Luftqualität in den benachbarten Niederlanden, während er an den anderen Tagen geringer ist als der Beitrag aus weiter östlich gelegenen Quellgebieten (DDR, Polen und CSSR), wie sich aus Schätzungen zum Transport der Luftverunreinigungen folgern läßt. Die anderen Ballungsgebiete in der Bundesrepublik beeinflussen die SO_2-Konzentrationsverteilung in erster Linie regional. Ferntransportanteile reichen in ländlichen Gebieten von ca. 30 bis ca. 90%. Die Folge ist eine weitgehende Einebnung der SO_2-Konzentrationsunterschiede zwischen ländlichen Räumen und Ballungsgebieten; das höchste SO_2-Tagesmittel überhaupt wird z.B. an einer Waldmeßstation in Nordosthessen beobachtet (1275 μ/m^3 am 20.01. in Grebenau). Im Ballungsraum Rhein-Ruhr sind auch regionale Transporte zwischen den Belastungsgebieten von Bedeutung, so vor allem am 19./20.01. zwischen Ruhrgebiet und Rheinschiene.

Der Ferntransport wird vor allem durch folgende meteorologische Faktoren begünstigt: weiträumige, tagelang anhaltende Inversionen in ganz Mitteleuropa; großräumiges Absinken von Luftmassen; für Smog-Perioden verhältnismäßig hohe Windgeschwindigkeiten bis 6 m/sec aus östlichen Richtungen und herabgesetzte Deposition von Schadstoffen über trockenen Schneedecken.

Diese meteorologischen Faktoren bringen es mit sich, daß im Verlauf von Smogperioden mit bedeutendem Ferntransportanteil hohe Schadstoffkonzentrationen auch bei Windgeschwindigkeiten höher als 3 m/sec auftreten.

Der Ferntransport von Luftverunreinigungen hat noch einmal deutlich gemacht, daß der Erforschung der Transportvorgänge, der Beziehung zwischen Emissionen und Immissionen, erhebliche Bedeutung zukommt; nur mit Hilfe entsprechender Ausbreitungsmodelle sind Prognosen möglich. Das Umweltbundesamt entwickelt zur Zeit in Zusammenarbeit mit den Bundesländern ein Frühwarnsystem für den Ferntransport von Luftverunreinigungen in Smogsituationen.

Siehe auch:
— Smoggebiete

Luft

Smog-Situation vom 17. bis 21. Januar 1985
SO$_2$-Tagesmittelwerte

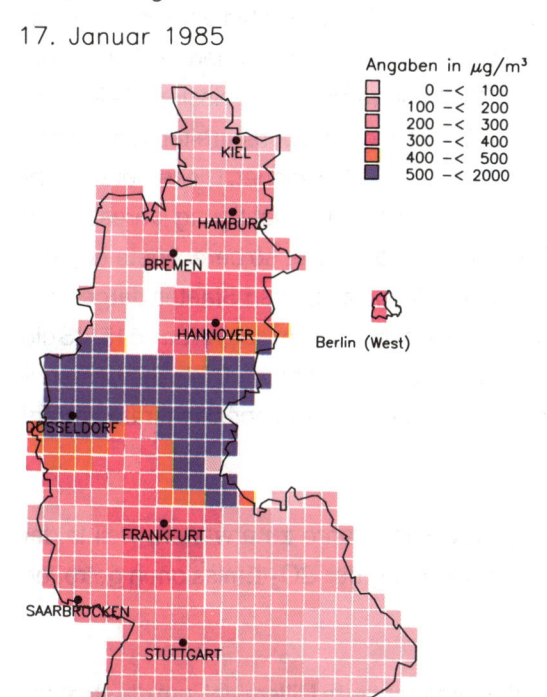

17. Januar 1985

Angaben in µg/m³
- 0 –< 100
- 100 –< 200
- 200 –< 300
- 300 –< 400
- 400 –< 500
- 500 –< 2000

20. Januar 1985

Angaben in µg/m³
- 0 –< 100
- 100 –< 200
- 200 –< 300
- 300 –< 400
- 400 –< 500
- 500 –< 2000

21. Januar 1985

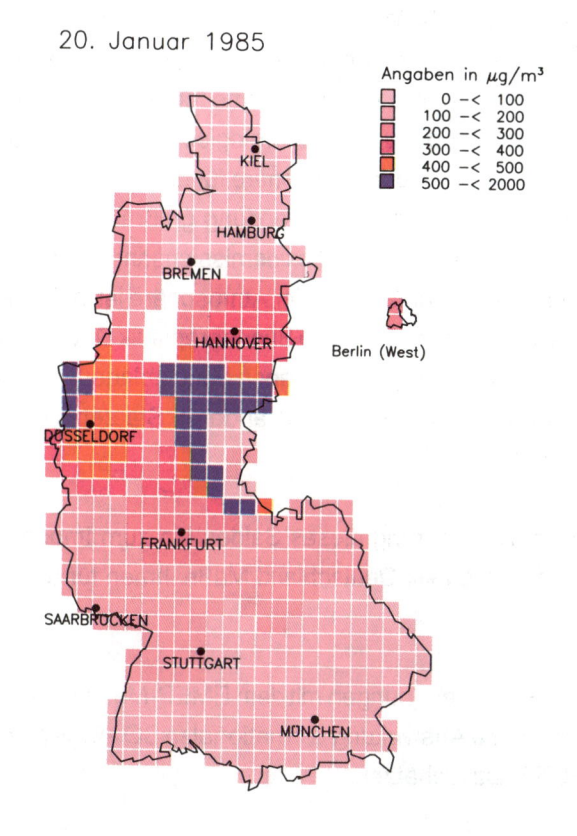

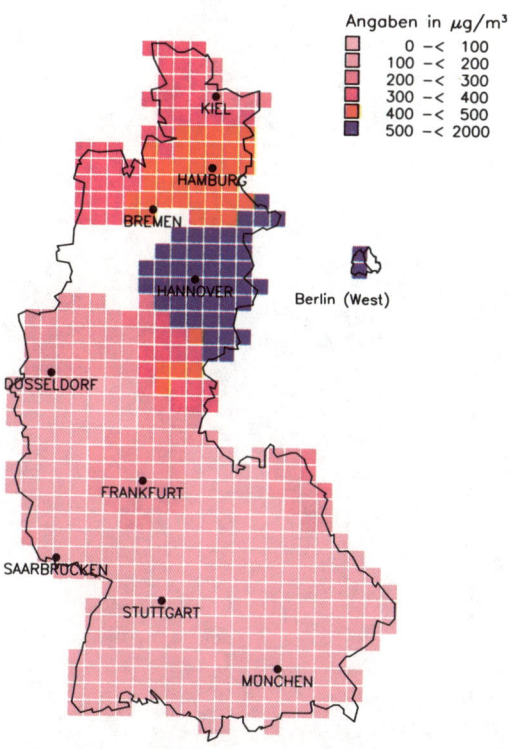

Angaben in µg/m³
- 0 –< 100
- 100 –< 200
- 200 –< 300
- 300 –< 400
- 400 –< 500
- 500 –< 2000

Quelle: Luftqualitätsberichte der Bundesländer
Umweltbundesamt

Luft

Weiträumige Ausbreitung von Schwefelverbindungen in der Atmosphäre

Im Rahmen der Wirtschaftskommission der Vereinten Nationen für Europa (ECE) wurden unter dem Genfer Übereinkommen von 1979 über weiträumige grenzüberschreitende Luftverunreinigungen im Programm EMEP (Co-operative Programme for Monitoring and Evaluation of the Long-range Transmission of Air Pollutants in Europe) vom Meteorologischen Synthesezentrum West in Oslo die grenzüberschreitenden Schwefeltransporte in der Atmosphäre für den Zeitraum von 1.10.1978 bis 30.9.1982 berechnet. Diese Berechnungen basieren auf der Anwendung großräumiger Trajektorienmodelle unter Berücksichtigung jahreszeitlich modifizierter Schwefeldioxidemissionsangaben aus den ECE-Mitgliedsländern. Der so berechnete europäische Schwefelhaushalt der Atmosphäre ist in der beigefügten Tabelle für die einzelnen Staaten dargestellt. Man erkennt, daß z.B. die Bundesrepublik Deutschland (D) von der angegebenen Emission von 1815 ktS die Menge von 660 ktS im eigenen Land ablagert; der Rest wird über die Grenzen verfrachtet. Die Bundesrepublik erhält andererseits von anderen Staaten die Menge von 642 ktS; ihre Gesamtdepositionsrate beträgt 1388 ktS.

Eine Veränderung dieses Saldos hin zum Importland ist für die nächsten Jahre zu erwarten, weil in der Bundesrepublik Deutschland Maßnahmen für eine deutliche Verminderung der SO_2-Emissionen getroffen wurden.

Die Modellrechnungen mit dem EMEP-Modell sind erste international akzeptierte Hilfsmittel, um die staatenbezogene Auswirkung von nationalen SO_2-Emissionsabsenkungen (z.B. die vereinbarte SO_2-Minderung um 30%) abzuschätzen.

Siehe auch:
— Entwicklung ausgewählter Emissionen

Luft

Weiträumige Ausbreitung von atmosphärischem Schwefel in Europa 1978 bis 1982

Emittierendes Land

	AL	A	B	BG	CS	DK	SF	F	DDR	D	GR	H	IS	IRL	I	L	NL	N	PL	P	R	E	S	CH	TR	SU	UK	YU	RE	IND	SUM	Q
AL	12	0	0	3	2	0	0	3	2	1	3	3	0	0	12	0	0	0	0	0	1	1	0	0	0	0	1	19	1	14	85	50
A	0	62	3	0	46	0	0	26	31	40	0	16	0	0	72	1	2	0	17	0	1	4	0	4	0	2	11	42	0	36	442	215
B	0	0	84	0	2	0	0	34	3	29	0	0	0	0	1	1	6	0	1	0	0	1	0	0	0	0	21	0	0	12	198	405
BG	2	1	0	189	11	0	0	3	9	6	9	17	0	0	12	0	0	0	10	0	23	2	0	2	5	13	2	57	1	35	413	500
CS	0	15	5	1	440	1	0	24	131	59	0	61	0	0	24	1	4	0	88	0	5	2	2	2	0	7	14	43	0	37	969	1500
DK	0	0	2	0	4	47	0	5	14	14	0	0	0	0	1	0	4	0	6	0	0	0	2	0	0	1	15	1	0	14	132	228
SF	0	0	3	1	10	5	92	7	25	20	0	4	0	0	2	0	3	2	22	0	1	0	17	0	0	53	20	4	0	66	363	270
F	0	2	41	0	15	1	0	760	33	124	0	2	0	0	48	6	17	0	9	3	0	94	1	9	0	1	122	6	2	205	1505	1800
DDR	0	2	10	0	64	4	0	25	586	103	0	5	0	0	5	1	8	0	29	0	1	1	1	1	0	3	28	7	0	30	918	2000
D	0	9	45	0	60	6	0	136	149	660	0	7	0	0	31	6	27	0	24	0	1	9	1	8	0	3	88	15	0	96	1388	1815
GR	4	1	0	39	5	0	0	4	5	5	111	7	0	0	20	0	0	0	4	0	5	3	0	0	5	5	2	37	2	36	305	350
H	0	11	1	3	56	0	0	9	25	17	0	227	0	0	36	0	1	0	29	0	11	1	0	0	0	5	5	93	0	24	560	750
IS	0	0	0	0	0	0	0	0	0	0	0	0	1	0	0	0	0	0	0	0	0	0	0	0	0	0	2	0	0	20	26	6
IRL	0	0	0	0	0	0	0	0	0	0	0	0	0	22	0	0	1	0	0	0	0	1	0	0	0	0	15	0	0	32	86	88
I	0	8	3	2	17	0	0	68	17	29	1	14	0	0	948	1	2	0	11	0	2	22	0	8	0	2	13	73	6	103	1355	2200
L	0	0	1	0	0	0	0	4	0	2	0	0	0	0	0	4	0	0	0	0	0	0	0	0	0	0	1	0	0	1	14	21
NL	0	0	21	0	3	0	0	19	7	51	0	0	0	0	1	0	53	0	1	0	0	1	0	1	0	0	33	1	0	14	210	240
N	0	0	5	0	9	9	2	15	26	25	0	2	0	0	2	0	5	24	14	0	0	2	11	0	0	9	53	3	0	92	314	76
PL	0	9	11	3	168	10	1	36	270	106	0	48	0	0	26	2	10	0	776	0	8	3	5	1	0	36	41	45	0	90	1712	2150
P	0	0	0	0	0	0	0	2	0	0	0	0	0	0	0	0	0	0	0	25	0	16	0	0	0	0	1	0	0	30	80	84
R	1	5	2	35	49	1	0	11	35	23	5	91	0	0	34	1	2	0	54	0	192	2	1	1	4	53	5	143	1	70	827	100
E	0	0	3	0	2	0	0	44	6	22	0	0	0	1	4	1	3	0	1	11	0	429	0	1	0	0	17	1	3	113	666	1000
S	0	1	7	1	22	23	12	19	53	45	0	6	0	0	7	1	7	10	41	0	2	4	100	0	0	27	51	8	0	138	587	275
CH	0	1	2	0	4	0	0	29	6	19	0	1	0	0	45	0	1	0	2	0	0	4	0	16	0	0	2	3	0	21	165	58
TR	1	0	37	8	8	0	0	5	9	6	25	10	0	0	16	0	0	0	9	0	8	4	0	0	209	23	2	30	2	93	505	500
SU	4	17	23	80	221	30	60	82	342	233	27	195	0	3	108	5	29	6	538	0	139	11	45	4	53	4273	126	232	3	1090	7972	8100
UK	0	0	9	0	5	0	0	35	12	26	0	1	0	8	1	1	7	0	4	0	0	5	0	0	0	0	790	1	0	87	996	2560
YU	4	19	3	39	52	1	0	32	35	30	6	86	0	0	193	1	3	0	30	0	17	10	0	2	1	10	13	678	3	106	1377	1475

Im ECE-Programm EMEP berechnete europäische Schwefelbilanz für einen 4-jährigen Zeitraum vom 01.10.1978 bis 31.09.1982. Zugrunde liegen Emissionsangaben aus dem Jahre 1978.
Einheit: 1000 t S/a
Die Depositionen aus den emittierenden Ländern sind in der Vertikalen, die Depositionen auf die empfangenden Länder in der Horizontalen angegeben.
IND bedeutet unbestimmte Naßdepositionen, SUM bedeutet die abgerundete Gesamtdeposition im betreffenden Land und Q bedeutet die angenommene nationale jährliche Schwefelemission; RE bedeutet Depositionen auf den Rest des Untersuchungsgebietes.

Quelle: Co-operative Programme for Monitoring and Evaluation of the long-range transmission of air pollutants in Europe. EMEP/MSC-W Report 1/84.

Luft

Luftmeßnetze

Die Überwachung der Luftverunreinigung ist Aufgabe der Bundesländer. So schreibt das Bundes-Immissionsschutzgesetz für Belastungsgebiete vor, daß dort der Stand und die Entwicklung der Luftverunreinigung fortlaufend festzustellen ist; dies erfolgt durch den Betrieb von Meßnetzen. Über diese Messungen hinaus betreiben einige Länder auch Meßstellen, ohne Belastungsgebiete ausgewiesen zu haben oder auch zusätzlich zu Meßstellen in Belastungsgebieten. Diese Meßnetze wurden etwa Mitte der Siebziger Jahre eingerichtet oder sind aus früheren Meßnetzen hervorgegangen. Die Meßdaten werden von den zuständigen Behörden ausgewertet und in Form von Monatsberichten und/oder Jahresberichten veröffentlicht.

Die Meßnetze dienen auch der Erfassung von Daten für die EG. Mit diesem EG-Datenaustausch wird angestrebt, der Kommission der Europäischen Gemeinschaften und der EG-Mitgliedstaaten einen Überblick über die Verunreinigung der Luft in den unterschiedlich belasteten Gebieten zu verschaffen.

Neben den Immissionsmeßstationen in den Ballungs- bzw. Belastungsgebieten betreiben die Bundesländer seit etwa 1983 eine zunehmende Anzahl von Meßstationen in den Gebieten mit neuartigen Waldschäden.

Das Umweltbundesamt betreibt ein Meßnetz zur Untersuchung der weiträumigen grenzüberschreitenden Luftverunreinigung und zur Feststellung langfristiger weiträumiger Entwicklungen der Immissionsbelastung als Grundlage für die Beurteilung der Immissionssituation und als Basis für zu treffende Maßnahmen. Der Feststellung grenzüberschreitender Luftverunreinigungen kommt im Hinblick auf die Durchführung der ECE-Konvention zur Begrenzung der Luftverunreinigungen erhebliche Bedeutung zu.

Das UBA-Meßnetz besteht aus 15 Stationen, von denen 10 Stationen nur SO_2 und Schwebstaub sowie Schwefel im Staub messen. Der Ausbau dieser Stationen auf weitere Schadkomponenten erfolgt zur Zeit.

Luft

Luftmeßnetze in der Bundesrepublik Deutschland

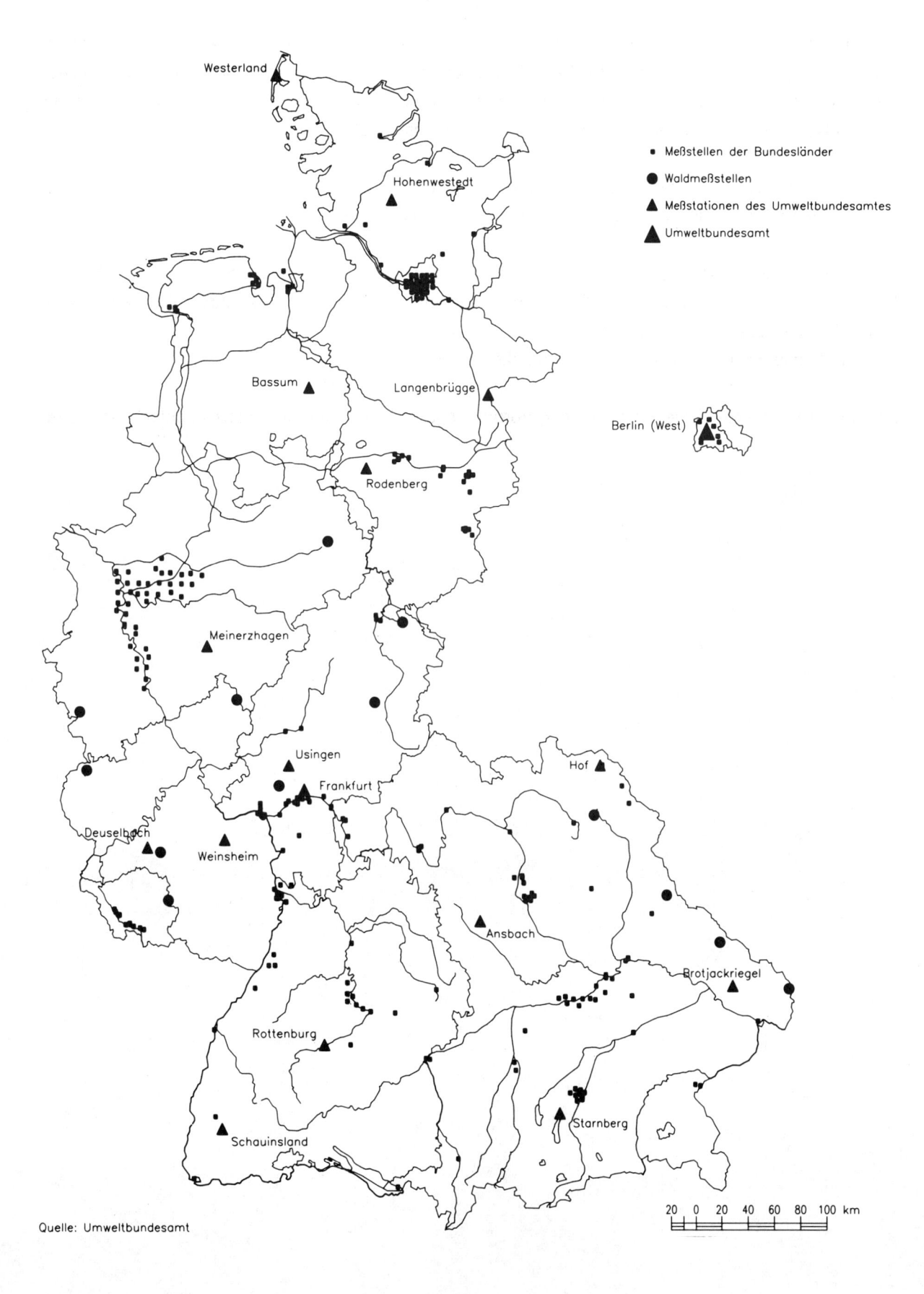

- Meßstellen der Bundesländer
- Waldmeßstellen
- Meßstationen des Umweltbundesamtes
- Umweltbundesamt

Quelle: Umweltbundesamt

Luft

Smog-Gebiete

Zur Verhinderung übermäßig starker Immissionsbelastungen bei austauscharmen Wetterlagen hat der Gesetzgeber in § 49 Abs. 2 BImSchG die Festsetzung besonderer Gebiete vorgesehen, die im allgemeinen Sprachgebrauch als sog. „Smog-Gebiete" bezeichnet werden. Diese Gebiete werden ebenso wie Belastungsgebiete durch die Länder mittels Rechtsverordnung festgesetzt.

In diesen Rechtsverordnungen kann vorgeschrieben werden, „daß bei austauscharmen Wetterlagen, die von den zuständigen Stellen bekanntzugeben sind, in diesen Gebieten

1. ortsveränderliche oder ortsfeste Anlagen nur zu bestimmten Zeiten betrieben und
2. Brennstoffe, die in besonderem Maße Luftverunreinigungen hervorrufen, in Anlagen nicht oder nur beschränkt verwendet werden dürfen.
3. Außerdem kann der Kfz-Verkehr eingeschränkt werden".

Eine Übersicht über die Gebiete, für die Smog-Verordnungen erlassen wurden, gibt die nachfolgende Karte.

Luft

"Smog-Gebiete"

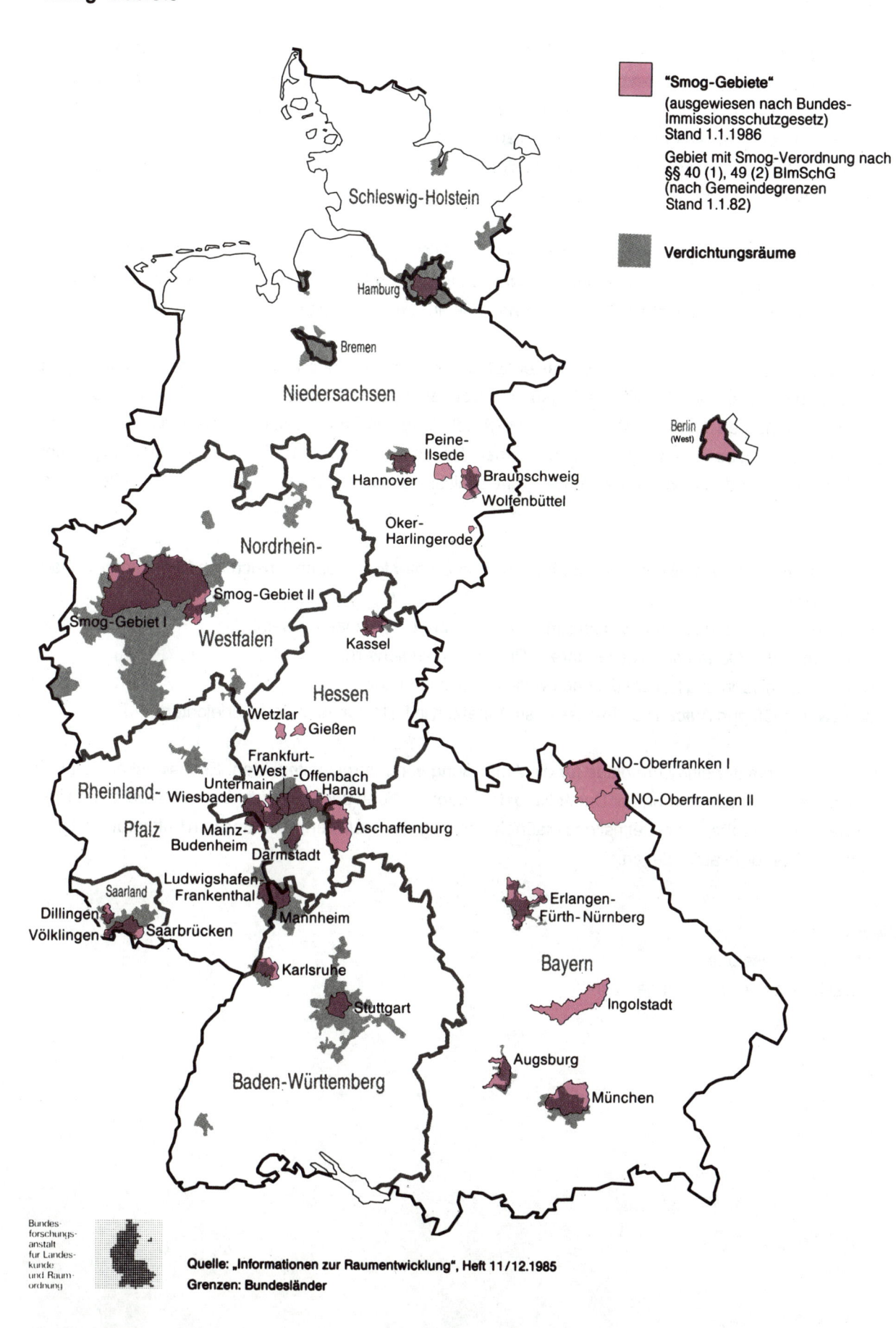

"Smog-Gebiete"
(ausgewiesen nach Bundes-Immissionsschutzgesetz)
Stand 1.1.1986
Gebiet mit Smog-Verordnung nach §§ 40 (1), 49 (2) BImSchG
(nach Gemeindegrenzen
Stand 1.1.82)

Verdichtungsräume

Schleswig-Holstein
Hamburg
Bremen
Niedersachsen
Hannover
Peine-Ilsede
Braunschweig
Wolfenbüttel
Oker-Harlingerode
Berlin (West)
Nordrhein-Westfalen
Smog-Gebiet I
Smog-Gebiet II
Kassel
Hessen
Wetzlar
Gießen
Frankfurt-West
Offenbach
Untermain
Wiesbaden
Hanau
Rheinland-Pfalz
Mainz-Budenheim
Darmstadt
Aschaffenburg
NO-Oberfranken I
NO-Oberfranken II
Ludwigshafen-Frankenthal
Saarland
Dillingen
Völklingen
Saarbrücken
Mannheim
Erlangen-Fürth-Nürnberg
Karlsruhe
Stuttgart
Bayern
Ingolstadt
Augsburg
München
Baden-Württemberg

Bundesforschungsanstalt für Landeskunde und Raumordnung

Quelle: „Informationen zur Raumentwicklung", Heft 11/12.1985
Grenzen: Bundesländer

Luft

Belastungsgebiete

Das Bundes-Immissionsschutzgesetz (BImSchG) sieht vor, daß besondere Anstrengungen in den Gebieten unternommen werden, in denen in besonderem Maße schädliche Umwelteinwirkungen auftreten oder aufzutreten drohen, oder die eines besonderen Schutzes bedürfen. Das Gesetz liefert dazu den Rahmen und weist die erforderlichen Aufgaben den Ländern zu. Zu diesen Aufgaben gehören z.B. die Ausweisung von Belastungsgebieten, die Aufstellung von Emissions- und Immissionskatastern sowie Luftreinhalteplänen und die Ausweisung von Smog- und Schutzgebieten.

Die nachfolgende Grafik gibt einen Überblick über die bislang (Stand 01.01.1986) von den Ländern ausgewiesenen Belastungsgebiete. Wie ersichtlich, wurden in Bayern 8, in Hessen 4, in Rheinland-Pfalz 2, im Saarland 2, in Nordrhein-Westfalen 5 Gebiete und in Berlin (West) das ganze Stadtgebiet ausgewiesen.

In Belastungsgebieten ist ein Emissionskataster aufzustellen, das Angaben über Stand und Entwicklung der Luftverunreinigung enthält. Die Fünfte Allgemeine Verwaltungsvorschrift zum BImSchG vom 30.01.1979 schreibt den Behörden die Grundsätze vor, die bei Aufstellung und Ergänzung der Emissionskataster in Belastungsgebieten zu beachten sind. Sie enthält nähere Bestimmungen über Emissionen, Emittentengruppen (Industrie, Hausbrand, Kleingewerbe, Verkehr) und Emissionsfaktoren. Die Emissionskataster sollen insbesondere

– Auskunft über den Anteil einzelner Emittenten und Emittentengruppen hinsichtlich bestimmter Schadstoffe geben,
– Basis für Verbesserungs- und Vorsorgemaßnahmen zur Luftreinhaltung sein,
– im Rahmen des Genehmigungsverfahrens Prognosen erleichtern,
– Ursachenanalysen und Kausalitätsnachweise ermöglichen und
– den zweckmäßigen Aufbau von Immissionsmeßnetzen in Belastungsgebieten erleichtern.

Die Emissionskataster sind Grundlage für die Aufstellung von Luftreinhalteplänen. Emissionskataster und Luftreinhaltepläne haben neben der Darstellung der gegenwärtigen und voraussehbaren Luftbelastung insbesondere die Aufgabe, ein mittelfristiges Maßnahmenprogramm zur Verminderung von Luftverunreinigungen und zur Vorsorge aufzustellen.

Siehe auch:
– Abschnitt Emissionen
– Emissionsminderungsmaßnahmen

Luft

Belastungsgebiete

Belastungsgebiete (ausgewiesen nach Bundes-Immissionsschutzgesetz) Stand 1.1.1986

nach §§ 40 BImSchG (nach Gemeindegrenzen Stand 1.1.82, Bayern Stand 1.1.75)

Verdichtungsräume

Schleswig-Holstein
Hamburg
Bremen
Niedersachsen
Berlin (West)
Ruhrgebiet West, Mitte, Ost
Nordrhein-Westfalen
Rheinschiene
Mitte
Süd
Kassel
Hessen
Lahn-Wetzlar
Rheinland-Pfalz
Rhein/Main
Untermain
Aschaffenburg
Mainz-Budenheim
Würzburg
Ludwigshafen-Frankenthal
Saarland
Dillingen Völklingen
Neunkirchen Saarbrücken
Erlangen-Fürth-Nürnberg
Regensburg
Bayern
Ingolstadt-Neustadt-Kelheim
Augsburg
Burghausen
München
Baden-Württemberg

Bundesforschungsanstalt für Landeskunde und Raumordnung

Quelle: „Informationen zur Raumentwicklung", Heft 11/12.1985
Grenzen: Bundesländer

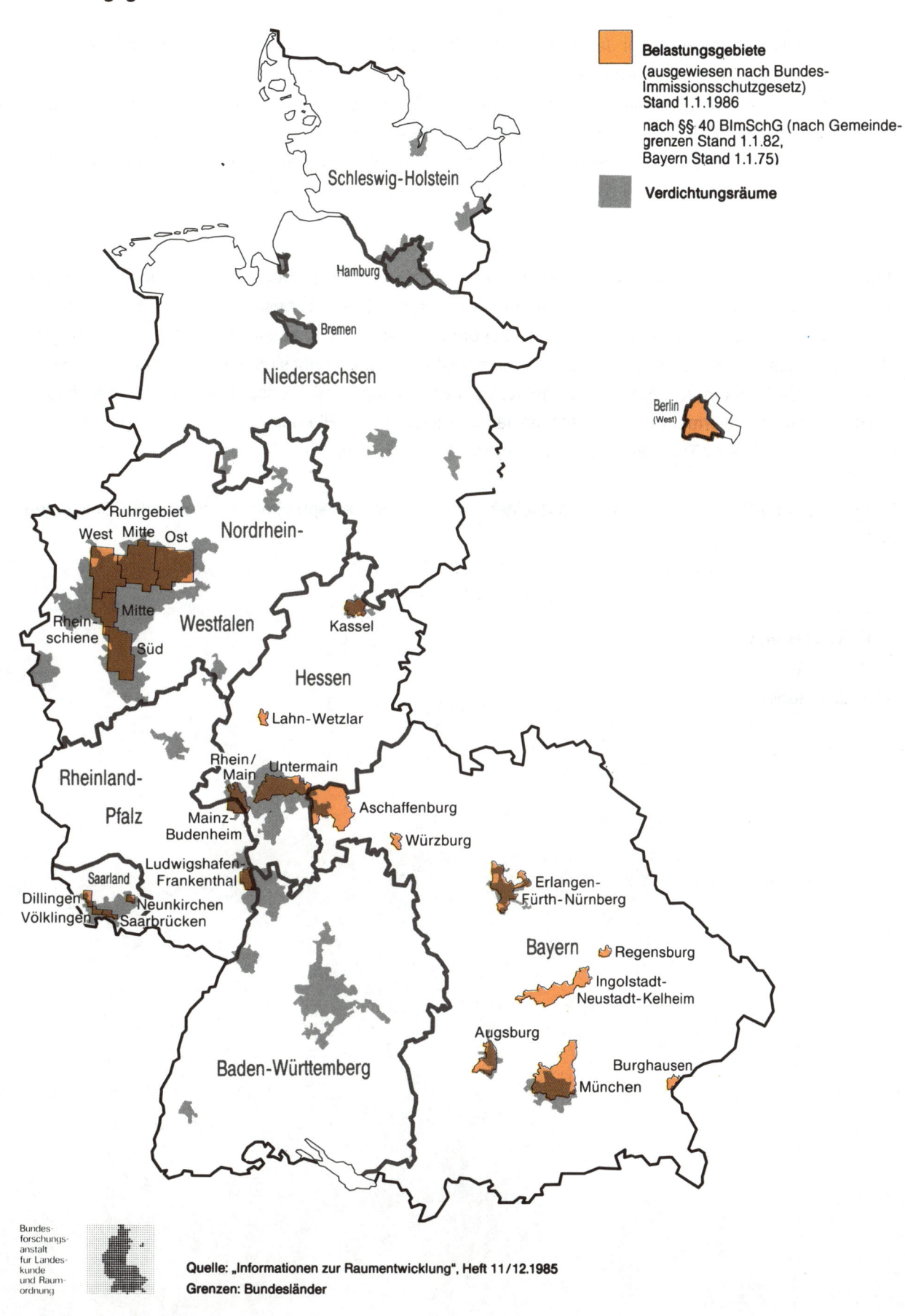

Daten zur Umwelt 1986/87
Umweltbundesamt

Luft

Schwermetall-Deposition (Blei und Cadmium)

In der ersten Hälfte der Siebziger Jahre stand im Hinblick auf die Schwermetalle deren Aufnahme mit der Atemluft im Vordergrund. Bilanzierungen zeigten dann aber, daß die Aufnahme mit der Nahrung mengenmäßig gesehen meist weitaus wichtiger ist, und das Interesse verlagerte sich von den Schwermetallgehalten des Schwebstaubs auf die Deposition. Diese umfaßt die nasse Abscheidung aus der Atmosphäre mit dem Niederschlag (Regen, Schnee) sowie die trockene Deposition mit dem Staubniederschlag. Durch diese Prozesse werden die Schwermetalle in Böden und Pflanzen eingebracht und finden so Eingang in die Nahrungskette.

Wenngleich der Schwermetalleintrag keine primäre Ursache für Waldschäden zu sein scheint, so stellt er dennoch einen zusätzlichen Belastungsfaktor für den Wald dar. Dabei ist besonders zu beachten, daß wegen des Auskämmeffektes der Blätter und Nadeln die Gehalte im Niederschlag in Waldbeständen gegenüber denen des Freilandniederschlags um das Doppelte und mehr erhöht sind. Im Boden reichern sich die Schwermetalle zunehmend an. Der Säuregehalt im Niederschlag bewirkt tendenziell eine erhöhte Löslichkeit der meisten Schwermetalle, die der Akkumulation entgegenwirkt. Hierdurch wird allerdings die Pflanzenverfügbarkeit und damit Toxizität der Schwermetalle ebenfalls erhöht.

Besonders hohe Belastungen können im direkten Einflußbereich entsprechender industrieller Emittenten auftreten.

Siehe auch:
- Kapitel Nahrung
- Kapitel Wald
- Kapitel Boden

Luft

Blei- und Cadmium-Depositionen im Zeitraum 1982 bis 1985

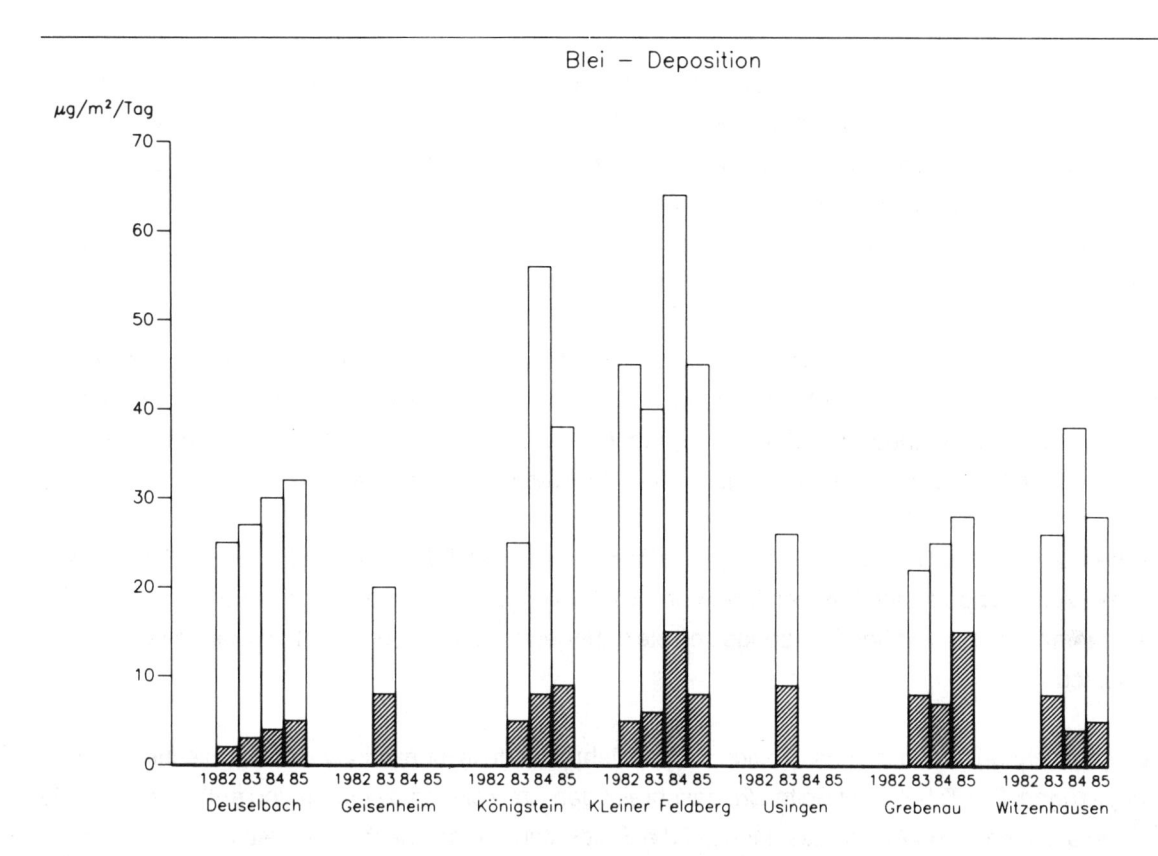

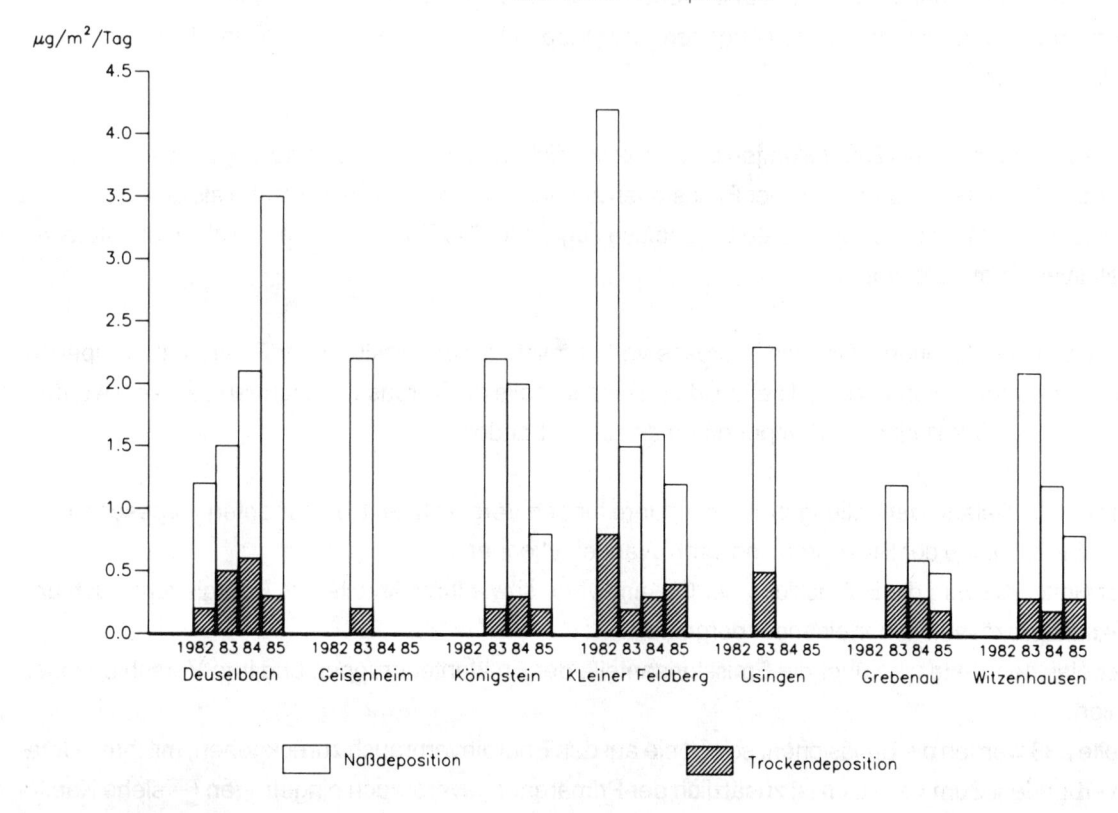

Blei – Deposition

μg/m²/Tag

Cadmium – Deposition

μg/m²/Tag

☐ Naßdeposition   ▨ Trockendeposition

Quelle: Umweltbundesamt

Luft

Ausgewählte Emissionen — Entwicklung 1966–1984 mit Ausblick 1995

Zur Darstellung der Emissionen:

Die anorganischen Gase Schwefeldioxid (SO_2), Stickstoffoxide (NO_x als NO_2) und Kohlenmonoxid (CO) sowie die Feststoffe und organischen Verbindungen (VOC: Volatile Organic Compounds) sind aufgrund ihrer mengenmäßigen und überregionalen Bedeutung diejenigen Komponenten der Luftverunreinigung, deren Emissionen regelmäßig ermittelt werden. Maßgeblich für die hier gewählte Zuordnung zu Emittentengruppen ist nicht die Nutzung der ursächlichen Verbrauchs- und Produktionsprozesse, sondern die Entstehung der Emissionen.

Ausführlich dargestellt wird die bisherige Entwicklung. Ergänzend sind Werte für die Mitte der Neunziger Jahre angefügt, wie sie als Folge der Maßnahmen der Bundesregierung zur Schadstoffreduzierung in Verbindung mit der Energieprognose der Prognos AG (mittlere Variante) und Annahmen der Produktionsentwicklung bestimmter Wirtschaftsgüter durch das Umweltbundesamt erwartet werden.

Hierbei wurde für den Pkw-Sektor das Abgas-Emissionsszenario des TÜV Rheinland (Okt. 1985) übernommen. Dieses Szenario beruht auf Angaben bzw. Vorausschätzungen der Automobilindustrie über den erwarteten Absatz ihrer schadstoffarmen Fahrzeuge und die dabei jeweils zur Anwendung kommende Schadstoffminderungstechnik.

Zur Veranschaulichung der Emissionssituation werden Jahreswerte in tabellarischer und grafischer Darstellung herangezogen. Die Tabelle auf Seite 228 beschreibt den Entwicklungszeitraum und enthält sowohl die Gesamtwerte als auch deren Aufschlüsselung auf die Emittentengruppen nach absoluten und prozentualen Anteilen in 2-Jahres-Schritten. Sie dient insbesondere dem Mengenvergleich für bestimmte Bezugsjahre. Die anteiligen und zusammenfassenden Angaben sind entsprechend ihrer Natur als rechnerische Schätzungen jeweils gerundet.

Hauptaufgabe der grafischen Darstellungen ist die Verdeutlichung zeitlicher Veränderungen. Da das Ermittlungsverfahren in der Regel den Trend der Emissionen zuverlässiger wiedergeben dürfte als deren absolute Mengen, liegen den Grafiken ungerundete Ergebnisse zugrunde. Die Daten werden sowohl in absoluter als auch in relativer Form dargeboten.

Bei den Absolut-Darstellungen wird das Interesse vornehmlich der Entwicklung der Emittentengruppen im einzelnen sowie dem weiteren Verlauf gelten, da an dieser Stelle die Vorausschätzungen gebracht werden.
— Auf den Seiten 229-231 sind die Komponenten einzeln behandelt.

Dagegen sind die Relativ-Darstellungen insbesondere für den Vergleich der Komponenten vorgesehen. Sie lassen die Unterschiede der Strukturen und ihren Wandel erkennen.
— Auf der Seite 232 wird die Entwicklung der Gesamtwerte sowie ihrer Anteile aus Energieverbrauch und Produktionsprozessen nebeneinander dargestellt.
— Auf der gleichen Seite wird über die Emissionsanteile der Emittentengruppen und ihre Verschiebungen informiert.
— Auf Seite 233 werden die Emissionen, soweit sie auf den Energieverbrauch zurückgehen, mit ihren Ursachen verbunden. Zum Vergleich ist zusätzlich der Primärenergieverbrauch eingetragen (— siehe Kapitel Energie).

Luft

Emissionsangaben der hier vorliegenden Art werden grundsätzlich durch die Verknüpfung statistisch erhobener Daten zu Energieverbrauch und Produktionsgütern mit Emissionsfaktoren berechnet. Emissionsfaktoren als Kennwerte für das mittlere Emissionsverhalten der Brennstoffe in Anlagen und Motoren sowie der Produktionsprozesse müssen im wesentlichen auf der Grundlage stichprobenhafter Messungen und Analysen festgelegt werden. Der hierdurch bedingte Näherungscharakter überträgt sich entsprechend auf die Emissionsdaten.

Zur Wahrung der Vergleichbarkeit innerhalb der Zeitreihen müssen Änderungen der Ermittlungsmethodik und Anpassungen von Emissionsfaktoren an neuere Erkenntnisse gegebenenfalls auch rückwirkend vorgenommen werden. Hierdurch können Abweichungen zu älteren Angaben auftreten.

Zur Emissionsursache Energieverbrauch

Auf Seite 233 wird der Energieverbrauch als dominante Emissionsursache ausgewiesen. Dieser emissionsverursachende Energieverbrauch – kurz EEV – ist der energetische Verbrauch fossiler Brenn- und Treibstoffe in den Sektoren Umwandlung und Endenergieverbrauch (– siehe auch Energie). Die Differenz zum Primärenergieverbrauch (s. Seite 233) wird im wesentlichen durch den nichtenergetischen Verbrauch fossiler Energieträger sowie die nichtfossilen Energieträger Wasser- und Kernkraft ausgefüllt.

Der Anteil des EEV am Primärenergieverbrauch ist beständig rückläufig und beträgt 1984 nur noch 82% (siehe Grafik auf Seite 233). Seine insgesamt wechselhafte Entwicklung ist durch unterschiedliche Tendenzen im einzelnen gekennzeichnet, insbesondere die überdurchschnittliche Steigerung der Bereiche Kraft- und Fernheizwerke sowie Verkehr. Einzelheiten sind aus nachstehender Tabelle zu entnehmen, wo für bestimmte Bezugsjahre neben der anteiligen Zusammensetzung auch die relativen Veränderungen der Emittentengruppen angegeben sind.

Entwicklung des emissionsverursachenden Energieverbrauchs nach Emittentengruppen (Werte gerundet)

Emittentengruppe	Anteilige Zusammensetzung in %					Veränderungen gegenüber 1966 in %			
	1966	70	74	80	84	1970	74	80	84
Insgesamt	100	100	100	100	100	+ 21	+ 31	+ 36	+ 25
Kraft- und Fernheizwerke	24	27	31	32	32	+ 33	+ 67	+ 78	+ 67
Industrie	33	31	29	26	23	+ 14	+ 17	+ 6	– 13
Haushalte und Kleinverbraucher	29	28	26	25	26	+ 20	+ 19	+ 21	+ 12
Verkehr	14	14	14	17	19	+ 22	+ 32	+ 68	+ 74

Luft

Die bisherige Entwicklung im einzelnen mit Ausblick

Die **Stickstoffoxide** – NO_x, berechnet als NO_2 – (siehe Tabelle auf Seite 228 und Grafiken auf Seite 232) entstehen fast ausschließlich bei Verbrennungsvorgängen aufgrund des Stickstoffgehaltes in Brennstoff und Verbrennungsluft. Sie werden überwiegend als Monoxid (NO) emittiert und anschließend in der Atmosphäre zu Dioxid (NO_2) oxidiert.

Bis Mitte der 70er Jahre folgen die Emissionen dem Anstieg des emissionsverursachenden Energieverbrauchs, dann jedoch nehmen sie aus verbrennungstechnischen Gründen insbesondere bei Pkw merklich stärker zu. Hierbei verschieben sich die Anteile der Emittentengruppen: Zunahme bei den Kraftwerken und mehr noch beim Verkehr, dagegen bei den Haushalten und Kleinverbrauchern leichte und bei der Industrie beträchtliche Abnahme. In Zukunft ist mit einer beträchtlichen Entlastung, insbesondere in den Bereichen Kraftwerke/Fernheizwerke und Verkehr zu rechnen.

Bei den *Kraftwerken* steigen bis Mitte der 70er Jahre die Emissionen entsprechend dem Energieverbrauch an; seither verlaufen sie im wesentlichen unverändert. Durch die Regelung der Großfeuerungsanlagenverordnung wird eine starke Abnahme dieser Emissionen erfolgen.

In der *Industrie* gehen die Emissionen seit Mitte der 70er Jahre stärker zurück als der Energieverbrauch (emissionsverursachend), da zunehmend flüssige und gasförmige Brennstoffe mit günstigerem Emissionsverhalten eingesetzt werden. Auch bei der Industrie wird eine Verringerung der Emissionen infolge der getroffenen gesetzlichen Maßnahmen (Großfeuerungsanlagenverordnung in Verbindung mit dem Beschluß der Umweltminister des Bundes und der Länder; Novelle der TA Luft) eintreten.

Die *Haushalte und Kleinverbraucher* weisen, gemessen am Energieverbrauch, relativ geringe Emissionen auf. Die Ursache liegt in den im Vergleich mit den wesentlich größeren Feuerungsanlagen der Industrie und der Kraftwerke niedrigen Verbrennungstemperaturen.

Umgekehrt ist der *Verkehrssektor* durch relativ hohe Emissionen gekennzeichnet. Seit Anfang der 70er Jahre steigen hier, bedingt durch motorische Maßnahmen zur Senkung von Kraftstoffverbrauch und Kohlenmonoxidausstoß, die Emissionen. Nach den gesetzlichen Abgasregelungen werden die Emissionen stark zurückgehen. Das Ausmaß wird davon abhängen, wie rasch die Einführung schadstoffarmer Fahrzeuge, insbesondere mit Katalysator gelingt.

Die Stoffgruppe der **organischen Verbindungen** (siehe Tabelle auf Seite 228 und Abbildungen auf Seite 232) umfaßt ein Spektrum von flüchtigen Stoffen, deren Einwirkung auf die Umwelt äußerst unterschiedlich zu beurteilen ist. Hierbei treten die hochtoxischen Verbindungen in relativ geringen Mengen auf. Aus diesen Gründen erlaubt die Angabe von Gesamtemissionen keinen direkten Rückschluß auf die Umweltrelevanz.

Die organischen Emissionen weisen bisher keine wesentlichen Veränderungen auf. Sie bestehen zu etwa 40% aus Lösemitteln und gehen im wesentlichen aus Verbrennungs- und Produktionsprozessen hervor. Im Lösemittelbereich ist damit zu rechnen, daß wesentliche Emissionen noch nicht erfaßt werden. Der Anteil der Emissionen des Verkehrs nahm beständig zu, während bei den Haushalten und Kleinverbrauchern ein Rückgang zu verzeichnen ist. Zukünftig wird mit einer Entlastung, insbesondere in den Bereichen Verkehr und Lösemittel gerechnet.

Luft

Die Emissionen von organischen Verbindungen sind bei *Kraftwerken* und Industriefeuerungen von untergeordneter Bedeutung. Unter *Industrie* sind insbesondere die Produktionsprozesse der chemischen und mineralölverarbeitenden Industrie und die Vorgänge der Gärung zusammengefaßt, die auch im kleingewerblichen Bereich erfolgen. Durch verbesserte Regelungen in der Technischen Anleitung zur Luftreinhaltung (TA Luft) wird in Zukunft ein Rückgang erwartet (Abb. 2).

Die Emissionen aus den Feuerungsanlagen in *Haushalt und Kleinverbrauch* gehen infolge der Umstellung von festen auf flüssige und gasförmige Brennstoffe bis Ende der 70er Jahre stark zurück und sind seither praktisch unverändert. Ein weiterer Rückgang kann mit einem Rückgang des emissionsverursachenden Energieverbrauchs erreicht werden.

Im *Verkehrssektor* umfassen die Emissionen den Gehalt im Abgas sowie bei Ottokraftstoff die Verluste aus Lagerung und Umschlag und aus Verdampfung am Fahrzeug. Bis Anfang der 70er Jahre steigen die Emissionen infolge der Ausdehnung des Pkw-Verkehrs stärker als der emissionsverursachende Energieverbrauch, während im weiteren infolge der Abgasregelungen der Zuwachs darunter liegt. Seit Mitte der 70er Jahre ist der Verkehr die emissionsstärkste Emittentengruppe. Auch hier wird die Einführung schadstoffarmer Fahrzeuge insbesondere mit Katalysator zu einer starken Abnahme der Emissionen bei Personenkraftwagen führen.

Lösemittel gelangen in der Industrie, im Gewerbe und im Haushalt zur Anwendung, überwiegend als Bestandteile von Produkten. Die Emissionen werden als praktisch gleichbleibend ermittelt. Aus dem Vergleich der Produktionsmengen derjenigen Stoffe, die als Lösemittel verwendet werden, mit den bisher prozeß- und produktbezogen nachgewiesenen Verbrauchsmengen folgt, daß diese Emissionen offensichtlich noch unterschätzt werden. Eingeleitete Untersuchungen des Verbleibs der produzierten Lösemittel sollen die hier überdurchschnittlichen Unsicherheiten der Emissionserfassung abbauen helfen. Eine Entlastung der Emissionssituation wird durch getroffene gesetzliche Maßnahmen (2. BImSchV) und durch eine Selbstverpflichtung der Lackindustrie eintreten.

Schwefeldioxid $-SO_2-$ (siehe Tabelle auf Seite 228 und Abbildungen auf Seite 232) gelangt zu etwa 96% aufgrund der Verbrennung der fossilen Energieträger in die Atmosphäre.

Die Emissionen bleiben deutlich hinter dem Anwachsen des emissionsverursachenden Energieverbrauchs zurück. Seit Mitte der 70er Jahre, als dieser nach einer Phase beständigen Ansteigens in eine wechselhafte Entwicklung mit noch offenem Langzeittrend überging, nehmen sie beständig ab. Ursächlich hierfür sind neben der teilweisen Umstellung auf schwefelarme Brennstoffe gesetzliche Maßnahmen zur Absenkung des Schwefelgehaltes in Brenn- und Treibstoffen sowie zur Abgasentschwefelung. Während der Anteil der Kraftwerke beständig ansteigt und inzwischen bei rund zwei Dritteln liegt, gehen die Anteile der restlichen Emittentengruppen zurück. Eine beträchtliche Entlastung, insbesondere in den Bereichen Kraft- und Fernheizwerke sowie Verkehr wird zukünftig erwartet.

Im Sektor *Kraftwerke* wird die bis Mitte der 70er Jahre zu beobachtende Zunahme des emissionsverursachenden Energieverbrauchs durch die Verwendung relativ schwefelarme Brennstoffe annähernd ausgeglichen, so daß die Emissionen langsamer ansteigen. Seit Ende der 70er Jahre sind sie rückläufig. Diese Entwicklung wird verursacht durch schwefelärmere Brennstoffe und die Abgasentschwefelung, die 1984 eine Emissionsminderung um bereits ca. 100 kt bewirkt. Die weitere Wirkung der Großfeuerungsanlagenverordnung wird hier eine Abnahme der Emissionen um 75% zur Folge haben.

Luft

Für die *Industrie* ist seit Mitte der 70er Jahre ein Rückgang der Emissionen zu verzeichnen, der im wesentlichen auf rationeller Energieverwendung beruht. Ein entsprechender Rückgang ist bei den Produktionsprozessen nicht festzustellen. Auch hier werden jedoch die Neuregelungen der TA Luft und der Großfeuerungsanlagenverordnung zu einem Rückgang der Emissionen führen.

Maßgeblich für die Abnahme der Emissionen der *Haushalte und Kleinverbraucher* seit den 70er Jahren ist das Vordringen der flüssigen und gasförmigen Brennstoffe mit relativ geringem Schwefelgehalt und die Begrenzung des Schwefels im leichten Heizöl sowie seit etwa 1980 der Rückgang des emissionsverursachenden Energieverbrauchs. Durch das Verbot der Verwendung von Heizöl S wird ein weiterer Rückgang der Emissionen eintreten.

Im *Verkehrssektor* steht seit Anfang der 70er Jahre der beträchtlichen Zunahme des Energieverbrauchs ein deutlicher Rückgang der Emissionen gegenüber. Die Ursache liegt in der schrittweisen Reduzierung des Schwefelgehaltes im Dieselkraftstoff. Durch den in letzter Zeit beobachteten Trend zu größerer Verwendung von Dieselkraftstoff ist eine zunehmende Tendenz abzusehen, falls keine weitere Reduzierung des Schwefelgehaltes im leichten Heizöl und Dieselkraftstoff erfolgt.

Kohlenmonoxid — CO — (siehe Tabelle auf Seite 228 und Abbildungen auf Seite 232) resultiert unter heutigen Bedingungen zu über 80% aus unvollständiger Verbrennung in Motoren und kleineren Feuerungsanlagen, während der Rest industriellen Produktionsprozessen entstammt.

Seit ca. 1970 ist ein starker Rückgang der Emissionen zu verzeichnen, der insbesondere durch die Abnahme der festen Brennstoffe in kleineren Feuerungen bewirkt wird.

Während entsprechend der Anteil der Haushalte und Kleinverbraucher auf etwa die Hälfte zurückgeht, verdoppelt sich der Anteil des Verkehrs, da hier bisher entsprechende Abnahmen nicht erreicht wurden. Insbesondere die Einführung von Katalysatorfahrzeugen verspricht künftig eine beträchtliche Entlastung.

Die Emissionen aus *Kraftwerken* und Industriefeuerungen sind von untergeordneter Bedeutung; entsprechend dominieren in der *Industrie* die Produktionsprozesse, insbesondere der Bereich Eisen und Stahl. Nach einem leichten Anstieg bis Mitte der 70er Jahre liegt nunmehr ein Rückgang vor.

Im Bereich *Haushalte und Kleinverbraucher* zieht die Umstellung von festen auf flüssige und gasförmige Brennstoffe eine merkliche Emissionsentlastung nach sich. Im gleichen Sinn wirkt sich die laufende Verbesserung der Verbrennungsbedingungen infolge der 1. BImSchV aus. Mit weiteren Emissionsreduzierungen insbesondere bei festen Brennstoffen ist zu rechnen.

Im *Verkehrssektor* stiegen infolge der Ausweitung des Pkw-Verkehrs die Emissionen bis Anfang der 70er Jahre stärker als der Energieverbrauch. Seither sind sie infolge der Abgasregelungen trotz weiteren Anwachsens des Energieverbrauchs rückläufig und werden auch in Zukunft aufgrund der Abgasregelungen rückläufig sein.

Als **Staub** wird die Gesamtheit der Feststoffe bezeichnet, die (siehe Tabelle auf Seite 228 und Abbildung auf Seite 232) — derzeit zu etwa gleichen Teilen — aus Verbrennungsprozessen (als Flugasche und Ruß) sowie aus Produktions- und Umschlagvorgängen freigesetzt werden, wobei toxische Bestandteile in relativ gerin-

Luft

gen Mengen auftreten. Staubteilchen unterscheiden sich hinsichtlich ihrer physikalischen – insbesondere Korngröße – und chemischen Eigenschaften. Entsprechend sind die Umwelteinwirkungen äußerst unterschiedlich zu beurteilen. Unter heutigen Bedingungen werden fast ausschließlich Feinstäube emittiert. Aus diesen Gründen kann allein aus der Gesamtemission nicht direkt auf die Umweltwirkung geschlossen werden.

Die zunächst stark rückläufige Entwicklung der Emissionen, die im wesentlichen der verbesserten Entstaubung zuzuschreiben ist, hat sich inzwischen abgeflacht. Der Anteil der Kraftwerke und der Industrie ist nahezu gleichgeblieben, während er bei den Haushalten und Kleinverbrauchern zurückgegangen, für den Verkehr jedoch angestiegen ist.

Zukünftig wird eine beträchtliche Entlastung, insbesondere in den Bereichen Industrie und Kraftwerke erwartet.

Die beträchtlichen Minderungserfolge wurden in stärkerem Maße bei den *Kraftwerken* und Industriefeuerungen als im Produktionssektor der *Industrie* erzielt. Relativ unverändert sind die Emissionen aus dem Umschlag von Schüttgütern, deren Anteil an den Emissionen aus Produktionsprozessen inzwischen auf über die Hälfte angestiegen ist. In allen Bereichen ist ein Rückgang infolge Großfeuerungsanlagenverordnung und TA Luft absehbar.

Bei den *Haushalten und Kleinverbrauchern* ist ein ständiger Rückgang der Emissionen zu verzeichnen. Ursache hierfür ist die Umstellung von festen auf emissionsärmere flüssige und gasförmige Brennstoffe in Verbindung mit der Verbesserung der Verbrennungsvorgänge infolge der Regelungen der 1. BImSchV. Eine weitere Abnahme entsprechend des vorhergesagten Rückganges des emissionsverursachenden Energieverbrauchs insbesondere bei festen Brennstoffen kann angenommen werden.

Im *Verkehrssektor* halbieren sich trotz beständigen Ansteigens des Emissionsverbrauchs die Emissionen bis Mitte der 70er Jahre infolge der schrittweisen Reduzierung des kohlebefeuerten Dampflokbetriebes, um dann jedoch – im wesentlichen durch die Dieselfahrzeuge bestimmt – der Entwicklung des emissionsverursachenden Energieverbrauchs zu folgen. Infolge der Ausweitung des Diesel-Sektors wird mit einem weiteren Ansteigen gerechnet (sofern die Partikelemissionen nicht weiter begrenzt werden).

Siehe auch:
- Abschnitt Immissionen
- Emissionsminderungsmaßnahmen
- Kapitel Allgemeine Daten, Abschnitt Energie
- Kapitel Allgemeine Daten, Abschnitt Verkehr

Luft

Ausgewählte Emissionen nach Emittentengruppen in der Bundesrepublik Deutschland 1966–1984*)

Luftverunreinigung Emittentengruppe	1966 kt	1966 %	1968 kt	1968 %	1970 kt	1970 %	1972 kt	1972 %	1974 kt	1974 %	1976 kt	1976 %	1978 kt	1978 %	1980 kt	1980 %	1982 kt	1982 %	1984 kt	1984 %
Stickstoffoxide NO$_x$ als NO$_2$ Mt	2,0		2,1		2,4		2,6		2,6		2,8		3,0		3,1		3,0		3,0	
Insgesamt																				
Kraft- und Fernheizwerke[1]	460	23,5	530	25,0	630	26,4	750	28,6	780	29,8	800	28,8	820	27,4	850	27,6	830	28,1	840	27,7
Industrie[2]	500	25,6	510	24,0	510	21,3	460	17,7	460	17,4	420	15,2	410	13,7	400	13,1	340	11,4	330	10,7
Haushalte und Kleinverbraucher	120	5,9	120	5,7	150	6,1	150	5,7	140	5,2	140	5,0	140	4,8	140	4,5	120	4,1	130	4,3
Verkehr	880	45,0	960	45,3	1100	46,2	1250	48,0	1250	47,6	1400	51,0	1600	54,1	1700	54,8	1700	56,4	1750	57,3
Organische Verbindungen VOC Mt	1,7		1,7		1,9		1,9		1,9		1,9		1,9		1,9		1,8		1,8	
Insgesamt																				
Kraft- und Fernheizwerke[1]	11	0,7	13	0,8	16	0,8	16	0,9	18	1,0	19	1,0	19	1,0	19	1,0	19	1,0	21	1,1
Industrie[2][4]	210	12,3	210	12,2	200	10,7	210	11,2	190	10,2	180	9,8	170	9,2	180	9,5	170	9,2	160	8,7
Haushalte und Kleinverbraucher	270	16,2	220	12,9	210	11,6	150	8,0	130	7,1	90	4,8	72	3,8	75	4,0	68	3,8	70	3,8
Verkehr[6]	510	30,5	560	32,7	670	36,2	750	39,6	730	39,4	790	42,4	840	44,8	840	45,2	800	44,3	830	45,2
Lösemittelverbrauch[8]	670	40,3	710	41,4	750	40,7	770	40,3	780	42,3	780	42,0	770	41,2	750	40,3	750	41,7	750	41,2
Schwefeldioxid SO$_2$ Mt	3,2		3,3		3,6		3,7		3,6		3,5		3,4		3,2		2,9		2,6	
Insgesamt																				
Kraft- und Fernheizwerke[1]	1400	42,7	1500	44,8	1700	46,9	1950	52,3	1950	53,3	1950	55,2	1950	56,7	1900	59,3	1800	62,6	1650	62,9
Industrie[2]	1100	34,5	1100	33,6	1150	31,5	1050	27,8	1050	28,5	960	27,2	900	26,6	870	27,3	720	25,0	630	24,0
Haushalte und Kleinverbraucher	570	17,6	570	17,1	630	17,1	580	15,8	530	14,5	510	14,3	440	13,0	330	10,3	260	8,9	250	9,5
Verkehr	170	5,2	150	4,5	150	4,2	150	4,1	130	3,7	120	3,3	130	3,7	100	3,1	100	3,5	96	3,6
Kohlenmonoxid CO Mt	12,9		13,0		13,5		12,2		11,7		10,3		9,4		9,0		7,4		7,4	
Insgesamt																				
Kraft- und Fernheizwerke[1]	28	0,2	31	0,2	34	0,3	36	0,3	37	0,3	37	0,4	37	0,4	39	0,4	41	0,6	44	0,6
Industrie[2]	1800	14,1	1950	15,0	2000	14,9	1900	15,5	2200	18,8	1750	16,9	1600	16,9	1650	18,5	1350	18,3	1400	18,7
Haushalte und Kleinverbraucher	6600	51,3	6050	46,6	5450	40,6	3600	29,5	3150	27,0	2200	21,5	1800	18,9	1950	21,7	1700	23,1	1600	21,5
Verkehr	4450	34,4	4950	38,2	5950	44,2	6650	54,7	6300	53,9	6300	61,2	6050	63,8	5300	59,4	4300	58,0	4400	59,2
Staub Mt	1,8		1,5		1,3		1,1		0,95		0,80		0,75		0,75		0,65		0,65	
Insgesamt																				
Kraft- und Fernheizwerke[1]	460	25,5	380	24,8	300	22,2	260	23,8	200	20,5	190	22,9	170	23,3	160	21,8	150	22,1	150	23,5
Industrie[2][3]	990	54,4	850	54,9	740	55,8	610	56,3	580	60,6	490	60,0	440	59,8	440	59,8	390	58,3	380	57,0
Haushalte und Kleinverbraucher[5]	260	14,1	230	15,0	220	16,1	150	13,3	130	13,2	83	10,3	63	8,6	69	9,5	62	9,4	58	8,8
Verkehr[7]	110	6,0	83	5,3	78	5,9	72	6,6	55	5,7	55	6,8	61	8,3	65	8,9	67	10,2	70	10,7

1) Einschließlich Industriekraftwerke
2) Feuerungsanlagen und Produktionsprozesse
3) Einschließlich Umschlag von Schüttgütern
4) Einschließlich Gärung
5) Nur Feuerungsanlagen
6) Einschließlich Lagerung und Umschlag von Ottokraftstoff
7) Nur Abgas-Emissionen
8) In Industrie, Gewerbe und Haushalten Gemessen an der Produktion als Lösemittel verwendeter Stoffe ist abzusehen, daß der tatsächliche Verbrauch die hier branchen- bzw. produktbezogen nachgewiesenen Mengen übersteigt.

*) Abweichung von älteren Angaben bedingt durch Aktualisierung des Berechnungsverfahrens

Luft

Ausgewählte Emissionen nach Emittentengruppen in der Bundesrepublik Deutschland 1966 bis 1995
Bisherige Entwicklung und Ausblick

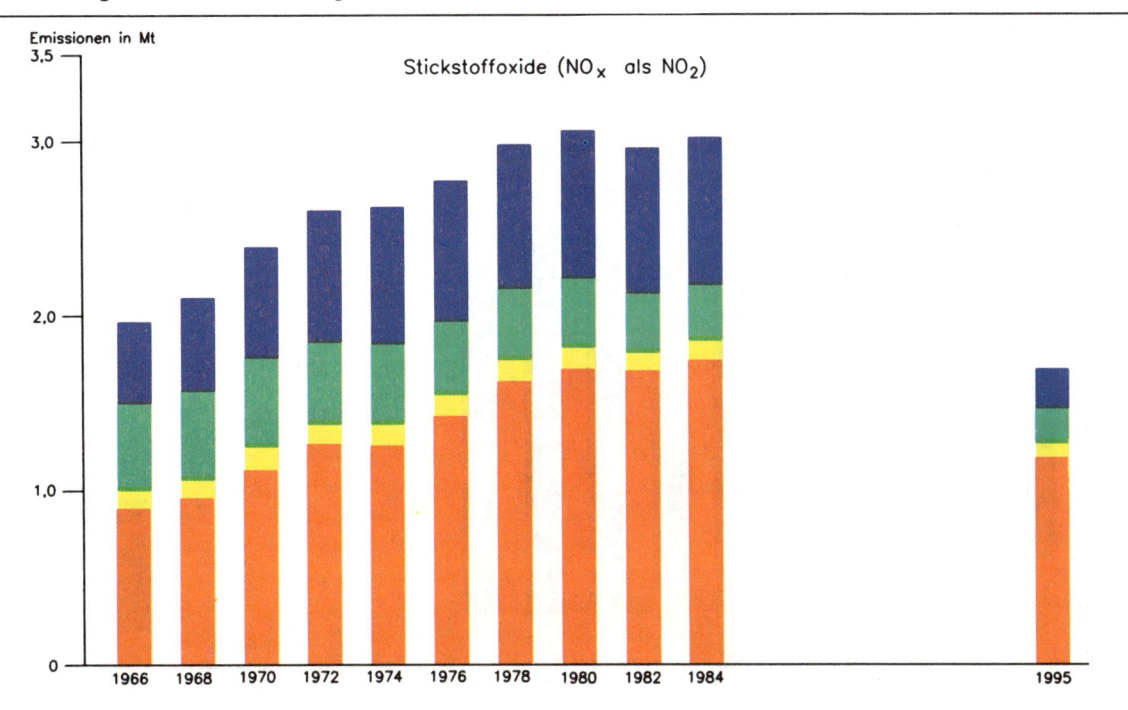

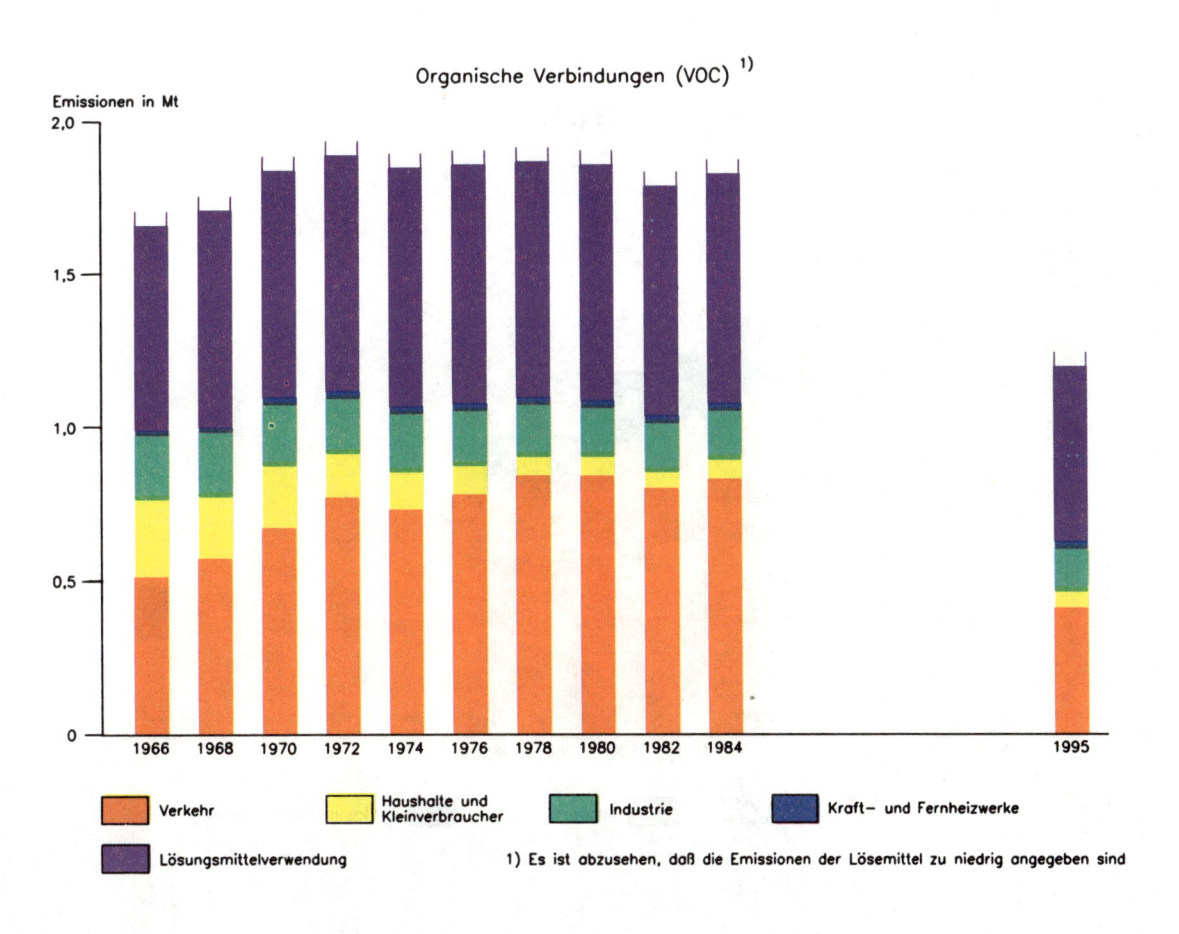

Stickstoffoxide (NO$_x$ als NO$_2$) — Emissionen in Mt

Organische Verbindungen (VOC) [1] — Emissionen in Mt

Legende:
- Verkehr
- Haushalte und Kleinverbraucher
- Industrie
- Kraft- und Fernheizwerke
- Lösungsmittelverwendung

[1] Es ist abzusehen, daß die Emissionen der Lösemittel zu niedrig angegeben sind

Quelle: Umweltbundesamt

Luft

Ausgewählte Emissionen nach Emittentengruppen in der Bundesrepublik Deutschland 1966 – 1995
Bisherige Entwicklung und Ausblick

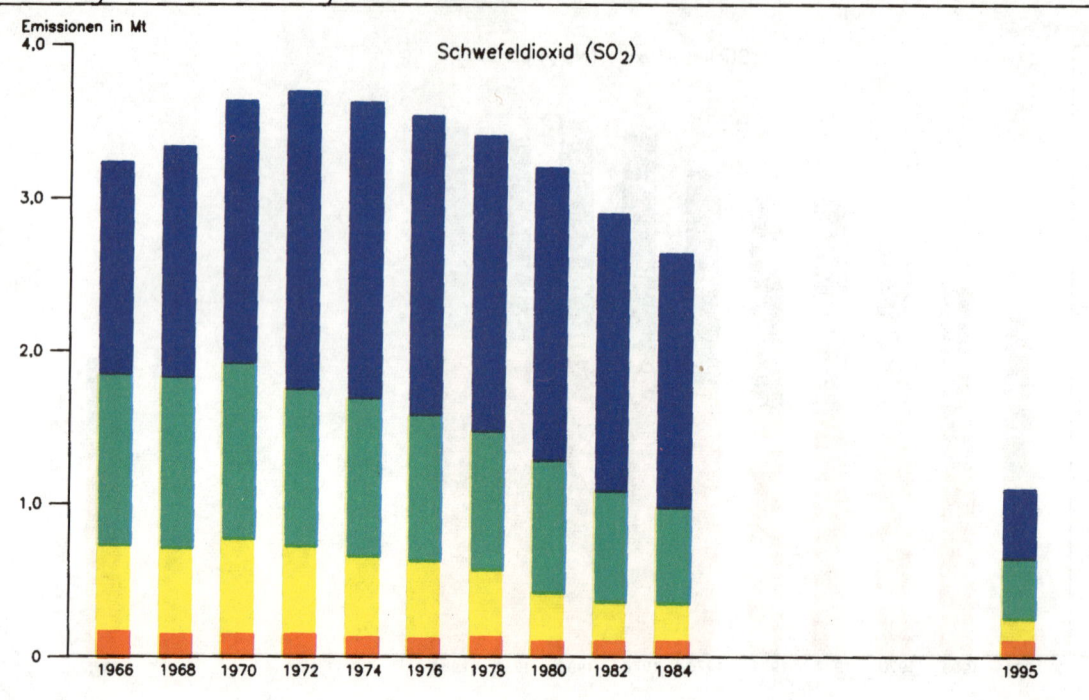

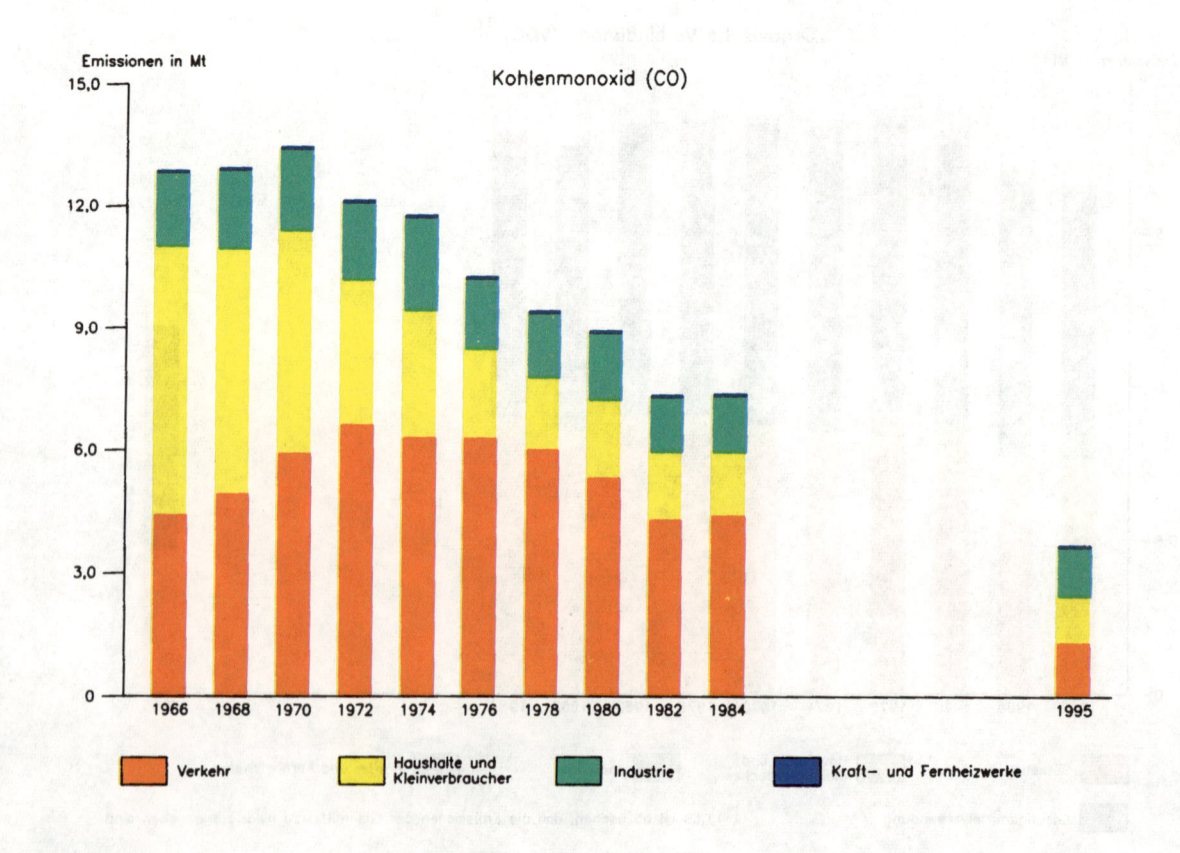

Schwefeldioxid (SO_2)

Kohlenmonoxid (CO)

Verkehr · Haushalte und Kleinverbraucher · Industrie · Kraft- und Fernheizwerke

Quelle: Umweltbundesamt

Luft

Ausgewählte Emissionen nach Emittentengruppen in der Bundesrepublik Deutschland 1966 – 1995
Bisherige Entwicklung und Ausblick

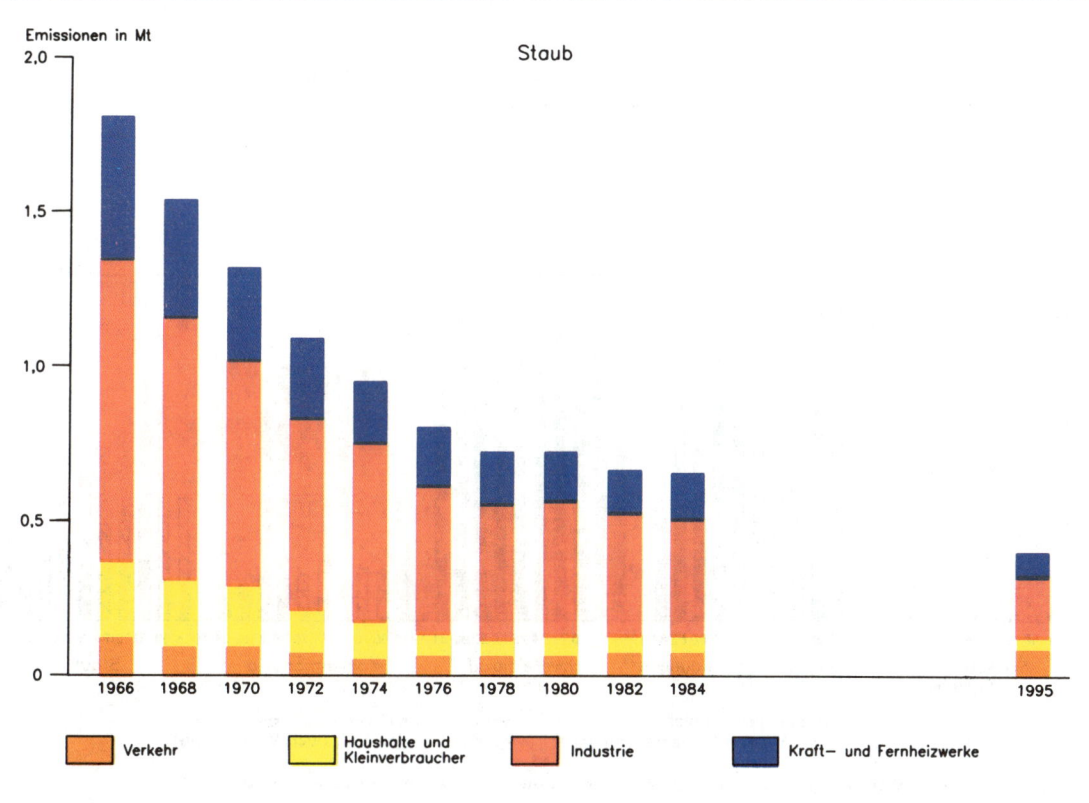

Emissionen in Mt

Staub

■ Verkehr   ■ Haushalte und Kleinverbraucher   ■ Industrie   ■ Kraft- und Fernheizwerke

Quelle: Umweltbundesamt

Luft

Ausgewählte Emissionen in der Bundesrepublik Deutschland
Entwicklung 1966 – 1984

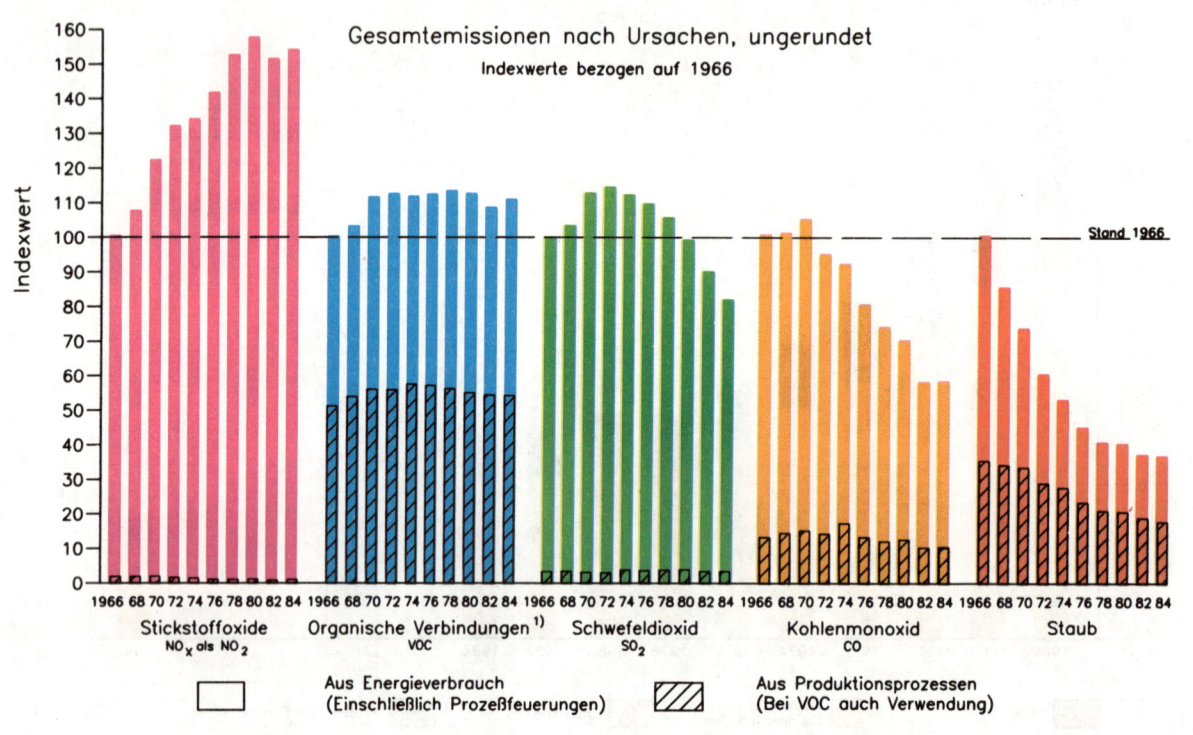

Gesamtemissionen nach Ursachen, ungerundet
Indexwerte bezogen auf 1966

Kategorien (x-Achse): Stickstoffoxide NO_x als NO_2 | Organische Verbindungen¹⁾ VOC | Schwefeldioxid SO_2 | Kohlenmonoxid CO | Staub

Legende:
- ☐ Aus Energieverbrauch (Einschließlich Prozeßfeuerungen)
- ▨ Aus Produktionsprozessen (Bei VOC auch Verwendung)

1) Es ist abzusehen, daß der Anteil aus der Verwendung organischer Produkte (Lösemittel) zu niedrig angegeben ist.

Relative Anteile der Emittentengruppen an den Gesamtemissionen
Prozent

Kategorien: Stickstoffoxide NO_x als NO_2 | Organische Verbindungen² VOC | Schwefeldioxid SO_2 | Kohlenmonoxid CO | Staub

Legende:
- Kraft- und Fernheizwerke
- Industrie
- Haushalte und Kleinverbraucher
- Verkehr
- Lösemittelverwendung

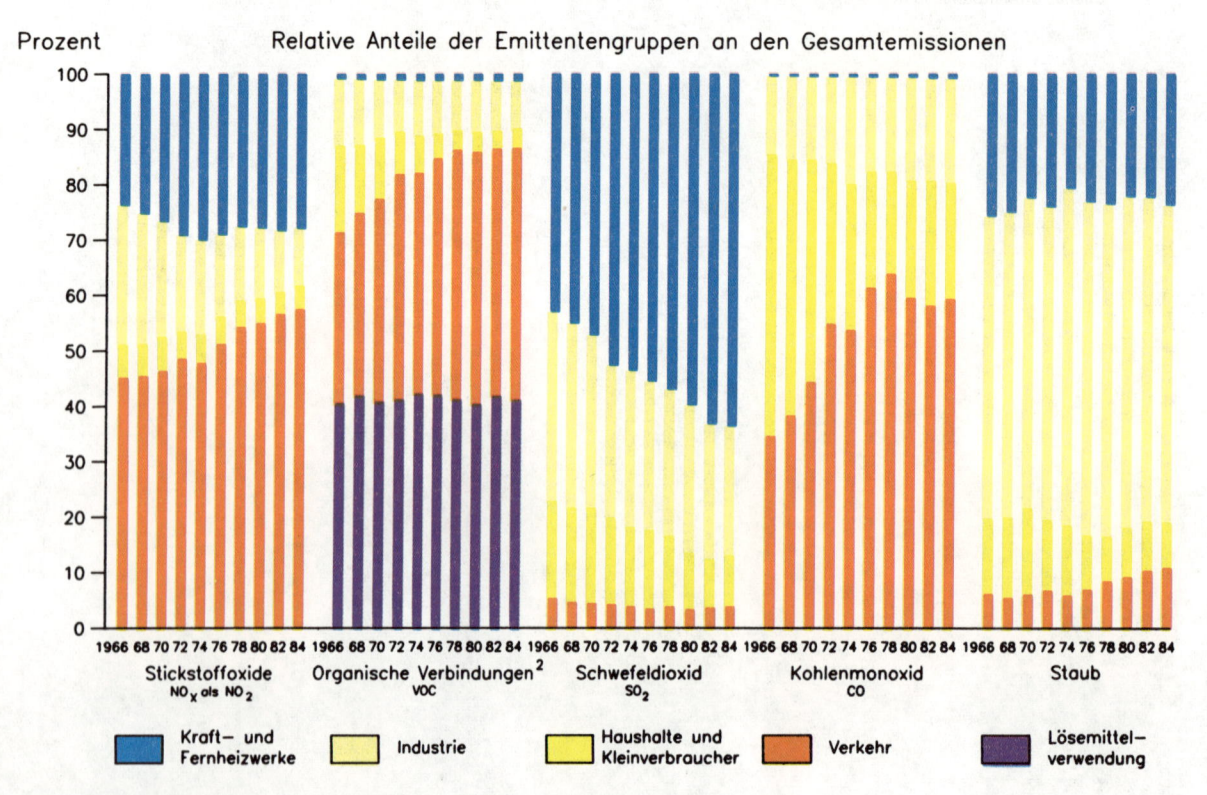

2) Es ist abzusehen, daß der Anteil aus der Lösemittelverwendung zu niedrig angegeben ist.

Quelle: Umweltbundesamt

Luft

Energieverbrauch und ausgewählte Emissionen in der Bundesrepublik Deutschland
Entwicklung 1966 – 1984

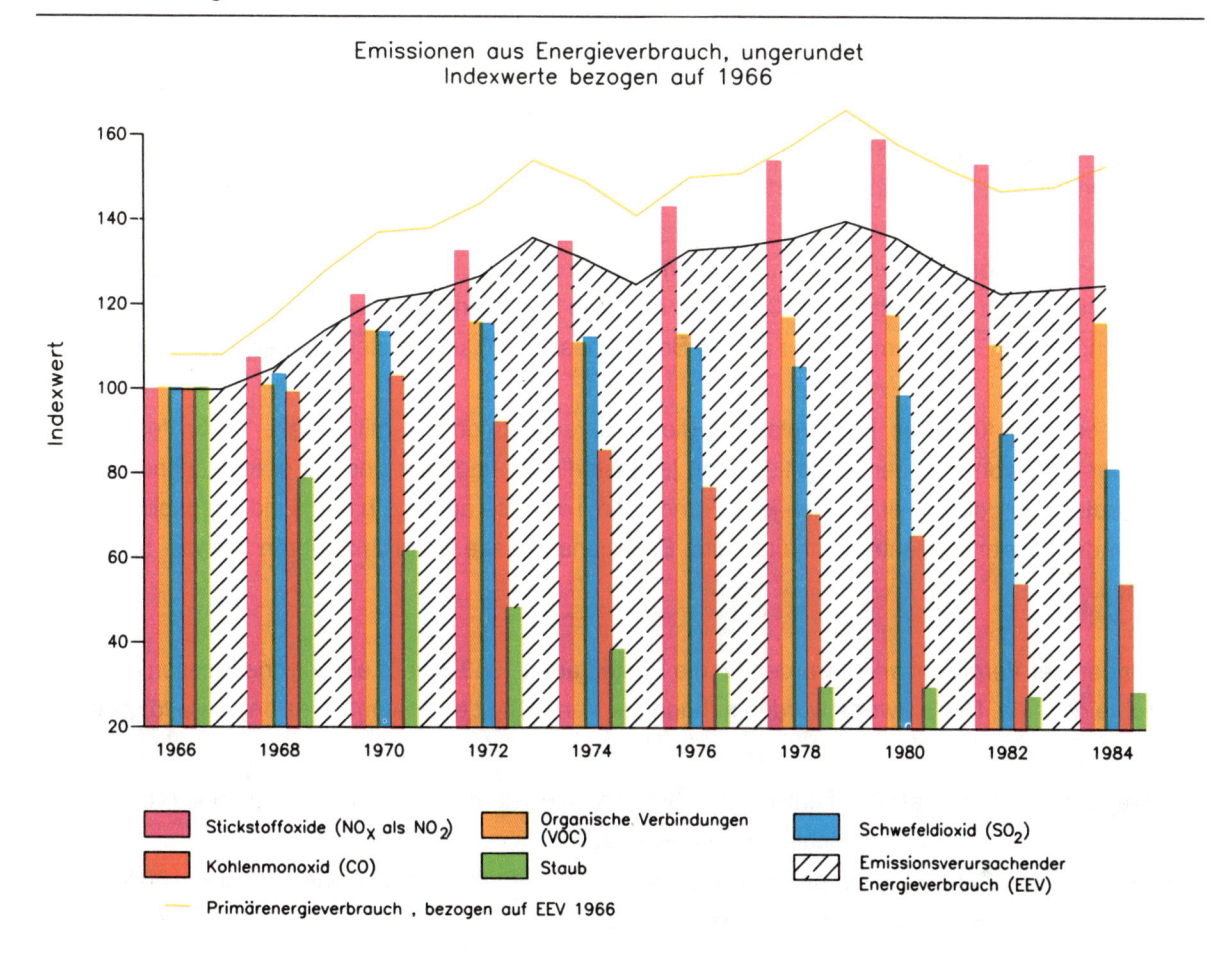

Emissionen aus Energieverbrauch, ungerundet
Indexwerte bezogen auf 1966

- Stickstoffoxide (NO$_x$ als NO$_2$)
- Organische Verbindungen (VOC)
- Schwefeldioxid (SO$_2$)
- Kohlenmonoxid (CO)
- Staub
- Emissionsverursachender Energieverbrauch (EEV)
- Primärenergieverbrauch, bezogen auf EEV 1966

Quelle: Umweltbundesamt

Luft

Emissionskataster nach Emittentengruppen

Form der Darstellung

In der Datenbank Emissionsursachenkataster (EMUKAT) des Umweltbundesamtes stehen inzwischen für das Bezugsjahr 1980 vollständige Emissionskataster für die Komponenten Schwefeldioxid (SO_2) und Stickstoffoxide (NO_x, angegeben als NO_2) zur Verfügung. Auch aus der laufenden Fortschreibung für 1984 liegen erste Ergebnisse vor, so daß angenähert die weitere Entwicklung angegeben werden kann.

Die Emissionssituation 1980 wird sowohl zusammenfassend als auch nach Emittentengruppen in hoher regionaler Auflösung im UTM-Gitternetz 10×10 km² dargestellt, während die Entwicklung bis 1984 anhand der Veränderungen der Gesamtemissionen auf der Basis eines 20×20 km²-Rasters wiedergegeben wird.

Ausgewiesen wird für jedes Rasterelement die entsprechend dem Ermittlungsverfahren festgestellte Summe der Emissionen in der Einheit Tonnen je Rasterfläche und Jahr und die entsprechende mittlere Emissionsdichte in der Einheit Tonnen je km² und Jahr. Teilweise außerhalb der Bundesrepublik bzw. auf See liegende Flächenelemente beinhalten eine Emissionsaussage lediglich für ihren Inlands- bzw. Festlandsanteil.

Aus Gründen der Vergleichbarkeit wurden für die Rasterkarten 1980 jeweils einheitliche Klassen der Emissionsdichte definiert. Die Eckwerte wurden anhand der Verteilung der Gesamtemissionen wie folgt gewonnen:

- unterer Eckwert: Die Klasse der emissionsschwächsten Rasterelemente erhält einen Anteil von 20% an der Gesamtfläche der Bundesrepublik.
- oberer Eckwert: Die Klasse der emissionsstärksten Rasterelemente erhält einen Anteil von 50% an den Gesamtemissionen der Bundesrepublik.

Die weitere Unterteilung folgt dem Prinzip der geometrischen Reihe.

Zur Veranschaulichung der Entwicklung zwischen 1980 und 1984 dient – ausgehend von der entsprechenden Darstellung der Emissionssituation für 1980 – die Wiedergabe der Veränderungen in absoluter und relativer Form. Für Schlußfolgerungen sollten diese Katasterkarten im direkten Vergleich gelesen werden.

Relativ hohe Emissionsentlastungen in niedrig belasteten Gebieten können – absolut betrachtet – von geringerem Gewicht sein als relativ geringe Entlastungen in hochbelasteten Gebieten.

Ermittlung der Daten

Grundlage der rechnerischen Ermittlung ist die räumliche Verteilung der Emissionsursachen: Energieverbrauch, Produktmengen, Verkehrsaufkommen. Diese Daten entstammen im wesentlichen den öffentlichen und weiteren Statistiken sowie ergänzenden Verbandsangaben.

Für die Kraftwerke und Industrieanlagen konnte der überwiegende Teil der Emissionsursachen standortgetreu lokalisiert und der Rest näherungsweise auf die Industriestandorte der entsprechenden Kreise aufge-

Luft

teilt werden. Für die Haushalte und Kleinverbraucher wurde eine näherungsweise Verteilung auf Kreise erzielt. Im Verkehrssektor dominiert der Straßenverkehr. Hier wurde der Autobahnanteil durch Linienquellen wiedergegeben sowie der restliche Inner- und Außerortsverkehr flächig erfaßt und angenähert den Kreisen zugerechnet.

Zur Gewinnung der Rasterdarstellung wurden Punkt- und Linienquellen den betroffenen Rasterquellen direkt zugeordnet. Flächenquellen wurden im Regelfall zunächst auf Kreisebene anhand der Bevölkerungsverteilung feinregionalisiert und anschließend zu Rasterflächen zusammengefügt.

Anschließend erfolgt die Berechnung der Jahresemissionen mittels Emissionsfaktoren.

Diese für den gesamten Untersuchungsraum einheitliche Vorgehensweise gewährleistet vergleichbare Ergebnisse. Die Übereinstimmung mit den tatsächlichen Gegebenheiten hängt zum einen von Datenbasis und Aufwand der gewählten Ermittlungsmethode ab. Zum anderen sind bei gegebener Ermittlungsmethodik die Abweichungen umso stärker zu erwarten, je kleinräumiger die Auswertung erfolgt. Die Übereinstimmung hinsichtlich der Emissionsursachen ist im übrigen grundsätzlich besser anzunehmen als hinsichtlich der hieraus hergeleiteten Emissionen.

Aussagen der Katasterkarten

Die Darstellungen für die einzelnen Emittentengruppen vermitteln ein anschauliches Bild der jeweiligen räumlichen Emissionsverteilung, wie sie durch Kraftwerks- und Industriestandorte, Ballungsgebiete und Verkehrswege geprägt wird. Aus dem Vergleich untereinander und mit den Gesamtangaben ergibt sich des weiteren die örtliche Belastungsstruktur.

Deutliche Unterschiede zeigen sich erwartungsgemäß bei der zeitlichen Entwicklung, wo einer nur geringfügigen Abnahme der Gesamtemissionen bei NO_2 ein erheblicher Rückgang bei SO_2 gegenübersteht. Bei der Betrachtung im einzelnen ist zu berücksichtigen, daß die volle Vergleichbarkeit gleicher Rasterelemente für die Bezugsjahre 1980 und 1984 nicht immer gewährleistet ist, und zwar im wesentlichen in Folge des Näherungscharakters der Daten für 1984.

Stärkere Veränderungen dürften durch Brennstoffumstellung oder Abgasentschwefelung oder die In- bzw. Außerbetriebnahme größerer Anlagen im Bereich der Kraftwerke und Industrie bedingt sein.

Siehe auch:
- Abschnitt Immissionen
- Kapitel Allgemeine Daten, Abschnitt Energie
- Kapitel Allgemeine Daten, Abschnitt Verkehr
- Emissionsminderungsmaßnahmen

Luft

Emissionskataster für Stickstoffoxide (NO$_x$ als NO$_2$) 1980
Alle Emittentengruppen

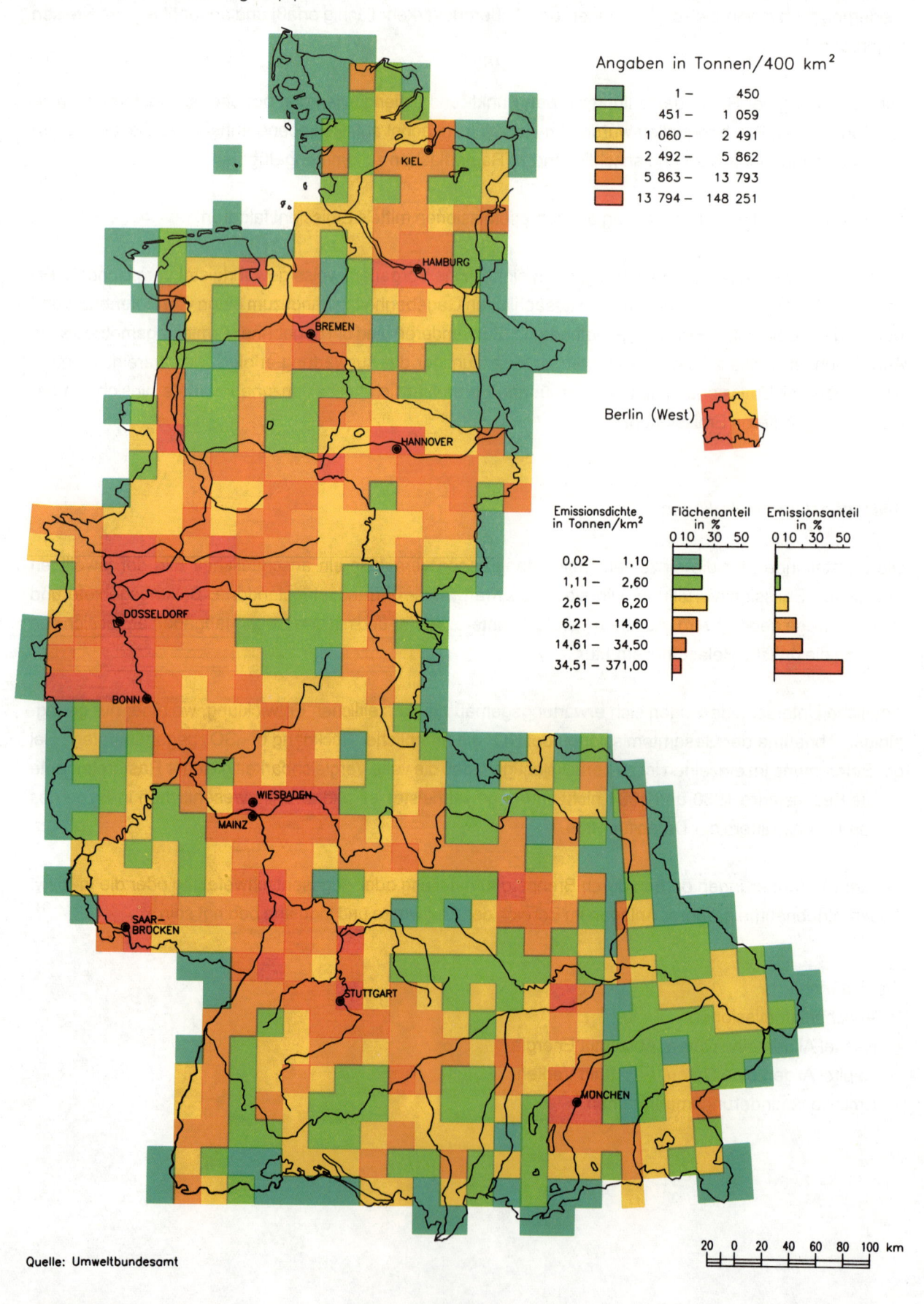

Angaben in Tonnen/400 km²

	1 – 450
	451 – 1 059
	1 060 – 2 491
	2 492 – 5 862
	5 863 – 13 793
	13 794 – 148 251

Berlin (West)

Emissionsdichte in Tonnen/km²	Flächenanteil in %	Emissionsanteil in %
0,02 – 1,10		
1,11 – 2,60		
2,61 – 6,20		
6,21 – 14,60		
14,61 – 34,50		
34,51 – 371,00		

Quelle: Umweltbundesamt

UMPLIS
Methodenbank
Umwelt

Daten zur Umwelt 1986/87
Umweltbundesamt

Luft

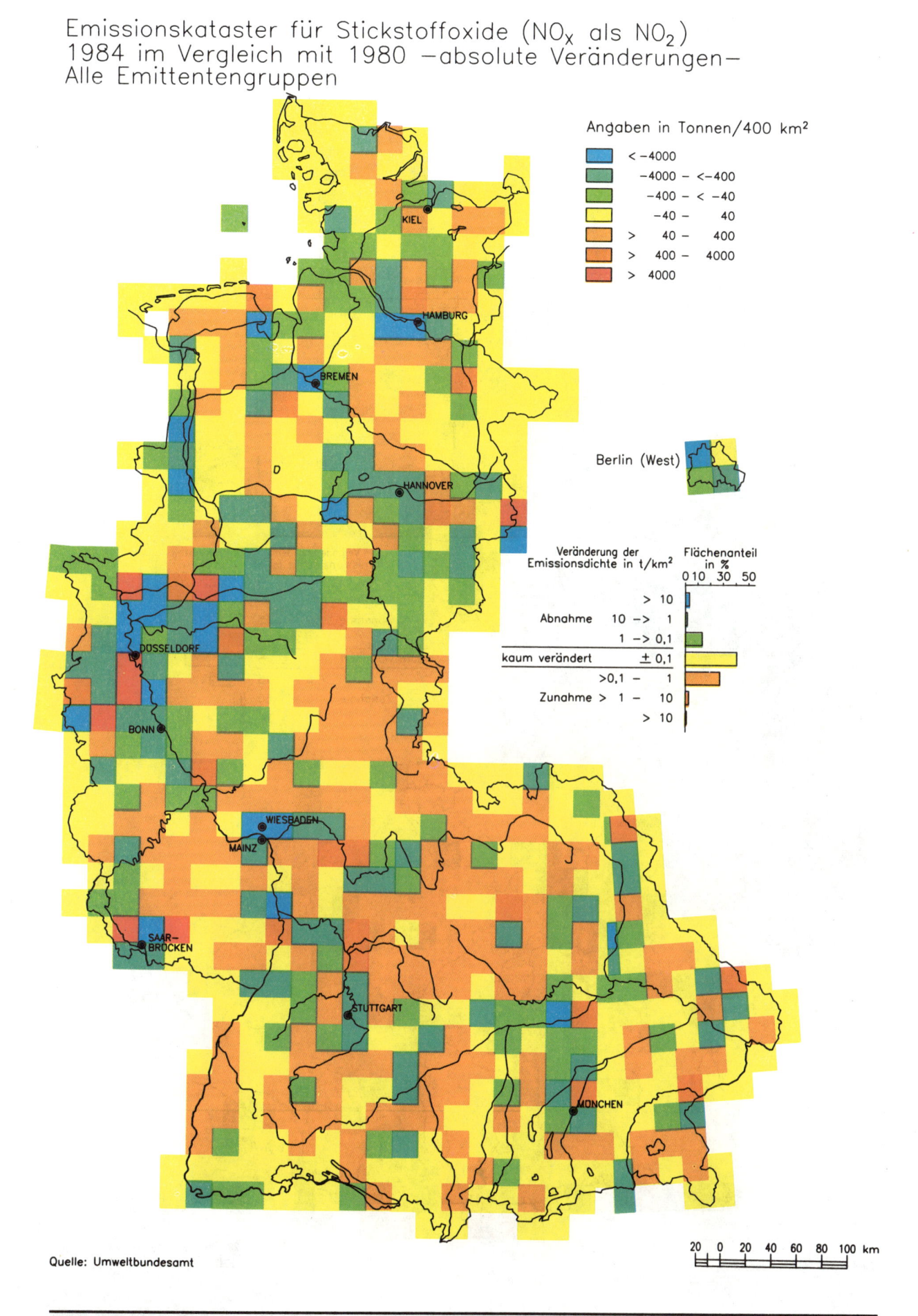

**Emissionskataster für Stickstoffoxide (NO$_x$ als NO$_2$)
1984 im Vergleich mit 1980 —absolute Veränderungen—
Alle Emittentengruppen**

Angaben in Tonnen/400 km²

- < −4000
- −4000 − < −400
- −400 − < −40
- −40 − 40
- > 40 − 400
- > 400 − 4000
- > 4000

Berlin (West)

Veränderung der Emissionsdichte in t/km² — Flächenanteil in %

- Abnahme > 10
- 10 −> 1
- 1 −> 0,1
- kaum verändert ± 0,1
- > 0,1 − 1
- Zunahme > 1 − 10
- > 10

Quelle: Umweltbundesamt

Daten zur Umwelt 1986/87
Umweltbundesamt

UMPLIS
Methodenbank
Umwelt

Luft

Emissionskataster für Stickstoffoxide (NO$_x$ als NO$_2$) 1984 im Vergleich mit 1980 −relative Veränderungen− Alle Emittentengruppen

Angaben in %
- < −50
- −50 − < −15
- −15 − < −5
- −5 − 5
- > 5 − 15
- > 15 − 50
- > 50

Berlin (West)

Veränderung der Emissionsdichte in % | Flächenanteil in %

Abnahme
- > 50
- 50 −> 15
- 15 −> 5

kaum verändert ± 5

Zunahme
- > 5 − 15
- >15 − 50
- > 50

Quelle: Umweltbundesamt

Luft

Emissionskataster für Schwefeldioxid (SO$_2$) 1980
Alle Emittentengruppen

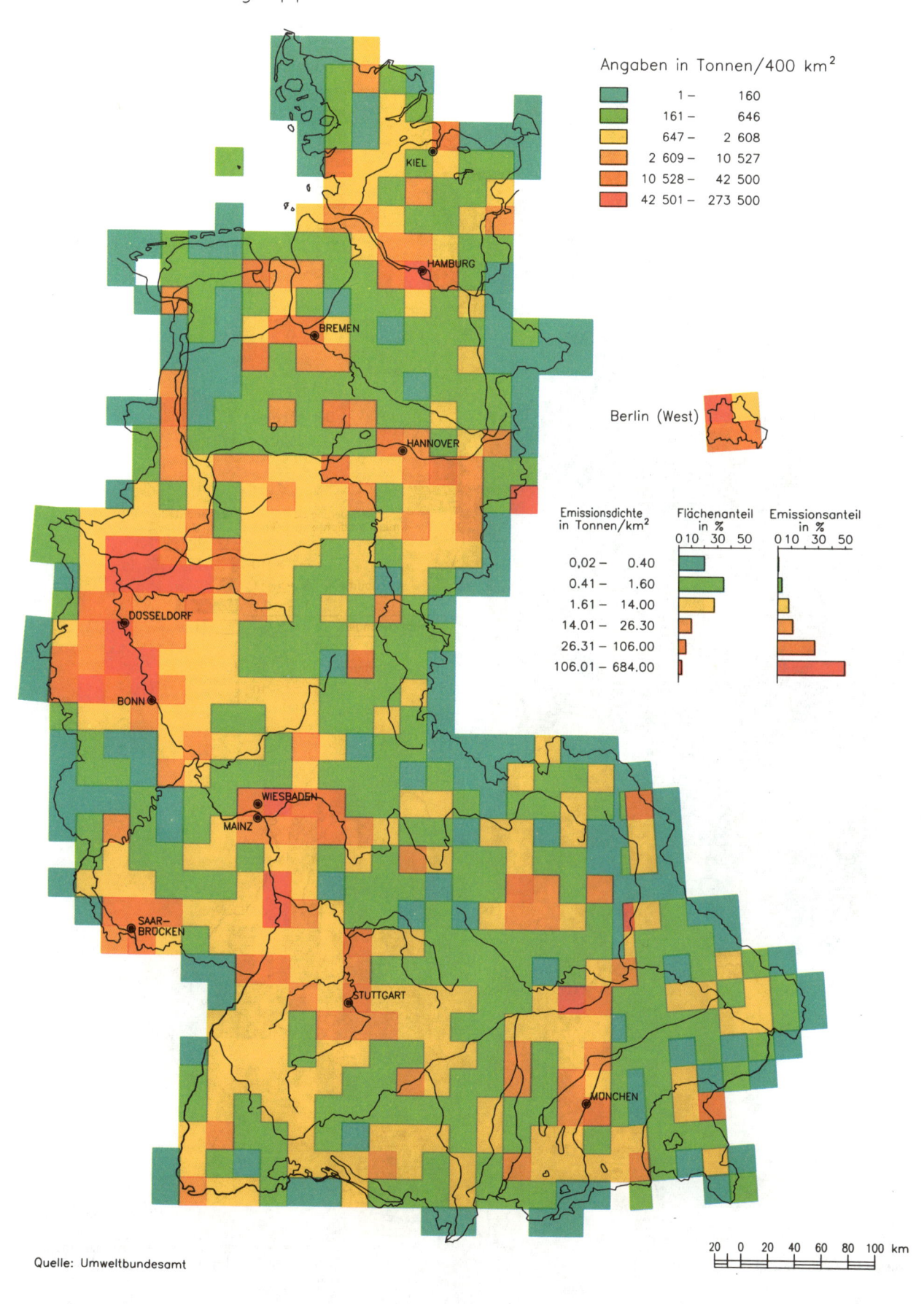

Angaben in Tonnen/400 km²

	1 – 160
	161 – 646
	647 – 2 608
	2 609 – 10 527
	10 528 – 42 500
	42 501 – 273 500

Berlin (West)

Emissionsdichte in Tonnen/km²	Flächenanteil in %	Emissionsanteil in %
0,02 – 0,40		
0,41 – 1,60		
1,61 – 14,00		
14,01 – 26,30		
26,31 – 106,00		
106,01 – 684,00		

Quelle: Umweltbundesamt

Daten zur Umwelt 1986/87
Umweltbundesamt

UMPLIS
Methodenbank
Umwelt

Luft

**Emissionskataster für Schwefeldioxid (SO$_2$)
1984 im Vergleich mit 1980 —absolute Veränderungen—
Alle Emittentengruppen**

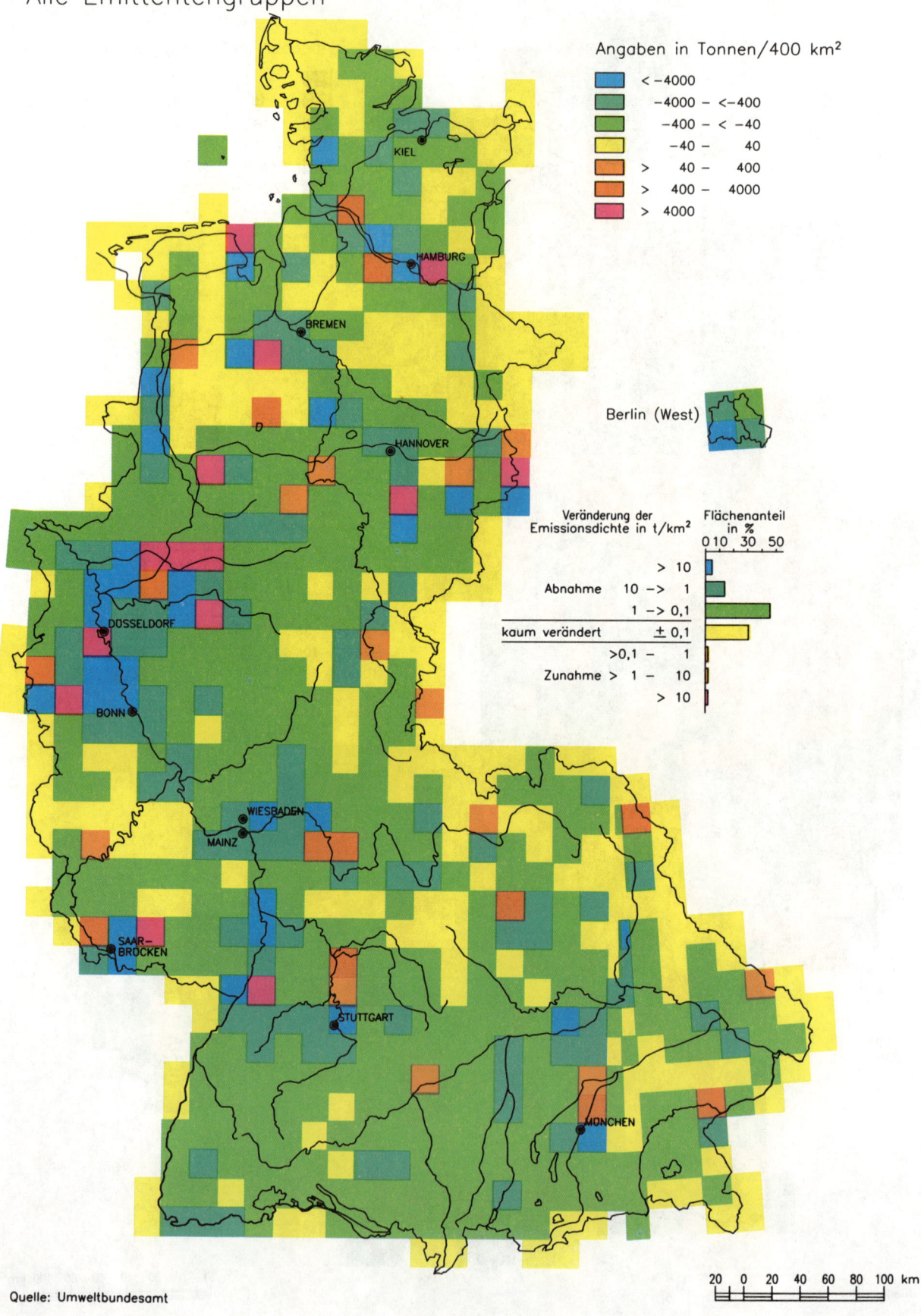

Angaben in Tonnen/400 km²

- < −4000
- −4000 − <−400
- −400 − < −40
- −40 − 40
- > 40 − 400
- > 400 − 4000
- > 4000

Berlin (West)

Veränderung der Emissionsdichte in t/km² — Flächenanteil in %

- Abnahme > 10
- 10 → 1
- 1 → 0,1
- kaum verändert ± 0,1
- > 0,1 − 1
- Zunahme > 1 − 10
- > 10

Quelle: Umweltbundesamt

UMPLIS Methodenbank Umwelt

Daten zur Umwelt 1986/87
Umweltbundesamt

Luft

Emissionskataster für Schwefeldioxid (SO$_2$)
1984 im Vergleich mit 1980 −relative Veränderungen−
Alle Emittentengruppen

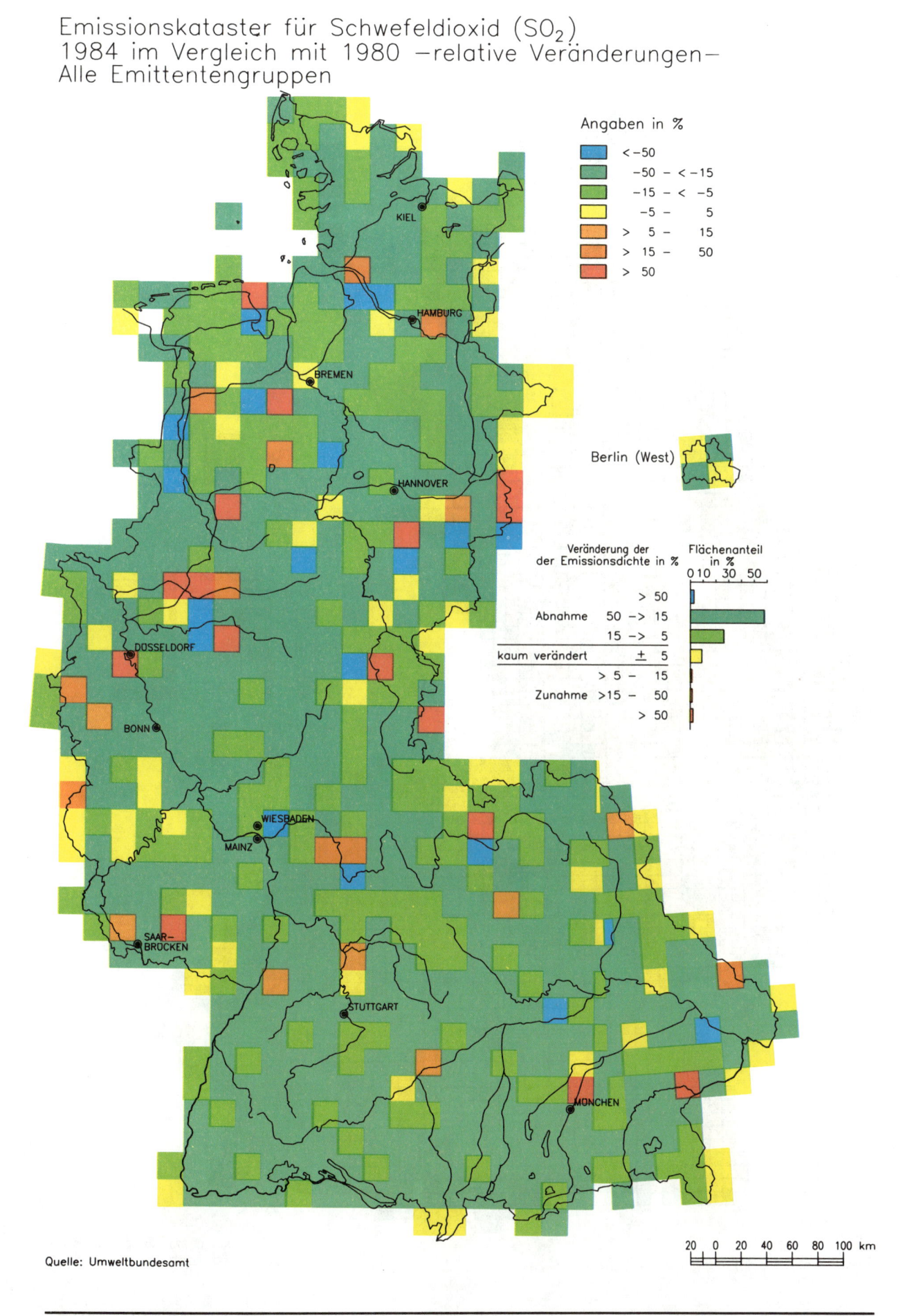

Angaben in %

- < −50
- −50 − < −15
- −15 − < −5
- −5 − 5
- > 5 − 15
- > 15 − 50
- > 50

Berlin (West)

Veränderung der der Emissionsdichte in %	Flächenanteil in % 0 10 30 50
> 50	
Abnahme 50 −> 15	
15 −> 5	
kaum verändert ± 5	
> 5 − 15	
Zunahme >15 − 50	
> 50	

Quelle: Umweltbundesamt

Daten zur Umwelt 1986/87
Umweltbundesamt

UMPLIS
Methodenbank
Umwelt

241

Luft

Emissionskataster für Stickstoffoxide (NO$_x$ als NO$_2$) 1980
Alle Emittentengruppen

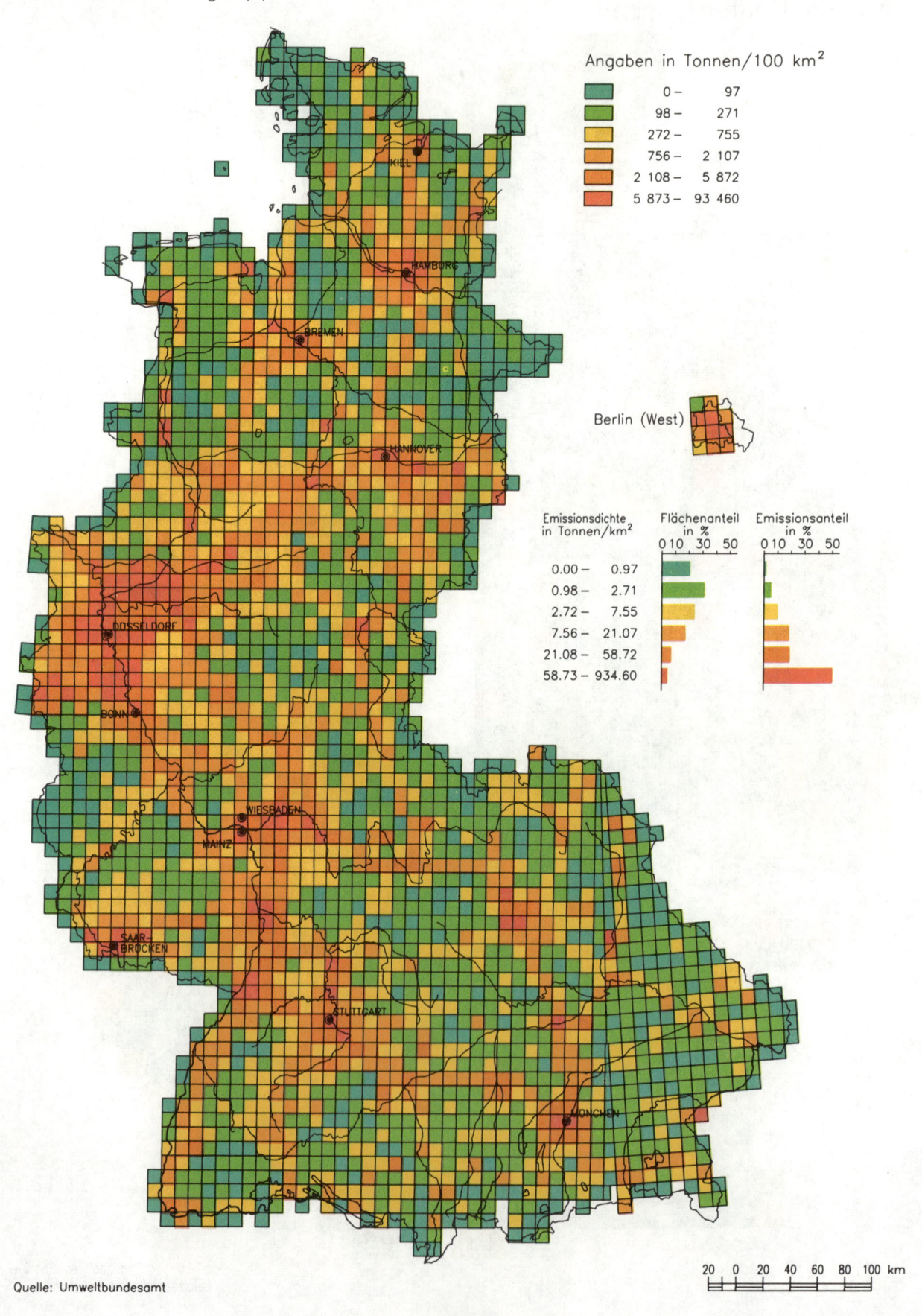

Angaben in Tonnen/100 km²

0 –	97
98 –	271
272 –	755
756 –	2 107
2 108 –	5 872
5 873 –	93 460

Berlin (West)

Emissionsdichte in Tonnen/km²	Flächenanteil in %	Emissionsanteil in %
0.00 – 0.97		
0.98 – 2.71		
2.72 – 7.55		
7.56 – 21.07		
21.08 – 58.72		
58.73 – 934.60		

Quelle: Umweltbundesamt

242 UMPLIS Methodenbank Umwelt

Daten zur Umwelt 1986/87
Umweltbundesamt

Luft

Emissionskataster für Stickstoffoxide (NO$_x$ als NO$_2$) 1980
Emittentengruppe Verkehr

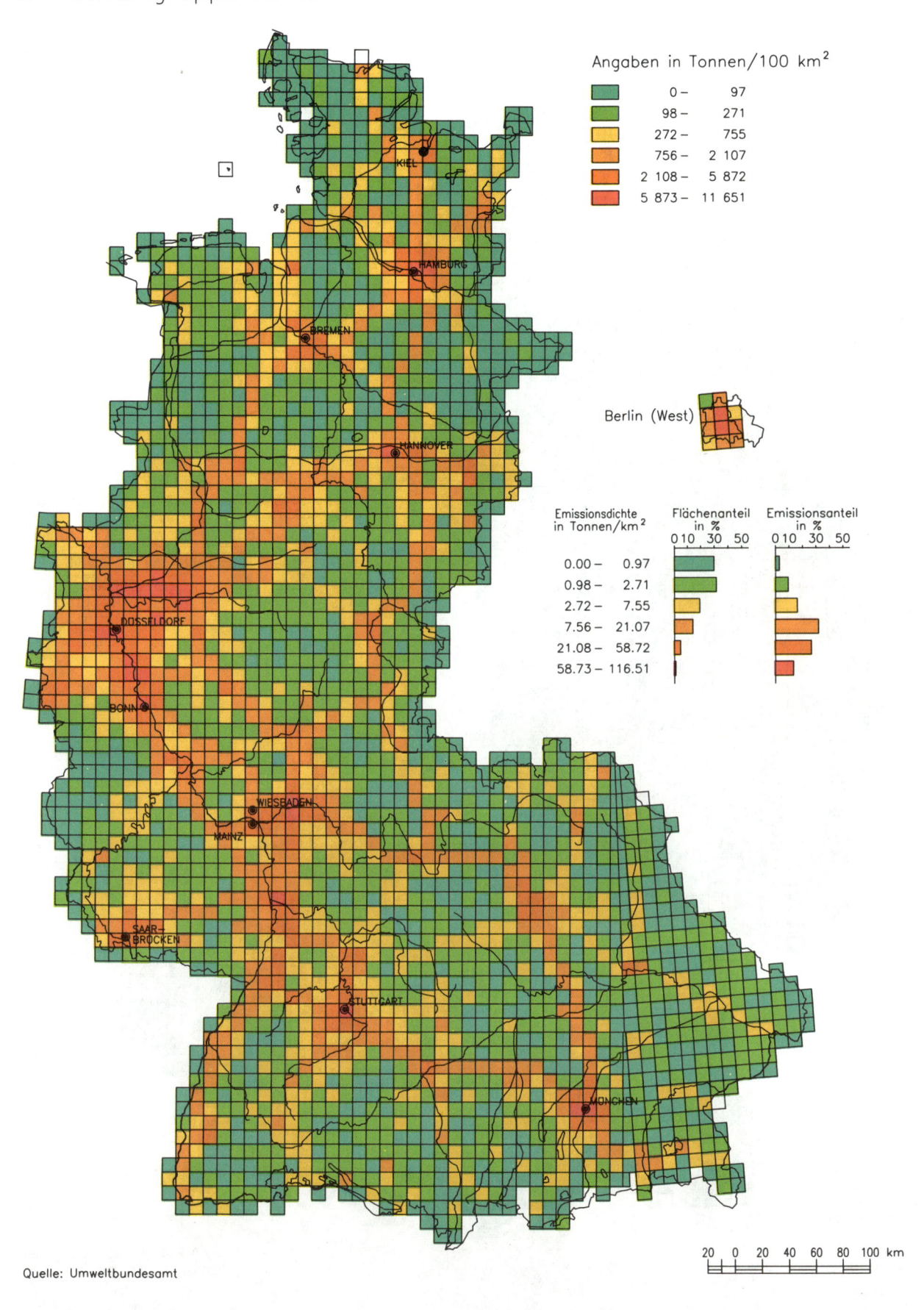

Angaben in Tonnen/100 km²

- 0 – 97
- 98 – 271
- 272 – 755
- 756 – 2 107
- 2 108 – 5 872
- 5 873 – 11 651

Berlin (West)

Emissionsdichte in Tonnen/km²	Flächenanteil in %	Emissionsanteil in %
0.00 – 0.97		
0.98 – 2.71		
2.72 – 7.55		
7.56 – 21.07		
21.08 – 58.72		
58.73 – 116.51		

Quelle: Umweltbundesamt

Daten zur Umwelt 1986/87
Umweltbundesamt

UMPLIS
Methodenbank
Umwelt

243

Luft

Emissionskataster für Stickstoffoxide (NO$_x$ als NO$_2$) 1980
Emittentengruppe Haushalte und Kleinverbraucher

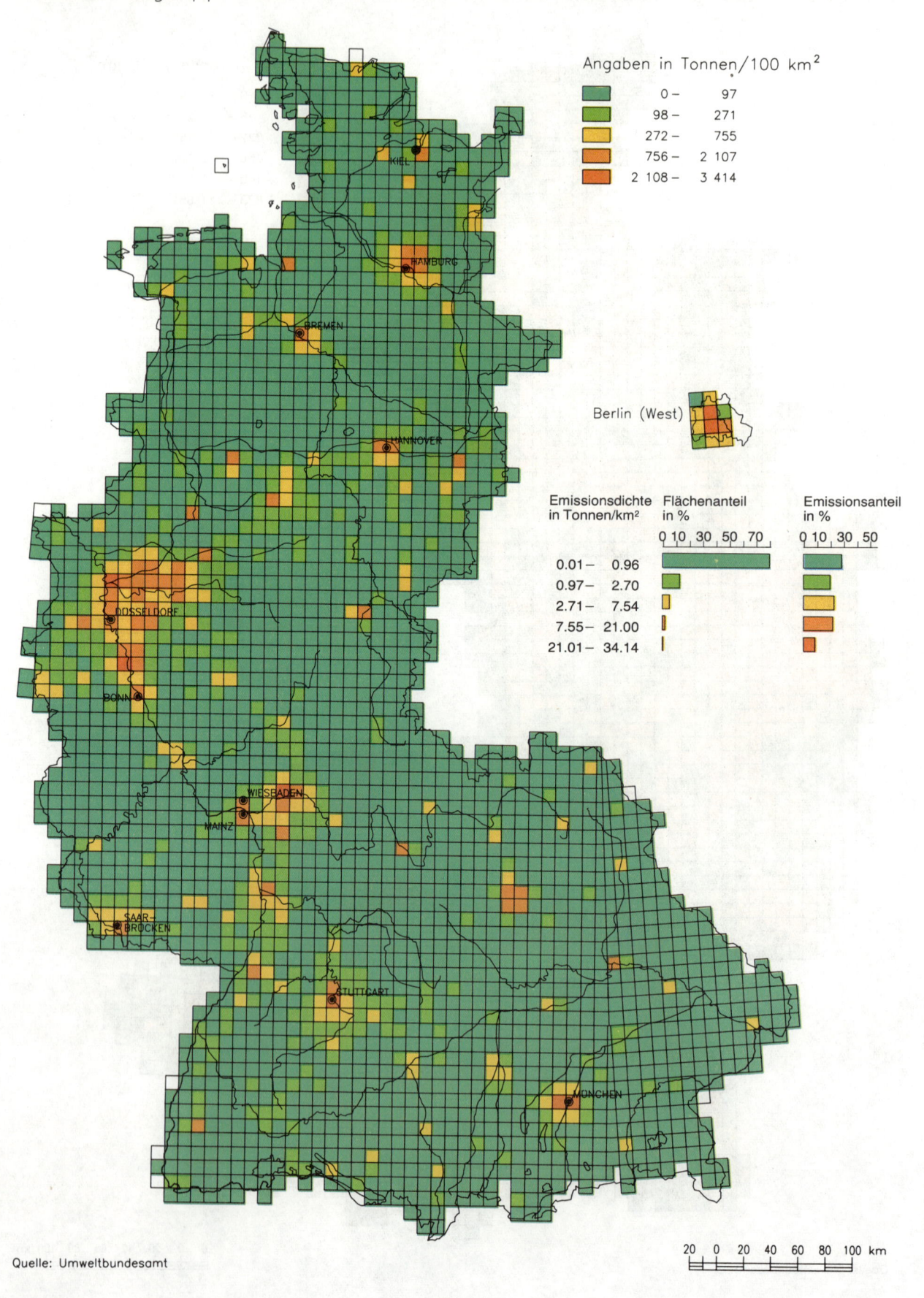

Angaben in Tonnen/100 km²

- 0 – 97
- 98 – 271
- 272 – 755
- 756 – 2 107
- 2 108 – 3 414

Berlin (West)

Emissionsdichte in Tonnen/km²	Flächenanteil in %	Emissionsanteil in %
0.01 – 0.96		
0.97 – 2.70		
2.71 – 7.54		
7.55 – 21.00		
21.01 – 34.14		

Quelle: Umweltbundesamt

244

UMPLIS
Methodenbank
Umwelt

Daten zur Umwelt 1986/87
Umweltbundesamt

Luft

Emissionskataster für Stickstoffoxide (NO$_x$ als NO$_2$) 1980
Emittentengruppe Industrie

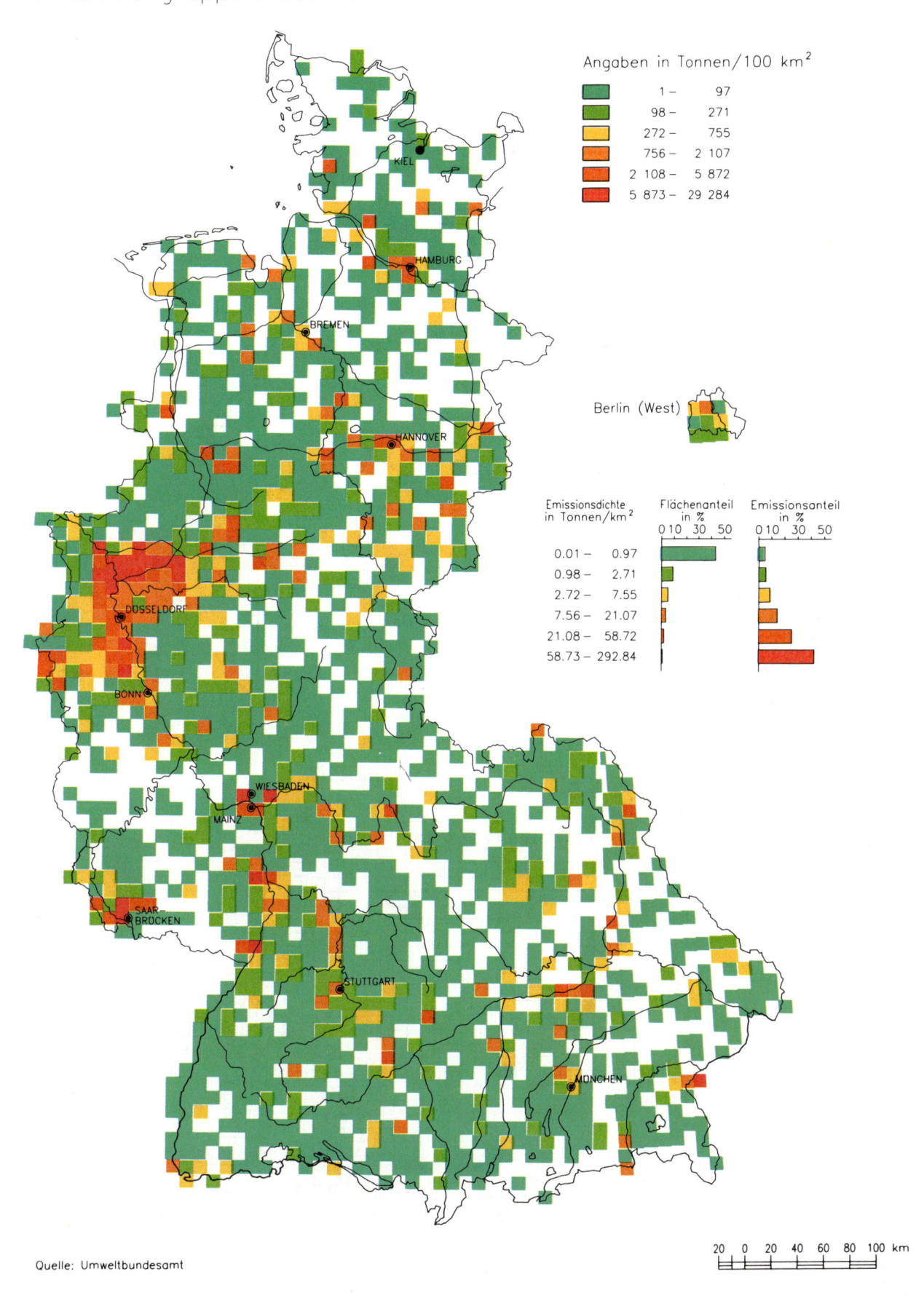

Angaben in Tonnen/100 km²

	1 – 97
	98 – 271
	272 – 755
	756 – 2 107
	2 108 – 5 872
	5 873 – 29 284

Berlin (West)

Emissionsdichte in Tonnen/km²	Flächenanteil in %	Emissionsanteil in %
0.01 – 0.97		
0.98 – 2.71		
2.72 – 7.55		
7.56 – 21.07		
21.08 – 58.72		
58.73 – 292.84		

Quelle: Umweltbundesamt

Daten zur Umwelt 1986/87
Umweltbundesamt

UMPLIS
Methodenbank
Umwelt

Luft

Emissionskataster für Stickstoffoxide (NO$_x$ als NO$_2$) 1980
Emittentengruppe Kraftwerke

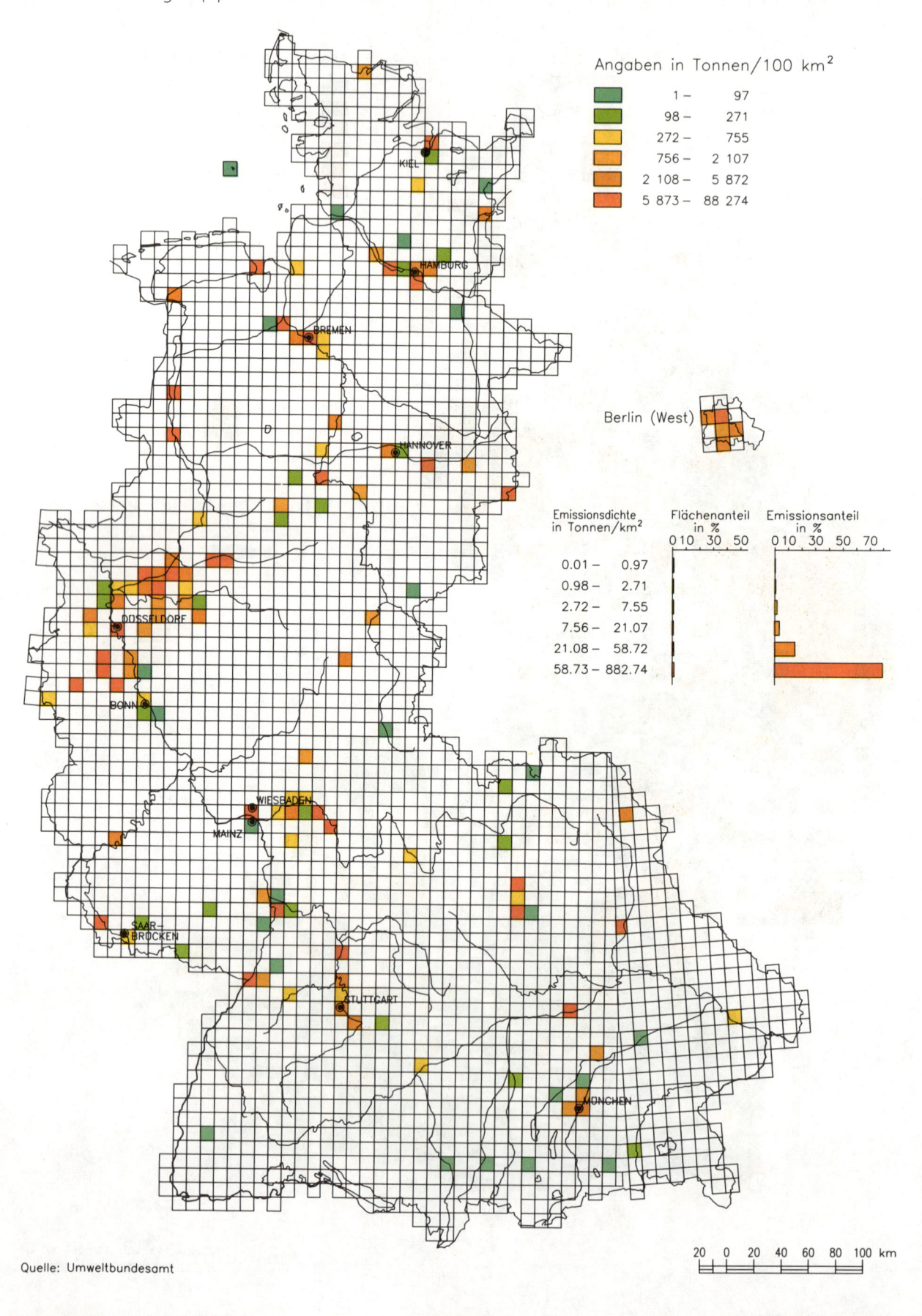

Angaben in Tonnen/100 km²

- 1 – 97
- 98 – 271
- 272 – 755
- 756 – 2 107
- 2 108 – 5 872
- 5 873 – 88 274

Berlin (West)

Emissionsdichte in Tonnen/km² — Flächenanteil in % — Emissionsanteil in %

- 0,01 – 0,97
- 0,98 – 2,71
- 2,72 – 7,55
- 7,56 – 21,07
- 21,08 – 58,72
- 58,73 – 882,74

Quelle: Umweltbundesamt

UMPLIS
Methodenbank
Umwelt

Daten zur Umwelt 1986/87
Umweltbundesamt

Luft

Emissionskataster für Schwefeldioxid (SO₂) 1980
Alle Emittentengruppen

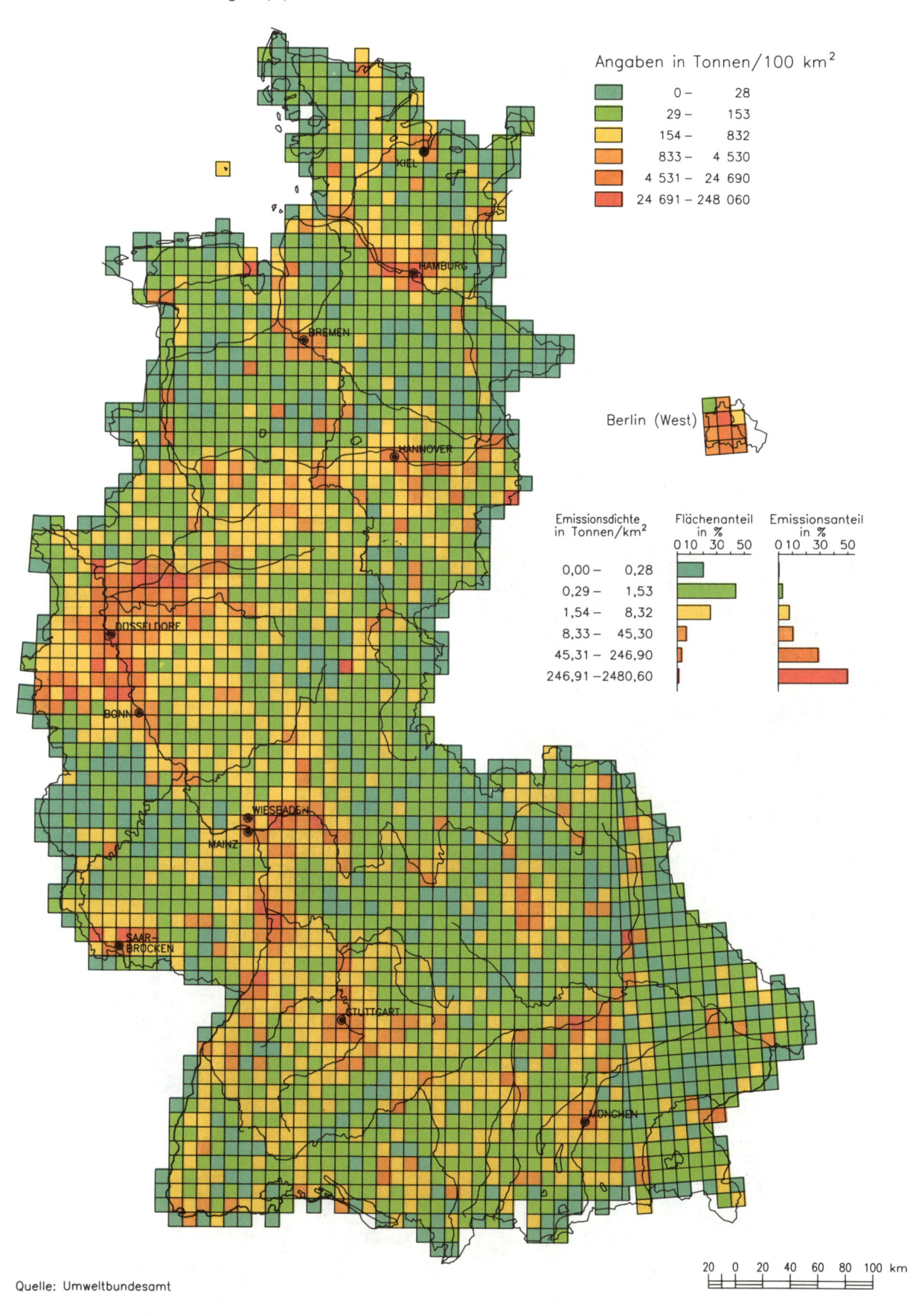

Angaben in Tonnen/100 km²

■	0 – 28
■	29 – 153
■	154 – 832
■	833 – 4 530
■	4 531 – 24 690
■	24 691 – 248 060

Berlin (West)

Emissionsdichte in Tonnen/km²	Flächenanteil in %	Emissionsanteil in %
0,00 – 0,28		
0,29 – 1,53		
1,54 – 8,32		
8,33 – 45,30		
45,31 – 246,90		
246,91 – 2480,60		

Quelle: Umweltbundesamt

Daten zur Umwelt 1986/87
Umweltbundesamt

UMPLIS
Methodenbank
Umwelt

247

Luft

Emissionskataster für Schwefeldioxid (SO$_2$) 1980
Emittentengruppe Verkehr

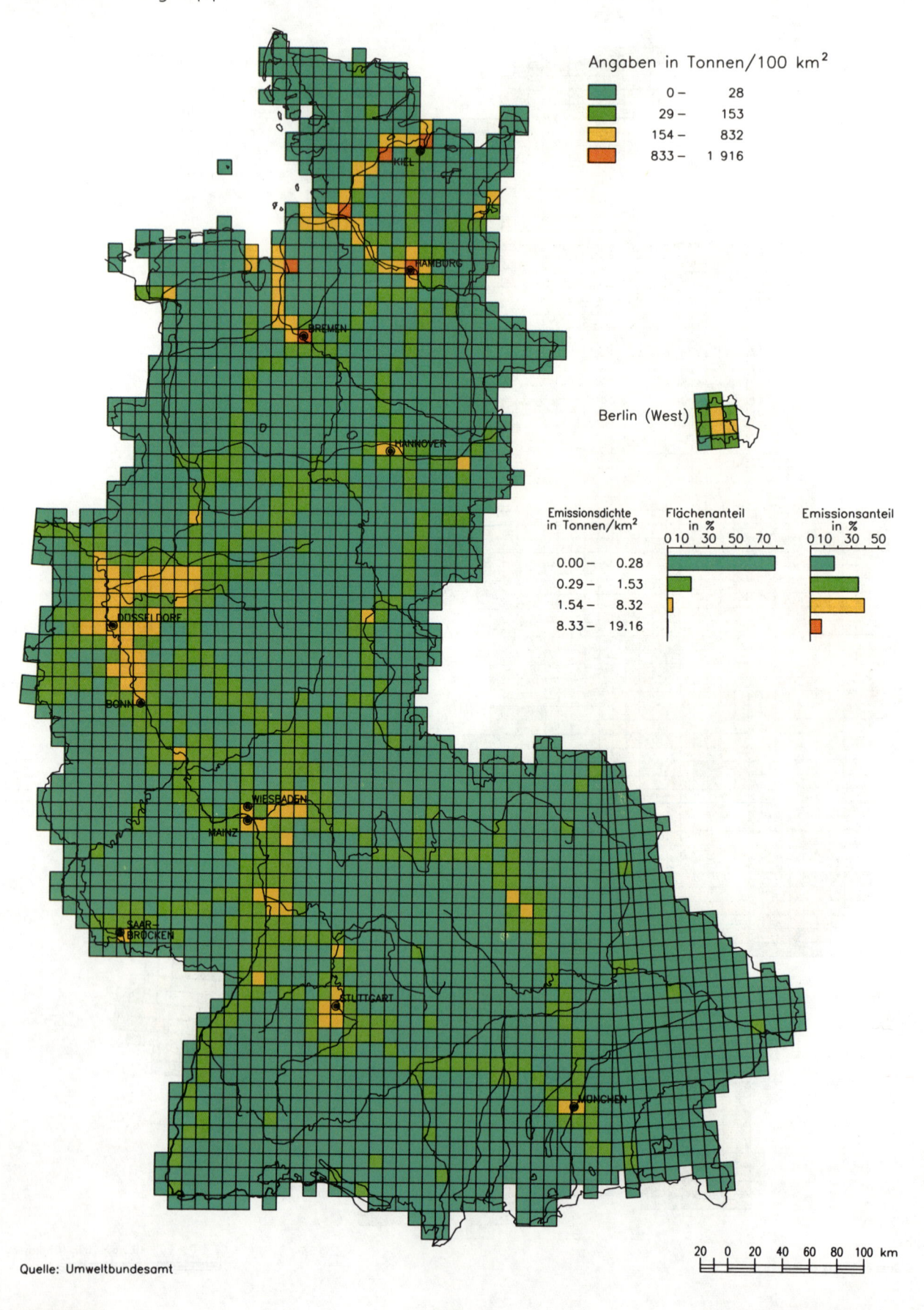

Angaben in Tonnen/100 km²

- 0 – 28
- 29 – 153
- 154 – 832
- 833 – 1 916

Berlin (West)

Emissionsdichte in Tonnen/km²	Flächenanteil in %	Emissionsanteil in %
0.00 – 0.28		
0.29 – 1.53		
1.54 – 8.32		
8.33 – 19.16		

Quelle: Umweltbundesamt

Luft

Emissionskataster für Schwefeldioxid (SO$_2$) 1980
Emittentengruppe Haushalte und Kleinverbraucher

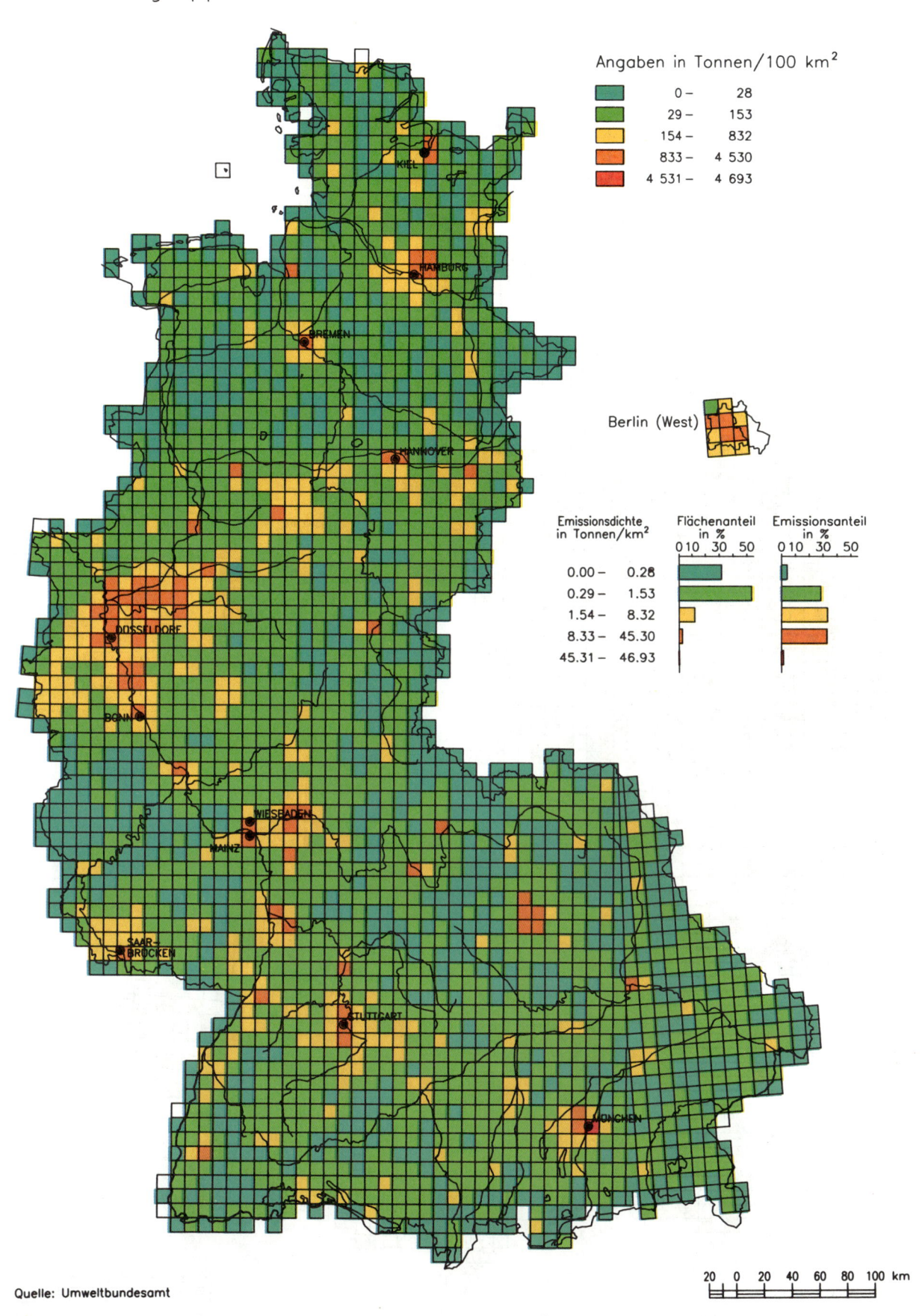

Angaben in Tonnen/100 km²

- 0 – 28
- 29 – 153
- 154 – 832
- 833 – 4 530
- 4 531 – 4 693

Berlin (West)

Emissionsdichte in Tonnen/km²	Flächenanteil in %	Emissionsanteil in %
0.00 – 0.28		
0.29 – 1.53		
1.54 – 8.32		
8.33 – 45.30		
45.31 – 46.93		

Quelle: Umweltbundesamt

Daten zur Umwelt 1986/87
Umweltbundesamt

UMPLIS
Methodenbank
Umwelt

Luft

Emissionskataster für Schwefeldioxid (SO$_2$) 1980
Emittentengruppe Industrie

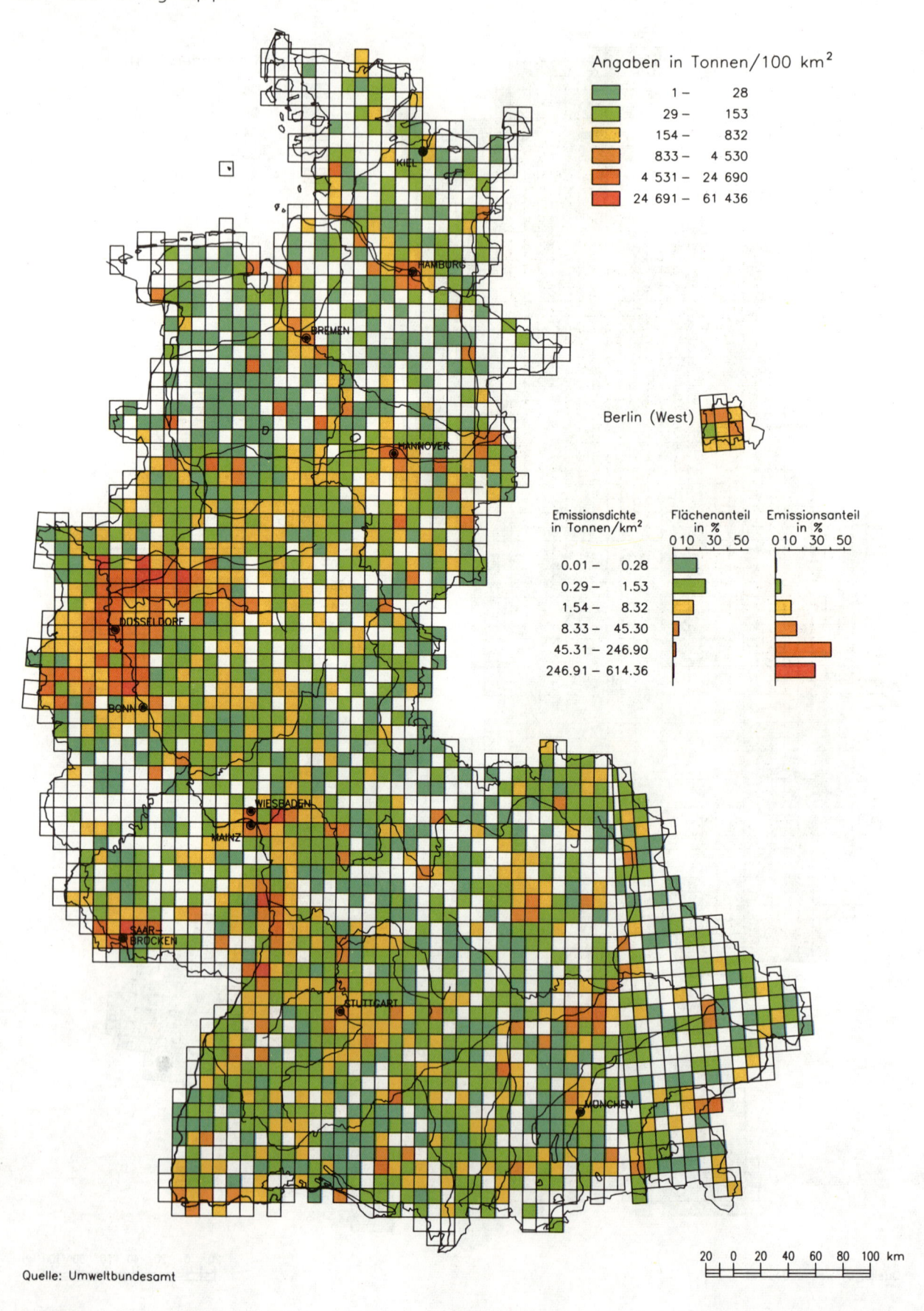

Angaben in Tonnen/100 km²

- 1 – 28
- 29 – 153
- 154 – 832
- 833 – 4 530
- 4 531 – 24 690
- 24 691 – 61 436

Berlin (West)

Emissionsdichte in Tonnen/km²	Flächenanteil in %	Emissionsanteil in %
0.01 – 0.28		
0.29 – 1.53		
1.54 – 8.32		
8.33 – 45.30		
45.31 – 246.90		
246.91 – 614.36		

Quelle: Umweltbundesamt

250 | UMPLIS Methodenbank Umwelt | Daten zur Umwelt 1986/87 Umweltbundesamt

Luft

Emissionskataster für Schwefeldioxid (SO₂) 1980
Emittentengruppe Kraftwerke

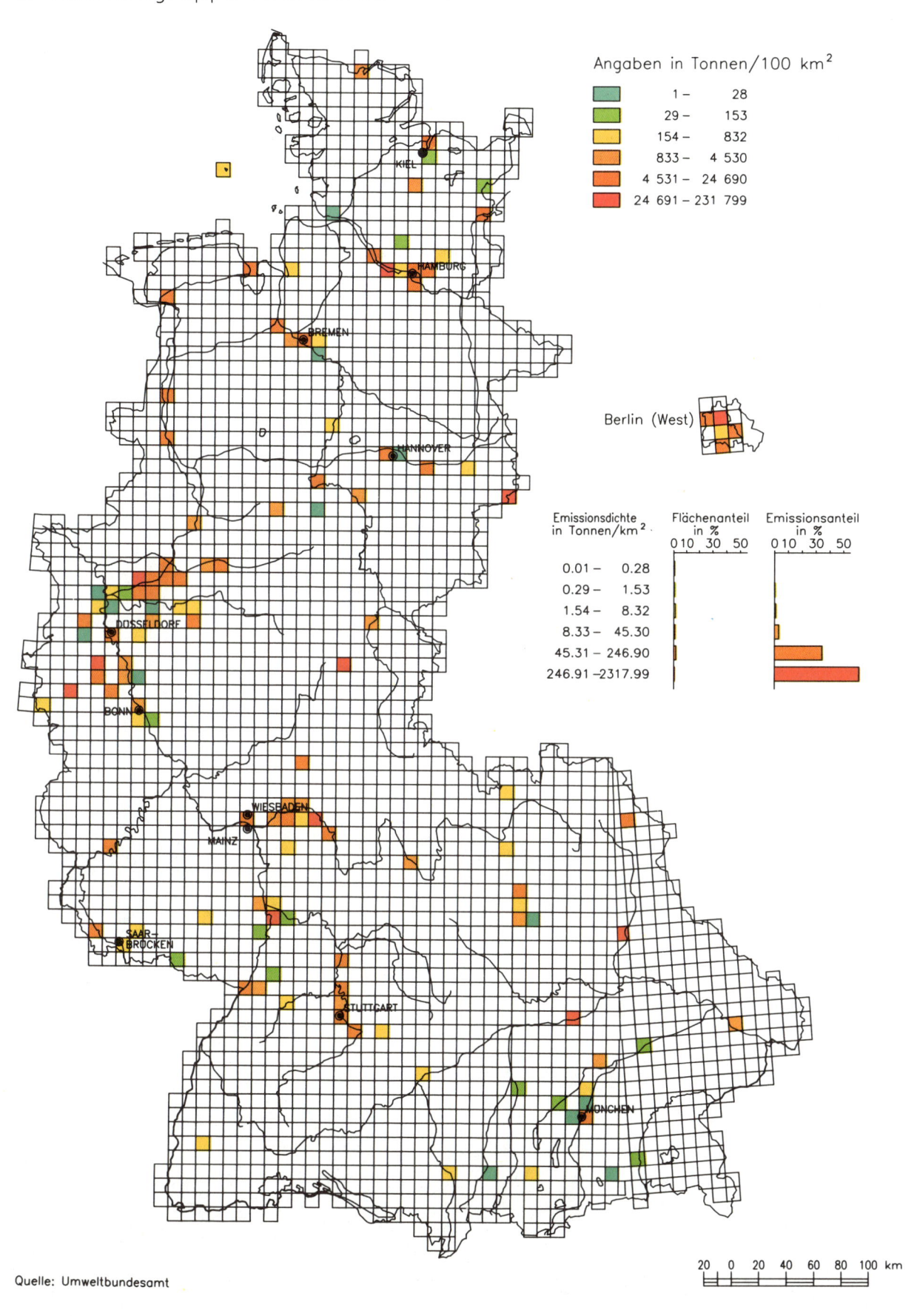

Angaben in Tonnen/100 km²

- 1 – 28
- 29 – 153
- 154 – 832
- 833 – 4 530
- 4 531 – 24 690
- 24 691 – 231 799

Berlin (West)

Emissionsdichte in Tonnen/km²	Flächenanteil in %	Emissionsanteil in %
0.01 – 0.28		
0.29 – 1.53		
1.54 – 8.32		
8.33 – 45.30		
45.31 – 246.90		
246.91 – 2317.99		

Quelle: Umweltbundesamt

Daten zur Umwelt 1986/87
Umweltbundesamt

UMPLIS
Methodenbank
Umwelt

Luft

Entwicklung der Schwefeldioxid-Emissionen in ausgewählten Mitgliedsstaaten der OECD

In den 70er Jahren sind für eine Reihe von Staaten gleichbleibende oder rückläufige Emissionen festzustellen.

Diese Entwicklung ist im wesentlichen auf energiepolitische Maßnahmen zurückzuführen: z.B. sparsame und rationelle Energieverwendung, Ausbau der Kernenergie. In einigen Staaten erlangten auch umweltpolitische Maßnahmen entscheidende Bedeutung: z.B. Abgasentschwefelung und Einsatz schwefelarmer Brennstoffe.

Der Trend einer kontinuierlichen Abnahme der Emissionen hat sich auch in den 80er Jahren fortgesetzt.

Luft

Entwicklung der Schwefeldioxid – Emissionen in ausgewählten Mitgliedsstaaten der OECD 1970 – 1983

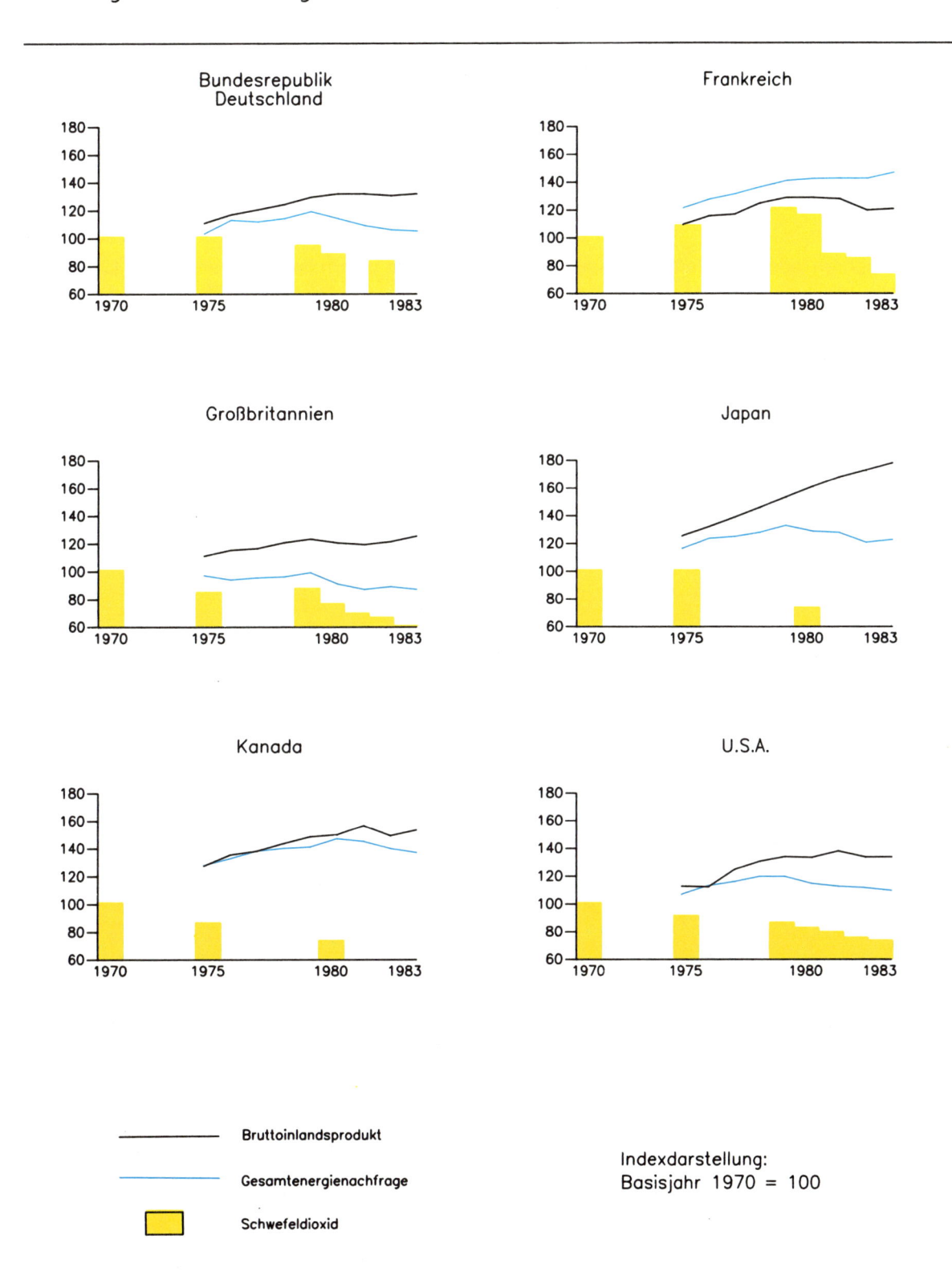

Bundesrepublik Deutschland

Frankreich

Großbritannien

Japan

Kanada

U.S.A.

— Bruttoinlandsprodukt
— Gesamtenergienachfrage
▮ Schwefeldioxid

Indexdarstellung:
Basisjahr 1970 = 100

Quelle: Organisation für wirtschaftliche Zusammenarbeit und Entwicklung

Luft

Entwicklung der Stickstoffoxid (NO_x als NO_2)-Emissionen in ausgewählten Mitgliedsstaaten der OECD

In den 70er Jahren ist für viele Staaten ein stetiges Ansteigen der Emissionen festzustellen. Diese entstehen überwiegend etwa je zur Hälfte in den Bereichen Verkehr und stationäre Anlagen.

Ihre Zunahme ist insbesondere auf den Verkehrsbereich zurückzuführen und folgt aus der ständigen Ausweitung des Kfz-Verkehrs. Hier wurden nur in wenigen Fällen wirkungsvolle Maßnahmen zur Begrenzung der Emissionen getroffen.

Die hingegen weit weniger veränderten Emissionen aus stationären Quellen entsprechen dem weitgehend gleichbleibenden Verbrauch fossiler Energieträger.

In den 80er Jahren jedoch werden gleichbleibende oder abnehmende Emissionen beobachtet. Diese Entwicklung ist im wesentlichen durch folgende Faktoren bedingt:

- Maßnahmen zur sparsamen und rationellen Energieverwendung
- Steigerung des Anteils der Kernenergie an der Energieversorgung
- Regelungen zur Emissionsbegrenzung bei stationären und mobilen Quellen.

Luft

Entwicklung der Stickstoffoxid (NOx als NO2) – Emissionen in ausgewählten Mitgliedsstaaten der OECD 1970 – 1983

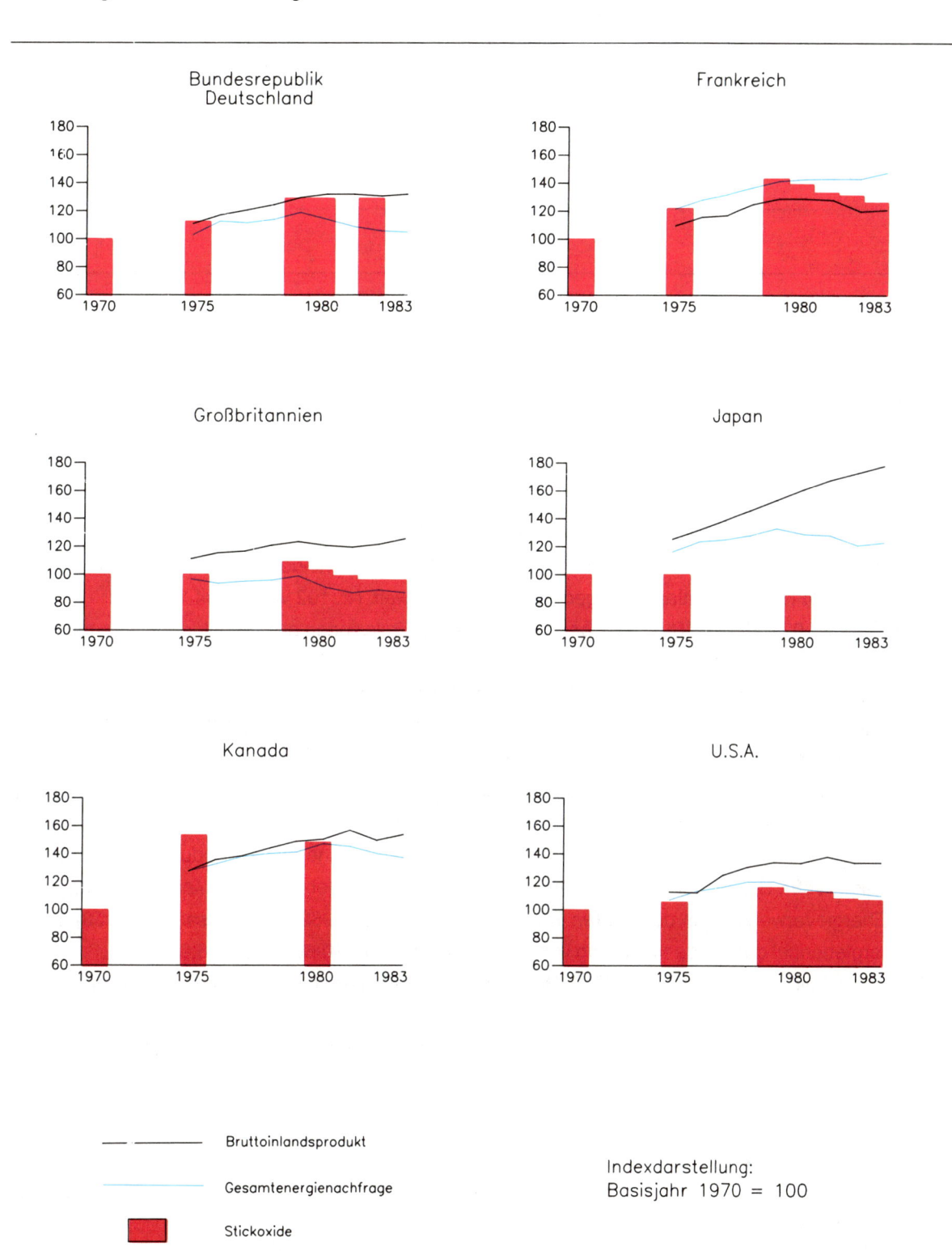

Bundesrepublik Deutschland

Frankreich

Großbritannien

Japan

Kanada

U.S.A.

— Bruttoinlandsprodukt
— Gesamtenergienachfrage
▮ Stickoxide

Indexdarstellung:
Basisjahr 1970 = 100

Quelle: Organisation für wirtschaftliche Zusammenarbeit und Entwicklung

Luft

Emissionsminderungsmaßnahmen

Die Maßnahmen zur Minderung der Emissionen

	A	B	C	D	E	F	G	H
SO_2	X	X				X	X	X
NO_x	X	X		X		X		
CO		X		X		X	X	
VOC		X	X	X	X	X	X	
Staub	X	X					X	X

A: Großfeuerungsanlagen-VO vom 22.06.1983 (BGBl. I, S. 719) in Verbindung mit Beschluß der Umweltministerkonferenz des Bundes und der Länder vom 05.04.1984 zur Minderung der Stickstoffdioxidemissionen aus Großfeuerungsanlagen, abgedruckt in: BMI-Umwelt, Nr. 102 vom 30.04.1984.

B: TA Luft vom 27.02.1986 (GMBl., S. 95, ber. S. 202); betrifft Emissionen aus Industrieanlagen und Lösemittelverwendung.

C: 2. BImSchV vom 21.04.1986 (BGBl. I, S. 571); betrifft Emissionen aus Lösemittelverwendung.

D: Pkw-Abgasregelung gemäß EG-Umweltrat 1985, vgl.: BMI-Umwelt, Nr. 3 vom 31.05.1985, in Verbindung mit Kfz-Steuergesetz vom 22.05.1985 (BGBl. I, S. 784).

E: Selbstverpflichtung der Lackindustrie vom 21.05.1984 zur Senkung des Lösemittelanteils in Produkten; vgl.: Lack im Gespräch, hrsg. v. Informationsdienst Deutsches Lackinstitut, Nr. 6 (August 1984), S. 3.

F: Vorschriften und Förderprogramme zur rationellen und sparsamen Energieverwendung; vgl.: Deutscher Bundestag (1982), Bericht der Bundesregierung über Stand und Ergebnisse von Maßnahmen zur rationellen Energieverwendung in den Jahren 1982–1984 vom 07.09.1982 (= Drucksache 9/1953), Bonn; vgl.: Energiebericht der Bundesregierung vom 24.09.1986 (BT-DS 10/6073 vom 26.09.1986).

G: 1. BImSchV, zuletzt geändert am 24.07.1985 (BGBl. I, S. 1600); betrifft Emissionen aus kleineren privaten und gewerblichen Feuerungsanlagen.

H: 3. BImSchV vom 15.01.1975 (BGBl. I, S. 264) (Novellierung geplant); betrifft Emissionen aus Industrie, Haushalten, Kleinverbrauchern und Verkehr.

Siehe auch:
– Abschnitt Immissionen
– Abschnitt Emissionen

Luft

NO_x-Abgasreinigung bei Kraftwerken

Damit die erforderliche Anwendung der NO_x-Abgasreinigung bei Kraftwerken in der Bundesrepublik Deutschland ohne Verzögerung und möglichst problemlos durchgeführt werden kann, werden vom Umweltbundesamt sechs Demonstrationsprojekte zur NO_x-Abgasreinigung mit über 60 Mio DM gefördert. Die erste Demonstrationsanlage wurde offiziell am 20.12.1985 beim 460 MW_{el}-Steinkohleblock 5 (Trockenfeuerung) in Altbach/Deizisau der Neckarwerke AG in Betrieb genommen.

In nachstehender Tabelle sind die geförderten Projekte und einige weitere NO_x-Abgasreinigungsanlagen bei Kraftwerken, die sich im Betrieb oder Bau befinden, zusammengestellt.

NO_x-Abgasreinigungsanlagen in Kraftwerken (Stand Mitte 1986)

Betreiber/ Standort	Leistung Brennstoff/ Feuerung	Hersteller/ Verfahren	Inbetriebnahme-Jahr
Neckarwerke Elektrizitätsversorgung AG[1]/Altbach/Deizisau – Block 5 –	460 MW_{el}/Steinkohle-Trockenfeuerung	Steinmüller/SCR (High Dust)	1985
VEBA Kraftwerke Ruhr AG/HKW Buehr	383 MW_{th}/Steinkohle-Trockenfeuerung	Steinmüller/SCR (High Dust)	1985
VEBA Kraftwerke Ruhr AG[1]/ Knepper – Block C –	345 MW_{el}/Steinkohle-Schmelzkammerfeuerung	Uhde-Lentjes CWH-Thyssen SCR (High Dust)	1986
TWS Stuttgart/DKW Münster	2×50 MW_{el}/Steinkohle-Trockenfeuerung	EVT/SCR (High Dust)	1986
VEBA Kraftwerke Ruhr AG/ Scholven – Blöcke G und H –	2×714 MW_{el}/Heizöl El-Feuerung	SCR (High Dust)	1986 1987
Energieversorgung Oberfranken AG/Arzberg – Blöcke 5 und 7 –	237 MW_{el}/Braunkohle	BF-Uhde/Simultane SO_x/ NO_x-Abgasreinigung	1987
EWAG Nürnberg[1]/HKW Sandreuth	3×106 MW_{th}/Steinkohle-Trockenfeuerung	Linde/SCR nach REA	1987
HEW Hamburg[1]/HKW Hafen – Block 2 –	66 MW_{el} und 126 MW_{th}/Steinkohle-Trockenfeuerung	Steinmüller/SCR nach REA	1987

Luft

Fortsetzung Tabelle: NO_x-Abgasreinigungsanlagen in Kraftwerken (Stand Mitte 1986)

Betreiber/ Standort	Leistung Brennstoff/ Feuerung	Hersteller/ Verfahren	Inbetrieb- nahme-Jahr
Energieversorgung Schwaben AG/Heilbronn — Block 7 —	720 MW_{el}/Steinkohle- Trockenfeuerung	EVT/SCR (High Dust)	1987
Neckarwerke[1] Elektrizitäts- versorgung AG/Walheim	150 MW_{el}/Steinkohle- Schmelzkammerfeuerung	Steinmüller/SCR (High Dust)	1987
Isar-Amperwerke/Zolling — Block 5 —	450 MW_{el}/Steinkohle- Trockenfeuerung	Uhde-Lentjes/SCR (High Dust)	1987
Preag/Heyden — Block 4 —	800 MW_{el}/Steinkohle- Trockenfeuerung	SHL/Simultane SO_2/NO_x- Abgasreinigung	1987
HEW Hamburg/KW Wedel — Blöcke 1 und 2 —	2×130 MW_{el}/Steinkohle- Trockenfeuerung	Steinmüller/SCR (High Dust)	1987 1988
Bayernwerke München/Schwandorf — Blöcke C und D —	300 und 100 MW_{el}/Braunkohle	Uhde-Lentjes SCR (High Dust)	1988
TWS Stuttgart/DKW Münster (neu)	75 MW_{el}/Steinkohle- Trockenfeuerung	EVT/SCR (High Dust)	1988
Bewag Berlin/Reuter West — Block E —	300 MW_{el}/Steinkohle- Trockenfeuerung	Babcock/SCR (High Dust)	1988
Kraftwerk Mainz-Wiesbaden AG	2×100 MW_{el}/Steinkohle- Schmelzkammerfeuerung	Babcock-Fläkt/SCR nach REA	1988

[1] Projekte werden aus Mitteln des Investitionsförderungsprogramm des Bundesministers für Umwelt, Naturschutz und Reaktorsicherheit gefördert.

Quelle: Umweltbundesamt

Luft

Abgasentschwefelung bei Feuerungsanlagen

Die Aufträge für die nach der Großfeuerungsanlagen-Verordnung (13. BImSchV) erforderlichen Abgasentschwefelungsanlagen bei bestehenden Kraftwerken der öffentlichen Versorgungsunternehmen sind nahezu vollständig vergeben worden. Die Gesamtkapazität beträgt ca. 37 000 MW$_{el}$. Die zulässige Nachrüstfrist wird z.T. erheblich unterschritten. Die Kalk/Kalksteinwaschverfahren haben einen Marktanteil von über 90%; mit diesen Verfahren wird ein verwertbarer Gips erzeugt. Abgasentschwefelungsanlagen nach anderen Verfahren, mit denen Schwefel, Schwefelsäure oder ein Düngemittel gewonnen wird, sind in der nachfolgenden Tabelle zusammengestellt. Auch für Industriefeuerungen wurden zwischenzeitlich Aufträge zur Abgasentschwefelung vergeben.

Durch die Abgasentschwefelungsanlagen bei Feuerungen, die bis spätestens 1988 in Betrieb genommen werden, wird sich die Emissionsentwicklung deutlich verbessern.

Siehe auch:
Ausgewählte Emissionen – Entwicklung 1966–1984 mit Ausblick 1995

Luft

Abgasentschwefelungsanlagen in der Bundesrepublik Deutschland
– Prognose –

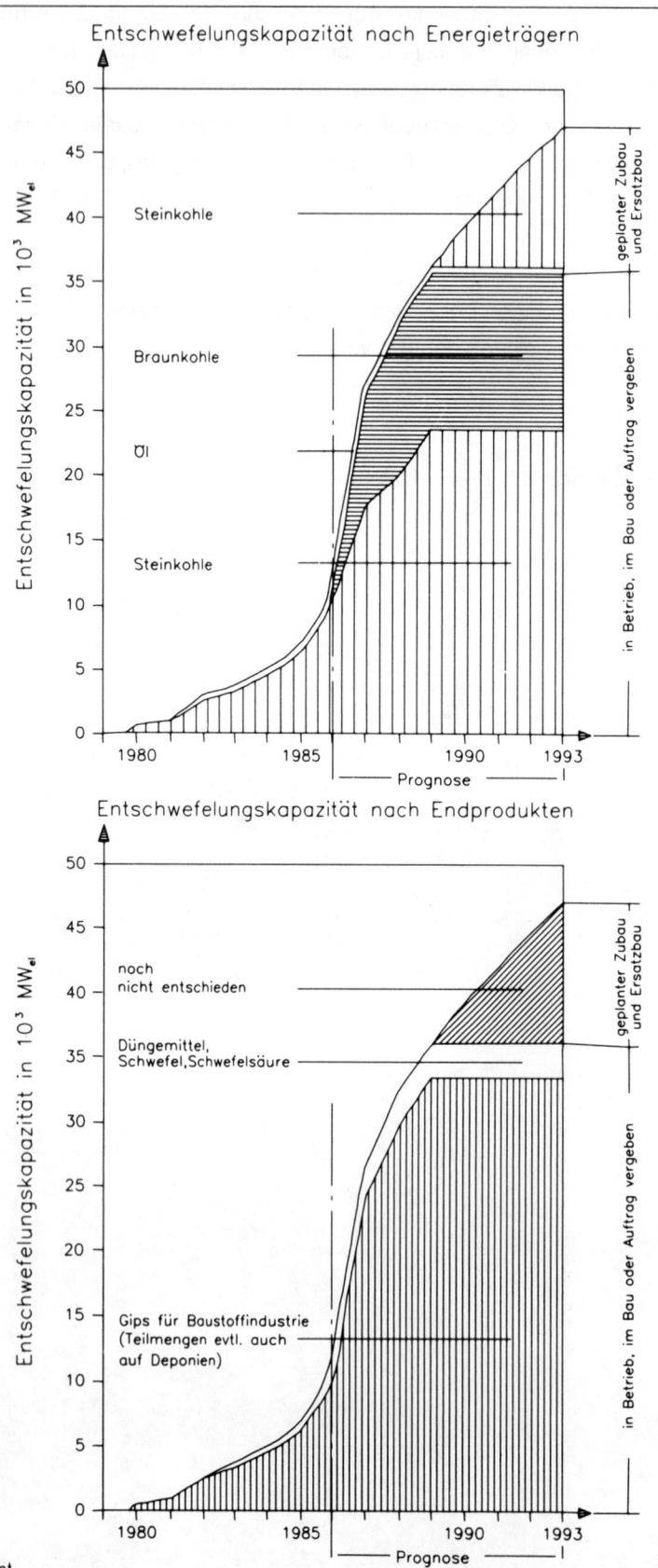

Entschwefelungskapazität nach Energieträgern

Entschwefelungskapazität in 10^3 MW$_{el}$

- Steinkohle
- Braunkohle
- Öl
- Steinkohle

geplanter Zubau und Ersatzbau

in Betrieb, im Bau oder Auftrag vergeben

Prognose

Entschwefelungskapazität nach Endprodukten

Entschwefelungskapazität in 10^3 MW$_{el}$

- noch nicht entschieden
- Düngemittel, Schwefel, Schwefelsäure
- Gips für Baustoffindustrie (Teilmengen evtl. auch auf Deponien)

geplanter Zubau und Ersatzbau

in Betrieb, im Bau oder Auftrag vergeben

Prognose

Quelle: Umweltbundesamt

Luft

Abgasentschwefelungsanlagen bei Großfeuerungen mit den Endprodukten Schwefel, Schwefelsäure, Schwefeldioxid oder Düngemittel

Betreiber Kraftwerk	Brennstoff Leistung	Hersteller Verfahren	Endprodukt Verwendung	Inbetriebnahme
Großkraftwerk Mannheim AG Mannheim Block 7	Steinkohle 475 MW_{el}	Walther Ammoniakwäsche	Ammoniumsulfat Düngemittel	seit 1983 eine Entschwefelungsanlage für 50% der Blockkapazität in Betrieb
Energieversorgung Oberfranken AG Arzberg Blöcke 5 u. 7	Braunkohle 237 MW_{el}	Bergbau-Forschung Uhde Simultane NO_x/SO_2- Abgasreinigung mit Aktivkoks	Schwefelsäure Verkauf	Anfang 1987
Braunschweigische Kohlen-Bergwerke Offleben II Block C und Buschhaus	Braunkohle 325 MW_{el} 350 MW_{el}	Davy Mc Kee Natriumsulfitwäsche (Wellman-Lord-Verf.)	Schwefel Chemische Industrie	bis Mitte 1987
BASF Ludwigshafen Kraftwerk Mitte und Marl	Steinkohle 350 MW_{el} 250 MW_{el}	Davy Mc Kee Natriumsulfitwäsche (Wellman-Lord-Verf.)	Flüssiges Schwefeldioxid Weiterverarbeitung	Anfang 1988

Quelle: Umweltbundesamt

Wasser

	Seite
Datengrundlagen	264
Grundwasservorkommen	265
– Ergiebigkeit der Grundwasservorkommen	265
– Verschmutzungsempfindlichkeit der Grundwasservorkommen	266
Gewässergüte	268
Biologische Gewässergüte der Fließgewässer	268
Gewässergütedaten ausgewählter Meßstationen	274
– Chlorid	281
– Sauerstoff	285
– Biochemischer Sauerstoffbedarf in 5 Tagen	288
– Ortophosphat-Phosphor	290
– Nitrat – Stickstoff	293
– Quecksilber	296
– Blei	299
– Cadmium	301
– Hexachlorbenzol	304
– Jahresganglinien ausgewählter Gewässer-Parameter	306
Gewässergüte stehender Gewässer	309
– Bodensee	309
– Steinhuder Meer	311
Gütezustand von Nord- und Ostsee	313
– Nährstoff- und Sauerstoffgehalt im Wasser der Nordsee und des Elbästuars	313
– Verteilung ausgewählter chlorierter Kohlenwasserstoffe im Gesamtbereich der Nordsee	315
– „Neue" organische Umweltchemikalien im Küstenbericht der Nordsee	318
– Schwermetallbelastung von Sedimenten der Nordsee und ihrer wichtigen Zuflüsse	322
– Cadmiumbelastung des Emsästuars und der Inneren Deutschen Bucht	324
– Verteilung ausgewählter chlorierter Kohlenwasserstoffe im Wasser der Ostsee	329
Einträge von Schadstoffen in die Nordsee	331
– Einbringung und Verbrennung von Abfällen	332
– Einträge von Schadstoffen über Flüsse	335
– Einträge von Schadstoffen über die Einleitung kommunaler und industrieller Abwässer	337
– Verölte Vögel in der Nordsee	339
Wasserversorgung	341
Wasserdargebot	341
– Anteile der fördernden Bereiche an der Wassergewinnung	342

Wasser

	Seite
Entwicklung der Wassergewinnung nach fördernden Bereichen 1975 bis 1983	343

Öffentliche Wasserversorgung — 344
- Wassergewinnung der öffentlichen Wasserversorgung — 346
- Vergleich der Wassergewinnung der öffentlichen Wasserversorgung 1983/1979 — 347
- Entwicklung der Wassergewinnung der öffentlichen Wasserversorgung 1975 bis 1983 — 348
- Anschluß der Wohnbevölkerung an die öffentliche Wasserversorgung — 349
- Wasserabgabe der öffentlichen Wasserversorgung an Haushalte — 350

Trinkwasserschutzgebiete — 351

Industrielle Wasserversorgung — 352
- Entwicklung der Wassernutzung bei Wärmekraftwerken für die öffentliche Wasserversorgung im Bergbau und im Verarbeitenden Gewerbe 1977 bis 1982 — 354

Landwirtschaftliche Wasserversorgung — 355

Wassergewinnung in ausgewählten Mitgliedsstaaten der OECD — 356
- Wassergewinnung nach Wasserarten — 357
- Hauptnutzungsarten des Wassers — 358

Abwasserbehandlung — 359

Öffentliche Abwasserbehandlung — 359
- Aus öffentlichen Kläranlagen abgeleitete Abwassermengen nach Art der Kläranlage — 359
- Anschluß der Wohnbevölkerung an die öffentliche Kanalisation — 361
- Anschluß der Wohnbevölkerung an öffentliche Abwasserbehandlungsanlagen — 363

- Anzahl der an Abwasserbehandlungsanlagen angeschlossenen Einwohner in ausgewählten Mitgliedsstaaten der OECD — 365

- Die deutsche Produktion von Wasch- und Reinigungsmitteln — 367

- Anfall und Beseitigung von Klärschlamm in öffentlichen Kläranlagen — 368

Industrielle Abwasserbehandlung — 370
- Behandlung des Abwassers in betriebseigenen Anlagen des Bergbaus und des Verarbeitenden Gewerbes — 370
- Abgabe und Beseitigung von Klärschlamm aus Kläranlagen des Bergbaus und des Verarbeitenden Gewerbes — 371
- Kühlwasserableitung aus Stromerzeugungs- und Produktionsanlagen — 373

Wasser

Datengrundlagen

Umweltrelevante Daten über die Qualität der Oberflächengewässer werden in der Bundesrepublik Deutschland in verschiedenen Meßprogrammen der Arbeitsgemeinschaft der Länder zur Reinhaltung des Rheins, der Elbe, der Weser oder den Internationalen Kommissionen zum Schutz des Rheins, der Mosel und der Saar erhoben. Dabei weichen Meßarten und Meßverfahren auch in ein- und demselben Meßprogramm oft voneinander ab, so daß eine Vergleichbarkeit nicht immer gegeben ist. Die in diesem Bericht dargestellten Daten zur Beschreibung der Gewässergüte wurden diesen genannten Programmen entnommen.

Gesammelt und ausgewertet wurden die Daten von der Bundesanstalt für Gewässerkunde (BfG) im Rahmen der hydrologischen Datenbank HYDABA.

Die Länderarbeitsgemeinschaft Wasser (LAWA) legt im fünfjährigem Turnus eine Karte der biologischen Gewässergüte vor.

Die Entwicklung des Zustandes von Nord- und Ostsee wird regelmäßig untersucht. In Ergebnisberichten des „Gemeinsamen Bund-Länder-Meßprogramms für die Nordsee" werden seit 1982 die Daten veröffentlicht. Das Deutsche Hydrographische Institut (DHI) berichtet über den Zustand der Hohen See. Die Daten über die Belastung der Ostsee wurden von ihm zur Verfügung gestellt. Schadstoffeinträge durch Verbrennung und Verklappung werden durch die internationale Oslo Kommission überwacht.

Daten über öffentliche Wasserversorgung und Abwasserbeseitigung der Bundesrepublik Deutschland einschließlich Berlin (West) sowie über die Wasserversorgung und Abwasserbeseitigung im Bergbau und im verarbeitenden Gewerbe werden im Rahmen des „Gesetzes über Umweltstatistiken" (UStatG) erhoben. Eine ausführliche Darstellung erfolgt in den vom Statistischen Bundesamt im vierjährigen Rhythmus herausgegebenen Fachserien 19, Reihe 2.1 und 2.2, auch im 2-jährigen Rhythmus die bisher für die Jahre 1975, 1979, (1981) und 1983 erschienen sind.

Daten über die Schädlichkeit des Abwassers werden im Rahmen des Umweltstatistikgesetzes erhoben. Sie wurden in der Vergangenheit nicht veröffentlicht, weil die Qualität der Daten bisher noch nicht hinreichend statistisch gesicherte Aussagen zuläßt.

Weitere Daten stammen aus Abschlußberichten von Forschungsvorhaben, die vom Umweltbundesamt gefördert wurden sowie von der Internationalen Gewässerschutzkommission für den Bodensee. Die internationalen Daten stammen aus dem OECD-Bericht „The State of the Environment 1985".

Wasser

Grundwasservorkommen

Ergiebigkeit der Grundwasservorkommen

Für die Wasserversorgung der Bundesrepublik Deutschland besitzen die Grundwasservorkommen eine große Bedeutung. Ca. 75% des für die öffentliche Wasserversorgung geförderten Wassers wird durch Entnahmen aus Brunnen und Quellen bezogen.

Die Karte der Ergiebigkeit der Grundwasservorkommen gibt einen Überblick über die Verbreitung der wesentlichen Grundwasservorkommen in der Bundesrepublik Deutschland. Der Darstellung der Ergiebigkeit liegt eine Bewertung der Vorkommen entsprechend der gewinnbaren Grundwassermenge zu Grunde. Diese Bewertung beruht auf den natürlichen Eigenschaften der Grundwasservorkommen, unabhängig von der gegenwärtigen Nutzung und vom Bedarf, und geht aus von

- Mittelwerten von gemessenen oder zu erwartenden Brunnenergiebigkeiten (in l/s oder m^3/d)
- Mittelwerten von Förderleistungen von Wasserwerken (in hm^3/a = Mio m^3/a).

Die Nutzungsmöglichkeiten des Grundwassers werden wegen der an Umfang und Intensität zunehmenden Inanspruchnahme von Flächen zunehmend weiter eingeengt. Dies gilt sowohl für die sich erneuernde Menge als auch für die Qualität des Grundwassers. Hinzu kommt ein Risikopotential durch Betriebsstörungen und Unfälle, das sich nicht übersehen läßt.

Siehe auch:
- Öffentliche Wasserversorgung
- Flächennutzung
- Unfälle mit wassergefährdenden Stoffen

Wasser

Verschmutzungsempfindlichkeit der Grundwasservorkommen

Grundwasser bietet gegenüber Oberflächengewässern den Vorteil, daß es durch mehr oder weniger mächtige Gesteinsschichten von der Oberfläche her gegen mögliche Schadensquellen gesichert ist. Eine Vielzahl von Reinigungsvorgängen können sich auf dem Weg von der Versickerungsstelle zur Entnahmestelle abspielen, die dem Grundwasser zu der häufig stabilen und guten Qualität verhelfen: viele Schadstoffe werden bereits in der belebten Bodenzone zurückgehalten, andere werden durch chemische oder biologische Umsetzungen im wasserungesättigten oder im wassergefüllten Gestein abgebaut, pathogene Keime sterben nach einiger Zeit des Verweilens im Grundwasser ab, toxische und persistente Stoffe können sich bis unter die Wirksamkeitsgrenze verdünnen.

Einen Schwerpunkt der Grundwasserverunreinigung stellen die landwirtschaftlichen Wirtschaftsmethoden dar. Durch die Intensivierung der Bodenbearbeitung, die Anwendung von Mineraldünger, besonders stark bei Sonderkulturen (Wein, Gemüse, Hopfen) sowie die Anwendung von Pflanzenschutzmitteln wird die Grundwasserqualität nachteilig verändert.

Siehe auch:
- Kapitel Boden
- Kapitel Nahrung

Legende zur Grundwasserkarte

Verschmutzungs-empfindlichkeit	Tiefe des freien Grundwasserspiegels	Durchlässigkeit	Gesteinsarten
groß	2 m	groß bis mittel	alle außer Ton, Tonstein und Torf
groß bis mittel	2 m	groß	Karstgestein
	2–10 m	groß bis mittel	Lockergestein
	2–20 m	groß bis mittel	Kluftgestein
mittel bis gering	2 m	klein	Torf, Seemarsch
	10 m	groß bis mittel	Lockergestein
	20 m	groß bis mittel	Kluftgestein
gering	gespanntes Grundwasser mit Deckschichten (Ton, Tonstein) von sehr kleiner Durchlässigkeit		
sehr gering	schwer durchlässige Zwischenschichten, tiefes selbständiges Grundwasserstockwerk		

Quelle: Bundesanstalt für Geowissenschaften und Rohstoffe

Wasser

Gewässergüte

Biologische Gewässergüte der Fließgewässer

Mit der kartenmäßigen Darstellung der Gewässergüteverhältnisse in der Bundesrepublik Deutschland wird auf der Grundlage möglichst weniger Parameter die Qualität eines Gewässers allgemeinverständlich und für eine generelle Beurteilung ausreichend wiedergegeben. Für Detailbeurteilungen ist die Gewässergütekarte nicht gedacht. Hierzu bedarf es einer differenzierten Bewertung auf der Grundlage möglichst vieler Parameter.

In der Karte sind alle wesentlichen Fließgewässer dargestellt. Auf die Eintragung kleinerer Gewässer wurde im Interesse der Übersichtlichkeit verzichtet; sie sind zum Teil in den entsprechenden Gütekarten der einzelnen Länder enthalten. In den Karten sind die größten stehenden Gewässer abgebildet. Ihr Gütezustand wurde nicht dargestellt. Auf die Kennzeichnung der Gewässer als Gebirgs-, Mittelgebirgs- oder Flachlandgewässer wurde verzichtet. Die durch Geologie, Morphologie und Klima bestimmten Unterschiede im Erscheinungsbild eines Gewässers wurden jedoch bei der Beurteilung der Gewässergüte berücksichtigt. Im Küstenbereich werden die Gewässer nur bis zur Süßwassergrenze*) dargestellt, da sich die Kriterien der Gütebeurteilung im Brack- und Seewasserbereich unterscheiden.

Die kartenmäßige Darstellung der Gewässergüte gibt jeweils den allgemeinen Gütezustand eines Gewässerabschnittes wieder, wie er sich im biologischen Besiedlungsbild zeigt. Der Gewässergütekarte liegen biologisch-ökologische Untersuchungen sowie chemische und physikalische Messungen zugrunde.

An chemischen Inhaltsstoffen werden vornehmlich die sauerstoffzehrenden Substanzen berücksichtigt. Die biologischen Kriterien betreffen die allgemeine Kennzeichnung der im Gewässer auftretenden Lebensgemeinschaften und eine Bewertung des Gewässers nach vorhandenen biologischen „Zeigerarten" für Belastung mit organischen Stoffen und Sauerstoffverhältnisse im Wasser.

Gewässerstrecken, die durch bestimmte andere Inhaltsstoffe, wie z.B. Salz, belastet sind, werden auf der Karte nicht besonders dargestellt. Hierfür werden für Teilgebiete der Bundesrepublik gesonderte Karten herausgegeben. Auch die Aufwärmung eines Gewässers ist nicht besonders gekennzeichnet.

In der Karte werden sieben Stufen der Gewässergüte der Fließgewässer, die sogenannten Gewässergüteklassen, unterschieden. Die nachstehende Definition der Güteklassen ist auch in der Kartenlegende enthalten. Für die Klassifizierung stehender Gewässer werden andere Kriterien zugrunde gelegt.

Siehe auch:
- Gewässergütedaten ausgewählter Meßdaten
- Gewässergüte Bodensee
- Gewässergüte Steinhuder Meer

---

*) Süßwassergrenze ist die Stelle im Wasserverlauf, an der bei Ebbe und zu einer Zeit schwachen Süßwasserabflusses, wegen des Vorhandenseins von Meerwasser eine erhebliche Zunahme des Salzgehaltes festzustellen ist.

Wasser

Grundwasser in der Bundesrepublik Deutschland

Bedeutende Grundwasservorkommen

Ergiebigkeit	Mögliche Entnahme	
	Einzel-brunnen	Wasser-werke
sehr groß	meist >40 l/s	häufig >5 hm^3/a
groß	meist 15–40 l/s	meist 1–5 hm^3/a
weniger groß oder wechselnd	meist 5–15 l/s	meist 0.2–1 hm^3/a

Ergiebigkeit von Brunnen meist <5 l/s; örtlich in Brunnen und Quellen große Ergiebigkeiten möglich; Nutzung aus technischen und hygienischen Gründen eingeschränkt

Weniger bedeutende Grundwasservorkommen

Keine bedeutenden Grundwasservorkommen

Ergiebigkeit von Brunnen meist <2 l/s; örtliche Vorkommen können für die Versorgung wichtig sein

Gute Möglichkeiten zur Gewinnung von Uferfiltrat (nach hydrogeologischen Kriterien)

Bergbaugebiete mit künstlich stark

Daten zur Umwelt 1986/87
Umweltbundesamt

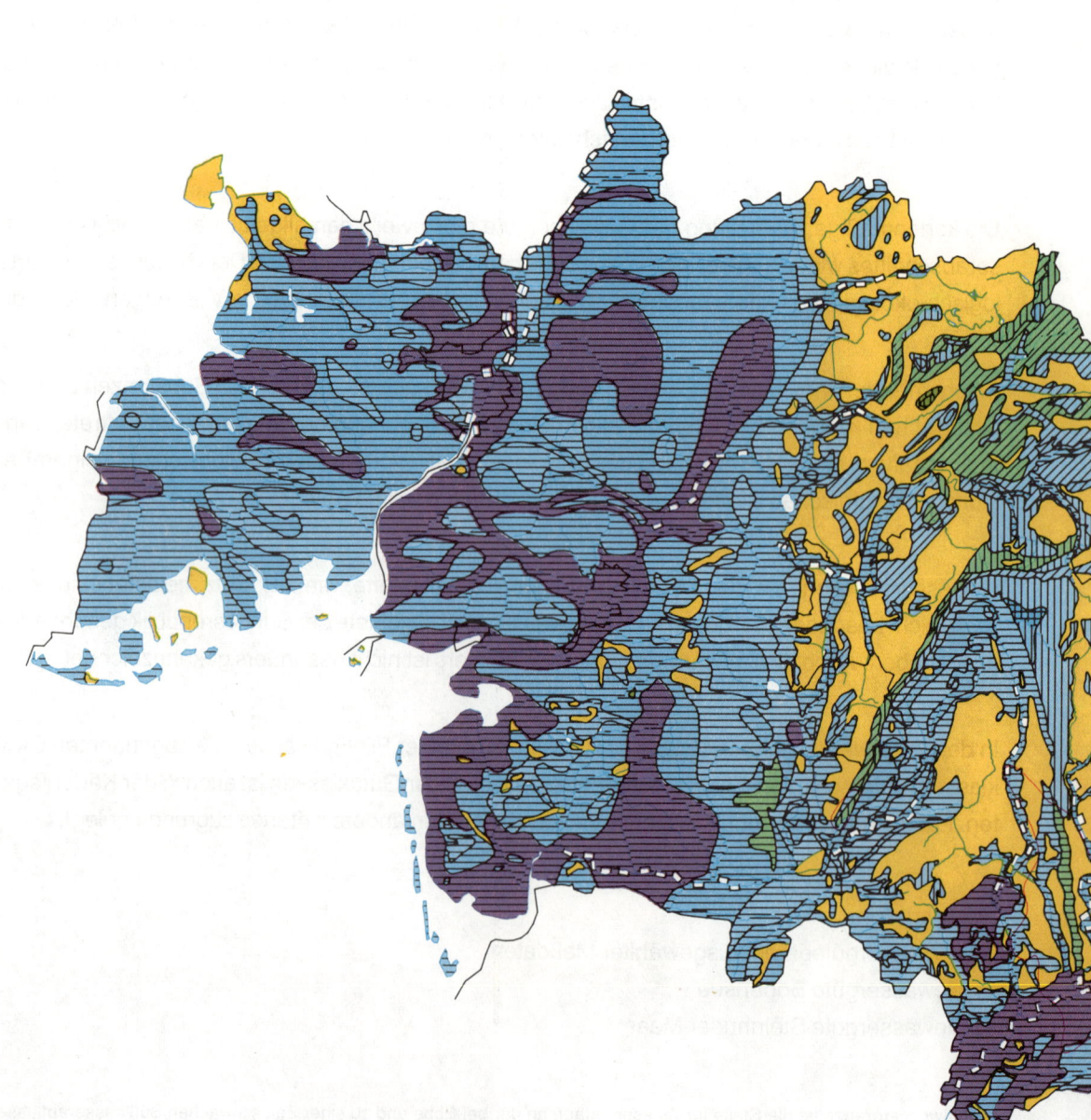

UMPLIS
Methodenbank
Umwelt

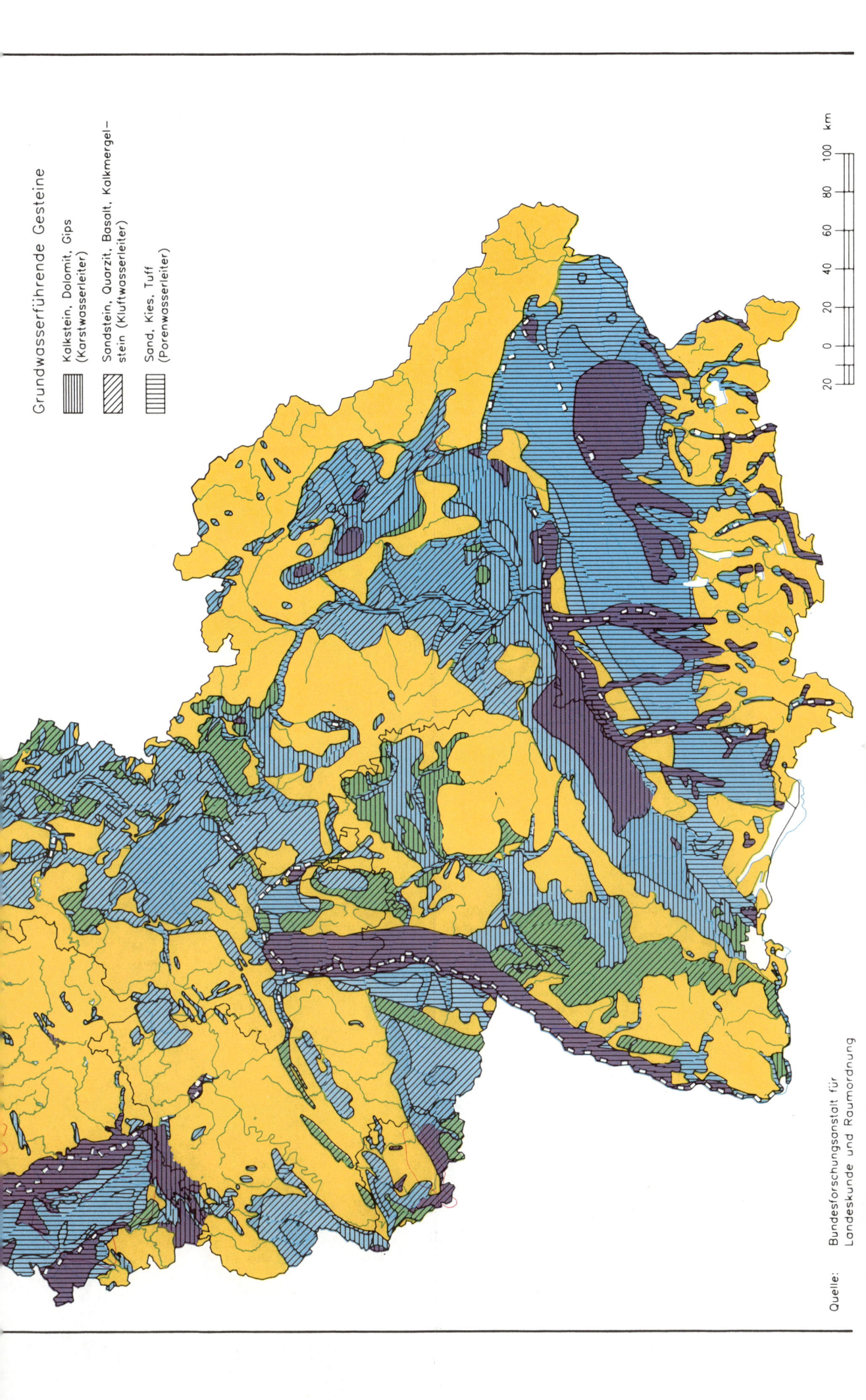

Grundwasserführende Gesteine

	Kalkstein, Dolomit, Gips (Karstwasserleiter)
	Sandstein, Quarzit, Basalt, Kalkmergelstein (Kluftwasserleiter)
	Sand, Kies, Tuff (Porenwasserleiter)

Quelle: Bundesforschungsanstalt für Landeskunde und Raumordnung

Wasser

Erläuterung zu den Abbildungen (S. 271–273)

Güteklasse I: unbelastet bis sehr gering belastet

Gewässerabschnitte mit reinem, stets annähernd sauerstoffgesättigtem und nährstoffarmen Wasser; geringer Bakteriengehalt; mäßig dicht besiedelt, vorwiegend von Algen, Moosen, Strudelwürmern und Insektenlarven; sofern sommerkühl, Laichgewässer für Salmoniden.

Güteklasse I–II: gering belastet

Gewässerabschnitte mit geringer anorganischer oder organischer Nährstoffzufuhr ohne nennenswerte Sauerstoffzehrung; dicht und meist in großer Artenvielfalt besiedelt; sofern sommerkühl, Salmonidengewässer.

Güteklasse II: mäßig belastet

Gewässerabschnitte mit mäßiger Verunreinigung und guter Sauerstoffversorgung; sehr große Artenvielfalt und Individuendichte von Algen, Schnecken, Kleinkrebsen, Insektenlarven; Wasserpflanzenbestände decken größere Flächen; ertragreiche Fischgewässer.

Güteklasse II–III: kritisch belastet

Gewässerabschnitte, deren Belastung mit organischen, sauerstoffzehrenden Stoffen einen kritischen Zustand bewirkt; Fischsterben infolge Sauerstoffmangels möglich; Rückgang der Artenzahl bei Makroorganismen; gewisse Arten neigen zu Massenentwicklung; Algen bilden häufig größere flächendeckende Bestände. Meist noch ertragsreiche Fischgewässer.

Güteklasse III: stark verschmutzt

Gewässerabschnitte mit starker organischer, sauerstoffzehrender Verschmutzung und meist niedrigem Sauerstoffgehalt; örtlich Faulschlammablagerungen; flächendeckende Kolonien von fadenförmigen Abwasserbakterien und festsitzenden Wimpertieren übertreffen das Vorkommen von Algen und höheren Pflanzen; nur wenige gegen Sauerstoffmangel unempfindliche tierische Makroorganismen wie Schwämme, Egel, Wasserasseln kommen bisweilen massenhaft vor; geringe Fischereierträge; mit periodischem Fischsterben ist zu rechnen.

Güteklasse III–IV: sehr stark verschmutzt

Gewässerabschnitte mit weitgehend eingeschränkten Lebensbedingungen durch sehr starke Verschmutzung mit organischen, sauerstoffzehrenden Stoffen, oft durch toxische Einflüsse verstärkt; zeitweilig totaler

Wasser

Sauerstoffschwund; Trübung durch Abwasserschwebstoffe; ausgedehnte Faulschlammablagerungen, durch rote Zuckmückenlarven oder Schlammröhrenwürmer dicht besiedelt; Rückgang fadenförmiger Abwasserbakterien; Fische nicht auf Dauer und dann nur örtlich begrenzt anzutreffen.

Güteklasse IV: übermäßig verschmutzt

Gewässerabschnitte mit übermäßiger Verschmutzung durch organische sauerstoffzehrende Abwässer; Fäulnisprozesse herrschen vor; Sauerstoff über lange Zeit in sehr niedrigen Konzentrationen vorhanden oder gänzlich fehlend; Besiedlung vorwiegend durch Bakterien, Geißeltierchen und freilebende Wimpertierchen; Fische fehlen; bei starker toxischer Belastung biologische Verödung.

Gewässer sind vielfältigen Einflüssen natürlicher und anthropogener Art ausgesetzt. Nutzungen, besonders die Einleitungen von Abwasser, haben in vielen Fällen die Wasserbeschaffenheit nachteilig beeinflußt. Die insbesondere ab den Siebziger Jahren gezielt vorgenommenen Sanierungsmaßnahmen haben ihren Niederschlag in einer Verbesserung der Gewässergüte gefunden, wie die Gewässergütekarten von 1975, 1980 und 1985 nachweisen.

Insbesondere zeigt ein Vergleich der Gütekarten von 1980 und 1985, daß mit den von Gemeinden und Industrie in den letzten fünf Jahren durchgeführten Gewässerschutzmaßnahmen die verschmutzten Gewässerabschnitte weiter abgenommen haben. Hier sind beispielhaft insbesondere die Donau im Raum Regensburg, der Neckar unterhalb von Stuttgart sowie der hessische Untermain und – den Zeitraum vor dem Lagerbrand bei der Firma Sandoz (Schweiz) im November 1986 betreffend – die anschließende rechtsseitige Rheinstrecke zu nennen. Das Gütebild des Rheins hatte sich vor diesem Unfall auch andernorts weiter verbessert. Weite Strecken des Oberrheins und die Strecke von Rüdesheim bis Leverkusen waren der allgemein angestrebten Güteklasse II (mäßig belastet) zuzuordnen. Unterhalb der Belastungsschwerpunkte Leverkusen und Ruhrgebiet hatte sich der Gütezustand des Rheins streckenweise sogar um zwei Stufen verbessert. Inwieweit die über Löschwasser erfolgte Einleitung von hochwirksamen Insektiziden wie Disulfoton, Thiometon und Etrimfos (Phosphorsäureester) bzw. Fungiziden wie Ethoxyethylquecksilberhydroxid in den Oberrhein neben der festgestellten akuten Toxizität auf Fische und Fischnährtiere auch einen sich langfristig auswirkenden Rückschlag in der Rheinsanierung zu bewirken vermag, kann derzeit noch nicht überblickt werden.

Deutliche Verbesserungen des biologischen Gütebildes sind auch bei Weser und Leine sowie den Elbnebenflüssen Pinnau und Krückau eingetreten. Auch außerhalb der Verschmutzungsschwerpunkte haben sich die Gewässerbelastungen durch zahlreiche Sanierungsmaßnahmen verringert, ohne daß dies aus der Karte im einzelnen abgelesen werden kann.

Für manche, insbesondere staugeregelte und langsam fliessende Gewässer mußte jedoch festgestellt werden, daß sich trotz erheblicher Gewässerschutzinvestitionen im kommunalen und industriellen Bereich die Gewässerbeschaffenheit nicht so entwickelt hat, wie es wünschenswert gewesen wäre. Diffuse Einflüsse, wie Abschwemmungen von landwirtschaftlichen Nutzflächen und Schadstoffeinträge aus der Luft, führen hier zusammen mit den Restschmutzfrachten aus den Kläranlagen und den Regenwassereinleitungen immer noch zu kritischen Belastungen. Bei staugeregelten, langsam fließenden Gewässern können zu bestimmten Zeiten durch Eutrophierung Sekundärverschmutzungen auftreten. Diesen Erscheinungen muß durch weitergehende Anforderungen an die Abwassereinleitungen und durch Maßnahmen zur Verringerung von diffusen Einträgen begegnet werden.

Die Konzentrationen an Schwermetallen und organischen Spurenstoffen, die unterhalb der toxischen Bereiche liegen und deshalb nicht durch biologische Gewässeruntersuchung erfaßt werden, konnten teilweise schon mit den durchgeführten Reinhaltemaßnahmen verringert werden. Ihrer weiteren Reduzierung kommt in der Zukunft eine besondere Bedeutung zu.

Wasser

Biologische Gewässergüte 1985

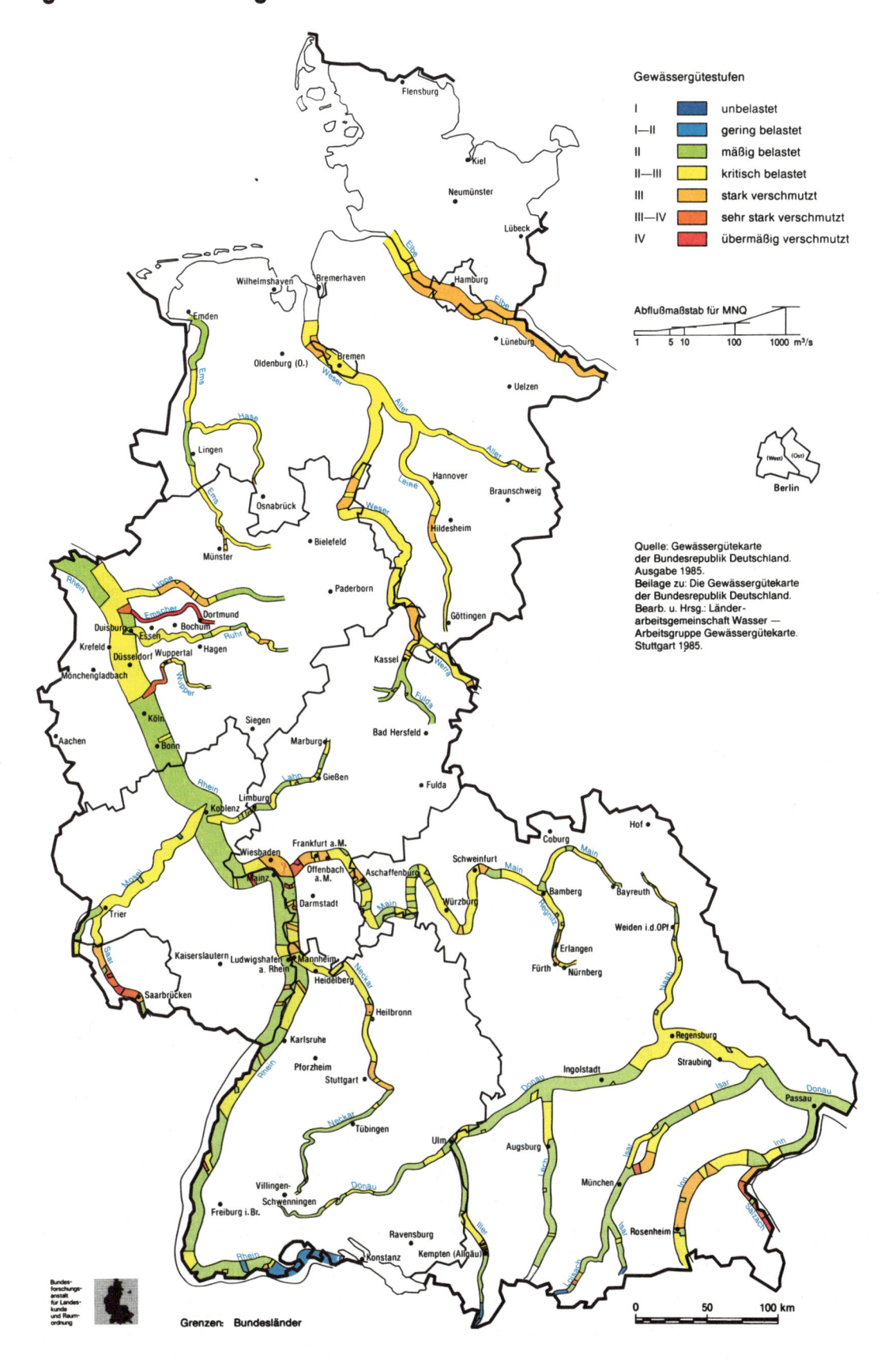

Gewässergütestufen

I		unbelastet
I—II		gering belastet
II		mäßig belastet
II—III		kritisch belastet
III		stark verschmutzt
III—IV		sehr stark verschmutzt
IV		übermäßig verschmutzt

Abflußmaßstab für MNQ
1 5 10 100 1000 m³/s

Quelle: Gewässergütekarte der Bundesrepublik Deutschland. Ausgabe 1985. Beilage zu: Die Gewässergütekarte der Bundesrepublik Deutschland. Bearb. u. Hrsg.: Länderarbeitsgemeinschaft Wasser — Arbeitsgruppe Gewässergütekarte. Stuttgart 1985.

Grenzen: Bundesländer

Daten zur Umwelt 1986/87
Umweltbundesamt

Wasser

Biologische Gewässergüte 1980

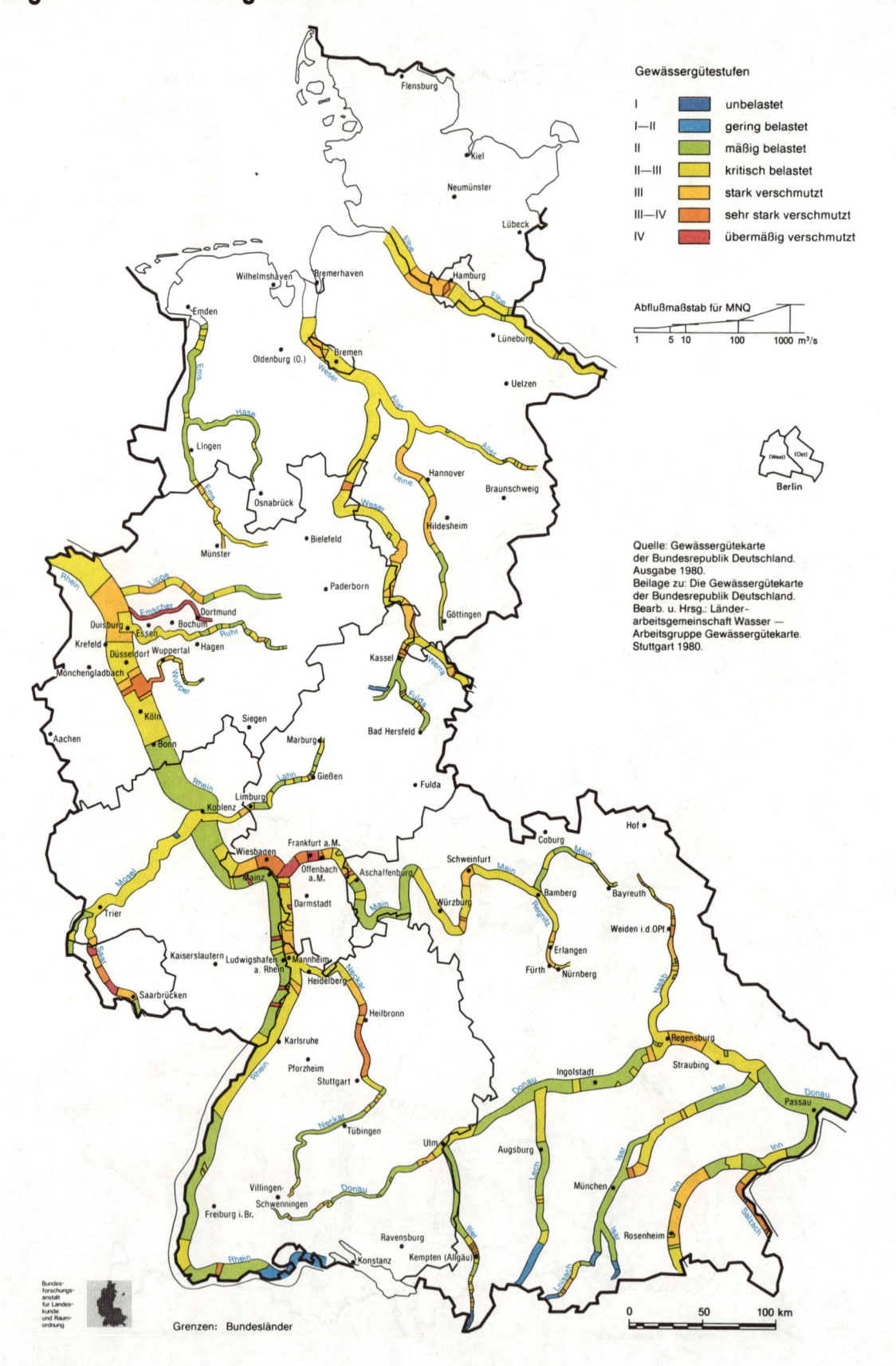

Gewässergütestufen

I		unbelastet
I—II		gering belastet
II		mäßig belastet
II—III		kritisch belastet
III		stark verschmutzt
III—IV		sehr stark verschmutzt
IV		übermäßig verschmutzt

Abflußmaßstab für MNQ
1 5 10 100 1000 m³/s

Quelle: Gewässergütekarte
der Bundesrepublik Deutschland.
Ausgabe 1980.
Beilage zu: Die Gewässergütekarte
der Bundesrepublik Deutschland.
Bearb. u. Hrsg.: Länder-
arbeitsgemeinschaft Wasser —
Arbeitsgruppe Gewässergütekarte.
Stuttgart 1980.

Grenzen: Bundesländer

Daten zur Umwelt 1986/87
Umweltbundesamt

Wasser

Biologische Gewässergüte 1975

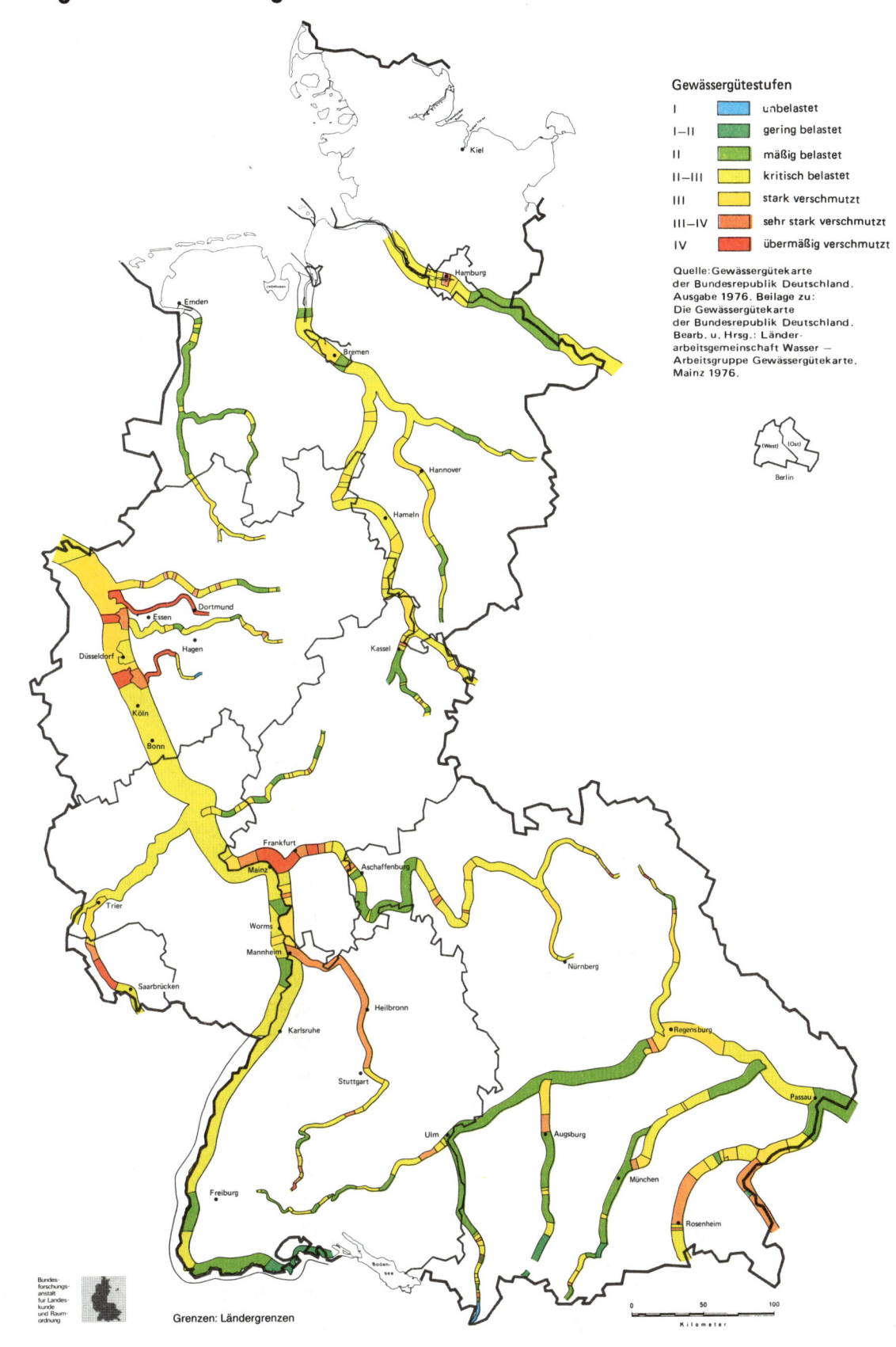

Gewässergütestufen

I		unbelastet
I–II		gering belastet
II		mäßig belastet
II–III		kritisch belastet
III		stark verschmutzt
III–IV		sehr stark verschmutzt
IV		übermäßig verschmutzt

Quelle: Gewässergütekarte
der Bundesrepublik Deutschland.
Ausgabe 1976. Beilage zu:
Die Gewässergütekarte
der Bundesrepublik Deutschland.
Bearb. u. Hrsg.: Länder-
arbeitsgemeinschaft Wasser —
Arbeitsgruppe Gewässergütekarte.
Mainz 1976.

Grenzen: Ländergrenzen

Daten zur Umwelt 1986/87
Umweltbundesamt

Wasser

Gewässergütedaten ausgewählter Meßstationen

Die Gewässergüte der Binnengewässer wird anhand einiger ausgewählter Parameter und Stationen dargestellt. Stationsnamen und Angaben zur Datenquelle ergibt sich aus der folgenden Tabelle:

Verzeichnis der ausgewählten Meßstationen mit Angabe der Datenquellen.

Fluß	Station	Quelle
Rhein	Öhningen	DKSR
Rhein	Rekingen	IKSR
Rhein	Village-Neuf	IKSR
Rhein	Weisweil	DKSR
Rhein	Seltz	IKSR
Rhein	Maxau	DKSR
Rhein	Mainz	DKSR
Rhein	Koblenz	IKSR
Rhein	Bad Honnef	DKSR
Rhein	Düsseldorf	LWA
Rhein	Bimmen	IKSR
Mosel	Palzem	DKSR
Mosel	Grevenmacher	DKSR
Mosel	Detzem	IKSM
Mosel	Zell	IKSM
Mosel	Koblenz	IKSR
Saar	Güdingen	DKSR
Saar	Bous	IKSS
Saar	Fremersdorf	IKSS
Saar	Serrig	IKSS
Neckar	Neckartailfingen	AWBR*
Neckar	Stuttgart	AWBR*
Neckar	Poppenweiler	AWBR*
Neckar	Heilbronn	AWBR*
Neckar	Mannheim	DKSR
Main	Mainberg	IHP
Main	Gemünden	BfG*
Main	Kahl	DKSR
Main	Grießheim	BfG*
Main	Kostheim	DKSR
Weser	Hemeln	Arge Weser
Weser	Boffzen	Arge Weser
Weser	Hajen	Arge Weser

Wasser

Fortsetzung Verzeichnis der ausgewählten Meßstationen mit Angabe der Datenquellen.

Fluß	Station	Quelle
Weser	Hess. Oldendorf	Arge Weser
Weser	Porta	Arge Weser
Weser	Petershagen	Arge Weser
Weser	Drakenburg	Arge Weser
Weser	Intschede	Arge Weser
Weser	Hemelingen	Arge Weser
Weser	Brake	Arge Weser
Fulda	Wahnhausen	Arge Weser
Werra	Letzter Heller	Arge Weser
Elbe	Schnakenburg	Arge Elbe
Elbe	Geesthacht	Arge Elbe
Elbe	Teufelsbrück	Arge Elbe
Elbe	Steindeich	Arge Elbe
Ems	Herbrum	IHP
Donau	Leipheim	AWBR*
Donau	Pfatterbrücke	IHP
Donau	Jochenstein	IHP

DKSR –	Zahlentafeln der physikalisch-chemischen Untersuchungen; Deutsche Kommission zum Schutze des Rheins
IKSR –	Zahlentafeln, Internationale Kommission zum Schutze des Rheins
IKSM –	Analysenergebnisse, Internationale Kommission zum Schutze der Mosel
IKSS –	Analysenergebnisse, Internationale Kommission zum Schutze der Saar
Arge Elbe	Wassergütedaten der Elbe, Arbeitsgemeinschaft zur Reinhaltung der Elbe
Arge Weser	Zahlentafeln der physikalisch-chemischen Untersuchungen, Arbeitsgemeinschaft der Länder zur Reinhaltung der Weser
AWBR* –	Jahresbericht, Arbeitsgemeinschaft Wasserwerke Bodensee – Rhein
LWA –	Gewässergütebericht, Landesamt für Wasser und Abfall, Nordrhein-Westfalen
IHP –	Jahrbuch Bundesrepublik Deutschland und Berlin (West), Internationales Hydrologisches Programm, Bundesanstalt für Gewässerkunde
BfG* –	Unveröffentlichte Daten eines Meßprogramms der Wasser- und Schiffahrtsdirektion Südwest. Ausgewertet von der Bundesanstalt für Gewässerkunde.
*	Die Probenahmeverfahren der AWBR und der BfG sind nicht voll vergleichbar.

Für die Jahre 1980 bis 1984 wurden aus diesen Veröffentlichungen die Minimal-, Mittel- und Maximalwerte der ausgewählten Parameter entnommen.

Die so ermittelten Daten werden in Form von Tabellen dargestellt. Diese sind so aufgebaut, daß neben Meßstellenname und -lage und den – zur besseren Zuordnung farbig unterlegten – Werten auch Angaben über Meßart, Zufluß von Nebenflüssen und Entfernung zur nächstgenannten Meßstelle enthalten sind. Diese Informationen sollen die Interpretation der Werte erleichtern.

Wasser

Besonders wichtig ist dabei die Angabe zur Meßart. Diese besteht aus einer Kombination von Ziffern und Buchstaben und ist folgendermaßen zu interpretieren:

1. Zeichen: Anzahl der Messungen im Untersuchungszeitraum (z.B. 1, 7 oder 14)
2. Zeichen: Art der Messungen (E = Einzelmessung, M = Mischprobe, K = Kontinuierliche Messung)
3. Zeichen: Untersuchungszeitraum (7 = 7 Tage, 14 = 14 Tage, M = 1 Monat, J = 1 Jahr)

Mittlere Konzentrationswerte für die Elbe wurden von der BfG errechnet. Die Arge-Elbe hält eine Mittelbildung aus wissenschaftlichen Gründen für wenig aussagekräftig.

Beispiele:

1 E 7:   1-Tages-Einzelprobe innerhalb von 7 Tagen (Datenbasis: 52 Werte/Jahr)
7 M 14: 7-Tages-Mischprobe innerhalb von 14 Tagen (26 Werte/Jahr)

Die angegebenen Mittelwerte, Minima und Maxima wurden auf der vorhandenen Datenbasis ermittelt. So ist z.B. ein Maximalwert mit der Angabe „7 M 14" der größte Wert der 26 Mischproben, stellt also kein absolutes Maximum der an der betreffenden Meßstelle tatsächlich innerhalb eines Jahres vorkommenden Konzentrationen, sondern das Maximum dieser Reihe von 26 Werten dar.

Zur besseren Anschauung der Entwicklung der Gütesituation wurden die Jahresmittelwerte der ausgewählten Parameter (Ausnahme Chlorid-Konzentration) von einigen ausgewählten Stationen in Form von Diagrammen dargestellt. Hierbei wurden auch Daten aus der Zeit vor 1980 berücksichtigt.

Für die Chloridbelastung der Gewässer wurde auf der Grundlage von ausgewählten Meßergebnissen einzelner Meßstationen eine Bandkarte (Gewässergütebaustein) erstellt, die den Jahresmittelwert der Chloridbelastung 1980 sowie den Jahresmittelwert des Jahres 1984 an der Meßstation punktuell darstellt.

Die Entwicklung des Gewässergütebausteins erfolgte in Anlehnung an die von der „Länderarbeitsgemeinschaft Wasser (LAWA)" herausgegebenen „Gewässergütekarten 1975, 1980 und 1985". Im Gegensatz zu den Gewässergütekarten gelten die angelegten Bänder nicht für Flußabschnitte, sondern sollen lediglich die ermittelten Meßergebnisse an den einzelnen Meßstationen symbolisieren.

Für die Darstellung der Chloridkonzentrationen wurde eine Klasseneinteilung gewählt, die auf statistischer Basis ermittelt wurde. Dies war notwendig, weil es für die Beurteilung von Mittelwerten keine abgesicherten nationalen, supra- oder internationalen Richtwerte gibt. Die gültigen Richtwerte beziehen sich meistens auf Perzentilwerte, deren Ermittlung aufgrund der geringen verfügbaren Anzahl von Daten statistisch bedenklich ist.

Bei der Auswahl der dargestellten Gewässergütedaten wurden Meßstationen derjenigen Gewässer berücksichtigt, die mindestens eines der nachfolgenden Kriterien erfüllen:

a) der mittlere Jahresabfluß beträgt bis zum nächsten Vorfluter bzw. bis zum Verlassen der Bundesrepublik Deutschland mindestens 50 m^3/s,

Wasser

b) das Einzugsgebiet des Gewässers beträgt mindestens 1800 km²,
c) das Gewässer ist Quellfluß eines unter a) oder b) fallenden Gewässers.

Diese Auswahl war erforderlich, um die Vielzahl der vorliegenden Gewässergütedaten auf ein darstellbares und überschaubares Maß reduzieren zu können.

Insgesamt erfüllten 66 Flüsse eines oder mehrere dieser Kriterien. Für diese wurden die Flußverläufe und Bandbreiten anhand der LAWA-Gewässergütekarte digitalisiert.

Folgende Parameter wurden nachfolgend dargestellt:

1. Parameter, die den Sauerstoffhaushalt und Nährstoffhaushalt charakterisieren:
   - Sauerstoffgehalt (O_2)
   - Biochemischer Sauerstoffbedarf in 5 Tagen (BSB_5)
   - Ortophosphat-Phosphor ($O-PO_4-P$)
   - Nitrat–Stickstoff (NO_3-N)
2. Chloridbelastung (Cl)
3. Schwermetallbelastung
   - Quecksilber (Hg)
   - Blei (Pb)
   - Cadmium (Cd)
4. Organische Mikroverunreinigung
   - Hexachlorbenzol (HCB)

Sauerstoffgehalt (O_2) mg/l

Der Sauerstoffgehalt eines Fließgewässers ist ein Maß für seine Selbstreinigungskraft. Er ist abhängig von der Wassertemperatur. So ist das Wasser sauerstoffgesättigt (100%), wenn es z.B. 10 mg O_2/l enthält (bei einer Wassertemperatur von 14°C). Ein Teil des Sauerstoffes wird für den Abbau der Verschmutzung gebraucht. Je größer die Verschmutzung, desto kleiner wird der Sauerstoffgehalt im Wasser. Wenn der Sauerstoffgehalt unter 2–3 mg/l sinkt, wird das Fischleben im Gewässer gefährdet. Der Sauerstoffeintrag in ein Gewässer erfolgt durch Diffusion aus der Luft, wobei Wind und Wellenbewegung eine wichtige Rolle spielen, sowie bei Tageslicht durch lebende Pflanzen und Algen.

Biochemischer Sauerstoffbedarf in 5 Tagen (BSB_5) mg/l

Der BSB ist die Menge Sauerstoff in mg/l, die von Mikroorganismen verbraucht wird, um im Wasser vorhandene organische Stoffe oxidativ abzubauen. Üblicherweise beendet man die Messung nach 5 Tagen und mißt bei 20°C (BSB_5). Die Mikroorganismen bevorzugen gewisse Stoffe und Stoffgruppen (leicht abbaubare Stoffe), so daß nie die Summe der organischen Belastung eines Wassers mit dieser Bestimmungsmethode erfaßt wird. Der BSB_5 läßt sich durch vollbiologische Reinigung zu 90% und mehr aus dem Abwasser entfernen.

Wasser

Ortophosphat-Phosphor (PO_4-P) mg/l

Phosphate sind gut lösliche Phosphorverbindungen, sie sind ungiftig und haben hohe Düngewirkung (Eutrophierung!). Nach einer Abschätzung aus dem Jahre 1983 werden sie zu 59% über häusliche Abwässer (davon 25% aus phosphathaltigen Waschmitteln) in die Gewässer eingetragen. Industrielle Abwässer tragen zu 15%, Einträge durch Bodenabschwemmungen zu ca. 10% sowie aus anderen diffusen Quellen zu ca. 16% zur Gewässerbelastung bei. Phosphate werden durch vollbiologische Reinigung zu maximal 30% dem Abwasser entzogen. Die Gewässerbelastung läßt sich durch Vermeidung am Ursprungsort und durch Fällung (dritte Reinigungsstufe) senken.

Nitrat-Stickstoff (NO_3-N) mg/l

In den Kläranlagen wird Ammonium teilweise zu Nitrat aufoxydiert. Daneben kommen aber Nitrate in jedem natürlichen Gewässer vor und in Mengen von über 10 mg/l sogar im Regenwasser. Für Grünpflanzen ist Nitrat als Nährsalz im Gewässer noch stärker wirksam als Ammonium. Daneben hat Nitrat-Stickstoff noch eine große Bedeutung für die Belange der Trinkwasserversorgung. In der EG-Richtlinie 75/440/EWG über die Qualitätsanforderungen an Oberflächengewässer für die Trinkwassergewinnung werden als strengster Wert 25 mg/l NO_3 (entspricht 5,65 mg/l NO_3-N) gefordert; zwingend einzuhalten sind 50 mg/l NO_3 (entspricht 11,30 mg/l NO_3-N).

Chloride (Cl) mg/l

Als Maß für die Salzbelastung eines Fließgewässers wird der Chloridgehalt Cl angegeben. Die Chloride sind sehr gut wasserlöslich und können weder durch biologische Abwasserreinigung noch durch Fällung herausgeholt werden. Die Chloridbelastung ist abhängig von der Wasserführung. Der Eintrag von Chloriden in die Gewässer erfolgt durch Kali- und Kohlebergbau (Grubenwasser), die Industrie, häusliche Abwässer sowie durch die natürliche Fracht.

Schwermetalle

Schwermetallsalze üben auf Wasserorganismen eine spezifische, konzentrationsabhängige Wirkung aus. Sie hemmen die biologische Selbstreinigung. Ihre Konzentrationsverminderung in Gewässern beruht auf chemisch-physikalischen Vorgängen. Da jedoch deren Wirkungsgrad in Gewässern recht unterschiedlich ist, bedürfen schwermetallhaltige Abwässer immer der Behandlung in Reinigungsanlagen, bevor sie in die Gewässer eingeleitet werden. Als charakteristische Beispiele für Schwermetalle wurden Quecksilber, Cadmium und Blei ausgewählt. Im wesentlichen erfolgt der Eintrag der Schwermetalle durch industrielle Prozesse.

Hexachlorbenzol (HCB)

Hexachlorbenzol ist eine organische Halogenverbindung. Die organischen Halogenverbindungen existieren in sehr großer Zahl (ca. 4500 sind im Handel), wobei eine erheblich größere Anzahl unbekannter Verbindungen dieser Stoffklassen als Neben- und Abfallprodukt bei der Herstellung dieser Produkte und bei anderen chemischen Umwandlungsprozessen anfällt. Einige der organischen Halogenverbindungen sind krebserregend, wobei die Gefährlichkeit dieser Stoffe sehr unterschiedlich ist.

Wasser

Bewertung der Gewässergüte anhand der dargestellten Zeitreihen

Sauerstoff

Ein Vergleich der Jahresmittelwerte der Jahresreihen weist für fast alle Meßstationen keine signifikanten Änderungen für die letzten 5 Jahre (1980–1984) aus. An der Meßstelle Bimmen-Lobith/Rhein hielt die seit über 10 Jahren zu verzeichnende steigende Tendenz auch 1984 an.

Biochemischer Sauerstoffbedarf (BSB_5)

Die Darstellungen der mittleren BSB_5-Konzentrationen zeigen im wesentlichen, daß die Meßwerte an den Meßstationen gleichgeblieben sind oder eine fallende Tendenz aufweisen (wie z.B. an den Meßstellen der Weser, besonders deutlich an der Meßstelle Seltz/Rhein).

Insgesamt zeigt die Entwicklung der BSB_5-Werte deutlich die Erfolge der Reduzierung der organischen Belastung durch den Bau von biologischen Kläranlagen.

Orto-Phosphat-Phosphor (PO_4-P)

An den meisten Meßstationen ist für die Jahresmittelwerte eine leichtfallende oder gleichbleibende Tendenz festzustellen.

Das insgesamt zu verzeichnende Nichtansteigen der Phosphatkonzentrationen kann vor allem als Folge der Phosphathöchstmengenverordnung von 1980, die eine Reduzierung der Waschmittelphosphate vorschreibt, angesehen werden.

Nitrat-Stickstoff (NO_3–N)

An den meisten Meßstationen ist eine gleichbleibende Belastung bei steigender Tendenz der Nitratkonzentrationen zu erkennen.

Steigerungen sind im wesentlichen auf die zunehmende Nitrifikation der Kläranlagen und Gewässer, d.h. der verbesserten Oxidation von Ammonium zu Nitrat, zurückzuführen.

In den Grafiken sind, abweichend von den Tabellen, die gegenüber NO_3-N um den Faktor 4,42 geringeren NO_3-Werte dargestellt.

Chloride (Cl)

Die Chloridfrachten an den Meßstellen des Rheins weisen unterhalb der Einleitungen der elsässischen Kalibergwerke einheitlich seit 1982 eine leicht steigende Tendenz auf. Bei den übrigen Meßstellen ist eine gleichbleibende Tendenz zu verzeichnen, während an der Meßstelle Hemeln/Weser sogar ein ausgeprägter Rückgang – der dort sehr hohen Chlorid-Konzentration – zu verzeichnen ist.

Wasser

Quecksilber (Hg)

Der seit Jahren andauernde erhebliche Rückgang der Quecksilberkonzentrationen an fast allen Meßstellen (Ausnahme: Geesthacht/Elbe) wird auch durch die gemessenen Werte für 1984 bestätigt.

Blei (Pb)

Bei den hier dargestellten Meßstationen ist eine deutliche Abnahme des Bleigehaltes zu erkennen, wobei die Vorjahreswerte durch die Werte von 1984 bestätigt werden.

Cadmium (Cd)

An fast allen Meßstationen ist ein sehr deutlicher Rückgang der Cadmiumkonzentrationen erkennbar. Lediglich an der Meßstelle Palzem/Mosel wurde für 1984 ein deutlich über den Meßwerten der Vorjahre (1980–1983) liegender Wert gemessen. An den Meßstellen der Weser und der Elbe wurden die relativ hohen Werte des Jahres 1983 im Jahre 1984 nicht wieder erreicht und liegen wieder im Bereich der Werte von 1981 und 1982.

Hexachlorbenzol (HCB)

Die sehr hohen Jahresmittelwerte der Konzentrationen für Hexachlorbenzol Anfang der 80er Jahre wurden an den Meßstellen des Rheins nicht wieder gemessen; die fallende Tendenz wurde mit den Werten für 1984 beibehalten. An der Meßstelle Koblenz/Mosel wurde 1984 der gleiche Wert wie in den Jahren 1982 und 1983 gemessen.

Siehe auch:
— Abschnitt Abwasserbehandlung
— Regionaler Handelsdüngereinsatz
— Gütezustand von Nord- und Ostsee
— Schwermetalle in Lebensmitteln
— Chlorierte Kohlenwasserstoffe in Lebensmitteln
— Nitrat im Trinkwasser

Wasser

Gewässerbelastung in der Bundesrepublik Deutschland
Auswertung für Chlorid (Jahresmittelwerte) 1980 und 1984

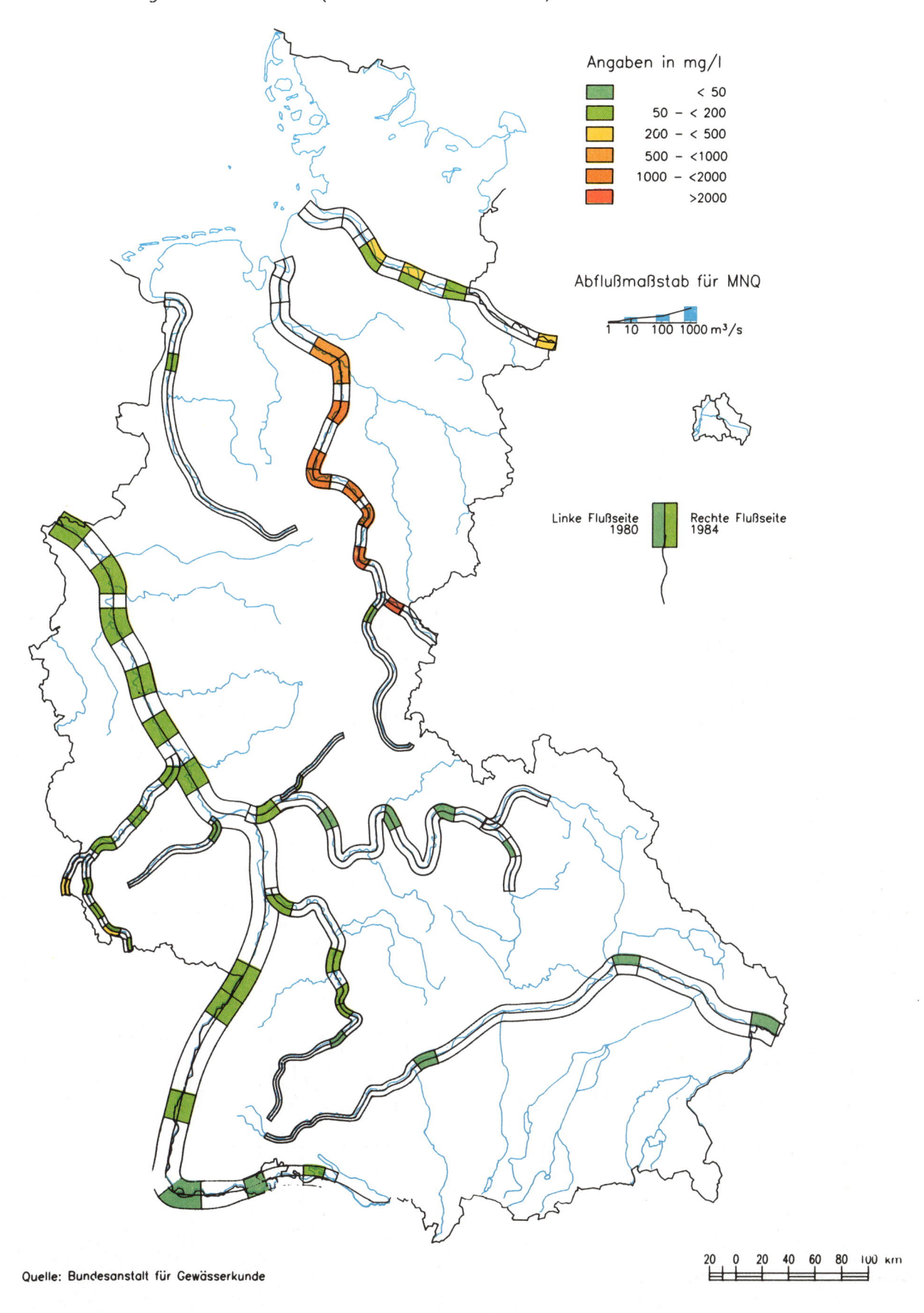

Angaben in mg/l
- < 50
- 50 – < 200
- 200 – < 500
- 500 – <1000
- 1000 – <2000
- >2000

Abflußmaßstab für MNQ
1 10 100 1000 m³/s

Linke Flußseite 1980 — Rechte Flußseite 1984

Quelle: Bundesanstalt für Gewässerkunde

Wasser

Chloridgehalte ausgewählter Fließgewässer (Cl in mg/l)

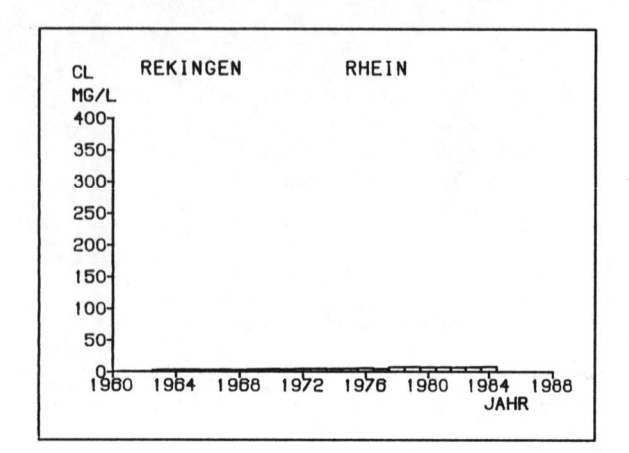

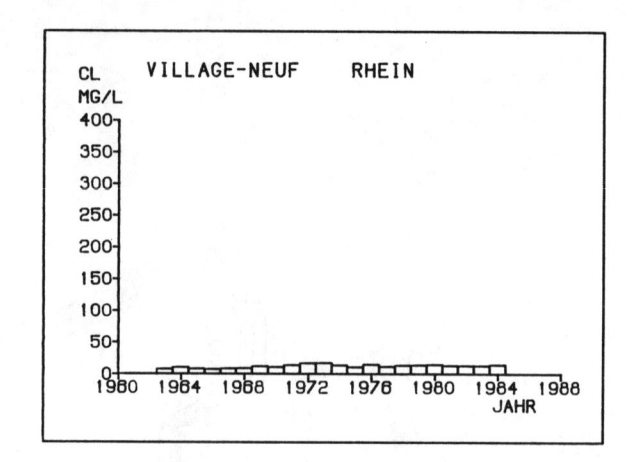

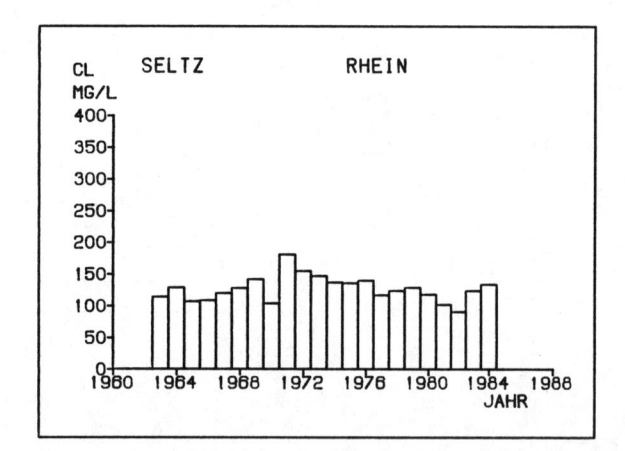

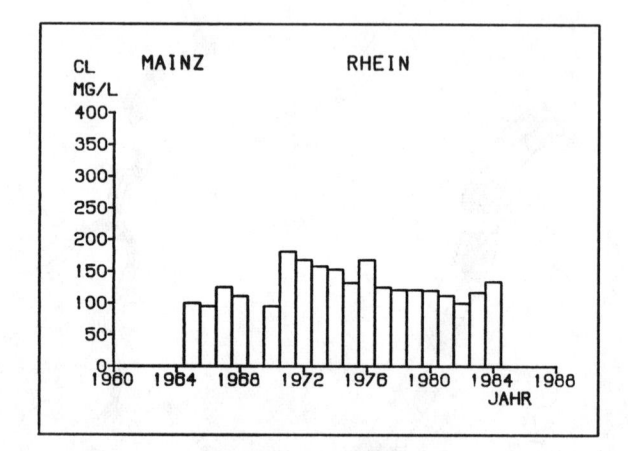

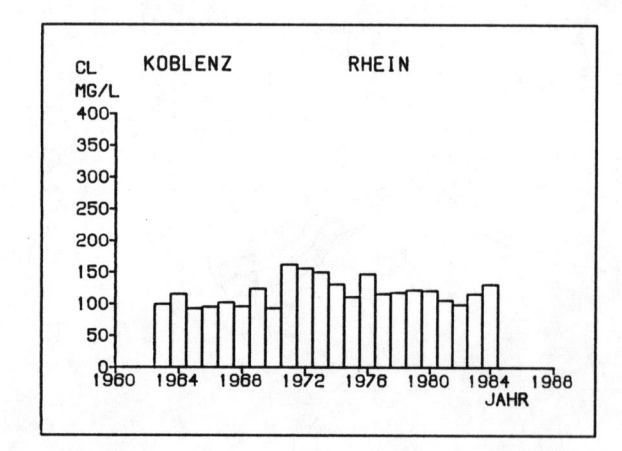

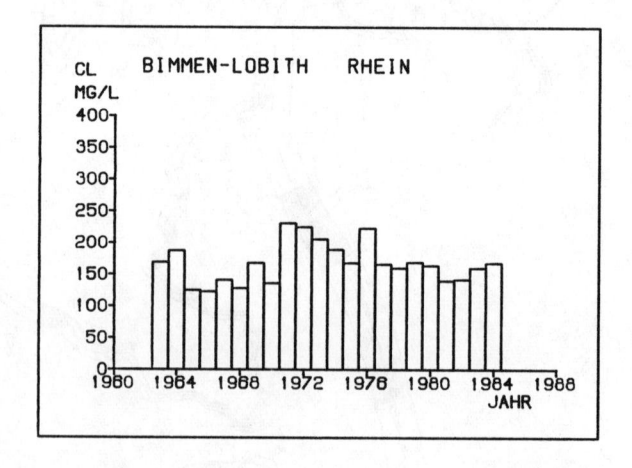

Quelle: Bundesanstalt für Gewässerkunde

Wasser

Chloridgehalte ausgewählter Fließgewässer (Cl in mg/l)

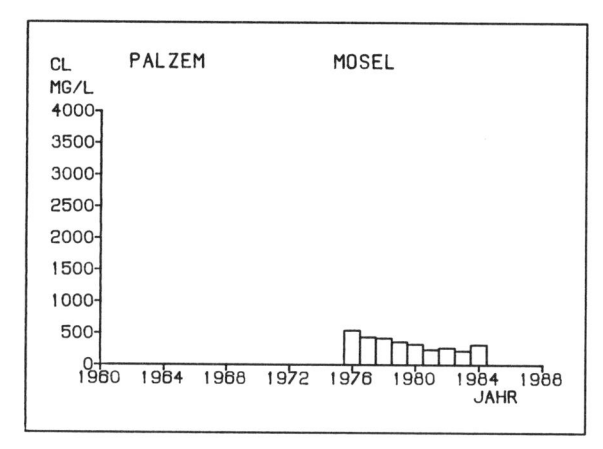

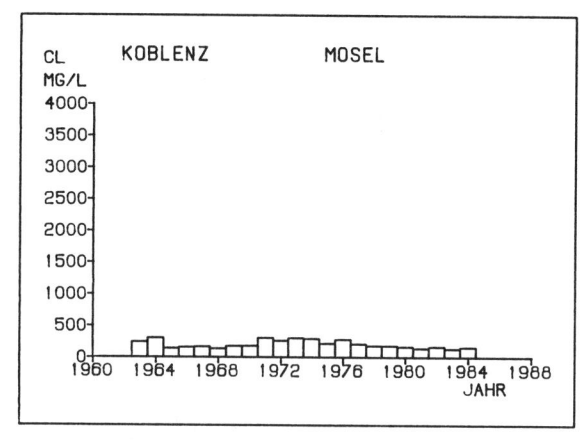

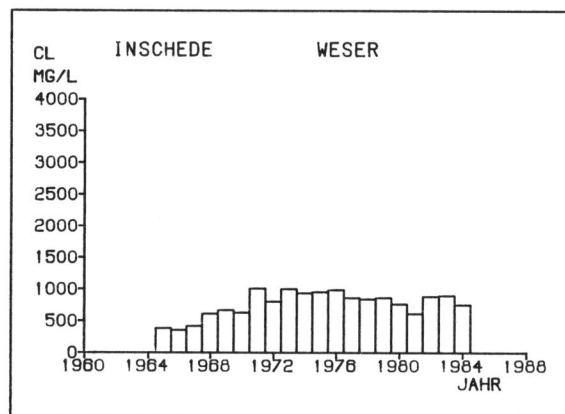

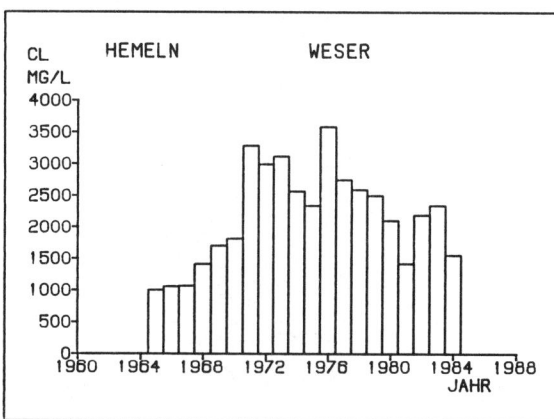

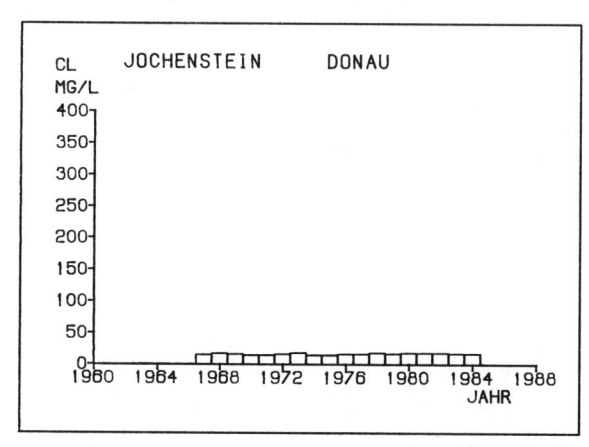

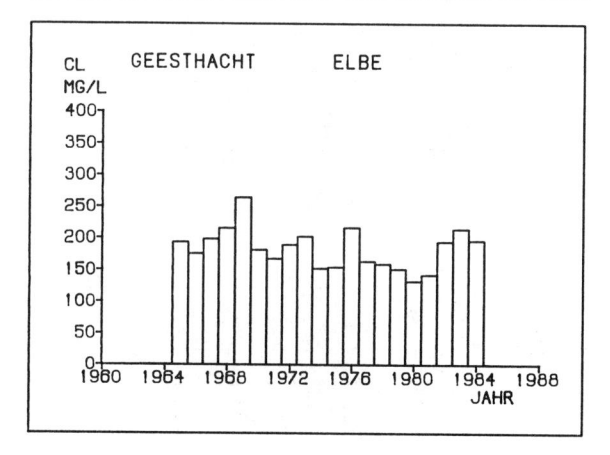

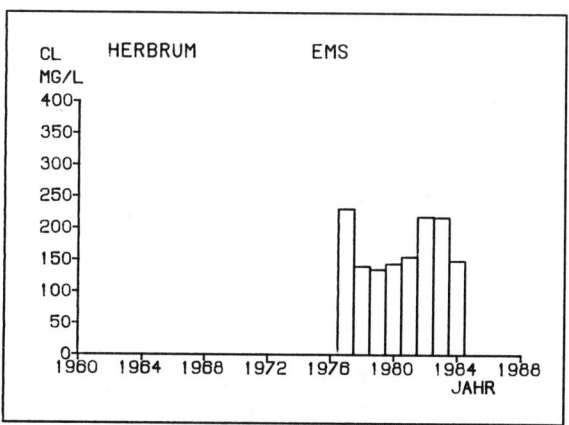

Quelle: Bundesanstalt für Gewässerkunde

Daten zur Umwelt 1986/87
Umweltbundesamt

283

Wasser

Gewässergüte an ausgewählten Fließgewässern
Jahresmittelwerte 1980–1984
des Chloridgehalts (Cl) in mg/l

Rhein							Nebenflüsse	ΔKM
Meßstelle	1980	1981	1982	1983	1984	Meßart		
Öhningen km 22,9	5.00 / 8.00 / 15.00	5.00 / 7.00 / 10.00	5.00 / 7.00 / 11.00	5.00 / 6.00 / 11.00	5.00 / 7.00 / 9.00	14M14 / 14M14 / 14M14		ca. 228
Rekingen km 90,7	5.20 / 7.60 / 11.20	4.80 / 7.70 / 15.00	5.60 / 7.40 / 10.00	6.20 / 7.80 / 10.20	5.80 / 8.40 / 13.80	14M14 / 14M14 / 14M14	Aare	67,8
Village–Neuf km 174,0	8.80 / 14.80 / 24.50	7.20 / 13.30 / 22.00	8.30 / 13.10 / 23.00	9.10 / 13.50 / 19.00	8.20 / 14.70 / 22.20	14M14 / 14M14 / 14M14		83,3
Weisweil km 248,9	29.00 / 140.00 / 260.00	54.00 / 122.00 / 284.00	36.00 / 112.00 / 174.00	61.00 / 140.00 / 304.00	63.00 / 157.00 / 298.00	14M14 / 14M14 / 14M14		74,9
Seltz km 335,7	56.00 / 118.00 / 190.00	33.00 / 102.00 / 172.00	41.00 / 91.00 / 150.00	58.00 / 124.00 / 295.00	66.00 / 134.00 / 258.00	14K14 / 14K14 / 14K14		86,8
Maxau km 362,3	47.00 / 131.00 / 219.00	54.00 / 112.00 / 243.00	35.00 / 100.00 / 160.00	58.00 / 124.00 / 295.00	62.00 / 134.00 / 244.00	14M14 / 14M14 / 14M14	Neckar / Main	26,6
Mainz km 498,5	51.00 / 123.00 / 197.00	66.00 / 108.00 / 174.00	49.00 / 101.00 / 152.00	58.00 / 117.00 / 207.00	83.00 / 134.00 / 229.00	14M14 / 14M14 / 14M14	Nahe / Lahn	136,2
Koblenz km 590,3	30.00 / 121.00 / 218.00	59.00 / 106.00 / 210.00	34.00 / 99.00 / 186.00	68.00 / 119.00 / 318.00	37.00 / 130.00 / 264.00	14M14 / 14M14 / 14M14	Mosel	91,8
Bad Honnef km 640,0	51.00 / 121.00 / 178.00	62.00 / 100.00 / 160.00	44.00 / 100.00 / 144.00	50.00 / 117.00 / 250.00	84.00 / 130.00 / 212.00	14M14 / 14M14 / 14M14	Sieg	49,7
Düsseldorf km 720,0	142.00	117.00	113.00	122.00	144.00		Erft / Ruhr / Lippe	89,0
Kleve–Bimmen km 865,0	68.00 / 161.00 / 266.00	72.00 / 137.00 / 227.00	31.00 / 136.00 / 231.00	56.00 / 154.00 / 357.00	71.00 / 164.00 / 269.00	14M14 / 14M14 / 14M14		136,0

Mosel							Nebenflüsse	ΔKM
Meßstelle	1980	1981	1982	1983	1984	Meßart		
Palzem km 230,0	195.00 / 323.00 / 445.00	68.00 / 238.00 / 418.00	69.00 / 261.00 / 440.00	79.00 / 223.00 / 358.00	224.00 / 319.00 / 424.00	14M14		ca. 315
Grevenmacher km 213,0	225.00 / 332.00 / 460.00	109.00 / 243.00 / 412.00	83.00 / 273.00 / 430.00	109.00 / 249.00 / 345.00	128.00 / 309.00 / 439.00	1EM	Sauer / Saar	17,0
Detzem km 167,8	130.00 / 198.00 / 282.00	45.00 / 145.00 / 276.00	76.00 / 193.00 / 272.00	33.00 / 144.00 / 214.00	81.00 / 170.00 / 264.00	1EM		45,2
Zell km 88,5	130.00 / 190.00 / 268.00	59.00 / 139.00 / 242.00	46.00 / 172.00 / 256.00	34.00 / 138.00 / 208.00	60.00 / 158.00 / 202.00	1EM		79,3
Koblenz km 2,0	29.00 / 167.00 / 268.00	33.00 / 142.00 / 290.00	28.00 / 166.00 / 288.00	15.00 / 134.00 / 238.00	43.00 / 158.00 / 258.00	14M14		86,5

Saar							Nebenflüsse	ΔKM
Meßstelle	1980	1981	1982	1983	1984	Meßart		
Güdingen km ca. 92	18.00 / 148.00 / 258.00	16.00 / 135.00 / 305.00	43.00 / 127.00 / 275.00	29.00 / 76.00 / 182.00	24.00 / 70.00 / 79.00			ca. 138
Bous km ca. 69	35.00 / 204.00 / 288.00	53.00 / 181.00 / 306.00	90.00 / 192.00 / 284.00	23.60 / 139.00 / 240.00	34.40 / 123.00 / 224.00	1EM		23,0
Fremersdorf km ca. 49	29.00 / 158.00 / 245.00	39.00 / 148.00 / 247.00	82.00 / 175.00 / 257.00	23.40 / 122.00 / 219.00	41.30 / 116.00 / 224.00	1EM		20,0
Serrig km ca. 15	–	–	–	–	–			34,0

Neckar							Nebenflüsse	ΔKM
Meßstelle	1980	1981	1982	1983	1984	Meßart		
Neckartailfingen km 218,0	16.00 / 20.60 / 24.00	27.00 / 42.50 / 79.00	30.00 / 39.00 / 54.00	20.00 / 39.80 / 81.00	27.00 / 42.50 / 75.00	1EM		ca. 149
Stuttgart km 183,5	22.00 / 54.10 / 145.00	26.00 / 50.80 / 103.00	27.00 / 46.00 / 75.00	14.00 / 50.90 / 106.00	24.00 / 50.90 / 102.00	1E14		34,5
Poppenweiler km 164,8	35.50 / 74.20 / 185.30	36.60 / 70.80 / 169.00	20.20 / 59.10 / 92.70	– / 67.30 / –	33.40 / 67.30 / 119.00	1E14	Enz / Kocher / Jagst	18,7
Heilbronn km 113,1	25.00 / 60.60 / 184.00	32.60 / 61.30 / 96.00	34.00 / 54.20 / 81.60	18.70 / 55.40 / 99.00	29.60 / 55.90 / 90.00	1E14		51,7
Mannheim km 3,2	51.00 / 111.00 / 186.00	54.00 / 107.00 / 210.00	47.00 / 92.00 / 153.00	36.00 / 103.00 / 201.00	48.00 / 104.00 / 163.00	14M14		109,9

Main							Nebenflüsse	KM
Meßstelle	1980	1981	1982	1983	1984	Meßart		
Mainburg km 336,7	27.00 / 38.00 / 79.00	30.00 / 36.00 / 55.00	27.00 / 39.00 / 46.00	22.00 / 37.00 / 49.00	24.00 / 46.00 / 57.00	1E14	Regnitz	ca. 187
Gemünden km 211,0	28.00 / 41.00 / 63.00	32.00 / 42.00 / 71.00	30.00 / 41.00 / 52.00	21.00 / 41.00 / 56.00	21.00 / 40.00 / 49.00	1E14	Fränk. Saale	125,7
Kahl km 67,0	26.00 / 41.00 / 85.00	28.00 / 45.00 / 65.00	34.00 / 43.00 / 61.00	24.00 / 44.00 / 59.00	30.00 / 42.00 / 55.00	1E14	Tauber	144,0
Griesheim km 27,0	26.00 / 48.00 / 85.00	32.00 / 49.00 / 82.00	25.00 / 52.00 / 132.00	26.00 / 49.00 / 83.00	26.00 / 45.00 / 90.00	1E14	Nidda	40,0
Kostheim km 3,2	27.00 / 60.00 / 88.00	26.00 / 61.00 / 91.00	35.00 / 60.00 / 86.00	9.00 / 61.00 / 106.00	35.00 / 60.00 / 111.00	14M14		23,8

Weser							Nebenflüsse	ΔKM
Meßstelle	1980	1981	1982	1983	1984	Meßart		
Hemeln km 11,7	860.00 / 2110.00 / 3100.00	670.00 / 1422.00 / 2250.00	510.00 / 2190.00 / 3650.00	730.00 / 2347.00 / 5600.00	600.00 / 1511.00 / 2400.00	14M14	Fulda / Werra	ca. 105
Boffzen km 65,8	740.00 / 2063.00 / 3900.00	510.00 / 1252.00 / 1950.00	390.00 / 1927.00 / 3100.00	530.00 / 1903.00 / 3800.00	680.00 / 1451.00 / 2150.00	14M14		54,1
Hajen km 119,9	740.00 / 1699.00 / 2600.00	610.00 / 1174.00 / 1700.00	380.00 / 1668.00 / 2700.00	580.00 / 1844.00 / 4100.00	560.00 / 1313.00 / 2100.00	14M14		54,1
Hess.Oldendorf km 146,5	670.00 / 1417.00 / 2100.00	470.00 / 1033.00 / 1500.00	350.00 / 1563.00 / 2600.00	550.00 / 1850.00 / 3300.00	600.00 / 1258.00 / 2000.00	14M14		26,6
Porta km 198,4	359.00 / 1318.00 / 2230.00	171.00 / 1063.00 / 1704.00	100.00 / 1785.00 / 6080.00	620.00 / 1673.00 / 3270.00	600.00 / 1311.00 / 2080.00	14M14		51,9
Petershagen km 213,0	334.00 / 1242.00 / 2040.00	200.00 / 999.00 / 1610.00	90.00 / 1692.00 / 4070.00	620.00 / 1558.00 / 3180.00	550.00 / 1237.00 / 2170.00	14M14		14,6
Drakenburg km 277,6	590.00 / 1108.00 / 1700.00	370.00 / 1027.00 / 1200.00	340.00 / 1312.00 / 2150.00	490.00 / 1328.00 / 2600.00	520.00 / 1062.00 / 1800.00	14M14	Aller	64,6
Intschede km 329,7	490.00 / 763.00 / 1350.00	360.00 / 611.00 / 900.00	290.00 / 881.00 / 1400.00	440.00 / 896.00 / 1800.00	440.00 / 750.00 / 1200.00	14M14		52,1
Hemelingen km 361,1	270.00 / 794.00 / 1180.00	298.00 / 580.00 / 830.00	300.00 / 894.00 / 1600.00	360.00 / 915.00 / 1630.00	390.00 / 780.00 / 1190.00	14M14	Lesum/Wuemme	31,4
Brake km 38,1	330.00 / 668.00 / 1150.00	160.00 / 526.00 / 1500.00	190.00 / 825.00 / 1600.00	210.00 / 854.00 / 1500.00	340.00 / 625.00 / 1100.00	14M14		43,8

Fulda							Nebenflüsse	ΔKM
Meßstelle	1980	1981	1982	1983	1984	Meßart		
Wahnhausen km 93,5	28.00 / 50.00 / 80.00	30.00 / 43.00 / 57.00	32.00 / 53.00 / 124.00	30.00 / 49.00 / 92.00	21.00 / 41.00 / 53.00	14M14		ca. 124

Werra							Nebenflüsse	ΔKM
Meßstelle	1980	1981	1982	1983	1984	Meßart		
Letzter Heller km 83,9	1705.00 / 4815.00 / 9390.00	1490.00 / 3443.00 / 5625.00	1010.00 / 5944.00 / 2570.00	1635.00 / 6273.00 / 2640.00	1775.00 / 4150.00 / 6210.00	14M14		ca. 215

Elbe							Nebenflüsse	ΔKM
Meßstelle	1980	1981	1982	1983	1984	Meßart		
Schnakenburg km 474,5	–	–	104.00 / 247.00 / 460.00	94.00 / 227.00 / 366.00	117.00 / 233.00 / 315.00		Jeetzel	938,0
Geesthacht km 585,9	100.00 / 138.00 / 171.00	105.00 / 141.00 / 198.00	90.00 / 199.00 / 296.00	128.00 / 210.00 / 285.00	164.00 / 195.00 / 236.00	1E1 / TEM / TEM	Ilmenau	111,4
Teufelsbrück km 630,1	89.00 / 140.00 / 188.00	78.00 / 139.00 / 218.00	70.00 / 195.00 / 332.00	112.00 / 202.00 / 324.00	149.00 / 189.00 / 262.00	1E7 / 1E7 / 1E7		44,2
Steindeich km 666,5	86.00 / 136.00 / 287.00	64.00 / 175.00 / 326.00	72.00 / 239.00 / 679.00	81.00 / 247.00 / 557.00	145.00 / 223.00 / 369.00	1E7 / 1E7 / 1E7		36,4

Ems							Nebenflüsse	ΔKM
Meßstelle	1980	1981	1982	1983	1984	Meßart		
Herbrum km 286,0	96.00 / 140.00 / 190.00	74.00 / 168.00 / 280.00	98.00 / 217.00 / 380.00	120.00 / 221.00 / 420.00	100.00 / 136.00 / 240.00	1EM / 1EM	Hase	286,0

Donau							Nebenflüsse	ΔKM
Meßstelle	1980	1981	1982	1983	1984	Meßart		
Leipheim km 21,0	12.50 / 22.20 / 37.50	12.50 / 23.00 / 43.00	12.50 / 21.80 / 28.50	13.00 / 22.40 / 35.00	13.50 / 25.30 / 41.50	1E14	Iller / Lech / Altmühl / Naab / Regen	ca. 182
Pfatterbrücke km 236,1	12.00 / 20.00 / 31.00	8.00 / 11.00 / 38.00	12.00 / 19.40 / 27.00	–	–	1EM		206,0
Jochenstein km 220,3	10.00 / 17.30 / 28.00	11.00 / 18.00 / 29.00	9.60 / 18.30 / 41.00	–	–	1E14	Isar, Inn	158,0

Legende

Flußname							Nebenflüsse	KM
	1980	1981	1982	1983	1984	Meßart	Zufluß zwischen Quelle und Meßstelle X	km zwischen Quelle und Meßstelle X
Meßstelle X Flußkilometer	Jahresniedrigstwert / Jahresmittelwert / Jahreshöchstwert							
Meßstelle Y Flußkilometer	Jahresniedrigstwert / Jahresmittelwert / Jahreshöchstwert						Zufluß zwischen Meßstelle X u. Meßstelle Y	km zwischen Meßstelle X u. Meßstelle Y

Quelle: Bundesanstalt für Gewässerkunde

Wasser

Sauerstoffgehalte ausgewählter Fließgewässer (O₂ in mg/l)

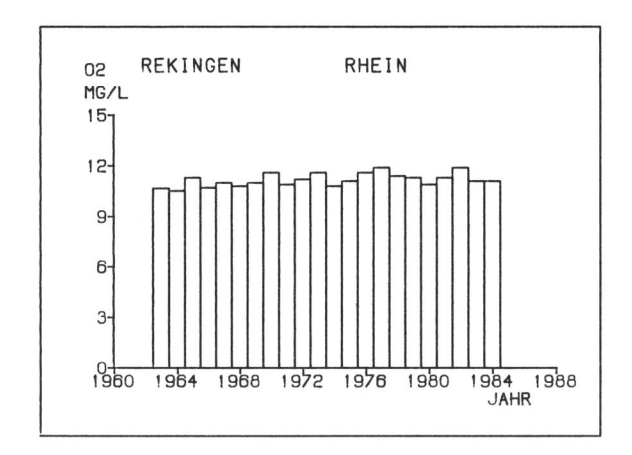

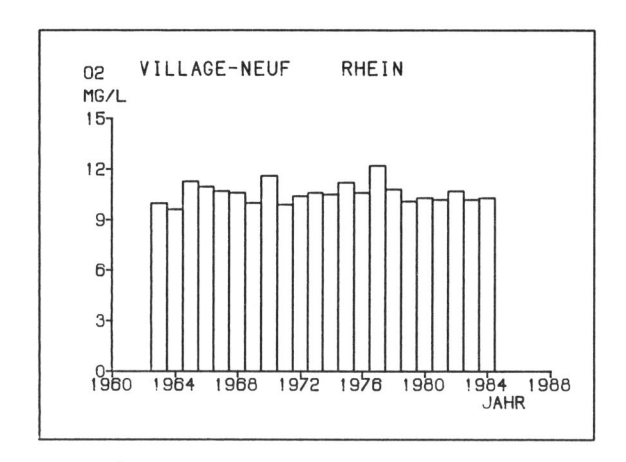

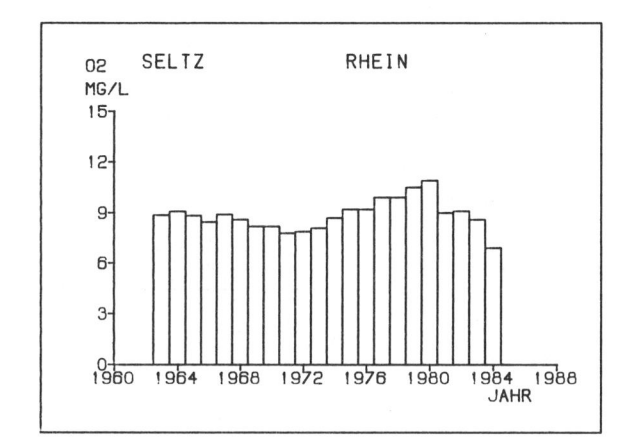

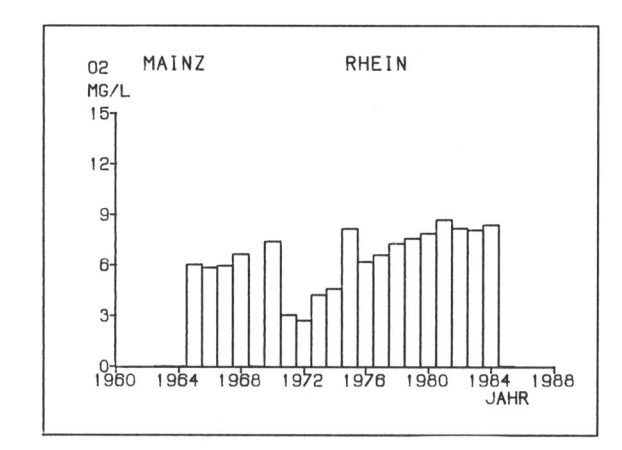

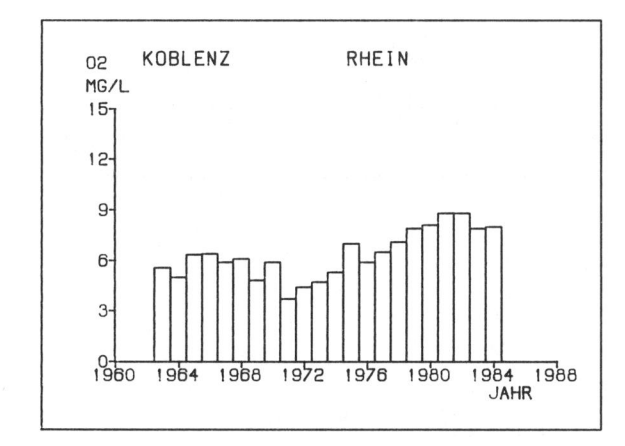

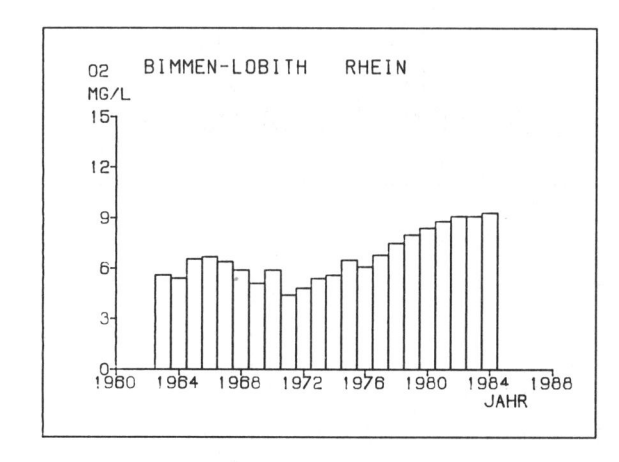

Quelle: Bundesanstalt für Gewässerkunde

Wasser

Sauerstoffgehalte ausgewählter Fließgewässer (O₂ in mg/l)

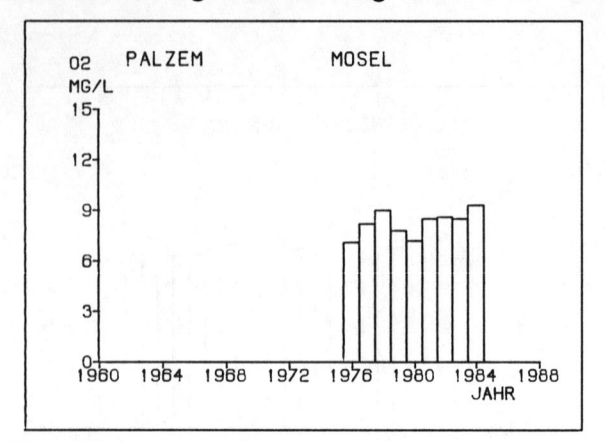

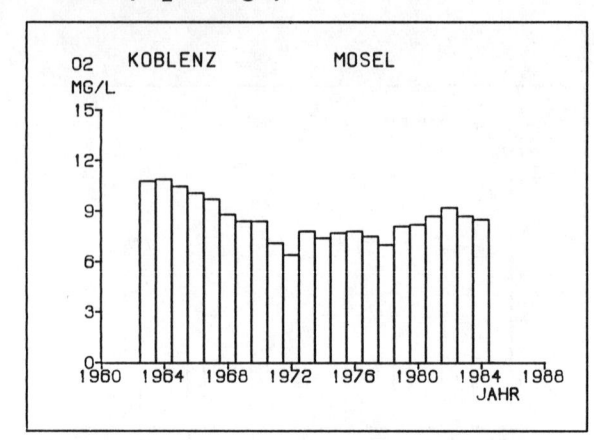

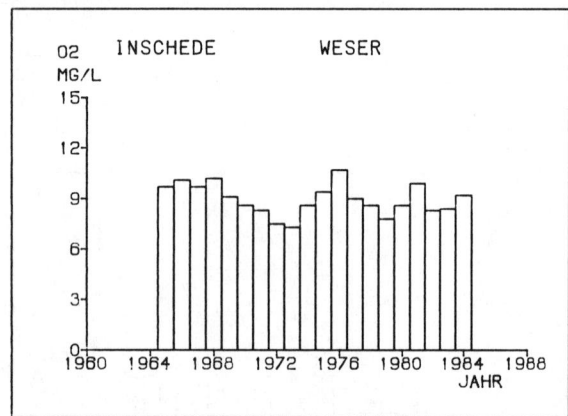

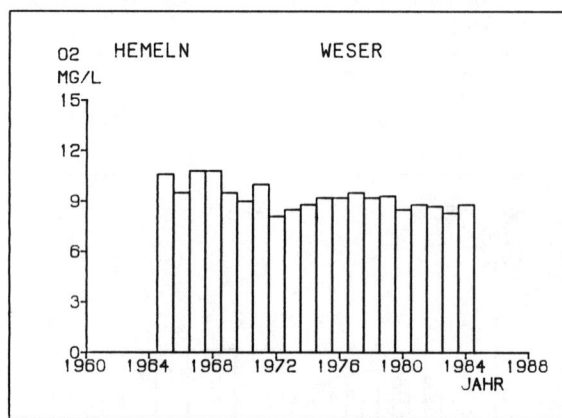

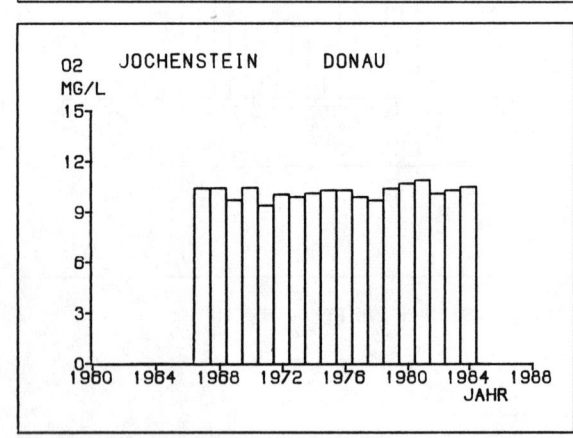

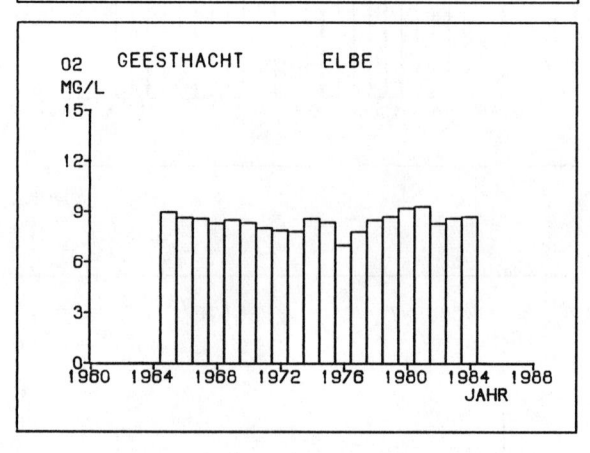

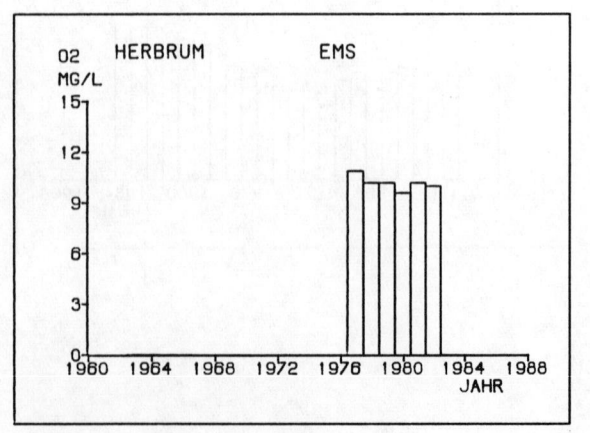

Quelle: Bundesanstalt für Gewässerkunde

Wasser

Gewässergüte an ausgewählten Fließgewässern
Jahresmittelwerte 1980–1984
des Sauerstoffgehalts (O) in mg/l

Rhein

Meßstelle	1980	1981	1982	1983	1984	Meßart	Nebenflüsse	ΔKM
Öhningen km 22,9	8.30 / 11.40 / 15.00	7.80 / 11.50 / 14.60	9.60 / 11.60 / 14.40	8.10 / 11.10 / 13.70	6.40 / 11.30 / 14.00	1E14 / 1E14 / 14K14		ca. 228 / 67,8
Rekingen km 90,7	9.00 / 10.90 / 12.40	9.10 / 11.30 / 13.40	9.40 / 11.90 / 14.00	8.30 / 11.10 / 13.50	8.30 / 11.30 / 13.40	14K14 / 14K14 / 14K14	Aare	83,3
Village-Neuf km 174,0	7.30 / 10.30 / 12.10	8.20 / 10.20 / 13.30	8.10 / 10.70 / 13.40	7.00 / 10.20 / 12.10	8.20 / 10.30 / 12.20			74,9
Weisweil km 248,9	7.90 / 10.70 / 13.00	8.30 / 11.00 / 13.30	7.90 / 10.80 / 14.10	7.30 / 10.30 / 13.10	7.40 / 10.40 / 13.10	1E14 / 1E14 / 1E14		86,8
Seltz km 335,7	6.80 / 10.90 / 18.40	4.90 / 9.00 / 12.80	5.40 / 9.10 / 11.80	4.80 / 8.60 / 12.30	5.20 / 6.90 / 9.70	1E14 / 1E14 / 1E14		26,6
Maxau km 362,3	5.50 / 8.50 / 11.10	6.30 / 8.40 / 11.00	7.60 / 9.50 / 14.90	6.70 / 8.40 / 12.30	6.10 / 8.90 / 10.30	14K14 / 14K14 / 14K14	Neckar / Main	136,2
Mainz km 498,5	5.30 / 8.00 / 10.40	5.60 / 8.60 / 11.70	4.90 / 8.20 / 12.70	5.30 / 8.00 / 10.80	6.40 / 8.40 / 11.30	1E14 / 1E14 / 1E14	Nahe / Lahn	91,8
Koblenz km 590,3	6.30 / 8.10 / 10.70	6.80 / 8.80 / 12.20	8.30 / 8.80 / 11.40	5.70 / 7.90 / 10.80	5.40 / 7.80 / 11.00	14K14 / 14K14 / 14K14	Mosel	49,7
Bad Honnef km 640,0	6.10 / 8.30 / 10.70	6.20 / 8.70 / 11.40	6.10 / 8.60 / 12.30	6.20 / 8.30 / 10.50	7.00 / 8.50 / 10.90	14K14 / 14K14 / 14K14	Sieg	89,0
Düsseldorf km 720,0	–	–	–	–	–		Erft / Ruhr / Lippe	136,0
Kleve-Bimmen km 865,0	7.00 / 9.00 / 10.80	6.30 / 9.30 / 11.40	6.70 / 9.30 / 12.70	6.90 / 9.10 / 11.30	7.10 / 9.50 / 11.80	14K14 / 14K14 / 14K14		

Mosel

Meßstelle	1980	1981	1982	1983	1984	Meßart	Nebenflüsse	ΔKM
Palzem km 230,0	5.30 / 7.30 / 8.90	5.80 / 8.50 / 10.90	5.90 / 8.70 / 11.00	3.60 / 8.40 / 10.50	4.80 / 9.30 / 12.00	14K14 / 14K14 / 14K14		ca. 315 / 17,0
Grevenmacher km 213,0	6.50 / 9.30 / 12.20	6.40 / 9.40 / 11.70	6.00 / 10.00 / 12.30	8.10 / 9.90 / 12.00	5.30 / 9.70 / 14.20	1EM / 1EM / 1EM	Sauer / Saar	45,2
Detzem km 167,8	4.80 / 8.60 / 12.20	4.50 / 9.10 / 12.70	4.50 / 9.20 / 14.30	6.10 / 9.60 / 12.40	3.10 / 8.70 / 11.40	1EM / 1EM / 1EM		79,3
Zell km 88,5	4.40 / 9.00 / 12.80	4.60 / 9.00 / 13.00	4.40 / 9.40 / 15.00	4.80 / 9.70 / 13.00	4.70 / 9.00 / 13.10	1EM / 1EM / 1EM		86,5
Koblenz km 2,0	4.40 / 8.20 / 11.70	5.00 / 8.70 / 12.60	6.50 / 9.20 / 12.50	4.10 / 8.70 / 12.00	3.60 / 8.50 / 12.80	14K14 / 14K14 / 14K14		

Saar

Meßstelle	1980	1981	1982	1983	1984	Meßart	Nebenflüsse	ΔKM
Güdingen km ca. 92	6.60 / 9.00 / 12.50	3.00 / 7.00 / 10.80	6.60 / 9.30 / 14.50	7.50 / 9.60 / 11.50	6.50 / 9.60 / 12.50			ca. 138 / 23,0
Bous km ca. 69	3.90 / 7.30 / 10.50	3.50 / 7.90 / 11.50	2.20 / 6.30 / 10.20	2.90 / 6.60 / 11.00	2.80 / 7.80 / 11.50	1EM / 1EM / 1EM		20,0
Fremersdorf km ca. 49	5.10 / 7.30 / 10.00	4.80 / 8.00 / 11.50	4.10 / 7.40 / 10.70	3.80 / 7.60 / 10.80	3.90 / 7.80 / 10.60	1EM / 1EM / 1EM		34,0
Serrig km ca. 15	5.10 / 7.30 / 10.00	4.80 / 8.00 / 11.50	4.10 / 7.40 / 10.70	3.80 / 7.60 / 10.80	3.90 / 7.90 / 10.60	1EM / 1EM / 1EM		

Neckar

Meßstelle	1980	1981	1982	1983	1984	Meßart	Nebenflüsse	ΔKM
Neckartailfingen km 218,0	8.40 / 10.70 / 12.50	8.20 / 10.50 / 12.40	7.00 / 10.10 / 11.90	6.50 / 10.00 / 12.50	8.40 / 10.30 / 12.80	1EM / 1EM / 1EM		ca. 149 / 34,5
Stuttgart km 183,5	8.10 / 10.30 / 16.30	6.30 / 10.20 / 13.90	6.60 / 10.20 / 15.00	7.50 / 10.40 / 12.80	7.60 / 10.40 / 13.20	1E14 / 1E14 / 1E14		18,7
Poppenweiler km 164,8	1.00 / 7.50 / 11.60	2.00 / 8.30 / 12.40	3.60 / 8.10 / 13.40	– / 8.20 / –	4.60 / 8.20 / 12.80	1E14 / 1E14 / 1E14	Enz / Kocher / Jagst	51,7
Heilbronn km 113,1	4.20 / 7.70 / 11.60	3.80 / 8.00 / 12.50	4.30 / 8.20 / 13.30	4.60 / 8.60 / 11.70	5.30 / 8.20 / 13.10	1E14 / 1E14 / 1E14		109,9
Mannheim km 3,2	6.40 / 8.40 / 12.00	5.30 / 8.70 / 12.00	6.30 / 9.40 / 12.50	1.10 / 9.30 / 11.80	7.40 / 9.30 / 11.80	14K14 / 14K14 / 14K14		

Main

Meßstelle	1980	1981	1982	1983	1984	Meßart	Nebenflüsse	KM
Mainburg km 336,7	4.10 / 8.70 / 12.80	3.70 / 9.00 / 12.70	2.70 / 9.10 / 14.20	5.00 / 9.30 / 12.40	5.60 / 9.30 / 13.40	1E14 / 1E14 / 1E14	Regnitz / Fränk. Saale	ca. 187 / 125,7
Gemünden km 211,0	4.40 / 8.70 / 12.90	5.70 / 9.60 / 14.00	5.50 / 9.30 / 13.80	5.90 / 9.10 / 13.10	4.70 / 9.30 / 13.80	1E14 / 1E14 / 1E14	Tauber	144,0
Kahl km 67,0	6.20 / 9.00 / 12.80	6.10 / 10.40 / 15.10	3.70 / 9.50 / 14.20	4.10 / 8.60 / 12.30	4.60 / 9.30 / 13.40	14K14 / 14K14 / 14K14	Nidda	40,0
Griessheim km 27,0	6.10 / 9.60 / 14.30	6.50 / 11.70 / 19.20	7.90 / 11.70 / 15.40	7.30 / 10.40 / 15.20	7.40 / 10.50 / 14.20	1E14 / 1E14 / 1E14		23,8
Kostheim km 3,2	2.40 / 6.70 / 11.00	3.80 / 8.10 / 14.00	2.00 / 7.20 / 11.80	3.00 / 6.90 / 10.40	6.30 / 8.60 / 10.80	14K14 / 14K14 / 14K14		

Weser

Meßstelle	1980	1981	1982	1983	1984	Meßart	Nebenflüsse	ΔKM
Hemeln km 11,7	5.50 / 8.50 / 11.80	5.20 / 5.80 / 13.20	5.20 / 8.70 / 12.40	4.60 / 8.30 / 11.30	5.90 / 8.70 / 13.00	14K14 / 14K14 / 14K14	Fulda / Werra	ca. 105 / 54,1
Boffzen km 65,8	6.70 / 9.00 / 11.50	6.70 / 9.20 / 12.30	6.80 / 9.80 / 13.10	7.50 / 9.20 / 12.50	7.00 / 9.00 / 11.70	1E14 / 1E14 / 1E14		54,1
Hajen km 119,9	6.20 / 8.80 / 10.60	7.60 / 9.50 / 12.20	7.40 / 9.70 / 12.90	8.00 / 9.50 / 12.20	7.70 / 9.30 / 11.70	1E14 / 1E14 / 1E14		26,6
Hess. Oldendorf km 146,5	6.50 / 9.10 / 11.50	7.40 / 10.00 / 12.80	7.80 / 11.00 / 12.80	8.40 / 10.10 / 11.70	8.10 / 10.00 / 11.80	1E14 / 14K14 / 14K14		51,9
Porta km 198,4	7.10 / 10.40 / 15.20	5.70 / 10.00 / 15.00	8.30 / 10.20 / 12.20	8.30 / 9.40 / 11.00	8.10 / 9.70 / 11.40	1E14 / 1E14 / 1E14		14,6
Petershagen km 213,0	7.30 / 10.00 / 12.00	5.70 / 9.50 / 14.50	7.40 / 9.70 / 11.80	5.00 / 8.80 / 12.00	7.00 / 9.30 / 11.90	1E14 / 1E14 / 1E14		64,6
Drakenburg km 277,6	6.10 / 12.80	7.10 / 9.90 / 13.10	2.30 / 8.20 / 11.80	4.20 / 8.20 / 13.00	4.30 / 9.40 / 11.90	1E14 / 14K14 / 14K14	Aller	52,1
Intschede km 329,7	4.90 / 8.60 / 12.30	6.90 / 9.90 / 13.20	4.30 / 8.30 / 12.00	5.00 / 8.40 / 11.40	5.50 / 9.10 / 11.40	1E14 / 14K14 / 14K14		31,4
Hemelingen km 361,1	5.90 / 11.80 / 14.10	7.10 / 9.70 / 11.80	2.90 / 8.00 / 11.80	4.40 / 8.30 / 11.00	5.50 / 9.10 / 12.10	1E14 / 14K14 / 14K14	Lesum / Wuemme	43,8
Brake km 38,1	4.00 / 7.50 / 10.40	4.50 / 8.50 / 12.50	3.40 / 7.50 / 12.90	4.50 / 8.10 / 12.00	5.50 / 8.50 / 11.60	14K14 / 14M14		

Fulda

Meßstelle	1980	1981	1982	1983	1984	Meßart	Nebenflüsse	ΔKM
Wahnhausen km 93,5	7.60 / 10.80 / 16.20	7.10 / 10.70 / 14.30	6.80 / 9.90 / 13.20	7.50 / 10.80 / 12.80	7.40 / 9.60 / 12.40	1E14 / 1E14 / 1E14		ca. 124

Werra

Meßstelle	1980	1981	1982	1983	1984	Meßart	Nebenflüsse	ΔKM
Letzter Heller km 83,9	5.70 / 9.30 / 12.70	7.90 / 9.80 / 12.20	7.60 / 11.10 / 14.60	9.10 / 11.10 / 14.20	7.70 / 10.20 / 13.60	1E14 / 1E14 / 1E14		ca. 215

Elbe

Meßstelle	1980	1981	1982	1983	1984	Meßart	Nebenflüsse	ΔKM
Schnakenburg km 474,5	4.50 / 6.60 / 8.50	4.10 / 6.50 / 9.50	2.60 / 5.50 / 9.00	1.90 / 4.90 / 8.40	3.90 / 5.50 / 7.90	TKM / 1K1 / TKM	Jeetzel	938,0 / 111,4
Geesthacht km 585,9	6.40 / 8.50 / 10.40	6.50 / 8.70 / 10.90	5.10 / 8.60 / 10.20	4.60 / 6.80 / 8.30	5.50 / 7.00 / 8.90	TKM / 1K1 / TKM	Ilmenau	44,2
Teufelsbrück km 630,1	2.90 / 8.60 / 12.00	1.10 / 8.50 / 12.40	2.20 / 7.50 / 12.20	1.50 / 7.30 / 13.60	1.20 / 7.50 / 12.10	1E7 / 1E7 / 1E7		36,4
Steindeich km 666,5	4.20 / 9.90 / 13.10	4.50 / 9.80 / 12.90	3.00 / 8.50 / 13.20	4.80 / 8.50 / 12.50	2.10 / 8.10 / 11.90	1E7 / 1E7 / 1E7		

Ems

Meßstelle	1980	1981	1982	1983	1984	Meßart	Nebenflüsse	ΔKM
Herbrum km 286,0	7.00 / 10.10 / 12.40	8.00 / 9.30 / 11.50	7.30 / 10.70 / 13.20	5.40 / 9.20 / 12.60	7.50 / 9.50 / 12.90		Hase	286,0

Donau

Meßstelle	1980	1981	1982	1983	1984	Meßart	Nebenflüsse	ΔKM
Leipheim km 21,0	6.20 / 9.60 / 12.10	6.10 / 9.70 / 12.50	7.00 / 9.90 / 12.80	8.10 / 10.30 / 12.00	7.90 / 9.40 / 11.10		Iller / Lech / Altmühl / Naab / Regen	ca. 182 / 206,0
Pfatterbrücke km 236,1	9.30 / 10.80 / 12.40	8.30 / 11.20 / 13.20	7.90 / 11.10 / 14.20	–	–		Isar, Inn	158,0
Jochenstein km 220,3	8.50 / 10.60 / 12.10	9.00 / 10.80 / 12.40	8.70 / 10.80 / 13.20	–	–			

Legende

Flußname	1980	1981	1982	1983	1984	Meßart	Nebenflüsse	KM
Meßstelle X / Flußkilometer	Jahresniedrigstwert / Jahresmittelwert / Jahreshöchstwert						Zufluß zwischen Quelle und Meßstelle X	km zwischen Quelle und Meßstelle X
Meßstelle Y / Flußkilometer	Jahresniedrigstwert / Jahresmittelwert / Jahreshöchstwert						Zufluß zwischen Meßstelle X u. Meßstelle Y	km zwischen Meßstelle X u. Meßstelle Y

Quelle: Bundesanstalt für Gewässerkunde

Wasser

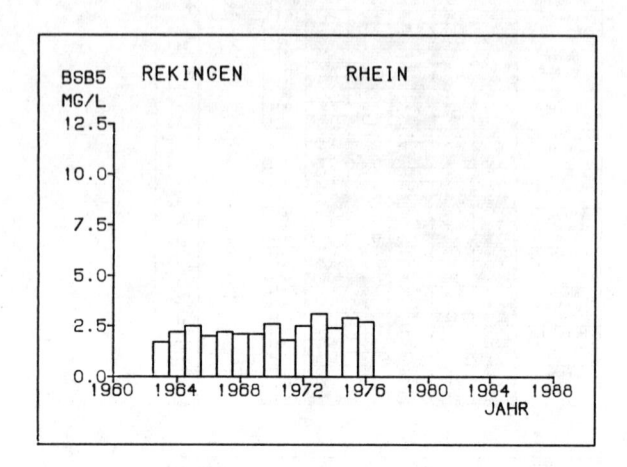

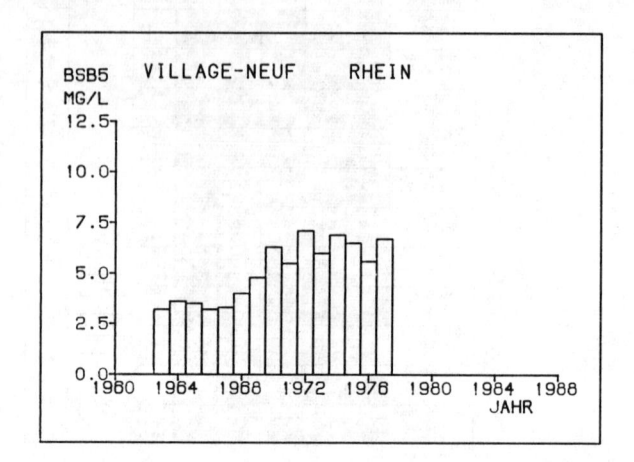

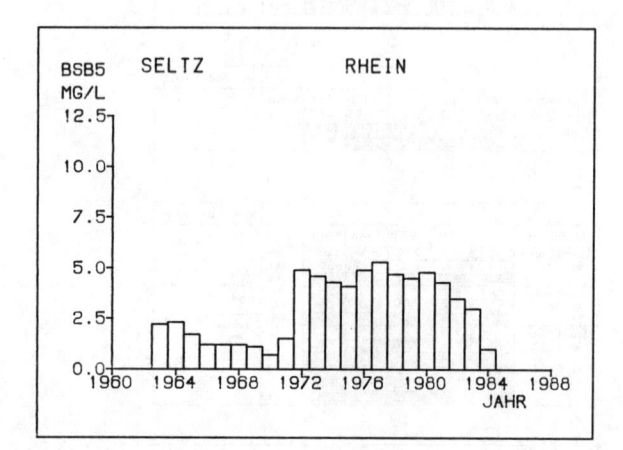

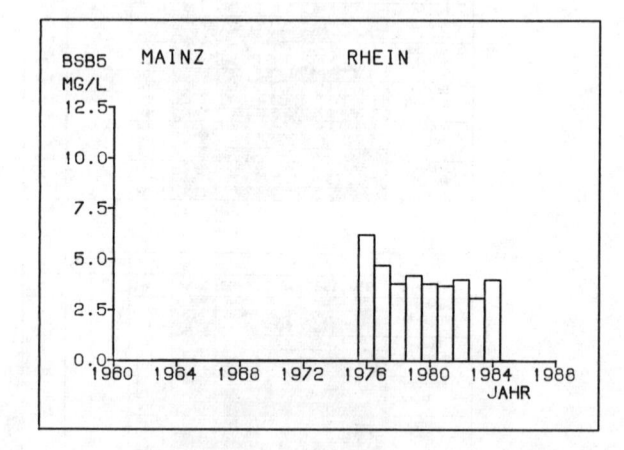

Biochemischer Sauerstoffbedarf nach 5 Tagen von ausgewählten Fließgewässern (BSB_5 in mg/l)

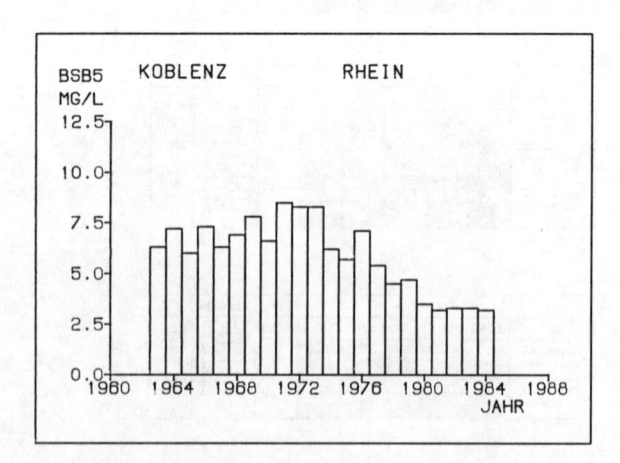

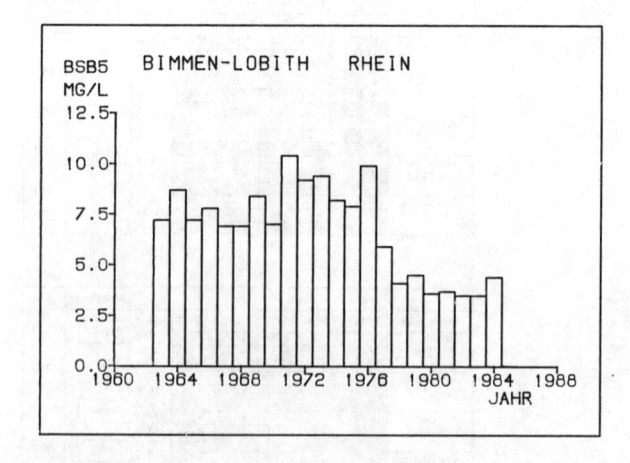

Quelle: Bundesanstalt für Gewässerkunde

Wasser

Biochemischer Sauerstoffbedarf nach 5 Tagen in ausgewählten Fließgewässern (BSB_5 in mg/l)

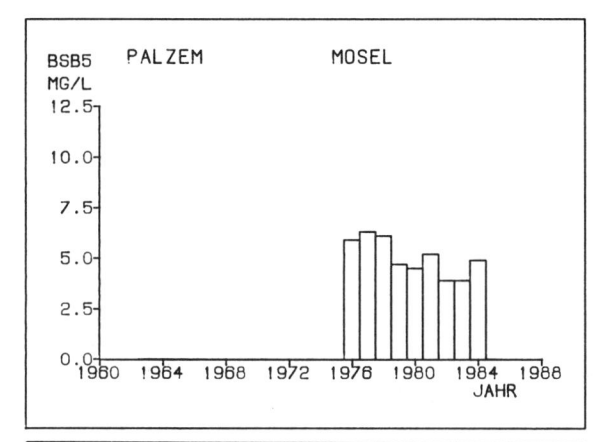

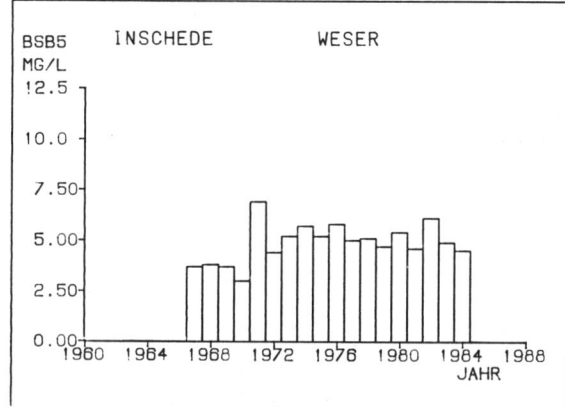

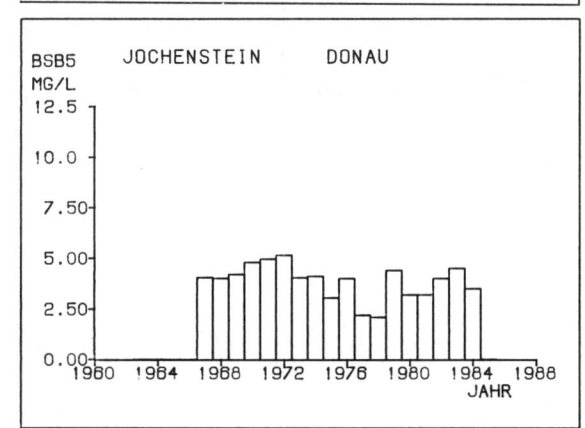

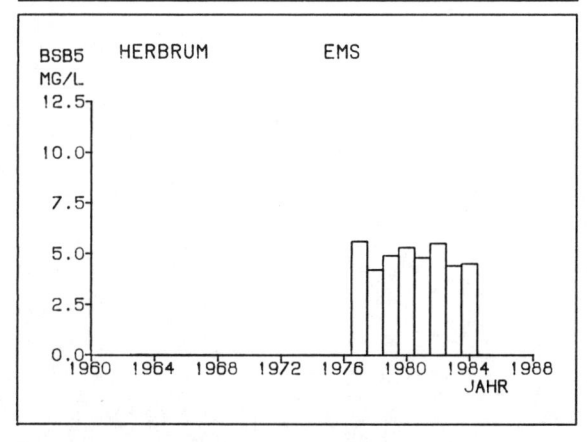

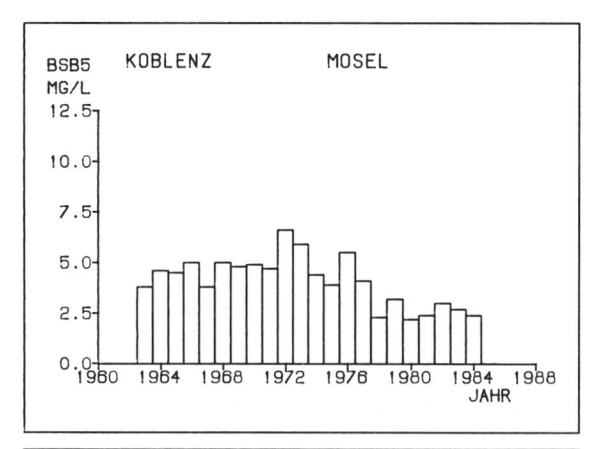

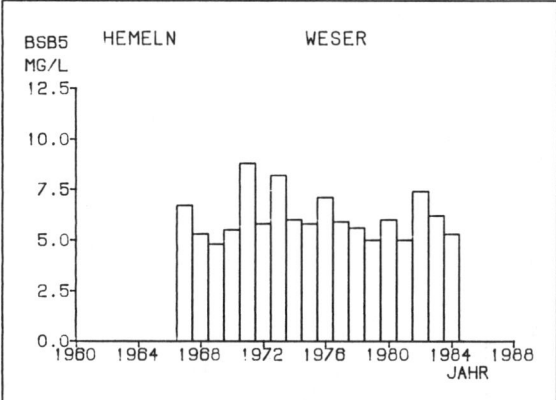

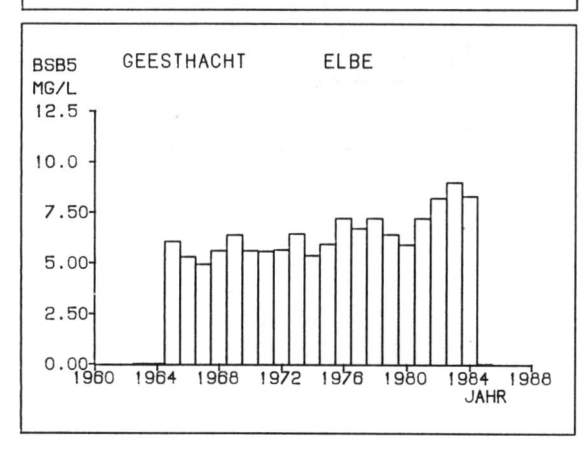

Quelle: Bundesanstalt für Gewässerkunde

Wasser

Phosphorgehalte ausgewählter Fließgewässer (PO_4 in mg/l)

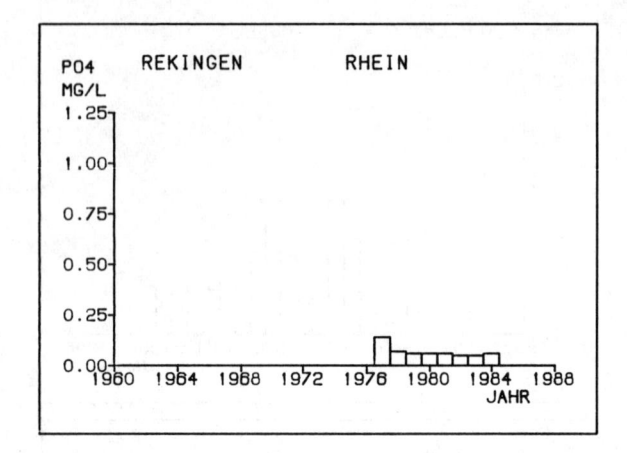

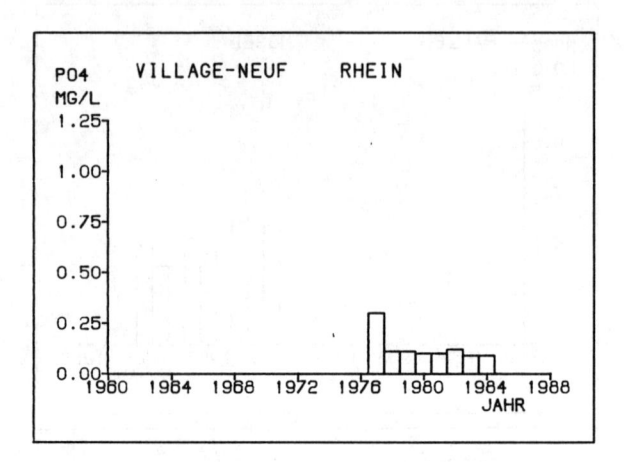

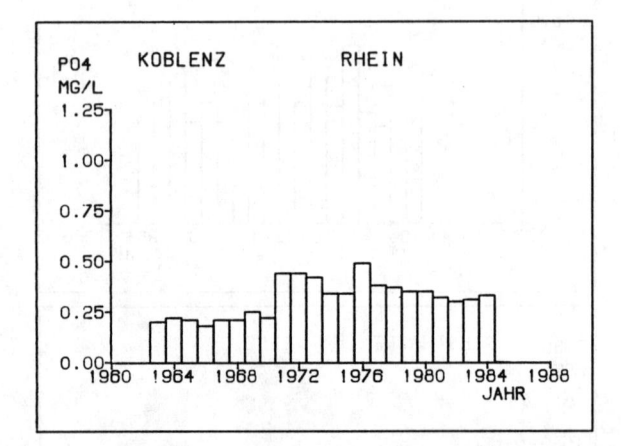

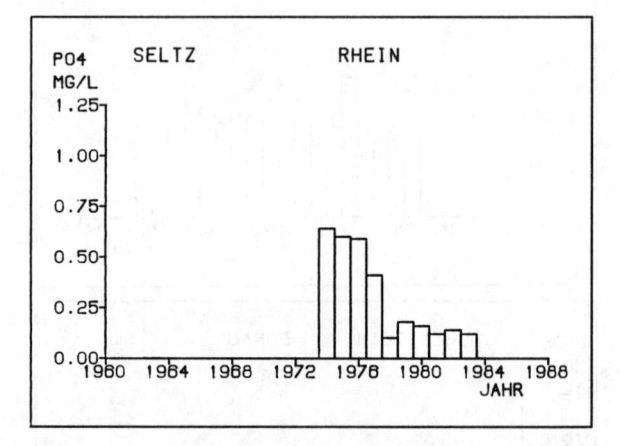

Quelle: Bundesanstalt für Gewässerkunde

Wasser

Phosphorgehalte ausgewählter Fließgewässer (PO_4 in mg/l)

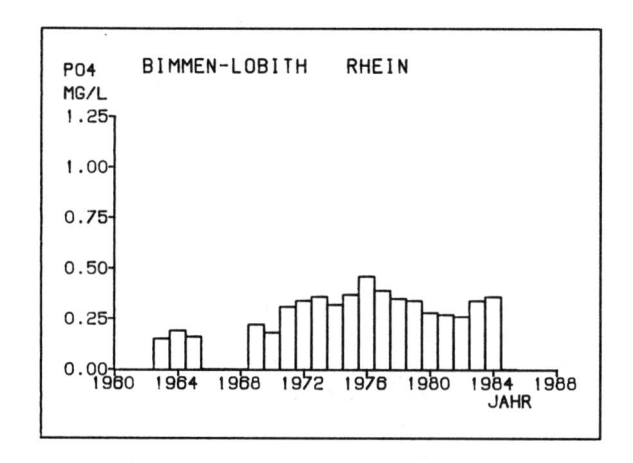

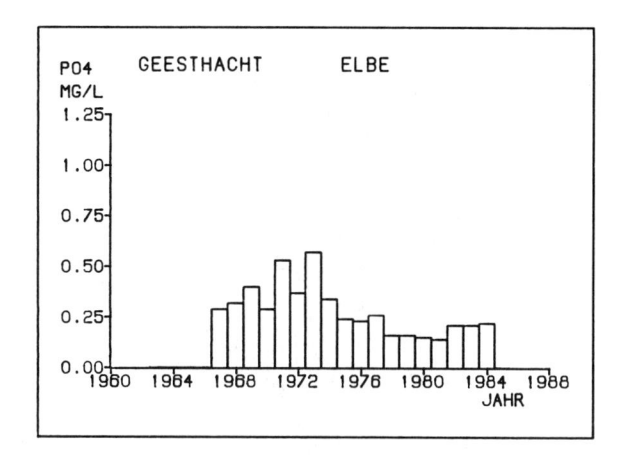

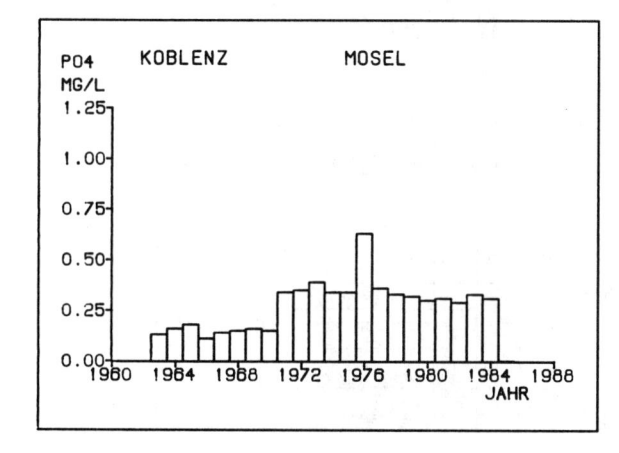

Quelle: Bundesanstalt für Gewässerkunde

Wasser

Gewässergüte an ausgewählten Fließgewässern
Jahresmittelwerte 1980–1984
des Orthophosphat-Phosphorgehalts (PO4–P) in mg/l

Rhein

Meßstelle	1980	1981	1982	1983	1984	Meßart	Nebenflüsse	ΔKM
Öhningen km 22,9	0.01 / 0.04 / 0.06	0.01 / 0.04 / 0.10	0.01 / 0.04 / 0.13	0.03 / 0.05 / 0.10	0.10 / 0.10 / 0.10	14M14		ca. 228
Rekingen km 90,7	0.02 / 0.06 / 0.12	0.02 / 0.06 / 0.11	0.02 / 0.05 / 0.10	0.01 / 0.05 / 0.12	0.02 / 0.06 / 0.10	14M14	Aare	67,8 / 83,3
Village-Neuf km 174,0	0.03 / 0.10 / 0.16	0.04 / 0.12 / 0.18	0.05 / 0.09 / 0.48	0.03 / 0.09 / 0.14	0.05 / 0.09 / 0.14	14M14		74,9
Weisweil km 248,9	0.04 / 0.09 / 0.15	0.05 / 0.09 / 0.12	0.02 / 0.07 / 0.13	0.03 / 0.09 / 0.12	0.10 / 0.10 / 0.13	14M14		86,8
Seltz km 335,7	0.06 / 0.16 / 0.48	0.04 / 0.12 / 0.30	0.03 / 0.14 / 0.43	0.05 / 0.12 / 0.25	– / – / –	14M14		26,6
Maxau km 362,3	0.07 / 0.11 / 0.17	0.06 / 0.10 / 0.14	0.03 / 0.08 / 0.12	0.04 / 0.07 / 0.13	0.10 / 0.10 / 0.13	14M14	Neckar Main	136,2
Mainz km 498,5	0.16 / 0.33 / 0.45	0.09 / 0.15 / 0.22	0.09 / 0.14 / 0.18	0.07 / 0.14 / 0.25	0.05 / 0.17 / 0.24	14M14	Nahe Lahn	91,8
Koblenz km 590,3	0.21 / 0.33 / 0.50	0.12 / 0.25 / 0.37	0.13 / 0.23 / 0.31	0.11 / 0.28 / 0.50	0.20 / 0.30 / 0.41	14M14	Mosel	49,7
Bad Honnef km 640,0	0.10 / 0.25 / 0.50	0.10 / 0.24 / 0.40	0.06 / 0.36 / 1.21	0.10 / 0.29 / 0.77	0.11 / 0.24 / 0.36	14M14	Sieg	89,0
Düsseldorf km 720,0	–	–	–	–	–	14M14	Erft Ruhr Lippe	136,0
Kleve-Bimmen km 865,0	0.10 / 0.22 / 0.40	0.10 / 0.24 / 0.42	0.09 / 0.23 / 0.63	0.14 / 0.37 / 0.72	0.17 / 0.34 / 0.51	14M14		

Mosel

Meßstelle	1980	1981	1982	1983	1984	Meßart	Nebenflüsse	ΔKM
Palzem km 230,0	0.04 / 0.13 / 0.23	0.02 / 0.15 / 0.25	0.04 / 0.12 / 0.26	0.02 / 0.09 / 0.27	0.02 / 0.14 / 0.30	14M14		ca. 315
Grevenmacher km 213,0	0.22 / 0.41 / 0.51	–	–	–	–	1EM	Sauer Saar	17,0 / 45,2
Detzem km 167,8	0.05 / 0.24 / 0.44	0.09 / 0.21 / 0.42	0.06 / 0.17 / 0.29	0.03 / 0.19 / 0.40	0.12 / 0.20 / 0.29	1EM		79,3
Zell km 88,5	0.10 / 0.27 / 0.49	0.09 / 0.21 / 0.42	0.08 / 0.21 / 0.31	0.14 / 0.22 / 0.40	0.04 / 0.19 / 0.25	1EM		86,5
Koblenz km 2,0	0.15 / 0.28 / 0.50	0.13 / 0.27 / 0.48	0.11 / 0.26 / 0.49	0.08 / 0.31 / 0.68	0.11 / 0.28 / 0.56	14M14		

Saar

Meßstelle	1980	1981	1982	1983	1984	Meßart	Nebenflüsse	ΔKM
Güdingen km ca. 92	0.13 / 0.41 / 0.82	0.13 / 0.28 / 0.56	0.11 / 0.42 / 0.97	0.16 / 0.56 / 1.30	0.13 / 0.48 / 0.83	14M14		ca. 138
Bous km ca. 69	0.18 / 0.73 / 1.33	0.18 / 0.55 / 1.60	0.23 / 0.77 / 1.30	0.15 / 0.81 / 1.50	0.26 / 0.81 / 1.35	1EM		23,0
Fremersdorf km ca. 49	0.12 / 0.63 / 1.12	0.15 / 0.43 / 0.94	0.20 / 0.68 / 1.30	0.13 / 0.70 / 1.40	0.25 / 0.65 / 1.22	1EM		20,0
Serrig km ca. 15	–	–	–	–	–	–		34,0

Neckar

Meßstelle	1980	1981	1982	1983	1984	Meßart	Nebenflüsse	ΔKM
Neckartailfingen km 218,0	–	0.33 / 0.59 / 0.81	0.38 / 0.59 / 0.87	–	0.54 / 0.81 / 1.17	1EM		ca. 149
Stuttgart km 183,5	–	0.21 / 0.52 / 0.81	0.35 / 0.57 / 0.72	–	–	1EM		34,5 / 18,7
Poppenweiler km 164,8	–	–	–	–	–		Enz Kocher Jagst	51,7
Heilbronn km 113,1	–	–	–	–	–			109,9
Mannheim km 3,2	0.17 / 0.72 / 1.19	0.15 / 0.60 / 1.38	0.20 / 0.54 / 0.92	0.20 / 0.59 / 1.40	0.19 / 0.55 / 0.85	14M14		

Main

Meßstelle	1980	1981	1982	1983	1984	Meßart	Nebenflüsse	KM
Mainburg km 336,7	–	–	–	–	–		Regnitz	ca. 187
Gemünden km 211,0	–	–	–	–	–		Fränk. Saale	125,7
Kahl km 67,0	0.18 / 0.56 / 1.10	0.18 / 0.46 / 0.76	0.18 / 0.49 / 0.85	0.22 / 0.52 / 0.96	0.26 / 0.48 / 0.75	14M14	Tauber	144,0
Griessheim km 27,0	–	–	–	–	–	14M14	Nidda	40,0
Kostheim km 3,2	0.34 / 0.54 / 0.85	0.28 / 0.47 / 0.98	0.13 / 0.49 / 0.89	0.18 / 0.50 / 1.11	0.17 / 0.51 / 0.86	14M14		23,8

Weser

Meßstelle	1980	1981	1982	1983	1984	Meßart	Nebenflüsse	ΔKM
Hemeln km 11,7	–	–	–	–	–		Fulda Werra	ca. 105 / 54,1
Boffzen km 65,8	–	–	–	–	–			54,1
Hajen km 119,9	–	–	–	–	–			26,6
Hess. Oldendorf km 146,5	–	–	–	–	–			51,9
Porta km 198,4	–	–	0.10 / 0.27 / 0.81	0.11 / 0.50 / 1.00	0.23 / 0.43 / 0.62			14,6
Petershagen km 213,0	–	–	0.10 / 0.30 / 0.65	0.11 / 0.54 / 1.82	0.26 / 0.44 / 0.73			64,6
Drakenburg km 277,6	–	–	–	–	–		Aller	52,1
Intschede km 329,7	–	–	–	–	–			31,4
Hemelingen km 361,1	0.08 / 0.31 / 0.46	0.04 / 0.19 / 0.51	0.01 / 0.27 / 0.54	0.13 / 0.35 / 0.68	0.19 / 0.31 / 0.50	14M14	Lesum/ Wuemme	43,8
Brake km 38,1	–	–	–	–	–			

Fulda

Meßstelle	1980	1981	1982	1983	1984	Meßart	Nebenflüsse	ΔKM
Wahnhausen km 93,5	0.19 / 0.58 / 0.88	0.20 / 0.36 / 0.52	0.10 / 0.50 / 0.90	0.20 / 0.54 / 1.30	0.21 / 0.44 / 0.77	14M14		ca. 124

Werra

Meßstelle	1980	1981	1982	1983	1984	Meßart	Nebenflüsse	ΔKM
Letzter Heller km 83,9	0.09 / 0.54 / 1.36	0.04 / 0.27 / 0.65	0.10 / 0.44 / 0.90	0.10 / 0.50 / 1.10	0.19 / 0.40 / 0.62	14M14		ca. 215

Elbe

Meßstelle	1980	1981	1982	1983	1984	Meßart	Nebenflüsse	ΔKM
Schnakenburg km 474,5	–	–	0.15 / 0.30 / 0.48	0.06 / 0.32 / 0.74	0.10 / 0.37 / 0.62		Jeetzel	938,0 / 111,4
Geesthacht km 585,9	0.10 / 0.15 / 0.22	0.10 / 0.14 / 0.22	0.10 / 0.21 / 0.47	0.09 / 0.21 / 0.44	0.12 / 0.22 / 0.32	1E7	Ilmenau	44,2
Teufelsbrück km 630,1	0.10 / 0.18 / 0.37	0.10 / 0.17 / 0.38	0.10 / 0.24 / 0.48	0.09 / 0.23 / 0.47	0.13 / 0.24 / 0.34	1E7		36,4
Steindeich km 666,5	0.04 / 0.17 / 0.35	0.08 / 0.15 / 0.26	0.09 / 0.20 / 0.36	0.13 / 0.24 / 0.40	0.10 / 0.23 / 0.39	1E7		

Ems

Meßstelle	1980	1981	1982	1983	1984	Meßart	Nebenflüsse	ΔKM
Herbrum km 286,0	–	–	–	–	0.07 / 0.14 / 0.23		Hase	286,0

Donau

Meßstelle	1980	1981	1982	1983	1984	Meßart	Nebenflüsse	ΔKM
Leipheim km 21,0	–	–	–	–	–		Iller	ca. 182
Pfatterbrücke km 236,1	0.21 / 0.32 / 0.70	0.18 / 0.29 / 0.62	0.06 / 0.16 / 0.34	–	–	1EM	Lech Altmühl Naab Regen	206,0 / 158,0
Jochenstein km 220,3	0.06 / 0.18 / 0.29	0.13 / 0.26 / 0.72	0.06 / 0.14 / 0.24	–	–	1E14	Isar, Inn	

Legende

Flußname	1980	1981	1982	1983	1984	Meßart	Nebenflüsse	KM
Meßstelle X Flußkilometer	Jahresniedrigstwert / Jahresmittelwert / Jahreshöchstwert						Zufluß zwischen Quelle und Meßstelle X	km zwischen Quelle und Meßstelle X
Meßstelle Y Flußkilometer	Jahresniedrigstwert / Jahresmittelwert / Jahreshöchstwert						Zufluß zwischen Meßstelle X u. Meßstelle Y	km zwischen Meßstelle X u. Meßstelle Y

Quelle: Bundesanstalt für Gewässerkunde

Wasser

Nitratgehalte ausgewählter Fließgewässer (NO_3 in mg/l)

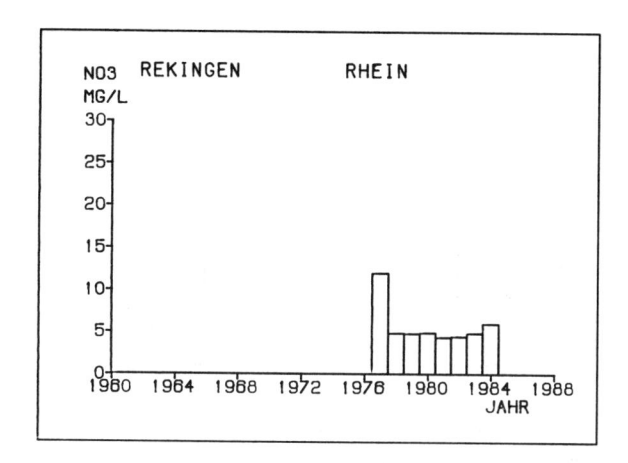

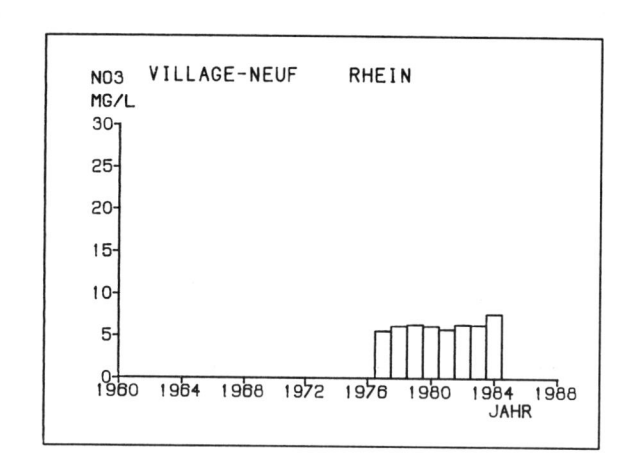

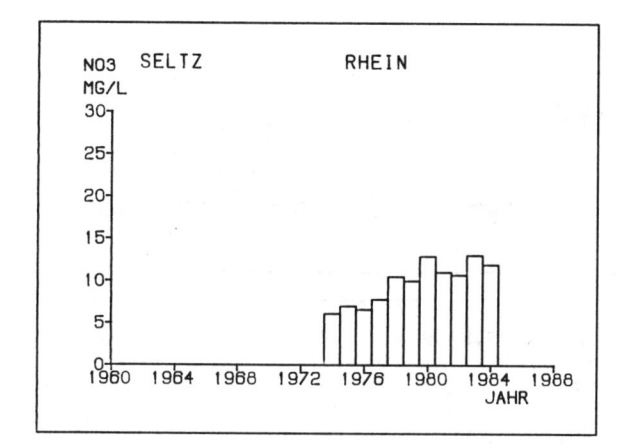

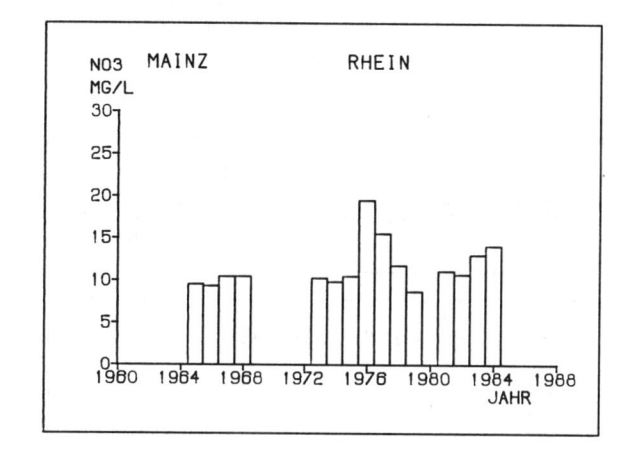

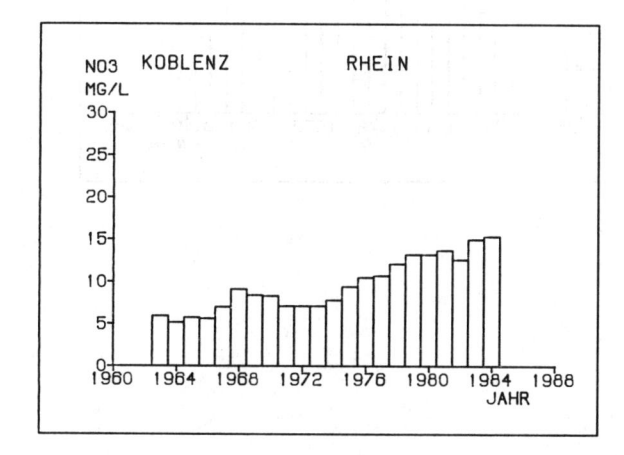

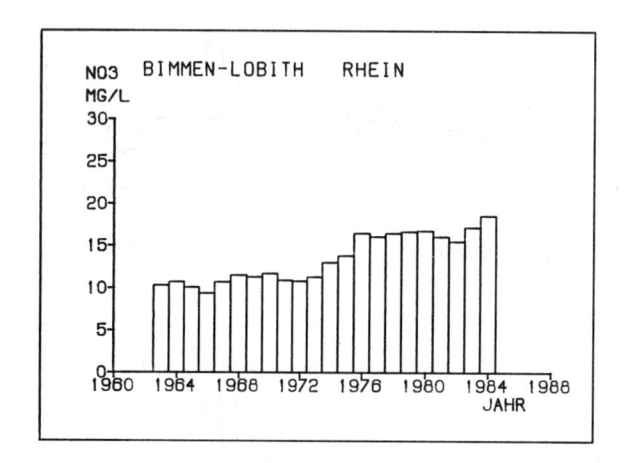

Quelle: Bundesanstalt für Gewässerkunde

Wasser

Nitratgehalte ausgewählter Fließgewässer (NO_3 in mg/l)

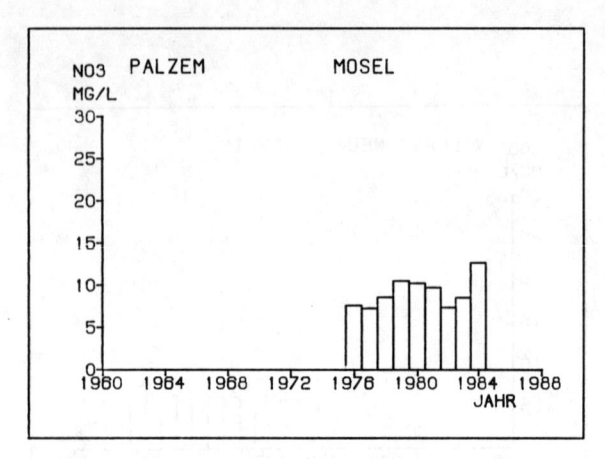

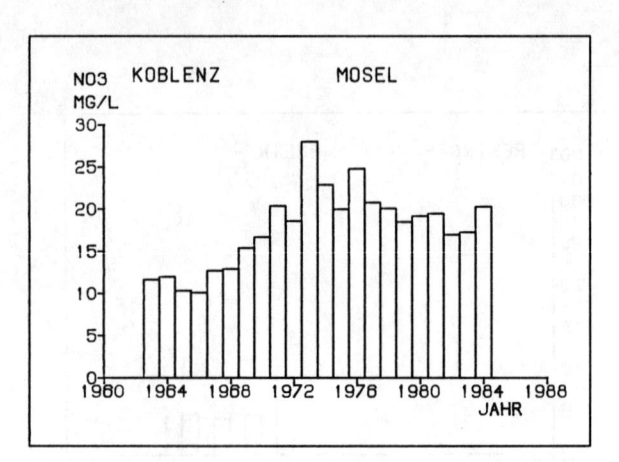

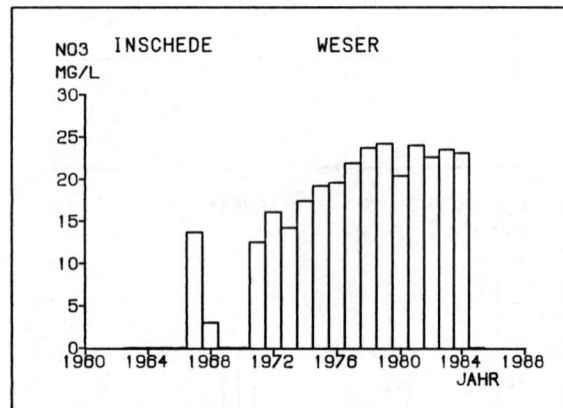

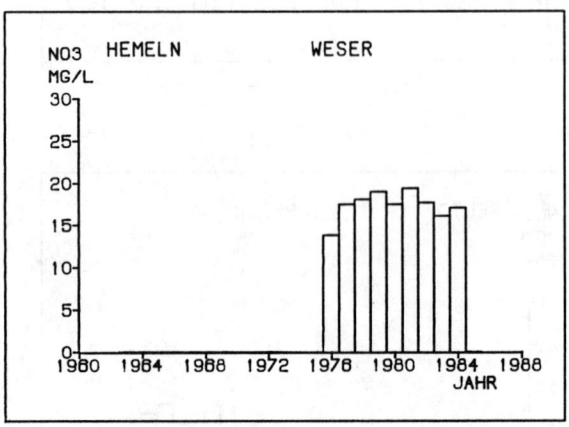

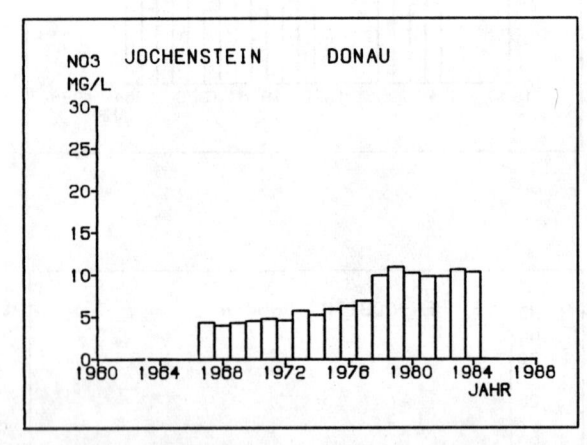

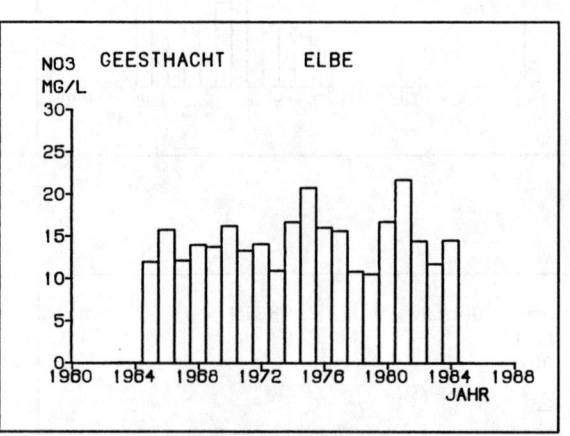

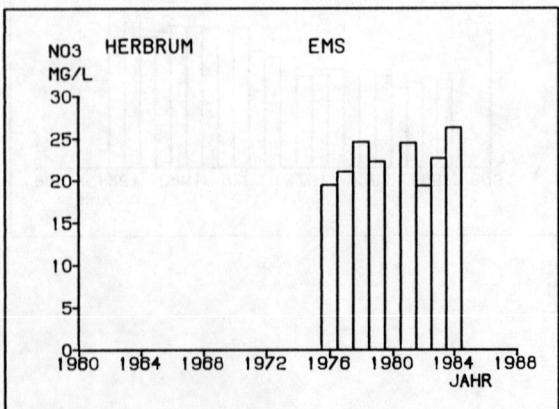

Quelle: Bundesanstalt für Gewässerkunde

Wasser

Gewässergüte an ausgewählten Fließgewässern
Jahresmittelwerte 1980–1984
des Nitrat–Stickstoffgehalts (NO3–N) in mg/l

Rhein

Meßstelle	1980	1981	1982	1983	1984	Meßart	Nebenflüsse	ΔKM
Öhningen km 22,9	0.30 / 0.87 / 1.40	0.18 / 0.61 / 1.00	0.40 / 0.87 / 2.00	0.10 / 0.70 / 1.70	0.50 / 0.80 / 1.40	14M14 / 14M14 / 14M14		ca. 228 / • / 67,8
Rekingen km 90,7	0.50 / 1.10 / 2.00	0.45 / 0.98 / 1.61	0.40 / 1.00 / 1.70	0.35 / 1.09 / 1.98	0.62 / 1.34 / 2.75	14M14 / • / 14M14	Aare	• / 83,3
Village-Neuf km 174,0	0.80 / 1.39 / 2.00	0.69 / 1.31 / 2.20	0.90 / 1.44 / 1.90	0.82 / 1.43 / 2.58	0.79 / 1.73 / 3.50	14M14 / • / 14M14		• / 74,9
Weisweil km 248,9	0.70 / 1.83 / 3.30	0.79 / 1.55 / 2.80	0.60 / 1.65 / 2.50	0.80 / 1.60 / 2.40	1.00 / 1.80 / 2.50	14M14 / • / 14M14		• / 86,8
Seltz km 335,7	1.54 / 2.92 / 6.14	1.24 / 2.49 / 4.97	0.72 / 2.42 / 7.23	1.29 / 2.94 / 6.98	1.33 / 2.69 / 5.76	14M14 / • / 14M14		• / 26,6
Maxau km 362,3	0.80 / 1.79 / 2.90	0.87 / 1.54 / 2.40	0.70 / 1.72 / 3.10	0.70 / 1.50 / 2.10	1.20 / 1.80 / 2.50	14M14 / • / 14M14	Neckar Main	• / 136,2
Mainz km 498,5	1.80 / 2.64 / 3.58	0.79 / 2.44 / 5.00	1.50 / 2.47 / 3.70	2.10 / 2.90 / 4.20	1.70 / 3.20 / 4.30	14M14 / • / 14M14	Nahe Lahn	• / 91,8
Koblenz km 590,3	2.50 / 2.98 / 3.90	2.10 / 3.09 / 4.10	1.90 / 2.84 / 3.80	2.40 / 3.40 / 5.40	2.20 / 3.50 / 5.50	14M14 / • / 14M14	Mosel	• / 49,7
Bad Honnef km 640,0	2.50 / 3.71 / 5.40	2.30 / 3.34 / 5.90	1.30 / 2.81 / 4.30	2.10 / 3.10 / 4.40	2.40 / 3.40 / 4.60	14M14 / • / 14M14	Sieg	• / 89,0
Düsseldorf km 720,0	– / 3.42 / –	– / 3.54 / –	– / 3.37 / –	– / 3.34 / –	– / 3.73 / –		Erft Ruhr Lippe	• / 136,0
Kleve-Bimmen km 865,0	2.40 / 3.59 / 4.80	2.60 / 3.38 / 4.40	2.20 / 3.30 / 4.20	2.80 / 3.60 / 5.70	3.00 / 3.90 / 5.00	14M14 / 14M14 / 14M14		

Mosel

Meßstelle	1980	1981	1982	1983	1984	Meßart	Nebenflüsse	ΔKM
Palzem km 230,0	1.63 / 2.36 / 3.60	1.20 / 2.13 / 3.71	0.95 / 1.71 / 2.70	0.74 / 1.90 / 3.40	1.50 / 2.80 / 4.50	14M14 / 14M14 / 14M14		ca. 315 / • / 17,0
Grevenmacher km 213,0	1.94 / 2.71 / 3.84	1.38 / 2.71 / 4.06	1.83 / 2.71 / 4.74	1.67 / 2.71 / 4.74	1.67 / 4.06 / 7.90	14M14 / 1EM / 1EM	Sauer Saar	• / 45,2
Detzem km 167,8	1.24 / 2.26 / 4.51	0.09 / 2.48 / 4.06	0.52 / 2.48 / 3.39	1.76 / 2.93 / 4.29	1.92 / 3.84 / 5.19	1EM / 1EM / 1EM		• / 79,3
Zell km 88,5	1.04 / 2.48 / 4.29	0.05 / 2.93 / 5.42	1.96 / 3.39 / 4.06	2.08 / 3.39 / 4.51	1.99 / 4.06 / 5.42	1EM / 1EM / 1EM		• / 86,5
Koblenz km 2,0	3.10 / 4.34 / 5.70	2.70 / 4.40 / 5.60	3.00 / 3.83 / 4.80	2.90 / 3.90 / 5.50	3.80 / 4.60 / 5.10	14M14 / 14M14 / 14M14		

Saar

Meßstelle	1980	1981	1982	1983	1984	Meßart	Nebenflüsse	ΔKM
Güdingen km ca. 92	1.40 / 3.73 / 8.81	0.84 / 3.02 / 4.54	2.18 / 2.67 / 4.20	2.19 / 5.94 / 4.82	2.33 / 3.06 / 3.82			ca. 138 / • / 23,0
Bous km ca. 69	1.51 / 3.39 / 4.74	1.92 / 2.71 / 3.16	1.40 / 2.71 / 5.64	1.96 / 2.48 / 2.71	2.48 / 2.93 / 4.74	1EM / 1EM / 1EM		• / 20,0
Fremersdorf km ca. 49	1.40 / 2.93 / 4.06	2.14 / 2.71 / 3.61	1.29 / 2.93 / 4.51	2.19 / 2.48 / 2.93	2.26 / 2.71 / 3.61	1EM / 1EM / 1EM		• / 34,0
Serrig km ca. 15	0.72 / 2.71 / 10.16	0.79 / 2.25 / 4.51	2.26 / 2.93 / 9.03	1.56 / 2.71 / 3.84	1.08 / 3.16 / 4.74	1EM / 1EM / 1EM		

Neckar

Meßstelle	1980	1981	1982	1983	1984	Meßart	Nebenflüsse	ΔKM
Neckartailfingen km 218,0	4.74 / 8.98 / 16.48	4.06 / 4.60 / 4.97	3.61 / 4.63 / 5.89	2.98 / 5.01 / 6.91	4.11 / 4.94 / 6.03	1EM / 1EM / 1EM		ca. 149 / • / 34,5
Stuttgart km 183,5	4.06 / 5.19 / 6.88	4.06 / 5.35 / 8.35	4.00 / 4.90 / 6.43	3.52 / 5.60 / 9.10	4.42 / 5.62 / 8.35	1E14 / 1E14 / 1E14		• / 18,7
Poppenweiler km 164,8	3.25 / 4.65 / 6.93	2.82 / 4.58 / 5.35	2.78 / 4.24 / 5.82	9.10 / 2.05 / 0.48	3.88 / 4.70 / 5.91	1E14 / 1E14 / 1E14	Enz Kocher Jagst	• / 51,7
Heilbronn km 113,1	21.00 / 24.70 / 36.00	22.00 / 30.90 / 42.00	20.00 / 30.60 / 48.00	12.00 / 30.90 / 47.70	26.70 / 30.10 / 37.80	1E14 / 1E14 / 1E14		• / 109,9
Mannheim km 3,2	0.86 / 1.38 / 1.76	0.70 / 1.34 / 1.65	1.08 / 1.33 / 1.58	1.04 / 1.33 / 1.96	1.17 / 1.44 / 1.78	14M14 / 14M14 / 14M14		

Main

Meßstelle	1980	1981	1982	1983	1984	Meßart	Nebenflüsse	KM
Mainburg km 336,7	3.60 / 5.10 / 6.32	4.49 / 5.67 / 6.50	4.45 / 5.33 / 6.05	4.42 / 5.57 / 6.55	4.72 / 5.69 / 6.59	1E14 / • / 1E14	Regnitz Fränk. Saale	ca. 187 / • / 125,7
Gemünden km 211,0	3.66 / 5.73 / 7.61	4.42 / 5.98 / 7.27	4.18 / 5.73 / 6.86	3.59 / 6.19 / 7.52	4.58 / 6.23 / 7.47	1E14 / • / 1E14	Tauber	• / 144,0
Kahl km 67,0	4.20 / 5.42 / 6.30	3.90 / 5.20 / 6.40	2.50 / 4.86 / 6.40	3.00 / 4.10 / 5.50	2.60 / 5.40 / 6.30	14M14 / • / 14M14	Nidda	• / 40,0
Griessheim km 27,0	3.23 / 5.10 / 6.48	4.02 / 5.62 / 7.02	4.02 / 5.40 / 8.10	4.72 / 5.49 / 6.93	4.72 / 5.80 / 6.79	1E14 / • / 1E14		• / 23,8
Kostheim km 3,2	2.40 / 7.07 / 8.70	4.50 / 6.59 / 9.10	2.80 / 7.12 / 9.70	4.30 / 6.10 / 9.00	4.50 / 6.80 / 9.20	14M14 / 14M14 / 14M14		

Weser

Meßstelle	1980	1981	1982	1983	1984	Meßart	Nebenflüsse	ΔKM
Hemeln km 11,7	0.40 / 3.74 / 5.10	2.20 / 4.35 / 5.90	1.70 / 4.04 / 5.90	0.38 / 3.58 / 5.60	0.77 / 3.75 / 5.90	14M14 / 14M14 / 14M14	Fulda Werra	ca. 105 / • / 54,1
Boffzen km 65,8	3.20 / 4.48 / 5.40	3.40 / 4.45 / 5.60	2.50 / 4.10 / 5.60	1.30 / 3.83 / 7.10	2.10 / 4.00 / 5.70	14M14 / • / 14M14		• / 54,1
Hajen km 119,9	2.40 / 4.44 / 5.60	3.80 / 4.86 / 5.90	2.60 / 4.33 / 5.80	1.20 / 4.00 / 5.50	3.10 / 4.26 / 5.70	14M14 / • / 14M14		• / 26,6
Hess. Oldendorf km 146,5	2.30 / 4.47 / 5.70	3.30 / 4.75 / 5.90	2.50 / 4.28 / 5.80	2.60 / 4.39 / 5.70	3.10 / 4.46 / 5.70	14M14 / • / 14M14		• / 51,9
Porta km 198,4	0.70 / 4.29 / 11.40	0.50 / 4.85 / 7.60	2.40 / 4.21 / 5.90	5.40 / 6.87 / 12.00	4.30 / 6.90 / 9.40	14M14 / • / 14M14		• / 14,6
Petershagen km 213,0	0.80 / 4.31 / 11.20	0.50 / 4.97 / 7.50	2.70 / 4.24 / 5.90	4.10 / 6.75 / 12.20	3.80 / 6.61 / 8.40	14M14 / • / 14M14		• / 64,6
Drakenburg km 277,6	3.60 / 5.04 / 5.90	3.50 / 4.96 / 6.70	2.30 / 4.77 / 7.10	3.70 / 4.89 / 6.50	3.30 / 4.86 / 7.10	14M14 / • / 14M14	Aller	• / 52,1
Intschede km 329,7	4.10 / 5.42 / 7.00	3.40 / 5.30 / 6.70	0.90 / 5.20 / 6.70	4.00 / 5.35 / 6.40	4.10 / 5.16 / 6.90	14M14 / • / 14M14		• / 31,4
Hemelingen km 361,1	1.30 / 3.07 / 10.10	2.70 / 5.18 / 6.00	2.90 / 4.86 / 6.20	3.90 / 5.31 / 6.90	4.40 / 5.52 / 7.30	14M14 / • / 14M14	Lesum/ Wuemme	• / 43,8
Brake km 38,1	3.10 / 4.75 / 5.80	3.40 / 4.79 / 6.30	3.40 / 4.72 / 5.90	2.80 / 4.73 / 5.60	3.40 / 4.79 / 6.40	14M14 / 14M14 / 14M14		

Fulda

Meßstelle	1980	1981	1982	1983	1984	Meßart	Nebenflüsse	ΔKM
Wahnhausen km 93,5	2.99 / 3.99 / 5.29	3.20 / 4.13 / 6.70	3.00 / 4.40 / 5.80	3.20 / 5.10 / 7.90	0.40 / 4.85 / 6.10	14M14 / 14M14 / 14M14		ca. 124

Werra

Meßstelle	1980	1981	1982	1983	1984	Meßart	Nebenflüsse	ΔKM
Letzter Heller km 83,9	2.53 / 3.76 / 4.60	2.07 / 3.71 / 5.06	0.90 / 3.31 / 6.00	2.40 / 3.77 / 5.70	2.10 / 4.43 / 5.90	14M14 / 14M14 / 14M14		ca. 215

Elbe

Meßstelle	1980	1981	1982	1983	1984	Meßart	Nebenflüsse	ΔKM
Schnakenburg km 474,5	– / – / –	– / – / –	1.20 / 3.10 / 6.60	0.80 / 3.60 / 6.50	1.20 / 3.70 / 5.80		Jeetzel	938,0 / • / 111,4
Geesthacht km 585,9	1.90 / 6.88 / 7.20	3.10 / 5.00 / 6.90	0.90 / 3.10 / 6.50	0.40 / 2.70 / 5.40	1.50 / 3.30 / 5.30	1E7 / 1E7 / 1E7	Ilmenau	• / 44,2
Teufelsbrück km 630,1	2.00 / 3.80 / 6.00	3.20 / 5.10 / 6.70	0.80 / 3.50 / 6.70	0.50 / 3.40 / 5.80	1.50 / 3.60 / 6.10	1E7 / 1E7 / 1E7		• / 36,4
Steindeich km 666,5	3.00 / 4.50 / 6.40	3.80 / 4.80 / 6.20	2.40 / 4.54 / 5.80	2.30 / 4.60 / 6.20	1.80 / 4.60 / 6.80	1E7 / 1E7 / 1E7		

Ems

Meßstelle	1980	1981	1982	1983	1984	Meßart	Nebenflüsse	ΔKM
Herbrum km 286,0	3.90 / 5.30 / 7.30	4.10 / 5.40 / 8.00	2.40 / 4.43 / 7.20	2.60 / 4.92 / 7.00	4.20 / 5.40 / 8.30	1EM / 1EM / 1EM	Hase	286,0

Donau

Meßstelle	1980	1981	1982	1983	1984	Meßart	Nebenflüsse	ΔKM
Leipheim km 21,0	1.87 / 3.00 / 3.93	1.65 / 2.73 / 3.86	1.83 / 3.12 / 4.13	2.28 / 3.16 / 4.31	1.74 / 3.21 / 4.85	1E14 / 1E14 / 1E14	Iller Lech Altmühl Naab Regen	ca. 182 / • / 206,0
Pfatterbrücke km 236,1	2.14 / 2.94 / 4.06	1.81 / 2.87 / 4.52	1.50 / 2.90 / 4.20	– / – / –	– / – / –	1EM / 1EM / 1EM	Isar, Inn	• / 158,0
Jochenstein km 220,3	0.99 / 2.19 / 3.32	1.06 / 2.15 / 4.06	1.07 / 2.14 / 3.40	– / – / –	– / – / –	1E14 / 1E14 / 1E14		

Legende

Flußname							Nebenflüsse	KM
	1980	1981	1982	1983	1984	Meßart	Zufluß zwischen Quelle und Meßstelle X	km zwischen Quelle und Meßstelle X
Meßstelle X Flußkilometer	Jahresniedrigstwert							
	Jahresmittelwert							
	Jahreshöchstwert							
Meßstelle Y Flußkilometer	Jahresniedrigstwert						Zufluß zwischen Meßstelle X u. Meßstelle Y	km zwischen Meßstelle X u. Meßstelle Y
	Jahresmittelwert							
	Jahreshöchstwert							

Quelle: Bundesanstalt für Gewässerkunde

Wasser

Quecksilbergehalte ausgewählter Fließgewässer (Hg in µg/l)

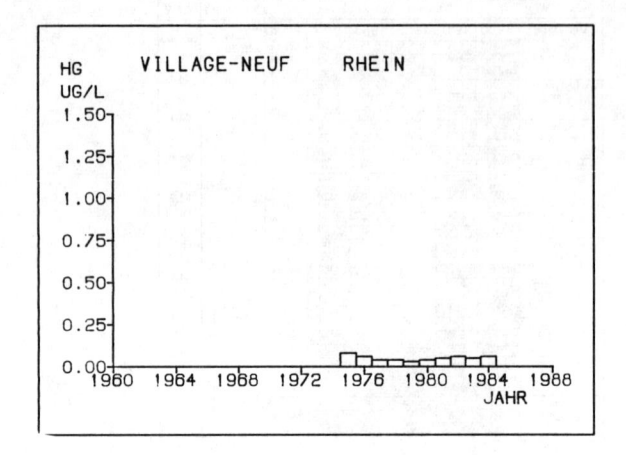

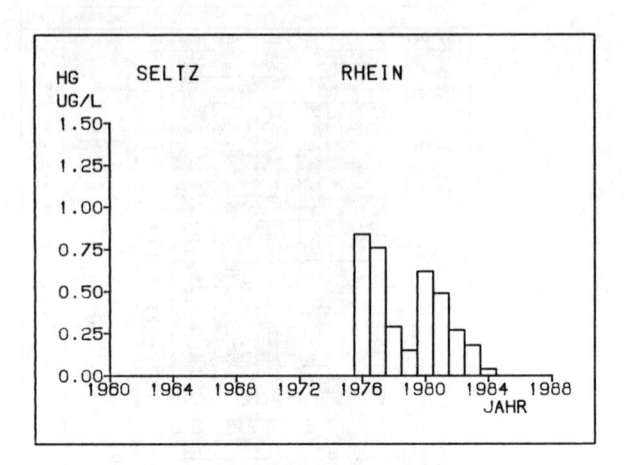

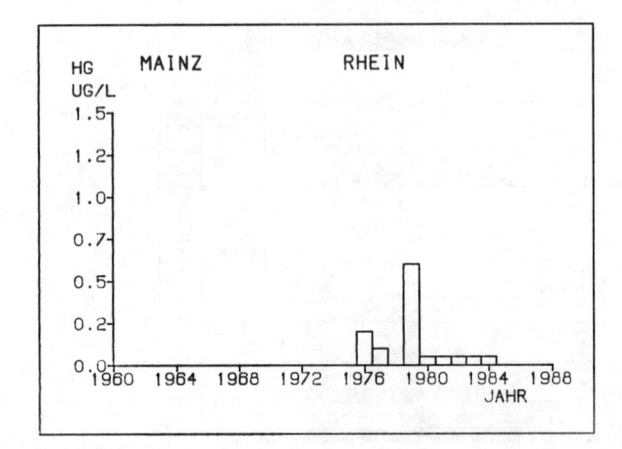

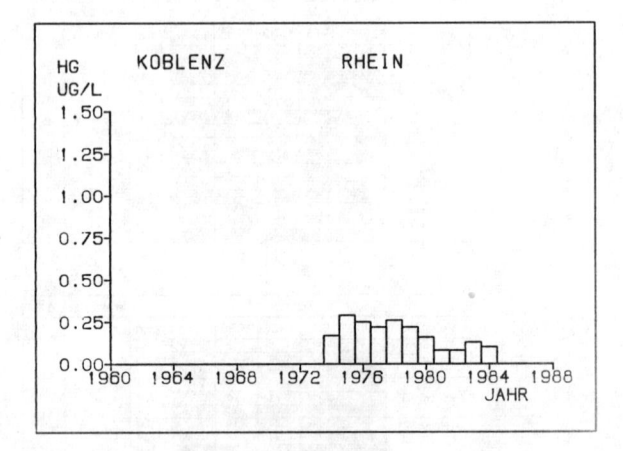

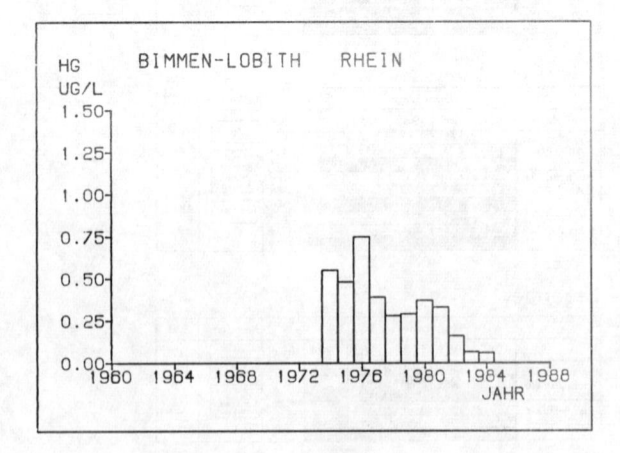

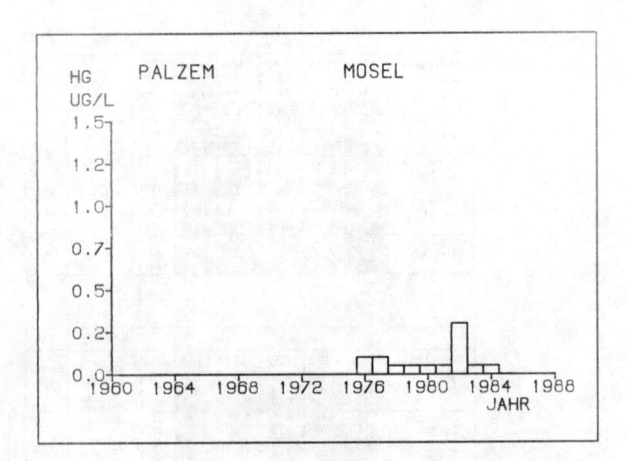

Quelle: Bundesanstalt für Gewässerkunde

Wasser

Quecksilbergehalte ausgewählter Fließgewässer (Hg in µg/l)

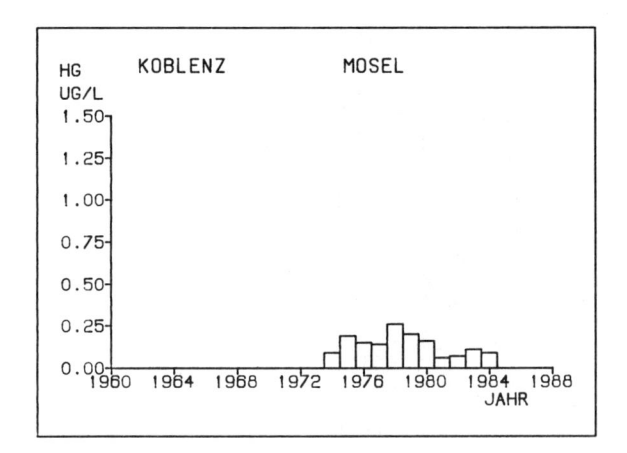

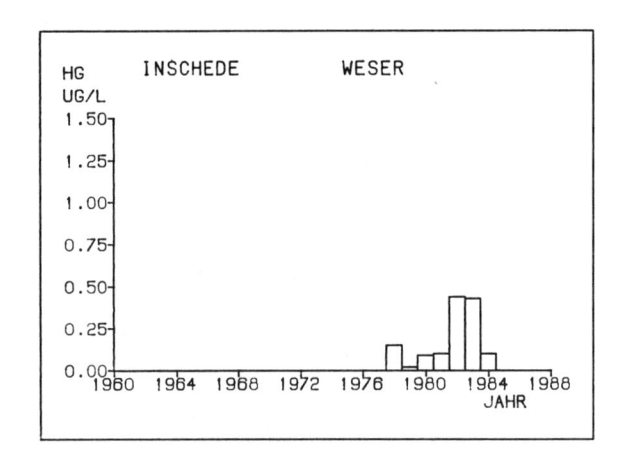

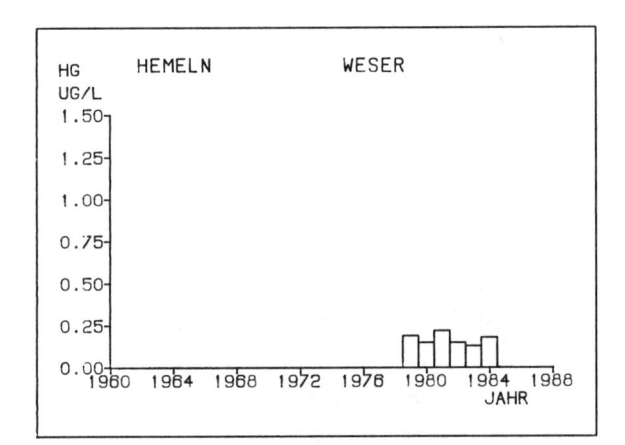

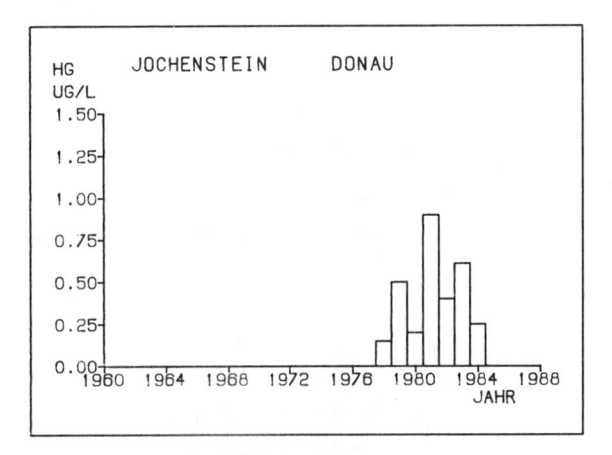

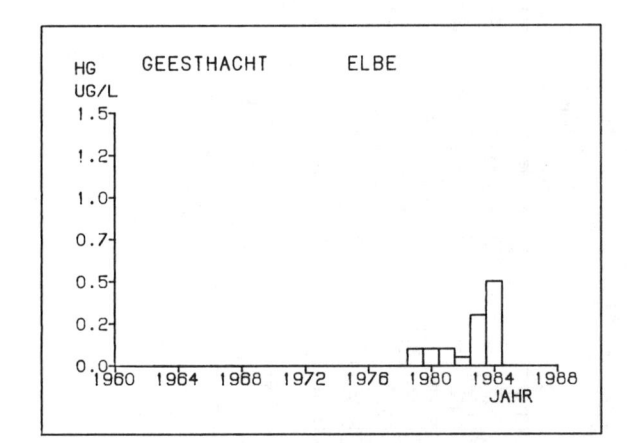

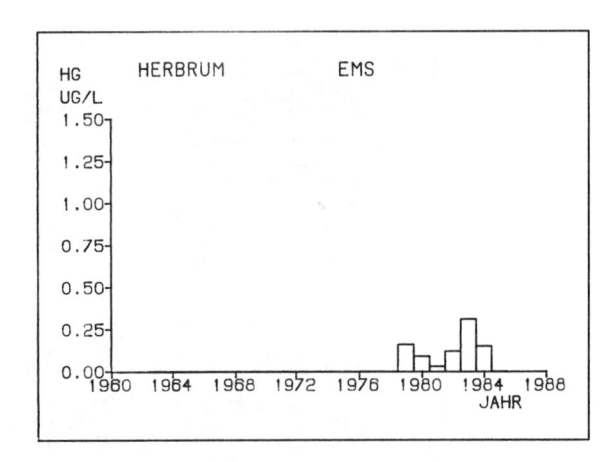

Quelle: Bundesanstalt für Gewässerkunde

Wasser

Gewässergüte an ausgewählten Fließgewässern
Jahresmittelwerte 1980–1984
des Gesamtquecksilbergehalts (Hg) in µg/l

Rhein

Meßstelle	1980	1981	1982	1983	1984	Meßart	Nebenflüsse	ΔKM
Öhningen km 22,9	0.05 / 0.07 / 0.22	0.05 / 0.05 / 0.09	0.05 / 0.05 / 0.12	0.05 / 0.05 / 0.12	0.05 / 0.05 / 0.18	1E14		ca. 228 / 67,8
Rekingen km 90,7	–	–	–	–	–		Aare	83,3
Village-Neuf km 174,0	0.02 / 0.04 / 0.10	0.03 / 0.05 / 0.10	0.03 / 0.06 / 0.10	0.03 / 0.05 / 0.08	0.04 / 0.06 / 0.20	7M56		74,9
Weisweil km 248,9	0.05 / 0.05 / 0.22	0.05 / 0.05 / 0.13	0.05 / 0.05 / 0.10	0.05 / 0.05 / 0.09	0.05 / 0.05 / 0.10	1E14		86,8
Seltz km 335,7	0.10 / 0.85 / 11.20	0.10 / 0.49 / 2.80	0.06 / 0.38 / 3.65	0.02 / 0.18 / 1.00	0.02 / 0.04 / 0.10	1E14		26,6
Maxau km 362,3	0.05 / 0.10 / 0.37	0.05 / 0.05 / 0.11	0.05 / 0.05 / 0.17	0.05 / 0.05 / 0.17	0.05 / 0.10 / 0.29	1E14	Neckar / Main	136,2
Mainz km 498,5	0.10 / 0.12 / 1.50	0.10 / 0.10 / 0.10	0.10 / 0.10 / 0.10	0.10 / 0.10 / 0.10	0.10 / 0.10 / 0.10	1E14	Nahe / Lahn	91,8
Koblenz km 590,3	0.05 / 0.16 / 0.78	0.05 / 0.08 / 0.37	0.05 / 0.08 / 0.48	0.05 / 0.13 / 0.36	0.05 / 0.10 / 0.22	1E14	Mosel	49,7
Bad Honnef km 640,0	0.10 / 0.10 / 0.23	0.10 / 0.10 / 0.40	0.20 / 0.20 / 0.20	0.20 / 0.20 / 0.20	0.20 / 0.20 / 0.20	1E14	Sieg	89,0
Düsseldorf km 720,0	–	–	–	–	–		Erft / Ruhr / Lippe	136,0
Kleve-Bimmen km 865,0	0.10 / 0.56 / 2.78	0.10 / 0.50 / 1.30	0.20 / 0.20 / 0.50	0.20 / 0.20 / 0.50	0.20 / 0.20 / 0.50	1E14		

Mosel

Meßstelle	1980	1981	1982	1983	1984	Meßart	Nebenflüsse	ΔKM
Palzem km 230,0	0.10 / 0.10 / 0.10	0.10 / 0.10 / 0.10	0.10 / 0.29 / 6.40	0.10 / 0.10 / 0.10	0.10 / 0.10 / 0.10	1E14		ca. 315 / 17,0
Grevenmacher km 213,0	–	0.10 / 0.20 / 0.30	–	–	–		Sauer / Saar	45,2
Detzem km 167,8	0.10 / 0.20	0.10 / 0.10	0.10 / 0.10	0.10 / 0.10	0.05 / 0.08 / 0.28	1EM / 1E14		79,3
Zell km 88,5	0.10 / 0.20 / 0.50	0.10 / 0.10 / 0.10	0.10 / 0.10 / 0.10	0.10 / 0.10 / 0.10	0.05 / 0.10 / 0.11	1EM / 1E14		86,5
Koblenz km 2,0	0.05 / 0.16 / 0.43	0.05 / 0.06 / 0.18	0.05 / 0.07 / 0.56	0.05 / 0.11 / 0.30	0.05 / 0.09 / 0.23	1E14		

Saar

Meßstelle	1980	1981	1982	1983	1984	Meßart	Nebenflüsse	ΔKM
Güdingen km ca. 92	0.30 / 0.66 / 0.20	0.30 / 0.30 / 0.30	0.04 / 0.04 / 0.30	0.04 / 0.11 / 0.81	0.04 / 0.23 / 4.64			ca. 138 / 23,0
Bous km ca. 69	0.10 / 0.30 / 0.30	0.10 / 0.20 / 0.30	0.04 / 0.09 / 0.30	0.04 / 0.06 / 0.12	0.04 / 0.04 / 0.06	1EM		20,0
Fremersdorf km ca. 49	0.10 / 0.30 / 0.30	0.10 / 0.10 / 0.20	0.04 / 0.07 / 0.30	0.04 / 0.05 / 0.07	0.04 / 0.06 / 0.17	1EM		34,0
Serrig km ca. 15	–	–	–	–	–			

Neckar

Meßstelle	1980	1981	1982	1983	1984	Meßart	Nebenflüsse	ΔKM
Neckartailfingen km 218,0	–	–	–	–	–			ca. 149 / 34,5
Stuttgart km 183,5	–	–	–	–	–			18,7
Poppenweiler km 164,8	–	–	–	–	–		Enz / Kocher / Jagst	51,7
Heilbronn km 113,1	–	–	–	–	–			109,9
Mannheim km 3,2	0.05 / 0.05 / 0.12	0.05 / 0.05 / 0.23	0.05 / 0.05 / 0.25	0.05 / 0.05 / 0.15	0.05 / 0.05 / 0.09	1E14		

Main

Meßstelle	1980	1981	1982	1983	1984	Meßart	Nebenflüsse	KM
Mainburg km 336,7	–	–	–	–	–		Regnitz	ca. 187 / 125,7
Gemünden km 211,0	–	–	–	–	–		Fränk. Saale	144,0
Kahl km 67,0	0.07 / 0.27 / 0.70	0.05 / 0.91 / 12.00	0.10 / 0.24 / 0.90	0.10 / 0.20 / 0.40	0.10 / 0.20 / 0.50	1E14	Tauber / Nidda	40,0
Griessheim km 27,0	–	–	–	–	–			23,8
Kostheim km 3,2	0.10 / 0.47 / 2.00	0.10 / 0.12 / 0.20	0.20 / 0.20 / 0.20	0.20 / 0.20 / 0.20	0.20 / 0.20 / 0.30	1E14		

Weser

Meßstelle	1980	1981	1982	1983	1984	Meßart	Nebenflüsse	ΔKM
Hemeln km 11,7	0.05 / 0.16 / 1.20	0.05 / 0.21 / 2.20	0.05 / 0.15 / 0.68	0.05 / 0.11 / 0.60	0.05 / 0.19 / 0.98	1E14	Fulda / Werra	ca. 105 / 54,1
Boffzen km 65,8	0.03 / 3.11 / 62.00	0.03 / 0.09 / 0.55	0.03 / 0.43 / 7.00	0.03 / 0.27 / 3.50	0.03 / 0.09 / 0.60	1E14		54,1
Hajen km 119,9	0.03 / 0.56 / 5.10	0.03 / 0.30 / 2.80	0.03 / 0.49 / 8.40	0.03 / 0.16 / 0.78	0.03 / 0.07 / 0.23	1E14		26,6
Hess.Oldendorf km 146,5	0.03 / 0.33 / 6.50	0.03 / 0.15 / 1.65	0.03 / 0.29 / 2.70	0.03 / 0.23 / 1.50	0.03 / 0.12 / 0.88	1E14		51,9
Porta km 198,4	0.05 / 0.30 / 1.27	0.30 / 0.57 / 3.60	0.30 / 0.37 / 3.00	0.20 / 0.38 / 2.30	0.10 / 0.09 / 0.20	1E14		14,6
Petershagen km 213,0	0.05 / 0.38 / 1.71	0.30 / 0.81 / 5.50	0.05 / 0.38 / 5.70	0.20 / 0.38 / 2.00	0.10 / 0.09 / 0.20	1E14		64,6
Drakenburg km 277,6	0.03 / 0.04 / –	0.03 / 0.07 / 1.46	0.03 / 0.09 / 0.34	0.03 / 0.11 / 0.29	0.03 / 0.11 / 0.71	1E14	Aller	52,1
Intschede km 329,7	0.03 / 0.05 / 0.40	0.03 / 0.11 / 0.92	0.03 / 0.43 / 4.80	0.04 / 0.35 / 3.50	0.03 / 0.10 / 0.56	1E14		31,4
Hemelingen km 361,1	0.05 / 0.11 / 0.20	– / 0.09 / 0.15	0.05 / 0.18 / 1.60	0.08 / 0.11 / 0.30	0.20 / 0.11 / 0.51	1E14	Lesum/Wuemme	43,8
Brake km 38,1	0.03 / 0.04 / 0.11	0.03 / 0.05 / 0.30	0.03 / 0.27 / 1.00	0.06 / 0.62 / 4.60	0.03 / 0.23 / 3.50	1E14		

Fulda

Meßstelle	1980	1981	1982	1983	1984	Meßart	Nebenflüsse	ΔKM
Wahnhausen km 93,5	–	0.10 / 0.10 / 0.70	0.10 / 0.15 / 1.20	0.20 / 0.61 / 12.00	0.20 / 0.36 / 1.30			ca. 124

Werra

Meßstelle	1980	1981	1982	1983	1984	Meßart	Nebenflüsse	ΔKM
Letzter Heller km 83,9	–	0.10 / 0.10 / 0.30	0.10 / 0.12 / 0.50	0.20 / 0.22 / 1.50	0.20 / 0.41 / 1.50			ca. 215

Elbe

Meßstelle	1980	1981	1982	1983	1984	Meßart	Nebenflüsse	ΔKM
Schnakenburg km 474,5	–	–	–	0.58 / 1.10 / 1.60	–			938,0
Geesthacht km 585,9	–	–	–	–	–		Jeetzel	111,4
Teufelsbrück km 630,1	–	–	–	–	–		Ilmenau	44,2
Steindeich km 666,5	–	–	–	–	–			36,4

Ems

Meßstelle	1980	1981	1982	1983	1984	Meßart	Nebenflüsse	ΔKM
Herbrum km 286,0	0.03 / 0.16 / 0.80	0.03 / 0.03 / 0.10	0.03 / 0.11 / 0.33	0.03 / 0.15 / 0.43	0.03 / 0.10 / 0.32	1EM	Hase	286,0

Donau

Meßstelle	1980	1981	1982	1983	1984	Meßart	Nebenflüsse	ΔKM
Leipheim km 21,0	–	–	–	–	–		Iller	ca. 182
Pfatterbrücke km 236,1	–	–	–	–	–		Lech / Altmühl / Naab / Regen	206,0
Jochenstein km 220,3	–	–	0.15 / 0.00 / 0.00	–	–		Isar, Inn	158,0

Legende

Flußname	1980	1981	1982	1983	1984	Meßart	Nebenflüsse	KM
Meßstelle X Flußkilometer	Jahresniedrigstwert / Jahresmittelwert / Jahreshöchstwert						Zufluß zwischen Quelle und Meßstelle X	km zwischen Quelle und Meßstelle X
Meßstelle Y Flußkilometer	Jahresniedrigstwert / Jahresmittelwert / Jahreshöchstwert						Zufluß zwischen Meßstelle X u. Meßstelle Y	km zwischen Meßstelle X u. Meßstelle Y

Quelle: Bundesanstalt für Gewässerkunde

Wasser

Bleigehalte ausgewählter Fließgewässer (Pb in µg/l)

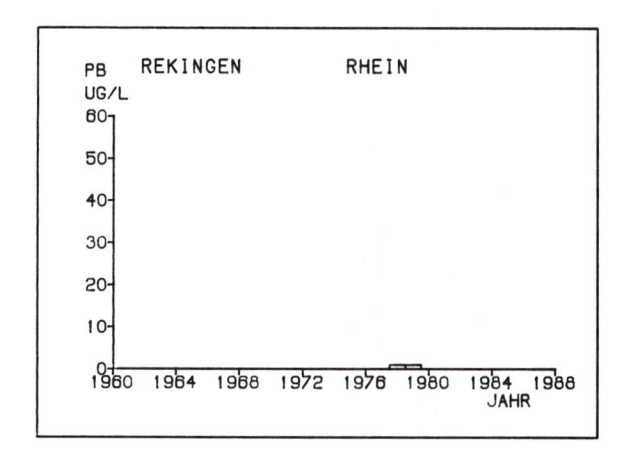

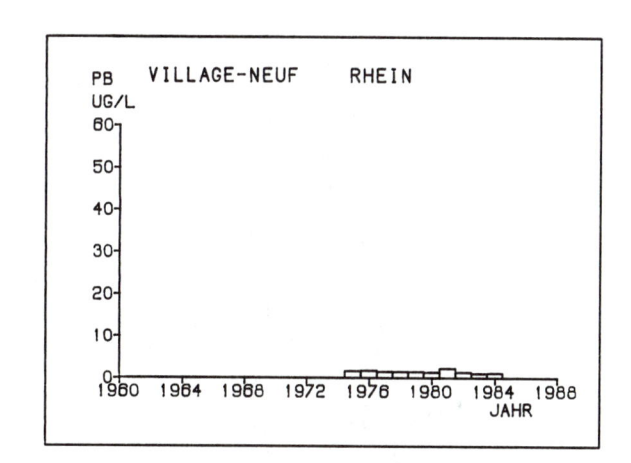

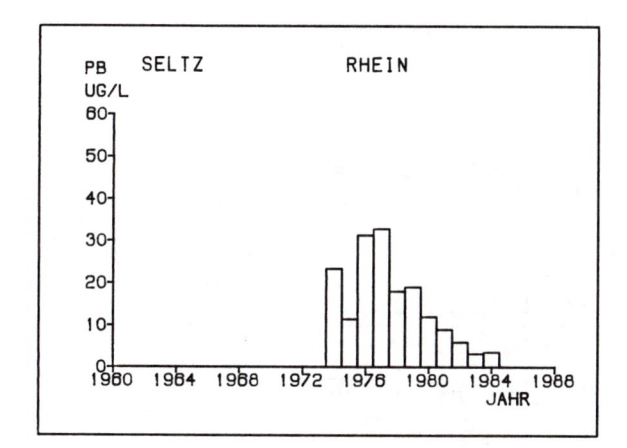

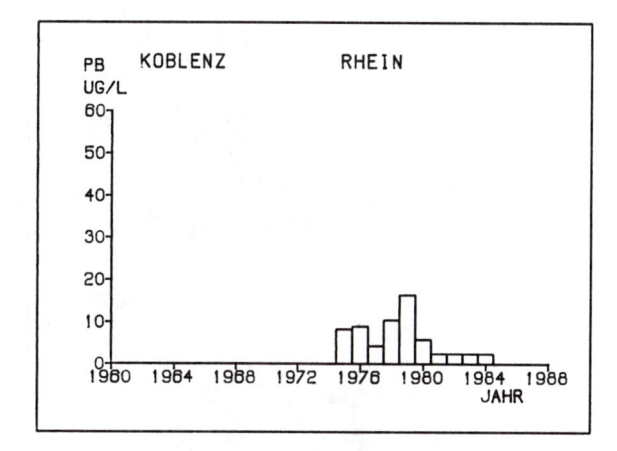

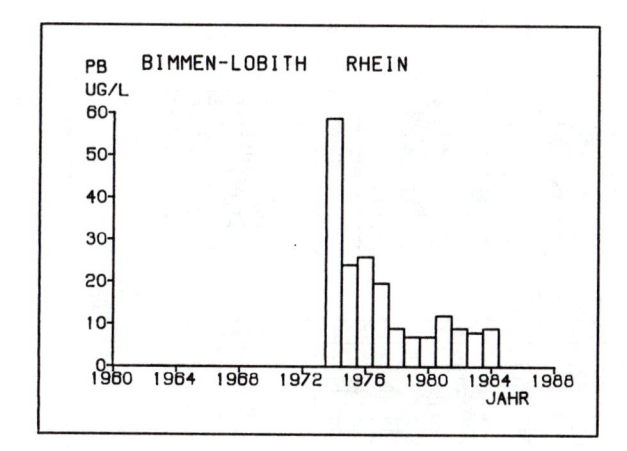

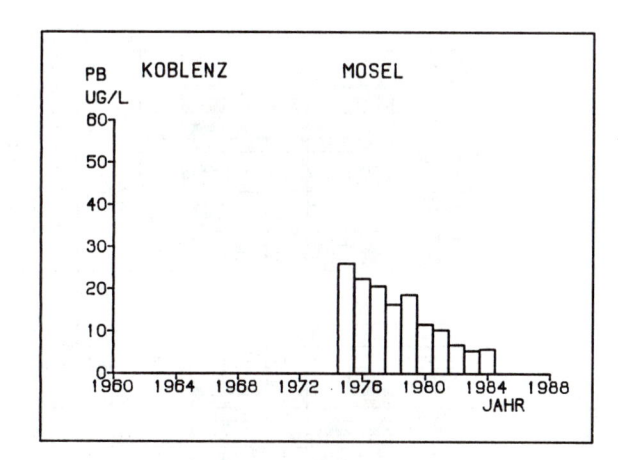

Quelle: Bundesanstalt für Gewässerkunde

Wasser

Gewässergüte an ausgewählten Fließgewässern
Jahresmittelwerte 1980–1984
des Gesamtbleigehalts (Pb) in µg/l

Rhein

Meßstelle	1980	1981	1982	1983	1984	Meßart	Nebenflüsse	ΔKM
Öhningen km 22,9	5.00 / 5.00 / 8.60	5.00 / 5.00 / 5.00	5.00 / 5.00 / 5.00	5.00 / 5.00 / 5.00	5.00 / 5.00 / 5.00	56M56		ca. 228 / 67,8
Rekingen km 90,7	–	–	–	–	–		Aare	83,3
Village–Neuf km 174,0	1.00 / 1.00 / 2.00	1.00 / 2.00 / 5.00	1.00 / 1.00 / 3.00	0.30 / 1.10 / 2.90	0.40 / 1.20 / 3.80	56M56		74,9
Weisweil km 248,9	5.00 / 5.00 / 10.00	5.00 / 5.00 / 7.20	5.00 / 5.00 / 5.00	5.00 / 5.00 / 5.00	5.00 / 5.00 / 6.30	56M56		86,8
Seltz km 335,7	5.00 / 12.00 / 22.00	2.00 / 9.00 / 29.00	2.00 / 6.00 / 30.00	2.00 / 3.20 / 6.00	1.00 / 3.60 / 13.00	56M56		26,6
Maxau km 362,3	5.00 / 5.00 / 7.40	5.00 / 5.00 / 8.90	5.00 / 5.00 / 5.00	5.00 / 5.00 / 5.00	5.00 / 5.00 / 5.40	56M56	Neckar / Main	136,2
Mainz km 498,5	5.00 / 5.00 / 5.00	5.00 / 5.00 / 5.40	5.00 / 5.00 / 5.00	5.00 / 5.00 / 5.00	5.00 / 5.00 / 5.00	56M56	Nahe / Lahn	91,8
Koblenz km 590,3	5.00 / 5.90 / 10.00	5.00 / 5.00 / 7.40	5.00 / 5.00 / 6.80	5.00 / 5.00 / 5.00	5.00 / 5.00 / 11.60	56M56	Mosel	49,7
Bad Honnef km 640,0	5.00 / 5.00 / 8.00	5.00 / 5.00 / 6.00	5.00 / 7.00 / 16.00	5.00 / 5.00 / 6.00	5.20 / 5.00 / 14.00	56M56	Sieg	89,0
Düsseldorf km 720,0	– / 4.00 / –	– / 7.00 / –	– / 6.00 / –	– / 7.00 / –	– / 6.00 / –		Erft / Ruhr / Lippe	136,0
Kleve–Bimmen km 865,0	5.00 / 7.00 / 16.00	8.00 / 13.50 / 19.00	10.00 / 11.60 / 15.00	8.50 / 10.00 / 11.50	6.00 / 11.00 / 21.00	56M56		

Mosel

Meßstelle	1980	1981	1982	1983	1984	Meßart	Nebenflüsse	ΔKM
Palzem km 230,0	5.30 / 17.40 / 25.00	5.50 / 10.70 / 14.50	5.00 / 8.50 / 11.90	5.00 / 5.00 / 6.20	5.00 / 5.00 / 13.90	56M56		ca. 315 / 17,0
Grevenmacher km 213,0	25.00 / 58.00 / 140.00	50.00 / 52.00 / 70.00	5.00 / 5.00 / 5.00	1.00 / 2.30 / 4.00	1.20 / 3.30 / 7.00	1EM	Sauer / Saar	45,2
Detzem km 167,8	1.00 / 21.00 / 142.00	4.00 / 12.00 / 24.00	3.00 / 7.00 / 12.00	2.50 / 12.00 / 67.00	2.90 / 8.20 / 22.00	1EM		79,3
Zell km 88,5	1.00 / 16.00 / 95.00	1.00 / 10.00 / 25.00	4.00 / 9.00 / 26.00	2.30 / 15.40 / 60.50	2.10 / 6.10 / 13.20	1EM		86,5
Koblenz km 2,0	5.00 / 11.60 / 22.80	5.00 / 10.20 / 13.30	5.00 / 6.60 / 17.50	5.00 / 5.00 / 11.00	5.00 / 5.80 / 27.60	56M56		

Saar

Meßstelle	1980	1981	1982	1983	1984	Meßart	Nebenflüsse	ΔKM
Güdingen km ca. 92	5.00 / 9.90 / 45.00	27.00 / 59.30 / 86.00	22.50 / 41.50	23.30 / 50.00	14.30 / 34.50			ca. 138 / 23,0
Bous km ca. 69	6.00 / 10.00 / 17.00	4.00 / 17.00 / 34.00	4.00 / 20.00 / 39.00	4.00 / 17.40 / 38.50	6.30 / 13.70 / 26.30	1EM		20,0
Fremersdorf km ca. 49	11.00 / 27.00 / 70.00	7.00 / 19.00 / 29.00	8.00 / 30.00 / 65.00	1.90 / 25.80 / 69.50	17.50 / 26.90 / 42.50	1EM		34,0
Serrig km ca. 15	–	–	–	–	–			

Neckar

Meßstelle	1980	1981	1982	1983	1984	Meßart	Nebenflüsse	ΔKM
Neckartailfingen km 218,0	–	–	–	–	–			ca. 149 / 34,5
Stuttgart km 183,5	–	–	–	–	–			18,7
Poppenweiler km 164,8	–	–	–	–	–		Enz / Kocher / Jagst	51,7
Heilbronn km 113,1	–	–	–	–	–			109,9
Mannheim km 3,2	5.00 / 6.30 / 15.70	5.00 / 5.00 / 11.60	5.00 / 5.00 / 6.00	5.00 / 5.00 / 6.00	5.00 / 5.00 / 9.10	56M56		

Main

Meßstelle	1980	1981	1982	1983	1984	Meßart	Nebenflüsse	KM
Mainburg km 336,7	–	–	–	–	–		Regnitz	ca. 187 / 125,7
Gemünden km 211,0	–	–	–	–	–		Fränk. Saale	144,0
Kahl km 67,0	5.00 / 5.00 / 9.00	5.00 / 5.00 / 6.00	5.00 / 5.00 / 5.00	5.00 / 5.00 / 5.00	5.00 / 5.00 / 5.00	56M56	Tauber	40,0
Griessheim km 27,0	–	–	–	–	–		Nidda	23,8
Kostheim km 3,2	5.00 / 20.10 / 89.00	5.00 / 5.00 / 10.80	5.00 / 5.00 / 7.00	5.00 / 5.00 / 7.00	5.00 / 5.00 / 6.00	56M56		

Weser

Meßstelle	1980	1981	1982	1983	1984	Meßart	Nebenflüsse	ΔKM
Hemeln km 11,7	1.00 / 2.20 / 5.80	1.00 / 4.40 / 12.00	1.00 / 10.90 / 54.00	1.00 / 2.90 / 7.00	1.00 / 1.90 / 3.00	56M56	Fulda / Werra	ca. 105 / 54,1
Boffzen km 65,8	1.00 / 5.30 / 23.00	3.00 / 7.60 / 23.00	1.00 / 7.80 / 28.00	1.00 / 2.20 / 4.00	1.00 / 2.00 / 3.00	56M56		54,1
Hajen km 119,9	1.00 / 2.10 / 5.30	1.00 / 3.90 / 7.40	1.00 / 2.20 / 8.00	1.00 / 2.60 / 6.00	1.00 / 1.60 / 3.00	56M56		26,6
Hess.Oldendorf km 146,5	1.00 / 2.40 / 6.00	1.00 / 2.70 / 5.00	1.00 / 2.00 / 4.00	1.00 / 0.90 / 2.00	1.00 / 1.80 / 5.00	56M56		51,9
Porta km 198,4	5.00 / 7.10 / 9.90	5.00 / 5.00 / 9.90	5.00 / 11.40 / 33.00	5.00 / 5.00 / 5.00	5.00 / 5.00 / 6.30	56M56		14,6
Petershagen km 213,0	5.00 / 8.20 / 11.90	5.00 / 5.00 / 9.30	5.00 / 7.60 / 32.00	5.00 / 5.00 / 7.60	5.00 / 5.00 / 5.80	56M56		64,6
Drakenburg km 277,6	1.00 / 2.70 / 6.80	1.00 / 2.70 / 6.80	1.00 / 5.00 / 53.00	1.00 / 1.80 / 4.00	1.00 / 1.00 / 2.00	56M56	Aller	52,1
Intschede km 329,7	1.00 / 2.00 / 6.10	1.80 / 6.70 / 14.00	1.00 / 10.60 / 56.00	1.00 / 4.10 / 9.00	2.00 / 3.60 / 5.20	56M56		31,4
Hemelingen km 361,1	3.50 / 5.30 / 7.10	– / – / –	5.10 / 7.30 / 10.00	3.00 / 6.00 / 10.90	4.00 / 8.80 / 14.30	56M56	Lesum / Wuemme	43,8
Brake km 38,1	1.00 / 3.10 / 7.4	1.50 / 7.9 / 14.00	1.00 / 16.10 / 40.00	5.00 / 15.5 / 33.00	1.00 / 3.50 / 10.00	56M56		

Fulda

Meßstelle	1980	1981	1982	1983	1984	Meßart	Nebenflüsse	ΔKM
Wahnhausen km 93,5	–	5.00 / 6.70 / 9.00	3.00 / 6.30 / 14.00	4.00 / 3.80 / 11.00	5.00 / 3.50 / 9.00			ca. 124

Werra

Meßstelle	1980	1981	1982	1983	1984	Meßart	Nebenflüsse	ΔKM
Letzter Heller km 83,9	4.00 / 13.70 / 26.00	3.00 / 4.20 / 6.00	3.00 / 10.60 / 38.00	4.00 / 3.20 / 6.00	5.00 / 7.20 / 33.00	56M56		ca. 215

Elbe

Meßstelle	1980	1981	1982	1983	1984	Meßart	Nebenflüsse	ΔKM
Schnakenburg km 474,5	–	–	–	–	4.50 / 7.20 / 10.80			938,0
Geesthacht km 585,9	–	–	–	–	–		Jeetzel	111,4
Teufelsbrück km 630,1	–	–	–	–	–		Ilmenau	44,2
Steindeich km 666,5	–	–	–	–	–			36,4

Ems

Meßstelle	1980	1981	1982	1983	1984	Meßart	Nebenflüsse	ΔKM
Herbrum km 286,0	1.10 / 1.15 / 1.20	1.00 / 3.70 / 6.40	1.00 / 2.80 / 6.00	1.00 / 1.50 / 2.00	1.00 / 1.10 / 1.50	1EHJ	Hase	286,0

Donau

Meßstelle	1980	1981	1982	1983	1984	Meßart	Nebenflüsse	ΔKM
Leipheim km 21,0	–	–	–	–	–		Iller	ca. 182
Pfatterbrücke km 236,1	–	–	–	–	–		Lech / Altmühl / Naab / Regen	206,0
Jochenstein km 220,3	–	–	0.00 / 0.00 / 0.01	–	–		Isar / Inn	158,0

Legende

Flußname							Nebenflüsse	KM
	1980	1981	1982	1983	1984	Meßart		
Meßstelle X Flußkilometer		Jahresniedrigstwert / Jahresmittelwert / Jahreshöchstwert					Zufluß zwischen Quelle und Meßstelle X	km zwischen Quelle und Meßstelle X
Meßstelle Y Flußkilometer		Jahresniedrigstwert / Jahresmittelwert / Jahreshöchstwert					Zufluß zwischen Meßstelle X u. Meßstelle Y	km zwischen Meßstelle X u. Meßstelle Y

Quelle: Bundesanstalt für Gewässerkunde

Wasser

Cadmiumgehalte ausgewählter Fließgewässer (Cd in µg/l)

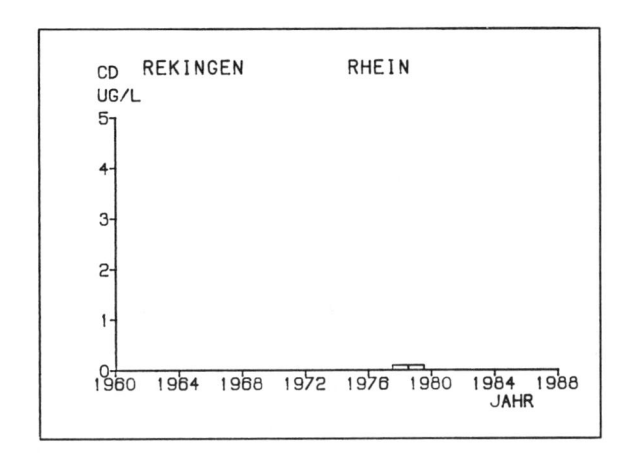

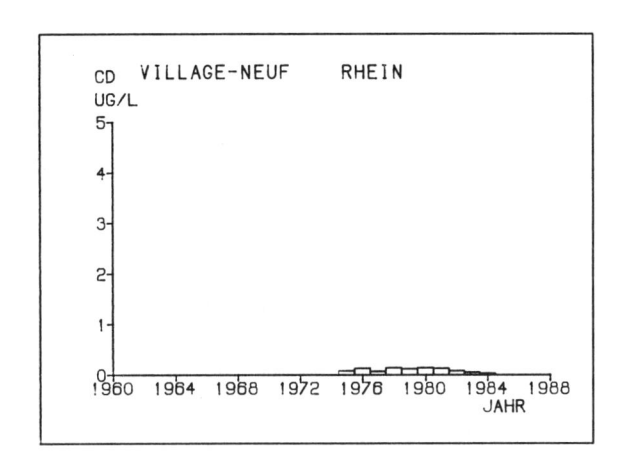

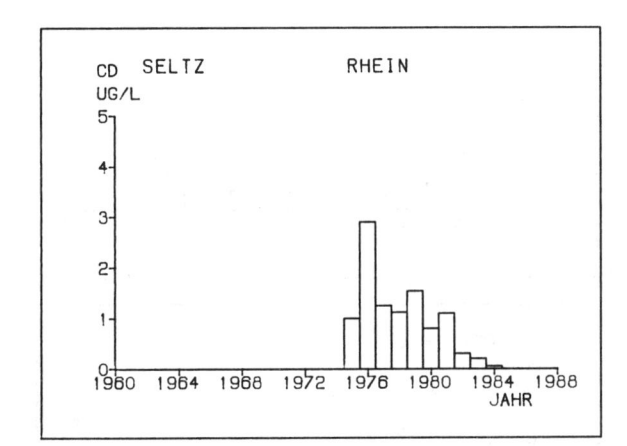

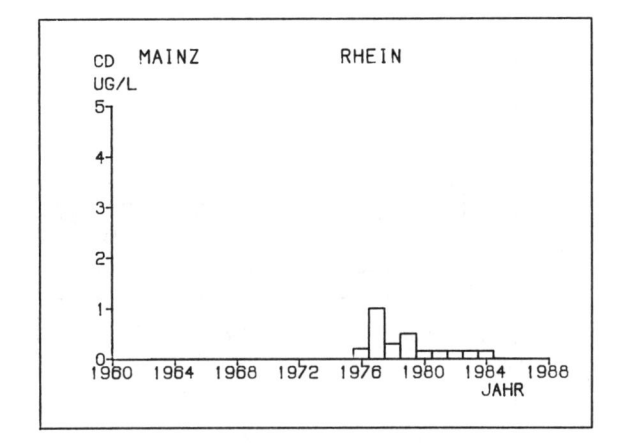

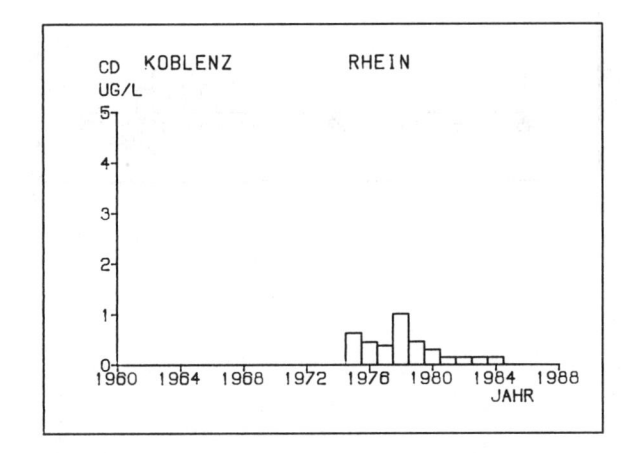

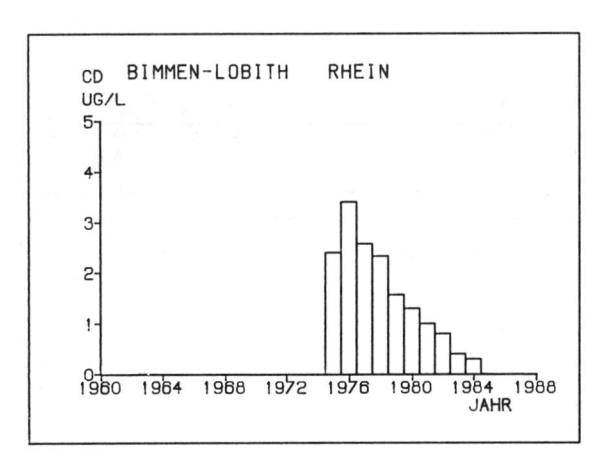

Quelle: Bundesanstalt für Gewässerkunde

Wasser

Cadmiumgehalte ausgewählter Fließgewässer (Cd in µg/l)

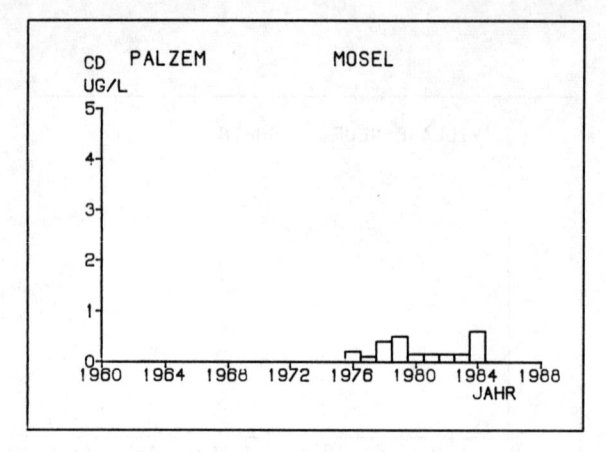

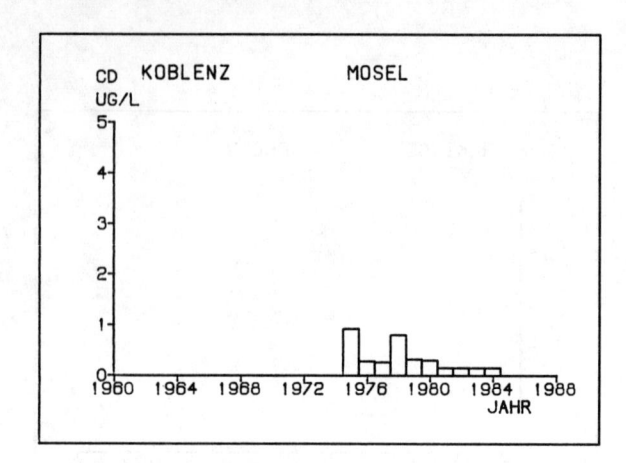

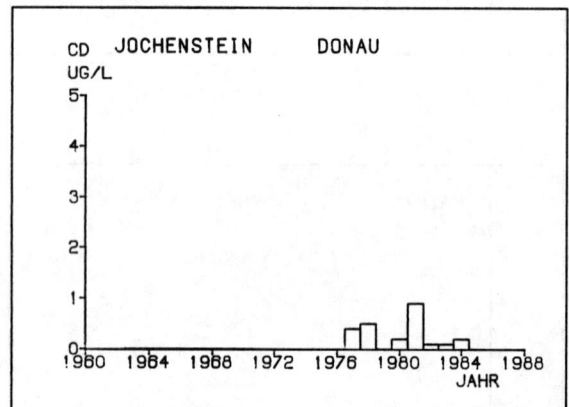

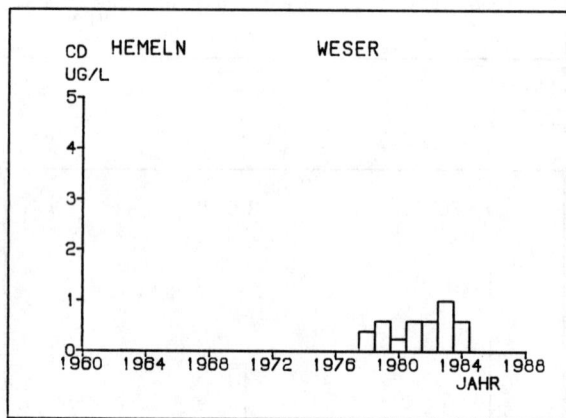

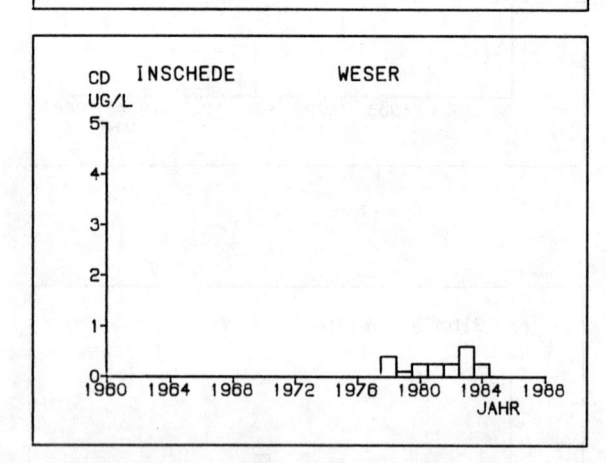

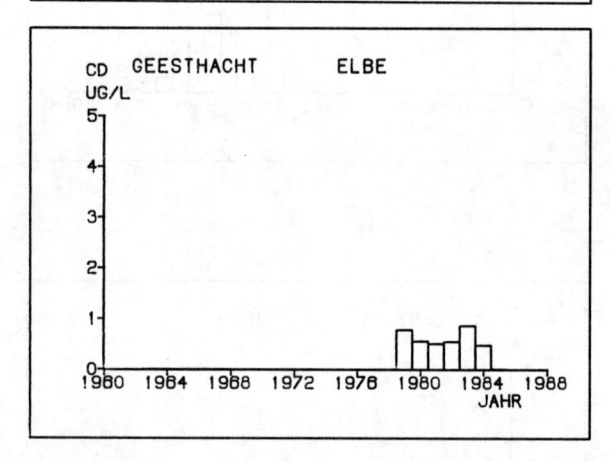

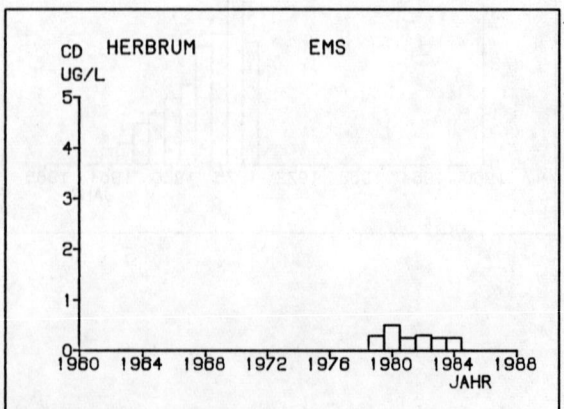

Quelle: Bundesanstalt für Gewässerkunde

Wasser

Gewässergüte an ausgewählten Fließgewässern
Jahresmittelwerte 1980–1984
des Gesamtcadmiumsgehalts (Cd) in µg/l

Rhein

Meßstelle	1980	1981	1982	1983	1984	Meßart	Nebenflüsse	ΔKM
Öhningen km 22,9	0.30	0.30	0.30	0.30	0.30	56M56		ca. 228
	1.70	0.30	0.30	0.30	0.30	56M56		
	3.50	0.30	0.30	0.30	0.30	56M56		67,8
Rekingen km 90,7	–	–	–	–	–			
	–	–	–	–	–			83,3
	–	–	–	–	–		Aare	
Village–Neuf km 174,0	0.08	0.05	0.03	0.01	0.01	56M56		
	0.14	0.13	0.08	0.05	0.03	56M56		
	0.20	0.41	0.24	0.23	0.06	56M56		74,9
Weisweil km 248,9	0.30	0.30	0.30	0.30	0.30	56M56		
	1.90	0.30	0.30	0.30	0.30	56M56		
	4.10	0.30	0.30	0.30	0.30	56M56		86,8
Seltz km 335,7	0.90	1.00	0.10	0.10	0.10	56M56		
	1.00	1.10	0.30	0.30	0.10	56M56		
	1.30	3.00	1.00	0.60	1.00	56M56		26,6
Maxau km 362,3	0.30	0.30	0.30	0.30	0.30	56M56		
	2.10	0.30	0.30	0.30	0.30	56M56	Neckar	
	2.90	0.30	0.30	0.30	0.60	56M56	Main	136,2
Mainz km 498,5	0.30	0.30	0.30	0.30	0.30	56M56		
	0.30	0.30	0.30	0.30	0.30	56M56		
	0.40	0.30	0.30	0.30	2.80	56M56	Nahe Lahn	91,8
Koblenz km 590,3	0.30	0.30	0.30	0.30	0.30	56M56		
	0.30	0.30	0.30	0.30	0.30	56M56		
	0.50	0.30	0.30	0.30	0.30	56M56	Mosel	49,7
Bad Honnef km 640,0	1.00	0.30	0.30	0.30	0.30	56M56		
	1.00	0.30	0.30	0.30	0.30	56M56		
	1.00	0.40	0.30	0.30	0.50	56M56	Sieg	89,0
Düsseldorf km 720,0	–	–	–	–	–			
	–	–	0.30	0.30	0.30		Erft Ruhr Lippe	136,0
	–	–	–	–	–			
Kleve–Bimmen km 865,0	1.00	0.50	0.40	0.30	0.30	56M56		
	1.40	0.90	0.60	0.30	0.30	56M56		
	2.00	1.30	1.10	0.60	0.60	56M56		

Mosel

Meßstelle	1980	1981	1982	1983	1984	Meßart	Nebenflüsse	ΔKM
Palzem km 230,0	0.30	0.30	0.30	0.30	0.30	56M56		ca. 315
	0.30	0.30	0.30	0.30	0.60	56M56		
	0.80	0.30	1.30	0.30	12.30	56M56		17,0
Grevenmacher km 213,0	1.00	3.00	0.10	0.10	0.10	1EM		
	4.10	3.00	0.10	0.30	0.30	1EM		
	11.00	3.00	0.10	0.80	0.50	1EM	Sauer Saar	45,2
Detzem km 167,8	0.20	0.10	0.20	0.30	0.10	1EM		
	1.50	1.20	1.00	0.30	0.70	1EM		
	3.70	2.00	1.40	1.90	3.90	1EM		79,3
Zell km 88,5	0.30	0.10	0.10	0.50	0.10	1EM		
	1.10	0.90	1.00	1.00	0.60	1EM		
	3.00	2.40	1.90	1.60	1.20	1EM		86,5
Koblenz km 2,0	0.30	0.30	0.30	0.30	0.30	56M56		
	0.30	0.30	0.30	0.30	0.30	56M56		
	0.60	1.10	0.30	0.30	0.40	56M56		

Saar

Meßstelle	1980	1981	1982	1983	1984	Meßart	Nebenflüsse	ΔKM
Güdingen km ca. 92	0.30	0.30	0.30	0.30	0.30			ca. 138
	0.30	0.60	1.10	0.50	0.60			
	0.70	2.30	2.00	2.00	1.60			23,0
Bous km ca. 69	0.20	0.10	0.10	0.10	0.10	1EM		
	0.30	0.40	0.30	0.20	0.40	1EM		
	0.50	1.40	1.60	0.70	2.60	1EM		20,0
Fremersdorf km ca. 49	0.20	0.10	0.10	0.10	0.10	1EM		
	0.60	0.40	0.50	0.40	0.40	1EM		
	0.90	0.80	1.50	1.40	0.80	1EM		34,0
Serrig km ca. 15	–	–	–	–	–	–		
	–	–	–	–	–	–		
	–	–	–	–	–	–		

Neckar

Meßstelle	1980	1981	1982	1983	1984	Meßart	Nebenflüsse	ΔKM
Neckartailfingen km 218,0	–	–	–	–	–			ca. 149
	–	–	–	–	–			
	–	–	–	–	–			34,5
Stuttgart km 183,5	–	–	–	–	–			
	–	–	–	–	–			
	–	–	–	–	–			18,7
Poppenweiler km 164,8	–	–	–	–	–			
	–	–	–	–	–		Enz Kocher Jagst	
	–	–	–	–	–			51,7
Heilbronn km 113,1	–	–	–	–	–			
	–	–	–	–	–			
	–	–	–	–	–			109,9
Mannheim km 3,2	1.10	0.30	0.30	0.30	0.30	56M56		
	2.20	0.30	0.30	0.30	0.30	56M56		
	3.30	0.50	0.40	0.40	1.40	56M56		

Main

Meßstelle	1980	1981	1982	1983	1984	Meßart	Nebenflüsse	KM
Mainburg km 336,7	–	–	–	–	–		Regnitz	ca. 187
	–	–	–	–	–			
	–	–	–	–	–		Fränk. Saale	125,7
Gemünden km 211,0	–	–	–	–	–			
	–	–	–	–	–			
	–	–	–	–	–		Tauber	144,0
Kahl km 67,0	0.30	0.30	0.30	0.30	0.30	56M56		
	0.30	0.40	0.30	0.40	0.30	56M56		
	0.50	2.00	0.50	0.90	0.70	56M56	Nidda	40,0
Griessheim km 27,0	–	–	–	–	–			
	–	–	–	–	–			
	–	–	–	–	–			23,8
Kostheim km 3,2	1.00	0.30	0.30	0.50	0.50	56M56		
	4.10	0.70	0.50	0.50	0.50	56M56		
	12.00	1.60	0.80	0.50	0.90	56M56		

Weser

Meßstelle	1980	1981	1982	1983	1984	Meßart	Nebenflüsse	ΔKM
Hemeln km 11,7	0.50	0.50	0.50	0.50	0.50	56M56	Fulda Werra	ca. 105
	0.90	0.70	0.60	1.00	0.80	56M56		
	2.40	2.00	1.00	2.00	1.00	56M56		54,1
Boffzen km 65,8	0.50	0.50	0.50	0.50	0.50	56M56		
	0.80	1.20	0.50	0.60	0.50	56M56		
	1.60	6.00	0.90	1.40	1.10	56M56		54,1
Hajen km 119,9	0.50	0.50	0.50	0.50	0.50	56M56		
	0.60	0.50	0.50	0.50	0.50	56M56		
	1.20	0.70	0.70	0.50	0.90	56M56		26,6
Hess.Oldendorf km 146,5	0.50	0.50	0.50	0.50	0.50	56M56		
	1.20	0.70	0.50	0.50	0.50	56M56		
	5.60	0.70	0.50	0.50	0.50	56M56		51,9
Porta km 198,4	0.30	0.30	0.50	0.50	0.50	56M56		
	0.60	0.60	0.60	0.60	0.60	56M56		
	1.30	1.70	1.20	0.90	1.00	56M56		14,6
Petershagen km 213,0	0.30	0.30	0.40	0.50	0.50	56M56		
	0.50	1.10	0.60	0.70	0.50	56M56		
	0.80	4.50	1.00	1.40	0.70	56M56		64,6
Drakenburg km 277,6	0.50	0.50	0.50	0.50	0.50	56M56		
	0.70	0.50	0.50	0.70	0.50	56M56	Aller	
	1.00	0.50	0.50	3.00	0.80	56M56		52,1
Intschede km 329,7	0.50	0.50	0.50	0.50	0.50	56M56		
	0.60	0.50	1.00	0.70	0.50	56M56		
	0.80	0.70	5.00	3.00	0.90	56M56		31,4
Hemelingen km 361,1	0.20	–	0.20	0.30	0.50	56M56		
	0.40	–	0.50	0.50	1.00	56M56	Lesum/ Wuemme	
	0.70	–	0.60	0.80	1.70	56M56		43,8
Brake km 38,1	0.50	0.50	0.50	0.50	0.50	56M56		
	0.50	0.50	0.50	1.00	0.50	56M56		
	0.50	0.50	0.70	3.00	0.50	56M56		

Fulda

Meßstelle	1980	1981	1982	1983	1984	Meßart	Nebenflüsse	ΔKM
Wahnhausen km 93,5	–	0.30	0.30	0.50	0.30			ca. 124
	–	0.50	0.50	0.40	0.50			
	–	0.70	1.20	0.70	1.60			

Werra

Meszstelle	1980	1981	1982	1983	1984	Meßart	Nebenflüsse	ΔKM
Letzter Heller km 83,9	1.00	0.60	0.60	0.70	0.60	56M56		ca. 215
	1.60	0.90	1.20	1.10	1.10	56M56		
	3.20	1.30	1.80	2.00	1.70	56M56		

Elbe

Meßstelle	1980	1981	1982	1983	1984	Meßart	Nebenflüsse	ΔKM
Schnakenburg km 474,5	–	–	–	–	0.54			938,0
	–	–	–	–	0.82		Jeetzel	
	–	–	–	–	1.30			111,4
Geesthacht km 585,9	–	–	–	–	–			
	–	–	–	–	–		Ilmenau	
	–	–	–	–	–			44,2
Teufelsbrück km 630,1	–	–	–	–	–			
	–	–	–	–	–			
	–	–	–	–	–			36,4
Steindeich km 666,5	–	–	–	–	–			
	–	–	–	–	–			
	–	–	–	–	–			

Ems

Meßstelle	1980	1981	1982	1983	1984	Meßart	Nebenflüsse	ΔKM
Herbrum km 286,0	0.50	0.50	0.50	0.50	0.50	1EM	Hase	286,0
	0.90	0.50	0.70	0.50	0.50	1EM		
	4.20	0.50	2.00	0.70	0.50	1EM		

Donau

Meßstelle	1980	1981	1982	1983	1984	Meßart	Nebenflüsse	ΔKM
Leipheim km 21,0	–	–	–	–	–		Iller	ca. 182
	–	–	–	–	–		Lech Altmühl Naab Regen	206,0
	–	–	–	–	–			
Pfatterbrücke km 236,1	–	–	–	–	–			
	–	–	–	–	–		Isar, Inn	158,0
	–	–	–	–	–			
Jochenstein km 220,3	–	0.00	–	–	–			
	–	0.00	–	–	–			
	–	0.00	–	–	–			

Legende

Flußname							Nebenflüsse	KM
	1980	1981	1982	1983	1984	Meßart		
Meßstelle X Flußkilometer	Jahresniedrigstwert						Zufluß zwischen Quelle und Meßstelle X	km zwischen Quelle und Meßstelle X
	Jahresmittelwert							
	Jahreshöchstwert							
Meßstelle Y Flußkilometer	Jahresniedrigstwert						Zufluß zwischen Meßstelle X u. Meßstelle Y	km zwischen Meßstelle X u. Meßstelle Y
	Jahresmittelwert							
	Jahreshöchstwert							

Quelle: Bundesanstalt für Gewässerkunde

Wasser

Hexachlorbenzolgehalte ausgewählter Fließgewässer (HCB in µg/l)

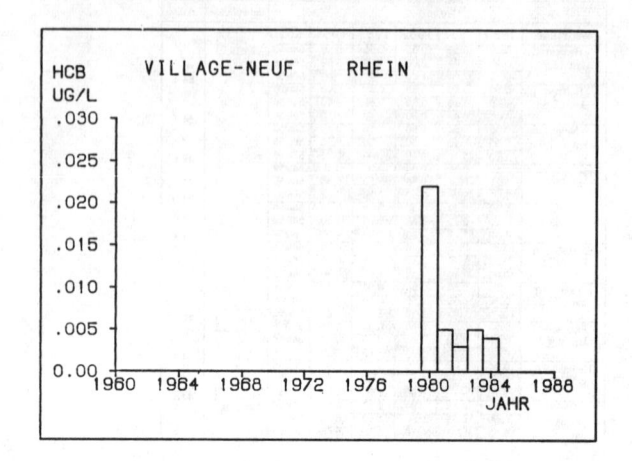

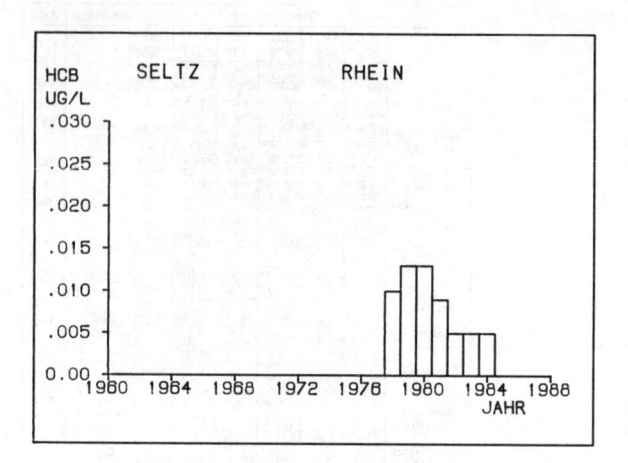

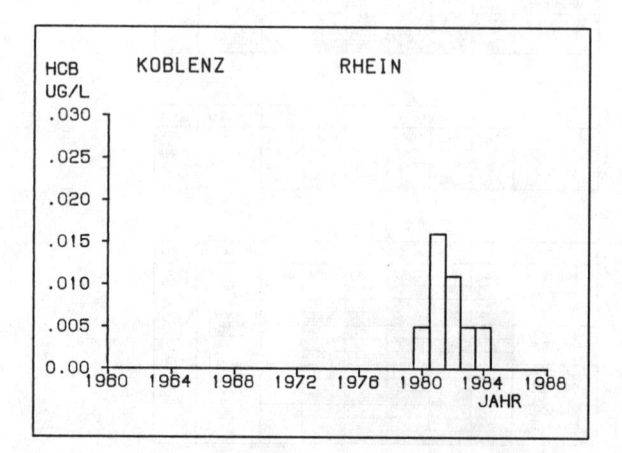

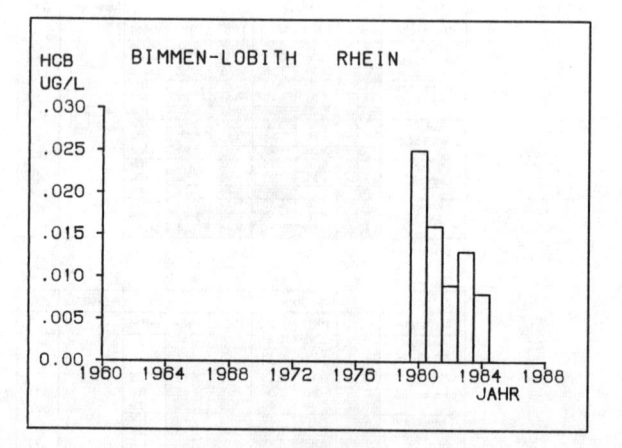

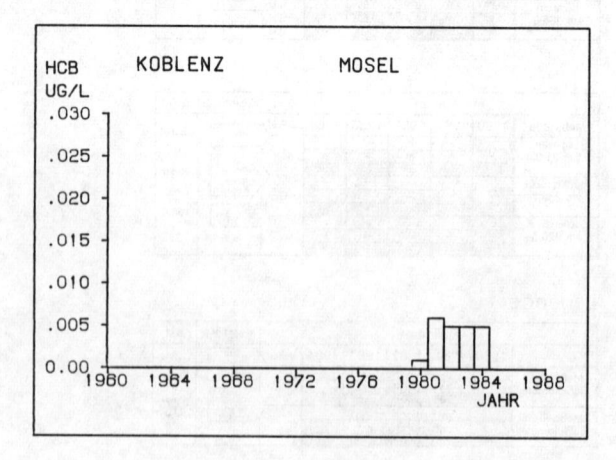

Quelle: Bundesanstalt für Gewässerkunde

Wasser

Gewässergüte an ausgewählten Fließgewässern
Jahresmittelwerte 1980–1984
des HCB-Gehalts in µg/l

Rhein

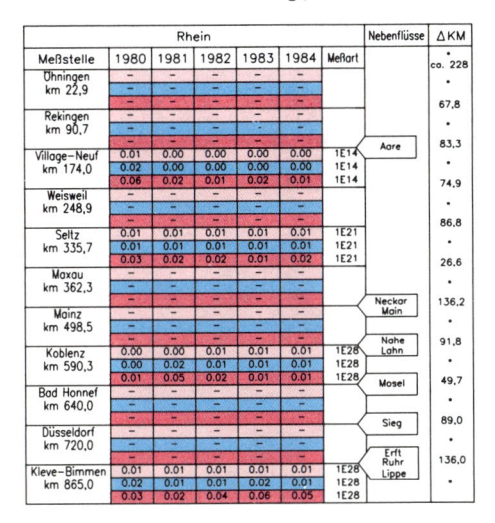

Meßstelle	1980	1981	1982	1983	1984	Meßart	Nebenflüsse	ΔKM
Öhningen km 22,9	–	–	–	–	–			ca. 228
								67,8
Rekingen km 90,7	–	–	–	–	–			
							Aare	83,3
Village-Neuf km 174,0	0.01	0.00	0.00	0.00	0.00	1E14		
	0.02	0.00	0.00	0.00	0.00	1E14		
	0.06	0.02	0.01	0.02	0.01	1E14		74,9
Weisweil km 248,9	–	–	–	–	–			
								86,8
Seltz km 335,7	0.01	0.01	0.01	0.01	0.01	1E21		
	0.01	0.01	0.01	0.01	0.01	1E21		
	0.03	0.02	0.02	0.01	0.02	1E21		26,6
Maxau km 362,3	–	–	–	–	–		Neckar Main	136,2
Mainz km 498,5	–	–	–	–	–		Nahe Lahn	91,8
Koblenz km 590,3	0.00	0.00	0.00	0.01	0.01	1E28		
	0.00	0.02	0.01	0.01	0.01	1E28		
	0.01	0.05	0.02	0.01	0.01	1E28	Mosel	49,7
Bad Honnef km 640,0	–	–	–	–	–		Sieg	89,0
Düsseldorf km 720,0	–	–	–	–	–		Erft Ruhr Lippe	136,0
Kleve-Bimmen km 865,0	0.01	0.01	0.01	0.01	0.01	1E28		
	0.02	0.01	0.01	0.02	0.01	1E28		
	0.03	0.02	0.04	0.06	0.05	1E28		

Mosel

Meßstelle	1980	1981	1982	1983	1984	Meßart	Nebenflüsse	ΔKM
Palzem km 230,0	–	–	–	–	–			ca. 315
								17,0
Grevenmacher km 213,0	–	–	–	–	–		Sauer Saar	45,2
Detzem km 167,8	–	–	–	–	–			79,3
Zell km 88,5	–	–	–	–	–			86,5
Koblenz km 2,0	0.00	0.00	0.01	0.01	0.01	1E28		
	0.00	0.01	0.01	0.01	0.01	1E28		
	0.00	0.02	0.03	0.01	0.01	1E28		

Saar

Meßstelle	1980	1981	1982	1983	1984	Meßart	Nebenflüsse	ΔKM
Güdingen km ca. 92	–	–	–	–	–			ca. 138
								23,0
Bous km ca. 69	–	–	–	–	–			20,0
Fremersdorf km ca. 49	–	–	–	–	–			34,0
Serrig km ca. 15	–	–	–	–	–	–		

Neckar

Meßstelle	1980	1981	1982	1983	1984	Meßart	Nebenflüsse	ΔKM
Neckartailfingen km 218,0	–	–	–	–	–			ca. 149
								34,5
Stuttgart km 183,5	–	–	–	–	–			18,7
Poppenweiler km 164,8	–	–	–	–	–		Enz Kocher Jagst	51,7
Heilbronn km 113,1	–	–	–	–	–			109,9
Mannheim km 3,2	–	–	–	–	–			

Main

Meßstelle	1980	1981	1982	1983	1984	Meßart	Nebenflüsse	KM
Mainburg km 336,7	–	–	–	–	–		Regnitz	ca. 187
							Fränk. Saale	125,7
Gemünden km 211,0	–	–	–	–	–		Tauber	144,0
Kahl km 67,0	–	–	–	–	–		Nidda	40,0
Griessheim km 27,0	–	–	–	–	–			23,8
Kostheim km 3,2	–	–	–	–	–			

Weser

Meßstelle	1980	1981	1982	1983	1984	Meßart	Nebenflüsse	ΔKM
Hemeln km 11,7	–	–	–	–	–		Fulda Werra	ca. 105
								54,1
Boffzen km 65,8	–	–	–	–	–			54,1
Hajen km 119,9	–	–	–	–	–			26,6
Hess.Oldendorf km 146,5	–	–	–	–	–			51,9
Porta km 198,4	–	–	–	–	–			14,6
Petershagen km 213,0	–	–	–	–	–			64,6
Drakenburg km 277,6	–	–	–	–	–		Aller	52,1
Intschede km 329,7	–	–	–	–	–			31,4
Hemelingen km 361,1	–	–	–	–	–		Lesum/Wuemme	43,8
Brake km 38,1	–	–	–	–	–			

Fulda

Meßstelle	1980	1981	1982	1983	1984	Meßart	Nebenflüsse	ΔKM
Wahnhausen km 93,5	–	–	–	–	–			ca. 124

Werra

Meßstelle	1980	1981	1982	1983	1984	Meßart	Nebenflüsse	ΔKM
Letzter Heller km 83,9	–	–	–	–	–			ca. 215

Elbe

Meßstelle	1980	1981	1982	1983	1984	Meßart	Nebenflüsse	ΔKM
Schnakenburg km 474,5	–	–	–	0.01				938,0
	–	–	–	0.01				
	–	–	–	0.02			Jeetzel	111,4
Geesthacht km 585,9	–	–	–	–	–		Ilmenau	44,2
Teufelsbrück km 630,1	–	–	–	–	–			36,4
Steindeich km 666,5	–	–	–	–	–			

Ems

Meßstelle	1980	1981	1982	1983	1984	Meßart	Nebenflüsse	ΔKM
Herbrum km 286,0	–	–	–	–	–		Hase	286,0

Donau

Meßstelle	1980	1981	1982	1983	1984	Meßart	Nebenflüsse	ΔKM
Leipheim km 21,0	–	–	–	–	–		Iller	ca. 182
							Lech Altmühl Naab Regen	206,0
Pfatterbrücke km 236,1	–	–	–	–	–		Isar, Inn	158,0
Jochenstein km 220,3	–	–	–	–	–			

Legende

Flußname							Nebenflüsse	KM
	1980	1981	1982	1983	1984	Meßart	Zufluß zwischen Quelle und Meßstelle X	km zwischen Quelle und Meßstelle X
Meßstelle X Flußkilometer	Jahresniedrigstwert							
	Jahresmittelwert							
	Jahreshöchstwert						Zufluß zwischen Meßstelle X u. Meßstelle Y	km zwischen Meßstelle X u. Meßstelle Y
Meßstelle Y Flußkilometer	Jahresniedrigstwert							
	Jahresmittelwert							
	Jahreshöchstwert							

Quelle: Bundesanstalt für Gewässerkunde

Wasser

Jahresganglinien ausgewählter Gewässer-Parameter

Anhand der Rhein-Meßstation Bimmen/Lobith werden die Jahresganglinien für einige gemessene Parameter für das Jahr 1984 dargestellt. Als Ganglinie bezeichnet man die grafische Darstellung von Werten in der Reihenfolge ihres zeitlichen Auftretens an einer Meßstation.

Für den Parameter Blei (Pb) werden Einzelmeßergebnisse für die Darstellung herangezogen, während für die übrigen Parameter kontinuierliche Meßergebnisse dargestellt werden.

Wasser

Jahresganglinien ausgewählter Parameter der Rhein-Meßstelle Bimmen/Lobith (1984)

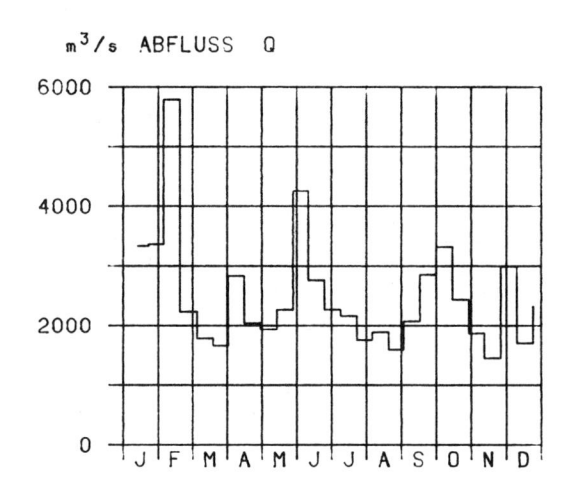

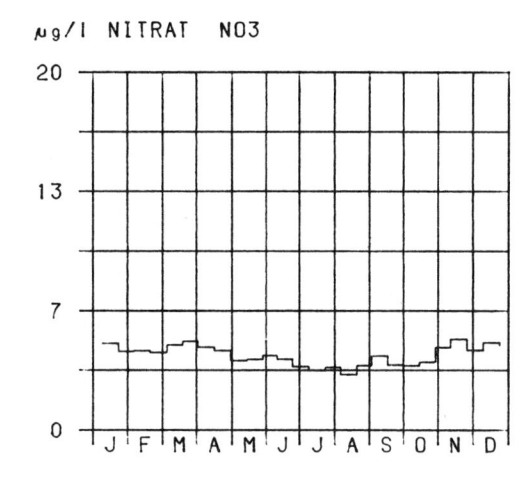

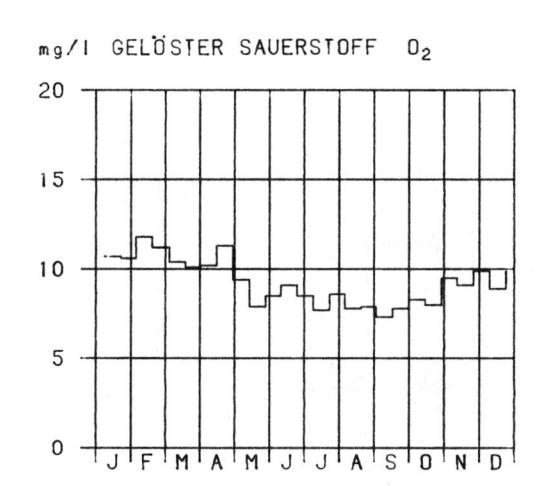

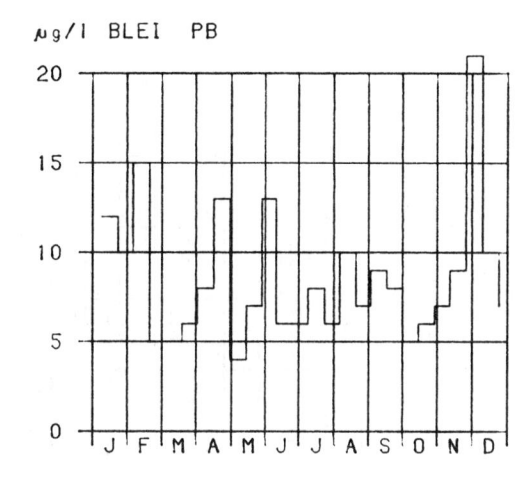

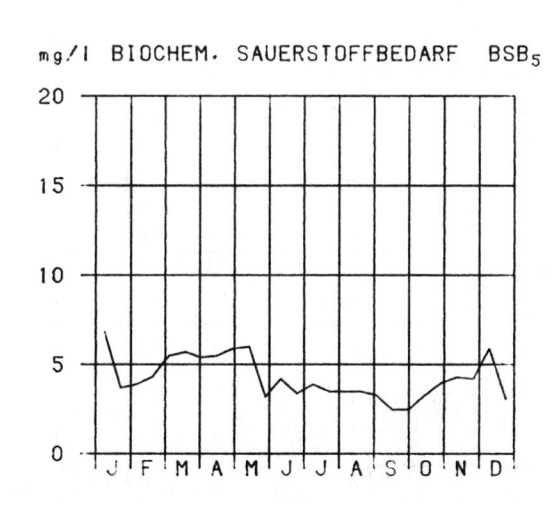

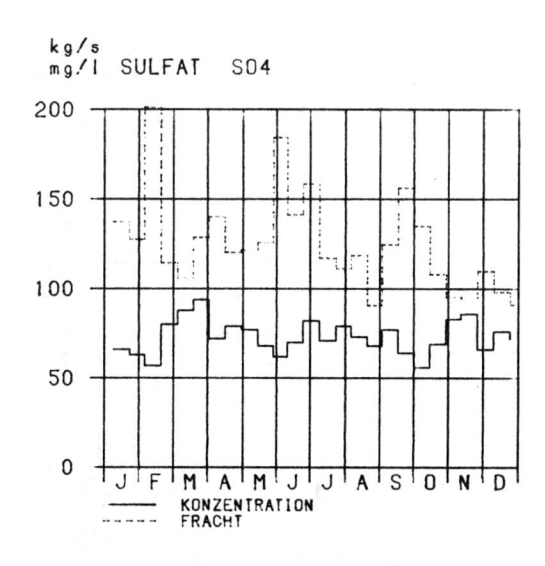

Quelle: Bundesanstalt für Gewässerkunde

Daten zur Umwelt 1986/87
Umweltbundesamt

Wasser

Jahresganglinien ausgewählter Parameter der Rhein-Meßstelle Bimmen/Lobith (1984)

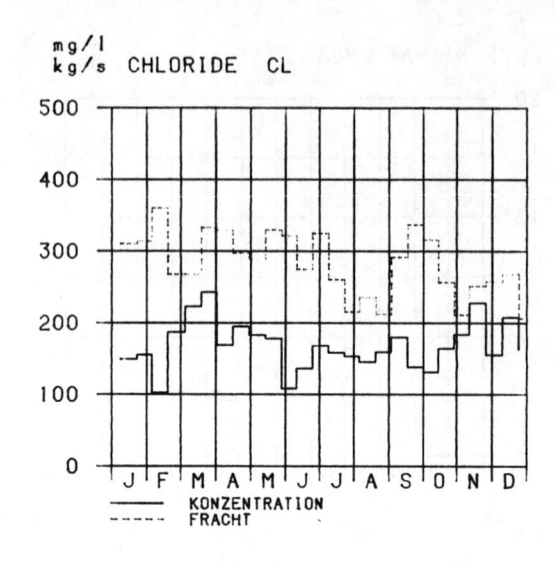

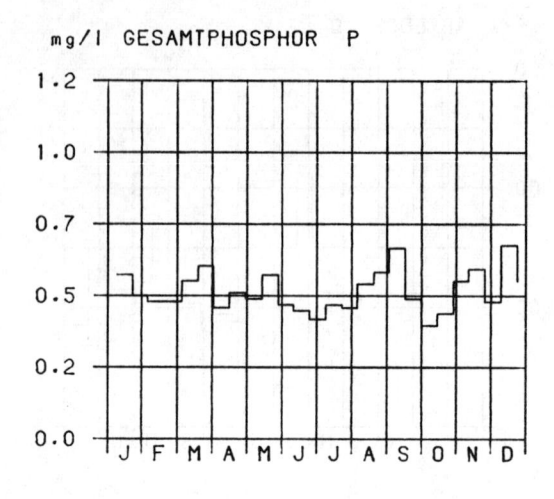

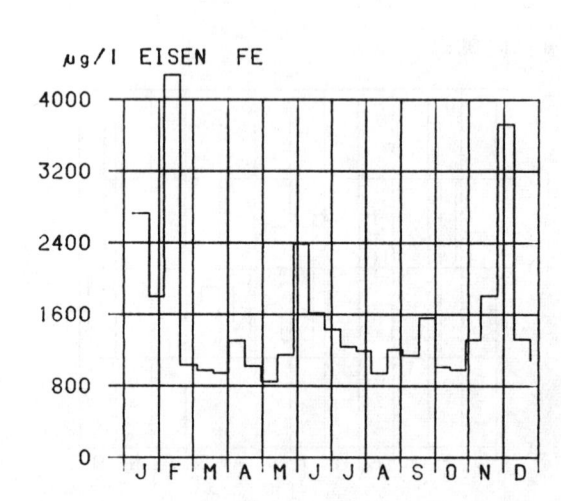

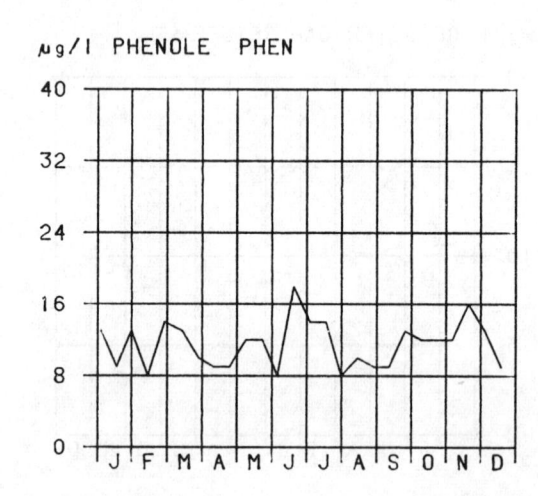

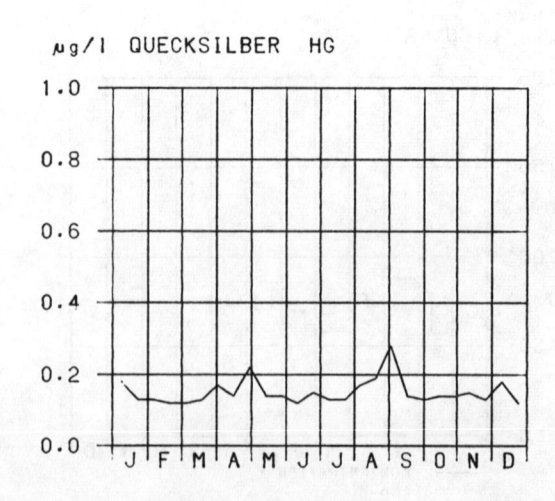

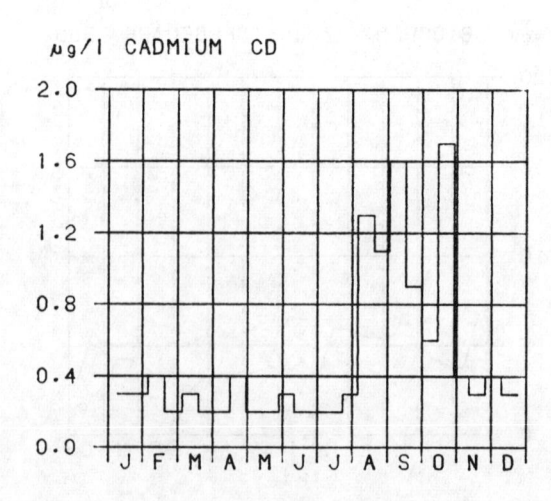

Quelle: Bundesanstalt für Gewässerkunde

Daten zur Umwelt 1986/87
Umweltbundesamt

Wasser

Gewässergüte stehender Gewässer

Bodensee

Der Bodensee ist ein glazial überformtes mehrgliedriges Becken. Es wird zwischen dem Obersee (bis Konstanz) und dem Untersee unterschieden. Etwa 71% des Einzugsgebietes liegen im schweizerischen und österreichischen Alpengebiet, während der deutsche Teil hügeliges Jungmoränengebiet mit starker landwirtschaftlicher Nutzung entwässert. Der wichtigste Zufluß erfolgt mit 2/3 der jährlichen Wassermenge über den Rhein.

Die mit Beginn der Fünfziger Jahre stark gestiegene Zufuhr des Pflanzennährstoffes Phosphor führte zu einer raschen Eutrophierung des Sees. Später begleiteten steigende Stickstoff-Frachten diese Entwicklung. Die Sauerstoffkonzentrationen über Grund sanken auf ein Konzentrationsniveau, das die aeroben Abbauvorgänge auf dem Seeboden gefährdete. Durch energische Anstrengungen aller Anliegerstaaten (für Sammler und Abwasserreinigungsanlagen wurden über 4 Mrd. Schweizer Franken investiert) konnte der Trend bei der Phosphorbelastung gestoppt werden, so daß die Konzentrationen wieder rückläufig sind. Rund 87% der im Einzugsgebiet anfallenden Abwässer werden in mechanisch-biologischen Abwasserreinigungsanlagen gereinigt (Stand 1985). Aus etwa 84% dieser Abwässer werden zusätzlich die Phosphorfrachten weitgehend eliminiert. Der Gesamt-P-Gehalt lag im Obersee (Frühjahr 1985) bei 66 mg/m^3. Die Chlorophyll-a-Konzentration beträgt im Jahresmittel 4,5 mg/m^3; die Sichttiefe liegt im Mittel bei 7,4 m. Das Produktionsniveau an Nährstoffen liegt jedoch immer noch so hoch, daß extreme Witterungsabläufe zu nachteiligen Auswirkungen auf den Sauerstoffgehalt führen können. Weitere Maßnahmen zur Sanierung des Sees sind daher notwendig.

Siehe auch:
— Abschnitt Abwasserbehandlung

Wasser

Langfristige Entwicklung der Phosphor−, Sauerstoff−, Stickstoff− und Chloridkonzentrationen im Bodensee 1960 bis 1983 gemessen am Obersee, Fischbach−Uttwil

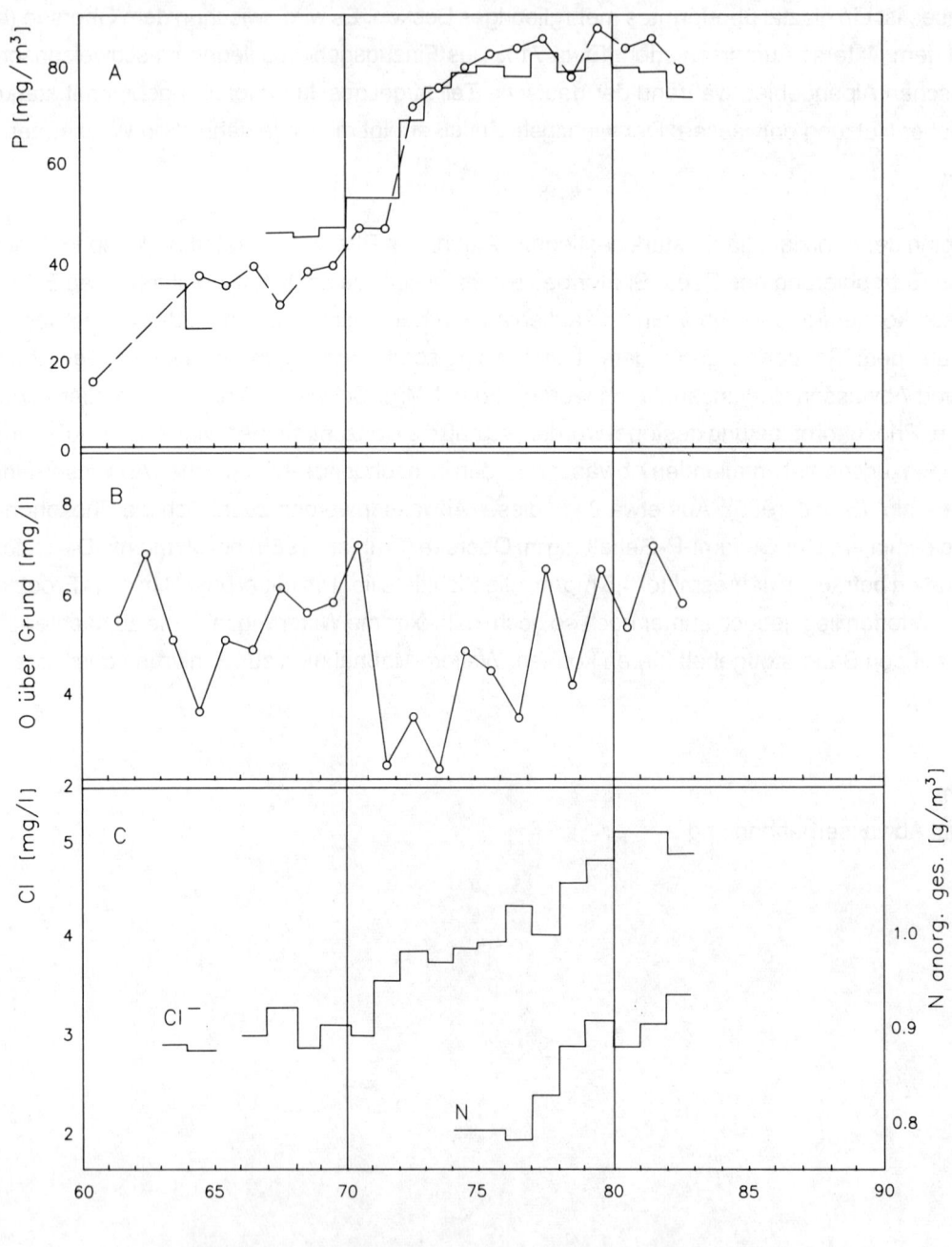

A ——— : Gesamtphosphorgehalt im Rohrwasser, Jahresmittel volumengewichtet
  o—o : Gesamtphosphorgehalt im Rohrwasser, Konzentration während der Vollzirkulation

B   : Sauerstoffkonzentration, Minimalwert 1m über Grund

C Cl^- : Chlorid, Jahresmittel volumengewichtet
  N : Stickstoff aus $NO_3^- + NO_2^- + NH_4^+$, Jahresmittel volumengewichtet

Quelle: Internationale Gewässerschutzkommission für den Bodensee

Wasser

Steinhuder Meer

Das Steinhuder Meer ist ein durch Thermokarst entstandener Flachsee. Er ist durch interne Sedimentumlagerungen und durch zeitweilig hohe Phytoplanktondichten fast ständig getrübt.

Gespeist wird das Gewässer überwiegend aus dem Grundwasser. Das oberirdische Einzugsgebiet wird zu 50% landwirtschaftlich genutzt, 20% entfallen auf Waldflächen und ca. 12% auf Siedlungsflächen. Wegen der geringen Wassertiefe bei der großen Wasserfläche treten extreme Temperaturschwankungen auf (25°C im Sommer und ca. 40 Tage mit Eisbedeckung im Winter).

Das Gewässer ist durch hohe Nährstoffeinträge gekennzeichnet. Der Gesamtphosphatgehalt schwankt zwischen 20 und 290 μg P/l. Mit dieser hohen Phosphatversorgung schwanken die pH-Werte von 7,0−9,2 und die O_2-Konzentration von 84−129% des Sättigungswertes. Die Sichttiefe liegt im Mittel bei 30 cm. Sie wird durch zeitweilig hohe Phytoplanktondichten auf weniger als 20−25 cm begrenzt. Die Chlorophyllkonzentration liegt dementsprechend bei 135 μg/l.

Das Steinhuder Meer ist als eutroph bis polytroph einzuordnen. Die bisher eingeleiteten Sanierungsmaßnahmen beschränken sich auf die Beseitigung von Abwassereinleitungen. Eine wesentliche Verbesserung der Gewässergüte ist nur durch eine Behandlung der Oberflächenentwässerung der nahegelegenen Ortslagen zu erreichen.

Siehe auch:
− Regionaler Handelsdüngerverbrauch
− Nitrat im Trinkwasser
− Abschnitt Abwasserbehandlung

Wasser

Stoffkonzentrationen im Wasser des Steinhuder Meeres an fünf Meßstationen 1984 in mg/l

	O_2	Ges.P	NO_3	Cl
Meßstelle-Nordost				
27.03.	13,4	0,06	0,78	31
30.05.	9,4	0,15	0,04	34
11.07.	10,2	0,23	0,07	34
10.10.	10,7	0,08	0,18	31
13.12.	12,1	< 0,02	0,23	34
Meßstelle Seemitte				
27.03.	13,2	0,08	0,78	31
30.05.	9,4	0,29	< 0,01	34
11.07.	11,8	0,14	0,10	36
10.10.	11,3	0,08	0,15	32
13.12.	12,2	< 0,02	0,20	34
Meßstelle Steinhude				
27.03.	13,5	0,11	3,50	31
30.05.	10,0	0,15	0,02	34
11.07.	11,9	0,15	0,07	36
10.10.	10,0	0,10	0,21	31
13.12.	11,9	< 0,02	0,48	30
Meßstelle See-West				
27.03.	13,3	0,12	0,76	33
30.05.	9,3	0,16	< 0,01	34
11.07.	10,8	0,10	0,08	36
10.10.	11,2	0,09	0,14	31
13.12.	12,2	< 0,02	0,23	34
Meßstelle Meerbach/Ablauf				
27.03.	10,3	0,12	1,10	31
30.05.	10,2	0,23	0,05	34
11.07.	8,1	0,14	0,09	36
10.10.	8,4	0,11	0,20	31

Quelle: Niedersächsisches Landesamt für Wasserwirtschaft und Wasserwirtschaftsamt

Wasser

Gütezustand von Nord- und Ostsee

Nährstoff- und Sauerstoffgehalt im Wasser der Nordsee und des Elbästuars

Stickstoff und Phosphor stellen für Pflanzen und Tiere lebensnotwendige Elemente dar, die beispielsweise in Proteine, Phospholipide, Adenosintriphosphat (ATP) oder Desoxyribonucleinsäure (DNS) eingebaut werden. Beide Nährstoffelemente treten im Meeresbereich normalerweise in niedrigen Konzentrationen auf und können somit die Produktivität der im Wasser schwebenden mikroskopisch kleinen Algen (Phytoplankton), die als Primärproduzenten die Eingangsstufe vieler aquatischer Nahrungsketten darstellen, steuern und begrenzen. Aufgrund einer in der Deutschen Bucht beobachteten Konzentrationszunahme der für Algen biologisch verfügbaren Phosphor- (ortho-Phosphat) und Stickstoffverbindungen (Nitrat, Ammonium) sowie der ebenfalls festgestellten Zunahme der Phytoplanktonbiomasse während der letzten Jahrzehnte wird derzeit diskutiert, ob das anthropogen bedingte erhöhte Angebot von Nährstoffen eine Steigerung der Produktionsleistung sowie nachfolgende negative Auswirkungen auf die Meeresökologie verursacht hat, d.h. inwieweit in der Nordsee eine Eutrophierung oder Hypertrophierung eingetreten ist. Negative Auswirkungen der Hypertrophierung sind infolge des verstärkten Abbaus des sedimentierenden pflanzlichen Materials das Auftreten von Sauerstoffmangel im Sediment und Tiefenwasser mit einhergehenden Schädigungen des Fischbestandes und der benthonischen Fauna.

Die in der Tabelle dargestellten Gehalte von Gesamt-P und Gesamt-N entsprechen der Summe aus organisch und anorganisch gebundenen Anteilen der in gelöster Form und im suspendierten partikulären Material vorliegenden Nährstoffe. Die Daten werden vor allem im Winter erhoben, weil zu dieser Jahreszeit das Algenwachstum durch Temperatur und Licht limitiert und somit eine Anreicherung von Nährstoffen durch das Phytoplankton begrenzt ist. Die Vergleichbarkeit der Daten ist folglich langfristig gewährleistet.

Während der Eintrag von Phosphat in die Deutsche Bucht in der Hauptsache über die großen Tideflüsse Elbe und Weser erfolgt, werden anorganische Stickstoffverbindungen zu einem erheblichen Teil auch über die Atmosphäre transportiert. Die Tabelle zeigt, daß aus dem Elbeästuar in seewärtiger Richtung eine starke Abnahme der Nährstoffkonzentrationen sowohl bei Gesamtstickstoff als auch bei Gesamtphosphor zu verzeichnen ist. Diese Abnahme ist zum einen auf die Einmischung von Nordseewasser (Verdünnungswirkung) zurückzuführen. Zum anderen wird ein Teil der gebundenen Nährstoffe bei der Sedimentation insbesondere in der Brackwasserzone, die durch einen hohen Schwebstoffgehalt gekennzeichnet ist, dem Wasserkörper entzogen. Über das Ausmaß dieses Effektes und die Wiederfreisetzung von Nährstoffen aus dem Sediment bestehen gegenwärtig noch keine gesicherten Erkenntnisse.

Wasser

Nährstoff- und Sauerstoffgehalt im Wasser der Nordsee und des Elbeästuars (Strom-km 693 bis 727) im Januar/Februar 1985

	Elbeästuar	Innere Deutsche Bucht	Äußere Deutsche Bucht
Gesamtphosphor (μmol/l)	8,4–16,1	1,2–3,3	0,8–1,3
Gesamtstickstoff (μmol/l)	228–464	27–90	13–28
Sauerstoff (% Sättigung)	82–88	98–101	98–101

Quelle: Deutsches Hydrographisches Institut, Arbeitsgemeinschaft für die Reinhaltung der Elbe

Wasser

Verteilung ausgewählter chlorierter Kohlenwasserstoffe im Gesamtbereich der Nordsee

Die in der Umwelt anzutreffenden chlorierten Kohlenwasserstoffe sind im Gegensatz zu den Schwermetallen fast ausschließlich anthropogenen Ursprungs. Nach den gängigen Kriterien der Umweltgefährlichkeitsbewertung von Chemikalien (Höhe der Produktion, Emission, Persistenz, Abbaubarkeit, Akkumulation, Toxizität und Dispersion) gehören die dargestellten Organohalogene nach bisherigem Kenntnisstand noch am ehesten zu denen, die eine potentielle Gefährdung der Meeresumwelt darstellen:

- Hexachlorbenzol (HCB) wurde als Weichmacher und Flammenhemmittel, vor allem aber als Fungizid in Saatbeiz- und Holzschutzmitteln angewandt; ferner gelangt es bei der Herstellung von Lösungsmitteln und beim Verbrennen chlorhaltiger Produkte in die Umwelt.
- Hexachlorcyclohexan (HCH) beinhaltet eine Reihe von Isomeren, von denen im aquatischen Bereich neben dem hochwirksamen Insektizid γ-HCH (Lindan) vor allem das bei der Lindanproduktion anfallende Nebenprodukt α-HCH in nennenswerten Konzentrationen in Erscheinung tritt.
- Polychlorierte Biphenyle (PCB) bestehen aus einer Gruppe von 209 gleichwertigen Verbindungen. Sie wurden in der Bundesrepublik Deutschland vor allem als Dielektrika in Kondensatoren, als Isolier- und Kühlflüssigkeit in Transformatoren, als Hydrauliköl in Bergwerken, als Weichmacher in Kunststoffen oder auch als Insektizidzusatz genutzt. Da eine Gesamtbestimmung von PCB als zu ungenau gilt, werden in Überwachungsprogrammen Einzelsubstanzen wie das dargestellte 2, 2', 3, 4,4', 4', 5-Hexachlorbiphenyl regelmäßig analysiert.

In den dargestellten Abbildungen ist ein mehr oder weniger ausgeprägtes Verteilungsmuster der im Nordseewasser gemessenen Einzelsubstanzen zu erkennen: Vermutlich bedingt durch den Rheinzufluß liegt ein Belastungsschwerpunkt mit 2, 2', 3, 4, 4', 5-Hexachlorbiphenyl vor der deutsch-niederländischen Küste. Während die Elbe zur Belastung der Nordsee durch PCB wenig beizutragen scheint, gilt dies nicht für HCB und HCH, die im Elbeästuar und im anschließenden Küstenraum in verhältnismäßig hohen Konzentrationen auftreten. Beim Lindan und α-HCH sind als Belastungsschwerpunkte ferner neben der Deutschen Bucht auch der Ausstrom aus der Ostsee im Kattegat und Skagerrak zu nennen. Die weiträumige Verteilung der HCH-Isomere stimmt außer mit genannten Belastungsschwerpunkten auch mit den Verhältnissen des Wasseraustausches in der Nordsee überein. Insgesamt zeigen die Darstellungen vergleichsweise hohe Konzentrationen an chlorierten Kohlenwasserstoffen im Küstenraum, besonders in Flußmündungsgebieten, die in der Regel zur offenen Nordsee eine abnehmende Tendenz aufweisen.

Eine ökotoxikologische Bewertung der dargestellten Organohalogene ergibt, daß für Meeresorganismen derzeit zwar keine akut toxischen Konzentrationen dieser chlorierten Kohlenwasserstoffe auftreten, daß andererseits aber aus dem Zusammenwirken der Einzelsubstanzen – auch in Verbindung mit anderen Stoffgruppen wie mit Schwermetallen – Langzeitwirkungen nicht ausgeschlossen werden können. Ferner ist zu berücksichtigen, daß chlorierte Kohlenwasserstoffe von Organismen direkt aus dem Wasser und/oder über die Nahrung in einem hohen Maße akkumuliert und somit auch dem Menschen als Konsument von Meerestieren zugeführt werden.

Die weitergehende Reduzierung der Schadstoffeinträge in das offene Meer, z.B. mit Hilfe der 5. Novelle zum Wasserhaushaltsgesetz, stellt somit eine wichtige Forderung an die Umsetzung des Vorsorgeprinzips dar.

Siehe auch:
- Chlorierte Kohlenwasserstoffe in Lebensmitteln

Wasser

Vorkommen ausgewählter chlorierter Kohlenwasserstoffe im Gesamtbereich der Nordsee 1981

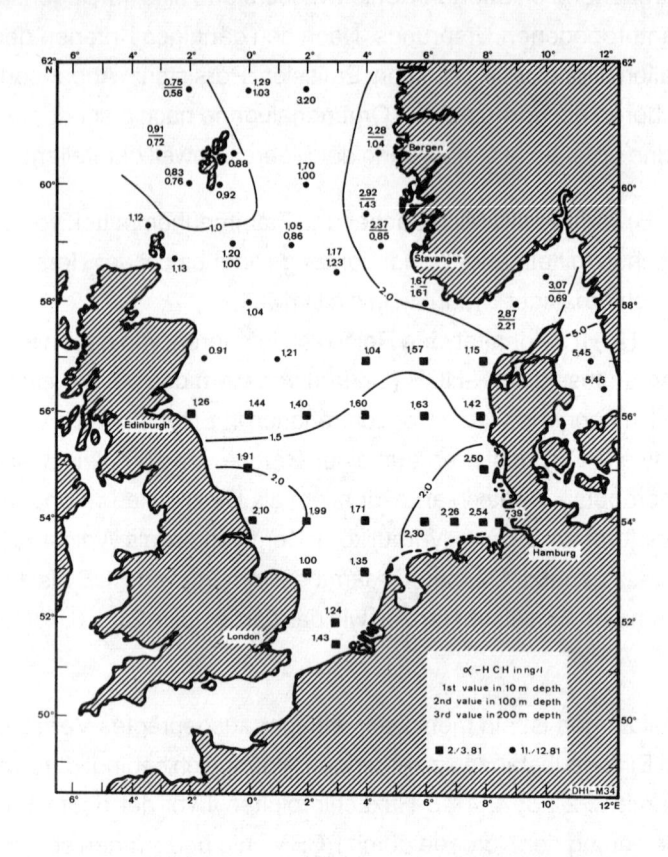

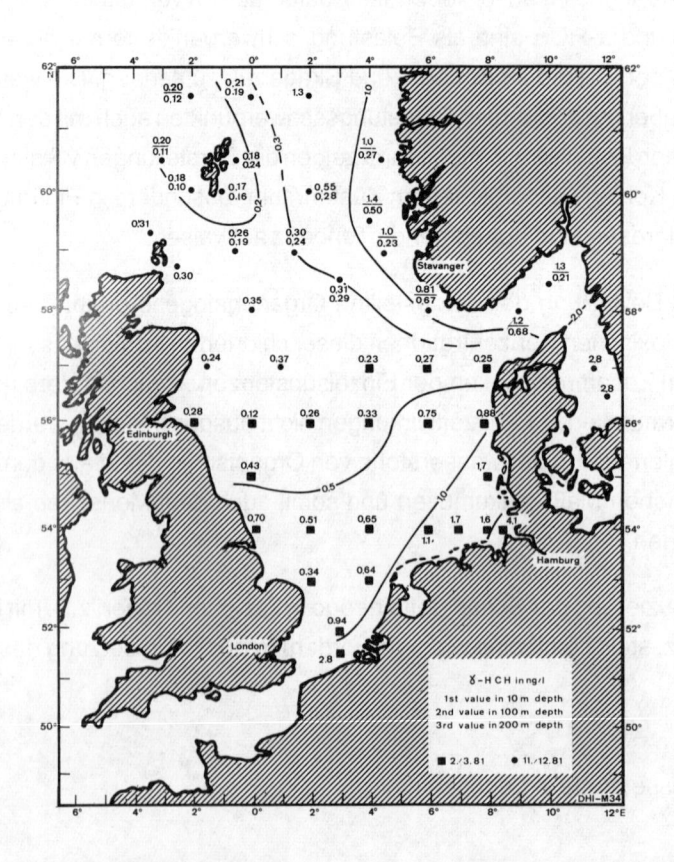

Quelle: Gaul et. al.

Wasser

Vorkommen ausgewählter chlorierter Kohlenwasserstoffe im Gesamtbereich der Nordsee 1981

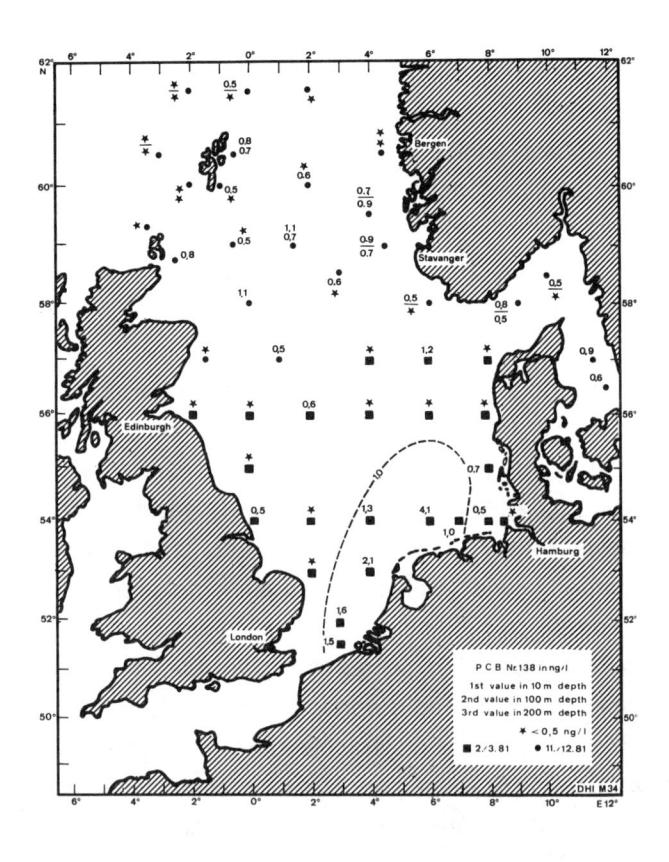

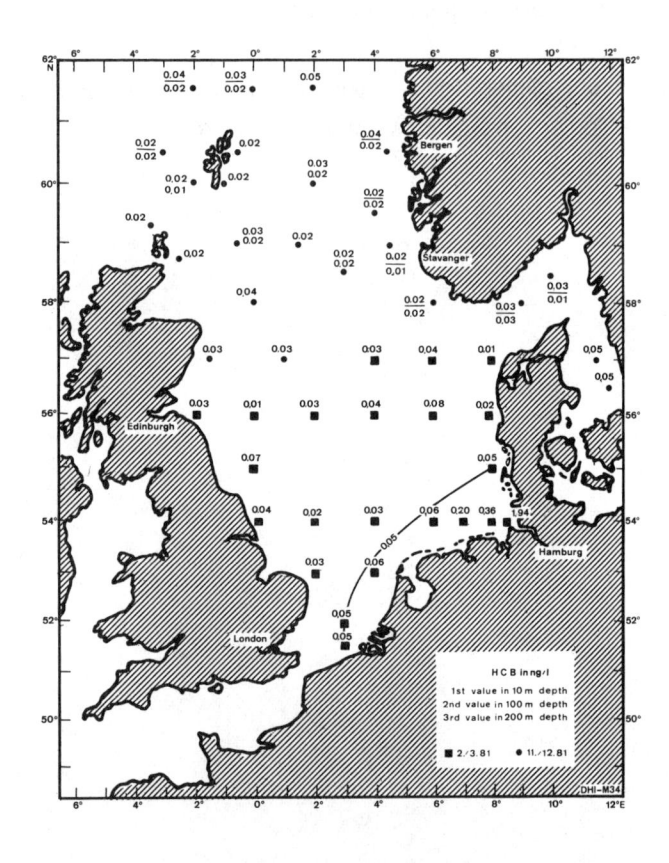

Quelle: Gaul et. al.

Wasser

"Neue" organische Umweltchemikalien im Küstenbereich der Nordsee

Neben der regelmäßigen Messung von in Überwachungsprogrammen fest verankerten Substanzen wie Hexachlorcyclohexan, Hexachlorbenzol und einzelnen polychlorierten Biphenylen wird von Zeit zu Zeit ein „Screening" auf „neue" organische Umweltchemikalien im Meeres-, Küsten- und Ästuarbereich durchgeführt. Die Tatsache, daß insgesamt nur ein Bruchteil der zum Teil biologisch äußerst wirksamen Komponenten (z.B. Pestizide und deren Abbauprodukte) auf ihre Verbreitung im aquatischen Milieu regelmäßig untersucht werden kann, macht die Identifzierung „neuer" und gleichzeitig in relevanten Konzentrationen auftretender Stoffe sowie ihre gewässerzustandsbezogene Bewertung zu einem wesentlichen Ziel staatlicher Überwachungsaufgaben; ein derartiges „Screening" dient in diesem Sinne auch der festzuschreibenden Aktualisierung von Überwachungsinhalten.

Den dargestellten Tabellen sind Konzentrationsgradienten von organischen Umweltchemikalien im unfiltrierten Wasser (Wassertiefe 5 m) im Bereich Elbeästuar/Nordsee und im südlichen/nördlichen Nordseeküstenbereich zu entnehmen: Bei den neu identifizierten Stoffen ist in der Regel ein steiler Konzentrationsabfall von der Süßwassergrenze der Elbe seewärts festzustellen, verursacht durch Vermischungsvorgänge von geringer kontaminiertem Seewasser mit höher belastetem Flußwasser, durch Sedimentation von belastetem, suspendiertem partikulären Material (Sinkstoffe) mit einhergehender Einbindung der Substanzen in den Gewässerboden sowie vermutlich auch durch mikrobiellen und chemischen Abbau der Einzelkomponenten. Von den chlorierten Pestiziden fallen mengenmäßig vor allem die ins Gewicht, die bereits im Rahmen laufender Überwachungsprogramme erfaßt werden (HCH, HCB): Hingegen liegen Verbindungen wie Aldrin, Chlordan, DDE und Methoxychlor mit äußerst niedrigen Konzentrationen noch unterhalb der Nachweisgrenze, so daß eine bedeutende Belastung der Nordsee durch diese Substanzen derzeit nicht zu befürchten ist. Als in ihrer Konzentration herausragend sind jedoch die halogenfreien Phthalate zu beachten, die vor allem als Weichmacher in Kunststoffen und Lacken, ferner als Entschäumungsmittel sowie als Emulgatoren für Kosmetika, Parfüme und Pestizide genutzt werden.

Eine weitergehende Beobachtung dieser Stoffklasse im aquatischen Milieu scheint nach derzeitigem Kenntnisstand auch unter ökotoxikologischen Gesichtspunkten geboten.

Wasser

Meßstationen des gemeinsamen Bund/Länder- Meßprogramms für die Nordsee (1982/1983)

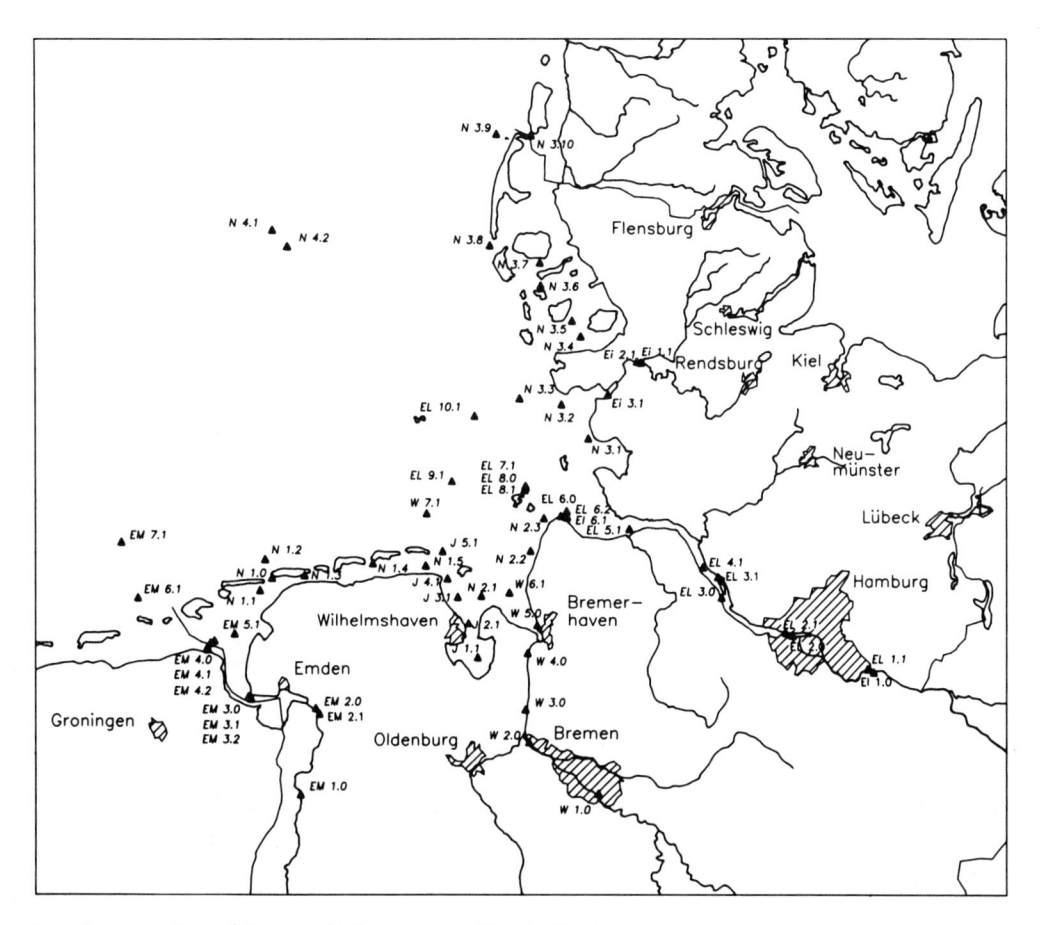

Quelle: Gemeinsames Bund/Länder- Meßprogramm für die Nordsee

Wasser

Organische Umweltchemikalien (ng/l) an ausgewählten Meßstationen für die Nordsee im August 1983

	Meßstellen			
	EL 3	EL 6	EL 9.1	EL 10.1
Niedermolekulare Organohalogenverbindungen				
Bis (2-Chlorisopropyl)ether	1500	60	70	≤ 10
Hexachlorethan	8,6	0,03	≤ 0,01	≤ 0,01
Hexachlorbutadien	1,8	0,08	≤ 0,02	≤ 0,02
Chlorierte Pestizide				
Aldrin	≤ 0,02	≤ 0,02	≤ 0,02	≤ 0,02
Dieldrin	0,67	0,12	≤ 0,02	≤ 0,02
Endrin	0,72	0,16	≤ 0,02	≤ 0,02
α-Chlordan	≤ 0,02	≤ 0,02	≤ 0,02	≤ 0,02
γ-Chlordan	≤ 0,02	≤ 0,02	≤ 0,02	≤ 0,02
p, p'-DDT	0,72	0,07	≤ 0,05	≤ 0,05
p, p'-DDD	13,0	3,2	0,10	0,10
p, p'-DDE	≤ 0,02	≤ 0,02	≤ 0,02	≤ 0,02
Hexachlorbenzol (HCB)	11,6	0,95	0,07	0,07
α-Hexachlorcyclohexan (α-HCH)	38,4	8,1	2,4	3,2
β-Hexachlorcyclohexan (β-HCH)	43,0	5,3	0,36	0,72
γ-Hexachlorcyclohexan (γ-HCH)	45,5	15,0	5,3	6,3
Methoxychlor	≤ 0,05	≤ 0,05	≤ 0,05	≤ 0,05
Polychlorierte Biphenyle				
2,2',4,4',5,5'-Hexachlorbiphenyl (PCB-153)	1,40	0,63	≤ 0,4	≤ 0,4
2,2',3,4,4',5'-Hexachlorbiphenyl (PCB-138)	1,62	0,70	≤ 0,5	≤ 0,5
2,2',3,4,4',5,5'-Heptachlorbiphenyl (PCB-180)	0,59	0,22	≤ 0,15	≤ 0,15
Chlorierte Benzole				
1,3,5-Trichlorbenzol	6,3	0,18	≤ 0,02	≤ 0,02
1,2,4-Trichlorbenzol	5,9	0,34	0,05	≤ 0,03
1,2,3-Trichlorbenzol	2,7	0,05	≤ 0,02	≤ 0,02
1,2,3,5-Tetrachlorbenzol	0,52	0,04	≤ 0,02	≤ 0,02
1,2,4,5-Tetrachlorbenzol	4,8	0,12	≤ 0,02	≤ 0,02
1,2,3,4-Tetrachlorbenzol	1,5	0,06	≤ 0,02	≤ 0,02
Pentachlorbenzol	2,5	0,26	0,04	≤ 0,02

Wasser

Organische Umweltchemikalien (ng/l) an ausgewählten Meßstationen für die Nordsee im August 1983

	Meßstellen			
	EL 3	EL 6	EL 9.1	EL 10.1
Phthalsäureester				
Phthalsäuredimethylester	2420	123	≤ 50	≤ 50
Phthalsäurediethylester	8150	667	254	≤ 50
Phthalsäuredibutylester	181	30	≤ 20	≤ 20
Phthalsäureethylhexylester	220	40	≤ 20	≤ 20
Styrole				
Octachlorstyrol	1,6	0,50	≤ 0,05	≤ 0,05

	Meßstellen					
	Em 7.1	Em 6.1	W 7.1	EL 9.1	EL 10.1	N 4.1
Dieldrin	0,12	0,14	0,13	≤ 0,02	≤ 0,02	0,08
Endrin	≤ 0,02	≤ 0,02	≤ 0,02	≤ 0,02	≤ 0,02	≤ 0,02
HCB	≤ 0,02	0,02	0,08	0,07	0,07	0,02
α-HCH	1,58	1,91	2,12	2,41	3,22	2,19
γ-HCH	3,73	4,12	4,48	5,28	6,31	4,48
PCB-153	≤ 0,4	≤ 0,4	≤ 0,4	≤ 0,4	≤ 0,4	≤ 0,4
PCB-138	≤ 0,5	≤ 0,5	≤ 0,5	≤ 0,5	≤ 0,5	≤ 0,5
PCB-180	≤ 0,15	≤ 0,15	≤ 0,15	≤ 0,15	≤ 0,15	≤ 0,15
Aldrin	bei allen Stationen				≤ 0,02	
Methoxychlor	bei allen Stationen				≤ 0,05	

Quelle: Deutsches Hydrographisches Institut

Wasser

Schwermetallbelastung von Sedimenten der Nordsee und ihrer wichtigen Zuflüsse

In Flüsse eingeleitete Schwermetalle werden durch organische und mineralische Komponenten der im Wasser transportierten Schweb- und Sinkstoffe zu einem hohen Prozentsatz gebunden. Während des Transportes des metallbelasteten partikulären Materials in das offene Meer sedimentiert hiervon bereits ein Großteil während der Fließstrecke und führt somit zu einer erheblichen Belastung des Gewässerbodens. Bei langfristig angelegten Untersuchungsprogrammen erlaubt die Analyse von frisch sedimentiertem Material daher eine Beurteilung der Metallbelastungssituation in räumlicher und zeitlicher Auflösung.

Aufgrund der unterschiedlichen chemischen Zusammensetzung und der großen Oberfläche pro Gewichtseinheit sind die kleineren Sedimentpartikel ($< 20\ \mu m$) vergleichsweise höher mit Schwermetallen beladen als die größeren, die überwiegend aus inaktivem Quarz bestehen ($> 20\ \mu m$). Um eine Vergleichbarkeit der sich in der Korngrößenverteilung zum Teil erheblich unterscheidenden Sedimente dennoch zu gewährleisten, werden die zu untersuchenden Schwermetalle ausschließlich in der Fraktion $< 20\ \mu m$ (Ton-, Fein- und Mittelschluff) analysiert und relativ zu den natürlichen Hintergrundwerten dargestellt. Letztere berücksichtigen nicht die unterschiedliche Geochemie der Einzugsgebiete für die einzelnen Flüsse, die Wattgebiete sowie die Hohe See und stellen somit lediglich Näherungswerte dar, die von den wahren Werten vermutlich bis zum Faktor 2 abweichen können.

Die in den Abbildungen dargestellte Anreicherung von Cadmium, Blei und Quecksilber in den Sedimenten der Nordsee und ihrer wichtigsten Zuflüsse läßt hinsichtlich der räumlichen Belastungssituation ein ausgesprochenes Verteilungsmuster erkennen. Die Einteilung in vier Belastungsbereiche ist dabei willkürlich und dient ausschließlich der Anschaulichkeit. Generell liegen die Schwermetallgehalte im limnischen Teil der Tideflüsse und in den Ästuaren über denen der nord- und ostfriesischen Watten, deren Belastung wiederum die der offenen Nordsee übersteigt.

Im Fall der Elbe ist bereits innerhalb der Süßwasserzone bei Hamburg ein ausgeprägter Konzentrationssprung zu verzeichnen, was auf die erhebliche Vorbelastung dieses Flusses durch Einträge aus Gebieten außerhalb der Bundesrepublik Deutschland hinweist. Demgegenüber zeigen die Schwermetallgehalte entlang der Weser bis zur Flußmündung nicht die erwartete abnehmende Tendenz, obwohl in der Brackwasserzone der Anteil an marinem und somit gering belasteten Sediment ansteigen müßte. Die Ergebnisse deuten somit auf Schwermetalleinleitungen im Weserästuar hin.

Eine vergleichende Betrachtung der einzelnen Schwermetalle zeigt, daß die Elbe trotz einer Abnahme im seewärtigen Bereich insbesondere mit Quecksilber hochbelastet ist, während in der Weser die anthropogen bedingte Anreicherung von Cadmium besonders problematisch erscheint. In Bereichen der offenen Nordsee werden deutlich erhöhte Bleigehalte gefunden, wohingegen die Cadmium- und Quecksilbergehalte bislang nur leicht erhöht scheinen und teilweise den natürlichen Hintergrundwerten entsprechen. Im Gegensatz zur Frage der Belastungsschwerpunkte, die mit den heute zur Verfügung stehenden Informationen verhältnismäßig gut beantwortet werden kann, liegen über die zeitliche Entwicklung der Belastungssituation bislang keine ausreichenden Informationen vor; weitere Untersuchungen in den nächsten Jahren sollen Aufschluß geben, inwieweit die vorgenommenen Emissionsbeschränkungen eine verringerte Belastung unserer Gewässer mit toxisch wirkenden Schwermetallen erkennen lassen.

Siehe auch:
- Biologische Gewässergüte der Fließgewässer
- Gewässergütedaten ausgewählter Meßstationen
- Schwermetalle in Lebensmitteln

Wasser

Schwermetallbelastung von Sedimenten der Nordsee und ihrer wichtigsten Zuflüsse in den Jahren 1981 bis 1983

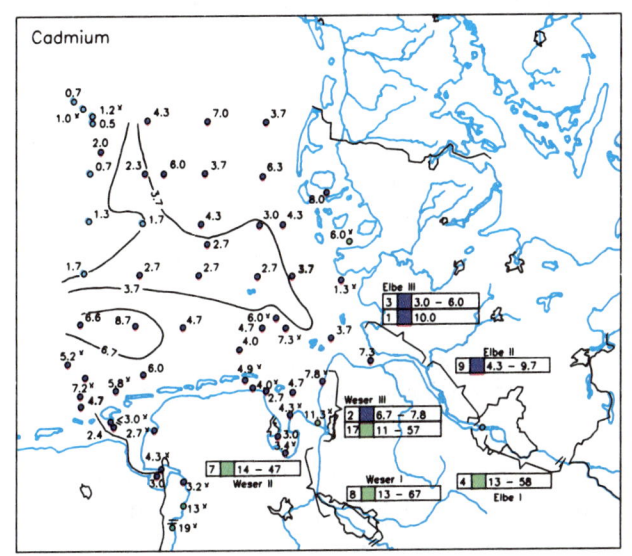

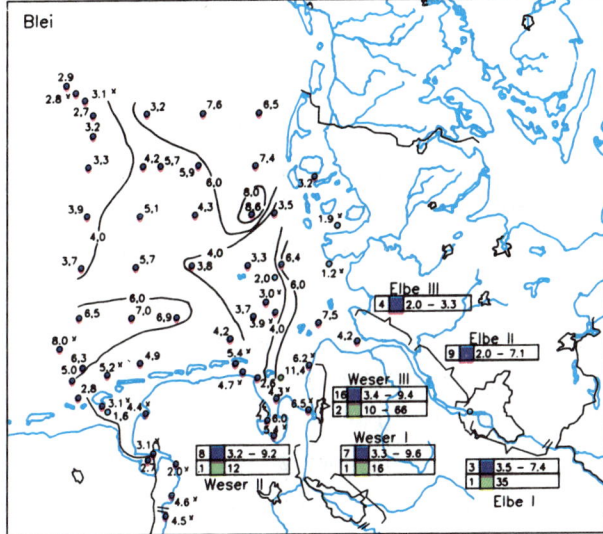

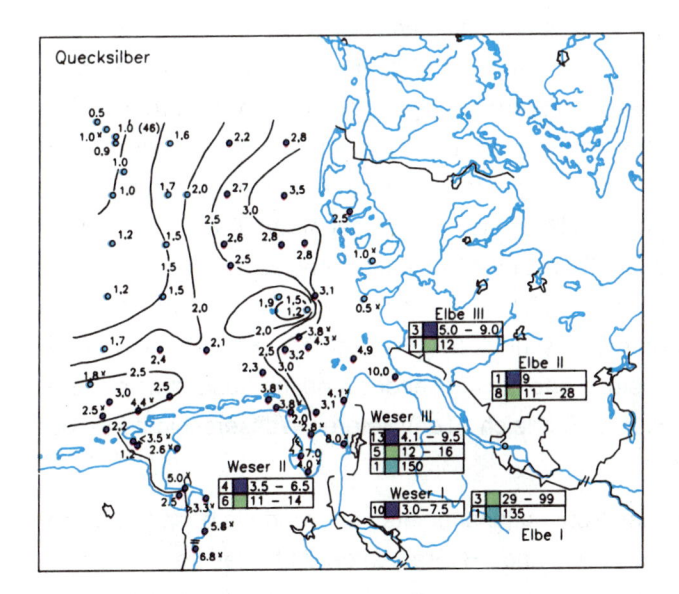

n		Belastung
n		< 2
n		> 2 – 10
n		> 10 – 100
n		>100

n = Anzahl der Stationen, die im Bereich der jeweiligen Klassen liegen

Belastung = In der jeweiligen Klasse vertretene minimale bzw. maximale Relativwerte

Natürliche Hintergrundwerte:
1. Cadmium (Cd): 0.3 mg/kg
2. Blei (Pb): 25 mg/kg
3. Quecksilber (Hg): 0.2 mg/kg

Die angegebenen Werte kennzeichnen die Anreicherung der Elemente Cd, Pb und Hg in der Kornfraktion < 20 μm (Angaben der gemessenen Schwermetallgehalte relativ zu den natürlichen Hintergrundwerten)

x kennzeichnet Mittelwerte aus 2 – 10 voneinander unabhängigen Einzelbestimmungen.

Quelle: Deutsches Hydrographisches Institut
Gemeinsames Bund/Länder-Meßprogramm für die Nordsee

Wasser

Cadmiumbelastung des Emsästuars und der Inneren Deutschen Bucht

Im Rahmen des gemeinsamen Überwachungsprogrammes der Oslo- und Paris-Kommissionen, die zur Verhütung der Meeresverschmutzung von Nordsee und Nord-Ost-Atlantik gegründet wurden, werden neben chlorierten Kohlenwasserstoffen ausgewählte Schwermetalle in den Kompartimenten Wasser, Biota und Sedimente regelmäßig überwacht. Die Überwachung von Schwermetallen im Wasser dient dabei der Erfassung der jeweils herrschenden Metallbelastungssituation, während der Metallgehalt von Sedimenten und Organismen erfahrungsgemäß den Belastungszustand eher integrativ über gewisse Zeiträume widerspiegelt.

Die Bestimmung von Schwermetallen in der Wassersäule erfolgt viermal jährlich in den Ästuaren von Elbe, Weser und Ems sowie einmal im Jahr in der Deutschen Bucht. Analysiert werden die Metalle Hg, Cd, Cu, Zn und Pb in der unfiltrierten Probe sowie nach Abtrennung der Schwebstoffe in der gelösten Phase ($< 0,45$ μm-Fraktion). Als zusätzliche Bestimmungsgrößen werden der Salzgehalt bzw. der Chloridgehalt des Wassers, die Wassertemperatur sowie der Schwebstoffgehalt erfaßt.

Die dargestellten Grafiken berücksichtigen die in den Jahren 1983 und 1984 erhobenen Cd-Daten in den Überwachungs-Gebieten 12 (Emsästuar) und 13 (Innere Deutsche Bucht), die von der Bundesanstalt für Gewässerkunde und dem Deutschen Hydrographischen Institut gemessen wurden. Im Emsästuar wurden die Daten viermal jährlich an 9 Meßstationen in einer Wassertiefe von 1,5 m und in der Inneren Deutschen Bucht einmal im Jahr an 7 Meßstationen im Oberflächenwasser (2 m Tiefe) und in Tiefen von 8–19 m sowie an 2 Meßstationen (13-5 A, 13-9 A) zusätzlich in Tiefen von 25–35 m erhoben.

Die erhaltenen Ergebnisse sind auf Seite 326 in Form von Jahreswerten dargestellt und ermöglichen einen direkten Vergleich der in beiden Konventionsgebieten ermittelten Belastungssituation: Der Cd-Gehalt der unfiltrierten Wasserproben lag in der Inneren Deutschen Bucht im Jahre 1983 um das 6,9fache und im Jahre 1984 um das 2,1fache unter den im Emsästuar gemessenen Werten. In einer zweiten Karte wurden die erhaltenen Meßwerte in Klassen eingeteilt, die je nach Häufigkeit der Beobachtungen den Belastungszustand des Überwachungsgebietes charakterisieren: Im Emsästuar lagen in beiden Untersuchungsjahren in über 50% der Fälle die Cd-Gehalte im Bereich von 0,10–0,25 μg/l bei einem Schwebstoffgehalt von 10–50 mg/l. Bei einem natürlichen Hintergrundwert von 0,02–0,03 μg Cd pro Liter Seewasser erwiesen sich die in der Inneren Deutschen Bucht gemessenen Cd-Konzentrationen in 1983 im Mittel nur leicht, in 1984 aber deutlich erhöht. Die erhebliche Kontamination im Jahre 1984 mit durchschnittlich 0,083 μg/l läßt sich dabei vermutlich auf den Ausstrom der Elbe zurückführen: Die Cd-Belastung erfolgte flächendeckend mit Ausnahme der Stationen 14–3 und 13–9 A, wobei im Oberflächenwasser im Vergleich zu den tieferen Wasserschichten in der Regel deutlich höhere Cd-Konzentrationen auftraten.

Neben der dargestellten Bewertung von geschlossenen Konventionsgebieten erfordert die besondere Problematik von Flußmündungsgebieten (Ausbildung eines Salz- und pH-Gradienten, Auftreten von Trübungswolken) zusätzlich eine weitergehende Differenzierung hinsichtlich der ortsabhängigen Variabilitäten. Die Darstellung der im Emsästuar erhaltenen Ergebnisse erfolgte daher in Bild 3 stationsbezogen und beruht auf der Mittelwertbildung über alle im Laufe eines Jahres erhobenen Daten. Die Grafik zeigt, daß im vorwiegend limnisch beeinflußten Teil des Emsästuars (vgl. Chloridgehalt an den Stationen 12-2.0 und 12-2.1) höhere Schwebstoffgehalte und Cd-Konzentrationen auftreten als im übrigen seewärtigen Ästuarbereich. Die jeweils gemessene Schwebstoffmenge erwies sich dabei aufgrund der beträchtlichen Schwebstoffbindung des Schwermetalls Cd (56% in beiden Untersuchungsjahren) als ausschlaggebend für die Cd-Belastung des Wassers. Anhand von Regressionsgeraden (Irrtumswahrscheinlichkeit: $\alpha = 0,1\%$) ergeben sich bei einer kalkulierten Schwebstoffmenge von 50 mg/l Cd-Gesamtgehalte von 0,23 μg/l (1983) und 0,17 μg/l (1984).

Wasser

Cadmiumkonzentrationen und Schwebstoffgehalte im Emsästuar und in der Inneren Deutschen Bucht (Mittel- und Extremwerte)

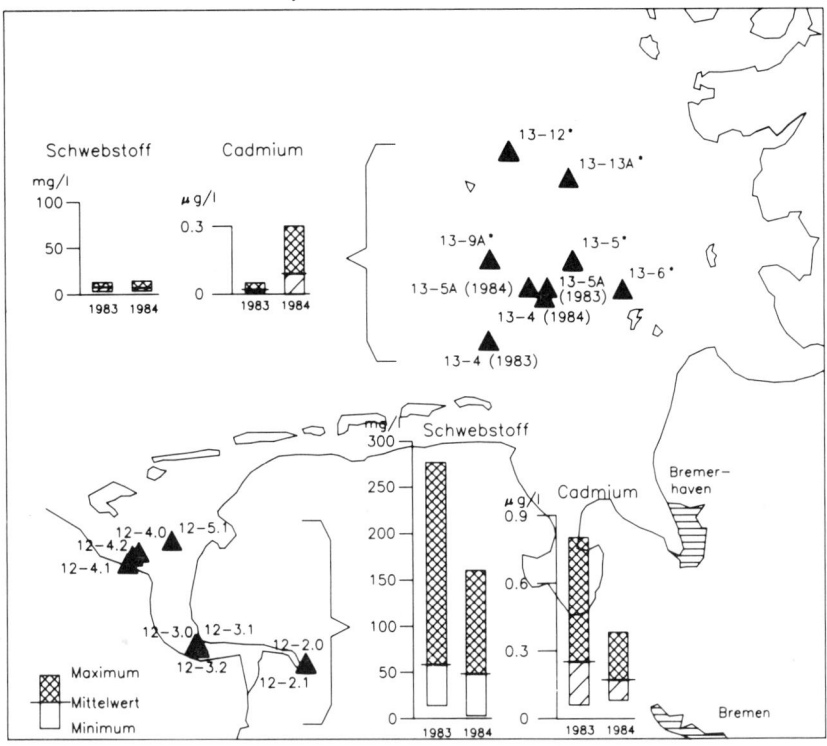

Bei den mit * gekennzeichneten Meßstationen änderte sich die geographische Lage von 1983 zu 1984 geringfügig. (Eine graphische Ausprägung ist in diesem Maßstab nicht möglich.)

Quelle: Bundesanstalt für Gewässerkunde, Deutsches Hydrographisches Institut

Wasser

Cadmiumkonzentrationen und Schwebstoffgehalte im Emsästuar und in der Inneren Deutschen Bucht (Häufigkeitsverteilung)

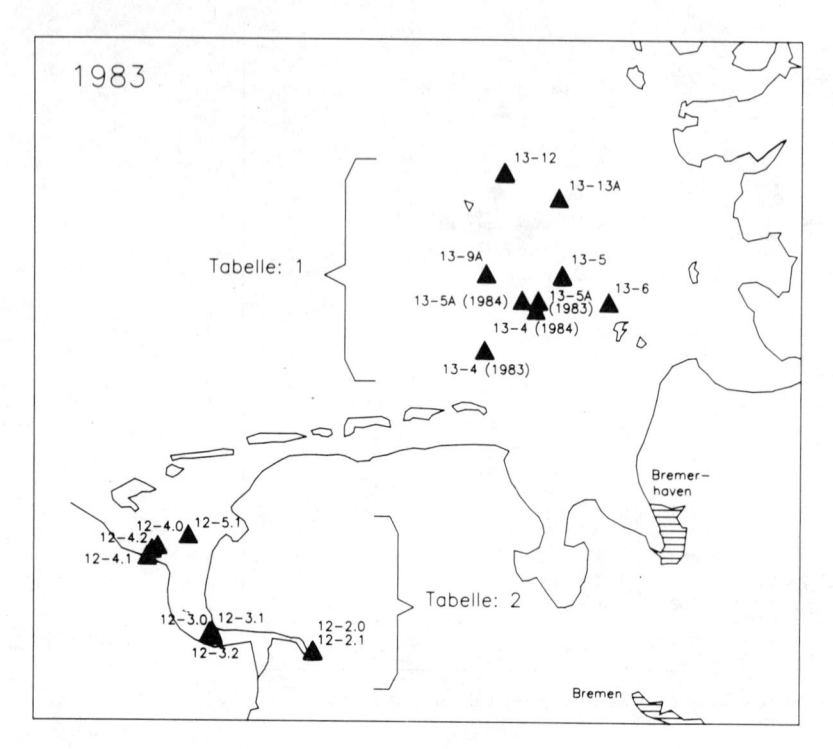

1983

Tabelle: 1 (Innere Deutsche Bucht)

Cd [ng/l]	n	%	Schwebstoff [mg/l]	n	%
< 25	6	38	< 5.0	1	6
25– 50	6	38	5.0–10.0	8	50
51–100	4	25	10.1–15.0	5	31
>100	0	0	>15.0	2	13

Tabelle: 2 (Emsästuar)

Cd [ng/l]	n	%	Schwebstoff [mg/l]	n	%
<100	4	11	< 10	0	0
100–250	20	56	10– 50	22	61
251–500	8	22	51–200	13	36
>500	4	11	>200	1	3

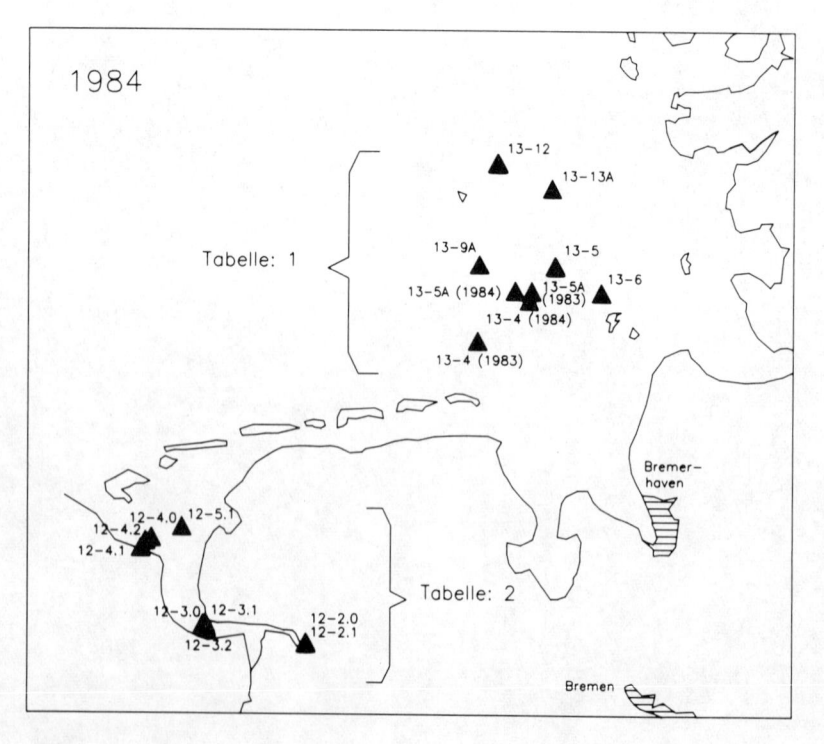

1984

Tabelle: 1 (Innere Deutsche Bucht)

Cd [ng/l]	n	%	Schwebstoff [mg/l]	n	%
< 25	5	31	< 5.0	0	0
25– 50	2	13	5.0–10.0	10	63
51–100	5	31	10.1–15.0	3	19
>100	4	25	>15.0	3	19

Tabelle: 2 (Emsästuar)

Cd [ng/l]	n	%	Schwebstoff [mg/l]	n	%
<100	9	25	< 10	4	11
100–250	20	56	10– 50	20	56
251–500	7	19	51–200	12	33
>500	0	0	>200	0	0

Quelle: Bundesanstalt für Gewässerkunde, Deutsches Hydrographisches Institut

Wasser

Chloridkonzentrationen, Cadmium- und Schwebstoffgehalte im Längsprofil des Emsästuars
(Mittel- und Extremwerte)

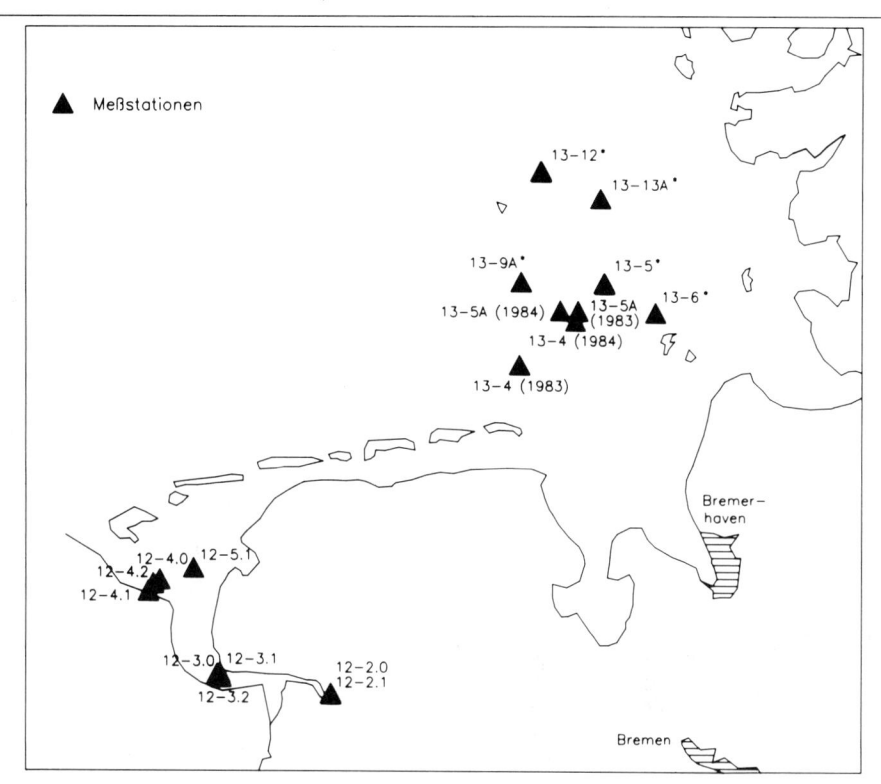

Bei den mit * gekennzeichneten Meßstationen änderte sich die geographische Lage von 1983 zu 1984 geringfügig. (Eine graphische Ausprägung ist in diesem Maßstab nicht möglich.)

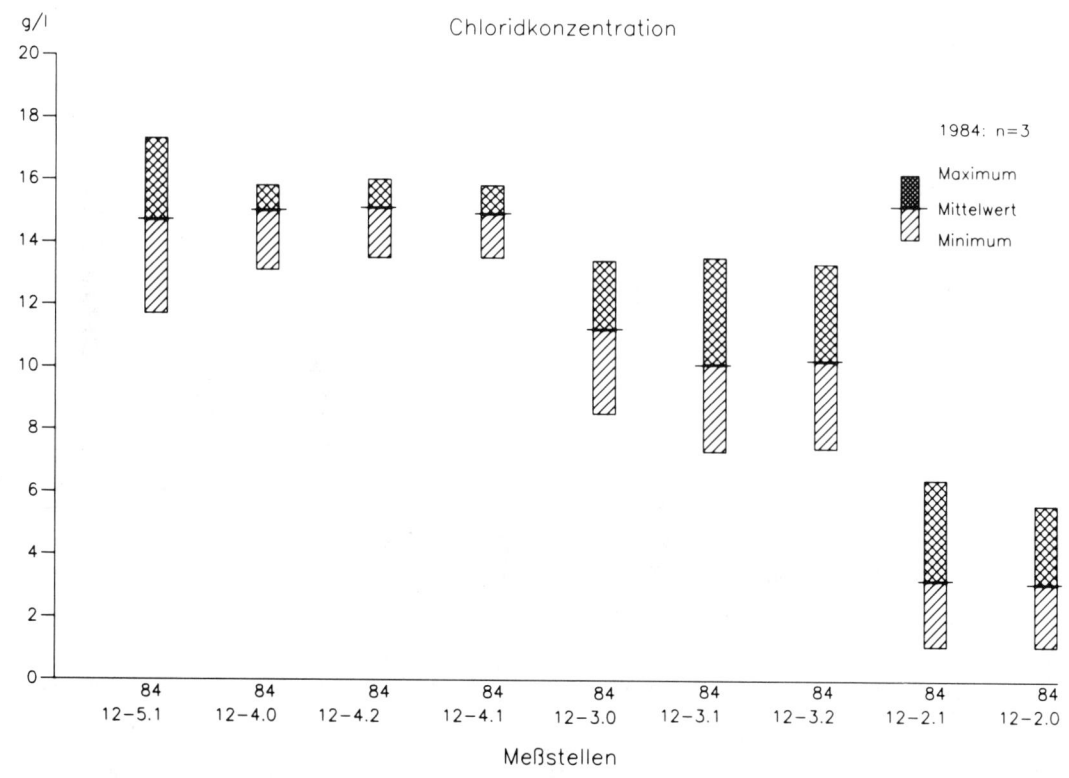

Chloridkonzentration

1984: n=3

- Maximum
- Mittelwert
- Minimum

Meßstellen

Quelle: Bundesanstalt für Gewässerkunde

Daten zur Umwelt 1986/87
Umweltbundesamt

UMPLIS
Methodenbank
Umwelt

Wasser

Chloridkonzentrationen, Cadmium- und Schwebstoffgehalte im Längsprofil des Emsästuars
(Mittel- und Extremwerte)

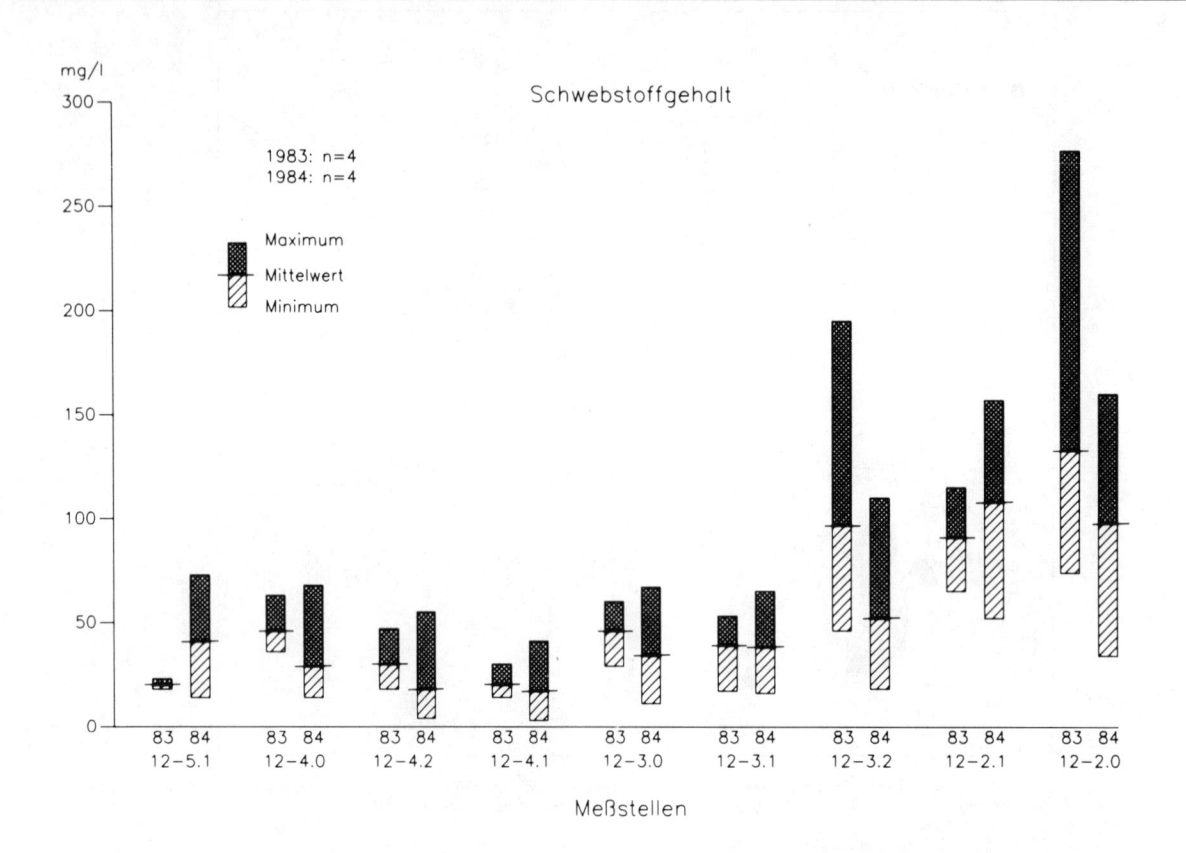

Quelle: Bundesanstalt für Gewässerkunde

Wasser

Verteilung ausgewählter chlorierter Kohlenwasserstoffe im Wasser der Ostsee

Der dargestellten Abbildung ist die Verteilung einiger ausgewählter Organohalogenverbindungen im unfiltrierten Wasser der Ostsee zu entnehmen. Unter Berücksichtigung aller 1983 an unterschiedlichen Standorten (n = 53, Wassertiefe 5 m) ermittelten Meßwerte, von denen nur eine begrenzte Auswahl in der Abbildung dargestellt werden konnte, finden sich für HCH, HCB und PCB-138 im Gesamtbereich der Ostsee folgende Konzentrationsbereiche:

- α-HCH: 4,9–9,4 ng/l
- γ-HCH: 1,9–7,8 ng/l
- HCB: 0,01–0,04 ng/l
- PCB-138: $\leq$ 0,05–5,4 ng/l

Die Konzentrationen der HCH-Isomere zeigen darüber hinaus im Kattegat und in der Beltsee eine vertikale Schichtung mit höheren Werten im salzärmeren aus der Ostsee ausströmenden Oberflächenwasser und niedrigeren Werten im salzreicheren aus dem Nordatlantik einströmenden Tiefenwasser (nicht dargestellt).

Siehe auch:
- Chlorierte Kohlenwasserstoffe in Lebensmitteln

Wasser

Verteilung ausgewählter chlorierter Kohlenwasserstoffe
im Wasser der Ostsee 1983

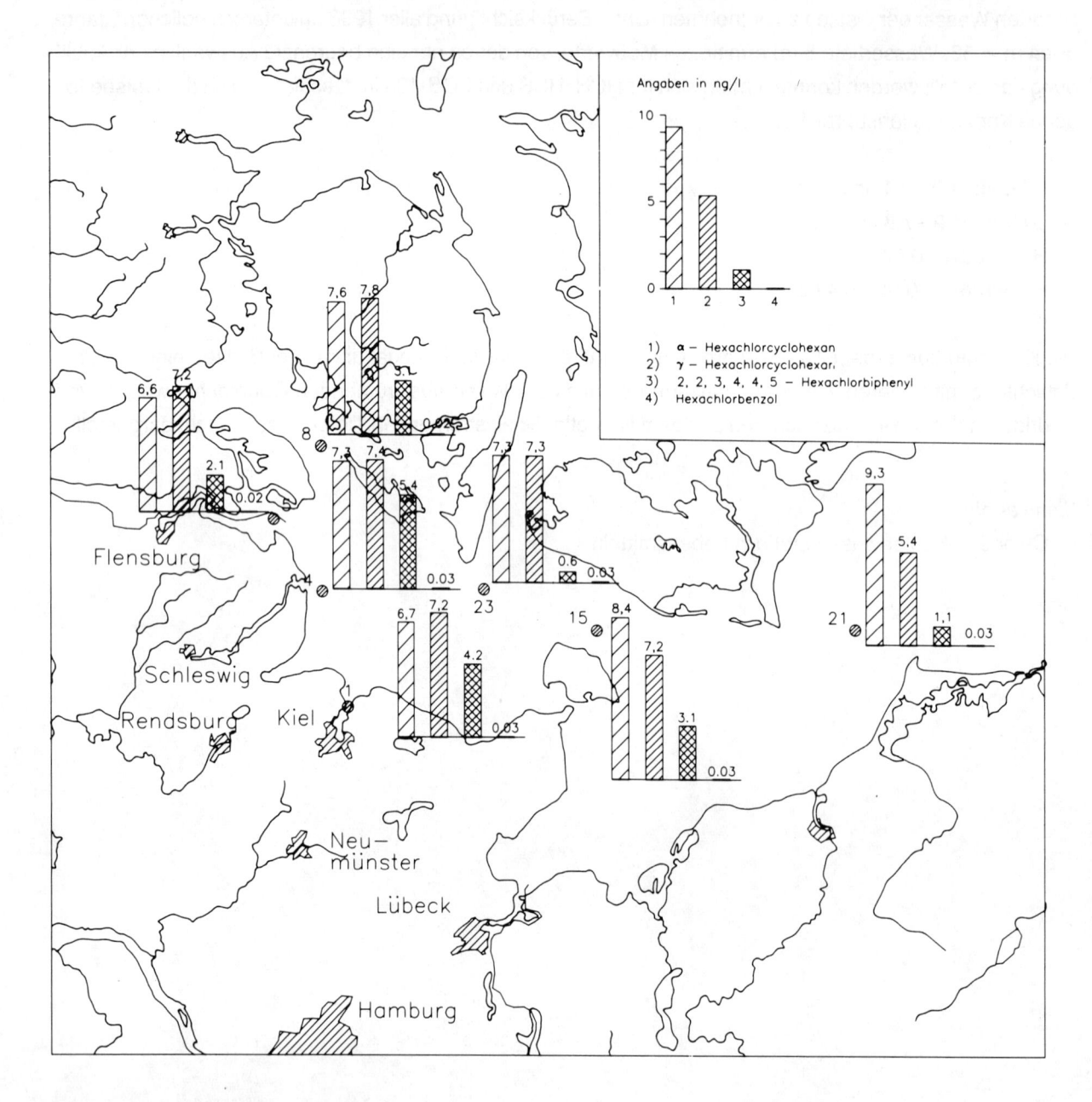

Angaben in ng/l

1) α – Hexachlorcyclohexan
2) γ – Hexachlorcyclohexan
3) 2, 2, 3, 4, 4, 5 – Hexachlorbiphenyl
4) Hexachlorbenzol

Quelle: Deutsches Hydrographisches Institut

Wasser

Einträge von Schadstoffen in die Nordsee

Anthropogen bedingte Einträge von Schadstoffen in die Nordsee resultieren indirekt (diffuse Quellen) aus

- dem Zufluß der in das Meer einmündenden Flüsse sowie
- dem atmosphärischen Eintrag durch Aerosole.

Direkte Einträge von Stoffen (punktförmige Quellen) erfolgen hingegen durch

- die Einleitung kommunaler und industrieller Abwässer vom Land,
- Einleitungen ausgehend von Plattformen,
- die Einbringung von Abfällen (Verklappen, Versenken, Verquirlen),
- die Verbrennung von Abfällen sowie
- den Schiffahrtsbetrieb (Müll, Ölrückstände).

Wasser

Einbringung und Verbrennung von Abfällen

Die Abfallbeseitigung auf See wird durch internationale Übereinkommen geregelt, insbesondere durch das Oslo-Übereinkommen von 1972. In Deutschland verbietet das Hohe-See-Einbringungsgesetz eine Beseitigung von Abfällen auf See, wenn deren Beseitigung an Land möglich ist. Eine Abfallbeseitigung auf See erfolgt, nachdem die Verklappung von Klärschlamm und durch organische Schadstoffe belastete Dünnsäure bereits eingestellt wurde, nur noch für zwei Stoffgruppen:

- für Dünnsäuren aus der Titandioxid-Produktion (TiO_2), die bisher an Land nicht beseitigt werden können und
- für chlorierte Kohlenwasserstoffrückstände, die teilweise wegen ihres hohen Chlorgehalts und unzureichender Kapazitäten in Sonderabfallverbrennungsanlagen an Land nicht verbrannt werden können und deshalb der Verbrennung auf Verbrennungsschiffen zugeführt werden.

Die vollständige Einstellung der Abfallbeseitigung auf See setzt die Schaffung weiterer Beseitigungseinrichtungen an Land oder die Umstellung von Produktionsverfahren oder die Schaffung und verstärkte Nutzung von Verwertungstechnologien für diese Stoffe voraus.

Seit Ablauf des Jahres 1984 ist die Einbringung von Grünsalz aus der TiO_2-Produktion nicht mehr zulässig. Die Säureeinbringung aus der TiO_2-Industrie wird stufenweise verringert und bis spätestens 1989 ganz eingestellt. Die Umrüstung der Produktionsanlagen wird in den nächsten Jahren schrittweise vorgenommen.

Die restriktive Haltung bei der Behandlung von Anträgen auf Einbringung von Säuren und die Durchsetzung von Vermeidungsstrategien haben dazu geführt, daß Neuanträge abgelehnt wurden.

Siehe auch:
- Grenzüberschreitende Entsorgung von Sonderabfällen
- Abfälle im Produzierenden Gewerbe

Wasser

Abfallverbrennung auf Hoher See 1980 bis 1983

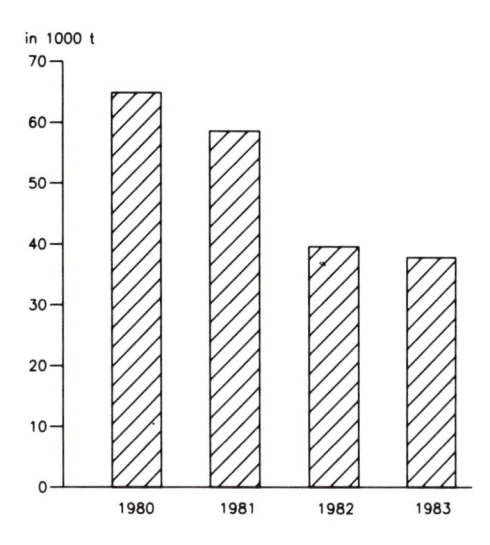

Quelle: Oslo Kommission

Bei der genehmigten Verbrennung von Abfällen auf Hoher See in die Umwelt entlassene Mengen an halogenierten Substanzen und Schwermetallen 1981 bis 1983 (geschätzte Mengen in kg)

Stoffart	1981	1982	1983
Halogenierte Substanzen:	3300	≃ 3200	2700
Schwermetalle:			
Quecksilber	35	< 50	< 25
Cadmium	65	< 65	< 53
Arsen	60	< 60	< 35
Chrom	400	< 500	< 456
Kupfer	900	< 950	< 614
Blei	1000	< 1000	< 749
Nickel	950	< 1000	< 1374
Zink	4800	< 5000	< 5052

Quelle: Oslo Kommission

Wasser

Einbringung von Industrieabfällen in die Nordsee

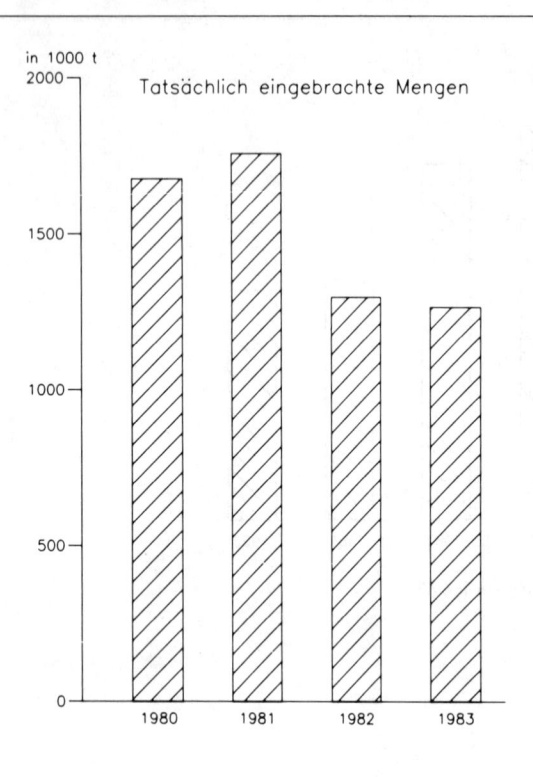

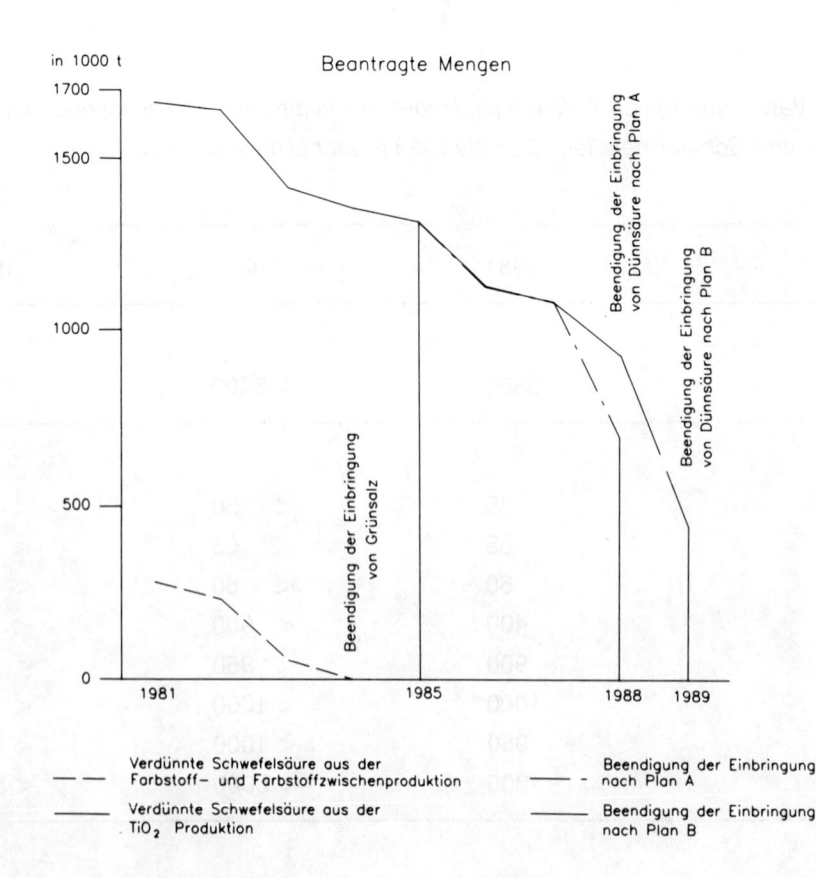

Tatsächlich eingebrachte Mengen (in 1000 t)

Jahr	Menge
1980	~1680
1981	~1750
1982	~1300
1983	~1270

Beantragte Mengen (in 1000 t)

- Verdünnte Schwefelsäure aus der Farbstoff- und Farbstoffzwischenproduktion (gestrichelt)
- Verdünnte Schwefelsäure aus der TiO_2 Produktion
- Beendigung der Einbringung nach Plan A
- Beendigung der Einbringung nach Plan B

Markierungen im Diagramm:
- Beendigung der Einbringung von Grünsalz (1985)
- Beendigung der Einbringung von Dünnsäure nach Plan A (1988)
- Beendigung der Einbringung von Dünnsäure nach Plan B (1989)

Quelle: Umweltbundesamt

Wasser

Einträge von Schadstoffen über Flüsse

Die dargestellten Einträge von Schwermetallen, chlorierten Pestiziden und polychlorierten Biphenylen machen deutlich, daß im Hinblick auf die Belastung der Nordsee durch Fließgewässer, deren Mündungen auf dem Gebiet der Bundesrepublik Deutschland liegen, die Elbe eine herausragende Position einnimmt. Bei der Bewertung der Daten ist zu berücksichtigen, daß im Gegensatz zu den Organohalogenverbindungen die einzelnen Schwermetalle aufgrund natürlicher Auswaschungen je nach Element und geologischer Formation der Einzugsgebiete unterschiedlich hohe natürliche Hintergrundwerte aufweisen, die mit in die Berechnung der Eintragsdaten eingehen (Zn>Cu>Pb>Cd>Hg).

Die dargestellten Frachten stellen Schätzwerte dar, deren Qualität entscheidend von auftretenden analytischen Problemen (z.B. Nachweisgrenze), den Probenahmezeitpunkten und der angewandten Berechnungsmethode bestimmt wird. Das vorliegende Datenmaterial beruht auf Konzentrationsmessungen (unfiltrierte Wasserproben) an der Tide- (Weser, Ems), bzw. Süßwassergrenze (Elbe), aus denen das arithmetische Mittel gebildet und mit dem mittleren Jahresabfluß multipliziert wird. Da aber Schwermetalle und Organohalogenverbindungen zu einem hohen Prozentsatz an Schwebstoff gebunden vorliegen, hängt die jeweils ermittelte Stoffkonzentration entscheidend von der Schwebstoffmenge ab, so daß zu einzelnen Tidephasen Konzentrationsunterschiede von mehr als einer Größenordnung auftreten können. Trotz der mit der aufgezeigten Problematik einhergehenden Schwierigkeiten bei der Abschätzung von Frachten zeigen die dargestellten Daten, daß nicht nur die Einträge sondern auch die ermittelten Schwermetall-, HCB- und α-HCH-Konzentrationen in der Elbe mit Abstand am höchsten liegen, während Weser und Ems mit polychlorierten Biphenylen stärker belastet scheinen.

Siehe auch:
— Biologische Gewässergüte der Fließgewässer
— Gewässergütedaten ausgewählter Meßstationen

Wasser

Geschätzte Schadstoffeinträge an der deutschen Nordseeküste im Jahre 1985 (in Tonnen)

	Ems	Jade (Industriebetrieb)	Weser*)	Elbe*)	Westküste SH (Industriebetrieb)	Bongsieler Kanal	Arlau	Eider	Summe
Cadmium	0,73	0,001	3,21	8,43	0,001	0,025	0,009	0,04	12,4
Quecksilber	0,37	0,005	1,15	7,31	0,0003	0,025	0,009	0,02	8,89
PCBs	0,58		1,83	0,48		0,0004	0,0004	0,002	2,89
Kupfer	21,2		89,8	183		0,4	0,15	1,86	297
Zink	43,8		243	1830		3,51	0,72	6,65	2130
Blei	12,4		32	219		0,23	0,09	1,8	266
HCB	0,001		0,004	0,07		0,0004	0,0004	0,0004	0,079
α−HCH	0,001		0,004	0,11		0,0004	0,0004	0,002	0,118
γ−HCH	0,015		0,111	0,26		0,001	0,0004	0,001	0,388

*) einschließlich der Frachten der Überlieger

Quelle: Zusammengestellt nach einer Erhebung der Küstenländer aufgrund der Meldepflicht nach dem Pariser Übereinkommen
Aus: Bundesminister für Umwelt, Naturschutz und Reaktorsicherheit

Wasser

Einträge von Schadstoffen über die Einleitung kommunaler und industrieller Abwässer

Die über kommunale und industrielle Einleitungen direkt in die Nordsee eingebrachten Schadstoffmengen sind im Vergleich zum Eintrag über die Flüsse relativ gering; zu beachten ist allerdings, daß die dargestellte Statistik lediglich Einleitungen unterhalb der Süßwasser- (Elbe) bzw. Tidegrenze (Weser, Ems) aufführt. Im Gegensatz zu Abwassereinleitungen wird Klärschlamm in die Nordsee nicht mehr eingebracht.

Ein Vergleich der Abwassereinleitungen über die Jahre 1981 bis 1985 macht deutlich, daß im Hinblick auf Quantität und Qualität zum Teil wesentliche Verbesserungen erreicht wurden: Beispielsweise nahmen die kommunalen Einleitungen um das 6–7fache ab, wobei aufgrund verschärfter gesetzlicher Bestimmungen und verbesserter Abwasserreinigungstechniken der Eintrag von Schwermetallen (Cd, Hg) in der Regel überproportional gesenkt wurde. Hinsichtlich der industriellen Einleitungen ist eine entsprechende Abnahme in der Elbe, jedoch eine deutliche Zunahme in der Weser zu verzeichnen.

Siehe auch:
— Abschnitt Abwasserbehandlung

Einträge von Schadstoffen über die Einleitung kommunaler und industrieller Abwässer (1985) unterhalb der Süßwasser- (Elbe) bzw. Tidegrenze (Weser, Ems)

Kommunale Abwässer Eintrag (t/a)	Menge × 1000 m³/d	Cd	Hg	Cu	Zn	Pb	PCB	HCB	α-HCH	γ-HCH
Elbe	75	<0,015	<0,004	0,73	3,65	0,18	<0,0004	–	–	–
Jade										
Weser	186	0,024	0,0004	0,28	5,5	0,21	0,0004	–	–	0,001
Ems										
Eider										
Arlau										
Bongsieler Kanal										
Westküste										
Schleswig-Holstein										

Quelle: Bundesminister für Umwelt, Naturschutz und Reaktorsicherheit

Wasser

Industrielle Abwässer Eintrag (t/a)

	Menge x 1000 m³/d	Cd	Hg	Cu	Zn	Pb	PCB	HCB	α-HCH	γ-HCH
Elbe	70	< 0,018	< 0,004	–	–	–	< 0,07×10⁻³	–	–	–
Jade	7	0,001	0,005	–	–	–	–	–	–	–
Weser	1039	0,264	0,055	4,93	18,87	6,24	0,37×10⁻³	–	0,0004	0,0004
Ems										
Eider										
Arlau										
Bongsieler Kanal										
Westküste										
Schleswig-Holstein	5	0,001	0,0003							

Quelle: Bundesminister für Umwelt, Naturschutz und Reaktorsicherheit

Einträge von Cadmium und Quecksilber über die Einleitung kommunaler und industrieller Abwässer in Elbe und Weser unterhalb der Süßwasser- bzw. Tidegrenze im Zeitraum von 1981 bis 1985

			Kommunale Abwässer			Industrielle Abwässer	
		Menge x 1000 m³/d	Eintrag (kg/d) Cd	Hg	Menge x 1000 m³/d	Eintrag (kg/d) Cd	Hg
Elbe	1981	518	1,2	1,6	527	0,255	0,058
	1982				66	0,029	0,038
	1983	47	0,02	0,004	66	0,03	0,03
	1984	72	0,05	0,01	70	0,01	0,01
	1985	75	0,04	0,01	70	0,05	0,01
Weser	1981	1190	0,445	0,732	127	0,044	0,014
	1982	1190	1,096	0,274	74	0,164	0,466
	1983	179	0,821	0,048	1049	0,833	0,156
	1984	187	0,256	0,024	1009	0,558	0,050
	1985	186	0,066	0,001	1039	0,722	0,151

Quelle: Paris Kommission

Wasser

Verölte Vögel in der Nordsee

Seit 1960 werden die der Ölverschmutzung zum Opfer fallenden Seevögel auf Helgoland gezählt. Es wurden anfangs jährliche Verluste in der Größenordnung von weniger als 50 verölten Seevögeln registriert; zunächst mit einer leicht rückläufigen Tendenz. Seit 1979 ist eine mehr oder weniger kontinuierliche Zunahme der verölten Seevögel zu beobachten, die 1983 mit über 800 Seevögeln eine katastrophale Größenordnung erreicht hat.

Bei Untersuchungen von August 1983 bis April 1985 hat sich für die deutsche Küste gezeigt, daß etwa 35% aller tot aufgefundenen Seevögel an einer Verölung zugrunde gegangen sind. Bei einzelnen Seevogelarten sind bis zu 95% an einer Verölung verendet. Insgesamt wurden für den Zeitraum bis April 1985 ca. 6000 verölte Seevögel aufgefunden. Diese Zahl läßt aber keine zuverlässigen Rückschlüsse auf die insgesamt der Verölung zum Opfer gefallenen Seevögel zu. Die Gesamtverluste sind mit Sicherheit um ein Vielfaches höher, weil nur wenige der Kadaver an den Strand gespült werden.

Der größte Teil der verölten Seevögel ist jeweils im Winterhalbjahr zu beklagen. Die starken Schwankungen in Abhängigkeit von der Jahreszeit sind hauptsächlich auf die wechselnden Temperaturen zurückzuführen, die zur Folge haben, daß im Winter ausgelaufenes Öl sehr viel langsamer verdunstet. Eine besondere Aufmerksamkeit verdient die Tatsache, daß zwar die Anzahl der Verluste stark schwankt, daß aber im Sommer wie im Winter eine Verölungsrate in der gleichen Größenordnung zu beklagen ist.

Es hat sich in den vorausgegangenen Jahren gezeigt, daß die Ölverschmutzungen fast ausnahmslos längs der Hauptschiffahrtswege zu beobachten sind.

Untersuchungen haben zu dem Ergebnis geführt, daß in 90% der Fälle eine Verölung der Seevögel auf Rückstandsöle aus dem Schiffsbetrieb zurückzuführen ist. Nur bei weniger als 5% der Proben konnte Rohöl als Ursache identifiziert werden.

Die Ölverteuerung der 70er Jahre hat dazu geführt, daß die bis dahin von der Schiffahrt verwendeten leichteren Brennstoffe für die Verbrennung in Großkraftmaschinen zu kostspielig wurden, mit der Folge, daß zunehmend auf minderwertige Brennstoffe zurückgegriffen wurde. Diese Brennstoffe müssen wegen ihrer mangelhaften Qualität an Bord der Seeschiffe aufbereitet werden. Dabei fallen Ölrückstände in der Größenordnung von 0,5 bis 1% des verbrauchten Kraftstoffs an.

Für eine umweltschonende Beseitigung ölhaltiger Rückstände an Bord würde sich die Verbrennung anbieten. In den deutschen Nord- und Ostseehäfen steht eine ausreichende Aufnahmekapazität für Ölrückstände zur Verfügung. Es gibt sowohl stationäre wie mobile Ölaufnahmeeinrichtungen. Für die deutschen Häfen darf angenommen werden, daß an den meisten Liegeplätzen die Entsorgung ohne große Zeitverluste möglich ist.

Wasser

Verölte Vögel in der Nordsee

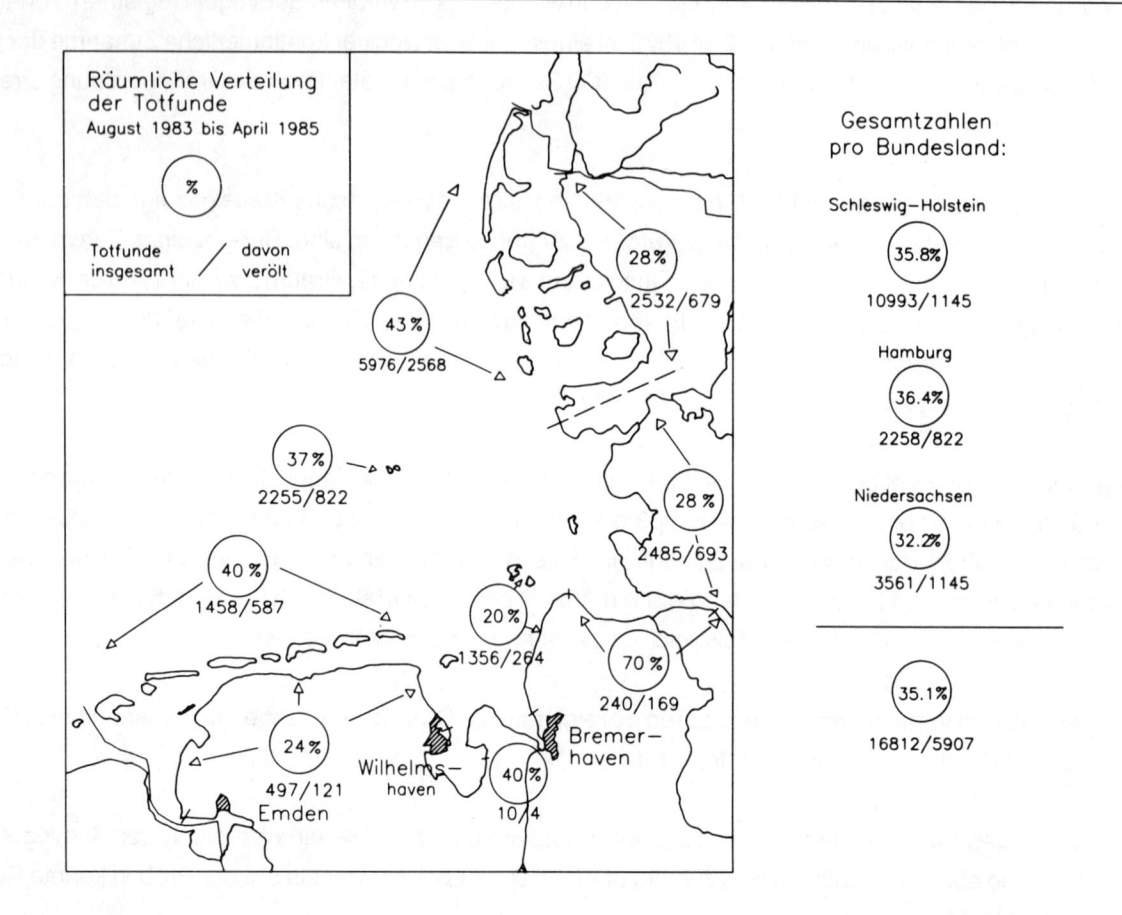

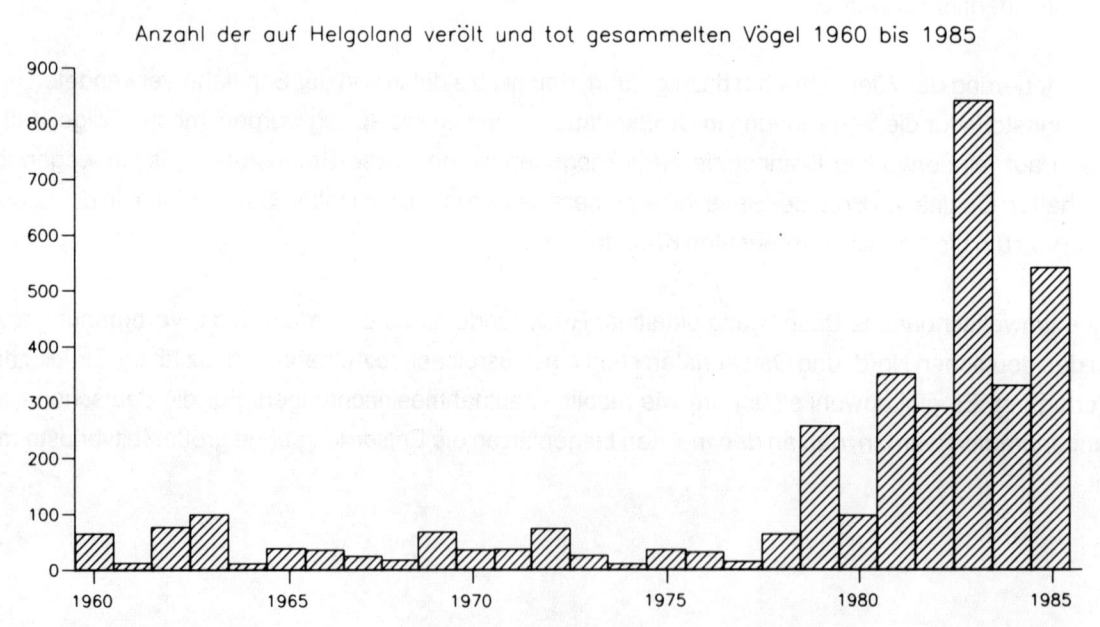

Räumliche Verteilung der Totfunde
August 1983 bis April 1985

Totfunde insgesamt / davon verölt

- 28% — 2532/679
- 43% — 5976/2568
- 37% — 2255/822
- 28% — 2485/693
- 40% — 1458/587
- 20% — 1356/264
- 70% — 240/169
- 24% — 497/121 (Emden)
- 40% — 10/4 (Wilhelmshaven / Bremerhaven)

Gesamtzahlen pro Bundesland:

- Schleswig-Holstein: 35.8% — 10993/1145
- Hamburg: 36.4% — 2258/822
- Niedersachsen: 32.2% — 3561/1145
- Gesamt: 35.1% — 16812/5907

Anzahl der auf Helgoland verölt und tot gesammelten Vögel 1960 bis 1985

Quelle: Umweltbundesamt

Wasser

Wasserversorgung
Wasserdargebot

Die natürliche Wasserbilanz einer Region wird aus den Bilanzgrößen Niederschlag, Verdunstung, Abfluß und Zufluß von außerhalb (Oberliegern) gebildet.

Das mittlere Niederschlagsvolumen der Bundesrepublik Deutschland beträgt rund 208 Mrd. m^3/Jahr (837 mm/Jahr). Davon verdunsten etwa 129 Mrd. m^3/Jahr (519 mm/Jahr) und somit verbleibt ein Abflußvolumen von 79 Mrd. m^3/Jahr (318 mm/Jahr). Davon gelangen 254 mm/Jahr, also 80% als sogenannter Grundwasserabfluß über das Grundwasser in die Oberflächengewässer, während nur 59 mm/Jahr, also 18,5% oberflächlich abfließen. Der Rest von 5 mm/Jahr, also 1,5% tritt unmittelbar in die Nord- und Ostsee oder in ausländische Grundwasservorkommen über. Zur Wasserbilanz auf dem Gebiet der Bundesrepublik Deutschland kommen ungefähr 82 Mrd. m^3/Jahr (334 mm/Jahr) als Zufluß von den Oberliegerstaaten.

Der Abfluß und der Zufluß bilden das natürliche Wasserdargebot. Es beträgt für die Bundesrepublik Deutschland rund 161 Mrd. m^3/Jahr (647 mm/Jahr). Das sind pro Kopf der Bevölkerung etwa 3000 m^3/Jahr.

Das natürliche Wasserdargebot ist erheblichen regionalen und jahreszeitlichen Schwankungen unterworfen und steht somit nicht immer dort zur Verfügung, wo es gebraucht wird und nicht immer in der Zeit, in der es gebraucht wird. Von dem gesamten Dargebot her gesehen besteht kein Anlaß, von einem Wassermangel zu sprechen.

Niederschlag	837 mm/Jahr	
− Verdunstung	519 mm/Jahr	
Abfluß	318 mm/Jahr	(davon 59 mm/Jahr Zwischen- und Oberflächenabfluß und 259 mm Grundwasserabfluß)
− Grundwasserabstrom	5 mm/Jahr	
Netto-Abfluß	313 mm/Jahr	
+ Zufluß	334 mm/Jahr	
Wasserdargebot	647 mm/Jahr	

Die Gesamtmenge des genutzten Wassers beträgt pro Jahr etwa 41 Mrd m^3, wobei der größte Teil mit ca. 25,6 Mrd m^3 als Kühlwasser von den Wärme-Kraftwerken für die öffentliche Energie-Versorgung genutzt wird. Im industriellen Bereich werden etwa 10,2 Mrd m^3 und für die öffentliche Wasserversorgung ca. 5 Mrd m^3 genutzt. Die Landwirtschaft ist mit rund 0,2 Mrd m^3 an der Gesamtmenge beteiligt.

Siehe auch:
− Öffentliche Wasserversorgung
− Industrielle Wasserversorgung

Wasser

Anteile der fördernden Bereiche an der Wassergewinnung in der Bundesrepublik Deutschland 1983 nach Wassereinzugsgebieten

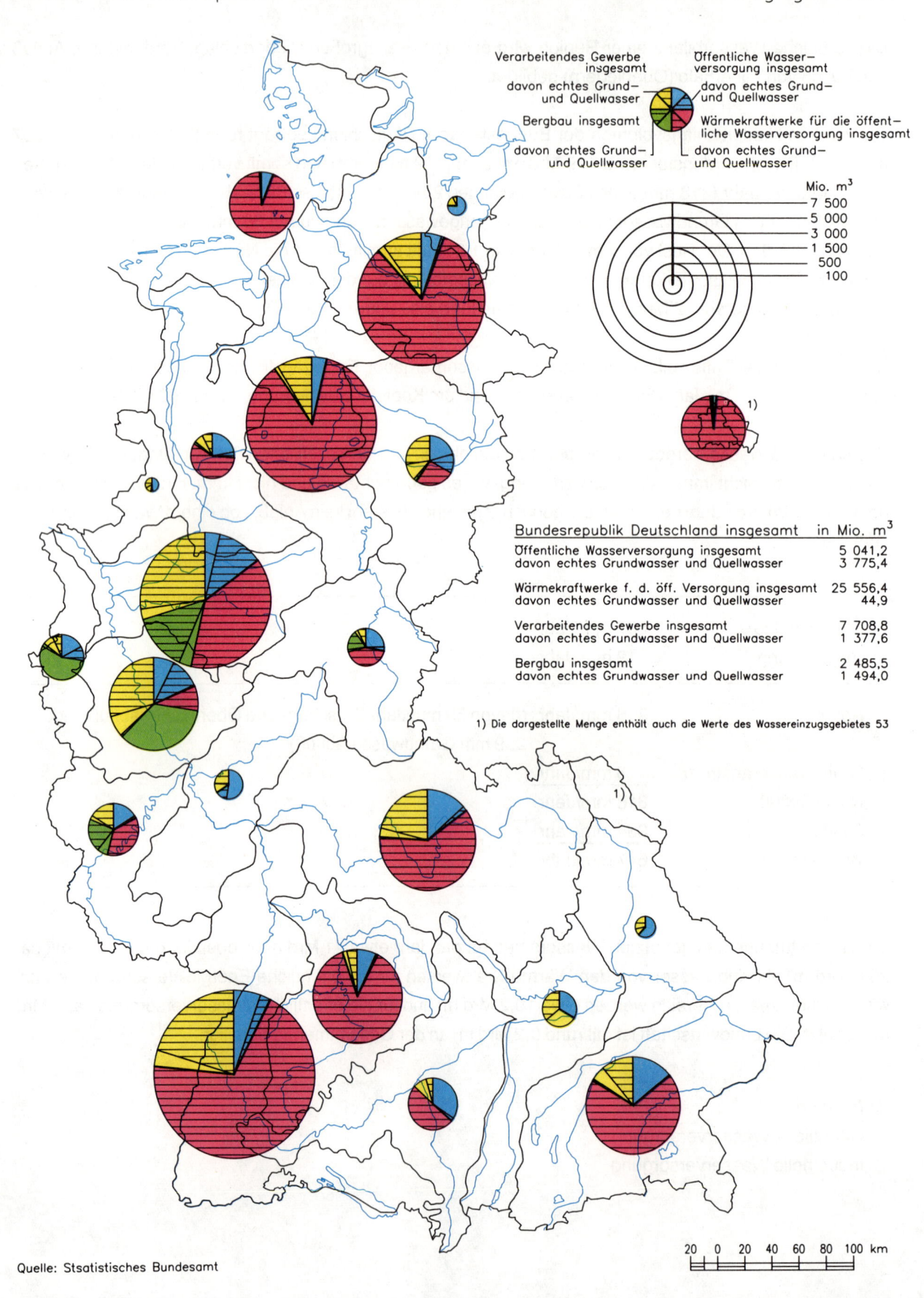

Verarbeitendes Gewerbe insgesamt
davon echtes Grund- und Quellwasser
Bergbau insgesamt
davon echtes Grund- und Quellwasser

Öffentliche Wasserversorgung insgesamt
davon echtes Grund- und Quellwasser
Wärmekraftwerke für die öffentliche Wasserversorgung insgesamt
davon echtes Grund- und Quellwasser

Mio. m³
7 500
5 000
3 000
1 500
500
100

Bundesrepublik Deutschland insgesamt	in Mio. m³
Öffentliche Wasserversorgung insgesamt	5 041,2
davon echtes Grundwasser und Quellwasser	3 775,4
Wärmekraftwerke f. d. öff. Versorgung insgesamt	25 556,4
davon echtes Grundwasser und Quellwasser	44,9
Verarbeitendes Gewerbe insgesamt	7 708,8
davon echtes Grundwasser und Quellwasser	1 377,6
Bergbau insgesamt	2 485,5
davon echtes Grundwasser und Quellwasser	1 494,0

1) Die dargestellte Menge enthält auch die Werte des Wassereinzugsgebietes 53

Quelle: Stsatistisches Bundesamt

Wasser

Entwicklung der Wassergewinnung nach fördernden Bereichen 1975 bis 1983 in Mio.m³

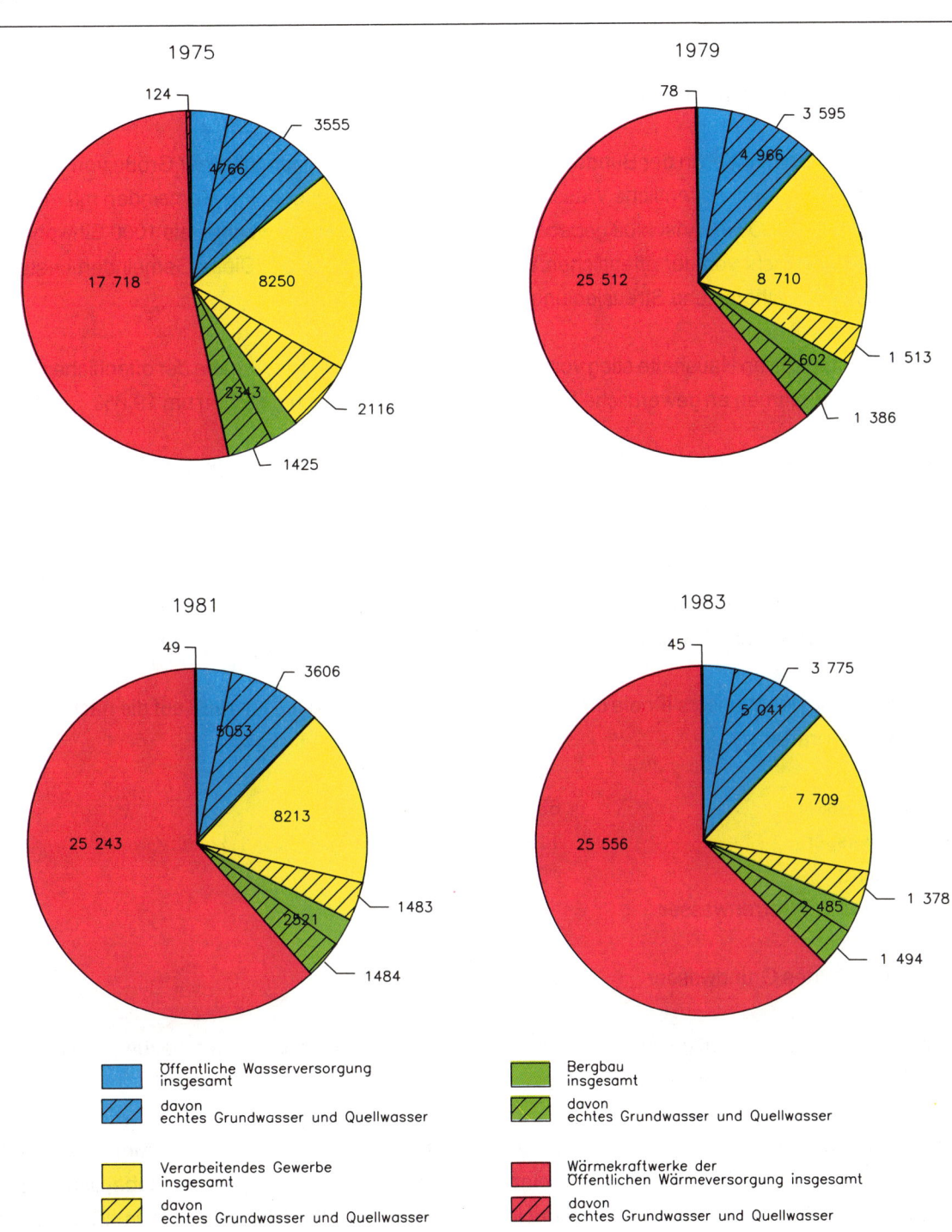

1975
- 124
- 3555
- 4766
- 17 718
- 8250
- 2343
- 2116
- 1425

1979
- 78
- 3 595
- 4 966
- 25 512
- 8 710
- 1 513
- 2 602
- 1 386

1981
- 49
- 3606
- 5053
- 25 243
- 8213
- 2521
- 1483
- 1484

1983
- 45
- 3 775
- 5 041
- 25 556
- 7 709
- 1 378
- 2 485
- 1 494

Legende:
- Öffentliche Wasserversorgung insgesamt
- davon echtes Grundwasser und Quellwasser
- Verarbeitendes Gewerbe insgesamt
- davon echtes Grundwasser und Quellwasser
- Bergbau insgesamt
- davon echtes Grundwasser und Quellwasser
- Wärmekraftwerke der Öffentlichen Wärmeversorgung insgesamt
- davon echtes Grundwasser und Quellwasser

Quelle: Statistisches Bundesamt

Wasser

Öffentliche Wasserversorgung

Für die Versorgung der Bevölkerung der Bundesrepublik Deutschland mit einwandfreiem Trinkwasser werden jährlich etwa 5 Mrd m³ Rohwasser dem natürlichen Wasserkreislauf entnommen, aufbereitet und den Verbrauchern zugeleitet. Die 13 505 Gewinnungsanlagen der öffentlichen Wasserversorgung beliefern rund 98% der Bevölkerung mit Trinkwasser.

Von den 8505 Gemeinden in der Bundesrepublik sind nur 9 Gemeinden mit einer Größe von 1000 und mehr Einwohnern nicht an die öffentliche Wasserversorgung angeschlossen. Für Gemeinden mit mehr als 5000 Einwohner ist ein 100%er Anschluß gegeben. Von den Gemeinden mit weniger als 1000 Einwohner werden 163 Gemeinden nicht von der öffentlichen Wasserversorgung beliefert. Diese Gemeinden bestehen überwiegend aus Einzelhöfen und Streusiedlungen.

Die Wasserabgabe an Haushalte stieg von 1979 bis 1983 um 9,1%. Die Abgabe der öffentlichen Wasserversorgungsunternehmen an gewerbliche Unternehmen verringerte sich dagegen um 19,6%.

Der Pro-Kopf-Verbrauch erhöhte sich von 1979 mit 135,5 Liter pro Einwohner und Tag (l/Ed) auf 147,3 l/Ed im Jahr 1983.

Für die Wassergewinnung wird von der öffentlichen Wasserversorgung zunehmend Grundwasser genutzt. Eine leichte Zunahme ist auch bei See- und Talsperrenwasser zu verzeichnen. Die Nutzung von Quellwasser, angereichertem Grundwasser, Uferfiltrat und Flußwasser hat dagegen abgenommen.

Die Gewinnung des Wassers für die öffentliche Versorgung verteilt sich für 1983 auf die nachfolgend aufgeführten Wasserarten

- Grundwasser   63,3%
- Quellwasser   11,6%
- Uferfiltrat   5,1%
- See- und Talsperrenwasser   8,9%
- Flußwasser   1,1%
- angereichertes Grundwasser   10,0%

Der Eigenverbrauch der öffentlichen Wasserversorgungsunternehmen und die Leitungsverluste betragen ca. 11% des gesamten Wasseraufkommens.

Die Wassergewinnung für die öffentliche Versorgung ist von 1979 bis 1983 von 4,97 Mrd m³ auf 5,04 Mrd m³ angestiegen. Die Steigerungsraten in den einzelnen Wassereinzugsgebieten sind dabei sehr unterschiedlich. So ist die Gesamtmenge im Einzugsgebiet der Donau um 6,8% gestiegen und im Einzugsgebiet des Rheins um 1,5% gefallen. Die größte Wassermenge wurde dennoch mit 2,8 Mrd m³ im Einzugsgebiet des Rheins gewonnen, das sind 56% der Gesamtmenge für die öffentliche Versorgung.

Die Gewinnung von Uferfiltrat für die öffentliche Versorgung, die mit 5,1% bundesweit eine untergeordnete Rolle spielt, wird überwiegend im Einzugsgebiet des Rheins betrieben. In diesem Gebiet werden 96,1% des gesamten Uferfiltrats gewonnen. Das sind 8,7% des in diesem Einzugsgebiet gewonnenen Wassers insgesamt.

Wasser

Die Gewinnung von Trinkwasser aus angereichertem Grundwasser ist von 1979 bis 1983 von 10,5% auf 10,0% zurückgegangen. In Nordrhein-Westfalen werden allerdings ca. 30% des Wassers für die öffentliche Versorgung aus angereichertem Grundwasser gewonnen. Die Wassergewinnung für die öffentliche Wasserversorgung ist von 1963 bis 1983 um ca. 35% von 3,74 Mrd m^3 auf 5,04 Mrd m^3 angestiegen. Dabei hat sich im wesentlichen die Wassergewinnung aus Grundwasser erhöht. Die Gewinnung aus angereichertem Grundwasser und Quellwasser ist über diesen Zeitraum in etwa konstant geblieben. Die Wassergewinnung aus Uferfiltrat ist in den letzten 20–25 Jahren kontinuierlich zurückgegangen. Dagegen stieg die Gewinnung von Trinkwasser aus See- und Talsperrenwasser.

Die Bedeutung von direkt entnommenem Flußwasser für die öffentliche Trinkwasserversorgung spielt bis heute keine bedeutsame Rolle und lag im gesamten Erhebungszeitraum bei ca. 1% der genutzten Wassermenge.

Die Wasserabgabe an die Haushalte ist in Großstädten und Ballungsgebieten im allgemeinen größer als im ländlichen Bereich. Es liegt nahe, daß im ländlichen Bereich eine zusätzliche Eigenversorgung betrieben wird, die sich aus der Nutzung von Regenwasser und der privaten Entnahme von Oberflächen- und Grundwasser zusammensetzt und zur Bewässerung von Garten- und Rasenflächen genutzt wird, statistisch aber nicht erfaßt wurde.

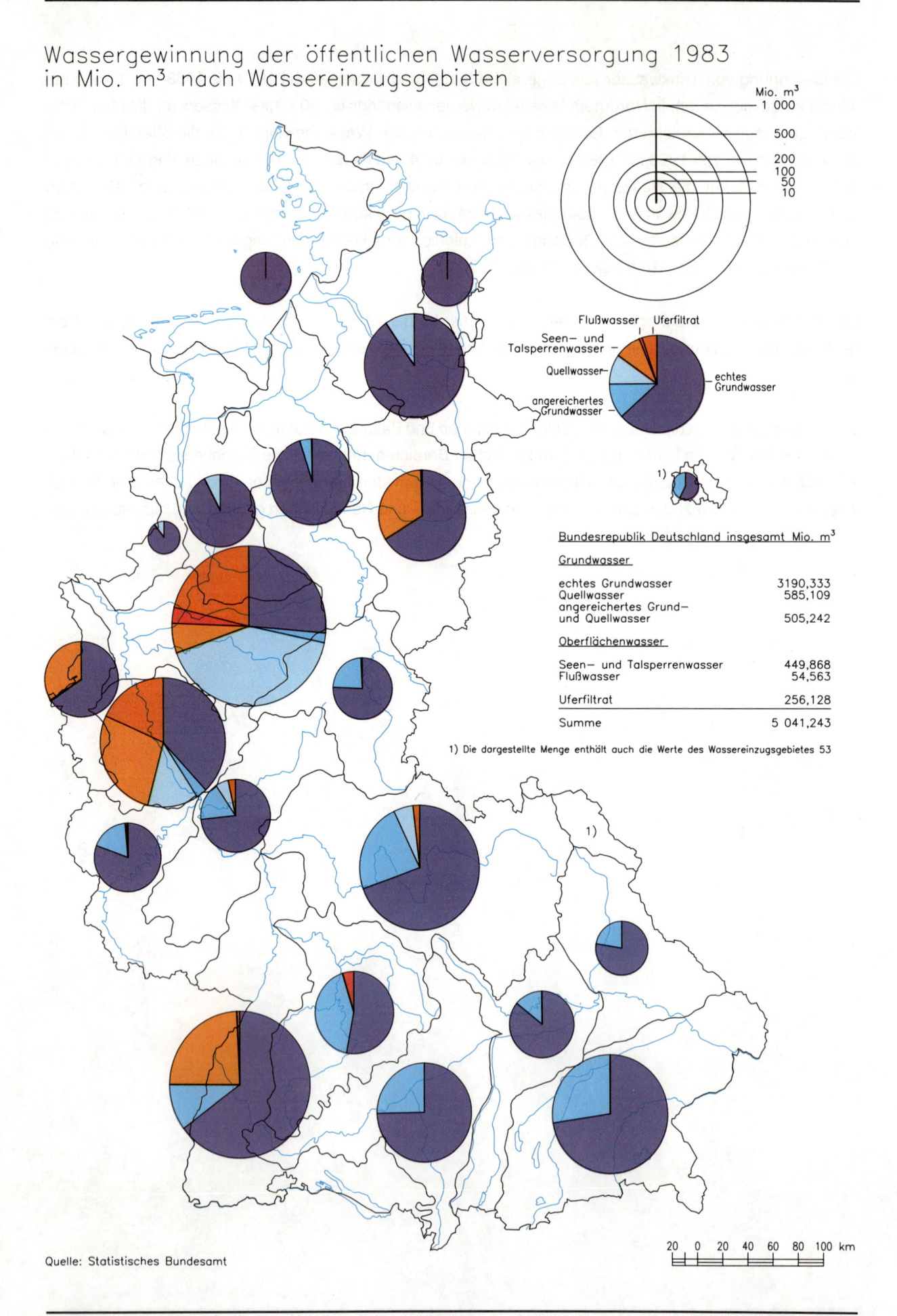

Wasser

Wassergewinnung der öffentlichen Wasserversorgung 1983
in Mio. m³ nach Wassereinzugsgebieten

Mio. m³
- 1 000
- 500
- 200
- 100
- 50
- 10

Flußwasser — Uferfiltrat
Seen- und Talsperrenwasser
Quellwasser
angereichertes Grundwasser
echtes Grundwasser

1)

Bundesrepublik Deutschland insgesamt Mio. m³

Grundwasser

echtes Grundwasser	3190,333
Quellwasser	585,109
angereichertes Grund- und Quellwasser	505,242

Oberflächenwasser

Seen- und Talsperrenwasser	449,868
Flußwasser	54,563
Uferfiltrat	256,128
Summe	5 041,243

1) Die dargestellte Menge enthält auch die Werte des Wassereinzugsgebietes 53

20 0 20 40 60 80 100 km

Quelle: Statistisches Bundesamt

Wasser

Vergleich der Wassergewinnung der öffentlichen Wasser‐
versorgung 1979 und 1983 nach Wassereinzugsgebieten

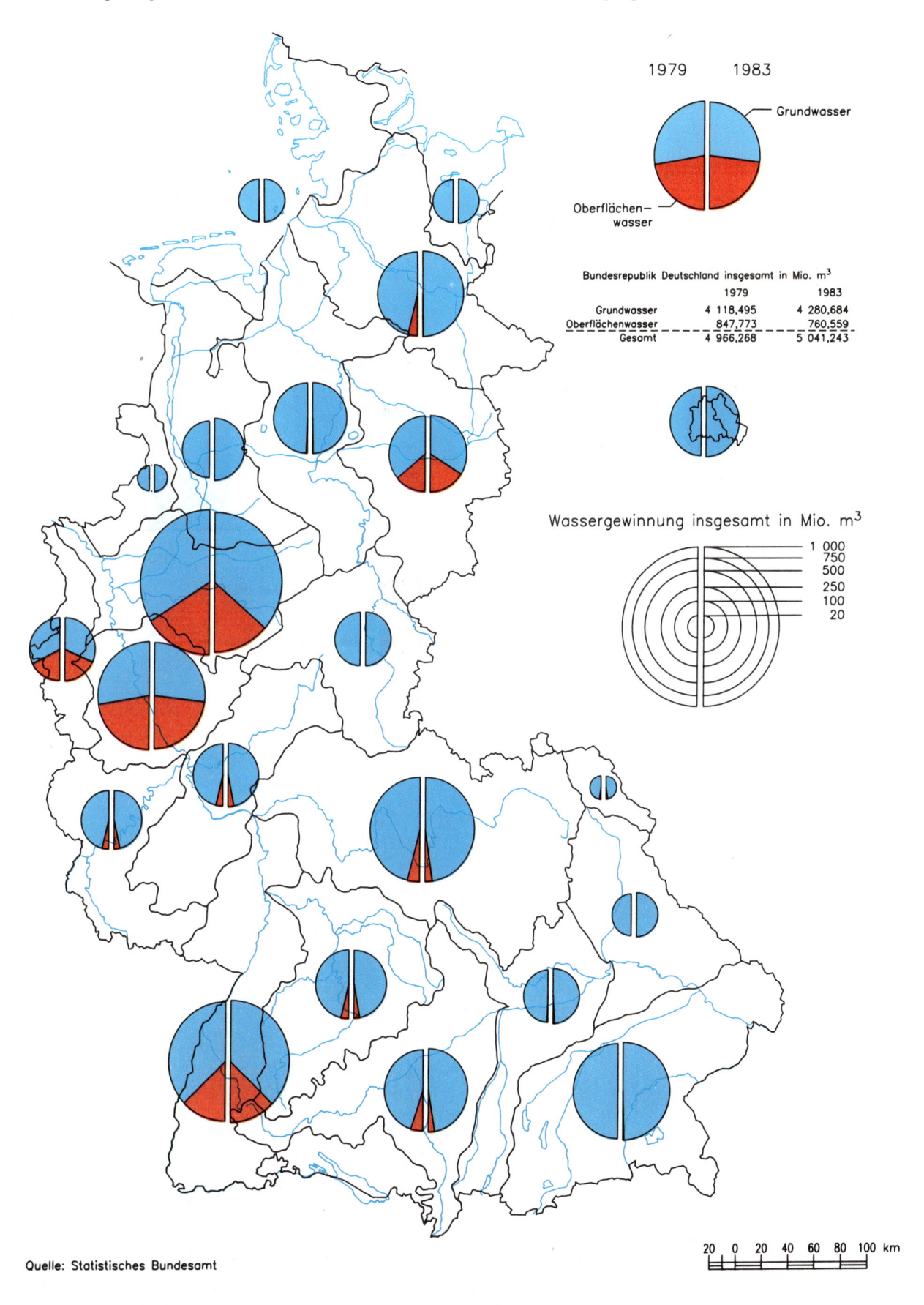

1979   1983

Grundwasser

Oberflächen‐
wasser

Bundesrepublik Deutschland insgesamt in Mio. m³

	1979	1983
Grundwasser	4 118,495	4 280,684
Oberflächenwasser	847,773	760,559
Gesamt	4 966,268	5 041,243

Wassergewinnung insgesamt in Mio. m³

1 000
750
500
250
100
20

Quelle: Statistisches Bundesamt

Daten zur Umwelt 1986/87
Umweltbundesamt

UMPLIS
Methodenbank
Umwelt

347

Wasser

Entwicklung der Wassergewinnung der öffentlichen Wasserversorgung 1963 bis 1983

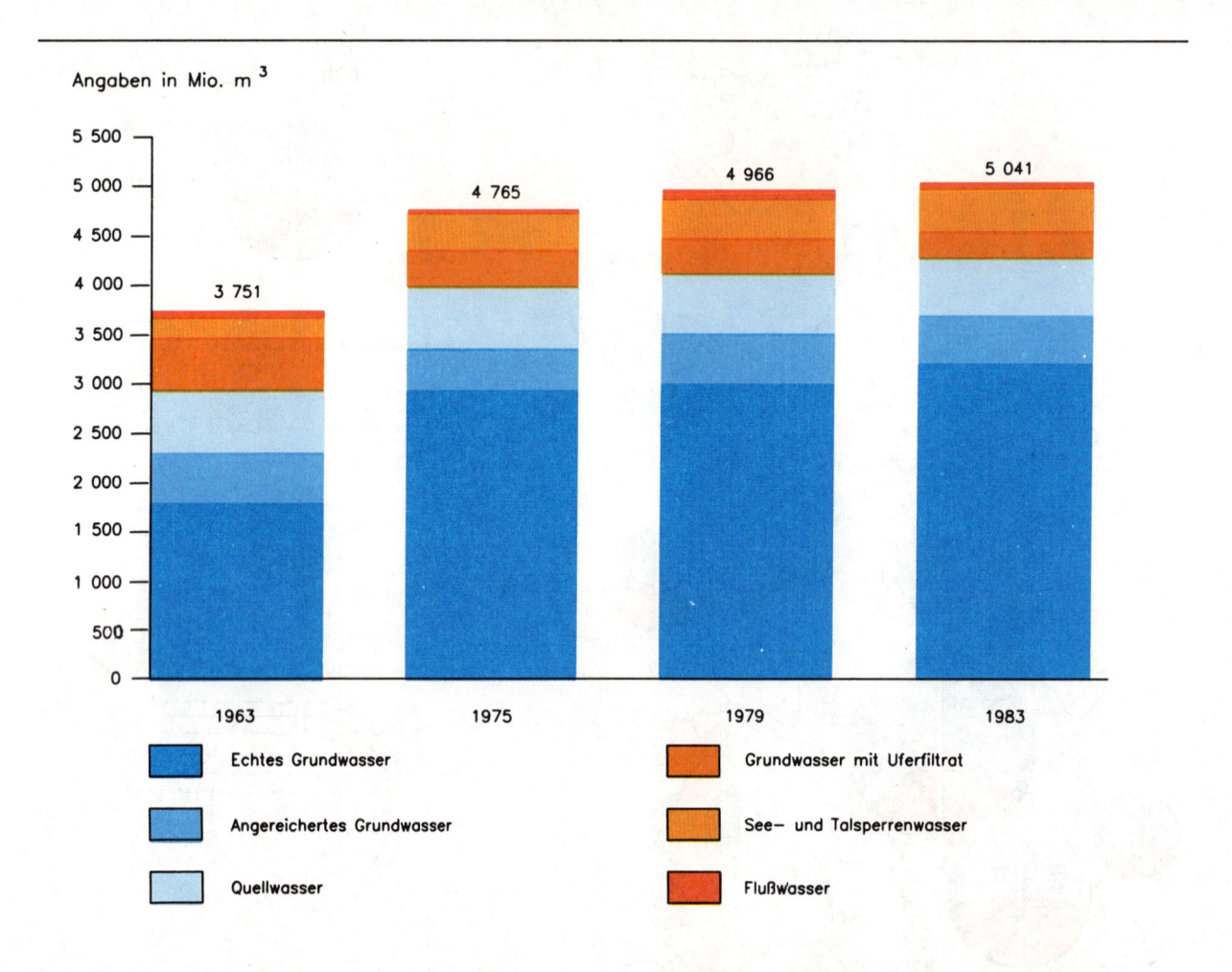

Angaben in Mio. m^3

Jahr	Gesamt
1963	3 751
1975	4 765
1979	4 966
1983	5 041

- Echtes Grundwasser
- Angereichertes Grundwasser
- Quellwasser
- Grundwasser mit Uferfiltrat
- See- und Talsperrenwasser
- Flußwasser

Quelle: Statistisches Bundesamt

Wasser

Anschluß der Wohnbevölkerung an die öffentliche Wasserversorgung nach Kreisen 1983

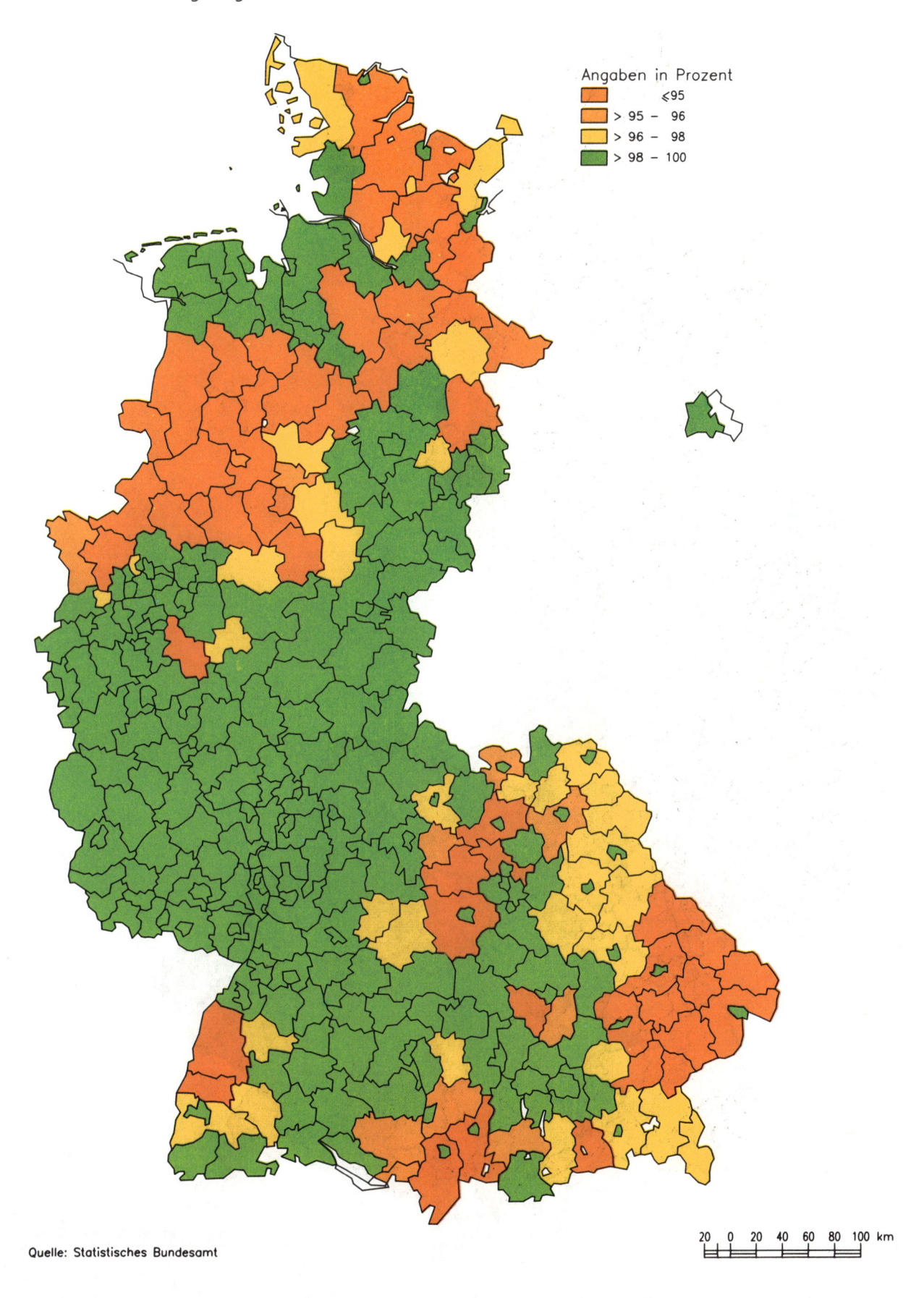

Angaben in Prozent
- ≤ 95
- > 95 – 96
- > 96 – 98
- > 98 – 100

Quelle: Statistisches Bundesamt

Wasser

Wasserabgabe der öffentlichen Wasserversorgung
Haushalte (einschließlich Kleingewerbe)
nach Kreisen 1983

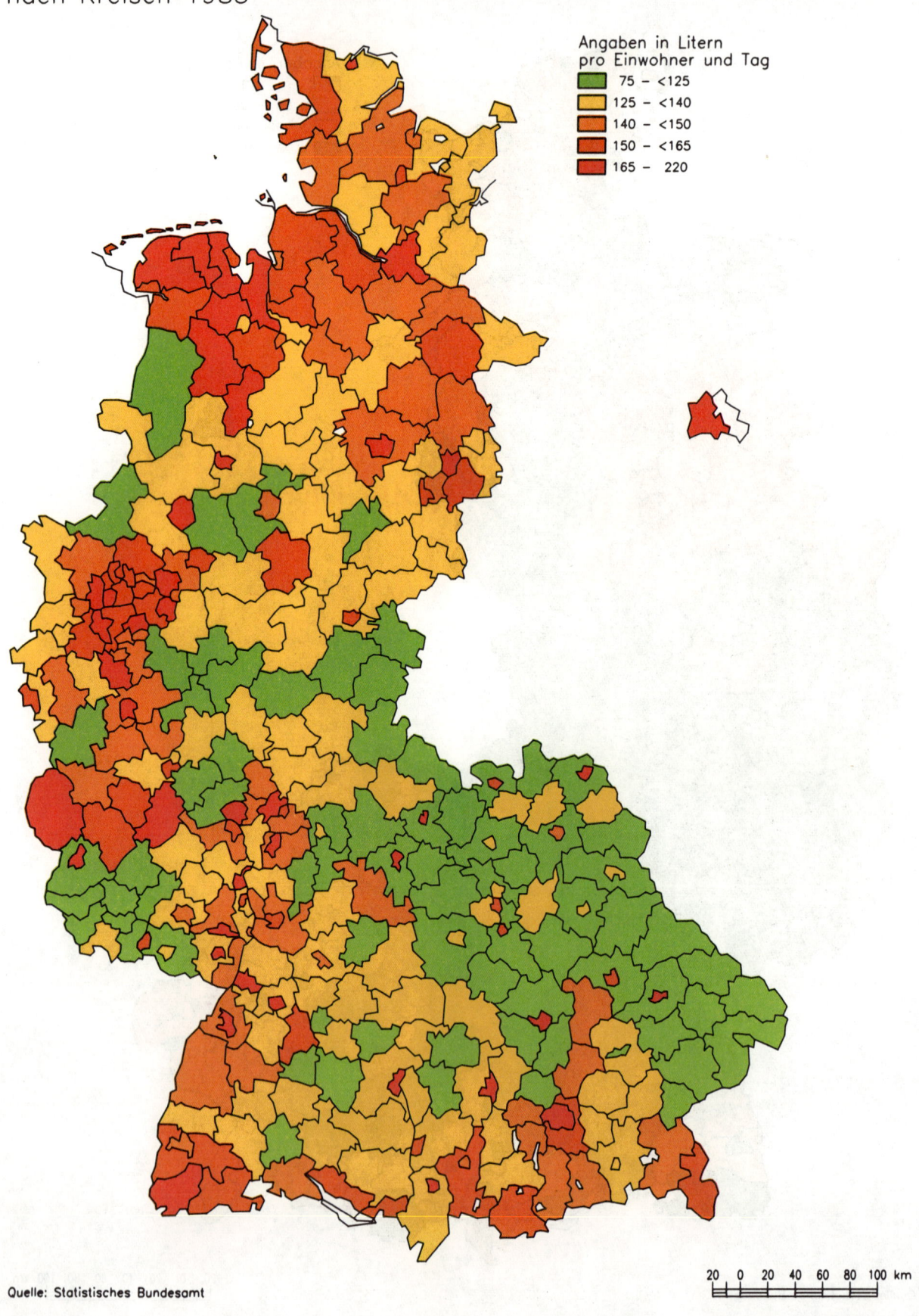

Angaben in Litern
pro Einwohner und Tag
- 75 – <125
- 125 – <140
- 140 – <150
- 150 – <165
- 165 – 220

Quelle: Statistisches Bundesamt

Wasser

Trinkwasserschutzgebiete

Das Wasserhaushaltsgesetz sieht die Ausweisung von besonderen Wasserschutzgebieten vor, wenn es das Wohl der Allgemeinheit erfordert (§ 19).

Die in der Länderarbeitsgemeinschaft Wasser (LAWA) zusammengeschlossenen Obersten Wasserbehörden der Länder haben einen Fachausschuß aus Mitgliedern des Deutschen Vereins des Gas- und Wasserfachs (DVGW) sowie der Länderverwaltungen mit der Ausarbeitung von technisch-wissenschaftlichen Richtlinien beauftragt.

Der Ausschuß hat „Richtlinien für die Einrichtung von Schutzgebieten für Trinkwassergewinnungsanlagen (Trinkwasserschutzgebiete)"

Teil I	Schutzgebiete für Grundwasser
Teil II	Schutzgebiete für Trinkwassertalsperren
Teil III	Schutzgebiete für Seen

herausgegeben (DVGW-Arbeitsblatt W 101; 102; 103).

Diese Richtlinien werden von den Länderverwaltungen als technisch-wissenschaftliche Grundlage für die Ausweisung von Schutzgebieten herangezogen.

Baden-Württemberg, Nordrhein-Westfalen, Saarland und Schleswig-Holstein haben sogenannte Musterverordnungen erlassen. Bisher wurden ca. 14 000 Schutzgebiete für Grundwasser, 47 Schutzgebiete für Trinkwassertalsperren und 11 Schutzgebiete für Seen für erforderlich gehalten. Durch förmliche Verfahren sind mehr als 6700 Schutzgebietsverordnungen erlassen worden. Dies sind mithin ungefähr 50%, für weitere 30% liegen fachlich umschriebene Schutzgebiete vor.

Zone	Schutzgebiete für Grundwasser km²	Talsperren km²	Gesamt km²	Anteil an der Fläche der Bundesrepublik %
I+II	3262	511	3772	1,5
III	21 980	1285	23 265	9,4
I+II+III	25 242	1796	27 037	10,9

Quelle: Wasserversorgungsbericht der Bundesregierung 1982

Wie aus der Tabelle hervorgeht, sind die meisten Schutzgebiete für Grundwassergewinnungsanlagen ausgewiesen bzw. vorgesehen.

Sie sind in drei Zonen gegliedert, die mit abgestuften Auflagen versehen sind.

Wasser

Industrielle Wasserversorgung

Das gesamte Wasseraufkommen der Industrie betrug im Jahre 1983 ca. 11,2 Mrd. m³, wobei die Eigengewinnung bei etwa 10,2 Mrd. m³ und der Fremdbezug aus dem öffentlichen Netz und von anderen Betrieben und Einrichtungen über nichtöffentliche Leitungen bei ca. 1 Mrd. m³ lag.

Die Eigengewinnung der Industrie setzte sich zu 27,3% aus Grundwasser, 0,9% aus Quellwasser, 66,6% aus Oberflächenwasser und zu 5,2% aus Uferfiltrat zusammen. Der Anteil des Wassers mit Trinkwasserqualität betrug etwa 10,8% des gesamten Wasseraufkommens der Industrie.

Das Wasseraufkommen der Industrie hat sich von 1981 bis 1983 von 11,8 Mrd. m³ auf 11,2 Mrd. m³, d.h. um ca. 5% verringert. Der Anteil der Eigengewinnung sowie der Anteil mit Trinkwasserqualität verringerte sich im gleichen Zeitraum ebenfalls um 5%.

Das im Betrieb eingesetzte Wasser wird zu 85,7% einfach genutzt. Nur etwa 7,3% des Wassers werden einer Mehrfachnutzung zugeführt. Der Rest von ca. 7% findet für Erstauffüllungen und als Zusatzwasser für Kreislaufsysteme Verwendung.

Von den 1983 erfaßten 45 300 Betrieben verfügten 6856 Betriebe über eine Kreislaufführung. In diesen Betrieben wurden knapp 8 Mrd. m³ Wasser eingesetzt.

Der Nutzungsfaktor, der 1975 bei 2,66 lag, erhöhte sich bis 1983 auf 3,12 und deutet damit auf einen verstärkten Ausbau der Mehrfachnutzung und Kreislaufführung in den Betrieben hin.

In den Betrieben mit Kreislaufsystemen erhöhte sich die insgesamt genutzte Wassermenge, aufgrund der mehrmaligen Nutzung, auf insgesamt 33 Mrd. m³. Dabei erreichte die im Kreislauf geführte Menge ca. 25,5 Mrd. m³, die sich zu 20,5 Mrd. m³ auf die Nutzung als Kühlwasser für Produktions- und Stromerzeugungsanlagen, zu 0,52 Mrd. m³ auf die Verwendung als Kesselspeisewasser und zu 4,3 Mrd. m³ auf produktionsspezifische Zwecke verteilt.

Mit über 4 Mrd. m³ Wasser ist die chemische Industrie der größte Wasserverbraucher im verarbeitenden Gewerbe, wobei der überwiegende Teil des Wassers als Kühlwasser für Produktions- und Stromerzeugungsanlagen genutzt wird.

In den 309 Bergbaubetrieben, die ein jährliches Wasseraufkommen von ca. 2,6 Mrd. m³ zu verzeichnen haben, wurden etwa 1,2 Mrd. m³ Wasser ungenutzt abgeleitet. Da dieses Wasser überwiegend aus salzhaltigem Sümpfungswasser besteht, eignet es sich nur bedingt und zu einem kleinen Teil für industrielle Anwendungen oder für die öffentliche Wasserversorgung.

Die Anzahl der erfaßten Wärmekraftwerke für die öffentliche Versorgung stieg von 1975 bis 1983 von 174 auf 188 an. Dabei zeichnet sich ein Trend zu kleineren Wärmekraftwerken mit einem Wasserbedarf bis zu 20 Mio m³ pro Jahr ab.

Die Wärmekraftwerke nutzen jährlich fast 26 Mrd. m³ Wasser. Der Anteil des Bedarfs wird zu 98,8% durch Eigengewinnung gedeckt. 99,8% des genutzten Wassers werden aus Oberflächenwasser gewonnen.

Wasser

Das von den Wärmekraftwerken genutzte Wasser findet zu 94% als Kühlwasser Verwendung. Der Rest wird mit 2,7% als Kesselspeisewasser und mit 3,3% für sonstige Zwecke wie Belegschaftswasser und Wasser für Heizungs- und Klimaanlagen genutzt.

Der Wasserbedarf der Wärmekraftwerke stieg von 1975 bis 1983 von knapp 18 Mrd. m³ auf fast 26 Mrd. m³ um 44%.

Das im Betrieb eingesetzte Wasser wird zu 97% nur einfach genutzt. Knapp 1,4% werden mehrfach genutzt und nur 1,25% in Kreislaufsystemen geführt. Die restlichen 0,3% werden an Dritte abgegeben oder ungenutzt abgeleitet.

Durch die Kreislaufführung des Wassers erhöht sich die insgesamt genutzte Wassermenge der Wärmekraftwerke von knapp 26 Mrd. m³ auf mehr als 47 Mrd. m³. Das entspricht einem Nutzungsfaktor von 1,83 im Jahre 1983, der damit leicht unter dem des Jahres 1981 mit 1,84 liegt.

Durch den Ausbau der Kreislaufführung könnte der Anteil des entnommenen Wassers entscheidend verringert und die Umweltbelastung vermindert werden. Diese ist in der Aufheizung des Flußwassers durch eingeleitetes Kühlwasser zum einen sowie im Eintrag von Korrosionsschutzmitteln zum anderen zu sehen.

Siehe auch:
- Biologische Gewässergüte der Fließgewässer

Wasser

Entwicklung der Wassernutzung bei Wärmekraftwerken für die öffentliche Wasserverorgung, im Bergbau und im Verarbeitenden Gewerbe 1977 bis 1983

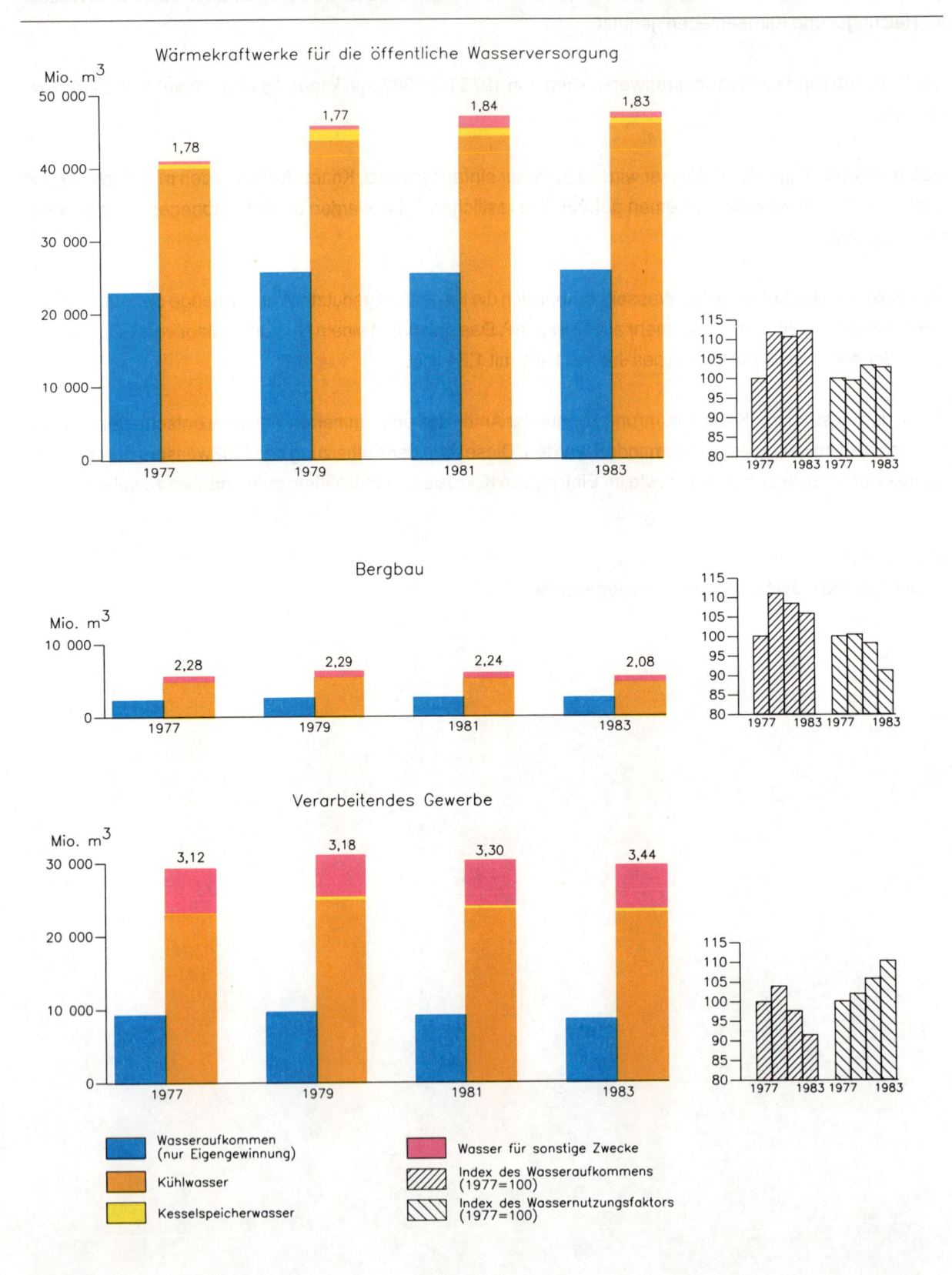

Wärmekraftwerke für die öffentliche Wasserversorgung

Mio. m³

Jahr	1977	1979	1981	1983
Faktor	1,78	1,77	1,84	1,83

Bergbau

Mio. m³

Jahr	1977	1979	1981	1983
Faktor	2,28	2,29	2,24	2,08

Verarbeitendes Gewerbe

Mio. m³

Jahr	1977	1979	1981	1983
Faktor	3,12	3,18	3,30	3,44

Legende:
- Wasseraufkommen (nur Eigengewinnung)
- Kühlwasser
- Kesselspeicherwasser
- Wasser für sonstige Zwecke
- Index des Wasseraufkommens (1977=100)
- Index des Wassernutzungsfaktors (1977=100)

Quelle: Statistisches Bundesamt

Wasser

Landwirtschaftliche Wasserversorgung

Der über den durch Niederschläge abgedeckten Teil hinausgehende Wasserbedarf der landwirtschaftlichen Betriebe betrug 1982 etwa 238 Mio m³, wobei 15 Mio m³ Abwasser zur Berieselung bzw. Beregnung der landwirtschaftlich genutzten Fläche Verwendung fanden. Damit sind noch ca. 223 Mio m³ für die Wasserbilanz relevant.

Diese 223 Mio m³ stammen zu etwa 166 Mio m³ aus dem Grundwasser und zu ca. 57 Mio m³ aus Oberflächenwasser; dabei beträgt der Anteil mit Trinkwasserqualität aus dem öffentlichen Netz etwa 0,36 Mio m³.

Die zu bewässernde Fläche ist von 1952 bis 1982 von 224 000 ha auf 320 000 ha gestiegen. Die zur Bewässerung benötigte Wassermenge hat sich im gleichen Zeitraum von 1,19 Mrd. m³ auf rund 0,22 Mrd. m³ verringert. Der verminderte Wasserbedarf ist zu einem großen Teil auf die Umstellung der wassersparenden Beregnung gegenüber der aufwendigen Berieselung zurückzuführen.

Siehe auch:
— Öffentliche Wasserversorgung

Entwicklung der Wassernutzung in der Landwirtschaft im Verhältnis zur bewässerten Fläche 1952 bis 1982

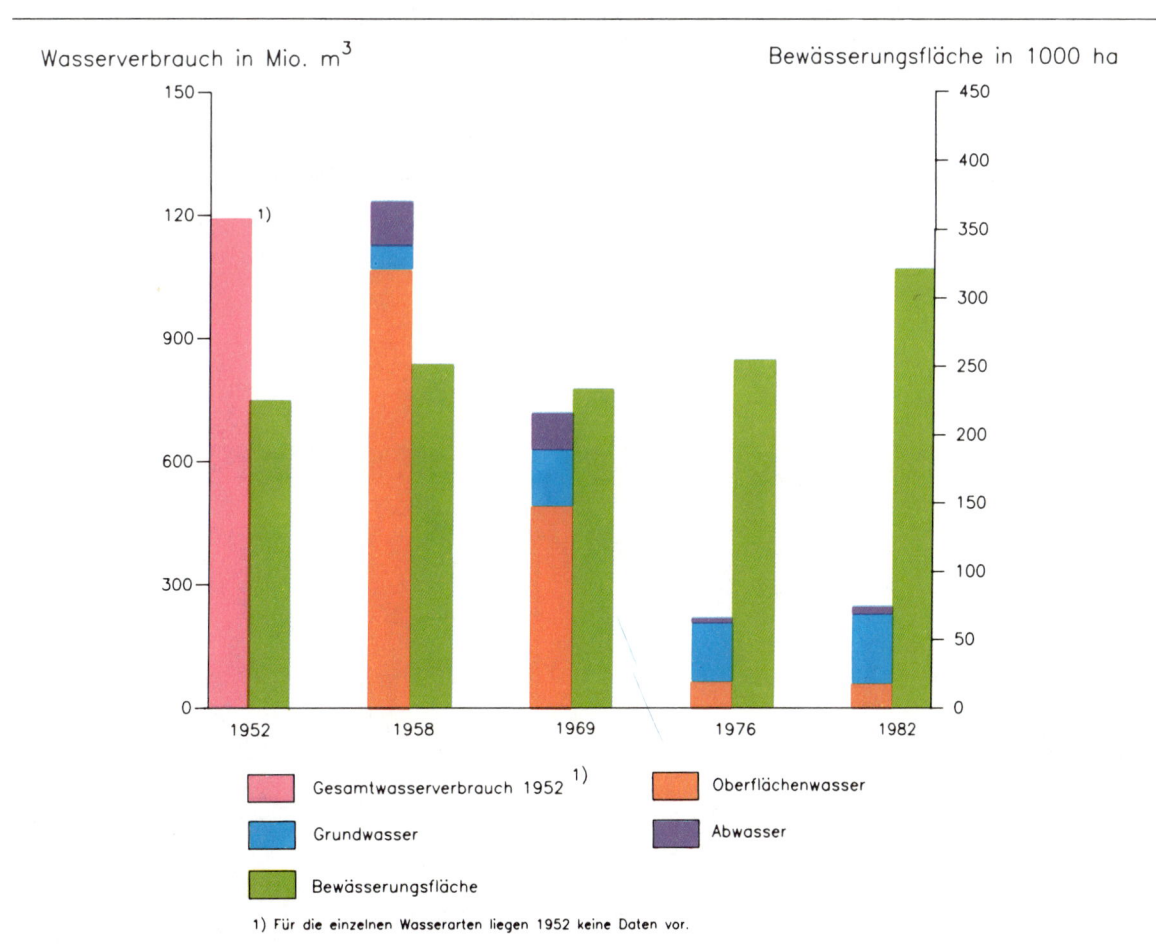

Legende:
- Gesamtwasserverbrauch 1952 [1]
- Grundwasser
- Bewässerungsfläche
- Oberflächenwasser
- Abwasser

1) Für die einzelnen Wasserarten liegen 1952 keine Daten vor.

Quelle: Bundesminister für Ernährung, Landwirtschaft und Forsten

Wasser

Wassergewinnung in ausgewählten Mitgliedsstaaten der OECD

Während in den früheren Jahren in der Wasserwirtschaft das Mengenproblem im Vordergrund der Überlegungen der meisten Staaten stand, gewinnt in letzter Zeit mehr und mehr die Qualität der Ressource Wasser an Bedeutung.

Entgegen früheren Annahmen ist ein stetiges Ansteigen des Wasserbedarfs in allen Ländern nicht mehr zu verzeichnen. So verzeichnen Länder wie Japan, Schweden, Finnland, die Niederlande, Großbritannien, aber auch die Bundesrepublik Deutschland ein Gleichbleiben oder einen Rückgang des gesamten Wasserverbrauchs.

Die verschiedenen Nutzungsgruppen wie Landwirtschaft, Industrie, öffentliche Wasserversorgung und Wärmekraftwerke benötigen dabei Wasser unterschiedlicher Qualität und Menge. Je nach regionalen oder hydrologischen Gegebenheiten müssen mehrere Nutzer um begrenzte Mengen konkurrieren.

Dabei ist zu berücksichtigen, daß die Entnahme von Grundwasser in den meisten Fällen billiger ist und gute Qualität garantiert.

Grundwasser wird in den meisten Staaten zunächst für die öffentliche Trinkwasserversorgung eingesetzt. Die Nutzung von Oberflächenwasser als Trinkwasser bedingt in den meisten Fällen hohe Reinigungskosten.

Das stetige Ansteigen des Wasserverbrauchs in privaten Haushalten hat sich in den letzten Jahren verlangsamt, in einigen Ländern wie in Schweden oder in den Niederlanden ist er sogar zurückgegangen.

Die Entwicklung des Wasserbedarfs der Industrie ist in den Mitgliedsländern der OECD je nach wirtschaftlicher Entwicklung und der Entwicklung von Wasserkreislaufsystemen unterschiedlich.

Wasser

Wassergewinnung nach Wasserarten
in ausgewählten Mitgliedsstaaten der OECD 1980
Angaben in Prozent

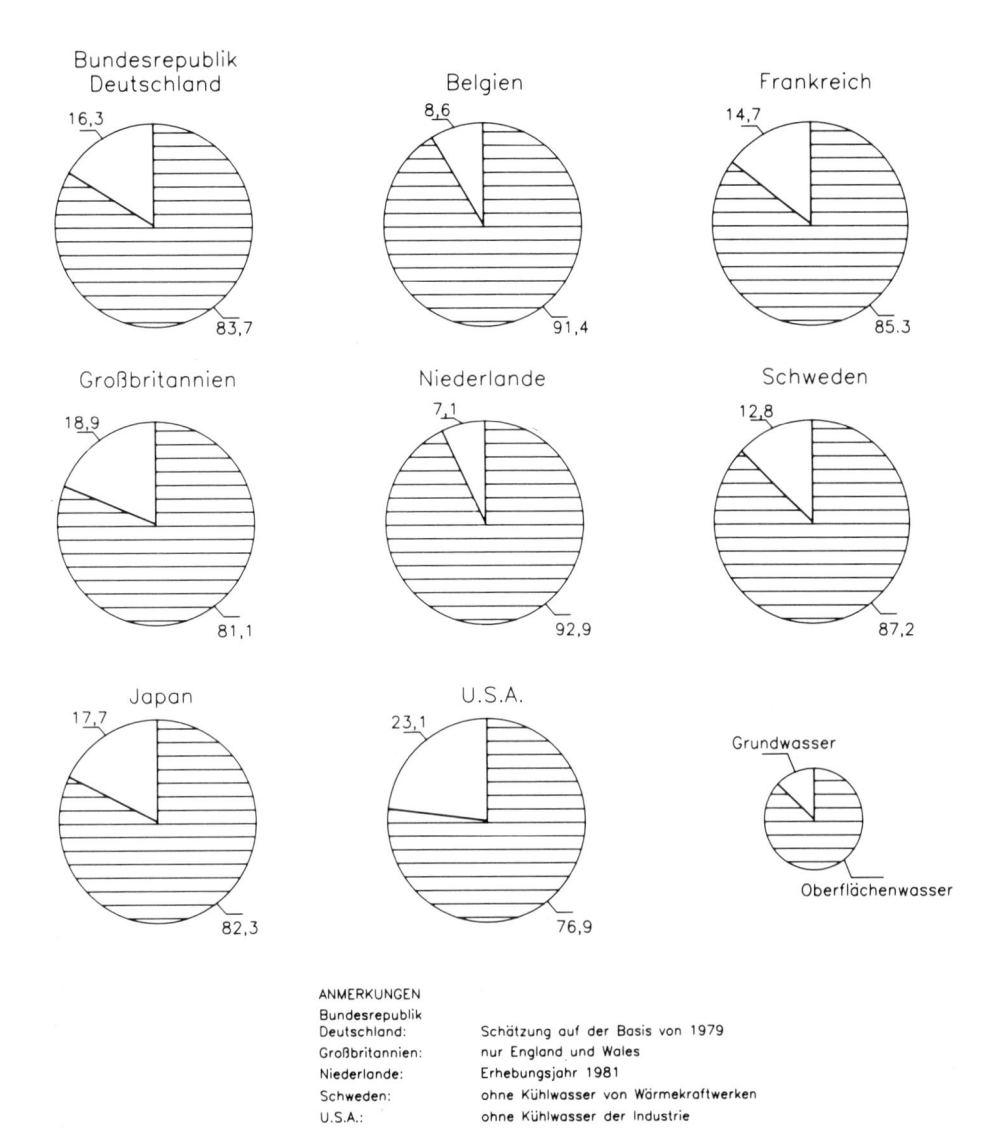

Bundesrepublik Deutschland: 16,3 / 83,7

Belgien: 8,6 / 91,4

Frankreich: 14,7 / 85,3

Großbritannien: 18,9 / 81,1

Niederlande: 7,1 / 92,9

Schweden: 12,8 / 87,2

Japan: 17,7 / 82,3

U.S.A.: 23,1 / 76,9

Legende: Grundwasser / Oberflächenwasser

ANMERKUNGEN

Bundesrepublik Deutschland:	Schätzung auf der Basis von 1979
Großbritannien:	nur England und Wales
Niederlande:	Erhebungsjahr 1981
Schweden:	ohne Kühlwasser von Wärmekraftwerken
U.S.A.:	ohne Kühlwasser der Industrie

Quelle: Organisation für wirtschaftliche Zusammenarbeit und Entwicklung

Wasser

Hauptnutzungsarten des Wassers in ausgewählten Mitgliedsstaaten der OECD 1980

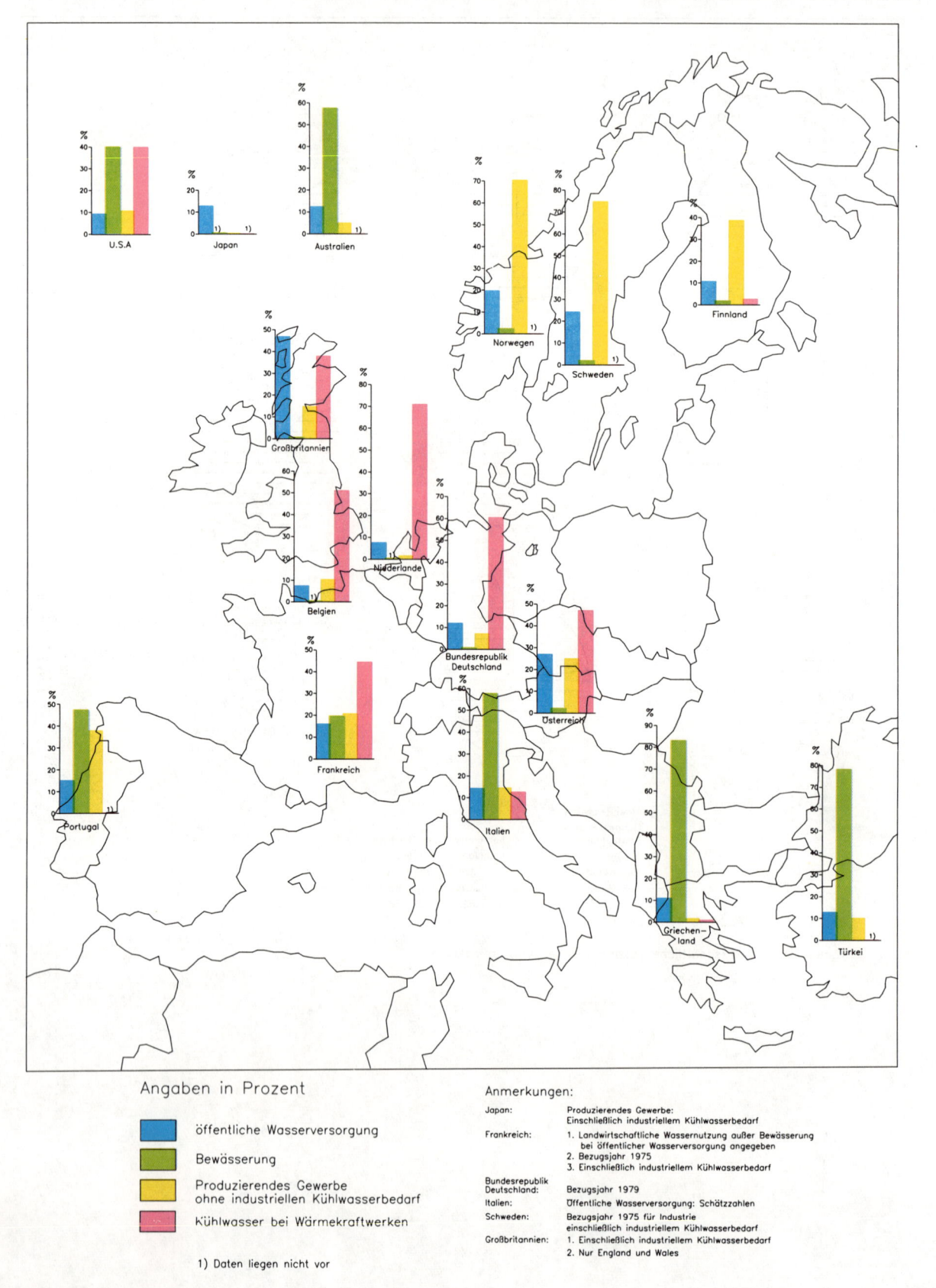

Angaben in Prozent

- ■ öffentliche Wasserversorgung
- ■ Bewässerung
- ■ Produzierendes Gewerbe ohne industriellen Kühlwasserbedarf
- ■ Kühlwasser bei Wärmekraftwerken

1) Daten liegen nicht vor

Anmerkungen:

Japan:	Produzierendes Gewerbe: Einschließlich industriellem Kühlwasserbedarf
Frankreich:	1. Landwirtschaftliche Wassernutzung außer Bewässerung bei öffentlicher Wasserversorgung angegeben 2. Bezugsjahr 1975 3. Einschließlich industriellem Kühlwasserbedarf
Bundesrepublik Deutschland:	Bezugsjahr 1979
Italien:	Öffentliche Wasserversorgung: Schätzzahlen
Schweden:	Bezugsjahr 1975 für Industrie einschließlich industriellem Kühlwasserbedarf
Großbritannien:	1. Einschließlich industriellem Kühlwasserbedarf 2. Nur England und Wales

Quelle: Organisation für wirtschaftliche Entwicklung und Zusammenarbeit

Wasser

Abwasserbehandlung
Öffentliche Abwasserbehandlung
Aus öffentlichen Kläranlagen abgeleitete Abwassermengen nach Art der Kläranlage

In den öffentlichen Kläranlagen wurden 1983 7794 Mio m³ Abwasser behandelt. Davon stammen ca. 3201 Mio m³ aus dem häuslichen Bereich und ca. 1248 Mio m³ aus dem industriell-gewerblichen Bereich.

Eine sehr große Menge (3344 Mio m³) des zu behandelnden Abwassers ist Grund-, Bach- und sonstiges Fremdwasser (z.B. Regenabflüsse), das über öffentliche Kläranlagen abgeleitet wird.

Der weitaus größte Teil dieses Abwassers wurde biologisch gereinigt (6721 Mio m³ ohne weitergehende Reinigung und 600 Mio m³ mit weitergehender Reinigung). 467,8 Mio m³ wurden nur einer mechanischen Reinigung unterzogen, bei der lediglich Schwimm-, Schweb- und Sinkstoffe des Abwassers, z.B. in Absetzbecken entfernt werden.

Die weitergehende Behandlung ist ein Verfahrensschnitt zur Abwasserreinigung, der sich an die mechanische und biologische Abwasserbehandlung anschließt und ein chemisches oder chemisch/physikalisches Verfahren darstellt.

168 Mio m³ Abwasser wurden unbehandelt in Oberflächengewässer oder in den Untergrund abgeleitet; dazu werden auch Abwassermengen gezählt, die zuvor in Hauskläranlagen behandelt worden sind.

Die zu behandelnde Abwassermenge 1983 ist gegenüber 1979 um 12% gestiegen. Bei den vorgenannten Zahlen ist zu berücksichtigen, daß im Emschergebiet das Abwasser von 1,46 Mio Einwohnern vor der Einleitung in die Emscher nur mechanisch gereinigt, dann allerdings in der Emscher-Mündungskläranlage biologisch behandelt wird.

Wasser

Aus öffentlichen Kläranlagen abgeleitete Abwassermengen nach Art der Anlagen 1979 und 1983

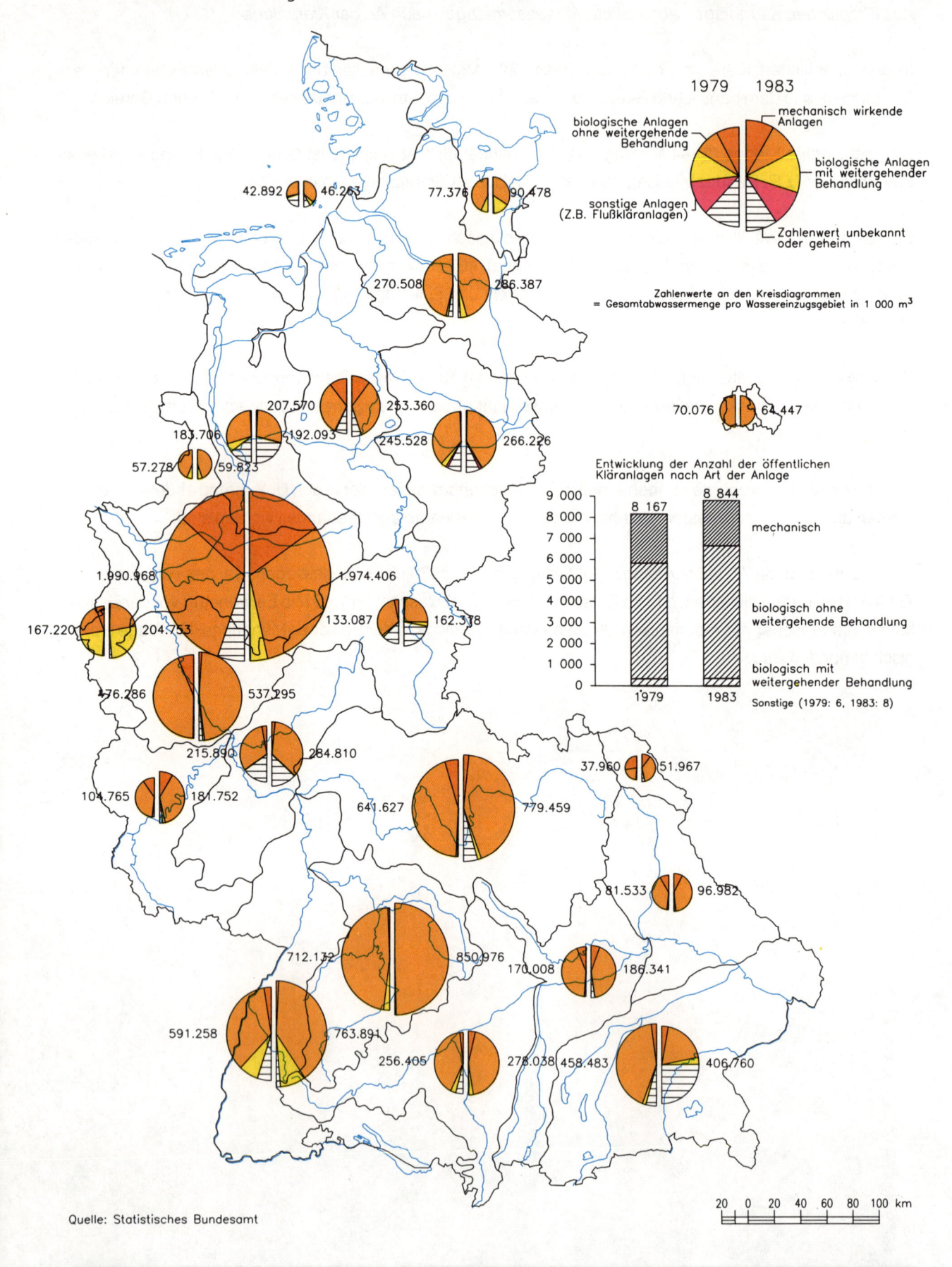

Legende (1979 | 1983):
- mechanisch wirkende Anlagen
- biologische Anlagen ohne weitergehende Behandlung
- biologische Anlagen mit weitergehender Behandlung
- sonstige Anlagen (z.B. Flußkläranlagen)
- Zahlenwert unbekannt oder geheim

Zahlenwerte an den Kreisdiagrammen = Gesamtabwassermenge pro Wassereinzugsgebiet in 1 000 m³

Werte auf der Karte (1979 / 1983):
- 42.892 / 46.263
- 77.376 / 90.478
- 270.508 / 286.387
- 207.570 / 253.360
- 183.706 / 192.093
- 245.528 / 266.226
- 57.278 / 59.823
- 70.076 / 64.447
- 1.990.968 / 1.974.406
- 133.087 / 162.338
- 167.220 / 204.753
- 476.286 / 537.295
- 215.890 / 284.810
- 104.765 / 181.752
- 641.627 / 779.459
- 37.960 / 51.967
- 81.533 / 96.982
- 712.132 / 850.976
- 170.008 / 186.341
- 591.258 / 763.891
- 256.405 / 278.038
- 458.483 / 406.760

Entwicklung der Anzahl der öffentlichen Kläranlagen nach Art der Anlage

- 1979: 8 167
- 1983: 8 844

Kategorien:
- mechanisch
- biologisch ohne weitergehende Behandlung
- biologisch mit weitergehender Behandlung

Sonstige (1979: 6, 1983: 8)

Quelle: Statistisches Bundesamt

UMPLIS Methodenbank Umwelt

Daten zur Umwelt 1986/87
Umweltbundesamt

Wasser

Anschluß der Wohnbevölkerung an die öffentliche Kanalisation

1983 wurden mehr als 90% der Einwohner an die öffentliche Kanalisation angeschlossen; das öffentliche Kanalnetz hat eine Länge von 270 000 km. 1957 betrug die Zahl der an die öffentliche Kanalisation angeschlossenen Einwohner nur etwa 31,6 Mio, während sie 1983 bei 55,6 Mio lag. Die Länge des Kanalnetzes betrug 1957 68 000 km.

Der jeweilige Anschlußgrad der Bevölkerung hängt stark von der Gemeindegröße ab.

In Gemeinden unter 1000 Einwohnern sind im Durchschnitt nur 60% der Einwohner an die Sammelkanalisation angeschlossen.

Neben den in den nächsten Jahren noch durchzuführenden Neuanschlüssen von Gemeinden an die Sammelkanalisation, bereiten den Gemeinden umfangreiche Erneuerungsarbeiten zunehmend finanzielle Probleme.

Diese Erneuerungen im Kanalisationsnetz sind erforderlich, da Leckagen ein verstärktes Eindringen von Schadstoffen in den Untergrund ermöglichen, die zur Verschmutzung des Grundwassers beitragen können. Andererseits dringen größere Mengen unverschmutzten Grundwassers in die Kanalisation ein und belasten die Kläranlagen.

Siehe auch:
— Entwicklung der Umweltschutzinvestitionen
— Grundwasservorkommen

Wasser

Anschluß der Wohnbevölkerung an die öffentliche Kanalisation nach Kreisen 1983

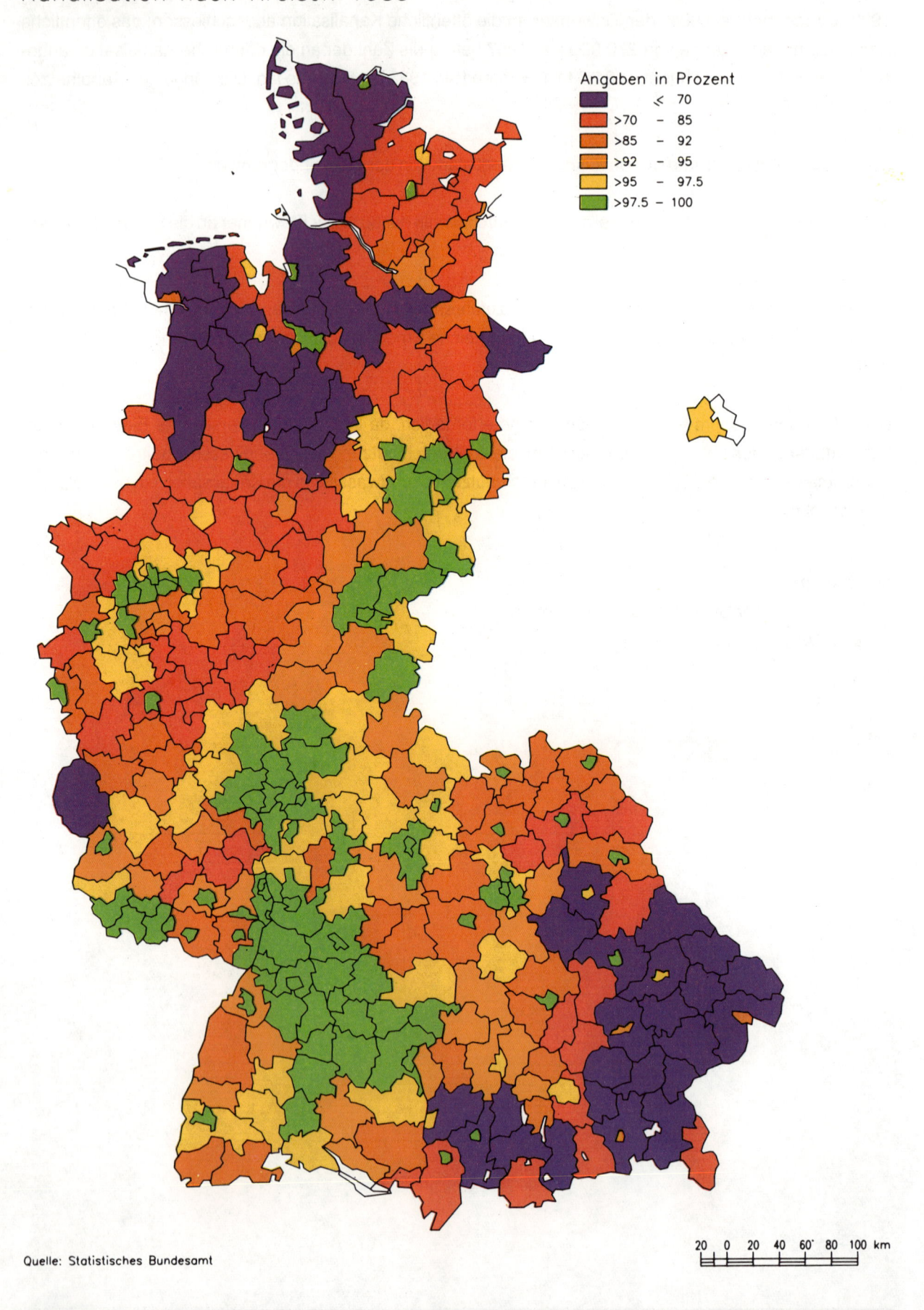

Angaben in Prozent
- ≤ 70
- >70 – 85
- >85 – 92
- >92 – 95
- >95 – 97.5
- >97.5 – 100

Quelle: Statistisches Bundesamt

Wasser

Anschluß der Wohnbevölkerung an öffentliche Abwasserbehandlungsanlagen

Der Anschluß der Wohnbevölkerung an öffentliche Abwasserbehandlungsanlagen ist in den letzten Jahren kontinuierlich gestiegen.

1983 waren 86,4% der Wohnbevölkerung an eine Abwasserbehandlungsanlage angeschlossen. Dies entspricht 95,3% der Einwohner, die an die öffentliche Sammelkanalisation angeschlossen waren. In Großstädten über 200 000 Einwohnern lag der Anschlußgrad bei nahezu 100%.

1983 gab es ca. 8800 öffentliche Abwasserbehandlungsanlagen, von denen rund 76% biologisch wirkende Anlagen sind. In diesen Anlagen wird das Abwasser von 82,5% der an Kläranlagen angeschlossenen Einwohner gereinigt. Der Bau dieser Anlagen hat den Eintrag von Schadstoffen in die Gewässer wesentlich verringert. Weitere Maßnahmen, wie die Änderung des Waschmittelgesetzes sowie freiwillige Vereinbarungen mit der Industrie zur Begrenzung des Verbrauchs kritisch bewerteter Stoffe (z.B. Alkylphenolethoxylate [APEO], NTA oder chlororganische Verbindungen) und ihr Ersatz durch umweltverträglichere Stoffe, werden zur weiteren Entlastung der Gewässer beitragen.

Siehe auch:
− Produktion von Wasch- und Reinigungsmitteln

Wasser

Anschluß der Wohnbevölkerung an öffentliche Abwasserbehandlungsanlagen 1983

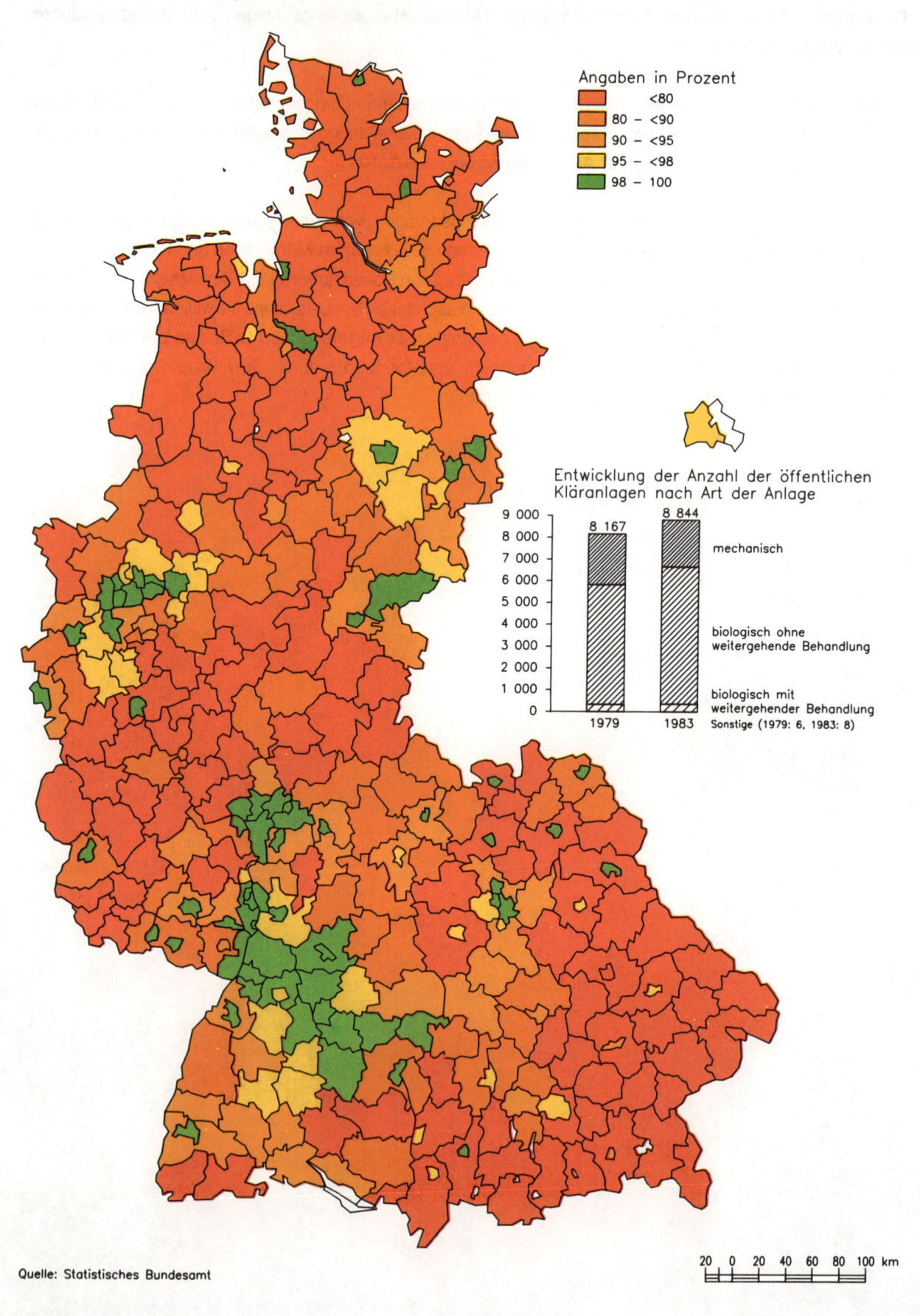

Angaben in Prozent
- <80
- 80 – <90
- 90 – <95
- 95 – <98
- 98 – 100

Entwicklung der Anzahl der öffentlichen
Kläranlagen nach Art der Anlage

- mechanisch
- biologisch ohne weitergehende Behandlung
- biologisch mit weitergehender Behandlung

1979: 8 167
1983: 8 844

Sonstige (1979: 6, 1983: 8)

Quelle: Statistisches Bundesamt

364

UMPLIS
Methodenbank
Umwelt

Daten zur Umwelt 1986/87
Umweltbundesamt

Wasser

Anzahl der an Abwasserbehandlungsanlagen angeschlossenen Einwohner in ausgewählten Mitgliedsstaaten der OECD

Der Stand der Abwasserreinigung ist in den Mitgliedsländern der OECD recht unterschiedlich.

Diese Aussage bezieht sich zunächst auf den Anschlußgrad der Bevölkerung an Abwasserbehandlungsanlagen unabhängig vom Wirkungsgrad dieser Anlagen.

Zu verzeichnen sind hohe Anschlußgrade in Mittel- und Nordeuropa und in den USA, während in den südeuropäischen Staaten nur ca. ein Drittel der Einwohner an Abwasserbehandlungsanlagen angeschlossen ist. Hierbei handelt es sich zumeist um Einwohner von Ballungsgebieten.

Wegen der unterschiedlichen Definitionen der Arten der Abwasserbehandlung (mechanisch, biologisch mit/ohne weitergehender Reinigung) in den einzelnen Ländern ist ein Vergleich der Qualität der Abwasserbehandlung nur schwer möglich.

Die Zahl der Abwasserbehandlungsanlagen nahm in den letzten 10 Jahren in fast allen Ländern deutlich zu, wobei mehr und mehr auch ein Trend zu biologisch wirkenden Anlagen mit höherer Reinigungsleistung zu verzeichnen ist.

Dies ist bemerkenswert, weil der Bau von Kläranlagen mit hohen Investitionen verbunden und die wirtschaftliche Entwicklung nicht in allen Ländern positiv verlaufen ist.

Die vorliegenden Zahlen zeigen jedoch, daß auch in den Ländern mit geringerem Anschluß an Abwasserbehandlungsanlagen die biologisch wirkenden Anlagen überwiegen.

Wasser

Anzahl der an Abwasserbehandlungsanlagen angeschlossenen Einwohner in ausgewählten Mitgliedsstaaten der OECD 1983

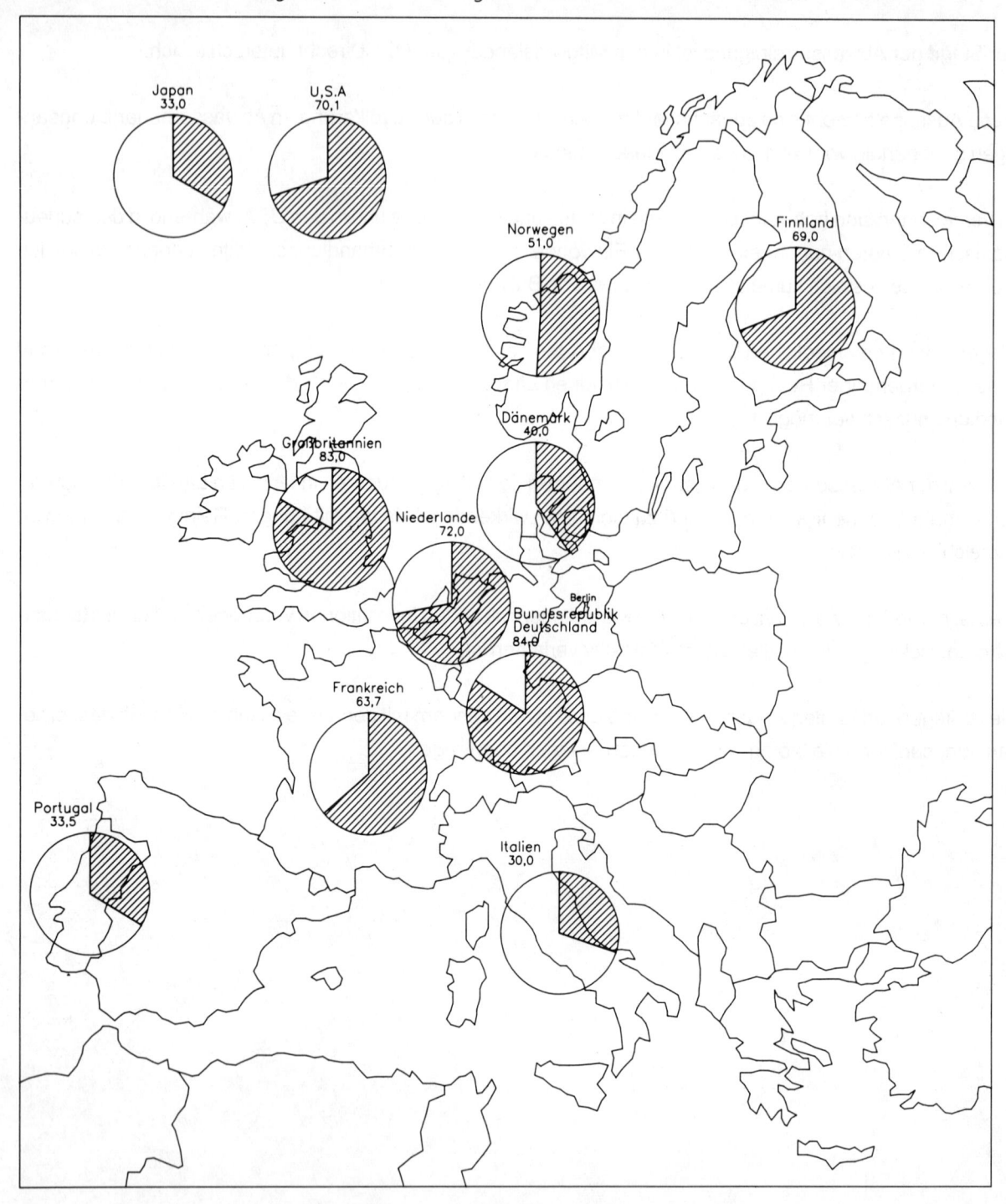

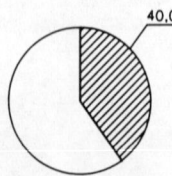

Japan 33,0
U.S.A 70,1
Norwegen 51,0
Finnland 69,0
Großbritannien 83,0
Dänemark 40,0
Niederlande 72,0
Bundesrepublik Deutschland 84,0
Frankreich 63,7
Portugal 33,5
Italien 30,0

40,0 Anzahl der an Abwasserbehandlungsanlagen angeschlossenen Einwohner in Prozent

Die Angaben beinhalten mechanisch wirkende Anlagen und biologische Anlagen ohne und mit weitgehender Behandlung

Anmerkungen:

Bundesrepublik Deutschland:	Bezugsjahr 1982
Japan:	Bezugsjahr 1981
U.S.A.:	Bezugsjahr 1982
Italien:	Bezugsjahr 1980
Großbritannien:	nur England und Wales

Quelle: Organisation für wirtschaftliche Zusammenarbeit und Entwicklung

Wasser

Die deutsche Produktion von Wasch- und Reinigungsmitteln

Wasch- und Reinigungsmittel werden nach ihrer Verwendung bestimmungsgemäß in das Abwasser eingebracht und gelangen damit in die Kläranlagen und in Gewässer.

Dem Statistischen Bundesamt liegen Zahlen nur zur Produktion von Wasch- und Reinigungsmitteln vor.

Es kann davon ausgegangen werden, daß die im Inland verwendete Menge nicht sehr wesentlich von dieser Menge abweicht.

Die deutsche Produktion von Wasch- und Reinigungsmitteln in den Jahren 1975–1984

Produktionsgruppe	1975 1000 t	1977 1000 t	1979 1000 t	1981 1000 t	1982 1000 t	1983 1000 t	1984 1000 t
Vollwaschmittel f. d. Hausgebrauch	410	442	478	502	672	618	638
Hauptwaschmittel bis 60° f. d. Hausgebrauch	121	123	136	150		29	20
Waschmittel f. gewerbliche Zwecke	64	53	56	48	51	50	44
Feinwaschmittel	58	63	69	62	61	70	68
Wäscheweichspülmittel	274	335	401	416	411	384	349
Handgeschirrspülmittel	121	128	142	136	132	142	154
Maschinengeschirrspülmittel	40	58	83	76	83	78	82
Haushaltsreiniger	82	82	131	122	133	114	117
Rohr- und WC-Reiniger	37	52	54	57	59	61	63
Reinigungs- und Entfettungsmittel für industrielle Zwecke	111	132	147	146	145	157	160
Insgesamt	1318	1468	1697	1715	1747	1703	1695

Quelle: Statistisches Bundesamt

Wasser

Anfall und Beseitigung von Klärschlamm in öffentlichen Kläranlagen

Bei der Behandlung der kommunalen Abwässer in mehr als 8800 Kläranlagen (1983) fallen 2,12 Mio t zu beseitigende Klärschlammtrockenmasse an. Dies entspricht einer Zunahme gegenüber 1979 um 6%, die auf den erhöhten Anschlußgrad an Kläranlagen und die verbesserte Reinigungsleistung zurückzuführen ist.

Die anfallenden Schlämme werden wie folgt beseitigt:

Art	1979	1983
Ablagerung	54,8%	46,6%
Landw. Verwert.	30,0%	24,9%
Verbrennung	8,8%	13,7%
Kompostierung	2,2%	1,3%
Sonstiges	4,2%	13,5%

Der Anteil der Kompostierung und landwirtschaftlichen Verwertung liegt tatsächlich etwas höher, da unter „Sonstiges" auch Anlagen erfaßt sind, die ihre Schlämme sowohl auf Deponien ablagern als auch landwirtschaftlich verwerten oder kompostieren.

Für 1986 werden folgende Mengen bzw. Verwertungsanteile erwartet: 2,3–2,4 Mio t Trockenmasse zu beseitigende Klärschlammenge, eine Erhöhung des Ablagerungsanteils auf über 50% und ein Anteil der landwirtschaftlichen Verwertung zwischen 25 und 30%

Siehe auch:
— Kapitel Abfall

Wasser

Anfall und Beseitigung von Klärschlamm in öffentlichen Kläranlagen 1979 bis 1983

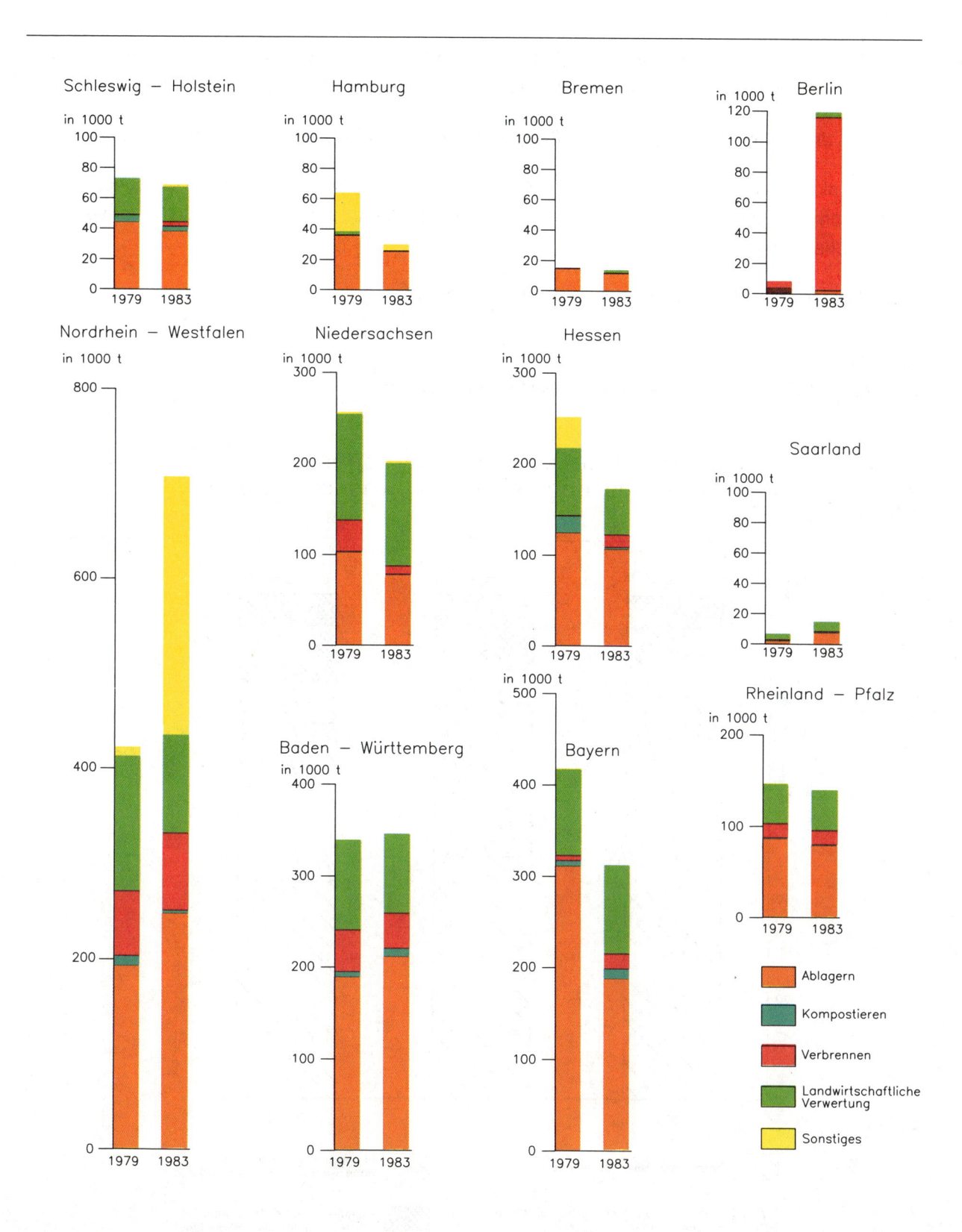

Legende:
- Ablagern
- Kompostieren
- Verbrennen
- Landwirtschaftliche Verwertung
- Sonstiges

Diagramme für: Schleswig-Holstein, Hamburg, Bremen, Berlin, Nordrhein-Westfalen, Niedersachsen, Hessen, Saarland, Baden-Württemberg, Bayern, Rheinland-Pfalz (jeweils 1979 und 1983).

Quelle: Statistisches Bundesamt

Wasser

Industrielle Abwasserbehandlung
Behandlung des Abwassers in betriebseigenen Abwasserbehandlungsanlagen des Bergbaues und des Verarbeitenden Gewerbes

Über 90% der 44 000 durch das Umweltstatistikgesetz erfaßten Betriebe des Bergbaus und des verarbeitenden Gewerbes leiten 20% des industriellen Schmutzwassers in die öffentliche Kanalisation (Indirekteinleiter).

Etwa 80% des Schmutzwassers wird in ca. 6700 betriebseigenen Abwasserbehandlungsanlagen gereinigt.

Dabei hat sich seit 1975 sowohl die Zahl der betriebseigenen Kläranlagen als auch ihre Reinigungsleistung erheblich erhöht. Stark zugenommen haben insbesondere die biologisch wirkenden Anlagen mit weitergehender Behandlung.

Das industrielle Kühlwasser wird in der Regel direkt abgeleitet.

Siehe auch:
— Biologische Gewässergütedaten ausgewählter Meßstationen

Entwicklung der aus Kläranlagen des Bergbaus und Verarbeitenden Gewerbes abgeleiteten Abwassermengen 1979 bis 1983

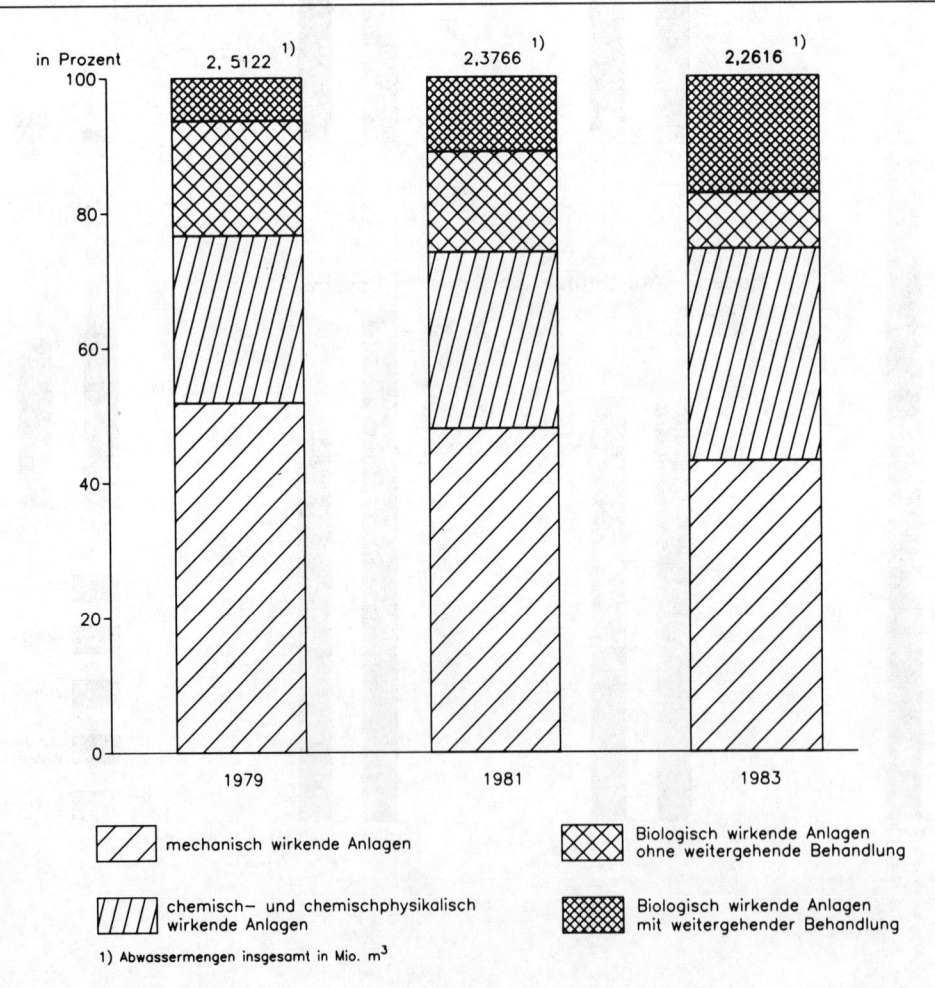

1) Abwassermengen insgesamt in Mio. m^3

Quelle: Statistisches Bundesamt

Wasser

Abgabe und Beseitigung von Klärschlamm aus Kläranlagen des Bergbaus und Verarbeitenden Gewerbes

1983 sind 31,4 Mio m³ Klärschlamm aus ca. 1800 betriebseigenen Kläranlagen angefallen. Dies ist eine Steigerung um 17% seit 1979.

Die Menge des behandelten Klärschlamms ist seit 1979 von 3,9 Mio m³ auf 4,7 Mio m³ angestiegen (20,5%).

Klärschlammbehandlung umfaßt das Eindicken, die Stabilisierung und die Entwässerung über Filterpressen bzw. Trockenbeete für Schlamm.

Bei der Klärschlammbeseitigung sind die Deponierung und die landwirtschaftliche Verwertung seit 1979 stark zurückgegangen, während die Verbrennung zugenommen hat.

Die Art der Klärschlammbeseitigung wurde durch die Klärschlammverordnung, die Novellierung des Abfallbeseitigungsgesetzes, das Verbrennungsverbot für die Nordsee im Rahmen des Oslo-London-Abkommens sowie durch schärfere Deponie-Richtlinien beeinflußt.

Besonderes Gewicht hatte die Klärschlammverordnung. Aufgrund der in der Verordnung angegebenen Boden- und Schlammwerte für Schwermetalle wurde die landwirtschaftliche Klärschlammverwertung schwieriger.

In einzelnen Wirtschaftszweigen ist ein drastischer Rückgang der zu beseitigenden Klärschlammenge zu beobachten.

Die Gründe dafür sind vielfältig, sie liegen zum Teil in der verstärkten Einführung von geschlossenen Wasserkreisläufen, zum anderen in der weitergehenden Entwässerung des Klärschlamms aufgrund gestiegener Anforderungen an die Trockengehalte durch die Deponiebetreiber und zum Teil in der Anwendung von Verwertungsverfahren wie Verfestigung zu Baustoffen oder Trocknung zu Brennstoffen.

Siehe auch:
- Zustand ausgewählter Böden
- Öffentliche Abfallentsorgung

Wasser

Anfall und Beseitigung von Klärschlamm in Kläranlagen des Bergbaus und Verarbeitenden Gewerbes (nach Wirtschaftszweigen) 1979 bis 1983

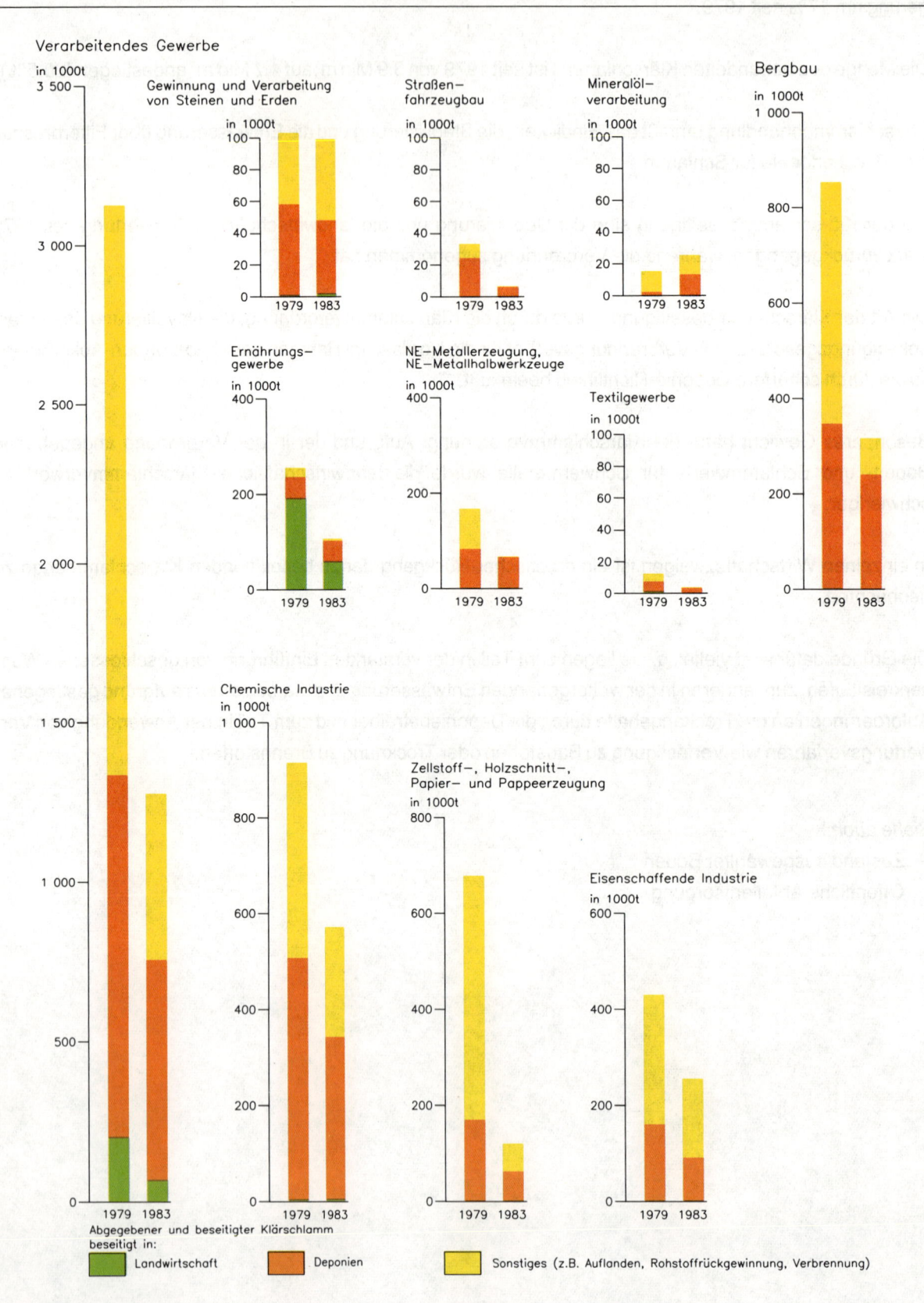

Abgegebener und beseitigter Klärschlamm beseitigt in:
- Landwirtschaft (grün)
- Deponien (orange)
- Sonstiges (z.B. Auflanden, Rohstoffrückgewinnung, Verbrennung) (gelb)

Quelle: Statistisches Bundesamt

UMPLIS
Methodenbank
Umwelt

Daten zur Umwelt 1986/87
Umweltbundesamt

Wasser

Kühlwasserableitung aus Stromerzeugungs- und Produktionsanlagen

93,2% des aus öffentlichen Wärmekraftwerken und aus industriellen Produktionsanlagen abgeleiteten Wassers ist Kühlwasser.

Dabei werden 97% des Kühlwassers entweder nach vorheriger Rückkühlung oder ohne Rückkühlung direkt in ein Gewässer oder in den Untergrund abgeleitet.

Die Rückkühlung des abgeleiteten Wassers ist oft erforderlich, weil hohe Wassertemperaturen das ökologische Gleichgewicht eines Gewässers stören.

Hohe Wassertemperaturen fördern das Algenwachstum und tragen stark zur Sauerstoffzehrung besonders in den Sommermonaten bei. Bei bestimmten Wassertemperaturen können einige Fischarten nicht mehr überleben.

Die Menge des abgeleiteten Kühlwassers läßt zum einen auf den Grad der benützten Kühlsysteme schließen, z.B. Durchlaufkühlung, bei der das dem Gewässer entnommene Wasser nur einmal oder Kreislaufkühlung, bei der das Wasser mehrmals zur Kühlung benutzt wird. Zum anderen ist die Menge des abgeleiteten Wassers von den in den jeweiligen Wassereinzugsgebieten angesiedelten Wärmekraftwerken und Produktionsanlagen abhängig.

Die Karte zeigt, daß in den Wassereinzugsgebieten des Rheins (Ballungsgebiete Rhein/Main und Rhein/Ruhr) sowohl die Menge des eingeleiteten Kühlwassers zurückgegangen ist, als auch ein größerer Anteil des Kühlwassers erst nach Rückkühlung in das Gewässer eingeleitet wird.

Insgesamt ist die Menge des abgeleiteten Kühlwassers aus Wärmekraftwerken für die öffentliche Versorgung unwesentlich angestiegen.

Die Menge des rückgekühlten Kühlwassers hat sich seit 1979 beinahe verdoppelt, beträgt aber immer nur noch ca. 7% des gesamt abgeleiteten Kühlwassers.

Kühlwasser aus Produktions- und Stromerzeugungsanlagen des Verarbeitenden Gewerbes wird überwiegend direkt in die Gewässer eingeleitet. Eine Einleitung in die betriebseigene Kläranlage oder öffentliche Kanalisation ist nur in Ausnahmefällen gestattet.

Siehe auch:
– Biologische Gewässergüte der Fließgewässer

Wasser

Vergleich der Kühlwasserableitung mit und ohne Rückkühlung aus Stromerzeugungs- und Produktionsanlagen 1979/1983 nach Wassereinzugsgebieten in Mio. m³

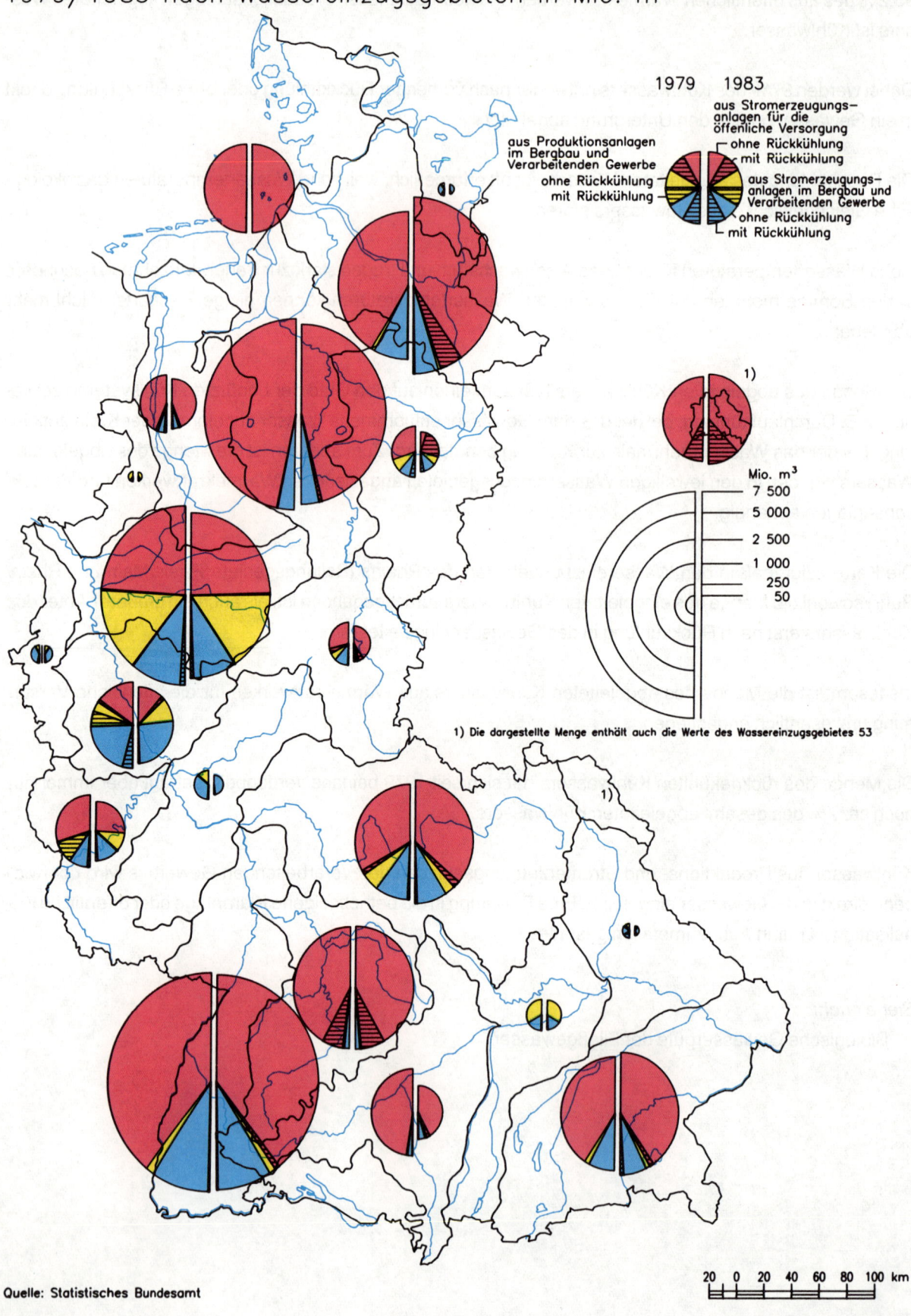

1979   1983

aus Stromerzeugungsanlagen für die öffentliche Versorgung
— ohne Rückkühlung
— mit Rückkühlung

aus Produktionsanlagen im Bergbau und Verarbeitenden Gewerbe
— ohne Rückkühlung
— mit Rückkühlung

aus Stromerzeugungsanlagen im Bergbau und Verarbeitenden Gewerbe
— ohne Rückkühlung
— mit Rückkühlung

Mio. m³
7 500
5 000
2 500
1 000
250
50

1) Die dargestellte Menge enthält auch die Werte des Wassereinzugsgebietes 53

20 0 20 40 60 80 100 km

Quelle: Statistisches Bundesamt

UMPLIS
Methodenbank
Umwelt

Daten zur Umwelt 1986/87
Umweltbundesamt

Abfall

	Seite
Datengrundlagen	376
Öffentliche Abfallentsorgung	377
– Entwicklung der angelieferten Abfallmengen nach Abfallarten und Art der Anlagen	377
– Eingesammelte Mengen an Hausmüll, hausmüllähnlichen Gewerbeabfällen und Sperrmüll	379
– Entsorgte Hausmüllmengen nach Art der Anlage in ausgewählten Mitgliedsstaaten der OECD	381
– Hausmüllzusammensetzung	383
– Zusammensetzung von Hausmüll in ausgewählten OECD-Staaten	385
– Entwicklung des Papierverbrauchs und des Altpapieraufkommens	387
– Entwicklung der Einweg- und Mehrwegverpackungen, der Abfall- und Recyclingmenge der Einwegverpackungen von Getränken	388
– Standorte der Abfallverbrennungs- und Kompostierungsanlagen	391
– Standorte der Hausmülldeponien	393
– Wohnbevölkerung und deren Anschluß an öffentliche Abfallentsorgungsanlagen	395
– An die öffentliche Abfallentsorgung angeschlossene Einwohner in ausgewählten OECD-Mitgliedsstaaten	398
Abfälle im Produzierenden Gewerbe	400
– Abfallaufkommen im Produzierenden Gewerbe und in Krankenhäusern	400
– Entwicklung der Abfallverwertung im Produzierenden Gewerbe	403
– Abfallentsorgung im Produzierenden Gewerbe und Krankenhäusern	405
– Entwicklung der Abfallentsorgung in betriebseigenen Anlagen des Produzierenden Gewerbes	407
Sonderabfälle	409
– Aufkommen nachweispflichtiger Abfälle nach Bundesländern	409
– Aufkommen besonders überwachungsbedürftiger, nach Bundesrecht nachweispflichtiger Abfälle nach Abfallarten und Herkunft	411
– Sonderabfallentsorgungsanlagen und Abfallströme zwischen den Bundesländern und zum Ausland	416
– Grenzüberschreitende Entsorgung von Sonderabfällen	419
– Sonderabfallmengen in ausgewählten Mitgliedsstaaten der OECD	421

Abfall

Datengrundlagen

Im Bereich der öffentlichen Abfallentsorgung sind die zur Entsorgung verpflichteten Körperschaften des öffentlichen Rechts und beauftragte Dritte auskunftspflichtig.

Die Statistik der Abfallbeseitigung im Produzierenden Gewerbe und in Krankenhäusern erfaßt alle zwei Jahre Art, Menge und Entsorgung von Abfällen.

Einbezogen sind in der Bundesrepublik Deutschland einschließlich Berlin (West):

Betriebe von Unternehmen
- der Elektrizität-, Gas- und Fernwärmeversorgung
- der Wasserversorgung mit einer jährlichen Wasserabgabe von 200 000 m^3 und mehr,

sowie Betriebe mit im allgemeinen 20 und mehr Beschäftigten
- des Bergbaus
- des Verarbeitenden Gewerbes
- des Baugewerbes

und Krankenhäuser.

Abfälle im Sinne der Erhebung sind alle in einem Betrieb angefallenen Rückstände, deren sich der Betrieb entledigen will, oder die aus Gründen des Gemeinwohls entsorgt werden müssen. Es kann sich sowohl um feste als auch um flüssige (soweit sie nicht in Gewässer oder Abwasseranlagen eingeleitet werden) oder pastöse Stoffe (Schlämme aller Art) sowie gefaßte Gase handeln.

Die Daten über Abfallmengen beziehen sich auf Abfälle, die unmittelbar aus der Produktion der Betriebe stammen, und auf Rückstände aus Vorbehandlungsanlagen. Das Statistische Bundesamt veröffentlicht die Ergebnisse in der Fachserie 19, Reihe 1.1 und 1.2 (die Daten für 1984 liegen noch nicht vor).

Datengrundlage für den Bereich Sonderabfälle ist eine vom Umweltbundesamt für das Jahr 1983 durchgeführte bundesweite Auswertung der Begleitscheine (Nachweise des Abfalltransports und deren Entsorgung). Im Rahmen dieser Auswertung wurden Daten über Art, Menge, Herkunft und Entsorgung von Sonderabfällen erfaßt. In einer weiteren Erhebung, die das Jahr 1985 erfaßt, sollen insbesondere die Datenlücken im Bereich der Entsorgungsanlagen geschlossen werden.

Die Entwicklung der Recycling-Aktivitäten in der Bundesrepublik Deutschland lassen sich nicht vollständig durch die Bundesstatistik aufzeigen. Wo Lücken auftraten, wurde auf Daten der einschlägigen Industrieverbände wie z.B. der Verband Deutscher Papierfabriken e.V. zurückgegriffen.

Grundlage der Grafiken und Texte mit internationalen Daten ist der Bericht der OECD „State of the Environment", Kapitel Solid Waste. Als Abfall werden auch in den meisten anderen OECD-Mitgliedsstaaten flüssige und feste Stoffe bezeichnet, deren sich der Besitzer entledigen will oder die im öffentlichen Interesse entsorgt werden müssen. Der im Bericht verwendete Begriff des Abfall schließt Abwasser und radioaktive Abfälle aus.

Abfall

Öffentliche Abfallentsorgung

Entwicklung der angelieferten Abfallmengen nach Abfallarten und Art der Anlagen.

Bei den Abfallmengen, die in dieser Statistik erfaßt wurden, handelt es sich um die von der öffentlichen Müllabfuhr und den dazu beauftragten Privatunternehmen eingesammelten Hausmüllmengen, um Abfälle aus Handel und Gewerbe, die nicht in betriebseigenen Anlagen beseitigt oder verwertet wurden und um die von Privatpersonen o.ä. angelieferten Abfälle. Seit 1977 ist die Abfallmenge bis zum Jahre 1980 von 64.4 Mio t auf 82,7 Mio t angestiegen. 1982 konnte ein Rückgang um 2,6 Mio t auf 80,1 Mio t verzeichnet werden.

Über die Hälfte der Gesamtmenge bildet die Abfallgruppe „Bodenaushub, Bauschutt, Straßenaufbruch". 1982 weist die Statistik im Vergleich zu 1980 1,4 Mio t weniger Bauschutt, Bodenaushub und Straßenaufbruch aus. Diese Abfallgruppe hat demnach zum Rückgang des Abfallaufkommens 1982 erheblich beigetragen.

Die „Siedlungsabfälle" (Hausmüll, hausmüllähnliche Gewerbeabfälle, Sperrmüll, Straßenkehricht und Marktabfälle) bildeten mengenmäßig den zweitgrößten Anteil (36%) der angelieferten Abfälle. 1982 wurden davon 28,8 Mio t bei den Abfallentsorgungsanlagen angeliefert. Dies ist im Vergleich zum Erhebungsjahr 1980 mit 31,7 Mio t ein Rückgang um 2,9 Mio t.

Der größte Anteil der an die öffentlichen Anlagen angelieferten Abfälle (1982 87,7%) wurde wie in den Vorjahren abgelagert. Bauschutt und Bodenaushub, die in dieser Statistik enthalten sind, wurden zu fast 100% deponiert. Hierdurch ist der ohnehin hohe Anteil der Deponie an den Beseitigungsarten zusätzlich verstärkt worden.

Für die übrigen Entsorgungsmethoden, wie Verbrennung, Kompostierung und Behandlung in chemisch-physikalischen Anlagen oder Sonderabfalldeponien, wies die Statistik 1982 weiterhin Zuwachsraten aus. Bei den „Siedlungsabfällen" wurden von 28,8 Mio t dieser Abfallgruppe:

75% deponiert
22% verbrannt
1,6% kompostiert
1,4% in sonstigen Anlagen entsorgt oder behandelt.

Siehe auch:
- Abfallaufkommen im Produzierenden Gewerbe
- Standorte der Hausmülldeponien
- Standorte der Verbrennungs- und Kompostierungsanlagen
- Standorte der Sonderabfallentsorgungsanlagen

Abfall

Entwicklung der angelieferten Abfallmengen nach Abfallarten und Art der Anlagen 1977 bis 1982

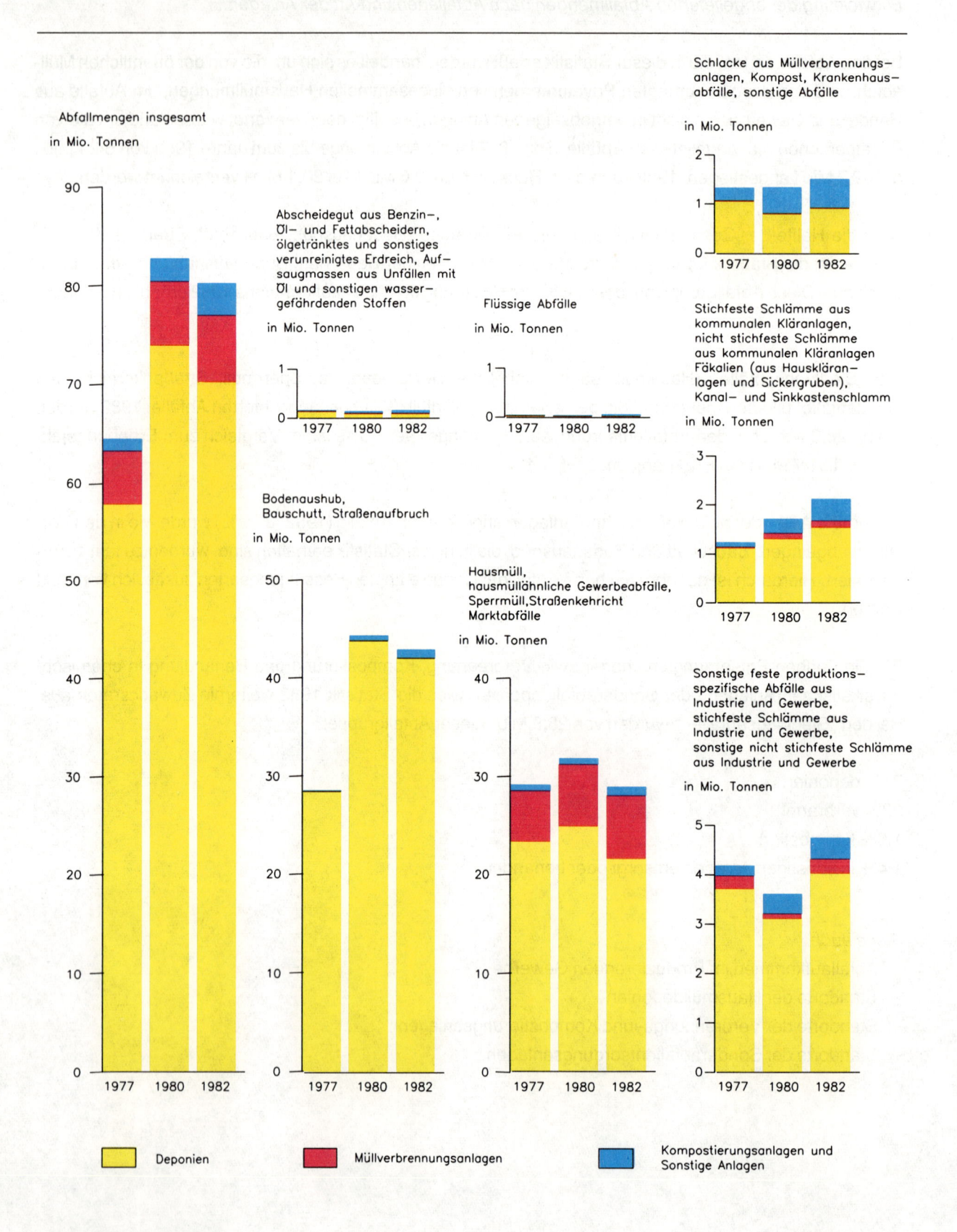

Abfallmengen insgesamt, in Mio. Tonnen

Abscheidegut aus Benzin-, Öl- und Fettabscheidern, ölgetränktes und sonstiges verunreinigtes Erdreich, Aufsaugmassen aus Unfällen mit Öl und sonstigen wassergefährdenden Stoffen, in Mio. Tonnen

Flüssige Abfälle, in Mio. Tonnen

Schlacke aus Müllverbrennungsanlagen, Kompost, Krankenhausabfälle, sonstige Abfälle, in Mio. Tonnen

Bodenaushub, Bauschutt, Straßenaufbruch, in Mio. Tonnen

Hausmüll, hausmüllähnliche Gewerbeabfälle, Sperrmüll, Straßenkehricht, Marktabfälle, in Mio. Tonnen

Stichfeste Schlämme aus kommunalen Kläranlagen, nicht stichfeste Schlämme aus kommunalen Kläranlagen, Fäkalien (aus Hauskläranlagen und Sickergruben), Kanal- und Sinkkastenschlamm, in Mio. Tonnen

Sonstige feste produktionsspezifische Abfälle aus Industrie und Gewerbe, stichfeste Schlämme aus Industrie und Gewerbe, sonstige nicht stichfeste Schlämme aus Industrie und Gewerbe, in Mio. Tonnen

Legende:
- Deponien
- Müllverbrennungsanlagen
- Kompostierungsanlagen und Sonstige Anlagen

Quelle: Statistisches Bundesamt

Abfall

Eingesammelte Mengen an Hausmüll, hausmüllähnlichen Gewerbeabfällen und Sperrmüll

Die Entsorgung von Hausmüll, hausmüllähnlichem Gewerbeabfall und Sperrmüll hat 1982 – bezogen auf die Wohnbevölkerung – nahezu 100% erreicht. Von insgesamt 61,546 Mio Einwohnern wurde bei 61,534 Mio Bürgern der Abfall durch die öffentliche Müllabfuhr abgeholt. Von den 9138 Gemeinden waren lediglich 89 nicht an die regelmäßige Hausmüllabfuhr angeschlossen. 87 dieser Gemeinden hatten eine Bevölkerungsdichte von unter 200 Einwohnern je km^2.

Die Menge des eingesammelten Hausmülls, hausmüllähnlichen Gewerbeabfalls und Sperrmülls betrug 23,43 Mio t im Jahre 1977. 1980 wurden 22,45 Mio t und 1982 23,07 Mio t eingesammelt.

Pro Kopf ergibt sich daraus ein durchschnittliches Hausmüllaufkommen von rund 375 kg im Jahr.
Betrachtet man die Gesamtsumme der in der Bundesrepublik Deutschland eingesammelten Abfälle so kann man feststellen, daß das Hausmüllaufkommen durch Maßnahmen zur Abfallvermeidung und eine zunehmende Wertstofferfassung annähernd stagniert. Dabei haben sich auch in den einzelnen Bundesländern keine wesentlichen regionalen Veränderungen ergeben.

Bei einem Vergleich der eingesammelten Mengen ist festzustellen, daß in den Ländern Saarland und Rheinland-Pfalz mit über 500 kg/E die meisten Abfälle eingesammelt wurden, demgegenüber in Bayern und Baden-Württemberg mit etwa rund 300 kg/E verhältnismäßig wenig.

Im Rahmen der öffentlichen Hausmüllentsorgung übernehmen auch private Unternehmen das Einsammeln und Befördern der Abfälle.
1982 stieg der Anteil der durch private Unternehmen eingesammelten Menge gegenüber 1977 von 45,1% auf 47,1% der Gesamtmenge an.
Der Anteil ist in den einzelnen Bundesländern unterschiedlich. Mit 86,6% bezogen auf die eingesammelte Menge 1982 war der Anteil der Privaten in Gemeinden mit 2000 – 5000 Einwohnern besonders hoch. In den Stadtstaaten Berlin (100%), Hamburg (92,8%) und Bremen (89,9%) wurde die öffentliche Entsorgung 1982 nahezu vollständig durch die Gebietskörperschaften selbst oder deren Eigenbetriebe durchgeführt.

Siehe auch:

– Entwicklung des Papierverbrauchs und des Altpapieraufkommens sowie Abfall- und Recyclingmenge von Einweggetränkeverpackungen.

Abfall

Eingesammelte Mengen an Hausmüll, hausmüllähnlichen
Gewerbeabfällen und Sperrmüll 1977 bis 1982
in kg/Einwohner.

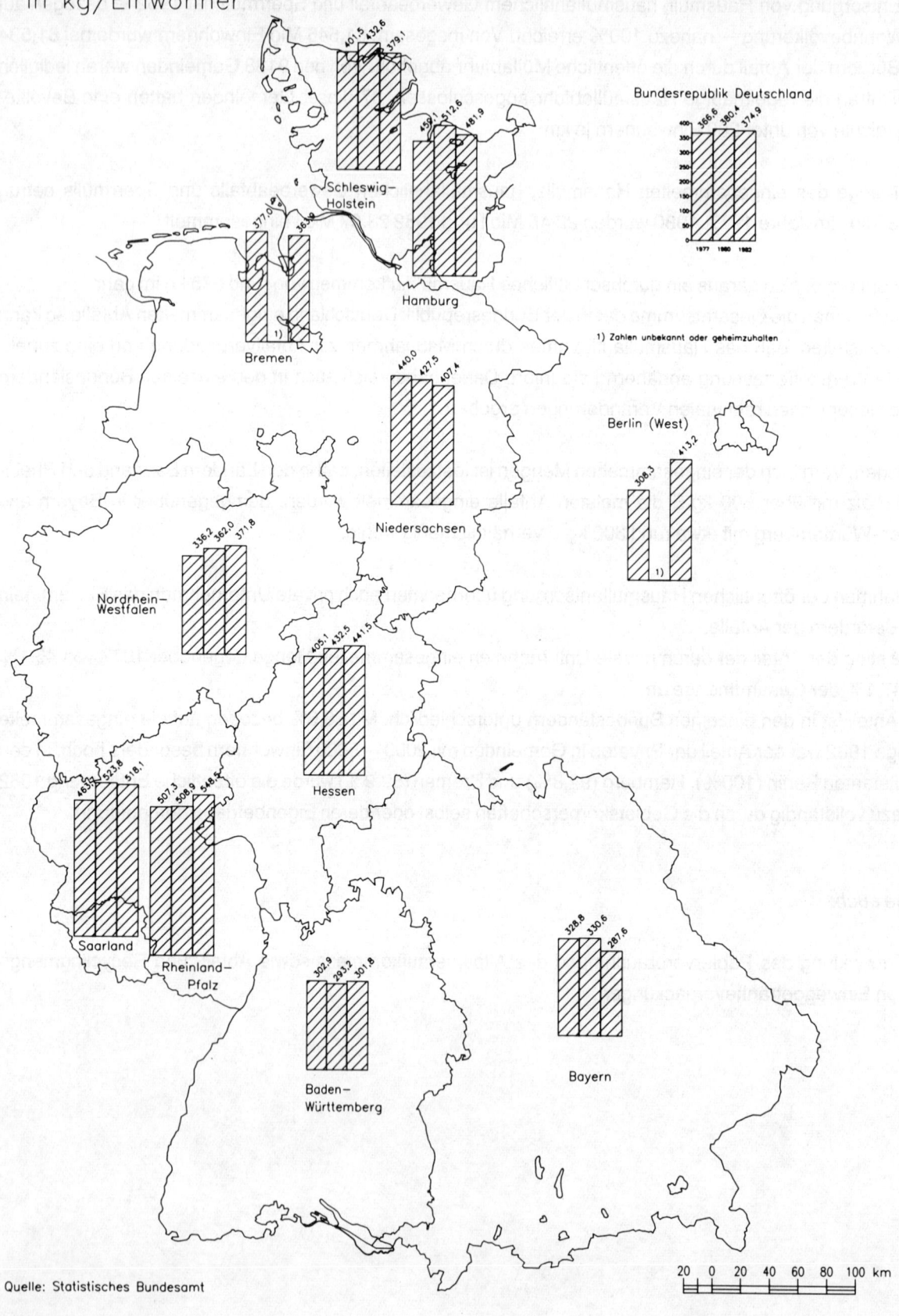

Bundesrepublik Deutschland: 366,6 (1977), 380,4 (1980), 374,9 (1982)

Schleswig-Holstein: 401,5 / 432,6 / 379,1

Hamburg: 459,1 / 512,6 / 481,9

Bremen: 377,0 / 363,9 / 1)

Niedersachsen: 440,0 / 427,5 / 407,4

Berlin (West): 308,3 / 413,2 / 1)

1) Zahlen unbekannt oder geheimzuhalten

Nordrhein-Westfalen: 336,2 / 362,0 / 371,8

Hessen: 405,1 / 432,5 / 441,5

Saarland: 463,3 / 523,8 / 518,1

Rheinland-Pfalz: 507,3 / 508,9 / 548,5

Baden-Württemberg: 302,9 / 293,2 / 301,8

Bayern: 328,8 / 330,6 / 287,6

Quelle: Statistisches Bundesamt

Abfall

Entsorgte Hausmüllmengen nach Art der Anlagen in ausgewählten Mitgliedsstaaten der OECD

Die Umsetzung der Abfallwirtschaftspolitik der 70er Jahre in den OECD-Staaten bewirkte zunächst deutliche Fortschritte bei der Hausmüllentsorgung. Dies zeigt sich in der Entwicklung technischer Entsorgungsmethoden wie der kontrollierten Ablagerung (Deponierung), der Müllverbrennung mit Energienutzung und der Hausmüllkompostierung.

Die geordnete Ablagerung von Hausmüll ist die wichtigste Entsorgungsform in den meisten OECD-Staaten. 90% aller Ablagerungsplätze in Ländern wie den USA, Japan und der Bundesrepublik Deutschland sind als geordnete Deponien anzusehen. Obwohl die Deponierung die preiswerteste Entsorgungsmethode ist, nimmt der Anteil der Deponie wegen erschwerter Standortfindung weiter ab.

Auch wegen der bis zum Erhebungsjahr 1980 steigenden Energiepreise hat sich der Anteil der Verbrennung von Hausmüll in den Industriestaaten und in dicht besiedelten Regionen in den letzten Jahren um 30% erhöht.

In der Schweiz sind heute schon ca. 90% der Bevölkerung an Müllverbrennungsanlagen angeschlossen. Sollten die OECD-Staaten die entsprechenden Anreize zur Entwicklung ausreichend emissionsarmer und kostengünstiger Verbrennungstechnologien schaffen, dürfte die Verbrennung von Hausmüll auch künftig an Bedeutung gewinnen.

Die Kompostierung hat in den meisten OECD-Staaten, wie auch in der Bundesrepublik Deutschland eine untergeordnete Bedeutung. Gründe sind in erster Linie mangelnde Kompostqualitäten wegen der Schadstoffgehalte und die dadurch bedingten schlechten Marktchancen. Allerdings haben sich Klärschlamm- und die Rindenkompostierung in einigen Ländern erfolgreich entwickelt.

Abfall

Entsorgte Hausmüllmengen nach Art der Anlage in ausgewählten Mitgliedsstaaten der OECD 1980

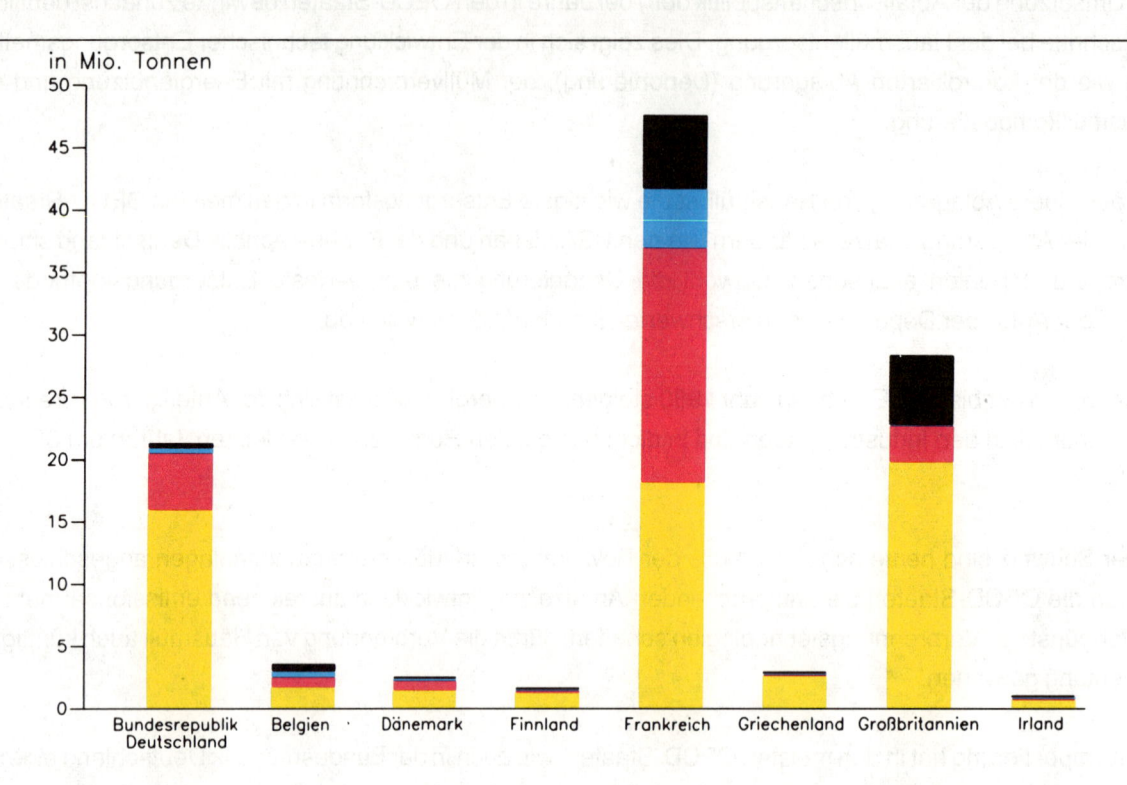

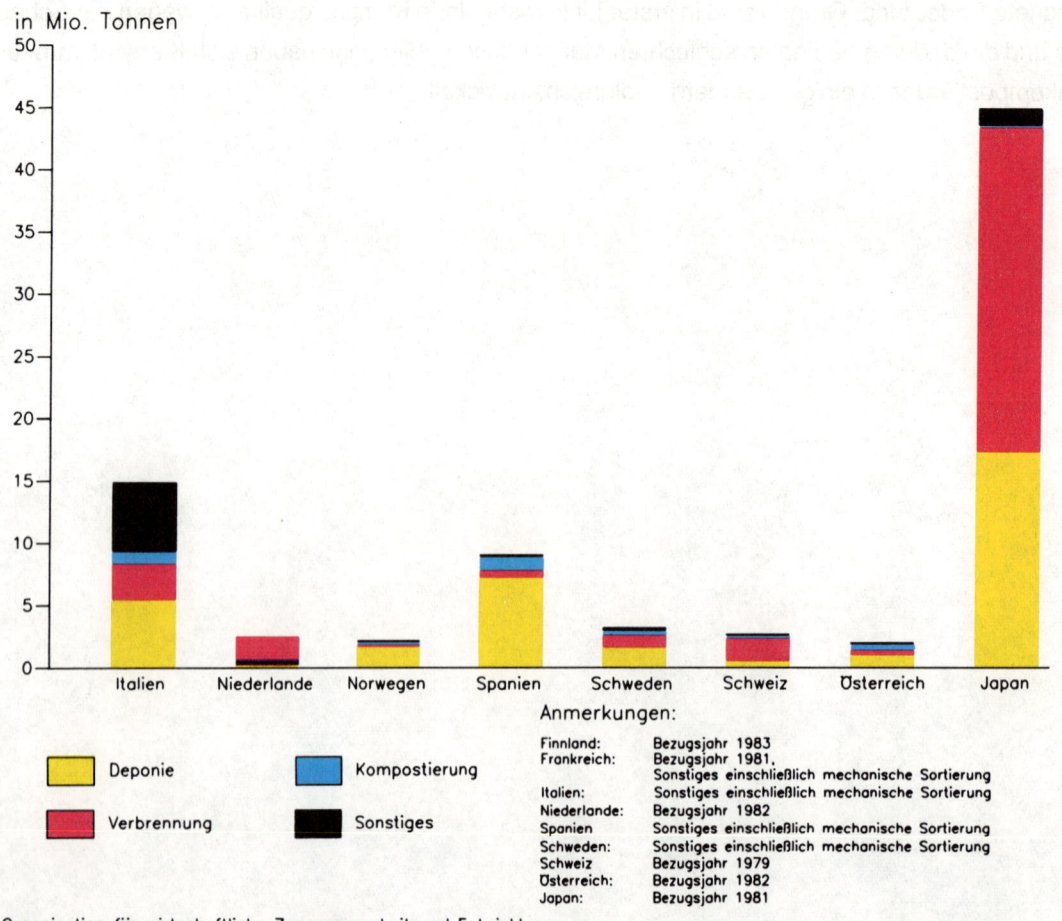

in Mio. Tonnen

[Balkendiagramm: Bundesrepublik Deutschland, Belgien, Dänemark, Finnland, Frankreich, Griechenland, Großbritannien, Irland]

in Mio. Tonnen

[Balkendiagramm: Italien, Niederlande, Norwegen, Spanien, Schweden, Schweiz, Österreich, Japan]

Legende:
- Deponie (gelb)
- Verbrennung (rot)
- Kompostierung (blau)
- Sonstiges (schwarz)

Anmerkungen:
- Finnland: Bezugsjahr 1983
- Frankreich: Bezugsjahr 1981, Sonstiges einschließlich mechanische Sortierung
- Italien: Sonstiges einschließlich mechanische Sortierung
- Niederlande: Bezugsjahr 1982
- Spanien: Sonstiges einschließlich mechanische Sortierung
- Schweden: Sonstiges einschließlich mechanische Sortierung
- Schweiz: Bezugsjahr 1979
- Österreich: Bezugsjahr 1982
- Japan: Bezugsjahr 1981

Quelle: Organisation für wirtschaftliche Zusammenarbeit und Entwicklung

Abfall

Hausmüllzusammensetzung

Grundlage der Darstellung sind die Ergebnisse von Untersuchungen der Hausmüllzusammensetzung durch die Technische Universität Berlin im Auftrag des Umweltbundesamtes, die in den Jahren 1979/80 und 1985 durchgeführt wurden. Hierbei wurden zum ersten Mal geeignete Methoden und Meßverfahren zur Untersuchung von Aufkommen und Zusammensetzung des Hausmülls entwickelt und angewendet. Im Jahre 1982 wurde die TU Berlin beauftragt, eine Aktualisierung der Daten vorzunehmen. Hierfür wurde ein Meßstellennetz eingerichtet, das eine Neuerhebung der Daten mit erheblich reduziertem Aufwand ermöglicht.

Obwohl die Hochrechnungen noch nicht abgeschlossen sind, lassen erste Zwischenergebnisse erkennen, daß sich bei der Hausmüllmenge und -zusammensetzung in dem Zeitraum zwischen den beiden Analysen keine wesentlichen Veränderungen ergeben haben. Das aus den 60er und 70er Jahren bekannte Ansteigen von Papier und Glasanteilen blieb aus. Dies ist sicherlich auch auf ein zunehmendes Umweltbewußtsein und auf verstärkte Verwertungsaktivitäten zurückzuführen. Gegenüber der ersten Untersuchung wurden folgende Änderungen bei den Sortierkategorien vorgenommen:

— Die Kategorie „Holz, Knochen, Leder, Gummi" wurde wegen ihrer geringen Bedeutung aufgelöst und entsprechenden Inhaltsstoffen „Kunststoff" und „Vegetabilischer Rest" zugeordnet.

— Die Kategorie „Wegwerfwindeln" ist neu eingeführt worden, da diese Windeln in nicht unerheblicher Menge im Hausmüll enthalten sind und sich keiner anderen Kategorie einordnen lassen.

— Für Problemabfälle wurde eine neue Kategorie geschaffen, da diese Materialien in besonderem Maße zur Schadstoffbelastung des Hausmülls beitragen, ihr Anteil am Hausmüll deshalb von besonderem Interesse ist.

Siehe auch:
— Entwicklung des Papierverbrauchs und des Altpapieraufkommens sowie Abfall- und Recycling von Einweggetränkeverpackungen.

Abfall

Hausmüllzusammensetzung in Gewichtsprozent in der Bundesrepublik Deutschland 1979/80 und 1985

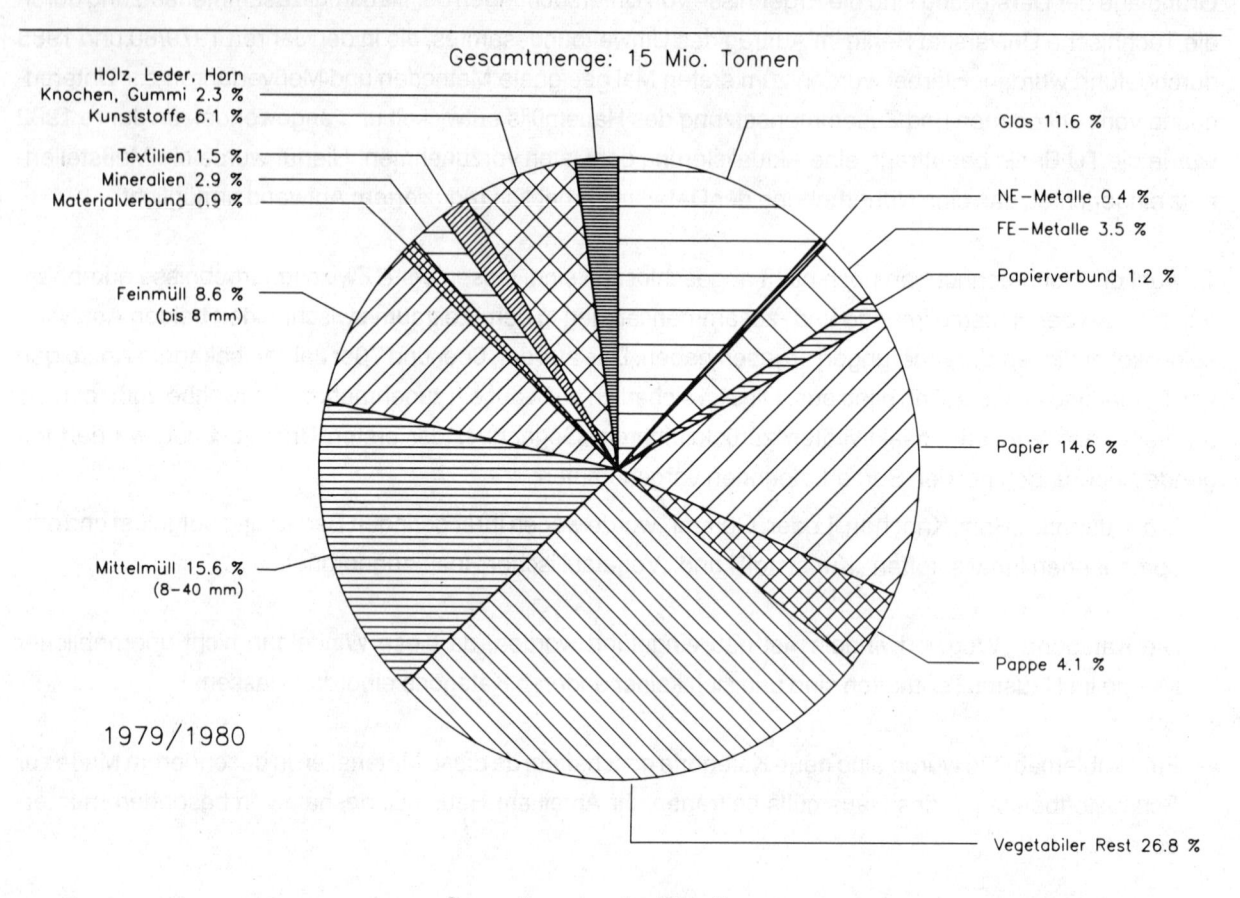

1979/1980 — Gesamtmenge: 15 Mio. Tonnen

- Holz, Leder, Horn, Knochen, Gummi 2.3 %
- Kunststoffe 6.1 %
- Textilien 1.5 %
- Mineralien 2.9 %
- Materialverbund 0.9 %
- Feinmüll 8.6 % (bis 8 mm)
- Mittelmüll 15.6 % (8–40 mm)
- Glas 11.6 %
- NE-Metalle 0.4 %
- FE-Metalle 3.5 %
- Papierverbund 1.2 %
- Papier 14.6 %
- Pappe 4.1 %
- Vegetabiler Rest 26.8 %

1985 — Gesamtmenge: 14 Mio. Tonnen

- Kunststoffe 5.4 %
- Textilien 2 %
- Mineralien 2 %
- Materialverbund 1.1
- Wegwerfwindeln 2.8 %
- Problemabfälle 0.4 %
- Feinmüll 10.1 % (bis 8 mm)
- Mittelmüll 16 % (8–40 mm)
- Glas 9.2 %
- NE-Metalle 0.4 %
- FE-Metalle 2.8 %
- Verpackungsverbund 1.9 %
- Papier 12 %
- Pappe 4 %
- Vegetabiler Rest 29.9 %

Quelle: Umweltbundesamt

Abfall

Zusammensetzung von Hausmüll in ausgewählten OECD-Mitgliedsstaaten

Die Zusammensetzung des Hausmülls ist in den einzelnen Staaten wegen unterschiedlicher Siedlungs- und Industriestrukturen und unterschiedlicher Sammelsysteme nicht gleichförmig.

Verpackungsabfälle aus Papier, Pappe oder Kunststoff bilden den größten Anteil des Hausmülls. Vor allem in industrialisierten Ländern führt gesteigertes Konsumverhalten zu einem hohen Anteil (25–50 Gew. %) derartiger Verpackungsabfälle, deren Menge nach Gewicht sich zwar vermindert hat, nach Volumen jedoch ansteigt.

Im Vergleich zu früheren Jahren ist der prozentuale Anteil von Glas im Hausmüll in den meisten Ländern gleich geblieben und konnte durch verstärkte Recycling-Aktivitäten in einigen Ländern gesenkt werden. Der Metallanteil im Hausmüll ist nahezu konstant geblieben.

Siehe auch:
- Hausmüllzusammensetzung in der Bundesrepublik
- Entwicklung des Papierverbrauchs und des Altpapieraufkommens sowie Abfall- und Recycling von Einweggetränkeverpackungen

Abfall

Zusammensetzung von Hausmüll in ausgewählten Mitgliedsstaaten der OECD 1980

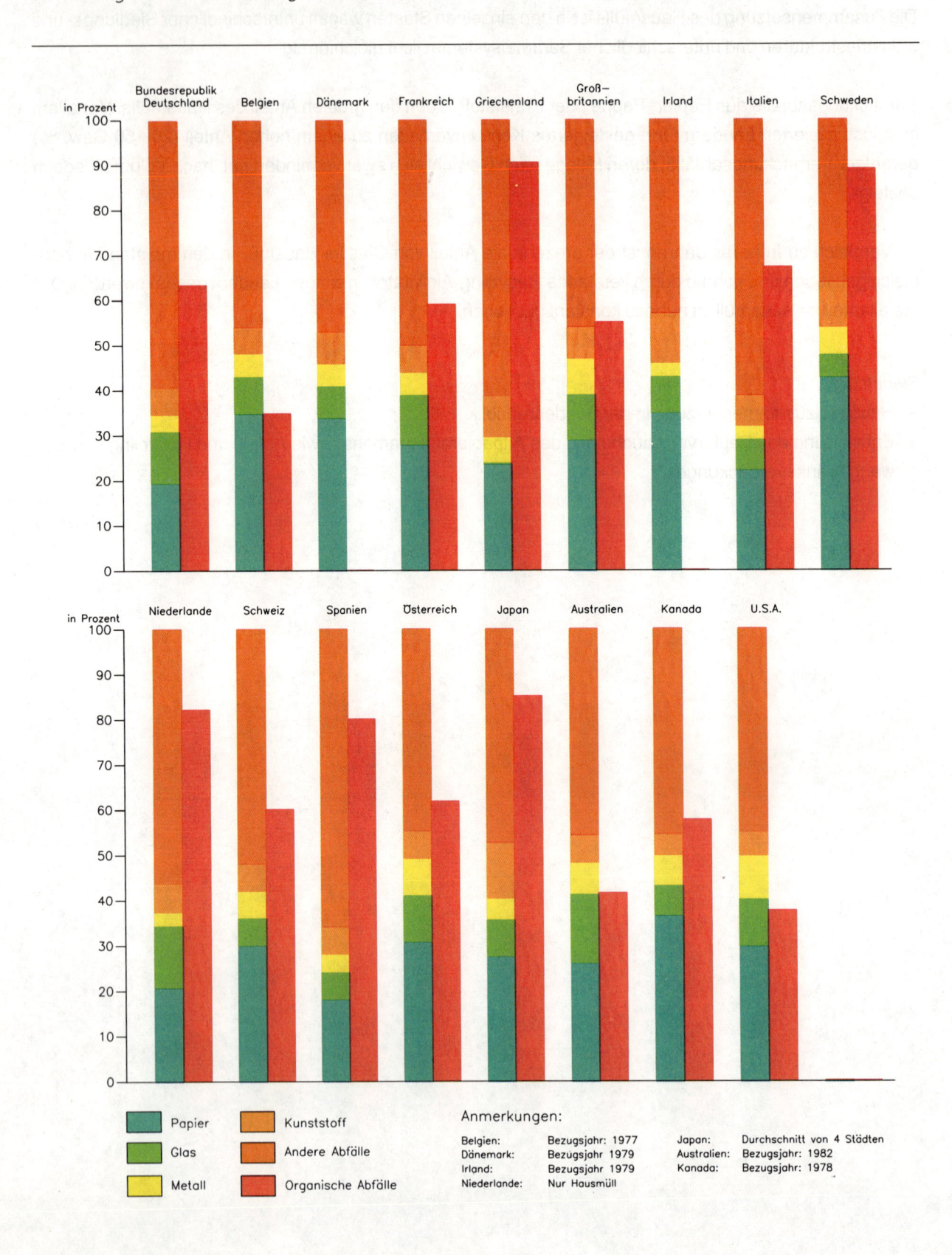

Bundesrepublik Deutschland, Belgien, Dänemark, Frankreich, Griechenland, Großbritannien, Irland, Italien, Schweden

Niederlande, Schweiz, Spanien, Österreich, Japan, Australien, Kanada, U.S.A.

in Prozent

Legende:
- Papier
- Glas
- Metall
- Kunststoff
- Andere Abfälle
- Organische Abfälle

Anmerkungen:
- Belgien: Bezugsjahr 1977
- Dänemark: Bezugsjahr 1979
- Irland: Bezugsjahr 1979
- Niederlande: Nur Hausmüll
- Japan: Durchschnitt von 4 Städten
- Australien: Bezugsjahr 1982
- Kanada: Bezugsjahr 1978

Quelle: Organisation für wirtschaftliche Zusammenarbeit und Entwicklung

UMPLIS
Methodenbank
Umwelt

Daten zur Umwelt 1986/87
Umweltbundesamt

Abfall

Entwicklung des Papierverbrauches und des Altpapieraufkommens

Aus dem größten Teil des Papierverbrauches eines Jahres wird nach kurzer Zeit Altpapier. Hiervon erfaßt der Altpapierhandel eine bestimmte Menge (Altpapieraufkommen) und führt sie wieder der Papierindustrie zu. Der Rest wird als Abfall entsorgt.

Von 1950 bis 1985 hat sich der jährliche Papierverbrauch etwa versechsfacht, wobei die Zunahme in den letzten Jahren abflacht. Die Altpapiererfassung hat sich in diesem Zeitraum verzehnfacht mit zunehmender Steigerung in den vergangenen fünf Jahren. Voraussetzung hierfür war die verstärkte Aufnahme von Altpapier durch die papierverarbeitende Industrie mit der Entwicklung und Anwendung neuer Aufbereitungs- und Verarbeitungstechnologien.

Durch den spürbaren Ausbau der Altpapierverwertung konnte die als Abfall zu beseitigende Altpapiermenge trotz der wesentlichen Steigerung des Papierverbrauchs schon seit längerer Zeit konstant gehalten werden.

Siehe auch:
— Hausmüllzusammensetzung

Entwicklung des Papierverbrauchs und Altpapieraufkommens 1950 bis 1985 in der Bundesrepublik Deutschland

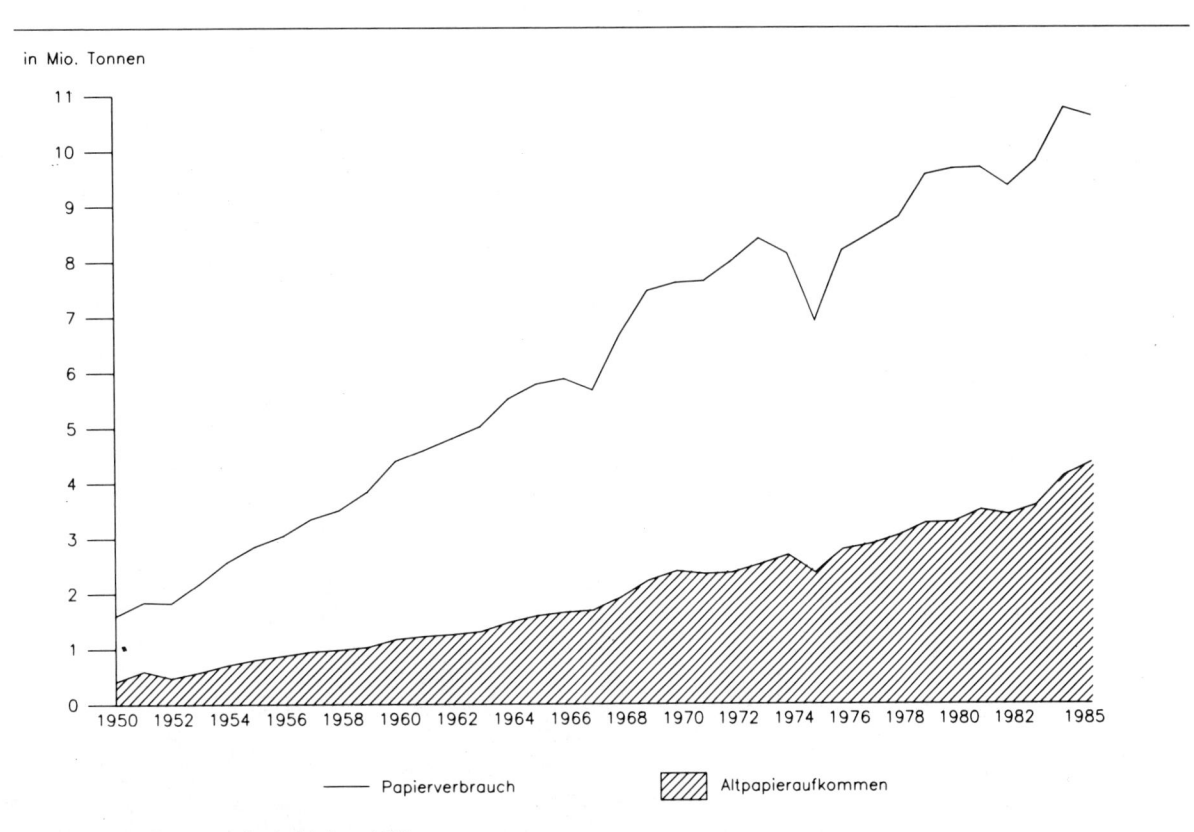

Quelle: Verband Deutscher Papierfabriken 1985

Abfall

Entwicklung der Einweg- und Mehrwegverpackungen, der Abfall- und Recyclingmenge der Einwegverpackungen von Getränken

Die seit 1970 beobachtete starke Entwicklung hin zur Einwegverpackung hat sich infolge der Abfallwirtschaftspolitik der Bundesregierung in den letzten Jahren deutlich abgeschwächt. Im Hinblick auf das 1986 neugefaßte Abfallgesetz verhält sich die Getränkeindustrie mit Investitionen zur Einrichtung neuer Einwegabfüllanlagen zur Zeit offensichtlich abwartend. Die Bundesregierung ist im Rahmen der Umsetzung des neuen Abfallrechts dabei, für die Marktbeteiligten klare Zielvorgaben auszuarbeiten.

Eine besondere Bedeutung kommt in diesem Zusammenhang auch dem Altglasrecycling zu. Durch einen entsprechend starken Ausbau der Altglasverwertung konnte der Zuwachs an Abfallmengen aus Einwegverpackungen weitgehend aufgefangen werden. Die Aufnahmekapazität der Glasindustrie für vermischtes Altglas dürfte nunmehr jedoch weitgehend ausgeschöpft sein. Weitere Altglasmengen können im Hinblick auf die Produktpalette nur noch farbsortiert von der Hohlglasindustrie verarbeitet werden.

Die Bundesregierung unterstützt deshalb die Entwicklung geeigneter Sortier- und Aufbereitungstechniken.

Siehe auch:
– Hausmüllzusammensetzung

Abfall

Entwicklung der Einweg- und Mehrwegverpackungen der Getränke Bier, Mineralwasser, kohlensäurehaltige und kohlensäurefreie Erfrischungsgetränke und Wein 1970 bis 1984

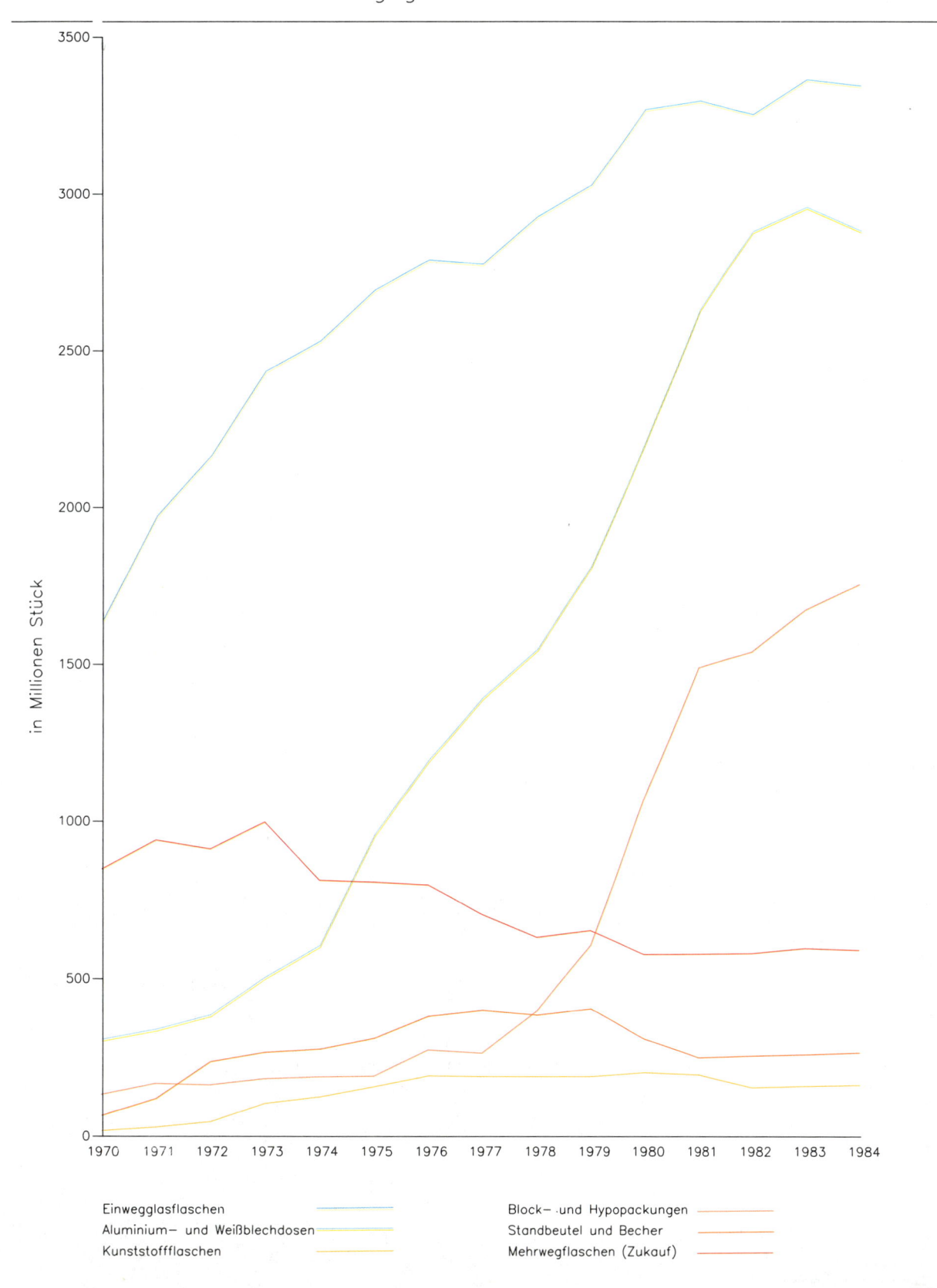

in Millionen Stück

Einwegglasflaschen	Block- und Hypopackungen
Aluminium- und Weißblechdosen	Standbeutel und Becher
Kunststoffflaschen	Mehrwegflaschen (Zukauf)

Quelle: Umweltbundesamt

Daten zur Umwelt 1986/87
Umweltbundesamt

UMPLIS
Methodenbank
Umwelt

Abfall

Abfall– und Recyclingmenge von Einweggetränkeverpackungen der Getränke Bier, Mineralwasser kohlensäurehaltige und kohlensäurefreie Erfrischungsgetränke sowie Wein 1970 bis 1983

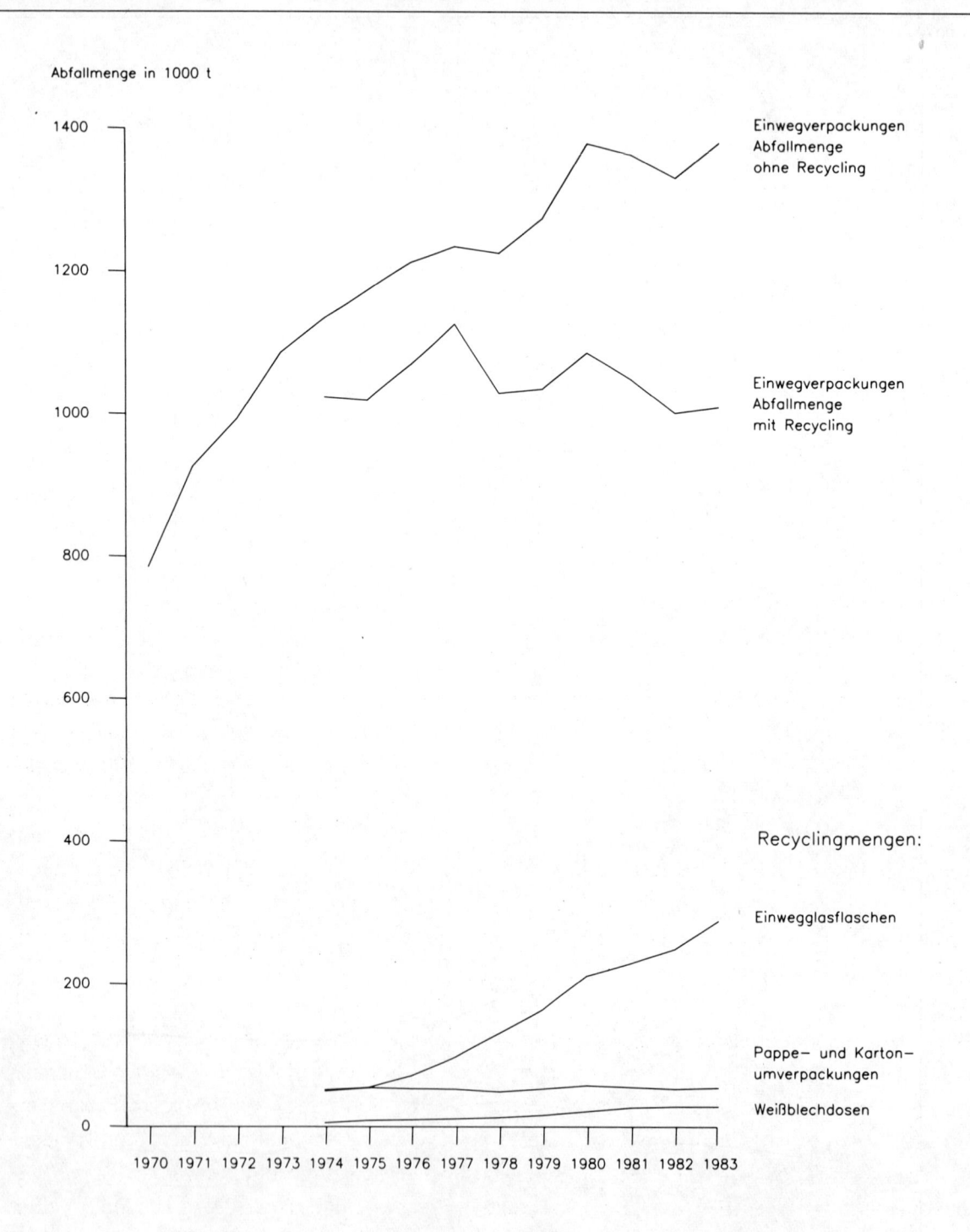

Abfallmenge in 1000 t

- Einwegverpackungen Abfallmenge ohne Recycling
- Einwegverpackungen Abfallmenge mit Recycling

Recyclingmengen:
- Einwegglasflaschen
- Pappe– und Kartonumverpackungen
- Weißblechdosen

Quelle: Umweltbundesamt

Abfall

Standorte der Abfallverbrennungs- und Kompostierungsanlagen

Zur Zeit können in 47 Müllverbrennungsanlagen rd. 8,5 Mio t Abfälle jährlich verbrannt werden. Etwa 21 Mio. Einwohner, dies entspricht 34% der Gesamtbevölkerung, sind diesen Anlagen angeschlossen.

Etwa 98% der verbrannten Abfälle werden in Anlagen mit Wärmeverwertung durchgesetzt. Der Beitrag der Energieerzeugung zur Einsparung von Primärenergieträgern ist trotzdem mit 0,58% recht gering. Bei regionaler Betrachtung der Elektrizitätsversorgung können aber durchaus nennenswerte Beiträge durch die Abfallverbrennung, insbesondere in städtischen Ballungsgebieten festgestellt werden. In Großstädten (Berlin, Hamburg, München u.a.) können 4–9% des gesamten bzw. 10–17% des Strombedarfs privater Haushalte durch die aus der Abfallverbrennung gewonnene Energie gedeckt werden.

Die Planungsdaten für die kommenden Jahre machen klar, daß die Müllverbrennung selbst bei erheblicher Ausweitung der stofflichen Abfallverwertung auch in Zukunft, mit gegenüber der Deponie steigender Tendenz, einen großen Teil der Abfälle in der Bundesrepublik Deutschland entsorgen wird.

Voraussetzung hierfür ist, daß die Umweltbelastungen durch die Müllverbrennung so gering gehalten werden, wie dies Stand der Technik ist. Dabei kommt neben der Optimierung vorhandener und der Entwicklung neuer Abgasreinigungsverfahren der Verminderung der Schadstoff-Emissionen durch Primärmaßnahmen, wie Substitution schadstoffreicher Produkte, Müllvorbehandlung und -sortierung und feuerungstechnische Maßnahmen, maßgebliche Bedeutung zu. Möglichkeiten Emissionen durch getrennte Haltung von Abfällen an der Quelle zu reduzieren, sind durch § 14 des neuen Abfallgesetzes deutlich verbessert worden.

Zur Zeit werden 17 Kompost-(Kombinations-)Anlagen zur Entsorgung von Hausmüll betrieben. Etwa 2,5 Mio. Einwohner, entsprechend 4% der Gesamtbevölkerung, sind an diese Anlagen angeschlossen. Dies zeigt, daß die Methode der Kompostierung von Hausmüll in zentralen Anlagen gegenwärtig statistisch eine untergeordnete Rolle spielt.

Probleme beim Betrieb der Anlagen (Geruchsfreiheit bzw. Geruchsarmut) und beim Absatz der erzeugten Komposte (unerwünschte Bestandteile wie Glas, Plastik und problematische Inhaltsstoffe wie Schwermetalle) haben die Ausweitung des Anteils der Kompostierung ebenso erschwert wie mangelhafte Vermarktungs- und Beratungsaktivitäten.

Insgesamt ist trotz hoher Entsorgungskosten nur eine im Vergleich zu anderen Methoden geringere Entsorgungssicherheit gegeben. Auch Anlagentypen, die andere ausgewählte Stoffe des vermischten Hausmülls verwerten (z.B. Kombinationsanlagen wie Neuss, Dusslingen) haben sich bisher nicht allgemein durchsetzen können. Eine erhebliche Verbesserung bei der Gewinnung und Vermarktung von absetzbaren Kompostqualitäten soll nunmehr durch eine gezielte Erfassung bestimmter Abfallstoffe erreicht werden (Kompostierung der organischen Hausmüllfraktion, Kompostierung bestimmter organischer Abfälle aus Industrie und Gewerbe). Hierbei können von der Schadstoffseite unbedenkliche Komposte erzeugt und auch die sonstige Abfallentsorgung entlastet werden.

Siehe auch:
- Eingesammelte Mengen an Hausmüll, hausmüllähnlichen Gewerbeabfällen und Sperrmüll
- Primärenergiegewinnung und -verbrauch

Abfall

Standorte der Abfallverbrennungs – und Kompostierungsanlagen in der Bundesrepublik Deutschland 1986

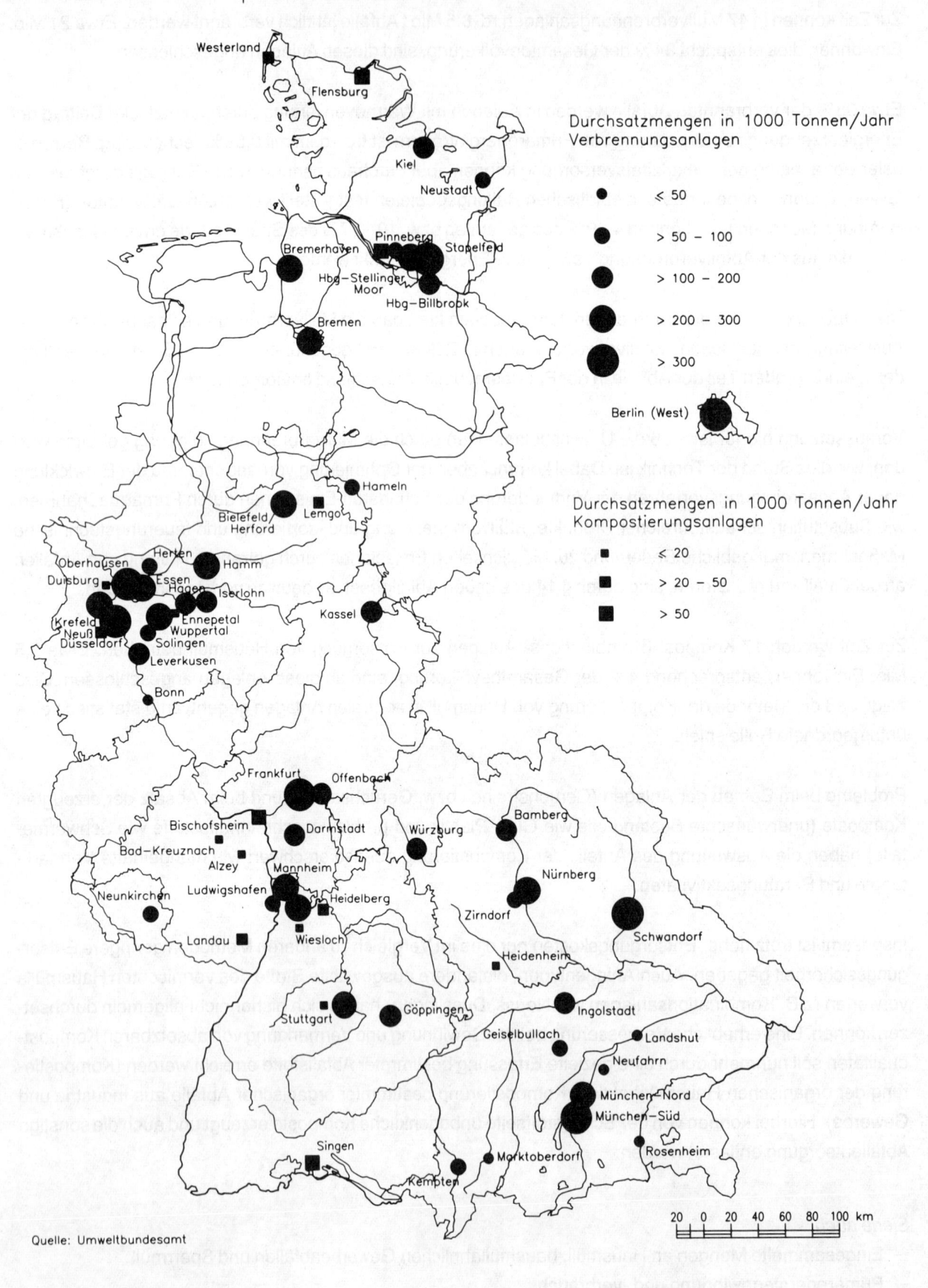

Durchsatzmengen in 1000 Tonnen/Jahr Verbrennungsanlagen
- • ≤ 50
- • > 50 – 100
- • > 100 – 200
- • > 200 – 300
- • > 300

Durchsatzmengen in 1000 Tonnen/Jahr Kompostierungsanlagen
- ■ ≤ 20
- ■ > 20 – 50
- ■ > 50

Quelle: Umweltbundesamt

392 — UMPLIS Methodenbank Umwelt — Daten zur Umwelt 1986/87 Umweltbundesamt

Abfall

Standorte der Hausmülldeponien

Die Ablagerung von Abfällen erfolgt in zugelassenen Deponien. Vor Inkrafttreten des Abfallgesetzes von 1972 gab es in der Bundesrepublik Deutschland ca. 50 000 „Müllplätze". Die Zahl der Ablagerungsanlagen für Abfälle hat sich seither drastisch vermindert. Nach wie vor ist aber die Deponierung die wichtigste Entsorgungsmethode.

Mehr als dreiviertel der kommunalen Abfälle werden in der Bundesrepublik auf 365 geordneten Deponien abgelagert (Stand 1986). Außerdem gibt es 2621 Bauschuttdeponien (Stand 1982). Deren Standorte werden von der Grafik nicht wiedergegeben. 1975 gab es noch 4415 Hausmülldeponien.

Der Zahlenvergleich 1972–1982 zeigt den Trend zur konzentrierten Abfallablagerung an zentralen Standorten.

Unter einer Hausmülldeponie, deren Standorte in der Bundesrepublik Deutschland in der Grafik dargestellt sind, ist eine Abfallentsorgungsanlage zur geordneten Ablagerung von überwiegend festen Siedlungsabfällen zu verstehen. Dazu gehören Hausmüll, Sperrmüll und hausmüllähnliche Gewerbeabfälle, jedoch keine Sonderabfälle.

Bei der Interpretation der Abbildung ist zu berücksichtigen, daß in einigen Bundesländern die Müllverbrennung stark vertreten ist und allein deshalb weniger Hausmülldeponien vorhanden sind. Die unvermeidlichen Reststoffdeponien sind in der Abbildung nicht dargestellt, da es sich hierbei nicht um Hausmülldeponien handelt.

Siehe auch:
- Eingesammelte Mengen an Hausmüll, hausmüllähnlichen Gewerbeabfällen und Sperrmüll
- Standorte Abfallverbrennungsanlagen

Abfall

Standorte der Hausmülldeponien
(Stand 1986)

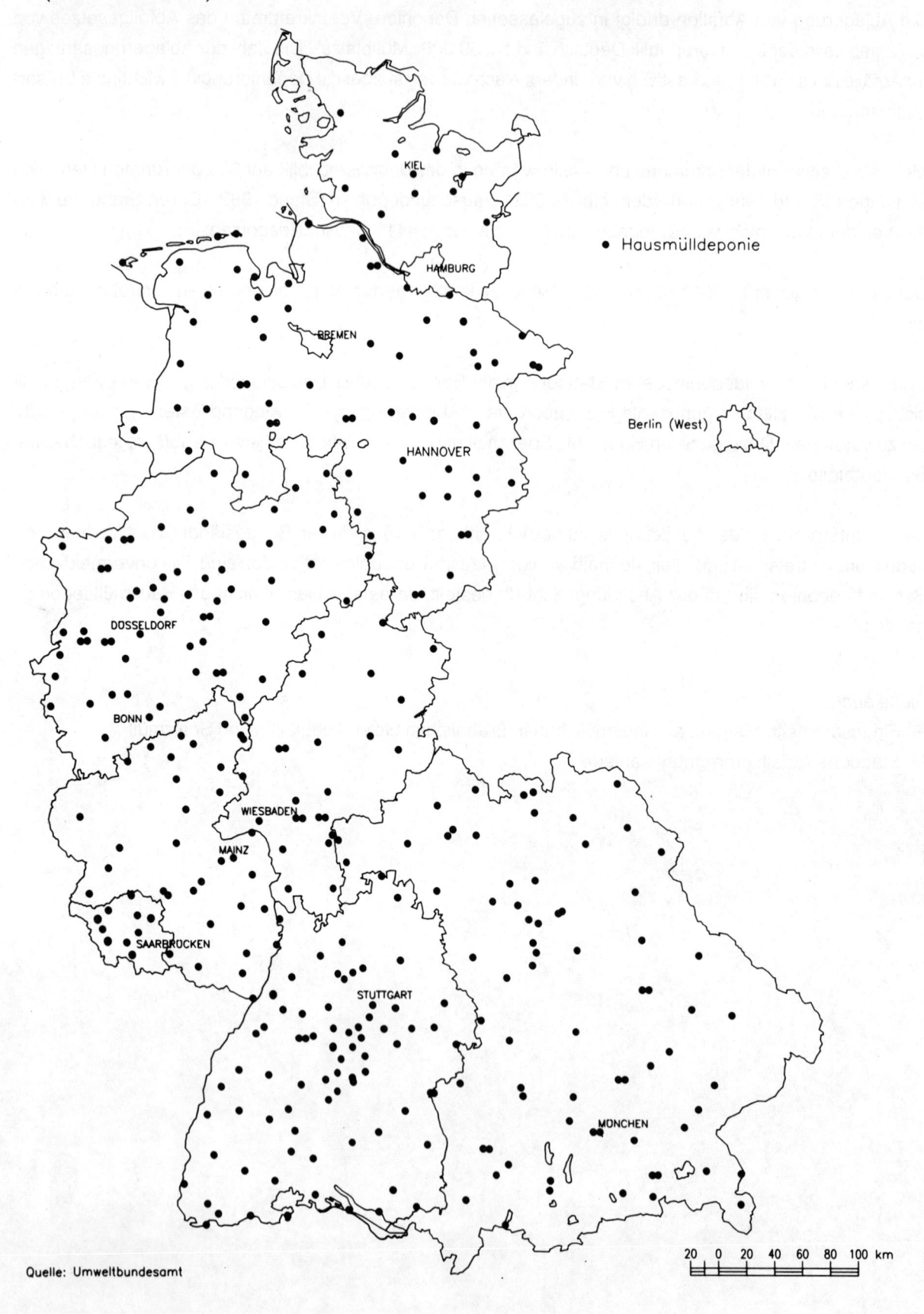

• Hausmülldeponie

Quelle: Umweltbundesamt

Abfall

Wohnbevölkerung und deren Anschluß an öffentliche Abfallentsorgungsanlagen

Die Bevölkerung der Bundesrepublik Deutschland einschließlich Berlin (West) wird zu 100% von der öffentlichen Müllabfuhr entsorgt. Davon sind fast drei Viertel an Deponien angeschlossen. Dieser Anteil sank im Bundesgebiet von 74,7% (1977) über 74,1% (1979) auf 72,0% (entsprechend 44,3 Mio Einwohner) im Jahre 1982. Bei 10% der Bevölkerung wurde der Abfall über Umladestationen oder Sammelstellen für Gewerbeabfälle zu den Beseitigungsanlagen gebracht.

Der Anteil der über die öffentliche Müllabfuhr an Müllverbrennungsanlagen angeschlossenen Bevölkerung nahm von 1977 mit 22,4% auf 24,9% 1982 im Bundesdurchschnitt zu. Das entsprach einer Steigerung von 13,7 Mio auf 15,3 Mio Einwohner.

Der Anteil der an Müllverbrennungsanlagen angeschlossenen Bevölkerung schwankte je nach Bundesland zwischen 6% bis 7% für 1977 bis 1982 in Rheinland-Pfalz bzw. 4% bis 7% für 1977 bis 1982 in Niedersachsen bei jeweils steigender Tendenz und andererseits 90% bis 97% für 1977 bis 1982 in Bremen bzw. etwas über 50% bis 70% (1977 bis 1982) in Hamburg bei ebenfalls zunehmendem Anteil.

Den Kompostierungs- und sonstigen Anlagen kam 1982 mit 2% bis 3% nur eine geringe Bedeutung zu.

Siehe auch:
- Standorte der Hausmülldeponien
- Standorte der Abfallverbrennungs- und Kompostierungsanlagen

Abfall

Wohnbevölkerung und deren Anschluß an öffentliche Abfallentsorgungsanlagen 1977 bis 1982

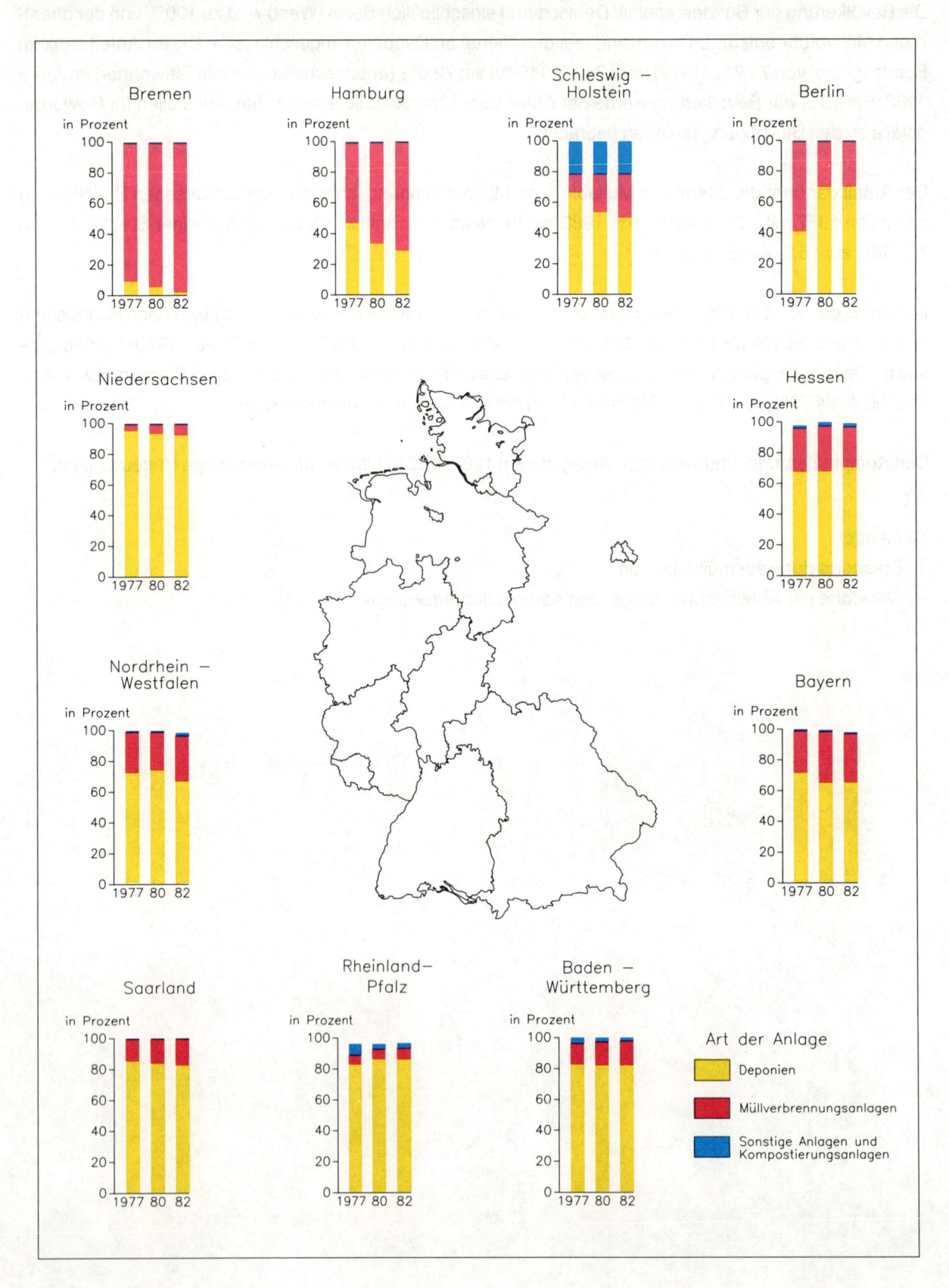

Art der Anlage
- 🟨 Deponien
- 🟥 Müllverbrennungsanlagen
- 🟦 Sonstige Anlagen und Kompostierungsanlagen

Bundesländer: Bremen, Hamburg, Schleswig-Holstein, Berlin, Niedersachsen, Hessen, Nordrhein-Westfalen, Bayern, Saarland, Rheinland-Pfalz, Baden-Württemberg

Quelle: Statistisches Bundesamt

Abfall

Wohnbevölkerung und deren Anschluß an öffentliche Abfallentsorgungsanlagen 1982

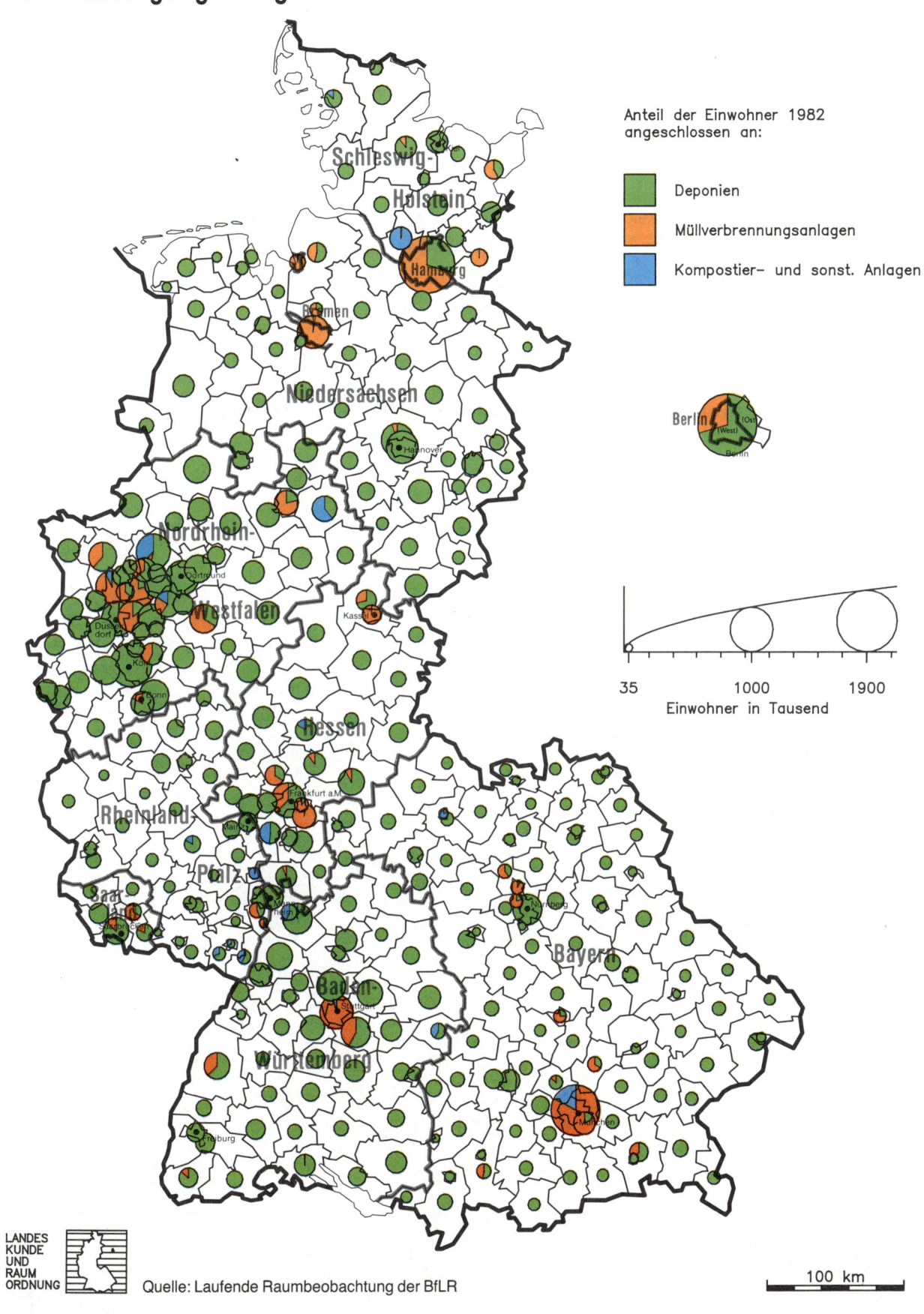

Anteil der Einwohner 1982 angeschlossen an:

- Deponien
- Müllverbrennungsanlagen
- Kompostier- und sonst. Anlagen

Einwohner in Tausend

Quelle: Laufende Raumbeobachtung der BfLR

Daten zur Umwelt 1986/87
Umweltbundesamt

Abfall

An die öffentliche Abfallentsorgung angeschlossene Einwohner in ausgewählten OECD-Mitgliedsstatten

Die Angaben in der Grafik beziehen sich auf die öffentliche Hausmüllabfuhr und den Anschluß an öffentliche Entsorgungsanlagen für Hausmüll, hausmüllähnliche Gewerbeabfälle und Sperrmüll. Sie schließen Abfallsortierung und -verwertung mit ein.

In den letzten Jahren hat der Anschlußgrad an die kommunale Abfallbeseitigung in fast allen OECD-Mitgliedsstaaten nahezu 100% erreicht.

Bei der Bewertung muß berücksichtigt werden, daß zum Teil erhebliche regionale Unterschiede bestehen. In hoch industrialisierten Ländern wie z.B. Bundesrepublik Deutschland und in den USA beträgt der Anschluß der Bevölkerung an die öffentliche Abfallentsorgung 100%, in dünner besiedelten Regionen wie Finnland und Norwegen geht der Anschlußgrad auf etwa 75% zurück.

Siehe auch:
– Wohnbevölkerung und deren Anschluß an öffentliche Abfallentsorgungsanlagen

Abfall

An die öffentliche Abfallentsorgung angeschlossenen Einwohner in ausgewählten Mitgliedsstaaten der OECD 1980

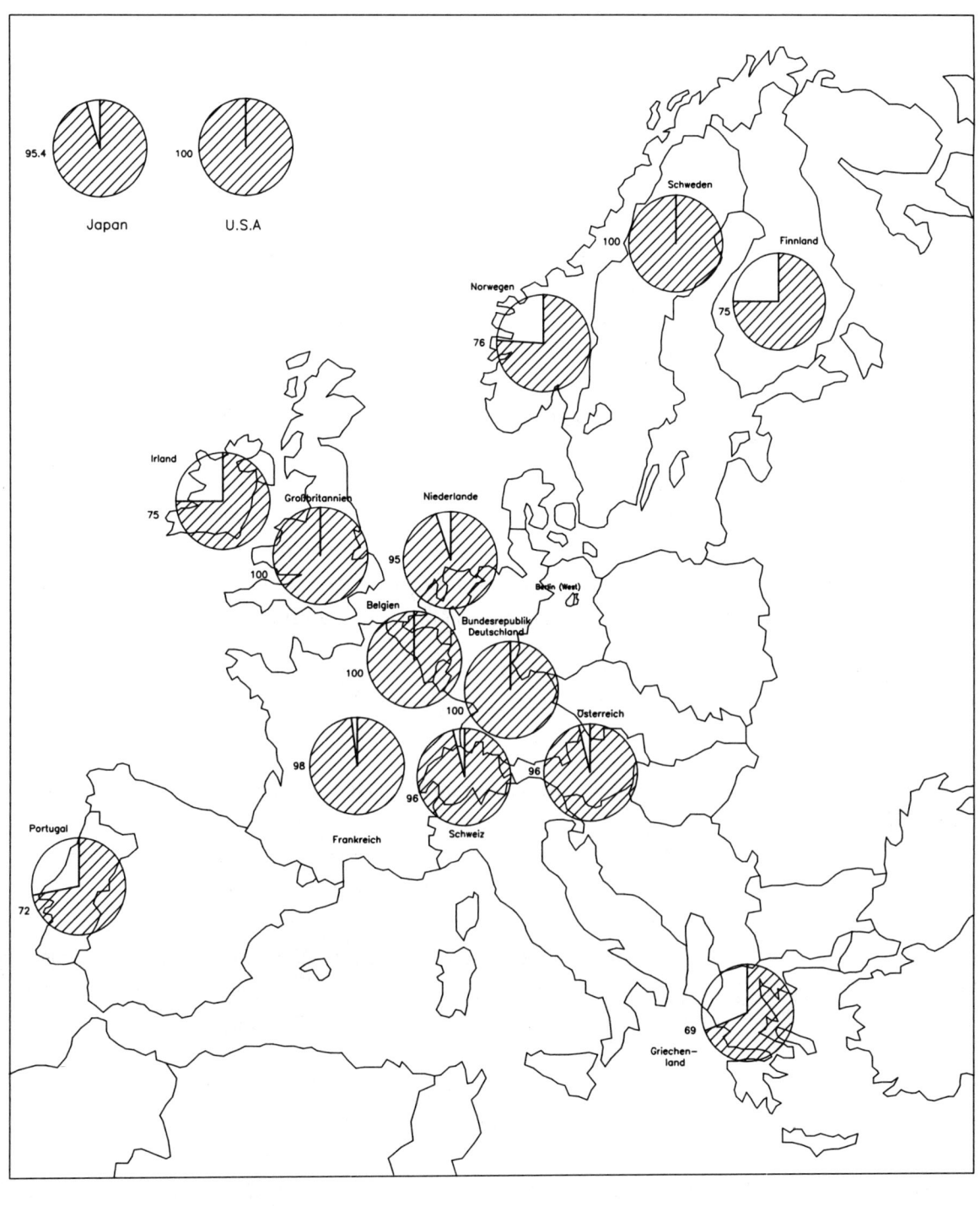

Angaben der angeschlossenen Einwohner in Prozent

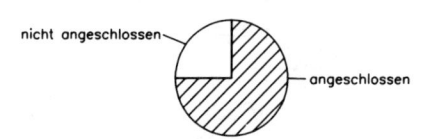

nicht angeschlossen — angeschlossen

ANMERKUNGEN:

Japan:	Bezugsjahr 1981
Frankreich:	Bezugsjahr 1983
Großbritannien:	Nur England und Wales
Niederlande:	Bezugsjahr 1977
Österreich:	Bezugsjahr 1980
Schweiz:	Bezugsjahr 1977

Quelle: Organisation für wirtschaftliche Zusammenarbeit und Entwicklung

Daten zur Umwelt 1986/87
Umweltbundesamt

UMPLIS
Methodenbank
Umwelt

Abfall

Abfälle im Produzierenden Gewerbe

Abfallaufkommen im Produzierenden Gewerbe und in Krankenhäusern

Das Abfallaufkommen in produzierenden Gewerbe ist bis 1980 stetig gestiegen.

1982 war erstmals ein Rückgang um 13,9 Mio t auf 193,6 Mio t zu verzeichnen.

Hierzu trug hauptsächlich die Abfallhauptgruppe „Bodenaushub, Bauschutt" bei. Diese Abfallgruppe mit 125,8 Mio t bildet mit 65% im Jahre 1982 zwar nach wie vor den Hauptanteil des Gesamtaufkommens, gegenüber 1980 konnte die Menge aber um 15,4 Mio t reduziert werden.

Bei den restlichen 35% (67,8 Mio t) der Abfälle war dagegen die Mengenreduzierung von 1980 zu 1982 nur gering. Lediglich die Abfallhauptgruppen „Metallabfälle" und „Säuren, Laugen, Schlämme usw." wiesen 1982 gegenüber 1980 jeweils rund 1 Mio t weniger Abfälle auf. Dies ist möglicherweise auf verstärkte Verwertung dieser Abfälle und auf Maßnahmen zur Mengenreduzierung in der Produktion zurückzuführen.

Bemerkenswert ist der enorme Anstieg der Gruppe „Aschen, Schlacken und Ruß aus der Verbrennung". 1982 wurden von diesen Rückständen 4,2 Mio t mehr als im Jahr 1980 ausgewiesen. Allein 8,1 Mio t von den 11 Mio t kamen aus der Elektrizitäts-, Gas-, Fernwärme und Wasserversorgung. Von dieser Wirtschaftsgruppe wurden 1980 nur 3,9 Mio t dieser Rückstände bei den Erhebungen gemeldet. Hier zeigt sich die Kehrseite von Maßnahmen zur Emissionsminderung aus Verbrennungsprozessen.

Abfallaufkommen im Produzierenden Gewerbe und in Krankenhäusern nach Abfallhauptgruppen und Wirtschaftsbereichen (in 1000 t)

Abfallhauptgruppe		Produzierendes Gewerbe					Krankenhäuser
		Insgesamt	Elektrizitäts-, Gas-, Fernwärme und Wasserversorgung	Bergbau	Verarbeitendes Gewerbe	Baugewerbe	
Bodenaushub, Bauschutt	1977	95 802	961	561	10 667	83 544	69
	1980	141 172	1526	849	12 689	126 015	92
	1982	125 821	1586	1268	9944	112 929	94
Ofenausbruch, Hütten- und Gießereischutt	1977	1649	10	0	1638	0	0
	1980	1845	4	.	1833	.	0
	1982	1543	1	5	1536	0	0

Abfall

Fortsetzung
Abfallentsorgung im Produzierenden Gewerbe und in Krankenhäusern 1977–1982
Abfallaufkommen im Produzierenden Gewerbe und in Krankenhäusern nach Abfallhauptgruppen und Wirtschaftsbereichen (in 1000 t)

Abfallhauptgruppe		Produzierendes Gewerbe					Kranken-häuser
		Insge-samt	Elektrizi-täts-, Gas-, Fernwärme und Wasserver-sorgung	Bergbau	Verarbei-tendes Gewerbe	Bau-gewerbe	
Formsand, Kernsand, Stäube, anderen feste mineralische Abfälle	1977	5642	1	26	5272	314	29
	1980	7241	8	66	6948	192	27
	1982	7781	5	50	7501	191	34
Asche, Schlacke, Ruß aus der Verbrennung	1977	7601	2710	3267	1437	156	32
	1980	6884	3922	1856	995	28	82
	1982	11 072	8134	1820	1057	45	17
Metallurgische Schlacken und Krätzen	1977	2793	0	0	2793	0	0
	1980	2719	0	0	.	.	0
	1982	2700	0	0	2700	0	0
Metallabfälle	1977	6341	110	194	5822	213	3
	1980	6449	49	240	5878	279	2
	1982	5390	55	222	4952	159	2
Oxide, Hydroxide, Salze, radioaktive Abfälle, sonstige feste produktionsspezifische Abfälle	1977	270	0	0	269	0	1
	1980	399	0	.	.	.	1
	1982	483	7	.	468	.	1
Säuren, Laugen, Schlämme Laborabfälle, Chemikalienreste, Detergentien, sonstige flüssige produktionsspezifische Abfälle	1977	3810	9	22	3773	0	5
	1980	7522	8	21	7477	2	15
	1982	6404	6	18	6362	12	5
Lösungsmittel, Farben, Lacke, Klebstoffe	1977	412	0	11	385	17	0
	1980	511	0	0	503	7	0
	1982	492	0	0	484	8	0

Abfall

Mineralölabfälle,	1977	1607	42	24	1373	167	> 1
Ölschlämme, Phenole	1980	1462	41	42	1258	119	> 1
	1982	1303	46	59	1087	109	2
Kunststoff-, Gummi- und	1977	1299	0	18	1235	39	6
Textilabfälle	1980	1174	0	9	1134	25	6
	1982	1039	0	11	1006	16	5
Schlämme aus Wasser-	1977	1046	365	39	630	12	0
aufbereitung	1980	901	523	34	318	25	0
	1982	613	326	20	265	2	0
Sonstige Schlämme	1977	11 006	98	118	10 429	304	58
(einschl. Abwasser-	1980	10 707	54	333	10 063	210	48
reinigung)	1982	11 191	173	421	10 295	257	45
Hausmüllähnliche Gewerbe-	1977	7390	143	158	5983	492	614
abfälle (Küchen- und	1980	6935	97	148	5542	536	612
Kantinenabfälle, Abfälle	1982	6531	93	194	5182	424	638
aus Belegschaftsunter-							
künften, Kehricht,							
Gartenabfälle							
Papier- und Pappeabfälle	1977	1022	13	0	1009	0	0
	1980	1456	17	0	1436	2	> 1
	1982	1135	6	0	1125	1	2
Sonstige organische	1977	9132	2	99	8425	588	18
Abfälle	1980	9817	4	53	8990	747	24
	1982	9837	27	51	9139	600	21
Krankenhausspezifische	1977	124	0	0	0	0	124
Abfälle	1980	102	0	0	0	0	102
	1982	103	0	0	0	0	103
Sonstige Abfälle	1977	1251	39	129	1163	19	1
	1980	187	> 1	.	165	.	2
	1982	141	1	.	101	.	1
Summe	1977	158 297	4504	4665	62 302	85 865	961
	1980	207 483	6255	3673	68 346	128 194	1014
	1982	193 580	10 466	4180	63 204	114 760	970

. = Zahlenwert unbekannt oder geheimzuhalten
*) = Einschließlich der in betriebseigenen Abfallverbrennungsanlagen beseitigten Abfälle

Quelle: Statistisches Bundesamt

Abfall

Entwicklung der Abfallverwertung im Produzierenden Gewerbe

Von den Abfallmengen des Produzierenden Gewerbes und der Krankenhäuser wurde ein Teil nicht an Abfallentsorgungsanlagen, sondern an weiterverarbeitende Betriebe und den Altstoffhandel abgegeben. Die Quote der so dem Wirtschaftskreis wieder zugeführten Abfälle lag nach den Angaben der im Rahmen der Umweltstatistiken befragten Betriebe bei allen Abfällen bei rd. 14%. Schließt man bei der Betrachtung Bodenaushub und Bauschutt aus, liegt die Quote bei einem Drittel der Gesamtmenge und nahm von 33,1% im Jahre 1977 auf 35,7% 1980 und 36,7% 1982 zu. Das entsprach einer Menge von insgesamt 24,9 Mio t (1982) gegenüber 23,7 Mio t 1980 und 20,7 Mio t 1977.

Die höchsten Recyclingquoten der Abfälle, verzeichneten Metallabfälle mit 99,4% 1982 (gegenüber 97,8% in den Jahren 1977 und 1980), Papier- und Pappeabfälle mit 78,1% 1982 (70,5% im Jahr 1977 und 80,8% im Jahr 1980), die sonstigen organischen Abfälle (das sind u.a. Holzabfälle und Rückstände aus der Herstellung von Nahrungsmitteln) mit 73,9% 1982 (1980 und 1977 im Vergleich dazu 70,9% und 61,6%) sowie metallurgische Schlacken und Krätzen mit 51,3% 1982 (die entsprechenden Werte für 1980 waren 37,6% und für 1977 29,4%).

Siehe auch:
– Abfallaufkommen im Produzierenden Gewerbe und in Krankenhäusern

Abfall

Entwicklung der Abfallmengen und –verwertung im Produzierenden Gewerbe
Abgabe an weiterverarbeitende Betriebe oder Altstoffhandel
1977 bis 1982

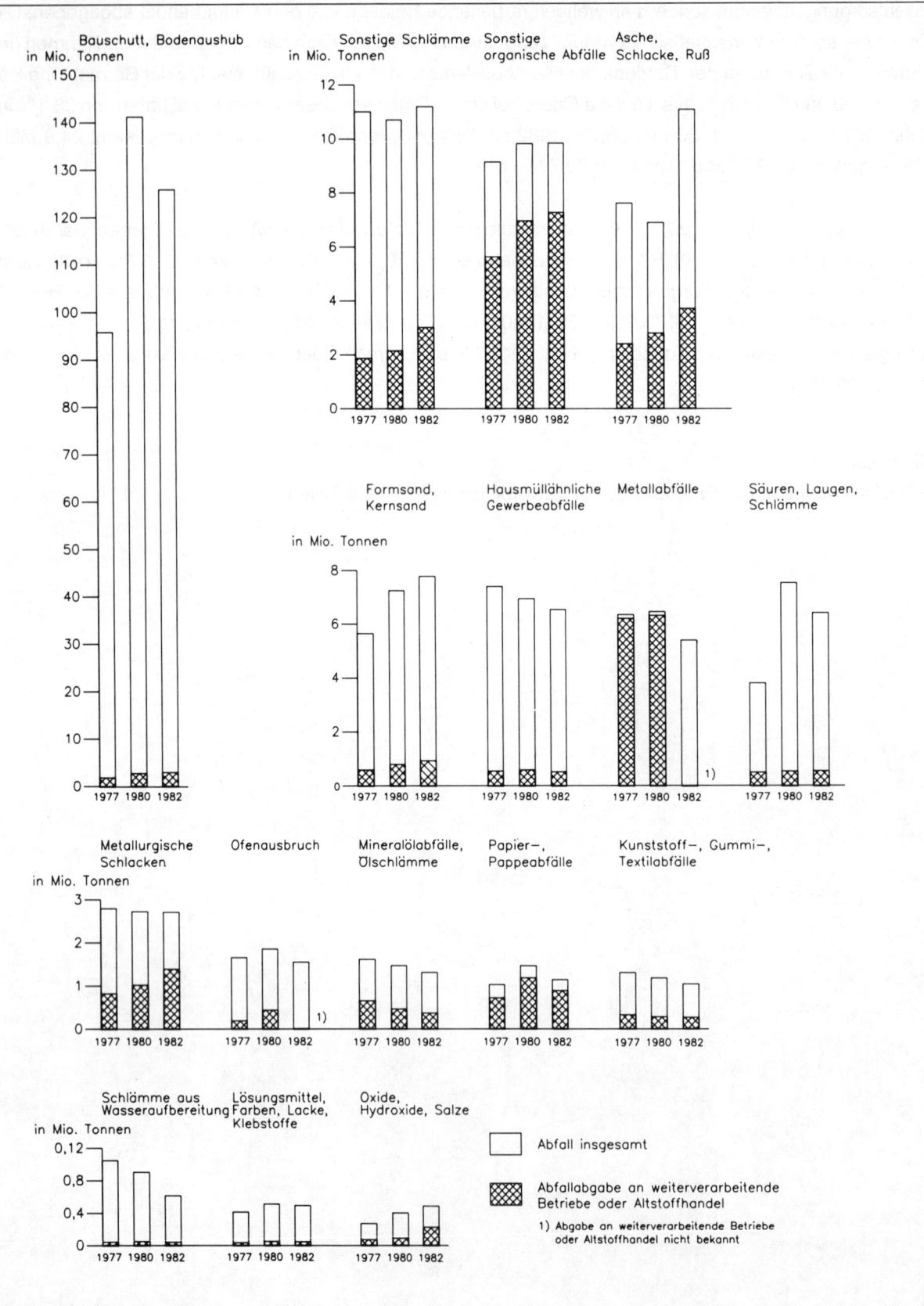

Bauschutt, Bodenaushub in Mio. Tonnen

Sonstige Schlämme in Mio. Tonnen

Sonstige organische Abfälle

Asche, Schlacke, Ruß

Formsand, Kernsand

Hausmüllähnliche Gewerbeabfälle

Metallabfälle

Säuren, Laugen, Schlämme

Metallurgische Schlacken

Ofenausbruch

Mineralölabfälle, Ölschlämme

Papier-, Pappeabfälle

Kunststoff-, Gummi-, Textilabfälle

Schlämme aus Wasseraufbereitung

Lösungsmittel, Farben, Lacke, Klebstoffe

Oxide, Hydroxide, Salze

Abfall insgesamt

Abfallabgabe an weiterverarbeitende Betriebe oder Altstoffhandel

1) Abgabe an weiterverarbeitende Betriebe oder Altstoffhandel nicht bekannt

Quelle: Statistisches Bundesamt

UMPLIS
Methodenbank
Umwelt

Daten zur Umwelt 1986/87
Umweltbundesamt

Abfall

Abfallentsorgung im Produzierenden Gewerbe und Krankenhäusern

Von den insgesamt 193,6 Mio t Abfällen, die 1982 in der Wirtschaft und in Krankenhäusern entstanden, wurden 159 Mio t, außerbetrieblich entsorgt. Die Entsorgung der restlichen Mengen erfolgte innerbetrieblich.

Im Bezugsjahr wurden 1,9 Mio t (1%) dieser Abfälle von der öffentlichen Müllabfuhr abgeholt und öffentlichen Entsorgungsanlagen zugeführt.

Der Altstoffhandel und weiterverarbeitende Betriebe übernahmen 27,8 Mio t. Dies entspricht 14% des Gesamtanfalls. Eine beträchtliche Menge, die einer Verwertung oder Weiterbehandlung zugeführt und um die so die Abfallentsorgung entlastet wurde.

129,3 Mio t (67%) wurden zu außerbetrieblichen Entsorgungsanlagen abgefahren. Allein 106,4 Mio t der außerbetrieblich zu entsorgenden Abfälle nahmen Bodenaushub- und Bauschuttdeponien auf. 11,2 Mio t wurden in öffentlichen Hausmüllentsorgungsanlagen beseitigt. Die restlichen 11,7 Mio t (6%) wurden sonstigen Anlagen wie Sonderabfall- und Kläranlagen u.ä. einer Entsorgung zugeführt.

Der überwiegende Teil der Abfälle des Produzierenden Gewerbes und der Krankenhäuser war nach den Ergebnissen der Umweltstatistiken für 1982 Bauschutt und Bodenaushub mit 125,8 Mio t. Diese wurden fast ausschließlich deponiert, und zwar zu 80,6% in außerbetrieblichen Bauschutt- und Bodenaushubdeponien und zu 14,5% in betriebseigenen Deponien.

Mengenmäßig ebenfalls bedeutsame Abfälle waren Formsand, Kernsand, Stäube und andere feste mineralische Abfälle mit 7,78 Mio t, sonstige Schlämme einschließlich Schlämme aus Abwasserreinigung mit 11,19 Mio t, die ebenfalls zu großen Teilen (zu 45,2% bzw. zu 44,2%) in eigenen Deponien abgelagert bzw. an außerbetriebliche Bauschutt- und Bodenaushubdeponien abgegeben (18,5% bzw. 6,7%) wurden.

Die Verbrennung in betriebseigenen Anlagen spielte vor allem eine Rolle bei Lösungsmitteln, Farben, Lakken und Klebstoffen mit 26,1% von 0,49 Mio t und bei Säuren, Laugen, Schlämmen, Laborabfällen, Chemikalienresten, Detergentien und sonstigen flüssigen produktionsspezifischen Abfällen mit 23,2% von 6,40 Mio t.

An die öffentliche Müllabfuhr wurden – neben den hausmüllähnlichen Gewerbeabfällen mit 1,80 Mio t oder 26,0% dieser Abfälle – vor allem die sonstigen organischen Abfälle mit 0,04 Mio t und die Kunststoff-, Gummi- und Textilabfälle (0,04 Mio t) abgegeben. Die eigene Abfuhr zu öffentlichen Hausmüllbeseitigungsanlagen fiel vor allem ins Gewicht bei hausmüllähnlichen Gewerbeabfällen mit 3,8 Mio t oder 58,4% dieser Abfälle sowie bei Formsand, Kernsand, Stäuben und anderen festen mineralischen Abfällen mit 1,2 Mio t oder 15,3%.

Siehe auch:
- Abfallverwertung im Produzierenden Gewerbe
- Standorte der Abfallverbrennungs- und Kompostierungsanlagen sowie der Deponien
- Sonderabfallentsorgungsanlagen

Abfall

Abfallentsorgung im Produzierenden Gewerbe und Krankenhäusern 1982 in Mio. Tonnen

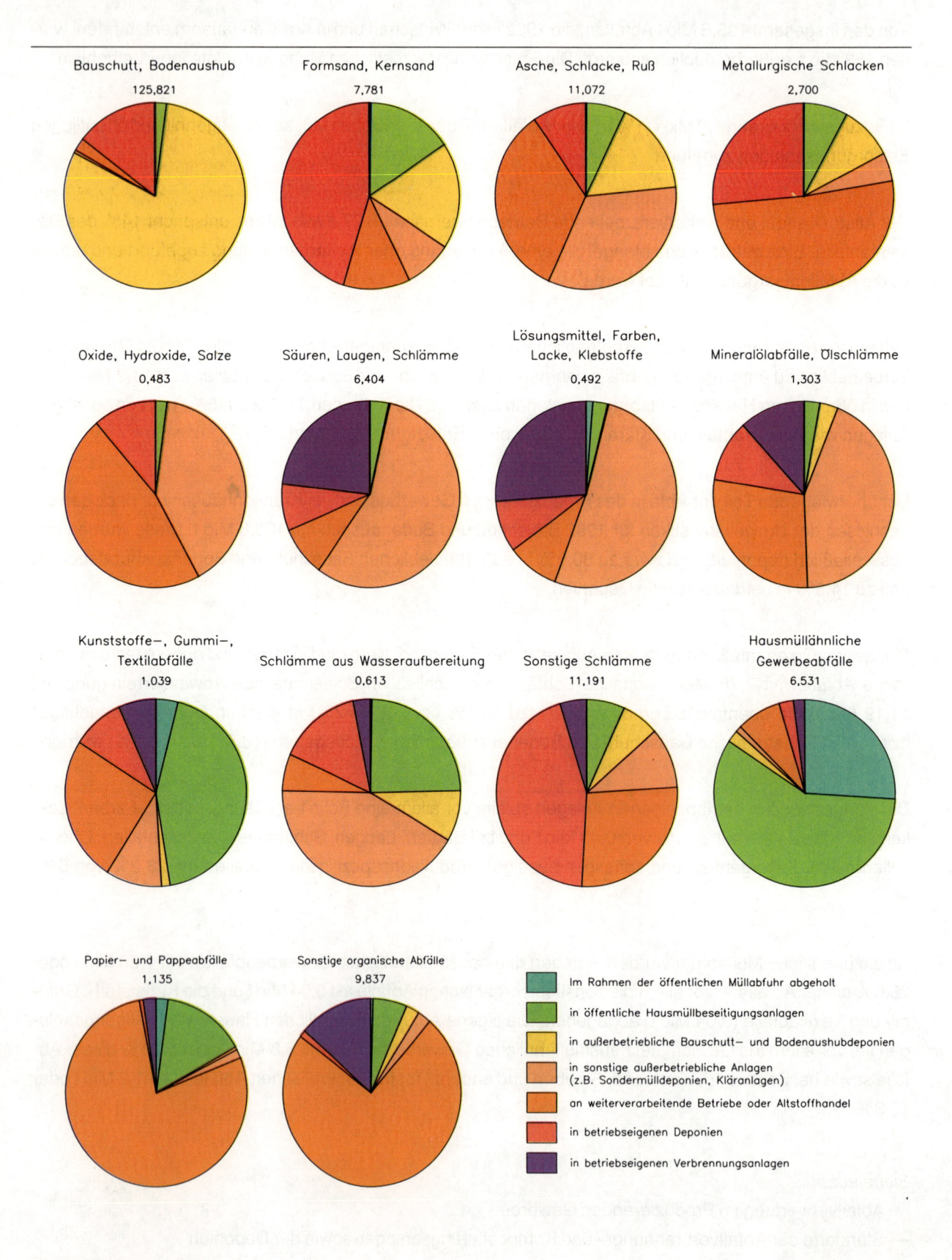

Bauschutt, Bodenaushub	Formsand, Kernsand	Asche, Schlacke, Ruß	Metallurgische Schlacken
125,821	7,781	11,072	2,700

Oxide, Hydroxide, Salze	Säuren, Laugen, Schlämme	Lösungsmittel, Farben, Lacke, Klebstoffe	Mineralölabfälle, Ölschlämme
0,483	6,404	0,492	1,303

Kunststoffe-, Gummi-, Textilabfälle	Schlämme aus Wasseraufbereitung	Sonstige Schlämme	Hausmüllähnliche Gewerbeabfälle
1,039	0,613	11,191	6,531

Papier- und Pappeabfälle	Sonstige organische Abfälle
1,135	9,837

Legende:
- Im Rahmen der öffentlichen Müllabfuhr abgeholt
- in öffentliche Hausmüllbeseitigungsanlagen
- in außerbetriebliche Bauschutt- und Bodenaushubdeponien
- in sonstige außerbetriebliche Anlagen (z.B. Sondermülldeponien, Kläranlagen)
- an weiterverarbeitende Betriebe oder Altstoffhandel
- in betriebseigenen Deponien
- in betriebseigenen Verbrennungsanlagen

Quelle: Statistisches Bundesamt

Abfall

Entwicklung der Abfallentsorgung in betriebseigenen Anlagen des Produzierenden Gewerbes

Die Betriebe des Produzierenden Gewerbes (ohne Baugewerbe) verfügten nach Ergebnissen der Umweltstatistiken 1982 über 8189 betriebseigene Anlagen. Dabei handelte es sich um 1011 Deponien und 2271 Verbrennungsanlagen sowie um 4907 Anlagen zur Vorbehandlung von Abfällen wie Neutralisations- und Entgiftungsanlagen, Emulsionstrennanlagen und Schlammentwässerungsanlagen.

Während die Zahl der betriebseigenen Deponien gegenüber den Vorjahren (1980: 1151 Deponien) leicht zurückging, stieg diejenigen der Verbrennungsanlagen im Vergleich zu den 2243 Verbrennungsanlagen im Jahr 1980 leicht an.

Von den 2271 betriebseigenen Verbrennungsanlagen im Jahr 1982 waren mit 2085 der überwiegende Teil normale Feuerungsanlagen, in denen regelmäßig auch Abfälle verbrannt werden; die 186 anderen Anlagen waren spezielle Abfallverbrennungsanlagen.

In den betriebseigenen Deponien wurden 1982 vom Produzierenden Gewerbe (ohne Baugewerbe) 18,06 Mio t abgelagert, darunter 256 000 t von den Betrieben der Elektrizitäts-, Gas-, Fernwärme- und Wasserversorgung, 1,40 Mio t vom Bergbau und 16,40 Mio t von den Betrieben des Verarbeitenden Gewerbes. Bei letzteren vor allem von Betrieben der Wirtschaftszweige Gewinnung und Verarbeitung von Steinen und Erden, der Chemischen Industrie und der Eisenschaffenden Industrie.

In betriebseigenen Anlagen verbrannt wurden 1982 von den Betrieben des Produzierenden Gewerbes (ohne Baugewerbe) 3,86 Mio t, überwiegend von Betrieben der Zellstoff-, Holzschliff-, Papier- und Pappeerzeugung, der Chemischen Industrie, der Mineralölverarbeitung und der Holzbearbeitung.

Einen erheblichen Zuwachs um 2116 Anlagen von 1980 zu 1982 ist bei betrieblichen Vorbehandlungsanlagen festzustellen.

Vorherige Neutralisation und Schlammentwässerung erfolgte gegenüber 1980 in rund 800 Anlagen mehr. Auch die Behandlung von Abfällen in 952 betriebseigenen Destillations-, Zerkleinerungs- und Kompostierungsanlagen o.ä. trug zu einer verbesserten Abfallbeseitigung in den jeweiligen Unternehmen bei.

Im Jahre 1982 betrug die Abfallmenge in den auskunftspflichtigen Betrieben 193,6 Mio t, davon wurden 30,5 Mio t in betriebseigenen Deponien beseitigt (16,1%).

Das Grundstoff- und Produktionsgütergewerbe entsorgte fast 40% seiner 35,3 Mio t Abfälle auf diese Weise; der Bergbau verbrachte einen Anteil von 33,7% seiner Abfälle auf eigenen Deponien.

Im Vergleich zu den vorherigen Jahren kann man feststellen, daß die Ablagerung von Abfällen in eigenen Anlagen in allen Wirtschaftsgruppen rückläufig ist. Nur das Verbrauchsgüter produzierende Gewerbe hat im Vergleich zu 1980 im Jahre 1982 1,5% mehr Abfälle in betriebseigenen Deponien abgelagert.

Die Menge der Abfälle, die in betriebseigenen Anlagen verbrannt wurden, hat sich von 1980 zu 1982 nur wenig verändert. Im Produzierenden Gewerbe wurden 1982 150 000 t Abfälle mehr verbrannt. Der Anteil der betriebseigenen Verbrennung von Abfällen betrug 1982 wie in den Vorjahren rund 2% des Gesamtabfallaufkommens.

Abfall

Entwicklung der Abfallentsorgung in betriebseigenen Anlagen des Produzierenden Gewerbes 1977 – 1982

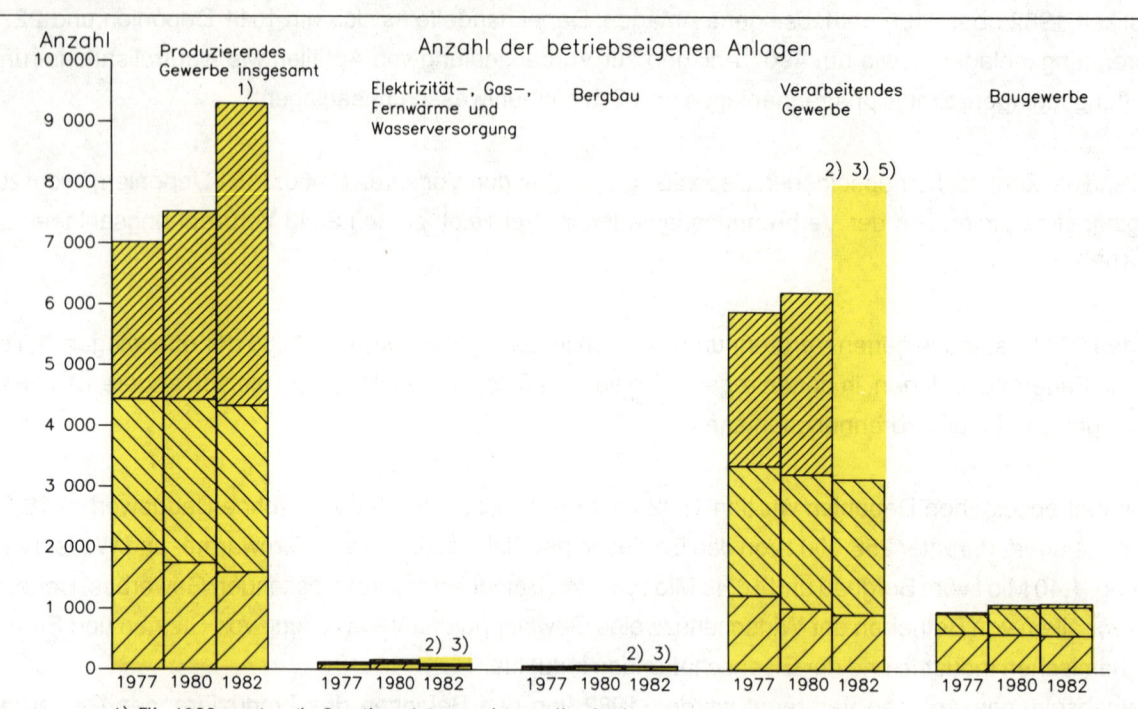

Anzahl der betriebseigenen Anlagen

1) Für 1982 wurden die Sonstigen Anlagen nicht berücksichtigt
2) Aus Gründen der Geheimhaltung konnten die Sonstigen Anlagen nicht berücksichtigt werden, sie sind bei den anderen Wirtschaftsgruppen enthalten.
3) Angaben unbekannt oder geheimzuhalten

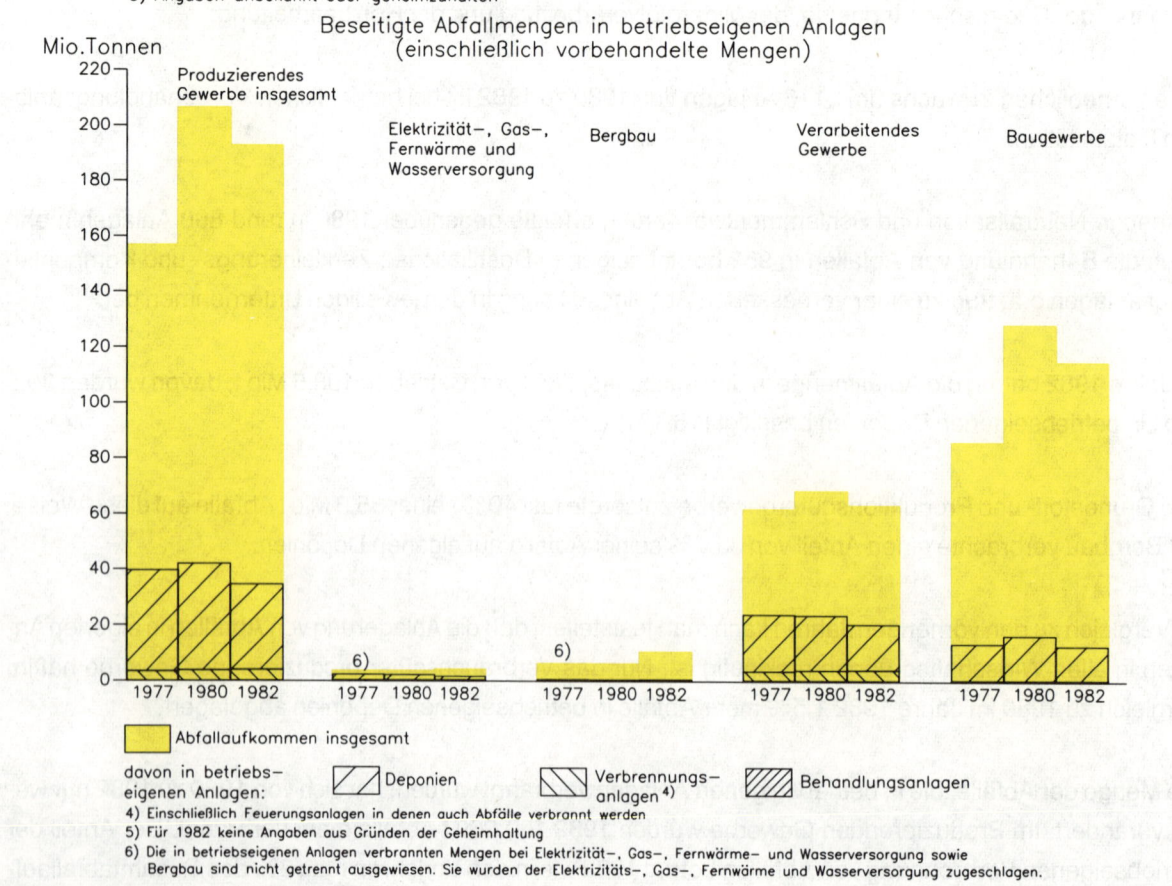

Beseitigte Abfallmengen in betriebseigenen Anlagen (einschließlich vorbehandelte Mengen)

- Abfallaufkommen insgesamt
- davon in betriebseigenen Anlagen: Deponien, Verbrennungsanlagen[4], Behandlungsanlagen

4) Einschließlich Feuerungsanlagen in denen auch Abfälle verbrannt werden
5) Für 1982 keine Angaben aus Gründen der Geheimhaltung
6) Die in betriebseigenen Anlagen verbrannten Mengen bei Elektrizitäts-, Gas-, Fernwärme- und Wasserversorgung sowie Bergbau sind nicht getrennt ausgewiesen. Sie wurden der Elektrizitäts-, Gas-, Fernwärme und Wasserversorgung zugeschlagen.

Quelle: Statistisches Bundesamt

Abfall

Sonderabfälle

Aufkommen nachweispflichtger Abfälle nach Bundesländern

Aufgrund des § 11 Abs. 2 des Abfallgesetzes (AbfG) *kann* die zuständige Behörde von Besitzern solcher Abfälle, die nicht mit den in Haushaltungen anfallenden Abfällen entsorgt werden, einen Nachweis über deren Art, Menge und Entsorgung verlangen. Gemäß § 11 Abs. 3 AbfG sind zu diesem Nachweis alle Besitzer von Abfällen im Sinne des § 2 Abs. 2 AbfG (sog. besonders überwachungsbedürftige Abfälle) verpflichtet. Die Länder können darüber hinaus im Einzelfall Nachweispflichten anordnen.
Der Nachweis über Art, Menge und Beseitigung der Abfälle wird mit Hilfe sogenannter Begleitscheine geführt.

Diese Begleitscheine sind erstmals im Auftrag des Umweltbundesamtes für das Jahr 1983 bundesweit ausgewertet worden. Obwohl es sich um die erste Erhebung dieser Art handelt, lassen sich schon relativ verläßliche Aussagen dahingehend machen, welche Abfallarten und Mengen in welchen Ländern angefallen sind und wo auf welche Art und Weise ihre Entsorgung erfolgte.

Abfall

Aufkommen nachweispflichtiger Abfälle
nach Bundesländern 1983
in 1 000 Tonnen

⊟ nachweispflichtig nach
Paragraph 2 Abs.2, Paragraph 11 Abs.3 AbfG

⊠ nachweispflichtig nach
Paragraph 11 Abs.2 AbfG

Bundesrepublik Deutschland insgesamt: 2 411.2 / 2 421.5

Berlin (West): 19.8 / 26.6

Schleswig-Holstein: 11.5 / 459.5
Hamburg: 0.2 / 21.4
Bremen: 234.6 / 2.5
Niedersachsen: 576.9 / 12.7
Nordrhein-Westfalen: 1 362.6 / 1 021.8
Hessen: 49.6 / 93.7
Rheinland-Pfalz: 31.7 / 128.0
Saarland: 20.2 / 31.3
Baden-Württemberg: 163.8 / 241.0
Bayern: 120.2 / 172.0

Quelle: Umweltbundesamt

Abfall

Aufkommen besonders überwachungsbedürftiger, nach Bundesrecht nachweispflichtiger Abfälle nach Abfallarten und Herkunft

An die Entsorgung von Abfällen aus gewerblichen oder sonstigen wirtschaftlichen Unternehmen, die nach Art, Beschaffenheit oder Menge in besonderem Maße gesundheits-, luft- oder wassergefährdend, explosibel oder brennbar sind oder Erreger übertragbarer Krankheiten enthalten oder hervorbringen können, sind nach Maßgabe des Abfallgesetzes (AbfG) zusätzliche Anforderungen zu stellen.

Diese Abfälle sind in der Anlage zur Abfallbestimmungsverordnung (AbfBestV) aufgeführt. Sie unterliegen bundeseinheitlich der Nachweispflicht gemäß § 11 Abs. 3 AbfG.

Die folgende Tabelle gibt auf der Grundlage der bundesweiten Begleitscheinauswertung an, welche Mengen dieser Abfälle in den einzelnen Bundesländern 1983 angefallen sind. Die fünfstellige Zahl ist der Abfallschlüssel, mit dem die einzelnen Abfälle im Abfallkatalog, herausgegeben von der Länderarbeitsgemeinschaft Abfall, aufgeführt sind.

Abfall

Aufkommen besonders überwachungsbedürftiger Abfälle nach § 2 Abs. 2, § 11 Abs. 3 AbG (nach Abfallarten und Herkunft 1983)

Abfallart Abfallgruppe	Schles-wig-H.	Hamburg	Bremen	Berlin	Nieder-sachsen	Nordrhein-Westf.	Hessen	Rhein-land-Pf.	Saar-land	Baden-Württ.	Bayern	Bundes-rep.
						1000 t						
1 44 01 Äschereischlamm	–	–	–	–	0,6	–	0,1	–	–	0,0	0,0	0,7
1 44 02 Gerbereischlamm	–	–	–	–	0,0	1,9	0,8	–	–	0,1	2,2	5,0
3 11 08 Ofenausbruch aus metallurgischen Prozessen	0,1	3,8	–	–	1,0	0,3	–	–	–	1,6	0,1	6,8
3 12 05 aluminiumhaltige Leichtmetallkrätzen	–	–	–	–	–	4,4	–	–	–	0,0	0,3	4,7
3 12 06 magnesiumhaltige Leichtmetallkrätzen	–	–	–	–	0,0	0,5	–	0,2	–	0,2	0,0	0,9
3 12 11 Salzschlacken, aluminiumhaltig	–	–	–	0,2	–	76,5	–	–	–	21,6	21,2	119,5
3 12 12 Salzschlacken, magnesiumhaltig	–	–	–	–	–	–	–	–	–	–	–	0,0
3 14 35 verbrauchte Filter- u. Aufsaugmassen	0,2	0,8	0,0	0,0	0,6	96,8	2,8	5,5	0,1	0,3	0,8	107,9
3 14 37 Asbeststaub	2,7	0,1	–	0,0	0,2	1,3	0,2	0,1	0,0	0,0	0,1	4,8
3 53 18 berylliumhaltiger Staub	0,0	–	–	0,0	–	–	0,0	–	–	0,0	0,0	0,0

Abfall

Abfallschlüssel	Bezeichnung											
5 11 01	cyanidhaltiger Galvanikschlamm	0,0	0,1	—	0,0	0,3	3,0	0,7	0,2	2,8	2,4	9,6
5 11 02	chrom-(VI)-haltiger Galvanikschlamm	0,1	0,1	—	0,0	0,4	1,0	0,2	0,1	0,7	0,5	3,4
5 11 06	cadmiumhaltiger Galvanikschlamm	0,0	—	—	0,0	0,0	0,4	0,0	0,0	0,2	0,7	1,3
5 15 13	Arsenkalk	—	—	—	0,0	—	—	0,0	—	0,0	0,0	0,0
5 15 33	Härtesalz, cyanidhaltig	0,1	0,1	0,0	0,1	0,5	11,8	0,5	0,0	5,5	0,7	19,5
5 15 34	Härtesalz, nitrathaltig	1,8	0,1	0,0	0,0	0,2	2,8	0,3	0,0	1,0	0,3	6,5
5 21 02	Säuren, Säuregemisch	0,1	0,5	0,4	0,1	451,9	870,3	3,5	3,9	6,3	4,8	1342,7
5 24 02	Laugen, Laugengemische	0,1	1,2	0,6	1,8	1,4	7,7	0,5	0,3	2,5	4,5	21,4
5 27	Konzentrate	0,0	0,5	0,0	0,1	0,5	4,5	1,3	0,0	7,5	1,2	15,9
5 31	Abfälle von Pflanzenbehandlungsmitteln	0,0	0,4	—	—	0,6	7,6	1,1	—	0,1	0,3	10,2
5 35	Abfälle von pharmazeutischen Erzeugnissen	0,5	0,1	2,0	0,3	1,6	1,5	0,2	0,0	0,9	0,3	8,0
5 44 01	synthetische Kühlmittel	0,0	0,0	0,0	0,1	0,5	1,4	1,0	0,4	0,6	2,9	7,3

Abfall

Fortsetzung: Aufkommen besonders überwachungsbedürftiger Abfälle nach § 2 Abs. 2, § 11 Abs. 3 AbG (nach Abfallarten und Herkunft 1983)

Abfallart Abfallgruppe	Schles-wig-H.	Hamburg	Bremen	Berlin	Nieder-sachsen	Nordrhein-Westf.	Hessen	Rhein-land-Pf.	Saar-land	Baden-Württ.	Bayern	Bundes-rep.
						1000 t						
5 44 02 Bohr- und Schleif-ölemulsionen	2,0	8,2	5,1	6,6	9,7	80,4	5,1	7,1	12,5	30,3	18,3	185,3
5 48 01 Bleicherde, mineralölhaltig	0,0	7,0	—	0,0	1,9	1,1	0,1	0,1	—	1,4	0,0	11,6
5 48 02 Säureharz und Säureteer	—	3,7	—	0,0	5,1	12,8	0,0	0,0	—	2,6	0,0	24,3
5 48 03 Schlämme aus Mineralöl-raffination	0,2	2,0	—	—	0,0	6,8	0,0	—	0,0	0,0	0,1	9,1
5 49 03 phenolhaltiger Schlamm aus der Erdölverarbeitung u. Kohleveredelung	0,0	0,3	—	—	0,0	0,4	0,0	0,0	—	0,1	0,3	1,1
5 49 04 mercaptanhaltiger Schlamm	—	—	—	—	0,5	0,1	—	—	—	—	0,0	0,6
5 49 23 cyanidhaltiger Schlamm	—	—	—	—	—	—	—	0,0	—	0,0	0,1	0,1
5 52 halogenhaltige organische Lösemittel	1,0	5,7	0,4	2,7	7,8	78,7	9,2	7,4	0,1	22,6	6,2	141,6

Abfall

5 53 halogenfreie organische Lösemittel	0,4	3,0	0,5	1,0	5,4	18,5	3,8	0,7	0,2	10,0	7,5	50,9
5 54 lösemittelhaltige Schlämme	0,2	2,6	0,2	1,0	8,1	8,0	0,5	0,7	0,0	3,3	4,4	29,3
5 55 03 Lack- und Farbschlämme	0,9	1,5	2,8	2,2	23,4	40,5	13,1	4,2	2,1	28,3	22,4	141,4
5 55 07 Farbmittel	0,0	0,0	0,0	0,2	0,0	1,7	0,2	0,4	—	0,1	0,2	2,8
5 55 08 Anstrichmittel	0,0	0,0	0,0	0,0	0,1	0,5	0,3	0,0	—	2,5	0,3	3,7
5 77 04 Kautschuklösungen	0,0	0,2	—	—	0,0	0,1	0,2	0,0	—	0,1	0,1	0,7
5 95 Katalysatoren	0,0	—	—	0,0	0,1	1,3	0,1	0,7	—	0,2	1,1	3,5
5 99 01 polychlorierte Biphenyle	0,0	0,1	0,1	0,0	0,0	1,4	0,1	0,1	0,0	0,1	0,4	2,3
9 71 01 infektiöse Abfälle	0,0	0,3	—	0,4	3,0	6,6	2,0	0,0	0,2	5,1	14,0	32,6
Summe	11,5	42,4	12,5	19,8	576,9	1362,6	49,6	31,7	20,2	163,8	120,2	2410,9

Quelle: Umweltbundesamt

Abfall

Sonderabfallentsorgungsanlagen und Abfallströme zwischen den Bundesländern und zum Ausland

Für ein Industrieland ist die Sonderabfallentsorgung von herausragender Bedeutung. Sonderabfälle werden heute noch überwiegend abgelagert. Nach Angaben der Länder beträgt das zur Zeit noch verfügbare Deponievolumen für Sonderabfälle bundesweit rund 80 Mio m^3. Dieses Volumen entspricht bei heutigem Abfallaufkommen und heutiger Entsorgungspraxis einer durchschnittlichen Nutzungsdauer von 10–15 Jahren. Dennoch kommt es im Einzelfall wegen der örtlich begrenzten Kapazität, zunehmender stofflicher Einschränkungen bei der Ablagerung und der langwierigen Planfeststellungsverfahren für neue Anlagen zu Engpässen.

Zur Deponierung zugelassen sind vorwiegend anorganische, feste oder stichfeste Abfälle. Hochtoxische Stoffe, die sich nicht verbrennen lassen, werden in der Untertagedeponie Herfa-Neurode gelagert. Sie hat für die nächsten 10 Jahre eine jährliche Aufnahmekapazität von ca. 40 000 Tonnen.

Die jährliche Kapazität von Sonderabfallverbrennungsanlagen beträgt ca. 620 000 Tonnen. Die Hälfte der Kapazität entfällt auf öffentlich zugängliche Anlagen, die andere Hälfte auf industrieeigene Anlagen. Daneben wird derzeit ein Verbrennungsschiff unter deutscher Flagge betrieben.

In chemisch-physikalischen Anlagen werden vorwiegend flüssige oder schlammförmige Abfälle behandelt, in Vorbereitung ihrer nachfolgenden Verbrennung oder Deponierung, seltener auch ihrer Verwertung. Diese Anlagen werden daher in der Regel mit einer Verbrennungsanlage und einer Deponie im Verbund betrieben. Die Tendenzen der Sonderabfallentsorgung gehen in Richtung auf eine weitgehende Vorbehandlung vor der Ablagerung. Dies wird deutliche Verschiebungen der Anlagenstruktur in Richtung auf Behandlungsanlagen (Verbrennung, chemisch-physikalisch-biologische Behandlung) bewirken.

Im einzelnen zeigt die Tabelle für Abfälle nach § 2 Abs. 2 Abfallgesetz Herkunft und Verbleib nach Bundesländern.

Erläuterung zur Tabelle:
- In den Zeilen der Tabelle sind die Erzeugerländer aufgeführt.
- Die Spalten der Tabelle enthalten die Beseitigungsländer.
- Die letzte Spalte rechts gibt die in den einzelnen Bundesländern erzeugten Abfälle wieder.
- Die letzte Zeile gibt die in den Bundesländern beseitigten Abfälle wieder.
- Die Diagonal-Felder enthalten die im jeweiligen Bundesland erzeugten und beseitigten Abfallmengen.

Siehe auch:
- Abfallverbrennung auf Hoher See (Kapitel Wasser)

Abfall

Sonderabfallentsorgungsanlagen in der Bundesrepublik Deutschland 1983

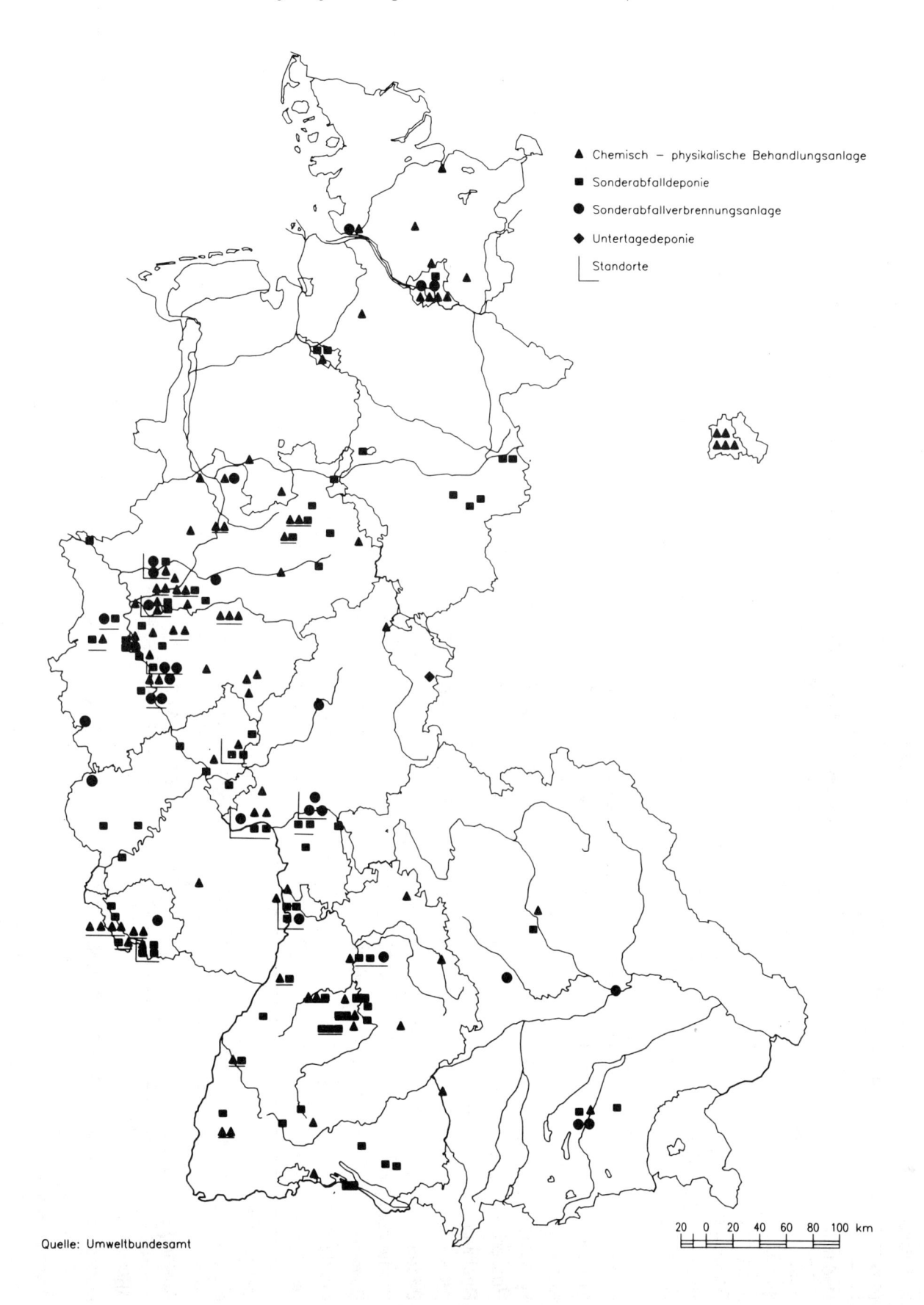

▲ Chemisch – physikalische Behandlungsanlage
■ Sonderabfalldeponie
● Sonderabfallverbrennungsanlage
◆ Untertagedeponie
| Standorte

Quelle: Umweltbundesamt

Abfall

Abfallströme zwischen den Bundesländern und zum Ausland (1000 Tonnen)
(besonders überwachungsbedürftige Abfälle nach § 2 Abs. 2, § 11 Abs. 3 AbfG)

Herkunft / Beseitigungsland	Schl.-Holst.	Hamburg	Nied.-sachs.	Bremen	Nordrh.-Westf.	Hessen	Rhld.-Pfalz	Baden-Württ.	Bayern	Saarland	Berlin	Bundrep. insg.	Ausland	im Land erzeugt
Schleswig-Holst.	2,03	3,84	0,32	0,02	2,44	0,01	—	0,00	—	—	—	8,65	2,81	11,46
Hamburg	6,78	17,93	2,10	—	7,42	0,43	—	0,08	0,04	—	—	34,78	7,61	42,38
Niedersachsen	0,05	2,32	534,18	1,99	25,57	2,52	—	1,08	0,05	—	—	567,76	9,14	576,90
Bremen	0,26	0,06	0,35	10,02	0,53	0,00	—	—	0,05	—	—	11,27	1,23	12,50
Nordrhein-Westfalen	—	0,32	11,45	—	452,59	6,48	0,03	1,03	0,01	0,00	—	471,91	890,65	1362,56
Hessen	—	—	0,74	—	0,46	43,98	0,36	2,67	0,79	0,57	—	49,56	—	49,56
Rheinland-Pfalz	—	—	0,45	—	6,03	0,66	13,96	3,07	—	2,68	—	26,84	4,84	31,68
Baden-Württemberg	—	0,01	0,20	—	17,71	2,29	1,43	92,99	10,62	7,85	—	133,10	30,66	163,76
Bayern	—	—	0,00	—	0,67	0,91	—	3,16	115,45	—	—	120,18	—	120,18
Saarland	—	—	—	—	0,11	0,08	0,04	0,64	0,01	19,29	—	20,16	0,02	20,18
Berlin	0,06	—	1,59	—	3,09	0,12	—	0,00	—	—	14,75	19,63	0,12	19,75
im Land beseitigt insg.	9,17	24,46	551,38	12,03	516,62	57,48	15,82	104,71	127,01	30,39	14,75	1463,84	947,09	2410,93
Ausland	—	—	—	—	5,87	4,40	—	9,11	—	—	—	19,39	0,01	19,39
Abfälle insgesamt	9,17	24,46	551,38	12,03	522,50	61,89	15,82	113,82	127,01	30,39	14,75	1483,23	947,09	2430,32

Quelle: Umweltbundesamt

Abfall

Grenzüberschreitende Entsorgung von Sonderabfällen (alle nachweispflichtigen Abfälle)

Die Abbildung gibt einen Überblick über den Ex- und Import aller der Nachweispflicht (und damit dem Begleitscheinverfahren) unterliegenden Abfälle.

Es fällt der hohe Exportüberschuß auf, besonders gegenüber der DDR und Belgien – im letzteren Falle bedingt durch die Beseitigung vieler Abfälle auf See, die über Antwerpen abgewickelt wird.

Mit der dritten Novelle zum AbfG[1] hat der Gesetzgeber daher auch den Export von Abfällen der Genehmigungspflicht unterworfen. Nunmehr ist die grenzüberschreitende Abfallbeseitigung nur noch zugelassen,

a) wenn beim Im- und Export nachgewiesen werden kann, daß eine Beseitigung im Herkunftsstaat nicht ordnungsgemäß durchgeführt werden kann oder die grenzüberschreitende Abfallbeseitigung im Rahmen von Abfallbeseitigungsplänen vorgesehen ist;
b) wenn das Empfängerland erklärt, daß die ordnungsgemäße Beseitigung gesichert ist, das Inland durch die Beseitigung im Ausland nicht beeinträchtigt wird und die sonst berührten Staaten keine Bedenken erheben.

---

[1] Drittes Gesetz zur Änderung des Abfallbeseitigungsgesetzes vom 31.01.1985 (BGBl. I S. 204).

Abfall

Grenzüberschreitende Entsorgung von Sonderabfällen 1983
(alle nachweispflichtigen Abfälle)
Angaben in 1000 Tonnen

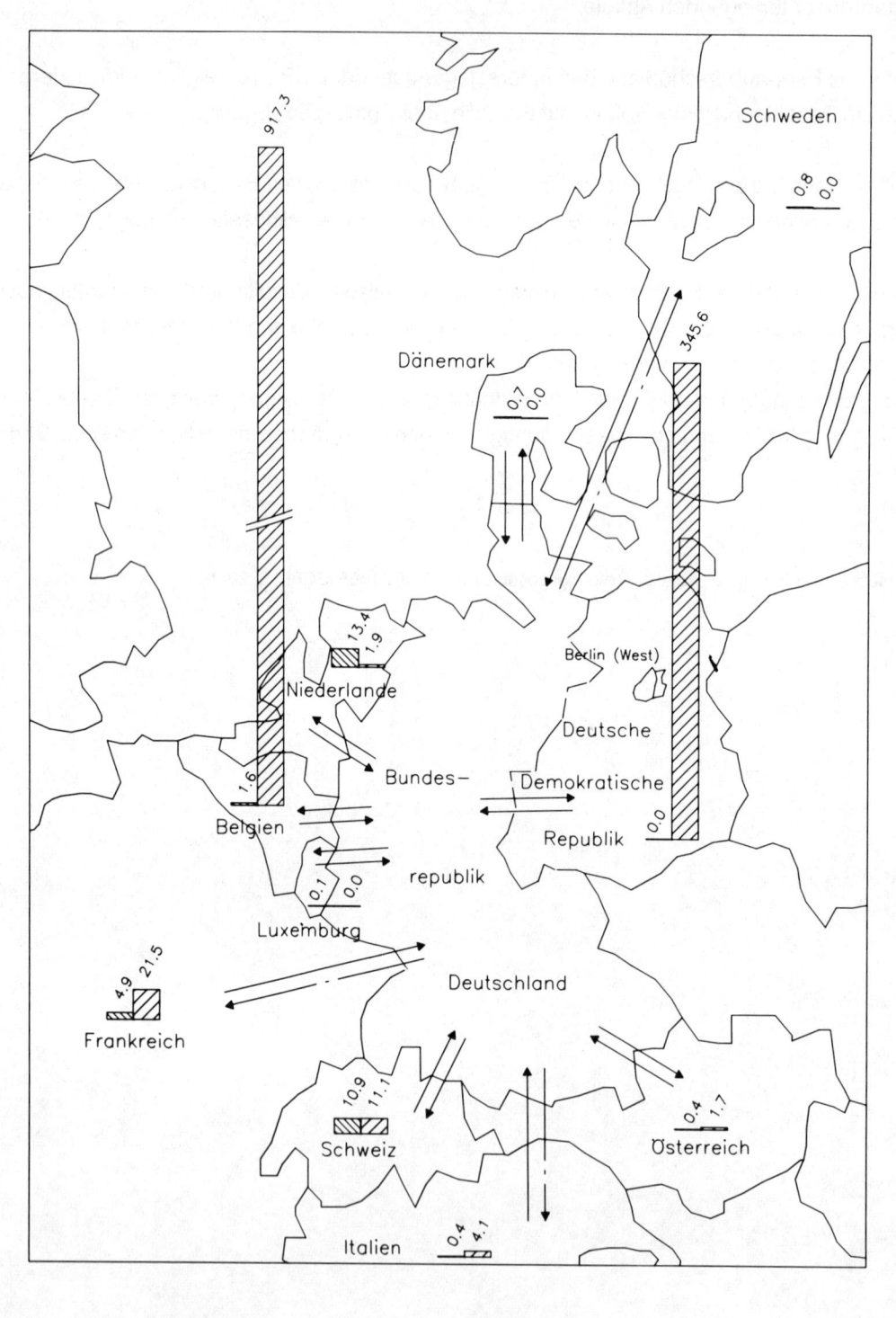

Quelle: Umweltbundesamt

Abfall

Sonderabfallmengen in ausgewählten Mitgliedsstaaten der OECD

Die Grafik zeigt den Anfall von Sonderabfall in ausgewählten OECD-Ländern, Definition und Methode der Erfassung sind allerdings in den einzelnen Ländern unterschiedlich.

Die Menge der angefallenen Sonderabfälle ist im allgemeinen vom Stand der Industrialisierung der einzelnen Länder abhängig.

80% der rund 20 Mio t industrieller Sonderabfälle aller OECD-Mitgliedsstaaten werden von der Industrie in eigenen Anlagen behandelt und beseitigt.

Über 75% aller Sonderabfälle werden auf Sonderabfalldeponien oder in Untertagedeponien abgelagert oder (bei flüssigen Abfällen) in Gestein verpreßt.

Sonderabfälle können auch chemisch, physikalisch oder biologisch behandelt werden, um sie zu neutralisieren, zu entgiften, zu entwässern oder um einzelne Stoffe zu trennen.

Die Abfallverbrennung erfolgt bei sehr hohen Temperaturen mit einer bestimmten kontrollierten Verweilzeit.

In den meisten OECD-Staaten liegt die Verantwortung für die Behandlung, Lagerung und sonstige Entsorgung bei den Erzeugern der Sonderabfälle (Verursacherprinzip).

Viele Länder verlangen von den Produzenten Nachweise oder haben eine Meldepflicht für die erzeugten Abfälle sowie eine behördliche Zulassung für Entsorgungsanlagen.

In Dänemark und Schweden z.B. existiert jeweils eine staatliche Zentralanlage zur Beseitigung von Sonderabfällen.

In Großbritannien, USA und in Deutschland gibt es eine derartige Zentralisierung nicht. Sonderabfallentsorgungsanlagen werden in diesen Ländern überwiegend in privatrechtlicher Form, wenn auch z.B. in der Bundesrepublik Deutschland überwiegend mit staatlicher Beteiligung, betrieben.

Die effektive Kontrolle des Anfalls und der umweltgerechten Behandlung und Beseitigung der Sonderabfälle macht aus verschiedenen Gründen Schwierigkeiten. Wichtige Aufgaben im internationalen Bereich werden in erster Linie die Harmonisierung von Entsorgungs- und Beschaffenheitsstandards zwischen den Nachbarstaaten, die Entwicklung von Technologien zur Vermeidung oder Verwertung von Sonderabfällen und die internationale Kooperation zur Vermeidung unkontrollierter grenzüberschreitender Abfallentsorgung sein.

Siehe auch:
— Grenzüberschreitende Entsorgung von Sonderabfällen

Abfall

Sonderabfallmengen in ausgewählten Mitgliedsstaaten der OECD 1982 in 1 000 Tonnen

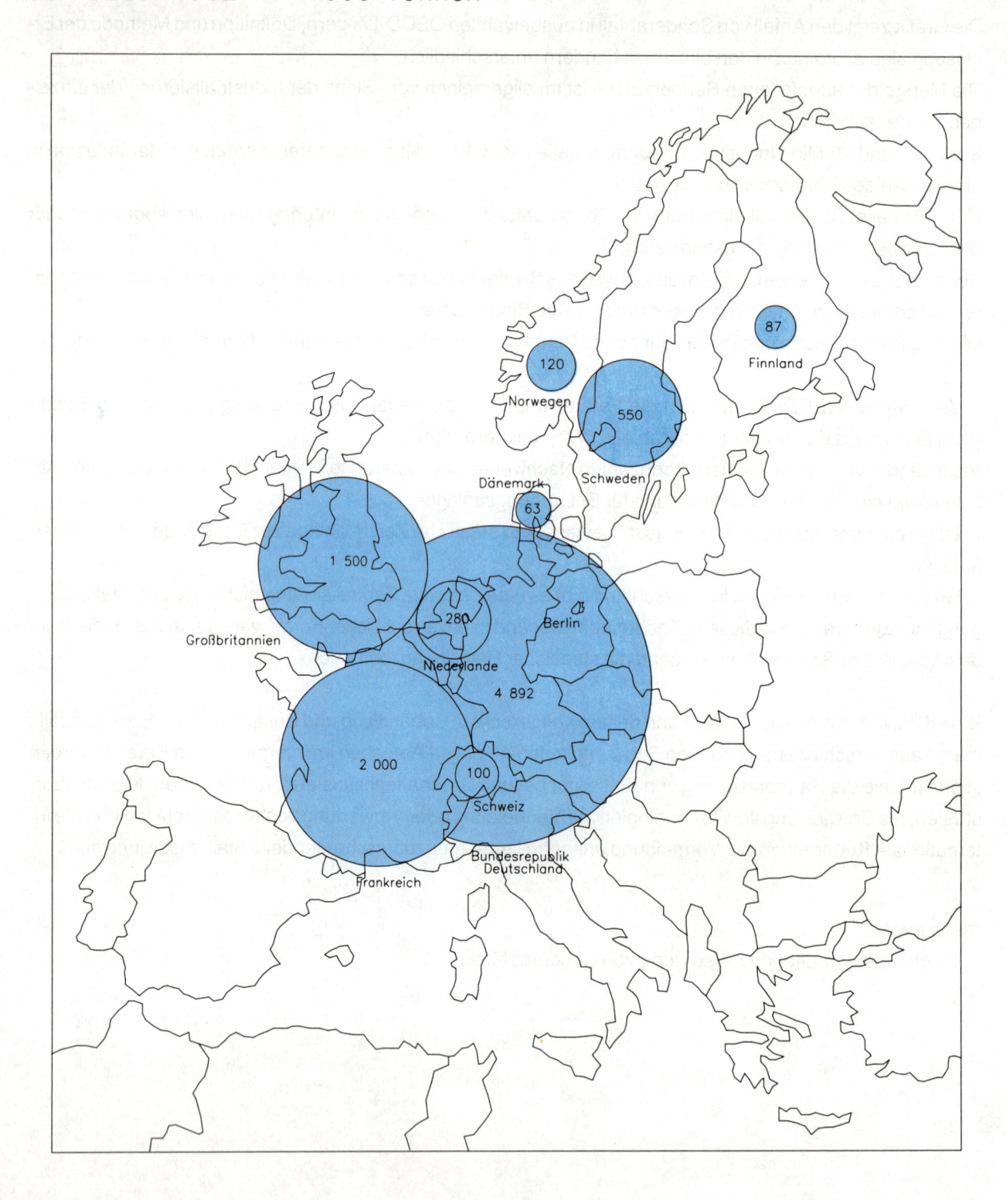

Land	Menge (1 000 t)
Norwegen	120
Finnland	87
Schweden	550
Dänemark	63
Großbritannien	1 500
Niederlande	280
Bundesrepublik Deutschland	4 892
Frankreich	2 000
Schweiz	100

ANMERKUNGEN:

Großbritannien: Mengenangaben beziehen sich auf meldepflichtige Abfälle
Niederlande: Mengenangaben beziehen sich auf meldepflichtige Abfälle
Schweiz: Bezugsjahr 1981

Quelle: Organisation für wirtschaftliche Zusammenarbeit und Entwicklung

Lärm

	Seite
Datengrundlagen	424
Lärmbelästigung der Bevölkerung	426
Die wesentlichen Immissionsgrenzwerte	427
Lärmbelastung	428
– Lärmbelastung der Bevölkerung	428
– Lärmbelastung der Bevölkerung durch Straßenverkehr in ausgewählten Mitgliedsstaaten der OECD zu Beginn der 80er Jahre	431
– Lärmbelastete Anwohner in der Umgebung von Flugplätzen	433
– Stand der Durchführungen des Gesetzes zum Schutz gegen Fluglärm	435
– Landeplätze mit zeitlicher Einschränkung des Flugbetriebs	437
Emissions- und Immissionsdaten	439
Straßenverkehr	439
– Geltende Emissionsgrenzwerte	439
– Veränderung der Geräuschemission von Kraftfahrzeugen im Fünfjahreszeitraum	441
– Verteilung der Fahrgeräuschtypprüfwerte von Pkw	443
– Verteilung der Fahrgeräuschtypprüfwerte von Lkw	445
– Verteilung gemessener Typprüfwerte von Motorrädern und Leichtkrafträdern	446
– Lärmgeminderte Fahrzeuge aus dem UBA-Forschungsprogramm	448
– Geräuschemissionen manipulierter und nicht manipulierter Mofas und Mopeds/Mokicks	450
– Bauliche Lärmschutzmaßnahmen an Bundesfernstraßen	452
Wasserverkehr	454
– Geräuschemission von Außenbordmotoren	454
Luftverkehr	455
– Lärmemissionsdaten von Luftfahrzeugen	455
– Anteil leiser Verkehrsflugzeuge im Luftverkehr	457
Emissionen wichtiger Quellen in Industrie und Gewerbe	459
– Schalleistungspegel von Kraftwerken, Holzplattenwerken und Baustellenkreissägen 1985	459

Lärm

Datengrundlagen

Die Grundlage für einen wirksamen und vorbeugenden Geräuschimmissionsschutz bilden das Bundes-Immissionsschutzgesetz vom 15. 3. 1974 (BImSchG) und ergänzende Regelungen des Straßenverkehrs-, Schienenverkehrs-, Luftverkehrs- und Schiffverkehrsrechts, des Raumordnungs-, Bauplanungs- und Bauordnungsrechts sowie des Gewerberechts und sonstigen Rechts.

Die im folgenden angegebenen Daten geben Auskunft über geltende Immissionsgrenz-, Immissionsricht- und Orientierungswerte, über Belastung und Belästigung der Bevölkerung der Bundesrepublik Deutschland durch verschiedene Geräuschquellen, über lärmbelastete Gebiete und Flächen, über Emissionsgrenzwerte, über Geräuschemissionen verschiedener Quellen sowie über den Stand der Durchführung des Gesetzes zum Schutz gegen Fluglärm.

Die Daten entstammen Auswertungen von Veröffentlichungen des Umweltbundesamt, Berichten anderer Institutionen sowie durch das Umweltbundesamt geförderten Forschungsvorhaben. Die Fülle der dem Umweltbundesamt vorliegenden Emissions- und Immissionsdaten zu einzelnen Produkten oder Anlagearten gestattet nur die Darstellung ausgewählter Ergebnisse.

Lärm

Erläuterung dB(A)

Die dB(A)-Skala ist eine logarithmische Skala zur Beschreibung von A-bewerteten-Schallpegeln. Die A-Bewertung ist eine international festgelegte Frequenzbewertung, die das subjektive Lautstärkeempfinden des Ohres nachbildet.

Erhöht man einen Schallpegel um 10 dB, so entspricht das einer Verzehnfachung der Schallintensität, aber im allgemeinen nur einer Verdoppelung des subjektiven Lautstärkeempfindens. Eine Erhöhung um 20 dB entspricht einer hundertfachen und eine Erhöhung um 30 dB einer tausendfachen Vergrößerung der Schallintensität. Addiert man die Schallpegel, so ergeben sich 50 dB + 50 dB nicht 100 dB, sondern 53 dB: eine Erhöhung (Verminderung) des Schallpegels um 3 dB entspricht einer Verdoppelung (Halbierung) der Schallintensität.

Lärm

Lärmbelästigung der Bevölkerung

Erfragt man die persönliche Betroffenheit durch Umweltbelastungen, so rangiert der Lärm ganz vorn: Durch Lärm fühlt sich der Großteil unserer Bevölkerung belästigt.

Der Straßenverkehr — als Hauptlärmquelle — belästigt mehr als die Hälfte der Bürger, stark belästigt sind über 20 Prozent der Bevölkerung, das sind rund 13 Mio. Bürger oder jeder Fünfte.

Der Flugbetrieb belästigt — besonders im ländlichen Raum — rund 37% der Bevölkerung, also rund 22 Mio. Bürger. Deutlich weniger trägt der Schienenverkehr zur Belästigung durch Verkehrslärm bei. Hierdurch fühlen sich rund 17% der Bevölkerung beeinträchtigt.

Neben der teilweise recht deutlichen Belästigung durch Verkehrslärm tragen die Nachbarn zur Lärmbelästigung bei: jeder 4. Bürger fühlt sich durch Geräusche seines Nachbarn gestört, das sind mehr als die durch Industrielärm belästigten 14 Mio. Bürger.

Für einen kleinen Teil der Bevölkerung ist die ‚Schönste Nebensache der Welt' — der Sport — zum Ärgernis geworden: Sportgeräusche belästigen rund sechs Mio. Personen, davon immerhin ca. eine halbe Mio stark.

Siehe auch:
— Umweltbewußtsein

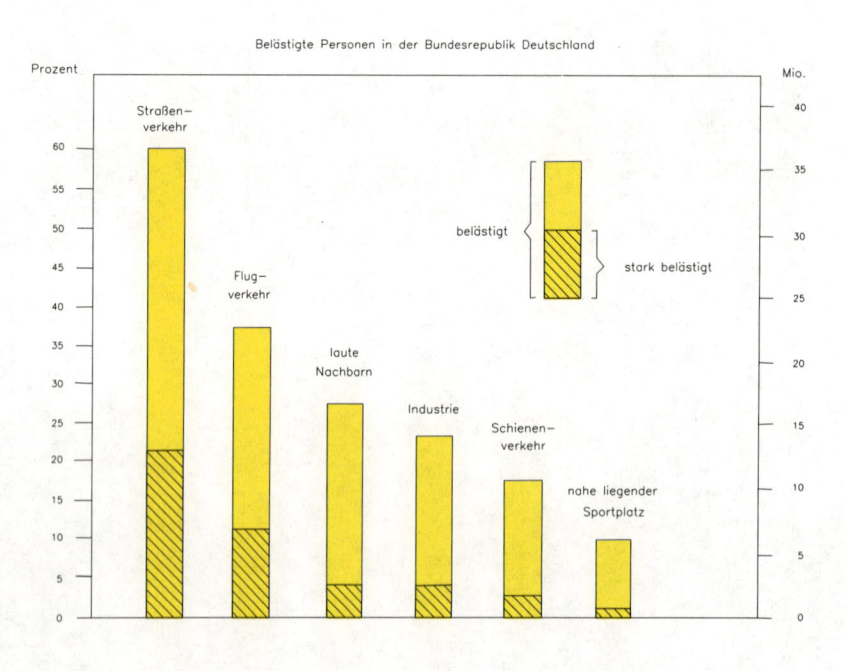

Lärmbelästigung der Bevölkerung 1984

Belästigte Personen in der Bundesrepublik Deutschland

Quelle: Institut für praxisorientierte Sozialforschung

Lärm

Die wesentlichen Immissionsgrenzwerte

Für *Verkehrslärm* gelten nach Richtlinien des Bundes in vereinfachter Darstellung zur Zeit folgende Schallpegelwerte in dB(A):

	Vorsorge		Sanierung	
	tags	nachts	tags	nachts
Krankenhäuser u.ä.	60	50	70 (75)	60 (65)
Wohngebiete	62	52	70 (75)	60 (65)
Mischgebiete	67	57	72 (75)	62 (65)
Gewerbegebiete	72	62	75	65

Quelle: Bundesministerium für Verkehr

Im Bereich der Vorsorge gelten in den Bundesländern fast durchweg die gleichen Werte, teilweise liegen sie niedriger.

Bei der Sanierung wurde – wie die in Klammern gesetzten 1983-Werte zeigen – für den Lärmschutz eine deutliche Verbesserung erreicht.

Als Immissions-Richtwerte für *gewerbliche Anlagen und Baustellen* gelten nach wie vor die Werte der TA Lärm von 1968.

Zum Vergleich mit den oben genannten Werten für Verkehrslärm auch hier eine einfache Tabelle mit Angaben in dB(A):

	tags	nachts
Krankenhäuser u.ä.	45	35
Wohngebiete	50	35
Mischgebiete	60	45
vorwiegend Gewerbe	65	50

Quelle: TA Lärm

Neuere „Orientierungswerte" für die städtebauliche Planung (DIN 18 005) in Bezug auf Gewerbe- *und* Verkehrslärm entsprechen etwa den oben genannten Werten für Gewerbelärm.

Lärm

Lärmbelastung

Lärmbelastung der Bevölkerung

Die Geräuschbelastung der Bevölkerung der Bundesrepublik Deutschland ist mit Hilfe eines Computermodells unter folgenden Aspekten bestimmt worden:
- berücksichtigte Geräusche: Straßenverkehrs-, Schienenverkehrs-, Gewerbe-, Baustellengeräusch, Gesamtgeräusch
(Das Modell erlaubt in seiner bisherigen Form keine Aussagen über Belastung durch Flugverkehr.)
- Grad der Belastung durch Mittelungspegel, abgestuft in 5 dB(A)-Klassen zwischen 35 dB(A) und 75 dB(A). Die Zahl der Belasteten wird bestimmt als Zahl der mit dem jeweiligen Pegel vor der Fassade belasteten Wohnplätze. Die Aufenthaltsdauer der Personen an ihren Wohnplätzen wird nicht berücksichtigt.
- Unterscheidung der Belastung tags (6.00 – 22.00 Uhr) und nachts (22.00 – 6.00 Uhr)
- Belastung in Abhängigkeit von der Einwohnerzahl der Gemeinden
- hochgerechnete Belastung der Gesamtbevölkerung der Bundesrepublik Deutschland
- Mehrfachbelastungen und dominierende Quellen.

Nach einer Auswahl von 25 Repräsentativgemeinden aus den etwa 22 000 Gemeinden der Bundesrepublik Deutschland (Stand 1970) wurden in diesen Gemeinden bzw. einzelnen Gemeindeteilen die emissions-, ausbreitungs- und immissionsbedeutsamen Daten flächendeckend erhoben (Bezugsjahr 1979).
Die in den Repräsentativgemeinden ermittelten Geräuschbelastungen können auf die o.g. Gemeindegrößenklassen und auf die Gesamtbevölkerung der Bundesrepublik hochgerechnet werden.
Auswertungen mit dem Computermodell ergeben u.a. folgendes:

- über 15% der Bevölkerung (das sind über 9 Millionen Menschen) sind tags von Gesamtgeräuschpegeln über 65 dB(A) belastet, über 9% (das sind über 5,5 Millionen Menschen) allein durch einen solchen Straßenverkehrspegel.
- Straßenverkehr ist tags die wichtigste Geräuschquelle. Bewirkt wird die hohe Belastung durch die ca. 26 Mio. Kraftfahrzeuge, die 1979 auf unseren Straßen verkehrten – 1985 sind es schon mehr als 30 Millionen. Nachts ist bei dem genannten Prozentsatz der Belasteten die Belastung durch Straßenverkehr etwa 8 dB(A) niedriger als tags.
- Schienenverkehr führt bei gleichem Prozentsatz der Belasteten tags zu einer Belastung, die um mehr als 5 dB(A) unter der Belastung durch Straßenverkehr liegt. Nachts sinkt die Belastung durch Schinenverkehr um etwa 2 dB(A). Daher sind nachts die Belastungen durch Straße und Schiene etwa gleich groß.

Bildet man für die Gemeindegrößen 2 Klassen
a) bis 20 000 Einwohner
b) mehr als 20 000 Einwohner,
so ergibt sich für die Belastung durch Straßenverkehr folgendes Bild:
- Oberhalb von 65 dB(A) tags und 60 dB(A) nachts unterscheiden sich die Belastungen aller Gemeinden – unabhängig von ihrer Einwohnerzahl – um weniger als 5 dB(A).
- Jeweils innerhalb der Größenklassen a) und b) gibt es nur geringfügige Belastungsunterschiede.
- Im Bereich zwischen 40 und 60 dB(A) tags, sowie 35 und 50 dB(A) nachts liegen bei gleichem Prozentsatz der Belasteten die Pegel in der Gemeindegrößenklasse b) um etwa 8 dB(A) höher als in der Klasse a.
- Unabhängig von der Gemeindegröße unterscheiden sich die Höchstbelastungen tags und nachts um etwa 5 dB(A).

Lärm

Die Abbildung gibt Auskunft über die Mehrfachbelastung der Bevölkerung tags durch die Geräuschquellen Straße, Schiene und Gewerbe. Die ebenfalls im Computermodell erfaßten Baustellen wurden wegen der sich ändernden Emissionsorte nicht in die Betrachtungen über Mehrfachbelastungen einbezogen.

Eine Quelle wird — etwas vereinfacht ausgedrückt — in der Grafik dann als dominierend angesehen, wenn der durch sie an den Immissiosorten tags verursachte Geräuschpegel um 10 dB(A) höher ist als der Pegel, der von anderen Quellen herrührt. Aus dieser Festlegung ergeben sich folgende Typen von dominierenden Quellen (Dominanztypen):
— Straße
— Schiene
— Gewerbe
— Straße und Schiene
— Straße und Gewerbe
— keine dominierende Quelle.

Außer der niedrigsten (< 35 dB(A)) und der höchsten Pegelklasse (> 75 dB(A)), die offene Klassen darstellen, handelt es sich um 5 dB(A) breite Klassen. Die untere Klassengrenze ist bei letzteren jeweils eingeschlossen, die obere nicht.

Die Abbildung zeigt, daß tags
— in allen Pegelklassen der Straßenverkehr die wichtigste dominierende Quelle ist
— der nächstwichtigste Dominanztyp Straße und Gewerbe ist
— unabhängig von den Pegelklassen
  Straßenverkehr in 82,2%
  Straßenverkehr und Gewerbe in 8,9%
  Straßen- und Schienenverkehr in 4,2%
  Schienenverkehr in 2,5%
  „Sonstige" in 2,2%
aller Fälle dominierende Quellen darstellen.

Lärm

Quellenabhängige Lärmbelastung der Bevölkerung

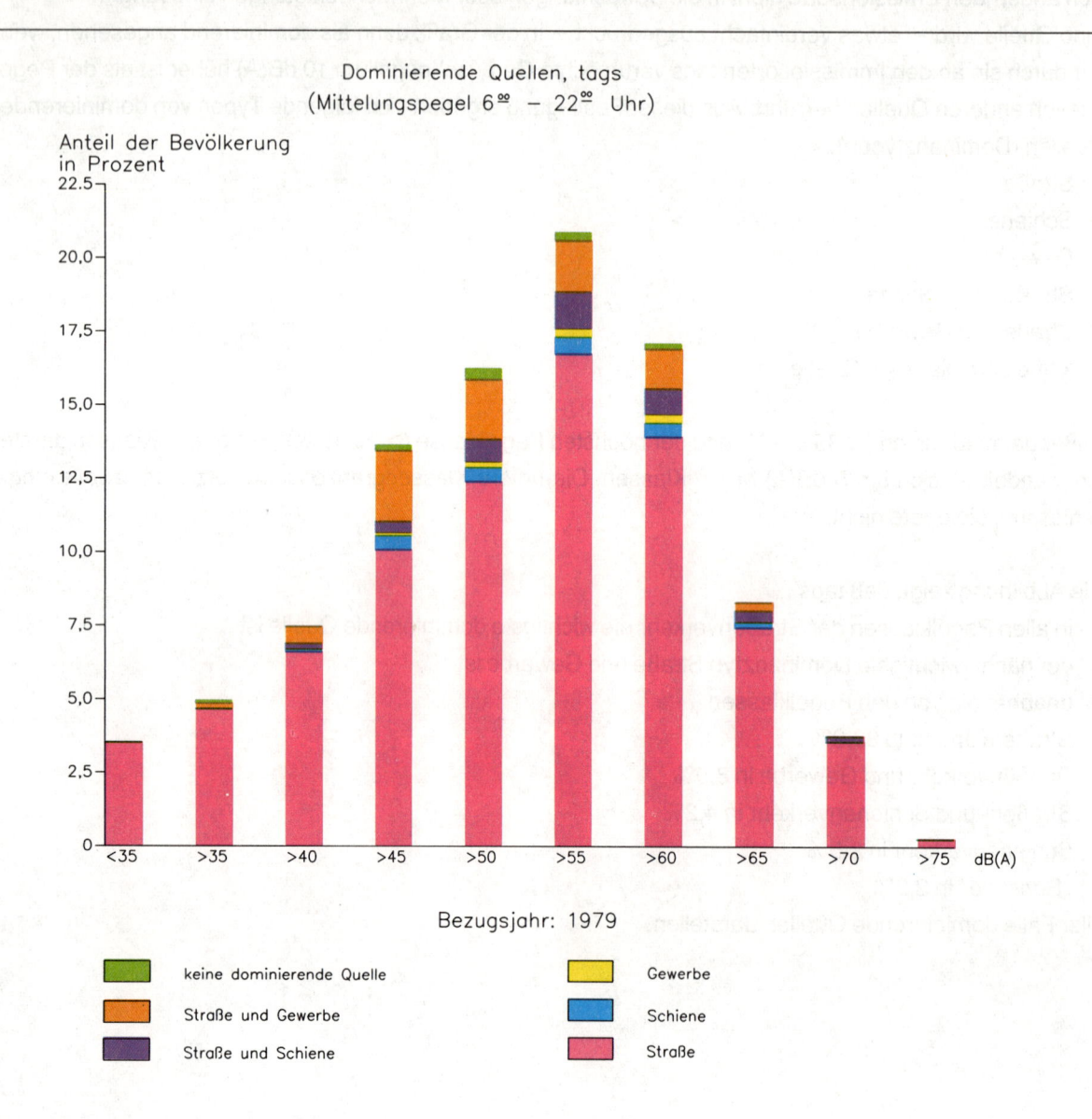

Dominierende Quellen, tags
(Mittelungspegel 6:00 – 22:00 Uhr)

Anteil der Bevölkerung in Prozent

Bezugsjahr: 1979

Legende:
- keine dominierende Quelle
- Straße und Gewerbe
- Straße und Schiene
- Gewerbe
- Schiene
- Straße

Quelle: Umweltbundesamt

430 UMPLIS Methodenbank Umwelt — Daten zur Umwelt 1986/87 Umweltbundesamt

Lärm

Lärmbelastung der Bevölkerung durch Straßenverkehr in ausgewählten Mitgliedsstaaten der OECD zu Beginn der 80er Jahre

In der Abbildung ist für eine Auswahl von OECD-Mitgliedsstaaten der Prozentsatz der durch Straßenverkehrsgeräusche Belasteten dargestellt. Die angegebenen Pegelwerte stellen Mittelungspegel mit teilweise verschiedenen Bezugszeiten dar und wurden für die Außenfassade bestimmt. Wie bei der Analyse der Belastungsdaten für die Bundesrepublik Deutschland erhält man auch für die OECD-Staaten als wichtigste Quelle den Straßenverkehr. Bei einem direkten Vergleich der Belastungszahlen für verschiedene Länder muß behutsam vorgegangen werden, da die Instrumentarien zur Ermittlung der Belastung in den verschiedenen Ländern unterschiedlich sind.

Der Anteil der mit Geräuschpegel > 65 dB(A) durch Straßenverkehr in den einzelnen Staaten belasteten Einwohner schwankt zwischen 6 und 31%. Im Mittel über alle OECD-Staaten sind etwa 15% (d.h. ungefähr 120 Mio. Menschen) mit Pegeln > 65 dB(A) durch Straßenverkehrsgeräusche belastet und etwa 50% mit Pegeln > 55 dB(A).

Es gibt Schätzungen, daß in den frühen 70er Jahren schon etwa 100 Mio. Einwohner der OECD-Staaten mit Pegeln von Straßenverkehrsgeräuschen 65 dB(A) belastet waren. Ein Vergleich mit den o.g. Daten zeigt, daß sich die Situation in den vergangenen 10 Jahren nicht verbessert hat. Andererseits waren die durchgeführten Maßnahmen in der Lage, eine deutliche Steigerung der Belastung durch den Zuwachs im Verkehrsaufkommen zu verhindern. Eine Verbesserung der Situation in der Zukunft ist nur dann zu erwarten, wenn es gelingt, verschärfte Maßnahmen beim Straßenverkehr durchzuführen.

Lärm

Lärmbelastung der Bevölkerung durch Straßenverkehr in ausgewählten Mitgliedsstaaten der OECD zu Beginn der 80er Jahre

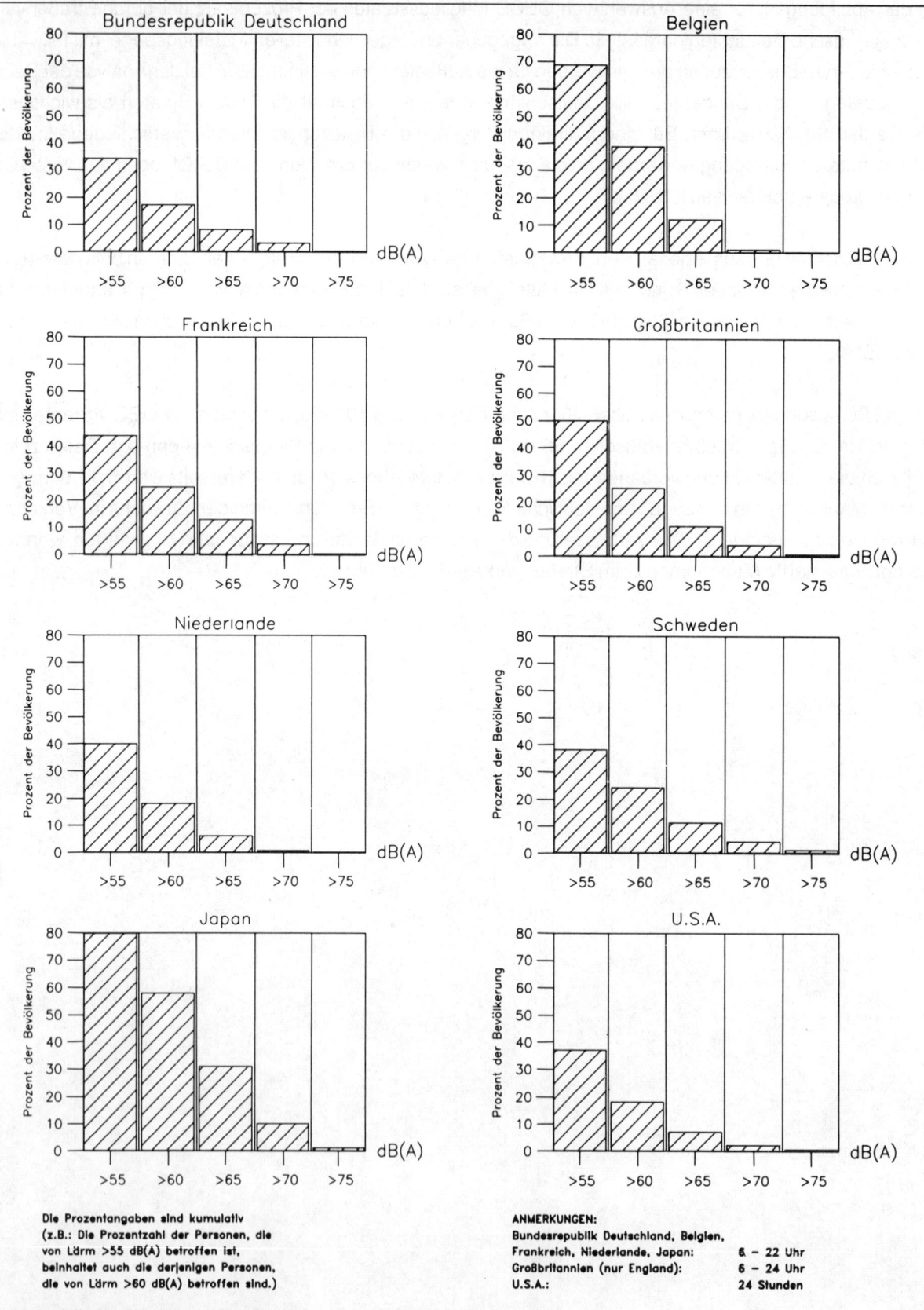

Die Prozentangaben sind kumulativ (z.B.: Die Prozentzahl der Personen, die von Lärm >55 dB(A) betroffen ist, beinhaltet auch die derjenigen Personen, die von Lärm >60 dB(A) betroffen sind.)

Quelle: Organisation für wirtschaftliche Zusammenarbeit und Entwicklung

ANMERKUNGEN:
Bundesrepublik Deutschland, Belgien, Frankreich, Niederlande, Japan: 6 – 22 Uhr
Großbritannien (nur England): 6 – 24 Uhr
U.S.A.: 24 Stunden

UMPLIS
Methodenbank
Umwelt

Daten zur Umwelt 1986/87
Umweltbundesamt

Lärm

Lärmbelastete Anwohner in der Umgebung von Flugplätzen

Nach dem Gesetz zum Schutz gegen Fluglärm von 30. 3. 1971 sind Lärmschutzbereiche zum Schutz der Anwohner in der Umgebung von Flugplätzen festzusetzen. Eine Erläuterung der Schutzzonen kann dem Text zur Karte der „Lärmschutzbereiche nach dem Gesetz zum Schutz gegen Fluglärm" entnommen werden.

Das Fluglärmgesetz begründet u.a. Erstattungsansprüche von Grundstückseigentümern gegen den Flugplatzhalter. Der Eigentümer eines in der Schutzzone 1 gelegenen bebauten Grundstücks kann unter bestimmten Voraussetzungen Erstattung von Aufwendungen für bauliche Schallschutzmaßnahmen verlangen. Der Höchsbetrag für die Erstattung von Aufwendungen bei Wohngebäuden beträgt seit 1977 je Quadratmeter Wohnfläche 130 DM. Bis 1985 sind etwa 750 Mio. DM von den Flugplatzhaltern für Maßnahmen zum Schutz gegen Fluglärm ausgegeben worden.

Siehe auch:
— Flugplätze in der Bundesrepublik Deutschland
— Starts und Landungen an Verkehrsflughäfen
— Verkehrsleistungen im Luftverkehr

Lärm

Anzahl der Bewohner der Schutzzone 1 um die Flugplätze mit Lärmschutzbereich (Stand August 1983)

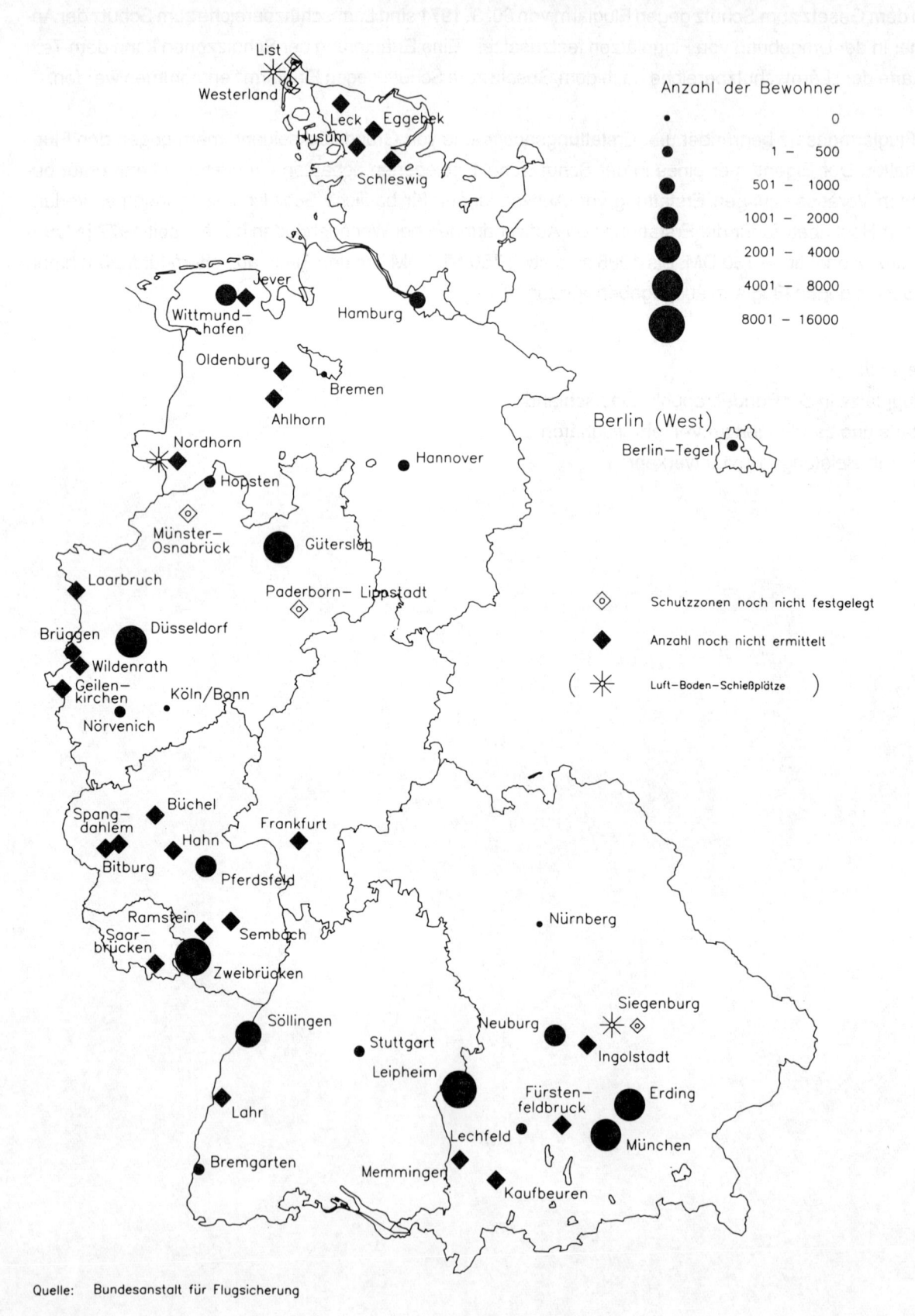

Anzahl der Bewohner
- • 0
- 1 – 500
- 501 – 1000
- 1001 – 2000
- 2001 – 4000
- 4001 – 8000
- 8001 – 16000

◊ Schutzzonen noch nicht festgelegt
◆ Anzahl noch nicht ermittelt
(✳ Luft-Boden-Schießplätze)

Quelle: Bundesanstalt für Flugsicherung

Lärm

Stand der Durchführung des Gesetzes zum Schutz gegen Fluglärm

Nach dem Gesetz zum Schutz gegen Fluglärm vom 30. 3. 1971 sind zum Schutz der Allgemeinheit vor Gefahren, erheblichen Nachteilen und Belästigungen durch Fluglärm in der Umgebung von Verkehrsflughäfen, die dem Fluglinienverkehr angeschlossen sind, sowie militärischen Flugplätzen, die für den Betrieb von Flugzeugen mit Strahltriebwerken bestimmt sind, Lärmschutzbereiche festzusetzen. Der Lärmschutzbereich umfaßt das Gebiet außerhalb des Flugplatzgeländes, in dem der durch den Fluglärm hervorgerufene äquivalente Dauerschallpegel 67 dB(A) übersteigt. Er wird nach dem Maß der Geräuschebelastung in zwei Schutzzonen gegliedert. Die Schutzzone 1 umfaßt das Gebiet, in dem der äquivalante Dauerschallpegel 75 dB(A) übersteigt, die Schutzzone 2 das übrige Gebiet des Lärmschutzbereichs (vgl. die Karte „Anzahl der Bewohner der Schutzzone 1 um die Flugplätze mit Lärmschutzbereich").

Der Lärmschutzbereich wird unter Berücksichtigung von Art und Umfang des voraussehbaren Flugbetriebs auf der Grundlage des zu erwartenden Ausbaus des Flugplatzes, d.h. mit Hilfe von Prognosedaten festgesetzt. In die Berechnung gehen Daten des Flugplatzes wie z.B. Lage der Start- und Landebahn und der An- und Abflugstrecken sowie die Anzahl von Flugbewegungen in den sechs verkehrsreichsten Monaten des Jahres sowie akustische Kenngrößen ein.

Im Jahr 1974 wurden die ersten Lärmschutzbereiche nach dem Fluglärmgesetz festgesetzt. Inzwischen sind für die großen Verkehrsflughäfen und für 35 militärische Flugplätze und Luft-/Boden-Schießplätze die Schutzzonen des Lärmschutzbereichs berechnet und durch Rechtsverordnung festgesetzt worden. Die Grafik gibt Auskunft über den augenblicklichen Stand des Vollzugs des Fluglärmgesetzes.

Siehe auch:
— Flugplätze in der Bundesrepublik Deutschland
— Starts und Landungen an Verkehrsflughäfen
— Verkehrsleistungen im Luftverkehr

Lärm

Stand der Durchführungen des Gesetzes
zum Schutz gegen Fluglärm
(Stand: 31.5.1986)

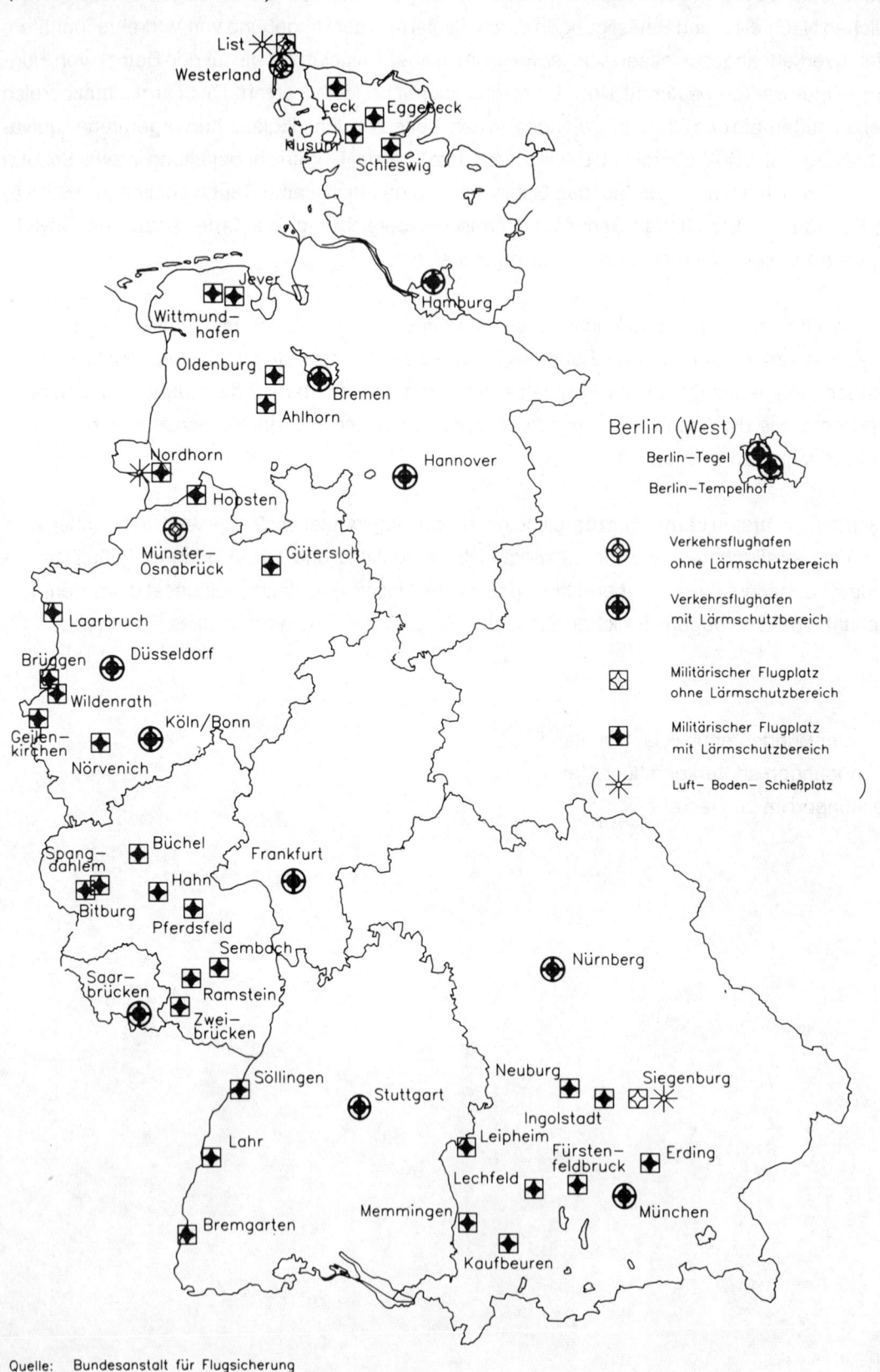

Legende:
- ⊗ Verkehrsflughafen ohne Lärmschutzbereich
- ⊛ Verkehrsflughafen mit Lärmschutzbereich
- ⊠ Militärischer Flugplatz ohne Lärmschutzbereich
- ◈ Militärischer Flugplatz mit Lärmschutzbereich
- ✵ Luft-Boden-Schießplatz

Orte: List, Westerland, Leck, Eggebeck, Husum, Schleswig, Jever, Wittmundhafen, Hamburg, Oldenburg, Bremen, Ahlhorn, Nordhorn, Hopsten, Münster-Osnabrück, Gütersloh, Hannover, Berlin-Tegel, Berlin-Tempelhof, Laarbruch, Brüggen, Düsseldorf, Wildenrath, Geilenkirchen, Köln/Bonn, Nörvenich, Spangdahlem, Büchel, Bitburg, Hahn, Pferdsfeld, Frankfurt, Sembach, Saarbrücken, Ramstein, Zweibrücken, Söllingen, Lahr, Stuttgart, Neuburg, Siegenburg, Ingolstadt, Leipheim, Lechfeld, Fürstenfeldbruck, Erding, Nürnberg, Bremgarten, Memmingen, Kaufbeuren, München

Quelle: Bundesanstalt für Flugsicherung

Lärm

Landeplätze mit zeitlicher Einschränkung des Flugbetriebs

Viele Menschen in der Bundesrepublik Deutschland werden in ihrer Freizeit durch den Lärm motorgetriebener Sportflugzeuge belästigt. Die Lärmbelästigung erfolgt oftmals gerade zu Zeiten, die in besonderem Maße der Ruhe und Erholung gewidmet sind: an Wochenenden, an Sonn- und Feiertagen oder in den Mittags- und Abendstunden.

Um eine Minderung des Fluglärms niedrig fliegender Flugzeuge in der Umgebung von Landeplätzen zu erreichen, haben die für den Umweltschutz und den Verkehr zuständigen Bundesminister die „Verordnung über die zeitliche Einschränkung des Flugbetriebes mit Leichtflugzeugen und Motorseglern an Landeplätzen" vom 16. August 1976 (BGBl. I, S. 2216) erlassen.

Nach dieser Verordnung ist der Betrieb mit Leichtflugzeugen und Motorseglern an Landeplätzen mit mehr als 20 000 Flugbewegungen im Jahr werkstags vor 7 Uhr, zwischen 13 und 15 Uhr und nach Sonnenuntergang sowie sonn- und feiertags vor 9 und nach 13 Uhr eingeschränkt worden. Von den zeitlichen Einschränkungen werden insbesondere Platzrundenflüge, Schulflüge, Rund- und Besichtigungsflüge, Reklameflüge und Flugzeugschleppstarts erfaßt. Die betroffenen Landeplätze werden regelmäßig veröffentlicht.

Den zeitlichen Einschränkungen der Verordnung – mit Ausnahme der Nachtflüge – sind Flüge mit Flugzeugen nicht unterworfen, die den erhöhten Schallschutzanforderungen genügen. Leichtflugzeuge und Motorsegler genügen diesem erhöhten Schallschutz, wenn sie die Lärmgrenzwerte um mindestens 8 dB(A) unterschreiten. Mit dieser Ausnahmeregelung ist ein Anreiz geschaffen worden, im Gebrauch befindliche laute Luftfahrzeuge durch Umrüstmaßnahmen leiser zu machen und beim Neukauf von Flugzeugen auf Geräuscharmut zu achten.

Der Nachweis, daß das Flugzeug den erhöhten Schallschutzforderungen genügt, erfolgt durch ein vom Luftfahrt-Bundesamt ausgestelltes Lärmzeugnis. Dem Zeugnis kann entnommen werden, welche Lärmforderungen das betreffende Luftfahrzeug mit der im Lärmzeugnis aufgeführten Ausrüstung und den angegebenen Betriebsgrenzen erfüllt. Zur Zeit sind für ca. 1 Prozent der zugelassenen Leichtflugzeuge und für ca. 22 Prozent der zugelassenen Motorsegler Lärmzeugnisse mit dem Vermerk, daß das Luftfahrzeug die erhöhten Schallschutzanforderungen erfüllt, ausgestellt worden.

Lärm

Landeplätze mit zeitlicher Einschränkung des Flugbetriebes (Stand 3.6.1986)

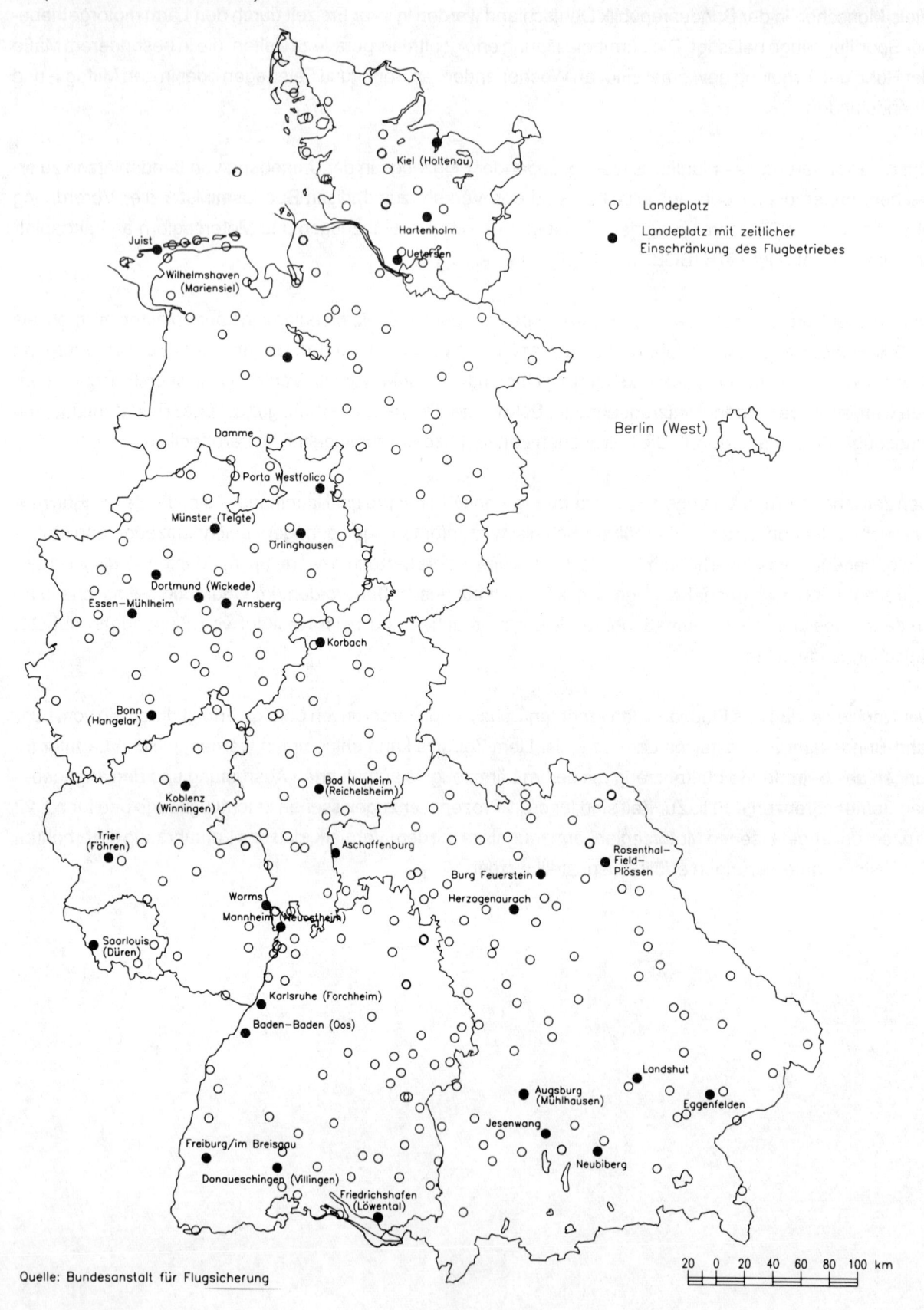

○ Landeplatz
● Landeplatz mit zeitlicher Einschränkung des Flugbetriebes

Quelle: Bundesanstalt für Flugsicherung

Lärm

Emissions- und Immissionsdaten

Straßenverkehr

Geltende Emissionsgrenzwerte

Die Geräuschemission von Kraftfahrzeugen ist gesetzlich begrenzt. In entsprechenden Richtlinien der EG, die in die Straßenverkehrszulassungsordnung (StVZO) übernommen wurden, sind Meßverfahren für das Fahrgeräusch sowie Emissionsgrenzwerte für die einzelnen Fahrzeugkategorien festgelegt.

Um die Geräuschemissionen von Kraftfahrzeugen zu senken, wurden die Emissionsgrenzwerte im Laufe der Zeit herabgesetzt. In der Tabelle sind frühere, derzeit geltende und künftige Geräuschgrenzwerte gegenübergestellt. Zur Zeit wird in der EG über künftige, herabgesetzte Geräuschgrenzwerte für Motorräder beraten.

Auch die künftigen EG-Geräuschgrenzwerte erfordern noch nicht die Anwendung aller derzeitigen Erkenntnisse der Lärmminderungstechnik. Zur Definition von Fahrzeugen, die dem Stand moderner Lärmminderungstechnik entsprechen, wurde daher der Begriff des lärmarmen Kraftfahrzeuges in den § 49 Abs. 3 der Straßenverkehrszulassungsordnung (StVZO) aufgenommen. Bisher wurden Kriterien für lärmarme Lastkraftwagen definiert, entsprechende Kriterien für andere Kategorien befinden sich z.Z. in Vorbereitung. Diese Definitionen bilden eine Voraussetzung für die Markteinführung lärmarmer Kraftfahrzeuge.

Lärm

Fahrzeugart	frühere Grenzwerte				geltende Grenzwerte		zukünftige Grenzwerte	Kriterium für lärmarme Kraftfahrzeuge
	Richtlinie zu § 49 StVZO Inkrafttreten 1966	Richtlinie zu 70/157/EG Inkrafttreten 1974	Richtlinie zu 77/212/EG Inkrafttreten 1.4.1980	Richtlinie zu 78/1015/EG Inkrafttreten 1.10.1980	Grenzwerte zu § 49 StVZO Inkrafttreten 1.5.1981	Richtlinie zu 81/334/EG Inkrafttreten 1.10.1984	Richtlinie zu 84/424/EG Inkrafttreten 1.10.1988*	Fahrgeräusche nach § 49 (3) StVZO (Anlage XXI)** Inkrafttreten 1.12.85
Mofa 25	70	–	–	–	70	–	–	–
Moped/Mokick	73	–	–	–	72	–	–	–
Kleinkrafträder	79	–	–	–	78	–	–	–
Leichtkrafträder	–	–	–	–	78 75 (ab 1.10.1983)	–	–	–
Motorräder								
≤ 80 cm³	84	–	–	78	78	–	–	–
≤ 125 cm³	84	–	–	80	80	–	–	–
≤ 350 cm³	84	–	–	83	83	–	–	–
≤ 500 cm³	84	–	–	85 } 2. Gang	85 } 2. Gang	–	–	–
> 500 cm³	84	–	–	86	86	–	–	–
PKW	80 bei ≤ 70 PS/t 84 bei > 70 PS/t	82	80	–	80	80 Neues Meßverfahren, dadurch indirekte Verschärfung der Anforderungen möglich.	77	–
LKW								
≤ 3,5 t	85	84	81	–	81	81	78 (≤ 2 t)	LKW > 2,8 t
> 3,5 t	89	89	86	–	86	86	79	77 (< 75 kW)
> 12 t und							81 (< 75 kW)	78 (< 150 kW)
> 200 PS (150 kW)	92	91	88	–	88	88	83	80 (≥ 150 kW)
							84	
Kraftomnibusse								
≤ 3,5 t	85	84	81	–	81	81	78 (≤ 2 t)	–
> 3,5 t	89	89	82	–	82	82	79	–
> 200 PS (150 kW)	92	91	85 (ab 1.4.82)	–	85 (ab 1.4.82)	85	80	–
							83	

Emissionsgrenzwerte in dB(A) für die einzelnen Fahrzeugkategorien entsprechend den unterschiedlichen Richtlinien

* – Zuschlag von 1 dB(A) bei PKW sowie Bussen u. LKW ≤ 3,5 t mit Diesel-Direkteinspritzung – Zuschlag von 1 dB(A) bei Fahrzeugen > 2 t, die für den Einsatz abseits der Straßen konstruiert sind, bei > 150 kW bzw. Zuschlag von 2 dB(A) bei ≥ 150 kW – Inkrafttreten 1.10.1989 für LKW, sowie Busse ≤ 3,5 t
** Bis zum 31.12.1987 Überschreitung um bis zu 2 dB(A) zulässig

Veränderung der Geräuschemission von Kraftfahrzeugen im Fünfjahreszeitraum

Im Jahr 1978 wurden Geräuschmessungen an ca. 100 000 zufällig im Stadtverkehr vorbeifahrenden Kraftfahrzeugen abgeschlossen, die u.a. die typischen Geräuschemissionen verschiedener Fahrzeugkategorien im Vergleich aufzeigten.

Fünf Jahre danach erfolgten neuerliche Messungen an ca. 40 000 Kraftfahrzeugen um zu überprüfen, wie sich die zwischenzeitlichen Grenzwertverschärfungen um 2 bis 7 dB(A), das Inverkehrbringen neuer Fahrzeugtypen, sowie eine in Zusammenhang mit geänderten Kraftstoffkosten und Energiesparappellen vielleicht veränderte Fahrweise auf die Geräuschemission auswirkten.

Wie auch bei der ersten Untersuchung wurden unterschiedliche Fahrsituationen an 20 verschiedenen innerstädtischen Meßorten erfaßt.

Bei den Mofas, Mopeds und Mokicks haben sich im Fünfjahreszeitraum keine Veränderungen ergeben. Daß diese Fahrzeuge trotz der geringen Leistung im Verkehr relativ laut sind, liegt auch an den häufigen lärmerhöhenden Manipulationen.

Die Einführung der Leichtkrafträder mit 80 cm^3 Hubraum, die die Kleinkrafträder mit 50 cm^3 Hubraum ersetzten, wirkt sich dagegen mit einer Minderung von ca. 3 dB(A) für diese Kategorie deutlich aus.

Bei den Krafträdern gilt nach wie vor, daß aufgrund des hohen Leistungsüberschusses in erster Linie die Fahrweise für die Geräuschemission im Betrieb ausschlaggebend ist. Hier hat sich im Fünfjahreszeitraum offensichtlich nichts verändert, der Trend zu hubraum- und leistungsstärkeren Krafträdern zeigt keine Auswirkung auf die Geräuschemission.

Beim Vergleich der Pkw-Meßergebnisse stellt man fest, daß diese im Jahr 1983 um bis zu 2 dB(A) niedriger ausfielen. Da insgesamt nicht langsamer gefahren wurde, ist dieses Ergebnis immerhin als Trend zu einer niedertourigen und leiseren Fahrweise zu interpretieren. Dies gilt zumindest für Anfahr- und Beschleunigungsvorgänge.

Bei den Lieferwagen, Omnibussen und Lastkraftwagen konnte bezüglich der Geräuschemissionen im Fünfjahreszeitraum kein einheitlicher Trend festgestellt werden. Obwohl in dem Bild im Fall der Lastkraftwagen eine deutliche Abhängigkeit der Geräuschemission von der Motorleistung entnommen werden könnte, zeigt eine genauere Analyse der Daten, daß vielmehr nach zulässigem Gesamtgewicht und Motorleistung gestaffelte Grenzwerte ausschlaggebend sind.

Insgesamt ist also festzustellen, daß innerhalb des Fünfjahreszeitraumes teilweise ein Trend zu geringeren Geräuschemissionen erkennbar ist, eine spürbare Entlastung der betroffenen Bevölkerung ist allerdings angesichts der geringen Unterschiede und des weiter zunehmenden Fahrzeugbestandes noch nicht zu erwarten.

Lärm

Vergleich der Lärmemissionen von Kraftfahrzeugen in dB(A) 1978 und 1983

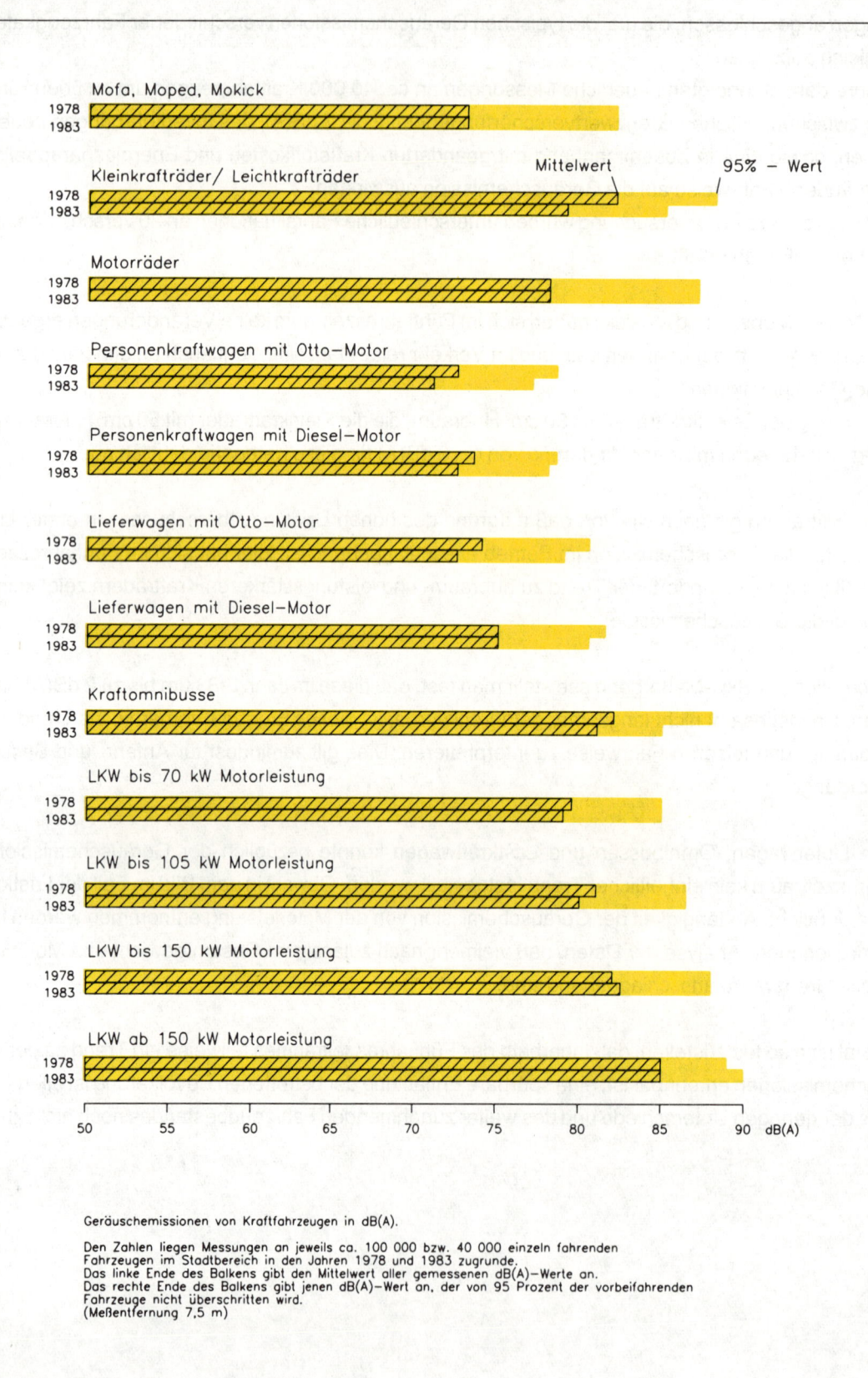

Mofa, Moped, Mokick
- 1978
- 1983

Kleinkrafträder/ Leichtkrafträder — Mittelwert — 95% – Wert
- 1978
- 1983

Motorräder
- 1978
- 1983

Personenkraftwagen mit Otto–Motor
- 1978
- 1983

Personenkraftwagen mit Diesel–Motor
- 1978
- 1983

Lieferwagen mit Otto–Motor
- 1978
- 1983

Lieferwagen mit Diesel–Motor
- 1978
- 1983

Kraftomnibusse
- 1978
- 1983

LKW bis 70 kW Motorleistung
- 1978
- 1983

LKW bis 105 kW Motorleistung
- 1978
- 1983

LKW bis 150 kW Motorleistung
- 1978
- 1983

LKW ab 150 kW Motorleistung
- 1978
- 1983

Skala: 50 55 60 65 70 75 80 85 90 dB(A)

Geräuschemissionen von Kraftfahrzeugen in dB(A).

Den Zahlen liegen Messungen an jeweils ca. 100 000 bzw. 40 000 einzeln fahrenden Fahrzeugen im Stadtbereich in den Jahren 1978 und 1983 zugrunde.
Das linke Ende des Balkens gibt den Mittelwert aller gemessenen dB(A)–Werte an.
Das rechte Ende des Balkens gibt jenen dB(A)–Wert an, der von 95 Prozent der vorbeifahrenden Fahrzeuge nicht überschritten wird.
(Meßentfernung 7,5 m)

Quelle: Umweltbundesamt

Verteilung der Fahrgeräusch-Typprüfwerte (Pkw)

Zur Begrenzung der Lärmemission von Kraftfahrzeugen sind Emissionsgrenzwerte nach dem „Typprüfmeßverfahren" festgelegt, die im Laufe der Zeit bereits abgesenkt wurden. Weitere Absenkungen werden angestrebt bzw. sind bereits vorgesehen.

Die nach diesem Meßverfahren ermittelten Werte für das Fahrgeräusch werden vom Kraftfahrtbundesamt als Typprüfwerte in die Fahrzeugpapiere eingetragen.

Die Abbildung zeigt die Verteilung dieser Fahrgeräusch-Typprüfwerte aller Pkw-Typen, die im Februar 1985 eine Allgemeine Betriebserlaubnis (ABE) hatten. Die Auswertung ist getrennt nach altem (70/157/EWG) und derzeit gültigen Typprüfmeßverfahren (81/334/EWG) vorgenommen worden.

Wegen der unterschiedlichen Meßbedingungen beim Typprüfmeßverfahren wurden die verschiedenen Getriebevarianten getrennt ausgewertet und die Ergebnisse sollten auch nur für die jeweilige Getriebeart betrachtet werden. So darf man z.B. nicht den Schluß ziehen, daß Pkw mit 5-Gang-Getriebe grundsätzlich leiser wären, als solche mit 4-Gang-Getriebe. Immerhin ist erkennbar, daß ein hoher Prozentsatz der Pkw-Typen den zukünftigen Grenzwert von 77 dB(A) bereits heute einhalten würde.

Lärm

Verteilung der Fahrgeräusch-Typprüfwerte aller Pkw – Typen (Stand Februar 1985)

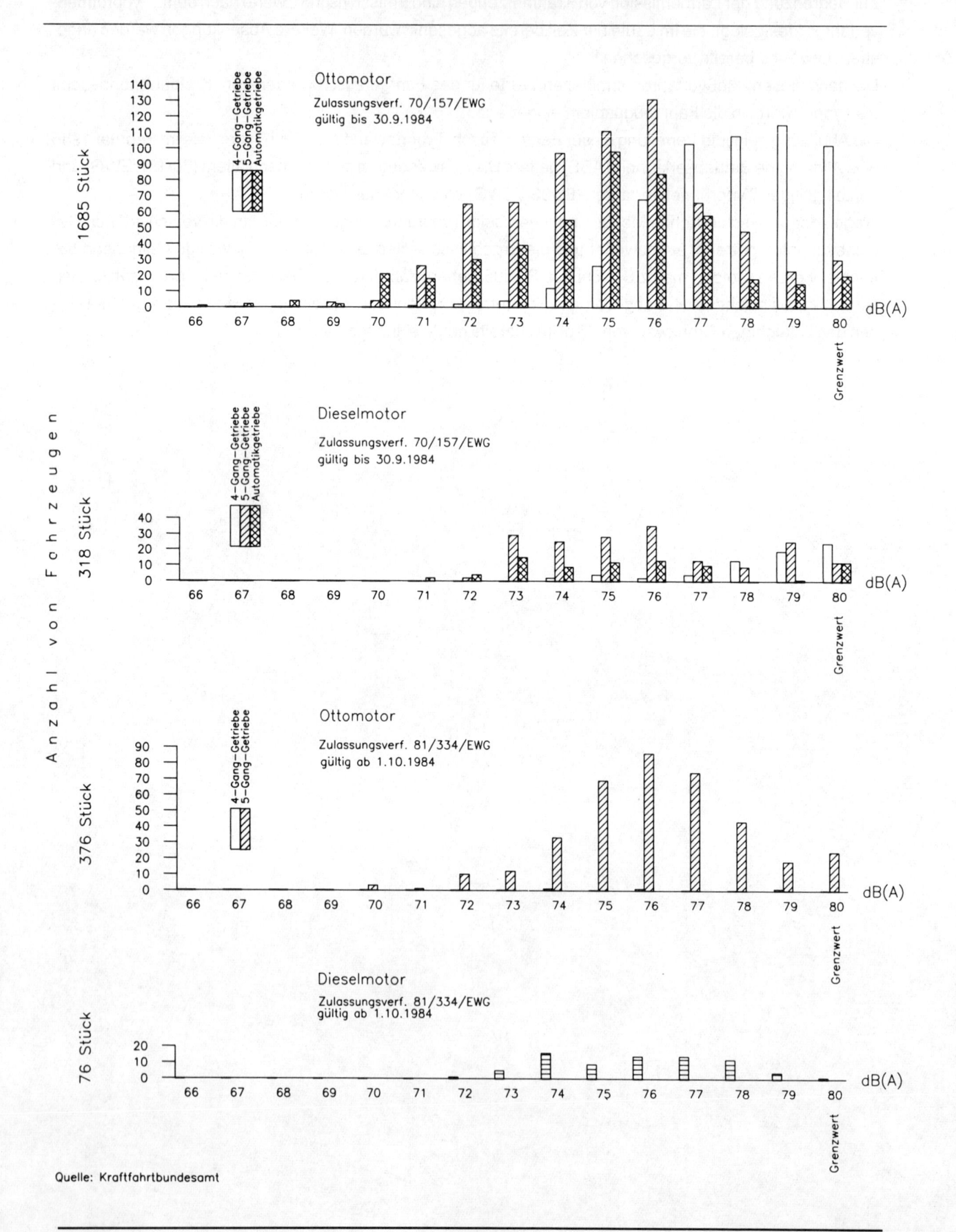

Quelle: Kraftfahrtbundesamt

Lärm

Verteilung der Fahrgeräusch-Typprüfwerte (Lkw)

Die Auswertung der Fahrgeräusch-Typprüfwerte für Lkw wurde getrennt entsprechend den in den Geräuschvorschriften vorgesehenen unterschiedlichen Leistungs- und Gewichtsklassen vorgenommen.

Verteilung der Fahrgeräusch–Typprüfwerte aller Lkw–Typen, unterschieden nach Leistungsklassen
(Stand Februar 1985)

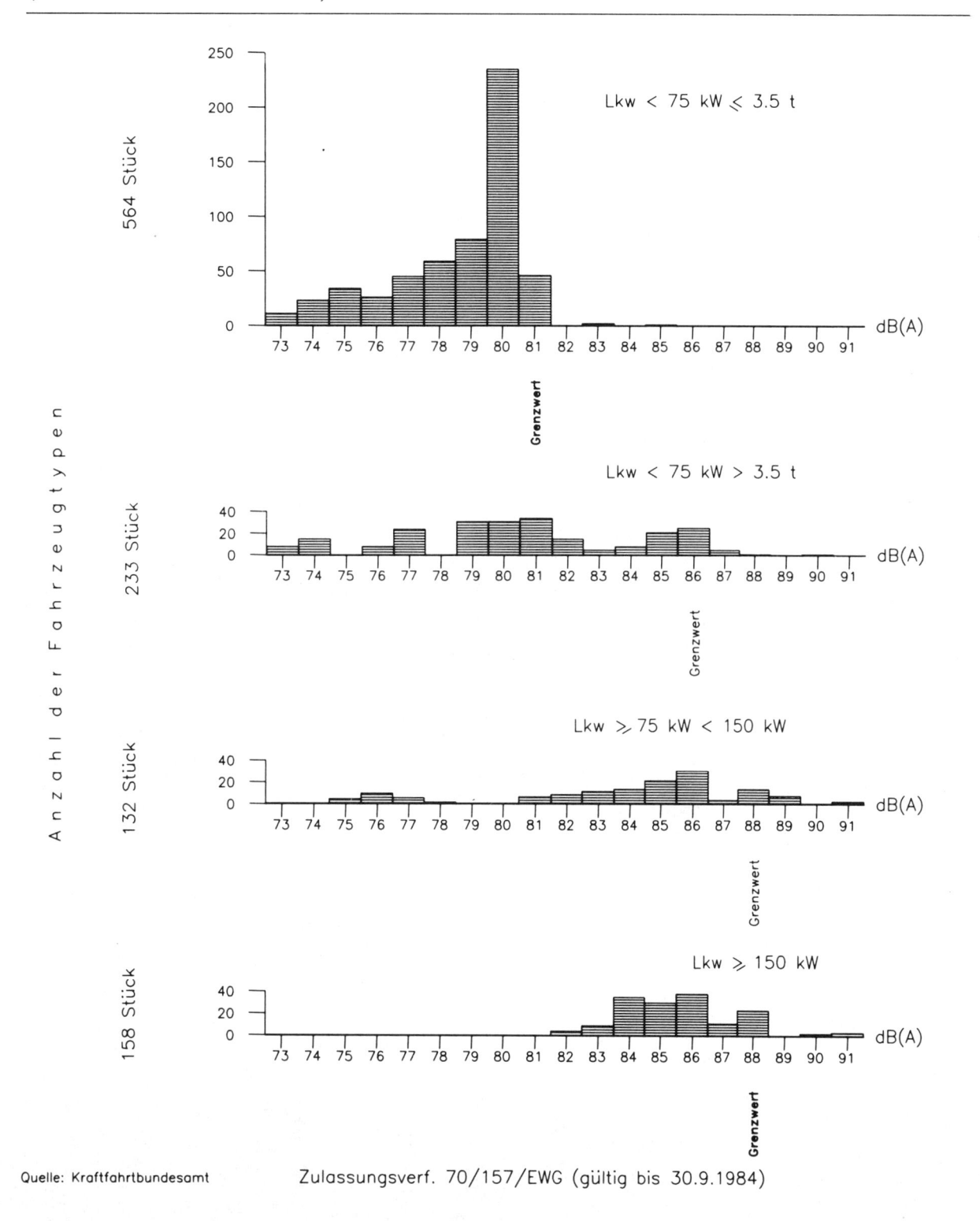

Quelle: Kraftfahrtbundesamt   Zulassungsverf. 70/157/EWG (gültig bis 30.9.1984)

Daten zur Umwelt 1986/87
Umweltbundesamt

Lärm

Verteilung gemessener Typprüfwerte von Motorrädern und Leichtkrafträdern

Eine Auswertung der offiziell angegebenen Fahrgeräusch-Typprüfwerte (Daten vom Kraftfahrtbundesamt) für Motorräder analog zu Pkw und Lkw liegt dem Umweltbundesamt zur Zeit nicht vor.

An einer Stichprobe von 100 unterschiedlichen Motorradtypen wurde jedoch die tatsächliche Geräuschemission von Motorrädern nach Typprüfmeßverfahren ermittelt. Die Auswertung der Meßwerte zeigt, daß einige der gemessenen Fahrzeuge die entsprechenden Geräuschgrenzwerte nicht einhalten und sie z.T. sogar beträchtlich überschreiten. Die Auswertung verdeutlicht, daß neben der beabsichtigten Herabsetzung von Geräuschgrenzwerten für Motorräder vor allem auch eine verbesserte Überwachung der Einhaltung der bestehenden Vorschriften von großer Bedeutung ist.

Lärm

Gemessene Geräuschwerte verschiedener Motorrad- und Leichtkraftradtypen nach Typprüfverfahren

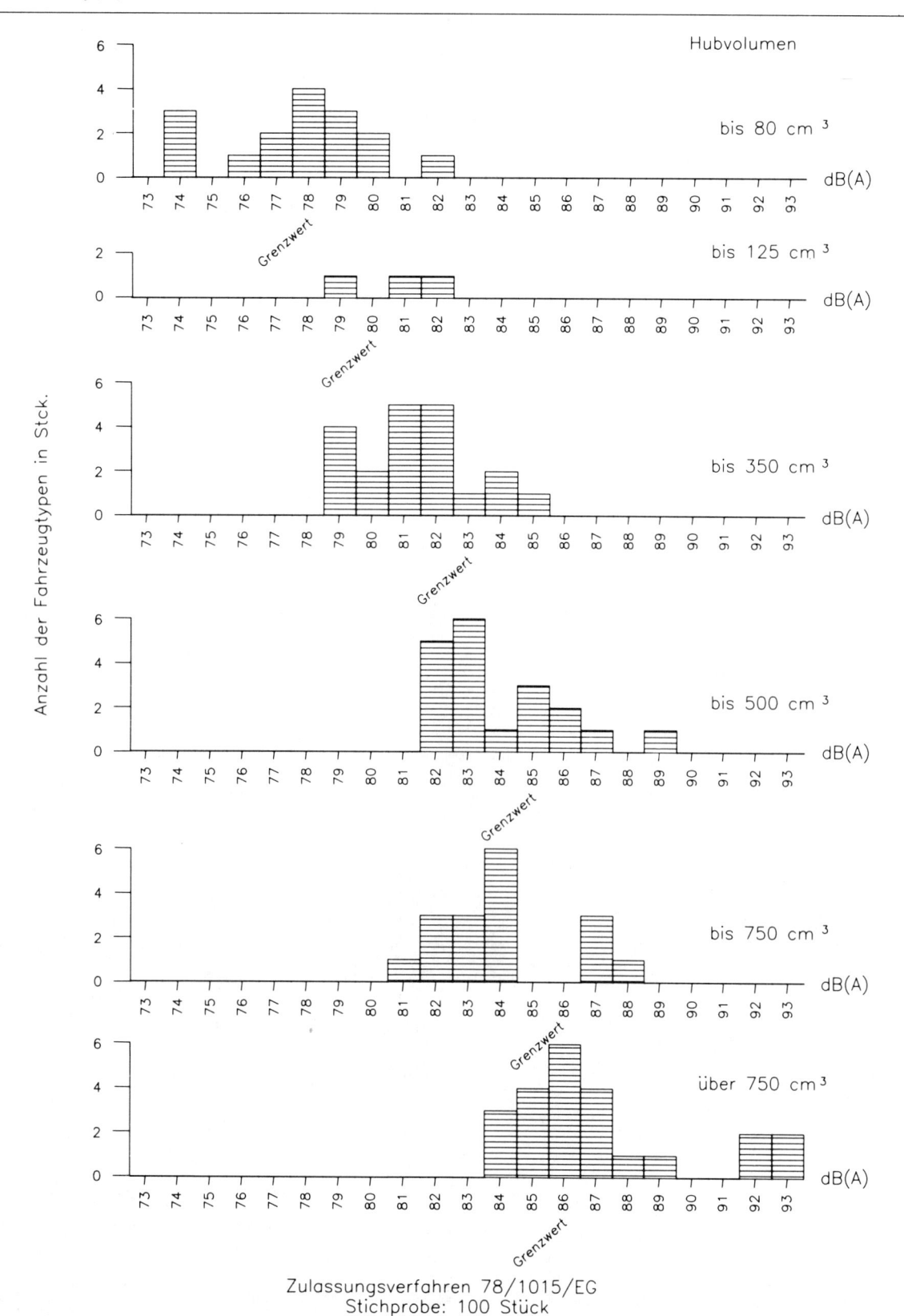

Anzahl der Fahrzeugtypen in Stck.

Hubvolumen

bis 80 cm³

bis 125 cm³

bis 350 cm³

bis 500 cm³

bis 750 cm³

über 750 cm³

Grenzwert

Zulassungsverfahren 78/1015/EG
Stichprobe: 100 Stück

Quelle: Umweltbundesamt

Lärm

Lärmgeminderte Fahrzeuge aus dem UBA-Forschungsprogramm

Die Geräuschemissionen von Einzelfahrzeugen lassen sich durch verbesserte Technik deutlich absenken. Im Rahmen des Umweltforschungsplans wurden im Auftrag des Umweltbundesamtes in allen Fahrzeugkategorien Prototypen lärmarmer Fahrzeuge entwickelt, um die technischen Möglichkeiten zur Lärmminderung aufzuzeigen. Durch verbesserte Ansaug- und Auspuffsysteme, gekapselte Motoren und/oder motorinterne Maßnahmen konnten Geräuschminderungen nach Typprüfmeßverfahren je nach Fahrzeugtyp bis zu 16 dB(A) erzielt werden.

Vor allem lärmarme Fahrzeuge der Kategorie Lkw wurden über einen längeren Zeitraum erprobt und konnten ihre Praxistauglichkeit nachweisen. Einige Lkw-Typen werden bereits in lärmarmer Version serienmäßig angeboten.

Lärm

Lärmgeminderte Fahrzeuge aus dem UBA-Forschungsprogramm
(Typprüfwerte bei beschleunigter Vorbeifahrt in 7.5 m Abstand)

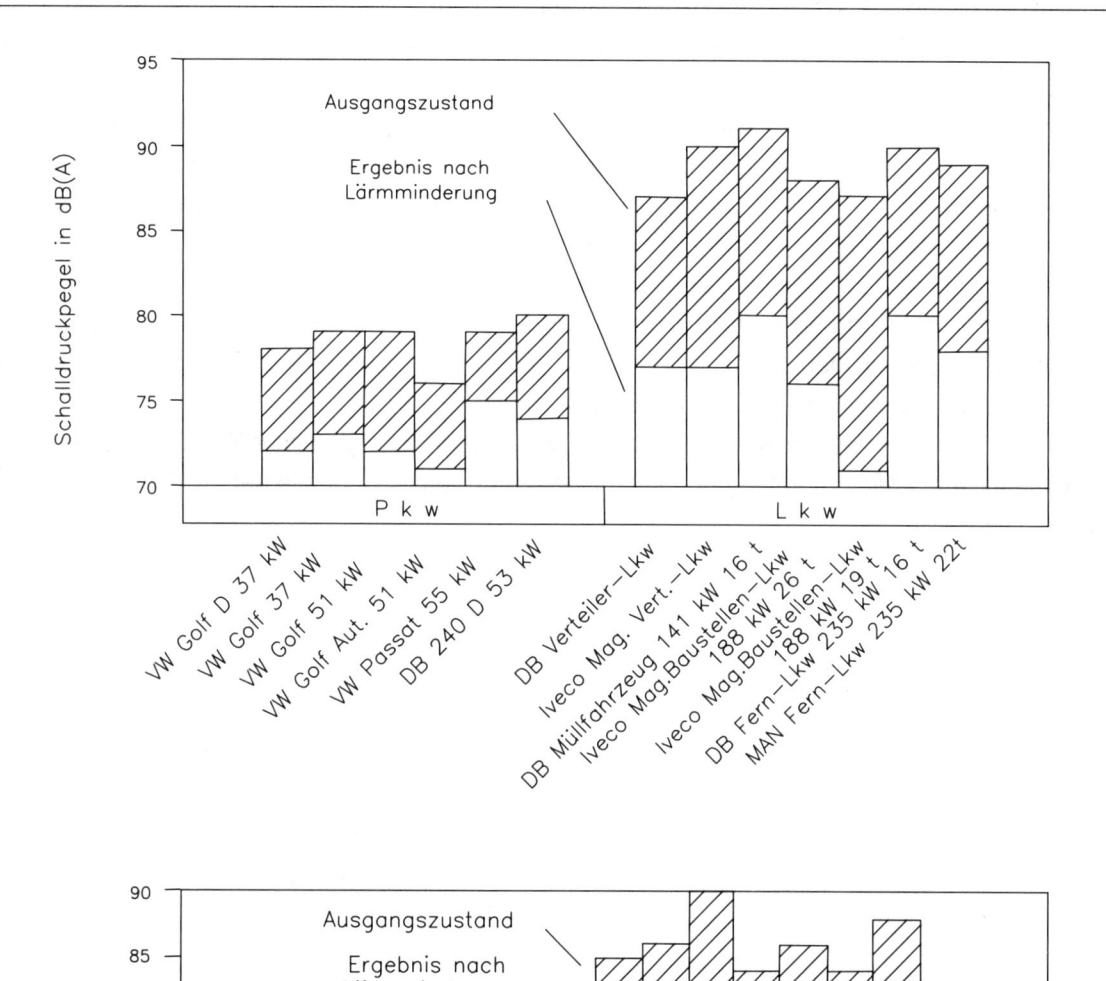

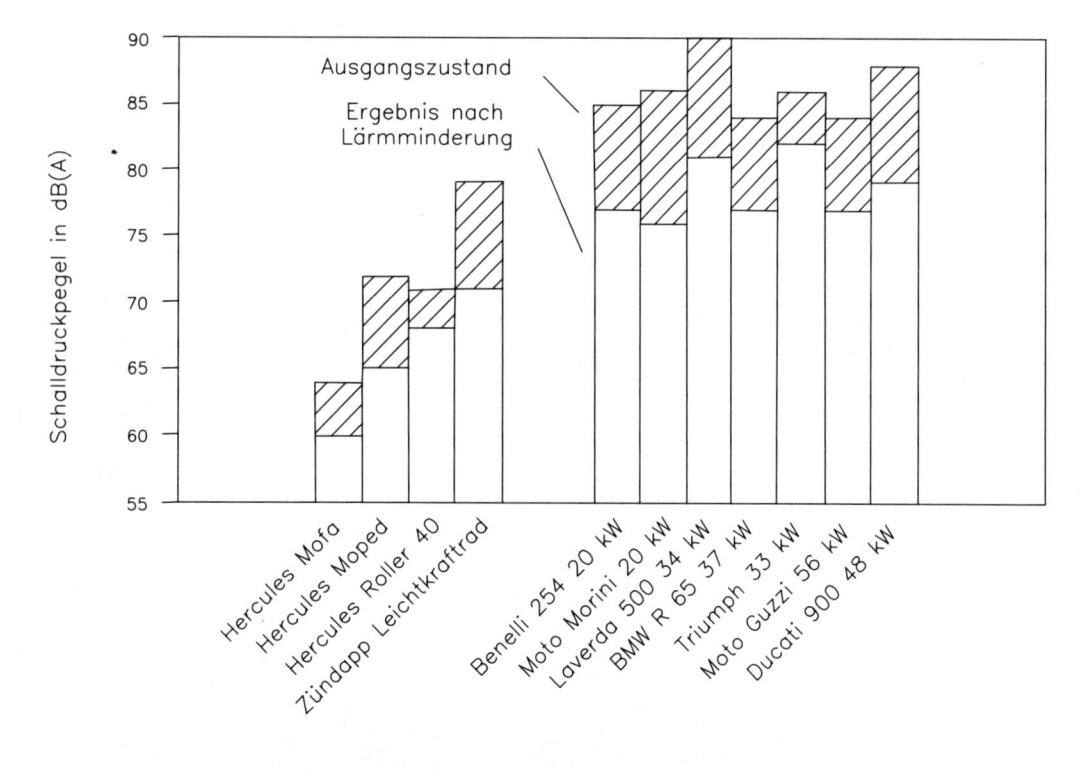

Quelle: Umweltbundesamt

Lärm

Geräuschemissionen manipulierter und nicht manipulierter Mofas und Mopeds/Mokicks

Nachträglichen Veränderungen an Mofas und Mopeds/Mokicks – primär durchgeführt um die max. Geschwindigkeit zu erhöhen, sind im allgemeinen mit starken Lärmerhöhungen verbunden. Ca. 50% der genannten Fahrzeuge sind manipuliert und durch diese Veränderungen bis zu 20 dB(A) lauter als entsprechende Serienfahrzeuge. Die Auswirkung der Manipulationen auf die Höchstgeschwindigkeit und die Geräuschemissionen bei Höchstgeschwindigkeit ist in der Abbildung dargestellt. Die Grafik zeigt auch, daß bereits Serienfahrzeuge deutlich schneller und lauter als erlaubt sind. (Bei Höchstgeschwindigkeiten dürfen Mofas und Mopeds ca. 3 dB(A) lauter sein als die eingezeichneten, nach Typprüfmeßverfahren bei niedriger Geschwindigkeit festgelegten gesetzlichen Lärmgrenzwerte.)

Mit dem am 1. 1. 1986 in Kraft getretenen sogenannten „Antimanipulationskatalog (AMK)" ist ein entscheidender Schritt zur Verhinderung von Manipulationen getan worden. Hier sind Konstruktionsvorschriften festgelegt, die lärmerhöhende Manipulationen wesentlich erschweren. Der Katalog ist als § 30 a in die Straßenverkehrs-Zulassungsordnung (StVZO) eingefügt worden.

Ein neuentwickelter mobiler Zweiradprüfstand ermöglicht die Messung solcher Fahrzeuge unter gleichen Bedingungen wie bei der Typprüfung und auch eine wirkungsvolle Kontrolle der im Verkehr befindlichen Fahrzeuge.

Lärm

Vergleich der Geräuschemission manipulierter und nicht manipulierter Mofas und Mopeds bei Höchstgeschwindigkeit

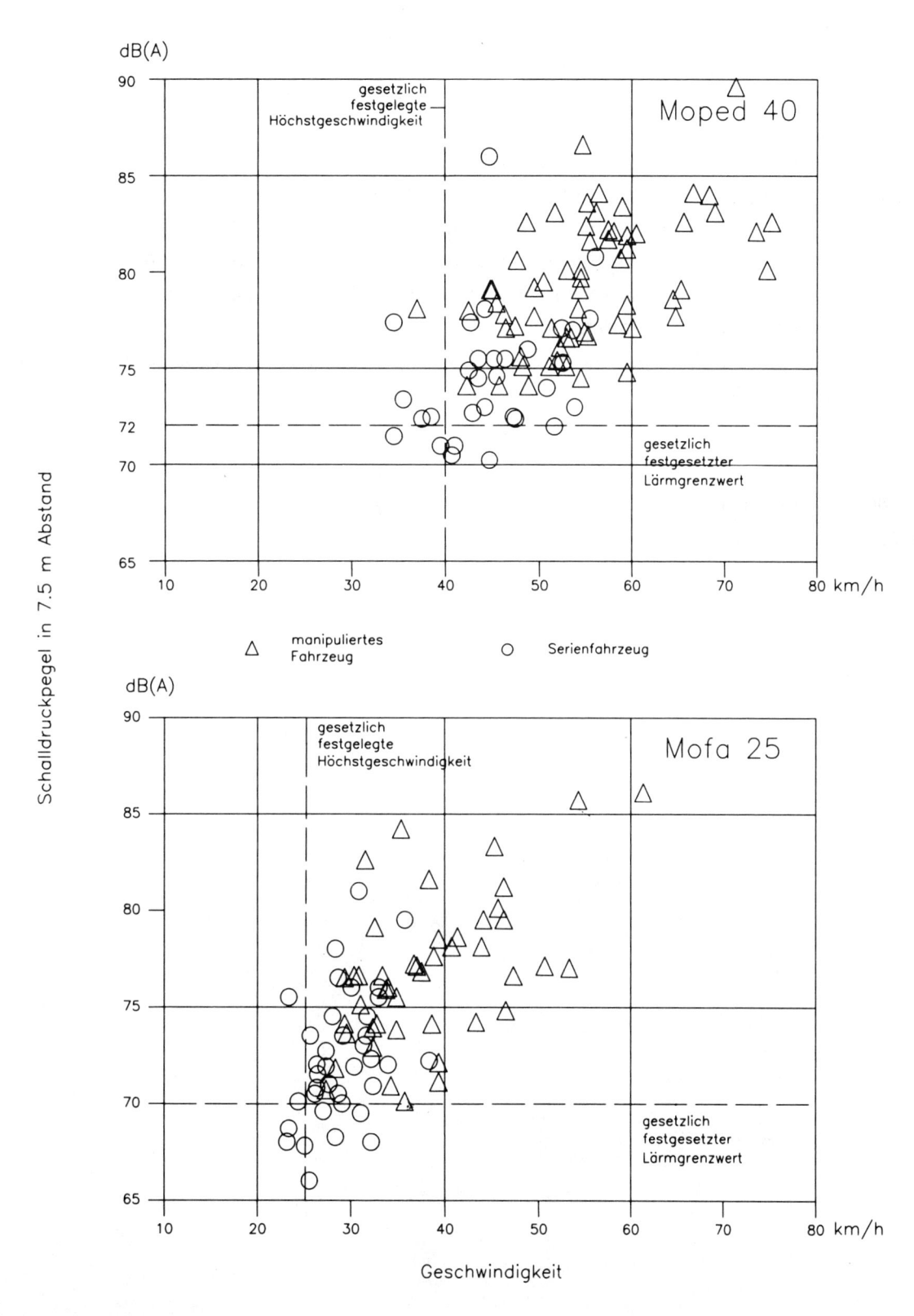

Quelle: Umweltbundesamt

Lärm

Bauliche Lärmschutzmaßnahmen an Bundesfernstraßen

Der Bund finanziert im Rahmen der *Lärmvorsorge* (Lärmschutz beim Neubau und der wesentlichen Änderung von Bundesfernstraßen) und – seit 1978 – der *Lärmsanierung* (Lärmschutz an bestehenden Bundesfernstraßen) Maßnahmen wie Lärmschutzwälle, -wände, -fenster, Trog- und Tunnellage usw.

Lärmschutzwände stellen aufgrund ihres geringen Platzbedarfs die am häufigsten verwendete Maßnahme dar. Ihre Wirkung nimmt mit zunehmender Höhe zu.

Lärmschutzwälle haben dagegen einen hohen Platzbedarf. Ihr Bau kann erhebliche Grunderwerbsschwierigkeiten und -kosten verursachen.

Die Abbildungen zeigen, wieviel Lärmschutzwälle, -wände und -fenster die Straßenbauverwaltungen der Länder im Auftrag des Bundes in den Jahren 1978 bis 1985 realisiert haben.

Die Gesamtlänge von Lärmschutzwällen an Bundesfernstraßen betrug Ende 1985 334 km, die der Lärmschutzwände 594 km, bei einer Länge der Bundesfernstraße von 39 700 km (Stand: 1. 1. 1985). Die jährliche Zunahme an Lärmschutzwänden hat sich seit 1981 deutlich erhöht. Eine starke Zunahme ist seit 1980 beim Einbau von Lärmschutzfenstern zu verzeichnen.

Der Bund hat von 1978 bis 1985 insgesamt 898,9 Mio. DM für die Lärmvorsorge und 352,1 Mio DM für die Lärmsanierung aufgewandt.

Siehe auch:
– Entwicklung des Kraftfahrzeugbestandes
– Fahrleistungen im Kraftfahrzeugverkehr

Lärm

Bauliche Lärmschutzmaßnahmen an Bundesfernstraßen von 1978 bis 1985

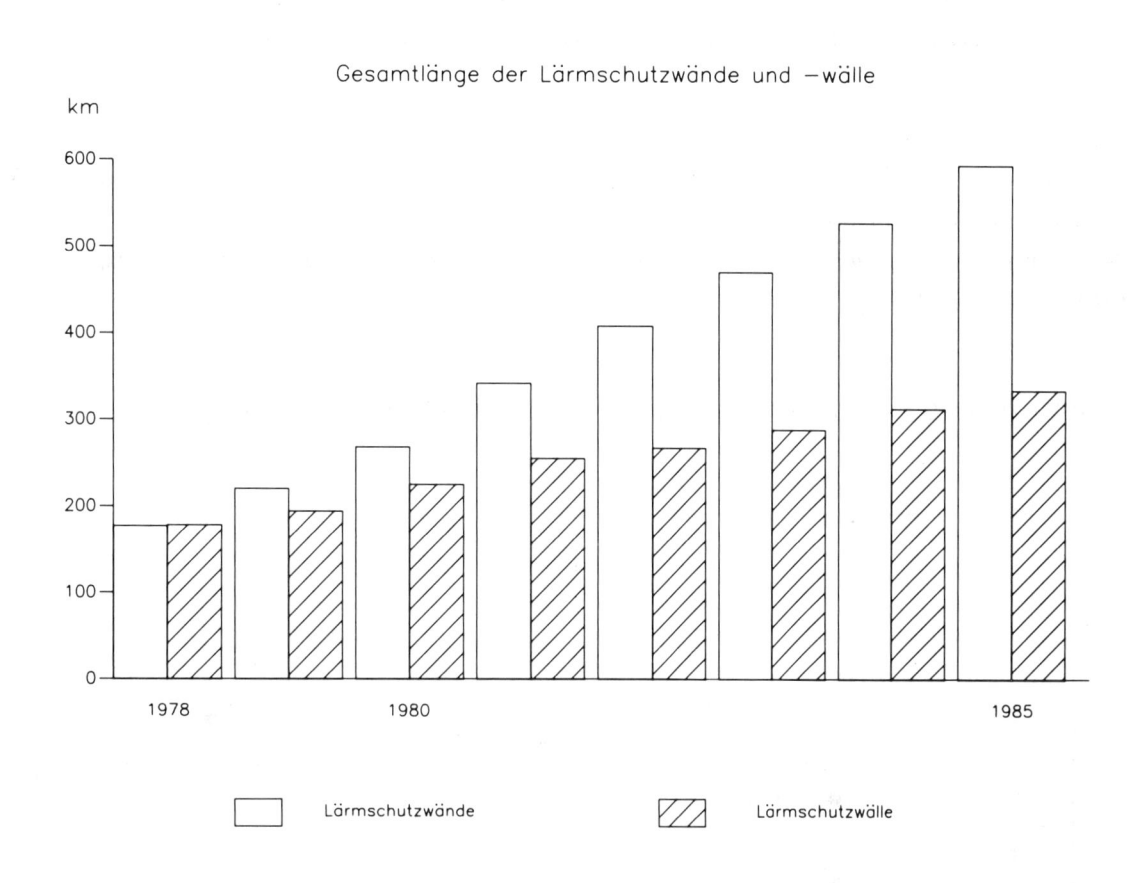

Gesamtlänge der Lärmschutzwände und –wälle

km

☐ Lärmschutzwände   ▨ Lärmschutzwälle

Gesamtflächenzuwachs der Lärmschutzfenster seit 1979

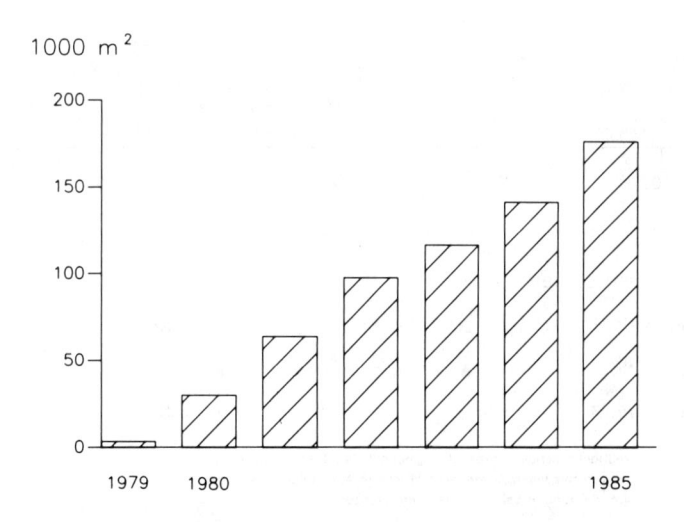

1000 m^2

Quelle: Bundesminister für Verkehr

Lärm

Wasserverkehr

Geräuschemission verschiedener Außenbordmotoren

Die Schalleistung von Außenbordmotoren bis zu 40 kW Nennleistung kann durch ein Geräuschemissionsmeßverfahren unter praxisgerechten Bedingungen ermittelt werden. Als Testvorrichtung wird eine fahrbare Motorhalterung verwendet, die für die Messung bis zur erforderlichen Eintauchtiefe ins Wasser gefahren wird.

Der Vergleich verschiedener Motoren an derselben Bootsschale zeigt, daß die Reihenfolge der Fahrgeräusche mit der an der Testvorrichtung ermittelten Reihenfolge übereinstimmt, sofern sich die Schalleistungspegel der Motoren um nicht mehr als 3 dB(A) unterscheiden.
Die Geräuschemission von verschiedenen Motoren mit vergleichbarer Leistung unterscheidet sich um bis zu 10 dB(A).

Geräuschemissionen verschiedener Außenbordmotoren 1984

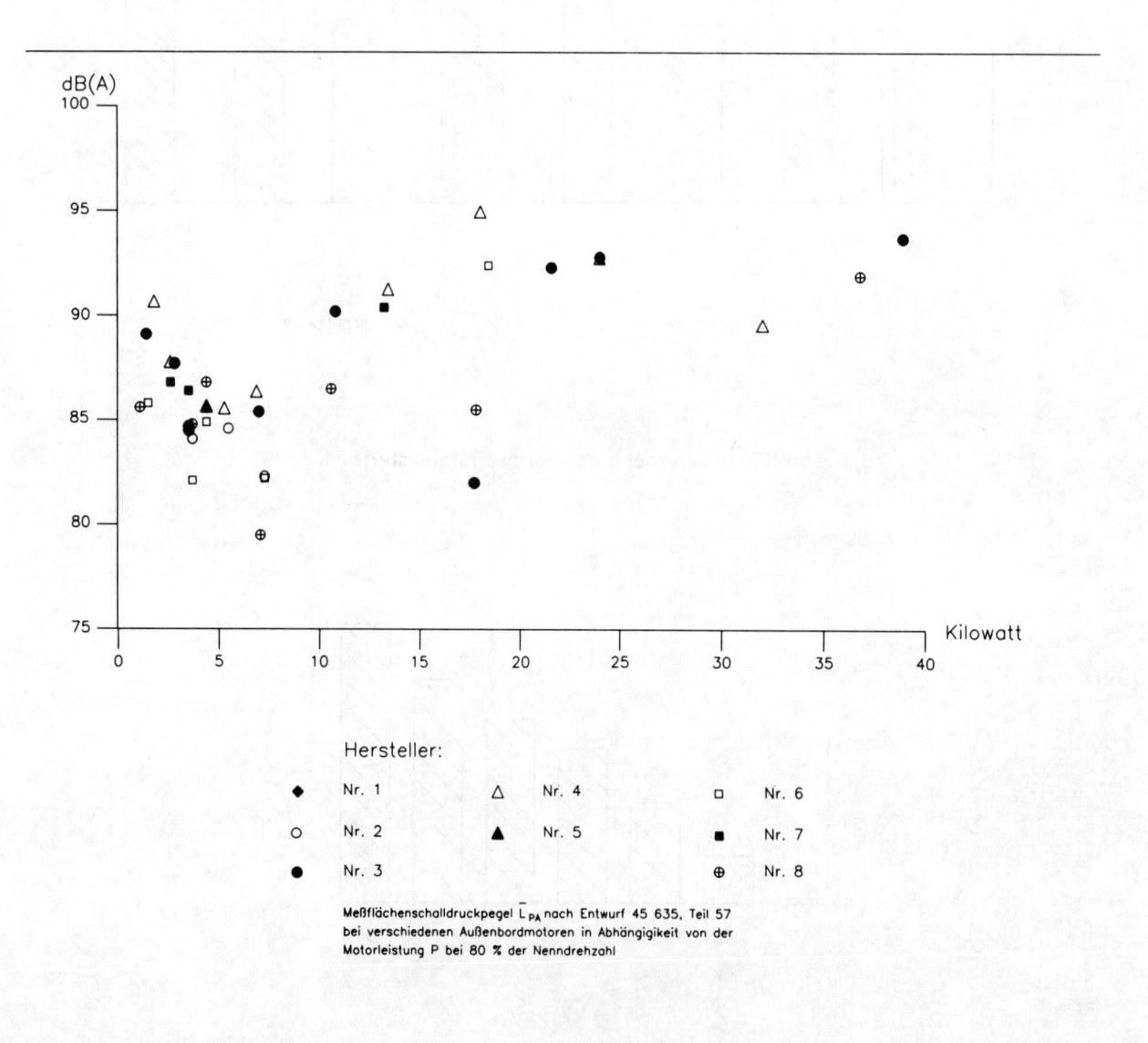

Hersteller:

- ◆ Nr. 1
- ○ Nr. 2
- ● Nr. 3
- △ Nr. 4
- ▲ Nr. 5
- □ Nr. 6
- ■ Nr. 7
- ⊕ Nr. 8

Meßflächenschalldruckpegel $\overline{L}_{PA}$ nach Entwurf 45 635, Teil 57 bei verschiedenen Außenbordmotoren in Abhängigkeit von der Motorleistung P bei 80 % der Nenndrehzahl

Quelle: Umweltbundesamt

Lärm

Luftverkehr

Lärmemissionsdaten von Luftfahrzeugen

Ein Luftfahrzeug wird in der Bundesrepublik Deutschland nur zum Verkehr zugelassen, wenn seine technische Ausrüstung so gestaltet ist, daß das durch den Betrieb entstehende Geräusch das nach dem jeweiligen Stand der Technik unvermeidbare Maß nicht übersteigt. Das jeweils gültige Maß ist in den „Lärmschutzforderungen für Luftfahrzeuge (LSL)" festgelegt. Luftfahrzeuge, die den Vorschriften der LSL entsprechen, erfüllen die Richtlinien und Empfehlungen der Internationalen Zivilluftfahrt-Organisation (ICAO) gemäß „Annex 16, Environmental Protection, Volume 1, Aircraft Noise".

Für Luftfahrzeugmuster und deren Baureihen wird durch das Luftfahrt-Bundesamt im Rahmen der Musterzulassung ein Lärmzulassung erteilt, wenn der Nachweis geführt wurde, daß die gültigen Lärmschutzforderungen erfüllt sind. Luftfahrzeuge, die einem lärmzugelassenen Muster entsprechen, erhalten bei der Verkehrszulassung ein Lärmzeugnis.

Der Nachweis ob ein Luftfahrzeugmuster die Lärmschutzforderungen erfüllt, wird durch Geräuschmessungen erbracht. Die Emissionswerte des Luftfahrzeugs dürfen festgelegte Lärmgrenzwerte, die in aller Regel gewichtsabhängig sind, nicht überschreiten. Als Maß für den Fluglärmpegel gilt der Lärmstörpegel (Effective Perceived Noise Level) in EPNdB. Für die Lärmmessungen mit Unterschall-Strahlflugzeugen sind folgende Lärmmeßpunkte zu verwenden:

1. *Seitlicher Lärmmeßpunkt*
   Der Punkt auf einer Linie im Abstand von 650/450 m (vor/ab dem 4. Mai 1981) parallel zur Mittellinie der Startbahn oder deren Verlängerung, an dem während des Starts der Lärmpegel des Flugzeuges ein Maximum erreicht.

2. *Startüberflug-Lärmmeßpunkt*
   Der Punkt auf der verlängerten Mittellinie der Startbahn in einer Entfernung von 6500 m vom Startpunkt.

3. *Landeanflug-Lärmmeßpunkt*
   Der Punkt am Boden auf der verlängerten Mittellinie der Landebahn, der 120 m senkrecht unterhalb eines 3° Gleitpfades liegt. Der Gleitpfad trifft 300 m hinter der Landebahnschwelle auf der Landebahn auf. In ebenem Gelände entspricht diese Festlegung einer Entfernung von 2000 m vor der Landebahnschwelle.

Unterschiedliche Lärmzulassungsvorschriften gelten für Strahlflugzeuge, für Propellerflugzeuge über 5,7 Tonnen Startmasse, für Propellerflugzeuge bis 5,7 Tonnen Startmasse und Motorsegler sowie für Hubschrauber.

Die Grafik zeigt beispielhaft die Lärmstörungspegel der bekanntesten lärmvermessenen Unterschall-Strahlflugzeuge am Startüberfluglärmmeßpunkt auf. Die farbigen Grenzwertkurven für die Lärmzulassung sind jeweils maßgeblich für Musterzulassungsanträge vor bzw. ab dem 4. Mai 1981. Alle dargestellten Flugzeuge haben eine gültige Muster- und Verkehrszulassung. Nicht alle dargestellten Flugzeugmuster, die vor dem 4. Mai 1981 zugelassen wurden, würden aufgrund der zwischenzeitlich geänderten Vorschriften allerdings heute noch eine Verkehrszulassung erhalten.

Siehe auch:
– Flugplätze in der Bundesrepublik Deutschland
– Starts und Landungen an Verkehrsflughäfen
– Verkehrsleistungen im Luftverkehr

Lärm

Lärmemissionsdaten in der Bundesrepublik Deutschland zugelassener Flugzeuge mit Strahlturbinenantrieb – Startüberflug – Lärmmeßpunkt

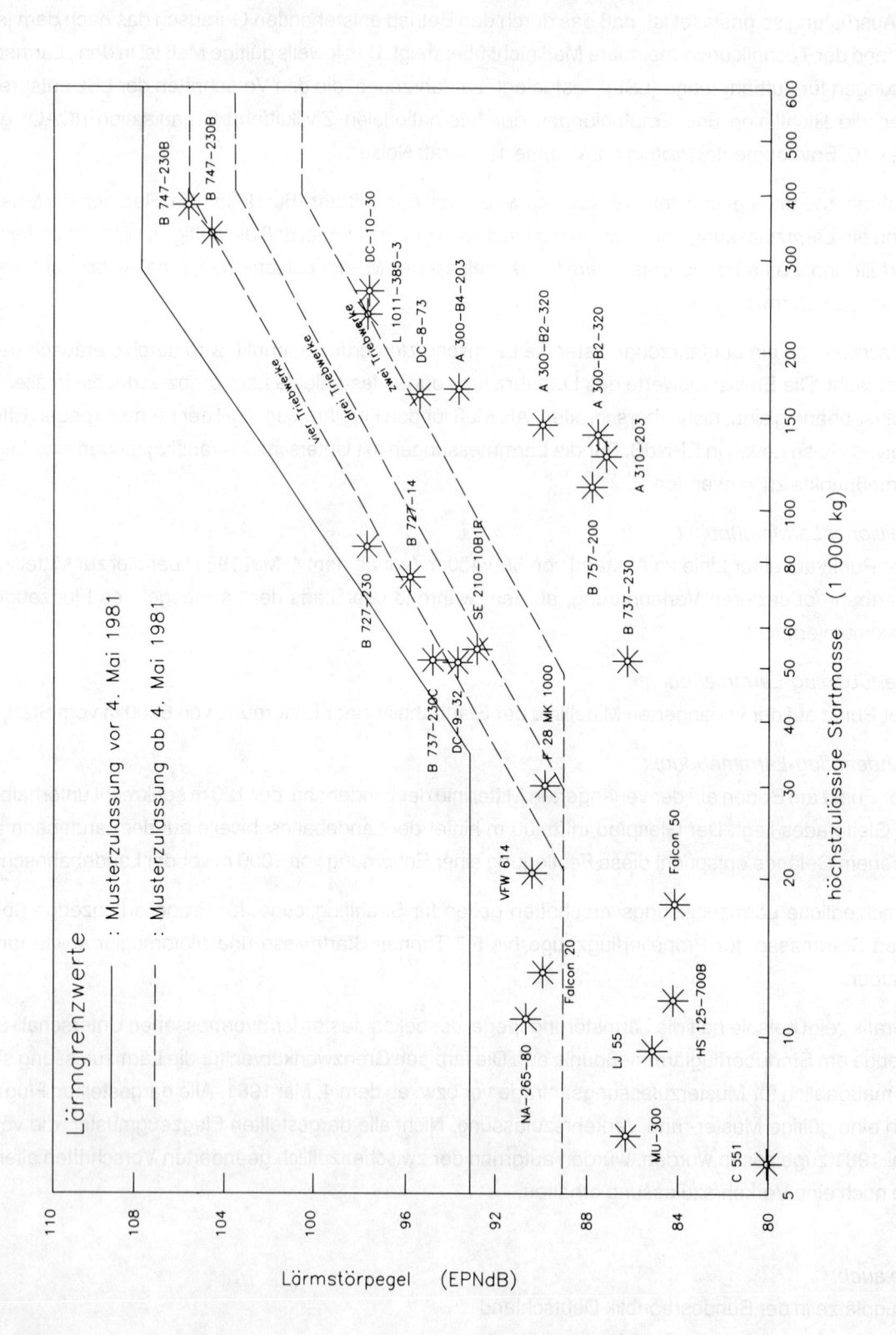

Quelle: Umweltbundesamt

Lärm

Anteil leiser Verkehrsflugzeuge im Luftverkehr

Seit 1979 wird auf den 11 großen internationalen Verkehrsflughäfen der Bundesrepublik Deutschland ein vermehrter Einsatz „leiserer" Flugzeugtypen verzeichnet. Diese neueren Flugzeugmuster (z.B. Airbus 300, Airbus 310, Boeing 757, Boeing 767, Lockheed L-1011, Douglas MD-80) weisen eine deutlich geringere Geräuschemission gegenüber älteren Luftfahrzeugtypen auf. Hinzu kommt in den letzten Jahren die technische Weiterentwicklung älterer Flugzeugmuster. Viele ehemals laute Flugzeugmuster sind zwischenzeitlich mit kraftstoffsparenden und leisen Triebwerken ausgerüstet worden (Boeing 737-300, Boeing 707 QE, Douglas DC-8-73).

Der Einsatz „leiserer" Luftfahrzeuge hat zu einer spürbaren Lärmentlastung an den Verkehrsflughäfen geführt. Der Anteil der Flugbewegungen mit Strahlflugzeugen über 20 Tonnen Abflugmasse, die den Lärmzulassungsanforderungen der internationalen Zivilluftfahrt-Organisation ICAO (Anhang 16 zur Konvention der internationalen Zivilluftfahrt, vgl. „Lärmemissionsdaten von Luftfahrzeugen") genügen, an den gesamten Flugbewegungen mit Strahlflugzeugen hat sich von 43% im Jahr 1979 auf 82% im Jahr 1984 erhöht. Luftfahrzeuge, die den besonders strengen Lärmzulassungsanforderungen nach Kapitel 3 des ICAO Anhangs 16 genügen, haben bisher jedoch erst einen geringen Anteil am Gesamtverkehr.

Lärm

Entwicklung des Anteils der Strahlflugzeuge über 20t Abflugmasse mit ICAO-Annex-16-Zulassung an den gesamten Flugbewegungen mit Strahlflugzeugen 1979 bis 1984

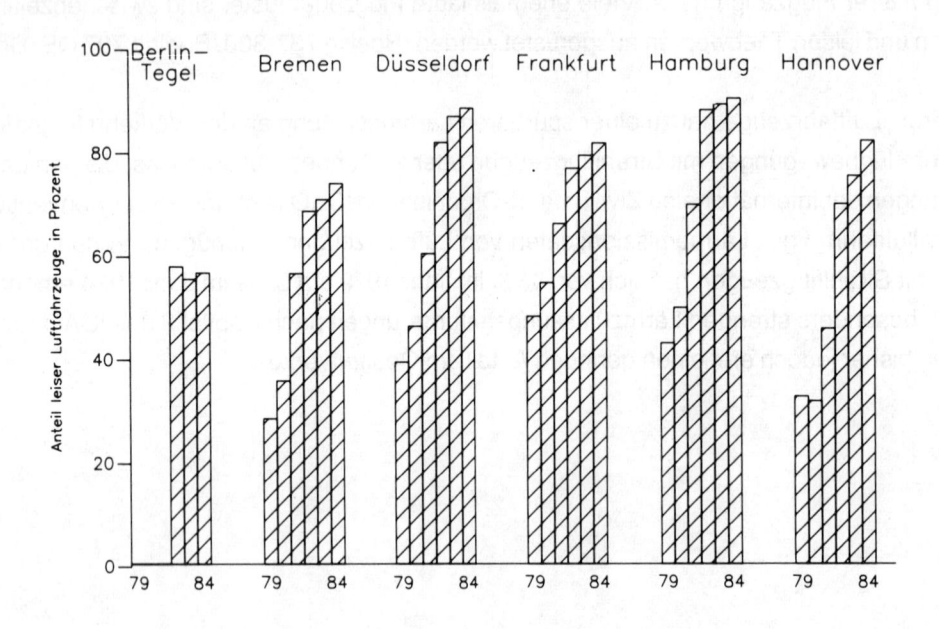

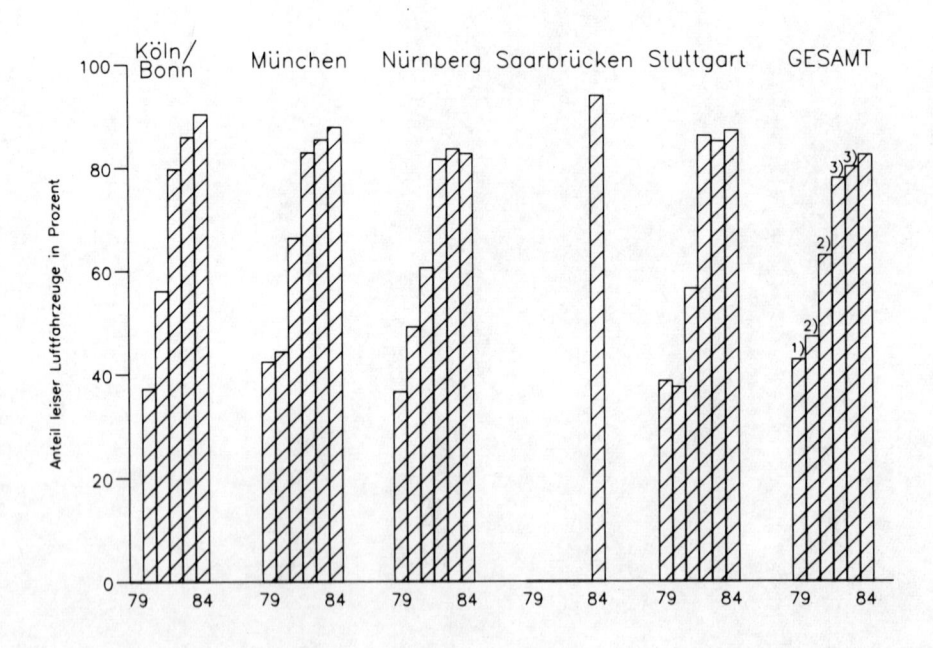

1) Ohne Berlin, Köln/Bonn, Saarbrücken
2) Ohne Berlin, Saarbrücken
3) Ohne Saarbrücken

Quelle: Umweltbundesamt
nach Angaben der Arbeitsgemeinschaft Deutscher Verkehrsflughäfen (ADV)

Lärm

Emissionen wichtiger Quellen in Industrie und Gewerbe

Schalleistungspegel von Holzplattenwerken, Kraftwerken und Baustellenkreissägen

Als aktuelle Beispiele für die Emission wichtiger Quellen werden hier aufgeführt:
- Kraftwerke
- Holzplattenwerke
- Baustellenkreissägen

Die angegebenen Daten stellen aber den „Ist-Stand" der Geräuschemissionen dar. Mit ihrer Hilfe kann der im BImSchG, der TA Lärm und anderen rechtlichen Regelungen geforderte Stand der Technik – bezogen auf die Lärmminderung – abgeleitet werden.

Die zusätzlich angegebenen Werte, die bei der Anwendung aller fortschrittlichen Lärmminderungsmaßnahmen erreichbar sind, zeigen auf, welche minimalen Emissionen in besonders gelagerten Fällen (z.B. bei sehr geringen Abständen zur Wohnnachbarschaft) – dann aber auch mit sehr hohem Aufwand – verwirklicht werden können.

Schalleistungspegel von Holzplattenwerken und Kraftwerken

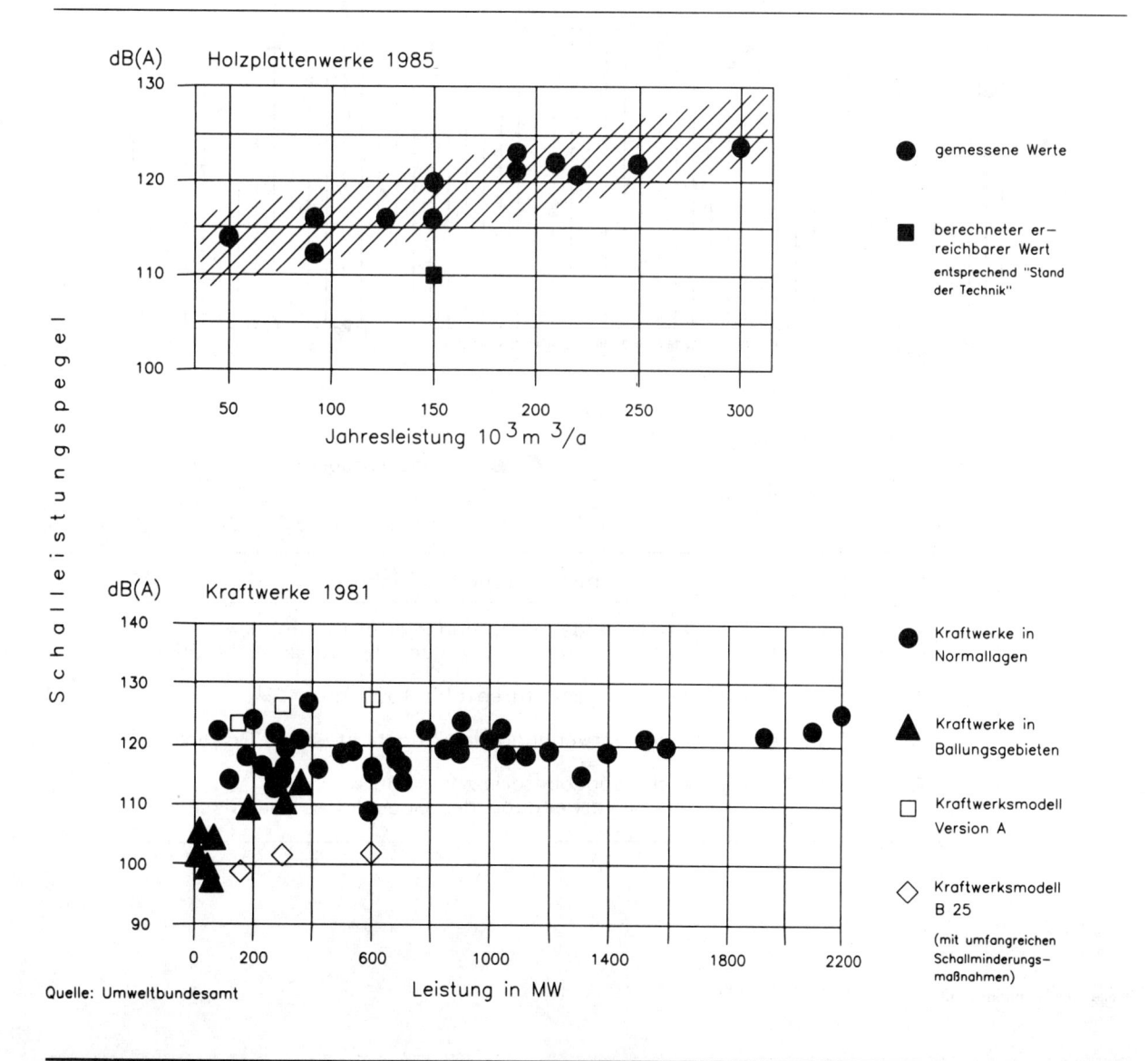

Quelle: Umweltbundesamt

Lärm

Schalleistungspegel von Baustellenkreissägen

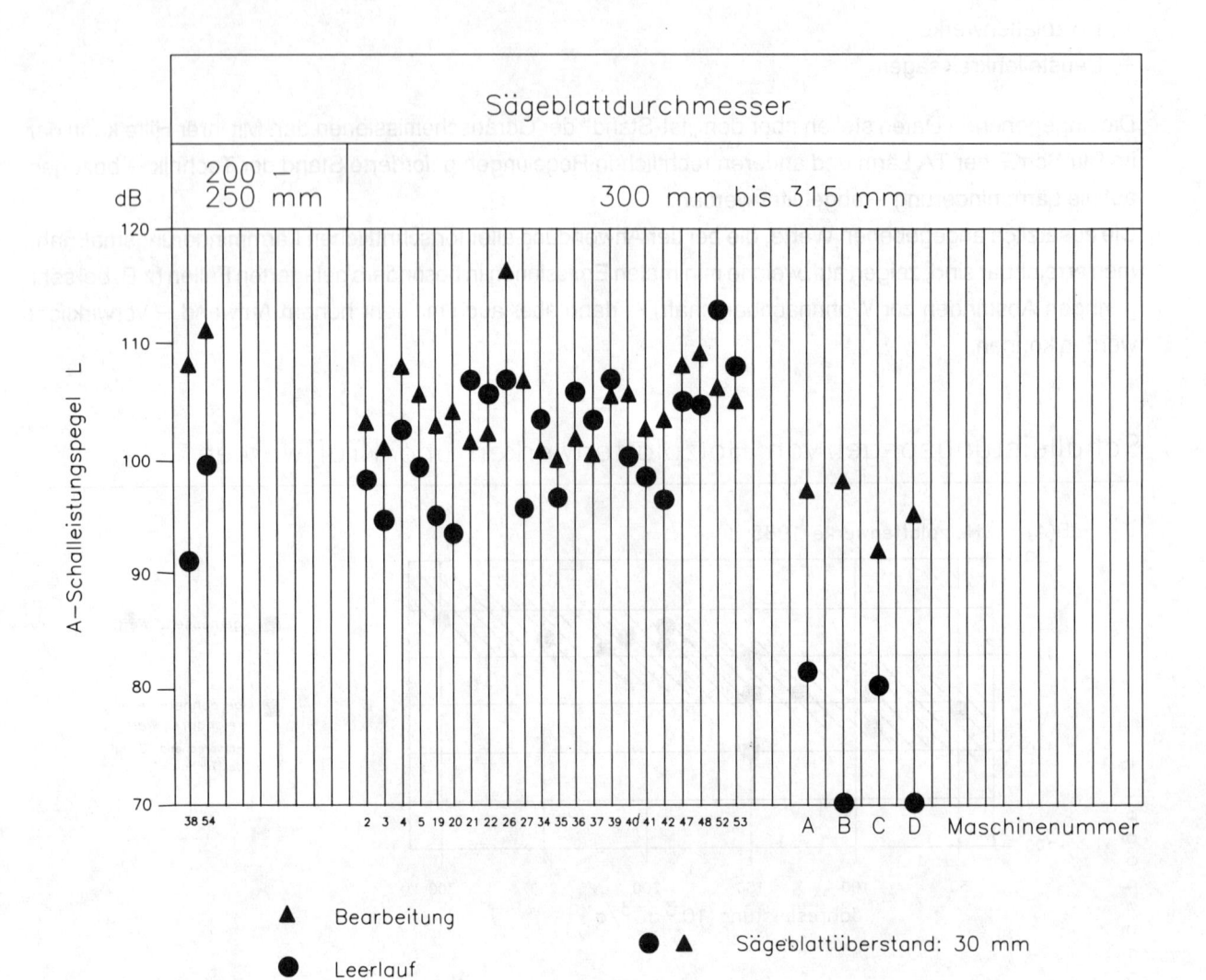

Sägeblattdurchmesser: 200–250 mm; 300 mm bis 315 mm

Y-Achse: A-Schalleistungspegel L in dB (70–120)
X-Achse: Maschinennummer (38, 54; 2, 3, 4, 5, 19, 20, 21, 22, 26, 27, 34, 35, 36, 37, 39, 40, 41, 42, 47, 48, 52, 53; A, B, C, D)

▲ Bearbeitung
● Leerlauf

● ▲ Sägeblattüberstand: 30 mm

Kenn-buchstabe	Lärmminderungsmaßnahmen
A	Kapselung; feststehende Dämpfungsplatte; Gummifüße; entdröhnte Tischplatte; obere Schutzhaube werkstückbetätigt
B	wie A; zusätzlich: Sägeblattdrehzahl: 1500 min^{-1}
C	wie A; zusätzlich: Verwendung des Sägeblattes mit Rissen
D	wie A; zusätzlich: Sägeblattdrehzahl: 1500 min^{-1} Verwendung des Sägeblattes mit Rissen

Quelle: Umweltbundesamt

Nahrung

	Seite
Datengrundlagen	462
Schwermetalle in Lebensmitteln	463
Nitrat in Lebensmitteln 1985	469
Chlorierte Kohlenwasserstoffe in Lebensmitteln	472
Rückstände chlorierter Kohlenwasserstoffe in Frauenmilch	473
Nitratgehalt des Trinkwassers	474

Nahrung

Datengrundlagen

Eine wesentliche Aufnahmequelle von Umweltgefahrstoffen für Mensch und Tier ist die Nahrung. Daher ist es das Ziel der Lebensmittelhygiene, ein möglichst weitgehend rückstandsfreies Lebensmittelangebot sicherzustellen. Zu Problemen können hier z.B. Nitrat, Schwermetalle und persistente organische Stoffe führen, die unter Umweltbedingungen nur langsam oder gar nicht abgebaut werden und sich in der Nahrungskette – bis hin zum Menschen – anreichern können. Bei den Schwermetallen handelt es sich vorwiegend um Blei, Cadmium und Quecksilber, die in Lebensmitteln in erhöhten Konzentrationen vorkommen können. Chlorierte Kohlenwasserstoffe sind fettlösliche Substanzen, die sich durch Beständigkeit in Ökosystemen und durch Anreicherung in der Nahrungskette auszeichnen. Die Speicherung erfolgt vor allem in den fetthaltigen Geweben.

Daten für die Kontamination von Nahrungsmitteln liegen, je nach Schadstoff, in unterschiedlicher Qualität und Flächendeckung vor. Am häufigsten werden sog. Grundnahrungsmittel untersucht (Weizen, Kartoffeln, Obst, Gemüse) und Nahrungsmittel, deren besonderes Anreicherungspotential bekannt ist (Niere, Leber, Pilze, Fisch, Frauenmilch).

Obwohl zahlreiche Untersuchungen in den Bundesländern über Schadstoffrückstände in Nahrungsmitteln und Trinkwasser vorliegen, stehen praktisch keine flächendeckenden Erhebungen zur Verfügung, die eine regionale Übersicht über die Rückstandssituation von Lebensmittel und Trinkwasser ermöglichen. Die hier verwandten Daten über die Schwermetall- und Nitratbelastung in Lebensmitteln entstammen den Laboratorien der amtlichen Lebensmittelüberwachung der einzelnen Bundesländer. Sie wurden von der Zentralen Erfassungs- und Bewertungsstelle für Umweltchemikalien (ZEBS) des Bundesgesundheitsamtes zusammengestellt.

Für die Organochlorverbindungen liegt zur Zeit von Seiten der ZEBS keine Aktualisierung gegenüber den Daten zur Umwelt 1984 vor. Es wurde daher auf Publikationen von anderen Bundesbehörden zurückgegriffen. Bei der Interpretation der Daten muß jedoch berücksichtigt werden, daß sie hinsichtlich Herkunft und möglicher Kontaminationsursache unregelmäßig verteilt sind, und daß möglicherweise der Anteil von sog. Verdachtsproben die Werte erhöhen kann.

Daten zur Trinkwasserqualität stammen aus einer Erhebung in den Jahren 1982/83 des Instituts für Wasser-, Boden- und Lufthygiene des Bundesgesundheitsamtes. Der Umfang der Trinkwasseruntersuchungen ist je nach den Möglichkeiten der einzelnen Wasserwerke recht unterschiedlich; so liegen z.B. für eine Reihe kleiner und kleinster Wasserwerke ausschließlich bakteriologische Befunde vor, während bei einigen der größten bis zu 40 verschiedene Parameter bestimmt wurden.

Bei der Beurteilung des Kontaminationsgrades von Nahrungsmitteln und Trinkwasser orientiert man sich an Grenzwerten, die toxikologisch abgeleitet sind. Für Lebensmittel sind Höchstmengen überwiegend für Wirkstoffe von Pflanzenbehandlungsmitteln festgelegt. Für die technischen Hilfsstoffe Polychlorierte Biphenyle (PCB) liegt z.Z. ein Verordnungsentwurf zur Festlegung von Höchstmengen vor. Richtwerte für die Schwermetalle Blei, Cadmium, Quecksilber und Nitrat haben im Vergleich dazu keinen bindenden Charakter, sondern geben der Lebensmittelwirtschaft und -überwachung Anhaltspunkte für den Grad der Kontamination von Lebensmitteln. In den folgenden Tabellen werden Höchstmengen bzw. Richtwerte sofern vorhanden mit angeführt, um die Ergebnisse interpretierbar zu machen. Nicht für alle Lebensmittelgruppen bestehen derartige Werte. Ursache dafür ist entweder eine erfahrungsgemäß geringe Belastung oder eine noch unabgeschlossene wissenschaftliche Diskussion über tolerierbare Rückstände. Freistellen in der entsprechenden Spalte bedeuten, daß für die genannte Lebensmittelgruppe keine Begrenzung besteht.

Nahrung

Schwermetalle in Lebensmittel

Arsen und die Schwermetalle Blei, Cadmium und Quecksilber sind natürliche Bestandteile des bodenbildenden Gesteins. Insofern sind auch in allen biologischen Organismen bestimmte Grundkonzentrationen nachweisbar. Eine erhöhte Belastung von Wasser, Boden oder Luft durch Emissionen oder Klärschlammaufbringung kann jedoch über die Nahrungskette zu deutlichen Anreicherungen und Richtwertüberschreitungen führen.

Aufgrund der unterschiedlichen Anreicherungsmechanismen der verschiedenen Pflanzen- und Tierarten differieren die Rückstandsmengen in den jeweiligen Lebensmittelgruppen sehr.

Die Tabellen geben die mittleren und oberen gemessenen Rückstandwerte für Arsen, Quecksilber, Blei und Cadmium für die verschiedenen Lebensmittelgruppen an.

Die *Arsen*konzentrationen in pflanzlichen Lebensmitteln sind relativ niedrig, weil Pflanzen Arsen aus dem Boden nur in geringem Umfang aufnehmen. Nur bei erhöhter Belastung über die Luft können großblättrige Pflanzen höhere Werte aufweisen.

Bei den tierischen Lebensmitteln weisen vor allem Innereien höhere Konzentrationen auf. Die höchsten Arsenwerte finden sich bei Fischen und Krustentieren. Hier liegt Arsen jedoch überwiegend in Form der weniger toxischen organischen Verbindungen vor. Für Arsen bestehen keine aktuellen Richtwerte.

Die *Quecksilber*konzentrationen liegen in pflanzlichen Lebensmitteln im allgemeinen niedrig. Dies trifft – abgesehen von Leber und Niere, deren Gehalte deutlich höher liegen – auch für tierische Lebensmittel zu. Hohe Gehalte kommen neben Pilzen vor allem bei Fischen vor. Bestimmte Seefische gelten als Quecksilberproblemfische. Bei 47% dieser Fische kommt es zu Überschreitungen der Höchstmenge von 1 mg/kg (abhängig von Alter, Größe und Lebensraum). Bei dem überwiegenden Teil der verzehrten Problemfische liegen die Belastungen unter 0,5 mg/kg, Überschreitungen der Höchstmenge kommen hier nur vereinzelt vor. Bei den restlichen genutzten Seefischarten überschreiten nur 2,4% der Proben die Höchstmenge, und bei den Süßwasserfischen 3,6% der Proben.

Cadmium ist im Boden abhängig vom Säuregrad unterschiedlich mobil und wird von Pflanzen über die Wurzel aufgenommen. Bei entsprechender Belastung über die Luft lagert es sich auch auf der Pflanzenoberfläche ab. Bei den tierischen Lebensmitteln weisen Leber und Niere erhöhte Cadmiumkonzentrationen auf. Aus diesem Grund empfahl das Bundesgesundheitsamt Rinder- und Schweinenieren nur gelegentlich zu verzehren.

Blei wird von Pflanzen aus dem Boden weniger gut aufgenommen als Cadmium. Bei Belastung über die Luft lagert es sich auf der Pflanzenoberfläche ab. Bei den tierischen Lebensmitteln weisen wiederum die Leber und Niere die höchsten Konzentrationen auf. Auffällig hoch liegen weiterhin die Blei-Rückstände in Konserven aufgrund der Verwendung bleihaltiger Lote.

Siehe auch:
- Gewässergütedaten
- Gütezustand von Nord- und Ostsee
- Einträge von Schadstoffen in die Nordsee
- Zustand ausgewählter Böden
- Bodenschutz und Landwirtschaft
- Schwermetall-Depositionen

Nahrung

ARSEN-Gehalte in Lebensmitteln (Angaben in mg/kg Frischsubstanz)

Lebensmittel	Anzahl	Median[1] $\bar{x}$	98. Perzentil[2]
Milch	590	0,050	0,050
Eier	79	0,010	0,100
Rindfleisch	66	0,013	0,408
Schweinefleisch	61	0,002	0,015
Rinderleber	26	0,016	0,200
Schweineleber	27	0,018	0,200
Hühner	47	0,075	0,200
Süßwasserfische	209	0,050	0,473
Seefische	186	0,464	5,280
Fischwaren	18	2,260	5,120
Krustentiere	113	0,178	3,110
Kartoffel	14	0,005	0,050
Blattgemüse	240	0,028	0,177
Wurzelgemüse	102	0,014	0,065
Kernobst	49	0,006	0,050
Steinobst	42	0,05	0,075
Obst-, Gemüsesäfte	51	0,005	0,080

[1] Median $\bar{x}$ = Konzentration, die von 50% der Proben unterschritten wird
[2] 98-Perzentil = Konzentration, die von 98% der Proben unterschritten wird.

Quelle: Bundesgesundheitsamt – Zentrale Erfassungs- und Bewertungsstelle für Umweltchemikalien

Nahrung

BLEI-Gehalte in Lebensmitteln (Angaben in mg/kg Frischsubstanz)

Lebensmittel	Anzahl	Median[1] $\bar{x}$	98. Perzentil[2]	Richtwert[3]
Milch	864	0,002	0,025	0,03
Kondensmilch	323	0,060	2,180	0,3
Eier	74	0,100	0,620	0,25
Rindfleisch	962	0,020	0,408	0,25
Schweinefleisch	471	0,005	0,456	0,25
Rinderleber	873	0,240	1,058	0,8
Schweineleber	555	0,080	0,469	0,8
Rinderniere	791	0,270	0,909	0,8
Schweineniere	542	0,050	0,509	0,8
Hühner	200	0,025	0,528	0,1
Wurstwaren	1313	0,050	0,356	0,25
Süßwasserfische	369	0,050	0,286	0,5
Seefische	138	0,102	0,860	0,5
Fischdauerkonserven	460	0,130	3,330	1,0
Reis	139	0,030	0,483	0,4
Roggen	317	0,060	0,234	0,4
Weizen	888	0,028	0,118	0,3
Kartoffel	557	0,025	0,183	0,25
Blattgemüse	1286	0,060	1,023	0,8*
Wurzelgemüse	943	0,030	0,361	0,25
Gemüsekonserven	235	0,250	1,000	
Tomatenmark	160	1,600	12,500	
Kernobst	755	0,034	0,265	0,5
Steinobst	311	0,030	0,402	0,5
Obstkonserven	435	0,250	2,400	
Wein	110	0,101	0,260	0,3**
Bier	746	0,022	0,230	0,2

*) ohne Grünkohl, Küchenkräuter
**) Verordnungswert

[1] Median $\bar{x}$ = Konzentration, die von 50% der Proben unterschritten wird.
[2] 98-Perzentil = Konzentration, die von 98% der Proben unterschritten wird. Überschreitungen der Richtwerte liegen dann vor, wenn der 98-Perzentilwert höher ist als der Richtwert.
[3] Richtwert = Grenze für tolerable Konzentration, deren Überschreitung zur Ursachenermittlung und -vermeidung führen soll.

Quelle: Bundesgesundheitsamt – Zentrale Erfassungs- und Bewertungsstelle für Umweltchemikalien

Nahrung

CADMIUM-Gehalte in Lebensmitteln (Angaben in mg/kg Frischsubstanz)

Lebensmittel	Anzahl	Median[1] $\bar{x}$	98. Perzentil[2]	Richtwert[3]
Milch	2822	0,002	0,025	0,0025
Eier	76	0,006	0,200	0,05
Rindfleisch	146	0,005	0,099	0,1
Schweinefleisch	54	0,010	0,290	0,1
Rinderleber	859	0,090	0,460	0,5
Schweinelber	561	0,060	0,549	0,5
Rinderniere	807	0,400	3,289	1,0
Schweineniere	564	0,390	2,030	1,0
Hühner	202	0,011	0,208	0,1
Süßwasserfische	455	0,015	0,250	0,1
Seefische	136	0,010	0,050	0,1
Reis	148	0,023	0,221	0,1
Roggen	319	0,013	0,045	0,1
Weizen	886	0,046	0,189	0,1
Kartoffel	558	0,028	0,089	0,1
Blattgemüse	1293	0,021	0,190	0,1*
Spinat	94	0,073	2,300	0,5
Wurzelgemüse	962	0,029	0,170	0,1**
Sellerie	885	0,740	1,900	0,2
Kernobst	723	0,004	0,037	0,05
Steinobst	298	0,003	0,046	0,05
Wein	108	0,001	0,033	0,01***
Bier	120	0,001	0,033	0,03

*) außer Spinat
**) Außer Sellerie
***) Verordnungswert

[1] Median $\bar{x}$ = Konzentration, die von 50% der Proben unterschritten wird.
[2] 98-Perzentil = Konzentration, die von 98% der Proben unterschritten wird. Überschreitungen der Richtwerte liegen dann vor, wenn der 98-Perzentilwert höher liegt als der Richtwert.
[3] Richtwert = Grenze für tolerable Konzentration, deren Überschreitung zur Ursachenermittlung und -vermeidung führen soll.

Quelle: Bundesgesundheitsamt – Zentrale Erfassungs- und Bewertungsstelle für Umweltchemikalien

Nahrung

QUECKSILBER-Gehalte in Lebensmitteln (Angaben in mg/kg Frischsubstanz)

Lebensmittel	Anzahl	Median[1] $\bar{x}$	98. Perzentil[2]	Richtwert[3]
Milch	1092	0,010	0,010	0,01
Eier	90	0,005	0,119	0,03
Rindfleisch	557	0,001	0,010	0,01
Schweinefleisch	394	0,001	0,037	0,03
Rinderleber	803	0,006	0,189	0,1
Schweineleber	502	0,010	0,539	0,1
Rinderniere	732	0,023	0,647	0,1
Schweineniere	482	0,045	2,931	0,1
Hühner	124	0,010	0,045	0,03
Süßwasserfische	384	0,135	1,500	1,0**
Seefische, außer Hg-Problemfische	248	0,100	1,569	1,0**
Hg-Problemfische*	205	0,950	3,160	1,0**
Fischdauerkonserven	1220	0,098	0,809	1,0**
Weizen	94	0,001	0,117	0,3
Roggen	82	0,001	0,069	0,3
Kartoffel	118	0,001	0,015	0,2
Blattgemüse	387	0,010	0,048	0,05
Wurzelgemüse	372	0,003	0,029	0,05
Kernobst	177	0,010	0,039	0,03
Steinobst	112	0,010	0,039	0,03
Wein	84	0,001	0,003	0,01
Bier	651	0,001	0,010	0,01

*) Hg-Problemfische sind:
  Heringshai, Dornhai, Blauleng (-filet), Heilbutt (-filet), Schwarzer Heilbutt (-filet), Steinbutt (-filet), Eishai
**) Verordnungswert
[1] Median $\bar{x}$ = Konzentration, die von 50% der Proben unterschritten wird.
[2] 98-Perzentil = Konzentration, die von 98% der Proben unterschritten wird. Überschreitungen der Richtwerte liegen dann vor, wenn der 98-Perzentilwert höher liegt als der Richtwert.
[3] Richtwert = Grenze für tolerable Konzentration, deren Überschreitung zur Ursachenermittlung führen soll.

Quelle: Bundesgesundheitsamt – Zentrale Erfassungs- und Bewertungsstelle für Umweltchemikalien

Nahrung

Bei einer ausgewogenen, vielseitigen Ernährung sind Überschreitungen der tolerierbaren Schwermetallaufnahme kaum zu erwarten. Einzelne Nahrungsmittel, die normalerweise keinen wesentlichen Anteil an der Schwermetallbelastung haben, können jedoch bei einseitiger Ernährung starke Belastungserhöhungen bewirken. Dies zeigt in der nachfolgenden Tabelle eine Zusammenstellung von Rückstandsuntersuchungen an Hasen. Die Daten entstammen 5 Großregionen Niedersachsens, die aufgrund ihrer Belastungsunterschiede als weitgehend repräsentativ für die Bundesrepublik Deutschland angesehen werden können. Die Richtwerte für Rindernieren betragen im Vergleich für Blei 0,8 mg/kg, für Cadmium 1,0 mg/kg und für Quecksilber 0,1 mg/kg. Das Bundesgesundheitsamt hat wegen der hohen Quecksilbergehalte in Lebern und Nieren von Hasen empfohlen, auf deren Verzehr zu verzichten.

Schwermetallkonzentrationen in Hasennieren in 5 Großregionen Ostniedersachens*) (Probenanzahl = 20 702) (Mittelwerte, mg/kg FS)

Region	Blei	Cadmium	Quecksilber
A	0,499	1,68	2,9
B	0,900	4,10	1,20
C	0,731	3,29	0,983
D	1,08	4,31	3,02
E	7,20	55,1	2,69

*) Region A land- und forstwirtschaftlich genutzter Raum; B, C, D von Verkehr und Industrie belastete Räume; E belasteter Raum

Quelle: Holm, J. (1984)

Nahrung

Nitrat in Lebensmitteln

Nitrat kommt als natürlicher Bestandteil in unterschiedlich großen Mengen, die durch landwirtschaftliche Düngung beeinflußt werden können, in allen pflanzlichen Lebensmitteln, aber auch im Trinkwasser, vor. Nach seiner Aufnahme wird es zum Teil zu Nitrit reduziert, das im Magen mit aus der Nahrung stammenden nitrosierbaren Stickstoffverbindungen unter Umständen geringe Mengen von Nitrosaminen bilden kann, die sich im Tierversuch als krebserzeugend erwiesen haben. Das Ausmaß dieser indirekt vom Nitrat ausgehenden endogenen Nitrosaminbildung ist zur Zeit nicht abzuschätzen. Daher werden vorsorgliche Maßnahmen ergriffen, um vermeidbare hohe Nitratzufuhren über den Verzehr besonders nitratspeichernder Gemüsesorten zu verhindern.

Die beiden folgenden Tabellen enthalten die Nitratgehalte der wichtigsten Lebensmittelgruppen sowie einiger Einzellebensmittel.

Frisches Fleisch, aber auch Weizen und Roggen, weisen sehr niedrige Nitratgehalte auf. Demgegenüber schwanken in frischen Gemüsen die Nitratkonzentrationen um mehrere Zehnerpotenzen. Besonders hohe Nitratgehalte werden in Salat, Spinat, Roten Rüben, Rettichen und Radieschen gefunden; andere Gemüse- und Obstarten weisen dagegen meist deutlich niedrigere Konzentrationen auf. Das Bundesgesundheitsamt hat 1986 Richtwerte für Nitrat in Gemüse herausgegeben.

Ziel der Richtwerte für Kopfsalat, Spinat und Rote Rüben soll sein, der Lebensmittelüberwachung und anderen Untersuchungsstellen aufzuzeigen, bei welchen Konzentrationen unerwünscht hohe Nitratgehalte vorliegen und wann infolgedessen Maßnahmen eingeleitet werden sollten. Solche Maßnahmen wären z.B. Anbau-, Dünge- und Ernteempfehlungen an die Landwirtschaft, in denen im Sinne einer guten landwirtschaftlichen Praxis Wege zur Reduzierung der Nitratbelastung der Lebensmittel aufgezeigt werden.

Siehe auch:
– Verbrauch an Handelsdünger
– Gewässergütedaten
– Nitratgehalt der Trinkwasser

Nahrung

NITRATGEHALTE IN LEBENSMITTELN geordnet nach Obergruppen (Angaben in mg NO_3^-/kg Frischsubstanz)

Lebensmittel	Anzahl der Proben	Median[1] $\bar{x}$	Streubreite[2] min – max
Milch	16	1,0	1,0 – 4,1
Fleisch	110	4,75	1,0 – 49,5
Fleischerzeugnisse	460*	28,25	0,5 – 1384,3
Wurstwaren	726*	29,65	0,1 – 1042,0
Fischerzeugnisse	260	25,00	1,0 – 405,0
Getreide	75	10,0	0,3 – 19,0
Kartoffeln	270	82,00	10,0 – 463,0
Frischgemüse	3776	293,00	0,05 – 6798,0
Frischobst	532	10,0	01,0 – 3291,0
Wein	735	11,30	0,8 – 62,9
Biere	39	18,50	0,4 – 53,4
Säuglingsnahrung**	588	65,00	2,0 – 453,0

*) nur Daten ab 1983
**) für Säuglingsnahrung gilt ein Grenzwert von 250 mg/kg Frischsubstanz
[1] Median $\bar{x}$ = Konzentration, die von 50% der Proben unterschritten wird.
[2] Streubreite = niedrigste und höchste gemessene Konzentration

Quelle: Bundesgesundheitsamt – Zentrale Erfassungs- und Bewertungsstelle

Nahrung

NITRATGEHALTE IN LEBENSMITTELN (Angaben in mg NO_3^-/kg Frischsubstanz)

Einzellebensmittel	Anzahl der Proben	Median[1] $\bar{x}$	Streubreite[2] min − max	Richtwerte[3]
Kasseler, roh, geräuchert	73*	43,3	5,0 − 425,5	−
Schwarzwälder Schinken roh, geräuchert	23*	229,6	21,6 − 1384,3	−
Rohwürste schnittfest	20*	65,5	7,0 − 1042,0	−
Salzheringsfilet	154	1,0	1,0 − 405,0	−
Gabelbissen	103	61,0	19,0 − 276,0	−
Weizenkörner	20	0,3	0,3	−
Roggenkörner	19	8,2	2,5 − 17,8	−
Kopfsalat	526	1322,5	10,0 − 5570,0	3000
Feldsalat	163	1426,0	10,0 − 4125,0	−
Weißkohl	102	349,0	10,0 − 1790,0	−
Spinat	117	775,0	10,0 − 3894,0	2000
Kresse	24	2224,5	10,0 − 5364,0	−
Fenchel	19	850,0	129,0 − 5893,0	−
Tomate	169	10,0	0,4 − 747,0	−
Karotte	65	185,0	14,8 − 841,6	−
Rettich	203	1959,0	10,0 − 6684,0	−
Rote Rüben	108	1335,0	10,0 − 6798,0	3000
Erdbeeren	67	136,0	2,5 − 425,0	−
Tafelweintrauben - weiß	23	7,0	1,0 − 30,0	−
Äpfel	99	10,0	1,0 − 688,0	−
Birne	24	10,0	2,0 − 49,0	−
Rhabarber	19	700,0	90,0 − 3291,0	−

*) nur Daten ab 1983
[1] Median $\bar{x}$ = Konzentration, die von 50% der Proben unterschritten wird.
[2] Streubreite = niedrigste und höchste gemessene Konzentration.
[3] Richtwerte = (−) kein Richtwert

Quelle: Bundesgesundheitsamt − Zentrale Erfassungs- und Bewertungsstelle

Nahrung

Chlorierte Kohlenwasserstoffe in Lebensmitteln

Chlorierte Kohlenwasserstoffe sind eine Gruppe von organischen Verbindungen, die in vielen Einsatzbereichen Verwendung finden. Typische Anwendungsgebiete sind Pestizide, Lösemittel oder Ausgangsprodukte für Kunststoffe.

Aufgrund ihrer Langlebigkeit und der Tendenz zur Anreicherung können sie ein besonderes Problem für die Belastung von Lebensmitteln darstellen. Aufgrund der verschärften Anwendungsbeschränkungen und -verbote zeigen die Rückstandskonzentrationen in Lebensmitteln zum Teil eine rückläufige Tendenz. Repräsentative Daten liegen allerdings nur für wenige der bekannten chlorierten Kohlenwasserstoffe vor, zumeist für die, die als Pestizide eingesetzt werden. Für andere, wie z.B. das hochgiftige TCDD, die als Verunreinigungen von Produkten oder Emissionen in die Umwelt gelangen können, fehlt eine ausreichende Datenbasis.

Chlorierte Kohlenwasserstoffe reichern sich insbesondere in fetthaltigen Geweben an, sie führen zu höheren Konzentrationen in tierischen Produkten, u.a. in Milch, Butter und tierischem Fettgewebe. In den letzten Jahren sind außer bei Hexachlorbenzol (HCB) und Hexachlorcyclohexan-Isomeren (α-, β-HCH, Nebenprodukte bei der Lindanherstellung) kaum noch Höchstmengenüberschreitungen vorgekommen. Die HCH-Isomeren-Rückstände werden vor allem auf die Verwendung von Mitteln zur Parasitenbekämpfung und die Verunreinigung importierter Futtermittel zurückgeführt.

Ein Beispiel für die Überschreitung der zulässigen Höchstmengen für Lindan (γ-HCH) und HCH-Isomere (α- und β-HCH) gibt die folgende Tabelle zu Milch.

Chlorkohlenwasserstoffe in Trinkmilch, Butter und Käse (1983) (mg/kg Fett)

Substanz	Trinkmilch ($n^{3)}$ = 8)		Butter (n = 238)		Käse (n = 49)		Höchst-
	$\bar{x}^{2)}$	max[1]	$\bar{x}^{2)}$	max[1]	$\bar{x}^{2)}$	max[1]	menge[4]
HCB	0,023	0,043	0,021	0,248	0,018	0,065	0,5
β-HCH	0,010	0,050	0,029	0,239	0,024	0,152	0,05
$\alpha+\beta$-HCH	0,031	0,088	0,069	0,546	0,059	0,192	0,1
γ-HCH	0,027	0,071	0,018	0,129	0,016	0,055	0,2
Heptachlorepoxid	0,001	0,008	0,001	0,009			0,1
Gesamt-DDT	0,051	0,146	0,047	0,192	0,053	0,112	1,0

[1] max = höchste gemessene Konzentration
[2] $\bar{x}$ = geometrisches Mittel
[3] n = Anzahl der Proben
[4] Höchstmengen für Milch und Milchprodukte, bezogen auf den Fettgehalt.

Quelle: Umweltbundesamt

Nahrung

Rückstände chlorierter Kohlenwasserstoffe in Frauenmilch

Das gesamte Spektrum schwerabbaubarer chlorierter Kohlenwasserstoffe findet sich auch in Frauenmilch. Trotz massiver Anwendungsbeschränkungen dieser Pestizide und von PCB hat sich die Rückstandssituation bei Frauenmilch noch nicht wesentlich verbessert.

Vergleicht man diese Werte mit den zulässigen Höchstmengen für Trinkmilch, so ist festzustellen, daß für alle Komponenten Höchstmengenüberschreitungen vorkommen.

Persistente Chlorkohlenwasserstoffe in Frauenmilchproben
(Probenanzahl = 445; 1984) (mg/kg Fett)

Rückstand	Median[1] $\bar{x}$	Streubreite[2] min−max	Höchstmenge[3]
HCB	0,35	0,008 − 2,73	0,5
β-HCH	0,14	0,005 − 1,38	0,05
γ-HCH	0,03	0,003 − 1,42	0,2
HepE	0,003	n.n. − 0,06	0,1
Dieldrin	0,03	n.n. − 0,28	0,1[4]
DDT (Gesamt)	0,84	0,07 − 5,34	1,0
PCB	2,07	0,20 − 11,91	0,45[5]

[1] Median $\bar{x}$ = Konzentration, die von 50% der Proben unterschritten wird.
[2] Streubreite = oberer und unterer gemessener Wert.
    n.n. nicht nachweisbar
[3] Höchstmengen für Trinkmilch
[4] Aldrin *und* Dieldrin
[5] Aus Entwurf der Bundesregierung für Höchstmengen der Homologe berechnet

Quelle: Umweltbundesamt

Da der Nutzen des Stillens nach Meinung der „Kommission zur Prüfung von Rückständen in Lebensmitteln der Deutschen Forschungsgemeinschaft", für die Entwicklung des Kindes höher einzuschätzen ist als ein möglicherweise vorhandenes Risiko durch die in der Frauenmilch gefundenen Rückstände, empfiehlt sie eine Stillzeit von vier Monaten. Mütter, die ihr Kind wesentlich länger als sechs Monate stillen wollen, sollen überprüfen lassen, welche Mengen an persistenten Organochlor-Verbindungen mit der Milch ausgeschieden werden.

Nahrung

Nitratgehalt des Trinkwassers

Naturbelassenes Grundwasser enthält in der Regel weniger als 10 mg/l Nitrat. Höhere Konzentrationen sind nur selten durch die geologische Beschaffenheit des Untergrundes bedingt. In der Regel sind sie auf die Auswaschung von stickstoffhaltigen Düngemitteln und auf die Versickerung von nitrathaltigem Oberflächenwasser (durch Abwasser mit Nitrat angereichert) zurückzuführen. Als weitere, jedoch mengenmäßig weniger bedeutende Verursacherquellen gelten Feldsilos, Sickergruben, Abwässer und Sickerwässer aus Deponien. Mit Erosionswässern aus landwirtschaftlichen Flächen und aus der Ableitung geklärter häuslicher Abwässer gelangt Nitrat auch in die Vorfluter, so daß sowohl aus Oberflächenwasser als auch aus Grundwasser gewonnenes Trinkwasser Nitrat enthalten kann.

Als Problemgebiete innerhalb der Bundesrepublik Deutschland gelten Regionen, in denen intensive landwirtschaftliche Nutzung auf hohem Düngeniveau vorherrschen. Auch die unsachgemäße Anwendung von Wirtschaftsdünger, insbesondere Gülle, ist in diesem Zusammenhang von Bedeutung. In der Datenbank „BIBIDAT" des Bundesgesundheitsamtes sind folgende Gebiete mit hohem Nitratgehalt im Trinkwasser ausgewiesen:

- Niederrheinische Bucht (Gemüse- und Zuckerrübenanbau)
- Oberrheintalgraben (Rheingau: Weinbau; Markgräfler Land: Wein- und Gemüseanbau)
- Täler von Rhein, Mosel, Neckar (Weinbau)
- Bereich München (Hopfenanbau).

Es muß darauf hingewiesen werden, daß die Daten in der Datenbank BIBIDAT nur die zentrale Wasserversorgung berücksichtigen. Wesentliche Nitratbelastungen gehen aber gerade von dezentralen oberflächennahen Einzelversorgungen aus, wie sie in ländlichen Einzelsiedlungen noch immer anzutreffen sind. Der Grenzwert für Trinkwasser ist aus Vorsorgegründen durch eine EG-Trinkwasser-Richtlinie vom 15.6.1980 auf 50 mg/l NO_3 herabgesetzt worden. Die neue Trinkwasserverordnung vom 22. Mai 1986 übernimmt diesen Grenzwert in die deutsche Gesetzgebung.

Zur Beurteilung der tatsächlichen Gefährdung des Rohwassers wurde von der Länderarbeitsgemeinschaft Wasser (LAWA) eine am vorhandenen Datenmaterial orientierte Analyse über die Trinkwasserbeschaffenheit der öffentlichen Wasserwerke in der Bundesrepublik Deutschland erstellt. Aus den ausgewerteten Daten lassen sich folgende Schlüsse ziehen:

Grenzwertüberschreitungen bei Nitrat sind bisher ausschließlich im Grundwasser und im Quellwasser festzustellen. In den Flächenländern schwanken im Bereich der öffentlichen Wasserversorgung die Anteile des Trinkwassers aus Grund- und Quellwasser mit Nitratgehalten von mehr als 50 mg/l (Grenzwert) zwischen nahezu null und gut 8 Prozent. Eigenwasserversorgungsanlagen sind weit stärker (bis zu 50%) vom Nitratproblem betroffen.

Nahrung

Besonders dringend sind Maßnahmen zur Reduzierung des Nitrateintrages aus der Landwirtschaft in das Grundwasser. Die meist großflächige Nitratbelastung (und z.T. Ammoniumbelastung) des Grundwassers wird gebietsweise weiter ansteigen; das sog. Reduktionsvermögen von Böden und Untergrund wird durch den anhaltenden Nitrateintrag aufgezehrt, der Chemismus des Grundwassers ist ständigen, anthropogen verursachten Veränderungen ausgesetzt; die Folgen dieser Veränderungen können heute kaum abgeschätzt werden.

Die nachgewiesenen Belastungen sind symptomatisch für eine Entwicklung, die mit der Intensivierung der Landwirtschaft begonnen hat und sich – selbst bei geänderten Rahmenbedingungen – wegen der langen Verweilzeiten im Untergrund noch über Jahrzehnte auswirken wird.

Siehe auch:
- Abschnitt Bodenschutz und Landwirtschaft
- Abschnitt Grundwasservorkommen
- Abschnitt Gewässergütedaten ausgewählter Meßstationen – Nitrat
- Abschnitt Öffentliche Wasserversorgung

Nahrung

Nitratgehalte des Trinkwassers nach Kreisen 1983

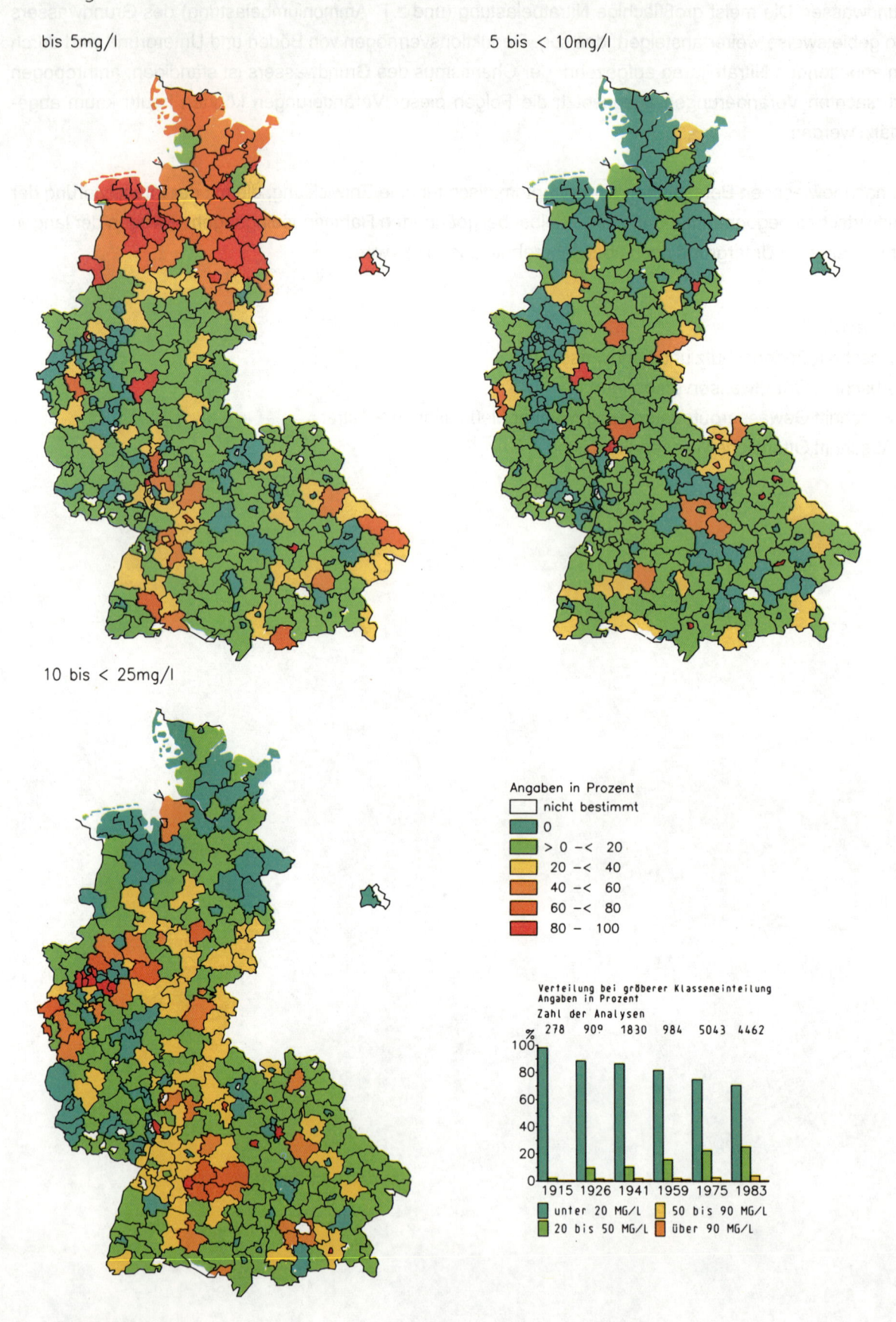

bis 5 mg/l   5 bis < 10 mg/l

10 bis < 25 mg/l

Angaben in Prozent
- nicht bestimmt
- 0
- > 0 – < 20
- 20 – < 40
- 40 – < 60
- 60 – < 80
- 80 – 100

Verteilung bei gröberer Klasseneinteilung
Angaben in Prozent
Zahl der Analysen: 278 909 1830 984 5043 4462

Jahre: 1915, 1926, 1941, 1959, 1975, 1983

- unter 20 MG/L
- 20 bis 50 MG/L
- 50 bis 90 MG/L
- über 90 MG/L

Quelle: Bundesgesundheitsamt

Nahrung

Nitratgehalte des Trinkwassers nach Kreisen 1983

25 bis < 50 mg/l

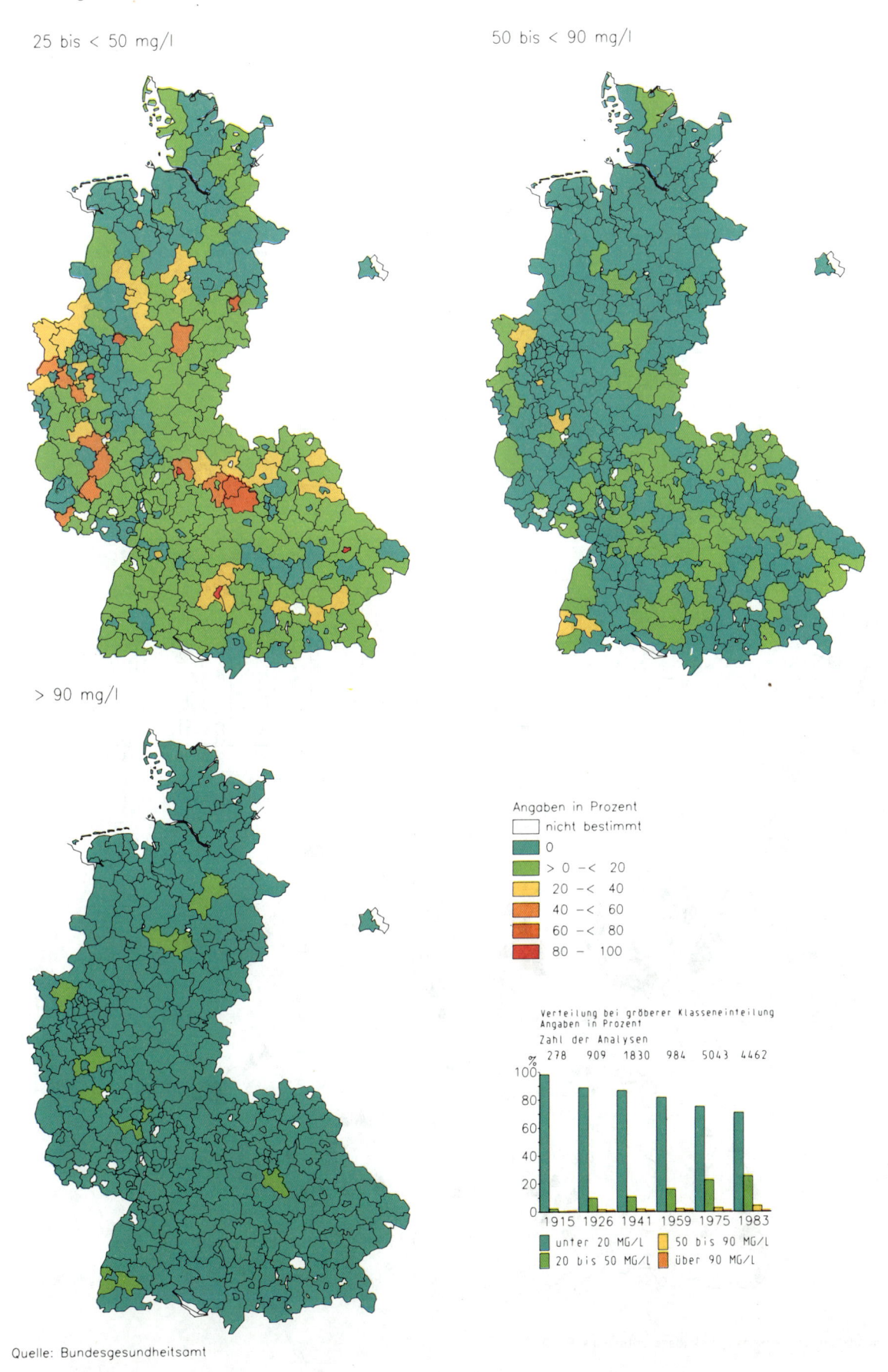

50 bis < 90 mg/l

> 90 mg/l

Angaben in Prozent
- nicht bestimmt
- 0
- > 0 − < 20
- 20 − < 40
- 40 − < 60
- 60 − < 80
- 80 − 100

Verteilung bei gröberer Klasseneinteilung
Angaben in Prozent
Zahl der Analysen: 278, 909, 1830, 984, 5043, 4462 (1915, 1926, 1941, 1959, 1975, 1983)

- unter 20 MG/L
- 20 bis 50 MG/L
- 50 bis 90 MG/L
- über 90 MG/L

Quelle: Bundesgesundheitsamt

Daten zur Umwelt 1986/87
Umweltbundesamt

UMPLIS
Methodenbank
Umwelt

Nahrung

Nitratgehalt des Trinkwassers in der Bundesrepublik Deutschland
Überschreitungen des Grenzwertes

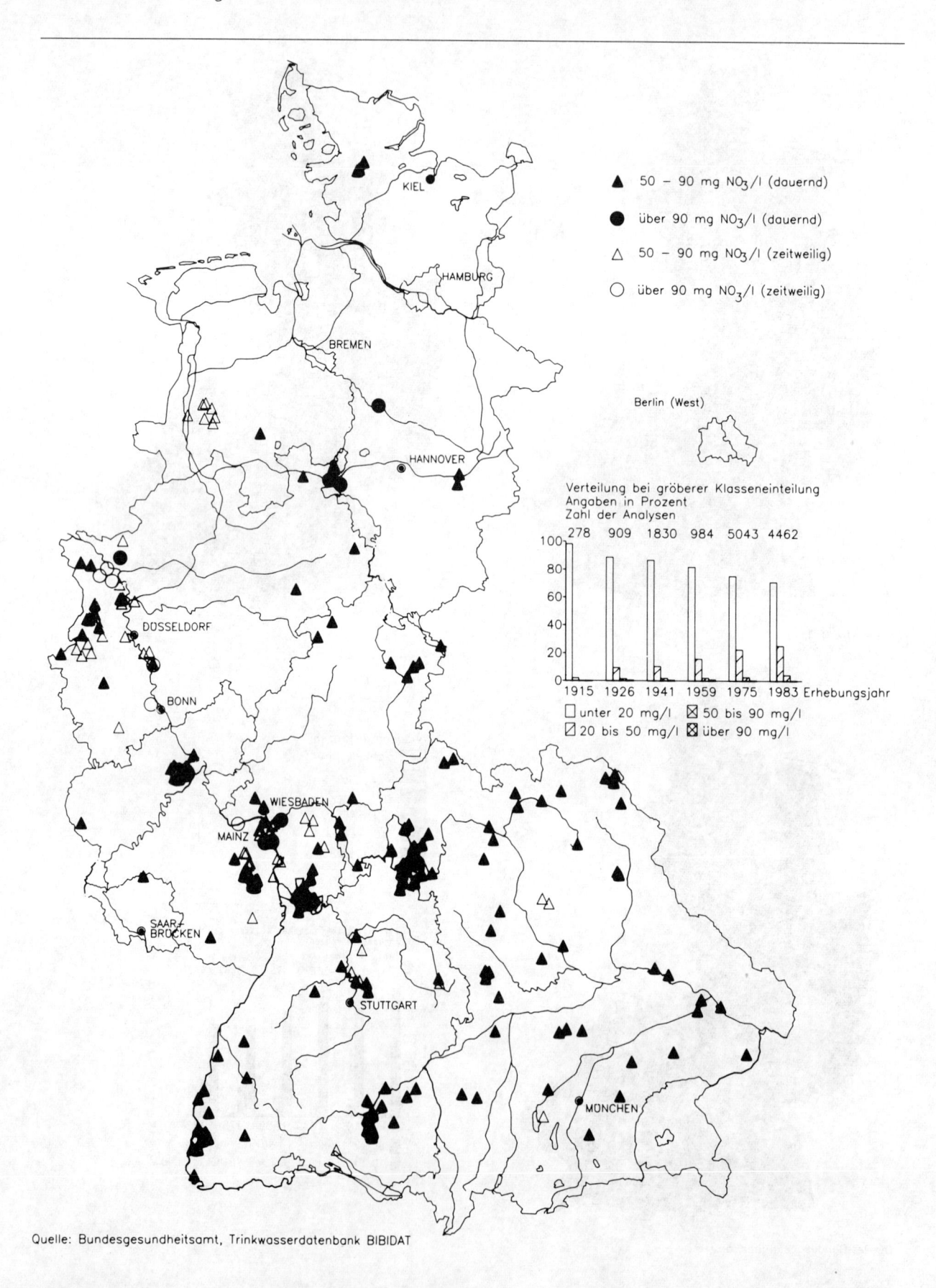

▲ 50 – 90 mg NO_3/l (dauernd)

● über 90 mg NO_3/l (dauernd)

△ 50 – 90 mg NO_3/l (zeitweilig)

○ über 90 mg NO_3/l (zeitweilig)

Verteilung bei gröberer Klasseneinteilung
Angaben in Prozent
Zahl der Analysen: 278, 909, 1830, 984, 5043, 4462
Erhebungsjahr: 1915, 1926, 1941, 1959, 1975, 1983

☐ unter 20 mg/l   ⊠ 50 bis 90 mg/l
▨ 20 bis 50 mg/l   ⊠ über 90 mg/l

Quelle: Bundesgesundheitsamt, Trinkwasserdatenbank BIBIDAT

Radioaktivität

	Seite
Datengrundlagen	480
Natürliche Strahlenexposition	483
Überwachung der Luft	486
Überwachung der Niederschläge	488
Überwachung von Boden und Bewuchs	490
Überwachung der Oberflächengewässer	494
Überwachung von Nord- und Ostsee	496
Überwachung der Fließgewässer	498
Überwachung des Trinkwasser	501
Überwachung von Milch- und Milchprodukten	503
Überwachung der Gesamtnahrung	505
Überwachung der Radioaktivität in menschlichen Knochen	507
Überwachung der Radioaktivität im Abwasser und Klärschlamm	509
Abgabe radioaktiver Stoffe aus Kernkraftwerken	510
Auswirkungen des Reaktorunfalls in Tschernobyl	514

Radioaktivität

Datengrundlagen

In der Bundesrepublik Deutschland sind zahlreiche Stellen mit der Überwachung der Umweltradioaktivität sowie mit der Ermittlung der Strahlenexposition der Bevölkerung befaßt.

Aufgrund der Kernwaffenversuche in der Atmosphäre in den Jahren nach 1945 und des daraus resultierenden Anstiegs der Konzentration künstlich-radioaktiver Stoffe in Luft, Wasser, Boden und Lebensmitteln, die einen nicht mehr vernachlässigbaren Beitrag zur Strahlenexposition der Bevölkerung lieferten, wurde ein Meß- und Überwachungssystem in der Bundesrepublik Deutschland aufgebaut. Im Jahre 1955 wurde der Deutsche Wetterdienst gesetzlich verpflichtet, die „Atmosphäre auf radioaktive Beimengungen und deren Verfrachtung zu überwachen". Gleichzeitig wurde mit dem Aufbau eines Meßnetzes zur Überwachung der Oberflächengewässer, des Bodens und von Lebensmitteln begonnen.

Nach Artikel 35 des Vertrages zur Gründung der Europäischen Atomgemeinschaft (Euratom) sind die Mitgliedstaaten verpflichtet, „die notwendigen Einrichtungen zur ständigen Überwachung des Gehaltes der Luft, des Wassers und des Bodens an Radioaktivität sowie zur Überwachung der Einhaltung der Strahlenschutz-Grundnormen zu schaffen". Artikel 36 schreibt eine regelmäßige Berichterstattung über die Meßergebnisse vor. Im Laufe des Jahres 1960 wurde in Vereinbarungen mit den Bundesressorts und den Ländern ein Aufbau der Überwachung festgelegt, der bis heute Gültigkeit hat. Die Verpflichtungen aus Artikel 35 und 36 des Euratom-Vertrages werden mittels der „amtlichen Radioaktivitätsmeßstellen" erfüllt.

Weitere rechtliche Verpflichtungen sind aus dem Atom- und Strahlenschutzrecht abzuleiten. So ist durch die Entwicklung der friedlichen Nutzung der Kernenergie seit Inbetriebnahme der ersten Forschungsreaktoren in der Bundesrepublik Deutschland in den Jahren 1957 und 1958 eine zusätzliche Aufgabe für die Überwachung der Umweltradioaktivität entstanden.

Derzeit umfaßt das Überwachungsnetz acht Leitstellen, die sämtliche Umweltbereiche regelmäßig auf ihren Gehalt an radioaktiven Stoffen zu überwachen bzw. die Ergebnisse der jeweiligen Meßstellen registrieren und auswerten.

Die von den amtlichen Meßstellen gemessenen Werte der Radioaktivität in der menschlichen Umwelt werden seit Herbst 1958 in Form von Vierteljahresberichten und seit 1968 in Jahresberichten veröffentlicht.

Bei der Beurteilung der nachfolgenden Daten sind die Beurteilungsmaßstäbe der Strahlenschutzverordnung vom 13.10.1976 (StrSchV, BGBl. I 52 905) heranzuziehen. Sie legen fest, daß

- ionisierende Strahlen nur dann anzuwenden sind, wenn der Nutzen der Anwendung dies rechtfertigt,
- alle Strahlenbelastungen so gering wie möglich zu halten sind,
- die Strahlenbelastung in der Strahlenschutzverordnung festgelegten Grenzwerte nicht überschreiten darf. Auch unterhalb dieser Grenzwerte muß sie so gering wie möglich gehalten werden.

Radioaktivität

Erläuterungen zu den verwendeten Begriffen

Radioaktive Stoffe

Radioaktive Stoffe werden dadurch charakterisiert, daß sie sich spontan in andere Stoffe umwandeln. Dabei senden sie α- oder β-Teilchen oder γ-Strahlung aus. Entsprechend klassifiziert man die radioaktiven Stoffe in α-, β- und γ-Strahler. Je nach Art der radioaktiven Stoffe erfolgt die Umwandlung in andere Stoffe schneller oder langsamer. Indikator dafür ist die Halbwertzeit, sie bestimmt die Zeit, in der sich statistisch die Hälfte des radioaktiven Stoffes in einen anderen Stoff umgewandelt hat. Radioaktive Stoffe gibt es seit Entstehung der Erde. Radium 226 ist ein natürlicher radioaktiver Stoff. Radium 226 ist ein α-Strahler und wandelt sich jeweils in 1600 Jahren zur Hälfte in Blei um. Neben den natürlichen radioaktiven Stoffen gibt es auch künstlich erzeugte radioaktive Stoffe. Dazu gehören Strontium 90, ein β-Strahler mit einer Halbwertzeit von 30 Jahren, das sich in Zirkon umwandelt, sowie Cäsium 137, ebens ein β- und auch γ-Strahler mit einer Halbwertzeit von 30 Jahren, das sich in Barium umwandelt. Beide Stoffe sind Produkte der Kernwaffenversuche und der Nutzung der Kernenergie.

Dosisgrenzwerte

Für die Bundesrepublik Deutschland ist nach der Strahlenschutzverordnung „jede unnötige Strahlenexposition oder Kontamination von Personen, Sachgütern oder der Umwelt zu vermeiden" und „jede Strahlenexposition oder Kontamination von Personen, Sachgütern oder der Umwelt unter Beachtung des Standes von Wissenschaft und Technik und unter Berücksichtigung aller Umstände des Einzelfalles auch unterhalb der in dieser Verordnung festgelegten Grenzwerte so gering wie möglich zu halten" (§ 28 Abs.1 und 2 der StrSchV vom 13.10.1986). Weiterhin sind höchstzulässige Dosiswerte (Dosisgrenzwerte) für die Bevölkerung und für beruflich strahlenexponierte Personen in dieser Verordnung festgelegt. Ausgegangen wurde dabei von den Empfehlungen der Internationalen Strahlenschutzkommission (ICRP), die erstmals bereits vor ca. 50 Jahren höchstzulässige Dosiswerte für beruflich strahlenexponierte Personen erarbeitet hat und diese Werte seither laufend dem Stand der Wissenschaft anpaßt. In der Bundesrepublik Deutschland sind Dosisgrenzwerte für Einzelpersonen an den ungünstigen Einwirkungsstellen in der Umgebung von kerntechnischen Anlagen derart festgelegt worden, daß die durch Ableitung radioaktiver Stoffe mit Luft oder Wasser bedingte Strahlenexposition pro Jahr jeweils höchstens 0,3 Millisievert für Ganzkörper, Knochenmark und Gonaden, 1,8 Millisievert für die Knochen und 0,9 Millisievert für die übrigen Organe betragen darf.

Radioaktivität

Maßeinheiten im Strahlenschutz

Phys. Größe	SI-Einheit
Aktivität	Becquerel (Bq) 1 Bq = 1/s
Energiedosis	Gray (Gy) 1 Gy = 1 J/kg
Aquivalentdosis	Sievert (Sv) 1 Sv = 1 J/kg
Ionendosis	Coulomb/Kilogramm (C/kg)
Energiedosisleistung	Gray/Sekunde (Gy/s)
Ionendosisleistung	Ampere/Kilogramm (A/kg)

Radioaktivität

Natürliche Strahlenexposition

Seit vielen Generationen ist die Bevölkerung einer natürlichen ionisierenden Strahlung ausgesetzt, die sich im wesentlichen aus einer kosmischen und einer terrestrischen Komponente zusammensetzt. Während der Anteil der kosmischen Strahlung nur von der geomagnetischen Breite und der Höhe über dem Meeresspiegel abhängt (die Dosisleistung beträgt in unseren Breiten in Seehöhe 0,3 mSv/a und in 1000 m Höhe etwa 0,4 mSv/a), weist die terrestrische Strahlung starke örtliche Unterschiede auf. Sie rührt im wesentlichen von den Radionukliden Kalium 40, Radium 226 und Thorium 232 mit Folgeprodukten her und ist im Freien vom geologischen Untergrund abhängig. Die Höhe der natürlichen Strahlenexposition und ihre Schwankungsbreite sind für die Beurteilung zivilisatorisch bedingter künstlerischer Strahlenexposition der Bevölkerung von Bedeutung. Nach einer Abschätzung (seit 1978) der natürlichen Strahlenexposition der Bevölkerung der Bundesrepublik Deutschland ist der Anteil der terrestrischen Strahlenbelastung gemittelt über verschiedene Landschaften 0,6 mSv/a. Maximalwert von 1,4 mSv/a werden für den Schwarzwald und den Bayerischen Wald angegeben.

Neben kosmischer und terrestrischer Komponente der natürlichen Strahlenexposition ist noch das Radon von wesentlicher Bedeutung für die Strahlenexposition der Bevölkerung. Das Radon als Zerfallsprodukt von Radium und Thorium ist überall in der Luft zu finden und kann sich in geschlossenen Räumen zu höheren Werten konzentrieren. Die im Rahmen eines Forschungsvorhabens gemessenen Radon-Konzentrationen in Häusern zeigt die Grafik. Die hieraus resultierende Strahlenexposition beträgt etwa 1 mSv/a.

Radioaktivität

Ortsdosisleistung der terrestrischen Strahlung im Freien

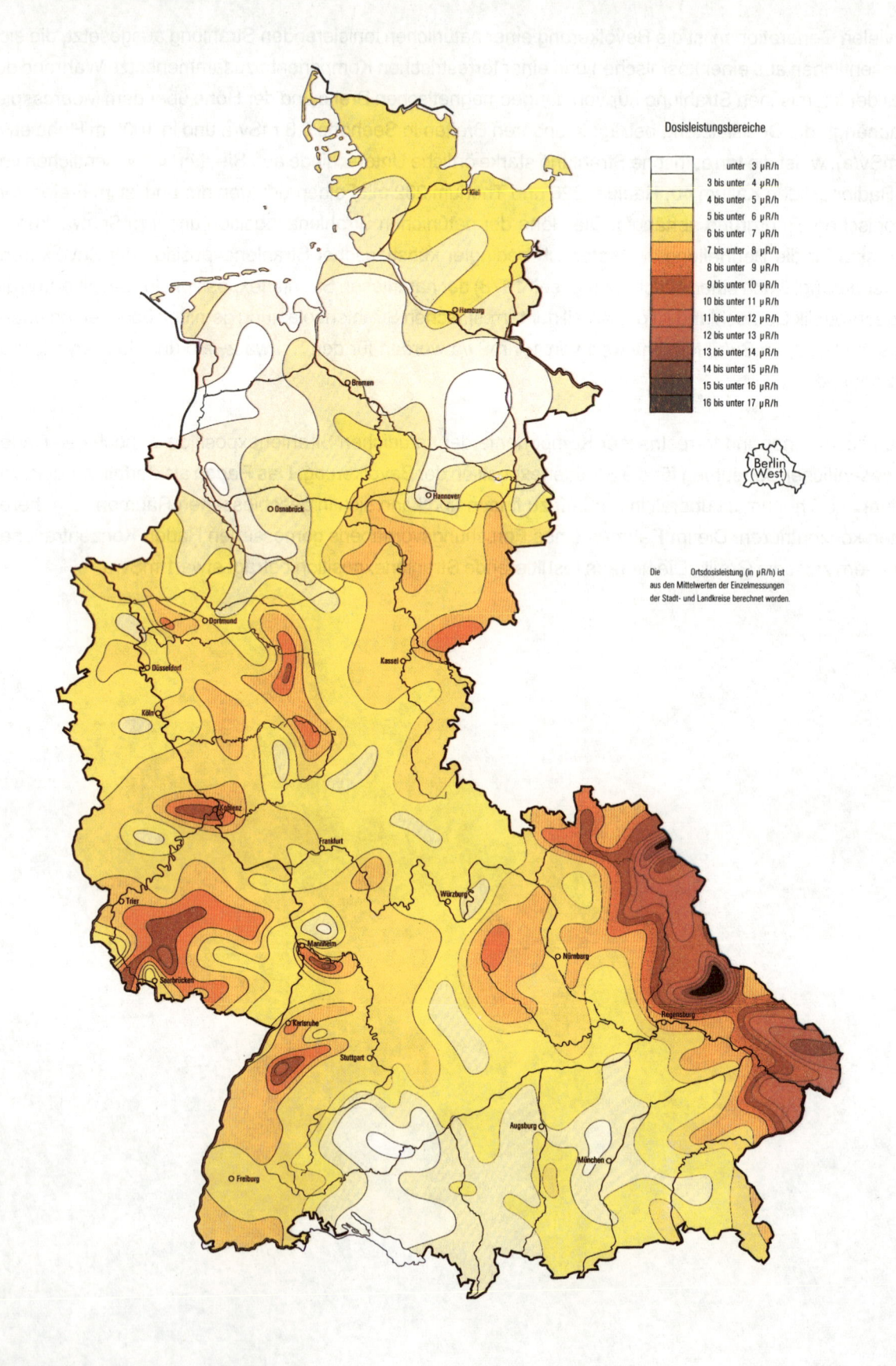

Dosisleistungsbereiche

- unter 3 µR/h
- 3 bis unter 4 µR/h
- 4 bis unter 5 µR/h
- 5 bis unter 6 µR/h
- 6 bis unter 7 µR/h
- 7 bis unter 8 µR/h
- 8 bis unter 9 µR/h
- 9 bis unter 10 µR/h
- 10 bis unter 11 µR/h
- 11 bis unter 12 µR/h
- 12 bis unter 13 µR/h
- 13 bis unter 14 µR/h
- 14 bis unter 15 µR/h
- 15 bis unter 16 µR/h
- 16 bis unter 17 µR/h

Die Ortsdosisleistung (in µR/h) ist aus den Mittelwerten der Einzelmessungen der Stadt- und Landkreise berechnet worden.

Quelle: Bundesminister des Innern (1982)

Radioaktivität

Radon-Medianwerte in Häusern nach Regierungsbezirken in Bq/m³
(In Klammern: Anzahl von Messungen erfaßter Wohnungen)

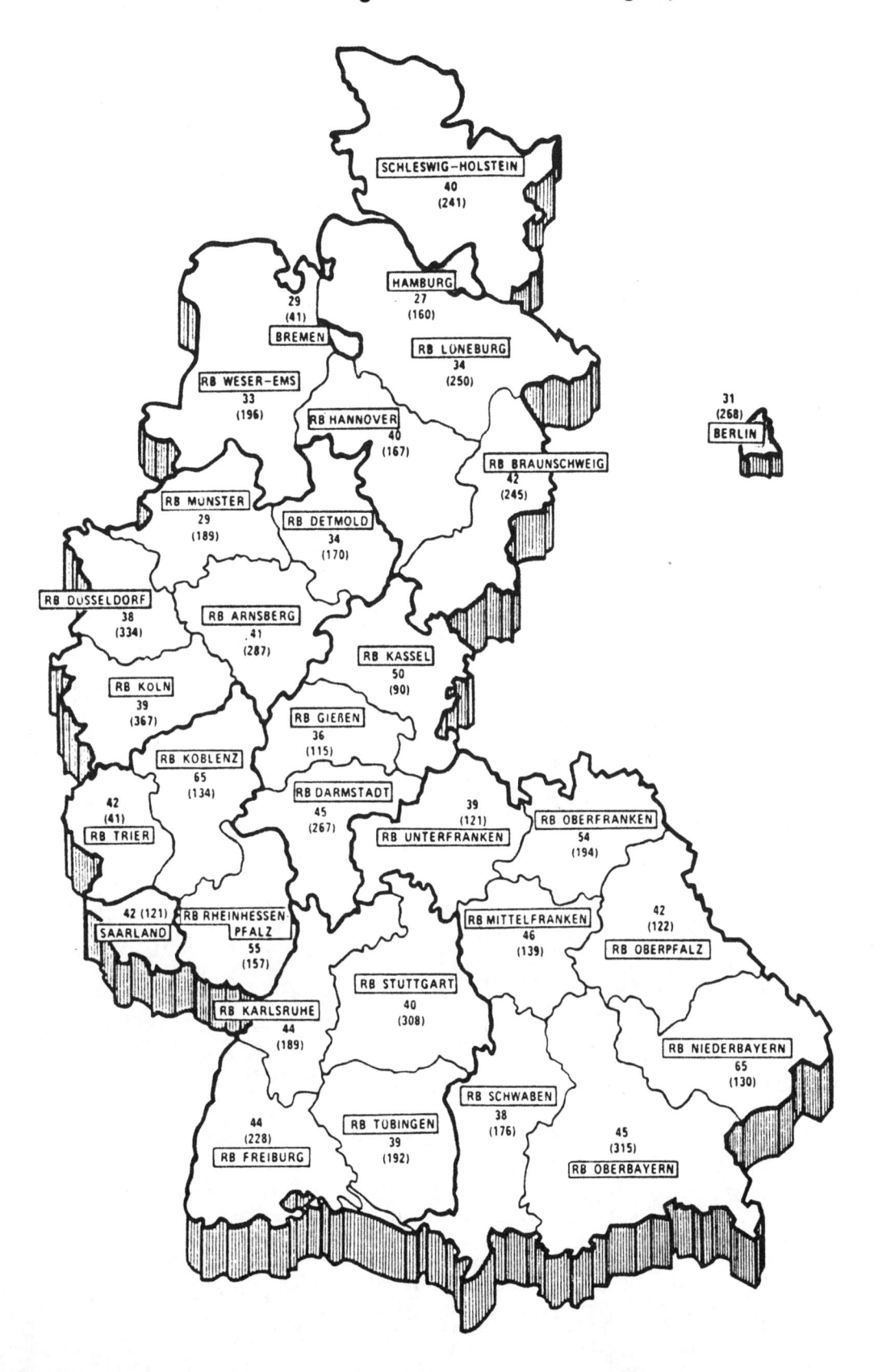

Regierungsbezirk	Medianwert (Bq/m³)	Anzahl Wohnungen
Schleswig-Holstein	40	(241)
Hamburg	27	(160)
Bremen	29	(41)
RB Lüneburg	34	(250)
RB Weser-Ems	33	(196)
RB Hannover	40	(167)
RB Braunschweig	42	(245)
Berlin	31	(268)
RB Münster	29	(189)
RB Detmold	34	(170)
RB Düsseldorf	38	(334)
RB Arnsberg	41	(287)
RB Kassel	50	(90)
RB Köln	39	(367)
RB Gießen	36	(115)
RB Koblenz	65	(134)
RB Trier	42	(41)
RB Darmstadt	45	(267)
RB Unterfranken	39	(121)
RB Oberfranken	54	(194)
Saarland	42	(121)
RB Rheinhessen-Pfalz	55	(157)
RB Mittelfranken	46	(139)
RB Oberpfalz	42	(122)
RB Karlsruhe	44	(189)
RB Stuttgart	40	(308)
RB Niederbayern	65	(130)
RB Freiburg	44	(228)
RB Tübingen	39	(192)
RB Schwaben	38	(176)
RB Oberbayern	45	(315)

Quelle: Bundesminister für Umwelt, Naturschutz und Reaktorsicherheit

Radioaktivität

Überwachung der Luft

An der Überwachung der Luft beteiligen sich die Ländermeßstellen, die Technischen Überwachungsvereine, kerntechnische Anlagen, Forschungsinstitute, Kernforschungszentren und der Deutsche Wetterdienst.

Im Meßprogramm ist die Bestimmung der langlebigen Alpha-Aktivität, der langlebigen Beta-Aktivität, der Einzelnuklide sowie der Umgebungsstrahlung enthalten. Für die langlebige Beta-Aktivität weisen die Meßergebnisse des Deutschen Wetterdienstes einen Jahresmittelwert von $< 1,1$ mBq/m^3 und für die langlebige Alpha-Aktivität, die an mehreren Orten der Bundesrepublik Deutschland gemessen wird, einen Jahresmittelwert von $< 0,37$ mBq/m^3 aus.

Radioaktivität

Radioaktivitätsmeßstellen des Deutschen Wetterdienstes

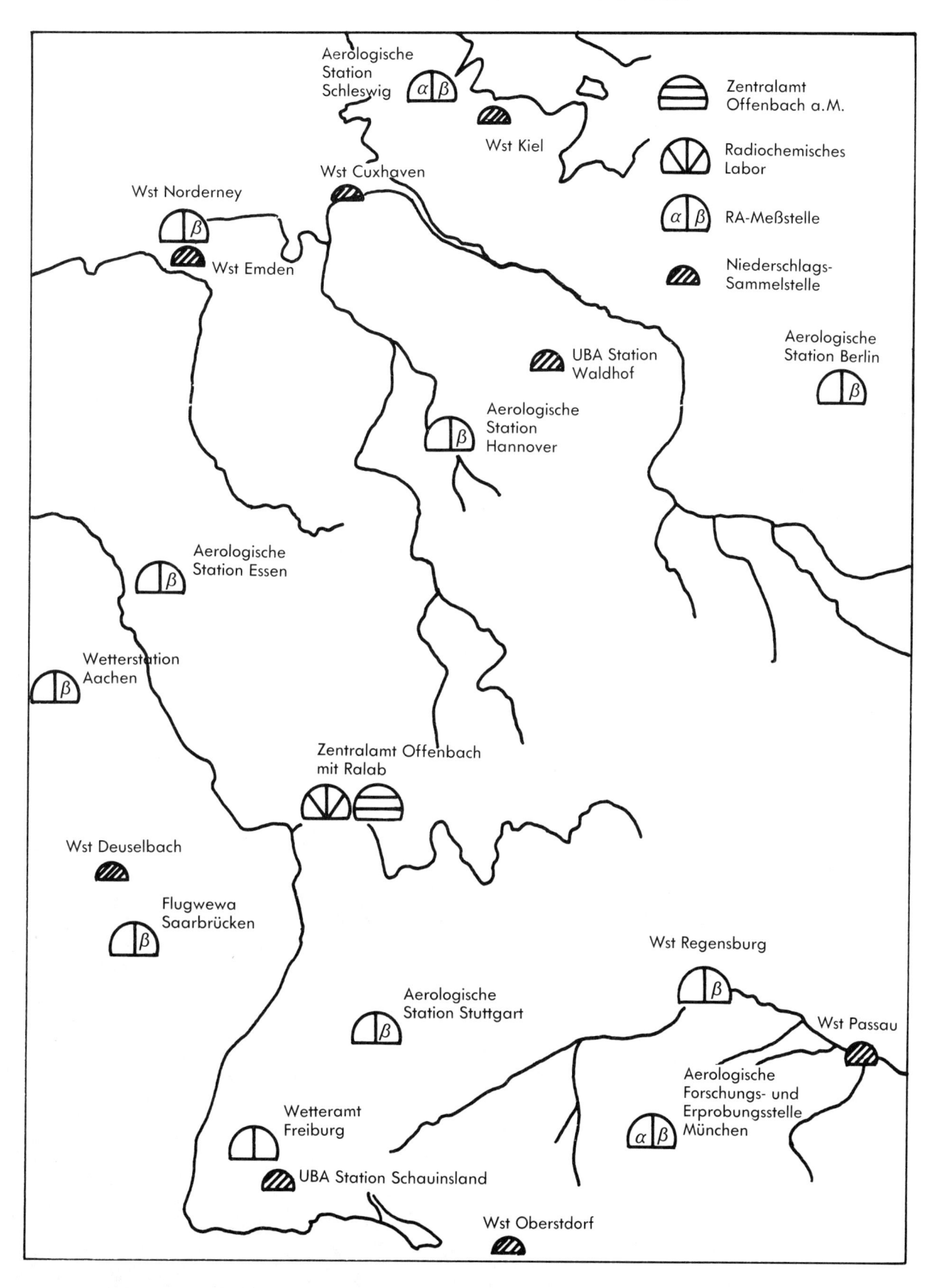

Legende:
- Zentralamt Offenbach a.M.
- Radiochemisches Labor
- RA-Meßstelle ($\alpha|\beta$)
- Niederschlags-Sammelstelle

Stationen:
- Aerologische Station Schleswig
- Wst Kiel
- Wst Norderney
- Wst Cuxhaven
- Wst Emden
- UBA Station Waldhof
- Aerologische Station Hannover
- Aerologische Station Berlin
- Aerologische Station Essen
- Wetterstation Aachen
- Zentralamt Offenbach mit Ralab
- Wst Deuselbach
- Flugwewa Saarbrücken
- Aerologische Station Stuttgart
- Wst Regensburg
- Wst Passau
- Aerologische Forschungs- und Erprobungsstelle München
- Wetteramt Freiburg
- UBA Station Schauinsland
- Wst Oberstdorf

Quelle: Deutscher Wetterdienst, Offenbach (1982)

Radioaktivität

Überwachung der Niederschläge

Analog zu der Überwachung der Luft werden auch die Niederschläge auf Radioaktivität überwacht. Die gemessene Aktivität der Niederschläge wird auf die dem Erdboden zugeführte Aktivität bezogen. Ein typischer Wert der letzten Jahre war 1000 Bq/m² und darunter. Zu Zeiten des Fallouts durch die Kernwaffenversuche in den Jahren 1960–1964 lag dieser Wert mehr als 20-fach höher.

Radioaktivität

Jahresmittelwerte der Gesamt-Beta-Aktivität der Niederschläge (MBq/km²) aller Meßstellen des DWD im Zeitraum 1960–1983

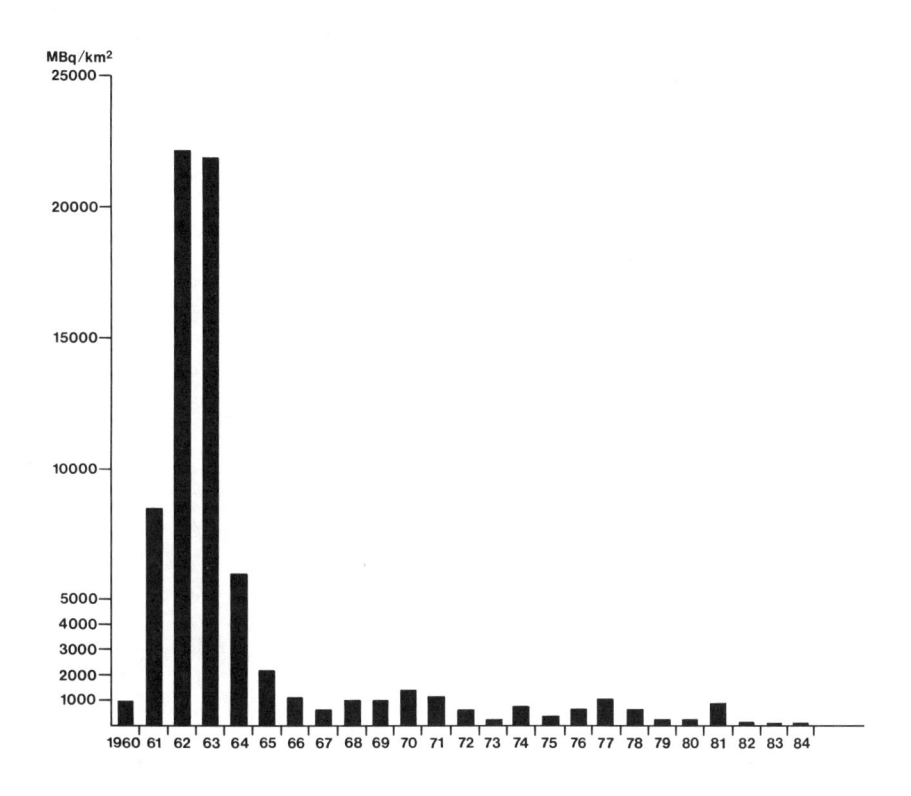

Monatsmittelwerte der Aerosol-Radioaktivität aller Meßstellen des DWD in Millibecquerel pro Kubikmeter

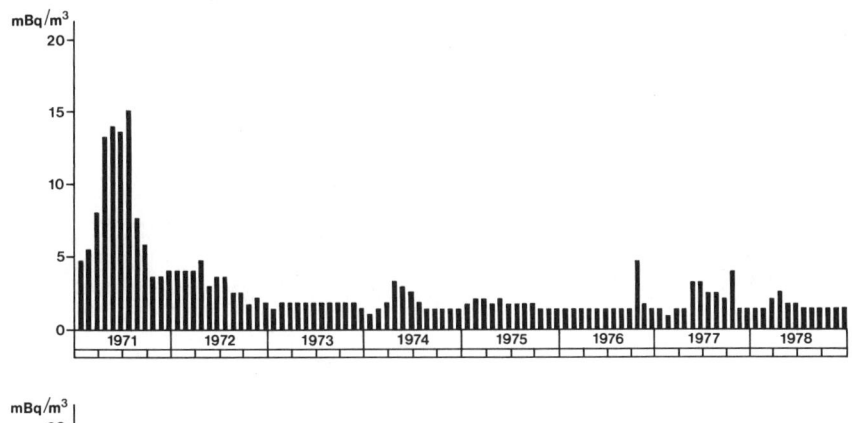

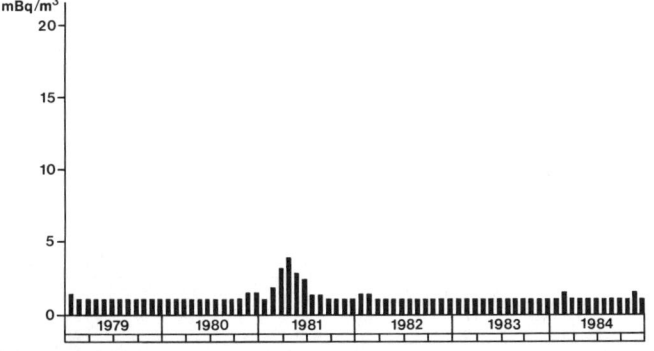

Quelle: Deutscher Wetterdienst

Radioaktivität

Überwachung von Boden und Bewuchs

Parallel zur Überwachung der Luft und der Niederschläge erfolgt auch eine Überwachung der Radioaktivität von Boden und Bewuchs. Repräsentativ für die gesamte Bundesrepublik sind die Meßwerte für drei Bundesländer für die Jahre 1977 bis 1983 wiedergegeben.

Radioaktivität

Mittelwerte der Radioaktivität des Bodens von 1977 bis 1983 nach Messungen der Länder

Bundesland (Meßstelle)	Jahr	Cs 137 Anzahl der Einzelwerte	Cs 137 Mittelwert Bq/kg Tr.	Sr 90 Anzahl der Einzelwerte	Sr 90 Mittelwert Bq/kg Tr.
Niedersachsen	1977			20	5,6
(LUFA Hameln	1978			20	5,7
(LUFA Olden-	1979			20	7,6
burg	1980			20	4,5
	1981			20	2,9
	1982			20	2,5
	1983			20	3,2
	Maximaler Einzelwert				5,9
	Minimaler Einzelwert				1,8
Nordrhein-	1977	30	19,2	14	5,4
Westfalen	1978	28	19,0	14	4,9
(Gewerbeauf-	1979	28	18,8	14	5,0
sicht Düssel-	1980	28	11,9	14	1,8
dorf)	1981	28	15,0	14	1,8
	1982	28	17,4	13	4,1
	1983	28	15,9	15	1,7
	Maximaler Einzelwert		46,2		4,6
	Minimaler Einzelwert		6,2		0,9
Schleswig-	1977			20	2,8
Holstein	1978			20	3,1
	1979			20	3,4
	1980			10	2,7
	1981	6	10,8	20	3,0
	1982	14	9,6	20	3,2
	1983	14	6,5	20	2,9
	Maximaler Einzelwert		19,4		6,0
	Minimaler Einzelwert		2,0		1,0

Quelle: Bundesminister für Umwelt, Naturschutz und Reaktorsicherheit

Radioaktivität

Mittelwerte der Radioaktivität des Bewuchses von 1977 bis 1983 nach Messungen der Länder

Bundesland (Meßstelle)	Jahr	Cs 137 Anzahl der Einzelwerte	Cs 137 Mittelwert Bq/kg Tr.	Sr 90 Anzahl der Einzelwerte	Sr 90 Mittelwert Bq/kg Tr.
Niedersachsen	1977			20	7,7
(LUFA Hameln	1978			20	6,3
(LUFA Olden-	1979			20	6,3
burg	1980			20	4,8
	1981			20	3,1
	1982			20	2,7
	1983			17	3,0
	Maximaler Einzelwert				7,4
	Minimaler Einzelwert				1,9
Nordrhein-	1977	22	5,6	14	8,7
Westfalen	1978	22	4,9	14	12,1
(Gewerbeauf-	1979	22	3,2	14	7,3
sicht Düssel-	1980	22	1,2	14	7,7
dorf)	1981	19	3,2	22	8,7
	1982	8	2,0	22	5,0
	1983	22	1,4	22	4,7
	Maximaler Einzelwert		4,6		10,5
	Minimaler Einzelwert		0,8		1,4
Schleswig-	1977			20	5,6
Holstein	1978			20	6,1
	1979			20	5,8
	1980			20	5,1
	1981	6	3,4	20	6,6
	1982	14	2,1	20	5,2
	1983	14	1,9	20	4,8
	Maximaler Einzelwert		6,6		14,5
	Minimaler Einzelwert		0,4		1,5

Quelle: Bundesminister für Umwelt, Naturschutz und Reaktorsicherheit

Radioaktivität

Dem Erdboden im Jahre 1983 durch Niederschläge zugeführte Radioaktivität

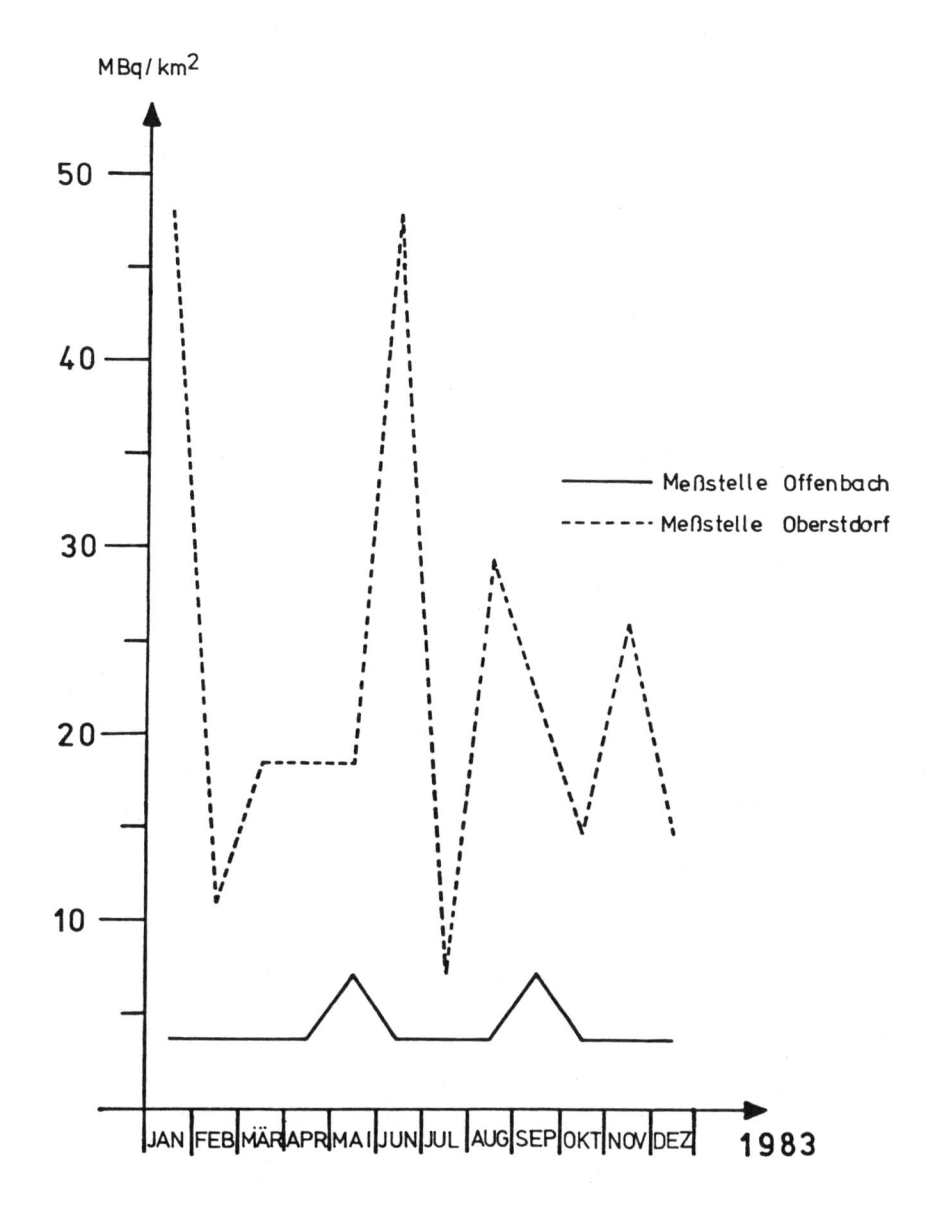

MBq/km²

——— Meßstelle Offenbach
- - - - Meßstelle Oberstdorf

1983

Quelle: Bundesminister für Umwelt, Naturschutz und Reaktorsicherheit

Radioaktivität

Überwachung der Oberflächengewässer

Der Überwachung der Oberflächengewässer auf radioaktive Stoffe kommt, im Hinblick auf deren intensive Nutzung, eine erhebliche Bedeutung zu. So haben die in den fünfziger und sechziger Jahren in der Atmosphäre durchgeführten Kernwaffenversuche zu einer weltweiten Ausbreitung von Spaltprodukten in der Biosphäre geführt, wovon auch die Gewässer betroffen wurden. Zur Erfassung dieser Auswirkungen wurde bereits 1955 von Meßstellen aus dem Bereich der Hochschulen, der Industrie, des Bundes, der Länder und Kommunen mit ersten Messungen der Oberflächengewässer in bezug auf radioaktive Stoffe begonnen.

Die Bundesanstalt für Gewässerkunde (BfG) führt im Auftrage des Bundesministeriums für Verkehr seit 1958 regelmäßig Untersuchungen an Oberflächenwasser- und Sedimentproben aus den Bundeswasserstraßen durch.

Zur gleichen Zeit intensivierten die Meßstellen der Länder die Überwachung der Gewässer. So umfaßten 1968 die von 22 verschiedenen Meßstellen der Länder und des Bundes unterhaltenen Meßnetze ca. 240 Entnahmestellen, von denen jährlich ca. 6000 Proben untersucht wurden.

Hierbei stellten die Messungen der Gesamt-Alpha (Gα) und Gesamt-Beta (Gβ)/Rest-Beta (Rβ)-Aktivität von Wasser-, Schwebstoff- und Sedimentproben den Hauptanteil (97%) dar; Einzelnuklidbestimmungen bildeten die Ausnahme (2,6%). Von 1968 bis 1982 stieg die Zahl der Entnahmestellen von 240 auf 423 deutlich an, die Anzahl der insgesamt durchgeführten Messungen dagegen blieb allerdings nahezu unverändert (1982: 6162 Werte). Demgegenüber erhöhte sich der Anteil der Einzelnuklidbestimmungen von 2,6% (1968) auf 23,8% (1982).

Radioaktivität

Lage wichtiger Entnahmestellen, Art der Messungen sowie Standorte von kerntechnischen Anlagen

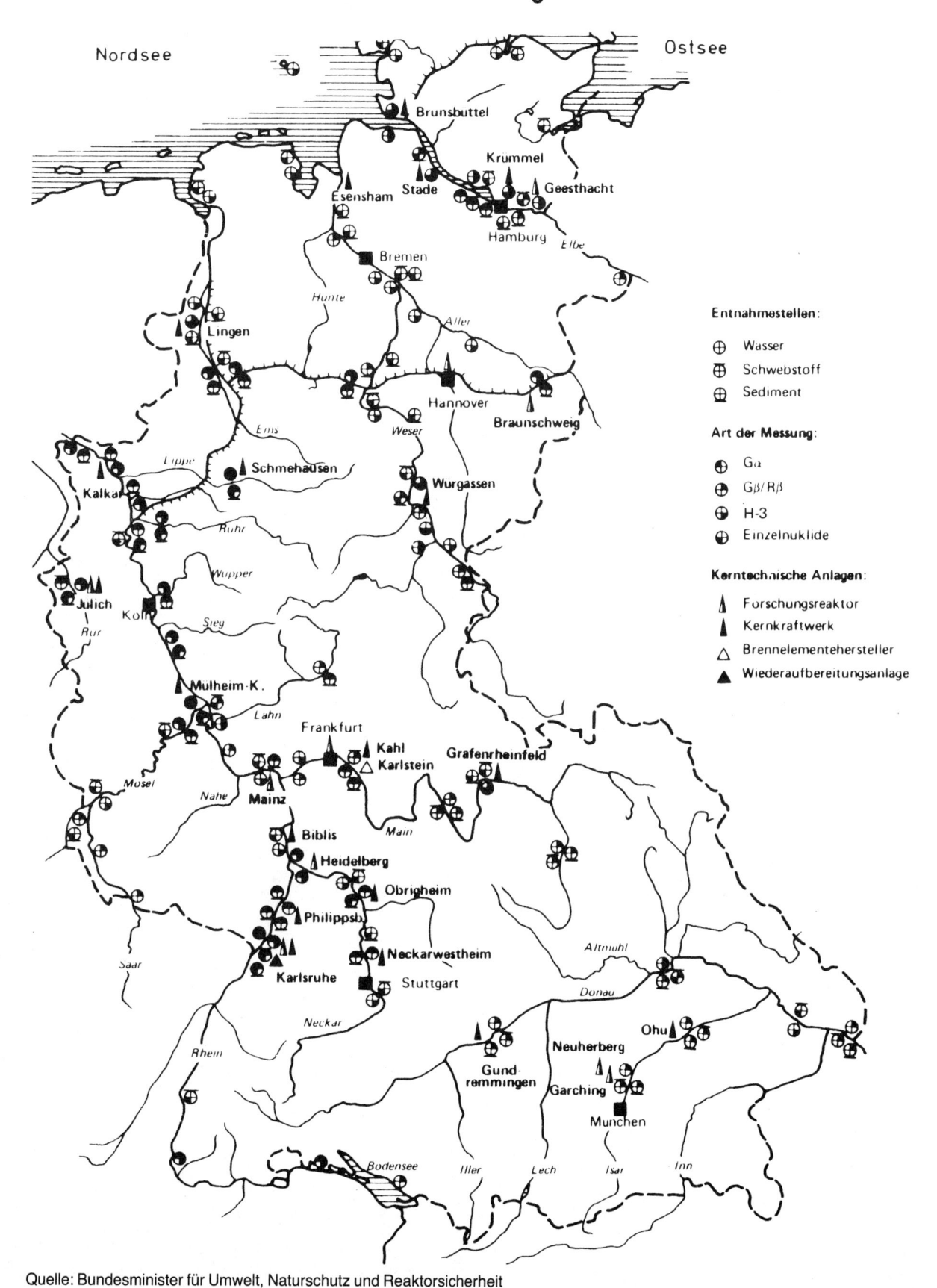

Entnahmestellen:
- ⊕ Wasser
- ⊞ Schwebstoff
- ⊕ Sediment

Art der Messung:
- Gα
- Gβ/Rβ
- H-3
- Einzelnuklide

Kerntechnische Anlagen:
- ▲ Forschungsreaktor
- ▲ Kernkraftwerk
- △ Brennelementehersteller
- ▲ Wiederaufbereitungsanlage

Quelle: Bundesminister für Umwelt, Naturschutz und Reaktorsicherheit

Radioaktivität

Überwachung der Nord- und Ostsee

Das Deutsche Hydrographische Institut überwacht die Nord- und Ostsee auf radioaktive Stoffe. Diese stammen zum Teil noch von dem Fallout der 60er Jahre, zum Teil auch in der Nordsee von den Wiederaufbereitungsanlagen in Frankreich und England. Die gemessenen Werte zeigen klar die erhöhte Radioaktivität in der Nordsee gegenüber der Ostsee, die Meßwerte liegen aber weit unterhalb zulässiger Grenzwerte. Darüber hinaus lassen sich aus den Meßwerten die Transportwege und zum Teil auch die Transportzeiten in der Nordsee erkennen.

Radioaktivität

Meereswasseraktivität (Oberfläche) Nordsee
(F.S. „P8" ab 1973 F.S. „Deutsche Bucht")

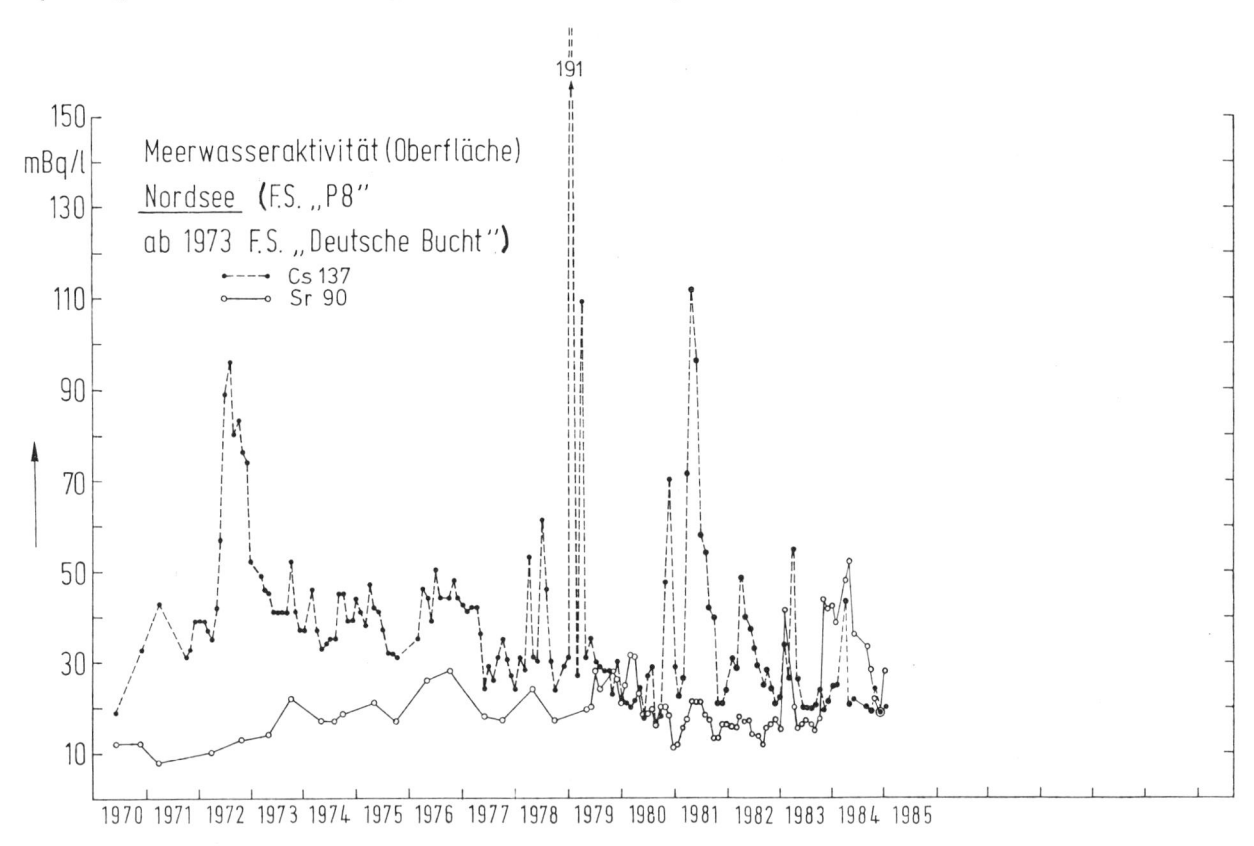

Meerwasseraktivität (Oberfläche)
Nordsee (F.S. „P8" ab 1973 F.S. „Deutsche Bucht")
• ---- • Cs 137
○──── ○ Sr 90

Meerwasseraktivität (Oberfläche) Ostsee
(Schleimündung 54° 40′ N 10° 05′ E)

Meerwasseraktivität (Oberfläche)
Ostsee (Schleimündung 54°40′N 10°05′E)
• ---- • Cs 137
○──── ○ Sr 90

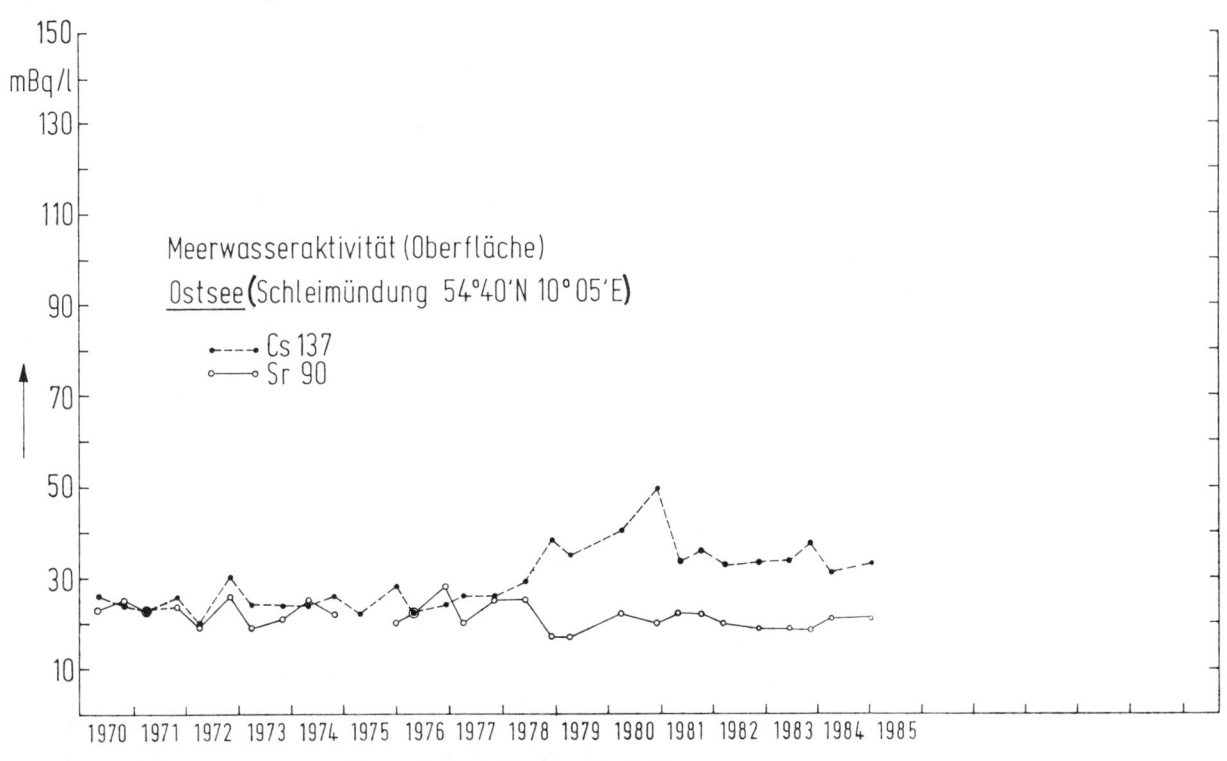

Quelle: Bundesminister für Umwelt, Naturschutz und Reaktorsicherheit

Radioaktivität

Überwachung der Fließgewässer

Zur Überwachung der Gewässer auf radioaktive Stoffe werden insbesondere die $G\beta/R\beta$-Bestimmung als Monitorverfahren verbreitet eingesetzt. So ist der Verlauf der $G\beta$ bzw. $R\beta$-Aktivität von Wasser-, Schwebstoff- und Sedimentproben ausgewählter Entnahmestellen der letzten 25 Jahre beispielhaft in der nachfolgenden Abbildung dargestellt sowie auch der $G\alpha$-Aktivität. Die vergleichsweise hohen Werte der sechziger Jahre sind auf die in dieser Zeit ausgedehnten Kernwaffenversuche zurückzuführen.

Radioaktivität

Vierteljahresmittelwerte der Gβ bzw. Rβ-Aktivität ausgewählter Probenahmestellen

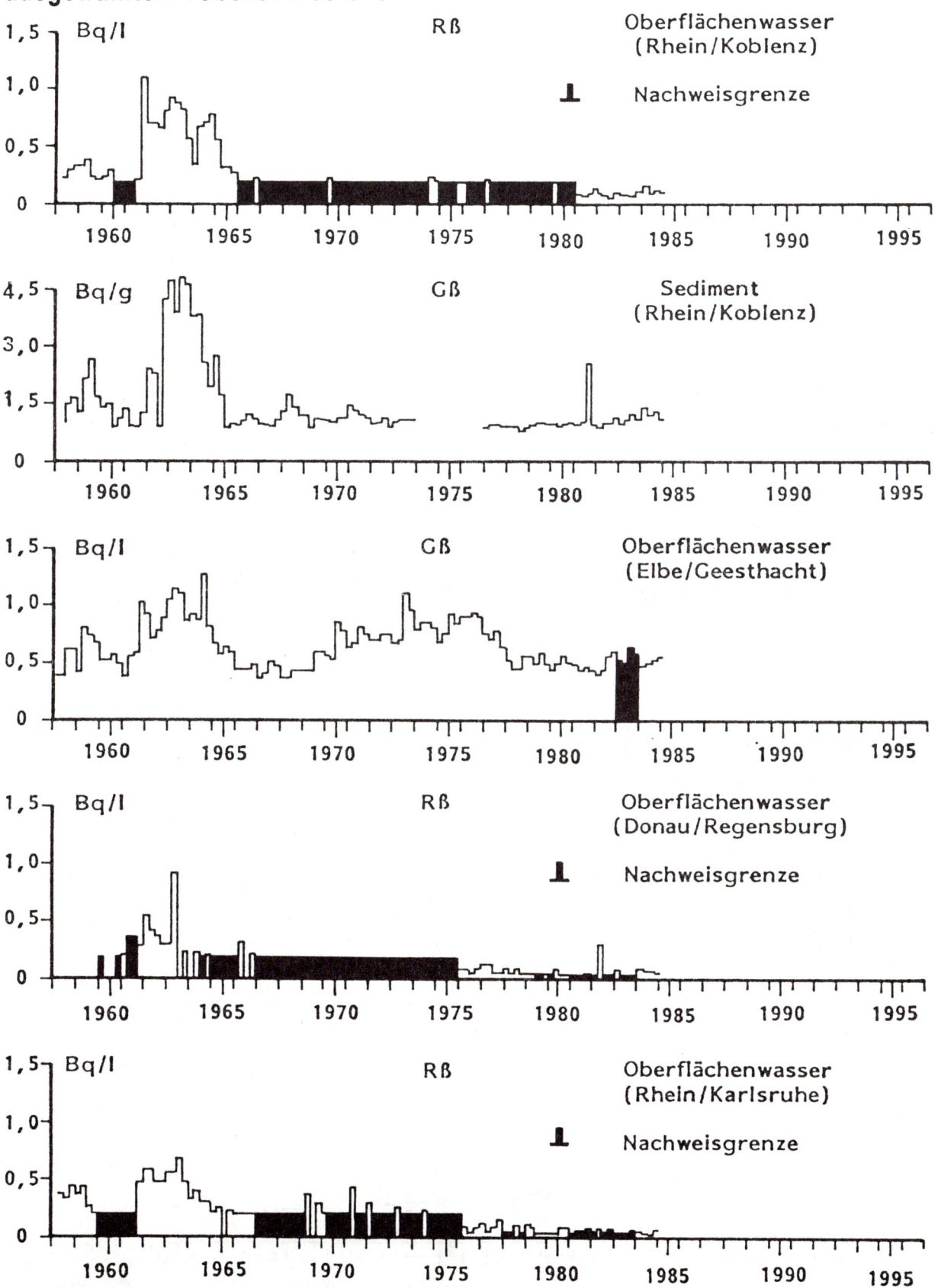

Rβ — Oberflächenwasser (Rhein/Koblenz), Nachweisgrenze

Gβ — Sediment (Rhein/Koblenz)

Gβ — Oberflächenwasser (Elbe/Geesthacht)

Rβ — Oberflächenwasser (Donau/Regensburg), Nachweisgrenze

Rβ — Oberflächenwasser (Rhein/Karlsruhe), Nachweisgrenze

Quelle: Bundesminister für Umwelt, Naturschutz und Reaktorsicherheit

Daten zur Umwelt 1986/87
Umweltbundesamt

Radioaktivität

Jahres- bzw. Monatsmittelwerte der gesamten Meßwerte

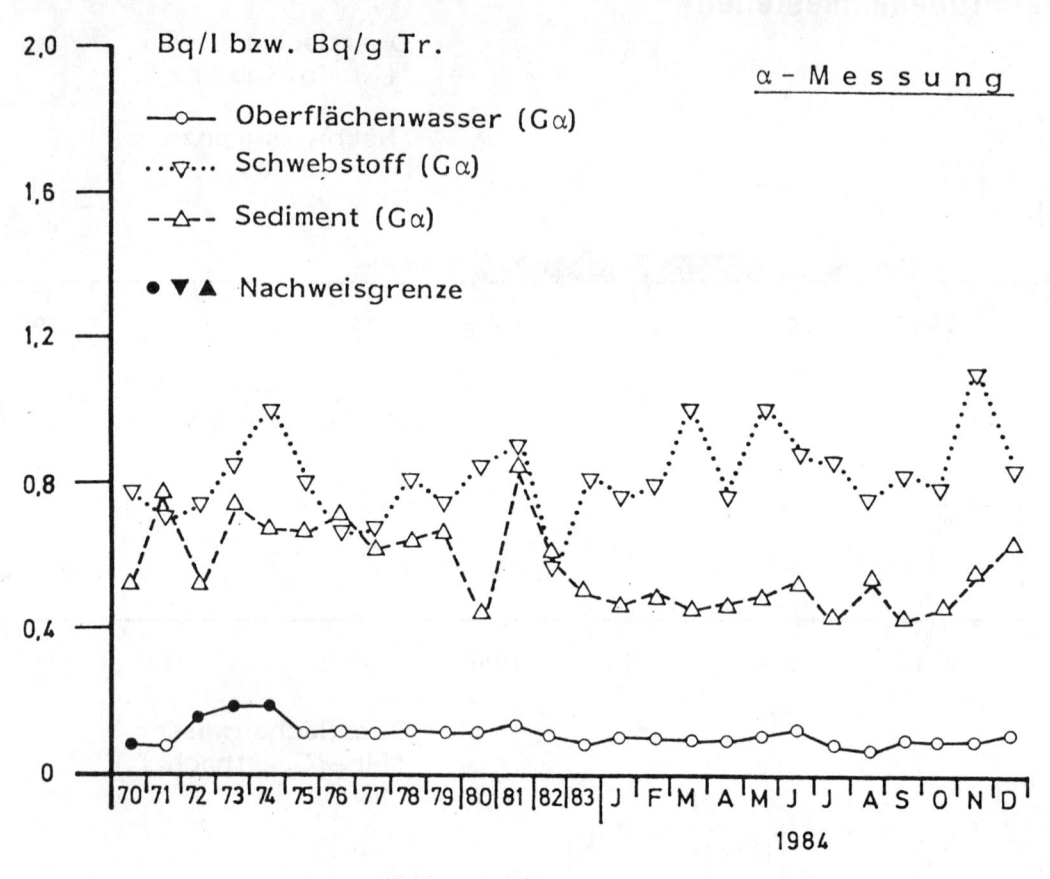

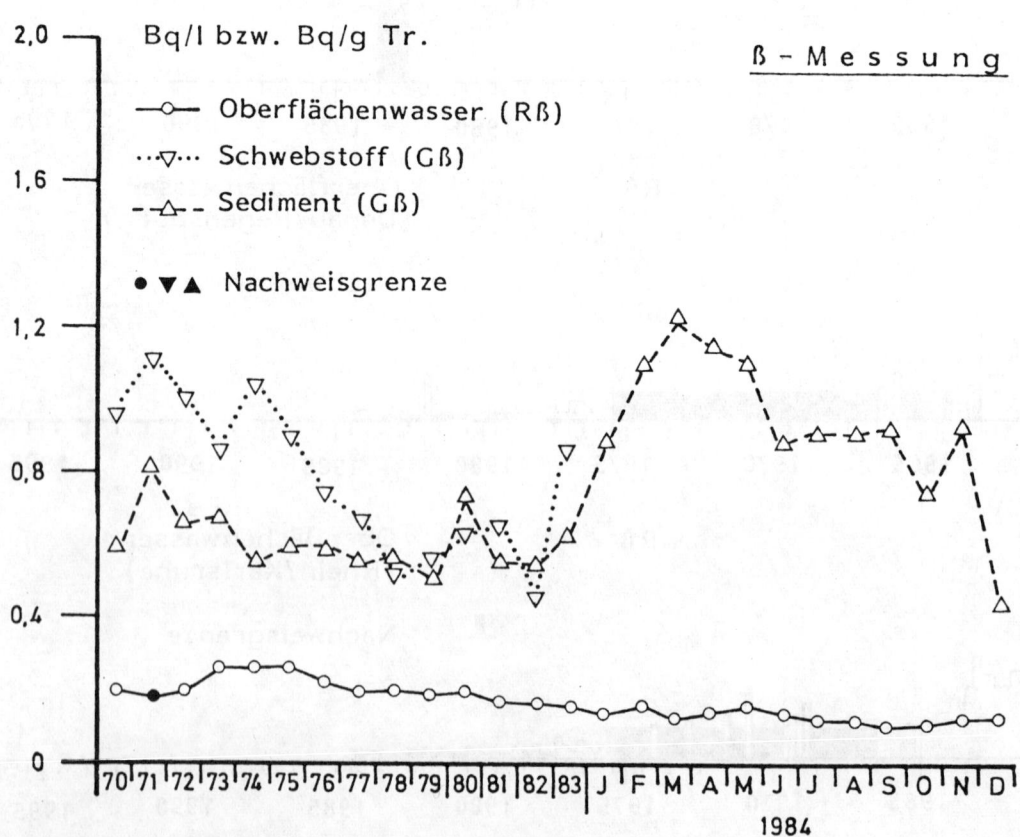

α-Messung

Bq/l bzw. Bq/g Tr.
- —○— Oberflächenwasser (Gα)
- ···▽··· Schwebstoff (Gα)
- --△-- Sediment (Gα)
- ● ▼ ▲ Nachweisgrenze

ß-Messung

Bq/l bzw. Bq/g Tr.
- —○— Oberflächenwasser (Rß)
- ···▽··· Schwebstoff (Gß)
- --△-- Sediment (Gß)
- ● ▼ ▲ Nachweisgrenze

Quelle: Bundesminister für Umwelt, Naturschutz und Reaktorsicherheit

Radioaktivität

Überwachung des Trinkwassers

Im Jahre 1980 wurden in der Bundesrepublik Deutschland an 180 Probenahmestellen laufend Untersuchungen zur Kontrolle einer eventuellen radioaktiven Kontamination von Trinkwasser durchgeführt.

Die Untersuchungen umfaßten Trinkwasser, das aus Grund- und Quellwasser sowie aus Oberflächengewässern einschließlich Talsperren gewonnen wird. Eine Kontamination des Trinkwassers aus diesen Rohwasservorkommen mit künstlich-radioaktiven Stoffen war aufgrund der vorliegenden Meßwerte nicht festzustellen.

Die Abbildung zeigt für sämtliche Trinkwasser-Meßwerte der spezifischen α- und Rest-β-Aktivität Häufigkeitsverteilungen auf einzelne Aktivitätsbereiche. Daraus geht hervor, daß 86% der Werte der Rest-β-Aktivität unter 0,185 Bq/l (5 pCi/l) liegen und 97% kleiner sind als 0,37 Bq/l (10 pCi/l). Bei der α-Aktivität liegen 64% der Werte unter 0,185 Bq/l (5 pCi/l) und 77% der Werte sind kleiner als 0,37 Bq/l (10 pCi/l). Ursache für das Auftreten von Meßwerten auch oberhalb von 0,37 Bq/l (10 pCi/l) ist in allen Fällen ein erhöhter Gehalt des Bodens an natürlich-radioaktiven Stoffen.

Bei der Bestimmung des Radium 226 verschiedener Trinkwasser läßt sich als mittlere Ra 226-Konzentration für das Trinkwasser in der Bundesrepublik Deutschland der Wert von 3,7 Bq/l (0,1 pCi/l) ablesen.

Radioaktivität

Verteilung der Trinkwasser-Meßwerte auf einzelne Aktivitätsbereiche

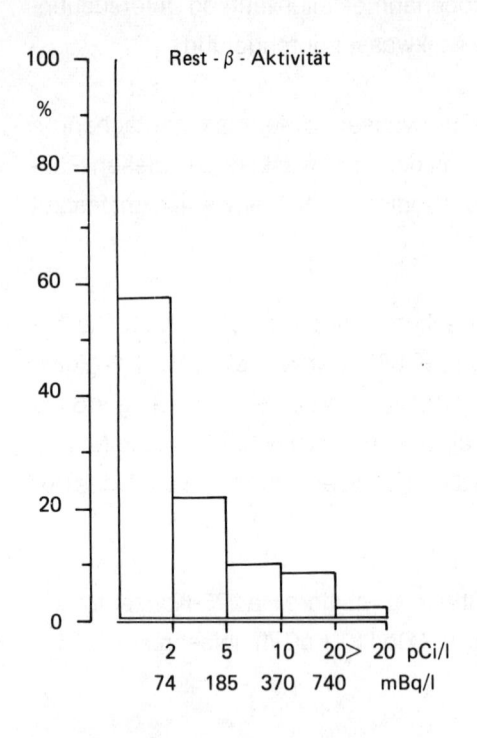

Rest - β - Aktivität

Radium-226 im Trinkwasser (Häufigkeitsverteilung)

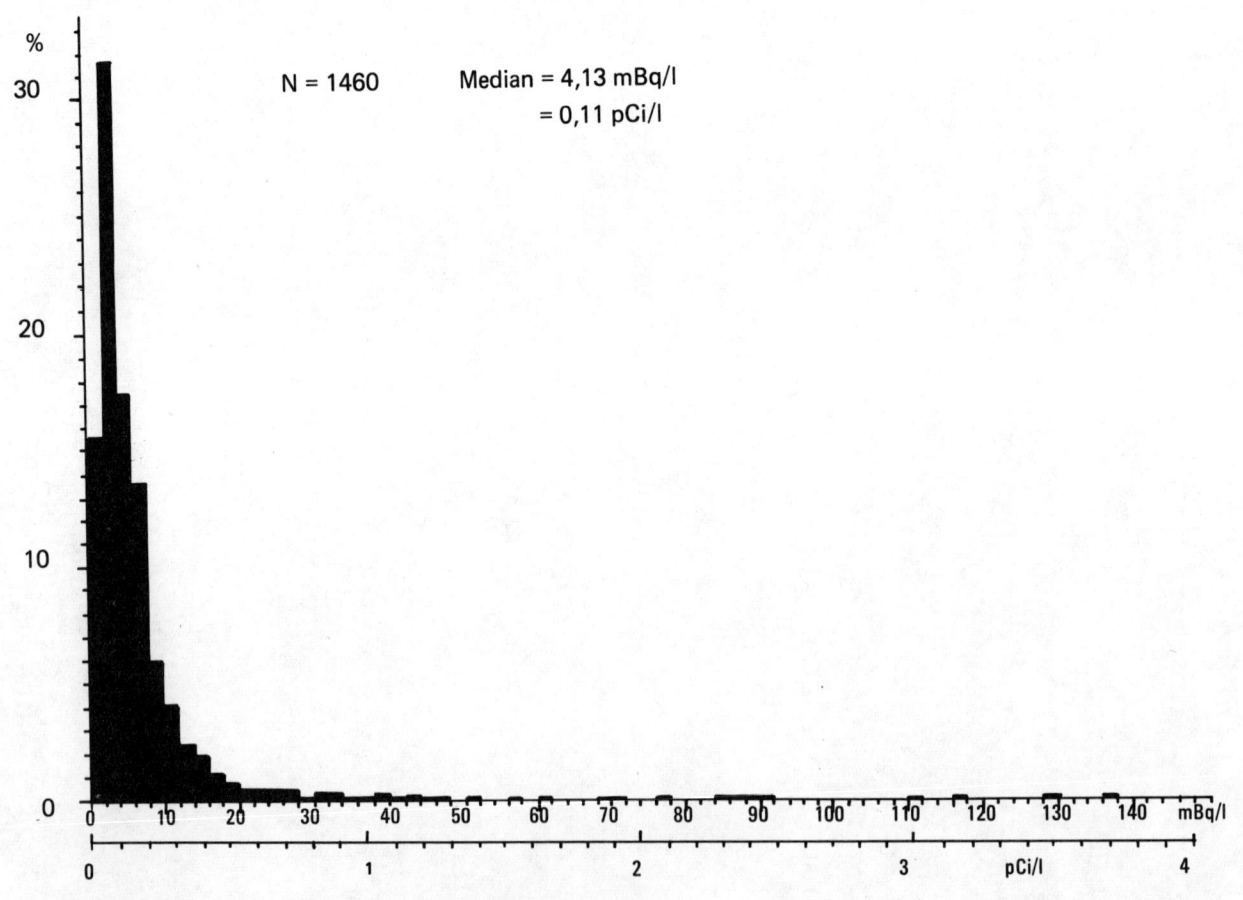

N = 1460   Median = 4,13 mBq/l
                    = 0,11 pCi/l

Quelle: Bundesminister für Umwelt, Naturschutz und Reaktorsicherheit

Radioaktivität

Überwachung von Milch und Milchprodukten

In die Überwachung der Umweltradioaktivität sind auch Milch und Milchprodukte mit einbezogen. In der Abbildung sind für die Jahre 1961 bis 1983 die Konzentration für Cs 137 und Sr 90 wiedergegeben. Dies sind Mittelwerte für die Bundesrepublik Deutschland. Deutlich sind die erhöhten Werte in der ersten Hälfte der 60er Jahre zu erkennen, die durch die damaligen Kernwaffentests hervorgerufen wurden.

Überwachung von Milch und Milchprodukten

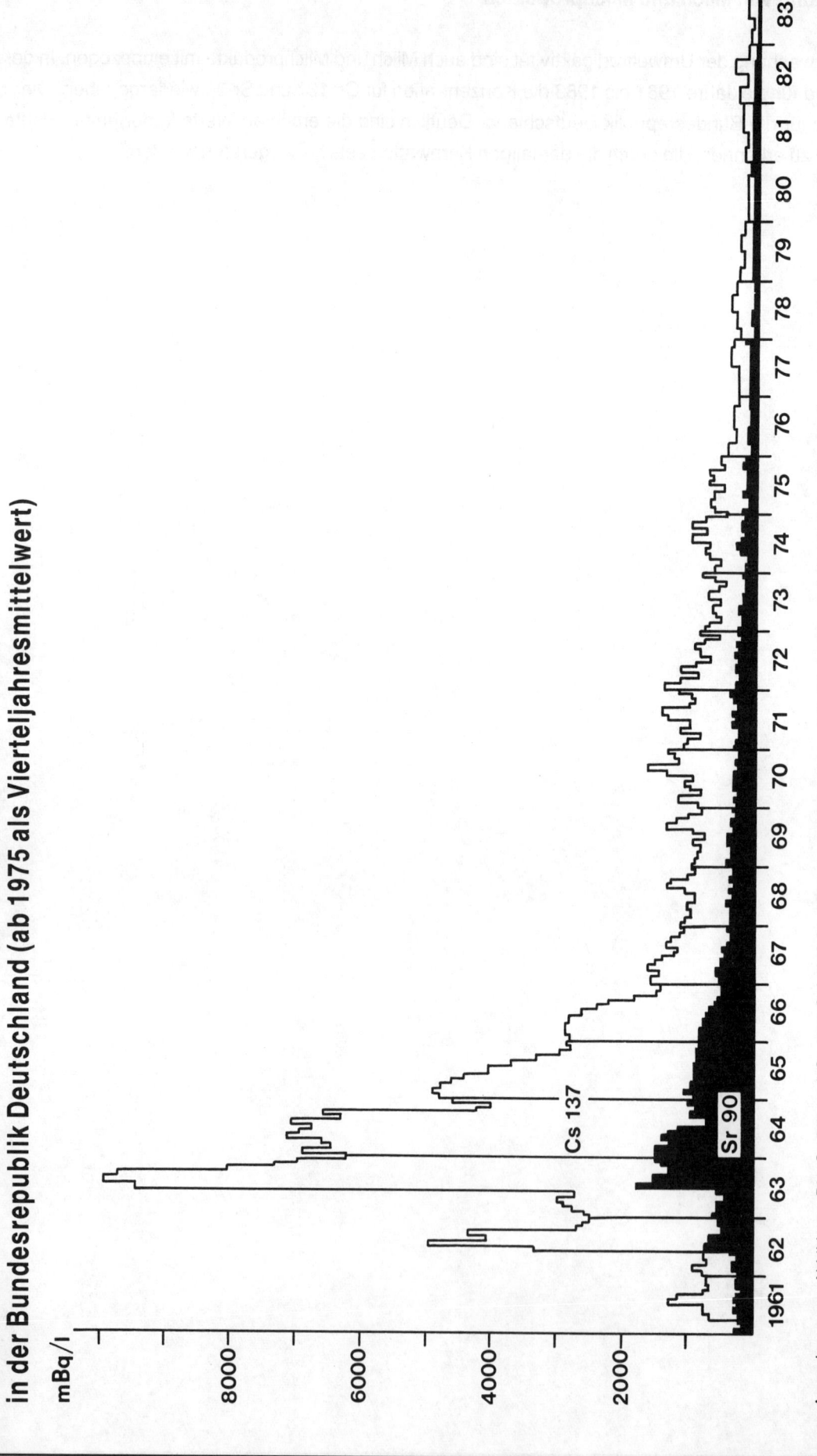

Radioaktivität

Monatsmittelwerte des Cs-137- und Sr-90-Gehaltes der Milch in der Bundesrepublik Deutschland (ab 1975 als Vierteljahresmittelwert)

Cs 137
Sr 90

Anmerkung zur Abbildung: Die Sr 90- und Cs 137-Gehalte der Milch in der Bundesrepublik Deutschland sind im Berichtszeitraum so weit abgefallen, daß die Nachweisgrenzen bei einer Vielzahl von Messungen unterschritten werden. Eine graphische Darstellung von Vierteljahresmittelwerten für das Jahr 1984 war daher nicht mehr sinnvoll.

Quelle: Bundesminister für Umwelt, Naturschutz und Reaktorsicherheit

Radioaktivität

Überwachung der Gesamtnahrung

Zur Beurteilung der Strahlenexposition des Menschen durch die in Lebensmitteln enthaltene Radioaktivität sind die in der Gesamtnahrung aus Kantinen, Heimen, Krankenhäusern und sonstigen Einrichtungen zur Gemeinschaftsverpflegung ermittelten Werte besonders geeignet, da die Radioaktivität der Einzellebensmittel hierbei im Verhältnis der tatsächlichen vom Menschen verzehrten Mengen bewertet wird. Außerdem wird auch die Radioaktivät von solchen Lebensmitteln mit erfaßt, die einzeln nur selten oder gar nicht untersucht werden.

Der Mittelwert der Cäsium 137-Aktivitätszufuhr über die Gesamtnahrung ist im Berichtszeitraum kontinuierlich gesunken. Er lag 1980 erstmalig unterhalb des Mittelwertes von Strontium 90. Die langjährige Tendenz bei Strontium 90 ist uneinheitlich. Seit 1973 schwankt die Strontium 90-Ingestion um den Mittelwert 340 mBq pro Tag und Person (mBq/dip).

Bei zahlreichen Einzelmessungen, insbesondere bei Cäsium 137, lag die Aktivität bereits unterhalb der Nachweisgrenze < 37 mBq.

Aus den in mBq/d.p. dargestellten Werten läßt sich eine mittlere Jahreszufuhr über die Gesamtnahrung von 125 Bq pro Person für Strontium 90 und von 113 Bq pro Person für Cäsium 137 errechnen.

Radioaktivität

Strontium-90- und Cäsium-137-Aktivität der Gesamtnahrung 1960–1984 (Meßwerte in: $\frac{\text{Millibecquerel}}{\text{Tag} \cdot \text{Person}}$ $\left(\frac{mBq}{d \cdot p}\right)$)

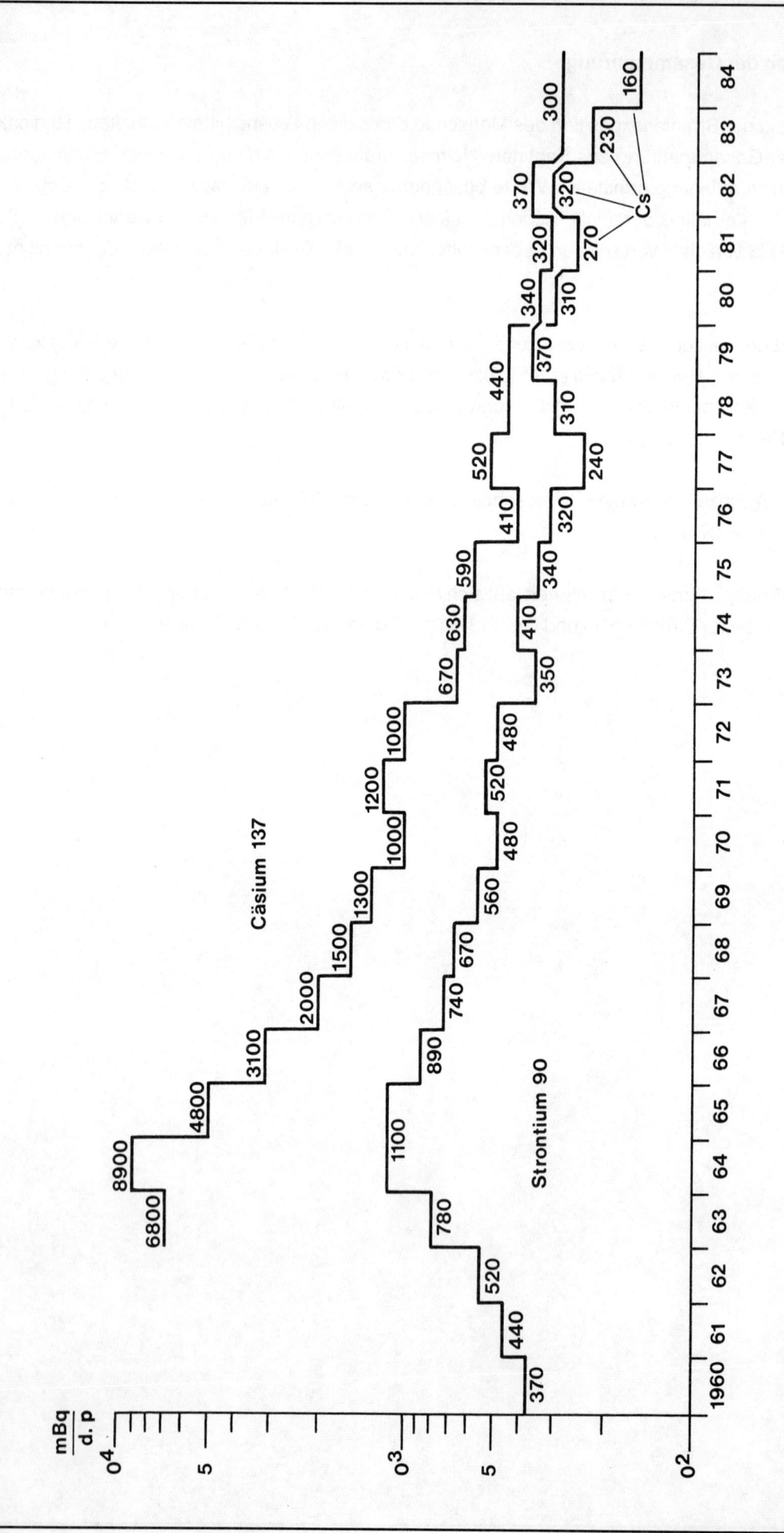

Jahr	Strontium 90	Cäsium 137
1960	370	
61	440	
62	520	
63	780	6800
64	1100	8900
65	890	4800
66	740	3100
67	670	2000
68	560	1500
69	480	1300
70	520	1000
71	480	1200
72	350	1000
73	410	670
74	340	630
75	320	590
76	410	520
77	240	440
78	310	370
79	370	340
80	310	320
81	270	320
82	370	
83	230	300
84	160	

Quelle: Bundesminister für Umwelt, Naturschutz und Reaktorsicherheit

Radioaktivität

Überwachung der Radioaktivität in menschlichen Knochen

Die Untersuchungen über den Gehalt von Strontium 90 in menschlichen Knochen wurden von 1958 bis 1971 durchgeführt, 1977 wieder aufgenommen und seitdem weitergeführt.

Der Gehalt des kompakten Knochens (Tibia) an Strontium 90 lag 1980 zwischen 4 und 75 mBq/g Calcium. Der Jahresmittelwert des relativen Strontium 90-Gehaltes im Knochen der Altersgruppe 6–20 hat im Berichtszeitraum erwartungsgemäß weiter abgenommen. Gegenüber dem 1964/65 beobachteten Maximum z.B. der 1–5-jährigen von ca. 0,3 Bq/g Calcium ist die Aktivität stark zurückgegangen. die Eliminierung erfolgt mit einer Halbwertzeit von ca. 10 Jahren. Das Maximum des relativen Strontium 90-Gehaltes im Knochen hat sich im Laufe der Jahre in Abhängigkeit vom Lebensalter verschoben und liegt 1980 bei den derzeit ca. 20-jährigen. Dies ist darauf zurückzuführen, daß diese Altersgruppe zum Zeitpunkt des maximalen Angebots an Strontium 90 mit der Nahrung als damals ca. 5–6-jährige die Hauptphase ihres Knochenwachstums durchlief. Für die nachfolgenden Jahrgänge wurde das Strontium 90-Angebot über die Nahrung laufend geringer, so daß in den Knochen der derzeit heranwachsenden Kinder eine geringere Konzentration an Strontium 90 zu beobachten ist als bei den Gleichaltrigen im Jahr 1966.

Radioaktivität

Mittlere Sr-90-Aktivität in menschlichen Knochen verschiedener Altersgruppen

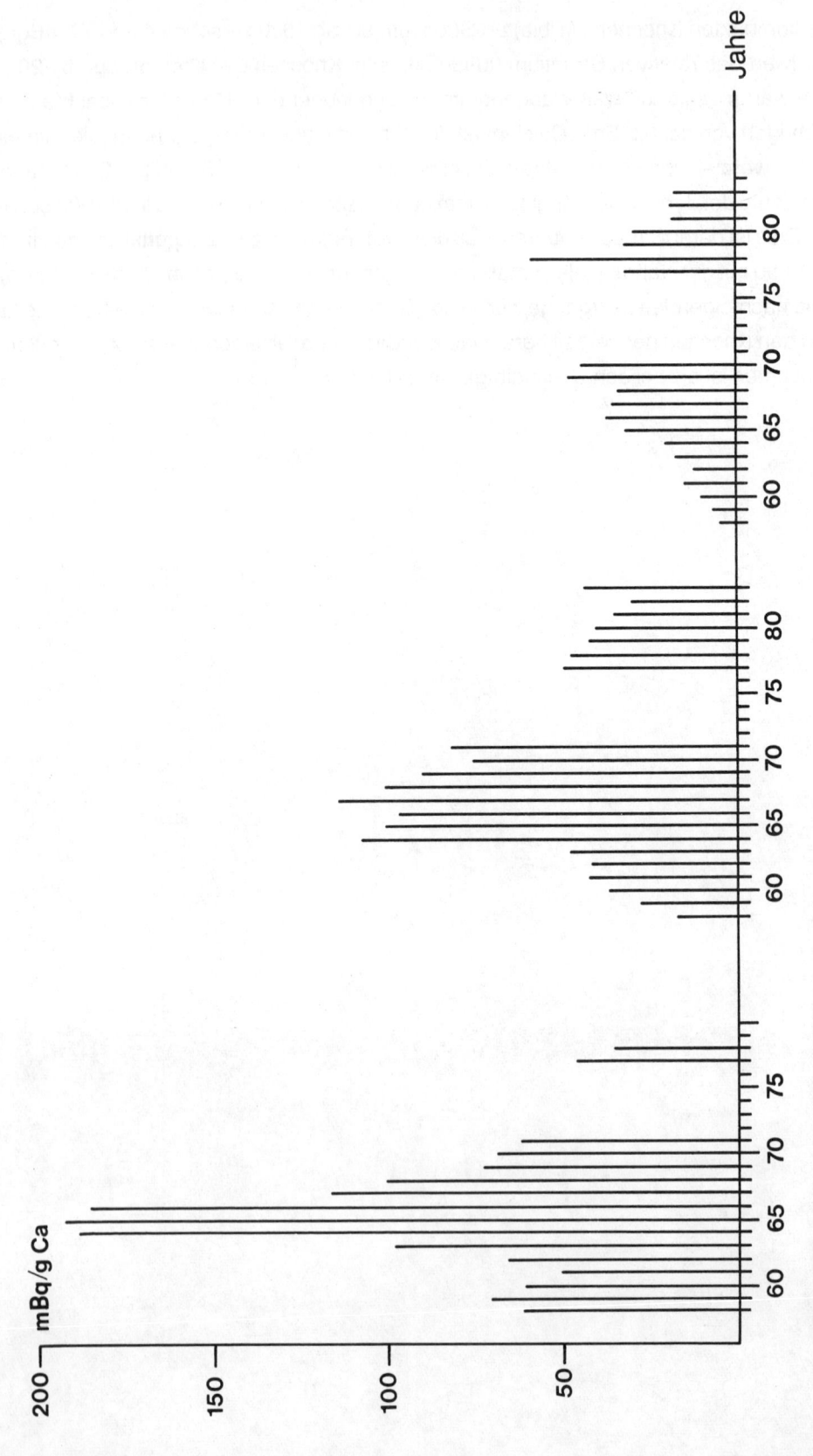

mBq/g Ca

Jahre

Quelle: Bundesminister für Umwelt, Naturschutz und Reaktorsicherheit

Radioaktivität

Überwachung der Radioaktivität im Abwasser und Klärschlamm

Im Jahre 1980 wurde in der Bundesrepublik Deutschland an ca. 75 Probenahmestellen laufend Untersuchungen über die radioaktive Kontamination von Abwasser und Klärschlamm durchgeführt.

Die Meßwerte für Abwasser und Klärschlamm stammen aus Kläranlagen und Abwasserkanälen von nuklearmedizinischen Kliniken und sonstigen Anwendern radioaktiver Stoffe.

Die Abbildung zeigt die Häufigkeitsverteilungen der Abwasser-Meßwerte der β- und α-Aktivität sowie der J-131-Aktivität auf verschiedene Aktivitätsbereiche, die an Stichproben aus Kläranlagen ermittelt wurden. Daraus geht hervor, daß die β-Aktivität bei 62% der Proben unter 0,74 Bq/l liegt und bei 95 aller Proben kleiner als 1,85 Bq/l ist. Bei den Meßwerten der α-Aktivität liegen 92% der Werte unter 0,37 Bq/l.

Bei einigen Stichproben wurde eine erhöhte Aktivität im Abwasser festgestellt, wobei als Ursache Radionuklide nachgewiesen werden konnten, die mit dem Abwasser aus Betrieben, in denen mit offenen radioaktiven Stoffen gearbeitet wird, in die Kanalisation und in Kläranlagen gelangen. Bei Forschungslaboratorien und nuklearmedizinischen Kliniken handelt es sich dabei in erster Linie um J-131. Bei erhöhten Werten der α-Aktivität handelt es sich um natürlich-radioaktive Stoffe, die z.B. mit Abwässern, die bei der Erzaufbereitung oder dem Kohleabbau anfallen, in Kläranlagen gelangen.

Verteilung der Abwasser-Meßwerte aus Kläranlagen auf verschiedene Aktivitätsbereiche (1984)

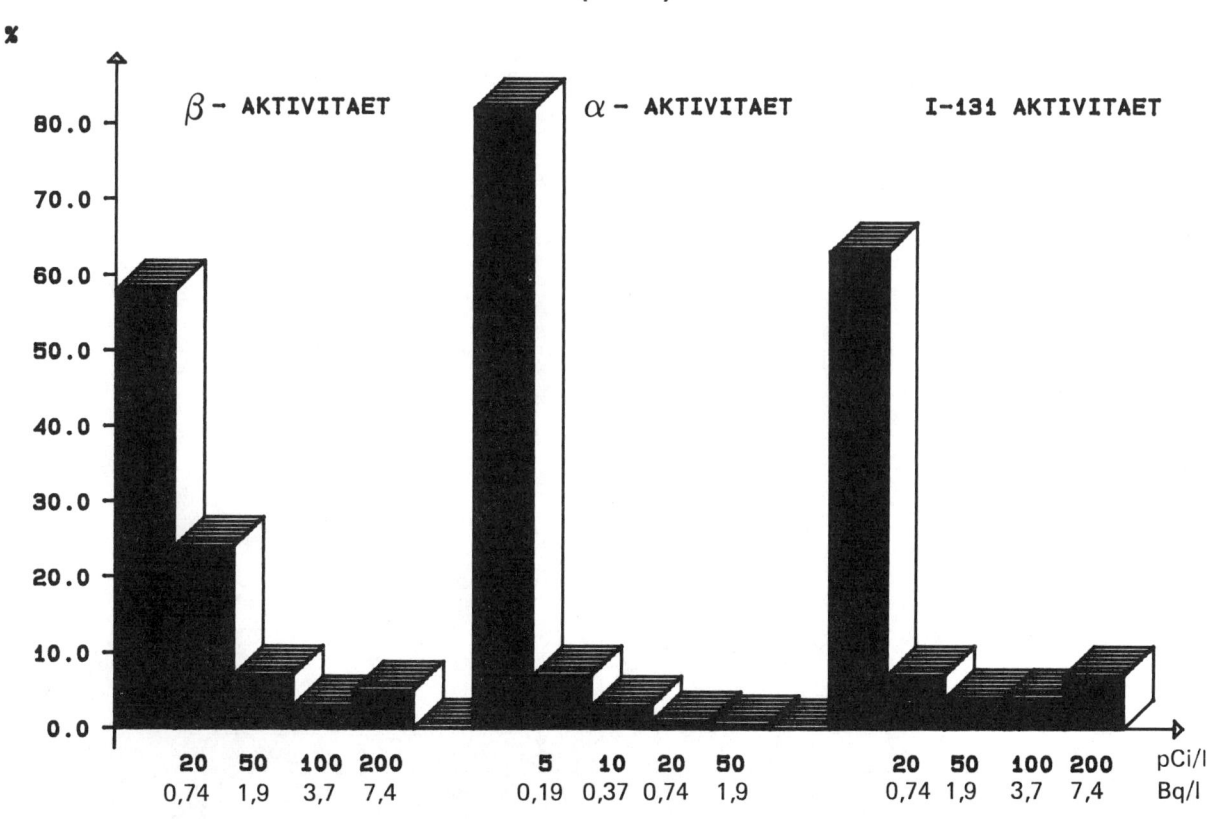

Quelle: Bundesminister für Umwelt, Naturschutz und Reaktorsicherheit

Radioaktivität

Abgabe radioaktiver Stoffe aus Kernkraftwerken

Nachfolgend sind die Standorte der Kernkraftwerke (in Betrieb, im Bau sowie stillgelegt bzw. Stillegung geplant) sowie die Abgaben radioaktiver Stoffe für Siedewasser- und Druckwasserreaktoren für das Jahr 1983 zusammengestellt. Die Abgabewerte beruhen auf von den Betreibern der einzelnen Anlagen an die jeweils zuständige Genehmigungsbehörde gemeldeten Daten. Die Kontrolle der Betreibermessungen erfolgt im Rahmen der Richtlinie „Kontrolle der Eigenüberwachung radioaktiver Emissionen aus Kernkraftwerken (Abwasser)" durch behördlich beauftragte Sachverständige.

Das Kontrollprogramm umfaßt im wesentlichen Parallelmessungen an Abwasserproben und die Teilnahme an einem vom Bundesgesundheitsamt in Zusammenarbeit mit der Physikalisch-Technischen Bundesanstalt durchzuführenden Ringversuch.

Radioaktivität

Kernkraftwerke in der Bundesrepublik Deutschland
Stand 1985

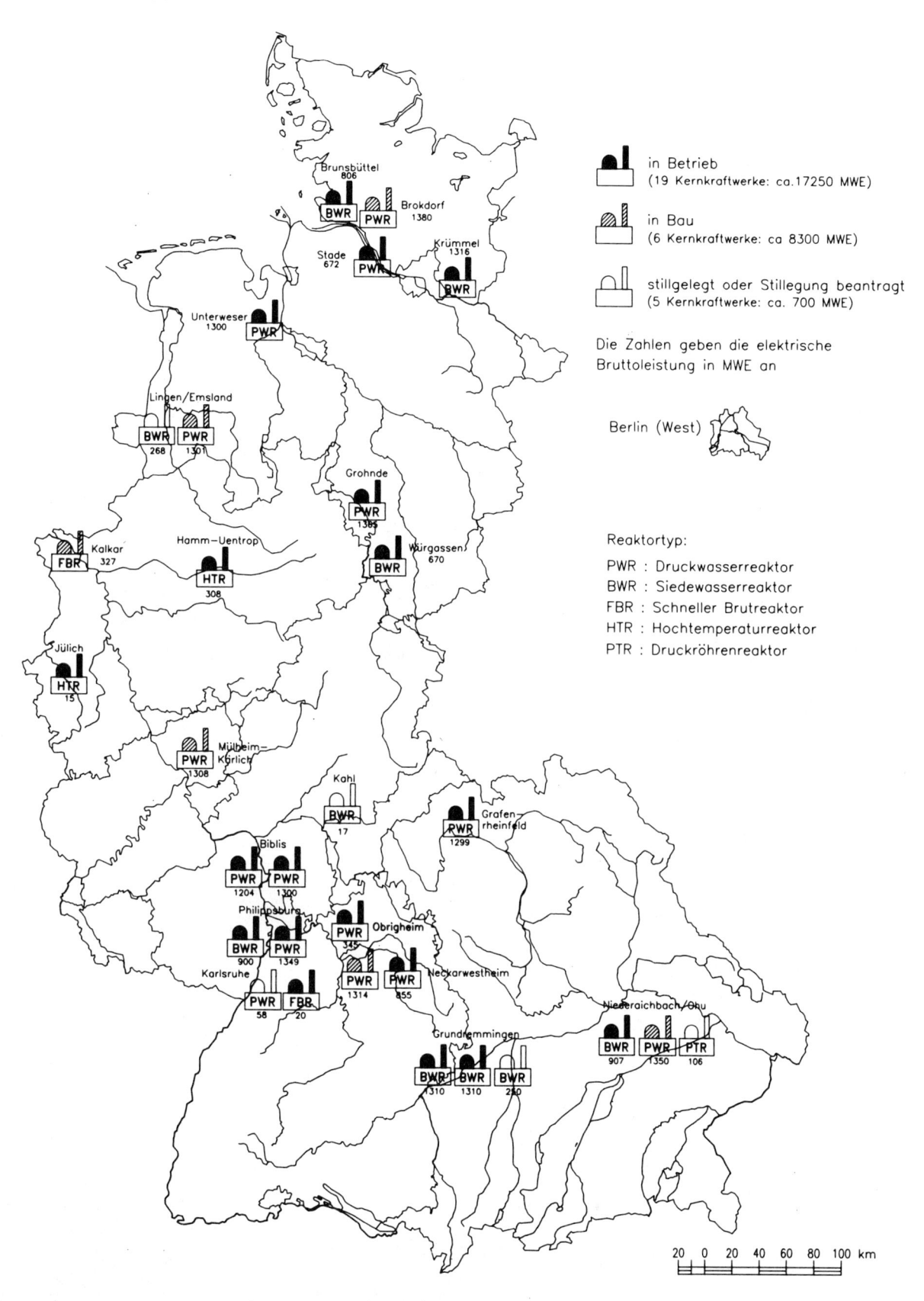

in Betrieb (19 Kernkraftwerke: ca. 17250 MWE)

in Bau (6 Kernkraftwerke: ca 8300 MWE)

stillgelegt oder Stillegung beantragt (5 Kernkraftwerke: ca. 700 MWE)

Die Zahlen geben die elektrische Bruttoleistung in MWE an

Berlin (West)

Reaktortyp:
PWR : Druckwasserreaktor
BWR : Siedewasserreaktor
FBR : Schneller Brutreaktor
HTR : Hochtemperaturreaktor
PTR : Druckröhrenreaktor

Standorte:
- Brunsbüttel BWR 806
- Brokdorf PWR 1380
- Stade PWR 672
- Krümmel BWR 1316
- Unterweser PWR 1300
- Lingen/Emsland BWR 268, PWR 1301
- Grohnde PWR 1365
- Würgassen BWR 670
- Kalkar FBR 327
- Hamm-Uentrop HTR 308
- Jülich HTR 15
- Mülheim-Kärlich PWR 1308
- Kahl BWR 17
- Grafenrheinfeld PWR 1299
- Biblis PWR 1204, PWR 1300
- Philippsburg BWR 900, PWR 1349
- Obrigheim PWR 345
- Karlsruhe PWR 58, FBR 20
- Neckarwestheim PWR 1314, PWR 855
- Grundremmingen BWR 1310, BWR 1310, BWR 250
- Niederaichbach/Ohu BWR 907, PWR 1350, PTR 106

Quelle: Bundesminister für Umwelt, Naturschutz und Reaktorsicherheit

Radioaktivität

Jahresabgabe radioaktiver Stoffe mit dem Abwasser aus den Kernkraftwerken in der Bundesrepublik Deutschland in Becquerel (1983)

Kernkraftwerke	Spalt- und Aktivierungsprodukte (insges.)	Tritium-H 3
	Siedewasserreaktoren	
Kahl	1,1 E8*	5,5 E10
Gundremmingen	1,1 E9	5,5 E9
Lingen	9,2 E7	1,8 E10
Würgassen	6,2 E9	4,3 E11
Brunsbüttel	9,1 E8	1,1 E12
Isar	4,7 E8	3,1 E12
Philippsburg	3,3 E9	1,7 E12
Krümmel	1,3 E9	4,3 E10
	Druckwasserreaktoren	
Obrigheim	2,9 E9	3,1 E12
Stade	1,1 E9	7,9 E12
Biblis A	2,3 E9	2,1 E13
Biblis B	9,9 E8	1,5 E13
Neckarwestheim	1,2 E8	1,2 E13
Unterweser	6,5 E8	1,9 E13
Grafenrheinfeld	9,8 E7	1,9 E13

* Schreibweise 1,1 E8 = $1,1 \cdot 10^8$

Quelle: Bundesminister für Umwelt, Naturschutz und Reaktorsicherheit

Radioaktivität

Abgabe radioaktiver Stoffe mit der Abluft aus Kernkraftwerken im Jahre 1983 in Becquerel

Kernkraftwerk	Edelgase	Aerosole*⁾	Jod 131	$^{14}CO_2$	Tritium
Kahl	9,1 E12	5,6 E5	8,8 E6	1,9 E9	–
Gundremmingen A	n.n.	1,3 E7	–	–	1,5 E10
Lingen	n.n.	n.n.	–	–	1,4 E10
Obrigheim	1,7 E13	1,2 E8	5,6 E7	4,0 E10	1,8 E11
Stade	1,8 E12	2,7 E8	5,4 E6	1,3 E11	1,5 E12
Würgassen	2,3 E13	2,1 E9	7,6 E8	1,5 E10	5,2 E10
Biblis A	3,5 E12	1,0 E9	1,2 E8	4,1 E10	1,7 E12
Biblis B	1,5 E13	7,4 E6	2,7 E7	2,2 E10	6,4 E11
Neckarwestheim	5,0 E12	1,5 E8	7,9 E6	2,6 E10	8,0 E11
Brunsbüttel	1,9 E12	5,9 E7	6,4 E6	8,8 E8	1,4 E10
Isar	2,2 E13	4,3 E8	3,1 E6	3,4 E11	5,7 E11
Unterweser	6,0 E12	1,4 E7	5,0 E6	2,2 E10	1,6 E12
Philippsburg 1	2,8 E13	3,7 E7	2,1 E9	2,0 E11	2,0 E11
Grafenrheinfeld	7,4 E12	3,5 E5	4,6 E4	3,1 E11	2,3 E11
Krümmel	8,1 E9	1,3 E5	2,7 E4	–	7,5 E9

*⁾langlebige Aerosole ohne Jod 131
n.n. nicht nachweisbar (unter Nachweisgrenze)

Quelle: Bundesminister für Umwelt, Naturschutz und Reaktorsicherheit

Radioaktivität

Auswirkungen des Reaktorunfalls in Tschernobyl

In Tschernobyl hat sich am 26.4.1986 der schwerste bisher bekannt gewordene Unfall beim Betrieb eines Kernkraftwerkes ereignet. Erstmals sind Menschen durch unfallbedingte Freisetzung von Radioaktivität in einem Kernkraftwerk ums Leben gekommen. Im Verlauf des Unfalls kam es zu schweren Schäden am Reaktor. Brennstoff- und Strukturmaterial sind geschmolzen. Erhebliche Mengen an Radioaktivität sind freigesetzt, infolge des thermischen Auftriebs durch Brände in große Höhe getragen und über weite Entfernungen ausgebreitet worden.

Die in der Atmosphäre freigesetzten Spaltprodukte erreichten Berlin und Teile Bayerns bereits am 29.4.1986. Am 30.4. wurden Maximalwerte der Spaltproduktkonzentrationen in der Luft in München und Berlin gemessen. Am 1.5.1986 erreichte die radioaktive Wolke Freiburg und Stuttgart, am 2.5.1986 Aachen, Essen und Norderney. Durch Niederschläge, die in den einzelnen Regionen der Bundesrepublik zu unterschiedlichen Zeitpunkten einsetzten, wurden dem Erdboden, dem Bewuchs und den Gewässern radioaktive Stoffe in erhöhtem Maße zugeführt. Besonders betroffen war der Süden der Bundesrepublik Deutschland. Durch die am Boden abgelagerten radioaktiven Stoffe erhöhte sich kurzzeitig die Bodenstrahlung in Norddeutschland auf das Doppelte und in Süddeutschland bis zum zehnfachen des natürlichen Strahlenpegels.

Das räumliche und zeitliche Verhalten der Aktivitätskonzentration ist mit Hilfe von Trajektorien-Analysen (Ausbreitungsberechnungen) nachvollziehbar.

Ab dem 7. Mai waren die Radioaktivitätswerte der Luft in der gesamten Bundesrepublik und Berlin wieder auf sehr geringe Werte abgefallen, so daß dem Boden und dem Bewuchs keine weitere Aktivität zugeführt wurde. Dies hatte zur Folge, daß von diesem Zeitpunkt an auch der Aktivitätsgehalt von Boden und Bewuchs abnahm. Im Hinblick auf die Zusammensetzung des Nuklidgemisches des Luftaerosols ergibt sich zur Zeit der maximalen Konzentration folgendes Bild:

Jod-131:	30%	Cäsium-134:	3%
Jod-132/Tellur-132:	50%	Cäsium-137:	5%
Ruthenium-103 und 106:	7%	Strontium-89 und 90:	<1%

Hinsichtlich der Aktivitätskonzentration der Luft insgesamt dominiert bei den Edelgasen Xe-133, dessen Aktivitätskonzentration um mehr als einen Faktor 40 über der von Cs-137 liegt. Dagegen beträgt die Konzentration von Kr-85 nur etwa 50% der von Cs-137.

Beim Übergang der Radionuklide in den Niederschlag, Boden und Bewuchs sowie Oberflächengewässer treten Verschiebungen der isotopischen Zusammensetzung auf, die allerdings nicht ins Gewicht fallen. Aus diesem Grund war es sinnvoll, für die aktuelle Beurteilung der Lage insbesondere die beiden radiologisch relevantesten Nuklide J-131 und Cs-137 als Bezugsisotope zu wählen und deren räumliche und zeitliche Entwicklung zu verfolgen.

Zur Beurteilung der radiologischen Auswirkungen auf das Gebiet der Bundesrepublik Deutschland wurden die Meßstellen des Bundes und der Länder gleich nach Bekanntwerden der erhöhten Radioaktivität in Skandinavien am 28. April 1986 aufgefordert, dem Bundesminister des Innern ihre Meßwerte zu übermitteln.

Radioaktivität

Ausbreitung der radioaktiven Wolke vom 27.4. bis zum 3.5.1986 nach dem Reaktorunglück in Tschernobyl
(Starttermin 27.04.1986, 00.00 UTC)

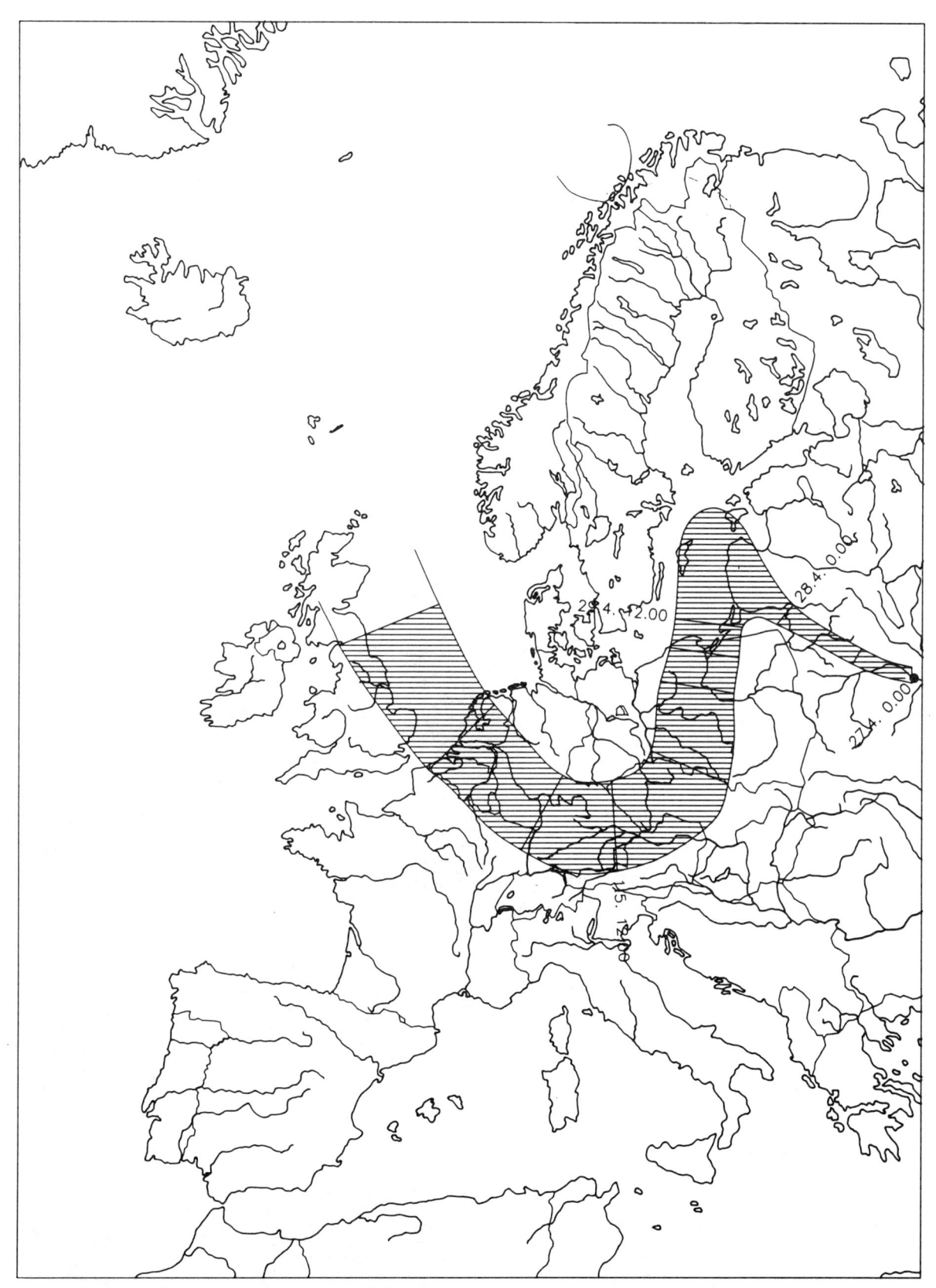

Quelle: Deutscher Wetterdienst

Radioaktivität

Ausbreitung der radioaktiven Wolke vom 27.4. bis 3.5.1986
nach dem Reaktorunglück in Tschernobyl
(Starttermin: 27.04.86, 12.00 UTC)

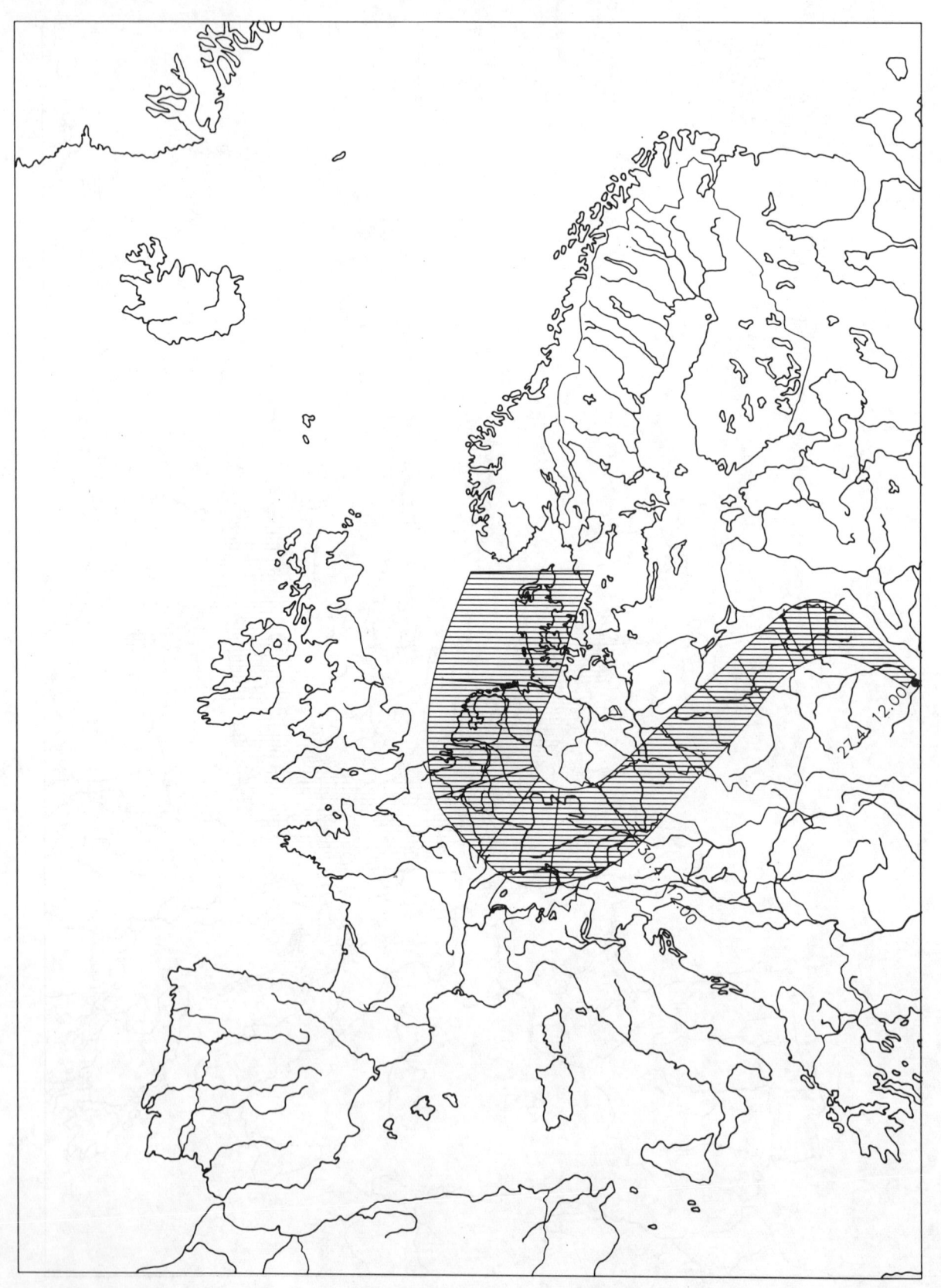

Quelle: Deutscher Wetterdienst

Radioaktivität

Ausbreitung der radioaktiven Wolke vom 29.4. bis zum 4.5.1986 nach dem Reaktorunglück in Tschernobyl
(Starttermin 29.04.1986, 12.00 UTC)

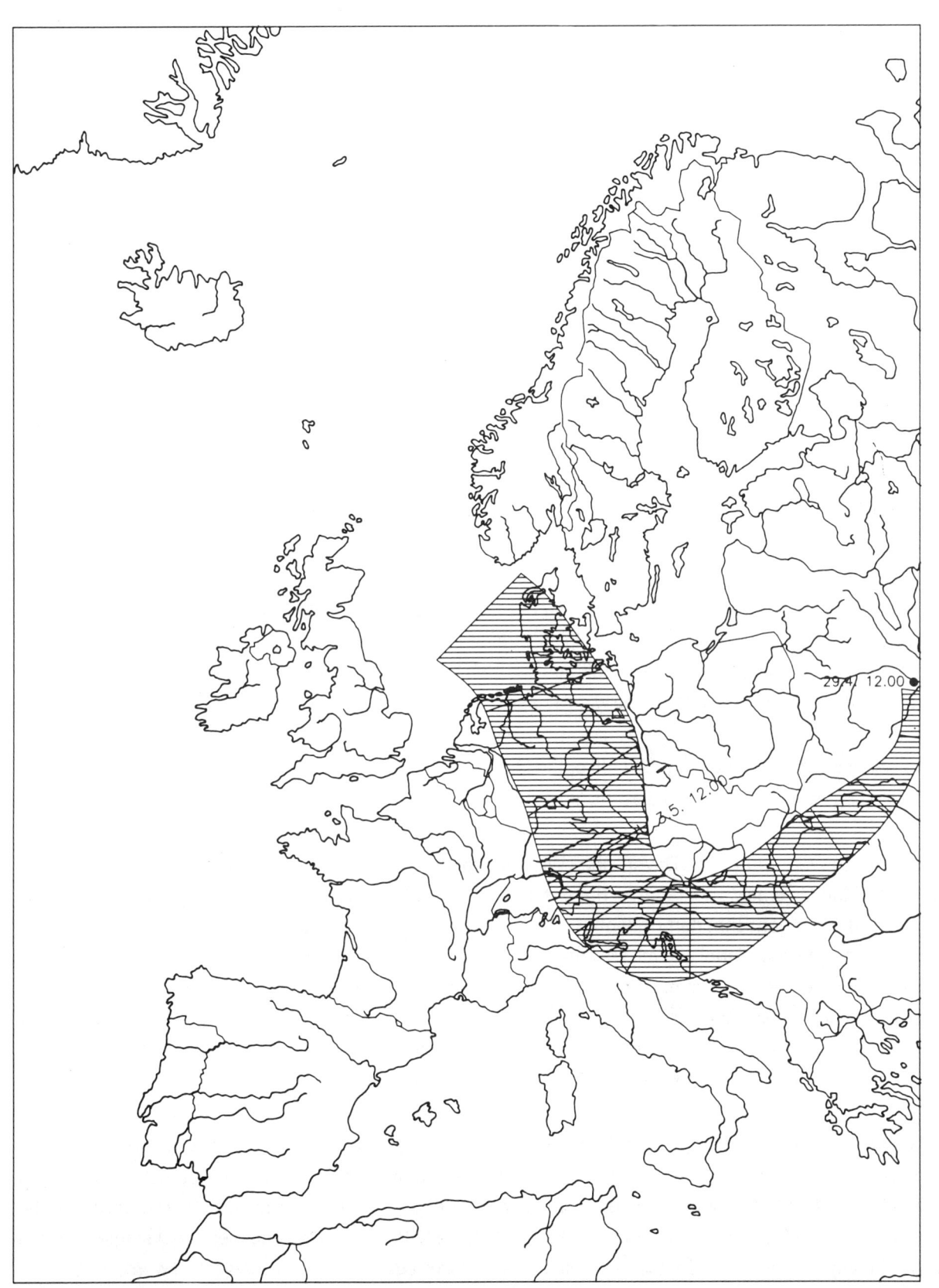

Quelle: Deutscher Wetterdienst

Radioaktivität

Aufgrund der meteorologischen Situation im Großraum Kiew in der Zeit vom 26. bis 29. April 1986 erreichten die kontaminierten Luftmassen das Bundesgebiet aus nördlichen und östlichen Richtungen, so daß ab dem 30. April erste erhöhte Meßwerte gemeldet wurden.

Die Ausbreitung der Aktivitätswolke ist in den Daten über die Luftaktivität des Deutschen Wetterdienstes und des Instituts für Atmosphärische Radioaktivität des Bundesamtes für Zivilschutz dokumentiert und durch die Ausbreitungsberechnungen nachvollzogen worden.

Der Transport von Spaltprodukten aus Tschernobyl in das Gebiet der Bundesrepublik Deutschland ist durch eine Vielzahl von Meßdaten unterschiedlichster Stellen dokumentiert worden. Am 30. April 1986 wurde auf dem Schauinsland ab 9 Uhr Sommerzeit künstliche Beta-Aktivität des Luftaerosols in Höhe von etwa 1 Bq/m^3 beobachtet. Gammaspektrometrische Untersuchungen von Luftfilterproben zeigten noch am Vormittag desselben Tags eindeutig die Existenz der Isotope J-131, Cs-137 und eine Reihe anderer typischer Spaltprodukte. Von diesem Zeitpunkt an wurde auf dem Schauinsland mit dem dort speziell für solche Zwecke installierten Meßverfahren kontinuierlich die künstliche Gesamt-Beta-Aktivität des Luftaerosols registriert und weiterhin gammaspektrometrische Untersuchungen an Filterproben des Luftaerosols vom Schauinsland und von Freiburg durchgeführt. In Freiburg wurden Tagesmittelwerte der Luft zur Untersuchung auf Xe-133 und Kr-85 gesammelt und aufbereitet. Von weiteren Meßstellen des UBA und des Deutschen Wetterdienstes verteilt über das Bundesgebiet wurden Tagesmittelwerte ermittelt, die einen Einblick über die großräumige Verteilung der Aktivitätskonzentration des Luftaerosols im Gebiet der Bundesrepublik Deutschland vermitteln.

Es wurden dabei im Tagesmittel Spitzenwerte der Gesamt-Beta-Aktivität um 40 Bq/m^3 (um 200 Bq/m^3 als Zweistunden-Mittelwerte) und für die radiologisch relevanten Nuklide Jod-131 und Cäsium 137 um 20 bzw. 10 Bq/m^3 im Luftaerosol registriert. Die Beiträge des elementaren und des organisch gebundenen Jods lagen jeweils in der gleichen Größenordnung wie das aerosolgebundene.

Etwa seit dem 10. Mai 1986 lag die Luftkontamination im wesentlichen wieder im Bereich der natürlichen Schwankung bis ca. 10 Bq/m^3 an Gesamt-Beta-Aktivität.

Die höchsten Werte wurden im Bayerischen Wald beobachtet. Vergleichbar hohe Werte traten im Münchner Raum auf. Die Maximalwerte traten im Bayerischen Raum im wesentlichen an zwei Tagen auf, nämlich am 30.4. und 1.5. Im benachbarten Baden-Württemberg wurde eine Zeitversetzung von etwa einem Tag und eine zeitlich schärfere Verteilung mit Maximalwerten am Nachmittag des 1.5. beobachtet. Die Absolutwerte in Baden-Württemberg waren mit denen von Bayern der Größenordnung nach vergleichbar. Die zeitliche Versetzung des ersten Maximums setzte sich nach Norden hin kontinuierlich fort. Gleichzeitig nahmen die Absolutwerte der Luftaktivitätskonzentration ab. Die niedrigsten Werte wurden auf Sylt beobachtet. Die Maximalwerte für J-131 und Cs-137 betrugen dort nur 0,26 bzw. 0,12 Bq/m^3 Luft.

Mit den Niederschlägen wurden dem Erdboden zeitlich und regional unterschiedliche Spaltproduktmengen zugeführt. Die Höhe der Aktivitätszufuhr war vor allem davon abhängig, ob der erste Niederschlag zeitlich mit dem Konzentrationsmaximum in der Luft zusammenfiel. Dies war die Ursache für die relativ hohen Aktivitätsablagerungen insbesondere in Bayern und Teilen Baden-Württembergs, so daß hier — bei starken lokalen Schwankungen — die höchsten Bodenaktivitäten zum Teil mit über 100 KBq/m^2 festgestellt wurden, während bei vergleichbaren Maximalkonzentrationen in der Luft z.B. in Berlin und Offenbach wesentlich niedrigere

Radioaktivität

Aktivitätsablagerungen resultierten. Mit den regional unterschiedlich eingetretenen Regenfällen traten auch regional erhebliche Schwankungen in der Aktivitätszufuhr auf.

Die kurzlebigen Isotope Jod 131 und 132 sowie Tellur 132 machten den Hauptanteil aus, die zwei Monate nach dem Unfall weitgehend zerfallen waren. Diese Bodenkontamination erhöhte die Gamma-Dosisleistung und damit die externe Strahlenexposition im Süden der Bundesrepublik Deutschland kurzfristig auf ca. das Zehnfache, in den übrigen Teilen der Bundesrepublik Deutschland auf ca. das Doppelte der natürlichen Strahlung. Ende Mai lag diese Erhöhung zwischen 20 bis ca. 120 Prozent.

Ähnliche Unterschiede wie bei den Bodenaktivitäten spiegelten sich auch in den Daten über die Oberflächenkontamination von Blattgemüse und Gras wider. Hierbei wurden in den ersten Maitagen Werte bis zu einigen 10 000 Bq/kg Frischgehalt für Jod 131 festgestellt.

Bei Gemüse wurden in Bayern im Freilandspinat Höchstwerte von 21 000 Bq/kg für J-131 und 6000 Bq/kg für Cs-137 gefunden; im Kopfsalat lagen die entsprechenden Werte bei 3000 Bq/kg bzw. 1000 Bq/kg. Ähnliche Konzentrationen traten bei Küchenkräutern wie Petersilie und Schnittlauch auf, die aber für die Strahlenexposition von geringer Bedeutung sind, da sie nur in kleinen Mengen verzehrt werden. In Niedersachsen betrugen die Höchstbelastungen nur etwa ein Zehntel dieser Werte. Mit dem teilweise Einsetzen des Weideauftriebs beim Milchvieh ergab sich eine Kontamination der Weidemilch mit Werten bis zu 1000 Bq/l an J-131, während die Milch aus der noch überwiegenden Stallhaltung bei niedrigen Werten unterhalb 100 Bq/l blieb.

Der mittlere J-131-Gehalt der Milch in Bayern lag nach Beginn der Kontamination der Weidefläche bei 200 bis 300 Bq/l. Vereinzelt (weniger als 1% der Proben) wurden auch Werte über 500 Bq/l (bis zu 1000 Bq/l) gemessen. Der Wert von 500 Bq/l wurde von der Strahlenschutzkommission als Richtwert für die Freigabe von Milch empfohlen.

Dagegen waren die Konzentrationen in Norddeutschland wesentlich geringer, wie an einem Beispiel aus Schleswig-Holstein gezeigt wird. Die Abbildung zeigt deutlich, welche Auswirkung der Weidebetrieb im Vergleich zur Stallhaltung auf die Jodkontamination der Milch hatte.

Inzwischen sind die Jodkontaminationen von Blattgemüse und Milch weit unter die Richtwerte der Strahlenschutzkommission gefallen. Auch wenn z.B. anfänglich im Muskelfleisch von Weidetieren und Wild Aktivitätskonzentrationen bis zu 1500 Bq/kg J-131 gemessen wurden, hat dieses Isotop wegen seiner kurzen Halbwertzeit von 8 Tagen gegenwärtig für die Strahlenexposition der Bevölkerung keine Bedeutung mehr.

Für die mittel- und längerfristige Strahlenexposition sind besonders die Cäsium-Isotope 134 und 137 ausschlaggebend, deren derzeitiges Verhältnis der Häufigkeiten bei 1:2 liegt. Für Milch und Blattgemüse wurden Cs 137-Konzentrationen bis zu 300 Bq/kg und im Fleisch von Wild bis zu 1500 Bq/kg festgestellt. Während die Fleischkontamination mit einer biologischen Halbwertzeit von etwa 100 Tagen abklingt, haben sich die Werte für Frischmilch und frisches Blattgemüse schon wesentlich rascher verringert. Die langfristige Strahlenexposition wird durch die Aufnahme von Cäsium über die Wurzeln in die Pflanzen bestimmt. Diese ist wesentlich geringer als die ursprüngliche, durch direkte Oberflächenkontamination und durch Direktstrahlung auf den Boden abgelagerte Aktivität.

Radioaktivität

Tagesmittelwerte der Aktivitätskonzentrationen von Jod-131 in der Luft

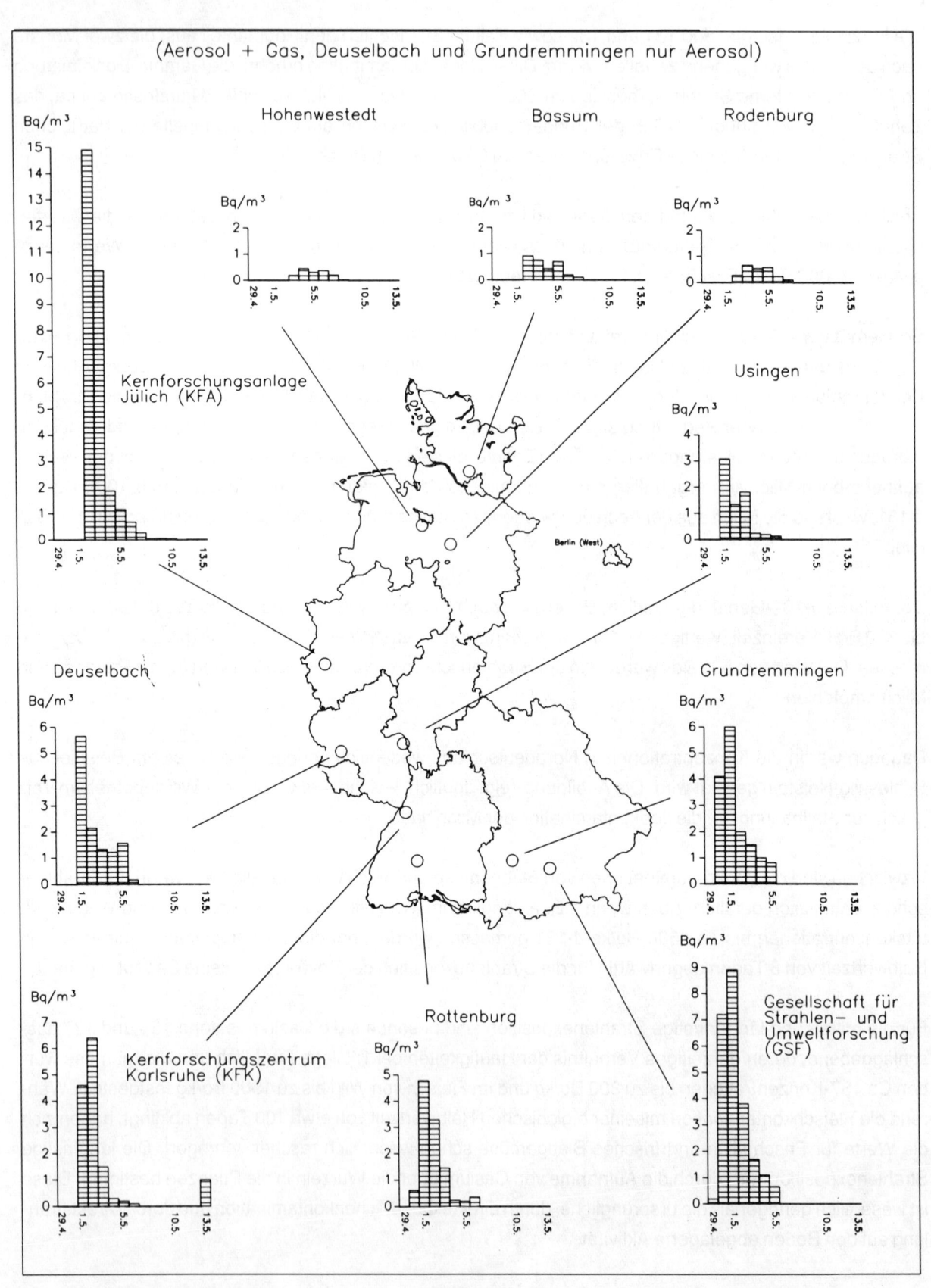

(Aerosol + Gas, Deuselbach und Grundremmingen nur Aerosol)

Hohenwestedt · Bassum · Rodenburg · Kernforschungsanlage Jülich (KFA) · Usingen · Deuselbach · Grundremmingen · Kernforschungszentrum Karlsruhe (KFK) · Rottenburg · Gesellschaft für Strahlen- und Umweltforschung (GSF)

Quelle: Bundesminister für Umwelt, Naturschutz und Reaktorsicherheit

Radioaktivität

Verlauf der bodennahen Gammadosisleistung an sieben Warndienstmeßstellen

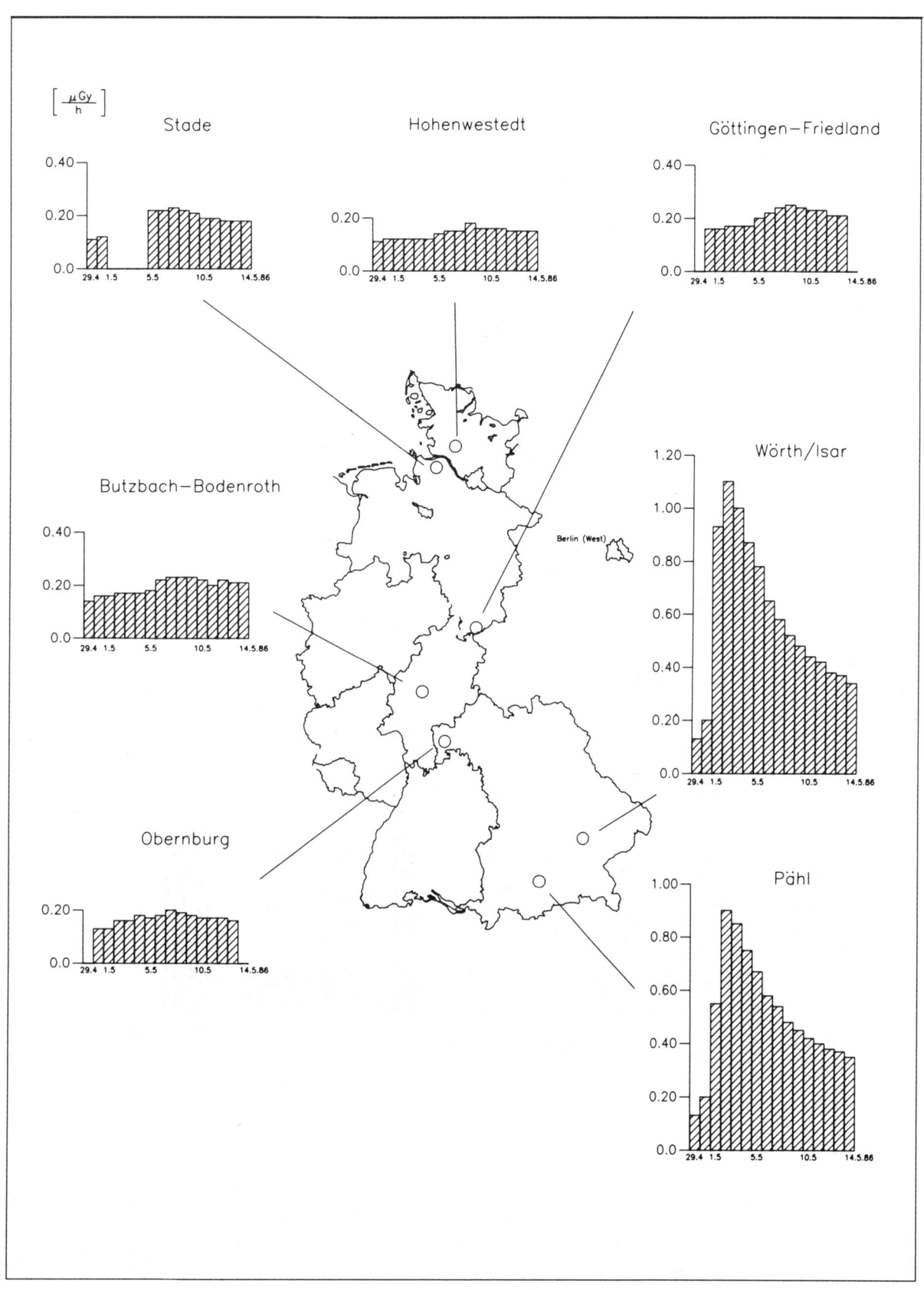

Quelle: Bundesminister für Umwelt, Naturschutz und Reaktorsicherheit

Radioaktivität

Häufigkeitsverteilung der Konzentration von Jod – 131
in Molkereimilch nach dem Reaktorunglück in Tschernobyl

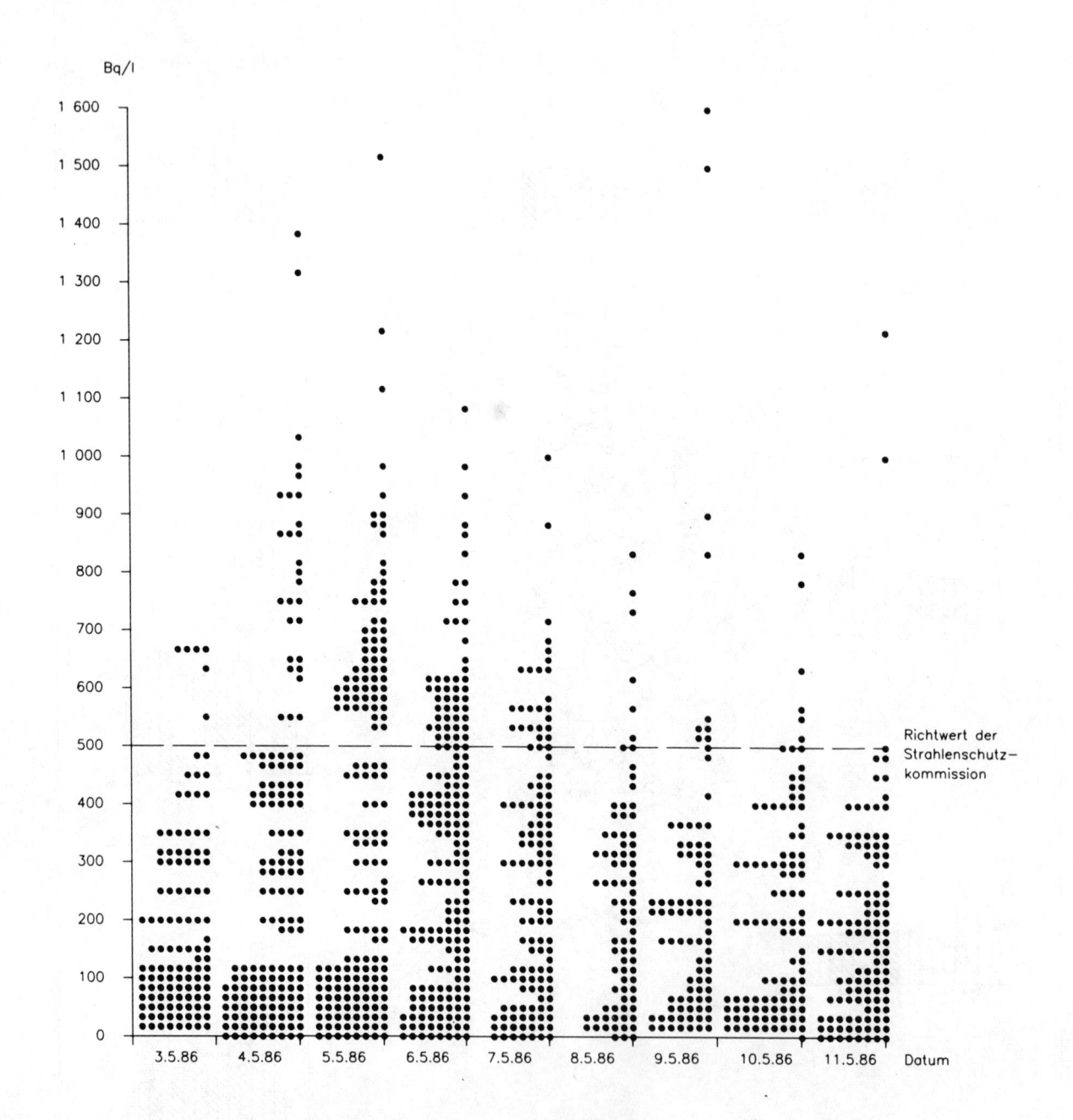

Quelle: Bundesminister für Umwelt, Naturschutz und Reaktorsicherheit

Radioaktivität

Zeitlicher Verlauf der Jod–131–Kontamination
von Frischmilch in Schleswig–Holstein
nach dem Reaktorunglück in Tschernobyl

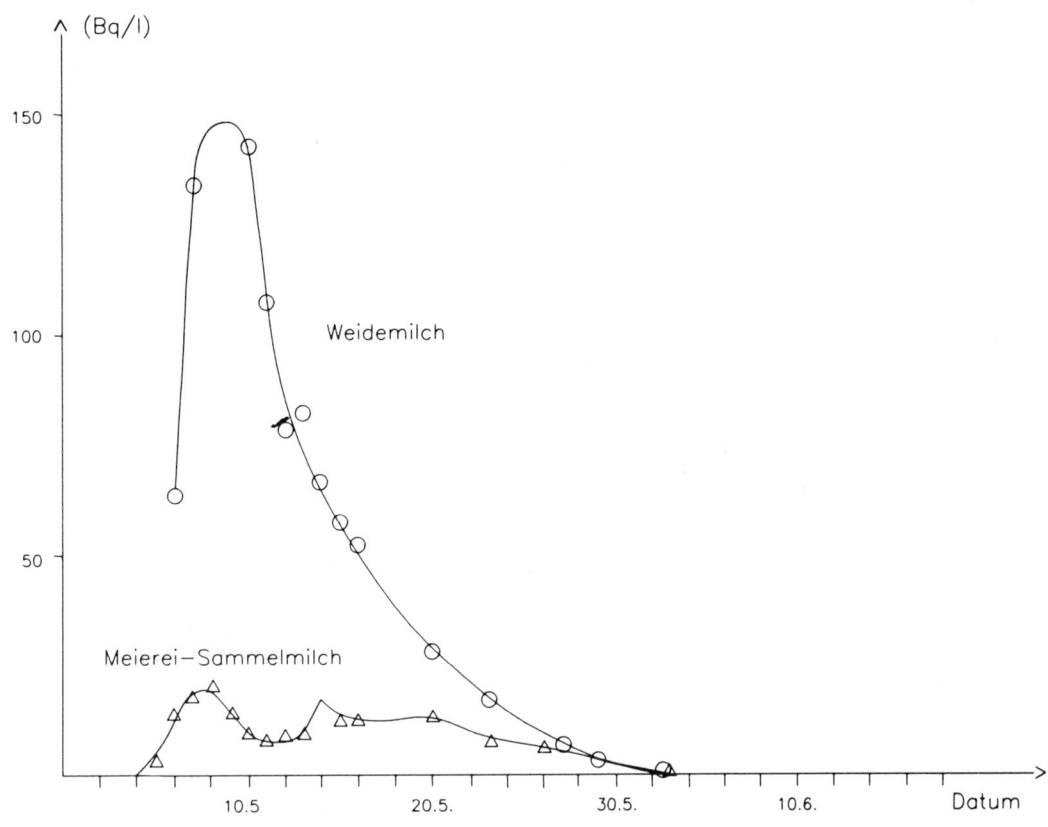

Jod–131 Aktivitätskonzentration in frischer Milch
von Kühen in Aachen nach dem Reaktorunglück in Tschernobyl
(Meßergebnisse vom 2.5. – 20.5.1986)

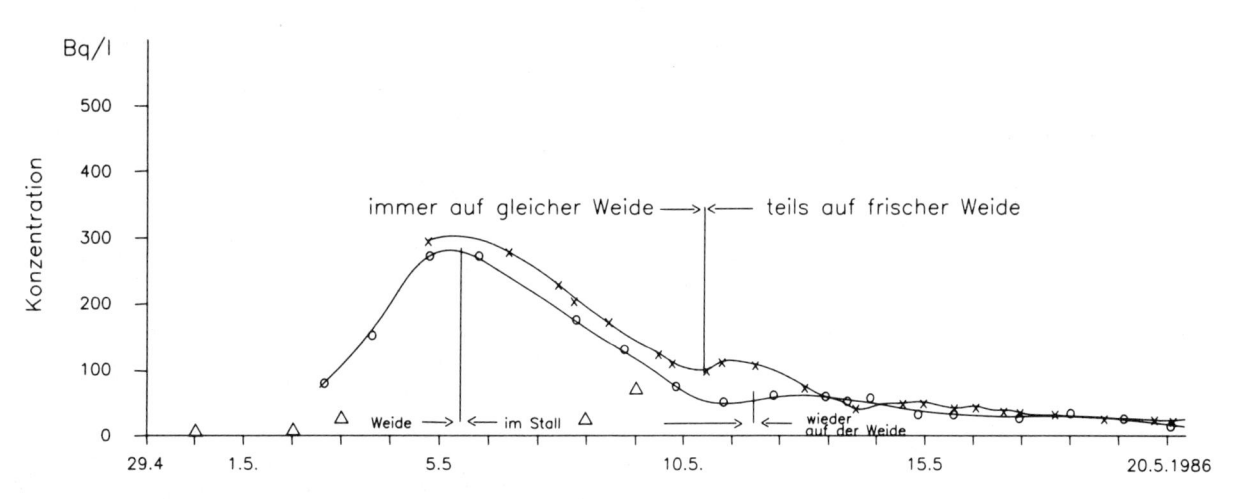

△   Milch aus dem Handel in Aachen
— x —   Bauer B.: Kühe immer auf der Weide, zusätzlich 50% Kraftfutter
— o —   Bauer M.: Kühe 6 Tage ohne Grünfutter, bei Weideaufenthalt 50% Kraftfutter
Quelle: Bundesminister für Umwelt, Naturschutz und Reaktorsicherheit

Daten zur Umwelt 1986/87
Umweltbundesamt

UMPLIS
Methodenbank
Umwelt

Radioaktivität

Spezifische Jod−131− Aktivität im Gras
Stand: 20.6.1986

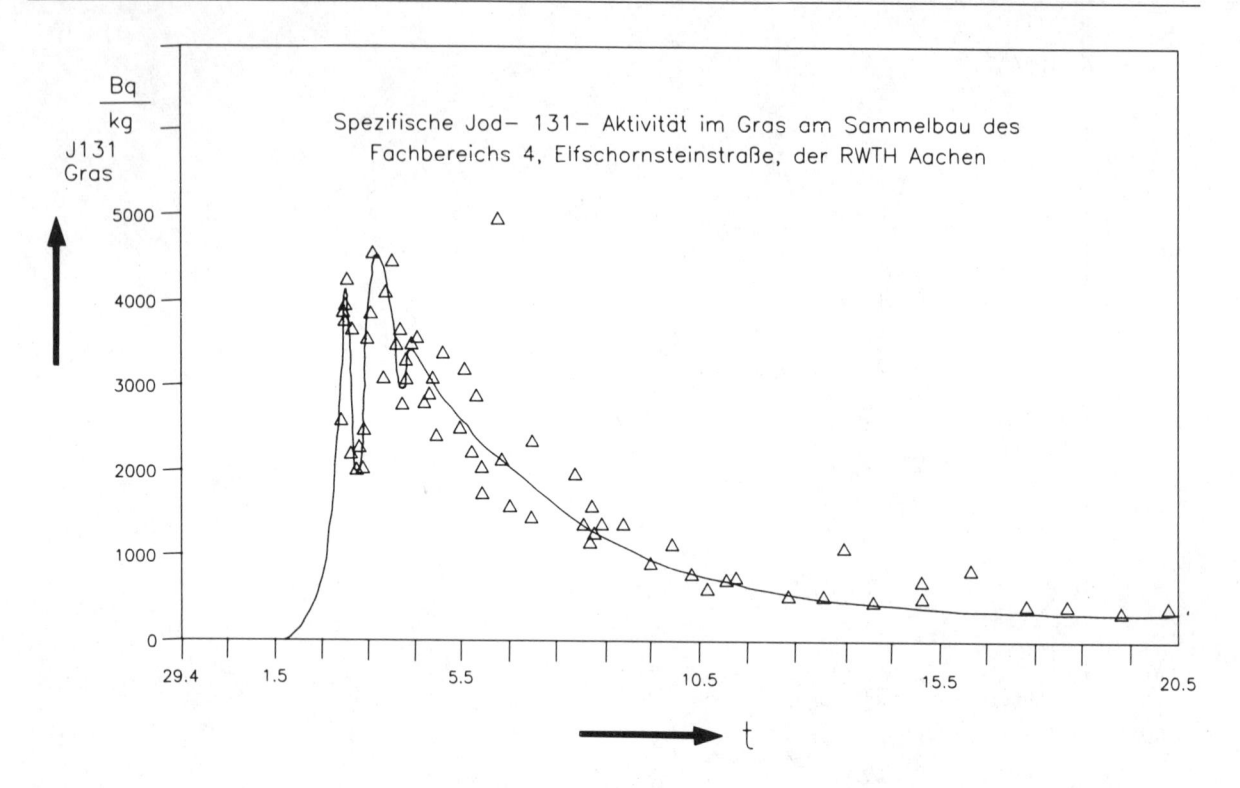

Spezifische Jod− 131− Aktivität im Gras am Sammelbau des Fachbereichs 4, Elfschornsteinstraße, der RWTH Aachen

Quelle: Bundesminister für Umwelt, Naturschutz und Reaktorsicherheit

Anhang

Berichte des Bundes und der Länder zur Situation von Umwelt und Natur (Stand: Oktober 1986)

I. Berichte des Bundes

1. Umweltberichte

Federführendes Ressort/Herausgeber Titel	Fundstelle	Erscheinungs- jahr	Periodisch (x) (Nächste Herausgabe)
1. Bundesminister für Umwelt, Naturschutz und Reaktorsicherheit (BMU)			
– Das Umweltprogramm der Bundesregierung '71	BT-Drs. VI/2710	1971	
– Abfallwirtschaftsprogramm '75 der Bundesregierung	BT-Drs. 7/4826	1976	
– Umweltbericht '76	BT-Drs. 7/5902	1976	
– Bericht über die Wasserwirtschaft in der Bundesrepublik Deutschland	BMI	1977	
– 1. Immissionsschutzbericht der Bundesregierung '77	BT-Drs. 8/2006	1978	x (1981)
– Fluglärmbericht	BT-Drs. 8/2254	1978	
– 2. Immissionsschutzbericht der Bundesregierung '81	BT-Drs. 9/1458	1982	x (1984)
– Wasserversorgungsbericht	Erich Schmidt Verlag	1982	
– Bilanz und Perspektion der Umwelt	BMI-Umwelt, Nr. 91	1982	
– Wasserversorgungsbericht Teil B-Materialien	Erich Schmidt Verlag	1983	
· B1 Organisation der Wasserversorgung			
· B2 Wissenschaftlich/technische Probleme der Wasserversorgung			
· B3 Wasserbedarfsprognose			
· B4 Wassersparmaßnahmen			
· B5 Industrielle Wassernutzung			
– Erfahrungsbericht zum Abwasserabgabengesetz	BMI	1983	
– 3. Immissionsschutzbericht '83		1984	x (1988)
– Bericht der Bundesregierung über Umweltradioaktivität und Strahlenbelastung	BT-Drs. 10/2048	1981/82	x (jährlich)
– Aktionsprogramm „Rettet den Wald"	BMI-Umwelt, Nr. 98	1983	
– 1. Fortschreibung	BMI-Umwelt (Sonderdruck)	1984	
– 2. Fortschreibung	BMI-Umweltbrief, Nr. 32	1985	
– Bericht der Bundesregierung über notwendige Maßnahmen zur Vermeidung von Gewässerbelastungen durch schwerabbaubare und sonstige kritische Stoffe	BT-Drs. 10/2833	1985	
– Bodenschutzkonzeption der Bundesregierung	BT-Drs. 10/2977	1985	
– Bericht der Bundesregierung zur Verringerung von Emissionen aus Kleinfeuerungsanlagen (Einzelhaushalte, Zentralheizungen)	BT-Drs. 10/5570	1986	
– Bericht der Bundesregierung zur Anwendung und Durchführung des Chemikaliengesetzes	BT-Drs. 10/5007	1986	
– 30 Jahre Überwachung der Umweltradioaktivität in der Bundesrepublik Deutschland	BMI	1986	
– Bericht über den Reaktorunfall in Tschernobyl, seine Auswirkungen und die getroffenen bzw. zu treffenden Vorkehrungen	BMU-Umwelt 4/5 -85	1986	
– Umweltbericht '85, Bericht der Bundesregierung über Maßnahmen auf allen Gebieten des Umweltschutzes	BT-Drs. 10/4614	1986	
– Leitlinien der Bundesregierung zur Umweltvorsorge durch Vermeidung und stufenweise Verminderung von Schadstoffen (Leitlinien Umweltvorsorge)	BT-Drs. 10/6028	1986	
– Bericht der Bundesregierung zur Entsorgung der Kernkraftwerke und andere kerntechnische Einrichtungen	BT-Drs. 10/327	1983	
Umweltbundesamt (UBA)			
– Abfallbeseitigung in der Bundesrepublik Deutschland	UBA-Berichte 1/75	1975	
– Materialien zum Abfallwirtschaftsprogramm '75 der Bundesregierung	UBA-Materialien 2/76	1976/79	
· Glasabfälle			
· Papierabfälle			
· Kunststoffabfälle			
· Altreifen			

Anhang

Federführendes Ressort/Herausgeber Titel	Fundstelle	Erscheinungs- jahr	Periodisch (x) (Nächste Herausgabe)
· Metalle und metallische Verbindungen			
· Problematische Sonderabfälle			
· Pflanzliche Reststoffe			
· Tierische Reststoffe			
· Organische Reststoffe			
· Abfälle aus dem Bergbau			
· Metallabfälle			
· Lösemittel und lösemittelhaltige Rückstände			
· Mineralölhaltige Rückstände			
· Rückstände aus der Titandioxid-Produktion		1981	
– Luftqualitätskriterien für Blei	UBA-Berichte 3/76	1976	
– Luftqualitätskriterien für Cadmium	UBA-Berichte 4/77	1977	
– Materialien zum Immissionsschutzbericht 1977	UBA-Materialien	1977	x (1981)
– Umweltbundesamt-Jahresberichte 1977 ff.	UBA	1978–1985	x (jährlich)
– Umweltschutzdelikte/Auswertung der polizeilichen Kriminalstatistik '76–'82	UBA	1978	x (jährlich)
– Luftqualitätskriterien für ausgewählte Polyzyklische-aromatische Kohlenwasserstoffe	UBA-Berichte 1/79	1979	
– Umwelt- und Gesundheitsrisiken für Quecksilber Teil I+II	UBA-Berichte 5/80	1980	
– Luftqualitätskriterien-Umweltbelastung durch Asbest u.a. faserige Feinstäube	UBA-Berichte 7/80	1980	
– Fünf Jahre Abfallwirtschaftsprogramm der Bundesregierung – Bilanz '80 –	UBA	1981	
– Luftreinhaltung '81, Entwicklung-Stand-Tendenzen-Materialien zum 2. Immissionsschutzbericht	Erich Schmidt Verlag	1981	
– Streusalzbericht 1	UBA-Berichte 1/81	1981	
– Cadmium-Bericht	UBA-Texte 1/81	1981	
– Luftqualitätskriterien für Benzol	UBA-Berichte 6/82	1982	
– Bericht „Sachstand Dioxine"	UBA	1983	
– Stoffbericht-polychlorierte Biphenyle (PCB) (gemeinsam mit Bundesgesundheitsamt)	Medizinverlag München	1983	
– Umwelt- und Gesundheitskriterien für Arsen	UBA-Berichte 4/83	1983	Neufassung 1987 geplant
– Umweltqualitätskriterien für photochemische Oxidantien	UBA-Berichte 5/83	1983	
– Gewässerversorgung in der Bundesrepublik Deutschland	UBA	1984	
– Umweltbelastungen durch Formaldehyd auf den Menschen (gemeinsam mit dem Bundesgesundheitsamt und der Bundesanstalt für Arbeitsschutz)	Kohlhammer Verlag	1984	
– Daten zur Umwelt	UBA	1984, 1987	x (1988)
– Winterdienstbericht	UBA-Berichte 3/85	1985	
– Sachstand Dioxine	UBA-Berichte 5'85	1985	
– Hausmüllaufkommen und Sekundärstatistik	UBA-Berichte 10/85	1985	
– Handbuch Stoffdaten zur Störfallverordnung Band I, II, III	UBA	1986	
– Beitrag zur Beurteilung von 19 wassergefährdenden Stoffen	UBA	1986	
– Handbuch „Umweltfreundliche Beschaffung für Gemeinden"	UBA	1986	
– Materialienband zur Problematik von Lacken und Anstrichstoffen	UBA		1986 geplant
– Prüfung und Bewertung von Stoffen auf ihre Umweltgefährlichkeit, Grundlage der Bewertung im Vollzug	UBA		1986 geplant
– Materialiensammlung Klärschlammbeseitigung			1987 geplant
– Geräuschemissionen von Kraftfahrzeugen	UBA		1987 geplant
– NO$_x$-Bericht (Arbeitstitel)	UBA		1987 geplant
– Bibliographie Umweltökonomie	UBA		1987 geplant
– Umweltforschungskatalog (UFOKAT '86)	UBA		1987 geplant

Anhang

Federführendes Ressort/Herausgeber Titel	Fundstelle	Erscheinungs- jahr	Periodisch (x) (Nächste Herausgabe)
– Kunststoffe und Umweltschutz	UBA		1987 geplant
– Leitfaden Immissionsmessung	UBA		geplant
Institut für Wasser-, Boden- und Lufthygiene (WaBoLu) des Bundesgesundheitsamtes			
– Kernenergie und Umwelt	Erich Schmidt Verlag	1976	
– Lärm – Wirkung und Bekämpfung –	Erich Schmidt Verlag	1978	
– Organische Verunreinigung in der Umwelt – Erkennen, Bewerten, Vermindern –	Erich Schmidt Verlag	1978	
– Atlas zur Trinkwasserqualität in der Bundesrepublik Deutschland (BIBIDAT)	Erich Schmidt Verlag	1980	
– Bewertung chemischer Stoffe im Wasserkreislauf	Erich Schmidt Verlag	1981	
2. Bundesminister für Ernährung, Landwirtschaft und Forsten (BML)			
– Umweltschutz in Land- und Forstwirtschaft	Schriftenreihe Berichte über Landwirtschaft		
· Naturhaushalt	Band 50, Heft 1	1972	
· Pflanzliche Produktion	Band 50, Heft 2	1972	
· Tierische Produktion	Band 50, Heft 3	1972	
– Anwendung der Umweltverträglichkeitsprüfung in der Land- und Forstwirtschaft	Band 52, Heft 2	1974	
– Agrarwirtschaft und Umwelt	Band 55, Heft 4	1978	
– Beachtung ökologischer Grenzen der Landwirtschaft	BML, Sonderheft 197 der Schriftenreihe Angewandte Wissenschaft	1981	
– Waldschäden durch Luftverunreinigung, Bericht des BML, des BMI und des Länderausschusses für Immissionsschutz	Heft 273 der Schriftenreihe Angewandte Wissenschaft	1982, 1984, 1985, 1986	
– Integrierter Pflanzenschutz	Heft 289 der Schriftenreihe Angewandte Wissenschaft	1983	
– Förderung des integrierten Pflanzenschutzes	Heft 296 der Schriftenreihe Angewandte Wissenschaft	1984	
– Schwermetalle in Boden, Rebe und Wein	Heft 308 der Schriftenreihe Angewandte Wissenschaft	1985	
– Waldschäden in der Bundesrepublik Deutschland	Heft 309 der Schriftenreihe Angewandte Wissenschaft	1985	
– Umweltverträglichkeitsprüfung für raumbezogene Planungen und Vorhaben	Heft 313 der Schriftenreihe Angewandte Wissenschaft	1985	
– Ausgleichbarkeit von Eingriffen in Natur und Landschaft	Heft 314 der Schriftenreihe Angewandte Wissenschaft	1985	
– Konfliktlösung Naturschutz-Erholung	Heft 318 der Schriftenreihe Angewandte Wissenschaft	1985	
Bundesforschungsanstalt für Naturschutz und Landschaftsökologie			
– Rote Liste der gefährdeten Tiere und Pflanzen in der Bundesrepublik Deutschland	Reihe Naturschutz aktuell Nr. 1	1977, 1978, 1981, 1983	
– Katalog der Naturschutzgebiete in der Bundesrepublik Deutschland	Reihe Naturschutz aktuell Nr. 1	1978	
3. Bundesminister für Forschung und Technologie (BMFT)			
– Antwort der Bundesregierung auf die große Anfrage zu „Forschungen zu Ursachen der Waldschäden" vom 19.11.1985	BT-Drs. 10/4286	1985	
– Umweltforschung und Umwelttechnologie-Programm 1984–1987	BMFT	1984	

Anhang

Federführendes Ressort/Herausgeber Titel	Fundstelle	Erscheinungs- jahr	Periodisch (x) (Nächste Herausgabe)
4. Bundesminister für Verkehr (BMV) *Deutsches Hydrographisches Institut* (DHI)			
– Hohe See und Küstengewässer (Beitrag zum Programm Umweltgestaltung Umweltschutz der Bundesregierung)	DHI	1971	
– Reinhaltung des Meeres	DHI	1977/1978	
– Überwachung des Meeres 1980 ff	DHI	1982–1985	x (jährlich)
– Gütezustand der Nordsee	DHI	1984	
– Deutsche Bucht Hydrographie	DHI	1984	
– Schadstoffausbreitung und Schadstoffbelastung der Nordsee	DHI	1985	
– „MARPOL"	DHI	1986	geplant
– „Quality status of the North Sea" Report compiled from contributions by experts of the governments of the North Sea coastal states and the Commission of the European Communities prepared by the International Conference on the Protection of the North Sea	DHI	1984	
5. Bundesminister für wirtschaftliche Zusammenarbiet (BMZ)			
– Umwelt und Entwicklungspolitik	BMZ-Materialien	1983/84	

2. Berichte mit umweltrelevanten Teilen

1. Bundesminister für Umwelt, Naturschutz und Reaktorsicherheit (BMU)			
– Raumordnungsbericht 1970 (Abschnitt I, Kapitel 2 „Tendenzen der Flächennutzung"; Abschnitt II, Kapitel 4 „Umweltschutz")	BT-Drs. IV/1340	1970	x
– Raumordnungsbericht 1972 (Abschnitt I, Kapitel 2.2 „Umweltsituation"; Abschnitt III, Unterabschnitt 3 „Umweltschutz"; Abschnitt IV, Kapitel 2.4 „Internationale Zusammenarbeit bei der Umweltgestaltung im Rahmen der Raumordnung")	BT-Drs. IV/3793	1972	x (Fortsetzung siehe BMBau)
– Bericht der Bundesregierung zur Entsorgung der Kernkraftwerke und anderer kerntechnischer Einrichtungen	BT-Drs. 10/327	1983	
2. Bundesminister für Arbeit und Sozialordnung (BMA)			
– Sozialbericht 1978 der Bundesregierung (Kapitel IX, Abschnitt I, „Umweltpolitik")	BT-Drs. 8/1805	1978	
– Sozialbericht 1980 der Bundesregierung (Kapitel IX Abschnitt 1. „Umweltschutz, Arbeitsschutz und Beschäftigung"; Abschnitt 2 „Umweltpolitische Initiativen und Maßnahmen")	BT-Drs. 8/4327	1980	
– Sozialbericht 1983 der Bundesregierung (Kapitel X, „Soziale Aspekte der Umweltpolitik")	BT-Drs. 10/842	1983	(1986)
3. Bundesminister für Ernährung, Landwirtschaft und Forsten (BML)			
– Agrarbericht der Bundesregierung (Kapitel Umweltpolitik) · Naturschutz und Landschaftspflege · Umweltschutz im Agrarbericht	BT-Drs. 10/5015	1986	jährlich (1987)
4. Bundesminister für Finanzen (BMF)			
– Finanzbericht · Darstellung des jährlichen Haushaltsentwurfes (darunter: Einzelplan 06-BMI-Umweltschutz und Reaktorsicherheit) · Finanzplan des Bundes, Darstellung der Ausgaben (darunter: Abschnitt Umweltschutz)	BMF	1970–1986	x (jährlich)

Anhang

Federführendes Ressort/Herausgeber Titel	Fundstelle	Erscheinungs- jahr	Periodisch (x) (Nächste Herausgabe)
5. Bundesminister für Forschung und Technologie (BMFT)			
– Bundesbericht Forschung 1984	BT-Drs. 10/1543	1984	
– Faktenbericht 1986 zum Bundesbericht Forschung	BT-Drs. 10/5298	1986	
6. Bundesminister für Jugend, Familie, Frauen und Gesundheit (BMJFG)	(Zuständigkeit für Umweltberichte ab 5.6.86: Bundesminister für Umwelt, Naturschutz u. Reaktorsicherheit)		
– Cadmium-Bilanz	BMJFG	1973, 1974, 1976–1978, 1978–1990	
– Blei-Bilanz	BMJFG	1973–1978, 1979–1983	
– PCB – Bilanz	BMJFG		
– Quecksilber-Bilanz	BMJFG	1972–1976, 1977–1979, 1980–1982	
– HCB-Bilanz	BMJFG		
– Nationale und internationale Forschungsaktivitäten und Ergebnisse auf dem Gebiet der Nutzung freilebender Tierarten als Indikatoren für die Belastung der Umwelt – insbesondere des Menschen – durch Umweltchemikalien	BMJFG	1976	
– Aufbereitung der Ergebnisse aus Forschungsvorhaben der interministeriellen Projektgruppe „Umweltchemikalien" (Schwermetalle, PCB, Organohalogenverbindungen)	BMFJG	1980	
– Bericht der Bundesregierung über die Anwendung und die Auswirkungen des Chemikaliengesetzes	BT-Drs. 10/5007	1986	
7. Bundesminister für Raumordnung, Bauwesen und Städtebau (BMBau)			
– Städtebaubericht 1970 der Bundesregierung (Zweiter Teil. Maßnahmen – VII, Nr. 4 „Maßnahmen zur Verbesserung unserer Umwelt")	BT-Drs. VI/1497	1970	
– Raumordnung und Umwelt (Entschließung der Ministerkonferenz für Raumordnung vom 15.6.1972 und Denkschrift ihres Hauptausschusses)	BMBau (Schriftenreihe Raumordnung)	1972	
– Raumordnung 1974 (Unterabschnitte B 2 „Globale Entwicklungstendenzen", C 4 und C 5 „Flächennutzung" und „Natürliche Ressourcen")	BT-Drs. 7/3582	1974	
– Städtebaubericht 1975 der Bundesregierung (Abschnitt C, Kapitel Wohnungsbau, Verkehrsprobleme und Umweltschutz)	BT-Drs. 7/3583	1975	
– Raumordnungsprogramm für die großräumige Entwicklung des Bundesgebietes (Bundesraumordnungsprogramm) (Teil I, Kapitel 1.2, 2.2 und 2.3; Teil II, Abschnitt 2 und Kapitel 4.4; Teil III, Abschnitt I)	BT-Drs. 7/3584	1975	
– Raumordnungsbericht 1982 (Abschnitt II – Ziele der Raumordnung Unterabschnitt III.9 „Umweltpolitik")	BT-Drs. 8/2378	1978	
– Raumordnungsbericht 1982 (Abschnitt I, Kapitel 2; Abschnitt III, Kapitel 9 und 10, Abschnitt V, Kapitel 15; Abschnitt VI, Kapitel 16)	BT-Drs. 10/210	1982	
– Städtebaulicher Bericht (Abschnitt 3)	BMBau	1982	
– Raumordnungsbericht 1986 (Kapitel 9–12)	BT-Drs. 10/6027	1986	(1990)

Anhang

Federführendes Ressort/Herausgeber Titel	Fundstelle	Erscheinungsjahr	Periodisch (x) (Nächste Herausgabe)
8. Bundesminister für Verkehr (BMV)			
– Verkehrsbericht 1970 (Kapitel Verminderung nachteiliger Auswirkungen des Verkehrs auf die Umwelt)	BT-Drs. 6/1350	1970	
– Bundesverkehrswegeplan 1. Stufe (Ziffn. 7. Verringerung der Umweltbelastung; 18a Berücksichtigung der Umweltbelange; 47 Umwelt und Ziele der Bundesverkehrswegeplanung; 48 f Gesundheitsschutz, Naturschutz und Landschaftspflege; 224 Umweltschutz und Ziele der Korridoruntersuchung)	DT-Drs. 7/1045	1973	
– Straßenbauberichte 1971–1974 (Kapitel 3.3 Schutz gegen Straßenverkehrslärm; 3.4 Bepflanzung)	BT-Drs. 1971: VI/3512 1972: 7/82 1973: 7/2413 1974: 7/3822	1971–1974	x (jährlich)
– Straßenbaubericht 1975 (Kapitel 4.4 Schutz gegen Straßenverkehrsgeräusche; 4.5 Bepflanzung)	BT-Drs. 8/713	1975	x (jährlich)
– Straßenbaubericht 1976 (Kapitel 3.4 Schutz gegen Straßenverkehrsgeräusche; 3.5 Bepflanzung)	BT-Drs. 8/713	1976	x (jährlich)
– Straßenbauberichte 1977 (Kapitel 2.2 Schutz gegen Verkehrslärm; 4.4 Schutz gegen Straßenverkehrsgeräusche; 4.5 Bepflanzung)	BT-Drs. 9/2317	1977	x (jährlich)
– Straßenbaubericht 1978 (Kapitel 4.4 Schutz gegen Straßenverkehrsgeräusche; 4.5 Naturschutz und Landschaftspflege)	BT-Drs. 8/3116	1978	x (jährlich)
– Altölberichte der Bundesregierung	BT-Drs. 10/1229	1984	alle drei Jahre (seit 1972)
– Koordiniertes Investitionsprogramm für die Bundesverkehrswege bis zum Jahre 1985 (KIP) (Kapitel II. Nr. 1 und 2 Einbindung des Umweltschutzes in die Zielstruktur des KIP; IV Nr. 5 Umweltschutz; V Ziff. 1.1 Berücksichtigung von Umweltwirkungen bei der Projektbewertung)	BMV	1977	
– Bundesverkehrswegeplan '80 (BVWP '80) (Zusammenfassung Ziff. 5, Ziff. 2.1.4 Umwelt schützen und verbessern; Ziff. 5 Anhang 3 zusätzliche Entscheidungskriterien – Natur- und Landschaftsschutz –)	BMV	1979	
– Straßenbauberichte 1979–1980 (Kapitel 4.3 Schutz gegen Straßenverkehrsgeräusche; 4.4 Naturschutz u. Landschaftspflege	BT-Drs. 1979: 8/4129 1980: 9/812	1979–1980	x (jährlich)
– Bericht der Bundesregierung über Maßnahmen zur Verhinderung von Tankerunfällen und zur Bekämpfung von Ölverschmutzungen der Meere und Küsten	BT-Drs. 1980: 9/435 1982: 9/2359	1980/1982	
– Straßenbaubericht 1981 (Kapitel 2.1.6 Schutz gegen Straßenverkehrsgeräusche, 4.3 Naturschutz und Landschaftspflege)	BT-Drs. 9/1960	1981	x (jährlich)
– Die Beratungen über Schiffahrt und Verkehr auf der 3. VN-Seerechtskonferenz – Bericht über den Verhandlungsstand nach der 9. Sitzungsperiode – (Kapitel V: Meeresumweltschutz)	BMV		
– Straßenbaubericht 1982 (Kapitel 2.7 Schutz gegen Verkehrslärm, 4. Naturschutz und Landschaftspflege)	BT-Drs. 10/361	1983	x (jährlich)
– Straßenbaubericht 1983 (Kapitel 2.8 Schutz vor Lärm und Abgasen, 2.9 Flächenbedarf an Bundesfernstraßen, 5. Naturschutz und Landschaftspflege)	BT-Drs. 10/2098	1984	

Anhang

Federführendes Ressort/Herausgeber Titel	Fundstelle	Erscheinungs- jahr	Periodisch (x) (Nächste Herausgabe)

– Straßenbaubericht 1984
  (Kapitel 2.7 Schutz vor Lärm und Abgasen, 5. Natur-
  schutz und Landschaftspflege)
	BT-Drs. 10/3802	1985	

Verkehrsbericht (IV. Kapitel, Umweltschutz, Naturschutz und Land- schaftspflege im Verkehr)	BT-Drs. 10/2695	1984	

– Bundesverkehrswegeplan 1985 (BVWP '85) Ziff. 3.1
  – Verkehrsleistung und Umweltbelastung – Ziff. 3.3 a)
  – Berücksichtigung der Belange von Ökologie und
    Umwelt – Ziff. 4.2 c)
  – Ökologische Beurteilung (Bewerbungskriterien) –
    Ziff. 7.1
  – Begrenzung der Eingriffe in Natur und Landschaft/
    Abhilfemaßnahmen
	BMV	1985	x (alle 5 Jahre)

Deutsches Hydrographisches Institut (DHI)
– Jahresberichte 1970 ff.
  (Kapitel: Stoffliche Umweltfragen-Gehalt von Schad-
  stoffen im Wasser der Nord- und Ostsee)
	DHI	1970–1985	(jährlich)

Bundesanstalt für Gewässerkunde (BfG) – Jahresberichte 1974 ff.	BFG	1975 ff.	x (jährlich)
8. Bundesminister für Wirtschaft (BMWi)			
– Bericht der Bundesregierung über die Integration in den Europäischen Gemeinschaften	BT-Drs. V/1010 V/1653	1967	x (halbjährlich)
– Energieprogramm		1973	
1. Fortschreibung	BT-Drs. 7/2713	1974	
2. Fortschreibung	BT-Drs. 8/1357	1977	
3. Fortschreibung (Kapitel D 2 „Energie und Umwelt")	BT-Drs. 9/983	1981	
4. Energiebericht der Bundesregierung	BMWi	1986	
5. Bericht der sparsamen und rationellen Energieverwendung	Aktuelle Beiträge zur Wirtschafts- und Finanzpolitik Nr. 16/85		

– Rahmenplan der Gemeinschaftsaufgabe „Verbesse-
  rung der regionalen Wirtschaftsstruktur"
  (Kapitel Umweltpolitik)
	BT-Drs. 8/2530
	BT-Drs. 8/3788
	BT-Drs. 9/697
	BT-Drs. 9/1642
	BT-Drs. 10/303
	BT-Drs. 10/1279
	BT-Drs. 10/3562
		1979
		1980
		1981
		1982
		1983
		1984
		1985
			(jährlich)

– Jahreswirtschaftsbericht der Bundesregierung (Kapitel: Umweltpolitik)	BT-Drs. 8/3628 BT-Drs. 9/125 BT-Drs. 9/1642 BT-Drs. 9/2400 BT-Drs. 10/952 BT-Drs. 10/2814 BT-Drs. 10/4981	1980 1981 1982 1983 1984 1985 1986	(jährlich)

– Stellungnahme der Bundesregierung zu den Berichten
  der fünf an der Strukturberichterstattung beteiligten
  Wirtschaftsforschungsinstitute (Kapitel: Umweltschutz-
  politik)
	BT-Drs. 9/762
	BT-Drs. 9/1322
	BT-Drs. 9/2400
	BT-Drs. 10/1699
		1981
		1982
		1983
		1984	

9. Bundesminister für wirtschaftliche Zusammen- arbeit (BMZ)			

– Bericht zur Entwicklungspolitik der Bundesregierung
  (Ziffn. 1.6 „Problemfelder der Dritten Welt"; 1.6.3 „Um-
  welt"; „Neuere Aspekte der entwicklungspolitischen
  Zusammenarbeit";
	BMZ	1983	

Anhang

Federführendes Ressort/Herausgeber Titel	Fundstelle	Erscheinungs- jahr	Periodisch (x) (Nächste Herausgabe)
3.1.2 „Global 2000 Schlußfolgerungen für die Entwicklungspolitik"; 4. „Bilaterale Entwicklungshilfe der Bundesregierung"; 4.4 „Fachliche Schwerpunkte"; 4.4.4 „Schutz der Natürlichen Ressourcen")			
– Sechster Bericht zur Entwicklungspolitik der Bundesregierung, Abschnitt I Ziffer 2.7 „Umweltprobleme" Ziffer 3.2.4 „Überprüfung der internat. Entwicklungsstrategie für die dritte Entwicklungsdekade" Abschnitt II Ziffer 3.2.2.6 „Schutz der Umwelt und der natürlichen Ressourcen" Ziffer 7.2 „Tendenzen globaler Entwicklung Global 2000"	BT.-Drs. 10/3028	1985	
– Entwicklungspolitik (Jahresbericht 1984) Kapitel „Umweltschutz"	BMZ	1984	

3. Berichte beratender Gremien der Bundesregierung

Rat von Sachverständigen für Umweltfragen (SRU)			
– Auto und Umwelt	Kohlhammer-Verlag	1973	
– Die Abwasserabgabe	Kohlhammer-Verlag	1974	
– Umweltgutachten 1974	BT-Drs. 7/2802	1974	
– Umweltproblem des Rheins	BT-Drs. 7/5014	1976	
– Umweltgutachten 1978	BT-Drs. 8/1938	1978	
– Umweltchemikalien/BMI	Umweltbrief Nr. 19	1979	
– Umweltprobleme der Nordsee	BT-Drs. 9/692	1980	
– Energie und Umwelt	BT-Drs. 9/872	1981	
– Waldschäden und Luftverunreinigungen	BT-Drs. 10/113	1983	
– Flüssiggas als Kraftstoff/BWI	Umweltbrief Nr. 25	1982	
– Verminderung der Stickoxidemissionen aus Feuerungsanlagen	BMI-Umwelt Nr. 99	1983	
– Umweltprobleme der Landwirtschaft	BT-Drs. 10/3613	1985	
– Bericht zur Umsetzung der Empfehlungen des Rates von Sachverständigen für Umweltfragen im Gutachten „Waldschäden und Luftverunreinigungen"	BT-Drs. 10/4284	1985	
– Luftverunreinigungen in Innenräumen			geplant
– Umweltgutachten 1987			geplant
Projektgruppe Lärmbekämpfung beim BMI			
– Abschlußbericht der Projektgruppe	BMU	1978	
Projektgruppe zum Aktionsprogramm Ökologie			
– Abschlußbericht der Projektgruppe	BMU	1983	
Deutsche Gesellschaft für Ernährung			
– Ernährungsbericht (Situationsanalyse und Bewertung von Rückständen in Lebensmitteln)	BML	1972, 1976, 1980, 1984	x (1988)
Forschungsbeirat Waldschäden/Luftverunreinigungen der Bundesregierung und der Länder			
– Umweltforschung zu Waldschäden, 3. Bericht	BMFT	1985	
Sachverständigenrat zur Begutachtung der gesamtwirtschaftlichen Entwicklung (SVR)			
– Jg. 1984/85 3. Kapitel, Teil B/V	Kohlhammer Verlag	1984	
– Jg. 1985/86 Ziff. 223 ff.	Kohlhammer Verlag	1985	

Anhang

II. Umweltberichte der Länder

Bundesland Titel	Fundstelle	Erscheinungs- jahr	Periodisch (x) (Nächste Herausgabe)
Baden-Württemberg			
– Umweltschutzbericht 1971 für Baden-Württemberg	Innenministerium Baden-Württemberg	1971	
– Arbeitsprogramm 1973	Ministerium für Ernährung, Landwirtschaft und Forsten Baden-Württemberg	1973	
– Erstes mittelfristiges Umweltschutzprogramm der Landesregierung	Ministerium für Ernährung, Landwirtschaft und Umwelt Baden-Württemberg	1974	
– Zweites mittelfristiges Umweltschutzprogramm der Landesregierung	Ministerium für Ernährung, Landwirtschaft und Umwelt Baden-Württemberg		
– Umweltqualitätsbericht Baden-Württemberg 1979	Landesanstalt für Umweltschutz Baden-Württemberg	1979	
– 2. Umweltqualitätsbericht Baden-Württemberg 1983	Landesanstalt für Umweltschutz Baden-Württemberg	1983	x (1987)
– Umweltschutz in Baden-Württemberg – Forschungsreport I (1983)	Ministerium für Ernährung, Landwirtschaft und Forsten	1984	
– Umweltschutz in Baden-Württemberg – Forschungsreport II (1985)	Ministerium für Ernährung, Landwirtschaft und Forsten	1986	
Bayern			
– Umweltbericht '72	Bayerisches Staatsministerium für Landesentwicklung und Umweltschutz	1972	
– Umweltpolitik in Bayern – Ein Programm	Bayerisches Staatsministerium für Landesentwicklung und Umweltschutz	1978	
– Umweltpolitik in Bayern – Ein Programm	Bayerisches Staatsministerium für Landesentwicklung und Umweltschutz	1986	
Bremen			
– Umweltschutzprogramm	Senator für Gesundheit und Umweltschutz der Freien und Hansestadt Bremen	1975	
– Umweltschutzbericht	Senator für Gesundheit und Umweltschutz der Freien und Hansestadt Bremen	1976	
– Umweltschutz-Sachstand	Senator für Gesundheit und Umweltschutz der Freien und Hansestadt Bremen	1978	
– Umweltschutzprogramm	Senator für Gesundheit und Umweltschutz der Freien und Hansestadt Bremen	1979	
– Umweltschutzprogramm	Senator für Umweltschutz	1983	
– Umweltschutzprogramm	Senator für Umweltschutz		1987 (geplant)
Hamburg			
– Umweltpolitisches Konzept für Hamburg	Staatliche Pressestelle in Zusammenarbeit mit der Umweltbehörde	1980	
– Umweltpolitisches Aktionsprogramm	Staatliche Pressestelle in Zusammenarbeit mit der Umweltbehörde	1984	
– Umweltpolitisches Aktionsprogramm – Bilanz eines Jahres –	Staatliche Pressestelle in Zusammenarbeit mit der Umweltbehörde	1985	

Anhang

Bundesland Titel	Fundstelle	Erscheinungs- jahr	Periodisch (x) (Nächste Herausgabe)
– Luftbericht 1982 (dazu: Zwischenbericht 1980)	Staatliche Pressestelle in Zusammenarbeit mit der Umweltbehörde	1982	
– Luftbericht 1983/84	Staatliche Pressestelle in Zusammenarbeit mit der Umweltbehörde	1985	
– Luftbericht 1985/86	Staatliche Pressestelle in Zusammenarbeit mit der Umweltbehörde	1986	
– Wassergütebericht 1984	Staatliche Pressestelle in Zusammenarbeit mit der Umweltbehörde	1985	
– Luftreinhalteplan	Staatliche Pressestelle in Zusammenarbeit mit der Umweltbehörde	1986	
– Wassergütebericht 1985	Staatliche Pressestelle in Zusammenarbeit mit der Umweltbehörde		1986 geplant
Hessen			
– Großer Hessenplan – Aktionsprogramm Umwelt	Der Hessische Minister für Landwirtschaft und Forsten	1970	
– Umweltberichte der Hessischen Landesregierung	Der Hessische Minister für Landwirtschaft und Umwelt	1973, 1976	(1985)
ersetzt durch „Bericht zur Lage der Natur" 1985	Der Hessische Minister für Landwirtschaft, Forsten und Naturschutz	1985	
– Naturschutz und Landschaftspflege in Hessen 1973/74, 75/76, 77/78, 79/80, 81/82	Der Hessische Minister für Landwirtschaft und Umwelt	1975, 1977, 1979, 1981, 1983	
– Umweltbericht der Hessischen Landesregierung	Der Hessische Minister für Landesentwicklung, Umwelt, Landwirtschaft und Forsten	1979	
	Der Hessische Minister für Arbeit, Umwelt und Soziales	1985	
– Immissionsbericht Hessen	Der Hessische Minister für Landesentwicklung, Umwelt, Landwirtschaft und Forsten	1978, 1982	
Niedersachsen			
– Stand des Umweltschutzes und der Umweltpflege in Niedersachsen	Niedersächsisches Sozialministerium	1971	
– 2. Niedersächsischer Umweltbericht	Niedersächsisches Sozialministerium	1974	
– „Umweltschutz in Niedersachsen", Umweltschutzbericht 1985	Ministerium für Bundesangelegenheiten	1985	
– Schriftenreihe Umweltschutz in Niedersachsen	Ministerium für Bundesangelegenheiten		
„Reinhaltung der Luft, Heft 1–8"		1974–1985	
„Lärmbekämpfung", Heft 1–3		1980–1985	
– Mittelstandsbericht	Ministerium für Wirtschaft und Verkehr	1984	
Nordrhein-Westfalen			
– Umweltbericht NRW	Landesregierung	1974	
– Umweltschutz in NRW	Landesregierung	1977, 1980	
– Umweltprogramm NRW	Landesregierung	1983	
– Umweltprogramm NRW (Zwischenbericht)	Landesregierung	1984	
– NRW 1986 – Zahlen/Daten/Fakten	Landesregierung	1986	

Anhang

Bundesland Titel	Fundstelle	Erscheinungs- jahr	Periodisch (x) (Nächste Herausgabe)
Rheinland-Pfalz			
– Umweltschutz in Rheinland-Pfalz	Ministerium für Landwirtschaft, Weinbau und Forsten	1974, 1978	
– Umweltqualitätsbericht	Ministerium für Soziales, Gesundheit und Umwelt	1983	
– Umweltprogramm	Ministerium für Umwelt und Gesundheit	1985	
– Aktionsprogramm Wasserwirtschaft	Ministerium für Landwirtschaft, Weinbau und Forsten	1985	
– Landwirtschaft und Umwelt in Rheinland-Pfalz		1984	
Saarland			
– Umweltbericht 72/73	Minister für Umwelt, Raumordnung und Bauwesen	1973	
– Umweltprogramm 1977	Minister für Umwelt, Raumordnung und Bauwesen	1977	
– Bericht zum Umweltprogramm	Minister für Umwelt, Raumordnung und Bauwesen	1979	
– Landesentwicklungsplan „Umwelt" (Entwurf)	Minister für Umwelt, Raumordnung und Bauwesen	1979	
– Umweltbericht 1981	Minister für Umwelt, Raumordnung und Bauwesen	1982	
– Bericht 1983 zum Umweltprogramm (4. Umweltbericht der Regierung des Saarlandes)	Minister für Umwelt, Raumordnung und Bauwesen	1984	
Schleswig-Holstein			
1. Umweltbericht der Landesregierung	Innenminister	1971	
2. Umweltbericht der Landesregierung	Sozialminister	1972	
3. Umweltbericht der Landesregierung	Sozialminister	1978	
4. Umweltbericht der Landesregierung	Minister für Ernährung, Landwirtschaft und Forsten	1982	
Handbuch für Naturschutz in Schleswig-Holstein	Minister für Ernährung, Landwirtschaft und Forsten	1982	
Handlungskonzept für den Naturschutz in Schleswig-Holstein	Minister für Ernährung, Landwirtschaft und Forsten	1983, 1985	
Ursachen der Grundwasserbelastung – Bericht mit Darstellung der Konsequenzen	Minister für Ernährung, Landwirtschaft und Forsten	1983	
Artenschutzprogramm Schleswig-Holstein	Minister für Ernährung, Landwirtschaft und Forsten	1983	
Landesprogramm zum Schutz der Natur und zur Verbesserung der Struktur an der schleswig-holsteinisch-mecklenburgischen Landesgrenze	Minister für Ernährung, Landwirtschaft und Forsten	1985	
2. Bilanzbericht zum Generalplan Abwasser und Gewässerschutz in Schleswig-Holstein	Minister für Ernährung, Landwirtschaft und Forsten	1986	
Programm der Landesregierung Schleswig-Holstein zur sinnvollen und sparsamen Energieverwendung	Minister für Wirtschaft und Verkehr	1979, 1982	
Berlin			
– Umweltschutzbericht 1972	Senator für Stadtentwicklung und Umweltschutz	1972	
– Umweltschutzbericht 1973	Senator für Stadtentwicklung und Umweltschutz	1973	
– Umweltschutzbericht 1976	Senator für Stadtentwicklung und Umweltschutz	1976	
– Umweltschutzbericht 1978	Senator für Stadtentwicklung und Umweltschutz	1978	
– Umweltschutzbericht 1980	Senator für Stadtentwicklung und Umweltschutz	1980	
– Umweltschutzbericht 1984	Senator für Stadtentwicklung und Umweltschutz	1984	1987
– Umweltprogramm 1984	Senator für Stadtentwicklung und Umweltschutz	1984	

Anhang

Kommunale Umweltberichterstattung

Eine breite Aufmerksamkeit für Umweltprobleme ist in der Gesamtheit der Kommunen seit Ende der 70er, Anfang der 80er Jahre festzustellen. Die Arbeit an diesen Problemen schlägt sich in einer Vielzahl von Gutachten, Katastern, Programmen und Berichten nieder.

Auf der Abbildung sind kreisfreie Städte, Landkreise und kreisangehörige Gemeinden dargestellt, die Umweltschutzberichte veröffentlicht haben. Mitte 1986 betrug ihre Zahl über 200. Es ist erkennbar, daß eine Häufung von Kommunen mit Umweltberichterstattung in den Verdichtungsräumen vorliegt. Neuere Berichte gehen über die Bestandsanalyse und eine Ziel- und Maßnahmendarstellung zum Teil bereits hinaus und umfassen auch die Formulierung von Umweltprogrammen und deren Finanzierung.

Anhang

Kommunale Umweltberichterstattung

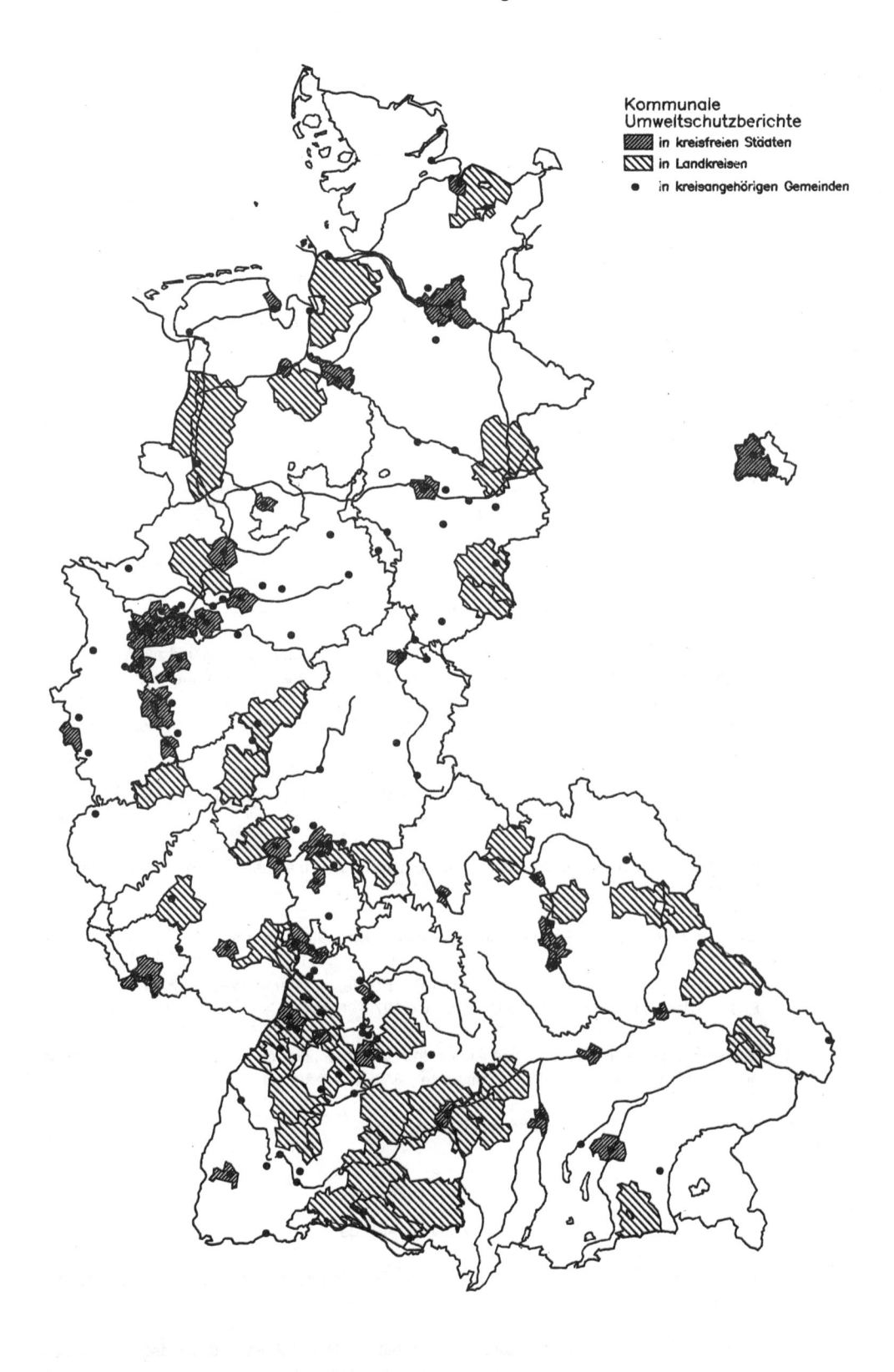

Kommunale Umweltschutzberichte
- in kreisfreien Städten
- in Landkreisen
- in kreisangehörigen Gemeinden

Quelle: Deutsches Institut für Urbanistik

Quellenverzeichnis

Allgemeine Daten

S. 11	Statistisches Bundesamt, Statistisches Jahrbuch für die Bundesrepublik Deutschland 1985, Stuttgart und Mainz 1985
S. 13, 18, 20, 39, 40, 63, 75	Organisation für wirtschaftliche Zusammenarbeit und Entwicklung (OECD), The State of the Environment 1985, Data Compendium, Paris 1985
S. 15, 16	Statistisches Bundesamt, Fachserie 18: Volkswirtschaftliche Gesamtrechnungen, Reihe 1, Konten und Standardtabellen, Sonderauswertung für das Umweltbundesamt
S. 42, 44	Bundesminister für Verkehr, Verkehr in Zahlen 1985, Berlin 1985
S. 46	Bundesanstalt für Flugsicherung, Luftfahrthandbuch für die Bundesrepublik Deutschland
S. 48	Statistisches Bundesamt, Fachserie 8: Verkehr, Reihe 6, Luftverkehr 1984
S. 51–54	Wirtschaft und Statistik 3/1986
S. 56–59, 60	Statistisches Bundesamt, Fachserie 19: Umweltschutz, Reihe 3, Investitionen für Umweltschutz im Produzierenden Gewerbe 1984
S. 65	Statistisches Bundesamt, Zusammenstellung aus den Jahresrechnungen der öffentlichen Haushalte
S. 67	Bundesministerium für Umwelt, Reaktorsicherheit und Naturschutz, eigene Zusammenstellung
S. 69	Umweltbundesamt, eigene Zusammenstellung unveröffentlichter Daten
S. 71	Schätzungen und Berechnungen des Ifo-Instituts für Wirtschaftsforschung und zitiert nach: Umwelt 5/1985, Hrsg.: Bundesminister für Umwelt, Naturschutz und Reaktorsicherheit
S. 73	Umweltbundesamt, eigene Zusammenstellung aus unveröffentlichten Daten der Umweltforschungsdatenbank (UFORDAT)
S. 77	Umweltbundesamt, Jährliche Auswertung der polizeilichen Kriminalstatistik, Umweltschutzdelikte 1976 bis 1984
S. 78	Institut für praxisorientierte Sozialforschung, Einstellungen zu aktuellen Fragen der Innenpolitik, Mannheim 1985
S. 80, 82	Deutscher Wetterdienst, Sonderauswertung für das Umweltbundesamt
S. 22–24, 27–29, 32–35	Arbeitsgemeinschaft Energiebilanzen, Hrsg: Der Bundesminister für Wirtschaft, Energiebilanz der Bundesrepublik Deutschland 1970–1984
S. 37	Bundesforschungsanstalt für Landeskunde und Raumordnung nach: Statistik für das Jahr 1984 der Vereinigung Deutscher Elektrizitätswerke – VDEW – e.V., 1984
S. 42	Kraftfahrtbundesamt, Statistische Mitteilungen 1/86

Natur und Landschaft

S. 86, 87	Naturschutz aktuell, Nr. 1, 1984, Kildarverlag, 4. Auflage
S. 93	Forschungsreport Ernährung, Landwirtschaft, Forsten-Informationen aus den Bundesforschungsanstalten, Heft 1, 1986
S. 96	Zusammenstellung der Bundesforschungsanstalt für Naturschutz und Landschaftsökologie (BFANL), nach: Peters, Bohn, Natur und Landschaft, Heft 5, 1985
S. 99	Landschaft und Stadt, Heft 1, 1986
S. 101	Schönfelder, P. Natur und Landschaft, Heft 6, 1983

Quellenverzeichnis

S. 105, 109	Merian, Ch., Natur und Landschaft, Heft 4, 1985, Zusammenstellung der BFANL
S. 106	Institut für Naturschutz und Tierökologie, BFANL, Natur und Landschaft, Heft 12, 1985
S. 108, 110	Merian, Ch., Natur und Landschaft, Heft 4, 1985
S. 112	Institut für Naturschutz und Tierökologie, Naturschutz aktuell Nr. 3, 1979, ergänzt durch Zusammenstellung der BFANL
S. 114	Arnold, F.; J. Hollmann; H.-W. Koeppel und A. Reiner, Natur und Landschaft, Heft 7/8, 1984, ergänzt durch Zusammenstellung der BFANL
S. 115	Arnold, F.; J. Hollmann; H.-W. Koeppel und A. Reiner, Natur und Landschaft, Heft 7/8, 1984
S. 116	Henke, H.; D. Lassen, Natur und Landschaft, Heft 2, 1985
S. 118	Fritz, G., Natur und Landschaft, Heft 7/8, 1984
S. 121	Lassen, D., Natur und Landschaft, Heft 10, 1979
S. 122	Zusammenstellung der BFANL nach Lassen, D., Natur und Landschaft, Heft 10
S. 89, 90, 103	Organisation für wirtschaftliche Zusammenarbeit und Entwicklung (OECD) State of the Environment 1985, Data Compendium, Paris 1985

Boden

S. 126–128, 130, 132, 133, 135, 136, 138, 141, 142, 144, 153, 154, 156, 157, 159, 160, 162, 163	Bundesforschungsanstalt für Landeskunde und Raumordnung, Laufende Raumbeobachtung
S. 145	Statistisches Bundesamt, Fachserie 3: Land- und Forstwirtschaft, Fischerei, R. 3, Bodennutzung und pflanzliche Erzeugung, 1984
S. 147	Der Rat von Sachverständigen für Umweltfragen: Umweltprobleme der Landwirtschaft, Sondergutachten 1985
S. 149	Statistisches Bundesamt, Fachserie 4: Produzierendes Gewerbe, Reihe S. 8: Düngemittelerzeugung und -versorgung 1950/51 bis 1982/83, Wiesbaden 1984
S. 151	Bundesminister für Ernährung, Landwirtschaft und Forsten (Hrsg.): Statistisches Jahrbuch 1985
S. 166, 168	Geochemischer Atlas der Bundesrepublik Deutschland, Bundesanstalt für Geowissenschaften und Rohstoffe, Hannover 1985
S. 170, 171	Bundesforschungsanstalt für Naturschutz und Landschaftsökologie (BFANL): Verknüpfung von Daten, aus: Geochemischer Atlas, Bundesanstalt für Geowissenschaften und Rohstoffe (BGR) und der Laufenden Raumbeobachtung der Bundesforschungsanstalt für Landeskunde und Raumordnung (BFLR)
S. 173	Walter Lorenz in: Geologisches Jahrbuch Reihe D, Heft 74, BGR 1985
S. 174	Lorenz (1984): Erzmetall Bd. 37, H. 6; Zahlen zur Kohlewirtschaft, H. 127/1985
S. 176	Umweltbundesamt, Eigene Zusammenstellungen nach Angaben der Länder
S. 178	Statistisches Bundesamt und Beirat beim Bundesminister für Umwelt und Reaktorsicherheit, „Lagerung und Transport von wassergefährdenden Stoffen (LTwS), Ausschußstatistik": Statistik der Unfälle bei der Lagerung und beim Transport wassergefährdender Stoffe 1981 bis 1983, 1985
S. 180	Bundesminister für Verkehr, eigene Zusammenstellung 1986

Quellenverzeichnis

Wald

S. 187	Bundesminister für Ernährung, Landwirtschaft und Forsten (BML), Waldschadenserhebung 1985, Bonn 1986
S. 188	BML, Waldschadenserhebung 1984, Bonn 1985
S. 189	BML, Waldschadenserhebung 1983, Bonn 1984
S. 191	BML, Waldschadenserhebung 1984/1985, Bonn 1985/1986
S. 192	BML, Waldschadenserhebungen 1983/1984, Bonn 1984/1985
S. 193–197	BML, Waldschadenserhebungen 1983 bis 1985, Bonn 1984 bis 1986
S. 186	BML, Waldschadenserhebung 1986, Bonn 1986
S. 190	BML, Waldschadenserhebungen 1986/1985, Bonn 1986

Luft

S. 253, 255	Organisation für wirtschaftliche Zusammenarbeit und Entwicklung (OECD): The State of the Environment 1985, Data Compendium, Paris 1985
S. 215, 223, 228–233, 256–258, 260, 261	Umweltbundesamt, eigene Zusammenstellungen und Berechnungen
S. 236–251	Umweltbundesamt, UMPLIS – Datenbank Emissionsursachenkataster (EMUKAT)
S. 221	Umweltbundesamt, FE-Vorhaben, „Feststellung der Deposition von sauren und langzeitwirksamen Luftverunreinigungen aus Belastungsgebieten"
S. 217, 219	Bundesforschungsanstalt für Landeskunde und Raumordnung, Bonn 1986
S. 213	Co-operative Programm for Monitoring and Evalution of the long-range transmission of air pollutants in Europe, EMEP/MSC-W Report 1/84
S. 205–208, 211	Umweltbundesamt, eigene Zusammenstellung aus Luftqualitätsberichten der Bundesländer; UMPLIS-Datenbank LIMBA
S. 209	Umweltbundesamt, eigene Zusammenstellung nach Monatsberichten aus dem Meßnetz des Umweltbundesamtes, Berlin 1973–1985

Wasser

S. 267	Bundesforschungsanstalt für Landeskunde und Raumordnung (BfLR), Atlas zur Raumentwicklung 8, Umwelt und Energie
S. 342, 343, 360, 369, 370, 372, 374	Statistisches Bundesamt, Fachserie 19 Umweltschutz, Reihe 2.1, Öffentliche Wasserversorgung und Abwasserbeseitigung, Fachserie 19, Reihe 2.2, Wasserversorgung und Abwasserbeseitigung im Bergbau und Verarbeitenden Gewerbe und bei Wärmekraftwerken für die öffentliche Versorgung, Sonderauswertung
S. 354	Statistisches Bundesamt, Fachserie 19, Umweltschutz, Reihe 2.2, Wasserversorgung und Abwasserbeseitigung im Bergbau und Verarbeitenden Gewerbe und bei Wärmekraftwerken für die öffentliche Versorgung, Sonderauswertung
S. 346–348, 350, 362, 364	Statistisches Bundesamt, Fachserie 19, Umweltschutz, Reihe 2.1, Öffentliche Wasserversorgung und Abwasserbeseitigung, Sonderauswertung
S. 329, 351	Wasserversorgungsbericht der Bundesregierung 1982

Quellenverzeichnis

S. 355	Bundesminister für Ernährung, Landwirtschaft und Forsten
S. 357, 358, 366	Organisation für wirtschaftliche Zusammenarbeit und Entwicklung (OECD), The State of Environment 1985, Data Compendium, Paris 1985
S. 367	Statistisches Bundesamt, eigene Zusammenstellung aus der Produktionsstatistik
S. 273	Länderarbeitsgemeinschaft Wasser – Arbeitsgruppe Gewässergütekarte (Hrsg.): Gewässergütekarte der Bundesrepublik, Ausgabe 1975, Stuttgart 1975
S. 272	Länderarbeitsgemeinschaft Wasser-Arbeitsgruppe Gewässergütekarte (Hrsg.), Gewässergütekarte der Bundesrepublik Deutschland Ausgabe 1980, Stuttgart 1980
S. 271	Länderarbeitsgemeinschaft Wasser-Arbeitsgruppe Gewässergütekarte (Hrsg.), Gewässergütekarte der Bundesrepublik Deutschland, Stuttgart 1985
S. 281	Umweltbundesamt, nach Daten der Bundesanstalt für Gewässerkunde
S. 282–305, 307, 308	Bundesanstalt für Gewässerkunde, Quellen siehe S. 274, 275
S. 310	Internationale Gewässerschutzkommission für den Bodensee, Limnologischer Zustand des Bodensees, Jahresbericht Januar 1984 bis März 1985, Nr. 12
S. 312	Niedersächsisches Landesamt für Wasserwirtschaft und Wasserwirtschaftsamt, Daten zur Wassergüte der Oberirdischen Binnengewässer des Landes Niedersachsen, Jahresbericht 1984
S. 314	Deutsches Hydrographisches Institut, Überwachung des Meeres, Bericht für das Jahr 1985; Arbeitsgemeinschaft für die Reinhaltung der Elbe, Wassergütedaten der Elbe von Schnackenburg bis zur See, 1985
S. 316, 317	Gaul et. al. in: Deutsche hydrographische Zeitschrift 36/1983, H. 5
S. 319–321	Gemeinsames Bund/Länder-Meßprogramm für die Nordsee, Gewässergütemessungen im Küstenbereich der Bundesrepublik Deutschland, Wassergütedaten 1982/83; Deutsches Hydrographisches Institut, Überwachung des Meeres, Bericht für das Jahr 1983, Hamburg 1985
S. 323	Gemeinsames Bund/Länder-Meßprogramm für die Nordsee, Gewässergütemessungen im Küstenbereich der Bundesrepublik Deutschland, Wassergütedaten 1982/83
S. 325–328	Bundesanstalt für Gewässergüte, Deutsches Hydrographisches Institut, eigene Zusammenstellung
S. 330	Deutsches Hydrographisches Institut, Überwachung des Meeres, Bericht für das Jahr 1983, Band 2: Daten, Hamburg 1985
S. 333	Oslo Kommission, Seventh, Eight, Ninth Annual Report
S. 334	Umweltbundesamt, eigene Zusammenstellung
S. 336, 337	Bundesminister für Umwelt, Naturschutz und Reaktorsicherheit: Bericht der Bundesregierung an den Haushaltsausschuß des Deutschen Bundestages über „Einleitung von Schadstoffen in Nordsee 1985"
S. 338	6. Jahresbericht der Paris Commission, 1985
S. 340	Umweltbundesamt, Verschmutzung der Nordsee durch Öl und Schiffsmüll, Berlin 1985

Abfall

S. 378, 380, 396	Statistisches Bundesamt, Fachserie 19, Umweltschutz Reihe 1.1 „Öffentliche Abfallbeseitigung", Sonderauswertung
S. 382, 386, 399, 422	Organisation für wirtschaftliche Zusammenarbeit und Entwicklung (OECD), The State of the Environment 1985, Data Compendium, Paris 1985

Quellenverzeichnis

S. 384	Umweltbundesamt, FE-Vorhaben 103 03 503 „Bundesweite Hausmüllanalyse 1979/80", ARGUS TU Berlin und Umweltbundesamt, FE-Vorhaben „Bundesweite Hausmüllanalyse 1985" ARGUS TU Berlin
S. 387	Verband Deutscher Papierfabriken e.V., Jahresbericht 1985, Bonn 1985
S. 389, 390	Umweltbundesamt, Verpackungen für Getränke, Berlin 1985
S. 392, 394	Umweltbundesamt, eigene Zusammenstellungen
S. 397	Bundesforschungsanstalt für Landeskunde und Raumordnung (BfLR); Laufende Raumbeobachtung
S. 400–402, 404, 406, 408	Statistisches Bundesamt, Fachserie 19, Umweltschutz Reihe 1.2 „Abfallbeseitigung im Produzierenden Gewerbe und in Krankenhäusern", Sonderauswertung
S. 410, 412–415, 417, 418, 420	Umweltbundesamt, FE-Vorhaben 103 02 113/06 „Bundesweite Auswertung der Begleitscheine 1983", Arge INPLUS, München

Lärm

S. 427	Bundesministerium für Verkehr, Richtlinien für den Verkehrslärm an Bundesfernstraßen in der Baulast des Bundes (UKBL 1983) (Vorsorge); Allgemeines Rundschreiben Straßenbau Nr. 5/1986 (Sanierung)
S. 427	Technische Anleitung (TA) Lärm
S. 430	Umweltbundesamt, FE-Vorhaben 105 02 803/01, Erhebung über den Stand und die Entwicklung der Belastung der Bevölkerung durch Lärm, Battelle-Institut e.V., Frankfurt/M. 1985
S. 432	Organisation für wirtschaftliche Zusammenarbeit und Entwicklung, The State of the Environment, Data Compendium 1985, Paris 1985
S. 434	Umweltbundesamt, eigene Zusammenstellung nach Zahlen des Arbeitskreises 14 der Projektgruppe Lärmbekämpfung, Kartengrundlage nach Angaben der Bundesanstalt für Flugsicherung
S. 436	Umweltbundesamt, eigene Zusammenstellung, Kartengrundlage nach Angaben der Bundesanstalt für Flugsicherung
S. 438	Bundesminister für Verkehr, Nachrichten für Luftfahrer I – 115/86
S. 426	Institut für praxisorientierte Sozialforschung, Einstellungen zu aktuellen Fragen der Innenpolitik 1984, Mannheim 1984
S. 440, 451	Umweltbundesamt, eigene Zusammenstellung
S. 442	Umweltbundesamt, FE-Bericht 82-105 051 28 „Ermittlung der Geräuschemissionsänderung von Kfz im Stadtbetrieb im Fünfjahreszeitraum – Erfolgskontrolle von Grenzwertverschärfungen und Energiesparappellen", FIGE Gmbh, Aachen 1986
S. 444, 445	Kraftfahrtbundesamt, unveröffentlichte Daten
S. 447	Umweltbundesamt, FE-Bericht 105 051 15/01 „Geräuschuntersuchungen an motorisierten Zweirädern", FIGE GmbH, Aachen 1982
S. 449	Umweltbundesamt, FE-Bericht 80 – 105 051 01 „Geräuschmessungen an speziellen Kraftfahrzeugen", FIGE GmbH, Aachen 1980
S. 453	Bundesminister für Verkehr, Statistik des Lärmschutzes an Bundesfernstraßen in den Jahren 1979 bis 1985
S. 454	Umweltbundesamt, FE-Bericht 105 024 14 „Schalleistungen an Außenbordmotoren", FIGE GmbH, Aachen 1984
S. 456	Umweltbundesamt, eigene Zusammenstellung nach Angaben des Luftfahrt-Bundesamtes

Quellenverzeichnis

S. 458	Umweltbundesamt, eigene Zuammenstellung nach Jahresberichten der Arbeitsgemeinschaft Verkehrsflughäfen (ADV)
S. 459, 460	Umweltbundesamt, FE-Bericht 105 035 07/3 „Entwicklung eines Prototyps für Lärmarme Baustellungskreissägemaschinen", 1983 Ministerium für Arbeit, Gesundheit und Soziales des Landes Nordrhein-Westfalen, Lärmschutz bei Kraftwerken, Düsseldorf, 1981 Umweltbundesamt, FE-Bericht 105 031 02/3 „Geräuschemission von Anlagen der Holzbearbeitung", 1984

Nahrung

S. 464–467, 470, 471	Bundesgesundheitsamt – Zentrale Erfassungs- und Bewertungsstelle für Umweltchemikalien 1986, unveröffentlichte Daten
S. 468	Holm, J. (1984), in: Fleischwirtschaft 64
S. 472, 473	Umweltbundesamt, FE-Bericht 106 06 032
S. 476, 478	Bundesgesundheitsamt – Institut für Wasser-, Boden- und Lufthygiene, Trinkwasserdatenbank BIBIDAT

Radioaktivität

S. 484	Bundesminister für Umwelt, Naturschutz und Reaktorsicherheit, Die Strahlenexposition von außen in der Bundesrepublik Deutschland durch natürliche radioaktive Stoffe im Freien und in Wohnungen, 1982
S. 485	Bundesminister für Umwelt, Naturschutz und Reaktorsicherheit, eigene Zusammenstellung
S. 487	Deutscher Wetterdienst
S. 489, 491, 492, 493, 495, 497, 499, 500, 502, 504, 506, 508, 509, 511, 512, 513	Bundesminister für Umwelt, Naturschutz und Reaktorsicherheit, Umweltradioaktivität und Strahlenbelastung, Jahresbericht 1985
S. 515–517, 519, 521–524	Bundesminister für Umwelt, Naturschutz und Reaktorsicherheit, Bericht über den Reaktorunfall in Tschernobyl, seine Auswirkungen und die getroffenen bzw. zu treffenden Vorkehrungen, 1986

Anhang

S. 537	Deutsches Institut für Urbanistik, in: Bundesminister für Raumordnung, Bauwesen und Städtebau: Raumordnungsbericht 1986
S. 549	Umweltbundesamt, UMPLIS
S. 551	Statistisches Bundesamt, Fachserie 19, Umweltschutz, Reihe 1.2, Öffentliche Wasserversorgung und Abwasserbeseitigung

Begriffserläuterungen

aerob	in Gegenwart von Luftsauerstoff existierend
Akkumulation	Anreicherung von Schadstoffen in Pflanzen und Tieren. Die über die Nahrungskette oder indirekt über Fleisch- und Milchherstellung ins Fettgewebe des Menschen gelangen (vor allem Kohlenwasserstoffe)
anaerob	in Abwesenheit von Luftsauerstoff existierend
anthropogen	durch den Menschen verursacht
BGBL	Bundesgesetzblatt
BIBIDAT	Trinkwasserdatenbank des Bundesgesundheitsamtes
BImSchG	Bundes-Immissionsschutzgesetz
Biotop	Lebensraum, der durch bestimmte Pflanzen- und Tierarten gekennzeichnet ist (z.B. Feuchtgebiet)
Biozide	Chemikalien, die zur Bekämpfung von Schädlingen in der Land- und Forstwirtschaft eingesetzt werden
Blei	bläulich weißes Schwermetall; umweltgefährdend als Element, aber auch in chemischer Verbindung. Schon Spuren von Blei können bei ständiger Aufnahme zur Beeinträchtigung der Blattbildung und des Nervensystems führen
BNatSchG	Bundesnaturschutzgesetz
BSB_5	Biochemischer Sauerstoffbedarf; die Menge Sauerstoff, die von Mikroorganismen im Abwasser innerhalb von 5 Tagen verbraucht wird
Cadmium	weiches Schwermetall; der Cadmium-Verbrauch liegt bei etwa 2000 t/Jahr; Cadmium gelangt vor allem durch Feuerungsanlagen, Metallhütten und Müllverbrennungsanlagen in die Umwelt; Cadmium reichert sich über die Nahrungskette in Pflanzen und Tieren aber auch im menschlichen Körper an
Chloride	Salze der Salzsäure. Wichtigste in der Natur vorkommende Form ist das Natriumchlorid (Kochsalz). Im Übermaß kann Chlorid Bluthochdruck erzeugen
Chlorierte Kohlenwasserstoffe	auch Chlorkohlenwasserstoffe; typische Anwendungsgebiete sind Pestizide (z.B. DDT, Aldrin, Lindan), Holzschutzmittel und Lösemittel (z.B. Tetrachlorethylen, Trichlorethylen); C.K. können sich aufgrund hoher Fettlöslichkeit im Fettgewebe von Menschen und Tieren anreichern, in dieser Gruppe gibt es eine Vielzahl von giftigen und krebserzeugenden Stoffen
Clusterbildung	räumliche Zusammenfassung der Verdichtung von Immissionsmeßstellen
CSB	Chemischer Sauerstoffbedarf; Maß für die Sauerstoff-Menge, die zum Abbau von organischen Schadstoffen in Oberflächengewässern notwendig ist. Im Unterschied zum BSB_5 werden auch schwer abbaubare Stoffe (Alkohole, Essigsäure u.a.) erfaßt
DDE	siehe chlorierte Kohlenwasserstoffe
DDT	siehe chlorierte Kohlenwasserstoffe
Dezibel; dB	Lärmwert (auch Schalldruckpegel), zusammengesetzt aus „Dezi" (für die logarithmische Einteilung der Skala) und „bel" (nach dem Erfinder des Telefons, Alexander Graham Bell); der Zusatz (A) bedeutet, daß der Lärm international einheitlich gemessen wird
DFG	Deutsche Forschungsgemeinschaft, zentrale Forschungsförderungsorganisation
Dioxin	siehe TCDD
ECE	Economic Commission for Europe (Unterorganisation der UN)
EEV	emissionsverursachender Energieverbrauch
Einheiten	
a	anno = Jahr
p.a.	pro Jahr
E	Einheit
h	Stunde
ha	Hektar = 10 000 m²
J	Joule (1 Joule = 1 Ws = Wattsekunde)
mg	1 Milligramm = 1 Tausendsel Gramm
µg	1 Mikrogramm = 1 Millionstel Gramm
ng	1 Nanogramm = 1 Milliardstel Gramm
M	Mega = 1 Million (10^6)
G	Giga = 1000 Millionen (10^9)
T	Tera = 1 Milliarde (10^{12})
P	Peta = 1000 Milliarden (10^{15})

Maßeinheit der Konzentration (allgemein)	Maßeinheit der Konzentration für wäßrige Proben	Vergleich
1%	10 Gramm pro Liter	ein Zuckerwürfel (2,7 g) in einer Tasse Kaffee
1 ‰ (Promille)	1 Gramm pro Liter	ein Zuckerwürfel in 2,7 Liter
1 ppm (10^{-6})	1 Milligramm pro Liter oder 1 Gramm pro m³	ein Zuckerwürfel in 2700 Liter (Milchtankwagen)
1 ppb (10^{-9})	1 Mikrogramm pro Liter oder 1 Milligramm pro m³	ein Zuckerwürfel in 2,7 Millionen Liter (Tankschiff)
1 ppt (10^{-12})	1 Nanogramm pro Liter oder 1 Mikrogramm pro m³	ein Zuckerwürfel in 2,7 Milliarden Liter (Lechstausee)

Begriffserläuterungen

Emission	die von Anlagen, Kraftfahrzeugen oder Produkten an die Umwelt abgegebenen Verunreinigungen (Gase, Stäube, Flüssigkeiten), Geräusche, Strahlen, Wärme; vorwiegend im Zusammenhang mit Luftverschmutzung gebraucht
Emissionskataster	Zustandserfassung des Schadstoffaustoßes von Emissionsquellen in ihrer regionalen Verteilung
ERP	European Recorvey Program
EStG	Einkommensteuergesetz
eutroph	nährstoffreich, Überdüngung, Übernährung von Wasserpflanzen durch erhöhten Eintrag von Nährstoffen in Oberflächengewässer
FS	Fettsubstanz
Fungizide	chemische Mittel zur Pilzbekämpfung
geogen	natürlichen, geologischen Ursprungs
GFAV	Großfeuerungsanlagenverordnung Nach dem Bundesimmissionsschutzgesetz von 1974 können die Anforderungen an bestimmte Anlagen per Verordnung geregelt werden. Die Großfeuerungsanlagen-Verordnung regelt den Stand der Technik für neue Kohle- und Ölkraftwerke, insbesondere deren Schwefelausstoß
GVBl	Gesetz- und Verordnungsblatt
HCB	Hexachlorbenzol, mittlerweile verbotenes Schädlingsbekämpfungsmittel; HCB reichert sich in der Nahrungskette an und baut sich nur schwer ab; es ist giftig
HCH	Hexachlorcyclohexan, chlorierter Kohlenwasserstoff, der in Form strukturverwandter Verbindungen vorkommt (Isomeren); besonders problematisch sind α- und β-HCH, die wegen ihrer hohen Zerfallzeit sowie ihrer hohen Giftigkeit als Pflanzenschutzmittel in der Bundesrepublik Deutschland verboten sind; als Insektizid zugelassen ist noch γ-HCH (Lindan); γ-HCH reichert sich in Fettgeweben an
Herbizide	chemische Mittel zur Unkrautbekämpfung
Immission	Einwirkung von Luftverunreinigungen, Geräuschen, Erschütterungen, Strahlen, Wärme auf die Umwelt. Gemessen wird vor allem die Konzentration eines Schadstoffes in der Luft, bei Staub zudem die Menge, die sich auf einer bestimmten Fläche pro Tag niederschlägt. In der Luftreinhalterichtlinie (TA Luft) sind Immissionsgrenzwerte für eine Reihe von Schadstoffen festgelegt
Immissionsrate	Maß für die Aufnahme gasförmiger Schadstoffe durch Materialien in einer bestimmten Zeiteinheit
Insektizide	chemische Mittel zur Insektenbekämpfung
Isomere	Bezeichnung für Stoffe, die in ihrer Summenformel gleich, in ihrer Strukturformel aber unterschiedlich sind
Klärschlamm	der bei der mechanischen und biologischen Reinigung von häuslichen Abwässern anfallende Schlamm enthält viele Nähr- und Humus-, aber oft auch Schadstoffe, zum Beispiel Schwermetalle
Kohlenmonoxid	Reiz-, farb- und geruchsloses Gas. Es entsteht bei unvollständiger Verbrennung organischer Verbindungen (Diesel- und Benzinmotor, Hausheizung). Eingeatmetes Kohlenmonoxid blockiert die Sauerstoffaufnahme des Blutes und führt – je nach Konzentration – zu Kopfschmerzen, Schwindel, Übelkeit, Ohrensausen, Bewußtlosigkeit, Atemlähmung
Kohlenwasserstoffe	chemische Verbindung des Kohlenstoffs mit Wasserstoff. Es gibt kettenförmige Kohlenwasserstoffe (Methan, Propan, Butan), und ringförmige (Benzol). In der Umweltdiskussion spielen die ringförmigen, aromatischen Kohlenwasserstoffe (Benzpyren) sowie Chlorkohlenwasserstoffe (Chlorierte Kohlenwasserstoffe) eine besondere Rolle, weil viele von ihnen giftig und persistent (Persistenz) sind
Kontamination	Verunreinigung, Verseuchung durch Schadstoffe oder radioaktive Strahlung
kW	Kilowatt
LUBl	Amtsblatt des Bayerischen Staatsministeriums für Landesentwicklung und Umweltfragen
Melioration	Verbesserung des Bodens zum Zweck landwirtschaftlicher Nutzung, zum Beispiel Entwässerung
Metabolit	Stoffwechselprodukt; Umwandlungs-/oder Abbauprodukt von Substanzen
Nitrat	Salz der Salpetersäure; Nitrat ist ein natürlicher Stoff, der als Dünger dem Boden zugesetzt wird, um das Pflanzenwachstum zu stimulieren; N. kommt auch im Boden, Trinkwasser und der Nahrung vor; problematisch können hohe N.-Gehalte in pflanzlichen Nahrungsmitteln aus überdüngten Kulturen und im Trinkwasser sein, da sich N. im Körper zu giftigen Nitriten umwandeln
oligotroph	nährstoffarm
Orographie	Beschreibung der Höhenstufen
Ozon	entsteht bei intensiver Sonneneinstrahlung in der Atmosphäre durch Reaktionen zwischen Stickoxiden und Kohlenwasserstoffen. Er ist ein starkes Oxidationsmittel, das sowohl bei Materialien als auch bei Pflanzen, aber auch beim Menschen Schäden hervorrufen kann (Smog)
PAH	polycylische, aromatische Kohlenwasserstoffe, teilweise krebserzeugend; sie entstehen bei unvollständigen Verbrennungsprozessen

Begriffserläuterungen

Parabraunerden	sind in ökologischer Hinsicht mit den Braunerden eng verwandt. Ihre Entwicklung geht von diesen aus; wobei es zur Auswaschung von Carbonat, zu einer schwachen Versauerung und Tonverlagerung kommt Besonders häufig sind sie in Lößgebieten, den nord- und süddeutschen Jungmoränenlandschaften und den eiszeitlichen Schotterflächen Bayerns
PCB	polychlorierte Biphenyle, sie werden wegen ihrer Eigenschaften (unbrennbar, thermisch stabil, zähflüssig, hoher Siedepunkt) u.a. als Kühlmittel, Hydraulikflüssigkeit, Transformatorenöl verwendet; PCB's reichern sich über die Nahrungskette, besonders im menschlichen Körper an; bei PCB werden krebserzeugende Wirkungen vermutet; in der Bundesrepublik Deutschland dürfen PCB nur in geschlossenen Systemen benutzt werden (z.B. Transformatoren)
PCP	Pentachlorphenol; P. findet Verwendung als Schädlingsbekämpfungsmittel; P. ist stark giftig
Pentade	5-Jahres-Abschnitt
Persistenz	Maß für die Lebensdauer einer chemischen Verbindung, die durch äußere Einflüsse (z.B. Sonnenstrahlung, Bodenbakterien) abgebaut wird. Chemisch stabile, persistente Stoffe bleiben jahrelang in der Umwelt erhalten
Perzentil (95)	als 95-Perzentil ausgewiesene Immissionswerte, beispielsweise bei Kohlenwasserstoffen, besagen, daß die angegebenen Konzentrationen in 95 Prozent der Meßuntersuchungen unterschritten wurden und dementsprechend nur 5 Prozent über dem Wert lagen
Pestizide	Mittel zur Bekämpfung tierischer und pflanzlicher Schaderreger
Phosphat	Salz der Phosphorsäure; wichtiger Nährstoff für Mensch, Tier und Pflanze, Phosphate werden im wesentlichen als Düngemittel und in Wasch- und Reinigungsmitteln, aber auch bei der Herstellung von Zahncreme, Backpulver, Brühwurst, Speiseeis verwendet
pH-Wert	Maß zur Bestimmung des sauren, neutralen oder basischen Charakters wäßriger Lösungen; die pH-Wert-Skala reicht von 1–14; ein pH-Wert von sieben kennzeichnet eine neutrale Lösung; je saurer eine Lösung ist, desto niedriger liegt der pH-Wert, je basischer oder alkalischer sie ist, desto höher liegt er
Podsole	„Asche-Boden". In diesem Boden haben die Verwitterungsvorgänge ihr höchstes Ausmaß erreicht und zur Versauerung und Nährstoffverarmung geführt
polythrop	mit übermäßigem Nährstoffgehalt
Puffer	einzelne Stoffe im Wasser oder Boden haben die Fähigkeit, eindringende Säure abzufangen, also „abzupuffern"; Puffer spielen besonders in Zusammenhang mit der Bodenversauerung eine entscheidende Rolle
Quecksilber	leichtflüchtiges, silbrig glänzendes, flüssiges Schwermetall. Es wird in der chemischen Industrie, zur Herstellung von Batterien (Knopfzellen), Zahnfüllungen, Thermometern und Leuchtstoffröhren verwendet. Quecksilber gelangt durch die Vernichtung der Produkte (Müllverbrennung) in die Umwelt, aber auch bei der Verbrennung von Kohle und Öl sowie bei der Verhüttung quecksilberhaltiger Erze, Quecksilberverbindungen reichern sich in der Nahrungskette an. Vergiftungen äußern sich in Nerven- und Nierenschäden
Rodendizide	chemische Mittel zur Nagetierbekämpfung
Rote Listen	offizielle Bilanz des Artenschwundes in der Bundesrepublik, die nicht als abgeschlossenes, sondern fortlaufend ergänztes Dokument zu betrachten ist, d.h. von Fachwissenschaftlern ständig überarbeitet wird. In den Roten Listen werden alle heimischen Tier- und Pflanzenspezies aufgeführt, die im Bestand gefährdet oder vom Aussterben bedroht sind
Ruderalvegetation	Ursprungsvegetation
Saprobien	sauerstoffverbrauchende Organismen (z.B. Bakterien, Algen, Einzeller) im Gewässer
Sedimente	durch Absetzen (Sedimentation) von Feststoffteilchen häufig unter Beteiligung tierischer oder pflanzlicher Organismen entstandene Ablagerung in Gewässern
SI	System international; internationale Standardnormen
SKE	Steinkohleneinheit; Maßeinheit für Wärmemengen (1 kg SKE = 29 310 KJoule)
Smog	Wortkombination aus dem Englischen: „smoke" (Rauch) und „fog" (Nebel). Als Smog werden starke Anreicherungen von Luftverunreinigungen über Ballungsgebieten bezeichnet. Sie entstehen, wenn die Schadstoffe wegen austauscharmer Wetterlage (Inversion) nicht mehr in höheren Luftschichten entweichen können
Schaftriften	Gelände, das wegen seiner geringen landwirtschaftlichen Ertragsfähigkeit ausschließlich zur extensiven Schafweide genutzt wird, oft Halbtrocken- und Trockenrasen auf Kalkböden. Heute aufgrund großer Artenvielfalt häufig unter Naturschutz
Schwefeldioxid	farbloses, stechend riechendes Gas; entsteht überwiegend beim Verbrennen fossiler Energieträger (Kohle, Öl). Schwefeldioxid ist maßgeblich an Korrosionsschäden beteiligt; es verursacht Pflanzenschäden durch den Abbau von Chlorophyll und wirkt beim Menschen insbesondere in Kombination mit Staub auf die Atemwege ein (chronische Bronchitis, verminderte Abwehr von Infekten)

Begriffserläuterungen

Stickoxide	Zusammenfassung von Stickstoffmonoxid und Stickstoffdioxid. Die Verbindungen stammen in erster Linie aus Kraftfahrzeugmotoren, bei der Kraftstoffverbrennung entsteht überwiegend Stickstoffmonoxid, das sich in der Atmosphäre relativ schnell zu dem gesundheitsschädlicheren Stickstoffdioxid umwandelt. Bei höheren Stickstoffdioxid-Konzentrationen wurde eine größere Häufigkeit von Erkrankungen der Atemwege beobachtet
Streuwiesen	(= Ried). Feuchte Wiesen, deren Gräser und Kräuter früher im Herbst und Winter gemäht und als Streu in den Viehställen verwandt wurde. Nach der Aufgabe der (extensiven) Streuwiesennutzung in den 50er Jahren werden ausgewählte Gebiete aus Naturschutzgründen gemäht, um deren Pflanzen und Tiere zu erhalten
SWR	Siedewasserreaktor
TA Luft	die „Technische Anleitung zur Reinhaltung der Luft" von 1974, zuletzt geändert am 23. Februar 1983, enthält Vorschriften für die Behörden bei der Betriebsgenehmigung neuer Anlagen, Emissionsgrenzwerte für staubförmige und gasförmige Stoffe sowie Immissionswerte (Jahresmittelwerte und Kurzzeitwerte), die nicht überschritten werden dürfen
Taxus	Gattung
TCDD	Tetrachlordibenzdioxin; eine den polychlorierten Dibenzodioxinen (Dioxin) zuzuordnende Verbindung mit 22 Isomeren, von denen das 2,3,7,8-Isomere das gefährlichste ist; dieses ist sowohl akut giftig wie auch krebserzeugend; TCDD ist ein hochgradig persistenter Stoff, der sich in biologischen Geweben anreichert
Thermokarst	karstähnliche Ausbildung der Geländeoberfläche in Dauerfrostregionen als Folge von Tauen und Gefrieren des Untergrundes
Titandioxid	chemische Verbindung zur Herstellung weißer Farbstoffe; dabei fallen Dünnsäure und Grünsalz an. Beide Abfallstoffe werden durch Spezialschiffe in der Nordsee verklappt und schädigen die Meeresfauna erheblich
Trajektorienmodelle	Rechenmodelle zur Beschreibung des Transportweges von Luftverunreinigungen
Troglagen	Tallagen
UBA	Umweltbundesamt
Uferfiltration	versickern von Flußwasser im Uferbereich, wodurch Schmutz- und Schadstoffe herausgefiltert werden. Außerdem bauen Bakterien im Boden eine Reihe organischer Verbindungen ab
UMK	Umweltministerkonferenz
UTM-Projektion	Universale transversale Mercatorprojektion (Geodätisches Koordinationssystem)
VO	Verordnung
VwV	Verwaltungsvorschrift
WHG	Wasserhaushaltsgesetz
Wst	Wetterstation
Xerotherme Gehölzbiotope	Gehölze, die an trockene, warme Standorte gebunden sind
ZEBS	zentrale Erfassungs- und Bewertungsstelle für Umweltchemikalien des Bundesgesundheitsamtes

UMPLIS
Methodenbank
Umwelt

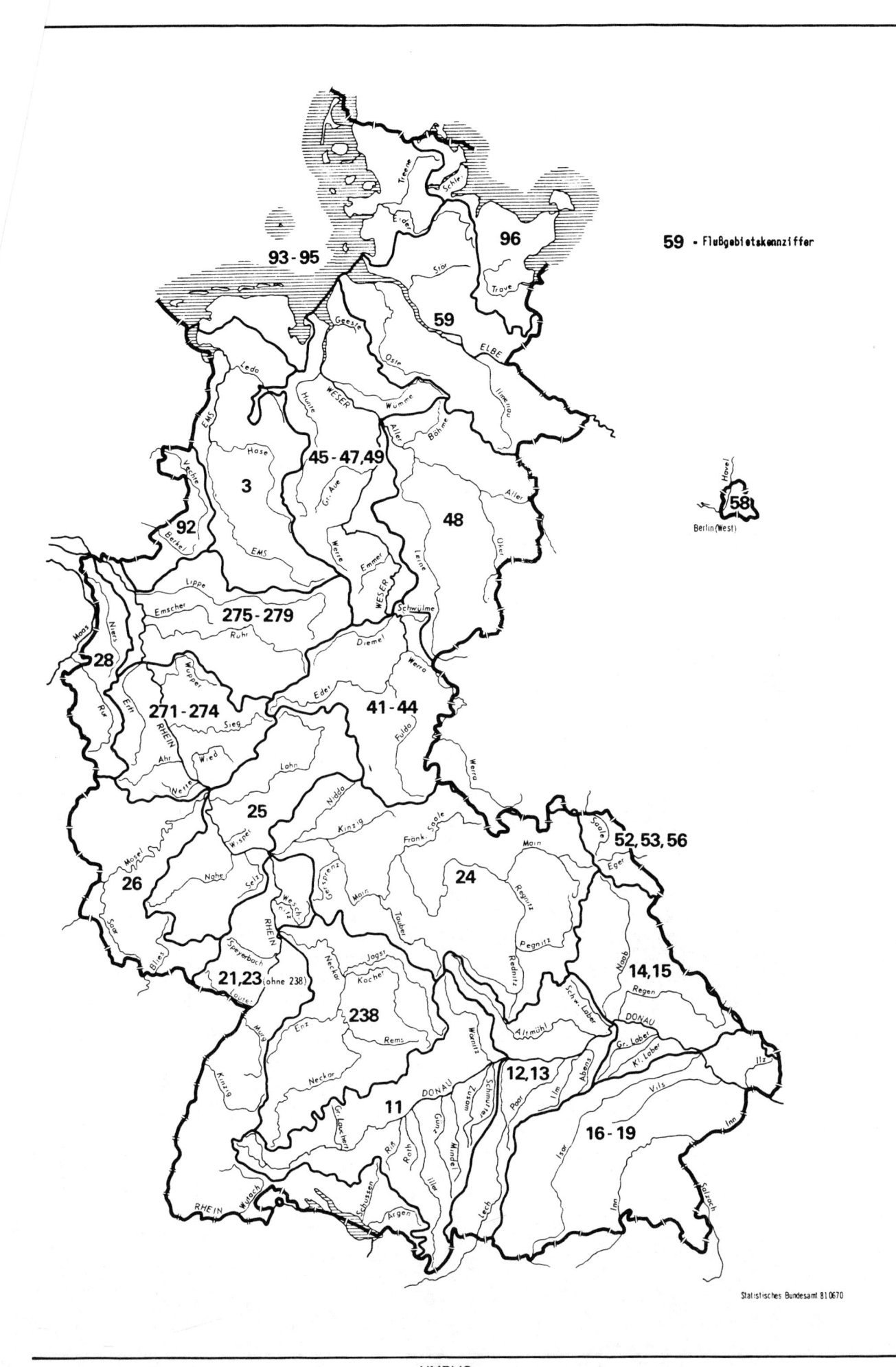

Karte der Bundesrepublik Deutschland
Verwaltungsgrenzen und Kreiskennziffern

1) Berlin (Ost) wird in thematischen Karten nicht erfaßt

UMPLIS
Methodenbank
Umwelt

Kreisnamen

Zuordnung der Kreisnummern zu den Kreisnamen

Nr.	Name		Nr.	Name		Nr.	Name		Nr.	Name
00001	Bundesgebiet		05313	Aachen		07300	Reg.-Bez. Rheinh.-Pfalz		09187	Rosenheim
01000	Schleswig-Holstein		05314	Bonn		07311	Frankenthal (Pfalz)		09188	Starnberg
01001	Flensburg		05315	Köln		07312	Kaiserslautern		09189	Traunstein
01002	Kiel		05316	Leverkusen		07313	Landau in der Pfalz		09190	Weilheim-Schongau
01003	Lübeck		05354	Aachen (Landkreis)		07314	Ludwigshafen am Rhein		09200	Reg.-Bez. Niederbayern
01004	Neumünster		05358	Düren		07315	Mainz		09261	Landshut
01051	Dithmarschen		05362	Erftkreis		07316	Neustadt a.d. Weinstr.		09262	Passau
01053	Herzogtum Lauenburg		05366	Euskirchen		07317	Pirmasens		09263	Straubing
01054	Nordfriesland		05370	Heinsberg		07318	Speyer		09271	Deggendorf
01055	Ostholstein		05374	Oberbergischer Kreis		07319	Worms		09272	Freyung-Grafenau
01056	Pinneberg		05378	Rheinisch-Bergischer Kr.		07320	Zweibrücken		09273	Kelheim
01057	Plön		05382	Rhein-Sieg-Kreis		07331	Alzey-Worms		09274	Landshut
01058	Rendsburg-Eckernförde		05500	Reg.-Bez. Münster		07332	Bad Dürkheim		09275	Passau
01059	Schleswig-Flensburg		05512	Bottrop		07333	Donnersbergkreis		09276	Regen
01060	Segeberg		05513	Gelsenkirchen		07334	Germersheim		09277	Rottal-Inn
01061	Steinburg		05515	Münster (Westf.)		07335	Kaiserslautern		09278	Straubing-Bogen
01062	Stormarn		05554	Borken		07336	Kusel		09279	Dingolfing-Landau
02000	Hamburg		05558	Coesfeld		07337	Südliche Weinstraße		09300	Reg.-Bez. Oberpfalz
03000	Niedersachsen		05562	Recklinghausen		07338	Ludwigshafen		09361	Amberg
03100	Reg.-Bez. Braunschweig		05566	Steinfurt		07339	Mainz-Bingen		09362	Regensburg
03101	Braunschweig		05570	Warendorf		07340	Pirmasens		09363	Weiden i.d. Opf.
03102	Salzgitter		05700	Reg.-Bez. Detmold		08000	Baden-Württemberg		09371	Amberg-Sulzach
03103	Wolfsburg		05711	Bielefeld		08100	Red.-Bez. Stuttgart		09372	Cham
03151	Gifhorn		05754	Gütersloh		08111	Stuttgart		09373	Neumarkt i.d. Opf.
03152	Göttingen		05758	Herford		08115	Böblingen		09374	Neustadt a.d. Waldnaab
03153	Goslar		05762	Höxter		08116	Esslingen		09375	Regensburg
03154	Helmstedt		05766	Lippe		08117	Göppingen		09376	Schwandorf
03155	Northeim		05770	Minden-Lübbecke		08118	Ludwigsburg		09377	Tirschenreuth
03156	Osterode am Harz		05774	Paderborn		08119	Rems-Murr-Kreis		09400	Reg.-Bez. Oberfranken
03157	Peine		05900	Reg.-Bez. Arnsberg		08121	Heilbronn Stadt		09461	Bamberg
03158	Wolfenbüttel		05911	Bochum		08125	Heilbronn		09462	Bayreuth
03200	Reg.-Bez. Hannover		05913	Dortmund		08126	Hohenlohekreis		09463	Coburg
03201	Hannover		05914	Hagen		08127	Schwäbisch Hall		09464	Hof
03251	Diepholz		05915	Hamm		08128	Main-Tauber-Kreis		09471	Bamberg
03252	Hameln-Pyrmont		05916	Herne		08135	Heidenheim		09472	Bayreuth
03253	Hannover		05954	Enneppe-Ruhr-Kreis		08136	Ostalbkreis		09473	Coburg
03254	Hildesheim		05958	Hochsauerlandkreis		08200	Reg.-Bez. Karlsruhe		09474	Forchheim
03255	Holzminden		05962	Märkischer Kreis		08211	Baden-Baden Stadt		09475	Hof
03256	Nienburg (Weser)		05966	Olpe		08212	Karlsruhe Stadt		09476	Kronach
03257	Schaumburg		05970	Siegen		08215	Karlsruhe Land		09477	Kulmbach
03300	Reg.-Bez. Lüneburg		05974	Soest		08216	Rastatt		09478	Lichtenfels
03351	Celle		05978	Unna		08221	Heidelberg Stadt		09479	Wunsiedel i. Fichtelgeb.
03352	Cuxhaven		06000	Hessen		08222	Mannheim		09500	Reg.-Bez. Mittelfranken
03353	Harburg		06400	Reg.-Bez. Darmstadt		08225	Neckar-Odenwald-Kreis		09561	Ansbach
03354	Lüchow-Dannenberg		06411	Darmstadt		08226	Rhein-Neckar-Kreis		09562	Erlangen
03355	Lüneburg		06412	Frankfurt am Main		08231	Pforzheim Stadt		09563	Fürth
03356	Osterholz		06413	Offenbach am Main		08235	Calw		09564	Nürnberg
03357	Rotenburg (Wümme)		06414	Wiesbaden		08236	Enzkreis		09565	Schwabach
03358	Soltau-Fallingbostel		06431	Bergstraße		08237	Freudenstadt		09571	Ansbach
03359	Stade		06432	Darmstadt-Dieburg		08300	Reg.-Bez. Freiburg		09572	Erlangen-Höchstadt
03360	Uelzen		06433	Groß-Gerau		08311	Freiburg im Breisgau		09573	Fürth
03361	Verden		06434	Hochtaunuskreis		08315	Breisgau-Hochschwarzw.		09574	Nürnberger Land
03400	Reg.-Bez. Weser-Ems		06435	Main-Kinzig-Kreis		08316	Emmendingen		09575	Neust. a.d.A.-Bad Windsh.
03401	Delmenhorst		06436	Main-Taunus-Kreis		08317	Ortenaukreis		09576	Roth
03402	Emden		06437	Odenwaldkreis		08325	Rottweil		09577	Weißenburg-Gunzenhausen
03403	Oldenburg (Oldenburg)		06438	Offenbach		08326	Schwarzwald-Baar-Kreis		09600	Reg.-Bez. Unterfranken
03404	Osnabrück		06439	Rheingau-Taunus-Kreis		08327	Tuttlingen		09661	Aschaffenburg
03405	Wilhelmshaven		06440	Wetteraukreis		08335	Konstanz		09662	Schweinfurt
03451	Ammerland		06500	Reg.-Bez. Gießen		08336	Lörrach		09663	Würzburg
03452	Aurich		06531	Gießen		08337	Waldshut		09671	Aschaffenburg
03453	Cloppenburg		06532	Lahn-Dill-Kreis		08400	Reg.-Bez. Tübingen		09672	Bad Kissingen
03454	Emsland		06533	Limburg-Weilburg		08415	Reutlingen		09673	Rhön-Grabfeld
03455	Friesland		06534	Marburg-Biedenkopf		08416	Tübingen		09674	Haßberge
03456	Grafschaft Bentheim		06535	Vogelsbergkreis		08417	Zollernalbkreis		09675	Kitzingen
03457	Leer		06600	Reg.-Bez. Kassel		08421	Ulm Stadt		09676	Miltenberg
03458	Oldenburg (Oldenburg)		06611	Kassel		08425	Alb-Donau-Kreis		09677	Main-Spessart
03459	Osnabrück		06631	Fulda		08426	Biberach		09678	Schweinfurt
03460	Vechta		06632	Hersfeld-Rotenburg		08435	Bodenseekreis		09679	Würzburg
03461	Wesermarsch		06633	Kassel		08436	Ravensburg		09700	Reg.-Bez. Schwaben
03462	Wittmund		06643	Schwalm-Eder-Kreis		08437	Sigmaringen		09761	Augsburg
04000	Bremen		06635	Waldeck-Frankenberg		09000	Bayern		09762	Kaufbeuren
04011	Bremen		06636	Werra-Meissner-Kreis		09100	Reg.-Bez. Oberbayern		09763	Kempten (Allgäu)
04012	Bremerhaven		07000	Rheinland-Pfalz		09161	Ingolstadt		09764	Memmingen
05000	Nordrhein-Westfalen		07100	Reg.-Bez. Koblenz		09162	München		09771	Aichach-Friedberg
05100	Reg.-Bez. Düsseldorf		07111	Koblenz		09163	Rosenheim		09772	Augsburg-West
05111	Düsseldorf		07131	Ahrweiler		09171	Altötting		09773	Dillingen a.d. Donau
05112	Duisburg		07132	Altenkirchen (Westerw.)		09172	Berchtesgardener Land		09774	Günzburg
05113	Essen		07133	Bad Kreuznach		09173	Bad Tölz-Wolfratshausen		09775	Neu-Ulm
05114	Krefeld		07134	Birkenfeld		09174	Dachau		09776	Lindau (Bodensee)
05116	Mönchengladbach		07135	Cochem-Zell		09175	Ebersberg		09777	Ostallgäu
05117	Mühlheim a.d. Ruhr		07137	Mayen-Koblenz		09176	Eichstätt		09778	Unterallgäu
05119	Oberhausen		07138	Neuwied		09177	Erding		09779	Donau-Ries
05120	Remscheid		07140	Rhein-Hunsrück-Kreis		09178	Freising		09780	Oberallgäu
05122	Solingen		07141	Rhein-Lahn-Kreis		09179	Fürstenfeldbruck		10000	Saarland
05124	Wuppertal		07143	Westerwald-Kreis		09180	Garmisch-Partenkirchen		10041	Stadtverb. Saarbrücken
05154	Kleve		07200	Reg.-Bez. Trier		09181	Landsberg am Lech		10042	Merzig-Wadern
05158	Mettmann		07211	Trier		09182	Miesbach		10043	Neunkirchen
05162	Neuss		07231	Bernkastel-Wittlich		09183	Mühldorf am Inn		10044	Saarlouis
05166	Viersen		07232	Bitburg-Prüm		09184	München		10045	Saar-Pfalz-Kreis
05170	Wesel		07233	Daun		09185	Neuburg-Schrobenhausen		10046	Sankt Wendel
05300	Reg.-Bez. Köln		07235	Trier-Saarburg		09186	Pfaffenhofen a.d. Ilm		11000	Berlin (West)

Daten zur Umwelt 1986/87
Umweltbundesamt

Wassereinzugsgebiete

Kennziffer	Flußgebietsbezeichnung
1	**Donau**
11	Quelle bis Schmutter und Wörnitz
	Ablach, Gr. Lauchert, Riß, Roth, Iller, Günz, Mindel, Wörnitz, Zusam, Schmutter
12, 13	Lech bis Schwarze Laber
	Lech, Paar, Ilm, Abens, Altmühl, Schw. Laber
14, 15	Naab bis Schwarzach
	Naab, Regen, Große und Kleine Laber, Schwarzach
16–19	Isar bis Landesgrenze
	Isar, Vils, Ilz, Inn, Salzach
2	**Rhein**
21, 23 (ohne 238)	Bodensee und Oberrhein bis Mainmündung
	Argen, Schussen, Wutach, Kinzig, Murg, Lauter, Speyerbach, Weschnitz
238	Neckar
	Rems, Enz, Kocher, Jagst
24	Main
	Regnitz, Fränk. Saale, Tauber, Gersprenz, Kinzig, Nidda
25	Mittelrhein von Main- bis Lahnmündung
	Selz, Nahe, Wisper, Lahn
26	**Mosel**
	Saar, Blies
271–274	Mittelrhein von Wied bis Erft
	Nette, Ahr, Wied, Sieg, Wupper, Erft
275–279	Niederrhein von Erftmündung bis Landesgrenze
	Ruhr, Emscher, Lippe
28	Rur, Schwalm, Niers
3	**Ems**
	Hase, Leda
4	**Weser**
41–44	Oberweser
	Werra, Fulda, Eder, Schwülme, Diemel
45–47, 49	Mittel- und Unterweser
	Emmer, Werre, Große Aue, Wümme, Hunte, Geeste
48	**Aller**
	Oker, Fuhse, Leine, Böhme
5	**Elbe**
52, 53, 56, 58	Mittelelbe, Randgebiete rechts und links
	Eger, Saale, Havel
59	Unterelbe
	Ilmenau, Stör, Oste
9	**Küste und Meer**
	Küstenflüsse und Marschen der Nord- und Ostsee, Inseln
92	Issel, Berkel, Vechte
93–95	Nordseeküste und -inseln von Emsmündung rechts bis Sylt
	Eider, Treene
96	Ostseeküste und -inseln von dän. Grenze bis Trave
	Schlei, Trave

Quelle: Flußgebietskennziffern der Bundesanstalt für Gewässerkunde, Koblenz